先農智庫
XianNong Think-Tank

融合智慧　策源思想

40年 我们这样走过

『纪念农机化改革开放40周年』征文优秀作品集

中国农业机械化协会 编著

中国农业出版社
北 京

图书在版编目（CIP）数据

40 年，我们这样走过 ：“纪念农机化改革开放 40 周年”征文优秀作品集 / 中国农业机械化协会编著 . -- 北京 : 中国农业出版社，2019.9
ISBN 978-7-109-25868-6

Ⅰ．① 4… Ⅱ．①中… Ⅲ．①农业机械化－成就－中国－文集 Ⅳ．① S23-53

中国版本图书馆 CIP 数据核字（2019）第 186403 号

40 年，我们这样走过：“纪念农机化改革开放 40 周年”征文优秀作品集

40NIAN, WOMEN ZHEYANG ZOUGUO: “JINIAN NONGJIHUA GAIGE KAIFANG 40 ZHOUNIAN” ZHENGWEN YOUXIU ZUOPINJI

中国农业出版社

地址：北京市朝阳区麦子店街 18 号楼

邮编：100125

责任编辑：程 燕 张 丽

责任校对：巴红菊

印刷：北京通州皇家印刷厂

版次：2019 年 9 月第 1 版

印次：2019 年 9 月第 1 次印刷

发行：新华书店北京发行所发行

开本：889mm × 1194mm 1 /16

印张：49.25

字数：1060 千字

定价：286.00 元

编　委　会

主　　任：刘　宪

副 主 任：马世青　杨　林　刘　敏　王天辰

主　　编：夏　明

副 主 编：孙红梅　周　宁　李雪玲　曹洪玮

参编人员：谢　静　孙　冬　耿楷敏　权文格　陈　曦
张　斌　王京宇

坚定不移推进农机化改革开放

第十二届全国人大常委会副委员长　张宝文

中国农机化协会组织开展的庆祝农机化改革开放40周年征文活动取得了很好的效果。这些来自一线的文章，生动展示了40年来农机化取得的巨大成就，体现了全体干部职工健康向上的精神风貌。将这些文章结集出版，很有必要，也很有意义。向他们表示祝贺！

实现农业农村现代化，关键在于农业机械化。自1949年以来，以毛泽东主席为代表的老一辈领导人，开始进行积极探索和推动。1959年4月29日，毛泽东同志在《党内通讯》中提出了著名的“农业的根本出路在于机械化”的论断，这一论断在我国农业和农业机械化工作中起着重大指导作用。经过30年的艰难探索，我国农业机械化事业逐步建立起了比较完整的管理、制造、流通、教育、应用等体系。

中国共产党十一届三中全会以后，我国农业机械化进入改革开放、加快发展的新时期，逐步由计划经济体制向市场经济体制转换，活力得到了极大的释放，农机化事业开始快速发展。最为典型的就是，20世纪90年代中后期，以联合收割机跨区机收为代表的农机社会化服务，取得了良好的经济效益和社会效益，探索出一条适合国情的农业机械化实现途径，也推动了农机工业产业布局优化、产品结构调整的进程。

2004年11月1日，《中华人民共和国农业机械化促进法》颁布实施，标志着农业机械化进入依法促进的阶段。农机具购置补贴政策的出台，引导我国农业机械化进入了快速发展的黄金期。

经过40年的艰难探索，随着我国成功地实现了从高度集中的计划经济体制到充满活力的社会主义市场经济体制的伟大历史转折，我国已成为农机制造和使用大国。农业机械化事业取得了令人瞩目的历史性成就，其向着“全程全面、高质高效”方向发展，成为农业现代化进程中的一个亮点。

农机装备总量持续增长，2018年全国农机总动力已稳定在10亿千瓦左右；全国主要农作物耕、种、收综合机械化率超过67%，小麦生产基本实现全程机械化，水稻、玉米生产综合机械化率超过80%，我国农业生产方式由人畜力为主成功转入机械作业为主的历史新阶段；农机社会化服务成为农业生产性服务业的主力军且持续不断发展，在推进小农户与现代农业发展有机衔接中，发挥着重要的桥梁作用；农机工业持续快速壮大，我国已成为农机制造大国。2018年，规模以上农机企业主营业务收入是改革开放初期的40多倍。

这些成就的取得都离不开改革开放的好政策，离不开本书作者们所代表的全体农机人的辛勤付出。事实证明，只有坚定不移地推进改革开放，才能确保农机化事业不断取得更大、更好的成就。

在步入新时代后，习近平总书记多次强调发展现代农机装备，加快提高农业物质技术装备水平。国务院于2018年12月印发了《国务院关于加快推进农业机械化和农机装备产业转型升级的指导意见》，对切实加强农机人才培养、推进主要农作物生产全程机械化、持续改善农机作业基础条件、加快推动农机装备产业高质量发展提出指导性意见，成为今后一段时间指导农机化工作的纲领性文件，为进一步加快农机化改革开放指明了方向。

2019年是中华人民共和国成立70周年，是“两个一百年”目标的决胜之年，也是全面开启新一轮改革开放浪潮和第二轮供给侧结构性改革的关键之年。

在这样重要的历史时刻，中国农机化协会成功举办了征文活动，响应了行业呼声，凝聚了行业共识，振奋了行业士气，为农机化改革开放走向深入营造了良好的氛围。在此基础上，编撰而成的《40年，我们这样走过——“纪念农机化改革开放40周年”征文优秀作品集》一书，恰逢其时，意义重大。

书中既有对农机化改革开放历史的整体回顾，也有对具体项目的总结反思；既有对农机化成就的展示，也有经历者、参与者真切而深刻的感悟；可谓是一部农机化40年改革开放发展史的立体画卷，很有意义。

改革开放大潮势不可挡。希望同志们不忘初心，牢记使命，深刻学习领悟习近平总书记“大力推进农业机械化、智能化”重要论述的丰富内涵，结合阅读学习本书的大量案例、史实和思考，不断更新理念，扎实工作，进一步推进农机化改革开放，推进我国农业机械化发展，助力乡村振兴战略，以实实在在的工作硕果向建国70周年献礼！

实施乡村振兴战略　加快推进农业机械化

今年是新中国成立70周年和我国实施改革开放41周年。中国农业机械学会、中国农业工程学会、中国农业机械工业协会、中国农业机械化协会和中国农机流通协会和全国农机化、农机工业和农业工程相关研究院所、高等院校都组织了一系列发展历程回顾与新时代新征程发展战略研究。今年4月29日，这些单位又联合在江苏大学召开了落实习近平总书记“大力推进农业机械化、智能化”重要论述暨纪念毛泽东主席“农业的根本出路在于机械化”著名论断发表60周年报告会与专题论坛，制作了《奋进六十载　农机新征程》专题纪录片。行业的老领导和农业机械化与装备工程科技、教育与产业界专家从不同角度发表了许多优秀论著和作品，中国农业机械化协会组织了“纪念农机化改革开放40周年”征文活动，编辑了《40年，我们这样走过》公开出版。大家有感而发，写了很多好文章。协会邀请我为这一优秀作品集写一篇序言，我借此机会，谈谈个人学习体会和思考。

中国必须有农业工程

1944年6月，时任中国驻FAO筹备组代表和驻美国代办邹秉文先生在美国农业工程师学会（ASAE）年会上发表了《中国必须有农业工程》的讲演。他说：“中国农家平均耕地仅4英亩[①]，所创造的收入从未能为农民及其家属提供像样的生活……他们必须有足够的农具和机器来耕种较大的农田，中国需要一群有创造力的农业工程师来改进所有的手工工具、畜力牵引农具和引进拖拉机，组成合作社联合购买和使用这些农具和机器。”邹先生富有远见，70多年前就预见到农业工程必将为中国的发展发挥重要的作用。1999年新世纪即将到来之际，美国国家工程院等遴选出“20世纪对人类社会做出最伟大贡献的20项

① 英亩为非法定计量单位，1英亩≈4046.86平方米。—— 编者注

工程科学技术成就”，其中把“电气化（含农村电气化）”列为第1项，“农业机械化”列为第7项。

当时，邹先生的呼吁得到了国际社会的积极响应，由此开启了中国农业机械工程的艰难探索。1945年美国万国农具公司向中国教育部提供奖学金，招收近20名本科毕业生赴美攻读农业机械工程硕士学位。另外，还有8名被选派到美国、法国和比利时的大学学习农业机械工程和到农机公司进修实习，其中，大多数学生于新中国成立前后回国，成为推动我国农业机械化、农业动力、机械装备科技与产业发展的第一代开拓者与学术带头人！

中华人民共和国成立后，在南京、北京、沈阳、黑龙江、广州等地的高等农业院校相继开展了农业机械化工程相关学科专业的人才培养工作。在老一代留美归国学者的引领下，快速开展了新中国农业机械化、农业动力与机械专业等高级专门人才培养。从1952年起，每年由高等院校选派教师和大学生到苏联和东欧国家进修，攻读学士、技术科学副博士学位。一批苏联农业机械化、电气化工程领域的院士、教授受聘来华讲学与指导学科建设和人才培养。

1958年10月，我个人也有幸被学校选派赴莫斯科农业机械化电气化学院留学，师从纳扎洛夫院士和苏联卫国战争英雄、电气拖拉机首席专家鲁诺夫副教授，于1962年6月获得苏联“电力拖动与自动化”技术科学副博士学位后，回国应聘到原北京农业机械化学院电气化系并任教。

1959年4月29日，毛主席在为《党内通讯》撰写的文章中提出了“农业的根本出路在于机械化”的重要论断，后被选入《毛主席语录》，开启了中国农业机械化发展史上一个重要的里程碑。1959年，苏联援建了我国洛阳第一拖拉机厂，生产苏联中型链轨式DT−54拖拉机。1960年3月在北京成立了中国农业机械化科学研究院；1963年3月，又在北京成立中国农业机械学会。

正是在这样的条件下，中国的农业机械工程学科艰难起步，逐步完善了学科体系，培养了一批又一批富有创新精神的农业机械化与农业装备制造工程师，他们参与到新中国农业机械化事业的建设中，做出了重要的贡献。

农业机械工程师助力改革开放做出了重要贡献

1978年实施改革开放后，中国社会发生了翻天覆地的变化，实现农业现代化迫切需要发展农业工程学科和技术，农业工程也进入了崭新的发展阶段。

1978年，国家科学技术委员会决定成立农业工程学科组。以一批新中国成立初期在美国学成回国的第一代农业工程科学家为主，研究提出了建设我国农业工程学科与学术组织的建议。

1979年11月，经中国科学技术协会批准，中国农业工程学会在杭州宣布成立并举行了第一次全国代表大会。1989年3月7日，国际农业工程协会（CIGR）接纳中国农业机械学会和中国农业工程学会联合会，中国成为当时CIGR第33个正式国家级成员。同年10月，北京农业工程大学（现中国农业大学东校区）召开了第一次大型综合性国际农业工程学术大会和承办了FAO第11届农业机械化专家组会议。

2003年10月，联合国亚太农业工程与机械中心（UNAPCAEM）落户北京，成为联合国落户中国的第一个正式机构。2004年10月，第18届CIGR（国际农业工程协会）国际大会在中国北京召开，并取得圆满成功，亚洲农业工程协会（AAAE）秘书处正式迁移北京。之后，中国一批专家在CIGR、AAAE等国际农业工程学术组织担任重要职务。正是在这些学术大会和学会建设工作的基础上，作为农业工程学科的重要组部分，我国农业机械化事业逐步进入了崭新的发展阶段。

2004年6月25日，全国人大常委会正式通过了《中华人民共和国农业机械化促进法》，并于11月1日由国家主席正式颁布实施。2004年起，中央财政开始实施对农民购买农业机械的财政补贴，促进了我国主要农作物耕种收综合机械化水平的快速提高，2004—2018年的14年间，我国主要农作物耕种收综合机械化水平由34.3%提高到68.0%以上，年均增长2.41%。农业机械试验鉴定、安全监理与农机化服务组织快速发展与完善。

自2011年起，中国已成为农业装备和使用总量第一的世界大国，农业装备工业和农业机械化快速发展，为保证国家粮食安全和主要农产品的市场供给，提高农业土地产出率、资源利用率和劳动生产率做出了重大的贡献。2016年，农业装备制造工业年增长率超过20%，主要农业装备制造产品产量已基本满足国内90%以上的市场需求。

改革开放40年来，我国农业发展取得了重大成就：中国用占世界9%的耕地，6.4%的淡水资源，生产出世界近1/4的粮食养活了世界近20%的人口；2018年，粮食人均占有量472千克，高于世界平均水平；2017年，蔬菜人均占有量577千克，水果人均占有量达205千克。这些成就的取得与农业机械化事业的快速发展密切相关，改革开放以来，国家经济社会发展的伟大成就，也有我们农业机械工程师的巨大贡献。

对我国农业机械与装备工程创新驱动发展的思考

我国农业机械化在快速发展的同时，也面临着新的机遇与挑战：各地区农业机械化发展不平衡不充分问题仍然突出。主要粮食作物生产机械化发展较快，经济与饲料作物、棉油糖、果菜茶等作物生产关键环节以及畜牧、渔业、农产品产后处理和精深加工等领域明显滞后。北方平原和旱田农区主要农作物生产机械化发展较快，南方水田地区，特别是丘陵山区农业机械化发展缓慢。农机公共服务能力仍然不足，农机作业、维修、存放等基础设施建设滞后。从2010年起，全国主要粮食作物耕种收综合机械化水平超过了50%(52.3%)，但这不能说明我国农业生产方式已实现了从以人畜力为主向机械化为主的历史性转变。2015—2017年，我国先后还有11、10、9个省（市、自治区）主要农作物耕种收综合机械化水平没有达到50%，部分环节的机械化水平还比较低。

2016年春天“两会”通过的《中华人民共和国国民经济和社会发展第十三个五年规划纲要》第四篇，首先提出要“推进农业现代化”，并提出要实施八项“农业现代化重大工程”，都与加快推进农业机械化与农业装备工程发展密切相关。2016年12月29日，农业部发布了《全国农业机械化发展第十三个五年规划》。2017年冬，党的十九大明确了我国进入了新时代、开启新征程的历史方位；“实施乡村振兴战略，加快推进农业农村现代化”的伟大战略布局，为加快推进农业机械化和农业装备产业转型升级，提出了明确的指导意见，部署了一系列重大工程、重大计划、重大行动。2018年12月29日，国务院发布《国务院关于加快推进农业机械化和农机装备产业转型升级的指导意见》。

农业机械化与装备工程发展要紧密围绕实施乡村振兴战略规划，构建农业互联网创新平台，加快推进信息经济与农业现代化深度融合，着力推进农业装备智能制造，推进农业机械化与装备工程创新驱动发展，切实学习贯彻好《国务院关于加快推进农业机械化和农机装备产业转型升级的指导意见》，抓创新、谋未来。

首先要提升我国农业与生物工程科技创新能力，重视转变学科发展方式的研究。凝练创新研究方向，着力研究实施生态优先，绿色发展战略，面向农业提质增效、农民增收等可持续发展重大需求问题的解决方案。实实在在推进产学研推密切结合，着力搭架科技与产业技术融合发展的桥梁。要有更宽的全球化视野，发展国际交流合作，倡导学科交叉、协同创新与跨学科团队合作。关注生物经济与相关产业发展，促进农机化与农业装备工程与农艺密切融合，信息化与农业现代化深度融合，发扬开拓进取精神，拓展学科研究领域。认真研究农业农村发展的现实，突出强化问题意识，坚持问题导向的发展研究。

其次要培养创新型农业机械化与农业装备工程科技人才。农业机械工程师要善于将现代工程科学技术与生物科学知识紧密结合，为提升农业机械，装备及设施的科学技术自主创新能力作出贡献。加强数、理、化、生等理科基础，对生物学的基本原理、发展规律和应用需求有较好的基本理解，既具备高等工程学科的良好基础，又具备相关生物学科的必要知识，具备与生物学家和其他专业工程师（如生物、化学、机械、电气、土木等专业）协同工作的能力。加强学科交叉型农业机械化与装备工程人才培养，完善本科专业课程体系，增加生物学、化学、材料科学、信息科学基础和农学类课程，更好地体现农业与生物系统工程师的职业特点和优势。

今年是中华人民共和国成立70周年，也是实施乡村振兴战略的关键之年。希望这本优秀作品集可以为农业机械工程师们提供参考借鉴，也希望我国新一代农业机械工程师们可以把握历史机遇，在实施乡村振兴战略，加快推进农业与农村现代化的伟大事业中更创辉煌，以最好的成绩向中华人民共和国成立70周年献礼。

汪懋华

中国工程院院士、国际欧亚科学院院士

国际农业与生物系统工程协会会士

中国农业机械学会、中国农业工程学会名誉理事长

中国农业大学　教授

2019年8月

40年，在历史长河中仅是短短一瞬，但在中国农业机械化发展历程中，却留下了波澜壮阔的篇章。读罢200余篇征文，涌上心头的只有两个字：感动。从征文作者来看，既有农机化政策的顶层设计者，又有省市县各级农机化事业的推动者，更有来自基层的农机化行业参与者，他们都见证了中国农业机械化发展成就。从征文内容上看，字里行间展现了农机人真挚的情感、冷静的思辨、热情的讴歌、艰辛的创业、无悔的追求，更体现了农机人的担当。历史是人民群众创造的，历史亦是由这些一个个感人的故事串起来的。然而，一切过往，皆为序章；所有将来，皆是可盼。我们今天回忆过去40年的历程，正是为了更好地开创农机化新时代。让我们对征文获奖者表示祝贺，为伟大的农业机械化事业喝彩！

——农业农村部农机试验鉴定总站副书记、纪检书记　李斯华

回顾过去，展望未来，尤其面对乡村振兴和发展现代农业的大好形势，本书值得收藏。感谢中国农业机械化协会的同事们！

——中国农业大学教授、博士生导师

现代精细农业集成系统集成研究教育部重点实验室主任　李民赞

这本书是一座用细节之砖石砌起的基础坚实的农机化改革40年的丰碑，是一幅用几百个真实的人生故事书写的农机化人历经沧桑创造辉煌的历史画卷。

——农业农村部农机试验鉴定总站检验二室原主任　徐志坚

每一篇文章，都是农机人的心声，都是用青春岁月绘成的画卷，都是用爱的音符奏响的乐章，一个一个农机人的梦想，写下伟大祖国农业机械化的壮美诗篇；每一篇文章，都有着农机人的一抹乡愁，伴着个人的成长，与40年改革的节奏，用汗水和奋斗夯成了农业机械化的基石，这个征文活动是农机人的欢唱，必将激励现代农机人去创造美好的未来！

——黑龙江省农委农机局副局长　李宪义

本书凝聚了献身农机行业的工作人员几十年乃至毕生的心血和汗水，是改革开放40年来，农机制造业和农机化事业发展变迁的缩影，参与征文的作者和无数农机人都是这段历史的推动者、参与者和见证者！

——山西省农机发展中心副主任　张建中

农机人紧紧跟着时代脉动，唱响农机化发展的主旋律，承前启后，借用时代发展的宏伟力量，铸就农机化事业的新篇章。

——河北省农业机械化管理局调研员　郭恒

本书凝聚了农机系统各界人士的智慧与劳动，从多角度、多视野对改革开放40年来的农机化工作进行畅谈与总结，本书展现了对新时代农机化发展的激情和希望，值得收藏并细细品味。

——安徽省农业机械技术推广总站站长　江洪银

60年前，毛泽东主席提出“农业的根本出路在于机械化”。一代又一代农机人通过努力、坚守，为农机化事业奉献了青春、智慧和心血，通过这本文集，我们可以跨越时空和他们进行心灵对话，感受他们的酸甜苦辣和喜乐忧愁，同时，也能够领略中国农机化今天和未来面对的挑战、使命以及无穷的魅力！

——国机集团科学技术研究院有限公司副总经理　赵剡水

改革开放是一项伟大的事业，中国农业机械化的改革开放更是一项古往今来的伟大工程。毋容置疑，该书是中国农业机械化改革开放 40 周年的情景真实再现，是重大农业机械化事件的集大成者，更是记录我国农机化发展的一部史书。作者娓娓道来的每一例感人故事，无不展现了那年、那月每位农机人深厚的农机情怀和爱国情怀。感谢中国农机化协会的辛劳和付出！

——山东五征集团有限公司党委书记、董事长　姜卫东

本书应该是农机行业的发展史，有参考和保存的价值。

——常州东风农机集团有限公司副总经理　许国明

本书内容给阅读者一种非常震撼的感觉，其覆盖自中国改革开放 40 年来，农机行业实现全程机械化作业和发展历程中的曲折坎坷，记录了每一位农机专家呕心沥血、潜心研发、砥砺奋进的经历，会使每一位读者感受深切。

——青岛洪珠农业机械有限公司总经理　吴洪珠

本书有关农机行业及相关行业的素材丰富多样，很具代表性，从多方面，多角度总结回顾了农机行业的发展历程，有助于大家更深入地了解农机行业。

——大族激光智能装备集团北方销售总部总经理　王小华

本书是行业一流水准的书籍，凝聚行业顶级思维，具有较高的学习和欣赏价值，能够从战略、战术、企业和用户多维度研究行业、分析市场。

——管理咨询专家、行业资深分析人士　王超安

第一章　农机化探索

第二章　产业成就

第三章 技术创新

第四章 对外开放

第五章 地方风采

第六章　思辨与争鸣

第七章 农机人生

第八章　创业历程

第九章 诗与远方

第一章
农机化探索

40年遐想

——庆祝农业机械化改革开放40周年

□ 刘　宪

刘宪，现任国务院安全生产委员会咨询专家委员会委员，中国农业机械化协会会长、协会技术委员会主任。全国农业机械化标准技术委员会副主任，农业农村部主要农作物全程机械化推进行动专家指导组专家，中国农业大学兼职教授。

最想说的是，感谢改革开放给我们带来的一切。

1977年恢复高考对50后的人影响巨大，我就是其中之一。1970年，我从大城市上山下乡到偏远农村，从事农业劳动，对农业和农村生活有了切身的体验。

1979年，我考入北京农业机械化学院。开学伊始，我兴冲冲地登上绿皮火车坐了21个小时的硬座，从古城西安到刚刚迁回原址的学校报到。京华金秋的辉煌和学校主楼前雄伟的毛主席雕像，令人神往。我很中意选择的农机化专业，对未来充满期待。但是，参加开学典礼时，有关领导宣布1980年基本实现农业机械化目标不宜再提，真有点错愕不已。“1980目标”曾经作为响亮口号大张旗鼓地宣传，我和周围人都知道也很认同，因此对宣布舍弃感到迷茫。

毕业后才逐渐得知，这件事情不是那么简单。当年舍弃口号既有消除“两个凡是”的考量、经济方面无可操作性，也包含着部分同志对中国农业不宜搞机械化的认知：因为人多地少、劳动力充裕，联产承包后，许多地方土地规模甚至比土改前还小，还有资源限制石油农业不适合中国等。

我是农机化发展低谷时分配到农业部农机化局的。工作期间经历了若干次机构改革，每次农机都受影响。机构规格意味着工作的重要程度，地位不稳成为农机同仁的一块心病。因此，对领导讲话和中央文件中关于农机化的内容十分在意，自觉学习，念念不忘。

一晃40年过去了，如今我国农机化发展水平已经超越“1980目标”口号的内涵。回头细想，觉得这个口号还是很值得回味的。新中国成立之初，内忧外患、百废待兴，毛主席花功夫深入研究中国农业机械化问题，甚至表示要亲自当农机部的部长，自有他老人家的道理。

史料记载了毛主席关于农业机械化的许多论述，例如1955年7月31日，毛主席在《关于农业合作化问题》中提出：“估计在全国范围内基本上完成农业方面的技术改革，大概需要20～25年的时间。全党必须为这个伟大任务的实现而奋斗”。

今天我们考证“1980目标”口号的形成和演变历史，可以看出中华人民共和国领袖对农业机械化道路的探索和决策，不会是一时的头脑发热。口号的初衷是要改变几亿人搞饭吃的局面，把农民从繁重体力劳动中解放出来，更是为了提升国力，抵御外侮。

尽管党中央做了决议，两届党主席大力提倡、国务院召开三次全国性专题会议推动，但由于种种原因，“1980目标”最终没有兑现。但在那个艰苦年代，老一辈革命家仍然下决心搞农业机械化，他们知难而进的非凡勇气，令人敬佩。

改革初期农机化的状况有点儿一筹莫展。

1978年处于困境的农机化遇上了改革开放，1980年5月，邓小平同志在“关于农村政策问题谈话”中指出，发展生产力，第一个条件就是机械化水平提高。在共产党的领导下，农机化改革不断深化，40年来“边改边化”，渐渐走出低谷，探索出了行之有效的实现途径。农机化峰回路转重新受到关注，农机人的心情一天天好起来。

最具震撼力的改革举措，是允许和鼓励民办机械化。1980年，安徽6户农民集资购买大中型拖拉机及农具，激起争论。反对者认为私人占有生产资料不符合社会主义公有制；支持者的意见相反。最后结果是以中共中央印发《当前农村经济政策的若干问题》，国务院印发《关于农民个人或联户可购置机动车船和拖拉机经营运输业的若干规定》为准，允许私人购置机动车船和拖拉机并经营运输业。

“松绑”政策开了好头但也引发了新的争论，我旁听了大大小小的会议，人们对户营农机发表了不同见解。讨论中甚至有人认为户营农机可能导致雇工和剥削，姓“资”不姓“社”。后来农业部发了《关于加强农业机械管理工作的意见》，支持户营农机发展。农机产权制度和经营体制的改革一波三折，最终由农民决定要不要机械化、怎样实现机械化，这是非常了不起的成就，对农机化发展起到了十分巨大推动作用。典型的例子是跨区作业的蓬勃兴起。

1988年前后，山西等地农民，利用南北地域间小麦成熟的时间差，带着铺盖、锅碗开着自家的收割机，沿着小麦成熟的路线跨区收割，获得了不菲的收益。1996年后，农业部联合有关部委出台政策、提供便利支持跨区作业，机收小麦“南征北战”蔚然成风。新型农机服务模式遍地开花。农机大户、合作社、专业协会、股份（合作）制农机作业公司、农机经纪人等各类服务组织如雨后春笋般成立，农机服务市场化快速发展。跨区作业扩展到耕种收管等农事作业各环节，把大机器与小农户联系起来，大大提高了农机利用率和效益。

作业服务市场的旺盛需求使农机制造业枯木逢春。炎炎夏日，驰骋在金黄色麦浪中的“新疆－2”联合收割机格外醒目。这个机型诞生于尚不发达的新疆，从研制到推广使用，仅短短几年时间居然遍及小麦主产省区，增加的速度惊人。“新疆－2”陆续在四川、陕西、河南、河北、山东和天津建立分厂，“麻袋背着图纸去，装着钞票回”。“新疆－2”的故事是农机装备研发、制造流通业市场化的一个缩影。

自改革开放40年来，农机制造和流通企业脱胎换骨、重塑形象。形成民营企业为主体的混合所有制格局。农机工业对技术、人才和资本等生产要素吸纳能力明显增强，产业集中度、产品技术含量、综合质量明显提高。农机企业股票上市，并购国外企业，到发达国家建立研发中心，农机工业的迅猛发展的景象恍如隔世。中国成为世界第一农机制造大国。

中国的改革始于贫困农村。农业领域气势磅礴的改革创造了许多奇迹，最为世界瞩目的是解决了十几亿中国人的吃饭问题。应该说，农业率先改革带动了农机化的改革发展。农业产业结构的调整，“种养加”（种植、养殖、加工）结合，促进设施农业、农产品加工、畜牧业、运输、农田基本建设装备全面增长。土地制度的变革，人口自由流动，农民进城务工和城镇化率提升，使“以机换人”成为热词。

市场需求优先加速了农机农艺融合进程，改变了行业管理部门“老死不相往来”的局面。改革释放的能量，助力农机化发展宏观环境的改善。标志性事件是《中华人民共和国农业机械化促进法》和购机补贴政策出台。改革重大举措得到法律确认。2004年至今，国家财政补贴资金保持14年增长。农机制造和使用的总规模超过万亿元。

我感到农业改革对农机化带动是第一位的，改革开放40年如此，未来也将如此。服从、服务于农业改革发展是农机化工作者的“天命”。

改革开放加快了政府职能转变，推行“放管服”成效显著。国家标准化工作的改革，允许农机协会制定团体标准来满足行业发展急需。改革让行业协会走上前台，为企业排忧解难提供技术指导，促进企业转型升级；公布市场景气指数，及时发出预警信息；创办农机互助保险，开辟事故应急救援新途径。秉承“市场导向　服务当家”理念，行业协会以不断满足农机化行业新需求为己任，建立民间智库，汇聚智力资源；承担国家投资项目实施效果的评估，配合民盟中央开展行业热点问题大调研，向高层建言献策。农机化领域三大协会共同举办的国际农机展在世界知名，亚洲第一，跻身到与德国汉诺威等国际著名展会的竞争的行列。

对外开放拓展了农机人的视野。1978年十二国农机展，拉开了学习引进、消化吸收国外农机化先进经验和技术的序幕。改革开放吸引了国际知名品牌的农机企业参展，外国资本陆续登陆中国，以“市场换技术”缩小了中国产品与国际水平的代差，大批农机人走出国门，考察学习欧美和日韩的不同模式的机械化农业，了解国际经验，思考中国道路。

随着我国加入世贸组织和更快地融入国际社会，认证、认可活动日趋国际化，农机领域建立与国际接轨的企业管理和检测实验室质量体系，与欧洲经合组织OECD开展拖拉机试验和安全认证。同步引进国外现代企业管理方法和先进技术，迅速提升了中国农机制造业的整体水平。40年来，办的这些实实在在的事，在改革开放前是难以想象的。

改革开放40年，我们最为重要的收获是对农业机械化发展规律的认识不断深化。当年讨论《中华人民共和国农业机械化促进法》，我作为工作人员列席第十一届人大常委会第二十一次会议，聆听了领导和知名人士、专家的发言，对立法必要性，也不都是赞成意见，甚至有人说人大立法没有必要“找米下锅”。业内人士也曾经犹豫搞机械化是否不合时宜。40年来，农机化从“官办”到“民办”再到“民办官助”的每个阶段都伴随不同观点的交锋。在行业内部农机科研教育、生产流通、鉴定推广、安全监理各环节的改革也有许多不同认识。

当年，按照毛主席“每县都要有农机修理制造厂”的指示，国务院提出“尽快做到大修不出县、中修不出社、小修不出队”的要求，国家投入机床设备、钢材等物资，支持建设县、社、队三级农机维修网。在改革中，情况发生了很大变化，农机维修网点应该继续由国家搞，还是由制造者负责？我多次主持过不同观点争论的会议，自己也说不清楚。今天来看，对错姑且不说，争论本身就是好事，说明思想不再僵化，不再一切从“本本”出发。在认识层面，区分真理和谬误有时是非常烧脑的事情。农机化改革40年最有价值的收获，在于坚持了实践是检验真理的唯一标准的认知，探索了一条农民自主、政府扶持、市场引导、社会化服务的农业机械化实现道路。改革开放的神灯，引导我们完成了前人难以完成的事，实现了前人未能实现的梦想！

早在1924年，中国革命先行者孙中山先生在关于民生主义的演讲中就阐述了使用机器发展农业的巨大作用。1959年，毛泽东主席明确提出“农业的根本出路在于机械化”的著名判断。在他们所处的时代都是非常了不起的。我认为“根本出路”更深的含义是指出建设现代农业必须走机械化的道路，即使在中国这样的“小农大国”也别无选择，不管愿意不愿意，早晚都要走这条路的。现在，农机化在一些生产领域已经登台唱主角，成为牵引农业生产方式变革的火车头。这些是否验证了“农业的根本出路在于机械化”判断的正确性呢？

“1980目标”已经成为历史。没必要苛求前人，也不必过多痴心于情缘，把农机化地位和作用挂在嘴边，不必计较机构职位多少。真正要牢记的是历史给我们的启迪。40年前，农机化问题就如此引人注目、众说纷纭，这正说明它的重要性和复杂性，也凸显出我们对农机化问题认识的肤浅、理论研究和通才培养的缺欠。农机化是一个开放的系统，牵一发而动全身。实践证明局部的认识和动作难以成功，必须紧扣改革开放的节拍，选择发展目标，摸索发展道路。

改革开放40周年之际，把农机化改革开放引向深入是最好的纪念。

当前，中国农业机械化正面临新的问题，经过十几年的高速增长，从饥渴期到正常摄入期，需要更理性的发展。问题表象是供给不够、质量不高；消耗大、效率低。背后隐含的却是思想观念的陈旧，体制机制的桎梏，顶层设计的不完善和市场竞争的不规范。

好办的都办了，剩下都是比较难啃的骨头，需要更大的智慧和勇气，再次解放思想，再次转变观念！进一步发挥市场机制的作用和基层创造性，继续加大政府指导。提高农机服务的组织化程度，加强农机化基础设施和相关公共服务体系建设。放手让市场配置资源，放手让行业协会承担更多事务，例如承担行业基础数据的收集、统计和发布，购机补贴技术依据的拟定，支持协会团体标准在农机鉴定、成果评价中的采用，为农机展会参与国际竞争，企业产品打入国际市场提供外交、法律、金融、贸易等方面的支持，在国际交往中让行业协会更多出面维护企业利益诉求。

目前，农机化理论研究和教育培训滞后甚至脱离实践的现象虽然引起了关注，但没有根本性的改观。另外，农机化发展急需的能工巧匠和王牌机手长期短缺。某些科研人员心仪SCI，富于论文，贫于创新。名不见经传的民营企业研发出解决实际问题、受到农民欢迎的"卡脖子"装备；农机作业消耗大、质量差，指导作业的农机运用学无人问津。

农机化的改革任重而道远。

实施乡村振兴战略，要求农机化既要服务于农业生产，又要服务于乡村治理。要坚持供给侧结构性改革的思路，加强制度创新。准确评估农业的有效需求，警惕"泛农机化"。重视亩均动力居高不下的问题，把控制农机总动力的增长提上议事日程，优化农作物生产全程机械化机具配比；系统研究各类装备的配比、亩均动力、单位油耗等评价指标；防止新的一拥而上。支持农机流通和售后服务新业态，加强区域性的农机综合服务市场建设；维持市场秩序，遏制恶性竞争，保护核心专利技术；开发适用休耕，土地"宜机化"改造的机具；重视扶持农业生产和乡村建设兼用的技术和装备；关注电动农机具和高智商农业机器人的研发应用；重视动植物工厂的建设；开发行业大数据系统，推进农业机械化高质量发展。

在庆祝改革开放40周年之际，中共中央总书记习近平同志到黑龙江调研农业时，深刻阐述了发展农业机械化在现代农业建设中的重要作用，提出了新的更高要求。农机化工作者备受鼓舞。最近，国务院总理李克强主持召开了国务院常务会议，审议通过《国务院关于加快推进农业机械化和农机装备产业转型升级的指导意见》，部署了许多新的任务。要求引导有条件的地方率先基本实现主要农作物生产全程机械化。为今后工作指明了方向。

遐想40年，我作为亲历者和受益者，万语千言难以表达内心的波澜。再次感谢改革开放给我们带来的一切，圆了我的农机化梦。

科学立法促振兴 良法善治利长远

——回顾我国农业机械化法制建设40年辉煌历程

□ 孙　超

孙超，农业农村部农业机械试验鉴定总站高级工程师，1988年出生，山东省青岛市人。

全面推进依法治国，加快建设社会主义法治国家，是中国共产党领导人民治理国家的基本方略。立法是为国家定规矩、为社会定方圆的神圣工作，以立法把党和人民在实践中取得的成果上升为法律规定，是农业农村法制建设的重要经验。农业机械化是农业农村法制建设的重要领域，改革开放40年以来，我国农业机械化法制建设经历了从初步探索、建章立制到健全体系的不凡历程，在保障国家粮食安全、推进质量兴农、促进可持续发展、保障和改善民生等方面发挥了突出作用，为推进农业农村现代化做出了重要贡献。

一、农机化法制建设的历史进程

农机化法制建设，根植于我国农业农村改革发展实践。中华人民共和国成立伊始，“改良农具”的发展方针就写入了《中国人民政治协商会议共同纲领》，为发展农业机械化奠定了最高法律基础。1955年和1956年，全国人民代表大会分别通过了《农业生产合作社示范章程》和《高级农业生产合作社示范章程》，明确了以农业规模化经营推进农业机械化的发展目标。1956年，国务院颁布了《新式农具统一管理暂行办法》，规定了新式农具在制造、供应、推广等环节的管理措施，这些法律法规奠定了中华人民共和国农机化发展的制度基础。但是，十年动乱让国家立法工作陷入瘫痪，农机化法制建设陷入停滞。农具推广主要依靠政策、行政指令进行调整，缺乏法治保障。

“虎踞龙盘今胜昔，天翻地覆慨而慷”。改革开放使中国发生了翻天覆地的巨大变化，农机化法制建设迎来了新的历史起点，其建设历程可以分为三个阶段。

（一）全面恢复阶段（1978—2004年）

家庭联产承包制度吹响了我国改革开放的号角，也开辟了我国农机化新的发展道路。

1983年中央1号文件提出，允许农民个人或联户购置农机，农机化发展的动力发生了根本转变，农机化制度体系面临着深度调整，这一阶段农机化法制建设的总体思路是“依法管理”。在农机产品鉴定方面，《农业机械鉴定工作条例（试行）》于1982年公布，确立了部省两级开展农机产品鉴定的工作机制，为适用农业机械的推广使用奠定了基础；在技术推广方面，《农业机械化技术推广工作管理办法（试行）》于1983年公布施行，建立了农机化技术推广制度体系；在质量保障方面，《全国农村机械维修点管理办法》于1984年公布施行，规范了农机维修点开办、运营等活动，加强了农机维修服务管理。1993年，农机化法制迎来了两部重要的法律，《中华人民共和国农业法》规定了国家鼓励和支持农机使用、提升农机化水平的发展方向，《农业技术推广法》明确了农机技术推广在农业生产中的地位和作用。在此期间，从中央到地方，农机化法制建设全面恢复，为依法促进农机化发展提供了先行经验。

（二）体系建设阶段（2004—2012年）

随着农机化法制建设的加快，农机化管理工作逐步建章立制，但各个规定之间还不十分协调，各个办法之间还未形成体系，促进农机化发展的体制机制还未确立。2004年6月25日，第十届全国人大常委会第十次会议审议通过了《中华人民共和国农业机械化促进法》，以法律形式确立了促进农机化发展的目标任务和制度体系，标志着我国农机化发展迈入了依法促进的新阶段。2009年9月7日，国务院常务会议通过了《农业机械安全监督管理条例》，建立了部门齐抓、主体共建的农机安全监管机制。在“一法一条例”的引领下，安全监管、质量保障和社会化服务等方面的规定逐步建立，新规章新制度密集出台，《农业机械试验鉴定办法》《拖拉机驾驶证申领和使用规定》等9项部门规章陆续公布施行，促进农机化发展的法规制度初步形成。

（三）优化完善阶段（2012年至今）

党的十八大以来，党中央、国务院深入推进“放管服”改革，农机化法制建设在简政放权、放管结合、优化服务方面加快了步伐，制度体系不断优化，办法措施日益完善。在部门规章方面，2019年《农业机械试验鉴定办法》修订公布，进一步优化鉴定类型、创新鉴定管理方式、强化公益性便民服务。同时，为落实国务院关于取消“农业机械维修技术合格证核发”行政审批事项等一系列“放管服”改革举措，先后修订了《农业机械维修管理规定》等3个规定；2018年《拖拉机和联合收割机驾驶证管理规定》以及《拖拉机和联合收割机登记规定》公布，将原有的3个部门规章整合优化为2个，强化部门职责、优化分类管理、提升便民服务，农机安全监管“放管服”全面推进；2016年《农业机械维修管理规定》修订，农机维修审批实行“先照后证”。此外，农机法规文件“立改废”并举，《全国乡镇农机管理服务站管理办法（试行）》等5部不符合实践要求的法规文件及时废止。此外，地方性农机法规建设步入了快车道，《北京市农业机械安全监督管理规定》《广西壮族自治区农业机械化促进条例》等10余部省级地方性法规公布施行。通过优化法制体系，农机化“放管服”改革持续推进，体制机制更加健全，管理效能不断强化，农民和行业服务者的获得感、幸福感、安全感持续提升，为推进农业农村现代化发挥了重要的支撑保障作用。

二、农机化法制体系的框架内容

目前，我国建立了以法律和行政法规为基础，以部门规章为主干，辅之以地方性法规，多层次、全方位的农机化法制体系。农机化领域已有法律 1 部、行政法规 1 部、部门规章 8 部，省级地方性法规 60 余部，为推动农机化持续健康发展发挥了积极作用。

（一）法律

《中华人民共和国农业机械化促进法》是我国首部专门促进农业机械化发展的法律，是一部农业经济类法律，也是我国农机化的“基本法”。《促进法》为什么被称为农机化的“基本法”？从立法背景看，《促进法》重在解决农机化扶持政策不均衡、不稳定，农机化制度规定不统一、不协调的问题，通过立法，确立了促进农机化发展的制度体系，为制定其他农机化政策法规奠定了基础。从主要内容看，《促进法》围绕提高农机化水平、建设现代农业，从农机科研开发、质量保障、推广使用、社会化服务和扶持措施等方面作了明确规定，涵盖了农机化发展的各个方面。从实施效果看，《促进法》在规范引导和促进保障农机化发展方面作用巨大，广泛调动了政府、企业、农民等主体发展农机化的积极性，农机装备总量、农机作业水平、农机社会化服务和农机工业发展之快前所未有，为提高我国农业生产能力、发展现代农业、促进农民增收发挥了重要作用。

（二）行政法规

随着农业机械及其操作人员数量的不断增多，农机安全使用问题愈发严峻，监管责任不明晰、管理措施不完善、安全制度不落实的现象较为突出。《农业机械安全监督管理条例》（以下简称《条例》）旨在预防和减少农机事故，保障人民生命和财产安全，建立了涵盖农机生产、销售、使用、维修、服务等全流程的监管体系，规定了农业农村、市场监管等部门和农机生产者、销售者、使用者、维修者等从业主体的权利和义务，确立了事故报送、监督检查、违规处罚等执法规范，为依法规范开展农机安全监管奠定了法规基础。《条例》出台后，农机安全生产形势明显好转，事故起数、死亡人数等指标逐年下降，有效地维护了人民群众的生命健康和财产安全。

（三）部门规章

以农机化法律和行政法规为基础，农机化领域逐步制定了涵盖科研开发、质量保障、推广使用、安全监管、社会化服务等方面的部门规章，为促进农机化发展明确了具体措施。在安全监管方面，《拖拉机和联合收割机驾驶证管理规定》《拖拉机和联合收割机登记规定》建立了拖拉机和联合收割机及其驾驶人牌证的审批管理制度，规定了影响安全的产品要求和人员条件，规范了业务流程和便民措施，《农业机械事故处理办法》规范了农机事故报告和处置程序。在推广使用方面，《农业机械试验鉴定办法》确立了通过试验鉴定评价农机是否适用的制度体系，《联合收割机跨区作业管理办法》建立了联合收割机开展社会化跨区作业的服务保障措施，发挥了良好的社会效益。在质量保障方面，《农业机械维修管理规定》明确了农机维修业务的主体资格条件，规定了农机维修经营活动的监管措施，《农业机械质量调查办法》建立了对特定农机产品质量状况进行监督调查的常态化制度。此外，《农业机械产品修理、更换、退货责任规定》对农机生产者、销售者、修理者的“三包”责任义务及其监督管理进行了规定，有效地维护了农民等主体的合法权益。

（四）地方性法规

在法律和行政法规的基础上，各地结合实际，积极出台并完善了农机化地方性法规，将本地促进农机化发展的政策措施纳入了法制化轨道。目前，在省一级中，有13个省区出台了农机化促进条例，30个省区出台了农机安全监督管理条例，另有20余部其他规范农机化发展的地方性法规。

为适应依法促进农机化发展的新形势，湖北、内蒙古、广西等地在农机管理条例基础上，出台了农机化促进条例。为应对大气污染防治的新要求，《北京市农业机械安全监督管理规定》对拖拉机和联合收割机的大气污染物排放进行控制，强化了绿色导向。为推进新型农机化技术推广应用，《山东省农业机械化促进条例》规定了全省农业机械化示范区的规划和实施办法，为建立农机科研推广长效机制提供了示范。为落实国家减轻农民负担的惠农政策，《江苏省农业机械安全监督管理条例》将农机安全监管工作所需经费纳入财政预算，以法治保障改革措施落地，提高农机安全监管的公共服务能力，让农民切实享受到了改革的成果。

三、农机化法制建设的主要经验

回顾改革开放以来的农机化法制建设历程，其初始大多源于地方、部门制定的制度规定或政策文件，历经演变和发展，实现了从地方探索到全国规范的延伸，完成了从政策精神到法规文件的转化，逐步形成了符合发展需求的法制体系，其经验弥足珍贵。

（一）促进农机化发展，要依靠法制建设

法制体系是农机化发展的基础。农机化法制建设进程中，其指导思想经历了借鉴探索、管理为主、促进发展的转变，法制体系完成了从行政法主导向经济法主导的转化，其结果直接影响了农机化的发展历程。以主要农机产品大中型拖拉机为例，“十一五”期间，其产品年均增长率由《促进法》出台前的2.64%跃升至21.56%，为粮食增产和农民增收发挥了重要作用。因此，为实现促进农机化发展的目标，需要有相适应的法制体系保障。

（二）落实改革举措，要依靠法制建设

在我国农业农村领域改革的不同阶段，农机化法制建设均发挥了重要作用。在新民主主义革命时期，农机化发展政策上升为法规，顺应了保障农具供给、改革农具使用的需求，恢复了农业生产。在农村家庭联产承包制度施行后，农机化法制体系深度变革，其重点由调整集体组织使用农机逐步转变为鼓励个体农民使用农机，推动了亿万先进适用的农机产品投入农业生产。改革和法治如鸟之两翼、车之双轮，重大改革要于法有据，立法要主动适应改革和

经济社会发展需要。当前，在全面依法治国、实施乡村振兴战略、推进“放管服”改革和农业供给侧结构性改革的总体要求下，如何落实改革要求，让农机化发展融入乡村振兴战略，是农机化法制建设面临的重要课题。

（三）解决问题矛盾，要依靠法制建设

法制是应对新情况、解决新问题的良策。改革开放后，国家允许个体农民购置农机从事生产和运输，但对上道路拖拉机监管职责不明确、管理措施不完善。2004 年《道路交通安全法》施行，赋予公安部门道路执法权，农机部门牌证管理权，填补了监管盲区。随着上道路农机事故的逐步减少，田间事故成为了安全监管的新重点，2009 年出台的《农业机械安全监督管理条例》对农机生产、销售、使用、维修全过程以及田间作业或转移中的事故处理进行了规范，有效地减少了农机田间事故。多年来，行业内对拖拉机是否需要办理交强险存在分歧，2018 年出台的《拖拉机和联合收割机登记规定》明确，拖拉机运输机组需要在登记时办理交强险，解决了行业多年悬而未决的问题。因此，法制建设是规范秩序、化解矛盾的有效途径。

四、农机化法制建设展望

回顾过去，农机化法制建设要着重处理好三类关系。一是政策和法规之间的关系。农机化政策和法规分别是引领发展的方针和指导实践的规范。一方面，政策是法制的灵魂，法制要落实党的路线和方针政策；另一方面，法规对政策的实施具有保障作用。要发挥各自优势，将政策和法规统一于推进农机化发展的实践进程。二是政府和市场之间的关系。政府与市场对促进农机化发展至关重要。一方面，在质量保障、安全监管等方面需要依靠政府强化监管的领域，要坚守底线；另一方面，又要充分发挥市场机制调动相关主体的积极性，顺应合理诉求，需要在立法时统筹兼顾。三是强制和保护之间的关系。农机化法制调整的主要对象是弱势的农民，需要在立法时兼顾强制规定与保护措施，做到依法护农。

展望未来，农机化发展在大力实施乡村振兴战略、落实国家强农惠农富农政策、推进农业供给侧结构性改革等方面，在推进农机化转型升级、推广绿色生产技术、保障农机安全生产、发展农机社会化服务等领域面临新的发展机遇。农机化法制建设 40 年辉煌历程告诉我们，要不断加强法制建设，发挥好法治固根本、稳预期、利长远的保障作用，促进农机化全程全面、高质高效发展，为加快推进农业农村现代化、谱写新时代乡村全面振兴新篇章提供坚强保障。

征文后记

踏向未来

2019 年 1 月 20 日，农历大寒，北京已入四九隆冬，寒风凛冽，但阳光灿烂，天空蔚蓝，是一个暖冬之日。在中国农业机械化改革开放 40 周年征文颁奖大会现场，群贤毕至，高朋满座：开创农机化事业的前辈们来了，指引农机化发展的领导们来了，谋划农机化进步的专家们来了，支撑农机化实现的行家们来了，从事

农机化工作的能人们也来了。现场气氛喜庆热烈，领导高度肯定，开场诙谐有趣，主持人穿针引线，交流掷地有声，农机人们的情感汇聚融合，整个活动气氛达到了顶峰。

改革开放40周年，一代代农机人砥砺前行，挥洒壮志，创造历史，缔造辉煌，开辟了一条发展中国农业机械化事业的道路，深刻回答了“中国需不需要农业机械化、谁来搞农业机械化、怎么实现农业机械化”的重大理论与实践问题，构建并完善了以政策和法规为主要组成的农机化制度体系，从财税支持、区域合作、科技教育、试验鉴定、技术推广、安全监管、社会化服务、报废更新等各个方面，形成了一批可复制、可借鉴的典型做法，书写了中国故事，缔造了中国经验，集中体现在此次200余篇征文佳作中。这100余万字，不仅见证着昨天、启迪着今天、昭示着明天，更是一笔宝贵的精神财富。

作为征文活动的参与者，我有幸参与了一些农机化立法工作，对法治的概念和理解经历了从无到有、从弱到强的过程。记得有一个月的时间，每天中午我都是在图书馆度过的，翻看着1949年以来我国农机化出台的一项项政策、公布的一部部法规，每当看到和农机化立法有关的部分，我就一边激动地默读，一边认真地记录，兴奋之感足以抵消困意。回到办公室，我尝试着认真研究总结，提炼加工，形成文字，屡次修改，终成文章。当然，受认识所限，论述肯定还有不全面、不准确的地方。主导农机化立法工作的前辈领导们会有更加深刻的认识和体会，他们参与制定的法规文件，如同他们亲手抚养长大的孩子，在过去发挥了关键作用。在未来，我们也要珍爱这些宝贵成果，用好法治手段，为农机化发展保驾护航。

最后，我想特别感谢中国农机化协会，感谢刘宪会长，王天辰秘书长，夏明副秘书长，还有孙冬、谢静、耿楷敏、权文格等同事们，你们的辛勤付出让我看到了团队和品牌的雄厚力量。祝中国农机化协会越来越好，祝新时代中国农机化事业越来越强！

我与农机鉴定改革

□宋　英

宋英，研究员，现任农业农村部农业机械试验鉴定总站鉴定二室主任。长期从事相关农机产品试验鉴定、标准化、推广鉴定大纲、质量监督、实验室体系、鉴定政策法规等技术和管理工作。

我这个年龄段的人，大概算得上是与改革同行的一群人。改革发展了国家，富裕了人民，也改变了我的命运。

小学是在“文革”的后半期度过的。那个年代给我留下的是爱憎分明、革命工作第一的红色记忆，在我幼小的心田里播种下了理想、革命精神、艰苦奋斗的种子。

现在回头来看，小学的教育和社会环境对人的一生是至关重要的，它决定了一个人的世界观和价值观。

那时的日子简单、穷苦，却也快乐，也许是少年不识愁滋味吧。

我见到的第一个大型机器就是拖拉机。小伙伴们跟在拖拉机后面奔跑，望着铁犁翻卷起的像浪花一样的土壤，无比兴奋！“农业的根本出路在于机械化”，这么大的国家政策也进入了我们娃娃的头脑里。

恢复高考是我遇到的第一个改革。

我上初中时，国家恢复了高考制度，上大学成了许多人的梦想。头两年，我们村就考上了几个大中专学生。我的数学老师刚给我们讲完什么是有理数，就去上大学了。那时，大学生，可是一个金光闪闪的字眼。看着他们暑假回到村里，站在大街上，那充满希望、快乐和自信的身影，着实令人羡慕。

大概在我读初二的时候，我们村也实行了家庭联产承包责任制，开始了土地集体所有、一家一户种地的农业经营模式。这是我接触到的第二个改革。这一改革的深刻意义还是在参加工作以后逐渐认识到的，当时并没有多少感觉，因为那时的注意力全部转移到听课、做题和考试上了。

参加完高考，准备报志愿时，我不知道怎么选择。我和班主任正在商量时，恰好一位大学生暑假回校看望我的班主任，于是我就请他给个建议。他问了我自己的预估分数后，建议报北京农业机械化学院（现为中国农业大学），我就采纳了这个建议。从此，我与农机化就结上了缘。选择到北京农业机械化学院读书，有可能还是小时候紧追拖拉机奔跑的情结发挥了作用。

高考改革使我成为了一名大学生，从农村走进了首都北京。

1987年7月大学毕业后，我被分到了农牧渔业部农业机械试验鉴定总站工作。1991—1998年调入部机关工作，1998年机构改革后，我又回到了鉴定总站。

这次机构改革是我遇到的第三个改革。

由于机关精简人员比例很高，要分流不少人。我是改革的受益者，为什么就不能为改革做一点贡献呢？于是我服从了组织的安排，并没有大的思想波动。机关工作培养了我的大局意识和全局观念，提高了我的组织协调能力和文字水平，也使我对“三农”工作有了基本的了解。

我国农机化发展经历过家庭联产承包责任制改革初期出现的低潮，国家对农业经营体制和发展农机化的主体进行了改革，农机化人也有过困惑。但随着农业增产和乡镇企业的发展，农机化领域开始出现了农户自购、自有、自用小型农机的发展模式，这一阶段以小型机械增长为主；20世纪90年代中期，出现了以小麦跨区机收为标志的农机社会化服务发展模式，以中型机械增长为主；进入21世纪后，呈现出国家购机补贴政策拉动下的农机大户和农机专业合作社快速发展模式，以中大型机械增长为主；当前我国农机化发展进入了向全程、全面攻关的新阶段。

改革开放40年，我国农机化发展实现了两个历史性跨越：一个是由初级阶段向中级阶段的跨越；另一个是农业生产方式由人畜力为主向机械作业为主的跨越。2017年全国农机总动力近10亿千瓦，规模以上农机工业企业主营业务收入近4500亿元，全国农作物耕、种、收综合机械化率超过66%，主要粮食作物生产基本实现了机械化。我国已成为世界农机制造和使用第一大国。

取得的这个成绩，是我们农机化人在改革初期想不到的。前面提到我遇到的第二个改革——农业家庭联产承包责任制，不仅没有阻滞农机化的发展，反而为农机化发展找到了一条有实际经济效益的发展之路。

农机试验鉴定工作是农机化管理工作的重要组成部分。伴随着农业和农机化的改革和发展，农机试验鉴定工作也进行了相应的改革。

2004年，国家发布了《中华人民共和国农业机械化促进法》。2005年，农业部制定了《农业机械试验鉴定办法》，这是农业部贯彻落实农机化促进法，在总结过去农机试验鉴定工作经验的基础上建立起来的农机试验鉴定制度。

2006年，我在鉴定总站质量监督处工作，在领导的安排下，负责研究起草了《农业机械部级推广鉴定实施办法》，2007年年初发布实施。这是第一个规范推广鉴定工作的部门规章，明确了推广鉴定的八大内容和相关要求。

2015年，农业部农机化管理司决定对农机试验鉴定制度进行改革，当时，我在鉴定总站科技外事处工作，参与了这次农机试验鉴定制度改革的全部过程，是主要参与人之一。

这次农机试验鉴定制度改革任务重，时间紧，大家加班加点努力工作，当年就完成并公布了《农业机械试验鉴定办法》（农业部令2015第2号）和《农业机械推广鉴定实施办法》（农业部第2331号公告）。为了使改革的精神和要求尽快落地，2016年组织完成了部级推广鉴定大纲全面修订工作。

2015年改革的重点：

一是下放发证主体，落实“放管服”改革精神，强化鉴定机构主体责任；

二是明确农机试验鉴定的属性是技术推广工作，特色是聚焦产品的适用性，不同于产品质量监督和检验工作；

三是简化鉴定内容，初次鉴定内容由原来的八大方面精简为四个方面并大力推行机型涵盖；

四是有效期满实行续展方式，不需要重新鉴定；

五是企业自主使用标志。

这次改革的重要意义是，明确了鉴定机构为发证主体；进一步减轻了企业负担；突出了为购机补贴政策提供更好的技术支撑；实现了推广鉴定工作更加科学、规范、简化、可操作的有机统一。

这次改革是我遇到的第四个改革，与前三次不同的是，这一次我参与到了改革的顶层设计之中。

2016年9月，我到鉴定总站鉴定二室工作，搞起了拖拉机和柴油机试验鉴定。2018年，我作为第一起草人主持对DG/T 001—2016《农业轮式和履带拖拉机》部级推广鉴定大纲的修订工作。

这次修订的总体思路是一方面继续做简化工作，推行单元鉴定，这可以减少企业的证书数量，减轻企业做鉴定的负担；另一方面强化了适用性评价，特别是将轮式拖拉机的能效等级作为适用性评价的内容之一，有利于引导拖拉机行业的高质量发展和绿色发展，同时积极推动了农机认证与农机鉴定工作的融合互促发展。

当前我国经济发展进入新常态，由高速增长向高质量发展转变，主要是解决供给侧的问题；我们要深入贯彻新发展理念，以供给侧结构性改革为主线，提高供给的结构、品种、质量及品牌，以满足市场需求。

国产农机产品普遍质量水平不够高，常常为农机使用者所诟病。农机行业中低端产能过剩，面临大调整、大变革的考验。每个企业都需要正确处理好数量与质量的关系，真正树立起质量第一、用户至上的理念，扎扎实实地把产品做好，在大浪淘沙中实现高质量发展。

世界潮流浩浩荡荡，顺之者昌，逆之者亡。这个潮流就是改革开放。

改革总是有难度的，会遇到各种阻力。这里面既有认识上的问题，也有理论上的问题，还有权力和利益调整的问题，矛盾错综复杂，所以，邓小平说改革也是一场革命。我认为只要有利于解放生产力，有利于人民过上美好幸福的生活，就是好改革。

今天，中国特色社会主义进入了新时代，以习近平总书记为核心的党中央带领全国各族人民正在开创更高水平的改革开放，不仅要建设美丽富强的中国，而且还着眼于推动人类命运共同体建设，目标宏大，路径明确，前途光明。

让我们拥抱这样的改革开放吧！

征文后记

忽如一夜春风来

啊，1978年，一个神奇的年份！

在那一年，改革开放犹如和煦的春风吹遍

了神州大地。

40年来，人民的生活奇迹般地走进了万象更新的春天。

2018年，中国农业机械化协会举办了“纪念农业机械化改革开放40周年征文活动”，这给农机人的心中吹进了一股强劲的春风。放眼望去，征文活动激荡起了阵阵春潮，一段段激情燃烧的岁月为此涌动而流淌……

刹那间，叙述着一个个普通农机人的奋斗经历、讴歌了不同层面的农机化工作成绩的一篇篇征文，像春风里的花瓣一样飞到了大家面前。

我如饥似渴地阅读主办方推送的美文，被里面的小人物和故事感动了。大量的征文使我从不同角度感受到了中国农机化40年波澜壮阔的发展历程和取得的来之不易的成就。

这些文字带着温度，带着激情，带着历史，带着追求……所有这些，都是不能从官方公文中感受得到的。

啊！中国农业机械化协会，你做了一件非常有意义的事情！

是你引爆了农机人的美好回忆，

你以平民视角梳理了农机化的发展历程，

你记载了农机人的奋斗足迹，

你启迪了农机人面向未来的思考，

你汇聚起了农机人继续前行的力量！

感动于主办方夏明副秘书长等全体工作人员的敬业精神，我在这次活动中也递交了一篇《我与农机鉴定改革》的小文。没想到，还获得了二等奖。在此，我对中国农业机械化协会、评委老师及同行们的鼓励，深表谢意！

我所经历的农机推广工作

□ 吴传云

吴传云，农业农村部农业机械化技术开发推广总站副处长。

作为全国8万名农机化技术推广人员中的一分子，我出身在南方农村，上的是农业大学、干的是为农服务工作。在伟大的改革开放的磅礴进程中，我国的农机推广事业不断地探索创新、不断地发展壮大。我非常幸运也十分自豪于自己21年的职业生涯始终参与其中。也许是某种巧合，我的几个阶段的工作经历正好与农机推广工作的探索、创新、发展有所重合。

一、倾听，20世纪的辉煌

1997年本科毕业后，我来到农业部农机推广总站工作，在最初的几年里，更多的是倾听总站的老同志们讲述总站的过去和全国农机推广工作从无到有、不断壮大的光荣历程。

原农牧渔业部于1982年成立农机化技术推广总站，至今已走过了36个年头。1993年《农业技术推广法》的颁布，标志着农机推广工作走上依法推进的道路。特别是在1996年通过了全国范围内的“三定”（定性、定员、定编）工作，各地农机推广机构逐步建立和完善起来，我国农机推广工作走上了农机推广机构主导，科研、教学、社团组织和农民广泛参与的发展道路。在“八五”“九五”期间的农牧渔业“丰收计划”农机化项目执行过程中，通过农机化技术示范推广，新增粮食43.33亿千克，油料2.3亿千克，皮棉4 467万千克，果菜1 459万千克，家禽1 025万只，鲜蛋1 646万千克，禽肉154万千克，水产品4 308万千克，直接经济效益近40亿元。成绩属于过去，历史值得珍惜。

二、学习，推广工作的技术支撑

2000年，我调到了新成立的体系建设处工作，而当时正值我国农业生产形势严峻，粮食产量连续5年减产，农业技术推广工作面临着前所未有的生存危机，“线断、网破、人散”“体制不顺、机制不活、队伍不稳、保障不足”等问题突出。这个时期，我亲身经历了党和国家强农富农惠农政策的逐步出台，体会到了整个社会对农业机械化和技术推广工作在我国农业现代化建设中的重要性的逐步认同。从2004年开始，中央连续发布以“三农”为主题的中央1号文件。2004年《中华人民共和国农机化促进法》颁布实施，2006年全面取消农业税，2006年国务院出台《关于深化改革加强基层农业技术推广体系建设的意见》。

这个时期，总站参与了一系列重大农业和农机化发展规划的编制，承担了许多重大技术推广项目的实施，举办了全国“春耕”“三夏”“三秋”农机化技术演示活动，结合重点农时编制发布了一系列机械化作业要点和技术指导意见，开展农机购置补贴政策解读与宣传，连续多年组织承办了全国农交会农机展团、丘陵山区农机展览会，策划了全国农机展会、国际农机展会上的全程机械化解决方案、绿色环保机械化技术展示和报告会等专题活动，成功承办多期东盟培训班、非洲培训班和多个国际研讨会。总站深入田间地头开展农业科技促进年活动，开展了“欧豹杯”全国农机大户知识大奖赛，为农民办实事，送科技和信息下乡。创办了《农机科技推广》杂志和中国农机推广网。这个时期，全国推广系统在不断适应、调整过程中，努力地发挥着基础性的技术支撑作用。

三、记录，勇于探索的农机推广工作

2007年，我调到综合部门工作，在起草总站综合材料的过程中，看到里面记录着农机推广工作从事者的开拓创新、勇于探索精神。这段时期是农机购置补贴政策全面实施的时期，也是我国农机工业加速发展的时期。全国农机推广系统面临着企业开展产品销售、技术培训、维修服务等市场化经销模式对公益性技术推广服务工作带来的前所未有的刺激和挑战。

这个时期，总站联合有关协会和企业在全国范围内先后开展了玉米收获机、水稻插秧机、小麦玉米免耕播种机、深松机、履带式拖拉机、油菜收获机等作业效果综合测评工作，并举办媒体发布会，为农民选型机具提供了重要的参考依据，促进了生产企业技术改进和创新。总站积极开拓事企合作新业务，与江苏东洋合作开展水稻机插秧技术推广、与国能公司合作开展秸秆收贮加工课题研究、与珠海风光科技有限公司合作开展“耕水机”健康水产养殖技术试验、与中国农业银行合作开展农机金融租赁业务试点等，完成了948农业技术引进项目——“气吸式免耕播种机”和山地拖拉机研制，参与承担了中德农业机械化示范农场合作项目，并开展了多次技术田间交流活动，先后与多家企业合作共建示范农场。这个时期，全国农机推广系统在公益性推广与经营性服务合作上做了许多大胆的探索和尝试。

四、宣传，依法推广的显著成效

2012年，我调到宣传部门工作。这一年，中央提出落实基层农技推广机构“一衔接、两覆盖”政策。《农业技术推广法》修订颁布，进一步明确了技术推广机构公共服务机构的定位和公益性职责内容。产业需求、政策支持、职能法定，农机推广工作迎来了稳定、加强的好时期。我也借助总站“一刊一网”大力宣传农机推广系统履行公益性职能取得的一系列成效。

这个时期，总站在系统内组织征集、及时总结最新的农机化科研推广应用成果，向农业部的年度十项重大引领性农业技术提出农机化内容，牵头联合有关省份推广站共同承担，在全国示范推广应用，发挥了很好的引领带头作用。吉林、辽宁在玉米免耕精播方面，山东、河南在花生机械化播种与收获方面，新疆、甘肃在小麦机械化高产创建方面，黑龙江、湖南在水稻侧深施肥种植方面，江苏、安徽在油菜毯状苗高速机栽方面，河北、新疆兵团在机械化采棉方面，内蒙古、山西、宁夏在饲草料机械化收获方面，北京、上海、四川、江西在蔬菜生产机械化方面，重庆、贵州在丘陵山区林果机械化方面，广东、广西在甘蔗机械化方面等，开展技术试验验证工作，确保技术先进、适用、安全，形成了一批接地气、可复制的全程机械化技术生产模式和技术规范，为适度规模经营和小农生产提供了推广应用的参考借鉴，引领带动了当地生产效率和经济效益的提升，助推了农业结构调整。这个时期是全国农机推广系统依法推广、成效显著的黄金时期。

五、推动，方式创新和有效供给

2017 年，我回到推广业务部门工作，迎来了党的十九大胜利召开。推动农业结构调整，转变农业发展方式，深化农业供给侧结构性改革，实现高质量绿色发展等，成为我国农业发展的新方向和新要求。全国农机推广系统上下齐心、横向联合、纵向协作，推动农机推广运行机制和服务模式创新，推动一般性技术推广向公共服务拓展，推动公益性推广向社会化服务融合，努力为我国农业新发展提供有效的技术推广服务供给。

这两年来，总站在全程和全面机械化推进活动中，注重良种、良法、良田、良机结合，开展专家组巡回指导，分作物、分区域开展试验示范，促进技术集成配套，提出系统解决方案。总站创设“中国农机推广田间日”服务品牌。连续三年，在不同地区、不同农时季节、不同作物，通过搭建公益性推广服务平台，联合农机生产企业、教学科研单位、农机专业合作社等，开展参与式、体验式、互动式推广活动，推动农机化技术推广方式、方法创新，实现农机试验、示范、培训、指导以及咨询服务等推广要素的集成创新，聚焦了政策导向，响应了产业发展，满足了农民需求，提升了服务能力，形成了推广合力。各地农机推广机构十分注重机械化公共服务的农业农村社会效益。黑龙江、陕西、安徽在秸秆机械化综合利用方面，新疆、甘肃、宁夏在农用残膜机械化捡拾回收方面，重庆、四川、湖北在畜禽养殖废弃物处理方面，三北地区在机械化节水旱作农业方面，陕西、江苏、浙江在果茶机械化有机肥替代化肥方面，山东、河南、湖南、广东、广西、福建在高地隙机械植保和无人机飞防方面等，做了大量试验示范工作，紧紧围绕“一控两减三基本”目标，充分发挥农业机械化在农业投入品减量化、生产过程清洁化、农业废弃物资源化利用方面的重要作用，实现了人力所不能完成的精准、高效和安全作业，推动了乡村宜居和农业可持续发展。这两年，我们让社会充分认识到了，农业产业要发展就离不开农业机械化，离不开技术推广服务。

回顾历程，是为了更好地面向未来。在过

往的我国农业现代化发展道路上，农机推广工作从未缺位；在今后的中国特色社会主义乡村振兴道路上，农机推广工作将会发挥更大的作用。我们要充分认识到，在实施乡村振兴战略中，农机化技术推广工作是促进农机化转型升级、健康发展的重要支撑和依靠；是把小农生产引入现代农业发展轨道，促进传统小农户向现代小农户转变的主要公益力量；是加快构建现代农业“三大体系”的必要科技动力；是促进农业高质量绿色发展的重要技术服务供给主体。我们要抓住机遇，不断创新发展。只有创新才能释放新需求，创造新供给，推动新技术、新模式、新业态蓬勃发展；只有创新才能不断优化我们的工作方式、方法，在发展中解决问题和解决发展中出现的问题。

作为一名新时代的农机推广工作者，我将扎根于全国农机推广系统，认真贯彻落实习近平总书记关于“三农”工作的重要论述，继续以创新引领工作能力和服务水平提高，为加快建立中国特色农机化技术推广公益服务体系，为我国农业农村现代化做出新的更大的贡献。

征文后记

中华民族是一个富有历史感的民族，追本溯源、慎终追远、温故知新是我们的传统。在纪念改革开放40周年的这个重大历史节点，在全面贯彻落实党的十九大和第十九届三中全会战略部署的关键时期，在实施乡村振兴战略、全面推进农业机械化和农业农村现代化的重要阶段，中国农机化协会组织开展“纪念农机化改革开放40周年征文活动”极具意义，反响强烈，触动了每一位从事农机化工作的同志的情感和思绪。

作为一名农机化技术推广人员，我看到了协会会长、原农业部农机推广总站站长刘宪的朋友圈里有关征文的推送，在品读着一篇篇征文背后当事人从事农机工作的心路历程的同时，也试图回忆自己所经历的农机推广工作，在观望与犹豫中，等到截稿前几天才投了《我所经历的农机推广工作》。对于我，近40年农机推广工作的时间跨度和地域跨度都超出了我的生命认知，还不能全面把握，但从所听、所见、所干的身边事入手，挂一漏万，粗略梳理，似乎也能看到一定的发展脉络。之所以写下这篇文章，不是为了述说自己。因为与全国8万名农机推广人员所承载的近40年的事业发展历程相比，自己太过渺小，不足一提。写下是为了帮助记录，记录过往，才能看清前进的方向。也许我所写的不够全面，有的甚至不够准确，但汇滴成海，也不失为一种力量。

推广工作是农机化工作的重要内容。在国家改革开放的进程中，农机推广事业从无到有、不断发展壮大并发挥着它应有的作用。我无比坚信在新的全面深化改革开放的伟大征程中，农机推广工作在推动实现我国农业机械化和农业农村现代化方面必然不会缺位。在新出台的《国务院关于加快推进农业机械化和农机装备产业转型升级的指导意见》中，明确提出“提高农业机械化技术推广能力”，能力提升来源于苦练内功，来源于贴近实际，来源于充分竞争。在诸多征文中，我不仅看到了走过的历史，也看到了未来的希望、机遇和挑战以及可能的合作。再次感谢主办方——中国农机化协会设计的好创意，提供的好平台。

2018 年农机互助保险数据统计报告

□ 郭永利

郭永利，男，1960 年出生，1982 年中国人民大学政治经济学系毕业。曾任原中共中央书记处农村政策研究室　国务院农村发展研究中心研究人员，中国人民保险（集团）公司副研究员，民盟中央农业委员会委员，北京保险研究院高级研究员。现任江泰保险经纪公司总裁助理、农林风险部总经理，农机安全互助保险设计师。

一、会员及会费情况

2018 年，陕西省农业机械安全协会发展会员 22 667 名。其中拖拉机会员 13 602 名，占总会员的 60%；收割机会员 8 777 名，占总会员的 38.7%；其他农业机械会员 288 名，占总会员的 1.3%，互助会费 1 191 万元，财政补贴 346.27 万元。湖北省农业机械安全协会发展会员 12 312 名。其中拖拉机会员 5 939 名，占总会员的 48.2%；收割机会员 5 038 名，占总会员的 41%；其他农业机械会员 226 名，占总会员的 1.8%；人身互助保险会员 1 109 名，占总会员的 9%，互助会费约 504.99 万元。截至 2018 年 5 月 30 日，湖南省农业机械安全协会发展会员 20 155 名。其中拖拉机会员 18 489 名，占总会员的 91.7%；收割机会员 1 096 名，占总会员的 5.5%；其他农业机械会员 570 名，占总会员的 2.8%，互助会费 608.68 万元。驻马店市农业机械化协会发展会员 5 353 名。其中拖拉机会员 2 353 名，占总会员的 44%；收割机会员 3 000 名，（其中联合收割机 1 413 名，履带式收割机 1 587 名），占总会员的 56%，互助会费 179.94 万元。

2018 年，三省一市共发展会员 60 487 名，其中拖拉机会员 40 383 名，占全体会员的 66.76%；收割机会员 17 911 名，占全体会员的 29.61%；其他农业机械会员 1 084 名，占全体会员的 1.79%；人身互助保险会员 1 109 名（仅湖北省），占全体会员的 1.84%。互助会费共计 2 484.61 万元，陕西占 48%，湖北占 20.3%，湖南占 24.5%，驻马店占 7.2%。

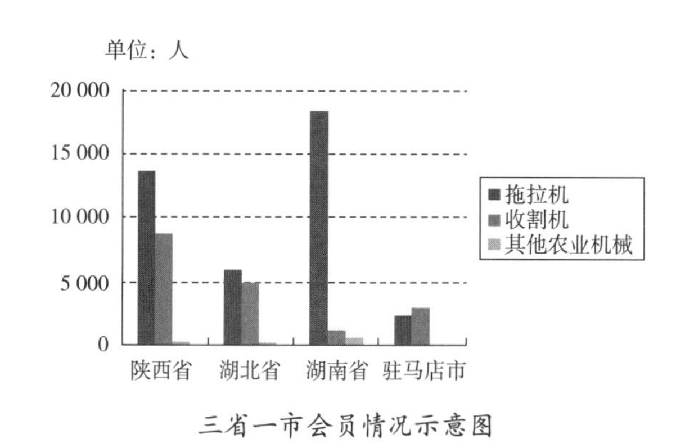

三省一市会员情况示意图

2018年三省一市会员及会费统计表

	陕西省	湖北省	湖南省	驻马店市	汇总
拖拉机会员（人）	13 602	5 939	18 489	2 353	40 383
收割机会员（人）	8 777	5 038	1 096	3 000	17 911
其他农业机械会员（人）	288	226	570	0	1 084
人身互助险会员（人）	—	1 109	—	—	1 109
会员总数（人）	22 667	12 312	20 155	5 353	60 487
互助会费（万元）	1 191	504.99	608.68	179.94	2 484.61

注：湖南省2018年数据截止5月30日

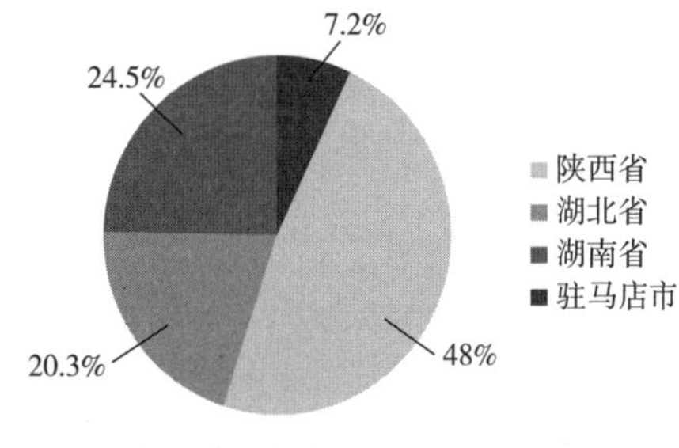

互助会费占比饼状图

小结：会员数由多至少依次排列的省（市）为：陕西省、湖南省、湖北省、驻马店市。互助会费金额由多至少依次排序为：陕西省、湖南省、湖北省、驻马店市。

二、事故统计

2018年，陕西省共发生保险事故3 020起，其中拖拉机事故686起，占总事故的22.72%；收割机事故2 332起，占总事故的77.21%；其他农业机械事故2起，占总事故的0.07%。

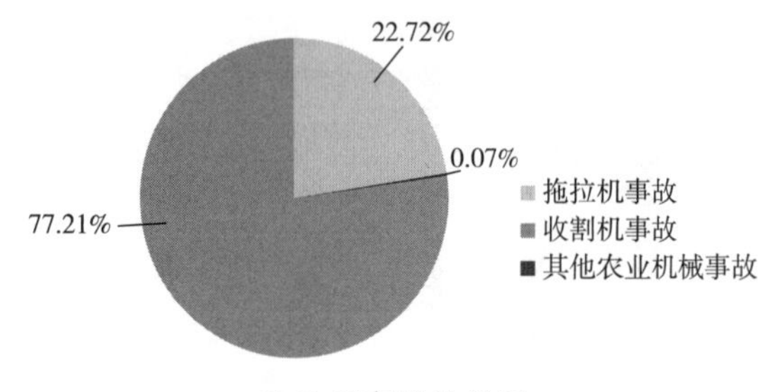

陕西省事故统计图

湖北省共发生保险事故543起，其中拖拉机事故190起，占总事故的34.99%；收割机事故353起，占总事故的65%；其他农业机械事故4起，占总事故的0.01%。

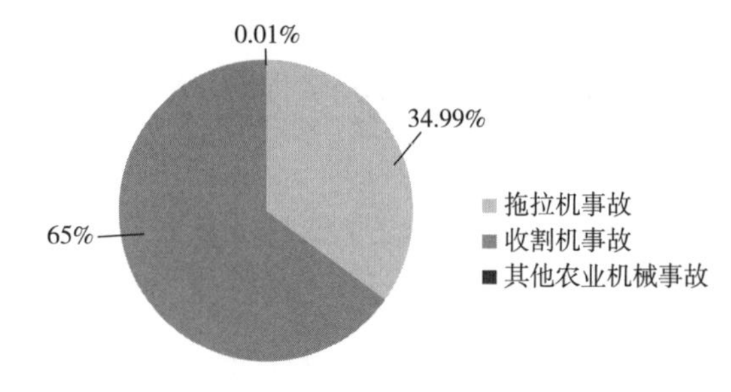

湖北省事故统计图

湖南省共发生保险事故367起，其中拖拉机事故305起，占总事故的83.1%；收割机事故58起，占总事故的15.8%；其他农业机械事故4起，占总事故的1.1%。

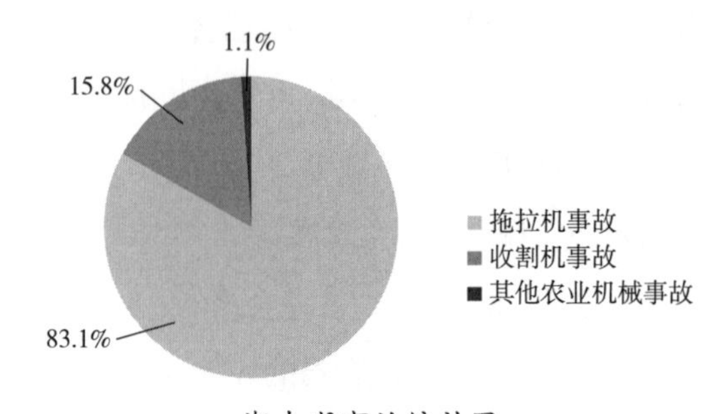

湖南省事故统计图

驻马店市共发生保险事故422起，其中拖拉机事故49起，占总事故的11.6%；收割机事

2018 年三省一市事故统计表　　单位：起

	陕西省	湖北省	湖南省	驻马店市	汇总
拖拉机事故	686	190	305	49	1230
收割机事故	2332	353	58	373	3116
其他农业机械事故	2	0	4		6
总事故	3020	543	367	422	4352

故 373 起，占总事故的 88.4%。

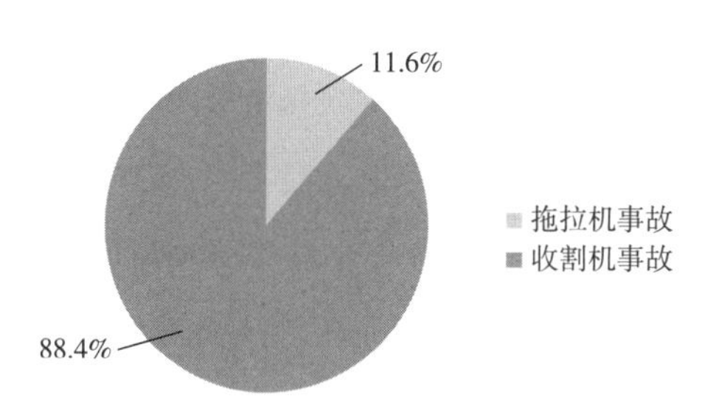

驻马店市事故统计图

综合三省一市，共发生农机事故 4 352 起，其中拖拉机事故 1 230 起，占总事故的 28.26%，收割机事故 3 116 起，占总事故的 71.6%，其他农业机械事故 6 起，占总事故的 0.14%。

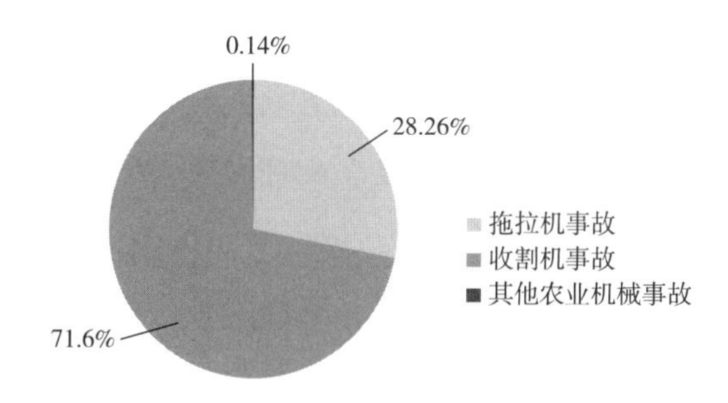

三省一市事故统计图

小结：发生农机事故次数由多到少依次排列的省（市）是陕西省、湖北省、湖南省和驻马店市。收割机事故最多，其次是拖拉机事故再次是其他农业机械事故。

三、事故受伤和死亡情况

陕西省农机事故中，受伤人员 316 人，死亡 21 人；湖北省伤员 30 人，死亡 2 人；湖南省伤员 132 人，死亡 15 人；驻马店市伤员 20 人，死亡 1 人。总汇三省一市因农机事故受伤的人数为 498 人，死亡 39 人。

由下表可看出，发生事故后陕西省人员受伤率为 10.46%，死亡率为 0.7%；湖北省人员受伤率为 5.52%，死亡率为 0.37%；湖南省人员受伤率为 35.97%，死亡率为 4.08%；驻马店市人员受伤率为 4.74%，死亡率为 0.24%。总汇三省一市事故受伤率为 11.44%，死亡率为 0.9%。

小结：农机事故的人员伤亡不容小觑，平均每 100 起事故就有 11 个人受伤，平均每 100

2018 年三省一市农机事故伤亡人数统计表　　单位：人

	陕西省	湖北省	湖南省	驻马店市	总汇
受伤人数	316	30	132	20	498
死亡人数	21	2	15	1	39
总事故	3 020	543	367	422	4 352

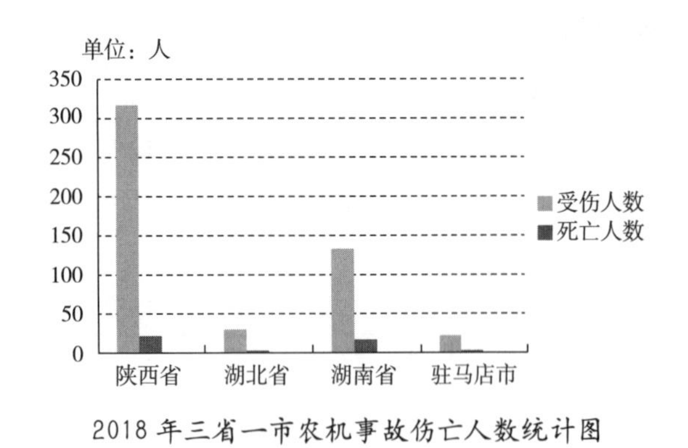

2018 年三省一市农机事故伤亡人数统计图

起事故就有 1 人死亡。这些数字的背后承载着多少家庭的破裂，承载着多少亲人的分离，也承载着多少农机互助保险的责任。

四、互助补偿金情况

2018 年，陕西省共支付补偿金 772.54 万元，未决赔款 227.90 万元，湖北省支付补偿金 127.69 万元，湖南省支付补偿金 195.30 万元，驻马店市支付补偿金 55.92 万元，未决预估金额 15.25 万元。三省一市全年共支付补偿金 1 151.45 万元。

征文后记

农机互助保险创新试点十周年有感

1 月 16 日晚，农机互助保险创新试点十周年纪念庆典，在大唐追梦的歌舞中达到高潮。我拖着虚弱的病体，自始至终地参加完上午的农业农村部创新试点资金支持项目启动仪式，下午演讲比赛，应邀点评发言和联欢晚会。老泪纵横，感慨万千……

回想 10 年前，我和行学敏等一大群农机保险人，在实事求是为农民和为农安全事业解决实际问题的探索中，按照中央 1 号文件鼓励在农村发展互助合作保险的指示精神，本着为农民办好事、办实事的宗旨，让农机互保从无到有，从小到大，从点到面，从弱到强，不断提升，发展壮大。

十年风雨，农机互助保险，走进千家万户，走过千山万水，历经千辛万苦，我们有太多的话难以言表。

十年创业，农机互助保险，保农惠农，贴身服务，形成了一套专业特色的组织制度和以往不曾有的让农民感到管用的保险制度。

从 2009 年 2 月 17 日，陕西省农机安全协会成立，江泰与协会合作建立农机互助保险管理委员会，3 月向部局请示，保监会回信后启动，到现在 10 年。陕西共发展互助会员 24 万多人，受理农民报案 1.7 万多起，支付补偿金 4 700 多万元。互助保险险种从机车和机手人身互助险 2 个，保障金额几千元、几万元，发展到各种农机全覆盖，三个主力险，五个附加险，保障金额 20 多万元。今年在农业农村部创新试点项目资金支持下，联合收割机设计保额达到 54 万元。

10 年，农民参加互保规模不断扩大，会员从初期的 5 700 人，达到近 4 万人，互助保险金从 157 万元增长到 1 400 多万元。互助保险为农民解难，帮政府分忧，为农机保驾，得到政府认可、农民欢迎。

从 2012 年陕西省政府给予财政引导政策，到 2018 年农业农村部资金支持创新，农机互助合作保险更加有了底气，有了信心。

有人问我？啥是农机保险？为啥人家保险公司赔钱不干的，你偏要干而且干成了互助？

我说，保险就是互助，互助就是保险，是用来解决问题的。它就是个工具。工具拿在保险公司手里，它就是个服务和赚钱的商业工具。拿在我们手里，它就是个服务农业和不为赚钱的工具。

就这么简单！

数字记忆的喜悦与自豪

□ 胡　伟

胡伟，天津市农业农村委二级巡视员。

天津地处华北平原，九河下梢，渤海之滨，有山有水有平原，有湖有河有大海。陆地农产品有著名的津南的小站稻，蓟州的磨盘柿、红果，大港、静海的冬枣，西青的沙窝萝卜、津南的葛沽萝卜、武清的甜水铺萝卜，宝坻的三辣（大葱、大蒜、辣椒），还有顶花带刺的黄瓜、青麻叶大白菜、花椰菜；水产品有七里海河蟹、南美白对虾。这里的物产丰富，人杰地灵。农产品如此，我们的农业机械化也同样非同一般，改革开放40年来，无论是农机化技术应用，还是农机化水平，也一直走在全国的前列。

最新统计：

天津农林牧渔总产值达到494.44亿元，其中，农业产值244.31亿元，林业产值8.35亿元，牧业产值140.86亿元，渔业产值88.97亿元，农林牧渔服务业产值11.95亿元。

天津第一产业从业人员66.17万人，占全市社会从业人员的7.2%。

主要农作物耕种收综合机械化水平87.4%。其中，小麦、水稻、玉米基本实现全程机械化。

农作物秸秆综合利用率97.3%。

20世纪80年代初入职天津农机行业，30多年来，目睹并参与了天津农机化发展的这一历史过程。

种植业。1984年，天津小麦收获以人工为主，80年代后期，开始割晒机的阶段；而玉米、水稻机收则基本上是空白。直到90年代中期，小麦联合收获突飞猛进，很快地实现机械化，玉米、水稻则在2000年以后获得大发展，一路狂奔，进而实现了机械化。这其中，90年代初期，我们在全国范围内推动“小联合”的发展，90年代后期，推动玉米收获机械化，1997年组织了第一次全国性的玉米机械化联合收获现场会。2007年，天津在全国率先跨入农机化高级阶段，农业的生产方式已由千百年来以人力畜力为主转变为以机械化作业为主的新阶段。

养殖业。20世纪80年代初期，天津农机部门抓住机械化养鸡的契机，在全国率先开启了农户笼养鸡技术推广，并成为全国农户笼养鸡技术推广联络中心组长单位，成功地解决了全市人民吃蛋难的问题。此项技术推广先后获得国家科技进步三等奖和农业部科技进步二等奖。1987年左右，时任天津市市长李瑞环提出：苦干三年，吃鱼不难！农机部门与渔业部门通力合作，大力推广池塘机械化养鱼技术，饵料加工、机械增氧、自动投饵，开启了池塘高密度养殖的方式，改变了人放天养的模式，使池塘养鱼从亩产[①]一二百斤[②]达到亩产千斤以上。短短的3年时间，立竿见影，取得了丰硕的成果。该项技术推广也先后获得农业部、天津市政府的科技进步奖。

数字是枯燥的、单调的，但数字背后的实践却是生动的、艰辛的。这里面饱含了农机人万千的艰辛与奉献，同时我们也享受着这些数字带来的喜悦与自豪！

改革开放40年的巨变，在天津农业发展中，农机人的贡献有目共睹。我们是见证人，也是参与者。进入新时代，天津农机部门又开启了从全程机械化向全面机械化的进军。设施农业生产、林果生产、经济作物生产机械化不断突破。其中，秸秆综合利用率由2013年的76.6%提高到2017年的97.3%，农作物秸秆基本实现全量化利用，为创造生态宜居的农村环境，为大气污染防治尽了微薄之力。

不问前程陌路，只顾风雨兼程，推进天津农业机械化，为都市型现代农业服务，振兴乡村，我们会一直前行，初心不改，努力不断，迎接新的挑战，打造新的亮点，再作新的贡献。

① 亩为非法定计量单位，1亩≈667平方米。—— 编者注

② 斤为非法定计量单位，1斤=500克。—— 编者注

我为老科学家写传记

□ 宋 毅

宋毅，中国农业出版社原副总编辑。

一、我为什么选择这条路

从2012年到2017年，我选择了一条为我国农业工程领域和农机界的老科学家们写传记的路子，先后为汪懋华、陶鼎来、高良润、白人朴等农业工程和农机界的著名老科学家们撰写出版了他们的个人传记，为他们精彩的人生经历留下宝贵的印记。

我本来是从事新闻工作的，从1986年起就在农业部所属的新闻单位《农村工作通讯》《中国农牧渔业报》《中国农机安全报》《中国农机化导报》以及农业部办公厅新闻处度过了长达20多年的新闻生涯，从一名普通的年轻记者、编辑成长为中国农机安全报社的社长、总编辑，创办了至今仍然还在出版发行的《中国农机化导报》，在农机圈里浸淫了18年之久，对农业工程和农机界的人和事有着厚重的情结。

2012年7月，部里把我调到中国农业出版社，从此离开了新闻岗位，走入了此前从未涉足过的出版行业，到出版社后一了解，全社前一年连新出版带重印的图书3 000种左右，除了教材外，称得上是农业工程和农机方面的书加起来不足40种，换算成比例可以忽略不计。这一方面说明，农业出版社在这方面没有重视，编辑队伍中只有2～3人大学本科是学农机专业的，目前还都没有从事农机编辑业务，人才队伍出现断档，农机业务一片空白；但同时也让我从中看到商机，在出版领域“重振农机雄风”是我履职新岗位后的事业成长空间。

但是，要想做好农业工程和农机领域的出版工作谈何容易，首先我不是学农机专业的，别看在农机行业工作那么多年，写过那么多文章，但从根底上还是不懂农机业务的，更别说农业工程学术领域了。其次，初来乍到农业出版社，我也不懂出版编辑业务，新闻出版和图书出版称不上完全是隔行如隔山，但也差不了多少，这些都为我在新单位想打开一片新天地增加了许多困难。

如何破解困局？我也认真分析了自身所具备的优势：一是我长期在农业工程和农机圈里混，对圈里的人和事比较熟悉，参加的活动多、见过的事情多，与农机行业的三大协会中国农机工业协会、中国农机流通协会、中国农机化协会，两大学会中国农业机械学会、中国农业工程学会，农业工程和农机行业的各单位、各研究院所、各农业高校的工学院都比较熟，特别是作为农业部农机化管理司的归口管理单位，我担任社长的报社与农业部农机试验鉴定总站、农机化技术开发推广总站一道被定位为农机化管理的“国家队”；此外，与国内绝大多数农机主机生产企业也相当熟悉。可以说，在农业工程和农机行业拥有广泛的人脉资源。二是从1995年离开农业部办公厅新闻处处长的岗位，来到中国农机安全报社之后，近20年亲历了农机化领域发生的各种大小事情，也写过不少相关的新闻报道，了解这个行业是怎么走过来的。三是我大学所学专业是历史学，大学毕业后曾在共青团中央青年运动历史研究室从事过几年采访老同志，抢救“活资料”的工作，有这方面工作的经验，不同点在于：30年前，我跟在老同志、老专家后面当配角，现在我带着年轻同志，自己当主角罢了。四是来出版社之前，我曾认真研究过中华人民共和国成立后1949—1959年农机化发展最为模糊不清的那段历史，以《艰难的起步：1949—1959农机化发展道路的艰难探索》为题，在《中国农机化导报》上连续发表了7篇研究文章。此外，对“农业合作化与农业机械化的关系”“农业学大寨运动与农业机械化的关系”等当代历史问题都做过一些研究。

分析明白自身的优劣势后，我就确信，抢救农业工程和农机界的“活资料”不但是一项对当今我国农机化发展有意义的事业，更是一项刻不容缓，机不可失，时不再来的工作。

至今历史学界不会有人认为农机发展的历史也有研究空间，它充其量不过是历史学和农业工程两个学科之间边缘得不能再边缘的边缘学问了。但生物学的原理明确地告诉我们：两个血缘关系非常远的物种进行杂交，它们之间的亲和力是很低的，但一旦能够杂交成功，它们产生新物种的生命力是很强的。这几年为老科学家写传记的实践证明：用历史学的方法写出的农业工程和农机历史，读者们还是很愿意看的。

二、缘起陶鼎来

能够想起来“抢救活资料”，灵感来自于1945年公派赴美攻读农业工程硕士学位的20个留学生之一的陶鼎来老人。我接触他的时间非常早，1990年前后，我的一位朋友“文革”前在中国农机院工作，“文革”后期回到了家乡无锡，平时喜欢钻研技术，以发明家自居，到20世纪80年代后期，号称发明了一种“dzr”（电子热）的新型电热材料，效率比传统导热材料高出许多倍，曾获中国专利局主办的“第五届全国发明展览会”一等奖。我作为记者采访他时，他向我提到“dzr”研发成功后，他第一时间请了他在中国农机化科学研究院工作时的老领导陶鼎来老院长观看他的实验，陶院长称他的发明是“划时代”的发明。我把采访内容写成文章《“dzr”与孔德凯的 π 计划》，发表在1990年新华社《瞭望》（周刊）上了。到1991年，孔德凯在石家庄国际饭店组织了一次关于“dzr”产品的成果鉴定会，邀请陶鼎来院长作为专家出席。这是我第一次见到陶老，当他得知我就是《“dzr”与孔德凯的π计划》这篇文章的作者时，对我说：“年轻人，写新闻报道要客观真实，不能人云亦云，他说什么就是什么，要尊重事实，学会分析问题。”一席话说的我无地自容。

后来就长时间与陶鼎来老人失去了联系，这期间，他移民美国与儿女团聚，一去好多年。

再见到陶老是2010年的事情了，这年4月，中国农业出版社出版的由原农业部党组成员、中纪委驻农业部原组长，曾长期担任农机化管理司司长的宋树友老领导组织编写的《中国农业机械化大事记（1949—2009）》一书在中国农机化科学研究院新落成的办公大楼中举行首发式，一大批农机界元老与会，我作为《中国农机化导报》的社长、总编也被邀请参加首发式。在主持人介绍嘉宾时，我听见念到了陶鼎来的名字，定睛一看，老人就坐在我前面一排，我忙走过去自我介绍，老人颤颤巍巍站起来，20年没见，他已经是手持拐杖才能勉强站立的耄耋老者了，一打听已经年届90岁。

这次会后，我吩咐报社发行部免费为陶老每期赠送报纸。不久，陶老接连用邮件给我发过来3篇文章，写的都是他当年留学美国明尼苏达大学学习农业工程期间的事情，读起来感觉很新鲜，马上安排在《中国农机化导报》上发表，其中有一篇文章是讲述他和王万钧两个人1948年回国前夕，驾车到大平原公司考察利用免耕播种技术治理黑风暴的事情。正是这篇文章，又让我知道了中国农机院的王万钧老人也是那批20个赴美留学生之一。

转眼到了2011年，为迎接中国共产党建党80周年，中央党史研究室编辑出版了《中共党史第二卷》，全党掀起了学习中共党史的热潮，各行各业也都在总结本地区、本行业的历史。我也不甘落后，在《中国农机化导报》上开辟了《党旗下的奋斗》专栏，集中了刘卓、张桃英、夏明、杨雪等一批精兵强将，专门采访新中国农机化事业的亲历者，先后采访了陶鼎来、王万钧、冯炳元、马骥、汪懋华、白人朴、高元恩等一批老专家、老学者。其中，陶鼎来是第一个受访者，是我和张桃英登门采访的，之后，由张桃英执笔写成文章《融入潮流之中，超越时代之外》发表在《中国农机化导报》上，作为系列报道的第一篇。

三、采访王万钧留下的“遗憾”

从陶鼎来老人那里，我们得知中国农机院原副院长、总工程师王万钧老人依然健在，且头脑清晰，他建议我们能去采访王老。通过中国农机院新闻部的许天瑶，帮助我们和王老及家属取得联系，同意接受采访。2011年5月的一天，我和张桃英、许天瑶3个人来到中国农机院家属区一幢老式红楼王万钧老人的家中，采访他和夫人。

之所以要采访夫人，是因为王老年逾9旬，耳已失聪，和他说话需要大声喊叫，即使这样也不完全解决问题。夫人为他准备了一块小的白色书写板，我们提出的问题，夫人就用黑笔写在白色书写板上，随写随擦。王老一直是中国农机院的顶级专家，也与母校美国明尼苏达大学一直保持联系，他在世的时候重访母校，被明尼苏达大学授予“杰出校友”的称号。据他讲，一直到他重返母校，在明尼苏达大学农业工程学院的办公室里，还悬挂着1945年进入该校学习的10名中国留学生的照片（另外10人在艾奥瓦州立大学学习），令他十分感动。

采访期间，王老讲道：20世纪60年代初的一天，他作为专家出席了一个由周恩来总理主持的研究农机工业的会议，散会后午饭前他去了一趟卫生间，回到饭堂时，只见准备的两桌饭，其中一张桌子已经坐满了人，另一张桌子上只有机械工业部的几位部领导陪着周总理坐在那里，他一时不知道自己该不该坐在那桌。这时，听见周总理亲切地招呼他到这边坐，落座后又问他叫什么名字，是哪个单位的，当搞清楚他是机械部农机研究院的时候，就说一个大院里，有两个搞农机化研究的单位，还闹不团结，老死不相往来，搞成了“一府两院”，这样不行。

说来也巧，那天采访和提问都是以张桃英和许天瑶两个女孩子为主，我拿了个小摄像机只顾在那里摄像，没有听见王老说的这段话，更没有细问其中的细节。待回到报社回放录像看到这一段时，我敏锐地感到里面定有文章。我立即让张桃英去首都图书馆帮我借来几本《周恩来年谱》，上面记载了周总理某年某月某天确实出席了这么一个会议，但会议内容是什么里面没有说。我又从农机院问来王老家的电话，阿姨回复道：“王老近期身体不好，缓缓再说。”又过了一段时间，再打电话去问，方知王老因病住院了，采访更不可能了。再往后，中国农机院的院办就发通知了，请出席王老的遗体告别仪式。也就是说，那天周恩来总理对他说了什么话从此成为了永远的秘密被他带走了。直到我后来从中国农机院建院五十周年“我爱农机院”征文选《终生立志于此》一书里读到了姚监复写的《在周总理亲自关怀下，出现了“中国农机化科学研究院”》一文，我才大致知道了当年周总理批评的所为何事。

四、世界第一台水稻插秧机发明人蒋耀

2012年4月底，我接到农业部南京农机化研究所的一个会议通知，邀请某月某日到深圳某酒店报到，参加一个水稻方面的研讨会。我是和中国农业大学工学院杨敏丽教授同机去的深圳，到酒店报到时，我问她参加的是一个什么研讨会，杨教授回答说，南京农机化研究所是借给所里一位老专家过百岁生日，同时主办了一场水稻机械化的研讨会。

第二天，会议规模还挺大，层次也挺高，中国工程院汪懋华院士、陈温福院士、罗锡文院士出席论坛并作学术报告；中国农科院党组书记薛亮代表中国农科院致贺词；农业部科教司杨礼胜代表韩长赋部长专程前来祝贺。当蒋耀老人坐着轮椅被推入会场后，汪懋华院士代表院士们给老人祝寿，一口一个“先生”，给人很温暖的感觉。

活动结束后，我感觉我对蒋耀老人太不了解了，特别是对他怎么发明出世界第一台水稻插秧机的过程知之甚少，于是我决定再去深圳，深度采访老人。采访地点定在老人儿子的家中，由于已是百岁老人，不能吹空调，只好耐着6月酷暑进行采访；老人不能累着，我接连两天在下午4点到5点之间进行采访，老人的儿子每次只准许我采访1小时，时间一到，他马上叫停，我也只好和老人告别。为提高效率，我是笔记、录音、摄像三管齐下，保存下来了2个小时的录音录像资料。估计这是至今独有的

访谈资料了。

采访中，我了解到，蒋耀老人也是留美归来的硕士研究生。早年，他从中央大学毕业以后，留校给著名小麦育种专家金善宝先生当助教。1945年招考公派留学生赴美学习农业工程时，他也去考试了，没有考上。但当时民国政府教育部有个规定，没有考上公派留学生的人只要自己能出1 000美元费用，依然能够派出去学习。于是，蒋耀老人凭着当助教的积蓄凑足了1 000美元，比陶老这批人晚一年到美国学习了农业工程，1948年回国后，进入了中央工业研究所，即今南京农机化研究所的前身。

我还了解到，20世纪50年代初期，蒋耀老人把精力放在水稻插秧机的研制上，借鉴江苏宜兴老家的农民借助门板的浮力搞水稻插秧的经验，使农机与农艺结合起来，发明了颇为实用的水稻插秧机，只不过这项技术传到日本后，日本人做了很大改进，开发出了更为先进的水稻插秧机。

采访蒋耀老人的录音录像资料我至今仍然保留着，没有发表出去，我总想遇到一个合适的机会，提升这些资料的使用价值。

五、为汪懋华院士作口述回忆

2012年11月是中国工程院院士、中国农业大学汪懋华教授80华诞，这是农业工程界的一件大事，中国农业大学和中国农业工程学会都要为汪院士举办隆重的祝寿活动。由中国工程院院士、华南农业大学罗锡文教授领衔组成了一个活动组委会，确定祝寿活动内容包括出版一本学术论文集，一本个人传记，一本个人画册，一本众人文章汇编的“随笔集”，以及举办一场由中外学者共同参与的农业工程国际学术论坛，以英文为工作语言。

出版个人传记的任务分配给了中国农业工程学会，一天，中国农机安全报社副社长陆海曙和我说：“遇到朱明院长了，他问我报社能不能把为汪院士写传记的任务接下来？”当时，朱明既是农业部规划设计院的院长，又是中国农业工程学会的理事长。我一听，忙表态，这任务接了。没过几天，部里召开大会，各单位领导班子成员都要参加，我在会上见到了朱明院长，问他此事，他明确提出，要报社派人代表中国农业工程学会为汪院士写传记，费用由学会承担。说好以后，我立即与报社记者夏明、张桃英组成了采访编写组，开始了对汪院士的采访工作，短短2个多月时间，我们3人完成了对院士多达10次的采访，每次3～3.5小时，掌握了大量的第一手资料。接着拟定写作提纲，根据录音整理出来的资料，张桃英拟出大纲，由我进行修改，再征得汪院士本人和他的学术团队李民赞教授、张淼博士、李莉博士等人认可后，正式开始写作。全书拟定写10章，我和夏明、张桃英各写3章或4章，最后汇集到我这里，由我统一修改定稿。

这期间，我变动了工作，离开了当了10年的《中国农机化导报》社长、总编辑岗位，来到中国农业出版社。原计划在中国农科院农业科技出版社出版汪院士传记，因工作调动也被我带到中国农业出版社来出版了。

书成稿后，呈请汪院士过目审定，老先生是农业工程圈里的人都公认的忙人，不断地出差、四处去讲学，真让人担心年已八旬的老人身体是否吃得消？即使这样，汪院士审稿的速度奇快，而且是逐字审阅，哪里有错，哪些地方可以不要，用铅笔标注得清清楚楚，那种做事认真、严谨治学的态度，令我们肃然起敬、自愧弗如。

书稿有几个内容的敲定是在汪院士、罗院士亲自指导下确定下来的，第一是对汪院士在农业工程学术界的定位怎么表述才科学？谁都知道，汪院士是当今农业工程界的领军人物，为学科建设做出了杰出贡献，享有崇高威望，但他并不是最早涉足这个领域的学者，之前还有陶老、曾德超院士等学术前辈，经过研究，大家一致认为，传记中应该将汪院士定位在农业工程学术界“承前启后的领军人”这样一个位置，这也很符合汪院士自身的特点。第二，我和夏明、张桃英是第一次联手写书，也是第一次采用自述——口述回忆录的方式写书。2010 年前后，口述历史作为历史学、文学之间的一种新的、边缘的学术形式在我国刚刚形成热潮，我们就大胆地进行尝试，尽可能原汁原味地保留汪院士回忆的内容，让人读起来感觉可亲可信。第三，要努力把口述回忆做成“信史”。以往，在做新闻宣传时，我们在尊重基本事实的基础上可以放飞思路、妙笔生花、尽情地描写。但是作史不行，口述回忆从根上说就是在写史，为此，我们严格按照历史学的治学方法，对汪院士提到的人物、事件都尽可能地进行考证，或是从其他文献资料里得到佐证，或是由其他当事人旁证，最差也要从百度百科中去检索。比如，汪院士在讲述中提到中国农机院原院长华国柱从苏联留学归来时是本科生，没有拿到副博士学位。我在做索引时，查阅 2008 年中国农机院庆祝建院 50 周年纪念册《铸就五十年辉煌》中的著名专家介绍栏目，华国柱条目下清楚地写着他是苏联毕业的副博士。我急忙拿给汪院士看，他也承认对此记忆有误。我想我们今天做的口述回忆，应该成为明天研究农业工程历史的人可以信赖的宝贵历史资料，这本口述回忆录，一共做了 59 条索引。

汪懋华院士口述回忆录

六、命运多舛的《汪懋华传》

此书一经推出，立即引起农业工程学界和中国工程院二局的关注。2013 年，中国农业出版社的同事告诉我，汪院士把《现身农业工程促进学科发展—中国工程院院士汪懋华口述学术生涯》一书赠送给中国工程院后，中国工程院二局派了位处长和我社联系，希望在此基础上再加工，以作为“中国工程院院士传记系列”里的《汪懋华传》。我请工程院派人到出版社里来谈，和我们接触的是二局学术道德建设办公室的吴处长，我明确表示：我们刚为汪懋华院士出版了传记，是不是要隔一段时间再出？他说：“没关系，你们这是以第一人称自传形式写的，还可以以第三人称‘他传’的形式再写一本。”因为 2014 年 6 月，是中国工程院成立 20 周年的纪念日子，中国工程院希望我们能在此之前写出来，争取能拿到全国院士大会上的院士传记展上进行展览。

我答应下来，决定为汪院士再搞一本，于

是联系夏明、张桃英两人是否愿意重整旗鼓再出发？两人都表现出了很高的兴趣，我们又去征求汪懋华院士的意见。此前，中国工程院二局已经和汪院士联系过了，说明了有关情况，汪院士也认为这是一件大好事，支持中国工程院做这项工作。之后，我们3人就开始了对汪院士的重新采访。我们的想法是，这次重新写传记，不是对前一本书的简单的修修补补，换汤不换药，而是一次对汪院士的再研究和再创作，从2013—2014年上半年，我们又对汪院士进行了约10次采访，加上对汪院士80大寿系列祝寿活动中得到的大量学术资料的研究，又掌握了许多上次写口述回忆所不知道的资料，特别是中国农业大学信电学院和中国农业工程学会编的《情满农工》一书提供了很多很有价值的资料，重新写出的书稿内容由前一本的10章扩展到14章，字数由20万字增加到33万字，所用图片由50多张增加到150多张。到2014年4～5月，书稿经过汪院士审定后交给了中国工程院二局。

谁料该局负责书稿审定工作的是位退休老同志，他提出他传不如口述回忆的形式好，要求我们再改回第一人称口述的形式，这回我真快崩溃了，不改，老同志那里通不过；要改，出版时间来不及。为此，我明确答复：“我们刚出版了一本口述回忆，不到一年又出一本，出版社没有这么干的，不同意就不出了吧。”这部书稿就此就放下了，没有在2014年中国工程院院士大会前出版。

虽然出现了僵局，但我和中国工程院二局吴处长之间一直进行着沟通，互相交换意见，力求取得共识。后来出任中国工程院二局局长的高中琪，毕业于西北农业大学，早年在中国农学会工作，与我社不少人都熟悉。这下，事情出现转机：一开始，中国工程院出版院士传记系列想法是与人民出版社合作，协议也是中国工程院和人民出版社签的，要求每个出版社出的院士传记都要以人民出版社为主，连版式都是按照人民出版社的设计做的统一规定。但是人民出版社与中国工程院的协议迟迟签不下来，屡次出现变数，搞得我们这些专业出版社也失去兴趣了，总让人有种“店大欺客”的感觉。高局长上任后转变思路，提出依托各部委的专业出版社为主出版，明确规定：农学部院士的传记系列，除林学专业院士传记由中国林业出版社出版、水利专业院士传记由中国水利出版社出版以外，其余院士的传记一律交由中国农业出版社出版，为此，两家还专门签订了战略合作协议。

在这种背景下，我们对书稿重新进行了修订，2017年是中国农业工程学会会员大会换届的年份，学会计划为汪懋华院士、蒋亦元院士颁发“终身成就奖”，我们和学会商定在会上举行《汪懋华传》的首发式。在山东淄博召开的会员大会上，罗锡文院士主持了首发式，并发表了热情洋溢的讲话。此书面试后，在农业工程学界反响热烈，各高校工学院纷纷订阅，像黑龙江八一农大工学院院长衣淑娟教授就当场刷微信订购了50本院士传记；农业部南京农机化研究所胡志超书记指示

《汪懋华传》

所党办订购院士传记，并发给党员做学习材料。新疆生产建设兵团北斗导航联盟购买了 100 本传记，提出的条件是让我们 3 位作者在每本书上都要签名。

《汪懋华传》使中国农业出版社和中国工程院二局的合作进入“蜜月期”，此后一年时间内，我们又先后出版了《刘守仁传》《殷震传》《李佩成传》和《吴明珠传》等农业院士系列传记。相反，由另一家出版社负责出版的《蒋亦元传》比《汪懋华传》早动手一年半，但直到今天还没有问世。

七、陶鼎来的两本传记

也是因为《现身农业工程　促进学科发展——中国工程院院士汪懋华口述学术生涯》一书给农业部规划设计院朱明院长留下了很好的印象，2013 年的一天遇见他时，他说农工院老院长陶鼎来是农业工程界的老前辈，趁他健在，想给他也出本传记，希望还是由我来为他写。我当场就答应了，待联系妥当后，我带着出版社期刊分社编辑刘晓婧来到了陶老的家。从上次采访到这次登门，时间又过去 3 年多，陶老已经近 94 岁了。他的 4 个孩子一个在武汉、3 个在美国，平时家中只有他和年近九旬的夫人吴祖鑫以及一个保姆。

我很惊讶，陶老的脑子怎么那么清楚？对 70 多年前发生的事情说起来仿佛历历在目。随着访谈的深入，我才感到陶家太不简单了，近百年来发生了许多惊心动魄的事情。陶老的父亲和叔父都是中国近代史上留下一笔的人物，叔父陶希圣早年在北京大学法学院毕业后先从教、后从政，抗战爆发后，先是追随汪精卫参加“低调俱乐部”，任职于汪伪政权之中；后来看清了汪精卫投降日本人甘做汉奸的真面目后，以夫人和 4 个孩子为人质，返回香港，与高宗武一道做出了震惊世界的“高陶事件”，把汪精卫和日本人签订的密约在香港报纸上公之于众。父亲陶述增是著名的水利专家，中华人民共和国成立后曾出任湖北省人民政府副省长，现今武汉光谷广场上的湖北名人雕像群中，就有陶述增的塑像。堂妹陶琴薰当年在汪伪政权手里当人质，居然和几个弟弟在上海爱国义士帮助下逃出魔爪，回到了香港。陶琴薰的丈夫沈苏儒是著名的民主人士沈钧儒的堂弟。陶琴薰的长子沈宁旅居美国，近年来以陶家为背景写了许多文学作品，尤以 2008 年新星出版社出版的《刀口上的家族》（又名《唢呐声声》）最为有名。可见，陶家人个个都是有故事的人。

我一边采访，一边买来了所有能找到的关于陶家的书籍，尤其是反复研读沈宁的《刀口上的家族》，发现里面提及陶老青少年时期的地方有 7 处，经逐条与陶老核对后，其中有 5 条与事实不符。例如，书中写道他母亲陶琴薰和舅舅陶鼎来在昆明西南联大上学时，有一天在图书馆看书，陶鼎来对堂妹说：“我一定要到国外去读书，学习农业机械，报效国家。”陶老说：“我虽然在西南联大读机械专业，但当时根本没有农业机械的概念。”陶老又开导我说：“沈宁的书你就当文学作品读吧，可以有想

陶鼎来口述回忆录

象和描写的空间。”《一生献给中国农业工程事业——著名农业工程学家陶鼎来口述回忆》是2014年1月正式出版的。

一次去看望陶老夫妇，陶老告诉我，他实际上写了一本自传，先后写了12年，共100万字。这时我恍然大悟：陶老之所以对往事记忆那么清晰，原来是早就写出来了，不过是把故事梗概向我复述了一遍。我忙问：“书稿在哪？”老人说早在两年前就已经交给广西的一家出版社了，但出版社的编辑向他提出需要多少万元的出版补贴，老人不理解这事，一生气你爱出不出。我忙说，“您把书稿要回来吧，我给您出。”很快书稿回到陶老手中，陶老又转给了编辑刘晓婧。可是，在我们这里出版同样也需要有出版费用，恰在这时，他的儿子、口腔科专家陶霖，大女儿、眼科专家陶雯先后从美国回国公干，我抓住机会和他们商量，希望他们为老爸的传记出版提供资助，他们都是很爽快地答应下来，反而要求我不要让他们的父母知道此事。陶老的自传《沧海寻踪——一个中国家庭的变迁》，2016年春节前后，由中国农业出版社和农村读物出版社出版，出版时陶老因脑血栓住进了医院的重症监护室，弥留之际稍微清醒时，看到了拿到他眼前的书。他的老伴此前也因脑血管疾病卧床不起，丧失记忆。因为陶老曾对我说过：“我此生的最大心愿就是看到我的书能够出版。”

陶鼎来口述回忆录

2017年8月，中国农业工程学会会员大会上，学会秘书处将《沧海寻踪》发给了每位参会的会员，以此缅怀他们的首任院长和中国农业工程学会的创始人、学会的第一任秘书长。

《沧海寻踪》给我留下记忆最深的有两个内容迄今为止只有陶老进行了详细的讲述：一个是1945年赴美20位留学生在美国生活、学习、工作的详细实录，书的上册中，有10多万字的篇幅讲述他们从报考到回国的经历，有对资助方美国万国农具公司的详细讲述，有对在万国公司偶遇晏阳初先生的回忆，还有对20世纪40年代末期战后明尼苏达州及明尼阿波利斯城风情的描绘，读起来很是吸引人。另一个是对发生在20世纪60年代“文革”期间关于20位留学生身上的“国民党特别党员案”也做了详尽的回忆，把这个政治包袱怎么来的、怎么压迫他们的，又怎么被甩掉的进行了详尽记述，我想，20位前辈学者为什么多年来鲜有人回忆留美的经历，就是和这个冤案有关。

八、高良润——20名留美硕士最后的守望者

还是因为《现身农业工程 促进学科发展——中国工程院院士汪懋华口述学术生涯》这本书引起了时任江苏大学校长袁寿其教授的注意，在2013年的一次活动中，他问我能不能给他的老师、江苏大学高良润教授出本书？因为搞陶老传记，我对20名留学生的名字和去向已经非常熟悉了，没说的，当场应了下来。

这时，高老已经接近 98 岁了，又不住在学校所在地江苏镇江，和老伴一起住在南京的女儿家。我和我社期刊分社的同事每次去江苏，都要镇江和南京两头跑。最大的困难是高老年事已高，不能长时间谈话，每次都是谈一个多小时，家属就开始干预。高老很健谈，但是身体不允许他说太多。好在校长办公室很帮忙，把高老当年发表过的上百篇学术论文都收集齐了发给编辑刘晓婧，让我们自己研究；高老也让家人把他早年写的杂文、回忆、诗歌复印好了送给我们。这下轮到我们抓瞎了，高老在农业工程界、农机界、水利机械界、植保机械界都是泰斗级的人物，学问高深，我们这些文科生哪能读懂他老人家的论文？但不读懂就没有办法写作，只好像读天书一样硬往下读，好在读了 10 篇左右，就感觉不那么难读了。

高老 1935 年就进入了中央大学，对中央大学的历史了解的非常清楚，平生与许多大师，如汤用彤，著名学者，如顾毓琇等都有交往，知道好多事情，是江苏大学的“镇校之宝”。他写过一篇文章，回忆当年当过国民政府参议院议员和战后出任过南京市长的马元放先生，正是马先生的提议，民国政府教育部才同意把第三中山大学从“江苏大学”更名为“中央大学”。抗战时期，中央大学人才荟萃，评选出的教育部部聘教授人数，比北大、清华、南开三校组建的西南联大人数还多。2015 年的一天，我去看望高老，发现家中还有两位客人，经高老介绍，其中那位长者叫马光忠，是农业部南京农机化研究所的研究员、植保机械专家，他就是马元放先生的儿子。

《我与农业工程高等教育——著名农业工程高等教育学家高良润教授口述回忆》是 2015 年由中国农业出版社出版的。记得在书稿审定过程中，近百岁高龄的高老也是一页页修改，还经常给责任编辑刘晓婧用钢笔写信，提出自己的修改建议。当时正值全国“两会”召开期间，袁寿其校长作为全国人大代表正在北京开会，专门叮嘱我把书稿送到北京京西宾馆，他利用会余时间审阅书稿，我特地拜托他多在农机和水利专业领域的内容上把把关。

高良润口述回忆录

2017 年，高老 99 岁了，在淄博参加中国农业工程学会会员大会期间，我问已经改任江苏大学党委书记的袁寿其教授：“学校还为高老祝贺百岁寿辰吗？”袁书记说：“由于身体的原因家属不同意搞，我们以别的方式庆祝吧。”随后，又叮嘱我：“有时间再去看看高老师吧。”听完此话，我很快和南京农机化研究所曹光乔副所长取得联系，约定时间一起去看望高老。2017 年中秋节的前两天，我和曹光乔副所长、薛新宇首席专家一起去了高老家，这次拜访是我最后一次看见高老，离开高家时，高老的女儿高晓庆大姐送我们到院门外，她说高老的身体一天不如一天。大约 10 月，我在微信朋友圈里，看到高老学生为他祝贺百岁生日的消息，从心里还为高老感到高兴。但过了不久，一天晚上我正在家里看电视，一位同事，好像是总编室章颖副主任给我发了条微信，内容是江苏大学官网上高良润教授讣告的截屏。当时，我第一个想法就是：20 位留美硕士研究生又在那一方团聚了。

九、白人朴——梦想与坚守

我与中国农业大学工学院教授、著名的农机化发展战略研究专家白人朴教授相识是比较晚的，大约在2003年前后，但多年来我一直非常尊敬白教授，私人友谊发展的也比较好。

2004年2月底，上海市农机办组织全市农机管理部门的干部进行农机化知识的培训，项冠凡主任从北京邀请了白人朴教授和中国农机院原副院长诸慎友前去讲课，邀请我前去报道。这是我第一次当面听白教授讲课，内容是有关农机化发展趋势分析的，因为那年中央1号文件首次提出要对农机具实行购置补贴。

会后，我问白教授：“您是学经济的？”白教授说：“不是，我是地地道道学拖拉机设计的。”我就纳闷了：“平时听别人讲课都像是在作工作报告，您这怎么有这么多经济分析的内容？”以致我误解白教授是学经济的出身。直到后来给白教授写回忆录时我才明白，白教授是我国第一批接触技术经济学的人之一，这是著名经济学家于光远首倡的一门经济学；白教授又是第一个把技术经济学原理引入农机化软科学战略研究的人，编写了第一本农机化技术经济学的普及读本；为什么白教授这些年提出了那么多新颖的观点和理论分析，而且他作为学者的研究成果常常能为农机化管理司所接受，变成政府部门的意见，就是因为有扎实的技术经济学理论功底作保证。

为白教授写回忆录是2015年在和中国农机工业协会陈志会长、现任《中国农机化导报》社长刘卓在一起聚会时提出的，当时是为了给即将去陕西省白水县挂职的刘卓送行。他们两位都是白人朴教授的博士研究生。陈会长说：“你是不是该考虑给我老师也写本回忆录了？”我说这个建议太好了，随后我又征求杨敏丽教授的意见，她又征求工学院院长、长江学者韩鲁佳教授的意见，大家都认为可行。特别是白教授已经78岁了，没准儿书出版时，正好能赶上老人家八十大寿呢。

这次，我邀请《中国农机化导报》记者杨雪和我一起写，她和我有一个共同点：都是中国人民大学历史系毕业的，只不过我出校门时她刚出生。我的想法是，白教授理论功底、专业功底、农机化历史功底都极强，我们在史实考证和资料把控上千万不能出纰漏。

好在近10多年和白教授一起参加的活动太多了，对白教授谈的许多事情都了解，像回忆录中讲到的“江苏武进全国水稻生产机械化第一县”和“山东桓台全国玉米收获机械化第一县”等活动的举办，本身就是我配合白教授搞成的，因此，我也能为他补充一些资料。每次和杨雪一起采访白教授都像是上了一课，像他讲述的改革开放后关于粮食增产与农业机械化是“正相关还是不相关”的争论；粮食增产主要因素是生物技术起主要作用，还是工程技术起主要作用的争论，我这个号称研究农机化发展历史的人都闻所未闻。

书稿写成，经白教授仔细修改定稿之后，我原本起的书名是《经历与感悟》，但白教授感觉不能准确表达他的意思，经过认真琢磨，最后确定书名为《梦想与坚守——著名农机化发展战略专家白人朴教授述忆》，于2017年国际农机展览会上首发。

总之，为老科学家作传记是一项艰苦而有乐

趣的工作，“好人不愿干，孬人干不了。”我做梦也没有想到，我近 40 年的职场生涯会是以抢救“活资料”开始，又是以抢救“活资料”结束。

2019 年我锁定的目标是在有限的职场生涯内完成《陆为农传》和《陈学庚传》的写作和出版工作。

征文后记

误打误撞干农机

2019 年 1 月 20 日，历时近一年的中国农机化协会主办的“纪念农机化改革开放 40 周年”征文活动落下帷幕，我写的《我为老科学家写传记》一文，被评委们评为特别奖。颁奖仪式上，农机化管理司的 4 位前任司长宋树友、徐文兰、王智才、李伟国同时出席，更显活动的庄重与热烈。

回想我与农机化工作结缘的经历，初始于宋树友老领导担任农机化管理司司长时期，到农机化系统是在徐文兰任司长的时期，先后在徐文兰、魏克佳、牛盾、王智才、宗锦耀等 5 位司长领导下工作过，与农机化事业结下了很深的感情。即使 7 年前离开中国农机安全报社社长岗位调到中国农业出版社，我仍不认为已经离开了农机行业，只不过是“换了个频道”说话而已。

初识农机化

最早接触农机化部门是在 1988 年，宋树友老领导担任农机化司司长时期，那时我正在农牧渔业部机关报《中国农牧渔业报》当记者。

第一次和农机部门打交道是 1988 年去安徽合肥出差，采访时任安徽省水产局局长赵乃刚发明河蟹半咸水人工育苗专利的事迹。临行前，同事刘玉问我，安徽有什么熟人没有，我说没有。于是，她就让正在农机化管理司办公室任副主任的爱人董涵英帮忙联系了安徽省农机局办公室主任郭子超。

在合肥，受到郭子超主任的热情接待，听他讲了不少农机化方面的事情，这次接触给我留下了很深的印象。后来，我“投奔”到农机化门下后和已经升任安徽省农机局副局长的郭子超一直共事了近 20 年。

作为农机化系统著名的笔杆子、记者出身的郭子超对我的工作给予了极大的支持。2008 年纪念改革开放 30 周年，中国农机化导报和常发集团联合举办纪念农机化改革开放 30 周年有奖征文活动，郭子超局长的作品荣获了特等奖，张桃林副部长亲自为他颁奖。我们之间的私人友谊也一直保持得很好。

郭子超（左）、张天佐（中）、宋毅

革命领路人

1990 年前后，我到报社上班每天要从万寿路农业部家属院乘坐农业部班车到部里，再换乘部里开往药王庙报社的班车。车友里有位农机化管理司管理处的干部叫卢元军，我俩每天早晚同一趟班车，时间一长彼此间也很熟悉了。

一天，卢元军在班车上对我说：“四川省成都市金牛区金牛乡农机站秉承‘为搞服务办实体，办好实体促服务’的理念，大力兴办农机站站办企业，站长是个退伍军人，带领8个农村妇女把农机站办的红红火火，办起了一个加油站、一个制式服装厂、一个反光标牌厂、一个汽车驾驶学校，1989年站办企业创收过亿元，一下成为四川省闻名的先进乡镇农机管理站，被农业部农机化管理司评为全国‘百强农机站’。”卢元军问我：“你有没有兴趣邀请几家媒体一起去采访？”

回到报社，我立即把这条采访线索向总编辑进行了汇报，他也认为《中国农牧渔业报》报道农机化工作的内容太少，应该加大这方面的报道力度，当即同意我前往四川采访。

时任农机化司副司长徐文兰亲自帮忙安排了这次采访，她指示管理处的张处长派卢元军全程陪同我采访。

1990年9月下旬，我又约了新华社《瞭望周刊》和《科技日报》的记者一起来到成都金牛区的金牛乡进行采访。

采访内容让我大开眼界：在农机化管理和技术推广“鱼死、网破、线断”的年代，金牛乡突破传统思维，从搞站办企业做起，通过关系批准成立了“交金汽车驾驶学校”，面向社会招收学员。

当时，学会开车、考个汽车驾驶执照非常困难，有了驾校，他们把成都市税务局的领导招进去当学员。建立起关系后，从税务局要来了为成都税务系统生产税务人员制式服装的业务，为此专门成立了一个制式服装厂。

因为办汽车驾校和成都市的公安部门建立起很好的关系，站里建起了一个反光标牌厂，承接了成都市二环路上所有反光标牌的生产任务。

最有意思的是，驾校还把成都双流机场负责安检的武警干部招来当学员，把石油公司的负责人招来当学员，为金牛乡农机站的发展营造了很好的外部环境。

1994年，我在农业部办公厅新闻处当副处长时，到峨眉山参加《中国农机安全报》宣传年会。回程时，四川农机局两个处长送我到双流机场后就走了。过安检时，负责查验证件的武警一口咬定10年前办理的第一代身份证上的照片不是我本人，非要让当地对口接待的部门到场为我证实。

我很恼火，当场和她争吵起来，惊动了当时带班的科长，他过来询问什么情况。他看见我时一愣：“你不是X校长的朋友吗？”我说：“你不是舒科长吗？”之前，我们在成都已经见过了几面，他告诉那名武警：“我给他证明了。”随后把我领进了贵宾室休息。

采访金牛乡农机站制式服装厂

那次在金牛乡农机站的采访，我第一次看见了小麦联合收割机田间收获试验；第一次和农机站人员坐着吉普车、顶着大喇叭走村串户宣传秋季农机安全生产知识；第一次结识了四川省农机局刘祖荣局长，黄彦蓉、母世杰副局长，认识了杨树斌、刁学峰处长。

多年过后，卢元军几次“告诫”我：“别忘了，我是你进入农机行业的革命领路人！”

一辆桑塔纳轿车的吸引

1991年夏季，农机化管理司在海滨城市大连召开全国农机化宣传工作会议，会议由时任司长宋树友主持，我代表部办公厅新闻处参加。此外，还去了不少媒体代表。

会议报到那天下午没有什么事情，宋树友司长叫上我、刘玉，还有司里法规处的贾敬敦一起到海边散步。边散步，宋司长边给我们讲农机化工作从农机部、八机部、农机化管理司的发展过程，讲了农机化发展形势和面临的困难，特别是讲到了农机化宣传工作，并对宣传工作表达了高度的重视和很大的兴趣。

这次会议使我对农机化宣传有了一个全面的了解，知道了农机化也是一个大有可为的宣传阵地，为我后来长期从事农机化宣传打下了一个心理基础。

也是在这次会议上，我结识了中国农机安全报社社长张志学。从他那里得知，创办于1987年的《农机安全报》到1991年发行量已经超过100万份，在行业里开始产生巨大影响。但是，受各种因素制约，报社一直是农业部南京农机化研究所下面的一个处室，非独立法人单位，关系还没有理顺。

从左至右：贾敬敦、宋树友、刘玉、宋毅

几年后，我提出来想调离机关，回到新闻单位工作。办公厅领导的意见让我去新上卫星的中央电视台农业节目（CCTV7）当一个部门主任。恰在这时，中国农机安全报社张志学社长来动员我到报社和他一起干，并且许诺给我配一辆新的桑塔纳轿车。

当时，我儿子正在学钢琴，需要每周一次送他到北京舞蹈学院钢琴老师家上课。那年代，大家还都没有专车，让我自己买我也买不起，但又太需要有辆车了，所以能给我配一辆桑塔纳轿车对我来说无疑是雪中送炭，我没怎么犹豫就答应了张志学社长。

我没有辜负张社长的期望，用了5年时间，辅助张社长完成了机构从南京农机化研究所独立出来、创办《中国农机监理》（月刊）、报社从处级升格为副局级、从南京整体搬迁到北京4件大事。

2003年我接替张社长出任中国农机安全报社社长、总编后，10年内我又操作完成了将报社由一般纳税人变更为小规模纳税人、将《中国农机安全报》改造为《中国农机化导报》、为报社多争取660平方米办公用房、将报社归口业务联系单位由农业部办公厅变更为农机化管理司等几件事。

回首18年在农机化系统的工作经历，当初之所以能进入这个系统，真不是我有多高的觉悟、多大的热情，与参加征文的大多数同志学农机、干农机、爱农机相比，“初心”相差的很远，充其量是被一辆桑塔纳轿车给吸引过去的，表现出实用主义的一面，只能算是“误打误撞干农机”。

说说跨区机收那点事儿

□ 梅成建

梅成建，农业农村部农机试验鉴定总站研究员。

北方麦区流行这样一句农谚：“女人怕生孩子，男人怕割麦子。”随着联合收割机隆隆驰来，这句农谚从此将要改写。这是发表在1995年6月21日《人民日报》头版上的北方麦区联合收割机易地麦收采访之一——《初展身手新“麦客”》的导语，也是国家宣布放弃1980年基本实现农业机械化目标，农业机械化经历长达十几年的“冷落”之后，再次登上中国共产党党报——《人民日报》头版，走进全国人民的视线。

之后，经过全国农机人的共同努力，隆隆驰来的联合收割机机队成为农业新闻报道中一道常见的靓丽风景线，跨区作业几乎成为农机化管理系统展现在全国人民面前的一张行业“名片”。那么，这张名片是如何打造成功的呢?

一、发明者——农牧渔业部农机化服务站

改革开放之后，如果问联合收割机跨区作业的发明者是谁？应该非农牧渔业部农机化服务站（农业农村部农业机械化技术开发推广总站的前身）莫属。

1986年6月，农牧渔业部农机化服务站联合佳木斯联合收割机厂、四平联合收割机厂、北京联合收割机厂，组成了一只拥有7台联合收割机的机队，开始了易地机收小麦的尝试。

组织联合收割机跨区机收的初始目的，不是为了提高农业机械利用率，增加机手收入，而是为了推广机械化收获技术，帮助企业打开市场。

“全党动员、决战三年、1980年基本实现农业机械化”失败后，之前从东德引进的E512、E514 联合收割机、约翰迪尔1065、1075联合收割机经过消化吸收，生不逢时，因实行家庭联产承包责任制后土地经营细碎化、一次性投资大等不利因素，进入市场面临很大困难。

以推广先进农机化技术为己任的农牧渔业部农机化服务站与急需开拓市场的生产企业一

拍即合，决定利用小麦收获的时间差，开展跨区作业，向广大农民展示先进的机械化收获技术。

参加跨区作业的有佳木斯联合收割机厂的1065、1075，四平联合收割机厂的E512、E514和北京联合收割机厂的北京－2、北京－3，机手为企业人员，发生的费用各自负担。跨区作业从河南郑州开始，第二个点为石家庄，最后到北京结束。郑州作业结束后，通过铁路运输于6月12日到达河北省赵县。

按分工，第二个点由当时石家庄市研究所的刘德基所长和我负责。记得那是个上午，联合收割机收获作业很成功，无任何故障发生。现场人声鼎沸，很多当地农民来看稀罕，但真正使用收割机作业的不多。当时联合收割机的作业价格是每亩收费8元。

联合收割机收割后，地里蹲着黑压压的一片人，他们仔细地数从收割机掉到地下的麦粒儿，观察收获的损失大小。记得当时我问正在往口袋里装麦子的户主对机收价格、损失的看法，户主说价格还可以，损失能够接受，最大的好处是省事，花点钱麦子就拉回家了。

6月21日，作业队通过公路自行赶到北京，我与邹漳合作，撰写了《流动联合收割机队抵京郊开展麦收服务》，发表在《中国农机化报》上，1987年获得第一届首都产业报好新闻三等奖。

跨区机收好像在1987年又组织了一次（当年我回到农机化管理司工作，未参加），以后就无疾而终了。曾经积极参与的三家企业也已成为历史的记忆。佳木斯联合收割机厂被分拆，一部分被约翰迪尔收购，一部分归常发；四平联合收割机厂、北京联合收割机厂则早已消失在历史的烟云之中。

二、推动者——全国农机化管理系统

联合收割机跨区作业的真正兴起，功劳首先应属于那些带着发家致富梦走南闯北的农民机手，农机化管理部门在其中扮演了强有力的推动者的角色，发挥了极为重要的作用。

究竟什么时候、哪一个机手开着自己的联合收割机走出跨区作业的第一步？目前尚无定论。但跨区机收兴起于20世纪90年代初可能是比较客观的看法。特别是1993年，割幅2米、价格5万元左右、特别适合较小地块作业的新疆－2联合收割机的出现，有力地推动了跨区作业的发展。

到1995年，经过几年的发展，小麦机收市场已经形成，且不断扩张，跨区机收规模越来越大，呈爆发式发展态势，引起了社会的极大关注。这一年，我在农业部农机化管理司政策法规处任副处长，主管宣传，和河北省农机管理局合作，邀请人民日报、中央电视台，共同策划了跨区机收宣传活动。

6月初，我们首先集中在河北省石家庄市，了解新闻机构的需求，确定如何配合人民日报、中央电视台记者完成采访，最终决定兵分两路采访。

我和郭俊英副局长陪着人民日报记者潘承凡，一路向南，进入河南采访。

6月7日上午，在河南省卫辉县，遇到了一个由五六十台联合收割机组成的车队，刚刚完成了第一个点的作业，正在向第二个作业点转移。我们采访了河北省藁城县跨区机收队，机队全部是清一色的新疆－2收割机。为了看机手如何吃饭，我们曾在田间等了3个多小时。

当河南机收接近尾声时，我们又随着向河北转移的一个个机收队，一路向北，感受到了机收队不断遭遇拦机、寸步难行的艰难，最厉害的地方，隔几百米就被拦一次。

在漳河大桥北侧，我们遇到几个农民截住了一台东北某厂生产的联合收割机，但很快农民就放行了。我们感到很奇怪，一问才知道，这种机器不好使，容易出故障，农民准备再用别的。

最后，我们采访了河北省元氏县聊村，一个年翻修了400台联合收割机、交易额1 300多万元的专业村。

在返京的路上，我们研究了报道思路，决定合作进行一次北方麦区联合收割机易地麦收连续报道，潘承凡负责两篇，即《初展身手新“麦客”》（之一）和《机手浩叹“行路难”》（之三），我负责其中一篇，重点写联合收割机，题目为《流动的工厂》。连续报道于6月21～23日在《人民日报》发表，每天一篇，开篇发在一版，结束刊发在二版。

另一路的收获也很大，河北省农机管理局局长陈春风接受了中央电视台刘自力的采访，上了影响巨大的《新闻联播》，因此也成为代表农机化管理系统上中央电视台新闻联播宣传的第一人。

跨区机收的主体是渴望用联合收割机发家致富的农民机手，而跨区机收的辉煌则是由机手和全国农机化管理系统共同创造的。

特别是县级农机管理部门，他们积极投身到跨区作业中。在采访中，我们看到很多县级农机局长亲自带队，把机手组织起来，带着他们走天下，在维修服务、安全作业等方面发挥了很大的作用，对推动跨区机收的发展功不可没。

后来出台的跨区作业农机免收过路过桥费政策，体现了国家对跨区作业的支持和引导。

可以说跨区机收是机手和农机管理部门自动找好定位、充分发挥市场基础作用、合理支持和引导的典范。

三、历史和未来——如是三问

历史在前进，时代在进步。

经过40年的改革开放，我国农业机械化得到了长足的发展，主要农机产品装备量不断增长，彻底告别了农机短缺时代。目前，跨区机收仍在继续，规模再也不能同高峰时代同日而语，但它会永远珍藏在我们的心中。

回顾跨区机收从兴起、扩张到高潮的历程，有许多东西值得我们深入思考。

其一，改革开放后，跨区机收由体制内事业单位首先发起，但为什么是广大的农民机手把它推向了辉煌？

其二，如果说跨区机收是一个农机化新技术推广项目，则称得上是一个投资少、见效快、效益显著的项目。是什么让广大农民在很短的时间内接受了机械收获，并导致联合收割机市场井喷式爆发？而很多推广项目为什么推而不广，项目一结束就变得无声无息？

其三，在农机化发展中，发挥市场基础作用和政府一定的扶持、引导都不可缺少。但一定的扶持、引导政策不可避免地将导致市场信号变形，如何控制引导或扶持的“度”？使市场机制能够有效地发挥作用，实现像跨区机收一样的引导效果？

1995年6月21日《人民日报》头版刊发北方麦区联合收割机易地麦收采访之一——《初展身手新“麦客”》时增加了一个编者按，其中提到：“实现收获机械化一直是我国农业机械化发展中的一个老大难问题，长期没能解决好。联合收割机一次性投资大，利用时间短，对广大并不富裕的农民来说，真是‘没有钱，买不起；利用率低，放不起’。如今，成千上万个新‘麦客’在农机部门的组织下，驾着联合收割机开展易地麦收。他们不仅为当地的农业生产做出了贡献，而且大幅度提高了联合收割机的利用率。新‘麦客’的出现，意味着我国期待多年的农业机械化，正酝酿着新的突破。”

目前，我国三大作物的机械化问题已经基本解决，农业机械化进入全面、全程发展新时期，如何总结跨区机收的宝贵经验，充分发挥市场的基础作用，把好政策扶持、引导的“度”，促进农机化事业高效、高质发展，值得期待。

征文后记

一半是海水　一半是火焰

1月10日，中国农机化协会发出公告：截至2018年12月1日，“纪念农机化改革开放40年征文活动”共收到征文200余篇。经专家评审，评选出一等奖5篇、二等奖15篇、三等奖30篇、特别奖15篇。至此，纪念农机化改革开放40年征文活动各大奖项终于水落石出，名花有主，一个在全国农机化系统搅动起极大涟漪的活动也接近尾声。

然而，回顾活动的历程，却让人感慨万分。自2018年3月9日，中国农机化协会发出开展纪念农机化改革开放40年征文活动的通知，到9月30日推送第一篇征文——《不忘初心继续前行，构筑新时代“农机梦”》(作者江洪银)，时间超过半年之久，整个农机化系统似乎整体显得“无动于衷”，对波澜壮阔的农机化改革开放40年选择了“集体遗忘”。9月30日后，又呈现出另外一番景象：征文源源不断，一路高歌，特别到后期甚至出现推送不及的状况。到了截稿日期，主办方声明以后来稿不参加评选，但仍然挡不住大家来稿的热情，以至于公布获奖名单后，仍然有人坚持要把自己的过去写出来，与大家分享。这时节，已经不是为了参加征文活动，而是我非要写，不吐不快！从心如止水到热情洋溢，拿王朔的一个作品名称来概括，就是一半是海水，一半是火焰。这是为什么？

也许这种现象正好体现出农机人40年改革开放的心路历程，某种程度上和农机化40年的发展历程十分契合。不是吗？一直到20世纪90年代中期，大规模跨区机收开始之前，农机化系统整整沉寂了近20年……

纪念农机化改革开放40年，重点在“改革”，比较的是改革前和改革后，必然要从会议开始。但改革是有组织的自身革命，开始是痛苦的。农机化的改革开放就是从“全党动员、决战三年、1980年基本实现农业机械化”的辉煌顶峰一落千丈开始的，是从实行家庭联产承包责任制后出现的“承包到户、农机无路”起步的。几乎是一夜之间，辛辛苦苦建立起来的全国农机化系统，包括数以千计的农机校、农机公司、2 400多个县级农机修造厂、5万多个农机站……大部分走向了终点。那时节，多少个农机人痛心疾首，夜不能寐，他们困惑、沉闷，他们难过、迷惑，他们不甘……尽管他们知道这是改革不得不付出的成本。他们把这深深地埋在心灵的深处，犹如大海深处的海水。而如今，再回首，灯火阑珊处，怎忍凝眸？这或许是大家初期“无动于衷”的原因之一吧。

而9月30日，《不忘初心，继续前行，构筑新时代“农机梦”》后，轻轻地将农机人的记忆之门撬开了一道小缝。农机人的记忆苏醒了。在改革开放的大潮中，他们在困境中奋起，在逆境中砥砺前行。他们曾经披星戴月，走南闯北，风餐露宿，跨区作业；他们曾经呕心沥血，开发农机新产品；他们活跃于田间地头，推广农机化新技术……他们用智慧和辛苦掀起了共和国农机化发展史上的一朵朵美丽的“浪花”，共同铸造了农机化事业的发展与辉煌。记忆大门敞开，他们有很多话要说，有很多事要写，有很多经验要总结，犹如决堤之洪水，恰似燎原之大火，可是截稿的时间到了，而大家还意犹未尽。这时候，你说主办方多么可恶，把大家的火点起来了，他却要撤了。

海水是蓝色的，代表着智慧与包容；火焰是金色的，象征着光明与活力。相较于历史长河，40年不过是一瞬间，今后农机化的路还很长。纪念农机化改革开放40年不仅仅是回顾过去，更要面向未来。如今，国务院关于加快推进农业机械化和农机装备产业转型升级的指导意见已发布，让我们的农机化大军再一次集结，向2025年农机化的发展目标出发吧！

小麦联合收割机规模化跨区作业的起因与产生的历史影响

□ 王锁良　葛振平

王锁良，河北省石家庄市藁城区农业机械服务推广中心干部。

葛振平，曾任河北省藁城市农业机械管理局党委书记、副局长、局长，2013 年 12 月退休，任河北省农机生产与流通企业协会副秘书长。

藁城市是小麦联合收割机规模化跨区作业的重要策源地。藁城与河南辉县市农机管理部门探索形成的“藁辉模式”，曾受到农业部农机化司有关领导的肯定和褒奖。历时二十多年并延续至今的跨区作业，不仅推动了农机事业的发展，也造就了一大批职业农机手。这些农机手靠跨区作业实现了致富，促进了大江南北的信息和技术的交流，提高了我国的农机化水平。职业机手收入的提高，又增强了其购买力，加快了大型农机的普及和更新换代。时至今日，仍有不少机手以跨区作业为主要经济来源，这充分展示了我国农民的无限创造力。

河北省藁城市 2014 年改设为石家庄市藁城区，有 73 万人口，83 万亩耕地，地处华北平原，是河北省主要产麦县市之一，小麦常年种植面积稳定在 60 万亩左右。1986 年以前，藁城小麦收获基本是人工收割或用割晒机收割，人工打捆，运输到打麦场，再用脱粒机脱粒或用石碾碾压脱粒。1987 年，增村、大常安、南尚庄三村农机手自发购买了三台北京 −2.5 自走式小麦联合收割机，从此，藁城开始了小麦联合收割的先河。1988 年，农机局筹集资金购买了西德生产的 E514 和迪尔生产的 1 065 两台小麦联合收割机，作为示范在全市推广。到 1992 年年底，藁城拥有小麦联合收割机 225 台，主要机型为北京 −2.5、丰收 −3、东风 −5。

一、小麦联合收割机规模化跨区作业的起因

在 1992 年麦收期间，新疆联合收割机厂与中国农业机械化科学研究院研制的新疆 −2 型小麦自走式联合收割机首次在辛集市作业演示。由于新疆 −2 小麦联合收割机采用轴流滚筒，割幅 2.18 米，机具结构紧凑，非常适合我们地区应用，农机局就邀请新疆联合收割机厂试验人员到藁城进行现场演示，演示效果获得较高的评价。为此，局长韩银福就安排藁城

市农机公司与新疆联合收割机厂接触，商谈联合办厂事宜，利用当时已经建成的农机化服务中心成立了新疆联合收割机厂藁城分厂，联合生产、经营、销售新疆－2小麦联合收割机。1993年3月，分厂派技术人员和工人到新疆厂进行了为期一个月的培训，分工位跟新疆厂师傅学习组装技术。4月，藁城分厂在厂房没有门窗、没有固定电源、厂区道路全部为泥路的情况下，克服种种困难试组装了5台，在元氏、天津示范表演，备受欢迎。农民反映，新疆－2价格低、性能好、脱粒干净、吃潮、故障少。藁城市木连城村王新道等四人用3.8万元购买了一台新疆－2型小麦联合收割机，5月20日驾驶收割机到河南新乡收割小麦，在新乡作业8天，纯收入1.6万元。返回本地又收割了800多亩，6月19日又辗转唐山乐亭，收割500多亩，当年基本就把投资收回了。1994年藁城分厂在“三夏”前夕，组装新疆－2小麦联合收割机197台。销售覆盖河南、河北、陕西、山西、山东、北京等，在河北省销售达11个地区38个县（市）。为广大农民提供了适宜的机型，仅在藁城就销售了51台，河北省农机局还将新疆－2联合收割机作为当家机型，在全省重点推广。

虽然早在1992年藁城市就有联合收机手自发地到外地作业，但由于没有统一的组织，作业中经常出现一些收费难和强行拦机、难以顺利作业等问题，甚至被挟持、机具被毁坏、造成严重损失的问题时有发生。通过1993年部分农机手用新疆－2跨区作业，当年基本能拿回成本的事例，广大有机户看到了跨区作业能给农机户带来可观的收益，迫切要求我们农机管理部门组织联合收割机跨区作业。

二、规模化跨区作业的实施过程及形成的共识

1994年，藁城市联合收割机保有量已达649台，但使用时间短、利用率低。为充分发挥其作用，提高利用率，增加农机户收入，同时也为新疆－2小麦联合收割机宣传推广服务，扩大新疆联合收割机厂藁城分厂的知名度，农机局开始着手组织规模化联合收跨区作业。明确时任副局长的葛振平同志任组长，部分工作人员和技术人员组成了跨区作业领导小组。他们亲赴河南、山西作业地进行了实地考察，就小麦种植形式、地形条件、当地经济发展及农机化发展情况进行了综合调查分析。认为组织联合收先赴河南辉县作业，返回正赶上我市小麦收获，结束后稍加休整再赴山西太谷、祁县作业，时间是充足的，而当地土地规模也适合联合收作业。经过协商，与三地农机管理部门签订了跨区作业协议，由我局组织联合收作业，当地农机管理部门负责安排作业地点，协调解决作业中的有关问题，帮助收取作业费，并提供机具修理、物资供应服务，安排机手食宿，负责机具返回事宜。河北省农机局与省公安厅、省交通厅等部门联合下发了《关于组织合收割机参加跨区机收小麦作业的通告》，制订了免征养路费、过桥费等优惠措施，并印发了《联合收割机跨区作业证》。石家庄市农机局的领导也多次过问此事，对组织中的有关问题进行了协调和指导。联合收割机跨区作业车队出发时，藁城市委市政府领导到出发仪式现场，为跨区作业“大部队”送行。

1994年5月26日，以新疆－2、北京－2.5为主要机型的70多台小麦联合收割机到河南辉

县市参加麦收作业，历时11天收割小麦2.88万亩，收入72万元。之后返回藁城完成本地小麦收割任务，又组织30多台联合收赴山西太谷、祁县等地作业，扩大了服务范围。通过跨区作业，一是提高了机具的利用率，增加了农机户的收入。二是锻炼了队伍，提高了机手的技术水平。三是提高了产品的知名度，拓宽了销售渠道，开启了规模化联合收割机跨区作业的新模式，后来被称为“藁－辉”模式。不仅为河南和山西农民提供了服务，也增加了农机户的收入，而且积累了规模化机具跨区作业的经验。

1995年3月10日，农业部农机化司副司长焦刚同志参观了新疆联合收割机厂藁城分厂，充分肯定了新疆－2型小麦联合收割机的适应性，对农机局组织大规模跨区作业大加赞赏。当年夏季，农机局又组织了130台小麦收割机赴河南辉县、郾城等地参加跨区作业。1996年农业部农机化司在藁城挂职市委副书记的刘宪同志和石家庄市农机局朱伟荣局长、藁城市农机局葛振平同志先后到河南漯河、许昌、辉县等地进行实地考察，研究探索用火车专列运送小麦联合收割机，与当地农机部门协商安排好机手的食宿、机具的油料供应等工作，并与当地政府签订了作业合同。合同对每台机器的收割面积、突发性问题的解决、结算方式等做了明确约定，当地农机部门在作业方面给予了大力支持。在随后的几年间，组织规模越来越大，机具数量每年都达500多台。通过不断摸索，形成了组织跨区作业必须要做到“七个统一”。

统一签订作业合同。根据小麦长势，作业的时间差和作业地形，统一签订作业合同。严格确定每个村机器数量、作业面积、收割质量和亩收费价格，以保证机手收益。

统一机具编组。根据与作业地签订的作业合同，召开机手座谈会，广泛听取机手意见，在此基础上拟定跨区作业公告，跨区作业协议书。严格规定组织者与机手双方各自的义务和责任，在报名的基础上把参战收割机编号分组，以50台为一个作业分队，每队配有两名技术维修人员、一名队长、一部维修服务车。

统一技术培训。在作业出发前，请农机化培训学校的老师和新疆联合收割机厂藁城分厂的技术人员对参加跨区作业的机手进行2～3天的技术培训和现场操作，重点解决收割行走和作业中易发生的故障和排除办法，以保证人机达到良好的作业状态和操作水平。

统一进退场时间。组织到外地跨区作业，既要保证外地小麦的收获，又不能耽误本地小麦收割，因此，统一进退场时间十分关键。最难的是退场，为保证本地小麦收获，在外地作业必须6月10日左右返回，但路上常有强行拦截和其他意外情况发生，致使不能按原计划返回，甚至有的机手被打，机具被毁。对此，我们采取了几条措施：（1）统一摘掉拨禾轮或其他主要收割部件用卡车统一运回。（2）选择最佳撤场路线。（3）选择最佳撤场时间，对拦车频发的路段趁深夜时间通过。（4）争取当地农机、公安交通部门的支持护送到边界，再邀请本地的公安、交通部门到边界接回。

统一配件供应和机具维修。跨区作业指挥部下设配件供应组和维修组，并配备了专用车辆随队伍一同出发，以保证途中和作业时的配件供应和机械维修。配件按平价供应，维修不收费，属于“三包”范围内，经技术鉴定后，修理不收费。作业中，为保证每台机器与指挥部经常联系，将手机号向机手公开，随时联系，将配件及时供应到田间地头。

统一收费标准和办法。根据作业合同，指挥部负责与作业地农机部门及乡村干部联系，执行签订的收费标准，并实行三联单收费制度，由当地村干部跟机作业和负责收费，确保机手收入。

统一机型和标记。为便于维修和配件供应，我们以新疆－2型自走式联合收割机为主，吸收北京－2.5型参加，组成作业队。为便于组织和指挥，统一机具标示。如贴有统一的编号号牌，插有藁城市跨区作业队旗帜，方便识别。机具编号与旗帜编号一致，并给每台收割机发一个配件供应卡，凭卡购件和维修，有利于管理和服务。

1997年，藁城农机局组织了512台以新疆－2型为主的小麦联合收机作业队，“南下河南”“东征唐山”“北战内蒙古”“不忘藁城”，历时两个多月，奋战四个作业地，共为有机户创效益760多万元。中央、省、市电视台和多家报纸多次进行了采访报道。1997年，在省、市农机局领导的指导帮助下，成功地开创了用火车专列运送小麦联合收割机的先河。1997年6月10日，时任农业部农机化司司长魏克佳、副司长李昶杰、处长刘宪，河北省农业厅厅长李荣刚，河北省农机局局长张文军、副局长郭俊英及石家庄市和藁城市领导参加了以联合收割机跨区作业为主题的座谈会，会上，魏司长对藁城市连续多年组织跨区作业取得的成绩给予了表扬。

1999年，藁城农机局根据冀农机［1999］20号《关于印发农业部副部长路明、河北省副省长郭庚茂、河北省农机局局长张文军在全国机收小麦工作协调会上的讲话（发言）的通知》精神，又大力组织了跨区作业工作。首期赴河南省参加麦收会战的联合收割机达400余台，分成4个作业队，分别奔赴辉县、郾城、武陟、开封等地。赴开封作业的联合收割机有102台，于5月23日自正定火车站乘专列出发。赴郾城作业的联合收割机有54台，于5月24日自藁城火车站乘专列出发。赴武陟和辉县作业的联合收割机数量分别为180余台和80余台，长长车队于5月24日上午自藁城市马庄路口向作业地开始进军，声势浩荡。

2000年，农业部农业机械化管理司、公安部交通管理局、交通部公路司联合下发农（机监）［2000］8号《关于加强2000年联合收割机跨区作业管理的通知》，至此，规模化跨区作业得到国家部委的高度重视和肯定，形成了全国通用的《联合收割机跨区作业证》。

三、规模化跨区作业产生的影响

小麦联合收割机规模化跨区作业，适应了当时农机化发展形势，解决了有机户无组织地赴外地作业的种种问题，满足了广大有机户的要求，为他们提供了一条致富路。

通过组织联合收割机跨区作业，增加了有机户的收入，激发了广大农民投资的热情。农民购买联合收割机不再只为满足本地使用，从事农机作业成为农民致富的一条途径，促进了藁城市乃至全国农机产业化的进程，为农村适度规模经营打下了良好的基础。

组织以新疆－2机型为主的联合收割机跨区作业，对该机型进行了广泛宣传，提高了该产品的知名度，拓宽了销售渠道，为新疆 -2 联合收割机的发展创造了条件。新疆 -2 联合收割机在藁城生产了近 12 000 余台，同时在天津、河南、山东、陕西、四川等省市建立分厂，促进了整个小麦收获行业的大发展，特别是促进了喂入量 2 千克的小麦收割机企业的发展。

通过地方组织上升到国家层面的支持，使跨区作业遍布全国，作业内容也从小麦跨区作业到水稻跨区作业、机耕跨区作业等。

总之，规模化跨区作业是一个时代的产物，它促进了农机保有量的快速增加，迅速提高了小麦的机收率，推动了农机工业发展，使我国小麦收获期大大缩短，为全年粮食生产打下了良好基础。

跨区机收发展之路展示着农业机械化腾飞之途

□王　鑫

王鑫，陕西省渭南市临渭区农机安全监理站工程师，渭南市摄影家协会会员；文中其他图片作者杨波、弋小荣、张默均为渭南市摄影家协会会员。

我是一名基层工作25年的农机人，一路见证着陕西省渭南市临渭区农业机械化飞速发展的进程。临渭区农民从“延河”小四轮为主的拖拉机、“新疆-2”收割机“干农活”，发展到拥有现代化设施的新型农业机械联合作业，成为“农机大区”，特别是联合收割机跨区机收走出陕西，服务全国，声名远扬。

1978年，党的第十一届三中全会确定改革开放政策施行以来，农村实行了土地家庭联产承包责任制，农村经济发生了翻天覆地的变化，在中国共产党的正确领导下，中国的农业机械化事业取得了很大的发展。在农村长大的我，

传统的收获方式：割麦

传统的收获方式：牲畜碾场

传统的收获方式：老式拖拉机碾场

传统的收获方式：收场

传统的收获方式：扬场

传统的播种方式：人力播种

机械化收获方式替代了传统收割

机械化收获作业

机械化收获作业

13 岁时就看着哥哥开着小四轮拖拉机拖着石磙碾场，对农机手有着特殊的敬佩。长大后，我选择了农机安全监管这个职业。记得 1993 年我工作时，“农业的根本出路在于机械化”这条标语挂在办公室墙上，始终伴随着我，随着对业务工作的学习，对这个行业的热情与喜爱也每日有加。正因为热爱这份工作，我从最基层的分站农机员做起，农忙收种时节进村入户，见到村子里拖拉机的轰鸣，取代了碾场的老牛，人们坐在场边等着“翻场”“收场”，从此，我的职业生涯也与农业机械有了不解之缘。

古老的渭河滋润着临渭区这一方沃土，丰产小麦、棉花和各种经济作物，又为这里的富足做着沉甸甸的注解，临渭区是渭南市的政治、经济、文化中心之一，全区辖 20 个镇、街道办事处，国土总面积 1 221 平方千米，总人口 94 万人，20 世纪 90 年代初期，乡村里的人们逐渐外出广东、深圳、上海、西安等地打工，农村剩下的大多是老人、妇女和孩子，农民在温饱问题解决之后，最大的期盼就是从繁重的体力劳动中解放出来，农机就此有了更大的需求和发展空间。90 年代初“三夏大忙，龙口夺食”，临渭区官道乡村里的小麦联合收割机在麦海里“劈波斩浪”，一亩地十几分钟就收完了，群众更加省心，农民从此告别了“面朝黄土背朝天”的传统收割方式，农业机械化改写了镰刀割麦的历史。

1994 年，临渭区 286 台农机机手开始走南闯北，走河南，上湖北，赶四川，到青海、甘肃、内蒙古等地开展跨区机收作业，掀起跨区域作业服务的“浪潮”，1996 年 5 月中旬，原国家农业部、公安部联合发出通知：要求全国夏收机械跨区域作业，公安交通部门一路绿灯保驾护航，临渭农机跨区域作业的经验从此走向全国，当年农机手开着联合收割机 3 060 台，装备机耕、机播机具的拖拉机 461 台，赴全国各地跨区作业，并不断拓宽到机耕、机播，形成一站式服务，服务全国。3 年后，借鉴小麦跨区机收的经验，农机手围绕玉米机收成立农机专业服务队，开展玉米机收跨区流动作业，省时、高效的玉米收割机开始为群众收割和为缺劳力的农户服务，农机跨区域作业吹响了现代农业机械化的号角。

“忽如一夜春风来”，2004 年，《中华人民共和国农业机械化促进法》颁布实施，农机化事业步入了依法促进轨道，进入了迅速发展的“黄金时代”。临渭提出的“农业机械化，要走农业机械集团化、农机经营产业化、跨区域作业路子”的发展思路越来越明晰，全国收割机械集团化跨省区作业，农机生产效率和经济效益成倍增加，迅速带动各地收割机广泛普及，农机产业化快速发展，5 年左右就基本实现了

2002年，原渭南市市长王东峰检查指导“三夏”农业机械化工作

2002年，原渭南市市长王东峰检查指导“三夏”农业机械化工作

2008年5月，官道贾家村民门前的联合收割机

2002年4月，临渭区机收集团出发赴各地参加跨区收获

2010年5月，临渭区收割机出发赴各地参加跨区收获

2013年5月，临渭区收割机在塬区集结出发，赴各地参加跨区收获

2017年5月，临渭区官道镇跨区机收服务队出发参加全国跨区收获

2015年4月，在河南参加跨区收获的临渭区农机

2016年7月，在甘肃参加跨区收获的临渭区农机

全国夏粮收割机械化，将亿万农民从繁重的体力劳动中解放出来，农机由各自为战、家门口作业改变为集团作业、跨区域作业，形成了农机产业化发展，加速推动了我国农业机械化的发展。

如今，“农机跨区域作业”已经27年了，我国农业基本实现了耕种收的机械化，开始向农机跨区域作业的深度和广度进军，农机跨区域作业在我国农业机械化的史册上写下了灿烂的篇章，农机跨区域作业展示出的“敢为人先，善于创造”的精神，激励着我们在新时代求实创新、争优创先，为农业现代化做贡献！

2010年，随着中央强农惠农政策的不断出台，农机具不断改进完善，这更加激起了群众购买新型机具的热情，临渭区农业机械逐步成为农业增产、农民增收、农村稳定的重要技术措施，粮食生产机械化水平稳步提高，旱地节水农业、设施生态农业、畜牧产业、园艺林果业以及农副产品加工业等的机械化生产全面发展，农机化在发挥自身优势、突出区域特色、

2010 年 6 月，由原中国农机安全报社社长宋毅带队的农业部“三夏”农机化工作督导组深入临渭区田间地头督导检查农机化生产工作

2010 年，临渭区农机购置补贴发放仪式

2017 年，辛市农机大市场里现代化的农机装备

2017 年，辛市农机大市场里现代化的农机装备

临渭区“三夏”农业机械协同作业

临渭区秋季农业机械协同作业

提高质量效益方面迈上了新台阶。2016 年“三夏”“三秋”时节，小麦、玉米高产创建、机械化示范田里，收割、秸秆还田、深松、播种，各种机械大会战，临渭区率先实现了主要农作物生产的全程机械化。

同时，农机服务专业合作社等把周围的农机手组织起来，为广大农户代耕、代种、代收、植保一条龙服务，在服务现代农业的同时，带动群众走致富路，截至 2016 年，开展土地流转，利润也不断扩大，农机户收益大增。

2016 年 3 月，位于临渭区下邽镇北七村的西北首家植保机械 5S 运营中心——“田田圈”绿盛综合服务基地应运而生。在这里，作业速度快、效益高的植保无人飞机的作业改变了过去机械植保机和高地隙植保机械的服务模式，实现了统一作业。随着时间的不断推移，从服

2016 年 6 月，瑞丰农机专业合作社机手试新车

2017 年 5 月，宏业农机专业合作社装备

2017 年 7 月，瑞丰农机维修中心

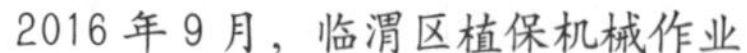

2016 年 9 月，临渭区植保机械作业

2017 年，临渭区绿盛机防装备

2017 年，临渭区绿盛服务大厅

务基地到合作社，再到公司，绿盛为农户开展各种各样的农业现代化综合服务，特别是 2017 年渭南地区玉米粘虫爆发，无人机飞防发挥了巨大作用。

1993 年，我刚参加工作时，临渭区域农业机械总动力为 23.9 万千瓦，大中型拖拉机 506 台，小型拖拉机及机具 11 344 台，联合收割机 85 台，当年机耕面积 145 万亩，机播面积 89.5 万亩。2016 年开始，耕种收综合机械化水平达 93%，主要粮食作物实现了全程机械化作业，到 2017 年，渭南市临渭区拥有农业机械 4.4 万台（套），其中拖拉机 9 882 台、联合收割机 5 585 台，农机总动力 87.9 万千瓦，有农机专业合作社 22 家，农机品牌销售示范“4S”店 6 家、一级资质农机维修企业 6 家，农机经营总收入 5.6 亿元。每年有 4 600 多台联合收割机、1 000 多台拖拉机参与全国跨区旋耕、播种、收获作业，带动劳务输出 12 500 人，“农机购置补贴、土地深松整地、农机安全生产”三项重点工作突出，各项农机化工作全面推进，实现了临渭农机的大发展、大繁荣。临渭区为全国首批“主要农作物生产全程机械化示范县”，“十二五”时期首批“全国平安农机示范区”。“平安农机”创建活动巩固了“政府负责、农机主抓、部门配合、群众参与”的农机安全监管工作长效机制，不断开创农机化事业新局面。

在传统农业升级换代的过程中，农业机械现代化成为至关重要的一个环节。农业机械化的快速发展，不仅使千年弯腰弓背成为历史，而且临渭区农民的生活水平也像芝麻开花节节高一样。如今，农民是用高效优质的农业装备赚钱，在农村一幢幢楼房拔地而起，房屋里摆

2017 年 5 月，农业部张桃林副部长一行对临渭区平安农机创建进行检查

2017 年 5 月，农业部张桃林副部长一行对临渭区平安农机创建进行检查

大荔红萝卜收获机械作业

2016 年 11 月，化州农业机械化整地装备在作业

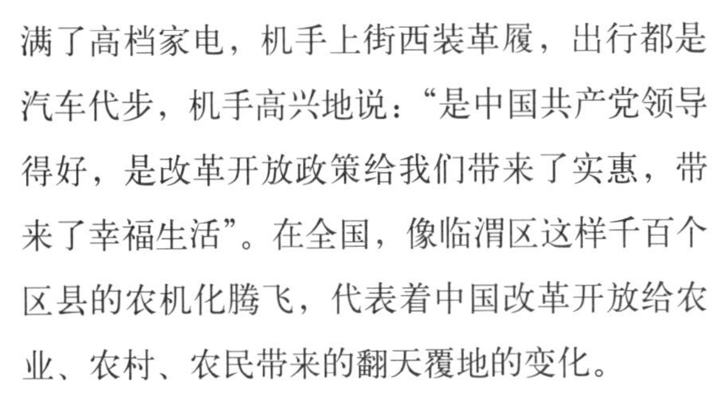

满了高档家电，机手上街西装革履，出行都是汽车代步，机手高兴地说：“是中国共产党领导得好，是改革开放政策给我们带来了实惠，带来了幸福生活”。在全国，像临渭区这样千百个区县的农机化腾飞，代表着中国改革开放给农业、农村、农民带来的翻天覆地的变化。

一路走来，我感受到了 40 年改革开放农业机械化的腾飞，看到了改革开放给农业农村带来的翻天覆地的变化，我为能亲历这农机化的大变革而自豪，为能见证农机化大发展的美好时代而庆幸，农机管理岗位是自己的舞台，展示着自己的青春风采，我更为自己能成长为农机“老兵”而甚感欣慰！农业机械化和农机装备是转变农业发展方式、提高农村生产力的重要基础，是实施乡村振兴战略的重要支撑。我们农机人以习近平新时代中国特色社会主义思想为指导，全面贯彻党的十九大和第十九届二中、三中全会精神，认真落实党中央、国务院决策部署，牢固树立和贯彻落实新发展理念，积极投入以服务乡村振兴战略、满足亿万农民对机械化生产的需要为目标，以科技创新、机制创新、政策创新为动力，推动农机装备产业向高质量发展转型，推动农业机械化向全程全面、高质高效升级，走出一条中国特色农业机械化发展道路。

渭南市临渭区的农机化腾飞之途是改革开放 40 年来全国农机化发展的辉煌历程和巨大成就的代表，作为农机人，伴随着改革开放的征程，用文字和图片一路见证着跨区机收发展之路，见证着农业机械化水平飞速发展的进程，我们为能见证农机化大发展的美好时代而庆幸，我们也坚信，不忘初心，牢记使命，新时代农机人的“农机梦”一定会搭乘中国改革开放的巨轮得以顺利实现，农业机械化的未来会更美好！

开启农业机械化新征程

——记全国农业现代化综合科学实验基地河北省栾城县“万亩方”农机实验站

□ 岳国泰

岳国泰，河北省石家庄市栾城区农机管理站科长。河北省石家庄市栾城区人，1986年毕业于河北农业大学农机系农机化专业。

河北省石家庄市栾城区地处冀中平原，位于省会石家庄市主城区东南，距首都北京270千米，京广铁路、107国道从区域西部穿过，京深高速公路、308国道和青银高速公路贯穿南北。2014年9月，栾城县撤销，设立石家庄市栾城区，下辖7个乡镇，173个行政村，人口33万，国土总面积320平方千米，耕地面积32万亩，主要农作物小麦、玉米常年种植面积分别为24.6万亩和19万亩，为一年两熟区。

一、建立全国农业现代化综合科学实验基地时代背景

历史上，栾城就是一个农业大县、农业强县，是著名的商品粮基地县。这里地势平坦，土沃水丰，旱涝保收。1972年栾城小麦平均亩产“过黄河”（单产250千克），全年粮食平均产量“跨长江”（亩产400千克），1976年粮食亩产超过500千克，是全国有名的“学大寨”先进县。也正是在此时，栾城迎来了改革开放的“第一缕阳光”——“全国农业现代化综合科学实验基地县”落户栾城。

1978年3月，经党中央、国务院批准，确定河北省栾城县为全国农业现代化综合科学实验基地县。这是中科院为贯彻党中央确定的科学技术为农业现代化服务的方针，在全国范围内选定不同地区的三个实验基地县（代表华北平原一年两熟地区的河北省栾城县、代表东北平原一年一熟地区的黑龙江省海伦县，代表南方山区丘陵水稻种植区的湖南省桃源县）之一。农业现代化综合科学实验基地主要研究解决农业增产增效和实现农业现代化过程中提出的科学技术问题。为加快实验基地县建设步伐，1978年11月，河北省委、省政府主要领导召开会议，安排部署基地县建设，中国科学院、石家庄地委分别组织、发动科研单位、大专院校的科技人员集中到栾城开展了近百项科学技术实验示范，部分较大项目被中科院和河北省

科委列入国家和省科技发展计划，并拨付项目实验经费，其中就包括栾城县城郎“万亩方”农机实验站，该站引进了美国成套农业机械设备实验项目。

二、筹建栾城县“万亩方”农机实验站

实验站选址。1978年，经栾城县委研究、报上级有关部门批准，在栾城县城郎公社占用城郎、北屯、范台、辛李庄等7个大队的部分土地建设试验示范方田，规划设计面积1万余亩，实际使用面积7 400余亩，俗称“万亩方”。这里自然条件较好，无沙无碱，年均降水量500～600毫米，地下水资源丰富。农民习惯精耕细作，小麦玉米间作套种，一年两熟制。

基础设施建设。在柳林屯村西征地30余亩，投资40多万元，建设实验站办公室、培训室、机库、配件库、维修车间等配套基建工程2 000多平方米。按照万亩方田区划方案，投资30.6万元，开展方田改造和田间水利配套工程建设，将原来耕地进行整理，损毁原有机井70多眼、拆除电线杆和动力线，统一规划成400米×800米的标准方田16块，新打深度100多米的高标准钢管机井6眼，修建蓄水渠道6 000多米，为基地县开展农机化建设提供了保障。

实验站运作管理。成立之初，农机实验站暂定体制为国有社营，全站共有干部职工43名，其中管理人员5名，机手、修理工和其他服务人员38名。站长由栾城县政府任命，县农机局抽调4名技术人员负责业务管理和技术培训。河北省农机局负责项目总体安排，做好工作指导和沟通协调，省农机化研究所、河北农大的专家教授开展实验研究。

三、引进美国成套大型农机装备

出国考察学习。1979年12月初至1980年1月底，由河北省农机局副局长刘英带领5名技术人员（省农机局吴瑞华、省农机研究所沈汉聪、栾城县农机局脱宝珍和刘书芹、省科技情报所翻译郭峰山）出国考察学习，先到法国考察了粮食烘干机，后赴美国芝加哥万国公司培训中心接受技术培训近两个月，主要学习液压技术。由于教学手段先进，培训效果良好，为正确使用美国机械奠定了技术基础。培训期间，技术人员到万国公司、林赛公司和迪凯波种子公司进行考察，参观了车间生产线和有关实验基地，并在美国度过了春节。

招聘农机操作人员。为充实“万亩方”实验站机手队伍，县农机局从当时的城郎公社各大队招聘有文化、爱农机的男青年30多名，在试验站集中进行培训。聘请到美国接受过培训的刘书芹和有多年实践经验的朱建国两位老师进行授课，培训时间持续近一年，这些人员后来成为从美国引进的机械的主要操作者，为科学使用、管理引进机械奠定了基础。

引进调试农机装备。1979年8月，国家投资190.74万元引进美国万国、林赛两个公司的小麦、玉米成套农机设备，投放在栾城县城郎公社进行生产性试验，目的在于试验探索在三级所有、队为基础的集体所有制基础上，在小麦、玉米两茬平作条件下，闯出一条农机、农艺紧密结合的发展现代化农业的路子。这批设备共15个品种，54台件，其中986型拖拉机9

台（功率123马力[①]/台），1440型联合收割机2台（功率135马力/台），307型平移式喷灌机2台（功率150马力/台），玉米精量播种机、条播机、茎秆切碎机等41台。这些农机设备，加上部分备件和五种进口油料，于1979年9月到达实验站。8月底和9月中旬，美国万国、林赛两个公司各派四五名技术人员到栾城县帮助拆箱、安装并调试。中科院石家庄农业现代化研究所、北京农机化学院、河北农业大学、河北农机化学校、河北省农机局、河北省农机化研究所、栾城县农机化研究所等20个单位的79名专家、教授、讲师和技术人员参加了安装调试。栾城县更是全力以赴，时任县委书记牛玉和、县长杨志行亲自坐镇指挥，县公安局、供电局提供保障，并从石家庄地区调来吊车协助安装，持续一月有余。试车时“万亩方”实验站准备了我国常用的普通柴油，美国技术人员查看后，连连摇头说不能用。经过上级部门的紧急协调，到元氏装甲兵学院调来10吨坦克用油，老外一看，伸出了大拇指，确保了实验如期进行。

四、集聚科研力量开展机具实验测试

实验前应急处置准备到位。1980年春天，栾城县领导在一次与省农机部门领导座谈中，时任县委书记牛玉和提出了一个担心：如果引进的联合收割机不好用或出现其他问题，近万亩小麦无法及时收获，烂在地里怎么办？为防患于未然，省农机局调集了百余台小麦割晒机到实验站，做好应急准备。由于小麦联合收割机是不停歇卸粮，临近麦收前在试车中发现，联合收割机与运粮车不匹配，收割机割台太宽（割幅7米），卸粮筒够不到运粮车，导致无法卸粮，领导们和实验站的同志们都非常着急，经与美方紧急协商，空运两个割幅4.5米的割台，总算没有影响麦收作业。小麦收割开始后，吸引了各级领导、科研人员和广大农民群众前来参观考察学习，由于小麦收获十分顺畅高效，领导们悬着的一颗心终于放了下来，每台收割机每天作业四五百亩，而且作业质量高、故障少、损失小，得到领导的认可和农民群众的欢迎。

进口农机装备的性能和特点。每年作业期间，各级科研部门都组织技术人员成立课题组，到实验站开展机具使用性能调查测试，通过三年实验总结对进口机械做出以下评价：作业质量好，适应性较强，工作效率高，燃油消耗低，技术性能先进可靠，操作灵活舒适，维修保养简单方便，故障很少。据了解，这些机械综合采用了20世纪70年代世界的领先技术，主要表现为：一是大量应用了液压技术，有效减轻了驾驶操作人员的劳动强度，操作灵活、准确，工作效率高。农具升降、行走驱动、转向及制动、部件控制等均采用液压技术，且制作安装精密，机手作业一天不感觉累，机具作业一季，外表干净如初。二是安装了电子监控装置，驾驶员可通过仪器随时准确地监控各部位的工作情况，调整技术状态，预防了机械故障的发生，从而提高作业质量和效率。三是驾驶室设备优良，驾驶室全封闭，空调双层过滤，驾驶座、方向盘可调，玻璃大，视野好，机手收割一天小麦，白衬衣依然很干净。四是运输状态与工

① 马力为非法定计量单位，1马力=0.735千瓦。

作状态互换方便，机具通过性好，机具采取横向作业纵向运输，运输时可折叠工作部件，使幅宽变窄，如 475 型圆盘耙，工作状态幅宽是 5.3 米，运输状态折叠后是 3.5 米。这套装备在结构上还有以下特点：采用全封闭轴承、使用自紧螺丝、工作部件安装安全保护装置等。307 型平移喷灌机性能可靠，喷水量可调，喷洒均匀度达到 90%，喷洒控制幅宽 800 米，省工省水。总之，引进的机械装备不管在操作性能、作业质量和效率方面，还是在安全性和故障率方面，都是国内机械无可比拟的。

引进机械设备在本地的适用性。截至 1982 年，“万亩方”实验站按设计要求完成了小麦收获、运粮、秸秆打捆、运草捆、耕地耙地、玉米精量播种、玉米秸秆粉碎、小麦播种、撒肥、喷灌等 12 项农田作业试验。试验中多数设备性能良好，适用性好，但也存在一些问题，如 1440 联合收割机，收割小麦时性能很好，但收获玉米时，由于只能进行籽粒收获，在籽粒含水率 35% 情况下，破碎率高达 30%，损失率 8%，说明该机在一年两熟地区不适应玉米籽粒收获，降低了该机利用率。只有引进生育期短的早熟玉米品种，并适时晚收才能发挥其作用。720 型五铧犁，单体犁宽 40 厘米，耕后残留墒沟较大，合墒效果不好，后经研制改进，配置了平地合墒器，作业效果才有了一定改善。307 型平移喷灌机，每台可负担 1 800 亩灌溉任务，整个方田需要 4 台喷灌机，但由于计划失误，只购置了 2 台喷灌机，造成灌水量不足，不能适期灌溉，影响了小麦产量。拖拉机、联合收割机、喷灌机使用的机油、液压油和配件，都需要进口，如果作业期间发生故障，将对农业生产造成损失，这些问题需认真研究解决。

五、试验站建设对本地农机化发展启示

发展农业机械化，要因地制宜，不能不切实际追求“高大上”。在实行联产承包责任制体制下，耕地由单家独户经营，地块过于分散，再加上机耕道建设不配套，引进大型、高效、宽幅、昂贵的农业机械，难以显示出很高的效益。引进农业机械后，各大队原有的农业机械入库存放，造成资源浪费，节省的劳动力无法安排，产生不了效益。

发展农业机械化，要符合中国国情，确保能提高当地农业生产率。20 世纪 80 年代初，中国人口多、土地少、底子薄，成套大型农机装备全靠国家投资购置不切实际，而且村集体和农民又买不起，机械利用率不高，增加了作业投入成本。因此，发展农业机械化要量力而行，应根据农民收入水平，推广适合本地发展需求的农业机械，以最小的劳动消耗和装备投入，取得较好的经济效果。

发展农业机械化，要注重汲取国外先进技术，研制适合我国需求的农业机械。“万亩方”农机实验站引进的农机装备，具有 20 世纪 70 年代国际先进技术水平，但任何事物都是一分为二的，先进机械本身同样存在着一些不利因素，如配件供应、机械故障维修、各种油料进口等，任何环节出现问题，都有可能使机械瘫痪停用。应汲取外国先进技术，充分发挥科研院所、大专院校和农机生产企业的技术能力，研究仿制、生产适合我国需求的农业机械，。

发展农业机械化，要综合运用农机农艺等各项技术，提高农机使用效果。人的技术素质，一定程度上决定了机具的使用效果，应加强对操作人员的技术培训，提升其驾驶操作和维修

技术等各项能力。引进玉米早熟品种，改进种植模式和耕作制度，搞好作物布局和田间规划，加强作业机具组织管理，提高机具配套比，最大限度地发挥农业机械效能，在不大量新增农业机械的情况下，提高机械化水平。

六、“借鸡生蛋”国外技术在我国“开花结果”

1978年“十二国”农机展览会后，我国加大了对国外先进农机具的引进力度，国家共投资1 000多万元，购进了480多台（件）国外机械。农机部本着“洋为中用”的精神，汲取国外样机的长处，要求结合我国国情进行仿制，并将任务分配到全国各农机科研院所和农机生产厂家。经过多年的研制，在产品结构、性能和适应性方面，较原产品都有了较大的提高，并填补了我国一些机具空白，如石家庄农机厂承担了气吹式玉米精量播种机和高速施肥条播机的研制，对河北省播种机械的快速发展应用提供了技术保障。河北省农机化所承担了省科委下达的玉米秸秆粉碎机和小麦脱粒机两个项目的研制任务，工程师曹文虎和宁吉州长期驻扎“万亩方”实验站，对照万国公司的60型秸秆粉碎机和1440型联合收割机进行测绘设计，栾城农机化所张瑞海配合，栾城农机一厂、农机二厂共同研制，经过多年试验改进，取得了可喜的成果。小麦脱粒机畅销周围多个省市，玉米秸秆粉碎机型号齐全，质量过硬，产销量占领全国市场的半壁江山。国内许多玉米联合收获机都配套石家庄厂家生产的秸秆粉碎机，为我国的农作物秸秆综合利用做出了重要贡献。

七、基地县建设对栾城农机化发展影响深远

农业现代化综合科学实验基地县建设，突出贡献是将小麦玉米间作套种的传统耕作模式改变为两茬平作，结合农业生产实际，研制生产了玉米秸秆粉碎机，改进优化了小麦脱粒机设计原理，并为栾城培养了大量农机实用技术人才，提高了人们对农机化在农业现代化生产中重要性的深刻认识，增强了广大农民群众对推广、使用、发展农机化的积极性，有力地推动了栾城农机化事业快速发展。1998年，举全县之力抓农作物秸秆禁烧和综合利用，投资3 000多万元，购置大型拖拉机400多台（套），当年实现农作物秸秆全部综合利用，中央电视台对我县的做法进行了专题报道。2015年全国农作物秸秆综合利用及农机深松现场演示会在栾城召开。近年来，栾城重点抓好农机化全程全面、优质高效发展，玉米精量播种面积达到100%，高效植保能力达到70%以上，高效施肥、精准施药、粮食烘干、互联网＋农机等新技术得到全面推广应用。

截至2018年，全区拥有农机总功率58万千瓦，大中型拖拉机2 300余台，小麦联合收割机960台，玉米收获机550台，高效植保机械280台，粮食烘干机13组，其他机械万余台。拥有农机专业合作社50家，其中，荣获省级以上示范社5家。耕地托管、流转等适度规模经营面积达到70%以上。全区主要粮食作物耕、种、收综合机械化率达到100%。2017年，我区被农业部命名为全国第二批率先基本实现主要农作物生产全程机械化示范县。

征文后记

1978 年，全国农业现代化综合科学实验基地县的确定是我国农业发展史上具有深远影响力的一件大事。农业现代化基地县建设，对农机化工作的突出贡献是农业耕作方式变革、新型农业机械研制生产和农机人才培养，对提高农业生产力，加快我国农业现代化进程，起到了重要的推动作用。为了解当年“万亩方”实验站建设情况，我走访了当年到美国考察学习的农机技术人员，同参加“万亩方”建设的部分管理人员和农机手进行了座谈，查阅了《栾城县志》《河北农机》等有关资料，真实记录了“万亩方”农机实验站发展历程，为今后农机化发展提供了借鉴。

第二章

产业成就

改革开放四十载 担当奋进新时代

□ 赵剡水

赵剡水，男，1963 年生人。国机集团科学技术研究院有限公司副总经理、国家智能农机装备产业技术创新战略联盟理事长，曾任中国一拖集团有限公司董事长。

改革开放是中国现代史上具有划时代意义的一个重大事件。作为一名从业 35 年的农机人，我既是我国农机工业 40 年改革开放的参与者，也是见证者。站在这个时间节点上，总结回顾我国拖拉机工业 40 年来取得的辉煌成就，展望未来发展，对于续写新时代农机工业高质量发展的新篇章具有积极的促进作用。

一、拖拉机工业发展历程

我国拖拉机工业是中华人民共和国成立后发展起来的新兴产业。改革开放 40 年来，我国拖拉机工业伴随着国家政治、经济体制的改革发展，大致经历了市场导入期、稳步发展期、快速发展期、调整转型期四个阶段。

第一阶段，市场导入期（1978—1986 年）。从党的十一届三中全会到 1986 年，正值我国由计划经济向市场经济过渡的时期，特别是 1981 年农村联产承包责任制的实施，拉开了拖拉机行业走向市场的序幕。拖拉机产品结构随着市场需求的变化进行了重大调整，“东方红”小四轮拖拉机就是这一时期的典型代表，在行业发展史上具有重要的历史性意义。该时期拖拉机行业产销量由 1978 年的 43.8 万台，增加至 1986 年的 78 万台（含手扶拖拉机），年均增长率 8.6%，其中小型拖拉机年均增长率达到 12.7%。

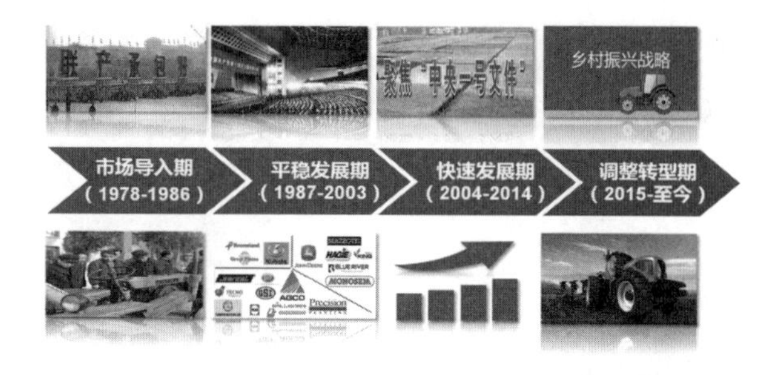

我国拖拉机工业改革开放 40 年来发展历程

第二阶段，平稳发展期（1987—2003 年）。随着市场经济体制的逐步建立完善，行业中企业数量不断增加，产业规模不断增大，产品种类和谱系不断扩大。1992 年，党的十四大提出建立中国特色社会主义市场经济体制以来，国有企业公司化改制取得积极进展，民营企业数量逐年增加，国际农机巨头纷纷在国内独资或合资建厂，农机行业初步形成了国有企业、民营企业、外资企业并立的多元竞争格局，行业竞争日趋激烈。在此背景下，承接国家主导第二轮技术引进的行业企业选择了两种发展道路：一种是以中国一拖为代表的坚持对国外先进技术“引进、消化、吸收、再创新”的发展道路。目前，中国一拖已形成具有完全自主知识产权的多个技术平台，以“东方红”大轮拖为代表产生的技术溢出效应，有力地推动了行业的技术升级。另一种是采取寻求合资合作共建合资公司的发展道路，快速获取了国际先进技术。如天拖和约翰迪尔，上拖和凯斯纽荷兰，盐拖和马恒达等的合作。该时期拖拉机行业产销量先后于1987年、1996年分别跨上100万台、200万台的台阶（含手扶拖拉机），期间虽也曾出现短暂波动，但从总体上看，我国拖拉机行业呈现出平稳向上的发展态势。

第三阶段，快速发展期（2004—2014年）。2004年以来，党和国家高度重视“三农”工作，陆续实施了一系列利好政策，包括连续十五年发布了以“三农”为主题的中央1号文件、颁布了《中华人民共和国农业机械化促进法》、实施了农机购置补贴政策、全面取消农业税等，夯实了解决“三农”问题的制度性基础，有力地推动了拖拉机工业的发展。该时期受购机补贴政策引导，深松、深耕补贴等利好拉动，大中型拖拉机实现年均近30%的增长。该时期也常被业内称为行业发展的“黄金十年”。

第四阶段，调整转型期（2015年至今）。2015年以来，我国农机工业进入调整转型阶段，主营业务收入由两位数增长回落至个位数增长。拖拉机行业发展由刚性需求拉动的增量市场，持续向以更新需求为主导的存量市场转化。在此阶段，受用户需求升级的引导，农机产品向大功率、高效、节能、智能化方向发展的要求更为迫切，产品结构优化调整、行业发展转型升级处于关键时期。

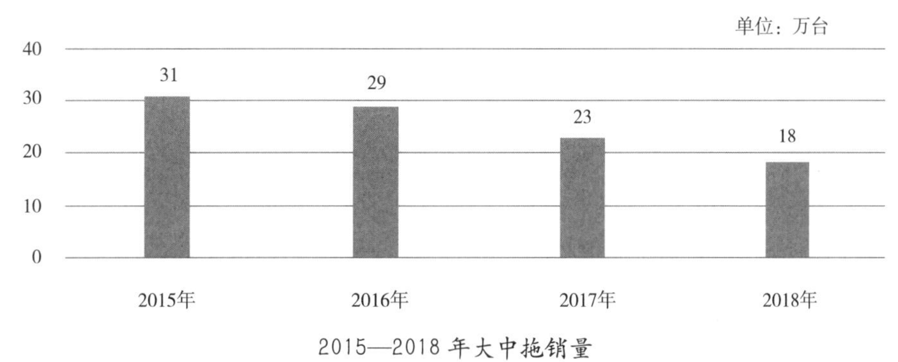

2015—2018年大中拖销量

数据来源：中国农机工业协会

二、拖拉机工业发展成效

改革开放以来，我国农业机械化发展成就斐然。2010年，我国农作物耕种收综合机械化水平首次超过50%，标志着我国农业生产方式，已经实现了由人力、畜力为主向机械化作业为主的历史性跨越。拖拉机工业在此过程中做出了积极的贡献。

发展规模位居全球首位。主要表现在三个方面，一是产业规模实现跨越。中国已是世界农机制造第一大国，其中拖拉机产品的产能和产量跃居世界首位。截至 2017 年年底，我国拖拉机保有量 2 317 万台，同 1978 年相比增长了 12 倍。二是产业体系日趋完善。经过 40 年的发展，初步形成了集技术开发、主机制造、关键件制造、成套装备供应、技术服务等为一体的产业体系，同时形成了具有明显地域特色的农机制造业体系。如以河南、山东、江苏等为代表的拖拉机产业集群。三是形成了一批具有较强竞争力的企业集团。40 年来，中国一拖、福田雷沃、中联重机、东风农机、五征集团等行业重点企业坚持创新发展战略，加快“走出去、引进来”的步伐，持续加大研发、制造等关键领域投入，形成了较强的自主创新能力和参与全球竞争的实力，为行业发展奠定了坚实基础。

核心技术取得重大突破。改革开放以来，在国家主导下，加快引进国际先进的研发理念和技术，行业企业积极发挥创新主体作用，结合发展实际形成了具有各自特色的研发模式，产品核心技术不断取得重大突破，为实现我国拖拉机技术从落后走向先进提供了有力支撑。在产品结构方面，以传统履带拖拉机为基础，经过对国际先进技术“引进、消化、吸收、再创新”，逐步形成了小、中、大、重不同马力段的全系列、多形态拖拉机产品，产品结构不断丰富，产品性能不断提升。在传动系统方面，由滑动齿轮、啮合套、同步器等机械换挡逐步发展到动力换挡，无级变速技术也取得重大进展。目前，中国一拖生产的具有完全自主知识产权的动力换挡拖拉机累计销售过万台；东方红 -LW4004 型，400 马力无级变速拖拉机作为最大的实物展品，2017 年亮相国家“砥砺奋进的五年”大型成就展。在动力系统方面，柴油机由自然吸气、增压升级到增压中冷、电控喷油的阶段，并广泛采用电控高压共轨技术、后处理技术，振动、噪声及油耗明显降低。行业顺利实现了国三排放标准切换，目前国四排放升级各项工作正有序推进。在液压系统方面，由手动操控的机械式力、位调节系统升级到电控液压提升系统。在智能技术应用方面，随着拖拉机车载控制器、北斗全球定位系统、互联网大数据云计算技术的发展，拖拉机的自动化、远程控制、智能化等信息化控制技术开始大规模应用。2018 年 8 月，东方红无人驾驶拖拉机闪耀亮相央视一套《机智过人》第二季，并在人机比赛中胜出，荣获“2018 智能先锋”称号。

工艺制造能力持续提升。40 年来，伴随着产品技术的持续升级，行业企业不断加快传统产业改造提升，在整机、关键零部件等方面加大投入力度，陆续建设完成了一批具有技术先进、质量保障、绿色环保特征的重点项目，为加快提升我国农机整体制造工艺技术水平发挥了积极示范和带动作用。以中国一拖为例，铸锻、冲压工艺技术基本达到国外同行业水平，工业机器人等智能装备广泛应用于关键零部件制造，制造技术的自动化、数字化、信息化水平不断提高，智能制造技术逐步推广应用，促进和带动了我国农机工业整体制造水平。中国一拖被列为国家工信部《中国制造 2025》智能制造试点示范企业，“新型轮拖智能制造新模式应用”和“现代农业装备智能驾驶舱数字化工厂”项目分别被列入国家2016年、2017年度智能制造专项。

国际化经营水平不断提高。随着国家开放力度不断加大，40年来，我国拖拉机制造企业加快“走出去”步伐，在产品出口、海外营销模式、并购重组等方面取得新突破、新成就，展示出中国农机制造的综合实力，中国农机品牌国际影响力显著增强。一是出口规模和档次持续提升。伴随着改革开放，海外业务范围已遍及世界主要国家和地区，基本上形成了覆盖全球的营销服务网络。我国拖拉机产品出口规模稳步扩大、结构持续优化、品质不断提升，品牌影响力不断扩大。二是积极融入全球产业价值链。2011年，以中国一拖收购法国McCormick工厂为标志，开启了中国农机企业参与构建全球价值链、实施海外并购重组的先河；2015年，中国一拖在白俄罗斯中白工业园设立了东欧研发中心。自2014年起，雷沃重工收购“高登尼”等国外农机品牌，并设立欧洲和日本研发中心。中联重机在美国成立农机研究所，在意大利设立欧洲研发中心。中国农机企业通过跨国并购重组，在积累经验的同时，有效增强了参与国际竞争的能力。三是海外经营模式不断创新。20世纪90年代之前，海外经营的主要方式是产品出口，模式单一、影响力有限。进入2000年以来，随着我国开放力度持续加大，农机产品品质不断提升，出口规模不断扩大，我国农机产品在发展中国家的影响力越来越大。在此基础上，近年来行业内重点企业开始探索“由提供产品向提供整体解决方案转变”的新型海外经营模式，深度参与出口国的农业建设和经济发展，探索了从产品“走出去”到项目“走进去”的模式转型路径。

企业发展新模式不断涌现。作为农机行业的服务对象，每一次农村体制和农业生产方式的变化，都催生了农机企业经营模式的重大调整。特别是随着信息化和互联网技术的快速发展，加速推动了农机企业经营模式的创新和升级。近年来，随着农村土地流转等政策的实施，农业生产模式和农机社会化服务群体不断变化。为满足现代农业发展的需要，农机企业越来越多地由提供单一产品向提供成套解决方案的新型经营模式转变。借助于信息技术、智能化在产品上的深度应用，农机装备的信息收集、智能决策和精准作业能力显著增强，也为这种模式的转型提供了技术支撑。如由中国一拖牵头组建的河南省智能农机创新中心研制成功的超级拖拉机1号，集障碍物检测与避障、路径跟踪、农具操作、实时产品运行数据收集等功能于一体，标志着我国农机装备迈入新一代信息技术与先进制造深度融合的发展阶段。

三、拖拉机工业发展展望和倡议

可以预见，未来现代农业的作业场景将是人工智能普遍应用于农业装备，人类的劳作身影在农田里会基本消失。农业将成为有奔头的产业，农民将成为具有吸引力的职业，农村将成为安居乐业的美丽家园。

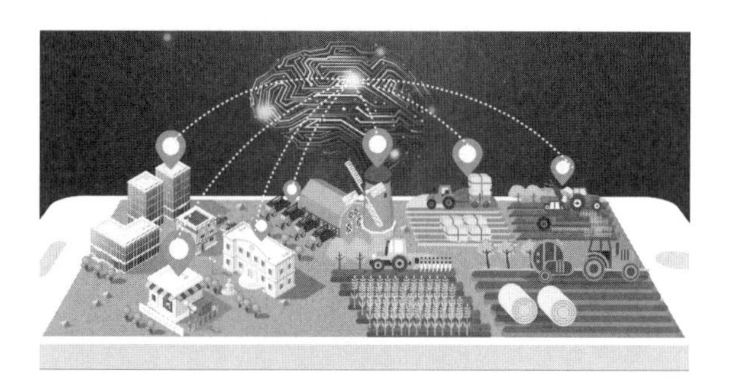

未来农业发展愿景

但同时也要看到，目前我国拖拉机工业在可靠性、人机工程、智能化等方面与发达国家相比仍有较大差距。要想实现美好愿景，担负起农机人新时代的历史使命，就需要我们不忘初心、创新求进、奋勇担当，加快全面赶超世界先进水平的速度，不断提高服务现代农业的能力，走高质量的可持续发展道路。

坚持创新驱动，加快重点领域持续突破。习近平总书记多次强调，创新是第一动力，核心技术受制于人是最大的隐患，而核心技术靠“化缘”是要不来的，只能自力更生。我们必须把提高自主创新能力作为中心环节，突破一批重点领域关键共性技术，走创新驱动的发展道路。要研制掌握动力换挡拖拉机、无级变速、自动驾驶、新能源（电动、氢能源电池）等技术密集型高端农机产品及其制造技术，突破无级变速、电控技术、液压驱动等为代表的关键零部件效能提升和可靠性技术。整体提升行业技术水平，缩小与国际先进水平的差距，真正实现制造强国的战略目标。

坚持开放合作，拓展发展空间。根据经济发展的全球非均衡性，实施本土化经营，在错层对接中扩大优势产能供给。加强协同联合出海。统筹两个市场、两种资源，探索“农业走出去”的新模式。协调行业资源共享，与农业产业链上下游企业结成产业联盟，实现“联合出海”。同时，在“走出去”的过程中要特别注意防控风险，确保走得出、走得稳、走得好。

加快商业模式变革，持续增强综合竞争优势。结合自身资源优势和核心能力，通过战略合作、资本运作、业务协同等方式，组合并撬动业内相关的资源和能力，着力打造基于互联网背景下的平台商业模式，形成各具特色、满足不同农业作业需求的业务模式。同时，加快发展生产性服务业，积极开展融资租赁、农艺决策咨询、检验检测认证、在线定制等业务，拓宽企业转型升级的渠道和方式。

增强政策引导作用，提升政策的精准性和有效性。对符合政策导向、代表技术发展方向且拥有自主知识产权的先进装备进行优先补贴，予以大力支持。对于农民购置大型农机给予融资支持，大力推广贴息政策，增强需求端购买能力。同时，鼓励行业重点企业实施资源整合，推进产业转型与提质增效，提高农机企业综合竞争能力。

加强交流合作，合力推动行业发展再上台阶。以国家制造业创新中心建设为载体，加大产学研合作交流的广度和深度，提高全行业自主创新的水平和能力；充分发挥行业协会的桥梁纽带作用，不断创新服务模式，为行业企业间的交流合作、共进共赢搭建好平台；加强行业人才队伍建设，培养富有战略眼光、善于市场开拓、精于管理创新、社会责任感强的企业家队伍，为行业发展奠定基础。

大道至简，实干为要。改革开放40年，全体农机人砥砺奋进、艰苦前行，创造出了令世人瞩目的业绩。进入新时代，我们要不忘初心、牢记根本，加快推动行业的提质增效、转型升级，奋力谱写出新时代农机工业高质量发展的新篇章！

我国农机工业40年发展经验管见

——我与农业机械的不解之缘

□ 刘振营

刘振营，先在北京市八一农机校任教10年多，教授多门农机专业课和基础课。后到中国农机院农业机械杂志社，先后参与多份杂志的主办创办。任主编、社长主持《农业机械》办刊20多年，发表各类文章近200篇，首次提出"重型农机"等概念。

一、我与农机的不解之缘

我生长在农村，祖祖辈辈是农民。1972年高中毕业回到村里务农。当时，生产队里仅有的农业机械是一台175型柴油机，随后几年，先后添置了195型柴油机和水泵、铡草机、脱粒机和轧花机等配套机具。当时我是村里的柴油机手，担负着使用维修这些农机具的工作，也从此与农业机械结下了不解之缘。

1977年，国家恢复高考，我考入北京农业机械化学院农业机械化专业学习。1982年，毕业分配到北京市八一农业机械化学校任教，先后担任拖拉机、农机基础、农机运用、电气系统、液压基础等课程的教学，以及指导学生实验、实习等工作。1998—1999年，我结合拖拉机电气系统的讲课与实践，撰写了《拖拉机电器故障检修图解》一文，在《农业机械》杂志连载17期。在学校教学期间，对当时的农业机械产品结构和工作原理，以及使用维修等技术有了比较全面、深入的了解，为今后的工作打下了比较坚实的基础。

1992年，我调入农业机械杂志社工作。历任记者编辑、副主编、主编和社长。1997—2015年，以主持《农业机械》杂志的办刊工作为主。在这20多年里，我作为一个旁观者和参与者，经历了我国农机工业从小到大、从弱到强的发展过程，也见证了我国农机产品市场此起彼伏、波澜壮阔的发展历史。

二、我国农机工业40年发展经验

在《农业机械》杂志工作的这些年里，由于工作需要，我曾经走访过我国很多大大小小的各类农机企业，了解他们的产品技术和市场情况，有的甚至进行了长期跟踪。在这个过程中，我与不少企业家有过接触，有的甚至成为了挚友。改革开放40年来，特别是近20年来，从风风火火的农用运输车市场，到热热闹闹的拖拉机市场，再到风风雨雨的联合收割机市场，我都有所经历，有所观察，也有所思考，同时，也在当时的《农业机械》杂志上有所表态。纵观我国改革开放40年来农机工业的发展经验，有几点需要认真总结。

1．产品技术是关键

我国农机工业的产品技术基础大都是改革开放前计划经济时期打下的。例如大型拖拉机东方红－75、铁牛－55和上海－50型拖拉机，是那时的主力机型，加上改革开放后引进的国外产品技术，成为后来拖拉机发展的技术基础。在联合收割机方面，当时有东风、丰收、新疆和北京等品牌的联合收割机，特别是新疆－2型联合收割机，成为后来轮式谷物联合收割机的技术基础；赵光机械厂生产的丰收－2W型玉米收获机，以及后来引进的苏联6行玉米联合收获机，成为后来玉米收获机的技术基础。

改革开放初期，农村经营体制和土地经营规模发生了巨大变化，大型农机具派不上用场，给农机工业提出了一个大难题。

有两类过渡农机产品，在我国农机工业发展的历程中，扮演了十分重要的角色。一类是小四轮和手扶拖拉机（以下简称“小拖”），另一类是三轮和四轮农用运输车（以下简称“农用车”）。这两类产品技术含量不高，但它们适应了当时农民的经济基础和运用条件，因此，市场广阔，需求量大、面广，一经推向市场，就得到了快速发展。这两类产品体现了我国农机企业家和科技工作者的创造精神，帮助农机工业度过了最困难的一段时期，同时为我国农机工业以后的产品开发和市场经营，提供了宝贵的经济基础，积累了丰富的市场运作经验。相信业内老农机人仍会记得金蛙、巨力、飞彩、双力等三轮农用车品牌，也知道山东潍拖、河北石拖、开封机械、新乡一拖、山东常林等一批曾达到年产销量10万台，夺得市场产销量第一位的小拖企业。这些企业及其企业家，虽然已退隐行业多年，但他们为我国农机工业所做的贡献，为农机企业所提供的经营经验和教训，都应该让广大农机民众所知，都应该得到农机人的尊重。

有两类联合收割机产品走过或伴随走过从背负式到自走式的发展过程。一类是小麦收割机，大丰、向明、桂联、双箭王等品牌，是背负式联合收割机的代表，它们是伴随着新疆－2型自走式联合收割机的发展而发展的，最终被自走式取代。另一类是玉米收获机，最初是以玉丰等几十家品牌的背负式为主，随后逐步被自走式取代。

至于拖拉机、联合收割机和各类农机具的发展历程，各种文献比较多，这里不再赘述。

2．运营模式很重要

农机企业是我国改革开放后首先被推向市场的，也是较早成功实现市场化运作的行业。40年来，有几种运营模式的经验教训值得总结。

（1）规模化经营的经验教训。改革开放初期，最先受益并发展起来的是小拖和农用车企业。

先说小拖企业，在近20年的激烈竞争中，几乎没有成就比较强的企业。山东潍拖、河北石拖、开封机械、新乡一拖、山东常林等一批小拖企业，因片面追求扩大市场规模，没有长远规划，缺乏发展后劲，造成了“谁得第一谁先死”的后果。这是农机企业片面追求市场规模的深刻教训。

再说农用车企业，竞争势态与小拖不相上下，其惨烈程度可能更甚，但最终有两个企业

2018 年农机展会上的五征部分产品

2018 年农机展会上的时风部分展品

胜出。一个是山东时风，他们以规模化经营和精细化管理，最大限度地降低成本，成为三轮农用车行业的龙头。另一个是五征，他们注重农用车的质量，提出"有钱买五征，富贵伴一生"的营销口号，在产品的个性化上做文章，来赢得用户，最终使得其产销量稳居农用车行业前列。难能可贵的是，这两个企业利用经营农用车的基础，不断地向其他行业渗透，成功地转向汽车和拖拉机行业，实现了可持续发展。

（2）整合重构的力量。改革开放初期，我国农业机械产品相对比较简单，技术含量不高，零部件大都实现社会化生产，市场需求量又大，这对行业整合重构提供了有利条件。这里总结几个事例。

一是福田农装市场化运作的成功。北汽福田在 1998 年介入农业装备产业，运用他们在四轮农用车行业的成功经验，先后整合联合收割机和拖拉机产业的零部件资源，用先进的经营理念构建市场渠道，很快成为联合收割机的龙头企业，拖拉机的产销量也位居前列。目前，这个经过品牌升级后叫做"雷沃重工"的企业，在农机行业占有十分重要位置。应该说福田成长发展的 20 年，绝不仅仅只是成就了一个品牌

2018 年展会上的雷沃重工展位

2018 年展会上的中国一拖展位

和企业，它对农机行业的发展和进步，起到了非常大的推动作用。

二是中国一拖的稳定发展。改革开放初期，农机行业的市场化运作，曾使得我国国有拖拉机企业纷纷陷入困境。中国一拖作为当时我国拖拉机生产企业的龙头老大，“共和国的长子”，同样也未能幸免。当时的中国一拖主要生产履带式拖拉机，大轮拖还处在引进、消化、吸收阶段，产品还没有成熟。他们采取一体两翼、重点突破的战略，以大型轮式拖拉机为突破口，迅速扩大市场，实现了扭亏为盈。此后，他们利用技术和人才优势，吸收国内外优势企业的经验，不断地开发完善新产品，奠定了在国内拖拉机产业的龙头地位。

三是常州东风的改制经验。常州东风是我国老牌小型拖拉机国有生产企业，同样因为体制和机制的原因，不适应市场化运作的状况而面临倒闭。2003 年 8 月，改制为民营企业后，人还是那些人，设备还是那些设备，只是改变了经营体制和机制，仅仅用了 8 年时间，就跻身我国拖拉机生产企业产销量前三甲，创造了我国农机企业民营改制的典范。

2018 年全国展会上的常州东风展位

3. 经营态度定胜负

农机是实打实的技术，硬碰硬的产品，来不得半点虚假。有企业家告诉我，搞农机产品就是要耐得住寂寞，经得起短期利益的诱惑。我也曾在过去的文章中谈到过新产品开发的“8 年观点”：新产品开发过程，从产品样机到市场成熟，至少要有 8 年左右的时间。有两个企业在农机行业取得的成功就证明了这一点。

一是星光农机。早在 2002 年，我到浙江考察联合收割机生产企业，也去了星光农机。当时，浙江有湖联、柳林、三联等规模比较大的

2018 年展会上的星光农机展位

2018 年农机展会上的勇猛机械展位

水稻联合收割机生产企业，他们正在拼市场、拼规模。而星光农机的经营策略是稳扎稳打，每年产销量就几百台。他们认为，市场的联合收割机产品性能不稳定，技术都还不成熟。经过近10年的不懈努力，他们终于打造了一款好产品，从而赢得了市场，获得了可观的利润，并最终在创业板上市。

二是勇猛机械。勇猛机械的前身是北京亨运通，他们在玉米收获机械产品上十年磨一剑，专心、专注、专业，失败了不气馁，市场不好也不放弃，最终在玉米收获机方面走在了前面，获得了成功。

改革开放40年来，我国农机工业的发展经验教训非常多，以上只是个人的一些看法。不少经验教训有待专家和同仁一起研讨总结，例如，我国农机对外合资合作的经验教训和得失等。在行业不太景气、市场下滑的今天，这些经验教训对农机企业如何创业创新走出困境，有着极大的指导和借鉴作用。

我国农机装备发展历程回顾及展望

□ 耿端阳　耿浩诚

耿端阳，博士后，教授，博士生导师，山东理工大学农业工程与食品科学学院教授委员会副主任，主要从事新型农业机械化技术、智能化控制技术与装备开发研究。

耿浩诚，1999年出生于山东淄博，2017年就读于吉林大学工学部生物与农业工程学院。

改革开放40年，我国农机装备发展有什么变化？笔者一直试图打开尘封的40年记忆，回顾悠久的历史，但是一时又两眼茫茫，好像所有的事情都很遥远，又好像都发生在昨天。下面就以自己的成长历程为线索，以自己所见到的农机化装备（机具）为载体，谈谈改革开放40年，我国农机行业的发展变化，并对未来提出一点个人的看法。

一、改革开放前农耕时期的农机具发展（1978年前）

20世纪70年代，我家住在地处黄土高坡的革命根据地——陕西省澄城县。现在想起来，跟全国大多数地方相比，我们那个小山村是个不错的地方，至少在山上还可以找到野菜或者野果子吃，或者说不会出现饿死人的问题。

但是，由于受到当地资源与经济基础的制约，全庄子的人都过着靠天吃饭的日子；又由于当地属于沟壑纵横的小山村，所以一直处于有山、缺水、难绿化的状态，严重时，从井里打水可能会出现空桶来回转的尴尬局面。所以在当时的历史条件下，水成了解决生活保障、乃至生命的核心任务。

为解决农业用水的问题，一到冬季农闲时，生产队就动员全村劳动力，开展平整土地、兴修水利的活动，即为了防止下雨季节出现雨水沿着山坡无效流失问题的出现，将山坡修建成层层平台的梯田，以有效缓解水土流失的问题。为了增强梯田周边抗水冲刷的能力，农民需要用椽子筑界，杵子夯实，形成坚实的土埂（当地人也称作“埝”）。有时候为了强化结构，还会在其中添加柳条，以增强其抗拉能力。这个工作被我们当地人称作“折壕修埝”或者“椽帮埝”。

当然，小时候不懂什么农业机械，现在想起来可能这些椽子、杵子，甚至打水辘轳就是我们现在所说的农业机械。当然，在那个年代，

兴修水利建梯田

说起比较先进的农机具，可能要数能够提高播种效率和播种质量的耩子，在陕西方言中俗称“耧”，其结构下图所示。

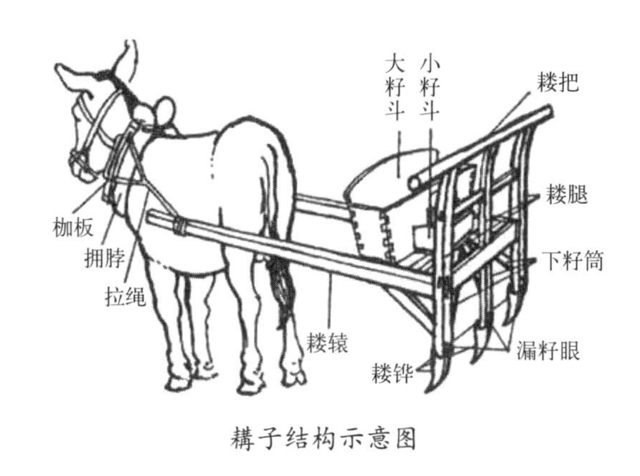

耩子结构示意图

二、改革开放初期的农机具发展（1978—1988年）

长期以来，由于我国经济基础较为薄弱、思想观念有待更新、农业生产模式等因素制约，使得我国一直处于在温饱线挣扎的状态。为了彻底解决国人的温饱问题，随着党的第十一届三中全会的召开，我国全面实施了改革开放的政策，在农业上开始推行土地家庭联产承包责任制（俗称“大包干”），并很快解决了国人的吃饭问题。

在此过程中，给我印象最深的是，有一天我们村忽然开来了一台手扶拖拉机，直接吸引了全村人的眼球，大家围着那台拖拉机议论纷纷，久久不愿散去，心中充满了万分好奇，更充满了万分狐疑：这个不吃草的“铁牛”到底能干什么呢？这台铁牛真的比我们的耕牛作用大？它能像农家牛一样听懂人话吗？

随着手扶拖拉机“突突突”的运转，终于揭开了拖拉机在农村广泛运用的新天地。后来，由于手扶拖拉机操纵性和动力问题的制约，加之改革开放春风带来的技术革新，手扶拖拉机逐渐被小四轮拖拉机所取代，并由此形成了以拖拉机为动力中心的多种机具配套的作业系统，不仅提高了农业生产主要环节的机械化水平，而且使拖拉机的有效利用率得到了大幅度的提高。

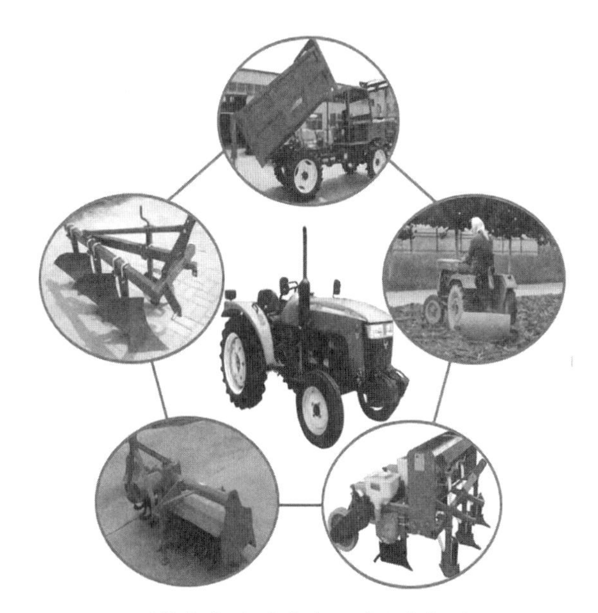

以拖拉机为动力中心的配套机具

1984年，四平收割机厂又引进了德国生产的E514收割机，并先后生产出SE514和4LZ-5型小麦收割机。由于受到当时经济水平、农田状况、市场效益、制造质量等因素的制约，推广过程尤为困难。但是，由此也掀开了小麦全程机械化技术研发的征程，特别是代表农业机械技术水平的小麦机械化收获技术，更是激发了全国很多科研人员和学者的兴趣。事实上，虽然在那个年代，国外收割机技术已经非常成熟，但是由于我国农机工业基础比较薄弱，无论是制造技术还是开发水平，跟国际相比差距实在太大，所以国内专家开始将结构复杂的小麦收获机进行分解，形成了各个击破的技术攻关模式，分别开发了当时独具一格的割晒机、结合传统技术的脱粒机、用拖拉机驱动的扬场机等，为实现小麦生产全程机械化作业奠定了坚实的基础。当然，随着改革开放政策的不断深化，我国农业机械化技术也在引进、吸收国际先进技术的基础上，开始对结构较为复杂的收获机进行研发。如1981年，国家引进了美国约翰迪尔公司生产的1000系列收割机，并由佳木斯收割机厂、开封收割机厂等共同研发生产。其割幅达3.6～5.3米，喂入量达5～7千克／秒，发动机功率为92～117千瓦，脱粒方式采用纹杆切流脱粒结构，风筛组合式清选结构，甚至还配备了如粮食满仓检测的电子监控装置，可以完成小麦、水稻、大豆等作物的收获。

三、改革开放中期的农业机械装备(1988—1998年)

给我印象比较深的是，西北农业大学祝永昌教授研发的飞龙0.75背负式小麦联合收割机。这台收割机的研制成功，带来了小麦收获环节“机器代替人、告别三弯腰”的时代。当然，一旦技术实现突破，就形成了机器遍地开花的结果，这里就不一一赘述。随着小麦收获机关键环节技术难度的破解，加上我国农村经济基础的不断改善，农民收入的不断增加（农村开始出现万元户），市场呼吁作业效率更高、功能更加强大的小麦联合收获机的出现。所以，市场上开始出现了两种收割机：一种将割台、脱粒、输送装置集成在拖拉机上的背负式小麦收割机；另一种是集多功能于一身的自走式小麦联合收获机。

而自走式小麦收获机的代表机型是中国收获机总公司于1992年开发的拥有自主知识产权的新疆-2联合收割机，其结构如图5所示。该机作业幅宽为2米，喂入量为2千克／秒，发动机功率为36.75千瓦。该机型的出现，对我国收割机后期的发展产生了深远的影响，在

小麦割晒机

新疆-2小麦联合收割机

当时也引领了小麦收获机械化技术的发展，奠定了我国收割机行业的技术基础，使20世纪90年代小麦收获机得到快速发展，有效地解决了制约小麦全程机械化的瓶颈环节——机械化收获问题，为我国小麦收获机械化做出了很大的贡献。

当然，其他农业机械化技术也得到了长足的发展。到1998年，我国主要农作物的耕种收基本都实现了机械化作业。最明显的感受就是农民收入明显增加。

但此时出现了一个严酷的现实问题。那就是一台数万元的小麦收获机，每年作业时间只有短短的半个月左右，对于经济实力相对薄弱的农民来说，购机还是带来了很大的资金压力。

如何充分发挥小麦收获机的使用效率？1996年，农业部结合我国幅员辽阔，小麦种植非常广泛，且不同区域收获期各不相同的特点，首次在河南省组织了“三夏”跨区机收小麦现场会，北方11个省的2.3万台联合收割机参加了当年的跨区机收作业。从此跨区机收成为龙口夺粮的主要手段，有效延长了小麦联合收获机的年利用率，增加了机手的收入，缩短了购机成本的收回期限。

在此期间，我国农机发展史上一个重要的农机企业诞生了，那就是目前我国农机行业的龙头企业——雷沃重工国际股份有限公司。其前身为福田雷沃重工国际股份有限公司，始建于1998年。他们采用高位切入的方式，在高质量、低成本和全球化的战略指导下，在工程机械、车辆、发动机等产品的基础上，通过消化、吸收国内外收获机的先进技术和经验，创建了农业装备事业部，并在收获机市场很快占据了领先优势。

四、改革开放中期农机装备发展的黄金时期（1998—2008年）

随着福田雷沃重工国际股份有限公司的异军突起，给本来就竞争激烈的收获机市场带来了新的活力。由于雷沃具有雄厚的技术力量，很快就在小麦收获机市场占据了较大优势，甚至市场占有份额一度达到70%～80%。从此，“雷沃谷神”就成为我国小麦收获机行业的名牌产品。

在此情况下，为了寻求农机行业新的经济增长点，国内企业和科研院所犹如猎隼一样，很快将注意力转移到玉米收获机方面。山东省借鉴小麦收获机成功普及的开发模式，先从乌克兰引进了KCKY-6型玉米收获机，并对其进行了深入研究，开发了一系列玉米收获机，使我们第一次在现场看见了作业中的玉米收获机，为学校的人才培养提供了第一手资料。但遗憾的是，受到多种因素的影响，这些机型当时都未能得到大面积的推广应用。伴随着小麦收获机技术的不断成熟，市场竞争压力的不断加剧，国内小麦收获机快速普及，我国的小麦收获机械化水平很快达到了70%～80%。

需要说明的是，由于我们受开发技术、制造工艺、材料等因素制约，加之山东省玉米一直属于一年两熟生产模式，所以玉米收获期籽粒含水率较高，一般籽粒含水率在35%左右，难以实现籽粒直收作业。针对以上实际情况，国内学者将玉米收获机按照收获工艺将其分解为摘穗机、果穗剥皮机、玉米脱粒机等，有效实现了技术难点的各个击破，市场上也出现了与分段收获农艺配套的玉米收获作业装备。

随着这些农机装备技术的突破和熟化，大

以收获玉米为中心多环节配套机型

约在 2005 年，一些企业从我国农村拖拉机保有量比较大的实际出发，将玉米割台挂接在拖拉机前部，在后部挂接一个收集箱，中间用刮板式输送器连接起来，形成了我国独有的背负式（亦叫悬挂式）玉米收获机。当然，也有如当时的金亿、雷沃、巨明等企业开发了自走式摘穗收集机，由此也促使玉米机械化收获装备开始进入了实用化阶段。

接着，国内实力较强的农机骨干企业在实现自走式收获果穗的基础上，又研发了带有剥皮装置的自走式玉米收获机，大大加快了我国玉米收获机的普及推广。

但是，相对而言，由于东北地区玉米种植范围更广，地形相对平坦，便于玉米收获的机械化作业。所以，东北三省玉米收获装备代表了国内玉米收获机的水平，东三省也成为我国玉米机械化收获水平最高的地区。

五、农机装备再创辉煌的新机遇时期（2008—2018 年）

随着玉米机械化收获技术成熟和产品普及，我国农机市场开始走向快车道，市场催生了系列化收获机的发展，如 2 行、3 行、4 行等玉米收获机。按照功能来分，先后出现了玉米摘穗－剥皮收获机、玉米收获还田机、穗茎兼收型玉米收获机、秸秆铺放型玉米收获机、秸秆打捆式玉米收获机等多种机型，分别满足了不同区域的市场需求。按照行走方式来分，主要出现了背负式玉米收获机、互换割台式玉米收获机、自走式玉米联合收获机等。整个收获机市场在 2014 年之前都处于产销两旺的良好发展势头，大大提高了我国玉米机械化收获水平。

随着国际形势的风起云涌，2014 年，国内玉米价格突然下跌（由原来的 1.2 元左右跌至 0.8 元左右），玉米收获机销售受到了严重的冲击。为了缓解玉米生产的压力，也为了改善国人的饮食结构，国家适时发布了“粮改饲”的农业种植结构改革策略，引导改玉米种植为全株青贮玉米种植。同时也因地制宜，在适合种优质牧草的地区推广牧草生产，将单纯的粮仓变为“粮仓＋奶罐＋肉库”，将粮食、经济作物的二元结构调整为粮食、经济、饲料作物的三元结构，从而引导国内农机企业开展青贮收获机、打捆机等装备的研究，有效释放了玉米生产困境所带来的装备生产压力。

2015 年 5 月，国务院印发了《中国制造 2025》，将农机装备列入十大重点推进领域，给农机装备发展指明了方向。6 月，工信部将 6 个农业机械类项目列入智能制造专项。2016 年 12 月，工业和信息化部、原农业部、发改委联合发布了《农机装备发展行动方案 2016—2025》，由此掀开了农机装备智能化升级换代的新征程。市场上开始出现了基于北斗导航的智能化播种机、收获机等，其中许多机型上加设了智能监控、故障排除、参数调控等设备，形成了适合我国当前农机装备发展的新技术和新装备。

俗话说，冬天即将过去，春天还会远吗？相信在不久的将来，我国的农机装备必将迎来新的春天，必将在国内外市场上占有一席之地，为我国乃至全人类的农业生产作出新的贡献。

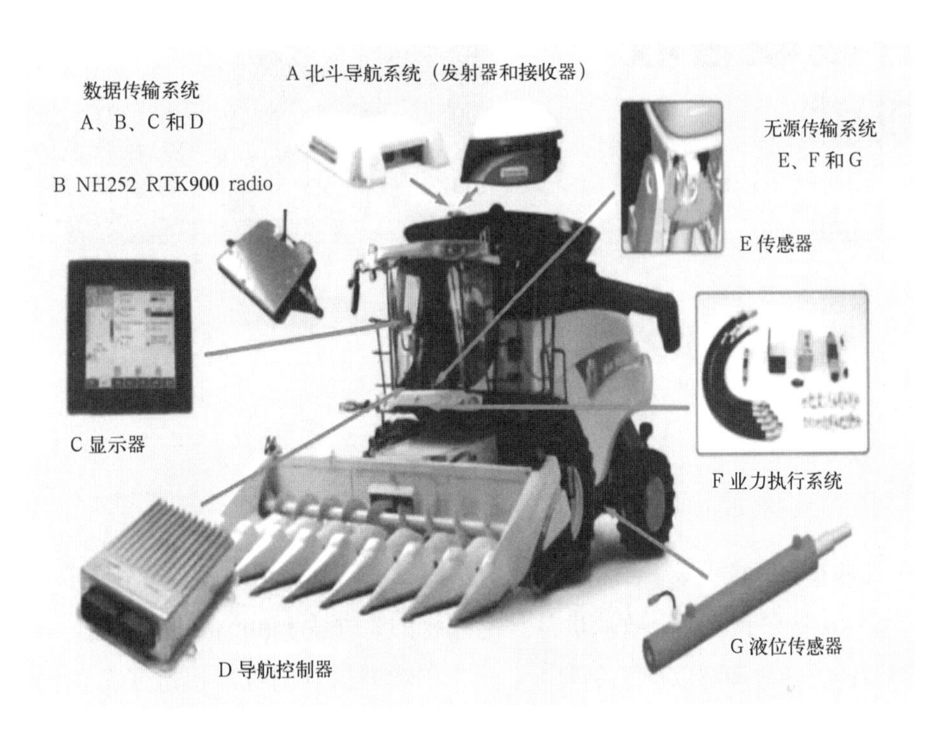

智能化玉米收获装备

改革开放40年中国谷物联合收获机成就

□ 宁学贵

宁学贵，中国农机工业协会副会长兼秘书长。

联合收获机是农业机械中最重要和最具有代表性的产品。40年来我国联合收获机从技术、产品到产业链，各方面都取得了令人自豪的进步和成就。

改革开放初期，我国收获机械行业基础薄弱。1980年，全国机收率只有3.1%，机收面积399.2万公顷，且以小麦机械收获为主；当年全国生产各类收获机5 790台，工业产值2.1亿元；收获机的保有量为27 045台，主要集中在黑龙江省（14 081台）和新疆维吾尔自治区（3 335台）的一部分国有大型农场。

一、发展历程回顾

1．轮式谷物联合收获机

我国轮式谷物联合收获机起步相对较早，经历了技术引进、产品仿制、自主研发和技术升级几个发展阶段。

20世纪80年代初，当时的农机部有计划地、系统性地组织了各个骨干收割机厂对收获机的先进技术和产品进行引进。佳木斯收割机厂和开封收割机厂引进了美国约翰迪尔公司1000系列收获机；四平联合收割机厂则从东德引进了E512联合收割机生产技术。这些产品都是传统的切流脱粒滚筒加键式逐稿器分离结构，是技术比较成熟和先进的联合收获机。

这些引进的联合收获机主要销往黑龙江和新疆等地的大型国有农场，并没有在全国得到推广。农村实行土地承包后，农业生产规模变小，农民迫切需要小型化的收获机械，在这种情况下，小四轮配套的小型铺放式割晒机在全国开始推广。

80年代中后期，开封收割机厂与德国CLAAS公司合作开发KC070型液压驱动履带式横轴流型水稻联合收割机，开启了轴流滚筒收割机的研制进程。

1993年，新疆联合收获机厂研制出新疆－2收获机。这是切流加横轴流脱粒滚筒结构的中型自走式联合收割机，特别适宜我国单产高、收获时谷物含水率高、脱粒清选难度大的状况。由于它既可以在大面积的农田收割，也可在几分地的小地块中作业，受到农民和农场的普遍欢迎，迅速成为我国联合收割机市场上的主打产品。新疆－2收获机灵活性高，性价比好，成为了农民致富的生产工具，开创了小麦大面积跨区作业收获模式。随后福田雷沃、山东金亿等一批收获机械企业开始生产和销售新疆－2联合收获机，并不断创新产品营销和售后服务模式，推动了小麦联合收获机的迅速崛起。新疆－2及其升级产品至今还是我国小麦收获的主力机型。

2013年左右，由于农业生产的需求和购机补贴政策的推动，加之农机企业不断技术创新，谷物联合收获机出现了明显的技术升级。喂入量从2千克／秒升级到5千克／秒、6千克／秒，大大提高了作业效率。同期自走式联合收获机的制造质量和智能化水平也有了较明显的进步，其作业性能和品牌影响力得到极大的提升。2016年以后，我国轮式自走式联合收获机发展成为全功能的谷物联合收获机，冬小麦区的小型谷物收获机除了收获小麦外还能够收获水稻、玉米以及其他杂粮。收获机的脱粒清选有横轴流、纵轴流及键式逐稿器等多种技术形式，喂入量也进一步提高到8千克／秒，能够满足不同地区和各类作物的收获需要。

2．履带式水稻收获机

与小麦联合收获机相比，我国水稻收获机的产业化稍晚一些，基础也更薄弱。20世纪80年代，主要代表机型有开封收割机厂的KC070型履带式水稻收获机、湖州－138型、柳州－1.5型等产品。

90年代开始，日本企业进入中国，带来了日本国内较成熟的半喂入水稻联合收获机，由于这种机型价格昂贵，维护调试难度大，市场难以接受和推广。

2000年左右，以中国农机院湖州收割机厂碧浪牌为代表的全喂入横轴流水稻收获机技术有所创新，形成了一定的市场规模，国内水稻机械化收获的瓶颈得到突破。履带式水稻联合收获机单横轴流（喂入量1.5～2千克／秒）、双横轴流（喂入量2千克／秒）并存，同时半喂入水稻联合收获机也在探索国产化和积极的市场推广。

2009年，日本纵轴流水稻收获机进入中国市场，进行本土化生产，并逐步开始向东南亚等国家出口。

2013年以后，以国产单纵轴流为主的全喂入水稻收获机成为国内主力机型，喂入量也提高到了4～6千克／秒，收获效率大大提高。履带式水稻收获机也可以兼收小麦、玉米等谷物。

同时，由于丘陵山区水稻机械化的推进，喂入量在1.5千克／秒以下的履带式小型联合收获机（简易型）也得到了快速发展，我国水稻机械化收获率有了非常大的提高。

3．自走式玉米联合收获机

我国最早的玉米收获机是20世纪80年代由中国农业机械化科学研究院与黑龙江赵光机械厂共同研发的牵引式、背负式收获机，代表产品有4YL－2型和4YW－2型。自走式玉米收获机的研究开发是从1988年开始的，中国农机院引进苏联KCKY－6玉米收获机进行仿制。1998年，新疆收割机厂等企业研发出摘棒子的四行玉米联合收获机，河北藁城收获机厂也成功引进乌克兰赫尔松产品和技术，如4YZ－3

和4YZ-4型自走式玉米联合收获机等。与此同时，一些企业也开始研发生产小型2行玉米收获机和背负式玉米收获机。在冬小麦产区还有互换割台的小麦/玉米两用联合收获机。它们都属于分段式玉米收获机，除了摘穗收获，还可以实现剥皮和秸秆还田、秸秆收获等，作为成熟产品进入市场，解决了我国玉米收获由于含水率高不能机械收获的难题，玉米机收率以年平均5%的速度快速提升。

2016年后，随着玉米种植农艺的改变和小型粮食烘干机市场化，玉米收获机也实现了籽粒联合收获。目前，我国正在积极推广高含水率籽粒玉米联合收获机、履带式丘陵山区玉米收获机、茎穗兼收玉米收获机等，以充分满足市场和用户的需求。

二、谷物联合收获机的成就

1. 突破了粮食生产最主要的瓶颈

多年以来，我国粮食生产中耗费时间最长、劳动强度最大，损失最严重的就是收获环节。20世纪90年代以前，每当“三夏”来临，我们县、乡主要领导挂帅，机关停工、学校停课、农民工返乡，全员参加抢收抢种。即使这样，“三夏”还需要一个月的时间，且丰产不一定丰收，完全是靠天吃饭。正是改革开放40年联合收获机取得的巨大进步，使制约我国粮食生产的主要瓶颈被我们自己突破，小麦、水稻、玉米三大粮食作物实现了收获机械化。2017年，全国小麦机收率达到95%、水稻机收率达到88%、玉米机收率达到69%。现在一个县的冬小麦收获，只需要5天就能颗粒进仓。2018年全国冬小麦主产区麦收只用了20天的时间就结束了。全国“三夏”的机收面积3.1亿亩，小麦每天的机收面积最高达2 000万亩。

2. 为粮食丰收提供重大装备保障

由于能够及时收获和适时收获，既保证了粮食的生长周期，提高了产量，也大大减少了自然灾害对粮食丰收的不良影响。我国黄淮海领域主要是两季种植，冬小麦及时收获就保证了秋玉米的产量；秋玉米按时收获冬小麦就能做到适时播种和来年的丰产丰收。

由于机械收获效率非常高，收获时间非常短和灵活，就避免了收获季节恶劣天气对粮食生产的不良影响（雨灾、风灾、霜灾等）。

3. 取得显著的社会效益

在我国，联合收获机催生了跨区作业模式，收获机成为农民致富的一个生产工具。2018年，河南驻马店汝南县的一个雷沃重工用户，驾驶履带式谷物收获机跨区作业时间达7个多月，累积收获小麦、水稻、油菜等3 500多亩，净收益15万多元。现在依靠收获机作业的劳动者被誉为“铁麦客”，是他们实现了谷物收获的职业化和专业化。

联合收获机是最复杂的农业机具之一，一台联合收获机需要千千万万个零部件来装配。收获机行业取得的巨大成绩，带动了大批农机零部件企业的技术进步和产业发展。20世纪90年代初，多数零部件还都是由收获机企业的内部车间生产，现在收获机零部件已经形成非常完整的社会供应体系，收获机用的驱动桥、HST、传动胶带、离合器、橡胶履带、驾驶室、搅龙和弹齿等零部件都实现了专业化的生产，浙江海天、佳木斯惠尔、谷合传动、河北中兴、无锡中惠等一批农机零部件龙头企业成为国内外知名的收获机核心零部件供应商。

4．实现了自主制造

改革开放初期，我国联合收获机生产企业没有专业的配套企业，标准件、液压件等需要进口。而现在，联合收获机生产全部实现了国产化，智能化制造水平的显著提升、电泳涂装、数字钣金加工等先进技术的应用，保障了联合收获机质量的持续提高，国产联合收获机的品牌得到了用户认可。

5．我们是收获机大国

目前，我国粮食生产所需要的联合收获机95%以上是中国自己研发和生产的产品。我们已经形成了年产20万台收获机的产能，是当之无愧的联合收获机制造大国。2018年，我国生产轮式联合收获机1.5万台、履带收获机6.5万台、玉米联合收获机3.5万台。

6．创新与贡献

改革开放40年来，我们研发的小农生产用小麦联合收获机、高含水率的玉米分段联合收获机、水稻深泥脚田的全喂入收获机，都为世界收获机行业做出了技术创新和重大贡献。可以说，我国的谷物联合收获机为主要粮食生产全程机械化提供了必要的、重要的装备保障，为我国农机工业的进步与发展做出了重大贡献。

三、我国联合收获机发展的成功经验

一是改革开放的好时代所造就的。改革开放给我们提供了很好的平台和机遇，国家一系列农业农村农税改革政策的实施，国家对农机制造竞争能力提升的政策支持等，都为收获机械的快速发展提供了最重要的保障。

二是我们选择了正确的发展道路。收获机械对农艺的适应性、对农业生产模式的适应性、对粮食生产环境的适应性都非常强，它很难像机床、汽车那样直接从国外购买使用。我们针对中国以家庭联产承包为主的小规模化生产经营，以及两季作物高含水率收获的农艺要求，把国际先进的收获技术与中国的农艺和农民的需求紧密结合，研发了自己的技术和产品，取得了成功。轮式联合收获机实现了小型化和轻量化，解决了冬小麦的收获。我们的联合收获机结构简单，实现了在中国采购和制造，价格低廉，维修方便，跨区收获移动便利，农民买得起、用得起，能够用其致富。

三是得益于国家农机购置补贴政策的支持。联合收获机是各地购机补贴重点支持的产品。2016年，收获机械补贴额占中央补贴资金的27%。有些省市曾对玉米收获机进行累加补贴，也有些地方对收获机敞开补贴。农机购置补贴对于收获机械的发展功不可没。

四是大家的共同努力。科学技术提供了的支撑，小麦收获机的研发设计、玉米收获机技术的引进和攻关，都得到国家科技项目的大力支持，中国农业机械化科学研究院等单位的一大批科研人员为此付出了艰辛的努力。外资企业进入中国收获机械领域，为我国收获机械行业的发展起到了很好的引领作用。企业在供应链体系建设、制造工艺变革、质量管理提升、营销网络建设等方面都获得了宝贵的经验。我国收获机企业通过自身的努力，积极研发新产品、生产装备不断升级改造、服务模式不断创新，使联合收获机在短短40年之内取得了很大的进步，为中国粮食生产做出了巨大贡献。

为江苏率先实现农业机械化发挥装备支撑作用

□ 徐顺年

徐顺年，江苏省农机工业协会会长。作者原在省机械工业厅和省农机局长期担任领导工作，对农机工业和农机化工作比较熟悉，曾在有关报纸和杂志发表多篇论文，参与了江苏农机工业十二五、十三五和农机化发展十一五和十二五规划的起草及有关法规的制定工作。

2018年是我国改革开放40周年。40年来，江苏农机工业系统广大干部职工，在各级党委政府的正确领导下，紧紧抓住改革开放这个前所未有的发展机遇，以振兴行业为己任，以加快发展为根本，以改革创新为抓手，在波澜壮阔的改革大潮中，积极开拓，奋力拼搏，以一往无前的进取精神，为江苏农机工业发展谱写出一幅浓墨重彩的壮丽画卷。40年来，我省农机工业发生了历史性的变化，在成功实现计划经济向市场经济转变后，农机工业体制机制得到进一步转换，全行业快速发展，总量不断攀升，创新能力不断提高，重大和关键农业装备的研发取得了一系列重要突破，支撑江苏农业机械化发展的能力快速增强，江苏农机制造在全国乃至在世界的地位和影响力不断提升，为江苏工业经济发展和农业现代化建设作出了重要贡献。

一、江苏已成为农业装备制造大省

改革开放使江苏农机工业进入历史上前所未有的快速发展时期，特别是从2004年开始，中央出台了农机购置补贴和一系列强农惠农政策，有力地促进了农机工业的发展，江苏农机工业连续10年产销两旺，多项经济指标刷新全国纪录，已成为名副其实的农业装备制造大省。

1. 总量快速增长，综合实力大幅提升

2017年，全省农机工业增加值304亿元，比1977年增长160倍，年均增长13.5%；农机工业总产值1 310亿元，比1977年增长155倍，年均增长13.4%；对外出口交货值8.47亿美元，增长424倍，年均增长16.3%；农机制造企业320多家，增加了80多家，增长33%，农机流通企业800多家，增加了720多家，增长近10倍，2017年由江苏生产的农机产品大约3 000种，40年增长2.7倍。

2．主要产品产量位居全国前列

40 年来，在结构调整和科技创新的引领下，我省主要农机产品的生产实现了总量的快速增长，2017 年江苏生产的大中马力拖拉机总量占全国的 28.7%，其中东风农机集团生产的大中马力拖拉机产量居全国第三位；全省粮食收获机械产量占全国 30% 以上，其中沃得农机集团生产的履带式联合收割机位居全国第一；高速插秧机产量占全国 80%；饲料机械产量位居全国第一；农用内燃机产量占全国 2/3，秸秆还田及旋耕机械产量占全国 40%，农用轮胎产量占全国 80%，均位居全国第一位。目前，我省已成为全国粮食生产机械、饲料机械和农用内燃机以及特色农业机械的重要生产基地。

3．一批行业重点企业快速成长

伴随着我国农村经济和农机化事业的发展，以及改革的不断深化，在市场的强力推动下，我省涌现了一批在全国有一定影响和一定竞争力的企业集团及重点企业，也成长了一批有影响的优秀企业家和功勋人物。常发集团、常柴集团、东风农机集团、牧羊集团、沃得农机集团等企业已连续多年分别进入中国民营企业 500 强和全国机械工业及省民营企业百强企业行列。为了搭乘中国改革开放的快车，日本久保田、洋马、井关、筑水、佐佐木、金子、美国爱科、韩国东洋、意大利必圣士等外资企业也相继在江苏落户，这些企业集团和重点企业为江苏乃至全国农业现代化建设提供了有力的装备支撑，对引领行业发展，保障农机市场的有效供给发挥了重要作用。

二、结构调整取得积极成效，产业集中度进一步提高

在政府有形之手和市场无形之手的共同推动下，江苏农机工业组织结构和产品结构调整发生了很大变化，取得了积极成效，通过不断改革和创新发展，资本结构进一步优化，产业集群效应进一步显现，民营经济的活力进一步增强。

1．民营经济成为农机工业的中坚力量

从我省农机工业资本结构现状来看，民营经济已占据主导地位，在农机工业中具有举足轻重的作用，民营企业为行业快速发展作出了重要贡献。目前，民营企业的销售收入、实现利润、税金等占全省农机工业的 70% 以上，全省农机工业中约有 20 万人在民营企业就业。常发、东风农机、沃得农机等一批民营企业通过结构调整，经济实力大幅提升，产品市场占有率不断提高，在产品开发、生产制造、市场营销等方面已完全具备了和一些发达国家外资同行企业进行竞争的条件。特别是近年来，江苏省民营企业围绕国家提出的“三去一降一补”的总体要求，主动应对市场变化，积极加速新旧动能转换，产品结构调整取得了新的成效，部分农机产品开发向高端迈进。

2．产业集群优势逐步显现

通过 40 年的发展，江苏省部分农机产品产业集中度进一步提高，集群优势明显，苏南地区已成为拖拉机、联合收割机、高性能插秧机生产的聚集区；常州地区已成为单缸发动机生产的集聚区；连云港灌云县周边已成为旋耕机械生产的集聚区；扬州、溧阳饲料机械产销成为全国单打冠军。全省大中小企业共同发展，

主机生产企业和配套件生产企业已形成比较完整的农业装备产业链。目前，江苏生产的农业装备完全可以满足粮食生产全程机械化和部分农业生产环节机械化的需求。

3．企业走出去步伐加快

随着我省农机工业的发展和国家“一带一路”倡议的实施，一些农机企业在保障国内市场需求的同时，积极主动开拓国际市场，不断提高江苏农机产品在海外的市场占有率和知名度，努力探索全球市场运作的新模式。江苏牧羊集团以打造世界级企业为目标，坚持走国际化道路，面向全球进行战略布局。目前，企业在全球设有50个代表处，在美国、欧洲分别设立了研究院，通过国际化发力，未来几年牧羊集团将成为知名的世界级企业。常州东风农机集团产品远销世界100多个国家，在许多国家都有代理商。常发、沃得、常柴、农华智慧、扬州维邦等企业分别在国外设点，在“走出去”方面都取得了积极成效，江苏农机制造正在不断向海外延伸。

三、科技创新取得积极成效，创新能力不断提高

改革开放以来，许多企业始终把科技创新摆在企业生存和发展的突出位置，加大科技创新的投入，通过自主创新和引进，消化、吸收、再创新，江苏农机制造装备水平有了较大提高，一些新技术和新产品达到或接近世界先进水平，国产装备的技术含量大幅提升，用户对国产农业装备的满意度不断提高，重点关键零部件依赖进口的状况不断改善。40年来，我省农机工业新产品、新技术推广数量、企业发明专利、国家、省、市科技奖获奖数等均位居全国前列。

1．农机产品的国内自给率大幅提升

改革开放初期，江苏农机工业的生产技术水平和生产能力与世界先进水平相比，大致相差50年左右，1978年以后，在党的改革开放方针指引下，许多企业紧紧抓住国家发展农机工业的各项好政策，主动扛起江苏农机制造的大旗，加大技改、研发、基本建设和人才的投入力度，奋起直追，大大缩短了与世界发达国家的差距。目前，我省农机产品的国内自给率已超过80%以上，基本改变了先进农业装备受制于人的被动局面。

2．科技创新能力不断增强

改革开放以来，江苏省农机工业新产品不断涌现，截至2017年年底，全省已有3 500多个新产品通过投产鉴定，4 200多项产品通过推广鉴定；尤其是2004年国家实施农机补贴政策后，投产鉴定和推广鉴定的产品数量猛增，分别比之前增长了8倍和11倍。全省有50多项新产品分别获得省以上科技进步、成果转化和科技发明奖，有40多项重大农机新技术和新装备得到推广应用，一些共性关键技术取得了新的突破，智能化大马力拖拉机、纵轴流全喂入联合收获机、高性能插秧机、蔬菜移栽机、多功能复式播种机、热泵式烘干机、喷杆式植保机、无人植保飞机、智能化饲料加工设备、畜禽粪便成套处理设备、激光平地仪、农机信息化技术装备，花生、白芹收获机械等自主研发的高端装备得到成功应用。一些企业两化融合步伐加快，新产品、新技术、新材料推广运用取得积极进展，绿色制造、智能制造在一部分企业得到较好运用。

3. 创新投入和创新平台建设迈出新步伐

为了加强市场开发，不断培育新动能，改革开放以来，许多企业紧紧抓住创新这个“牛鼻子”，不断加大科技创新的投入，努力推动农机产品的升级换代和技术升级，沃得、牧羊、常柴、东风农机、常发等企业的研发投入强度分别超过了3%，较好地发挥了创新的引领作用。在政府政策的引导下，企业创新平台建设也取得了较好成绩，截至2017年年底，全省农机系统共建立了30多家省市级技术创新中心和工程技术中心，其中，常柴、常发、东风农机、牧羊、农华智慧等企业的技术中心被认定为国家级技术中心，常发农装、沃得、常柴分别入围省创新型百强企业。特别是近两年由省农机工业协会会同常发集团组建的“江苏农用动力机械检测中心”和江苏悦达农装组建的“江苏沿海农业机械检测有限公司”的公共平台即将对外开展检测服务。

4. 产学研用合作进一步加强

改革开放以来，特别是2004年以后，江苏省农机系统许多企业积极主动加强和省内外高校、科研院所以及推广部门的合作，在项目实施、新产品开发、试验推广和教育培训等方面开展了多方位的合作，合作模式多种多样，交流形式推陈出新，协同创新步伐进一步加快。江苏大学、南京农业大学、常州机电学院、南京农机化所等单位与省内外有关农机企业、科研单位率先建立了科技创新联盟，多项科技创新成果得到较好的转化。各级农机推广部门，通过推广运用，不断把用户使用情况反馈给企业，主动为企业创新提供第一手资料，全省农机系统产学研用科技创新合作交流机制已初步形成。

四、农机工业快速发展，推动了全省农机化发展进程

40年来，农机工业的快速发展，为我省粮食持续增产、农民稳定增收、农业持续增效奠定了坚实的装备支撑。截至2017年年底，全省农村拥有农机总动力达4 906万千瓦，比改革开放初期增长了4倍多，各类拖拉机保有量超过100万台，其中大中拖保有量达18万台，与大中拖配套的农机具超过36万台，配套比达1∶2，插秧机保有量14.6万台，其中乘坐式高速插秧机占50%，位居全国第一位。全省农机装备水平、作业水平和社会化服务水平快速提高，农民面朝黄土背朝天、弯腰曲背几千年的生产方式已一去不复返。2017年，全省农业综合机械化水平已达83%。高效设施农业主要生产环节综合机械化水平超过50%，江苏省已率先在全国步入农机化发展高级阶段，并将在2020年基本实现粮食生产全程机械化。

40年来，江苏省农机工业的生动实践，进一步深化了我们对发展农业装备产业规律性的认识，也为继续推进农机工业高质量发展积累了一些宝贵经验。同时，也使我们清醒地认识到，我们同世界先进制造水平相比，尤其在创新能力、智能制造、质量品牌建设、管理水平和人才队伍建设等方面还存在很大差距，特别是一些小企业的发展方式仍然比较粗放，产品低水平重复、低价竞争的状况依然存在，产业结构和行业发展中的深层次矛盾尚没有得到根本解决，抵御市场风险和可持续发展的基础还比较薄弱，企业转型升级的任务非常艰巨，农机工业从制造大省向制造强省转变还有很长的路要走。

在新的历史起点上，我们要以习近平新时

代中国特色社会主义思想和制造强国战略目标为指导，以党的十九大和习近平总书记在民营企业座谈会上的讲话以及中央经济工作会议精神为指针，认真贯彻《中国制造2025江苏行动纲要》，国务院《农机装备发展行动方案（2016–2025）》和中央《关于实施乡村振兴战略的意见》，全力推动江苏农机工业向农机制造强省转变。

一是要进一步解放思想，坚定做好农业装备产业的信心和决心。面对复杂多变的国内外经济形势，面对当前农机工业经济增速下行压力的加大，我们必须保持清醒的头脑，既要充分认识和重视面临的困难和挑战，做好积极应对，又要看到我国农机工业发展仍处于重要的战略机遇期，特别是2018年12月12日，国务院常务会议提出要加快推进农业机械化和农机装备产业转型升级，助力乡村振兴、“三农”发展，以及大力支持民营企业发展壮大各项政策措施的逐步落实，将给农业装备产业带来广阔的发展空间，我们必须审时度势，抢抓机遇、迎难而上、多措并举、全力推动江苏省农机工业发展始终走在全国前列。

二是要加强结构调整，积极深化供给侧结构性改革。加强结构调整是转变农机工业发展方式的重要任务，要进一步增强结构调整的紧迫感和自觉性，紧紧抓住农机工业当前的换挡期，加快转型升级步伐，要按照中央“三去一降一补”和“抓创新，补短板，强弱项”的总体要求，全力破解产品结构不合理和发展不平衡问题，积极推动质量变革、效率变革和动力变革，集中做好调结构、换动能两篇大文章，不断培养新的增长点和竞争新优势，努力开辟市场新空间。

三是要加强科技创新，进一步增强创新发展活力。科技创新是产业结构优化升级的核心和关键，要认真贯彻全省科技创新工作会议精神，紧紧抓住省委、省政府今年8月出台的深化科技体制改革30条政策措施等文件的契机，把创新驱动贯穿于一切工作的始终，要主动瞄准国际农机科技前沿，加强原始创新，集成创新和引进、消化、吸收、再创新，积极抢占未来发展的制高点。进一步强化企业的创新主体地位，充分激发企业加大科技创新投入的积极性，加快建立以企业为主体，市场为导向，产学研用相结合的农机技术创新体系。要充分发挥我省高等院校和科研院所的骨干作用，让高校和科研院所更多的科研成果首先在江苏农机企业转化，加强产学研用深度融合，努力构建江苏省农机工业科技创新发展新优势。

四是要加强品牌建设，推动江苏农机产品质量再上新水平。在推动农机工业转型升级和高质量发展中，我们必须把品牌建设和质量兴业放在更加突出的位置，牢固树立品牌战略和质量第一的强烈意识，认真贯彻国家和省关于加强品牌建设和质量提升的一系列政策措施，推动农机制造由产业优势向品牌优势转变。加强标准化建设，不断提高农机产品的供给质量，使农民心中比较满意的国产农机品牌越来越多。

五是要加强人才队伍建设，为高质量发展提供人才保障。面对新一轮科技革命和产业变革，其核心是人才的竞争，全行业要把人才队伍建设放在科技创新最优先的位置，积极创新人才激励机制，从根本上补齐人才这个短板，着力营造留住人才，使用人才，让人才充分展示才干的浓厚氛围，通过引进、发掘、培养、善用，努力建设一支适应江苏省农机制造业发展的优秀专业技术人才、经营管理人才和高技能人才队伍。

回首改革开放40年，对江苏省农机工业取得的成就，我们感到无比自豪，展望未来，江苏省将率先在全国建成农机制造强省，使命十分光荣，困难与机遇同在，信心与勇气依旧，改革未有穷期，实践、创新永无止境，我们要以习近平新时代中国特色社会主义思想为指引，坚定信心，埋头苦干，加快改革发展步伐，为江苏省率先在全国实现农业机械化发挥好装备的重要支撑作用。

“智能先锋”东方红

□ 刘学功

刘学功，中国一拖集团有限公司稳定信访干部，高级政工师、经济师，先后从事过专业技术、人力资源及企业文化管理工作。从小生活在农村，对东方红拖拉机情有独钟，驰骋于天地间的那抹东方红，是永远的回忆。

2018 年 8 月 11 日晚，央视一套黄金时间播出大型科技挑战节目《机智过人》，东方红无人驾驶拖拉机全票入选中国智能先锋。东方红无人驾驶拖拉机依靠其耕、种、管、收、储、运等环节数字化、智能化和网联化，全方位展示自动启动、操作农具动态障碍自动避让等一系列“独门绝技”，折服了亿万观众。说起“东方红”的故事，得从我国第一个“五年计划”讲起。

1950 年 3 月，新疆生产建设兵团农七师前身二十五师七十四团战士拉犁开荒

一、“耕地不用牛”，东方红终结一个旧时代

中华人民共和国成立前，中国农业装备近乎空白，仅有的少量拖拉机全部从国外进口，连配件都不能生产，摆脱繁重的体力劳动，是农民遥不可及的梦想。

中华人民共和国成立之初，为改变农业落后面貌，我国开始大力发展农业机械化。1957 年，在外汇极其紧张的情况下，争取到进口拖拉机 2 万余台，但远远不能满足广大农村的需要，建立中国农机工业迫在眉睫。

为告别面朝黄土背朝天的耕作方式，开辟“耕地不用牛”的新时代，1953 年 7 月 12 日，洛阳拖拉机厂筹备处，中国农机工业从这里起步。1954 年，根据中央指示，建厂初期的创业者开始在洛阳涧河以西进行测绘。1955 年 10 月 1 日，举行厂房开工典礼，洛阳 7 万人参加，来自全国各地的第一代创业者们，用4年时间建起了一座现代化工厂。在苏联专家的帮助下，一拖人艰苦奋斗建设工厂，夜以继日学习文化，攻坚克难掌握技术，完成了新中国农机工业的重要奠基。

当时的目标是在1958年国庆节前生产出中国第一台拖拉机。各地农民代表千里迢迢、络绎不绝来到一拖，在中国一拖忙得不可开交，目的只有一个——要拖拉机，有的甚至住下不走了。然而，基建才两年多的拖拉机厂，有些厂房脚手架才刚刚搭起不久，不少厂房还是黄土一片，空空洞洞。为尽早造出中国第一台拖拉机，全厂职工个个朝气蓬勃，斗志昂扬，实干、苦干、巧干，边土建、边安装、边生产，克服各种困难，开展竞赛和协作，终于在7月20日生产出第一台54马力拖拉机。拖拉机开出来了，全车间、全厂职工、全洛阳市的人民都沸腾起来了。苏联专家组组长道钦科从驾驶室跳下来，向周围工人们祝贺："你们在设备不全、工卡具不足的条件下，造出这么好的拖拉机，真是不简单！"1958年10月1日，节日的气氛笼罩着北京城。当东方的曙光升起时，40台"东方红"拖拉机也神气地开进天安门广场，接受毛主席的检阅。

1958年7月20日，中国第一台54马力履带拖拉机下线

中国一拖农耕博物馆提供的资料显示，到1962年11月，中国一拖生产的拖拉机超过3万台。从松嫩平原到华北大地，从黄土高坡到江南水乡，"东方红"遍及全国27个省区市。在当时，全国高达70%的机耕面积都是由"东方红"拖拉机完成的。到20世纪80年代初，中国农业基本完成机械化进程，"东方红"拖拉机功不可没。

东方红，是一个时代的记忆；中国一拖，农机工业的摇篮。

二、"换挡不停车"，东方红开辟一个新时代

传统的拖拉机技术，在换挡时必须先停车，操作繁琐，作业效率低，动力换挡技术长期以来被国外先进农机企业垄断，是中国农机企业无法突破的技术壁垒。

为拓展全球视野，全力实施国际化经营战略，2011年3月，中国一拖成功收购意大利ARGO集团旗下生产拖拉机动力换挡传动系的法国McCormark工厂，成立一拖（法国）农业装备有限公司。随后，中国一拖迅速启动对法国公司传动系技术的应用开发，派出研发团队在法国设立研发中心，争取在最短时间内开发出能够实现"换挡不停车"的新机型。

中国一拖通过积极引进先进技术并消化、吸收、再创新，向用户提供了满足农业机械化发展的产品，构筑了大中型轮式拖拉机的技术平台。中国第一台拥有完全自主知识产权的动力换挡拖拉机于2010年9月28日在中国一拖诞生，打破了国际农机巨头在重型拖拉机领域

中国第一台拥有完全自主知识产权的
动力换挡拖拉机下线

的垄断格局，迫使国外农机巨头将投放中国市场的同类型产品降价1/3，中国农机以实力赢得竞争对手的尊重。

2016年6月1日，在国家“十二五”科技创新成就展上，东方红-LW4004无级变速重型拖拉机首次公开亮相。在中国一拖展台前，李克强总理向时任中国一拖董事长赵剡水询问了产品的技术水平、售价等情况。总理说：“350马力以上拖拉机以前只能靠从国外进口，现在我们研制成功400马力拖拉机，非常了不起。”张德江委员长说：“中华人民共和国成立初期，我们不能制造拖拉机，当时在黑龙江用的都是苏联、捷克的拖拉机，后来终于有了我们自己的东方红拖

东方红-LW4004型400马力无级变速拖拉机
参加“砥砺奋进的五年”大型成就展

拉机。现在中国一拖能造出比肩世界先进水平的无级变速拖拉机，说明我们的制造水平随着国力的增长明显提高。”

三、“驾驶不用人”，东方红演绎一个新未来

中国一拖是国内率先掌握动力换挡技术的农机企业，确立和巩固了在新一轮拖拉机产业升级换代中的领先地位。面向《中国制造2025》，一拖人不敢有丝毫的懈怠和放松，在技术创新的道路上看得更远、走得更快，以时不我待、只争第一的精神致力于为用户提供最有价值的农业成套装备解决方案，成为全球优秀的农业装备供应商。

一拖人永远忘不了那一天——1959年10月12日，周恩来总理在视察中国一拖时语重心长地向大家说：“要记住，你们是中国的第一啊！要出中国第一的人才，出中国第一的产品，创造中国第一的业绩。”周总理视察中国一拖后，一拖人把总理的教诲当做自己工作的座右铭，先后将“三个第一”确定为中国一拖厂训、中国一拖精神，现在成为企业的核心价值观。为了实现“第一”的诺言，中国一拖一代又一代的建设者不断向新的前沿技术发起冲击。

2018年8月，在河南洛阳的一处农田中，央视一套《机智过人》第二季正在这里进行着一场史无前例的比赛——无人拖拉机挑战6名平均驾领27年、技艺精湛的拖拉机驾驶员，看谁的驾驶技术最好。中国第一代女拖拉机手，当年第三套人民币一元钱上那个面带微笑，开着拖拉机的金茂芳姐姐，现已是86岁高龄的老人了，她正是这场特殊比赛的见证者。结果

2018 年 8 月 11 日，东方红无人拖拉机亮相央视一套《机智过人》栏目

东方红无人拖拉机比金牌拖拉机手开的路线更直，有效耕种面积更大，全票入选中国智能先锋。

亮相《机智过人》的东方红无人拖拉机，不仅配备了北斗定位导航系统随时定位和矫正方向，还配备了激光雷达，可以实现静态避障和动态避障；同时它还利用地理信息系统，在更精准的位置上完成旋耕机的升降，最大程度降低土地资源的浪费。如今进城务工的年轻人越来越多，留在农村的劳动力数量相对减少，对现代化农业生产的要求就变得更高。无人拖拉机的诞生，可以帮助农民提高耕种效率，也降低了农业生产的劳动强度，在未来有十分广阔的前景。

金茂芳老人是比赛的见证者，也对这台无人拖拉机充满了好奇，也想亲身挑战一下。当坐上无人拖拉机的一刻，老人不禁眼眶湿润了，她说自己一辈子开的都是苏联的迭代拖拉机，还从来没有开过中国制造的拖拉机，更别提用人工智能操控的无人拖拉机，感觉特别神奇，也特别骄傲。

中国一拖因使命而诞生，因使命而发展，因使命而奋斗。60 多年来，“东方红”的名称始终和“三农”紧密联系在一起。实现农民的小康目标、促进农村经济发展、实现农业机械化，是中国一拖人永远的使命。

从生产出新中国第一台拖拉机，到目前国内最先进的无人驾驶拖拉机，中国一拖奏响了中国农业机械化的序曲，同时又是中国农业机械化进程的推动者和见证者。

用心“智造”成套鸡群智能化饲养设备

□ 黄杏彪

黄杏彪，广州广兴牧业设备集团有限公司副总经理，从事畜牧养殖、产品包装及废弃物资源化再利用处理装备研发、设计及生产管理工作。

应中国农业机械化协会副秘书长夏明老师的邀请，写一篇“纪念农业机械化改革开放40周年”的文章。刚接到邀请时，有点懵，因为我打从娘胎里算，也不能够见证改革开放40年来中国农业机械化的发展，故迟迟未落笔。在品读众多农机界前辈同仁们征文后，也鼓起勇气，写写自己从事农业机械相关领域——畜牧设施设备领域近14年来工作中的一些感受，以及从设施设备视角上，略谈国内养鸡行业的发展情况与趋势，请读者多多批评指正。

我学的专业是机械工程，从事农业机械相关领域——畜牧设施设备领域研究、设计、生产管理工作，算是“误打误撞”进入这个领域。不过，“将错就错”从事了近14个年头，算是这个行业的“元老”级人物，对此行业略有体会。

一、理论知识与实际应用方面

实际工程项目，是具有生命周期特征的。这就决定了，整个过程不是简单地将所熟悉的或不熟悉的理论知识、技术方法等堆积起来，而是一个面对现实需求，提出问题、分析问题、解决问题的过程。

这就要求，一个研发人员必须加强自我综合知识体系学习，但这种学习不能仅仅停留在课本知识层面，而应带着问题意识来学习，以课本理论知识为基础进行有必要的外延理论知识体系的学习与猎取，并将所学习到的理论知识应用到自身所在的工作岗位中，进行有一定程度的具体工作实践验证与拓展。

我自身所从事的行业是畜牧机械制造行业，国内外大专院校极少设置相关专业，故此行业相关的理论研究较少，基本上达到了无可借鉴的程度。只有自己想办法，梳理出行业目前最关心、最急需解决的难点，从结构原理上寻找与之相关的研究文献，同时从鸡群的生活习性研究起，从设备角度抽象出如何让饲养员更轻松、劳动强度更低、更乐意采用设备去饲养鸡群；从客户角度考虑如何让客户使用设备去饲养鸡群更有经济效益、更有市场竞争力；还要兼顾鸡群动物福利方面的需求。

在这个过程中，我的一个体会是，将三维数字化设计引进工作过程，可以取得良好的工作效果。特别是利用 solidworks(simulation) 有限元分析应用，在产品设计阶段实时与客户进行一些结构外观的交流、探讨，让客户最终所见即所得，尽早获得产品体验感，做到尽量满足客户需求。

二、国内养鸡设施设备行业的发展情况与趋势

国内养鸡设施设备领域发展起步较晚，真正的现代化高密度叠层笼养设施设备运用于养鸡行业，是从 2005 年大连韩伟集团的实践开始的：在宽约 20 米，长约 107 米，脊高约 6.8 米的鸡舍内，规划设计 4 列八层 +2 列 6 层全密闭式饲养，单栋饲养量达 11 万只蛋鸡。

那时，本人刚好入行，也有幸参与了这项工作，很荣幸地成为一个“看着国内叠层笼养设施设备长大的人”。

经过近 14 年的发展，截至目前，国内养鸡设施设备领域，仍是“四力”养鸡并存局面：

人力——利用饲养员体力，加以辅助水桶、围网等简易工具饲养鸡群。

此模式，饲养员劳动强度高，人均饲养量少，规模化经济效益不高，纯粹个体户饲养；基本无人工干预鸡只生存环境，鸡只生存高度依赖外界自然环境，生物安全隐患多；因国内消费群体对“走地鸡、土鸡蛋”的传统消费习惯，此饲养模式在国内还有一定的市场需求。

机力——利用饲养员体力，加以辅助手推车、笼网笼具等无动力设备饲养鸡群。

此模式借助相应的机械结构设施，饲养员劳动强度一般，人均饲养量有所提高，体现出一定的规模化经济效益；极少的人工干预鸡只生存环境，鸡只生存依赖外界自然环境，生物安全隐患多；此饲养模式主要适应国内“菜篮子”工程以及“公司＋农户”模式。

电力——利用电力代替饲养员体力，以电动设施设备等饲养鸡群。主要设施设备包括：行车喂料系统、清粪系统、饮水系统、灯光系统、通风系统、集蛋系统、鸡蛋包装系统（蛋鸡），肉鸡卸鸡系统（肉鸡）、废弃物处理系统等。

此模式借助相应的电动机械设施设备，饲养员劳动强度较低，人均饲养量高，最高可达 16.8 万只蛋鸡，规模化经济效益表现突出；人类利用设施设备间接干预鸡只生存环境，鸡只生存基本不依赖外界自然环境，采用密闭式独立小环境饲养，鸡只与外界生物不直接接触，生物安全隐患较小，但因大群体饲养，生物安全风险系数较高；此饲养模式主要适应国内农业生产合作社以及区域品牌化产品市场需求模式。

算力——是指在电力饲养鸡群的模式基础上，充分引进、利用物联网、大数据、人工智能等 ICT 技术。

此模式下，养鸡行业不再是原来传统的农业领域划分，而是向育种工程、生物工程、食品工程等全产业链融合趋势发展。“饲养工程师”应势而生。饲养员的工作重点从传统的体力如何喂鸡转移到如何利用现代化科学技术饲养出健康的鸡群，从而获得健康的鸡蛋、鸡肉，以满足人民物质方面的需求。社会大量资本等资源的投入，使饲养机器人、鸡蛋蛋品包装处

理中心等大量现代化设施设备应用成为现实。此饲养模式主要适应国内龙头养鸡公司以及全国性品牌化产品市场需求模式。

三、结束语

随着社会科学技术的发展，养鸡行业不仅可以为人类提供良好、廉价的蛋白质来源，同时在解决“不平衡不充分的发展之间的矛盾”——贫困问题方面也发挥了充分的作用，的“金鸡精准扶贫项目”工程。到2020年年底，该工程将在全国38个国家级贫困县全面建成投产，可带动10万贫困人员全面脱贫。

国产甘蔗机典范 洛阳辰汉给你新认知

□ 王艳红

王艳红，农业机械杂志社内容总监，《农业机械》杂志、《农业工程》杂志执行主编，发表100余万字各类文章。

2018/2019甘蔗榨季，在我国广西、广东、海南、云南等蔗区，有300台洛阳辰汉农业装备科技有限公司（以下简称辰汉公司）生产的甘蔗收获机穿梭在蔗林中，为蔗农的“甜蜜事业”保驾护航，为我国甘蔗收获机械化发展再立新功。

2017/2018甘蔗榨季，辰汉的甘蔗收获机保有量是150台，占国内实际运营甘蔗收获机总量的50%以上；而2018/2019甘蔗榨季，辰汉公司甘蔗收获机则达到了300台，市场占有率超过60%。这标志着拥有自主知识产权的国产甘蔗收获机取得了核心技术突破，并真正实现了产业化应用，促进了甘蔗收获机行业的科技进步，加快了甘蔗收获机械化进程。

行业专家将这种现象总结为“辰汉现象”，那么，“辰汉现象”背后究竟有着怎样鲜为人知的付出，怎样坚持不懈的探索，才能取得今天的成绩？记者采访了辰汉公司总经理张长献、副总经理常军应，为您揭秘“辰汉现象”背后的故事。

一、8年六轮试验产品终定型

说起投身甘蔗收获机研发生产历程，张长献感慨万千，他说：“有一种活法，你没有经历过，就不知道其中的艰辛；有一种艰辛，你没有体验过，就不知道其中的快乐；有一种快乐，你没有拥有过，就不知道其中的纯粹。”这就是一名引领中国甘蔗收割机械化创新创业者心中最真实的感悟，里面蕴含着无限的艰辛、付出，以及奋斗后收获的快乐。

2004年，张长献开始创办辰汉公司，最初的业务是为农机及工程机械企业提供配套零部件。2008年，辰汉公司开始投身甘蔗全程机械化装备的研发与制造。当时，我国的甘蔗收获机械化水平几乎为零，国内尚无甘蔗收割机产业化。未来随着城镇化的推进，劳动力的紧张，逐步采用机械化代替人力收割甘蔗将是必然的趋势和时代的选择。

预测到这个前景，张长献说干就干，把研发一款“性价比高、适应性强、稳定性好”，让蔗农“买得起、用得好、能赚钱”的甘蔗收割机定为目标任务。而这一干就是8年，经过3 000多个日日夜夜的探索与煎熬，于2015年成功研制出4GQ-130型切段式甘蔗联合收割机，5月通过了广西农机鉴定总站的鉴定，并在同年获得“中国第四届创新创业大赛”河南赛区企业组三等奖，这标志着辰汉的甘蔗收割机取得了重大技术突破。

4GQ-130型切段式甘蔗联合收割机

4GQ-130型切段式甘蔗联合收割机，针对我国现行的农艺种植模式、种植规模、地况、收割转运习惯、蔗农承受能力等因素，在借鉴国外成熟产品一些技术要素的同时进行了多项大胆独特的设计创新。采用103千瓦发动机，适应1米及以上的种植行距，采用全液压驱动，轮式行走，可实现0～30千米／小时无级变速，转场快速便捷，具有“性能指标优、适应性强和性价比高”的优势。

与4GQ-130型切段式甘蔗联合收割机共同研发成功的，还有与其配套的GZZ-20甘蔗田间运输装载机、7YG-15自卸式运蔗车和CHP2100蔗田专用排石机等系列产品。

在研发过程中，张长献也曾经犹豫过、彷徨过、放弃过。2008年，当辰汉开展甘蔗收割机项目的时候，国内大约有30家企业也在研发，大都投入了巨大的物力财力和精力，但经历几轮失败后就放弃了。

甘蔗运输车

“每年我带领团队到广西蔗区买地进行收割试验，一待就是几个月，然后垂头丧气地把收割机拉回来再改进，屡败屡战，到第四个年头的时候，决定放弃该项目。”但停了大半年之后，张长献还是不甘心认输，将原来“整秆式收割机”的研发思路转为“切段式机型”，然后在厂房墙上写下“坚持不懈，创新不止”几个字来激励自己，之后，他又一门心思地投入新机型的研发试验中。

“如果没有当时持之以恒的决心，也坚持不到现在。”张长献总结说。

二、践行“合适是最好的”创新理念

2008—2018年，甘蔗收获机研发生产的实践证明，“合适的是最好的，合适的创新是最好的创新”，这是张长献一直践行的创新理念。“合”是“满足需求、实事求是”，“适”是适合国情、脚踏实地。创新可以借鉴、消化、提升，但绝没有靠模仿抄袭的创新。

张长献进一步解释说，当时我国的甘蔗机收率几乎为零，市场巨大，前景广阔。但我们的国情是，甘蔗主产区主要分布在广西、云南、广东和海南，地形多为中小地块丘陵坡地，蔗农有传统的窄行距种植农艺；消费对象是比较贫困的蔗农；糖厂有固化的制糖榨制工艺和收蔗模式。

充分分析了现实情况后，辰汉公司将甘蔗收割机研发任务锁定在以下7个方面。

一是在产品适应性方面下工夫，尽可能去适应当地的农艺。二是在产品稳定性方面下工夫，使产品的品质和稳定性达到或接近国外主流机型。三是在降低产品成本方面下工夫，在掌握甘蔗收割机主流技术的前提下，创新技术模式，提高国产化率，降低制造成本，提高产品的性价比。四是在提高产品智能化控制方面下工夫，提高收割机参数的可调性和操作的便利性。五是在产业化制造能力方面下工夫，依靠洛阳工业制造基础，加强横向联合，利用国内科技、制造资源，突破关键元器件的国产化难关，建立完善产业化配套和制造体系。六是在市场推广方面下工夫，用真诚的服务感动用户，潜心打造辰汉独特的应用模式。七是在持续创新方面下工夫，用户的痛点就是公司研发的起点，辰汉不仅要做甘蔗收割机的制造商，更要做整套解决方案的供应者和标准的制定者。

功夫不负有心人，辰汉的努力与坚守终于有了回报。4GQ-130型甘蔗收获机继2016年5月通过推广鉴定后，同年9月，纳入河南省首台（套）重大科技装备产品目录，10月，纳入国家农机购置补贴目录，当年小批试销30余台。2017年，实现国内销售110余台，近150台甘蔗收割机在蔗区作业，占市场份额的50%以上。2018年，完成150余台订单销售。

三、荣获行业和用户的高度认可

经过两年的市场推广应用和全面验证，4GQ-130型甘蔗收获机各项技术、性能指标基本满足市场需要，已经得到国内用户和行业的高度认可。分别荣获了3项行业大奖：2017年中国农村农业十大新装备、2018年中国农机行业年度大奖产品金奖、2018年农业机械科学技术奖唯一的一等奖。

行业专家对该产品的评价是，本项目围绕甘蔗收割机国产化制造及推广过程中的难题，针对收获机的典型性能指标、整机对国内传统种植地块及农艺的综合适应性、产品性价比等关键的共性技术难点，自主研发制造。其技术创新点体现在4个方面。

甘蔗收获机驾驶室

中国农机工业协会会长陈志（左）为辰汉公司张长献总经理（右）颁奖

一是提出基于框架梁式的底盘建造方法。发明设计了高地隙摆动带缓冲的转向前桥；带变速的静液压驱动功能性承载后桥；功能承载式异形车架大梁。该底盘的建立，弱化了整机的制作装配难度，降低产品制造成本。同时该底盘重心底，其具备的摆动减振功能增加了整机对坡地的适应性。

二是提出差动输送甘蔗的方法。通过对甘蔗在输送轮系中运行轨迹的建模分析，对轮系中的各输送滚轮进行转速及轮廓的差异化设计，实现在甘蔗输送过程中对甘蔗进行差动揉搓功能，使得蔗叶更容易分离排除，降低收获甘蔗的含杂率。

三是提出了双马达驱动收割箱兼具液压分流的方法。发明用双马达驱动收割装置且利用双马达进行液压分流，使整机液压系统分配更加合理、高效、精准。该发明简化了整机液压系统配置，降低了液压件成本，性能高效稳定。

四是提出了集存式料箱高位卸料方法。收获的料蔗采用后部料箱集存，卸料时，料箱升至高位自卸。利用自创的田间甘蔗转运机接收料并转卸到甘蔗运输车上。该方法弃用了国外产品通行的升运器即时卸料方式，不需要专用的收集车并行主机收料，也使主机的重心大幅降低。该方法的运用，使得主机运行灵活便捷，更加适应国内大部分中小地块及坡地的甘蔗收割。

辰汉甘蔗收获机田间作业

采用这些独创的技术方法，4GQ-130型甘蔗收获机取得重大技术突破，产品性能指标达到国际先进水平，目前已获国家授权专利46项，其中发明专利9项。该成果的产业化应用，将促进国内甘蔗收获机行业的科技进步，有效加快甘蔗收获机械化进程，降低制糖业成本，提升国际竞争力，具有极大的经济、社会和战略意义。

辰汉团队及其甘蔗收割机在广西蔗区十年如一日的坚持坚守，感动了当地的蔗农和用户，在2017中国甘蔗机械化博览会上，蔗农在展会入口处挂出了“收蔗用辰汉，干活不出汗”的标语；2018年，这些用户又在口口相传着“洛阳辰汉，买了就赚”的话语。在广东湛江蔗区，辰汉甘蔗收获机被政府相关部门选为精准扶贫的重要工具和蔗农脱贫的金钥匙，并被誉为“湛江模式”在广东、广西、云南、海南蔗区迅速推广。

四、用心做好质量管控和售后服务

常军应说，产品不仅要有先进的技术，在生产过程中的质量管控和用户使用过程中的售后服务也同样重要。

辰汉甘蔗收获机在生产过程中有严格的质量管控措施。第一，原材料的采购严格把关，绝不偷工减料；第二，生产过程中，部件及整机装配采用先进的工装卡具来保证制造的一致性；第三，每一道工序都有严格的质量检测程序，不合格的零部件或者装配工艺，绝不进入下道工序；第四，采用工程机械甚至汽车行业的喷漆工艺，确保产品外观精致；第五，整机的试验检测，包括路试、调整等流程，一步都不缺。

在售后服务方面，辰汉公司也做了很多扎实的工作。比如在主要的收获区都组建由技术精英组成的服务团队，负责该区域辰汉甘蔗收获机的售后服务，用户的详细信息都纳入用户管理服务系统，确保用户能获得及时周到的服务。同时，在各个服务网点，都会有充足的备件储备，消除用户的后顾之忧。

收获季节结束后，辰汉公司有专门的部门对用户进行回访，调查服务质量。针对用户在使用中反馈的产品问题，公司都高度重视，并积极改进完善。比如2017年，产品的各项技术升级达到70多项。

五、展望未来　甜蜜事业大幕开启

对于辰汉未来的发展，张长献充满了信心。他说，将带领团队为提供更好的甘蔗生产机械化方案而奋斗，在突破国产甘蔗收获机无机可用的难题基础上，重点解决“国产甘蔗收获机用得好”的问题，使辰汉公司研制的甘蔗收获机稳定性更好、可靠性更强、性价比更高，助推中国甘蔗生产机械化进程，为保护国家制糖业战略安全，提升国际竞争力做贡献。

在研发方面，每年会投入不低于营业收入的5%用于研发新项目和技术提升。围绕甘蔗生产机械化，研制推广国内外需要的大中小型切段式甘蔗收获机、排石机、液压翻板机等装备，申报打造高秆作物农业装备省级工程技术研发中心和企业技术中心，引进、培养专业研发团队。

在生产和市场拓展方面，计划3年内投资建设辰汉总部和年产800台甘蔗收获机特种农机装备智能制造中心，在广西、广东、海南、云南蔗区组建子公司，进军印度及缅甸、泰国等东南亚市场。

激光智能装备助力农机装备产业升级

□ 王小华　夏剑杰

王小华，大族激光智能装备集团北方销售总部总经理。

夏剑杰，大族激光智能装备集团专业行业及大客户销售中心总监。

站在百花竞艳的新时代，改革开放的春风已吹满40个年头，农机行业已由最初的市场导入迈进全面转型升级的关键阶段。农业农村部副部长张桃林于2018年12月19日举行的国务院政策例行吹风会介绍到，党的十八大以来，我国农业机械化和农机装备产业保持较快发展态势，农业机械化和农机装备是转变农业发展方式、提高农村生产力的重要基础，是实施乡村振兴战略的重要支撑。新时代有新目标、新机遇、新挑战，农机装备产业升级意义深远，已成为农业实现高质量发展的历史性选择。

但目前农机装备产业存在短板。总体看，在农业机械化和农机装备产业发展中仍存在亟待解决的问题，例如，农机装备有效供给不足，缺门断档和中低端产品产能过剩并存，机具的可靠性、适用性有待进一步提升。金属管材作为农机零部件中的一员，在农机装备生产制造过程中常被使用，但采用传统的加工方式，管材往往需要经过锯切、冲压及钻床钻孔等漫长的环节，不仅耗时长、材耗大，加工而成的工件精度低、质量不高对于农机装备的优质制造形成阻碍。正是由于农机零部件的生产水平较低，致使农机产品的一致性和稳定性不尽如人意，同质化竞争严重，农机企业市场竞争力不足。

重整行装再出发。日月轮转、万物更新，我国已发展成为世界第一农机生产大国和使用大国，国产农机越来越受到农民的喜爱，农机产品已实现出口，呈现出开放发展的良好局面。百尺竿头，仍需更进一步，因为我国农机企业在制造技术和装备体系等方面与欧美、日本等知名农机企业间的差距依旧存在。想要提高产品的质量，除加大研发投入，应用更为高效、可靠的加工方式——激光技术成为关键。激光被称为“最快的刀”和“最准的尺”，激光加工装备、自动化生产线及智能制造平台已切实帮助农机企业构建了智能化的生产组织模式，农机装备与激光装备互为支撑，在农业发展中的影响力日益扩大、深入。

一、激光技术矢志践行农机装备产业升级责任

大族激光智能装备集团专业从事中高功率激光切割、焊接装备，FMS 智能化生产线，金属 3D 打印系统，激光清洗系统及激光器、数控系统、功能部件等激光智能装备的研发、生产、销售与服务，掌握着精密机床、光源、数控系统、功能部件核心技术，专为金属成形领域提供基础工业装备及自动化解决方案。作为我国中高功率激光加工设备领导品牌，销售额与销售量连续多年位居行业第一位，激光智能装备已销往全球 40 余个国家和地区，广泛应用于农业机械、轨道交通、汽车制造、电力电气、工程机械、电梯制造等行业。

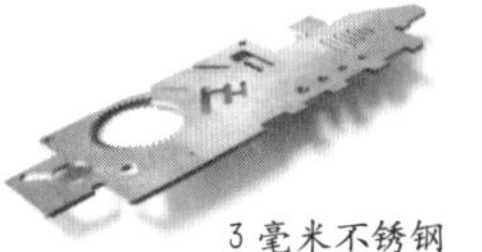

钣金件激光切割

农机钣金件采用激光切割。农业机械制造中经常会用到各类钣金件产品及各种构件，若采用剪切、冲压、折弯等传统的加工方式生产钣金件，不可避免地面临生产成本高、生产效率低、产品外观粗糙、机械部件不稳定、产品周期长、产品寿命短等难题，受制于这些老大难的问题，农机装备的制造水平势必大打折扣。而激光切割技术凭借其加工精度高、效率高、无需开模、柔性化程度高等优点，不仅大大节约了生产成本，激光切割后的钣金件能完全满足农机高质量的制造要求。作为农机行业金属板材的切割利器，光纤激光切割机可以实现 1 毫米碳钢、1 毫米不锈钢 1 分钟 50 米的切割速度，可以使农机零部件的生产效率和精度节节攀升，同时延长农机装备的使用寿命。

大族激光作为国内第一台光纤激光切割机的设计者，拥有丰富的行业应用经验，长期致力于打造适应农机行业产品加工需求的高端装备。山东金大丰为国内专业的农机装备制造企业，系列产品拥有强劲的市场竞争能力，2014 年通过采用大族光纤激光切割机对钣金件进行加工，产品的产能得到了较大提升，同时摆脱了传统生产方式的束缚。

农机管材部件加工。农机企业使用激光切管机对农机管材零部件进行切割时，能够直接体验到诸多利好。因为激光切管机切割效率高，且管材的切割范围很大，覆盖了方管、圆管、角钢、槽钢等各类金属管材，任意图形也可随意切割，所以对于复杂多样的农机管类金属构件，皆可由激光切管机切割而成。此外，激光切管机切出的零部件精度较高，可大大满足农机产品的制造要求。

大族激光全自动激光切管机

农机客户现场管类构件

钣金覆盖件三维切割。机器人三维激光切割机可用于农用机械车身钣金覆盖件的大批量优质三维切割，有效取代了手工等离子切割、冲孔模、修边模等传统的加工方式，且无需后续工艺处理，有利于后续三维件的自动化焊接，从而极大地提升了农机企业自动化装备水平和市场适应能力。

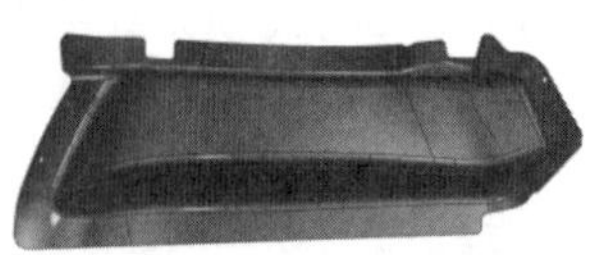

钣金覆盖件三维切割样件

经过多年的市场布局，大族激光激光加工装备已大量成熟应用于农机行业中，实现了农机零部件的高品质、高效加工制造，与中国一拖、雷沃重工、中联重机、五征集团、星光农机、新研股份等国内多家知名农机企业建立了紧密合作关系。我国现在农机装备行业规模以上企业2 500多家，去年的产值规模达到4 500亿元左右，面对农机企业对大批量农机装备的生产需求，通过采用柔性生产线，实现多台切割机连线生产，加工效率将实现再次提升。

制造业是立国之本、兴国之器、强国之基，随着《中国制造2025》国家战略部署的稳步推进，制造业终于迎来了这场智能制造的革命，智能制造将是实现制造业由大变强的核心技术和主线。

二、激光智能制造服务农机行业

柔性生产线走进农机行业。大族激光作为国家首批智能制造试点示范单位，主动承接推进智能化改造，为星光农机、天津勇猛机械、河北中农博远农业装备有限公司、内蒙古第一机械等企业研制了30余条柔性生产线，其完全自动化的特性有效地降低了农机部件加工过程中作业人员的劳动强度，优化生产工序流程之余，农机企业的产能与经济效益实现了“双提升”。以切割2毫米农机用碳钢板作估计，采用人工上下料时，每台切割机每小时可以切割24张板材，采用自动上下料时，每台切割机每小时可以切割34张板材，板材加工效率提升了40%以上，且柔性生产线可以实现长时间持续稳定运作，这就为农机装备制造插上了“翅膀”。

装备集成管控平台建设。大族激光智能工厂建设以生产制造升级为服务制造作为目的，通过集成管控平台，作业人员能够随时掌握农机零部件生产现场的状况，了解所在环节的生产线作业情况，并按节拍进行零部件的生产，

星光农机配置自动上下料生产线

从而实现生产效率的最大化。同时，作业人员还可以随时掌握各生产线农机制造零部件的品质状况，对不良品率异常的工序进行全方位分析，及时进行改善。装备集成管控平台的功能强大、多样，能对农机零部件的生产、质量、用料等方面的状况牢牢掌控和柔性调节，充分满足了农机装备制造对零部件供应和品质的要求，农机产品的生产也因此跃上了新台阶。

大族激光智能装备激光切割机生产车间

大族激光从激光切割、激光切管装备，到柔性化生产线，再到集成管控平台，每一步都致力于农机装备制造效率、质量的提升，为农机装备提供源源不断的加工动力，助力农机行业朝着信息化、多元化、高端化发展。

回顾改革开放 40 年农机行业取得的成果，2019 年是发展的新起点。贸易战带来的冲击将倒逼农机装备产业创新求新，打造智能制造先进模式已走上探索、实践之路，未来我国将形成大规模的高制造水平的农机装备产业，全力服务耕种收、农产品加工等农业全产业链，为实现乡村振兴战略发挥应有的作用。

让“三农”融资从此变得简单

——记皖江金租服务“三农”实践

□ 周 威

周威，EMBA，江苏省MBA企业案例大赛专家库专家评委，皖江金融租赁股份有限公司农业机械事业部总经理。

农业是本，农村是根，农民是宝。十九大报告指出，农业农村农民问题是关系国计民生的根本性问题，必须始终把解决好“三农”问题作为全党工作的重中之重。2020年，中国将全面建成小康社会，彻底解决农业农村贫困问题成为目前中国最大的任务和挑战，贫困问题和农村人居环境是农村实现全面小康的两个最突出短板。2018年中央农村工作会议强调，打赢脱贫攻坚战是全面建成小康社会的底线任务，增强贫困地区、贫困群众内生动力和自我发展能力，减少和防止贫困人口返贫；要抓好农村人居环境整治三年行动，从农村实际出发，重点做好垃圾污水处理、厕所革命、村容村貌提升。

我所在的公司皖江金融租赁股份有限公司（以下简称“皖江金租”）作为全国性持牌金融机构，秉持“让融资从此变得简单”的经营理念，坚持走专业化发展道路。公司紧跟国家发展战略，扎根“三农”经济，专注农民购机难、购机贵问题，拓宽农民增收渠道；加大农业农村基础设施建设和生态环境保护金融支持力度，全面落实中央乡村振兴发展战略。

截至2018年12月底，皖江金租累计投放涉农资金逾14亿元，帮助1 000余户农民实现用机需求，增产增收；向全国30余个县区农业农村基础设施领域提供融资支持，缓解当地金融机构涉农资金投入不足的压力，有效改善农业基础设施和农村生态环境。

一、以甘蔗收获机经营性租赁业务为起点，助力广西甘蔗机收发展

实体经济是金融的根基，金融是实体经济的血脉，为实体经济服务是金融的天职，是金融的宗旨。近年来，为了增强自身竞争力，服务实体经济，金融租赁公司纷纷加大专业化转型力度。

皖江金租在多方调研基础上，设立了农业机械事业部，组成专门团队，团队成员走出金

融中心，脱下西装皮鞋，采取“进村住户”的方式，在田间地头切实了解农机租赁的难点、症结。我们以广西地区甘蔗收获机租赁为服务“三农”的切入口，联合地方政府、合作社、糖厂、农机厂商和蔗农等多方，打通农机生产、销售、使用、技术培训、管理等全流程。团队利用自身优势，更好地融入农村，提升农业生产水平，急农民所急，将“融资变得更加简单”的经营理念落到支持“三农”实处，助力广西甘蔗全程机械化推广，助推“三农”经济发展。

公司在广西已为当地农户提供百余台甘蔗收获机、配套设备及其他农用机械的租赁服务，提供融资近亿元，是国内单体持有甘蔗机数量最多的租赁公司，市场占有率接近10%。

广西是中国名副其实的“糖都”，近10年产糖量占全国的60%以上，但长期依靠人工收割，甘蔗机械化水平较低，与国外差距明显，机收率不高，机收短板尤为突出。由于大型甘蔗收获机价高体大，农户苦于资金缺乏，制约了机收率的提高。

针对广西甘蔗机收现状，我们经过深入详细的调研、论证，创新运营模式，与专业农业合作社进行战略合作，捆绑运营作业获取收益，一定程度上解决了高端农业装备终端客户想买却买不起，机构买得起但无人运营的局面。该模式目前在国内农机市场上尚未有先例。

公司成立专业化事业部专门服务于广西甘蔗收获机运营，并安排多人长期驻扎在广西南宁、崇左、来宾等区域，加强与当地相关部门的联系与沟通。在每年的甘蔗榨季，团队成员白天在田间，晚上在库房，及时掌握收割情况和作业动态，解决存在的问题，收集收割量、作业量、机械运转等第一手资料。加强对作业人员和现场的维护与管理，同时将收获机现场作业中出现的问题进行整理总结，及时反馈给生产厂商，解决机收工作中遇到的问题。

为进一步解决甘蔗收获机租赁工作中的问题，又邀请了公司中后台部门赴广西南宁、来宾、崇左等地就农机融资租赁和甘蔗机收等进行了详细而深入的调研。我们深入甘蔗地头，走入农户家中，进入收获机操作室，实地考察了甘蔗收割机作业，切身感受了作业现场的艰苦环境。与蔗农心与心的沟通，与合作社面对面的交流，深入了解甘蔗地的“双高”种植标准，仔细咨询适合机器收割的土地质量和土壤墒情。

通过实地调研，我们加深了对甘蔗收割机租赁业务的了解，提升了公司的专业化服务水平，提高农机租赁效率，力争通过三至五年的努力，做大市场，做大规模，在细分行业内做精做专。公司力求成为国内农机行业里最具有影响的金融租赁品牌，彰显皖江金租的品牌价值。

在我们的介入下，使用机收的用户越来越多，收获机分布由2016年的16个县（区）增加到2017年的28个县（区），机收作业市场逐渐形成。2017/2018甘蔗榨季，全自治区甘蔗联合收获机拥有量319台，比上榨季增加157台，翻了一番。其中广西机收服务公司利用皖江金租配套的融资租赁金融服务，在广西崇左、扶绥等地投放了近百台甘蔗收获机及配套设备。为解决机手不足、技术不高的问题，我们在南宁市农委的支持下，与中联重机及社会化服务组织协同合作，为广西机收服务公司开展机手培训，组织开展了南宁市规模最大、人员最多的机收培训会，参训人员120余人，其中大部分人员在榨季中投入了甘蔗机收工作，解决了100余位当地农民就业。

二、以甘蔗收获机为起点和依托，将服务“三农”的理念延伸到甘蔗耕、种、管、运、收等环节

为加大农业机械租赁融资服务力度，我们以甘蔗收获机为起点和依托，将业务领域向甘蔗机收上下游延伸。与国内农机主要生产厂商中联重机、广西农机化管理局签订战略合作协议，全程参与扶绥县等地甘蔗全程机械化示范基地建设，改善农机作业基础条件和作业便利程度，力争实现示范基地耕、种、管、收、运各环节综合机械化率不低于农业农村部制定的80%的目标，降低甘蔗生产成本10%以上。

公司与中联重机、洛阳辰汉、约翰迪尔及凯斯纽荷兰等生产厂家及经销商达成合作意向，将农机融资租赁产品拓展到大型拖拉机、大型粉垄机、甘蔗转运设备等，完善业务产品布局。与南宁糖业集团及其下属11家糖业公司、广西东亚糖业集团、洋浦南华糖业集团及其下属东门南华糖业公司建立了全面合作关系，全力介入广西甘蔗机收业务，同时根据合作糖企资金需求配套提供融资租赁金融服务。根据农机产品的特性，制定了不同的金融产品，既有针对终端客户的购机融资，也有针对经销商的库存机、或差额补贴部分进行融资。联合地方政府、合作社、糖厂、农机厂商和蔗农等多方，打通了农机租赁、销售、使用、技术培训、维修以及管理等全流程。

三、以甘蔗行业机械为起点，研究并拓展粮食烘干机、蔬菜保鲜设备及打捆机等细分领域

2018年12月，国务院印发《关于加快推进农业机械化和农机装备产业转型升级的指导意见》，强调至2025年，全国农作物耕种收综合机械化率达到75%。加快高效植保、产地烘干、秸秆处理等环节与耕种收环节机械化集成配套，探索具有区域特点的主要农作物生产全程机械化解决方案。按规定对新型农业经营主体开展深耕深松、机播机收等生产服务给予补助。落实农机服务金融支持政策，引导金融机构加大对农机企业和新型农机服务组织的信贷投放。进一步强调，农机融资租赁服务按规定适用增值税优惠政策，允许租赁农机等设备的实际使用人按规定享受农机购置补贴。

该意见的发布进一步坚定了公司专注农业机械领域的发展初心，针对农业机械化薄弱环节，持续充分调研。自2017年以来，我们分别涉足粮食烘干、蔬菜保鲜、秸秆处理等领域机械化融资租赁业务研究。先后调研中联重机、六安辰宇、合肥禾阳等粮食烘干机生产厂家，实地调研各类烘干机用户和经销商，全面把握烘干机融资需求和风险点，探讨以粮食作业量计价收费实现的可能性。拜访中联重机，深入交流目前国内农业机械化发展的痛点和难点，了解蔬菜保鲜设备市场需求。走访安徽苜邦、内蒙古瑞丰等打捆机生产厂家，深入考察秸秆回收处理市场需求，有针对性地设计融资租赁产品。

公司创造性地引入安徽省农业担保公司业务模式，作为其“劝耕贷”业务资金提供方，

有效缓解了农民抵押物不足、信用空白等问题，着实降低了用户用机成本，实现了各方风险共担的发展机制，更好地服务“三农”。

四、以现代农业产业园区、农业生态环境保护、农田水利水电建设等运营主体作为服务对象，为农业农村基础设施领域贡献力量

农业基础设施薄弱、农村生态环境落后局面能否有效改善，是实现全面小康历史任务的关键。公司自成立以来，一直将农业农村基础设施领域业务投放摆在重中之重的位置。我们将继续以现代农业园区和农村生态环境保护建设为起点，利用全国性金融机构优势，重点支持中西部贫困县区业务投放，严格资金用途，优先用于农田水利水电、乡容村貌、垃圾和污水处理设施建设。

我们将持续加强租赁业务研究，研究将蔬菜大棚、农村公厕、水利水电设施等列入租赁标的物范围的可能性，创新业务模式，在满足监管的要求下，合法合规经营。以农村“三块地”试点改革为契机，探索研究融资租赁介入农村土地资产业务的可能性，发挥主观能动性，切实解决农业领域融资难问题。

五、以现代农业园区等为依托，拓展并服务园区内农业类中小民营实体企业

为中小民营企业办点事，是皖江金租成立的初心。我们将以农业园区内中小民营企业作为目标客户，加大信贷业务投放力度。根据区域客户熟悉度、信息的可获取程度以及风险把控能力，初期重点拓展芜湖地区及安徽省内优质民营企业，服务地方经济，最后向外拓展，推向全国。重点支持省、市、县区重点引进扶持的战略性企业；由政府产业基金介入、具有良好发展前景和技术优势的民营企业。

皖江金租创新担保模式，优先与各类国有担保公司合作，借鉴安徽省担保“4321”模式，适当降低合作担保机构担保责任，以租赁物为抓手，提高租赁业务的市场竞争力。重点突出租赁业务融资期限长、准入门槛低、还款方式灵活、政策贴息力度大的优势，全力支持民营企业发展。

“三农”经济发展的好坏，是关系到我国社会主义建设事业能否顺利进行的强大保障，是我国能否全面实现小康社会的关键所在。我们将紧随国家政策导向，攻克农业领域金融支持薄弱的现状，不忘初心、砥砺前行。充分领会十九大报告精神，着力培养造就一支懂农业、爱农村、爱农民的“三农”工作队伍，为“三农”事业付出发自内心的感情，做一名合格的“三农”工作者；充分发挥专业特长，结合金融租赁业务优势，为“三农”事业发展添砖加瓦。

征文后记

给农业机械化插上金融的翅膀

因偶然机会，有幸受中国农机化协会领导邀请参加“纪念农机化改革开放40周年”征文活动。我在金融行业有十余年的工作经验，一直关注农机领域融资问题。2016年开始介入农机专业化领域。2017年组建团队，以甘蔗收获机为切入点，开始业务模式的探索与金融产品

的设计。

在介入农机金融领域过程中，接触过农机企业家、农机经销商、政府人员、农业经营者等各类农机从业者，深刻认识到金融支持农业机械化发展还有很长的路要走。在这次征文活动中，相继看到王金富、江洪银、张长献、邓健等等在农机领域奋斗几十年甚至一辈子的行业权威及农机工作者报送的文章，可歌可泣又深感敬佩。自己作为一名金融从业者，真正研究农机的时间还不长，如何发挥所长，助力农业机械化发展任重道远。

目前，我们以甘蔗收获机经营租赁业务作为切入点，着力解决用户在买不起大型农机的情况下，可以用得起的局面。两年来，团队长期驻扎在广西南宁、崇左等各个地区，深入到田间地头，详细调研、仔细论证，创新运营模式。与专业农机合作社进行战略合作，一定程度上解决了大型农机装备农户买不起，机构买得起但无人运营的局面。2018年继续开展农业机械相关产品的调研和研究，探索如何通过融资租赁产品切入到农机产品的推广和运营中，在有效提升农业机械化水平的同时，解决部分农民就业问题，增产增收。

2019年是全国实现全面小康社会的关键之年，随着农村土地三权分置改革的持续推进，农业机械化领域也将迎来大发展、大有作为的一年。我将深耕农机领域业务探索，创新金融模式，为农业机械化发展插上金融的翅膀。

第三章
技术创新

漫谈我国农机工业创新
——写在纪念改革开放40周年之际

□ 刘振营

刘振营，先在北京市八一农机校任教10年多，教授多门农机专业课和基础课。后到中国农机院农业机械杂志社，先后参与多份杂志的主办创办。任主编、社长主持《农业机械》办刊20多年，发表各类文章近200篇，首次提出“重型农机”等概念。

40年前，我们的国家拉开了改革开放的序幕。也是在那一年，我国在北京举办了12国农机展，农机行业打开了一扇向外看世界的窗口，让我们的农机人看到了国外农机工业的发展盛况。因此，农机工业是最早实现对外开放的行业之一。

改革开放40年来，我国农机工业历经风雨，不断发展壮大，目前已经基本满足主要粮食作物生产机械化所需的农业装备。

近几年，我国农机行业发展遇到了困难，农机市场下滑，产品技术创新遇到了瓶颈，不少企业管理方面出现了问题，对发展方向和思路有些迷惑。如何解决这些问题，怎样找到发展出路和方向？显然，突破技术瓶颈，重振农机雄风的关键是行业升级和技术创新。

在纪念改革开放40周年之际，有必要结合我国农机工业当前状况和面临的形势，提出我国农机工业的发展方向。现就我国农机工业创新发展方面，谈几点个人不成熟的看法，供企业家和业内人士参考。

一、我国农机工业产品技术现状

目前，我国农机行业的主要产品技术，仍是改革开放初期，在国家投入研发和引进的技术基础上，不断改进提高形成的现有产品。

（一）大型轮式拖拉机

市场上的多数大型轮式拖拉机产品，仍然

2005年中国一拖展出的东方红—180型拖拉机

是当年引进的80—90系列产品技术，虽然经过改进提高，将功率提升至120～180千瓦，有的甚至装上220马力的发动机，但基本结构原理没有发生大的变化，仍属于轻型拖拉机系列。动力换挡和自动挡的重型拖拉机产品技术，尚处于研发探索阶段，距离国际水平还有不小的差距。

当年引进的那些轮式拖拉机技术，我们将其发挥到了极致，甚至已经过度开发。在原有结构原理的基础上，再提高拖拉机的功率，无论是从经济角度，还是从科学角度，都是不正确的。

尽管近些年我们在重型拖拉机动力换挡技术方面有所探索和进展，但由于我国农机企业底子薄，缺乏技术人才和研发资金，加上跨国企业的技术壁垒，这些新型技术的研发进展缓慢。

（二）谷物联合收割机

目前，高水平的跨国农机企业联合收割机产品技术，以纵轴流大喂入量为主，更换不同的割台，可实现收获不同作物的转换。因此，我国联合收割机产品技术，也应向这一方向努力。

尽管近些年我们在联合收割机纵轴流技术方面有所探索，但这些新型技术研发同样进展缓慢。

1. 轮式联合收割机

我国绝大部分轮式联合收割机主要用于小麦收获，可称其为小麦机，其产品技术，仍然是在当年新疆－2型联合收割机的基础上，经过改进提高的产品，尽管喂入量能够达到5～6千克／秒，但其基本结构原理没有发生大的变化。纵轴流大喂入量的联合收割机也处在研发探索阶段，与国际先进水平差距很大。

新疆－2型联合收割机技术，我们几乎也将其发挥到了极致，再想提高联合收割机的喂入量，在原有结构原理的基础上几乎也不大可能。

2. 履带式联合收割机

我国绝大部分履带式联合收割机主要用于收获水稻，可称其为水稻机。履带式联合收割机产品技术的发展，由全喂入和半喂入共生期，已经过渡到了以全喂入为主的发展期。

当年，我们曾有不少企业投入半喂入联合

2009年作业中卸粮的雷沃谷神联合收割机

2006年展出的柳林履带式联合收割机

2009年雷沃展出的履带式联合收割机

收割机的研发和生产，但这些企业的产品基本上还没有成熟，市场便被全喂入产品所取代。这一经验教训值得总结和借鉴。

目前的履带式全喂入联合收割机的产品技术和市场已经相对比较成熟，基本能够满足水稻产区的需求。

3. 玉米收获机

我国最早的玉米联合收获机是由赵光机械厂生产的，背负式丰收-2W型玉米收获机。后来引进了苏联6行玉米联合收获机，这些成为后来的玉米收获机产品的技术基础。我国的玉米收获机产品经过了背负式到自走式的转变，目前的产品技术，基本上能够满足用户市场的需求。

2008年山东玉丰展出的玉米收获机

（三）其他农机产品技术

除拖拉机和联合收割机外，其他农机产品种类繁多，品种多样。例如大田作物的耕整地机械、播种机械、栽插机械、施肥机械、除草机械、植保机械、经济作物收获机械和产品加工机械等。再例如大田作物以外的牧草机械、蔬菜机械、林果机械和畜牧养殖机械等。

我国这类现有的农机产品技术，大多处在产品技术的低端。有不少产品技术仍处于空白，发展空间巨大，有待企业去开发创新。

二、我国农机工业创新思路

（一）行业政策创新

从政府和行业管理部门来说，行业管理的目，是使得企业公平竞争，产品优胜劣汰，以维护农机使用者的合法权益，保障农机行业按照市场规律平稳有序发展。特别是当前农机产业急需升级，产品技术亟待迭代的时期，更要鼓励和支持农机企业管理创新、产品技术创新和运营模式创新。

1. 购机补贴政策创新

多年来，农机购置补贴政策进行了多次改进，但目前仍然存在着一些问题。

例如，由于实行分功率段补贴，则出现了虚标农机功率，以及实际应用时，机器的大功率段不能用等问题。这些问题大都在中小企业生产的产品中出现，特别是拖拉机产业尤其严重。180马力拖拉机底盘上，装上220马力的发动机，这种现象并非个别存在，而是小企业普遍的现象。作业时，180马力以上的动力根本不能用。

再例如，玉米收获机按行数补贴，造成不少企业将3行产品做成小四行，4行产品做成小5行甚至小6行。

我认为，农机购置补贴应回到按产品价格比率补贴的方式，价格高的多补，价格低的少补。这样，有利于企业提高产品质量，防止和杜绝虚增功率和假增行数等问题。

如果真需要对高性能产品提高补贴的话，那就提高重型拖拉机和电液驱动型联合收割机补贴比率，而不是按功率和行数来区分。

重型拖拉机是我于2008年提出来的新概念，是指动力换挡或者自动挡的、能进行重型作业的大型拖拉机，与拖拉机的功率无关。目前，重型拖拉机有向低功率段延伸的趋势，有的重型拖拉机功率已经降到80马力以下。

总之，购机补贴应尽可能地使农机市场实现公平竞争，对企业产品公正对待，减少政策漏洞，让投机者无机可乘，无漏洞可钻。

2. 科研项目管理创新

多年来，国家和地方政府投入了大量资金，开展农机科研项目，虽然取得了一定效果，但也存在效率低下、成果难转化和资金浪费严重等问题。

目前科研经费的分配，首先要看科研单位如何，其次看立项如何，严格来说是看项目谁申请，申请报告写得怎么样。至于科研项目验收，更容易走过场，流于形式。

因此，农机科研体制改革，应从注重科研成果入手，采取公开透明的运行机制，激励真正的创新成果。

我认为，我国应用领域的科研体制，应从项目申批拨款制，逐渐转向成果评价奖励制。一开始，可试点拿出部分科研经费，对科研院所、企业和个人的研究成果择优奖励，特别是对非政府资助取得的成果，给予重奖。然后，逐步扩大奖励资金的比例，直到大部或全部科研经费都转为成果奖励。

总之，国家和行业制定的农机政策和法律法规，要考虑能够规范市场秩序，使得企业在市场上公平竞争，并且有利于产业升级，鼓励企业的产品技术更新换代，保障行业健康发展。

（二）发展路径创新

目前，我国经济正在进入大发展、大变革、大调整的新时代。我国农机工业也进入了大调整、大变革、大发展时期。不管是从行业角度，还是从企业角度，都应该明确自身的定位和发展方向，确定发展方向和途径，才能在这大调整、大变革之后有快速发展。

由此我想到八个字：虚实并进，软硬兼施。这里的“虚和软”是指发展方向、发展战略和发展路线与途径。“实和硬”是指产品技术和发展能力。

历史经验证明，虚和软非常重要。如果做不好，会关系到企业的命运甚至生死；如果做得好，有可能实现弯道超车和跨越式发展。

试想，当年搞半喂入水稻收获机的企业，付出了很多代价！尽管国内半喂入机生产厂家抑制了外资产品的价格，但与他们的付出相比，仍然得不偿失。如果他们都像星光农机那样专注搞全喂入水稻机，或者专心去搞其他机型，将会为行业和企业本身减少大量的人力、财力和物力损失。

当我国不少农机企业花很大气力搞半喂入收获机的时候，久保田从我国企业生产的全喂入收获机上，看到了发展方向，转而暗地里研

2005年田间采访久保田用户

芬特推出的E100Vario电动拖拉机

发全喂入机型。当国人看到了久保田的全喂入机推出后，才意识到这一方向。好在有星光农机等企业全喂入机已经成熟，才能在市场上占有一席之地。

由半喂入机的经验教训，结合目前我国农机工业的发展状况，我认为可以有以下两个发展方向的思考。

1．电动农机的发展方向

电动农机已经不是什么新鲜事，有省份早已提出要大力发展，国家也在科研项目上安排企业开发。我这里只就有关发展方向和发展途径方面发表自己的看法。

（1）电动拖拉机。电动拖拉机的关键技术主要包括新型蓄电池技术和电机传动及控制技术等，随着这些技术的突破和逐渐成熟，电动拖拉机的发展和应用指日可待。

有一个对电动农机来说是个大利好消息：2017年9月，东旭光电宣布世界首款石墨烯基锂离子电池产品"烯王"正式全球发售。东旭光电方面表示，该产品不仅性能优异，可实现15分钟内快速充电，而且具有卓越的高低温性能和超长的使用寿命。据称，充电10分钟，可使汽车行驶1 000千米。

目前，电动汽车技术已经比较成熟，正在大面积推广应用。从理论上说，在电动汽车的基础上，提高低速大扭矩性能，就可以研制出电动拖拉机。

如果我国大功率电动拖拉机研制成功，那就意味着，我们不再需要研发动力换挡或者自动挡机构了，拖拉机的自动化、智能化程度就会得到极大提升。

（2）电动联合收割机。联合收割机与拖拉机比起来，其显著的特点是需要多点动力传动。这对于电动来说，只要增加电动机的数量即可解决，这样既可以减少机械传动的数量，又可以对工作装置的部位灵活配置，可能对提高联合收割机的性能更加有利。

（3）其他电动农机。除电动拖拉机和电动联合收割机等重型农机外，其他轻型自走式电动农机具可能更容易实现。例如电动耕地机、电动整地机、电动灭茬机、电动播种机、电动除草机、电动植保机、电动打捆机等。

如果将这些自走式电动农机具与传感器，视觉识别系统，电、气、液传动技术，远程控制技术，物联网等新技术结合起来，那就是一台台农田作业的机器人，其未来的发展前景是非常乐观的。

我认为，发展电动农机非常重要，目前的

个别省份提倡、国家支持个别企业开展研发，是远远不够的，应该上升为国家跨越式发展重点战略，由国家动员和组织相关部门，花大气力去研发，力争短期内取得突破，获得成功。

2．水稻直播的发展方向

水稻种植机械化技术是人们长期探索，并且想尽各种办法试图解决的技术问题。例如，插秧机械、抛秧机械和摆秧机械等，目前比较成熟和大面积采用的是机械插秧，其中高速插秧技术是最好的。

人们也长期探索水稻直播技术，但到目前为止，有些问题还没有比较好地解决。

水稻直播技术的关键之一是种子处理技术。《农业机械》杂志曾报道过久保田采用的铁粉包衣技术，可有效地防止水稻直播的漂种问题，防止鸟兽对种子的啄刨食，并且还有防治病虫害的作用。

发展水稻直播技术需要农机农艺相结合，不但要有农机技术人员参加，还要有农艺技术、种子技术等相关行业技术人员参与，共同研究探讨，共同参与测试、实验和实践，方可取得成功。

之所以说水稻直播技术非常关键和重要，是因为一旦研究成功并大面积推广，则可以淘汰目前大量应用的插秧机和其他水稻栽植机械。

从以上两个发展方向可以看出，发展路径创新有着非常重要的作用。哪怕只有其中一个获得成功，都可以实现农机有关行业，甚至整个农机工业的弯道超车，跨越式发展。

（三）企业发展战略与重点

企业发展和企业管理内涵丰富，知识是多方面的，这方面的专著和论述非常多，这里只就农机企业发展创新应重点关注的几个问题，以及发展中如何处理好几个方面的关系，谈几点个人的认识。

1．制定长远发展战略

长远发展战略关系到企业的长期发展和长远利益，而近期市场策略关系到企业的生存。特别是农机企业利润率比较低、企业积累比较少的情况下，必须处理好长远战略与近期策略的关系。

制定长远发展战略是每个农机企业必须重视的问题。从我国农机工业发展的历史经验来看，很多企业没有发展好，就是因为没有做好这项工作。他们往往是走一步看一步，企业不重视甚至没有长远发展战略。市场形势好了，不知道干什么；市场形势不好的时候，想干什么又干不了。

企业制定长远发展战略要根据自身的实际情况，找准重点发力。例如在产品发展方向上，上述电动农机和水稻直播技术，可供有相当实力的大中企业选择，不具备相关实力的中小企业，可考虑研制用户急需的、比较效益好的小众农机产品，如研制生产经济作物机械等。

2．找准发展重点持续发力

农机产品种类繁多，且我国目前仍处于中低端产品阶段，有多种发展方向可供选择。很多农机产品市场有周期性和波动性，有时这种产品市场非常好，有时那种产品又供不应求。所以，有些企业便“开发”（实际上是仿制）了多种产品，抱着东方不亮西方亮的念头，来应对市场。整个农机市场处于上升期的时候，这种方式可能奏效；而整个农机市场处于下滑时，企业会顾此失彼，疲于应付，最终被拖垮。历史上这样的企业案例不算少，现实中仍有这样的企业或类似企业在运作。

找准重点持续发力而成功的企业也有不少。久保田在中国深耕半喂入收割机十几年，有了积累后才开发全喂入收割机、玉米收获机和拖拉机。国内企业，星光农机专注全喂入履带收割机近十年，勇猛机械专注玉米收获机近十年，都取得了成功，目前都在开发其他新产品，以获得更大的发展空间。这些企业都是找准重点持续发力而获得成功的典型。

还有一位农民发明家研制马铃薯机械成功的例子，他就是洪珠农机的掌门人吴洪珠。他于20世纪末，在农村艰苦的条件下，研制成功第一台马铃薯收获机，他对机器反复改进，失败了重新来过，终于赢得了用户，开拓出了市场。

前些年去洪珠农机采访，吴总在自己家里兼办公室接待了我，那时他刚刚从汉诺威展会回来不久，他那敬业务实的精神，以及对产品技术锲而不舍、苦苦追求的精神，给我留下了深刻印象。从第一台马铃薯收获机诞生，洪珠农机经过近20年的发展，可以说已经成为我国马铃薯机械领域里的领军者。

2018年农机展上的洪珠农机展位

（四）企业开发新产品应注意的问题

新产品开发无疑是企业转型升级的重中之重，也是企业长远持续发展的基石。下面就新产品开发过程及应注意的几个问题谈点个人看法。

1．新产品开发不是模仿

我们的很多企业所谓“开发”新产品，就是把市场销售比较好的品牌产品，拿过来进行仿制，美其名曰“跟随战略”。这种做法，过去和现在是有很多企业吃了亏的。开始的时候，你模仿的品牌产品企业不理你，当你快要成气候的时候，就会站出来告你侵权。久保田曾经投诉国内半喂入联合收割机企业侵权案，以及正在进行的投诉国内插秧机企业侵权案，就是例证。

当然，更多的企业“开发”的产品没有专利权，也不会有人投诉，但你仿制这样的产品不会给你带来好的效益，只能提高被模仿企业的权威性。

因此，仿制不是新产品开发，最多是增加了企业的产品种类。这种做法可能带来企业的转型，绝不会让企业实现升级。

2．找准适销对路的产品

有人统计，我国农机产品的种类有3 000多种，而国际上有6 000多种。从这一点看，在我国寻找开发适销对路的农机产品并不难，反而是非常多。要找到适合企业生产的产品，应从以下几个方面加以考虑。

（1）按作业品类选取。首先，要选取能够取代较大劳动强度的机械。目前，农村劳动力缺乏，重体力劳动的农活很难完成，致使相关农产品价格居高不下。例如，根茎类和蔬果类农作物的收获机械等。这种机械不但能够减轻劳动强度，而且效益比较明显。

其次，要选取复杂劳动和精细作业的机械。这种作业虽然劳动强度不大，但需要的人工多，费时较长。这样的农活实现机械化作业，可以节省作业费用和提高农产品质量。例如果品套（摘）袋机械、蔬菜播种和栽植机械等。

最后，要选取需求量相对较大的产品。我国农产品种植面积和产量，除稻谷、小麦和玉米三大作物外，豆类、薯类和棉花位居其次，糖料、油料、蔬菜、水果等也有大面积种植。这些作物有大量多品种的相关机械需求，新产品开发大有用武之地。

（2）按政策指引选取。企业开发的新产品，如果与国家目前的“三农”政策相配合，则能够取得相关部门的政策支持，获得更好的发展。例如国家近期提出的乡村振兴战略，以及农业供给侧结构性改革政策等。

（3）根据企业实际情况选取。企业根据自身加工设备、掌握的技术和现有的人才等条件，选取相关或者相近的农机产品，可以比较容易地取得进展。

3. 制定新产品开发规划

开发新产品，特别是较复杂的农机产品，要求企业有相当的资金后盾，或者具有持续投入能力。

跨国企业有资金优势，新产品设计与研制阶段，一般秘密进行，产品试验阶段也不对外销售，直到产品基本成熟才投放市场。国内企业不可能做到这样，应该根据自身情况做好新产品开发规划。

一般来说，国内中小企业开发新产品，要有一个能够盈利的产品做支撑。也就是利用现有盈利产品的利润，投入到新产品开发中去。

有一个盈利产品，这是最理想的状态。但往往企业在市场遇到困难时，才想起新产品开发的事情，这时候既缺少资金，职工和技术人员的情绪也不稳定，要想做好新产品开发工作很难。因此，企业一定要有一个新产品开发规划，不管市场如何，也不能放弃新产品开发工作。同时，这个新产品开发规划，要随市场和用户需求的变化不断修改、完善。

星光、勇猛和洪珠这几个成功的企业，没有其他盈利产品支撑，仅靠开发的产品，一边做市场，一边改进产品，靠多年的技术积累、人才积累和市场积累，最终获得了成功。

4. 慎重投放新产品

我国有大量的产品技术创新是由中小企业甚至个人来做的。我们看到的是那些成功者，而众多失败者我们可能没有看到。事实上，产品技术创新的成功者占比很少，也就是说产品技术创新风险很大，这也是人们不愿意搞产品技术创新的原因之一。

有这样一种说法，“不开发新产品等死，开发新产品找死”，这话说得有一定道理。举几个例子。

当年，新疆中收正搞得红红火火时，将所有的产品进行了改进。结果，经过改进的产品问题频出，大伤元气，被竞争对手一举反超。

那一年，中国一拖新开发生产了数百台联合收割机，全部销往市场，结果由于产品不成熟，退机者众多，造成了非常大的损失。

1996 年，我们到内蒙古自治区开展农用车调查，发现不少市盟的农机经销商，有销售包头拖拉机厂四轮农用车的记录，同时还有相同数量的退货记录。到包头拖拉机厂调查时才得知真相，原来在这之前，包头拖拉机厂开发生产了数百辆四轮农用车，全部销售一空，后因质量和安全问题，遭遇全面退货。从那以后，包头拖拉机厂就退出了人们的视线。

还有一种说法，“宁可开发产品找死，也不能等死，这样才会有希望”。

实际上，开发新产品找死的说法并不科学，而只要科学投放新产品，是可以避免或者减少损失的。也举两个成功开发新产品的例子。

当年，某生产配套割台的河南企业，开始研制生产联合收割机。第一年，生产了几台收割机，每台配备8名技术人员跟机开展服务。第二年，他们根据收割机使用中出现的问题，对收割机进行了改进，生产了几十台，每台配套4名以上的技术人员跟机服务。第三年，他们又改进了产品，生产了上百台，产品基本研制成功。

有一年我采访久保田的用户，当时久保田市场销售的产品是488型半喂入收割机，而现场我们看到了一台588型产品，经询问才知道，原来该用户是免费使用该机型，只需要将该机器使用中的有关数据记录下来，到期报送给久保田即可。这是久保田开发新产品的环节之一，也是久保田开发新产品的态度。

在此奉告企业，新产品投放事关企业生死，请慎重行事。

5. 注重基础件的质量

农机产品的基础件是指机架和桥壳类作为其他部件支撑体的部件。一般来说，这类部件要求有一定的强度和刚度。一般中小企业在新产品开发时，往往忽略这一要求，可能没有进行负荷计算或计算不准确，也可能为了减少成本而减小尺寸或使用低质材料，致使机架强度不够。现实中，不少企业在这方面吃过亏。

前些年，我到北京亨运通（勇猛机械的前身）参观他们的生产车间，王世秀董事长介绍说，他们的桥壳类等基础件都是自己做的。在看工人加工玉米收割机的机架时，我对王总说：“这个部件很重要。”王总会意地说：看来你干过这行。”

其实，我没有干过相关工作，但在编辑《农业机械》使用维修稿件时，曾遇到过类似情况。有一台使用多年的东方红－75拖拉机，在大修时，更换了几乎所有的部件总成后，仍然解决不了故障，最后确定是因长期使用，拖拉机机架变形造成的，更换新机架后，问题解决了。

机架和桥壳类部件是其他传动部件等总成的安装基础，一旦基础件产生变形或不稳定，将使得安装其上的传动件的位置关系发生变化，从而导致重大故障的发生。

记得在多年前，某企业的背负式玉米收获机传动齿轮箱总出故障，更换新齿轮箱后也不能解决问题，可能就是机架变形的原因。

6. 关于新产品开发中的配套零部件

（1）做好新产品零部件规划。新产品开发和研制中，要做好新机型和零部件发展规划，以保障后续生产经营过程中，为用户提供维修零配件的供应，减少用户不应有的损失。

前些年，在山东采访用户时，有一用户抱怨说，前几年购买了一台某品牌的拖拉机，维修时在当地买不到配件，到生产厂家购买时也被告知这种机型早已停产，没有相关配件。从此，该用户再也不购买这种品牌的拖拉机了。

（2）与零配件企业合作。开发新产品过程中，要与配套件企业加强沟通，可能会收到好的效果。一方面，配套件企业为了抢得先机，可能免费提供试配部件；另一方面，还可以与配套企业合作研发一些部件，既能加快新产品开发周期，又能收到较好的开发效果。

十几年前，采访星光农机时，总工张奋飞就说，他们采购柴油机时，不但不跟配套企业砍价，而且还主动加价，同时对柴油机提出新要求。其实，这就是在与配套柴油机企业开展创新合作。

7. 对新产品的试验改进

新产品开发出来以后，还有一个相当长的成熟过程，也就是新产品的试验改进过程。

跨国农机公司有着雄厚的开发资金，可以研制成功后再投放市场，而我们的新产品开发，往往是由中小企业完成的，不可能有那么多的资金投入，只能边投放市场，边进行改进。我也曾批评过这种让用户承担试验的做法，认为这很不公平。但实践证明，如果新产品投放中，加强服务，注重对新产品的逐步改进，不给用户带来较大损失，与用户一起承担新产品的试验也未尚不可。但前提是新产品一定要经过严格的实验考查，相对比较成熟了，在用户使用中，不会出现严重故障，不会给用户带来大的损失，或者补偿用户的损失，以免给新产品的品牌带来严重的不良影响。

无论是新产品开发，还是成熟产品的生产，企业都要具有起码的产品检验设备和手段。农机行业的著名专家高元恩说过，到企业参观考察，除参观他们的生产设备外，必须要看看企业的检验设备，因为这才是企业真正的实力。

矢志创新四十载 顶天立地国家队

——致改革开放 40 年暨南京农机化所复所 40 周年

□ 江 帆 夏春华 张 萌 王祎娜

江帆，农业农村部南京农业机械化研究所干部。

夏春华，农业农村部南京农业机械化研究所党委委员、党办主任。

张萌，农业农村部南京农业机械化研究所科技管理处副处长。

王祎娜，农业农村部南京农业机械化研究所干部。

农业农村部南京农业机械化研究所（以下简称南京农机化所）的办所历史，可以追溯到 1934 年中央农业实验所病虫机械实验室。

中华人民共和国成立之初，我国农业生产方式极其落后，党和国家高度重视农业装备技术研发、改良和应用。1957 年，南京农机化所应运而生，直属农业部（现农业农村部），致力于解决南方机械化装备技术问题，拉开了我国利用工业科技成果改造传统农业的创新征程。

“文革”期间，南京农机化所命运多舛，先是隶属关系划归江苏省代管，绝大部分科技骨干转入“五七干校”。后机构被撤销，科研人员下放江苏清江拖拉机制造厂，大量科研样机、仪器设备和资料档案等被毁损，500 余平方米的植保机械试验室弃用，研究所发展进入至暗时期。

一、发展三部曲：复所重建、改革奋进、快速发展

1978 年，中国吹响改革开放的号角，迎来科学教育的春天，农机化科技也迎来曙光。时任国家副主席李先念等国家领导人亲自批示，同意恢复南京农机化所，复兴中国农业机械化的梦想，南京农机化所重新扬帆起航。

复所之初，研究所前瞻性地布局了耕作机械、育插秧机械、植保机械、农村能源开发利用和节能、农副产品加工和养殖业设备、农业机械修理、测试仪器和电子产品、农机化软科学等重点研究方向。下放企业的科研骨干返回岗位，重新捧起《农业机械设计手册》，搭建试验台架，试制部件样机，研究所边基建、边研究、边扩大。

这一时期，南京农机化所成功研制系列犁和旋耕机，配套动力覆盖手扶、小四轮和大中型拖拉机，结构形式多样化；卧式、立式割台等各

种收割机和联合收获机，适宜小麦、水稻的样机定型并批量生产；研制推广简易水稻育秧设备和机动水稻插秧机并批量生产；研制的烟雾机在林业、防疫等领域大显身手，并向核电、食品加工等领域拓展；农业机械化区划、农业适度规模经营等农机化软科学成果，为党和国家决策提供了科学依据；建立国家植保机械产品质量监督检测中心、农业部南京设计院和农业部南方种子加工工程技术中心；创办《中国农机化》和《中国农机安全报》等期刊报纸。

农业机械化进程，取决于技术的先进性和经济性。受农村土地家庭联产承包责任制的全面推行，城镇化和工业化刚刚起步，农业机械化在20世纪90年代发展缓慢，农机工业企业纷纷转型改行，农机化科技成果的产业需求基础逐渐弱化。

同时，国家科学技术体制改革不断深化，农机化技术更多强调商品属性，政府科技投入得不到有效保障，不少农机化科研机构转制为企业，科研骨干流失情况突出。南京农机化所也面临同样的困境，国家科研经费投入在1996—2005年的10年间仅为2 200万元，科研设施条件老化落后，科研人员充实更新不够，2004年引进了3名硕士研究生，先后离职到高校或其他事业单位。

尽管面临艰苦的科研条件和不太优厚的生活待遇，但南京农机化所依然有一批科研骨干选择了坚守科研，矢志创新："新型背负式机动喷粉喷雾机研制开发项目"斩获2001年度国家科技进步二等奖；大中型种子成套加工技术与装备实现产业化应用，并出口巴基斯坦、缅甸等国家。

1959年，毛泽东主席提出"农业的根本出路在于机械化"。许多选择坚守的50后、60后农机人，终于在21世纪初，重新意识到该论断的英明与分量。中国农机化事业"忽如一夜春风来，千树万树梨花开"。2004年，国家颁布《中华人民共和国农业机械化促进法》，实施农机购置补贴政策。时至今日，中国已经跃升为世界第一农机生产大国和使用大国，机械化技术引领现代农业发展方向。

南京农机化所抓住机遇，乘势而上，聚集产业重大需求，源源不断地为现代农业提供配套机械化技术或装备产品，学科建设、科技创新、人才团队、平台条件和合作交流等各项事业取得了良好进展，发展壮大成为国家级公益性专业科研机构。

2013年，南京农机化所成为中国农科院科技创新工程第一批试点单位，逐步形成了"耕整地机械""种植机械""植保机械""土下果实收获机械""穗粒类收获机械""果蔬茶类收获机械""茎秆类收获机械""农产品分级与贮藏装备""特色农产品干制与加工装备""生物质转化利用装备""农机化技术系统优化与评价""农业机械智能控制技术"，共12个科研创新团队；牵头建设农业农村部现代农业装备"学科群"重点实验室，拥有14名国家现代农业产业技术体系岗位科学家，1名江苏现代农业产业技术体系岗位科学家。

二、粮棉油生产机械化主战场持续创新

水稻是我国三大主粮之首，是国家粮食安全的基石，水稻机械化插秧技术是世界性技术难题。

早在1952年，华东农业科学研究所农具系

（南京农机化所前身）就成立由蒋耀先生等组成的水稻插秧机研究组，开启我国水稻插秧机组织化研究的序幕。

1956年，蒋耀课题组成功研制出人拉单行铁木结构插秧机，以及畜力4行梳齿分秧滚动式插秧机，命名为“华东号插秧机”，这是世界上第一台成型的水稻插秧机。在此基础上，插秧机课题组不断完善创新，东风－2S型机动水稻插秧机在20世纪70年代大面积推广，并获1978年全国科学技术大会奖、1981年国家技术发明奖，作为国礼赠送给20多个国家或地区。

20世纪90年代初期，稻麦收割机市场量大，可当时收割机产品普遍含杂率高，体型庞大，南京农机化所研制的4L—150(海马—Ⅲ)型背负式全喂入稻麦联合收割机作业损失率和含杂率低、配套机型广、使用成本低，投入市场后，订单应接不暇。

牛拉犁耕是传统农业的缩影。南京农机化所在全国率先开展旋耕机及工作部件优化研发，是国家旋耕机技术归口单位，在研发、推广和检测等方面占据主导地位。“旋耕机工作部件及其与拖拉机配套合理性的研究”获得了1987年国家科技进步二等奖。

如今，南京农机化所在水稻机械化领域，继续在大苗插秧机、插秧同步深施肥机、无人插秧机以及大型气力式水稻直播机等领域持续创新攻关。同时，研究重点布局油菜、棉花等大宗作物。

吴崇友研究员牵头自主创新的“油菜毯状苗移栽机与育苗技术”，以400万元人民币专利授权许可给日本洋马农机株式会社，技术转让金额创新高，也是国产农机化技术向发达国家的首次“逆向”转让，被列为农业农村部十大引领性技术，2018年累计推广应用3万多亩。

黄淮海是我国三大棉区之一，中小规模棉花生产机械化收获，国外装备价格高，适应性差。石磊研究员领衔的科研团队，创新研发了刷辊式和指刷式采棉机，经过连续数年的改进设计，采收效率和质量获得植棉大户、轧花企业的认可，目前正在与制造企业进行产业化生产。

我国是世界最大的花生生产和消费国，而花生收获机械化水平低下直接制约了花生产业发展。胡志超研究员带领团队立足自主创新，创制出可满足我国多元化市场需求的系列花生收获装备，项目成果“花生收获机械化关键技术与装备”获得2015年国家技术发明奖二等奖。

三、经济作物生产机械化率先引领

我国农业步入全面全程机械化时代，水果、蔬菜、茶叶、麻类等装备技术研发起步晚，储备少。南京农机化所不断拓展科研领域和技术链条，以茶为例，茶是国饮，种植面积居世界首位。2005年前后，肖宏儒研究员团队开始研究茶叶加工过程的速冷保鲜、茶叶成型、微波杀青干燥等成套设备，成为国内茶叶加工装备的技术源头。

2010年以后，该团队开始转向茶园生产管理机具研发，目前可以提供平地茶园全程机械化技术装备，以及丘陵山区茶园中耕、植保、修剪等小型机械，构建了适宜平地、缓坡和陡坡的全程机械化生产技术模式与装备体系。研制成功的高地隙自走式多功能茶园管理平台，如果更换作业部件，同时可以在果园的田间管理、采收运输中发挥作用。

近年来，南京农机化所结合实施国家重大科技项目和国家现代农业产业技术体系岗位专家工作，还成功研制了国内首台自走式薯类联合收获机、蚕豆联合收割机、设施蔬菜整地起垄作业机具、叶类蔬菜有序收获装备、节能轻便型耕作复式作业装备、鲜香菇切根装备、苎麻收割机、青稞收获装备等大量先进实用成套装备，填补了产业发展的多项技术空白。

同时，先进的装备技术，要让种植大户看得见、用得好，南京农机化研究所持续多年开展313农机化技术示范和培训工程，西藏的日喀则、湖北的恩施、贵州的铜仁、云南的临沧等贫困山区，都留下了南京农机化所创新团队的足迹和成果。

四、学科建设历史传承与实践创新

植保机械技术是南京农机化所“老字号”学科，80余年的学术传承积淀，涌现出以钱浩生、戚积琏、马光忠、高崇义、梅光月、梁建、傅锡敏、王忠群和戴奋奋为代表的植保人。

钱浩声是我国第一代国产化喷雾器的主要创制人，毕生投入植保机械的研究，先后负责研制南-2604远程喷雾机、南-2603轻便果树喷雾机、高架棉田喷雾机等重要机型。同时对引进植保机械样机开展不同地区、作物的适应性试验，提出“病虫、农药和药械，三位一体、三管齐下”的科研学术路线，至今对学科发展仍具有重要指导意义。

“江山代有新人出”，植保人薪火相传。以薛新宇研究员为代表的植保机械创新团队，正在担负国家重点研发计划“农用航空作业关键技术研究与装备研发”专项的牵头任务。

早在“十一五”期间，南京农机化所就开始布局农用航空装备技术体系研究。梁建、薛新宇等课题组共同实施国家863计划“水田超低空低量施药技术研究与装备创制”课题，研制的“无人驾驶自动导航低空施药直升机”亮相“十一五”国家科技重大成就展，“植保无人飞机高效安全作业关键技术创新与应用”获得2018年江苏科技成果二等奖，成为国内农业航空植保标准的技术依托单位。

当今，智能控制和数字技术加速向传统农业装备渗透融合，南京农机化所2016年组建智能农业装备团队。两年多来，金诚谦研究员带领团队在农机及其作业工况传感、监测与控制及数据管理技术等方面已经取得突破性进展，实现向机械化、自动化、信息化、智能化融合发展迈进。

五、人才队伍建设激发创新发展活力

人才资源是科技创新的第一资源。南京农机化所坚持“人才兴所”战略，不断打造领军专家，培育创新团队。

胡志超研究员是农机化所的“科研老兵”，大学毕业后就被分配到研究所科研岗位，几十年如一日奋斗在科研一线，大力弘扬“特别能吃苦，特别能战斗，特别能攻关，特别能奉献”的新航天精神，带领科研团队，先后在种子加工成套设备、花生高效低损收获装备、高质顺畅免耕机播技术装备等领域，啃下多项农机行业共性技术的“硬骨头”。

团队最新研制的“全量秸秆地高质顺畅免耕机播关键技术与装备”成果获得2017年中华农业科技一等奖。他本人获得“全国五一劳动奖章”等多项荣誉称号，率领的科研团队先后获得“中华农业优秀创新团队”奖和“全国工人先锋号”等荣誉称号。

胡志超及其科研团队，还只是南京农机化所人才成长与团队建设的缩影。

近五年，研究所 52 人次入选国家及省部院级人才计划；人才专业结构由以往机械类专业，向机械、机电、控制、液压、农经等多专业融合发展；一线专业技术人才不断年轻化，全所 35 岁以下人员占比超过 45%，且以研究生学历为主。

2018 年，研究所启动实施杰出人才工程，构建了“杰出学科方向带头人”“杰出骨干人才”和“杰出青年人才”三级重点人才工程，推动学科结构优化和人才梯队传承。

40 年风雨兼程，一路艰辛，一路探索；四十载春华秋实，一路发展，一路辉煌。

中国农业已经迈入机械化农业新时代，农机化“全面全程、高质高效”发展的总体要求，迫切需要加快推进科技创新。作为农机化科研的国家队和主力军，南京农机化所将进一步面向世界农业工程科技前沿、国家重大需求和现代农业建设主战场，着力建设世界一流学科和一流科研院所，大力开展农机化前瞻性、共性、关键性重大科技攻关、技术转化和试验示范，推进我国农机化科技水平整体跃升。

我经历的中国－乌克兰玉米收获机联合开发的那些事儿

——写在纪念农机化改革开放40周年之际

范国昌，研究员，河北省农业机械化研究所副所长、河北省农机学会理事长、河北省突出贡献专家。多年从事农业机械研究与设计并获多项国家及省部级奖励。

□ 范国昌

伴随着改革开放，我国农业机械的发展从蹒跚学步到大步快跑，过程充满曲折。我所参与的玉米收获机的研究也是一样，从小四轮配单行到大拖背负式双行，再到自走式机型，后与乌克兰联合设计生产，最终超越中－乌机型，全部国产化和系列化，形成了现在市场上广受欢迎的各种新机型，过程中辛苦和乐趣同在，心酸和快乐并存。在纪念农业机械化改革开放40周年之际，愿把这个过程展示给大家并一起分享。

一、新机初试

玉米收获机械化的春天终于来了！在数年的等待之后，1988年，在时任老所长马大敏的倡议下，河北省农科院农业机械化研究所终于开始组建玉米收获机械课题组。课题组起始有4名人员，籍俊杰主任担任课题组长，成员有马大敏所长、刘焕新工程师和我。由于当时配套动力基本上是12马力、15马力小四轮拖拉机为主，总体设计方案就选用了东方红－15轮式拖拉机做配套动力，型号为4YF－1型，单行作业，功能为“摘穗—果穗集箱—秸秆粉碎还田”。

玉米收获机的关键工作部件是摘穗和秸秆粉碎机构。由于当时没有与小四轮配套的先例，就把改革开放初期黑龙江赵光机械厂生产的“丰收－2W”牵引式机型作为参照，经过两年反复改进，机具试验成功。当时在社会上轰动一时，许多人都不相信，“人手掰玉米还总丢呢，机器还能掰玉米？”我们的收获机也去各

黑龙江赵光机械厂生产的牵引式玉米收获机“丰收—2W”

地试验，作业时总有一群人跟在后面，看看这个铁家伙到底是怎么掰玉米的。

研制成功的消息传出后，省内及河南、山东、山西、天津等多地企业表示寻求合作，或技术转让。多地玉米产区的农机管理部门纷纷邀请前去演示示范。1995年，上海农垦要搞“吨粮田”工程，必须种一茬玉米，但玉米的机械化收获又无法解决。听说我所研制成功小型玉米收获机后，上海市农委主任带领上海市农机研究所玉米收获研究室全体成员急忙赶到石家庄，几乎没有还价，就把设计图纸和样机、甚至连拖拉机一起全部买走，后来在此基础上他们又升级了机型，解了燃眉之急。此后各地企业也纷纷效仿，一时单行机花样繁多，遍地开花。

4YF—1型玉米收获机

4YF—1型玉米收获机在作业

二、机型更新

经过了两年的小型玉米机收热之后，其动力小、效率低的缺陷逐渐显现。以山东“玉丰”“国丰”等为代表、与中型拖拉机配套的背负式玉米收获机逐渐兴盛并红极一时。课题组经过认真的调研分析后认为，背负式机型虽有一定市场，但技术含量低且竞争激烈，农机研发必须适度超前，自走式机型才是发展方向，我们就多次向上级有关部门呼吁立项。由于有小型玉米收成功的影响，时任省农科院科技处郑彦平处长同意自走机型立项，支持3年，每年3万元。这个经费数额在当时可是只有重点项目才能给的啊！立项后马大敏所长非常激动，同意扩大课题队伍。随后曹文虎、贾素梅两位工程师加入课题组，后来特意招来刚毕业的大学生郝金魁、陈德润和吴海岩等同志加盟。

在总体方案制定时，课题组决定借鉴国外先进机型消化吸收，当时可供选择的有两种模式的机型：苏联式和美国式。苏联式代表机型是KCKY−6，生产厂是乌克兰赫尔松康拜因公司，是全苏联最大的收获机生产厂。美国式代表机型是美国万国公司（现CASE IH）的大轴流式籽粒直收机型，可以换装玉米割台进行玉米籽粒直收，这两种机型在国内都应用。根据我国北方玉米种植产区多为一年两熟、玉米成熟时籽粒含水率高的特点，方案最终采用适应高含水率玉米收获的苏联模式，即“玉米摘穗—果穗集箱—秸秆粉碎”的方案。

方案确定后我们就决定把KCKY−6作为参照机型，但苦于没有原机型的设计数据，大家都在蒙头蒙脑地模仿测绘。一个偶然的机会，我所收到了一份省外国专家局下发的鼓励引智

乌克兰KCKY-6型玉米收获机

美国凯斯万国CASE IH玉米收获机

的文件，鼓励引进国外专家来华授课，所有费用省外专局给予解决，其实这样的文件我所每年都接到。当时一想，干脆让乌克兰的专家来讲一讲吧，随手就大概填了一下，草草地报上去了，并未指望上报后会有什么结果，所以后来谁也没有再提起过此事。突然有一天，接到河北省外国专家局打来的电话，说我们上报的引智专家已经通过我国驻乌克兰大使馆联系好了，可以预订基辅到北京的机票并做好接待准备。我们有些措手不及，当时课题组成员多数都不知道基辅是乌克兰的首都呢。由于缺少接待外宾的经验，也遇到了好多问题，那时并不是所有酒店都可以让老外住的，石家庄也只有河北宾馆等少数几个高档宾馆是涉外宾馆，但价格太高，远远超出我们的预算，只好作罢。经请示上级后，最终得到妥善解决。

赫尔松专家要来农机所的消息不胫而走，经过认真商议，我们也决定就此契机召开乌克兰玉米收获机培训会。1996年11月，乌克兰赫尔松康拜因公司的专家伊万先生来到北京，籍俊杰主任坐着当时所里仅有的金杯面包车去首都机场接机。伊万先生高高的个子，平时不善言辞，但是讨论起技术来侃侃而谈，KCKY-6的割台就是他参与设计的。我们选择了在粮油所的招待所作为培训会场，聘请了中国农业大学的留苏教授做俄语翻译，国内从事玉米收获机行业的生产企业、科研单位、大专院校来了很多人，培训会的到会学员数量远远超过预期，大家几乎都背着当时还很少有的摄像机，也是当时讲课的一景，培训后反响很好。我们也请伊万先生到中收藁城联合收割机厂、河北农哈哈机械厂等河北省著名的农机生产企业参观，并对我方的收获机设计图纸进行了指导，使大家对乌克兰玉米收获机及KCKY-6割台的技术有了更深入的了解。

由于我们的努力，省农科院、省科技厅、农业部农机化司等都成立了相关项目，我们设计的2行、3行玉米收获机转让到省内外等近10个企业，河北华勤股份、山东大丰机械、河北金浪集团、石家庄农机厂、中收藁城收割机厂、河北赵县农机修造厂、石家庄拖拉机厂等纷纷转让生产。在玉米收获机成果鉴定会上，当时农机界仅有的两位院士曾德超院士和汪懋华院士指出："河北省农机研究所研制的4Y-3、4YF-3型玉米收获机，在收获高含水率的玉米收获机械方面居世界先进水平。"后来玉米收获机有多个型号分获国家、农业部、河北省科技进步奖，一时出现"中国玉米收看河北，河北玉米收看省农机研究所"的景象。

河北省农机所 4Y-2 穗茎兼收玉米收获机

河北省农机所 4Y-3 型玉米收获机

三、中乌合作

好的制造有时比好的设计还重要。由于当时国内制造企业参差不齐，质量无法保障，销售后的机型因质量问题频遭退货，生产企业也非常着急。伊万先生参观藁城联合收割机厂后，对该厂与中收的新疆 -2 型小麦联合收的合作形式产生兴趣，时任藁城联合收割机厂厂长王锁良也不失时机地提出合作意愿，伊万先生立即将合作意愿电告赫尔松康拜因公司。当时苏联刚刚解体不久，乌克兰百废待兴，急需开拓市场，面对送上来的合作求之不得。同年，乌克兰厂即派两位副总经理和驻华商务参赞罗曼钦到厂考察，双方签订了合作意向。

1999 年 11 月，时任农业部农机试验鉴定总站刘宪副站长率农业部代表团对赫尔松康拜因公司进行了考察调研。2000 年 2 月，王锁良厂长带队，籍俊杰、曹文虎以及翻译王卫东等奔赴乌克兰进入实质合作。中方为乌方设计制造一台行走底盘，乌方为中方设计制造 4 台工作部件（割台、升运器、秸秆粉碎机、粮仓），曹文虎和王卫东留在乌克兰与乌方进行联合设计。

联合设计也产生了许多经典之作，像割台分动箱、驾驶室旋转爬梯、果箱翻倒机构等仍然被现在的各玉米收获机生产厂家广泛采用。

2000 年 9 月，经过 45 天的海运，乌克兰的割台到达天津港，经过紧张的装配调整后效果很好，2001 年，藁城联合收割机厂组装 50 台，取名“中国 - 乌克兰”。根据市场需要，2002 年，藁城联合收割机厂又从乌克兰进口 5 台行距可调玉米割台，开始不对行收获机型的合作。经过短暂的市场调整，自走机型市场终于爆发，机具供不应求。后来，藁城收割机厂整合后成为博远机械，成为自走式玉米收国内产量最大的生产企业，也为玉米收获机的中外合作树立了典范。

自走式机型的成功合作，给大家带来了信心。在时任省农机局张文军局长的主导下，马上又启动了背负式机型的合作。根据当时国情，确定收获机型号为 4YB-3 型，配套动力为上

中国 - 乌克兰联合设计生产的 4YZ-3 型玉米收获机

海 SH－650 轮式拖拉机，通过上海拖拉机厂驻河北办事处与总部取得联系争取合作。机具由中乌联合设计，由农哈哈机械厂采购一台上海 SH－650 拖拉机发到乌克兰，与乌方生产的三台背负式玉米收获机割台进行易货贸易。

2001 年 4 月 9 日，张文军局长任团长，由生产、推广、研究、动力等多单位组成商务技术代表团再赴乌克兰。成员有我和刘焕新副研究员、上拖厂孙茂东工程师、农哈哈张焕民董事长以及部分市农机局共 12 人。到达乌克兰后，张焕民董事长与赫尔松康拜因公司总裁布里雅钦科先生签订了合作协议，乌方仍然负责割台及粉碎机构，我方负责配套动力及传动。由于商务代表团在乌克兰停留的时间只有 3 天，还有油葵收获机、青贮机等意向合作项目要洽谈，因此必须要商务、技术分组同时洽谈。当时我们代表团只有一个俄语翻译，张文军局长了解到双方技术人员都懂点英语后，果断决定用英语与乌方进行洽谈。我和乌方工程师用蹩脚的英语交流着，再加上一些肢体语言最后总算完成了洽谈，但事后才知道在语言的转译过程中也丢失了好多内容。

张焕民董事长（左二）与乌方签署协议

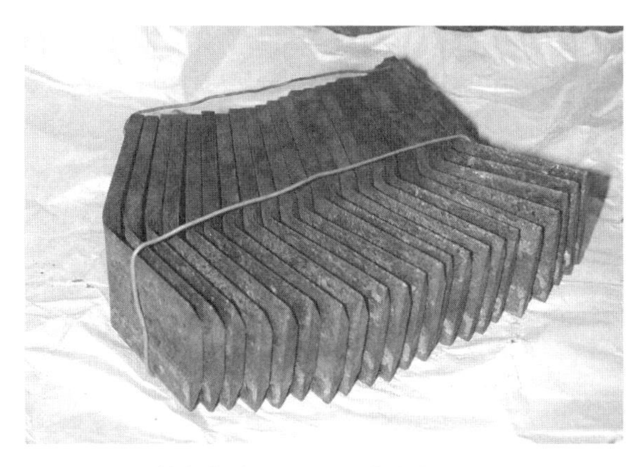

赫尔松康拜因公司自磨锐甩刀

合同签署后，商务团回国，留下我们几个技术人员和张焕民董事长、王卫东翻译共 5 位成员进行联合设计。由于在配套动力和果穗含杂率等指标上双方僵持不下，设计进行得很艰难，曾一度陷入僵局。张焕民董事长比我们年长几岁，怕我们失去信心，时常给我们讲笑话开心鼓劲。在大家的共同努力下，双方最终趋于一致，联合设计圆满完成。

由于当时国内各秸秆粉碎机厂家的甩刀生产工艺总是不过关，我方要求带些秸秆粉碎机自磨锐甩刀回国，他们爽快地答应并抓紧定制了 100 片，打了包装后分散装进我们的行李箱，但是提醒我们，可能会上不了飞机。还好行李托运时他们在基辅机场找了熟人，顺利通过了。但在我们马上就要登机时，机场的广播通知我们马上到行李室去。我们急忙赶到行李室，工作人员说再次扫描发现行李异常，要我们开箱检查，当看到甩刀后要求没收并罚款，我们再三解释无果。飞机预定的起飞时间到了，我们还是坚决坚持，无奈他们只好叫来了领导，并打了一通电话后，最终同意放行。为避免入境时的麻烦，到达首都机场后，省农机局莽克竞副局长亲自到机场接机，并在机场朋友的帮助下顺利入关。

2001 年 10 月，乌方完成机具生产并运到国内，同时派技术人员萨沙来农哈哈指导安装

中方与萨沙（右一）联合设计

与伊万先生（左二）共同合影

作者（右一）与中乌团队成员

张文军局长驾驶体验

调试。经河北省农机鉴定站检测，各项指标优于国家标准。农哈哈机械厂在不断改进后实现全部国产，销售量创历史新高。后期国内秸秆粉碎机刀片专业的生产厂也借助了乌克兰自磨锐甩刀的生产工艺，使国产刀片寿命明显提高。

四、结语纪念

随着人们对玉米收获机械需求的不断变化和科学技术的不断进步，果穗剥皮型、穗茎兼收型、籽粒直收等新型玉米收获机不断涌现，机具的自动化、信息化、智能化水平也越来越高，逐渐替代了过去的常规机型，背负式玉米收获机也逐渐退出历史舞台。但是在改革开放初期，我国玉米收获机械进入瓶颈时，中国与乌克兰合作的全过程，也开创了农业机械改革开放的先河，是历史的必然，这种必然也使我国玉米收获机械技术的爬坡期大大缩短，我们将永久怀念这段历史。

征文后记

一阵急促的手机铃声把我从车上的午睡中催醒，司机小史告诉我说是省农机局郭恒副局长来电，已经打了三次了，见我睡得香就没叫醒我。我那几天连夜改材料，正想利用跑高速的时间补补觉，反正郭局也不是外人，再加上睡意正浓，就果断地挂断了电话。

片刻，手机又响了："怎么不接电话，有急事！"他就把"中国农机化协会纪念改革开放40周年征文"的事跟我说了一遍，还建议我把与乌克兰玉米收获机合作开发的事写篇稿子。

打完电话后，我又闭上眼睛，却怎么也睡不着了。电话中提到的中乌玉米收获机的研制过程历历在目：在省局开会到深夜、一起吃方便面、乘坐的像破公交车似的乌克兰航空图－154飞机、赫尔松第聂伯河的美丽风光、乌方收获机设计师认真而执着的表情，以及我们进车间做样机、下地做试验等都好像就发生在昨天。我的"乌克兰之行"的日记和照片，也记录了这些过程。

这时我决定把它写出来，就拿出手机翻开记事板，整理好思路，草拟了提纲。

下午下班时分，我回到单位，因出差好几天，一进办公室就有好几个人有事找我。我怕思路被打断，说服他们推到第二天再说，就反锁了办公室门，晚饭也没吃，趁着热乎劲儿，一气呵成，凌晨1点半，初稿完成了！经多方征求意见，名字定为《我经历的中国－乌克兰玉米收获机联合开发的那些事儿》。

随后就进入了漫长的搜集照片、资料核对、字斟句酌的修稿过程。

这次协会征文通知其实我早就看到了，当时就有动笔的起意，但因总有纷杂的事情，没太挂心。

进入"征文作者群"后，才感相见恨晚。各路农机精英激情四射的表情跃然纸上，产、学、销、供、研、推、宣农机大侠的精彩文笔深深感染了我，发黄的老照片、白发苍苍的老机手，是农机人40年奋斗史的真实写照。

微信交流群异常活跃，从清晨到深夜，一大批行业里的有志之士谈古论今、引经据典，见仁见智、畅所欲言，既总结历史经验，又交流心得体会，难能可贵。

最为深刻的印象有三点。

一是组织者认真细致、责任强。夏明副秘书长常常是半夜还在审阅发稿，当我第二天一早打开微信时，他就已经在线了。

二是所征文章异彩纷呈、文笔生辉。这次活动参与者之多，文章文风朴实，超越以往。从刘宪会长到协会理事、从研学教授到普通工人，农机达人从不同角度展示了40年来农业机械改革开放的不平坦的进程，展示了农机人不断进取的豪迈情怀。

三是建立了"以论交友"的精彩平台。尤其是南京农机所的张宗毅博士与河北省农机局副局长郭恒的"平台论剑"，俨然是一个"农机政论擂台赛"。从土地改革到乡村振兴，从小农经济到现代农业，从跨区作业到社会化服务，从包产到户到农机补贴，从字里行间带有馨香的火药味中，也看出了两人深厚的学术功底和管理才能，有时也想插言，但又怕影响了他们的思路和士气。辩论中展示的改革开放40年来各级名人大咖、知名学者对农业、农村、农民、农机的著名观点和论述，为我们集全了这些梦寐以求的宝贵资料，我们这些"吃瓜群众"非常过瘾，受益匪浅，真的非常感谢他们。

农业机械化改革开放的40年使我国农业发生了巨大变化。我们这些改革开放的参与者，经历了其中的曲折，也体会到了其中的乐趣。

感谢协会精心组织的这次“纪念农业机械化改革开放40周年”征文活动，让我们又重温了这个过程，我们为能够参与到这个过程中而感到幸福和自豪。

征文活动虽已圆满收官，但农机仁人志士奋斗的脚步不会停歇，伴随着改革开放的深入，也将享受其中更大的快乐，也定会共度时艰，再创新辉煌！

我与收割机的不解情缘

□ 李　光

李光，作者1982年毕业于佳木斯工学院农机设计与制造专业，长期从事收割机研发，对收割机的创新有一定的造诣。

1978 年 10 月，改革开放第一年，我经历了 10 年农场知青生活，回到城市读书。20 世纪六七十年代农业机械化程度很低（仅翻地、播种使用机械，除草、收获全部靠人工），由于经历过这种非常艰辛的农业劳作，我对所学的专业“农机设计与制造”很是欣慰，我也和当代的大学生一样，拼命地汲取着知识的营养，弥补耽误的十年。

1982 年 10 月，我如愿以偿被分配到佳木斯联合收割机厂设计科工作。1982 年改革开放如火如荼，我们国家技术引进由建国初期的苏联开始全面转向西方世界，农业机械最大的引进项目就是购买美国迪尔公司 1 000 系列收割机制造技术，佳联则是参加引进的主要厂家。

如何消化、吸收引进的技术是项目成功的关键，因为买来的图纸只是结构件，电气、液压、底盘、发动机都需要购买国外件或国内解决。我有幸参与了这些配套件的国产化工作，如何选择这些配套件，争论、分歧很大。就像我负责的电气部分，收割机到底采用 12 伏还是 24 伏电压，今天看来非常简单的问题当时分歧很大，领导要求按照迪尔 12 伏，而国内的大马力发动机只有 24 伏，东北寒冷天气也需要 24 伏启动，有人提出折中方案，要采用故障很多的转换开关。也可能是因为我刚工作胆子大吧，顶住了所有压力，在国内寻找到 24 伏的灯具和仪表，设计成全车 24 伏，实践证明，效果很好。

另一项创新则是在联合收割机上首次使用电磁阀替代多路阀，电磁阀具有液压油的温升低、方便管路布置、能够实现多种自动控制等明显的优势。

我在佳联工作的十几年时间是向老一代收割机设计工程师学习的过程，也受到工厂的重视，两次派我到马来西亚考察水稻收割机，1993 年我又随团去德国双桥收割机厂接受技术培训。

我也为引进收割机配套件国产化做了一些工作，例如电气系统国产化，拨禾轮调速电机设计，燃油电泵的选型配套，我都付出很多心血。

总之，经过这十几年的工作，我对收割机有了很深刻的认识，设计工作能力有了极大的提高。很庆幸我们赶上了改革开放的好时光，才有这样的好机遇。

1998年，改革开放进入关键期，佳木斯联合收割机厂优良资产与美国迪尔公司合资了，佳联厂其余部分则组建了佳木斯佳联收获机械有限公司，我和几个大学同学选择了佳联公司，大家都憋着一股劲：我们是民族企业啊，不能让国家花重金买的1000系列技术又还给了迪尔公司。

设计新的收割机势在必行，总体设计工作厂长要我承担。

分家时佳联公司继承了美国人认为技术落后的丰收－3收割机，该机主要是苏联的技术，但该系列机型恰好是迪尔公司没有的中型收割机。公司经研究确定，以该机为样本，保留原机的技术优势，在脱谷、传动、清选、割台、底盘、电气、液压等方面大量融合迪尔的技术，这是一台全新的东、西方技术相互补充的收割机，确定商品名称为佳联－3。

该技术路线有一定的难度，但凭佳联人不服输的精神，夜以继日地工作，第一年就做出了样机，第二年就批量进入市场，市场反应良好，性能好、价格低、大小适中。这个机型为佳联公司得以生存打下了坚实的基础。

我在佳联公司主持开发的第二款产品是佳联－5。

当年迪尔推出了3518收割机，售价高达90万元人民币，所有人都很惊讶凭什么卖这么贵，我们决心要破这个局，所要面对的困难一是无法获得3518的技术资料，合资厂像防贼一样提防佳联公司的技术人员。二是如何绕过迪尔公司的专利。最后获得的也仅是公开发表的一些技术参数和结构简图，我只能依靠自己二十几年的工作经验创新设计，第一轮佳联－5由于采用佳联－3的底盘，可靠性不好，后期在佳联－5基础上改进的佳联－6已经足以和3518收割机相抗衡，市场反应良好，3518收割机终于降价了。

在佳联工作的十几年里也有失败的经历，例如和东北农业大学蒋亦元院士合作搞了三年的割前脱粒收割机，由于种种原因没有进入市场，使我认识到要创新一种全新的收割方式是很难的，但在原有技术基础上进行结构创新，设计适合中国使用的收割机则很必要。

2018年秋天，我以“邢台一拖”收割机顾问的身份去黑龙江农垦建三江农场管理局考察，途径友谊农场，参观了友谊农场农机博览园，园内展览了十几种收割机，从苏联的GT－4.9、CK－3收割机，引进的7700、1075收割机，国内自行设计的北大荒、佳联－3、佳联－5，到购买国外最先进的凯斯9210、迪尔660都有样机。充分地展示了改革开放40年，我国收割机从无到有，从苏联全面转向欧美，从简单到复杂，从落后到先进，从完全仿制到自行设计的伟大历程。

值得骄傲的是，在国内自行设计的五种机型中有两种半是我主持设计的。我只是一名默默无闻的工程师，赶上改革开放的好时机，能为我国收割机事业做贡献，深感欣慰。在博览园的室内展厅，摆放着四台从凯斯、迪尔、克拉斯购买的最先进的收割机，价值都在200万人民币以上，其先进、复杂程度都是我们所望尘莫及的，我深深地感到“我的国啊，还不是那么厉害！”。据说这几种收割机国内有几家仿制，但都没有成功，本人在常州常发集团工作时也尝试过，由于人为的因素也没有做成，这是我一个终身遗憾。

另一个遗憾的事情则是我在常发工作时期，没有完成佳联管理软件开源的“查询系统”的实际应用。

在建三江几天的考察中，看到各种型号的收割机，有半喂入，也有全喂入，有轮式，也有履带式，有大型，也有中小型，与40年前我在梧桐河农场用镰刀收割水稻简直是天壤之别。改革开放40年是我国收割机大发展的40年，这是改革开放的伟大成就。

由铺膜播种引发的农业科技革命

□ 戚　亮

戚亮，新疆兵团北斗导航精准农业应用和兵团农业装备产业技术创新战略联盟名誉理事长，八师石河子市科学技术局副局长。

20世纪70年代，第一代兵团人在王震、张仲翰等老一辈的带领下，靠人拉肩扛，艰苦奋斗，谱写了可歌可泣的英雄事迹，为后人留下了"兵团精神"。

刘守仁、陈学庚、邹如清等一大批农业科技工作者，经过不懈努力，打破了苏联专家高纬度地区植棉禁区的理论，新疆已成为全国的优质棉基地；军垦型美丽奴细毛羊、地膜植棉、精量铺膜播种机、大田膜下滴灌、棉花全程机械化等一大批优秀科技成果，引领了中国农业科技进步，也推进了兵团乃至全国农业机械化的发展。

一、地膜在农业生产中的应用，改变了传统农业生产方式

由兵团人率先开发应用的地膜覆盖种植在农业上的应用，被誉为农业白色革命。地膜是农业生产的重要物质资料之一，地膜覆盖技术应用带动了我国农业生产力的显著提高和生产方式的改变。从1981年开始至今，地膜覆盖应用区域已从北方干旱、半干旱区域扩展到南方的高山、冷凉地区，覆盖作物种类也从经济作物扩大到大宗粮食作物。地膜覆盖增温保墒、防病抗虫和抑制杂草等功能使作物增产20%～50%，对农业生产做出了巨大贡献。

二、地膜种植先进农艺和铺膜机械化的融合

1. 铺膜机械的研发和使用

铺膜机械的应用被誉为白色革命的第二次飞跃。在铺膜的劳动实践中产生了铺膜机械。按铺膜、播种顺序不同，覆膜播种机可分为先播种后铺膜的膜下播种铺膜机和先铺膜后播种的膜上打穴铺膜播种机。国内生产的覆膜播种机基本采用先播种后铺膜的传统作业方式，该机具有保墒节水性好、工作效率高等优点。

膜上打穴铺膜播种技术是近几年发展起来的一项新型播种技术，其在覆盖好的地膜上播种，用成穴部件将播种位置的地膜切开并形成穴孔，对土壤的扰动小，有利于土壤保墒和抗旱，还可省去人工破膜环节，具有节省工时、避免烧苗的特点。

铺膜作业中采用了一系列测定指标和检验措施，如采光面、贴合度、覆盖率、空穴、断条、合格穴率、膜孔的对中和覆土、肥料和种子的深度、数量以及间距等。

随着种植模式的不断变化，覆膜机也需要不断进行技术改进。地膜机的技术性能和经济性能得到较大提高，保证了铺膜质量，使膜铺得更平展，压得更严实，透光度大，膜的光热效应得到很好的利用，提高了地膜机的综合利用和复式作业能力。

通过改进或更换排种装置，使地膜植棉机不仅仅用于地膜棉花，还能用于地膜玉米、地膜打瓜、地膜甜菜等。由单项作业的铺膜机和膜上点播机发展为整形、施肥、铺膜、压膜、打洞穴播、盖土、膜侧覆土的联合作业机，减少作业次数，降低成本，加快了播种进度，提高了劳动生产率。

2. 机械化膜下滴灌播种技术

随着膜下滴灌技术更大范围的推进，又带来了一场新的农业革命，由兵团科技工作者在八师石河子创造的“大田膜下滴灌技术”，也被称作“节水革命”。

由陈学庚院士等研发的机械化膜下滴灌播种技术是将工程节水与机械化覆膜、机械化播种等技术进行科学融合的一项农业节水综合技术。它是在地膜下放置滴灌带进行节水灌溉的一种灌溉形式，是将播种、施肥、铺膜、铺滴灌带、药剂喷施等环节一次性完成的机械化播种方式。该技术具有节水、省肥、省地、省工、增产、病虫害轻等优点。

地膜覆盖机经改进后应用于棉花膜上灌溉。膜上灌溉技术是在地膜植棉的基础上，将膜间沟灌改为膜上灌溉，其实是以适量灌溉代替原来浇透水的办法，使水从膜上走，通过苗孔和膜侧渗入根部。它可以减少沟水深层渗漏和地表蒸发损失，同时还能改善土壤墒情。

将滴灌与地膜栽培技术相结合，研发出膜下滴灌，实现了播种、铺膜、铺设滴灌带一次性完成的机械化作业。另外，通过滴灌输送水溶性农药、化肥，使化肥利用率从 30%～40% 提高到 50%～60%，也有效地减少了农药的施用量，且提高了施肥用药的精准度。

膜下滴灌技术大大提高了土地的利用率，加之播种与铺膜一次完成，农药、化肥等营养液随输水管道供应，减少了农业的作业层次，大大减轻了劳动者的劳动强度。膜下滴灌的推广促使了传统的农业组织方式的改变，符合现代农业对机械化、信息化、智能化的要求，从根本上加快了农业现代化的步伐。

三、北斗导航精准农业跨界融合发展

农业信息化是 21 世纪全球性农业潮流，是农业现代化的根本标志与重要保证。充分利用北斗导航、互联网、云计算等高新技术发展现代化农业，已成为全球农业发展的热点与新的增长点。

农业的发展呼唤新的农业技术革命，农业现代化建设需要高新技术的支持。

随着北斗系统（BDS）、地理信息系统

(GIS)、遥感(RS)、变量处理设备(VRT)和决策支持系统(DSS)等技术的发展，精准农业作为基于信息高科技的集约化农业应运而生。

开展“北斗导航－精准农业”跨界融合发展战略研究，制订“北斗导航－精准农业”跨界融合发展相关政策，落实“北斗导航－精准农业”跨界融合发展的配套条件环境建设是加速实现农业现代化的重要举措。

根据作物生长发育和需水需肥规律，结合应用节水灌溉自动化控制技术、平衡施肥专家决策系统、栽培管理技术、信息技术，建立高效用水智能化调控技术体系，实现了水肥体化，为农业生产高效集约化管理搭建了信息化平台形成智能化决策、信息化管理、产业化开发、社会化服务的精准农业技术体系，向农业信息化、现代化迈出了重要的一步。

四、地膜覆盖在农业应用中的机遇和挑战

由于地膜在农业的大量应用，覆盖面积不断增加，应用区域已从北方干旱、半干旱区域扩展到南方的高山、冷凉地区，覆盖作物种类也从经济作物扩大到大宗粮食作物。地膜覆盖增温保墒、防病抗虫和抑制杂草等功能使作物增产20% ～50%，对保障中国粮食安全供给做出了重大贡献。

但同时，地膜覆盖广泛应用也带来了一系列问题，如技术泛用和回收不利，地膜残留导致的“白色污染”等，生物降解地膜的研发已成为塑料工业和农业发展的重要战略方向。就有关“白色污染”等问题，要从残膜回收和生物降解地膜的研发入手解决，已成为农业持续发展的重要战略方向。

1．加速清膜农机具的研制、推广及应用

人力回收残膜的时间紧、作业量大、成本高、效率低。随着膜下滴灌技术的大面积推广，残膜回收问题将会更加突出。为此，建议加快对清膜机械的研制、推广应用，加大地膜回收机具补贴力度。以降低残膜污染程度，确保耕地清洁。

2．生物降解地膜是解决地膜残留污染的重要途径之一

目前，需要加强对生物降解地膜的原材料、配方和生产工艺的研究，提高产品质量，降低生产成本，尤其是要研发针对特定区域和特定作物的专用生物降解地膜产品，以满足和适应农业生产多样性的要求。

在加强生物降解地膜产品研究的同时，应根据农业生产的需要和地膜产品的特性，做好配套农艺技术和措施的研究。通过改进农艺技术，使其能够适合生物降解地膜产品的性能，从而实现生物降解地膜产品与农艺技术紧密结合，满足农业生产的需求，在一定程度上起到缓解土地污染，保护耕地，保护环境的作用。

不忘初心
砥砺前行

——见证广西农机院甘蔗收获装备40年研发历程

□ 曾伯胜

曾伯胜，广西农业机械研究院有限公司技术中心主任。长期从事农业机械特别是甘蔗生产装备的研究开发。广西农业机械研究院有限公司甘蔗收获装备研发团队几代科研人员数十年来始终把推进甘蔗收获机械化作为自己的使命，克服无数艰难险阻，研发了一代又一代的甘蔗收获装备，为我国甘蔗收获机械化的发展做出了重要贡献。

改革开放，给农业机械化带来了新的机遇和挑战。1985年7月，我从北京农业机械化学院毕业来到广西农业机械研究所（先后改制为广西农业机械研究院、广西农业机械研究院有限公司）工作，当时正是我国农村实行包产到户的初期，农业机械化处于低潮期，广西农业机械研究所为了更好地开展业务，满足社会发展的需要，正在向多元化发展，大多数研究部门转向农副产品加工机械、食品机械的研发或开展经营活动，我却是进入了专注甘蔗生产装备研发的甘蔗机械研究室，自此与甘蔗收获装备的研发结下了不解之缘，进入了艰辛曲折的甘蔗收获装备研发之路，体会到这甜蜜事业的甘甜和苦涩。30多年过去了，在甘蔗收获装备研发团队中，我已从一个二十出头的文儒书生变成白发苍颜的知命前辈，也有幸见证了广西农机院科研人员为甘蔗收获机械化的孜孜追求和前赴后继的奋斗历程，有些年长的已退休，有的因工作变动调离农机院，也有70后、80后及90后的年轻人在不断加入研发队伍，甘蔗收获装备的研发在一代又一代地延续……

刚到甘蔗机械研究室时，听前辈们、同事们谈论最多的就是腹挂式、侧挂式、自走式以及整杆式、切段式等各种形式的甘蔗收割机，一知半解，也颇感新颖，后来看实物样机，听老同事解释，跟随同事们下地试验，逐步理解了这些体积庞大、结构复杂的甘蔗收割机的本质，也逐渐提起了对它的兴趣。当时，值得骄傲的一款就是庆丰4CZ-1腹挂式甘蔗联合收割机，相关技术处于国内领先水平，获得了

庆丰4CZ-1腹挂式甘蔗联合收割机

1978 年全国机械工业科学大会奖。该机是把收割、输送、剥叶等装置配挂在加高地隙的丰收 -37 拖拉机腹部的整杆式甘蔗联合收割机，配套拖拉机功率为 35 马力，切梢器和扶蔗器安装在拖拉机前方，集蔗箱置于拖拉机后部，除了切梢器和扶蔗器采用液压马达驱动外，其他工作部件均采用机械传动（包括皮带、链条、齿轮传动），该机在贵港、南宁等地试验了数百亩，在当时已是了不起的成绩。

还有较大型的 4Z–90 型自走式甘蔗联合收割机，1985 年通过了省级科技成果鉴定，相关技术也处于国内领先水平。该机为切段式甘蔗联合收割机，配套动力为 90 马力，切梢器、扶蔗器和升运器采用液压马达驱动，其余的行走、切割、输送、切段、杂物分离风机等均采用机械传动方式，该机配置有大胶片喂入滚筒、齿板式输送滚筒、滚筒刀砍式切段辊、轴流式分离风机、刮板式升运器，在广西金光农场、湛江农垦前进农场蔗区均留下试验、示范的足迹。

4Z–90 型自走式甘蔗联合收割机

1988 年，根据援外项目的需要，广西农机所科研人员设计制造了配套动力为铁牛 -55 加高地隙拖拉机的 4GZ–55 型腹挂式甘蔗联合收割机，该机为整杆式收割机，也是以机械传动为主，通过援外部门出口三台到非洲，使用情况不详。

4GZ–55 型腹挂式甘蔗联合收割机

1996 年，广西农机所又研制了 140 马力级的切段式甘蔗联合收割机，该机主要在 4Z–90 型自走式甘蔗联合收割机的基础上改进而成，也以机械传动为主，该机通过华裔印尼人出口到印尼进行了试验，意在通过试验、示范，逐步形成批量出口，由于动力传递以皮带、链条、齿轮等机械传动为主，试验中故障率较高，该机最终没能打开印尼市场。

1999 年，随着甘蔗机械国家重点工业性试

4GZ–140 型自走式甘蔗联合收割机

验基地在广西农机所建成，广西农机所加大了对甘蔗收获装备的研发力度，吸收了液压、自动控制等专业的人才加入研发团队。2000年开始与南宁手扶拖拉机厂共同设计了较大型的切段式收割机，2002年，南宁手扶拖拉机厂试制完成了4GZ-250型甘蔗联合收割机，该机借鉴国外先进机型广泛采用液压、电控技术的经验，行走系统采用双液压马达轮边驱动，其余工作系统也全部采用液压驱动，技术含量大幅提高，传动可靠性得到进一步提高，但也存在重心高、偏后等问题，后因人员变动，没有进行大面积试验和后续改进。

4GZ-250型切段式甘蔗联合收割机

2003年，广西农机所与南宁手扶拖拉机厂共同设计制造了配套手扶拖拉机的甘蔗割铺机，该机配套动力为9千瓦，采用单圆盘切割刀及拨指式扶蔗、提升、输送等机构，机械与液压马达驱动相结合的驱动方式，可以完成对甘蔗的扶起、切割、输送及铺放等作业，与甘蔗剥叶机配套使用，成为国内最早的甘蔗分段式收获技术路线的配套模式，并于2004年通过了省级科技成果鉴定。后来生产了100多台，部分销售到农场，部分出口，但由于对倒伏甘蔗的适应性较差、辅助人工较多，未能广泛应用。

4GZ-9型甘蔗割铺机

小型甘蔗剥叶机

2005年，广西农机院在4Z-90型自走切段式甘蔗联合收割机底盘的基础上进行改进设计，形成自走整杆式甘蔗联合收割机，该机行走系统采用单液压马达驱动变速箱及差速装置实现，

4GZZ-90型整杆式甘蔗联合收割机

行走速度小于 15 千米 / 小时，收割机后部配置集蔗装置，集蔗量约 300 千克，作业效率约 2 亩 / 小时。该机通过了省级科技成果鉴定。

2006 年，广西农机院研制成功挂接于铁牛 -60 拖拉机前部的甘蔗割铺机，该机采用单圆盘切割刀、单边扶蔗滚筒、橡胶板夹持提升和输送等，作业效率可达 5 亩 / 小时，但不适合收获倒伏的甘蔗。

4GZ-60 型甘蔗割铺机

2008 年，广西农机院与泰国公司合作开拓泰国市场，研制了 4GZ-180 型甘蔗联合收割机，该机行走和工作系统均采用液压驱动，在泰国进行了三个榨季的试验、改进，积累了宝贵的试验数据，为后续研发提供了选型、改进

4GZ-180 型甘蔗联合收割机

依据。

根据在泰国试验的情况，对于长时间高负荷进行收获作业的甘蔗联合收割机来说，功率储备和可靠性是关键因素，因此，2010 年，广西农机院又成功研发了 4GZQ-260 型切段式甘蔗联合收割机，该机配套动力约 260 马力，作业效率可达 30 吨 / 小时以上，广泛采用机电液一体化技术，作业效率和操控舒适性都有了质的提高，该机 2011 年通过省级农机鉴定，2017 年通过了农机推广鉴定。

4GZQ-260 型切段式甘蔗联合收割机

2012 年，按照承担“十二五”农村领域科技项目的任务要求，广西农机院又研制成功了 180 马力级的切段式甘蔗联合收割机，该机采用双边单螺旋扶蔗滚筒、锥形入土扶蔗装置，

4GZQ-120 型切段式甘蔗联合收割机

作业效率可达 15 吨 / 小时以上，通过了省级科技成果鉴定。

2015 年以来，广西农机院对 180HP 级的切段式甘蔗联合收割机不断进行改进、提升，形成了新的 4GZQ-180 型切段式甘蔗联合收割机，该机更多地采用智能化、自动化技术，实现了智能远程监控，应用了卫星导航技术，作业效率、可靠性、操控性能都有了进一步的提高。2017 年通过了农机推广鉴定。

4GZQ-180 型切段式甘蔗联合收割机

2018 年，广西农机院为了适应丘陵坡地、雨后松软地面、小地块等的作业需要，又研发配套动力稍小、采用履带式底盘的切段式甘蔗联合收割机，该机配套动力 130 马力，采用集蔗斗收集蔗段，重心较低，履带行走采用方向盘式转向系统，主要参数实现远程智能监控，配置卫星导航系统。

4GZQ-130 型切段式甘蔗联合收割机

回顾 40 多年的甘蔗收获装备研发之路，既有成功的喜悦，也有失败的苦恼，看到更多的是甘蔗收获机械化之路的跌宕起伏，体会到这个甜蜜事业之中的更多是苦涩，但难能可贵的是广西农机院的领导和科研人员始终坚持，坚持，再坚持，数十年来，投入了大量人力、物力，研发了一代又一代的甘蔗收获装备。

可喜的是，近年来随着经济的发展和广西 500 万亩甘蔗“双高”基地建设的推进，甘蔗种植户和制糖企业逐步认识到机械化收获是降低甘蔗生产成本的重要途径，也是甘蔗生产可持续发展的必然之路，甘蔗收获机械化逐步走上了快车道，当年我们收割机试验一行甘蔗要赔偿用户 500 元的历史也不会重演。我也欣喜地看到，国内越来越多的企业家和科技人员投身到甘蔗收获装备的研发和生产中，甘蔗收割机的保有量在飞速增长，甘蔗机收比例也在快速提升，从事甘蔗收获装备研发和生产的企业家和科技人员也正在逐步收获甘甜。

农业的根本出路在于机械化。推进甘蔗收获机械化也是农业现代化建设的必由之路，我相信，广西农机院的领导和科研人员的坚持不会白费，人们将铭记他们的付出，他们也将在甜蜜的事业中逐步收获甘甜。在步入新时代的今天，广西农机院的领导和科研人员也必定不忘初心，牢记使命，砥砺前行，在实施乡村振兴战略的号角声中，广西农机院将会迈出新的步伐，为甘蔗收获机械化作出新的更大的贡献。

我与免耕播种二十载

□苗　全

苗全，德邦大为（佳木斯）农机有限公司副总经理，农业农村部保护性耕作研究中心黑龙江分中心副主任。

我是一名沐浴在改革开放的雨露阳光中成长的农机人，在农机战线不懈耕耘了40年，有不少值得总结回味的事。其中一件最值得说说的，就是改革开放使我与免耕播种结下了不解之缘，为中国免耕播种事业的发展奉献出一些力量，收获了成功与喜悦。

一、生来与播种结缘

我出生和成长在东北黑土地。父辈为我起名叫“苗全”，承载着对丰收的希冀。“苗全”，是播种的关键，是获得丰收的重要条件。或许从这一刻起，就预示着我与播种的不解之缘，这一干就是20年。

二、初识免耕播种结下终身情缘

改革开放初期，我就开始从事农机推广工作。实践中，在生产力充分解放的同时，我也亲历了农民缺乏科学的种植技术，竭泽而渔地耕种土地，使土地越种越薄，化肥用的越来越多，农业生产受干旱等自然灾害影响越来越大，粮食产量越来越不稳定。

面对这一严峻问题，在20世纪90年代，我国的科研人员开始研究解决办法，我积极地参与其中。

2002年，我国提出实施保护性耕作遏制土壤退化的措施，随即在我国的西北、东北等地开展大规模的试验示范。2005年以后，国家连续8年将保护性耕作写进中央1号文件中，促使了保护性耕作在我国的快速发展。

保护性耕作有两个基本要求：一是秸秆还田，覆盖在地表；二是免耕或少耕。免耕播种是保护性耕作的一项关键环节，要求免耕播种机在秸秆全部还田、没有耕作或很少耕作的条件下进行作业。免耕播种支撑着保护性耕作技术体系，免耕播种机则是关键的核心机具装备。

从这时起，我就立志终身要做免耕播种这

件事。

保护性耕作的作用，一是秸秆覆盖还田，保护和减轻了耕地的风蚀和水蚀；二是秸秆腐烂，养分回归农田，能使地力得到保持和恢复，土壤理化性状得到改善，实现藏粮于地；三是秸秆覆盖能够更多地储存雨水和减少土壤水分蒸发，减少灌溉，减轻旱灾；四是能解决秸秆田间直接焚烧问题，减少烟尘和碳排放，有利于环境的改善；五是简化作业环节，减轻劳动强度，降低生产成本；六是提高土地抗御自然灾害能力，保持粮食稳产高产。

三、创造了我国第一台重型免耕播种机

2007年，改革开放深入推进中，作为吉林省梨树县经济改革的新举措，县组织部委派我到梨树县康达农业开发有限公司任总经理，领办创办农机企业。从此，真正开始了我与免耕播种的情缘。

正是在这一年，中国科学院的专家来到我所在的企业进行“东北黑土培肥增碳——保护性耕作”试验研究，在播种环节使用了从美国购买的重型免耕播种机。我第一次看到和接触免耕播种机，眼前豁然一亮，这真是播种的“神器”呀！

这次经历让我更充分地意识到，免耕播种机是保护性耕作技术得以大面积推广应用的关键机具，免耕播种机性能的高低，决定了保护性耕作的成败。因此，我国要大面积实施保护性耕作，必须借助免耕播种机这个“神器”。

然而，进口免耕播种机价格昂贵，农民买不起、用不起，必须要造出适合中国国情的免耕播种机，实现免耕播种机国产化。基于这种认识，我和一批志同道合的农业、农机人又与免耕播种机结下不解之缘。

随即，在所在的企业，我们率先开始了具有自主知识产权的免耕播种机研发。经过一次次的设计优化，无数次田间试验考核，听取成百上千农民、机手和农机、农业科技人员的意见，反反复复进行改制完善，到2010年，历经三年多时间，我们终于研发成功我国第一代（也称1.0版）牵引式重型免耕播种机，并在农业生产中迅速推广应用。

1.0版免耕播种机，是在改革开放中诞生和发展，为中国保护性耕作技术推广应用，发挥了居功至伟的作用。

1.0版免耕播种机

四、向新一代免耕播种机发起新的攻关

为了再续免耕播种这个缘，寻求更高、更大的舞台，在免耕播种技术装备领域走得更远，2015年，我来到北京德邦大为科技股份有限公司担任免耕播种机首席专家，又开启了结缘免耕播种的新征途。

该公司立足我国保护性耕作技术需求，根据我国保护性耕作特点，以技术需求定位产品；依托公司专业化的研发团队，与中国农业大学、黑龙江省农垦大学、农业农村部保护性耕作研

究中心、黑龙江省播种与耕整地研究室、东北黑土地保护与利用科技创新联盟等科研团队和推广部门进行联合攻关，为新一代免耕播种机研发铺垫了成功之路。

三年来，我还组织人力对不同区域、不同土壤、不同气候条件下的保护性耕作模式进行了广泛的调查研究；连续三年，在黑龙江省高寒地区——佳木斯市试验免耕播种获得成功，同时还在黑龙江省的双城市、大庆市、绥化市建立示范基地，均取得理想的效果。与此同时，编写出三种《东北地区免耕播种技术规范》，其中一种列入吉林省地方标准。

与此同时，根据第一代免耕播种机存在的问题，以及我国保护性耕作新发展新需求，借鉴发达国家免耕播种机先进技术，吸收国内各免耕播种机的优点，我组织开展了新一代免耕播种机研发工作，攻克了免耕播种机存在的一些难点和关键技术。

2017年，新一代重型免耕播种机（被业内人士称为2.0版的免耕播种机）研发成功，投放市场后得到一致好评。

2.0版重型免耕播种机

一是通过性能好。在全部秸秆覆盖还田的条件下，秸秆切断、清理彻底，作业不拥堵、不拖堆，准确地将种子、肥料播种到指定耕层中。2017年，在吉林省梨树县，中国科学院沈阳生态研究所连续11年全部玉米秸秆还田示范田播种过程中，其他免耕播种机调试一周也无法作业，而德邦大为牌1405型免耕播种机顺利完成作业，被业内人士认定为是目前唯一能在大量玉米秸秆覆盖条件下可正常播种作业的机器，可谓是一战成名，创造了免耕播种机作业奇迹。

2017年2.0版免耕播种机播种现场

二是作业功能多。一次完成侧深施化肥、清理种床秸秆残茬、整理压实种床、单粒播种、施口肥、挤压覆土、重镇压等工序。

三是播种作物品种多。配套的气力式和机械式排种器，可以播种玉米、大豆、高粱、绿豆、小豆、葵花、蓖麻、甜菜、倭瓜等十余种大田作物。

四是播种数量精。采用的具有世界先进水平的排种器，播种单粒率达98%或更高。

五是仿形准，采用的平行四连杆单体独立同步仿形机构，仿形轮与播种开沟器双侧同位设置，保证了播种深度一致性。

六是覆土镇压科学，采用V形设置的空心橡胶轮式覆土镇压器，实现了挤压覆土和重镇压，种子与土壤紧密接触，保墒效果好，出苗率高。

七是耐久性高。采用的加强型机架，主、副梁通过牵引梁和左右侧板固连成一体，使用更可靠。

八是智能化程度高。采用了五位一体监控器及国内首创的具有远程管理的农机管家系统，为各级政府实施免耕播种作业补贴，检测作业面积和效果，确定补贴金额传输可靠的数据，并为合作社、家庭农场管理人员监管机器作业提供方便条件。

九是适用范围广。在区域上，西北、华北、东北都有良好的应用效果；在耕作模式上，可以满足平作、垄作、宽窄行等耕作方式；在施肥上，施肥量调整范围广，既可满足超底量，又可以超大量施肥；施肥量调整实现了粗调整加精调整，既能深施底肥又能浅施口肥。

十是作业效率高。配套的高性能排种器，多功能的监控器，加上整机重量大，作业稳定性好，可以24小时连续高速作业。

2.0版免耕播种机问世后就备受关注，广泛应用于我国的东北、西北、华北、华东等地保护性耕作区域，为我国保护性耕作发展起到了助推的作用。

纵观发展前景，智能化、大型化的免耕播种机在向我们招手，我们正向着研发全电控传动、全液压控制播种单体压力的高智能化3.0版免耕播种机和10行以上大型免耕播种机的方向迈进。

今后，我要在北京德邦大为公司这个更高、更大的平台上，老骥伏枥，志在中国大地，让更多的农民用上播种“苗全、苗齐、苗壮”的新型免耕播种机，续写免耕播种缘的新篇章。

为了我那不曾停息的农机梦想

□ 廖建群

廖建群，从事丘陵拖拉机及自走式底盘、智能设备研究制造工作40多年。历任湖南宁乡拖拉机厂技术部主任、常务副厂长兼集团中美合资企业总经理等职务。

一、宁乡拖拉机厂的历练

那是1974年的夏天，高中毕业后正“待业”的我，听说“上海工农喷雾器厂”响应支援毛主席家乡的号召，对口技术援助我县。接受项目的企业，急需招收技术工人。于是，我凭借自费跟师傅学习的机械加工技术，有幸参加了手动喷雾器的试制生产。

通过一年多的努力，产品定型。县主管部门合并两个小厂正式成立“湖南省曙光农业药械厂”，批量生产“飞燕”牌手动喷雾器。当时的企业，根本不需考虑市场变化和投资收益，原材料都是由国家计划拨付，产品价格也是由国家相关部门核定，产品售出价格很低；企业成本缺额部分由国家按产量直补给企业。每年秋春两次的“全国农机会”也只有农机生产企业和农机、农资供销企业参加，不曾见到最终用户。

接下来，我们企业根据国家计划，又研发了储气式喷雾器、切线泵机动喷雾机。我们的产品按计划源源不断地运送到省内各地。每年的用户回访工作，使我从工厂走进了田野，从而体会到了农民的艰苦。据数据显示，有不少农民因喷药治虫而中毒，个别的甚至身亡。当然，这主要是使用不慎所致。但怎样减小农民种田的风险，就此写进了我的工作日记。

时间到了1977年，国家恢复高考，我很高兴有了系统学习机械设计专业知识的机会。如饥似渴地学习，不断地实践，使我从一个机械加工者蜕变为一名农机设计者，早年的纠结和无奈，成为了我的工作动力。

“1979年那是一个春天，有一位老人在中国的南海边画了一个圈……”从此改革开放的春风吹遍中国大地，全国开始了计划经济体制向市场经济体制的过渡。

这一时期的特有现象，叫“双轨制”，副产品是“倒爷”。企业经营游弋其中，艰难维持。但由于企业有了自主权，产品市场拓展，效益大幅增加。

为了提高生产率，我们企业在全厂上下展开“学技能，应知应会争先进；讲奉献，技改技革当先锋”活动，很多工人吃住在厂，昼夜不离车间。

我积极主动参与其中，为工人们的设想方案进行理论论证和设计计算。生产线上逐步添上了我们自制的自动切管机、自动杆料成型机、系统密封检测机等，多项技术成果被运用到设备设施、工艺工装、产品检测上。

工人们的智慧和拼搏精神，使我至今难忘。技改和创新，提升了生产能力，提高了工人素质；企业产品性能稳定，品质远超同行；产品很快覆盖南北，成为当时的国内名牌，并远销东南亚国家。

改革开放，在我们单位初见成效。

二、“盘拖”诞生记

湖南东、南、西三面山地围绕，中部丘岗起伏，北部平原湖泊展布，是自然条件差异较大的山地和平原丘岗地形特征。当时湖南省机械厅为解决湘东、湘南、湘西地域自走式农用机械的空缺，组织省内力量，立项研发“盘式拖拉机”，我单位是成员单位之一。

1988年，“盘式拖拉机”研发工作正式开始。我作为成员单位的工程师，负责主机设计的相关工作，和团队成员一起亲身经历了在那个技术基础薄弱的年代，从零开始研发一种山地丘陵拖拉机的艰难。

记得当时国家布局有四个主机企业，我们“宁乡拖拉机厂”是计划产能最小的单位。最后，却只有我们单位圆满完成了研发任务。我们企业于1990年获国家工业产品生产许可证，证号XK06-004-2，成为当时湖南省唯一的“盘式拖拉机”整机生产企业。

这种因地适宜的产品，受到丘陵山区农民的高度关注和青睐。

三、乱象丛生时期抓质量

“1992年又是一个春天，有一位老人在中国的南海边写下诗篇……”从此，国家将“双轨制”并轨，中华大地一心一意发展市场经济。这一时期，民营企业雨后春笋般地诞生，合资企业、独资企业不断涌现，可谓八仙过海各显神通。一时间市场乱象也日渐滋生，假冒伪劣，无标生产的产品不断入市。他们通过低价竞争，或行贿受贿，夺取客户。农资、农机市场出现此类产品，必然会坑害广大农民。

起初，政府相关职能部门还管得住。但在2004年农机购置补贴政策实施之前，一度出现了失控现象。当时很多生产条件简陋的企业开始做拖拉机配套件，材料作假，热处理工艺被放弃，或不符合要求的零部件被送入主机厂。

为了确保拖拉机的制造质量和客户利益，我被单位领导聘任为副厂长，负责技术和全面质量管理（管理标准国际化后，即为“ISO质量保证体系”）工作。

我们用科学的管理方法指导外包、外购件企业，并严格入厂要求，使“曙光牌拖拉机”的信誉不断提高，出现一机难求的局面。连续几年扩产，还是呈现排队购买的景象。

回想那时，我每天带着嘶哑的嗓子处理工作，早出晚归，工资有增幅，干劲也十足。由于企业效益好，大、中专毕业生都想进我们拖拉机厂。

四、重回农机行业创造“盘拖”辉煌

1998年，我县作为企业改制试点县，宣布所有企业进入改制进行时。何去何从成了每位企业人必须思考的问题，我只好拽着对农机的不了之情，离开企业，另闯天下。

2004年，同事找我，叙说改制后师傅们怎样努力保住“曙光牌”拖拉机的经过，并谈到了市场需求，客户期望。之后求助我协力振兴“曙光牌”拖拉机。师傅们的不离不弃，机手们的力挺和不舍，使“曙光牌”拖拉机不曾消失。

这对我触动颇大，我的“农机情”重新开始激情燃烧。

我接受了同事的请求，积极地展开相关工作，并请农机部门领导具体指导。

最终结果出来了：“生产条件达不到拖拉机生产的要求，不允许生产”。大家都挺着急，都是下岗职工，改制时拼凑几万元购买了“曙光牌”拖拉机的品牌和技术文件。如今两手空空，机器却远离达标要求，怎么办？他们急切地看着我。我犹豫了，一时不好作答。

2005年仲夏的一天，同事的爱人哭诉着对我说了他们的现况，“廖总，如果你不伸出援手，‘曙光牌’拖拉机肯定就完了！”听着这些话，实有锥心之痛！

我做了个别人看不懂的决定：退出经营运作很不错的“智能设备公司”，携资组建拖拉机厂，重回农机行业。随着我的进入，原单位下岗的师傅们大多高兴地回来了，一切都按计划如愿进行。

怎样使企业尽快立稳于市场并发展壮大？通过调研分析，我决定采取“营销”“创新”两腿齐步走的战略。

我带领企业创新团队，从“曙光牌”拖拉机的牵引性能、转向性能、通过性能，铰接寿命等方面进行提质改进，获得“盘式山地拖拉机”发明专利（专利号：201110029508.0）为主的系列自主知识产权。

新产品“盘式山地拖拉机”为折腰转向、同步四驱机型，很受丘陵山区机手欢迎。一时间，省内外十多家企业仿造跟进。

在国家农机购置补贴政策的推动下，“盘式山地拖拉机”产销量很快达到历史高峰。我们的产品在湖南、贵州、江西、湖北大部，云南、四川局部地区，充分发挥田间运输、山地运输和农田基础设施建设作用。企业很快稳定，并乘改革之风快速成长。

五、独自探索山地／水田拖拉机技术方案

随着用户期望值的提升，“盘式山地拖拉机”不能挂接农具作业的缺陷凸显。现实是：山区丘陵急需通过性好、机具配套性广、设备年使用率高的山地／水田拖拉机。

这是一项艰难而必须要进行的工作，但企业股东思想难统一。2007年，我离开了一手创办的拖拉机厂，先行探索山地／水田拖拉机的技术方案。

从此，我开始了长达10年的再圆农机梦的旅程。

改革开放以来，随着国家对农业机械化高度重视，我国农业机械化快速发展，成绩显著。然而，面积较大，机械化水平总体较低的丘陵

山区，发展缓慢。受丘陵山区自然、经济等条件的制约，推进丘陵山区农业机械化发展的任务，比平原地区更为艰巨。大家笑谈是："大企业不想干，小企业没能力干"。

其实，情况没有那么坏。我看到国家近年已启动丘陵山地拖拉机相关项目；西北农林科技大学杨福增教授带领团队，独辟蹊径，创新智造丘陵山地农机初见成效。

我的创新得到了中国农业机械化协会夏明副秘书长的关注。在他的支持下，年轻有为的长沙九十八号工业设计有限责任公司创新团队、长沙伟诺汽车有限责任公司、浙江云州科技有限公司积极参与并给予支持。

自费研究，10年坚持，我终于成就了"铰接式山地拖拉机"及"高效动力变速系统"技术方案，获得七项发明专利和多项创新技术。别看表面没多少动心之处，核心技术在内部，与目前展示的国外机对比有着诸多优势、亮点：

- "差速四驱"取代"等轮四驱"，降低功率损耗，提高整机灵活性和行走系寿命。
- 模块结构，一机多型；用一个传动系统，满足多个底盘需求，标准化程度高，品质有保障，生产和使用成本低。
- 轮／履相互转型（这里所指，是四轮底盘转换成两履带底盘），对于企业，可简化生产组织，扩大企业产出；对农机合作社，可根据需求变换底盘型式。
- 独特的高效动力变速系统，实现四轮驱动有挡无极变速，彻底解决了两履带底盘功率损耗大、零半径转向受阻等问题。
- 在"铰接式山地拖拉机"上挂接传动腿，拖拉机成了具有四脚的农机，可实现行驶和步进，如果加上智能系统它将成为农业机器人。

当然，要实现以上技术方案，必须要聚大家的智慧，集中国企业之精神！

六、我愿奉献已有技术方案

改革开放40年，应该说是我人生历程最精华的年代。对我个人来说，有不一样的收获：从资本来说，我是从无到有，从有到无；从农机设计来说，我是由情生梦，逐梦如初。

我曾问自己，当时放弃赚钱的工厂，潜心突破技术，到如今成了老农机并且退休，有技术无资本，梦仍依旧，是否决策失误？实际上，我内心里是多么希望能像企业的项目一样，获得政府的支持和帮助，将革命进行到底！

但我并没有任何的抱怨。改革开放还在进行时，丘陵山区农业机械正处发展蓝海期，同志仍需努力！我愿奉献已有技术方案，与有意创新发展的企业一道，为中国农机能用上中国技术而继续奋斗！愿中国农机走向辉煌！

从使用到改进再到设计制造农机

□ 张秋林

张秋林，黑龙江省北安市赵光镇福安村农民。

一、与拖拉机结缘

改革开放不久的1984年，我家购买了一台长春拖拉机厂生产的28马力拖拉机。当年我初中毕业后回家务农，正好驾驶它。那嗒嗒的响声虽然很大，但是对于一个16岁的少年来说，开着它跑来跑去那也是相当的威风。

这台拖拉机可以干耙地、中耕、起垄、播种等农活。当时，三头牛一天能耕地15亩，而这台28拖拉机一天能耕地230亩地，大大地提高了生产力。

1990年，家里又添了一台天津铁牛55，它比28拖拉机又强很多，不但功率大，能力也是很强的！耙地也快，用55拉货运输效果很好。

随着国家惠农政策的逐年加大，取消了农业税和各种费用，种地还有补贴，我家的收入也在增加。2007年，我家又添一个大件——一台东方红1304拖拉机，130马力，功率强劲，还得到了国家的农机购置补贴。

我发现，这台车的空气滤清器是油式的，滤芯不能更换，效果远不如干式的滤清器，可以更换滤芯，于是我将它改成了干式的滤清器。在秋天灰沙漫天的干燥季节里作业，一天更换了3次滤芯，柴油机都没有出现问题。相反，我们附近的几十台东方红拖拉机都由于空滤问题而更换了柴油机。相比之下，我的拖拉机对外服务效率更高了，一天耙地600多亩，中耕、播种更是厉害。这就是改进得来的效益。

二、与收割机结缘

1991年，家里买一台四平生产的东风4LZ-5谷物联合收割机，彻底地把人从劳动中解脱出来，一天能收获15公顷小麦，抵得上150个壮劳力干一天。真是应了毛主席的话：“农业的根本出路在于机械化”。

对东风收割机的改进是在一年之后：我把筛箱吊架改成“胶套”。原来的是金属套，使用一个秋季就出现间隙，有咣咣的噪音，还损害筛子。改成的胶套用U型夹子螺栓拧紧，没有了间隙和噪音，并且非常耐用，几年才更换一次胶套，维修也很方便。为了收割大豆，我把东风收割机的割台改成“挠性”割台，贴着地皮随着地面起伏收割大豆，不落豆荚，效率非常高，一天能收割大豆300亩，省时、省力，效率惊人！

从改造中得到“好处”的我，越改越大、越改越多，难度也是越来越大。

三、改进“佳联 -6”

2009年，我购买了一台新型收割机——佳联 -6谷物联合收割机，功率是160马力，采用切流＋轴流脱粒分离装置。通过一个秋季的使用，发现了很多问题：一是收获大豆时破损率高；二是装配质量欠佳；三是卸粮筒出问题；四是挠台过硬，等等。

冬季，我开始思考改进设计方案，第二年开春就开始实施。割台、卸粮筒、装配这些都是小问题，很快就解决了。唯独破损率高是难题，很长时间没有突破。经过深入研究佳联 -6的现有结构，我终于想到了改进方案：将原来的切流＋轴流脱粒分离装置改成“双切＋双纵轴流”脱粒分离装置。想到这个方案以后，我大胆开始实施改造，在经过两次失败后，没有放弃，第三次终于成功了。

改造后的佳联 -6收割机在收割大豆、杂粮、玉米时破损率低，干活速度快，农户抢着用，让我赚足了面子，很有成就感！

四、到工厂参与制造谷物联合收割机

2013年，受青岛一个工厂聘请，我离家去参与制造谷物联合收割机，在工厂的研发院工作，参与新产品的开发、制件、工艺、组装、实验、驾驶、调整、售后服务等工作。由于与工厂的技术副总意见不统一，只工作一年多，我就辞职回家了。但是，这段在工厂的工作经历，我收获颇多：材质、工艺、组装的工位、大小工程师们，收获最大的是自学了CAD和UGNX画图软件，这都感谢工程师们的帮助！

总结起来，最为深刻的感受是：工厂开发新产品离不开综合人才，就是对工厂的制造流程、设计、工艺制造、组装、调整、维修、驾驶都要精通的人。具体来说，应该包括如下几个方面：

一是新产品问题出现，能正确判断出是哪个环节造成的，避免互相推诿——设计者说是制件问题，制件者说是组装问题，制件者说是调整使用不当造成的等等。

二是用正确方案快速解决问题。当问题出现时，能准确地判断出问题是哪个环节造成的，并能及时给出整改方案把问题解决，以便继续试验，把问题和性能都试验出来，为以后的量产打下良好的基础。

三是敢做直言的“包公”。不能做老好人，谁出现的问题都要直接指出，即使是技术副总设计的方案有问题也要直面指出，不能拐弯抹角，不怕得罪人。技术不能掺假，一就是一、二就是二，如果欺上瞒下来造假，表面上暂时风光了，实际上最受伤害的是工厂。

四是精通收割机结构和驾驶维修保养的人来培训新用户，手把手地教他们，告知注意事项，并让用户动手做一遍，达到融会贯通。

五、研究多切流滚筒脱粒分离技术

2015年年初，我开始酝酿开发多切流滚筒脱粒系统。切流滚筒脱粒是传统脱粒装置，优点是费效比高，省油、节省功率，喂入顺畅，脱出物料秸秆不碎；缺点是收获作物单一，破损率不好控制，尤其是收获玉米时破损率更高。为了继承切流的优点，克服缺点，我用多切流滚筒脱粒分离技术，用低转速来降低破碎，用多个滚筒来保证脱净率，这就是我开发多切流脱粒装置的初衷。

为节省开发资金，我用一台老旧的1075收割机做平台改造试验，共安装了4个脱粒滚筒，秋季做脱粒玉米的实验，结果比轴流滚筒的破损率高很多。

第二年，我又对滚筒和瓦板做了优化。秋季试验时，玉米脱粒破损率接近轴流滚筒脱粒的玉米。但是，四个滚筒在结构上有些过于复杂。所以，在2017年，我又对整体结构做了较大的调整，用3个切流滚筒，简化了结构。当年秋季，我用捡来的玉米做试验，结果显示，破损率与轴流收割机的一样，达到了我的目的。

今年春天，我又遵循2017年的原理方案，对整体结构做了改进，很快改造完成。期待今年在地里试验收割玉米能取得更好的效果。目前，我正在用它收割大豆，与轴流收割机相比，在同等功率的情况下，要快很多，破损率在1%以下，经济效益很可观。

我们这里没有小麦，一个切流滚筒就能完美地收割小麦，更何况我这是多道切流滚筒。

六、总结

农村改革——包产到户，使我家拥有了农机具。30多年来，我对农业机器使用、维修、保养、改进、再到工厂，继而又独立研发脱粒分离技术、清选、卸粮、割台等，这个过程使我感受颇深！

感谢国家的好政策。感谢青岛的张老板，让我在工厂学到了很多知识。感谢对我鼓励和支持的朋友们！

转眼30多年过去了，经历过的事情历历在目，苦辣酸甜俱全，甜大于苦！经历使我愈加成熟、储备愈加丰厚！

我计划，在2019年制造一款全新的谷物联合收割机，把我多年积累的经验和研究成果全部体现在这款新车上！敬请期待！

征文后记

我对谷物联合收割机研发工作的一点儿体会

设计是重中之重

设计之初，必须对现有谷物联合收割机有充分的了解，对包括结构、使用情况、收获各种农作物的优缺点等了如指掌，对进口收割机也要充分了解。要遵循“实用、耐用、简单、方便”原则；能收获多种农作物，一机多用；储备大、故障率低、皮实抗造；坚持在保证功能的同时寓至繁于至简的理念；每个部件的设计既要与工艺相结合，还要充分考虑装配、维修、保养的便利性；预留多种“接口”，为以后整改和调整留出空间。

设计收割机的各个部件，经实践证明了的老部件可以沿用；可以改进老部件；对新设计的部件要科学分析计算，本着实用、耐用、简单方便的原则，并单独试验达到设计要求方可用在整机上。最后是把这些零部件有机地整合一起。

设计不是简单的模仿，也不是随心所欲，是经验积累+创新，没有先进的思想就不要开发整机了。

采购与质检是易被忽视的一关

很多部件是外协厂供应的，质量好的外协件对主机厂产品质量提升有重大作用。采购人员和质检员必须业务熟练，负起责任，模范遵守常规。

采购的第一准则是质量。其次参考价格，质次价低的外协件坚决不要采购，必要时要果断辞退受贿员工。

质检在部分工厂易被忽视，质检尽职尽责是对采购的有力监督！企业要对采购、质检监管到位，失去监管的权力易产生腐败。

老板和经理一心想把产品做好，不惜花高价外协零部件。然而，经常事与愿违，质次价高的部件安装出的整机能出好产品吗？采购必须得到重视，杜绝劣质部件进厂。

组装与制件的重要性

按照图纸要求制件，多一些焊合件，用工装保证精度，还要校正。组装也是对制件的监督，对有“问题”的部件马上组织相关人员评审，找到症结，做好记录，避免问题再次发生。

组装是技术活，也是很重要的一环，必须重视。要培训员工，螺栓把紧要达到要求，局部震动大的地方用双螺母锁紧轮包括涨紧轮共面对齐；安装各个部件要有先后顺序，提前规划，合理安排。

质检要时刻现场检查监督，组装得好，对产品质量有很大的提升，可减少售后服务的费用，还能提高产品知名度。

必须重视试验

试验的目的是验证产品是否达到要求，对各种农作物收获质量是否达到国标，工作效率高不高；还有对各地区不同品种、不同成熟度的农作物的适应情况，唯有试验后才知道。

在试验中需要“总揽全局”，即对全车结构原理内涵有透彻了解、充分掌握、驾驶调整经验丰富的人，能针对水分、产量等不同状况准确调整好收割机参数，达到“完美”收获效果；对出现的问题能准确判断出是设计问题、部件问题、组装问题、还是使用不当问题等，避免各部门互相推诿、推卸责任，并能及时给出整改方案，马上整改，争取在短暂的收获季节多试验，把所有问题都试验出来，并整改到位。

个别厂在对新开发的收割机做试验时，指派几个修理工，试验出现的问题和故障，维修工只知道按照原样修理（不整改），每天忙得不亦乐乎，这样的试验没有多大成效。

新开发收割机是否成功，制作是否精良，唯有通过试验才能验证。如果新开发的收割机，存在的问题没有试验出来（或者隐藏问题），就批量生产，对工厂会造成巨大损失。充分试验是对用户负责，也是对工厂负责，为新产品早日走向市场负责。

请重视试验吧！

挺进创新“蓝海”才是唯一出路

□ 李　勇

李勇，山东潍坊人，从事农机行业 20 载，先后就职于国内第一品牌农机制造企业、国内首家上市农机流通企业，从事过品牌传播、市场营销、运营管理、战略研究等多个岗位，对企业管理、竞争分析、行业走势等见解独到。

在改革开放 40 年之际，我国农机产业迎来了坎坷、困苦、焦灼而又漫长的调整之路。业内判断，这个调整过程必然是一个艰苦卓绝而且需要时间沉淀的过程。

作为工业产业范畴里传统机械制造行业，农机产业不落队的唯一途径只有一条，那就是创新。

如何才能挺进农机产业创新的“蓝海”？其中的“困惑”及“岔路口”依然不少，市场发展困局随处可见，以下几个关键点或许能给业内带来一些参考。

一、产销闭环的矛盾

抛开社会整体经济环境不讲，就农机说农机，如今是一个不在趋弱下生存、就在趋弱中灭亡的时代。今年乃至未来两年，仍是行业转型升级的关键期，这个阶段不仅表现在市场发展速度大大放缓，而且增量市场向高质量存量市场过渡将持续进行，成本、利润、现金流、销量递减等多重压力直接威胁到超过 2 500 家农机企业的存亡。

这种情况下，农机产业既要聚焦创新，同时又要全面提升产品的性价比。展开来讲，农机企业既要寻求技术、工艺、质量等全要素升级，又要在保证产品质量的基础上，在成本和利润之间进行反复调整，找准平衡点。直面当下，市场下行，而钢材、橡胶、玻璃、铸造、金属等农机制造必需品，却因为人工、环保等因素影响价格上涨，与之向背驰，农机直接服务的农民消费群体，却因为近年来粮食价格不稳、农机投资收益下降、新生群体价值取向改变等因素引发连锁反应，处于消费不振的缓冲阶段，市场需求不足已经有目共睹，农机市场价格竞争的“硝烟”一直没有散去。

农机企业存活下来才有发展的机会。要想存活，就必须直面成本高企和产品价值劣势的矛盾。不管是做传统产品还是做新兴品类，都

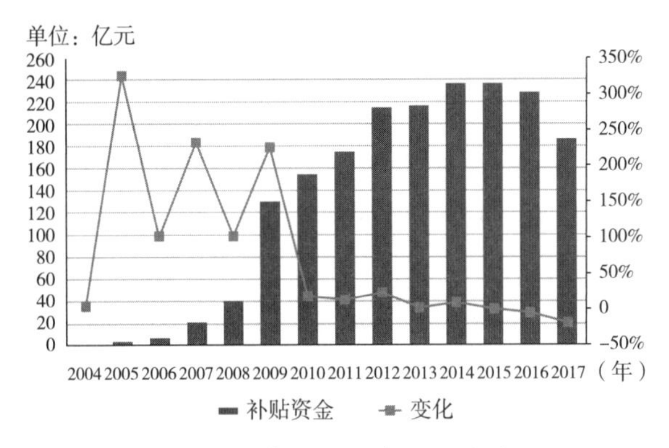

2004年以来国补资金变化统计图

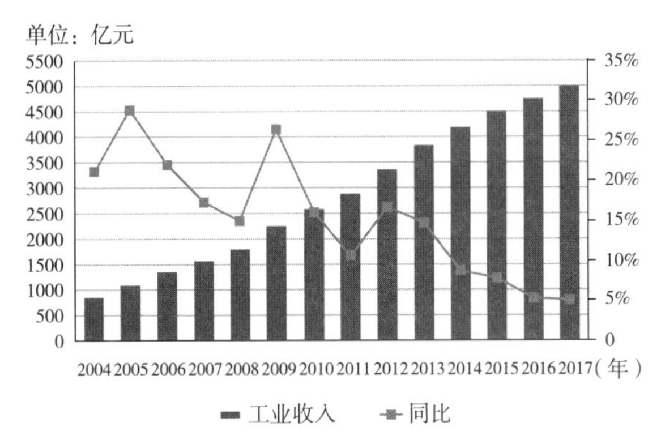

2004年以来国内农机年度工业收入变化图

必须在建立产品差异性、提升市场竞争力、高质量低成本、提高性价比等环节上做文章。产品好、价格合理、服务优、品牌响，打造专属“不同”和“过人之处”，才有机会抛开竞争对手，跑在市场竞争的前面。

二、久难突破的瓶颈

国内农机制造的实际供给能力是怎样的呢？优势固然明显，但是弊端也不少。

一方面，整体结构失衡。在2004—2013年的10年里，国内农机产业依托补贴政策拉动、刚需透支等驱使，整体规模急剧膨胀，传统市场快速饱和，也造就了中低端同质化严重、重复产出、高端产品不足、产业发展不均衡、技术工艺短板多等瓶颈。

另一方面，高端供给不足。国产化农机产品不管是整机还是核心部件，在高端、智能、先进等产品领域，严重依赖进口，并且国产化农机产品普遍存在可靠性不足的致命软肋。

目前，国内大中拖制造企业超过200家，规模以上企业170余家，大中型拖拉机产品保有量达到了650万台，年产能超过80万台，实际需求40万台左右，这些企业一股脑地扎堆在50～180马力产品领域，同质化严重，而300马力以上高端拖拉机严重依赖进口。

不仅如此，国内制造的中小马力大棚王以及直连传动等小型拖拉机产品，整体可靠性和国际竞争力严重不足，单台价值不及国际一线品牌的2/3。

目前，不仅大型拖拉机靠进口，大型采棉机、大型青贮机、大型耕整地机械等产品也依赖进口。而且，在大马力环保和节能型发动机、电液控制系统及控制软硬件、动力换挡传动系统、打捆机的D型打结器、采棉机的采棉指、免耕精播机的种夹等关键零部件在核心工艺材料、关键零部件、关键作业装置都存在较大技术瓶颈，严重依赖进口。

国内农机领域在CVT无级变速系统、全时驱动技术、悬浮底盘技术、青贮揉丝技术、自动导航驾驶系统等环节存在诸多壁垒尚未突破。

三、同质化“近亲”的限制

在国内农机市场上，很难寻觅到竞争“蓝海”领域，不管是传统产品还是新兴产品，同质化始终是业内产品一大“诟病”。这种现象的产生源自于两种状态：

一种是模仿甚至抄袭。国内超过2 500家农机企业里，不少的一部分企业根本不具备研发能力，在产品制造上，惯用的手段就是拆解测绘，“照葫芦画瓢”。更过分的，就通过各种不正当途径去弄人家的图纸，挖成熟企业的技术、制造及相关人才，“照葫芦画葫芦”，仿制品像是一个模子刻出来似的，实际作业表现往往飘忽不定。

另一种是资源借用。这种现象的形成，主要是因为诸多一线品牌农机制造企业采取的部件外协、工厂流水线组装为主的制造模式所致，尤其是规模企业制造驻地周边，这种情况尤为明显。大部分小微制造企业从大品牌企业的供应商手里购买成熟部件，七拼八凑进行组装，只在外观及部分细节上进行稍微修改就包装上市。这类产品模样貌似和大品牌差不多，而实际性能和整体品质相差甚远。

由于产品同质化严重，导致了国内农机市场价格竞争越演越烈，也正是这种同质化，导致了国内产业升级严重受阻。突破产品同质化严重的怪圈，一方面，农机制造企业要加大技术工艺自主研发力度，创新经营理念，形成差异化的产品体系；另一方面，相关主管部门应该加强知识产权及专利保护，同时加强农机产品补贴资质鉴定，对于不达标、抄袭导致同质化严重的产品严格门槛准入，通过多方共同协作，引导企业向着尊重技术、崇尚创新、追求进步的方向发展，共同促进产业升级。

四、新型品类也会遭遇减速带

2018 年以来，不仅传统农机产品市场下行趋势明显，而且很多被大家普遍看好的部分新兴小众品类也出现了下滑之势。比如烘干机，从目前的市场销量统计结果来看，同比下滑接近两位数；再如植保无人机，实际市场表现也并不像专家们预料的那样火爆，而是继续陷入“叫好不叫座”的尴尬局面。

真正在这些产品领域有实力、有所积累和建树的企业，抢得了绝对垄断份额的“大蛋糕”，大部分企业则进入了陪衬角色里。

比如，这几年在环保要求、畜牧业发展等因素驱使下，打捆机产品一下子从默默无闻的冷门小众品类变得炙手可热，很多制造企业就跟风一拥而上，小圆捆、小方捆、大圆捆、捡拾型、破碎型等，一时间冒出近百个品牌来。

这种情况下，众多品牌产品质量可谓千差万别。更有甚者，为了套取农机补贴而采取了结构不变、单一增加捡拾宽度的不正当手段，可谓五花八门。

小众品类之所以“小”，是因为其属新兴产品，需求量有限，如此毫无节制地扎堆而上，将很快进入饱和，遭遇发展减速带就属必然现象了。

按照正常的经济规律，企业经营永远是逐利的，立足传统，开拓具有更多收益的新业务无可厚非。而实际上，农机行业在任何一个业务板块和产品都有着专属特性和难点，需要足够的设计、技术、工艺、制造、过程控制等全过程资源积累，从产品研发、实验、完善、改进到商品化，不是一蹴而就的事情，要有足够的耐心和时间，不能有急功近利、立马收获果实的严重趋利心态，任何投机行为都是不能够长久的。但愿，国内新兴农机品类能在健康、有序、受控的基调上实现进步提升。

五、转型与创新路径的迷失

在产业竞争进入崭新阶段的当下，农机产业对转型和创新的认知都普遍处于模棱两可的境地，何为创新？怎么创新？这些停留在概念层面的问题可谓不少。

笔者认为，农机产业创新不外乎两层含义：一是“引领”，二是“不同”，任何一个企业，只要做好其中一层，就可以在行业内独树一帜。

具体而言，有三大核心路径可以大做文章：第一条路径是，研发新的技术、工艺和产品。这条路径是最艰难、含金量最高的；第二条路径是用好现有的技术、工艺等资源，把产品做到极致，切实打造出可靠性强、性价比高、竞争优势明显的产品，让传统产业焕发出新活力；第三条路径是聚焦市场痛点，细分经营，因地制宜，深挖潜力。具体举例来讲，比如旋耕机，适合河南、河北、山东等平原区域的产品，拿到内蒙古就会出现“水土不服”，故障率大大增加，这就需要进行针对性开发和改进；再如近年来一直被热议的打捆机，这种机械在国外就是打牧草捆的，而在国内要进行多种对象作业，比如玉米秸秆、芦苇、稻草等，这就需要在整体结构的强度、清选以及整体性能上进行改进。

对任何产业来说，价值都是行业下行最坚实的护城河。农机行业进入转弯趋缓下行期，产业发展必须找准价值创造的支点，坚守与创新并举，持续探索传统农机产业创新的“新蓝海”，实现下一个发展时期的新跨越。让我们对农机产业的所有奋斗者们给予更多、更美好的期待吧！

发展农机装备工业设计正当时

□ 周 宁

周宁，长沙九十八号工业设计有限公司总经理，湖南省工业设计协会副秘书长，湘潭大学工业设计系教师。作品获中国优秀工业设计奖3项，中国智造大奖创智奖1项，芙蓉杯国际工业设计大赛金奖1项、银奖2项、最佳科技创新奖1项等。

改革开放40年，也是我国农业机械装备产业突飞猛进的40年。2017年我国农业机械总动力97 245.6万千瓦，与1978年相比，增长8.3倍；拖拉机保有量2 317万台，增长12倍；联合收割机保有量190.2万台，增长100倍。2017年，我国规模以上农机企业达到2 500多家，各种农业机械3 500多种，全国农作物耕种收综合机械化率达到66%。无论是农业机械装备的品类数量，还是农机装备生产制造水平，抑或是农机装备研发创新能力，都取得了长足的进步，逐步构建起了多元化的农机工业体系，跻身全球农机制造大国。

与此同时，我国的工业设计也随着改革开放蹒跚起步。1977年6月，经国家第一机械工业部批准，湖南大学成立“机械造型及制造工艺美术研究室”，并建立了国内最早的人机工程实验室，于1987年更名为“工业设计”专业。1979年，中国工业设计协会成立，时名为中国工业美术协会。在市场经济的浪潮中，我国的工业设计不断发展，为多个行业创造了中国奇迹。家电行业与工业设计的交汇，创造了海尔、美的等世界级的品牌；手机行业与工业设计的融合，缔造了小米、华为、VIVO等企业的销售奇迹；汽车行业与工业设计的联姻，让国产汽车越来越受到消费者青睐；互联网行业与工业设计（交互设计）的结合，打造了我们如今便捷的互联网新生活；机械行业与工业设计的碰撞，帮助中国装备实现了从依赖进口到如今三一、中车等企业在全球开疆拓土。

然而，农业机械与工业设计的交汇却迟迟没有到来。这两个行业像两条平行线，在各自的轨道上飞速发展，除了一些零星的碰撞，还从未有过真正意义上的行业性的融合。笔者从2008年开始从事工程机械的产品工业设计工作，2013年开始进入农业机械领域，并为多家农业机械企业提供工业设计创新服务。依笔者之见，当前正是大力发展工业设计，助推农机装备转型升级的大好时机。

一、40 年飞速发展——农机行业已具备推进工业设计创新的产业基础

工业设计在我国许多地方被定位为“科技服务业”，其特点之一就是要依托于行业，服务于行业，并改变行业。缺乏某一行业的支撑，工业设计便是空中楼阁。如前文所述，我国农机行业经过 40 年的飞速发展，已经具备了雄厚的产业基础，企业数量多、产品品类齐、产业链较为完善，这些都为农机行业推进工业设计创新提供了扎实的基础条件。

二、从大到强必须迈过去的坎——工业设计是农机企业提升品质、打造品牌的内在要求

农机大国并不等同于农机强国。2014 年以来，农业机械增长速度明显放缓，尤其是近两年的农机行业形势，业内人士普遍的感受是“寒冬”。究其主要原因，就是大而不强，同质化中低端产品产能严重过剩，高端产品供给不足。归根结底，还是受制于“品牌”二字。“品”是指产品的质量、可靠性，“牌”是指产品的知名度和美誉度。“品”不良，造成中低端产品“便宜、能用、易坏”的现状,“牌”缺位，后果就是缺乏高端品牌，同质化程度严重。

工业设计是一种以市场为导向、以用户为中心，融合工程学和艺术学等学科的系统科学。一方面，工业设计的理念可以引导企业的技术创新始终围绕着市场和用户两个核心要素来进行，真正为了市场需求而创新，为了解决用户痛点而创新，不断优化产品性能和质量；另一方面，工业设计可以为企业优化产品形象，打造企业具有识别性的品牌特征，树立鲜明的品牌形象。全球农机巨头约翰迪尔、爱科等，无一例外都对工业设计极其重视，而国内的雷沃重工、中联重机等领头羊企业也都建立了企业工业设计中心。可见，未来中国的农机企业想要打造世界级的品牌，把工业设计融入到企业发展战略将是一道绕不过去的坎。

三、让农业生产成为一项有尊严的劳动——工业设计是回应农机用户“需求升级”的有效手段

改革开放 40 年，是中国农机从无到有的 40 年。农业机械的推广和普及，使广大农民从几千年的传统农业劳动中解放出来。笔者生于农村，长于农村，深知传统农业劳动的辛苦，湖南地区暑期一年一度的“双抢”曾经让笔者苦不堪言。

在从无到有的过程中，农机使用者对于农机的要求是简单的，能够满足基本功能，解放疲惫身躯的产品便受市场欢迎。然而，近年来随着土地流转和合作社的兴起，加上社会经济的飞速发展，新一代农民群体对于农机的需求也在升级，不仅有基本的功能需求，还有更加安全的需求、更加易用的需求、更加舒适的需求，甚至是更有尊严和社会地位的需求。就像在高铁时代，绿皮火车早已无法满足老百姓更高层次的需求。而工业设计恰好是回应这些“需求升级”的最佳手段。通过系统的人机工程和美学设计，工业设计可以在农机的安全性、易用性、效率性、舒适性、美观性上进行创新升级，让农业生产成为一项有尊严的劳动。

四、融合催化创新——工业设计具备与其他行业深度融合的成功经验

如前文所述，工业设计已经成功融入到国民生产生活的各个行业，家电、手机、汽车、工程机械、高铁、互联网、日用品等，并且为这些行业带来了巨大的成功，甚至是颠覆性地改变了这些行业。而工业设计与这些行业深度融合的成功经验，也必将为农机装备和工业设计的结合提供现实参照。

笔者多年来致力于在农机行业推动工业设计的发展，期待中国农机以改革开放 40 周年为新的起点，大力推进农机装备与工业设计的深度融合。农机行业和工业设计的结合究竟能碰撞出什么样的火花？会不会有新的产品，新的企业，甚至新的模式？让我们拭目以待。

第四章
对外开放

农业机械化合作交流40年，惊人的发展令人感慨无限

□ 岸田义典
□ 李民赞（译）

岸田义典，株式会社新农林社，董事长兼总经理。

李民赞（译），中国农业大学教授。

1977年9月，我第一次访问了中国。当时，中国农业机械学会很希望促进和日本民间企业的技术交流。在这样的背景下，我作为团长率领一个日本农机企业干部访问团来到了中国。

在我们这次访问之前的1956年10月，曾在北京举办过一次日本农业机械展览会。北京展会之后所有的展品运到上海，继续在上海展览，两地的展览给很多人提供了亲眼参观日本农业机械的机会。那时中日两国政府之间刚刚签署了贸易协定，农机展会就是当时贸易协定中的一项内容。10月6日开幕式，就有8万多观众来到展会参观。毛泽东主席也曾出席展会并饶有兴趣地视察了日本的农业机械。根据当时的记录，共有60万人参观了那次展会。

在1956年的展会之后，我的父亲、当时的“新农林社”社长岸田义邦访问了中国，拜会了中国农业机械领域的有关人员。当时我还是个学生，访华归来的父亲对我说在中国见到了真正的“君子”，父亲的话语我现在仍记忆犹新。父亲提到的“君子”，就是中国农业机械化科学研究院的王万钧先生。

回到1977年的访问，在北京期间，我访问了中国农业机械化科学研究院，见到了王万钧先生，同时见到了时任院长华国柱先生。他们希望我能更深入了解中国的农业机械化现状，因此，我们又先后访问了洛阳第一拖拉机厂、上海近郊的农场等。那时中国的农村仍保留人民公社的形式，访问之后，我感到中国要实现农业机械化还有相当长的路要走。当时中国的农业机械以引进苏联技术生产的履带拖拉机、耕作机械等为主，但推广普及的量很小，农业生产仍以人力畜力为主。

8年之后的1985年5月，我有机会再次访问了中国。这次，我作为社团法人日中农林水产技术交流协会的理事，随会长八百板正先生一同访华，王震先生在北京的人民大会堂接见了日本访问团。我一直热心参加日中农林水产技术交流协会的工作，现在已经担任了该协会

的副会长，另外，国会议员户塚进也先生创立了NPO法人日中亲善教育·文化·商务支持中心。他邀请我负责农业领域的交流合作，我欣然接受，现在也作为副会长为促进日中友好尽心尽力。

在日本，经常有人问我为什么要和中国开展农业机械化合作，我的理由如下：中国是世界是上人口最多的国家，而且还在继续增长，因此需要大量的粮食供应。一旦中国的粮食生产遭遇灾害和歉收，将不得不从国际市场购买大量的粮食。1985年，日本的粮食自给率已经低于60%，日本一半以上的食品依赖进口。一旦出现中国在国际市场上大量采购粮食的状况，势必会严重影响到日本的食品进口。因此，通过发展农业机械化增加中国的粮食生产能力，不仅对中国有利，同时也符合日本的利益，因此必须对中国的农业机械化给予支持。以前，包括井关公司的耕作机械在内的日本许多农业机械，在展览会展示之后，会将展品无偿赠送给中国，因此从某种意义上来讲，中国耕作机械的发展也有日本的一份功劳。

如前所述，1977年访问中国后，我认为中国的农业机械化还有相当长的路要走。可是1985年5月的再次访问中国时，让我大吃一惊，8年时间，中国的农业机械生产发生了飞跃性的发展。因此，1985年的秋天我再次率日本农机企业代表团访问中国，目的是希望他们能够积极参与中国农业机械的生产与贸易合作。现在，以日本最好的农机企业久保田为首，洋马、井关、佐竹、金子农机、工进、丸中、IHI AgriTech、高北农机等许多的农机企业都在中国设有合资或独资企业生产农业机械。

1985年我第二次来访中国，我先住在了民族饭店，傍晚时分看到有大批的市民涌向天安门广场参加游行聚会。第二天我们去郊区参观北京鸭的养殖场，又看到有很多的人从郊区赶往天安门参加活动。我们好奇一问才知道，原来是刚召开了十二届全国人民代表大会（译者注：十二大是1982年召开，1985年秋召开的是十二大之后的中国共产党全国代表会议），确定了中国由邓小平先生实际掌舵，继续改革开放，因此聚会庆祝。

我看到中国时，首先想到流域广阔的黄河和长江。日本的河流，虽然流速很快，但都不太宽。中国的河流虽然流速不快，但是河面非常地宽广。我现在还记得，当有些日本农机企业的人员抱怨中国发展太慢，我立即表达了不同观点，中国经济发展虽然看起来慢慢悠悠，但是由于体量很大，其影响力将是巨大的。

从1977年第一次访问中国算起，已经过去41年了，中国农业机械化事业的发展成就真的令人感慨无限。不知不觉之间中国已经成为年产200万台轮式拖拉机的农机大国，包括作业机械企业在内的农机企业数量超过了一万家。中国农业机械的生产金额已经是日本的20倍，真正的世界第一大农业机械生产国。目前，中国也开展了以人工智能（AI）和信息通信技术（ICT）为核心的先进农业机器人的研究开发。在2018年10月举办的中国国际农机展会上，已经有多家中国企业展出了拖拉机机器人、无线遥控植保机械和割草机械等现代农业装备。我确信，中国一定能在新一代农业机械研发领域居于世界领先水平。

世界的人口仍在持续增长，预计到2050年超过90亿人，接近100亿人。但是，作为农业生产基础的资源、土地、水等都是有限的。在这种情况下，必须建立可持续的循环农业生产模式，特别是为了增加土地产出率，必须从质和量两方面保证农业生产的正确性和适时性，而这一切离开了农业机械化是不可能实现的。

换言之，今后支持人类食品供应的关键将取决于农业机械的最新进展。在非洲，很多地方的农业机械化还处于较低的水平，国际上的农机产业必须向这些地区提供价廉物美、经济适用的农业机械。而在这项事业中，中国的农业机械产业必将发挥最重要的作用，支持人类食品供应的最大力量源泉来自于中国的农业机械产业。

农业是人类为了在地球上生存发展而和其他生命系统之间进行的协调作业，其结果是给人类带来了所需要的食物、美丽的环境等。农业机械化是培育生命的事业，是追求和平的行为。我一直期盼通过与中国的农业机械化的合作，为世界带来富裕和和平、使两国人民加深友谊和理解。在邓小平主席倡导的改革开放40年之际，目睹中国农业机械化事业的飞跃发展，我真的感慨万千。从今往后，我们更应该加强各种形式的交流与合作。在无人机领域，中国是当之无愧的世界第一。我一直认为，当今时代，在许多领域日本都要向中国虚心学习。

值此中国改革开放40年之际，衷心向中国农业机械化事业的飞跃发展表示最崇高的敬意。

亲历农机改革开放的40年

□ 宋亚群

宋亚群，1977年下乡至黑龙江省农垦总局牡丹江管理局兴凯湖机械厂，青年干事。1983年黑龙江省农垦总局外资项目办任外资科科长、黑龙江农垦招商局副局长。1996年丹麦宝隆洋行、香港宝富科技有限公司业务经理。2000年约翰迪尔（中国）投资有限公司市场部副总经理。现已退休。

从1978年12月到2018年的12月，是中国改革开放伟大历程的40年，也是中国农业机械化跨越式发展的40年。

本人1977年下乡，到黑龙江省农垦所属一个农业机械厂工作，1983年转调到原黑龙江省农垦总局外资项目办工作，亲自参与了我国农垦系统第一个最大的黑龙江农垦利用世界银行贷款8 000万美元开垦荒地300万亩的项目。

1978年友谊农场五分场二队成功引进使用约翰迪尔大马力农业机械，创造出20个农业工人耕种3万亩耕地的高效农业生产成功经验。通过国际竞争招标，利用世行贷款项目共计采购453台约翰迪尔4450型大马力全负载动力换挡拖拉机，200台约翰迪尔1075−H4型液压四轮驱动联合收割机，以及与之配套的农具。

这些农机设备在当时的1984年也是世界最为先进及高端的农机设备，例如，在我随团于1986年1月赴英国考察学习农业工程项目管理时，当地农民听说我们项目使用的是约翰迪尔农业机械时，也都十分惊讶和赞叹“约翰迪尔的农机设备好，但我们买不起”。彼时，黑龙江农垦的农业机械化步入世界级水平，为以后的黑龙江垦区全面实现农业机械化起到了示范作用。

约翰迪尔农机设备

由于该项目是利用世界银行贷款，世行对项目实施严格的流程管理，对项目进行了预评估、前期评估、中期评估、后期评估，以保证项目的可持续性，保证项目后期的偿还能力，在引进高端先进农业机械硬件的同时，要求软件的配套，即高度注重加强各类人员的培训。

为此，经农业部农垦局同意，根据世行的要求和项目计划，于1987年5~6月，黑龙江农垦派出了包括我在内的7人技术培训小组到迪尔公司的德国收割机厂和美国拖拉机工厂进行技术培训。为了使培训达到很好的实际效果，迪尔公司特从滑铁卢拖拉机工厂开来两台全新组装好的4450型拖拉机，供我们培训小组拆装教学使用，从此，我们开始了55天的拖拉机培训，上午进行理论培训，下午到培训中心实操教室，就上午学习的理论课，在拖拉机上进行实际的动手操作。例如，上午进行转向机构的理论讲解，下午就拆解转向机构。老师还设定一些故障，请我们去排除。同时，要严格按照技术手册标准的装配要求，将拆解的部件重新装回原样，就连一次性的密封件都要重新更换新的密封件后，再安装好，如同实际的修理流程一样。

当讲到发动机时，由于我们提出的问题，不能及时给出确切的答案，应我们的要求，迪尔公司专门调来两名专业设计发动机的工程技术人员，为我们上了大约10天课。迪尔人员告诉我们，为这2人10天课，迪尔公司销售部门要向发动机工程设计部门每天支付大约1 000多美元的借用人员的费用。我们甚至还学习了发动机磁力探伤的方法，包括拆装发动机、高压油泵，以及如何在油泵试验台上校高压油泵等。所有重新拆装的部件都要检测扭力、间隙等，特别是有些精密部件，拆装时需要格外小心。例如，我们在拆装全负载动力换挡变速箱中的一根带有花键的空心轴时，诺姆威斯特老师就提醒我们这轴一定不能跌落到地上，如不小心跌落到地上，这轴就不能再重新使用了，因为跌落以后，该轴的内应力就发生变化了。经过近两个月的培训，我们将两台重新组装一遍的拖拉机开出了培训中心的教室。

正是这样具有实效、大规模、高强度的人员培训，培养出了一大批更高水平的“会驾驶、会保养、会修理”的农机人才，充分保证了项目所引进的先进农业机械，在该世行项目所在低洼易涝、黏重土壤项目点上开荒等作业的机车完好率，使得该世界银行开荒项目成为“借得起、用得好、还得上”的成功典范项目。当时迪尔公司从美国派来中国的现场技术服务人员，看到开荒作业场景后，惊叹道：“约翰迪尔机械在这里经受住了世界上最严酷的考验。”

农机改革开放40年的过程，不仅仅是先进设备引进的过程，更是我们国内农机人员的技术水平和管理水平提高的过程，也是国内外农机人员相互交流、相互学习的过程。

记得那是1985年10月下旬，我陪同迪尔公司从德国派来的工程师弗兰克先生和从美国派来的服务经理戴维先生，对项目引进的约翰迪尔1075−H4收割机进行现场指导和验收。

我们来到青龙山农场。正是秋天抢收季节，新开垦的大豆地里非常泥泞，既有雪，又有泥，还有水。因为所有的项目点，都是新开垦的荒地，低洼易涝，人站在上面都会陷下去，即便是新引进的液压四轮驱动的收割机，在收割大豆时，我们的驾驶员也必须均匀快速前进，不能有任何停顿，否则，收割机就会陷到地中。

我们在现场巡回指导时，有位驾驶员报告说，他的收割机正在地里收割，收割台不能自动仿形了，因为该收割机匹配的是当时世上较为先进的电子仿行形的挠性割台，弗兰克和我们立即到田间，他指挥驾驶员升起割台并锁定后，毫不犹豫地钻到割台下面，很快排除故障，并教授驾驶员如何调整割台电子仿形的功能，这时他浑身上下和鞋都沾满了泥水。这一场景深深地感动了在场的驾驶员，包括我自己，在场的驾驶员为他们竖起大拇指，称赞道："怪不得迪尔的机器好，人家干活就是认真"。迪尔公司的服务人员专业、敬业、不怕脏、不怕苦的工作精神，给当时的农场驾驶员都留下了美好且深刻的印象。

正所谓国之交，在于民相亲。正是改革开放的好政策，才使得我们国家的农机人员有了这样能与国际上其他国家的农机同仁，共同学习交流、共同进步的宝贵机会。

1996 年 3 月后，我到了约翰迪尔中国代理商——丹麦宝隆洋行工作，以及后来的经销商——香港宝富科技有限公司工作，又从一个农机经销商的角度，亲身感受到改革开放给我国农业机械化带来的变化。

当时黑龙江农垦探索出了以稻治涝、提高粮食产量的新农业生产发展模式，为了配合黑龙江农垦解决水稻种植户水稻收割的问题，提供适应当地特点的收获解决方案，黑龙江农垦农机部门提出要实地考察约翰迪尔 CTS 型水稻收割机的实际作业效果。

可当时是我国的春季，到哪里能看到秋天水稻收获现场呢？我们突然想到了，南半球的澳大利亚正是水稻秋收季节，迪尔公司立即发出邀请，在澳大利亚当地约翰迪尔经销商的配合下，邀请黑龙江省农垦总局农机局的彭精武先生和红兴隆管局总农艺师刘杰先生于 1998 年 4 月 4~9 日访问澳大利亚的水稻种植农场。

迪尔公司的谢励强经理、专程从迪尔公司

1998 年 4 月 4 ～ 9 日，访问澳大利亚的水稻种植农场

莫林收割机厂赶到澳大利亚的麦尔康经理和我陪同前往澳大利亚考察约翰迪尔 CTS 水稻收割的现场收获情况，我们换乘小飞机从悉尼来到了一个位于澳大利亚中部的水稻农场。该农场主曾是当地城市的市长，亲自驾驶约翰迪尔 CTS 收割机，我们向他详细询问了约翰迪尔 CTS 水稻收割机的使用情况，他告诉我们他的收割机已经使用两年多，收获季节每天收割大约 1 000 亩地。收割机没有出现任何故障，两年只换过一条皮带。当我们问到收割的损失率时，他表示，通常我们设定在 5‰，既可保证既有合理的收割效率，又有可接受的损失率。他说，当然你也可设定为零损失率，只是会影响一些收获效率。

澳大利亚的水稻田地块大，当时我们看到现场收割的地块有 1 000 亩。尽管澳大利亚的水稻采用的是飞机播种的方式，但我们看到田间的水稻却是长得一行行的，十分均匀，如同用插秧机插栽的一样，农场主告诉我们，那是因为在整地时，先用机械压出一条条沟，而后灌水，飞机播种后，风吹水荡就将种子荡摆到沟中。长出后即成行了！

实地考察不久后，迪尔公司便提供信用销

售的支持方式，通过我所在经销商－宝富科技有限公司，向黑龙江农垦 850 农场的用户销售了第一台 CTS 水稻大型联合收割机。该收割机还受到了当时国家主席江泽民等领导人在建三江管理局二道河农场的现场检阅。

此后，迪尔公司组织在其合资企业－佳木斯联合收割机厂研制生产出了适合当地种植模式的水稻联合收割机，3518 型水稻联合收割机正是在该机基础上，细心聆听用户专家意见后研制出来了，受到水稻种植用户，特别是黑龙江农垦用户的欢迎。

2000 年后，我又转到约翰迪尔（中国）投资有限公司工作，有幸从一个农机制造商的视角亲身感受改革开放对中国农机化发展的巨大推动。

2003 年年初，全国人大会议上提出了加速实现农业现代化的目标，为此，黑龙江农垦总局提出了垦区要发挥大农业、大农场、大农机优势，加速实现农业现代化，规划出黑龙江农垦现代化农业工程项目。

同年 8 月 28 日，时任农业部部长杜青林等一行应美国农业部部长的邀请访美，期间要访问迪尔公司在美国芝加哥附近的经销商——万沃公司，迪尔公司为了做好接待工作，特派我前往现场接待指导和兼做翻译工作。杜青林部长一行抵达经销商处，受到迪尔公司副总裁德福里斯先生及迪尔员工和经销商的热烈欢迎。大家落座后，经销商总经理先致欢迎词，后由迪尔公司副总裁致欢迎词。

在他们致词结束后，迪尔公司还邀请杜部长给我们做一个讲话，杜部长说："我请我们代表团中牛盾司长代表我讲话，因为他以前曾任农机化司司长，更了解情况，讲得更清楚。"

在美国迪尔公司坐谈

我们鼓掌欢迎。杜部长的建议，入情入礼。

牛盾司长首先感谢当地经销商和迪尔公司的热情接待和周到安排，并赞誉了迪尔的农机产品，然后话锋一转，手指经销商店里大厅棚顶悬挂的英文条幅（Quality Products Affordable Prices）说道："我希望约翰迪尔在中国销售的农机产品，如同这条幅上写的那样，质量优异，价格合理。让中国农民能够买得起，农民喜欢购买的产品，我们就将给予支持，我们还将给予购买农机的农民一定的购机补贴……"

牛盾司长的即兴讲话，让迪尔公司在场人员格外佩服，展现了农业大国农业部领导的政策水平，也为迪尔公司在中国的农机业务发展指明了道路。

随后，农业部代表团到经销商的设备展示场地参观各种农机设备，杜部长还亲自登上约翰迪尔 9520 系列的橡胶履带 450 马力拖拉机驾驶室内。在午餐期间，杜部长对德福里斯副总裁讲道："约翰迪尔这样大型的农机设备非常适合黑龙江农垦，应当密切双方的合作。"杜部长的谆谆教导，恰与拟要实施的黑龙江农垦现代化农业工程项目十分契合。

同年 11 月 15 日，以黑龙江省副省长申立国为团长的黑龙江省农业考察团访问迪尔公司，随行还有原黑龙江农垦总局局长吕维峰等一行 7 人。该代表团参观了拥有迪尔公司核心技术的全球拖拉机研发中心，参观了正在进行拖拉机前桥疲劳实验的工程质量测试中心、低温启动试验室、噪音实验室、尾气排放测试中心，该中心大约有 1 200 名高级工程师。

参观完后，代表团回到会议室，中心的负责人请代表团为约翰迪尔的农机设备提出意见和建议，申立国省长十分感慨地讲到："没来迪尔公司特别是该研发中心参观之前，我们不知道为什么我们的农场职工都十分喜欢使用约翰迪尔农业机械，今天参观完这个中心后，答案找到了！你们迪尔公司是用最优秀的人才、最科学的手段、最先进的技术，研发、设计、并制造了约翰迪尔农机。"短短的几句话，讲得我们大家无比激动、备受鼓舞。

2003 年 12 月 25 日，黑龙江农垦现代化工程正式开始招标采购，共计约采购 250 台大型农机设备，其中 180 马力以上拖拉机 150 台。投标结果，迪尔公司共计中标 226 台设备，其中大马力拖拉机 133 台，包括 7820 型拖拉机、8000 系列和 9000 系列拖拉机、橡胶履带式拖拉机以及农具。为了满足用户 2004 年 5 月到港的要求，迪尔公司千方百计保货源，压缩美国国内供给，以保证该项目的交货期。期间有个美国当地约翰迪尔经销商，发现了一整列火车装满了约翰迪尔拖拉机驶往美国的出口港，用户是黑龙江农垦，该经销商的约翰迪尔拖拉机供货紧张的困惑有解了，他还拍下了照片。

2004 年 5 月 10 日，黑龙江农垦农业现代化工程项目启动仪式在哈尔滨会展中心举行，133 台约翰迪尔大马力拖拉机整齐地排列在广场中央，展示出了大农业、大农场、大农机的壮美画卷，开启了黑龙江农垦农业现代化历史的新纪元。

黑龙江农垦由改革开放之初的一个农机化 3 万亩示范点、到 30 万亩补偿贸易、到世界银行贷款 300 万亩项目、到 3 000 万亩的现代化农业工程项目，这一切一切都是改革开放为农业现代化带来的丰硕成果。

中国一拖耕耘在非洲

□ 王　棣

王棣，中国一拖集团有限公司营销经理。

2007 年，我大学毕业后直接进入中国一拖从事对非出口工作，至今已经有十年。回想 10 年来 YTO（中国一拖注册的国际商标）在非洲市场，从发现者到探路者，再到如今的追梦者，点点滴滴近在眼前。

在我入职之前，非洲的土地已被一拖人踏了个遍。从一开始摆地摊一样地给非洲人介绍拖拉机，到如今在十几个国家形成网络式销售；从翻着词典，边查英语边跟老外交流，到如今英语、法语换着讲解；从机场外的 YTO 广告标语，到如今经销商自己建立起的服务网点，YTO 作为中国农机行业的标杆，已经深深扎在了非洲的土地上。

10 年来，我因 YTO 与非洲大陆结下了不解之缘。

我入职后的第一个月，恰逢中国一拖出口津巴布韦 1 086 台大轮拖的交付期，我怀着无比兴奋的心情加入到了贴唛头的行列中。那天，跟着公司的老师傅到了厂内的物流仓库后，我看到一辆接一辆的拖拉机停在周围，原本兴奋的情绪中带了一点说不清的感觉。

8 月底虽已立秋，但闷热的天气丝毫没有散去的迹象，我们不仅要保证唛头贴的稳固、清晰，同时也要确保编号不出任何差错。厂内为了有效利用场地，所有的拖拉机停放间隙基本上都不超过十公分。老师傅们有的已经四五十岁，为了确保贴的顺序无误，都在拖拉机上走来走去，一个一个核对编号和标志。最终我们的货物一次性通过验收，外方对于我们的评价是：我们从不担心 YTO 的产品质量，这是有企业积淀和质量体系的大层面决定的。我们更关注的是服务细节，你们从初期报价到商务谈判，再到最终的货物标示，都做得非常细节化。我们非常满意，今后如果有合作意向，YTO 还是我们的第一选择。

2013 年，我们向埃塞当地农业巨头输出大轮拖共计 1 400 余台。当时为了尽快完成交货任务，公司内部几乎全员上阵。2011 年公司参与厄立特里亚政府招标项目，投标小组也是竭尽所能，连续两周工作到深夜11点以后才回家，在短短两周内就完成了标书的制作。所有资料加起来装了沉甸甸的两个大皮箱。在我看来，箱子里装的不仅是投标资料，更是公司人员的心血和付出。

尤其在厄特的最后装船环节，公司派往港口的辅助装船小组，顶着港口42℃的高温和高湿度，从第一天早上的7点开始，连续在港口工作到第二天凌晨5点，等把所有货物装上船后，回到宾馆时天都亮了，这中间只吃了一顿饭。用户方在随后的交谈中总是主动谈起这一细节。

在中国一拖从事非洲出口工作的同仁眼中，这也许只是许许多多日常中最微不足道的一件。有的同事由于工作，不得已无限期推迟举行婚礼；也有同事结了婚连蜜月都没有度，就已经奔赴非洲市场；还有同事在妻子分娩前离开家，而当第一眼看到孩子时，宝贝已经两三岁了；大家所有这一切的付出，都是为了一个目标——让YTO唱响非洲大陆。

我们常说，高度决定一切。在任何一个品牌建立自身渠道的前期，都需要有市场决策者的引导，这对于品牌发展的大方向具有指导性的意义。然而当市场导向有了一定的反馈之后，具体的后期建设将会需要更多具有执行力的“小人物”来实现。在这其中，有前往市场直面用户人群的商务人员，也有在海外用户现场提供服务与指导的技术人员，还有在国内总部协调生产与配件供应的厂内人员。我们不能否认任何一个环节对品牌的贡献，也不能弱化任何一个环节在品牌形成中的作用。当我们决定运用某种商务策略或是市场铺垫时，往往是不同环节的“小人物”提供了品牌建设中不可或缺的因素。

如果品牌是企业塑造出的美好画面，那么品牌建设中涉及的每一个环节，都是绘制蓝图的点和线，而每一个环节的执行者，都是品牌蓝图的执笔人。

我们每一次的项目执行，都需要技术人员到现场跟踪服务，短则一两个月，长则一两年。在服务现场，无论是拖拉机还是农机具，只要是我们人员可以解决的，从来都没有职能与职责之分，最终目的都是为了维护使用方的正常使用及后续服务。

曾经有一次我们的服务人员与经销商一同到用户家里回访，恰巧用户的朋友到家里咨询我们的产品，由于这位朋友使用的其他品牌拖拉机使用年限已久无法正常使用，且当地维修不方便，想要更换我们的品牌尝试。

在了解到客户的具体情况后，考虑到我们的库存已经没有客户需要的型号，订货需要一定周期，服务人员当即跟随客户的朋友，到其家中，修复该品牌的拖拉机，确保客户在新机器到来前也可以维持基本的农田作业。这一点让客户赞不绝口，从此成为YTO品牌的忠实粉丝。

YTO合影

YTO的老人们常说，厂子就像自己的家，在这里上幼儿园、小学、中学、大学、工作，再到成家有了子女，子女们又沿着父辈、母辈的路再走一遍，甚至有的家庭几代人都在一拖工作，又或是很多家庭都很少离开厂区。

他们对一拖的感情已经不再只是一份工作，这里给了他们童年和爱情，更给了他们平凡的心。无论在品牌建设中的哪一个环节贡献，我想他们都是心怀希望和热忱。因为他们懂得，自己与一拖已经密不可分，所有的工作场景都化作生活的片段，记录在YTO海外成长的故事里。

久保田：扎根中国助力中国农业现代化

□ 周长生

周长生，久保田农业机械（苏州）有限公司副部长。

2018年，正逢中国改革开放40周年。回望40年，我国发生了日新月异的变化，取得的成绩为世界瞩目。我国的农机工业也通过深化改革、对外开放实现了蓬勃发展，目前中国已经成为世界上最大的农业机械制造国和使用国。

作为世界知名、日本最大的综合性农业机械制造商——株式会社久保田一直关注着中国农业机械市场的发展。1957年，王震将军率中国农业代表团访问日本带回的手扶拖拉机就是久保田的产品。伴随着中国改革开放的契机，久保田于1986年在北京设立久保田北京事务所，奠定了久保田在中国事业开展的基础。随着中国农机市场的进一步发展，久保田于1998年在中国苏州成立了首家全资子公司——久保田农业机械（苏州）有限公司。久保田的经营事业随着中国市场经济的发展而壮大。

久保田农业机械（苏州）有限公司成立伊始，在农机行业首创授权区域代理的销售服务模式，同时，以跨区作业的模式引导用户将农机转变为增收创富的工具，开创了有中国特色的农机社会化服务产业。苏州久保田自成立至今，始终坚持“顾客第一、以人为本、贡献社会”的经营理念，始终坚持“五现主义”的方针，持续改善生产经营活动，持续丰富农机产品系列，矢志为提升中国农业机械化水平而不懈努力。

1996年，久保田向中国市场引入半喂入式联合收割机开展水稻机械化收获技术推广，2000年引入水稻插秧机开展水稻机械化种植技术推广。目前，苏州久保田已累计销售17万台水稻收获机，实现近26%的水稻机械化收获水平的提高；已累计销售27万台水稻插秧机，实现近13%的水稻机械化种植水平的提高。2012年，在中国市场创新首推以PRO688Q为代表的全喂入履带式纵轴流谷物联合收割机，产品一经问世，即创造多年供不应求的热销局面，目前，已累计销售9.6万台PRO688Q，引领了行业争相拥趸的纵轴流全喂入履带收割机的

久保田PRO688Q履带式全喂入收割机收割水稻场景

久保田开展工厂参观日活动

技术潮流。

2018年是苏州久保田成立20周年。公司主要生产和销售的产品系列包括轮式拖拉机、水稻育秧播种机、水稻插秧机、水稻直播机、植保机、谷物收割机、玉米收割机、烘干机、蔬菜移栽机9大类50款产品，其中国内销售39款产品，产品线涵盖了水田全程机械化、旱田机械化及蔬菜机械化。2017年，苏州久保田全年实现营业收入近50亿元人民币（含出口）。久保田已经成为中国市场上众望所归的水田农业机械领导品牌。

在经营业绩增长的同时，苏州久保田通过优良的农机产品和公益活动为行业发展和社会进步做贡献。通过开放工厂、合办农机论坛、举办先进农机管理经验讲座等方式，将日本式的精益制造技术传播给农机行业同行，中国农机行业整体管理水平较20年前有了非常大的进步。公司还成立了久保田基金，专注于社会

久保田捐赠机器

公益事业，扶持贫困山区及灾区农机化水平的提高。

在庆祝改革开放40年的历史时刻，苏州久保田愿再次出发，通过提供更多优异的产品、技术和服务，赢得中国广大用户的支持与信赖，为成为中国农业市场上被热爱的品牌而不断努力奋斗！祝愿中国农机工业继往开来，再创辉煌，早日实现中国农业现代化。

德国 LEMKEN在中国改革春风中前行

□ 赵　鹏

赵鹏，德国雷肯农业机械（青岛）有限公司总经理。

1978—2018 年，正逢中国改革开放 40 年。40 年来，我作为一名普通的中国人亲身经历了祖国各方面日新月异的快速发展。从早期羡慕向往美国、欧洲等发达资本主义国家的科技、基础设施、交通和居民生活水平，到现在自豪地感觉到中国发展已与美欧等发达资本主义国家的各方面水平接近了。

正是这种对祖国日益富强的自豪感和发展的信心，使得我像很多人一样，10 多年前就放弃了已取得的西方发达国家的移民资格。今天来看，我的人生选择是十分正确的。因为中国改革开放 40 年，创造了前所未有的大开放，大机遇，大发展，大变革；是实现中国梦的大时代，也是追逐梦想的篇章。

在这里，我要讲的是一家德国农机企业——德国 LEMKEN 在中国改革开放 40 年里，追逐梦想的故事。

德国 LEMKEN 农机有限公司被世界公认为“土壤耕作专家”，是全球生产联合整地机、翻转犁、耙、播种机和植保机械等农机产品的著名企业。早在 1780 年，威廉姆斯 · 雷肯就已经制造出第一架犁具。据了解，LEMKEN 年生产量超过 15 000 多台设备，出口产品占 LEMKEN 产量的 70% 以上，主要集中于俄罗斯、乌克兰、英国、法国、美国、加拿大等欧美国家，产品也远销到日本、印度、南非等国家和地区。

德国 LEMKEN 公司现在属于第六代和第七代 LEMKEN 家族所有，LEMKEN 的公司总

1780 年，威廉姆斯 · 雷肯制造出的第一架犁具

部位于德国下莱茵区的阿尔彭镇，距离杜塞尔多夫西面50千米处。作为一个家族企业，雷肯发展238年来，始终稳步向前，而其在耕整地机械领域的成就，也得到了世界农机行业的认可。

LEMKEN家族与中国渊源可追溯到改革开放前后。20世纪80年代初，LEMKEN家族第六代继承人Victor Lemken先生曾经到访过中国。Victor老先生告诉我，那时的中国各方面还比较落后，他当时的感觉应该就像我前几天刚去柬埔寨市场考察回来的感觉一样，经济落后且商机渺茫。

但是，LEMKEN并没有因为当时的中国农业机械市场落后而忽略中国市场，恰恰相反的是，LEMKEN一直关注和找机会进入中国农机市场。到了20世纪90年代，德国LEMKEN农机产品利用欧盟的援助项目销售到西藏、宁夏和新疆等国内农业生产条件比较恶劣的地区，并为当地的农业生产发展发挥了一定的积极作用。1994年，当时宁夏的一个项目购买了德国LEMKEN的35台农机产品，24年后部分LEMKEN农机还在被使用。

2018年，宁夏拍摄的还在使用的1994年宁夏项目采购的德国LEMKEN液压翻转犁

2001年12月11日开始，中国正式加入WTO，中国改革开放进入快车道。德国LEMKEN也在中国改革开放春风中加快前进的步伐，乘风前行。

2007年，德国LEMKEN公司开始积极参与中德两国合作在中国内蒙古实施的第一个中德现代化示范农场项目。作为这个项目企业方重要的参与者之一，德国LEMKEN公司把世界上先进的德国制造的土壤耕作机械、播种机械、植保机械和农机农艺先进管理经验引入到中国。

2008年，双雷合璧，互惠双赢。由于中国农机工业在生产配套大型、高效、复式、智能化的农机具领域需求空间加大，因此德国LEMKEN公司于2008年10月与中国著名的农机龙头企业福田雷沃国际重工股份有限公司签订了战略合作协议，携手进军中国大型农机具市场。

2011年，为了进一步加速中国市场开拓，提高生产、销售、服务能力，德国LEMKEN公司投资2 000万美元在中国青岛建立独资工厂，生产联合整地机、灭茬缺口圆盘耙、液压翻转犁和动力驱动耙等系列产品。

2014年，德国LEMKEN青岛工厂开业并投入生产使用，生产的产品销往甘肃、宁夏、陕西、江苏、河南等全国主要农机市场，并在德国LEMKEN青岛工厂投入运营第一年——2014年当年即实现盈利。2014—2018年，德国LEMKEN在中国市场销售取得了快速增长，特别是在新疆、内蒙古和黑龙江等重点市场销售增长迅速，在进口耕整地机械市场中占有率稳定在40%以上，广大用户对于德国LEMKEN产品的认可度和服务满意度持续上升。

回顾 2017—2018 年，对于农机企业来说是颇具挑战性的两年。大宗农产品价格走低，农业种植者收入降低，购买农机设备需求大幅降低，农机市场持续疲软下滑，农机市场洗牌加剧，国内外市场不确定性也有进一步扩大的趋势。

德国 LEMKEN 中国团队 2016 年预见到农机需求紧缩、市场下滑的趋势，迅速调整公司策略。在一如既往地确保德国高品质产品的同时，德国 LEMKEN 中国把更多的精力用在关注用户满意度、持续提升用户服务水平，并通过 Blue storm（蓝色风暴），Blue sea（蓝色海洋），Blue Candle（蓝色烛光），Blue Blood（蓝色忠诚）四大主题市场活动全方位促进市场宣传促销，渠道优化管理，产品技术培训，用户关注度提升。经过团队努力，2017—2018 年市场下滑，但德国 LEMKEN 中国销售和市场占有率基本稳定。

彩虹总在风雨后，中国农机市场在经过短暂的数量与质量、供给与需求的融合后，将很快迎来坚实稳定的发展。作为立足在中国长期发展的德国 LEMKEN 来说，对中国市场充满信心，一直在中国寻找继续扩大投资的合作机会，加快提高本土化生产水平，丰富中国产品线，更好地满足用户需求。

面向继续深化改革、扩大开放的中国明天，我们笃定认为，未来机遇要远多于挑战，只要我们秉承“功成不必在我”的精神，德国 LEMKEN 会顺着中国改革开放的春风继续前行！

国外甘蔗收获机到底牛在哪里

□ 王艳红

王艳红，农业机械杂志社内容总监，《农业机械》杂志、《农业工程》杂志执行主编，发表100余万字各类文章。

一、国外甘蔗收获机演变史

国外的甘蔗收割机研究始于19世纪80年代。1888年，“实用的收割甘蔗工具”模型被提出来；1890年，世界上第一台甘蔗收割机面世，该机长27米，由蒸汽机驱动，收割系统很特殊：由一个长割刀安装在机器前部的摆臂上，摆臂摆动带动割刀完成甘蔗的收获动作。

1894年，收割机构由轮子驱动的甘蔗收割机出现，其典型特征是收割机构由两片锯齿转盘构成，并由两个直径1.5米的轮子驱动。

甘蔗收割机

1901年，马拉甘蔗收割机出现，利用齿条传动，将割下的蔗秆输送到后面的挂车上，这种物料输送动作为蔗秆的割后处理提供了原始功能模型。

国外甘蔗收割机到1930年才有重要进展，1930—1955年，出现了不同类型的全秆式收获机。当时全秆收获是甘蔗主要的机械化收获方式，去梢、除叶技术也有了较快发展。不过，整秆式收获机虽然对直立甘蔗收割得很好，但对严重倒伏和缠绕的甘蔗则不能收割。

1955年，澳大利亚的麦赛福格森公司提出了“甘蔗切段收割”的思路，并于1966年制造了第一台切段式收割机样机，该机主要由切梢器、分蔗器、底切割器、喂入输送器、切段器及升运器等构成。不过这时的切段式甘蔗收割机是不带动力的，侧悬挂于拖拉机上，由拖拉机提供动力。

20世纪60年代是切段式甘蔗收割机技术不断巩固、熟化的阶段。对于收割喂入困难的甘蔗、减少雨天泥土和茎叶堵塞底切割器的问题，以及增强在泥泞沼泽地区作业时牵引力和仿形等问题，都逐步得到解决。同时，这也是提高零部件可靠性的阶段，如延长轴承和链条的使用年限、提高零件强度等。

然而，随着悬挂式切段收割机可靠性的增加，使用者又要求收割机有更高的生产率。为了提高收割机生产率以及向糖厂提供更洁净的甘蔗，要求有动力更大、操作性能更好的机器，而这是侧悬挂式收割机达不到的。

于是，自走切段式甘蔗联合收割机应运而生，这种机型能开割道，能从两边收割，同时能在12.5°的坡地上作业，机身比较窄，适合在甘蔗垄间作业，有足够的动力，使机具在任何恶劣的田间条件下以最佳速度行驶时，都能收割到最干净的甘蔗。

到了20世纪80年代，切段式甘蔗联合收获机成为现代甘蔗收获技术的主流，其工效高、功能齐全、自动化程度高和适应性强，是较为成熟和稳定的收获机具，已在澳大利亚、美国和南美洲得到普遍应用。目前，世界著名的农机企业（迪尔、凯斯）都不断地制造和推广此类甘蔗收获机，并不再生产其他机型。

二、竞争格局及技术发展趋势

1. 竞争格局

目前，国外的甘蔗联合收割机主要有两种形式：一种是切段式，另一种是整秆式。以切段式应用居多，是甘蔗收获的主流技术；整秆式在少部分国家和地区应用，在一些国家有被切段式机型代替的趋势。

（1）切段式甘蔗联合收割机。世界上发达的产糖国家，由于土地资源十分丰富，甘蔗连片种植面积大，田园平整，便于机械化作业，同时，糖厂制糖工艺接受切段式原料蔗，加之高度重视发展机械化生产，因此，这些国家甘蔗收获机械化水平高，大型切段式甘蔗联合收割机得到了广泛应用。如澳大利亚、美国、巴西、古巴等国，大型切段式甘蔗联合收割机已成为甘蔗收获机械技术发展的主要方向。

随着国外农机企业的不断并购与重组，目前大型切段式甘蔗联合收割机生产厂商及主要机型有凯斯公司的A8000、7000型，约翰迪尔公司的CH570、3510型以及德国克拉斯公司的CC3000型等；小型甘蔗联合收割机代表机型有日本久保田公司的UT−70K型，松元机工株式会社的MCH−15型等。

（2）整秆式甘蔗收割机。该类收割机仅实现甘蔗的割倒、铺放等工序，然后利用配套的剥叶机进行切梢、剥叶，经人工集堆后，机械装载，再利用运输车运到糖厂。该类机型也称为分段式甘蔗收获机械，适于丘陵地区小块蔗田作业，目前在日本、菲律宾、印度尼西亚等国应用。

代表机型有日本文明农机株式会社生产的NB−11型、久保田公司生产的NB−11K型等，剥叶机有久保田公司生产的BMC−250型剥叶机等。该类机型经过30多年的改进与发展，技术上较为成熟和完善，但总的来说，其在世界主产糖国应用范围还不广泛。

2. 技术发展趋势

（1）收获技术不断创新，结构不断改进。扶蔗机构从单螺旋结构到双螺旋结构，到目前新型的前端锥形螺旋扶蔗器，除了具有较好的扶蔗性能外，还增加了分蔗能力，使在地面上纵横交错的甘蔗扶起分开，便于机械行驶和收割。

断梢机构从双圆盘刀到增加双传动锥辊，可提高甘蔗梢的识别率，控制蔗梢长度误差。砍甘蔗切割刀由单圆盘切割刀到双圆盘切割刀，并由光刃刀口到锯齿刃刀口等，达到宿根甘蔗割茬平整、破头率低及保证宿根甘蔗来年的生长。

（2）大量采用液压技术，实现无级变速和液压控制。甘蔗收获机的切梢、扶蔗、切割、喂入、切段、清选、升运、装卸、行走系统都大量采用液压马达驱动和传动，而且变速、升降等控制都应用了液压操纵。

（3）智能化技术、信息技术大量应用。国外的大型甘蔗收割机逐步向智能化方向发展，传感技术、遥控技术、GPS等信息技术不断应用。利用这些信息技术，可以快速准确地掌握甘蔗品种、生长状况、产量情况等信息，实现甘蔗收获作业的动态协调管理，提高甘蔗收割效率。

三、对我国的启示

从甘蔗机械化水平较高国家的发展实践，我们可以得到以下几点启示。

一是国外甘蔗收获机械化的发展不是一蹴而就的，发展道路也是曲折的，比如在研发推广切段式机型的过程中，也曾遭到制糖工业部门的抵制，后来在糖厂、种植户、收割机生产企业之间找到平衡点，这种机型才得以快速推广应用。因此，国外发展甘蔗机械化收获，也是在不断摸索与实践中，逐步找到适合本国、本地区的发展模式和适用机型的。

二是种植集约化和生产机械化。甘蔗收获机械化水平较高的国家，甘蔗种植都达到了高度集约化，而且其他环节如土壤耕作、种植栽培、田间管理等都实现了机械化，农艺比较规范，为机械化收获打下了良好的基础。因此，我国的甘蔗种植也应引导农户适度规模经营。

三是加强政策支持。一些产糖大国的甘蔗机械化发展过程中，政府都给予了大力支持，鼓励规模经营和农民购置机械。

四是引进与开发相结合。国外在发展甘蔗收获机的过程中，也是引进与开发相结合，引进国外先进技术的同时，结合本国、本地区的实际情况，开发适合当地农艺的机型。

沐浴着改革春风 美国林赛在中国经风雨见彩虹

□ 王　婷

王婷，美国林赛公司市场总监，助理农艺师。北京工业大学财务管理专业。加入美国林赛公司前在欧洲最大的种子公司KWS任职10年。

一转眼改革开放40年！在这不足半个世纪的时光里，世界经历了过去几百年都没有经历过的变迁，而全球经济变化最大的国家正是我们中国。中国农业自20世纪80年代以来发生了翻天覆地的变化。仅仅不到40年，中国农业已从几乎是手耕畜种到今天的基本实现农业机械化。

1978改革开放那一年，我还是个小娃娃。40年来，我亲眼见证了改革开放的进程和辉煌成果。在我从业20年多年农业的时间里，也正是世界上最先进的种子、化肥、农药、农机的技术和产品进入我国，并在中国生根发芽、发展壮大的过程。

1997—2007年，我在种子行业工作了10年，深刻体会到“谁知盘中餐，粒粒皆辛苦”，一切农作物的终端产品得来实属艰辛。那个时候的田间地头，都是大水漫灌。人抬管子，挖沟开渠，浇上10亩地也要花上半天时间。在此之前，对现代化的灌溉技术和行业全然不知。

2008年，我加入到美国林赛公司。这家世界喷灌机行业的领导者不断为种植者提供最优质的设备和服务。大型喷灌机可以高效灌溉各种作物，集约化、自动化，不仅省时省力，还能提高劳动效率和收益率。美国林赛公司自1955年开始生产大型指针型喷灌机，销售遍及世界各地。在20世纪80年代改革开放之初，林赛公司的设备就已经引进中国，并沿用至今。

自2005年美国林赛公司代表处建立，2009年在中国建立工厂，到2017年扩大厂房，13年间林赛公司从未停止过前进的脚步，从中心支轴式喷灌机、平移式喷灌机、可拖移式喷灌机，到化学灌溉系统、智能灌溉管理系统等灌溉周边产品，林赛公司努力为客户提供更科学以及更先进的灌溉理念和灌溉产品。

沐浴着改革开放的春风，在近40年的时间里，林赛公司始终如一助力中国高效节水灌溉农田设施。伴随着中国正式加入WTO，美国林赛公司的产品越来越被中国的客户认可。

希森马铃薯产业集团有限公司

北京普瑞牧农业科技有限公司阿旗项目区
美国林赛喷灌设备

2005年，希森马铃薯产业集团有限公司进口200多台指针式喷灌机，自此，双方建立了长期的战略合作关系。

2012年，国家首次系统地提出了现代农业发展指导思想和奋斗目标，大型喷灌机迎来发展的春天。我们有幸成为甘肃亚盛田园牧歌草业集团公司、北京普瑞牧农业科技有限公司的合作供应商。

2016年，种养结合的吉林客户（肉牛养殖100 000头，种植面积10万亩），正是出于对林赛公司的信任，将肉牛的口粮种植灌溉任务放心地交给了我们。

2016年，陕西省政府、杨凌区政府及美国内布拉斯加州州政府合作，在杨凌建立示范园区，美国林赛公司成为州政府的推荐灌溉企业，在各级政府与大唐种业全资子公司杨凌内州现代农业有限公司的共同努力下，成功建设了中美内布拉斯加（杨凌）农业科技示范园。这些设备在前不久召开的2018年第二十五届杨凌农高会上大展风采，有不少种植客户及专家学者前来参观。

美国林赛公司致力于提供最优秀的产品，自主研发的世界上最先进的远程控制系统最大限度地节约人力、物力、提高产量，借助新一代FieldNET，为掌握作物动态并随时进行调整提供了最完善的选项，从而远程控制整个灌

甘肃亚盛田园牧歌草业集团公司阿旗项目区
美国林赛喷灌设备

中美内布拉斯加（杨凌）农业科技示范园
美国林赛喷灌设备

溉系统。从中心支轴式和平移式喷灌机到水泵和感应器，FieldNET是行业唯一配备可用于智能手机和平板电脑平台的应用程序的无线管理工具。这就意味着种植者可在作物生命周期中随时查看自己系统的动态，并且可使用笔记本电脑、平板电脑或智能手机从任何位置控制这些系统。从传统的要用半天大水漫灌10亩地，到一个人可以通过远程系统同时控制上百台设备完成灌溉，这一技术进步让人惊叹。

自1977年第一台催马提克喷灌机进入中国以来，在40多年的时间里，美国林赛公司为中国灌溉事业的发展做出了突出贡献。迄今为止，已有数千台催马提克喷灌机广泛地应用在北京、天津、内蒙古、河北、河南、山东、山西、黑龙江、吉林、辽宁、宁夏、新疆、云南、甘肃、青海、江苏、陕西等地。

在近期的中美贸易战中，我们也是力保中国客户的权益，不遗余力地继续为客户提供最优质的设备及服务。我们坚信，随着改革开放的继续深化，风雨过后，呈现出的还是那最美丽的一抹彩虹。感谢所有客户一直以来对林赛公司的支持与信任，我们会不忘使命，砥砺前行！

科乐收（CLAAS）与中国收获同行
——致敬改革开放 40 年

□ 刘佳妮

刘佳妮，科乐收农业机械贸易（北京）有限责任公司员工。

2012 年 9 月起，一个新名字在中国农机行业被人屡屡提及——“科乐收”，这个名称从官方上代替了人们所熟知的“克拉斯”。时至今日，大家还习惯用音译的这三个字称呼这家来自德国的家族企业。

一、与中国收获同行

科乐收（CLAAS）公司的收获机械世界闻名，被国内外用户称为“FIRST CLAAS（第一克拉斯）”，在行业中一直享有“收获专家”的美誉。1930 年，科乐收（CLAAS）公司开始研发第一代欧式联合收割机；1936 年，推出第一款专为欧洲设计的联合收割机——MDB 联合收割机；1953 年推出第一台自走式联合收割机。早在 20 世纪 60 年代，科乐收（CLAAS）就与中国农机化结下了渊源。中国引进的第一台联合收割机就来自当时 CLAAS 公司生产的 KC070 型，通过对该机型的研究，新疆农机工作者造就了新疆 -2 型联合收割机，而该机型在市场上受到了用户的一致好评，并为中国联合收割机的研发生产打下基础。同时，这也践行着科乐收（CLAAS）与中国的收获同行。

1936 年第一代 CLAAS 联合收割机开始进行收割工作

二、破世界纪录的收获技术带来中国

一百多年来，科乐收（CLAAS）不断深耕收获技术领域，并致力于将收割工作化繁为简，永无止境地在这条道路上探索前行，不断推动着科乐收(CLAAS)发展壮大。2008年、2010年、2013年、2018年科乐收(CLAAS)LEXION系列联合收割机创造了新的世界吉尼斯收获纪录，并打破之前自己保持的纪录。2018年最新世界吉尼斯收获纪录：在8小时内收获1 111吨玉米和在12小时内收获1 620吨玉米。而该破纪录LEXION的收获技术也被带到了中国。

JAGUAR 60自走式青储饲料收获机是
20世纪70年代CLAAS早期代表作品之一

中国农机市场潜力不可估量，列位世界农机前端的巨头无一不在中国市场提前布局。科乐收公司秉承德国企业一向严谨的态度，通过全方位的市场调研后，在2013年并购了金亿公司。其后从合资到独资，从整个工厂生产线的改造和升级，到生产质量的把控，实现了科乐收（CLAAS）在中国真正的本土化探索。由于其产品价格一如其产品的高品质，为了降低产品成本，让更多中国用户用上拥有CLAAS公司技术的春雨收获产品，公司采用了科乐收（CLAAS）和春雨双品牌运营。2018年全球首秀的科乐收（CLAAS）DOMINATOR 370多功能谷物联合收割机正是科乐收（CLAAS）公司根据中国的地况以及中国用户的使用习惯量身定制的，并进一步补充了其在中国的收获产品线。将破世界收获纪录的最先进的LEXION收割机600毫米直径脱粒滚筒技术、5 800升超大粮箱、远高于行业平均水平每秒80升卸粮速度、以及汇集了世界各名牌的零部件统统应用于DOMINATOR 370身上。更令用户惊喜的是，该款机型的另一个突出优势——配套不同割台收获多种作物。然而，科乐收(CLAAS)仍未止步，为期3年的前期市场调研不能满足其要求，仅有技术的集合没有实践结合是不行的。2018年科乐收(CLAAS)公司针对这款机型在德国和中国分别进行了7场和50余场不同地点、不同作物的田间测试。所有的努力都是为了尽可能地在测试中发现问题，并改正问题，以此来不断完善产品。每一场田间演示都花费巨大的人力物力，而这都是科乐收(CLAAS)工匠精神和务实的体现。

三、助力中国农牧业发展

欧洲每三台收割机就有一台LEXION，世界上每两台青贮收获机就有一台来自科乐收(CLAAS)。科乐收(CLAAS)从20世纪中期开始转向牧草收获领域，推出了包括打捆机、割草压扁机以及最重要的茎秆粉碎器。到20世纪60年代末，在收购了Bautz家族的青贮收获机工厂后，科乐收(CLAAS)将其扩展为一家领先的牧草收获技术企业。2004年CLAAS公司在北京成立代表处，同年进口销售3台青贮收获机。其后青贮和牧草设备在中国的销售逐年递增。期间斩获国内外世界大奖无数，其中具有代表意义的有代表行业最高水平SIMA展会“2017年度产品奖”和“2019年创新金奖”、中国农业机械年度产品“TOP50市场领先奖和创新奖”等。

最具青贮收获机械划时代的技术——SHREDLAGE 揉丝技术让科乐收（CLAAS）在该领域又登上一个新高峰，更重要的是从 2016 年起，该技术被越来越多的中国用户所知晓并投入使用，已经带来明显收益。科乐收（CLAAS）公司全球技术团队深入中国各地，通过青贮收获机和农牧业技术交流，助力中国农牧业持续健康发展。科乐收（CLAAS）青贮收获机因为其在业界中的口碑与恒大贵州毕节地区“粮改饲”农民增收扶贫项目结缘，不但为该项目提供高端农机产品用于当地的作业，为农民创收，更与贵州省毕节市大方县黑沙小学开展“心手相牵、与爱同行”扶贫助学捐赠活动。

持续树立收获技术领域的行业标杆，脚踏实地工作，我们才能收获更多。

致敬改革开放 40 年，科乐收（CLAAS）与中国收获同行！

入华 40 年　初心永不变

——约翰迪尔伴随中国改革开放一路前行

□ 李　鑫

李鑫，约翰迪尔（中国）投资有限公司专员。

今年是中国伟大的改革开放事业 40 年的节点，也是约翰迪尔公司与中国改革开放相伴相生、服务中国农业现代化事业的 40 余年。

1976 年，迪尔公司董事长威廉 · 休伊特 (William Hewitt) 先生率美中贸易全国委员会访华，自此翻开了迪尔公司与中国农业机械化和农业现代化建设的新篇章。

两年后，迪尔公司首次向中国提供了 62 台具有当时世界先进水平的农机设备，在黑龙江友谊农场五分场二队进行粮豆机械化生产实验。结果友谊农场全队 20 名工人种植大豆和玉米 1.1 万亩，人均产粮 10 万千克，彻底改变了过去从入秋忙到冬末的情况。随之，该农场被誉为“中国农业现代化的窗口”——从这扇窗中望去，中国农民面朝黄土背朝天的景况迎来了转机，更多的可能性呈现在面前。致力于服务与土地息息相关的人们，让全世界的人民享有更高的生活质量，正是约翰迪尔不变的追求。

有了最初的良好合作开端，1979 年，迪尔公司有幸成为第一家向中国农机行业转让农机制造技术的外国农机制造商，并与黑龙江农垦合作开展了技术培训项目。佳木斯联合收割机厂通过引进迪尔公司技术，成本一举降低 40%，满足了当时垦区对收割机械的强烈需求。同时，辽宁、长春、洛阳、天津等地的农机企业陆续引进迪尔拖拉机技术。

得益于中美农业积极、频繁的交流与合作，约翰迪尔的产品和技术大量引进中国，促进了作物产量的飞速提高，而黑龙江农垦更是成为了中国面向世界先进农业技术的窗口。

在中美双方互访、大力推进农业交流合作的背景下，迪尔公司于 1995 年在北京设立代表处，随后于 1997 年正式组建了在华第一家工厂——约翰迪尔（佳木斯）农业机械有限公司。在合资后的短短几年内相继研制开发出 6 种大型联合收割机，填补了中国大马力收获机械的空白，并对中国粮食产量的提高做出了重要贡献。

2000 年，中美合资成立约翰迪尔天拖有限公司。5 年后，约翰迪尔（天津）有限公司成立，生产大马力拖拉机。同年约翰迪尔（天津）产品研究开发有限公司成立，结合约翰迪尔全球技术资源，研制出十余种机型，开发先进且适用中国的产品。

2007 年，约翰迪尔（宁波）农业机械有限公司成立，为水田用户生产先进适用的农业机械。迪尔宁波工厂成立之后，对生产工艺进行了大力度的革新升级，多年来，生产了大量技术领先、质量可靠的中马力拖拉机，有力地拓展了约翰迪尔为农民用户提供服务的产品线。

为助力中国农民用上更好的机械、推进农业机械化加快发展，2010 年，中国第一家专业从事农业设备客户融资的公司——约翰迪尔融资租赁有限公司成立。随后，约翰迪尔（天津）有限公司旗下工程机械工厂、农业机械检测中心、中国零件物流配送中心、柴油发动机工厂也相继成立，这一切的一切，均彰显着迪尔公司植根中国的坚定决心。

2012 年是一个非常喜庆的年份。这一年，习近平主席在访美期间参观了金伯利农场，并进入约翰迪尔拖拉机的驾驶室进行体验。同年，迪尔公司也迎来了 175 周年纪念。中美农业交流向着更加深入、更加广泛的方向大力推进。

在多年积累、充分了解中国农业情况的基础上，约翰迪尔在甘蔗、棉花、牧草等作物的机械化过程中发挥了领导作用，并投放多款精准农业产品，为促进中国经济发展、提高人民生活水平提供了有力的保障和支持。

2018 年是中国改革开放 40 周年，约翰迪尔也迎来了服务中国的第四十二个年头。回首这段历程，约翰迪尔通过走访用户，实地调研，专为中国研发或引进了众多适合中国农业环境的高质量产品，提供便捷的融资、售后、零件等服务，为中国用户提供涵盖机械化各个环节，适用于多种作物的农业设备解决方案。

在发展自身业务的同时，约翰迪尔还致力于保证安全、关注环境、发展人才、着眼教育、合作科研，并在很多不同领域开展项目，积极践行企业公民的责任。

“承我质者，载我之名。”约翰迪尔创始人的信念始终铭记在员工心中。植根中国，不忘初心，迪尔人的决心一如既往。秉承“服务与土地息息相关的人们”这一使命，展望下一个 40 年，约翰迪尔将积极服务中国乡村振兴大业，与中国农业机械化、现代化、绿色化携手并肩、贡献应有的力量。

改革开放40年，向国外先进农机学习永不停步

□ 李社潮

李社潮，长期在农机行业工作，曾任处长、站长、主任，研究员，国务院特殊津贴获得者，黑土地保护与利用科技创新联盟常务副秘书长。

40年前的北京十二国农业机械展览会，开启了中国农机工业学习、借鉴、赶超国外先进农机的壮阔征程；40年后的武汉中国国际农机展，彰显了中国农机工业在学习借鉴中，从小到大，走向了繁荣。新时代开放信念不变，农机工业向外企学习的内容仍然很多，不应止步，要坚毅前行。

一、铭记载入史册的农机展会

40年前的1978年，中国确立了走改革开放的路，是农机行业担当起改革开放的先锋，第一次由国家政府层面组织的国际专业展会，邀请英国、法国、意大利、荷兰、丹麦、澳大利亚等12个发达国家的农机制造企业参加的农业机械展览会，史称北京十二国农业机械展，于1978年10月在首都北京盛大举行。共有320家制造厂商、26大类、1 320件国外农业机械参展。可以说，这是于当年12月召开的、具有重要历史意义的、党的十一届三中全会重要的前奏序曲之一。中国改革开放，引进国外技术，从农业机械开始。

当时，我作为一名在校的大学生，第一次亲眼领略了国外先进的农业机械，最大的感受是，被国外先进农机震惊与震撼。

40年后的2018年，春夏秋冬，岁月嬗替，也是在10月，亚洲第一大行业展会——中国国际农业机械展隆重举行。三十多大类、数千种、上万台（套）的国产农机产品，展示出中国已成为名符其实的世界农机第一制造大国的风貌；全球60多个国家和地区的企业和观众参展参观。这是中国改革开放40年，中国农机制造业全面崛起的标志。

今天，我作为一个农机行业的观察者，参加中国国际农机展活动，我看到的是，农机行业春色满园。40年弹指一挥间，而农机行业又恍若隔世，农机工业写下了震古烁今的篇章，我为我国农机行业的快速发展与壮大而骄傲自豪。

二、坚持在追赶中学习

在领略中国国际农机展时，我深深感受到，40年农机工业光辉的历程深刻昭示着，只有顺应历史潮流，坚持对外开放，持之以恒向外企学习、借鉴，才能与时代同行。

在看到国内农机工业壮大振兴、辉煌成就的同时，我们还应该更清醒地认识到，改革开放40年来，我国不少农机产品上都带有学习、借鉴外国先进农机产品的"基因"；与参展的世界农机强企相比，且不论中外企业之间有多少看点与笑点问题的讨论，我们参展的农机产品，同外企参展产品相比较分析，在很多方面依然存在着不小的差距；农机产品质量尚有较大的提升空间，离跨入世界农机制造强国之列还有很长的路要走。通过我对美国主机与配套机具农机企业的考察，亲身看到和感受到了这一点。

国务院总理李克强在12月12日主持召开的国务院常务会议上，部署加快推进农业机械化和农机装备产业升级，助力乡村振兴、"三农"发展，其中，会议提出的"对购买国内外农机产品一视同仁"，这是我国农机行业进一步扩大对外开放的重要部署，也是对国内农机制造业的一个更大的新挑战。

学所以益才也，砺所以致刃也。只有坚定不移参与全球市场竞争，对照国外先进农机产品与技术，不固步自封、不骄傲自满、不断找差距、查问题、补短板，坚持不懈地向国外先进农机产品与技术学习，对标看齐，才能在改革开放新的格局下，真正增强和具备与国外先进产品同台竞争的能力及资本，赢得市场和用户。

三、寻找分析外企农机产品的可学点

榜样的力量是无穷的。参展中国国际农机展的国外农机企业，有很多地方是非常值得借鉴学习的，而更有实际意义的是，国内企业要对标参展产品，从创新技术层面进行观察分析，挖掘出可学习借鉴之处，并结合国情，因地制宜，创新性地应用到我们自己的农机产品开发设计与制造上，努力追赶世界先进农机技术与产品。

学习点一：大马力拖拉机关键部件技术。

近几年在国内"大马力、小底盘"拖拉机的围剿下，外企靠技术领先赢得市场的战略仍然坚持不动摇。对标国际一流拖拉机制造企业的产品，国内大马力拖拉机制造技术也提升较快，但从拖拉机可靠性方面、基础零部件和材料、制造工艺、装备和生产一致性等方面，尤其是关键技术上，仍大有可学之处。

约翰迪尔中国公司的8R系列拖拉机，融合了迪尔的全球领先技术，大储备扭矩发动机，全车配置10个电脑模块、20套软件，双转速田间巡航，集成ATI自动导航系统即插即用，充分体现出迪尔智能大马力拖拉机的优越性能。凯斯3154型拖拉机配套达到国三排放的高压共轨发动机，采用18+4的全动力换挡变速箱及动力换向手柄。爱科公司的麦赛福格森"全球市场同步推出的高端拖拉机系列产品，发动机采用涡轮增压中冷、高压共轨技术，专业的液压三点悬挂装置及PTO动力输出装置，提升了机械控制精度。久保田公司954型大马力拖拉机，配备了完全密封式锥齿轮前桥，可防止泥水、杂物侵入，不易漏油；配备了前后梭式换向装置，使拖拉机前进后退操作更方便。

学习点二：大型联合收割机核心技术。

目前，我国主流中小型联合收割机产品，已经进入国际一流产品的行列；近些年青贮机产品研发的速度也相当快，部分产品在市场上得到用户认可。然而，多家国际农机巨头在大型联合收割机和青贮机产品方面的霸主地位，主要是靠其拥有核心关键技术，充分彰显其技术的全面领先与产品品质上乘的优势，能充分满足农艺、畜牧生产标准要求。

迪尔公司S440联合收割机，先进的喂入系统，拥有割台高度控制和位置记忆功能，大幅度提高了不同长势和倒伏作物的收获效率；拥有先进的全轴流脱粒分离机构，独特的三段式轴流脱粒分离系统。科乐收（CLAAS）公司CH80多谷物收割机，采用切纵轴流专项技术的多谷物收获机，恒定的喂入角度，不受割台升降的影响。

学习点三：畜牧机械产品多方面领先技术。

在展会的一个交流报告会上，我曾听到一位国内牧草机械的客户，在报告中非常明确地讲到，“现阶段我们使用的牧草机械，90%还是要选购国外的牧草机械产品。”从展会的外企畜牧机械产品来看，值得我们学习的地方很多。

本届展会来自外企在中国市场销售的畜牧机械产品10多种，包括打捆机、割草压扁机、搂草机、青贮饲料收获机，饲料搅拌车、缠膜机等。尽管这些产品并不能完全代表世界最先进的畜牧机械产品水平，但是就目前国内畜牧机械，特别是牧草收获、青饲料收获机械还是以参照国外技术原理、仿制为主、核心部件大部分依赖进口的现状来说，无论从产品整体设计、结构功能创新，到关键部件的制造，信息技术应用等方面都值得学习借鉴。

学习点四：不间断地在农机产品结构和部件方面进行改进、设计创新。

迪尔在R230玉米联合收获机上使用了先进的仿形技术；丹麦哈滴公司在HC6500喷雾机上使用了“双风”防漂移喷杆技术，防漂移性能更好；马斯奇奥秸秆粉碎还田机为保证碎秆效果，在内壁均焊有齿状定刀，以提高切碎能力；洋马农机在半喂入联合收割机运用了独创的二次脱粒和清选系统；凯斯4088联合收割机，5米加长卸粮搅龙，加上6行带秸秆切断底刀的玉米割台；库恩公司针对不同土壤情况的MM153翻转犁上分别安装了镜面犁和栅条犁两种解决方案，这都是国内企业应该学习的。

学习点五：采用不同类型机具组装成联合作业机的方案。

为了减少进地次数，提高工作效率，国外公司在产品开发中，把多种耕整地机具与播种机、肥料撒施机与深松机等组合成联合作业机进行复式作业使用。

学习点六：应用电子信息智能技术。

美国大平原公司的系列点播机在导种管上安装传感器，对整个导种管进行监控，确保种子畅通无阻地直达种沟；法国波尔图公司植保机全部采用电子调控系统，可控制喷杆收张、喷洒、压力流速以及每公顷喷洒量等各种作业参数；雷肯公司牵引式喷雾机通过电脑控制终端实现全自动控制设定，作业全程显示每公顷喷药量、已喷量、喷雾压力、行驶速度以及已喷药的面积等；大同农机高速插秧机，使用了前轮独立传感装置，在任何的作业条件下都可以保持插植部的一致；洋马农机高速插秧机通过机身平衡与秧台平衡两部位传感器，控制电子开关瞬时调整油缸动作，锁定秧台平衡，使插秧机秧台作业过程中，始终处于水平状态。

学习点七：在农机具设计制造中采用新材料。

在以钢材为主的前提下，多种新金属、复合材料、特殊钢材等在关键部件的应用量在明显提升。

正如习近平总书记所说：“中国改革开放永不停步！”农机行业只有坚持学习国外先进农机产品技术永不停步，坚持合作发展永不停步，锲而不舍、一以贯之、再接再厉，必然会创造出新的更大奇迹。下一个40年的中国农机制造业，定当有让世界刮目相看的新成就，定会成为世界上农机制造强国。

第五章
地方风采

层林尽染霜华变 砥砺前行40年

——对河北省农机化发展的一些回顾与思考

□ 郭 恒

郭恒，河北省农业机械化管理局调研员。

白驹过隙，时光荏苒。1978年，党领导中国人民实行改革开放政策，40年来经济社会发生了巨大变化，各行各业百舸争流，欣欣向荣竞繁华。

一、改革篇

农业，立国安邦的第一产业。党的第十一届三中全会后，改革开放政策惠及农民，农民可以办农机化了。刚刚富裕的农民欢天喜地买了小四轮拖拉机用来耕地、播种。播下的是希望，种植的是富裕。投入加大了，粮食丰收了，喜悦中却夹带着苦涩。芒种过后，冀中大平原超过35℃的高温炙烤着大地，催促着小麦成熟，更炙烤着割麦的农民。农民挂在嘴边的话“三夏三夏，提起来害怕”，说明了麦收的艰辛。农民挥舞镰刀割一亩小麦，就要处理七八百千克的作物量。从割麦到麦粒入囤，要历经割、捆、装、运、卸、脱、扬等十来道工序。艰苦的劳动条件极大地考验农民的体能和意志。

从20世纪90年代初始，在省农业厅主导和支持下，藁城县农机局引进新疆-2型全套技术，开发出了适合家庭联产承包责任制下的小麦联合收割机，率先落地生产，这期间大的技术改进有12项之多，之后形成2 000台量产。这款机型适应了一家一户小地块作业和长途跨省作业。在“八五”期间，小麦主产区各县农机部门开始将分散的跨区作业机手组织起来，带领机手走山西、内蒙古，闯中原大地，跨区域收割小麦，技术好的机手一个作业季节能挣5万多。到2000年，小麦联合收割机发展到3万多台，机收率达到了70%，标志着河北省大宗粮食作物之一的小麦，在黄淮海区域率先实现了机械化生产。“十一五”末期，河北省小麦耕播收综合机械化水平就已经达到了99%，这意味着，在一个县的范围内，小麦收获的时间只有3~5天！

小麦机械化生产，让农村面貌和农民生产

生活习惯发生了改变。以往，全家老少齐出动、起早贪黑的场景不见了，地边村头近百万亩的打麦场不见了，脱粒机和高高的麦垛也不见了。农民们描述麦收场景是这样说的：“乘着凉、喝啤酒，跟着粮袋往家走”。

小麦机械化生产，让夏收、夏种、夏管三大生产环节的用工比发生了改变。过去是“三分种、七分管”，小麦人工收获和夏玉米点种至少要持续大半个月，现在是“七分种、三分管”，一个农户单元能做到当天收、当天种，夏玉米早种十天半个月，积温多了，产量也上来了，人工环节占比少了，机械化农业生产的责任越来越大了。

小麦机械化生产，让农业生产方式发生了深刻变革。夏玉米免耕机播技术是农业发达国家普遍应用的先进技术，伴随着小麦联合收割机的普及，全省推广了小麦联合收获＋秸秆覆盖还田＋夏玉米免耕机播配套技术。一收一播之间农业机械两次进地，小麦收了，秸秆还田了，玉米一穴一粒，精量播种了，节本又增效！

马克思曾说，一个时代的划分，不是看生产了什么，而是看用什么来生产。数字的变化直接体现的是生产力的解放和发展。小麦收获实现机械化生产对今后农机化发展的借鉴意义体现在以下几方面。

一是从实现机械化发展的途径上看，通过组织有机户开展机收小麦有偿服务，实现了社会化服务与一家一户小农生产的成功对接，探索了一条有中国特色的农机化发展路径。

二是从实现机械化发展的动力上看，省、市、县农业主管部门组织联合收割机手开展省内异地作业、跨省区域作业，有机户实现了增收，继而又投资购置农业机械，“九五”期间，农机总动力增长了60%。效益拉动是发展农机化的内生动力，尤其是在联产承包责任制下，是发展农机化事业遵循的规律。

三是从实现机械化发展的服务模式上看，小麦跨区机收中涌现的农机协会以及经纪人，种下了市场化发展农机化的种子，抽出了合作经营农业机械的萌芽。现在，全省新型经营主体农机合作社发展到2 500家，他们担负起“三夏”“三秋”两个重要农时季节60%以上的农机作业量，他们是农机化发展的主力军，是解决“谁来种地”的有生力量。

农业机械是先进生产力的代表。从农业国家向工业化国家演进，实现农业现代化是标配，从传统农业向现代农业进化，农业机械化是标志。

进入21世纪以来，党中央坚持把解决好“三农”问题作为全党工作的重中之重，坚持“多予、少取、放活”的方针，以工补农、以城带乡，统筹城乡经济社会的发展。从2004年开始，中央财政转移支付河北省用于支持农民和服务组织购置农业机械的补贴资金达到102.8亿元。通过政策推动，河北省农机化事业迎来辉煌10年，农机总动力增长了40%；农机装备结构优化调整，十几马力的小四轮拖拉机退出了市场，农民选择的是150马力以上的大型四驱拖拉机和复式作业机械。“十五”之初，河北省的农机主管部门和省级研究所以及部分骨干生产企业，通力合作对玉米收获机联合攻关，引进乌克兰赫尔松技术，攻克玉米收获机难点，不断向适用阶段迈进，到“十二五”末期，主要粮食作物生产进入了机械化作业时代。继小麦之后，另一大作物玉米也基本实现了机械化生产，小麦、玉米耕播收机械化率分别达到

99.5% 和 91.6%，畜牧业、设施农业也取得了同步发展。

二、改革深化篇

重农固本，是安民之基。党的十八大以来，习近平总书记高度关注“三农”问题，把“三农”走向与“中国”走向直接关联在一起，多次作出过深刻而精辟的阐述，明确解决好“三农”问题，根本在于深化改革，走中国特色现代化农业道路。

河北省农业主管部门牢牢把握建设现代农业新要求，依托院士工作站，以科技进步和创新为动力，承接和孵化了一批现代农业的生产技术，以供给侧结构性改革为切入点，优先选择主要农作物生产基础好的县，持续发力推进以精准作业为主要内容的全程机械化示范县创建。2016 年以来，充分发挥省财政 5 200 万元支持农机化发展资金效能，在 24 个县开展了全程机械化主题创建活动，打造了 54 个农机合作社“智慧农场”。

大国重器，君子假物。几年来，经过有计划、有组织地梯度推进一批信息化和精准作业为引领的全程机械化重大集成技术和装备投入农业生产，打通了全程机械化的全作业链，初步探索了适应河北区域特色的小麦、玉米全程机械化技术体系，形成了具有河北特色的小麦、玉米全程机械化解决方案。这些农机合作社“智慧农场”在解决全程机械化技术手段上，农机、农艺和信息化深度融合，集成运用了地理信息、全球卫星定位导航、遥感、传感器监测技术等现代化的科学技术。在补“短板”上，引进现代农业精准变量作业技术，在精准施药、精准施肥、高速精播、高效节水灌溉 4 大作业环节开展试验示范；在打破“瓶颈”上，推进“互联网 + 农机装备”，引入全程机械化精准变量物联网监测和农机作业大数据管理服务系统，改变了机械化农业生产的生产方式和管理方式；在强弱项上，从联合耕整地、玉米青贮、玉米籽粒收获、烘干、产后初加工等薄弱环节开展试验和示范，拉长作业链；在农机作业调度、机务管理、财务管理等方面，由过去人工记账、电话指挥，转变为依托移动互联网，使用电脑、手机 APP 等装备，在“智慧农场”大数据精准作业服务系统平台和精准变量物联网监测平台上实现全程机械化农机作业与管理。

三、我的感悟

纵观河北省农机化发展，深深地感到发展农机化有三点必要条件。一是必须把关乎事业发展和行业稳定的两项基础工作抓在手里。一项是重大农机化装备与技术推广。先进的装备列装农机化生产，像小麦联合收、玉米机收那样实现重大突破，才能基本实现机械化的阶段性跨越，在任何发展阶段，农机装备与技术推广都是农机化的主线。另一项是农机社会化服务。农机社会化服务在农业生产性服务占比最大也是最重的部分，在家庭联产承包责任制基本制度条件下，走好农机社会化服务的路子，也就是走好中国特色农机化的路子。二是必须依靠两个手段驱动农机化发展。一个是效益拉动，另一个是政策推动。生动的农机化发展实践证明，效益拉动和政策推动犹如驱动农机化发展的鸟之双翼。齐飞双翼，才能又好又快。三是新时期深化改革，扭住发展现代农业不放松。大田重技，推进主要农作物全程机械化进程，要依托和对接现代科学技术成果。精准（数字）农业集农艺农机和信息化之大成，是现代农业皇冠上的明珠。智能化，使农业生产由定性到量化、由经验主义到科学运作，使机械化农业生产由宏观变得微观，使耕作模式由粗放生产转变为精准作业。当前，聚焦大田作物实施精准（数字）农业既是全程机械化的主攻方向，又是提高农业资源利用率、保护农业生态环境的重要支撑。

改革开放40年，山西农机经营服务体制的变革

□ 张培增　张建中

张培增，男，1956年8月生，山西省定襄县人，大学本科学历，硕士学位，研究员职称。长期从事农机化发展研究、装备制造和试验推广工作。

张建中，男，1966年11月生，山西省文水县人，大学本科学历，硕士学位，高级工程师职称。参加工作后一直从事农机装备研究和科技管理工作。

1978年12月，中国共产党召开的第十一届三中全会，吹响了农村改革开放的号角。随着家庭联产承包责任制的推行，农业机械逐步走进千家万户，计划经济时期形成的农业机械只能由国家和集体经营的传统体制被彻底打破。伴随着改革开放的不断深入，逐步呈现出农业机械化与农业生产和农村经济的发展既互相适应、又互相促进的协调发展局面，我国农业机械化在探索和实践中走出了一条独具特色的健康发展道路。而在这一成功道路的背后，凝聚了无数热爱、关心农业机械化事业的各界人士和不懈探索的广大农机操作手。曾经一段时期，国家有关部门的领导，国内外知名的专家、学者，经常到山西省研究农业机械化问题，指导山西省的农业机械化工作，使山西省成为我国农业机械化发展的探索与试验基地。记得在20世纪90年代后期，农机新闻界资深记者张蓝水在山西省采访后感慨地说：“山西省在改革开放后的中国农业机械化发展史上创造的经验和第一太多了”。作为这一探索实践的见证者与参与者，我们感到无比自豪。正是这种特别的内心触动，我们感到有责任就身边发生的事件整理成文字与同行分享。

在农村家庭联产承包责任制实行初期，国家允许和鼓励私人独户和联户购买经营农业机械，扶持发展农机专业户和重点户，开展农机作业有偿服务，小型农业机械得到快速发展，农机经营服务成为农业增产和农民先行致富的优先选择。

农村实行家庭承包责任制后，家家户户获得了土地经营权，农民发展生产的积极性被极大地调动了起来。但是，原有的集体化生产格局被打破以后，分散的小规模家庭经营与当时的农业机械的使用条件产生了矛盾，不少地方的农业机械化基础设施受到严重的冲击，甚至有不少人对农业机械化的必要性产生了怀疑，相当多的农机工作人员对自己的专业前途陷入迷茫和困惑之中。事实上，农业机械化并没有

因此停止发展步伐，只是在机型大小和类别上发生了变化，突出表现为小四轮拖拉机供不应求。各地农机部门根据形势的变化，及时调整和改变了工作思路。在指导思想上，调整为因地制宜，效益优先，重点服务农业增产、增收和帮助农民勤劳致富；在农机经营体制上，允许和鼓励农民独户和联户购买经营农业机械，扶持发展农机专业户和重点户，开展农机作业有偿服务；在农机装备结构上，向机械化、半机械化、手工工具并举，人力、畜力、机电动力并用，工程措施和生物技术措施相结合的方向发展；在工作方法上，引导农机生产企业面向农业生产和农村经济发展的实际需要，注重小型、价廉、经济、实用的农机产品的研究、开发和示范推广。1981 年，山西省人民政府下发《关于允许农村社员购买经营拖拉机等农业机械的通知》，经过短短两三年时间，适应家庭经营和农村商品经济发展的小型农业机械快速增加，农业机械化工作出现了积极的发展势头。记得在 1984 年夏天，山西省农机局组织了一次小型农业机械展销会，会议从省内外组织了一批小四轮拖拉机货源，在展销会期间，厂家陆续到货，因为货源紧缺，远远满足不了购买需求，每天都有农民在前一天晚上就到展会门口排队，等到当天货到后，按排队顺序购买。这样的情况一直持续到展会结束。根据 1980—1985 年的统计资料，全国农业机械保有量的增长速度，远远高于此前任何一个时期，农机总动力由 1980 年的 14 555 万千瓦发展到 1985 年的 20 842 万千瓦，增长了 41.8%；拖拉机由 261.9 万台、3 992 万千瓦发展到 466.8 万台、6 106 万千瓦，分别增长了 78.2%和 53.3%。尤其是小型拖拉机由 1980 年的 187.5 万台发展到 381.6 万台，增长了 104.1%；此外，种植业需要的小型深耕犁、小型播种机、小型收割机、小型脱粒机和农副产品加工所需要的磨粉机、碾米机、榨油机等也得到较快的增长。

小麦联合收割机跨区作业从山西民间发起到农机管理部门系统组织，并提供油料、配件、转场等后勤保障和作业市场信息服务，在分散经营的土地上用上了大型高效的农业机械，无疑是提升农业机械化水平、提高农业机械利用率的有效途径。

山西省是一个小麦成熟时间南北差异明显的省份，南部的平陆、芮城和北部的天镇、阳高，收获期相差两个月以上。山西小麦的另外一个特点是成熟期跟降雨季节很接近，如不能及时收获，往往会因为暴雨和连阴雨，造成丰产不丰收，因此自古就有“龙口夺食”的说法。在 20 世纪 70 年代中期，山西省农机局曾组织过割晒机的跨区生产作业考核，重点是对新研制的机具进行可靠性试验，目的是达到标准规定的生产考核面积。太谷县五家堡村农民温廷玉和另外 5 位农民发现了其中的商机，于 1986 年开着联合收割机奔赴晋南地区，由南往北开展小麦机收流动作业，开创了小麦联合收割机跨区作业服务的先河。这是我国最早的一支“南征北战”跨区机收作业服务队。第二年开始，基层农机服务部门主动提供有关服务，参加跨区机收小麦的收割机数量逐年增加，作业范围逐步向南延伸到河南、湖北、安徽，向北延伸到内蒙古，向东西扩大到河北、山东、陕西、宁夏、甘肃等省区。他们利用各地小麦收获时间的差异，合理选择自己的流动作业区域，使机器作业时间最长可达 3 个月以上，单机作业服务收入最多可达 6 万元以上。这种新的农机作业服务形式，使机手和农户均得到了实惠，既提高了联合收割机的年利用率，缩短了联合收割机投资回收期，又迅速提高了小麦产区的机械化收割水平，满足了麦区农民对机收的迫切需要。1990 年，山西省政府安排交通、公安、石油等部门配合省农机局向跨区作业机手提供更加全面的服务，有效地解决了跨区作业所涉及的油料和配件供应、收费道路免费通行、作业组织等方方面面的问题，联合收割机“南征北战”跨区作业在山西全省范围内轰轰烈烈地全面开展起来，大大方便了联合收割机跨区作业服务，促进了联合收割机数量的迅速增加，推进了山西的小麦机械化收割进度，取得了很好的经济效益和社会效益。这个时期，涌现出临猗县牛杜镇香落村拥有联合收割机 105 台，平均每 6 个农户拥有 1 台联合收割机的“三晋收割机第一村”。1996 年，农业部会同公安部、交通部等部门，开始组织省际联合收割机跨区作业，南起长江流域，北达塞外高原，麦收流动作业范围扩大，使全国联合收割机保有量快速增加，小麦收割机械化水平迅速提高，而且降低了机收作业成本，满足了农民对小麦机械化收割的迫切需求，全国小麦收获机械化的发展速度明显加快。从统计数据看，1990 年全国联合收割机保有量仅有 3.96 万台，1994 年达到 6.38 万台，比上年增长 13.34%；1995 年达到 7.55 万台，增长 18.29%，1996 年达到 9.64 万台，增长 27.75%，1997 年达到 14.12 万台，增长 46.5%，1998 年达到 18.19 万台，增长 28.78%，1999 年达到 22.71 万台，增长 29.43%，2000 年达到 26.52 万台，增长 16.78%。全国小麦机收水平从 1990 年的 28.7%，达到了 1995 年的 47%，2000 年的 66.8%，2006 年的 81%。

农民进城务工和农村工业发展大大提高了农民收入水平，在稳定土地家庭承包政策长期不变的前提下，保证国人的“米袋子”和“菜篮子”安全成为新的命题。于是接受土地托管、土地入股和提供农机作业服务的农机专业合作社等新型农业经营主体，是解决新时代谁来种地、怎样种地的先进组织形式。

随着现代农业发展和农村城镇化建设的加快，农村“空心化”、家庭“空巢化”的情况越来越严重，青壮年外出打工和进厂做工，老人、妇女留守种田已成为农村劳动力分布的基本态势。那么，谁来种地？怎样种地？逐步成为现代农业发展的紧迫问题。加快构建和完善农机社会化服务体系，实现农业机械化和农业现代化同步发展，成为农机部门和农机工作者新的命题，迫切要求提升农机社会化服务水平。2005 年年底，山西省原平市下薛孤村村民张占军联合本村 5 户农民共同成立了第一家农机合作服务组织——原平市下薛孤张晋农机合作社，其他 4 位农民的名字叫常未田、郑西福、张占勇、郑宽文。他们共同出资 40 余万元，装备了成套的农业机械装备，购买了当时还不够成熟的玉米联合收获机，开展深耕、旋耕、播种、中耕、收获、秸秆还田、拉运等玉米生产全过程机械化联合作业服务。采用这种服务模式效率高、耗油少、时间短，给农民和农机手带来了实实在在的好处，仅玉米机收一项作业服务每亩就节省费用 20 元，受到农户的普遍欢迎。开始的两年时间里，合作社实施作业面积达到 15 000 余亩，其中秋耕 6 000 亩，玉米收获 1 600 亩，旋耕 7 000 亩，中耕 400 亩。当地村民们编了一句赞美的顺口溜，“五户领头解难题，农机作业顶呱呱”。2008年成立的原平市田家庄村田丰农机合作社，是农机专业大户牵头，本村土地承包户以土地入社，在农户土地承包经营权不变，自愿委托合作社经营的前提下，合作社收取适量服务费用，签订土地托管合作经营合同。合作社提出统一的经营方案，与全体社员民主协商通过后执行。合作社负责全部农机作业、生产资料统一采购和其他经营活动，并以全村近年来土地平均投入水平和产出水平，确定投入标准和收益标准，如果实际收益低于标准线时，除特殊自然灾害造成收益减少外，合作社按标准线兑现。通过这种土地托管经营合作，实现了玉米规模化、机械化、集约化、产业化经营，既降低了生产成本，又增加了土地效益。这种新型农机服务组织的示范效应，带动了各种农机专业合作社的发展。据山西省农机局的调查报告显示，到2008年年底，全省各种农机合作组织达到792个，其中专业协会86个、农机作业公司63个、农机服务队和联合体495个、农机大院148个。到2012年年底，全省注册成立的农机合作社达到1 558个，成员达到20 162人，拥有农机具56 088台（套），其中拖拉机11 251台、联合收割机8 036台、农机具35 919台（件），固定资产达到15亿元。调查报告还显示，参加合作社的社员农机经营总收入或利润比农机户“单打独斗”作业效率提高30%左右，机具利用率提高20%左右。此外，全省有700余个合作社参与流转土地面积近6.67万公顷，在实现土地规模化经营基础上，实现了农机、农艺融合以及新机具、新技术的大面积推广应用。实践证明，通过农民、农机户之间的合作和土地入股与托管，农业机械得到共同利用，农机农艺实现有效融合，创造了农村先进生产力发展应用的先进模式，推进了农业机械化发展进程，促进了土地流转与集中，为新时代农业机械化发展找到了新的突破口，逐步成为推进农业现代化发展的加速器。2018年8月，为了加快全省农机社会化服务体系建设，山西省农机主管部门提出了新的五年发展目标，全省农机合作社要达到3 000个以上，农业机械拥有量要占到全省总保有量的60%以上，承担的农机作业量要占到全省总作业量的80%以上。同时要以提升农机专业合作社服务能力为重点，推动智慧型农机社会化服务体系建设，加快推进农业机械化、信息化和智能化水平。

征文后记

由中国农业机械化协会组织的“纪念农机化改革开放40周年”征文活动已经落下帷幕。这次征文活动，200多位农机人通过回忆身边的普通人物和平凡事例，再现了农机化改革发展过程中的风风雨雨，讲述了各自的亲身经历和感受，以及农机化事业的辉煌成就。更重要的是，本次活动使更多关心、参与农机化事业发展的人，共同回望改革开放40年的历史，梳理农机化发展的脉络，认识农机化发展的规律，对把握今后农机化健康发展的方向和趋势，影响深远、意义重大。值得自豪的是，我们以作者和读者的双层身份参加了这次活动，从中得到了特殊的收获和感受，由衷地向组织者表示诚挚的谢意！

我们都是从小生长在农村的农家子弟，亲身体验过农业生产劳动的繁重和艰苦，从儿时起就梦想着利用机器替代体力劳动，从事农业生产活动，改变人拉、肩扛、手摘的农村生活现状，以便让乡亲们少承受点风吹、日晒、雨淋的煎熬，多享受点音乐、美术带来的快乐。这些梦想一直伴随着我们，直到完成大学学业。参加农机工作以后，我们才意识到，发展农业机械化必须遵循经济发展规律，实现农业机械化受许多因素约束，如土地规模、农艺规范、经济水平、农民文化水平等，并非一蹴而就的事。尤其是在起步阶段，人口多、土地少、起步晚、底子薄的基本国情，决定了我国农业机械化需要一个漫长的过程。

1978年农村改革以来，经过了40年的艰苦探索，我国农业机械化逐步走出一条具有中国特色的发展道路。回顾40年的发展历程，我们首先想到了农机界的老一辈，他们中有放弃国外优越生活工作条件，毅然回国投身祖国农机化事业的奠基者，有冒着枪林弹雨建立起新的国家政权后，转业农机化战线的革命老前辈，还有在建国初期国家培养出来的农机专业人员和操作人员。他们牢记领袖的嘱托，因农机结缘，为农机献身，在一穷二白的条件下，奠定了农业机械化的扎实基础。一代接一代的农机人为实现梦想，不断地改革、不断地摸索、不断地创新。农村实行家庭承包经营，带动了农机管理服务体制的改革，农民个人被允许购买农业机械，冲破了只能由国家和集体经营的政策限制，激发了广大农民群众兴办农业机械化的热情；农机专业户利用不同区域的农事时间差，开展联合收割机跨区作业服务，创造性地开辟了土地分散经营条件下，推广大型高效农业机械的新路径；农机户之间，农机户与种植业户、养殖业户之间建立合作经营组织，破解了农机与农艺相互脱节的难题，为农业生产全过程和农业各产业全面实现机械化找到了新的机制。农机经营机制体制上的不断变革，使中国农业机械化由“选择性”走向了“全程、全面”。

学农机、干农机几十年，每当回想起这些往事，总会感到心潮澎湃、思绪万千、欢欣鼓舞！因此，我们以《改革开放40年，山西农机经营服务体制的变革》为题，试图从一个侧面反映农机化经营服务体制变革这一主题。文章推出以后，得到了许多朋友的肯定与赞赏。

在长期的农机工作实践中，我们还亲身经历了一系列起源于山西的农机化新技术，由点上试验到面上推广，如机械化旱作农业、机械化保护性耕作、机械化地膜覆盖、机械化秸秆还田（包括直接粉碎还田和整秸秆还田）等，这些技术的推广同样为加快农业机械化进程，促进农业增产增收发挥了重要的作用。风雨兼程的年代，可圈可点的人和事有很多。每一项事业的成功和工作的创新，背后都有众多做出艰苦努力和奋斗的人，甚至还有国际友人，如美国的韩丁先生，澳大利亚的杰夫先生等。大家恪尽职守、专心做事、默默无闻，不在意名利得失，满怀着对事业的热爱、对职业的忠诚、对初心的坚守，为农业机械化的改革发展做出了巨大的贡献。尤其需要一提的是常年驰骋在广袤田野的农机操作手们，他们是推动我国农业机械化事业不断进步的创造者和实践者，我们一定要记住他们曾经为此付出的辛勤汗水和不懈努力。

忆往昔，峥嵘岁月稠。过去取得的成就是辉煌的，但毕竟已经成为历史。农机化事业的改革发展同样只有进行时，没有完成时，依然需要我们站在新的历史起点，加快推进农业机械化和农机装备制造业的转型升级，为实施乡村振兴战略做出新的贡献。在继续前行的道路上，还会有各种艰难险阻，我们坚信：经过40年改革洗礼的农机人，一定会取得无愧于时代和社会的新成就！

我眼中的北京农机化发展之路

□ 梁井林

梁井林，原北京市农业局农业机械化管理处副调研员，现北京市委农工委（市农业农村局）宣传与文化处副调研员

我于1985年参加工作，有幸赶上了我国改革开放的磅礴浪潮，看到了北京农机化发展的历史脉络。因此，写下以下文字，作为纪念。

一、忆往昔，三个阶段见证北京农机化发展之路

农业机械是发展现代农业的重要物质基础，农业机械化是农业现代化的重要标志。改革开放的40年，是北京市农机化事业发展取得巨大成就的40年，在市委市政府的正确领导下，农机系统锐意进取，开拓创新，走出了一条具有鲜明特点的北京农机化发展之路，其发展之路可分为三个阶段。

1978—1995年，粮食生产机械化发展阶段。在这一时期，以京郊粮食生产主要实行村、队集体经营，村村成立机务队为标志。在机型上，拖拉机以铁牛-55、东方红-75，小麦收割机以新疆-2.5、北京-2.5，玉米收获机以苏联6、北京4为标志，粮食生产以中高机型为主，品牌集中度相对较高，粮食生产机械化发展快。特别是集体经营方式，可以集中力量办大事，比如，为发展玉米机械化收获，1989年，开始大量从苏联引进6行玉米收获机（简称苏6），使玉米机械化收获在较短时间内取得突破性进展，并带来主要粮食作物耕种收机械化水平的快速提高，1994年，京郊耕种收机械化水平就达到了61.74%。

1996—2009年，保护性耕作发展阶段。这一时期，以免耕（覆盖）播种技术的普及为标志。随着机收的普及，露天焚烧小麦秸秆对环境的污染开始引起各级政府的关注。1996年，北京开始在首都机场周围15千米范围内搞小麦秸秆禁烧，推广夏玉米免耕覆盖播种技术，取得成功并迅速在全市推广。在此基础上，1998年，北京市提出“全部实现小麦秸秆禁烧，决不把硝烟带入21世纪”的目标，并顺利实现。2001年北京成功申办2008年奥运会后，为保

护环境，京郊加快了春玉米和冬小麦保护性耕作技术推广。2006年，农业部和北京市政府决定共同启动北京全面实施保护性耕作项目，决定从2006年开始，用3年时间，北京市主要粮食作物生产基本实现保护性耕作，保护性耕作比例要达到80%以上。2006年5月29日，农业部和北京市政府在人民大会堂举行了“北京全面实施保护性耕作项目”启动仪式，时任农业部副部长张宝文、北京市副市长牛有成出席会议并签署了项目实施方案。项目的实施，加快了京郊保护性耕作推广步伐，2008年超额完成预定目标，2009年通过农业部验收，成为第一个省级全面实施保护性耕作的示范市，使京郊耕作制度彻底进行了改革。

2010年至今，都市型农机化发展阶段。这一时期，以国家实施农机购置补贴政策和《北京市农业机械化促进条例》的颁布实施为标志。北京市农机化管理部门积极落实扶持政策，加大农机补贴力度，在国家购机补贴30%的基础上，市级累加补贴20%，使购机补贴比例达到50%，并向农机社会化服务组织倾斜，促进了农机装备水平和应用水平的提升。拖拉机、联合收割机等传统作业机械基本得到更新换代，在农机服务领域上，种植业、养殖业得到均衡发展，农机农艺、农机化信息化加快融合，农机推广方式由单个环节、单个技术向全程模式转变，农机社会化服务组织成为农机化发展的主力军，农机化发展质量持续向好，成为乡村振兴的有力保障。

二、看今朝，北京农机化亮点纷呈

自改革开放40年来，北京市农机化发展取得了巨大成就，农机化法律法规体系逐步建立，政策扶持力度逐步加大，农业机械化发展速度、质量和效益同步增长，农机化综合水平不断提高，农机社会化服务组织提质减量发展，农业机械化支撑农业发展能力明显增强，农业机械化为加快农业增长方式的转变和产业化、现代化进程、促进农业劳动生产率和农业综合生产能力的提高做出了重要贡献，成为现代农业发展的重要标志。

装备结构和质量得到优化。除国家购机补贴政策外，北京市财政局和北京市农业局联合制定了《北京市贷款购置农业机械财政贴息资金管理办法》，较好地满足了京郊对高性能、进口农机的需求。截至2017年，全市拥有拖拉机8 293台，其中大中型拖拉机6 933台；小麦和玉米联合收割机达1 259台，全部为自走式，大马力。青贮收获机以美国、德国进口机型为主。高性能成为主要发展机型，农机装备老旧差的状况基本得到改善。适应现代农业发展需要，农产品初加工设备、种子加工成套设备不断引进，设施农业装备（包括保鲜库）在设施园区得到普遍应用，TMR饲喂机、挤奶成套设备等奶牛养殖设备在规模养殖场进行装备，农机化对现代农业发挥着越来越重要的支撑作用。

农机全程全面发展效果显著。北京市农机管理和技术推广部门全面梳理了小麦、玉米京郊两大粮食作物全程机械化方案，把玉米、小麦种植生产的农艺技术和农机技术集成配套，实现配备农资、深松整地、精量播种、机械施肥、机械植保、机械灌溉、机械收获的“七统一”，建立了适合北京地区的春玉米、夏玉米、冬小麦三个农机农艺融合生产全程机械化技术路线，建立了北京市粮食作物全程机械化生产技术体系，平原地区（包括山区的平原地区）小麦、玉米基本实现了全程机械化。2017年，北京主要农作物耕种收综合机械化水平达到90%。同时，以露地甘蓝为切入点，蔬菜全程机械化扬帆起航，率先在全国实现了露地蔬菜全程机械化作业，2018年该项技术被农业农村部列入全国农业主推技术。在此基础上，又陆续推进了大白菜、生菜、菜花、胡萝卜等露地蔬菜品种的全程机械化生产，形成可复制、可推广的全程机械化解决方案与关键装备方案。在设施农业方面，通过对塑料大棚结构改造，优化配套旋耕机、起垄机、秧苗移栽机、高效植保机、叶菜收获机等装备，初步实现了塑料大棚叶类菜生产的全程机械化作业，果类菜除收获环节外的机械化作业；以油菜生产全程机械化为突破口推进日光温室生产机械化，集成旋耕起垄、植保打药、水肥一体化灌溉等技术，形成油菜生产全程机械化技术解决方案。此外，大兴工厂化养鱼、房山工厂化养牛、平谷矮化密植及与之相配套的关键环节机械化技术等示范点基本成型，为养殖、林果等产业全程机械化发展摸索了成熟的经验。

农机社会化服务水平持续提升。自2007年《农民专业合作社法》颁布实施以来，北京市立足于推进农机又好又快发展，通过购机补贴向农机合作社等社会化服务组织倾斜、农机化项目在服务组织中实施、加强对农机社会化服务组织管理人员的培训、解决服务组织贷款难等问题，大力推动农机社会化服务组织发展，有效带动了农机先进技术的推广应用，促进了土地规模经营和产业化发展。截至2017年年底，全市拥有农机化作业服务组织351个（其中农机专业合作社总数为163个），其中农机原值50万元以上的有144个，占41%。农机社会化服务组织成为农业生产的主力军，以农机专业合作社为代表的农机社会化服务组织其大田农机作业服务面积已占全市农机作业总面积的80%以上。同时，以北京兴农天力农机服务专业合作社为代表的农机合作社，开始由以提供农机专业化作业服务主体向多元化经营与多样化服务的农业综合体方向发展，展示了强大的生命力。

安全生产较长时期保持稳定。1995年《北京市农业机械安全监督管理办法》颁布实施，2018年新的《北京市农业机械安全监督管理规定》颁布实施，农机安全法规、制度建设稳步推进。农机监理牌证管理系统、流动式检测线和固定式检测线、电子桩考仪、驾驶员无纸化考试设备、监理专用车等一系列农机监理装备在全市普遍应用，彻底改变了农机安全监理手段。农机安全执法检查量化分解，全国首创的农机、安全生产、公安交管、质监、工商等部门组成的联合会商工作机制和联合执法行动，极大地促进了农机安全生产。农机事故处理应急演练、农机安全监理大讲堂等活动持续开展，有力地提高了农机监理人员的业务素质。农机全面监理理念不断深入，从拖拉机、联合收割机向微耕机、卷帘机等危及人身财产安全的农业机械延伸。农机免费监理、农机政策性保险全面实施，不断惠及农机使用人员。一系列措施有力地促进了农机安全生产，全市农机事故数量逐年下降，多年未发生死亡事故，安全生产较长时期内保持稳定。

三大绿色生态发展农机化技术助力首都空气质量改善。一是秸秆利用全覆盖。按照《综合施策杜绝农作物秸秆和园林绿化废弃物焚烧工作方案》要求，北京市加强了秸秆综合利用技术探索，探索出了秸秆青贮、秸秆粉碎还田、秸秆收集后加工黄贮和制成有机肥等利用方案，总结出了山区秸秆综合利用的“怀柔模式”和设施农业废弃物处理的“顺义模式”，并按照“基本模式全覆盖，典型模式再推广”的思路，在全市涉农区进行了推广应用，在较短时期内使秸秆综合利用水平得到快速提升，2017年，北京市农作物秸秆综合利用率达到了98.5%，为农作物秸秆全面禁烧提供了坚实保障，秸秆综合利用水平处于全国领先地位。二是深松作业普遍应用。开发筛选了符合京郊土壤和耕作制度的深松作业机械，购机补贴政策上优先保证深松机购置补贴；制定了《农机深松整地作业补贴工作实施方案》，加大了深松作业补贴力度，补贴标准达到50元／亩；探索总结了作业补贴公开、作业主体、作业面积和作业质量确认等行之有效的工作措施，保证了深松作业的高效推进。三是非道路移动农业机械尾气治理开始发力。市级农业农村、生态环保部门联合工作机制初步建立，建立了重点农时期间定期会商、联合检查工作机制和数据共享机制。建立健全了非道路移动农业机械台账，明确了监管底数。开展了尾气污染物排放控制装置（颗粒捕捉器）在拖拉机、联合收割机上的应用效果研究，在试验示范的基础上，初步制订了下一步免费加装污染物排放控制装置计划。

三、望未来，北京农机化发展前途广阔

北京农机化的发展，得益于国家改革开放政策，得益于国家对农业的重视，可以说坚持依靠政策扶持来推进农机化发展，是加快农机化发展的一条有效途径。北京农机化的发展，更得益于广大农机从业人员顺势而为，奋发有为，广大农机工作者将发展农机化的主观愿望与农民的需求相统一，以改革创新和科技进步作动力，着力培育农机服务产业，成为保持农机化发展的不竭动力。

“雄关漫道真如铁，而今迈步从头越。”党的十九大做出了实施乡村振兴战略的重大部署，农业农村现代化是乡村振兴战略的主要目标，北京市农机化发展要围绕乡村振兴各领域、各环节找准切入点，顺应新时代，展现新作为。一是要继续拓展服务领域。结合农业农村产业发展重点，强化产业融合理念，打破传统农机只服务于农业“一亩三分地”的界限，深入研究实施乡村振兴战略过程中的农业、农村农机化需求，拓展服务领域和服务范围。二是要加强装备科学化研究。科学地分析全市存量农机装备的结构和需求方向，优化农机购置补贴政策，向全市农业农村重点产业发展急需的新型机械设备倾斜，扩大新产品补贴范围，增加其补贴额，通过政策的设计引导做好现代农业和农村发展的装备支撑保障。三是农机服务组织要提质增效。农机服务组织是农机化发展的主力军。要加强农机服务组织发展规律研究，提高农机服务组织企业化管理水平，促进企业转型升级。要加强农机服务组织政策支持研究，通过在融资、贷款、直接补贴等多方发力，解决农机服务组织资金不足的难题。要加强农机服务组织融合发展研究，促进农机服务组织由单纯农机作业服务向农机作业服务＋综合农事服务、农机农事服务＋农业产业化等方向发展，引导农机作业主体转型升级。要规范农机

服务组织的服务标准和服务质量，继续促其提质减量发展。四是要做好政策设计。加强深松、秸秆综合利用等作业补贴实施效果研究，并在此基础上，积极与财政部门沟通，拓展作业补贴实施范围，重点加强农机新技术新装备应用以及缺少直接经济效益，但生态效益和可持续发展效益明显方面的作业补贴，通过政府购买服务来调动农民应用的积极性。

展望北京市农机化的发展，必将在购机补贴政策的引导推动下，加快机器换人步伐，向着全程、全面发展提档，向着高质高效、绿色生态升级，促进各产业机械化取得新进展。

以百倍的信心迎接农机化新的明天

——见证重庆农机化的不解求索

杨培成，男，汉族，中共党员。现任重庆市农业农村委员会调研员。近年来，收编《农业机械化法律法规政策汇编（2004—2014）》（中国农业大学出版社，2014 年 9 月）、参著《南方丘陵地区农业机械化工作应知应会 365 问》（中国农业大学出版社，2018 年 7 月）等实用教材。

□ 杨培成

“全市农机系统的广大干部职工要牢固树立‘有为才能有位’的思想，切实转变观念，以百倍的信心去迎接农机化事业新的明天。”2003 年 9 月，刚到任的重庆市农机管理局党组书记、局长任大军，这样鼓励全局干部职工。

1991 年 6 月底，我从位于川中遂宁的四川省农业机械化学校毕业，来到山城重庆，举目无亲；报到后，便回四川老家等候工作安排；8 月初，正式成为重庆市农机水电局的工作人员。长江、嘉陵的水养育了我，我与来自五湖四海的莘莘学子成了同事。扎根在这片土地上就快 30 年了，期间农机机构几经变革，但我从未离开这个行业。这些年来，我亲身见证了这座城市日新月异的变迁，有幸经历了重庆农机人的不解求索。老局长的殷殷鼓励，重庆农机化发展进程中的点点滴滴都历历在目，使我难以释怀。

一、机电提灌，曾经的农机工作主抓手

20 世纪 90 年代至 2003 年，是重庆农机比较尴尬、徘徊的时期。国家计划的农用柴油指标逐渐减少，直至取消。原来每个乡镇都有农机站的建制，其经办的加油站、小型农具加工厂等，也曾是当地有名的乡镇企业，伴随改革的推进，都不复存在了。

在我的印象中，机电提灌成了这一阶段农机部门赖以“发声”的手段。

重庆虽然有长江、嘉陵江、乌江等大江大河横贯，但仍是一个严重缺水的地区，工程性缺水、水质性缺水、资源型缺水并存。因此，长期以来，大力发展机电提灌建设，解决农业生产灌溉和农村饮水问题，一度成为各级农机部门的工作主抓手。

重庆成为直辖市之前，全市大部分区县（自治县、市）的提灌站还是苏联援建的，机电提灌机具已严重老化，基本上无法使用，农民

群众迫切要求进行改造。1997年后，市委、市政府在加大耕种收机械补贴的同时，也十分重视机电提灌工作，保持了对机电提灌建设的资金投入。各地积极支持机电提灌机械化的发展，加大对机电提灌维修、改造的投入力度，不断改善农业灌溉设施设备。

到2005年年底，全市农村机电提灌机械拥有量比2000年年底增加27.89万台（套），增长1.18倍；千瓦数增加39.69万千瓦，增长45.6%。机电提灌有效灌溉面积达610万亩，提水量达6.2亿立方米，有效地增强了农机系统抗旱救灾能力。特别是潼南县“五一”和红岩嘴灌区技术改造工程、江津市石蟆镇望江电力提灌站工程、荣昌县农村提灌站改造工程、城口县坪坝镇万亩提引灌溉工程、合川市红星电灌站技改工程、巴南区花溪镇先锋村灌溉及供水工程等一批机电提灌建设项目，通过市发改委农业基本建设统筹资金解决，其灌溉效益相当于一座中型水库，被老百姓誉为“民心工程”“德政工程”。

二、农业机械化，列入政府目标考核强力推动

“牢固树立与时俱进的观念。发展农业机械化，要用发展的眼光去判断、去分析。当前，农业、水利、林业领域得到了社会的高度重视，尤其是林业和水利，有中央的专门文件，有巨大的投入和项目支撑，现在是最火红的时期，这是社会经济发展到一定程度的必然结果。目前，农机发展的大环境相对较弱，但是，随着小康建设和城镇化步伐的加快，社会必然也会对农机化发展提出更高的要求，我相信这一天不会等得太久。我们要不断根据形势发展的需要，以及农业和农村经济发展的新要求，找准工作的着力点和切入点，推动农机化事业向前发展。”2003年8月底，市委市政府决定任大军同志任市农机管理局党组书记、局长，他一个星期不出门，9月初召开局党组会、办公会，他畅谈自己的农机观，鼓励全市农机干部职工要凝聚人心，增强信心，振奋雄心。当时我在局办公室（政策法规处）做文秘工作，现在翻起当年的记录本，还清楚地记载着以上这段原话。

凭借长期从事农业和农村工作的丰富经历和对“三农”的热爱，任大军以满腔的热情投入推进重庆农机化事业发展的进程中。原重庆市农机管理局是“参公”的事业局。对此，老局长坦然面对，他说事业局正好干事业。同时，毫不隐晦地讲，农机化事业不光是农机局的事，也是各级党委和政府的大事。每到基层调研、指导工作，他都深入乡镇、村社，与农户、机手座谈，与区县党委政府交换农机化工作的意见。

在短短的半年时间内，他走遍了全市39个涉农区县和10多家农机生产企业及局直属单位，掌握了宝贵的第一手资料。通过大量深入实际的调查研究，一个以突出耕、种、收，解决三弯腰，促进重庆农业机械化快速发展的行动纲领和发展目标，很快在全市上下达成了共识，在市人代会的政府工作报告里、在市委全委扩大会议上，以及在市政府日常经济形势分析等重要会议上，加快发展农业机械化成为热点议题。

2004年秋天，重庆市举行机插秧培训现场会。在现场，试验田的周围挤满了参观的群众

和参加培训的技术推广人员，一位年逾五旬的同志，高卷裤管，在田里熟练地操着一台手扶式插秧机来往自如，他就是任大军局长。在他的带领下，同志们都纷纷下到冰冷的水田，进行操作演练。

《中华人民共和国农业机械化促进法》通过的那一天，任大军同志激动不已，在局党组中心组学习会上，他发出了内心的感叹——好风凭借力，送我上青云！乘着这强劲的东风，他带领重庆农机人实现了一次又一次新的突破。

2003年以来，市委市政府主要领导和分管领导多次听取农机化专题工作汇报、视察农机化工作，《重庆市人民政府关于加快发展农业机械化的意见》《重庆市人民政府关于做好农业机械化工作的通知》《重庆市人民政府办公厅关于印发重庆市农业机械化工作目标考核暂行办法的通知》《重庆市人民政府办公厅关于进一步加快发展农业机械化的通知》《重庆市人民政府关于表彰水稻机插秧工作先进集体的通报》等专题文件相继出台，市政府每年召开农业机械化工作会议，市人大、政协每年分别对农机化工作开展一次执法检查或视察。从2004年起，市政府决定把农业机械化工作纳入对各区县政府的目标考核，把水稻跨区机收列入了市委市政府为民办实事的“民心工程”，市级财政农机投入总量每年以30%以上的速度递增。

2003年以来，全市农机推广每年以成倍的速度增长，耕种收综合机械化水平每年提高3个百分点，2006年年底，达到11%，提前一年实现了市委市政府提出的“2007年农机化水平保八争十”的目标，奠定了重庆农机化快速发展的好基础。

三、双千工程，百千万计划，重庆农机化朝着全程全面高质方向进发

2012年至今，重庆农机化迎来了一个崭新的发展时期。

2012年1月，秦大春同志从九龙坡区委常委、区政府副区长，调任重庆市农业委员会副主任，主持重庆市农机管理办公室全面工作。在大量深入调查、系统总结全市农机化发展历程和现状的基础上，认为重庆农机化纵向比有进步，横向比差距大，迈过了“打米磨面、提水灌溉”的初级阶段，进入了可以加快发展的中级阶段的门槛。提出实施“双千工程”（1 000万亩标准化产业基地实现宜机化整治，建设1 000万亩高标准农田），“百千万计划”（创建100个市级农机社会化服务示范组织，1 000个农业乡镇农机社会化服务组织全覆盖，培育10 000名高级技能农机驾驶操作维修人才），要求全市农机系统抢抓机遇，敢于担当，奋发有为，冲破平台式徘徊，促进后发跨越。在他带领下，重庆农机化这首巨轮，朝着全程、全面、高质航向进发。

重庆是典型的丘陵山区。全市面积8.24万平方千米，境内山高峡深、地势陡峭，山地、丘陵超过90%，平坝不足10%，可耕地面积却有3 300万亩，中低产田占耕地面积的70%，15°以上坡耕地占50%左右，“巴掌田、鸡窝地”“三山夹两槽”是农业自然条件最真实的写照，素有“六山三丘一分地”之称。

改善农业机械作业条件，是重庆历代农机人一以贯之的努力和期盼。

2014年以来，全市开展了土地宜机化整治的试验、试点和推广工作。截至2018年，共

投入财政资金9 300万元，在全市32个区县开展了土地宜机化整治，共实施了200多个项目，整治15万亩土地。配套编制了《丘陵山区地块整理整治技术规范》，并由重庆市标准化委员会作为地方标准予以发布。出台了《重庆市农业委员会关于土地宜机化整治先建后补的通知》《重庆市农业农村委员会关于做好引导社会资本参与土地宜机化整治工作的通知》《重庆市农业农村委员会办公室关于进一步规范土地宜机化整治规划设计的通知》，重庆市农业担保有限公司制定了《农业信贷担保或股权投资支持土地宜机化整治产品方案》，构成了技术标准、金融撬动、规范行动三位一体的规则和制度安排，取得了良好的经济社会效果。我市土地宜机化标准整治的土地形象和功用俱佳，整治的土地可以满足中大型农机全程机械化作业。

这不仅正在解决重庆大中型农业机械“离地一公里”的痛点，也引起了政府和社会的广泛关注。

2018年6月28日，《人民日报》刊载：“鸡窝地里开进了拖拉机，重庆十多万亩山地能机械化种植了！”7月12日，国务院参事室来渝专题调研给予高度评价，认为宜机化地块整理整治是破解丘陵山区现代农业机械化发展瓶颈的新举措，重庆市丘陵山区宜机化地块整理整治工作可复制、可推广、可持续，具有典型的示范引领作用。12月12日，国务院常务会部署加快推进农业机械化和农机装备产业升级，要求改善农机作业基础条件，推动农田地块小并大、短并长、弯变直和互联互通，支持丘陵山区农田“宜机化”改造。12月19日，国务院新闻办公室政策例行吹风会上，农业农村部副部长张桃林同志讲到“宜机化”时，这样说：“尤其是重庆，我也多次到实地看，重庆搞宜机化改造方面做了有益探索，积极推进。许多巴掌田、鸡窝地，现在通过整理也能够进行大中型农业机械的作业，为丘陵山区开展标准农田建设、推进农业机械化提供了很好的经验。”

2004年农机购置补贴政策实施后，在国补的基础上，重庆市级和部分区县对农机合作社及其成员购机实施了累加补贴。在调动群众购买和使用农机的同时，也催生了一批“挂牌社”“空壳社”。如何扭转这一态势，让有限的资金发挥更大的效益。2012年，秦大春同志刚上任重庆市农机管理办公室主任不久，把我叫到他办公室，安排我研究扶持农机合作社的课题。这也正是我这个小“老农机”多年的所思所想。

快哉！说干就干。在征求有关方面的意见后，重庆市农业委员会、重庆市财政局《关于扶持农机专业合作社发展培育农机作业服务市场主体的通知》很快就出台了。明确取消市级购机累加补贴，市财政每年从农机专项资金中安排农机合作社扶持资金，支持他们购置30马力以上大中型拖拉机、4行以上插秧机、联合收割机、谷物烘干机等机具。后来这一政策演变成了“农机合作社能力提升工程”，增加了“农机合作社停机库棚”内容，一批合作社因之受益，提升了社会化服务能力。

2016年下半年以来，整合在渝高校农机专家、一线创新创造型职业农机手和农机管理、推广骨干近50人，组建了拖拉机驾驶、联合收割机驾驶、农机修理、农业机械操作、设施园艺、设施养殖、农业职业经理人等6大工种培训导师工作室。实施“智汇农机手金蓝领成长计划”，着力解决农机技能人才培育中“三虚一水”（培训内容虚、教学方式虚、培训成果转化虚、技能水平评价水）的问题，以技能操作为重点，让每个工种的技能人才都掌握基本常识和核心操作技能。实行培训、鉴定、见习、观展等“全免费”政策，农业、农机的财政项目，在同等条件下，优先安排有管理和技能人才的农机合作社、家庭农场、种养大户，极大地调动了农机技能人才学技能的积极性。

有一批技能人才脱颖而出，“重庆圆桂”“潼南金牛”等农机合作社开创了“农机经销＋社会化服务＋基地生产”的经营模式。2018 年 6 月毕业的 95 后大学生余洪军投身无人机植保事业，每年纯收入七八万元。长丰农机合作社陈伟登上“2018 重庆经济圆桌会议”——土地宜机化整治工作的讲台。

用机械化思维和手段促进农业节本增效，实施“重庆农机化匠星工程”，让技能人才参与决策。利用“新型职业农机手”成天跟土地、机具和技术打交道的优势，发挥他们创新创造的“工匠精神”，因地制宜，探索创新，逐步集成一批在重庆可复制、可推广，在全国丘陵山区可借鉴的农业机械化生产新技术、新模式。目前，宜机化地块整理整治、水稻油菜全程机械化生产、畜禽粪污机械化处理、标准化果园机械化生产等一批机械技术和生产模式，不断推广应用。

“山再高，往上攀，总能登顶；路再长，走下去，定能到达”。大城市、大农村、大山区、大库区并存，自然禀赋先天不足，农业现代化是重庆国民经济的短板，机械化是重庆农业现代化的短板。重庆的农业机械化、现代化，不可能一蹴而就，要走的路还会很长。我坚信，坚持短板自强，一茬接着一茬干，一张蓝图干到底，重庆农业机械化的明天会更好！

从机插秧推广看农民观念的嬗变

□ 兰显发

兰显发，重庆市梁平区农业技术服务中心农机推广站原站长，正高级工程师，获神内基金农业技术推广奖、全国农牧渔业丰收奖“农业技术推广贡献奖”、全国粮食生产先进工作者、中国农机学会农机化科普宣传标兵等奖励。

胸怀农机梦，学农机，干农机，从事农机推广工作38年，见证了改革开放40年农机的发展成果，更看到了现代农机推广应用对农民思想观念带来的持续向好的深刻影响。

重庆市梁平区位于重庆市东北部，属经济欠发达地区。地貌以浅丘平坝为主，水稻是主要种植作物，常年种植面积43万亩。自改革开放以来，农机化水平由低到高，得到了长足发展。2017年年底，梁平农机总动力达到60.8万千瓦，农业耕种收综合农机化水平达到61%，位居重庆市前列。在水稻生产机耕、机收基本实现机械化基础上，近几年加大了水稻机插秧技术的推广力度，并得到了快速发展。

在农机推广过程中，既普及新技术，也培育新观念，从根本上保证了农机推广成果的持续效应。那么，让我们从机插秧技术推广中来感受一下农民思想观念的改变。

一、示范推广，困难显现

自2006年开始，梁平开始示范推广水稻机插秧技术。由于水稻插秧环节劳动强度不大，当时水稻种植大户也较少；加上重庆区域全部种植单季杂交籼稻，3月初开始育秧，但常遇低温寒潮，易发生烂秧死苗，每穴插秧2株的农艺要求，导致机插秧漏穴偏多。因此，在机插秧推广初期阶段，推广进展非常缓慢，工作开展困难重重。例如在仁贤镇仁贤村示范推广中，一位农妇看到自家稻田机插后的秧苗偏偏倒倒，漏穴也较多，对机手谩骂长达2小时之久。在新盛镇新盛村，有5位农户感觉机插秧苗又矮又细，难以高产，将自家机插好后的稻田又重新耕整，插上人工秧苗。在屏锦镇和睦村，部分农户将育成的机插秧苗用人工手插而坚决不要机器栽插。与此同时，在机插秧推广的最初三年中，每年有1/3的育秧田会出现烂秧死苗现象，机插秧漏插率也达到了10%左右。

二、推广普及，培育观念

技术推广的难点在于改变农民的落后观念，将“要我做”的外在动力转化为“我要做”的内生动力。对于像机插秧推广这种推广难度大的技术，必须有更多的推广措施和办法，才能在推广中潜移默化地培育和改变农民思维观念。基于上述认识，我们设定了抓技术推广与促观念转变的双重目标，求真务实，扎实工作，以一流的工作实效，满腔的服务热情，赢得了干部群众的高度信任。

一是能人带动，引领树立发展观念。在用户中，我们优先在农机合作社、农机大户、家庭农场、村组干部及科技示范户中进行示范推广，充分利用他们的说服力、感召力教育群众，引领树立科学技术是第一生产力，农业可持续发展必须依靠科技进步的发展观念。在推广力量中，主要依靠乡镇农业服务中心，农机合作社中爱科技、懂技术、甘奉献的骨干人员，能够切实为用户服务、为推广出力，增强老百姓的信任感、赞同感，进而引领积极自觉的发展观念。二是效益驱动，引领深化市场观念。追求推广效益的最大化，是引领农民深化市场观念的最好办法。对此，我们坚持做好技术熟化和技术集成两方面的工作。在技术熟化方面，我们积极探索，年年试验，认认真真结合本地实际，让老百姓对机插秧的每一个细节都能满意。先后开展了育秧土质选择、壮秧剂用量、防病药剂筛选、灌水时间节点、肥料用量多少、播种密度、播种机具选择、机插秧块水分、穴苗数多少、机插深浅等试验和总结，形成了符合重庆实际的一整套成熟技术方案。在技术集成方面，我们将机插秧技术与水稻高产农艺技术组装配套，全面实行壮秧机插、合理密植、配方施肥、增施穗肥、统防统治、科学管水、适期收获等技术集成，并且每年召开机插秧收获前测产现场会、效益对比会，让农民群众亲眼目睹增产效果，亲耳聆听推广效益，引领市场观念深入人心。三是机制联动，引领践行全局观念。建设新农村、实现乡村振兴，必须引领农民有全局观念，才能保障粮油安全和农民持续增收。对此，我们实行了村与村之间示范引领带动、整村推进连片推广、整镇推进全面发展的目标机制；重心下沉，田间指导的工作机制；成立育插秧专业队伍，细化周到的服务机制；制定指导价格，保障供需双赢的价格机制；年年培训，保证技术到位的培训机制；落实订单，实行跨界作业的作业机制；奖励先进，补贴机插的政策机制。这些的目的是从全局出发，让农民体验践行，变被动为主动，实现技术发展及在更高层次上的观念转变。

梁平机插一角

三、现今阶段，观念改变

艰苦的工作，迎来了应有的收获。经生产实际表明：机插秧比人工插秧每亩增产稻谷 80

千克左右、节省育插秧成本80元，亩节本增产综合经济效益可达270元。如今，梁平总结提炼的机插秧苗水田稀泥育秧技术及烂秧死苗防治套餐技术在全市范围内得到推广。多点示范、村村示范、整村整镇推进的推广举措收到明显成效；育插秧专业化服务模式遍地开花；全区水稻机插秧水平达到62%，每年为农民实现节本增收效益7 000余万元。更为可喜的是，在水稻机插秧技术推广过程中，农民群众的科技意识大大增强，思想观念发生了改变，自觉行为、自发行动更加普遍。现在，梁平水稻生产全程机械化社会服务组织发展到38个，年服务面积达到27万亩；水稻种植家庭农场和合作社达到120个；水稻生产全程机械化水平达到88%；一批育插秧专业服务人员自发地带着成套技术到市内的垫江、忠县、渝北等区县和邻近的四川省开江、大竹、广安、邻水县推广机插秧技术；机手都能做到提前保养机具、提前准备育秧物资；种田农户主动参加培训、主动签订委托机插服务协议、主动采用机插秧及其他农机新技术的积极性空前高涨。

梁平整齐划一的机插秧苗

四、未来发展，前景无限

得益于40年改革开放的成果，农村产业结构更加优化，农民收入逐年增加，农民的思想观念大幅转变，农机供给侧结构性改革持续向好。在梁平，水稻机械直播技术已开始推广，农民在水稻种植环节有了更多的机械选择；农机全程社会化服务组织遍布各个乡镇；职业农机手技术骨干达到500余人；水稻种植规模化经营较快发展；宜机化地块整治加速推进；油菜、玉米、小麦生产全程机械化技术得到较快发展；马铃薯、花生、蔬菜生产及水产畜牧养殖机械化技术全面示范。农机化全面全程发展，实现乡村振兴，已是指日可待，前景良好。

丘陵山区也用上了大中型农业机械

□ 聂华林

聂华林，重庆市万州区农业机械技术推广站站长

改革开放40年来，我国农村发生了翻天覆地的变化，即使在重庆万州这样典型的丘陵山区，农业生产条件也大为改善。

改革开放以前，农民脸朝黄土背朝天，传统的农业耕作方式使用的生产工具是“农家四宝”——锄头、镰刀、扁担、耕牛。那时农村除了抽水、打米、磨面，基本上见不到什么农业机械。

自十一届三中全会以后，改革开放的春风吹遍乡村田野，丘陵山区的农机化步伐也逐年加快。尤其是2004年《中华人民共和国农业机械化促进法》的颁布、对农民购买和更新农机具给予补贴政策的出台，使得农业机械化得到迅猛发展。农业耕作全面迈入机械化时代，耕耘机基本取代了耕牛，机械化收割得到广泛应用普及。在不知不觉之中，农村已见不到耕牛，即使是六七十岁的老农民也会使用微耕机犁田耕地了。

以重庆万州为例，农业机械总动力由改革开放初期不到1万千瓦增长到了现在的68万多千瓦，增长了近70倍。微耕机普及到千家万户，成为山区农户的必备农机具。全区小型耕整地机械近5万台（套），机动脱粒机5.69万台，农产品初加工机械5.38万台，排灌动力机械4.3万台，畜牧养殖机械1.74万台，渔业机械（增氧机、投饵机等）4 073台，机动喷雾（粉）机等田间管理机械3 592台，运输机械1 695台，收获机械1 035台，林果业机械240台，谷物烘干机78台。

丘陵山区由于宜机条件制约，农业机械化生产水平与平原地区比较还存在较大差距。但我们没有气馁，我们砥砺前行！丘陵山区农业机械的显著特点是以微小型农业机械为主。在重庆市农机行业的领导和同行们不断努力下，成功探索出了一套行之有效的改善丘陵山区农业机械化生产条件的宜机化整地模式。通过开展以提高农业机械作业效率为目的的土地整治，进行水平条田化改造、斜线式改造、梯台式改造、缓坡化改造，小块并成了大块，弯弯曲曲的田埂拉直变宽了，农业机械进出田间有了专用机耕道，机耕、机播、机收、运输等农业机械作业畅行无阻了。一些宜机化整地改造后的田块，实现了从耕整耙耘、机械化育插秧、机械化植保、机械化收获到机械化烘干的全程机械化生产。

现在，我们丘陵山区也用上了大中型农业机械！近年来，万州的拖拉机、收割机、高速插秧机、旋耕直播机、谷物烘干机、农产品加工机械、茶叶果树机械、畜牧渔业机械、无人植保机等大中型及新型农机具逐年增多。过去万州都是 70 马力以下的拖拉机，2015 年开始出现 90 马力的拖拉机，2016 年新增了 110 马力的拖拉机，2018 年居然有合作社买了 120 马力的拖拉机，这在过去都是不可想象的！过去收获水稻的大型联合收割机都是从江苏、河南等地来跨区作业的，近年来，本区合作社也添了不少久保田 688Q 水稻收割机，2018 年甚至还新增了几台久保田 758Q、988Q 这样的大型联合收割机，不断刷新丘陵山区大型农业机械的使用纪录。

万州宜机化整治后的山地

万州本地合作社使用久保田 758Q 收割作业

万州宜机化整治后的稻田

万州推广应用久保田 8 行水稻精量水穴直播机

一路风雨
一路阳光
一路希望

——看丘陵地区农业机械化的蝶变之路

唐科明，重庆市永川区农机推广站站长、高级农艺师、重庆市第五次党代表、重庆市永川区第十四次党代表、2016 年全国农业先进个人。

□ 唐科明

从脸朝黄土背朝天，到微耕机、拖拉机、收割机在丘陵地区陆续登台，再从以地适机到改地适机，我这个 20 世纪 70 年代出生的农村娃，在重庆市永川区农业农机战线工作已 27 年，在这期间我成长为一名中共党员、高级农艺师、农机推广站站长，深深感受到了农业机械化的一路风雨，一路阳光，充满希望。

一、幼时记忆，乡亲“脸朝黄土背朝天”

我出生在 20 世纪 70 年代的合川县狮滩镇农村，生产方式落后，乡亲们刀耕火种，肩挑背驮，日晒雨淋，脸朝黄土背朝天。

当时的生产队被分作几个作业组，每个组由几家人供养 1 头耕牛，各家轮流喂养，以备耕田使用。那时，耕田要将“伽担 + 犁铧”套在牛身上，农夫一手握犁把，一手执牛鞭，牛不想走了，还得吆喝鞭打，牛累、人也累。春天整田泥船拖平，人工插秧腰酸背疼，收割时节汗流浃背，特别是田块分散的农户，在搬移“达斗”、手摇打谷机等工具时更是百般辛苦。

我还记得，我家 5 口人，田块小且分散在 5 处，父母和兄长们收割稻谷十分辛苦。在晾晒稻谷时，最怕“偏东雨”，所以晒谷的农民一是关注天气预报，预报还不准；二是时时观察天空，一旦风起云涌就匆匆收谷，来不及收进屋就用塑料布遮雨。

那时的农村，就一个字：“苦”！

二、高考选择，志存高远改旧貌

1988 年，我参加高考，因为特别喜欢理科，就想报考工业机械类学校，但在老师的引导推荐下，又想到乡亲们田间劳作的艰辛，我便填报了绵阳农业专科学校。我想要是能用自己所学为农民服务，那该多好！在绵阳农业专科学校的 3 年，我主攻农学技术、农作物栽培知识等，不断使自己的羽翼丰满。

这时，我发现农村已有了手摇式打谷机。听老农说，20世纪90年代前后，永川城的铁桥下，每到秋收时节，就有外地大量的青壮年劳动力来承包挞谷活。而农户，准备饭菜、茶水糕点，付工钱自不在话下，还得自己晾晒装仓，村民为争抢晒坝，小纠纷时有发生。更多的是两三家农户换活儿，大家帮忙人工收割，收获时遇到阴雨缠绵很是伤人，我亲眼见过乡亲望着未晒干的稻谷生秧发芽而无能为力，也见过田间倒伏的稻谷来不及收回就已发芽。农民辛苦一年，除去种植水稻成本，大多没赚头。

农业，靠天吃饭，苦！

三、初出茅庐，旋耕机登台亮相

1991年，我大学毕业，分配到原永川县农技站工作。第一年，便派驻大安区农技站，主要从事水稻等先进的栽培技术的试点试验示范。

渐渐地，手摇打谷机变成了柴油机、电动机，但担心牵着长长的电线漏电，农机安全令人头疼。

1992年，我回到了永川市（1992年5月20日，永川撤县设市）农技站。直到2001年11月，我都在农技站负责农作物栽培试点、试验、示范。这10年间，我惊喜地发现，农机开始登场了，它的亮相使我们的农技试验、试点和推广工作的难度大大降低。同时，我也于2007年评上高级农艺师，当上了粮油站副站长。

我记得，20世纪90年代，永川党政领导重视农业，宣传推广旋（微）耕机（俗称铁牛），让有知识的农民看到了希望。南大街街道的周元贵，就是永川使用农机、推广农机的第一人，他曾当过木匠，脑瓜聪明，最先被合盛农机厂家聘为农机推销员兼维修员，之后他专门经营农机销售（现已成为重庆圆桂农机股份合作社负责人，集耕种收和深加工于一体）。他告诉我，一方面由于农耕传统观念根深蒂固，百姓不接受旋耕机，认为机器耕田不够深，覆盖不了田间杂草，怕不防漏；另一方面，喂牛户抵触情绪重，从某种意义上说，“铁牛”可是直接抢了喂牛户的生意。尽管推进艰难，但永川区还是一步一步地在努力。

“庆幸的是，旱地旋耕比人工挖得深，耕后土壤颗粒细，推广比较快。”周元贵说，1997年重庆变为直辖市时，长江边的朱沱农业大镇，已有几名朱沱农民培训成了农机手，尝试靠铁牛挣钱了。

四、21世纪初，财政补贴助推广

2001年11月，原永川市农技站、植保站、土肥站三站合一，组建成立了原永川市粮油站，即2006年永川撤市设区后的永川区农委粮油站。

之后，中央出台农机购置补贴政策，农民欢天喜地。周元贵销售农机迎来了春天，2001—2003年，分别销售300台、500台、3000台农机，飞速的数据变化折射出了农机推广的效果。农民从全额购机，到永川政府出台地方政策每台补贴600元，再到中央财政补贴30%，政策成为农机化的风向标。

2006年，永川开始推广两行插秧机。粮油站在永川区五间镇新建村吴家坝村民小组开展水稻试验。因为2行插秧机的推广，新技术试验推广难度有所减小，我感觉工作轻松了许多。

可是，2 行插秧机使用很有限，田块小、操作不便，人们对机械的认识也有限，导致部分镇街配置的插秧机被闲置。当时由于没种粮大户，育秧技术跟不上，难以配套插秧机使用，农机手少等系列因素，阻碍了农机化进程。

2008 年、2009 年，政府鼓励成立专业合作社，购买农机再添补贴。这些利好政策，使农户购买和使用农机积极性空前高涨。永川更是走在了全市前列，农机手已逐渐成了一门职业，而永川的重庆圆桂农机股份合作社、陶义农机股份合作社等也应运而生。

据不完全统计，2012 年以来，永川区财政投入购机补贴高达 3 800 万元。

五、近十余年，农业机械化逐渐成熟

从 2000 年起，永川陆续有了水稻收割机。以永川何埂镇的吴华锋等大户为代表，从最初 20 马力、久保田 2 行收割机开始，一天最多收割 20 亩。接着湖南的农夫等国内品牌也陆续进入市场，但依然困难重重。主要原因一个是农户认识不足，机收要提前放干田间水，农户担心来年田间缺水；另一个是有的农业机械小毛病多，不是轴承烂就是带子断，让人们对农机望而却步。2012 年，永川区大户引进 68 马力的 4 行收割机，效率比原来提高了两倍。“1 小时就可收割 7～8 亩水稻。”大户们欢喜，之后大型联合收割机也陆续登台。

说起 2009 年在永川亮相的 4 行插秧机也是迂回曲折。当时我们去江苏等地学习了旱地育秧技术，但是，在机插秧制作秧床时，要求先在农村租土地，筛细土制营养土，再转移到干田里，加上消毒、水分等环节技术复杂，一旦遇到寒潮，温差大，出苗还不整齐，还有部分死苗，育苗效果差。费工又费时，亩育秧成本高达 100 元。另外，未掌握机插技术，有时插秧机深陷泥田，机插秧效率低，导致 4 行插秧机推广遇阻。

但是，永川有一帮热爱农业、热爱农机的农民，周元贵就是其中之一，他从纯粹的销售农机转变为自己流转土地种粮示范推广农机。2011 年，周元贵看到引进的旱地育秧程序繁琐，就结合永川丘陵地区实际，变繁为简，抠泥入秧盘，撒谷、盖土、消毒，湿润育秧试验获得成功。现在，他育 1 亩秧只需 10～20 元成本，在全区推广。同时，周元贵改制成了育秧打浆机，提供育秧细稀泥，再度节约人工成本，提高劳作效率。

2014 年，插秧机更新换代，周元贵购买了 6 行乘坐式插秧机，每小时可栽秧 4 亩，一天插秧 30 亩不成问题，如今永川这样的插秧机已有 10 余台，变化十分可喜。

我们要让机械化能够落地生根、开花结果。2015 年，我担任农机推广站站长，农机推广和使用乃重中之重。我很欣慰永川有周元贵、黄泽兵、李刚等人，是他们的积极参与，勇于尝试，不断探索，让永川农机化逐渐成熟。如今，永川丘陵山区农业机械化多次得到市农委的肯定，并多次在永川举办现场会。这既是我们永川的荣誉，又是市农委的英明领导，是永川区委、区政府重视的结果。

2018 年，我区水稻机耕、机播、机收、机烘约 230 万亩次，全区综合农机化率达到 65%，成为全市农业机械化推广的标杆。

六、近5年，社会化服务跨越发展

2015年，全市探索实施全程社会化服务推进农业机械化，永川区承接试点任务。政府购买公益性社会化服务政策出台，即农户自己出一半费用，政府补贴一半，大大调动了合作社服务积极性，农业生产全程社会化服务风生水起。

重庆陶义农机股份合作社负责人李刚，积极开展社会化服务。该合作社拥有各种农业机械100余台（套），价值500余万元。其中，耕整机械15台，大中型拖拉机8台（套）、农机具10台（套），大型联合收割机6台，自动化播种线1条，排灌机械7台（套），防治机械10台（套），钵苗插秧机设备2套，插秧机32台；粮食烘干机3台（套）（60T），粮食加工生产设备一套，榨油机一套。建有农机库棚1 500平方米，办公及会议室500平方米。

从2012年“自给自足”，到组建服务200个农户的陶义合作社，合作社实现了小农户与现代农业的有机衔接。2012年，合作社承包520亩，2015年承包1 024亩地；从单一品种的机械化生产到粮油轮（间）作全程机械化生产，提高了土地产出率，增加了效益；从服务自身及周边的全程机械化，到提前规划机收“路线图”“走出去”社会化服务，扩大了社会化服务面积，促进了农机手增收，增强了农机社会化的影响力和传播力。

2017—2018年，陶义合作社先后到四川省自贡市大安区永嘉乡林远村、南充、西充县氧森谷农业公司、宜宾江安县玛瑙种植合作社实施水稻机收、红薯高粱油菜等全程社会化服务，年跨区作业面积近万亩。2015年，该合作社被评为“重庆市农机合作社示范社”；2016年，被评为“农业部农机合作社示范社”。2017年，获得中国农机行业年度“农机化杰出服务奖”。

在永川，农业生产社会化服务呈现出“实施面积大、服务主体多、覆盖范围广、群众接受度高”的特点，取得了“三增三满意”的效果。一是粮食增产，亩均增产10%。二是农民增收，大户平均增收798元／亩，散户平均增收846元／亩。三是经营主体增效，主体年均增加服务收入18.9万元。实现了农户、经营主体、政府“三方满意”的效果，农机社会化服务让小农户搭上了现代农业快车。全区现有社会化服务组织52个、500名农机手，他们活跃在农村，不同季节跨区域开展农机社会化服务。看到合作社的良好发展势头，我心中高兴，父辈“脸朝黄土背朝天”的日子已成过去。

七、近3年，改地适机经验全国推广

“在一些重要岗位，不换思想就换人”，说的是人必须适应岗位。在农业机械化探索过程中，机械适应丘陵地区毕竟有限，为深入推进农业机械化，减少人力成本，重庆市从2014年开展试点，探索“改地适机”。

永川作为重庆西部的传统农业大区，为打破制约农业机械化发展的瓶颈，自2016年以来，积极开展地块宜机化改造工作，切实在“改地适机”上转变观念，在改变宜机化生产条件上力求突破，共试点宜机化地块整理整治8 000亩，希望通过改思维、改思路，改善农业基础条件，来推进农业机械化。先后两次被评为全国“二十佳合作社理事长”的周元贵，80后农机手李刚，永川佳兴高粱种植家庭农场负责人梁兴宇等接受了这一挑战。“小改大、短改长、弯改直、陡变平，互联互通”，推进土地并整，尽量延长机械作业线路，确保整治后的土地适宜大中型农业机械化操作，取得了很好的示范效果，耕地宜机化改造得到了社会广泛认同。

2017 年 7 月 12 日，国务院参事刘志仁、李武等专家组一行来到永川区来苏镇水磨滩村，看到周元贵的 620 亩丘陵宜机化地块整理整治后，种植的水稻和高粱长势喜人，当即称赞，找到了丘陵地区农机化发展的新路径，称耕地宜机化改造“重庆模式”可借鉴、可复制、可推广、可持续。

每当我回想当时专家们顶着炎炎烈日，走在宜机化整治过后的地块边，兴致勃勃地看着田间绿油油的庄稼，汗湿全身也毫不介意的情景，就非常感动，觉得自己多年来农业农机战线的苦和累都值得了。

“喜看稻菽千重浪，遍地英雄下夕烟。”专家组借用诗句夸赞永川农机化之路。

八、未来，推进“互联网＋农机作业”

40 多岁的我很感慨，感慨改革开放 40 年农机化征途的漫长与蝶变。

我很感恩，感恩党中央连续多年在中央 1 号文件中关注“三农”，助推“三农”可喜变化。

作为农业战线的工作者，我很感谢系列惠农政策的实施，减小了我们的工作难度。

党中央、国务院高度重视农业机械化工作，2018 年 12 月 12 日，国务院总理李克强主持召开国务院常务会议，部署加快推进农业机械化和农机装备产业升级，助力乡村振兴、“三农”发展。会上，专门提到了引导有条件的地方率先基本实现主要农作物生产全程机械化，推广先进适用农机和技术，改善农机作业基础条件，推进“互联网＋农机作业”，促进智慧农业发展，这让我看到了永川未来农业新希望。我相信，未来永川农机化将会有更大作为，农机与农艺、农业与乡村旅游有机结合，成为一道别样的风景。

我是受益者，也是见证者，更是实践者。40 年来，农机品种由少变多，马力由小变大；农机化从单一环节机械化向全程机械化发展；社会化服务领域全面拓展，从水稻的耕种收，增加油菜、高粱机播机收，到“走出去”参与跨区域作业服务；改地适机天地宽，农机作业条件改善使“鸡窝地”用上了大农机。丘陵地区典型代表——永川迈上了农业机械化新征程。

前进的号角已经吹响，作为农机推广基层战线的一员，我一定不忘初心，砥砺前行，推动农业机械化向全程全面、高质高效升级，服务“三农”，振兴乡村，奔向小康。

跳回“农门”，我所经历的广东农机推广

□ 姚俊豪

姚俊豪，广东省农业机械化技术推广总站副科长。

2005年是极为平凡的一年，但对于我自己来说，却是人生中重要的一年，只是因为这一年，我就要大学毕业了。作为一个在农村出生并度过了整个童年时光的孩子，能够通过读好书，跳出“农门”，是村里长辈们津津乐道的喜事。

然而事与愿违，在2005年的某一天，通过上大学成功把户口从农村迁往大城市，计划着跳出“农门”的我，在毕业后又回到了“农门”，来到了一个从事农机推广的基层单位协助开展农机推广、监理等工作。事情因缘要从2004年国家开始实施的《中华人民共和国农业机械化促进法》及《广东省农业机械化管理条例》的正式出台述起，这些法律的颁布实施，对农机化工作提出了许多新的更高的工作要求，而彼时的基层农机机构普遍存在着人员知识老化、专业以单一农机为主的现状，急需补充信息化、计算机类等专业的新鲜血液，以适应新的农机化发展要求。就是在这样的背景下，虽然学习的专业不是农业机械，但是作为从小在农村长大的孩子，对于农业也似乎有着天然的渊源，我又得以跳回了“农门”。

也许我是幸运的。在从事农机推广的十多年光阴里，赶上了我国农机化发展的黄金时期，而我是在黄金时期的起始阶段参与，不能不说也是一种幸运。

既来之，则安之。“没有学习过专业不是问题，关键是要在工作中认真再学习”“你们的任务是引导农民用先进适用的农业机械，没有基础可以学习。如果你自己没有基础也可以弄懂的技术，那么推广给农民朋友就更加容易了。”在进入工作的初期，总能听到领导们的殷殷教诲，打消了我初期的种种顾虑，让我更加投入到了农机推广的事业中。慢慢地，我也深入了解了广东农机推广曾经走过的路、曾经有过的辉煌。广东农机推广工作是伴随着改革开放的春风建设起来，广东省农机推广站于1980年正式成立。这是广东省迅速贯彻落实1980年中共中央1号文件关于“要恢复和健全各级农业技

术推广机构”决定的具体行动。以此为标志，广东农机推广工作快速建立健全了省、市、县、乡（镇）四级农机推广体系，为广东农机化发展提供了强有力的技术支撑。在20世纪八九十年代，广东的手扶拖拉机、水产养殖增氧机等农业机械产品曾领风骚于全国。通过大量推广“轻、小、简、廉、牢”的农机具以及小型农副产品加工机械等，把众多农村劳动力从繁重的农业生产中解放出来，极好地配合满足了广东改革开放初期对于劳动力的渴求，不仅促进了农业生产机械化发展，为社会经济发展也起到了积极的作用。

在我进入广东农机推广队伍的时候，也正是广东农机推广迎来前所未有的发展机遇的时期。也许是改革开放的精神感染，为改变广东农机化发展的落实局面，广东农机人也开始了行动。2001年广东在全国首开先河实施了省级人大《扶持农业机械化发展议案》，并率先在全国施行了农机购置补贴政策，这些政策的实施可以说在一定程度上为即将出台的国家农机扶持政策提供了很好的先行经验。而作为《扶持农业机械化发展议案》重点项目的《农业机械推广站建设》项目也得以顺利实施，省级财政安排了专项的建设资金750万元用于完善农机推广手段、健全农机推广体系、提高农机推广能力建设等。广东农机推广工作正式告别了一支笔、一张嘴、两条腿的落后推广方式。

“水稻上台阶，特色创一流”是广东《扶持农业机械化发展议案》实施期间农机化发展的总思路及总目标，也是广东农机推广工作的总方向。为补齐水稻生产全程机械化发展的短板，经年不懈推广水稻机械育插秧技术。作为曾经在全国最早开始示范推广“工厂化育秧”技术、机插秧技术的省份，在全国水稻生产全程机械化蓬勃发展的时期，广东却落后了，之前推广的失败经验也成了碍脚石，对于水稻机插秧技术的可靠、可行、可推广等问题均产生了不小的争论，一直到2009年，广东才正式把水稻育插秧机械化技术列为全省的农业主推技术之一。尽管面临着层层的阻力，但广东的农机人并没有灰心叹气，而是咬紧牙关默默干。设立了全省水稻育插秧机械化示范县，明确每年的发展目标、实施农民购买水稻插秧机省级财政累加补贴以及各市、县级财政累加补贴等，广东在政策扶持上形式不断创新，力度不断加大。从2006年开始，对农民购买插秧机、育秧盘实行省级财政累加补贴30%，2008年启动了首批20个省级水稻育插秧机械化示范县，并逐年增加示范县数量至40个。示范县建设期间，共投入省级专项资金3 000多万元。在具体的技术推广行动上，重视技术试验示范工作，形成了试验先行、以点带面的推广思路。主要通过举办现场演示会，抓好技术培训，手把手做给农民看，脚下田带着农民干。每年在春节刚过的时候，我们就要提前准备着春耕现场演示会的各项准备工作。而其中的重中之重莫过于育秧，为实践我们自己总结推广的“大田淤泥软（硬）盘育秧技术”，都是我们自己亲自下到还透着寒气的田泥浆中，按着操作规程一步一步示范，以实实在在的效果打动农户，打消农户的怀疑，慢慢地改变农户根深蒂固的种植习惯。在多方面的共同努力下，广东插秧机械化水平得到了快速的提升，机插率从2007年的0.3%提高到了2013年的10%，插秧机拥有量也从223台增长到10 000多台。广东省水稻育插秧机械化技术推广工作走向了多层次、多角度、多方位发展的道路。其中主要有整村（整镇）推进模式、依托农机专业服务合作组织推进模式、分区域专人负责推进模式、与扶贫工作结合推进模式、统育统供模式等，各地区根据本地实际，探索了适用的推广模式。可惜的是，由于种种原因，曾经集“万般宠爱于一身”的水稻机插秧工作没有能坚持再加一把劲，增长的速度慢慢地又回落了下来。

而在特色经济作物等机械化技术推广工作中，主要是做好试验与示范工作。一是在花生生产机械化方面，重点试验示范分段式（两段式）花生收获机械化技术以及示范推广2行、4行花生播种机，引导花生种植户改变传统4～6行的种植习惯，应用2行机械化种植模式；二是在甘蔗生产机械化方面，开展模式探索，初步摸索出了一条“以中小收获机为主、大型收获机为辅”、农机农艺融合的技术路线的甘蔗生产机械化“湛江模式”，以甘蔗收获机械化为突破口，逐步引导甘蔗种植行距、株距等农艺要求向适应机械化收获模式转变，带动甘蔗生产全程机械化稳步推进；三是在马铃薯生产机械化方面，加大了适用机具选型工作，示范推广带起高垄功能的马铃薯种植旋耕、起垄、播种作业一体机以及在已起垄面上作业的马铃薯播种机及小型马铃薯挖掘机；四是蔬菜生产机械化方面，开展深入的调研，做好蔬菜机械化播种育苗、机械化播种、机械化移栽等技术示范推广以及相关机械设备引进示范工作；五是在果园生产机械化方面，与国家柑橘产业技术体系机械研究有关专家强强联合，示范推广山地果园轨道运输线、果园高效植保机械等；六是在茶叶生产机械化方面，以茶园生产机械化技术为重点，兼顾茶叶加工机械化技术，根据茶园需求示范推广茶叶修剪机、中耕管理机、采茶管理一体机、茶青筛选分级机等机械设备。

广东农机推广走过了40年的充实岁月，而我也伴随着走了10余年。回顾其40年走过的历程，可以说是一直跟随着改革开放潮流同向相行，经历了单纯推广农业机械、致力于推广全程机械化解决方案、探索农机农艺融合发展技术模式等不同发展阶段，做到了在不同的历史阶段，面对不同的发展形势，及时示范推广适应的农业机械和技术；面向不同的服务对象，采用不同的示范推广方式方法，取得了可喜的成绩，书写了农机推广领域在改革开放大潮中浓重的一笔。

伴随着新时代“乡村振兴战略”的实施，农业再次成为了全社会的聚焦点，“农”字头也不再是低端、不体面的代名词，而是全社会各方面极力进入、有所作为的、充满着新鲜动力的领域。面对着农业发展新常态、新形势，如何发挥农机推广作用是一个全新的问题。也许我也应该在接下来的时光里写好属于自己的农机推广新篇章。

改革开放中的安徽农机推广，拼搏奋进中的安徽农机事业

□ 常志强

常志强，安徽省农业机械技术推广总站工程师。入职以来，一直从事农机化工作，对农机化技术推广工作有深厚的感情。在平凡的岗位上一直在奔跑，希望在农机化道路上做出不平凡的业绩。

自党的第十一届三中全会以来，我国经历了一场巨大的历史变革。这场变革首先从农村开始，安徽凤阳小岗村率先实行了家庭联产承包责任制，充分调动了广大农民积极性，极大地解放和发展了农村社会生产力。由于农村经营体制变化，农业机械化事业也发生了重大历史性转折。安徽的农机工业顺势而为，及时调整产品结构，从 1981 年起重点生产“十小”农机产品，其中小动力、小手扶、小三轮、小四轮的“四小农机”在全国名列前茅。小型农机从此走进千家万户，但配套农具少，摆在眼前亟待解决的问题是农村经营体制改革后的机械化农业生产问题。1986 年，安徽省农机局审时度势，向省编委申请成立省级农机推广站，专司农业机械化新技术、新机具的试验、示范与推广。同年 11 月，省编委批准成立了“安徽省农机化技术服务推广总站”。次年 3 月，安徽省农机局筹建省总站，同年 6 月，正式挂牌，对外开展工作，从此拉开了全省农业机械化技术推广工作的序幕。

省总站成立后，在省政府、农业部及社会各界的关心和支持下、在省农机局的重视和直接领导下，一手抓先进、适用农机化技术开发与推广，一手抓自身和全省农机推广体系建设，在农牧渔业“丰收计划”项目、农业节本增效工程、农机富民工程、科技攻关及科技支撑计划、国家粮食丰产科技工程等重大项目带动下，特别是在国家相继颁布实施《中华人民共和国农业技术推广法》《中华人民共和国农业机械化促进法》《农业机械购置补贴专项资金使用管理暂行办法》等法律法规和政策的大好环境中，经过全省上下农机化技术推广组织和广大农机化科技人员配合和努力，30 多年来取得了丰硕成果。

30 多年的成长是国家实行改革开放政策的缩影，也是安徽农机人在改革奋进中走过的历史脚步印记。这些只是历史长河中一段记忆，却是改革开放大潮中不可或缺的印证。

一、创业伊始，步履维艰，在时代的洪流中做出了一篇大文章

翻阅历史档案和照片，才发现安徽省农机推广总站才过了“而立之年”，仿佛30年前还在眼前。一步步成长，一步步变化，在历史长河中翻涌着前进。

1986年11月，安徽省编委批准成立安徽省农机化技术服务推广总站，副县级建制，事业性质，企业管理，独立核算，自负盈亏，定编20人。

1990年4月，安徽省编委批准，增加5名事业编制，用于选调技术人员，单位计定事业编制25名。

1991年6月，安徽省农机推广总站财政预算形式由自收自支改为差额预算。

1995年2月，安徽省农机化技术服务推广总站更名为安徽省农业机械技术推广总站。

1996年9月，安徽省编委皖编［1996］第28号文明确，安徽省农机推广总站编制23人，副县级建制，列入全额预算事业单位管理序列。

2015年12月，安徽省编委皖编［2015］第198号文明确，安徽省农业机械技术推广总站为公益一类事业单位。

2018年6月安徽省农机管理局机构改革，撤并到安徽省农业农村厅，安徽省农业机械技术推广总站升格为正县级单位，隶属安徽省农业农村厅。

自1987年省农机推广总站成立以后，始终把各级农机推广机构建设摆在重要位置。通过“政策法规引导、推广项目带动、建设重点在县级”的指导思想下，安徽农机推广始终坚持依法推广、科学推广、高效推广、绿色推广，以推广机构公益化、推广主体多元化、推广领域全面化、推广重点全程化、推广方式集成化、推广服务多样化为基本要求，推进机制创新，转变推广方式，强化体系支撑，优化服务供给，为促进农业机械化全程、全面、高质、高效发展提供了有力支撑。

首先，农业机械装备结构持续优化，大中型、高性能以及复式联合作业机械得到新发展。2017年年底，全省农业机械总动力达到7 024万千瓦，比2010年年底增长29.81%。拥有各类拖拉机233万台，其中大中型拖拉机259 555万台，同比增长108.23%；联合收割机17.4万台，同比增长70.46%；水稻种植机械3.47万台（其中插秧机3.18万台），同比增长164%（插秧机增长181.42%）；深松机1.88万台，同比增加37.32倍；谷物烘干机12 369台，同比增加6.20倍。

其次，农机作业水平进一步提升，粮食生产向全程机械化迈进。2017年，全省主要农作物耕种收综合机械化水平达到75.31%，比2010年提高14.51个百分点。其中：小麦耕种收综合机械化水平达到96.28%，率先实现全程机械化；水稻机械化种植水平达到47.5%，玉米机播和机收水平分别达到94.2%和80.1%。主要经济作物关键环节机械化作业水平快速提升。设施农业、林果业（果茶桑）、畜牧业、渔业（水产养殖）、农产品初加工等机械化水平得到稳步提高。

最后，农机化科技创新能力进一步增强，新机具新技术应用范围逐年扩大。农机推广总站把主攻关键环节机械化作为农机化科研推广工作的重点，加强产学研推结合，联合科研院所、大专院校和农机企业，以示范基地为载体，

以农机专业合作社、农机大户为平台，为先进农机科技成果转化开辟“快捷通道”。基本建立农机农艺融合工作机制，建设了一批部、省级农机化示范区和主要农作物机械化生产示范县。小麦生产实现全程机械化，水稻机械化种植、油菜、玉米机械化收获、深松整地、秸秆还田等一批薄弱环节农机化技术集成问题取得突破，花生收获、谷物烘干、高效植保等农机化技术取得重大进展，丘陵山区机械化、设施农业机械化稳步推进，新机具新技术应用范围逐年扩大。

体制在不断变化，不变的是攻坚克难，乐于奉献的农机推广事业心。

二、开拓创新，和谐奋进，往昔中挥不去的峥嵘岁月

安徽农机推广，用一场场现场会，一张张宣传页，一台台机具，一次次培训，一篇篇报道，在历史中留下美丽的定格。

1987年起为解决水稻产区耕整地的难题，省站重点推广被称为“一只牛的价格，半只牛的成本，三只牛的功效”的水田耕整机。一边从湖南引进，一边组织科技人员改进设计、绘制图纸，转让我省南陵县机械厂生产。

1989年9月27日在天长县（现为天长市）召开“安徽省适用农机具推广示范现场会”。这是我省自1978年以来首次召开全省性、多规格、多内容的农机化技术推广现场会。省政府副省长到会并作了《大力推广适用农机具，开创我省农机化新局面》的重要讲话。

1996年2月在省农业厅、省农机局安排下，省农机推广总站组织新型农业机械开进中共安徽省委大院，省委、省人大、省政府、省政协主要领导到现场参观。

1998年2月13～14日，全省农机推广站长会与省农机管理工作会议合署在巢湖市召开。时任安徽省省长回良玉接见全体会议代表并合影留念。

2003年4月18日，由省农委、省农机局、黄山市人民政府主办的“2003年中国黄山名优茶有机茶交易会”，省站与地方共同布置了名优茶生产与加工机械展示现场。时任农业部农机化技术开发推广总站站长谢洪钧应邀参会。

2006年9月26日，全省秋种机械化生产现场会在固镇县召开，重点推进农机农艺结合和各项技术的集成，提高新一轮小麦高产攻关技术应用水平。

2006年6月1日上午，安徽省水稻生产机械化现场会在肥西举行，现场演示从育秧、耕整、机插到收获、烘干全过程，吸引四面八方的农民朋友参观学习。

在这场盛宴中，我是缺席者，也是见证者。我见证了2013年6月7日，中共中央政治局委员、国务院副总理汪洋在宿州市埇桥区灰谷镇付湖村考察“三夏”麦收情况。

我见证了2014年5月26日，省委书记张宝顺，省委常委、省委秘书长唐承沛，副省长梁卫国，省政府副秘书长孙正东与参会代表一起观摩了由省农机推广总站牵头组织的油菜秸秆机械化粉碎还田演示现场。

我见证了2014年5月，华南农大教授、中国生态学会副理事长、“循环农业”项目专家组组长骆世明，中国农大资环学院教授、“循环农业”项目主持人李国学等众多行业专家观摩了由省农机推广总站牵头组织的油菜秸秆还田循

环利用技术示范现场会。

三、不忘初心，牢记使命，汗水中夹杂着喜悦的泪水

在老一辈的记忆中，每每回忆起1989年9月27日，在天长县召开的“安徽省适用农机具推广示范现场会”，还禁不住感叹这是安徽省自1978年以来，首次召开全省性的高规格的农机化技术推广现场会。还依然保存着1990年6月5日《人民日报》第一版报道的题为《安徽三千万亩小麦丰收》一文，文中提到小麦增产的原因之一是推广小麦机播面积扩大近一倍。

安徽省农机推广总站成立30年座谈会上，农机推广联合体的成员仍然记得1999年农机推广联合体与企业对接，联合推广收割机的时刻。也是在那个夏季，省农机推广总站在省农机局支持下，购置4台当时比较先进的全喂入、半喂入稻麦联合收获机，组建了稻麦联合收获、秸秆还田为主要内容的省农机推广示范作业队。

在翻阅单位影集时，还发现1988年安徽省首次承担农业部农牧渔业“丰收计划”农机化项目——小麦增产综合机械化技术，在怀远等5个县（市）内实施的照片。更保留着1992年元月，省长傅锡寿同志主持会议听取农机化问题的汇报的照片，当时拨款300万元用于大型烘干设备试点，用于在怀远县建立了“安徽省粮食处理中心”。

时代在进步，我们充分地发挥农机推广的桥梁和纽带作用，搭建政学研推一体化平台。农机推广总站建站以来，先后承担省部级示范项目50余项，2011—2013年，与安徽荃银高科、美亚光电、中科院合肥物质科学研究院等单位共同承担安徽科技计划项目“具有稃色标记杂交水稻机械化高效制种技术创新与集成”项目。同年，承担省科技计划——油菜机械化配套品种、栽培技术研究与示范项目。2006—2015年，更是承担了国家科技支撑计划项目“江淮平原区秸秆还田循环利用技术集成研究与示范”课题以及“十二五”国家科技支撑计划“江淮平原农牧复合循环技术集成与示范”课题以及“十二五”国家科技支撑计划项目粮食丰产工程“江淮杂交中籼稻机插农艺农机双适应关键技术研究”。

星光不负赶路人。在李克明、余世铸、岑竹青、江洪银、张健美、郭颖林6任站长的带领下，安徽省农机推广总站始终秉承“求真务实、开拓创新”的发展理念，怀揣着“广阔天地大有作为，为农服务乐在其中”的农机推广人情怀，一步一个脚印，取得了令人骄傲的不菲成绩。农机推广总站建站30年来，安徽省农机推广总站获奖项目达27项。全国农牧渔业丰收奖一等奖3项，二等奖8项，三等奖6项；省农牧渔业丰收奖二等奖2项，三等奖2项；安徽省科学技术奖二等奖1项，三等奖4项。《杂交水稻机插栽培关键技术研究与应用》2015年获中华农业科技奖一等奖。

四、四季更替，立足本职，满路荆棘因你我经过而美丽

回首30年来走过的路，我们心潮澎湃、感慨万千。改革开放的40年，是百废待兴、改革奋进、顽强拼搏的40年；安徽农机推广的30年，是波澜壮阔、恢宏浩荡、气象万千、日新月异的30年。农机推广工作在四季的更替中日

复一日，年复一年，变化的是内容和形式，不变的是那一颗颗执著追求的事业进取心。

2006 年的《农机推广四季歌》曾唱响江淮大地，更是成为了推广精神文化之经典。歌词完美呈现了农机推广人的精神风貌，安徽著名一级作曲家徐志远为之谱曲。2015 年《农机推广四季歌》受邀登上第二季《中国农机好声音》的舞台上，引起了全国农机人的共鸣。歌词很好地阐释了农机推广人的工作场景，更彰显了农机推广为农业生产带来的新变化。以黄梅调唱出农机人的辛勤付出，春季里“春天是个好时光，购机备种春耕忙，农机推广下基层，为农服务在肩上”；夏季里“插秧之人好艰难，面朝水田背朝天，如今秧苗送到田，机械插秧真悠闲”；秋季里“淮北平原机声隆，农机推广当先锋，千军万马战三秋，明年丰收不是梦”；冬季里“飕飕北风雪花飘，天寒心暖热情高，冬季农闲人不闲，技术培训在学校”。更有歌颂政策的“冬季里来虽严寒，政策春风送温暖，技术培训走在前，富民工程一定有进展”“农业税费已全免，购机种粮还补钱”，有表述骄阳似火也抵不住农民丰收的喜悦，“骄阳似火麦穗黄，遍地铁牛龙口忙，不见农民拿镰刀，只见麦子堆满仓”。

40 年惊涛拍岸，30 年四季轮回，风景这边独好。

五、扬帆起航，壮怀激烈，开创农机化技术推广的新局面

躬逢盛世，我们生活在一个伟大的时代。这是一个足以闪耀史册的光辉时代。我们亲眼见证了农机化发展的“黄金十年”，农机化技术推广也在历史长河中留下了浓墨重彩的一笔。农机推广犹如春雨，润如酥，让广袤的大地有了机械轰鸣的生命律动。如今，农机给农业插上了科技的翅膀。不再有“锄禾日当午，汗滴禾下土”，不再有“足蒸暑土气，背灼炎天光”，也不再有“辛苦田家惟穑事，陇边时听叱牛声”，只剩下机械轰鸣中有节奏的翻地乐章，插秧机高速旋转的欢快声，还有那农民丰收的喜悦声。这些都是广大农机推广人员不辞辛苦奋斗在基层一线取得的成绩。感谢广大农机推广一线的技术人员，是你们让我们看到了农机“黄金十年”的辉煌业绩，是你们让广大农民从繁重的劳动中解放出来，更是有你们让粮食十三年连丰，保障粮食安全。历史证明，攻坚克难，农机推广是排头兵；跨越发展，农机推广是领头雁。同时证明，农机推广人能干，既入得了厅堂，又下得了田野。农机推广人朴实，与农民为友，为农民服务，想农民之所想，急农民之所急。农机推广人踏实，将梦想植根于田野，将希望洒满大地，用农机绘出人生出彩的蓝图。

站上新起点，步入新时代。回首雄关漫道真如铁，感悟人间正道是沧桑，展望长风破浪会有时。在奔涌不息的时间长河中，未来我们仍需不舍昼夜、一往无前，以蓬勃向上、克难求进的精神状态，以只争朝夕、全力跨越的豪迈干劲，以披荆斩棘、雷厉风行的顽强作风，共同创造农机化技术推广的新精彩！

40年，广州农机推广探索农机农艺有机融合契合点

□ 徐强辉　张佳敏

徐强辉，广州市农业机械化技术推广站副主任，从事农机推广工作近三十年，拥有丰富的农机化技术推广工作经验。

张佳敏，广州市农业机械化技术推广站助理工程师，积极开展农机化试验、推广工作，积累了一些工作经验。

改革开放40年以来，广州市经济社会取得快速发展，农业现代化、机械化也取得长足进步。但长期以来在开展农作物机械化种植中存在农机农艺融合不够紧密的短板。

一、对推进农机农艺有机融合的思考

古代诗人屈原在《离骚》中提到：“路漫漫其修远兮，吾将上下而求索”，体现了古代劳动人民在追求与探索真理时的不懈努力。在推进农机农艺有机融合的过程中，同样需要有不断追求和探索真理、砥砺前行的过程。在追求和探索中创新，在创新中发展农机化技术，使农机农艺有机融合，逐步实现农业的现代化。

二、农机农艺有机融合是一个互相适应的过程

（一）在改革开放前

以水稻种植为例，中华民族从铜器时代到铁器时代，传承了几千年的生产工具，大水牛、铁犁头、犁耙、镰刀、独轮车、打谷机和打谷桶这些传统生产工具历经岁月打磨，非常完美地融入了传统水稻的种植艺术中，是当时劳动人民最适用的生产工具，有些生产工具直到现在仍为劳动人民所青睐。然而，这些生产工具并不是与生俱来就为劳动人民所喜欢的，它们也会受制于当时对自然规律的认知程度和经济社会的发展水平。比如：铁元素比铜元素更加不容易从大自然中提取，制作铁器比制作铜器难等。然而，这些生产工具随着人类对自然界的不断探索与改进，逐渐转变成祖祖辈辈都离不开的好帮手。

（二）在改革开放后

随着经济社会快速发展，家庭联产承包责任制的落实，水稻生产全程机械化技术得到广泛运用，各类型农用拖拉机、育秧机、插秧机、直播机、无人植保机、半喂入联合收割机、全喂入联合收割机、水稻烘干机得到广泛推广、普及。水稻种植从传统的种植方式过渡到现代化、机械化种植方式，农机与农艺的有机融合矛盾凸显。一开始，机器稳定性差，机具漏播率高、水稻倒伏严重、倒伏水稻无法实现机械化收割等情况层出不穷。40 年来，经一代代农机化工作人员在农机农艺有机融合道路上的孜孜追求，以不断探索的精神，对水稻生产机械的不断打磨，对水稻生产工艺技术的不断提升，开展水稻生产机械化工艺的改进、试验和推广，使得水稻在农机化技术的农机农艺有机融合方面逐渐趋向成熟。截至 2017 年的统计数据，广州市水稻机耕率、机插秧率、机收获率均达到 90% 以上，水稻生产全程机械化技术正慢慢被广大劳动人民所接受，极大地解放和发展了生产力，实现把饭碗牢牢掌握在中国人手里的愿望。

三、农机农艺有机融合更是一个主动探索的过程

自改革开放以来，依靠大量消耗资源，使用低成本劳动力的发展方式越来越难以持续，必须主动将传统的农业种植方式转变为依靠农业科技创新，提升农机农艺有机融合，实现现代化、机械化、规模化、标准化生产上来。

（一）主动发挥农机推广职能，探索农机农艺有机融合

根据《中华人民共和国农业技术推广法》，广州市农业机械化技术推广站（以下简称“农机推广站”）积极找准职能定位，组织农机与农艺方面的专业技术人员，以不断探索和追求真理的精神和韧劲，紧紧围绕“农艺种植要适应农机特点”和“农机特点也要适应农艺种植”的辩证统一关系，深入到田间地头开展调研学习，在广州市现代农业装备示范基地（以下简称“示范基地”）、广州市各区家庭农场开展农机化种植试验，探索寻找农机农艺有机融合的契合点。初步在各试验区的花卉、水稻、蔬菜种植方面，形成农机与农艺相互依赖、相互推动、协调发展的种植方式，达到 1+1 大于 2 的效果。借助开展水稻全程机械化技术培训活动、蔬菜全程机械化生产技术培训活动及植保无人机技术推广培训活动等机会，无偿向农民群众推广农机与农艺有机融合的种植方法，履行基层农机推广机构试验、推广职能。

（二）主动对接社会力量，推进农机农艺有机融合

积极主动对接社会力量，形成助力，推动农机农艺有机融合。

一是主动与大学院校联系，探索农机农艺有机融合。定期与华南农业大学师生开展农机生产实践活动，实现理论知识与实际操作的有机结合，积极邀请农业科研院所的老师、教授到农业生产的第一现场，为农民群众授课，解答农民群众在从事农机化生产中遇到的棘手问题，提升农机农艺有机融合的质量。

二是主动与农机企业对接，搭建农户与农机企业的沟通桥梁。邀请农机企业技术人员参与农机化技术推广培训活动，到田间地头指导种植大户、农业专业合作社开展农机化生产，提升农业从业人员操控现代农业科技的能力。同时，农机推广站还与农机企业分享农民开展农机化生产的种植数据，提出农机具的改良建议，推动机具持续改进提升，使农业机械操作起来更加得心应手。搭建起了农业科研院所、高校、农机企业、农机技术人员与广大农民的沟通桥梁，推动“产学研推用”深度融合，使先进农业科技成果得到充分转化，逐步推动农机农艺有机融合。

在探索农机农艺有机融合的道路上，农机推广人员，将怀着饱满的工作热情，不忘初心，砥砺前行，以生生不息的奋斗精神，在爬坡越坎和攻坚克难中，逐步探索攻克农机化种植遇到的难题；以久久为功的信念，把农业短板变成“潜力板”，更好地服务乡村产业振兴战略。

奋斗与辉煌 坚守与希望
——宁波农机四十载如歌岁月小记

□ 范　蓉

范蓉，浙江省宁波市农业农村局农机总站调研员。

一、一幅现代“农耕图”，一个“机器换人”的崭新时代

稻田里，水稻插秧机、联合收割机、秸秆打捆机在来回穿梭；天空中，农用无人机在喷洒植保药物；山坡上，采摘机、修剪机飞快地越过一片片茶海；海涂上，旋耕机欢快地轰鸣，惊起一群白鹭；菜园里，移栽机、播种机驶过，留下了一排排绿色的希望；加工厂中，水果分级流水线将去袋、上果、分级、装箱、打包一气呵成；菌菇房里，白玉菇、蟹味菇生产实现了从搅拌、装瓶，到灭菌、接种、搔菌的全程机械化作业；温室大棚中，育秧育苗流水线、喷微灌施水施肥系统、太阳能光伏和虫害控制系统等智能化装置，以及环境监测、远程预警、远程控制等物联网智能应用系统一应俱全。

看到这些，不得不感叹农业机械化的巨大威力，它们早已渗透到农业生产的各个环节，成为现代农业发展和农民致富的坚强后盾。这是一个“机器换人”的崭新时代，农业生产早已从主要依靠人力畜力，进入了以机械化为主导的新阶段。有了它们，农业生产变得轻松、精准、全程可控。有了它们，农业成为了有奔头的产业，农民成为有吸引力的职业。

这一切，如果没有党的第十一届三中全会，没有改革开放后经济的快速发展，没有政府一系列的政策支撑，没有广大农机工作者的无私奉献，那么这田园牧歌式的现代农业画卷，是根本不可能实现的。

时间回到20世纪70年代。那时，占宁波市绝大多数人口的农户还挣扎在温饱线上，农业机械化还停留在初始阶段。

自中华人民共和国成立以来，我市经历了几次农机具发展的小高峰，如1958年开展的农具改革运动，兴起过改良旧式农具和研制畜力农具的高潮，出现了抽水机、拖拉机和脚踏打稻机。1959年，毛主席提出“农业的根本出路在于机械化”，也曾极大地鼓舞了广大农民和农

机工作者的心。在农业合作化和人民公社化长达20多年的时间里，农机工作者对农机具，特别是农田机械的改良、研制和推广步伐从未停止，对插秧机、收割机、烘干机等农业机械都有过各种尝试，但是由于受各方面条件限制，发展进程极其缓慢。除拖拉机、排灌机等农业机械外，其他农业机械鲜有发展。

根据年鉴记载，1978年，全市农用机电总动力仅为52.23万千瓦。而2017年，全市农业机械总动力已达到269.1万千瓦。

时至今日，我市农业机械化事业达到了一个前所未有的高度：粮食耕种收综合机械化水平达到89.5%，粮食烘干率达到75%以上，已基本实现全程机械化，居于全国领先水平。农机社会化服务不断深入，农机作业水平不断提高，作业领域不断拓展，由粮食作物向经济作物转变，由大田农业向设施农业转变，由种植业向畜牧业、养殖业和农产品产后处理及加工业全面发展，由产中向产前、产后延伸。农业生产方式实现了历史性转折，进入以机械作业为主的新时代。

二、栉风沐雨中艰难起步，农村改革中农机活跃在最前沿

改革开放后，农村实行了家庭联产承包责任制，宁波市的农村经济快速发展，农民的温饱问题得到了解决。

1983年，中共中央1号文件明确指出：“农民个人或联户购置农副产品加工机具、小型拖拉机和小型机动船，从事生产和运输，对于发展农村商品生产，活跃农村经济是有利的，应当允许；大中型拖拉机和汽车，在现阶段原则上也不必禁止私人购置。”这个对于农业机械化发展具有里程碑意义的重要文件一经发布，立刻引起强烈反响。

此后，小型农机具、手扶拖拉机和农用运输车等农业机械开始大批进入农户家庭，我市的农机具拥有量大增，出现了国家、集体和农民个体等多种农机经营形式并存的局面。

之后，随着市场在农机化发展中的作用逐渐增强，国家用于农业机械的直接投入逐步减少，农民逐步成为农机化投资经营的主体。

1987年2月，宁波被列入计划单列市。与此同时，随着私人经营政策的放开，宁波的私营经济也获得了较快的发展。针对工商业发展后农村务农劳力大量转移、土地抛荒、农业面临萎缩的局面，各地要求发展农业机械化的呼声也越来越强。

1987年，宁波市开展了土地适度规模经营与农业机械化、高产栽培模式、社会化服务“三配套”综合试点。各级政府采取“购机补助”等办法，在资金、物资、技术等方面给予支持，引导集体经济组织、家庭农场和种粮大户购买以拖拉机为主的新型农机具，开展农机自我作业或为周边农户开展作业服务。

这次“三配套”试点，也是一次声势浩大的农业机械盛会。农机成为主要抓手，冬闲地、春耕田成为农机作业的主战场，农机社会化服务的雏形开始形成。农机部门还引进了插秧机、收割机进行适应性试验。从市到县、到乡镇，各级政府、农业和农机部门密切配合，协同作战。为了大张旗鼓地宣传农机、传播农机技术，举办的现场会、培训班不计其数，很多农机干部和农艺专家都长时间下村蹲点，手把手地教，他们付出了辛勤的劳动。

农业机械的使用，极大地减轻了农民的劳动强度，提高了劳动生产率。通过试点，农民尝到了甜头，许多农户要求扩大承包土地，实行机械化生产，土地抛荒现象得到了抑制，农田向种粮大户集中。至20世纪80年代末期，改革开放仅仅过去了10年，我市农田的耕作、排灌、脱粒、植保和运输基本实现了机械化和半机械化。

三、农民告别种田“三弯腰”，粮食生产实现全程机械化

1988年9月，邓小平同志根据当时科学技术发展的趋势和现状，提出了“科学技术是第一生产力”的论断。几十年来，宁波市各级农机部门通过长时间坚持不懈的努力，通过实施科技攻关、引进国内外先进装备和技术、农机农艺结合等手段，不断突破机械化粮食生产中的一个又一个难关，取得了实质性成果。

20世纪90年代，随着农村劳动力转移加快，一批长期“摸六株”的农民“洗脚上田”，土地加快流转，规模经营出现良好势头。但是受条件限制，生产中的插秧和收割等主要环节仍需用大量人力来完成。每逢“双夏”和秋收，外地割稻客都会蜂拥而至。

为更好地解决农民种田“三弯腰”问题，农机管理部门把突破机械化收获作为重点，克服困难大力研制、引进、推广新型联合收割机，取得了成功。

1991—1996年，主要推广国内全喂入收割机，以每年百台以上速度递增。1997—1999年，随着农民收入提高和农机手开展农机作业服务的需要，大力推广国外高性能联合收割机，并以每年千台以上的速度发展。

1999年，通过全市上下的共同努力，粮食机械化收割率一举达到93%，基本实现收获机械化。2000年，联合收割机的拥有量从1990年的216台，发展到2000年的4 798台，为历史最高。2010年，全市机收稻麦面积157.64万亩，机收率高达98%以上。

水稻机械栽植是另一个严重制约粮食生产全程机械化的技术瓶颈。因缺乏适用机械、育秧繁杂和农户经营规模小等因素，20世纪八九十年代，仅在个别农场小规模试验和示范，但也积累了一定经验。

2002年，余姚市农机局引进了一台日本洋马RR6型乘坐式高速插秧机进行试验，获得成功。2005年，宁波市农机局在余姚市马渚镇开展机插试点，200亩机插及配套育秧技术均获得成功。2006年试点扩大到全市8个县（市）区，建立了57个示范点，引进了高速插秧机22台，开展双季常规稻、单季稻和杂交稻的机插示范试点，机插面积4 966亩。

2007年，我市在试点示范基础上，经市政府同意，出台水稻机插三年推进计划，用5年时间建立起了符合宁波实际的机械化水稻育插秧推进模式。各级政府都把推广“高效、省工、节本、低耗”的机插先进技术作为重中之重，机插推广作业呈现跳跃式发展之势。截至2011年，过半稻田的插秧工作已经交付给插秧机，共完成水稻机插面积65.68万亩，机插率达到51%。

水稻插秧从“手插时代”步入“机插时代”，只用了短短5年时间。

与此同时，宁波市花大力攻克水稻育秧难题，积极发展与机插相配套的工厂化、规模化育秧技术。建立了季供秧能力500亩以上的规

模化育秧中心 970 个，育秧中心设施大棚面积近 64 万平方米，全市 85% 以上的机插秧由这里提供。

育秧瓶颈的突破，进一步推动机插水平的快速提高。2018 年，全市机械化栽植率 67.3%。粮食生产机械化最后一个关键环节的突破，带动了粮食生产全程农机化技术水平的提高，也完全改变了种粮农民面朝黄土背朝天，日出而作、日落而息的原始生活方式。

宁波市地处东南沿海，每当阴雨绵绵或台风侵袭，谷物发霉变质情况时有发生。

自 1998 年起，为解决水稻种子和种粮大户的稻麦干燥难问题，宁波市农机局又历时 3 年推广谷物烘干机。截至 2000 年，全市有谷物烘干机 112 台，烘干粮食 2.5 万吨，烘干机数量和烘干谷物总量在当时均为浙江省之首。但之后发展有所迟缓。

2010 年，在攻克机械化粮食生产所有薄弱环节的基础上，为彻底解决粮食烘干问题，宁波市农机局制定了加快粮食烘干机械发展实施意见，提出以农机合作社和粮食收储企业为依托，建设粮食烘干中心，三年达到粮食烘干机械化的目标。在购机补贴政策的有力支持下，发展势头如雨后春笋。全市谷物烘干机从 2010 年的 310 台、总烘干能力 4 000 吨位，发展到 2018 年的 1 574 台，批次烘干能力超过 18 000 吨位。粮食机械化烘干率早已超过 75%，再次领先全国。

四、农机社会化服务，为现代大农业发挥了举足轻重的作用

长期以来，宁波市在经济取得快速发展的同时，也面临着劳动力和土地资源紧缺的问题，这也为开展适度规模经营和农机社会化服务提供了基础。

宁波市农机专业合作社是 2004 年后发展起来的。

随着市场经济的推进和政府职能的转换，农机作业服务的骨干——乡镇农机服务站（农机作业服务公司）逐渐退出作业市场。同时，农业生产中土地分散经营与集约化生产的矛盾，小地块与大机具的矛盾，新机具、新技术与传统耕种模式的矛盾日益突出，在一定程度上制约了农机化的发展。

为完善农机社会化服务体系，发挥农业机械在保障农业综合生产能力中的作用，2004 年，宁波市通过探索并借鉴外地经验，开展农机专业合作社建设试点。

2004 年 11 月，宁波市首家农机专业合作社在原象山县高塘岛乡农机跨区作业队基础上成立。2005 年 4 月，宁波市农机局作出了加快培育发展农机专业合作组织的部署，同时研究出台扶持政策，对新成立的、经工商注册登记的农机专业合作社予以扶持。

在各级农机部门的引导下，一批先知先觉的农机大户、种粮大户、农业生产经营组织、工商业主及普通农户纷纷以机械、技术、资金、土地等入股的方式创办或加入农机合作社。

通过创建农机专业合作社，显著提高了农机利用率，提高了农机的组织化、规模化程度，加快了农机服务市场化进程。

2007 年起，为了发展壮大农机合作社等农机化服务组织，提升农机社会化服务能力，宁波市农机局专门设立农机合作组织“服务功能培育”项目，并相继出台了一系列扶持促进措

施，对合作社建造机库、购置设备、拓展领域等进行重点扶持，在资金投入、购机补贴、作业补贴、项目安排等方面予以重点倾斜，并逐步探索出农机合作社开展土地全程托管、“菜单式”服务和统一育秧、统一机耕、统一机插、统一植保、统一机割“五统一”作业等多种服务模式，农户不用出门就能轻松享受到农机专业服务组织的服务。

各级农机管理部门还在解决农机合作社用地、用水、税收、资金、土地流转、配套体系和人才保障等方面做了大量工作。

2018 年，全市农机专业合作社总数达到 343 家，平均每个涉农乡镇 3 家。有社员 5 670 人，拥有 34.7 万平方米的机库、烘干中心和各类配套设施，年作业服务面积超过 450 多万亩，年经营服务总收入达到 8 亿多元。

农机合作社通过托管、流转和全程机械化服务等方式，快速推进规模化作业、集约化经营。如今农机合作社分别承担了全市 98% 和 92% 的水稻育秧和栽植任务，有 130 多家农机合作社的承包流转或经营服务面积在 5 000 亩以上。

农机专业合作社成为了宁波市粮食生产全程机械化的主要承担者、特色主导产业全程机械化的引领者，在我市农业生产和农村经济发展中起到了举足轻重的作用，为粮食增产、农业增效、农民增收做出了重要贡献。

如今，农机合作社等专业服务组织早已和现代高效、生态、绿色、智慧大农业融为一体，成为宁波市农业生产机械化、社会化、专业化、智能化的重要载体，并向着农业领域“机械换人”的“全程、全面、高质、高效”的农机化服务稳步推进。

目前，宁波市已成功创建了 36 个“智慧农机”装备应用示范基地和 23 个农机农艺融合示范点，全国第一批南方唯一的大田数字农业示范点也将在 2019 年建成。1987 年提出的土地适度规模经营与农业机械化、高产栽培模式、社会化服务“三配套”服务模式早已实现或将成为过去。

不甘平庸的农机合作社“领头羊”们还在不断进取，续写着一个又一个的传奇。

余姚田螺山农机服务专业合作社率先在浙江省成立了第一个民办综合农事服务中心，搭建起金融信贷、农业保险、政策咨询、技术辅导和农产品展示展销 5 个服务平台，为社员提供“七统一”服务；慈溪正大桑田农机服务专业合作社在偌大的杭州湾海涂围垦盐碱地上，打造出了粮食生产全程机械化、规模化的“大农场”，社内拖拉机功率都在 120 马力以上，喷雾机的喷幅长达 30 米，播种机的单机日作业能力多达 300 亩。

随着农业“机器换人”浪潮的兴起，越来越多的 80 后、90 后大学生接过了父辈的班，成为农业农机服务组织的骨干，为农机合作社发展注入了新的活力。

五、强大的政策扶持和良好的发展环境，为农机化全面发展提供了多重保障

多年来，宁波市农机化事业屡屡领跑全国第一方阵，是谁承担起了这个“纲举”的重任？

早在 1987 年“三配套”综合试点期间，我市各级政府已采取了“购机补助”的办法。尤其是 20 世纪 90 年代，面对种粮大户对农机的迫切要求，各级政府就纷纷出台补助政策，鼓

励农民购置联合收割机等农业机械，逐步建立了以农民为主体、集体为补充、财政为帮扶的多元化投入机制。由此带来的服务效益十分明显，极大地激发了乡村农业服务组织、村级集体、农民个人和工商业主等投资农机的积极性，也带动了以县（市）区为龙头、乡镇为骨干、村为纽带、户为基础的农机社会化服务体系的基本形成。

自进入21世纪以来，农业产业结构进一步调整，粮田面积减少，经济作物增加，畜禽养殖业发展迅速。

2003年9月，宁波市人民政府办公厅转发市农机局关于加快发展农业机械化的指导意见，明确当前农机化工作的指导思想是紧紧围绕农业增效、农民增收和农业结构调整，在抓好粮食生产全程机械化的基础上，积极推进林、果、蔬、牧、渔和加工机械化的全面发展，率先在全省、全国实现农业机械化。发展与特色农业、效益农业、设施农业相配套的适用农机及装备，成为这一时期的又一主攻方向。

按照意见要求，农机部门纷纷依托各地农业区域特色产业带和主导产业基地，引进特色农机进行试验示范，开展农机化示范基地建设，发展设施农业。宁波市农机局还迅速在全市组织开展了农机科技兴机、质量安全和农机文化“三大工程”建设，有力地推动了农机化事业发展。

2004年，《中华人民共和国农业机械化促进法》颁布实施，全国农机化发展的第二个春天来临了。2005年，中央农机具购置补贴资金首次投入宁波市。同年，全国第一部有地方立法权的城市农机综合性法规《宁波市农业机械管理条例》颁布实施。

国家和地方农业机械化法律法规及扶持政策体系的基本建立，为宁波市农机化创造了良好的发展环境。

2007年以来，随着中央农机具购机补贴资金投入我市的规模不断扩大，力度不断加大，全市各级政府对农机化的资金投入也大幅增加。市政府连续出台农机具购置补贴办法，并制定重点环节农机作业补贴政策和促进农机服务组织建设的优惠扶持措施。如对购置大中型拖拉机、联合收割机、植保机械、施肥机械、谷物烘干机、育秧流水线及配套农机具等机械化装备，给予30%的补贴。对购置粮食烘干机、水稻插秧机等重点机具给予累加补贴。有些地方的农民在购买插秧机时，自掏部分甚至不到原价的10%。

在作业补贴方面，对粮食生产功能区内开展统一机耕、机收、机插、育秧、植保的服务组织和农户，给予每亩80元补贴。对开展规模化育秧以及建立工厂化育秧中心的也给予一定的资金扶持。对作业规模达到一定程度的进行奖励等。

2016年开始，对流转土地50亩以上的合作社和作业大户等实行每亩100元的补贴。各级政府对农民种粮和购机补贴、作业补贴、农机库房、大棚设施、农机服务组织建设等资金扶持都达到了一个空前的水平。

在此文即将搁笔之际，2019年新年的钟声即将响起。

忆往昔，峥嵘岁月稠。

作为一名从事农机工作35年的“老兵”，我曾无数次亲历了许许多多农业机械作业场景，包括新型农机现场会、观摩会、推广会；在每年的春备耕、“双夏”、秋收、冬种甚至隆冬的每一个季节，我也曾无数次走进乡镇、村庄、田野、海岛，走进农机服务站、农机维修供应站，走进农机合作社、农机企业、温室大棚和农业车间，走进种植大户、农机大户家中。

在田间地头看到的那一幕幕热火朝天的农机作业场景，我将永远难以忘怀。

也许，在不远的明天，这样的农机推广和服务方式，也将成为过去。但我相信，这种勇于开拓、一心为农、踏踏实实、无私奉献的农机精神，将激励一代又一代的农机工作者不断向前。

“机”遇新时代——青岛农机化改革开放 40 年发展亲历

□ 任洪珍

任洪珍，在青岛市农机局从事信息宣传工作近 20 年，累计在人民日报等中央、省、市各类新闻媒体刊播稿件 1 000 多篇。

习近平总书记强调：“改革开放是中国人民和中华民族发展史上一次伟大的革命。”40 年来，青岛农机化置身于千载难逢的改革开放新时代大潮中，进行着一次又一次农机化革命，追逐着“农民对美好生活的向往”，与时俱进，砥砺前行！1991 年，我有幸通过招考，进入青岛市农机局工作。庆幸自己参与了青岛市农机化发展的重大实践，见证了它极不平凡的发展历程。最自豪的是目睹了农机化发展让农民的腰杆“挺”起来了，农家的粮仓“满”起来了，农户的腰包“鼓”起来了！

一、农民的腰杆“挺”起来！

青岛市主要种植小麦、玉米。改革开放初期，“男人割麦子，女人生孩子”被称为天底下最苦、最累的活。当初，青岛农机人怀着“麦收不用镰，大忙变清闲”的梦想，开启了充满荆棘、开拓发展的历程。在这期间，两件具有里程碑意义的大事加快了农机化进程：一是农机跨区作业，二是农机购置补贴政策的实施。

说到跨区作业，我立马想到平度市常付军夫妇。他们夫唱妇随，一个驾机收麦，一个量地收款，一季 2 万～3 万元的收入，让他们满脸幸福。2009 年，我撰写的《青岛：夫妻机组》还上了《人民日报》，现在，他们还继续跨区作业，只是车更先进舒适了，作业领域更广了。

1996 开始的农机跨区作业，可谓史诗般的伟大创举。它使农机作业时间延长 10 天左右，农机手收入成倍增长，小麦联合收割机保有量由 1995 年的 173 台，变成 1998 年的 3 003 台，又变成 2000 年的 5 161 台。

2000 年，青岛市小麦生产实现了耕、种、收机械化！这是青岛农业史上具有划时代意义的大事！

农民收麦子从用镰刀，到 20 世纪八九十年代用割晒机，再到联合收割机，在完美的“三级跳”中，农民的腰杆“直”起来了！他们说：

"拖拉机一咣当，顶上100个光脊梁"。

种地不弯腰的"小目标"实现了，激流勇进的农机人又把农民"实现体面的劳动、更加有尊严的生活"作为了新的目标。

真是赶上了新时代干事创业的好时候。2004年到来的农机购置补贴政策，可谓"及时雨""加速器"。青岛市农机部门抓住机遇，创新补贴模式，开发手机APP，持续强化监管，全市累计安排补贴资金13.1亿元，补贴购置各类农机具近12万台（套），受益农户9万户。

2011年，又迎来了一个里程碑事件：青岛市玉米生产基本实现机械化！

青岛农机化改革一路走来，拖拉机由1980年1.42万台，发展到20多万台；农机总动力由63.89万千瓦，发展到730万千瓦；综合农机化水平由不到30%，发展到87.8%。

今年，青岛在全国率先实现了主要农作物生产全程机械化，辖区5个涉农区市全部建成了"全国主要农作物生产全程机械化示范县"，花生、马铃薯生产也基本实现了机械化。

农忙季节，已经没有了农民往日忙碌的身影，只有现代化大农机驰骋田野的轰鸣声。

农民谈笑间，粮食进了家！体面的劳动、有尊严的生活，让农民扬眉吐气，腰杆"挺"起来了！

二、农家的粮仓"满"起来！

土地是农业的基础、农民的命根子。

长期以来，大量使用化肥、焚烧农作物秸秆、用小拖拉机耕地形成坚硬犁底层等，成了粮食增产的"拦路虎"，也成为农民最头疼、最揪心的事。为此，青岛市农机部门砍下"三板斧"，实现了土地变成"面包田"，农家的粮仓"满"起来！

第一斧：秸秆利用"花开三朵"变成宝，进入"联合国故事"展。一是机械秸秆还田，土地变成"面包田"；二是秸秆青贮成为"草罐头"，奶牛吃了多产奶，牛粪撒在地里还增产；三是秸秆打捆离田，1吨能卖200元，变成农民的"摇钱树"。目前，青岛农作物秸秆利用率达到了90%。更可喜的是，往日的"狼烟"没了，农村的环境美了！在2018年的联合国日当天，联合国24个驻华机构举办了《和联合国在一起的故事：有你更美好》的图展，青岛市农机局作为秸秆综合利用典型进行展示，"小秸秆"走进了"大舞台"。

第二斧：保护性耕作让土地变成了"面包田"，农业节本又增效。2006年，青岛市开始实施保护性耕作，这对习惯于精耕细作的"老把式"们而言难以接受。为此，青岛市农机局在平度市桑园村选择了33亩地，开展种植模式、播种量等试验，攻克秸秆量大、机具不适应等难关，连续10多年实施小麦、玉米秸秆全量还田，在全国率先探索形成了持续高产高效保护性耕作模式，牵头编写的《黄淮海地区保护性耕作机械化作业体系规范》已通过国家级专家评审。经测定，试验田土壤有机质由原来的0.9%，增加到2%，水、肥、机械作业等成本下降了25%左右，小麦每亩增产20%左右，成了全国一年两作保护性耕作的"样板田"。榜样的力量使农民自觉的行动起来了，目前，全市实施面积达到了110多万亩，全年为农民增收节支1.1亿多元。因土地松软、肥力增加，而被农民形象地称为"面包田"。

第三斧：农机深松让土壤变成了"蓄水

池”，促进了农业绿色可持续发展。今年 64 岁的胶州市洋河镇朱季村杜高谷，采用农机深松整地种了 300 多亩地。他兴奋地说：“深松打破了犁底层，有利于农作物下扎，今年少浇了 1 遍水，小麦、玉米亩产量还分别达到了 600 多千克和 700 多千克，小麦亩均增产了 10% 呢！”。今年 3 月 7 日，老杜家的机械化深松作业场景上了央视新闻联播。面对这么好的技术，2015 年，青岛市农机部门在全国率先打响了实施全域农机深松整地作业的攻坚战，争取市财政投入 1 亿多元，到 2017 年，将全市适宜的土地基本深松了一遍。今年又开始了第二轮农机深松作业，提升耕地地力继续在路上。

要想粮“满”仓，只有增产还不够，还要做到丰产又丰收。为此，每当“三夏”“三秋”等农忙季节，青岛市农机部门就组织调度 20 多万台农业机械上阵，机械耕地、播种、植保、收获、秸秆利用、烘干等“一条龙”作业，场面蔚为壮观，成了农村广袤大地上的一道亮丽风景！全程机械化使粮食“按时”颗粒归仓，确保了粮食生产安全。

三、农户的腰包“鼓”起来！

1982 年以前，农业机械是国有或集体组织的专属品。1983 年中央 1 号文件提出允许农民购买拖拉机，激发了农民空前的购机积极性。乘着改革开放的春风，伴随着农机化的快速发展，农机手队伍如雨后春笋般快速发展壮大。目前，青岛市农机户达到 40 多万户。

1 台大型机械，相当于一个流动的致富“小工厂”。20 世纪 90 年代后期，农机手每年 2 万～3 万元的收入，使农民有钱“不买彩电不盖房，买台农机有奔头”一度盛行。

目前，青岛市年农机经营服务总收入 30 多亿元，20 多万新型农机职业农民驾机驶上致富路。

农机手可不是一个人在战斗，背后有 700 多个农机合作社在撑腰，而合作社理事长则是他们致富路上的“领头雁”。

想起合作社理事长姜永战，他给我印象极为深刻，因为他开着奥迪 A6 种地。2008 年，姜永战注册成立了青岛勤耕农机专业合作社，目前，合作社社员 110 人，各类机械 2 000 多台（套），年规模化农机作业 10 万多亩，年农机经营服务总收入 1 000 多万元，建成了青岛市西南部最大的农机区域维修中心，机器大修不出社，业务辐射周边几个县。社员曲卫恩自豪地对我说：“有了合作社做后盾，我一年四季有活干，今年纯收入超过了 15 万元！”

目前，青岛市 700 多个合作社，把分散于千家万户的农业机械统一组织起来，实现了小农机户与大市场的有效衔接，农机作业服务专业化、规模化、社会化，大大提高了农机利用率，年服务农户 50 多万户，农机作业 1 000 多万亩，承担了全市 70% 以上的大田农机作业量，也让农机手的腰包“鼓”起来了！

当然，为了合作社，为了农机手，青岛市农机部门也拼了：让大型农机住上“新房”，建成集库房、维修、培训于一体的农机“安居工程”80 多处。解决大型农机“看病难”问题，建设了 39 个区域农机维修中心。为农机手系上“安全带”，率先创建成为全国首批“平安农机”示范市，在镇村建立了 60 多个农机安全监理服务中心和窗口，农机手在家门口就能办证。建起农机化“田园大学”，在大讲堂里面对面讲，在田间地头手把手教，让广大农机手从这里获得知识，走向富裕！

忆往昔，峥嵘岁月稠！展未来，喜奔美好新时代！“为了让农业成为有奔头的产业，为了让农民成为有吸引力的职业，为了让农村成为安居乐业的美丽家园！”青岛农机人又有了新目标，开启了又一轮新征程！

20世纪80年代胶南农民用镰刀收割小麦

2009年5月25日，常付军夫妇出征

小麦联合收获

玉米机械精量免耕播种

小麦联合收获和秸秆打捆一次完成

无人机植保

农机合作社的粮食烘干中心

购机者可通过手机APP，在线完成农机补贴申请

农机深松整地作业

农民笑开颜

征文后记

今年特别忙。

看到改革开放40周年的征文通知后，心里一直在想，但迟迟没有动笔。

直到有一天群里出现了夏明副秘书长白发苍苍的照片，再看到他日夜操劳，不厌其烦地做征文工作，内心被深深地感动了，想写的念头越来越强烈。

于是，在距离元旦放假还有3天的时候，进入了疯狂的写作模式。

早上在班车上，在同事诧异的眼光中写作。

白天除了必要的工作外，查资料，做采访，理思路，疾动笔，心无旁骛，目光呆滞，同事的说话声一点听不见。

晚上回家直接伏案，进入角色，每晚写到夜里12点多。

梦中都在改。忽然想到一个思路或好句子，立刻爬起床随时记录。

走路在想，吃饭在想，睡觉也在想。

来农机局后的一幕幕在脑海里闪现，一组组数字在脑海里滚动。

第一天晚上12点，写出了题为《农机人、农机事、农机梦》的初稿；第二天回头看，又彻底推翻，直到晚上12点理出了题为《让农民生活的更美好》的第二稿；第三天，又大动手术，改出了第三稿《"机"遇新时代》。

又经过多次大改，无数次小改，直到改不动一个字、一个标点了，就发给夏明副秘书长了。

稿子发出去后，仍沉浸在创作过程中不能自拔。

一次征文下来，老公说我疯了，同事说我不正常了，我自己感觉神经了。

不过，我自豪，我是农机人！

改革开放助力台州农机化工作创新

□ 王永鸣

王永鸣，1974年高中毕业，同年入伍，1979年12月退役，1980年1月，分配进原浙江省台州地区农业机械局工作，干过文秘、管理、推广等工作；1982年1月，开始搞农机监理工作；1988年改行办报纸；1989年考入原浙江农业大学念书，学的是农业机械化专业；2011年调回到台州市农机管理总站工作；2016年10月退休。

浙江省台州市位于东南沿海，也是改革开放的最前沿之一，民营企业快速发展、企业实行股份制等，均走在了全国的前列。农机系统也不例外，在改革开放初期也创新了不少工作办法，比如区、乡农机管理站创办农机化服务公司，解决了农机员经费不足等问题，此经验被全国推广，临海市上盘镇农机管理站的徐永新正是因为此项工作突出当选了全国劳动模范。在纪念改革开放40周年之际，我作为亲历者和见证者，从另外一个角度讲述两件事，来说明我们是如何在改革开放中受益的。

一、成立农机监理机构

众所周知，在交通安全管理工作没划归公安之前，是由交通部门负责的，而且实行垂直管理，但在改革开放的强劲东风吹拂下，台州在拖拉机安全管理的职能上改写了历史。

1981年的下半年，三门县的一辆手扶拖拉机在县政府大门口由于超速行驶，当场撞死了县检察院的检察长，此事件在社会上引起了极大的反响。为此，当时我所在的台州地区农机局领导们向台州地区行政公署打报告，提出拖拉机的安全管理职能从交通监理部门划归给农机部门来管，理由是交通部门人少、线短，而农机部门有县、区、乡农机管理机构，人多、面广。台州行署的领导们对这个报告很重视，认为在改革开放中可以打破旧框框，创新管理模式，认可了我们提出的理由，很快就批复了这个报告，同意我们提出的建议，并下发文件决定成立地区农机管理所，各县（市）成立农机监理站，承担拖拉机及驾驶员的安全监理工作，文件明确，拖拉机驾驶员的培训发证、年检、年审，拖拉机的全部事故处理（拖拉机单独事故由农机部门处理，拖拉机与汽车发生事故由双方到场共同处理）由农机部门负责，农机部门可单独上路检查。这样一来，将原交通监理部门的职能全部划归到农机部门了，这在当时的浙江省乃至全国是没有的，这就是改革开放带来的成果。

1982 年年初，台州地区及各县（市）的农机监理所（站）正式挂牌开展工作，为此，浙江省农机局也非常支持，给我们奖励了 1 万元钱，县里奖励 5000 元钱，地区农机监理所购买了一台北京吉普车，县里配备了侧三轮摩托车，那时可真威风，但工作压力也相当大，为了降低事故，我们是没日没夜上路检查，尤其是事故的处理难度相当大，但我们顶住了压力，克服了困难，使农机安全监理工作有声有色地开展起来，效果也非常明显，受到各级政府及社会各界的赞誉。

在开展正常的农机安全生产管理工作中可谓是顺风顺水，但在换发拖拉机牌照及驾驶员的驾驶证中却遇到了极大的阻力。1983 年，我们为了顺利开展此项工作，确定黄岩县搞试点，并取得了黄岩县政府的支持，县政府专门下发了拖拉机及驾驶员换牌、换证的文件。正当我们热火朝天干的起劲时，黄岩县周边一些县（市）的交通监理部门对我们换发的牌、证不予认可，采取扣牌、扣证，说是浙江省交通厅要求遏制的，怕这项工作在全省蔓延。黄岩县农机监理站的压力非常大，每天应付来投诉的机手，要求将原牌、证发还给他们，也经常接到黄岩县的告急电话，此事如不及时处理，换发牌、证工作就无法继续开展下去。为此，作为监理所负责人的我到地区交通监理处交涉，他们说没办法答复，也承认是省里要求这样布置的。既然这项工作是我们地区部署的，发生了问题也应该承担责任，在当时没有办法的情况下，我决定采取极端的手段反制。我带上几个人到黄岩上路检查，对哪个县扣了我们发牌、证的货车进行反制，那一天当场查扣了邻县的 4 辆大货车关进停车场，理由是篷布遮挡了放大号码，我告诉黄岩站的同事，此行为是地区农机监理所所为，也是我个人的决定，与黄岩站无关，责任上推。这样一来，事情就闹大了，被扣车的一个县向行署投诉，告我们农机监理所越界执法。为此，扣车的第二天，台州地区行署分管副专员专门召集相关部门开会解决此事。会上交通部门对我的攻击是非常大的，说我无权查扣货车，要为此承担责任。我的理由是，我是台州地区交通安全委员会的成员，持有浙江省交通安全委员会所发的检查证，对一切违章的车辆均有检查权，而交通监理部门也无权查扣我们发的拖拉机及驾驶员的牌、证，双方争论很大，各说各的理，分管的副专员听取了双方申述后表态，双方都不得扣车、扣证了，扣了的要放掉、送回，此事就这样迎刃而解，我个人的担心也消除了。黄岩的成功经验，为全地区换牌、换证工作的全面铺开打下了基础。所以说，没有改革开放，台州的农机史上也就没有这一笔的记述。

二、创办农机报

1988 年，单位的一位领导找我谈话，说想创办一份农机杂志，问我有没有意向，因为我平时在工作之余喜欢搞点新闻报道，文章也时常见报，在当时也算小有名气，我立马就答应下来。

在筹办过程中，我觉得办杂志还不如办报纸，报纸的影响面大，当时的新闻媒体宣传农机的很少，我记得那时的农机部杨立功部长的一句话，说是农机部门母鸡多、公鸡少，只知道付出，不知道呐喊。当时的全地区仅有一份《台州日报》，当我提出要办报纸的设想，有些人就觉得不可思议，认为是不可能的事。但领导们却很支持，要我自己去争取发行的刊号，这不是一件轻松的事，但经过多方努力，取得了台州地区宣传部和浙江省新闻出版局的支持，我们获得了发行的刊号。在申报刊号时，对于报纸如何冠名又动了一番脑筋，当时全国仅有一张《中国农机化报》，而且又是机械部所办，以报道农机工业为主，如果我将报纸以台州冠名就太局限了，对今后的发展肯定不利，因此，我将报名暂定为《农机化服务报》，为以后升级为省级报埋下了伏笔。

获得刊号后，就可以出报了，但我并不满足，没有正式的机构对外叫不响，也会影响正常的工作开展，我又为此去争取。行署专员与我父亲认识，我便在父亲的介绍下，到专员家求助，因为专员兼任编制委员会的主任，他听了我的请求后当场表态，说明天编委会就有一个会议，商定编制的事，我将你们的单位列编上，然后让你的上级部门补送一份报告就行。就这样报社被正式列编了。

经过 1988 年下半年的几期试刊，1989 年 1 月报纸正式创刊了。当时的报纸仅在台州范围内发行，每期发行数也就是几万份，根本满足不了我的“野心”，为了让报纸上升到省级层面，我决定每期给全省各市、县（区）的农机部门领导赠送报纸，并搜集全省相关农机方面的信息来刊登，时间一久效果就出来了，全省好多地方遇到一些会议或活动就邀请我们前去采访报道，外地区发来的稿件也越来越多了，报纸的内容也就更丰富了。经过近两年的努力，报纸的影响面越来越大，全省各地要求将报纸升级为省报的呼声非常强烈，浙江省农机局的领导也经常听到这种反映，也认可这份报纸的作用，决定与我们合办这张报纸，省农业厅批复了省农机局的合办报告申报，1991 年报纸的编辑委员会成立，主任由省农机局的局长兼任，副主任由台州农业经济委员会主任担任，各地（市）农机局领导为编委，并在各地（市）设立通讯联络站，由局（站）长担任站长，报纸改名为《浙江农机化报》，报纸的期印数也迅速从几万份增加到 16 万份以上，我的愿望终于实现了。

报纸创办后确实发挥了很大的作用，这是大家普遍认可的，我也列举两件事来说说。1995 年，温州市的永嘉县有关部门作出决定，禁止拖拉机进城，一经查获就罚款，这与当时的政策是不相符的，机手抵触情绪很大，当地的农机部门出面交涉根本没用，为此，永嘉县的农机管理部门向我们提出要求，让我们出面帮助解决，我应邀赴永嘉直接找到一位常务副县长，将当时省里有关部门的文件精神向这位副县长进行了解读，指出这个禁令是错误的，他听了后也当场表态要停止执行。我回来后将此内容见了报，永嘉的机手拿到报纸后非常高兴，将这份报纸随身携带，如遇检查就亮出报纸，问题就这样解决了。

我们在办报过程中，应各地的要求，由他们出钱给政府的分管领导及相关部门寄送报纸，使领导能及时了解农机化工作的信息，也知道农机部门的作为，以取得他们的支持，效果也慢慢地显现出来。20 世纪 90 年代末，绍兴县的新农机发展迅猛，尤其是联合收割机的拥有量大增，我们也是从一位通讯员的来稿中获悉，觉得很有必要加以总结推广。为此，我们联系了绍兴县政府分管农业工作的一位常务副县长，请求当面采访，他很乐意接受了我们的要求。在交谈的过程中，他说本县的新式农机具为什么能快速发展，主要是县政府出台了补贴政策，对购买新农机的由政府给予补贴，极大地调动了农户的购机积极性，而出台这个政策就是他看到了我们报社所刊登的宁波某县新式农机具发展的报道，从中受到了启发，认为绍兴县经济较发达，财政比较宽余，也应该反哺农业，让农民从中受益，为此，他积极游说，促使了补贴政策的出台。他称赞我们的报纸办得好，尤其是给领导赠报，使领导掌握农机方面的信息。由于绍兴县自身的努力，后来被列为全国全程农机化工作试点县。

综合上述，作为中国改革开放先行地的浙江，40 年带领改革风气之先，立开放波澜潮头的精神确是可圈可点，虽然那时的领导干部年纪普遍偏大，但他们接受新生事物一点也不含糊，勇于打破旧框框，如我所述的两件事，如放在改革开放之前是不可能实现的，所以，我觉得有必要整理成文加以纪念。

农业机械化托起农业现代化

——驻马店市农机化改革开放40年发展综述

□ 鲍秋仁

鲍秋仁，1968年11月出生，河南正阳人，1990年7月毕业于郑州大学，2012年5月任驻马店市农机局党委书记、局长至今。

"耕地不用牛、收割不用刀、喷药不下地、栽秧不弯腰"的顺口溜已成为我市农机化发展的真实写照。每年"三夏"时节，驻马店市的广袤田野麦浪滚滚，农业农村部举行的8次全国小麦机收启动仪式有6次在这里开镰，从南往北拉开全国麦收序幕，被称为天下第一镰。

改革开放40年，从联产承包初期的依靠人力、畜力到农机装备积少成多，再到如今主要农作物生产全程机械化，国家出台的一系列惠农政策为我市农业机械化发展插上了腾飞的翅膀，进入全程全面、高质高效的历史发展阶段。

改革开放40年，驻马店市农业机械化迎来发展的春天，也涌现了一大批懂技术、会操作、能维修、善经营的农业机械行家里手，培育了更多的农机专业合作社等新型经营主体，成为建设现代化农业的中坚力量。

一、农机购置补贴政策，让农机装备实现美丽蝶变

数字记录历史，数字也见证巨变。1978年，驻马店市农机总动力26.23万千瓦，拥有大中型拖拉机4 951台，小型拖拉机7 858台，配套机具11 527台，机耕面积654.7万亩，机播面积102.12万亩，机收面积2.6万亩。2017年年底，全市农机总动力达1 455万千瓦，农机机械原值87.78亿元，大中型拖拉机10.35万台，其中80马力以上的1.87万台，大中型拖拉机的配套比1∶3以上，联合收割机3.12万台。全市主要农作物耕种收综合机械化水平达86.02%，小麦机播、机收水平均稳定在99%以上，玉米机播率、机收率分别达99%、75%，花生机收率达85.3%，机械耕整地做到了应耕尽耕，农业机械化水平得到稳步提升，远远超过全省、全国水平。

自2004年实施农机购置补贴政策以来，全

市共争取国家财政资金14.81亿元、省财政资金0.73亿元，10.33万名农民受益。全市深入贯彻“缩范围、控定额、促敞开”的工作思路，着力补重点、补短板。在补贴倾斜上，对购置大型拖拉机、植保航空器、打捆机、烘干机、花生分段收获机、养殖无害化处理设备等加大补贴力度，对重点农业机械、“互联网＋农机”等有关设备设施敞开补贴。在补贴对象上，向农机专业合作社、家庭农场等新型农业经营主体倾斜。在补贴执行上，一是提高资金使用效率，向上争取更多的农机购置补贴资金。按照省农机局要求持续开展农机购置补贴延伸绩效管理，推进绩效管理向县区延伸。二是加强监督检查，提升政策实施满意度。按照省定实施方案开展农机购置补贴工作，确保农机购置补贴工作公平公正、公开透明。三是指导各县区农机局进一步深化“放管服”改革，简化农机购置补贴办理程序。在农忙时节为农民群众和广大农机手提供贴心服务，确保颗粒归仓、丰产丰收。

二、跨区作业，“天中麦客”收获大江南北

农机跨区作业是在驻马店市农机系统的引领下，天中农民的又一个辉煌壮举。2010年，全国小麦跨区机收启动仪式在我市举行。农业农村部主要领导、省政府主要领导出席启动仪式，新华社、中央电视台、中央人民广播电台、人民日报社、农民日报社等国家主要新闻媒体和省内多家新闻媒体赶赴现场采访报道。

目前，大江南北、长城内外、松花江畔、荆楚大地、天府之国、丝绸之路、青藏高原到处都驰骋着“天中麦客”，跨区作业时间从4月上旬至11月底，收割双季晚稻长达8个月。我市已打造2万多台轮式收割机、履带式收获机，3 000多台玉米收获机，10万名农机手走出天中，实现“天中农机”品牌服务总收入80亿元，农机跨区作业收入25亿元。实践证明，通过跨区作业，大幅度提高了农机的利用率、农机手的收益，也提高了本地机械化水平。

每年麦收有3万多台收割机驰骋在天中大地上，全市小麦收获由初始的半个月，缩短到一周的时间，解决了过去因天气变化造成的丰产不丰收的难题，不仅为秋粮生产赢得了宝贵的农时，而且为全市连续多年实现农业丰产丰收打下坚实基础，夯实了中原粮仓的地位。

通过跨区作业的开展，有效解决了劳动力“长年有余、季节性不足”的矛盾，成为农村劳动力稳定转移的保障力量。全市近200万名外出务工农民不用再因农忙季节返乡收粮了，增加务工人员收入4亿元以上。

通过开展农机跨区作业，从土地上解放出来的劳动力一部分外出务工创收，一部分被农机大户聘用，还有一部分从事跨区作业中介、信息、维修及零配件供应等农机经营服务活动，依靠农机走上致富路。

三、农机专业合作社，政府引领发展迅猛

2017年年底，全市农机专业合作社发展到930多家（不含新蔡县），今年新增28家，其中国家级示范合作社8家、部级示范合作社15家、省级示范合作社14家、市级示范合作社90家。全市在农机部门的引导下，涌现了一大批职业农民、经纪人、合作社、新型经营主体等。

张大生是新型经营主体的领军人物。2000

年，张大生开始组织车队外出作业，2002年正式成立路路发跨区作业队。在组织跨区作业的同时，精明的张大生还为其他作业机车提供维修和零配件服务。由于张大生懂经营、善管理，他的外出作业队迅速壮大。2007年8月，张大生又登记注册了三源农机专业合作社，每年组织150多台联合收割机到四川、广西、广东、山东、黑龙江等地进行小麦、水稻、玉米跨区作业。在4个多月的时间里，三源农机专业合作社跨区作业收入达5 000万元。2008年，三源农机专业合作社被农业农村部评为部级示范农机专业合作社，被省委、省政府评为明星农机专业合作社。2018年，张大生获得驻马店市五一劳动奖章。

“孙屯农机现象”是农机现代化发展历程中形成的。2003年，汝南县仅有12台久保田收割机，现在已发展到8 000多台。每年5月下旬，“孙屯农机”组成100多个作业队，转战湖北、广东、江苏、四川等地，历经6个多月从东北返回，除去工人工资，每辆收割机的纯收入在10万元左右。仅此一项，“孙屯农机”每年就为汝南县创收8亿多元，并带动4万多人就业。2004年，该村青年机手刘毛旦从广西开始收水稻，辗转到沈阳收稻谷，历时7个月单车纯收入近20万元，被全国跨区作业领导小组授予“全国跨区机收作业能手”称号。

在美丽的青海湖畔、巍巍的祁连山下，每年7月中旬至10月中旬都活跃着一支来自天中的收割队伍，清一色的迪尔佳联收割机，规模达到几百台。驻马店开发区顺发农机专业合作社的石大豆和驿城区惠民农机专业合作社的沈中明就是这支队伍的带头人。每年6月，这支农机大军从参加我市小麦机收作业开始一路北上，6月底到达长城脚下，7月中旬又驱车赶往甘肃省武威市收割大麦、小麦，8月南下祁连山至民乐县收割小麦，之后翻越祁连山进入青海收割油菜，一直到10月中旬返回家乡，作业时间长达3个月，单车净收入5万多元。

购买拖拉机和配套机具，开展跨区机耕、机播和花生机收作业，成为创收新的经济增长点。确山县河丰、兴农等农机专业合作社以拖拉机为主，每年秋季到许昌市、周口市、漯河市等开展跨区机耕、机播作业，每车年纯收入2万～3万元。花生机收是正阳县的一大特色，以兰青乡周高升为代表的跨区花生机收专业户，每年8月1日到湖北省孝感市、应城市、荆门市、黄石市等进行花生机收作业，作业时间1个月，净收益15 000多元。返回家乡后，作业半个月时间，再到黄河滩进行花生机收作业。目前，我市农机专业合作社发展数量位居全省第一位，农机总动力位居全省第一位，农机服务总收入位居全省第一位，农机跨区作业面积位居全省第一位。

党的十九大提出了“实施乡村振兴战略”，并作为七大战略之一写入党章。要推动乡村产业振兴，就要发展现代农业，这对农业机械化发展提出了新要求。现在我市农机系统正结合农业供给侧结构性改革，给合“放管服”政策，结合智慧农业建设、“互联网＋农机”，提出农机服务市场化、专业化、产业化的工作思路，以提高粮食综合生产能力为重点，全面推进粮食生产机械化，快速发展经济作物、设施农业、高效农业、特色农业和生态农业机械化。

忆往昔，峥嵘岁月稠。40年春风化雨，40年风雨兼程，天中农机人用勇往直前的奋斗姿态托起了农机现代化的小康梦想。站在新的改革开放起点上，天中农机如一艘开足马力的航船，乘风破浪，实现着天中大农业一个又一个梦想！

跨越历史的嬗变

——常州市水稻生产机械化纪实

□ 李　亦

李亦，1999 年从事农机管理、推广工作，2008—2018 年任农机处处长。作为农机人，有幸亲身经历了常州农机化发展的黄金时期，个人成长与农机化发展紧密结合在了一起。

常州水稻生产机械化机耕、排灌、植保、脱粒起步早、发展快，到 1998 年年底，水稻生产机耕、排灌、植保等环节基本实现了机械化。但是水稻机收和机插由于缺乏成熟机具，一直未找到一条成功之路。20 世纪 90 年代中后期随着日本洋马公司、久保田公司进入中国，推出了“人民号”“洋马”“久保田”自走式联合收割机，常州市采取“政府投入为引导、集体投入为补充、个人投入为主体”的补贴方式加大示范推广，使水稻机收走上了稳步发展轨道。在推广过程中，广大农民自发利用这些收割机进行跨区作业，走出了一条致富路，到 2004 年，常州市水稻机收率达 80.4%，实现了收获机械化。在解决水稻机收的同时，常州农机局把水稻机械化种植摆上重要议事日程，投入大量人力、物力、财力，并以科学的方法全力推进。

一、跨世纪课题

常州水稻机械化种植在 20 世纪八九十年代经历了“几起几落”，主要原因是与当时经济条件、机具适应性、插秧机相配套的其他技术还未成熟有很大关系。但该市一直在苦苦探索水稻机械化种植。90 年代中后期，常州市积极探索实施了以机抛秧、机直播等水稻轻型栽培技术，积累了一定的经验；同时又再次引进高速插秧机进行了水稻机插试验。通过试验对比，该市认识到，水稻机插具有节本、增效、增产增收的优势，是今后的发展方向。但要实现水稻机插，机具的适应性和育秧工艺是必须要迈过的两道“坎”，而当时这两道“坎”还未真正突破。

这就是现实留给该市的跨世纪课题。

二、技术突破

常州结合自身实际，率先行动，寻求突破

之径。

按照“先富先化”的原则，1999 年在省农机局的支持下，常州市率先引进了一台日本 RR6 型乘座式水稻插秧机在原武进魏村新华村进行水稻机插试验。2001 年，江苏东洋机械有限公司成立，并推出低价位、性能稳定的 PF455S 步进式插秧机，当年常州市便引进了 6 台，在武进湖塘镇、牛塘镇，金坛朱林镇、溧阳南渡镇进行试验示范，产生了较好的导向推广作用。步进式插秧机的优势日益显现。经过反复对比、衡量，常州市确立了以步进式插秧机为基础不断优化的发展路子。

在机插秧配套技术上，常州市充分利用自身优势，农机农艺紧密结合，通过多年实践，在育秧上改水做秧田为旱做通气式秧田、改薄膜覆盖为无纺布覆盖秧苗、改后施肥料为播前营养土拌壮秧剂，同时在机插水稻群体质量栽培、机插水稻优质高产精确定量施肥、机插秧与稻鸭共作技术集成推广、机插水稻条纹叶枯病统防统治等方面在全省率先形成了具有常州特色的机插秧配套技术。该技术为实现常州市水稻单产 2004—2008 年“全省五连冠”立下了汗马功劳，同时在 2007 年获得了国家专利。

原农业部、省农机局、常州市各级领导视察后，对常州市水稻机插技术创新给予了充分肯定。

三、试验示范

2002—2004 年，常州市采取循序渐进、稳扎稳打方式，针对不同区域，分步示范推进水稻机插。对经济相对发达的常武地区加快推进；对金坛、溧阳地区实行增点试验，为面上推广

试验示范

积累经验。三年中，全市水稻机插面积由 1.17 万亩增加到 13.9 万亩。武进横山桥镇前巷村、五一村、牛塘镇塘口村实现 100% 机插秧，机插秧技术在全市 21 个乡镇中得到推广。在试验示范推进中，常州市每年多次举办各种类型的现场观摩会、学习考察、“双学双比”等活动，提高各级干群对机插秧的认识；邀请扬州大学水稻专家来常州讲座，让广大机手全面掌握水稻机插秧技术；按照“工作到户、检查到田，服务到机”的方针，农机农艺人员深入田间地头，分片指导育秧和机插工作；开通 24 小时维修服务热线；建立插秧机中心配件库，确保配件供应不脱节。通过试验示范、优质服务，水稻机插已为全市广大干群所接受。2004 年全国水稻油菜生产机械化会议在常州市召开。

四、行政推动

2004 年，国家施行农机具购置补贴政策，江苏省将水稻插秧机列入补贴范围，宏观环境为推进水稻机插创造了条件。常州市抢抓机遇，争取支持，加大投入，完善机制，创新举措，全力发展水稻生产机械化。2005 年市政府制定

下发了《关于进一步加快水稻种植机械化进程的意见》，提出用3年时间全面实现水稻生产机械化。2007年、2008年将水稻种植机械化列入市委1号文件中。市财政对步进式插秧机每台补贴0.15万~0.2万元，对乘座式插秧机每台补贴0.6万元，并安排培训补助经费；各辖市区和大部分乡镇给予不同额度的配套补贴。整合“优粮工程”“水稻创高产竞赛活动”“两化基地建设”等资源，向发展水稻机插倾斜。市农机局每年都制订水稻机插秧技术推广专项考核办法，年底对考核达标的机插秧专业服务组织和乡镇分别给予奖励。实施村、乡镇、县（市、区）整体推进战略，村、镇整体推进数分别由2004的1个和38个，增加到2008年的32个和915个，分别占全市乡镇、村总数的86.5%和92%。武进区、金坛市分别于2006年、2007年实现水稻生产机械化。

五、模式创新

水稻机插要实现可持续发展，必须走市场化之路。为此，常州市农机部门在水稻机插推广过程中，有意识地引导插秧机户由分散经营走向集中联合经营，建立农机服务组织，实行社会化服务。通过5年的培育，至2008年全市拥有农机专业服务公司22家、农机专业服务组织50余家，他们统一供种、育秧、机插、植保，为农民实行一条龙服务。溧阳市海清农机专业合作社共有社员59人，拥有各种农业机械93台（套），2008年为7 800个农户提供插秧服务，机插面积12 000亩，理事长江海清被农业部授予“全国种粮大户”称号；溧阳市海斌农机专业合作社共有社员27人，拥有各种农业机械达139台（套），2008年机插面积8 000亩；农业部示范中心——武进伟成育插中心占地8亩，建筑面积2 200平方米，有插秧机23台，中拖3台，植保机8台，为周边20个村提供机插秧服务，2008年机插面积10 000余亩，得到了原农业部领导的肯定。

农机服务组织的不断发展壮大、服务模式的不断创新，加快了水稻机插推进速度。2005—2008年，常州市每年都以超千台插秧机的数量跃升，水稻机插面积翻番增长。2008年全市共有插秧机5 376台，实现水稻机插104万亩，机直播17.1万亩，机械化种植水平达88.7%，基本实现了水稻种植机械化。其中农机服务组织、农机大户机插面积占机插总面积的60%以上，已经成为水稻种植机械化的主力军。

10年的探索、实践，使常州市水稻生产方式实现了历史性的变革，一大批农村劳动力从繁琐的劳作中解放出来。1999—2008年，全市转移农村劳动力近30万人，农业生产效率大幅提高，促进了全市高效农业的发展和农民增收。

作为全国水稻生产机械化的先行区，目前，常州市继续实行政策引导，以全市423家农机合作社为实施主体，更加注重优化装备、提高效率，从水稻生产机械化向粮食生产全程机械化迈进，力争于2020年实现粮食生产全程机械化。同时，积极实施高效设施农业“机器换人”工程，农机农艺融合，加大试验示范推广力度，力争于21世纪中叶实现农业全面机械化，为常州现代农业又好又快发展提供不竭动力。

现代化的农业机械为农业插上腾飞的翅膀

□ 高　峰

高峰，男，42岁，本科，河北省衡水市农机安全监理所干部。1998年参加工作，从事农机安全监理工作21年。

1978年，我出生了。也是那一年，我国的改革开放开始了，历史的巨变就此拉开帷幕。

中国农村在安徽凤阳小岗村大包干的影响下，逐步推行了包产到户的生产责任制，在此轮政策红利的影响下，广大农民发自内心深处的生产热情被彻底释放出来，迸发出无比巨大的创造能力，农业生产经历了跨越式的高速发展，这一切都与农业机械化的发展和普及息息相关。

记得小时候，每年的麦收时节，爸爸都要带着我回老家帮爷爷收麦子。那时天刚蒙蒙亮就带着磨好的镰刀，大壶的凉白开，套上骡子就来到麦田。家里的大人们一字排开弯腰飞舞着镰刀，一会儿汗水就浸湿衣背，不时地直起腰来缓解一下酸痛和疲惫。割倒后还要打起捆来，装上骡子车拉到场院里。

场院是几天前通过除草、平整、洒水，最后用碌碡轧平的一片空地，平日里不用，就是用来晒麦轧场的。待麦子完全晒干后，再用骡子拉上碌碡，一圈圈碾轧，直至麦粒完全脱离，然后将麦秸用叉子挑起来垒成麦秸垛。

这是我们小孩子最快乐的时候。在麦秸垛上跳跃、翻滚，就像现在的孩子跳蹦蹦床。而大人们将场院上的麦粒和麦壳聚拢在一起，迎着风向用木锨扬上天空，任风将麦壳和杂物吹走。还有一个人带着草帽用大笤帚不断扫去麦粒中没有被风吹走的壳叶，留下的是干净的麦粒和自食其力的那份踏实。经过轧场、起场、扬场的工序后，还不算完，还要装入麻袋，时逢晴天倒出来反复暴晒，直至完全干透入仓，收麦季才算结束，前后历时十天半月。

千百年来，面朝黄土背朝天的祖祖辈辈们，年复一年地重复着这近乎原始的耕作方式，用辛劳和坚韧创造了灿烂悠久的农耕文明。

但这延续千年的人畜耕作方式，在改革开放后被悄然改变了。

先是小型拖拉机在农村兴起。购置拖拉机成为先富裕起来的农户首选，也成为财富和实力的象征。在当时很多农村题材的宣传画中都有吐着烟圈的拖拉机。在不经意间拉运麦子、转圈轧场的牲畜被换成了铁牛。

紧接着割麦子的镰刀被换成了拖拉机头前的像一排大剪刀似的割晒机，走过之处，麦子被一片片整齐地放倒。在场院中也添了一个吞吐麦子的叫脱粒机的大家伙。人们把麦子从输送台上推进去，在机器的那头乐呵呵地拿着麻袋接着麦粒。开足马力一亩地的麦子不到一小时就脱粒完毕了。这样的速度已经让当时的人们欣喜不已，家家户户排队等待着能早点用上这为数不多的脱粒机。

当人们还幸福地沉浸在这两种机器带来的省力、省时喜悦中的时候，更大的惊喜让人们有些措手不及。飞速发展的科技把这两种机器融合在一起，还加上了自走的平台，从收割到脱粒在麦田里一气呵成。小麦联合收割机闪亮登场了，成为时代的宠儿，注定在中国农业现代化征程中留下浓墨重彩的一笔。

当时，衡水的小麦联合收割机非常少，每年麦收季农机部门都要从河南等地调入大量的联合收割机来支援衡水的小麦收获。这一现象不光衡水有，小麦主产区的省份也都面临着“机少田多”这样的难题。

于是跨区作业这种独特的小麦收获方式应运而生。跨区作业这种方式整合了机收资源，弥补了区域机具不足，巧妙地利用地域气候差异。南起安徽、河南，经河北，北上东北、内蒙古，历时两个月左右麦收机具大迁移，成为中国独有、世界首创的麦收方式，同时也催生了“机收麦客”这一职业。他们在广阔的麦田中驰骋，谱写着丰收交响曲。

有了联合收割机和麦客，使得脸朝黄土背朝天，挥镰割麦彻底成为历史。人们再也不用在麦田和场院之间奔波了，在田间地头就收粒入袋了。更有甚者，收获的麦子在田间直接让面粉厂拉走，将以前十天半月的麦收季缩短为半天，甚至几小时内结束战斗。进城的人不用返乡了，打工的人不用请假了，最让孩子们意想不到的是小麦联合收割机居然导致实行多年的“麦假”被取消了。

回想当年，联合收割机初兴乍起，人们为了找到一台联合收割机为自家收割麦子，全然不顾安全地到公路上去拦截收割机。甚至不惜与乡邻起口角，这都是因为数量稀少，供不应求。经过十几年的发展，小麦联合收割机迅猛发展，科技含量越来越高、割幅越来越宽、功能越来越强、且保有量一路猛增。到2018年，衡水市的保有量已经达到1.1万台，平均近400亩就拥有1台联合收割机，小麦的机收率在2011年就达到了100%。

今天，我们从小麦收割方式演变这个微小的侧面，去感受时代变迁的脉动，衡水农业发展的律动，衡水农业装备大发展的跃动。

40年来，衡水农业稳步发展的进程一直没有停歇。特别是近年来，粮食产量一直都在370万吨以上，人均粮食产量多年来一直位居全省前列，高于全省平均水平。2003—2013年，夏粮生产还实现“十连增”。

这里除政策、科技因素之外，还有一个重要的因素就是农业机械化所起的重要的助推作用。

农业机械作为现代农业生产中重要的物质装备，在国家购机补贴惠农政策的带动下得到高速发展。到2017年，全市农机装备总动力已经达到793万千瓦，拖拉机21万余台，小麦联合收割机1.1万台，玉米收割机10 468台。

农业机械的大量应用，促进了传统农业向现代农业的转变，让农民能够更加从容地掌控农业生产的进程，从繁重的体力劳动中解放出来。

当前，全市农业机械化综合水平已经达到87%。小麦、玉米从播种到收获的各个生产环节基本实现了全程机械化；棉花、油料除收获外，其他生产环节也实现了机械化。在2018年“三夏”，全市就有22万余台（套）各类农机具参加麦收会战。在广阔的田野上遍布奔驰的各型农业机械，“金戈铁马，气吞万里如虎”的气势迎面扑来。耕牛骡马已无踪影，听到的都是机器的轰鸣，看到的是农机的奔忙、谷物的流淌和笑容的荡漾。

忆往昔、峥嵘岁月，展未来、任重道远。过去的40年，我市农业发展成就是辉煌的，取得的经验也弥足珍贵。经过40年改革开放的养分的厚植与滋养，衡水农业有了更加深厚的发展底蕴和更加辉煌的发展前景。我们站在新起点，迈向新征程。新时代实施好乡村振兴战略，实现广大农民对美好生活更多更美的期盼，是我们衡水农机人为之奋斗的光荣使命。

从小四轮到无人机

——蚌埠市农机总动力三次飞跃背后的40年农村经济改革

任珺，安徽省蚌埠市农机推广站工程师，从事农机推广工作近10年，参加原农业部农机技术试验示范与服务支持（安徽）项目，参与多个农机化方面的省地方标准制定，参与蚌埠市《政府工作报告》《乡村振兴战略产业规划》《乡村振兴试点示范区建设工作方案》等编写工作。

□ 任　珺

"用手机种地！"在10年前，所有人都会觉得这是痴人说梦，然而时至今日，梦语却早已成真。

2018年8月的蚌埠市怀远县徐圩乡殷尚村水稻田边，年近古稀的邵老汉，正在学着操作手机。天空中，一架白色的无人机正在按照设定的轨迹，穿梭喷药。现在水田植保，点点手机，就可以轻松完成。一部手机、一台无人机，1小时就可以完成50亩病虫害统防统治，这是40年前邵老汉做梦都不敢想的事。

2017年年底，蚌埠市农机总动力发展到559.8万千瓦，40年间增长了4倍多。今年，无人植保飞机也启动农机购置补贴试点，作为操作农机具平台，手机也成为新时代的新农具。作为农村生产力的典型代表，农机具更迭，折射出改革开放40年来农村改革的成就。沐浴着农村改革春风，40年间，该市农机总动力出现了3次大飞跃，正是这些成就改变了农民生活，振兴了农业发展，助力了民族复兴大业。

一、第一次飞跃：责任田、调结构，农机化在这里起航

40年前，国家开始施行农村土地家庭联产承包责任制，如今这一制度已写入宪法，成为我们必须坚持的一项基本的农村土地制度。这一制度实现了农村土地集体所有权和农户承包经营权"两权"分离，即："土地集体所有，家庭承包经营"，解决了那个时期生产"大呼隆"、分配"大锅饭"的问题，激发农户生产积极性，大大释放了生产力。1982年，蚌埠市农机总动力达112.2万千瓦，拥有大中型拖拉机711台，小型拖拉机8.3万台。

该市双桥镇20世纪80年代之前，以生产队为单位，进行农业生产经营，全镇人均纯收入不足100元，粮食产量低而不稳，粗放经营与"靠天收"是当时的写照。80年代初，实行家庭联产承包责任制，极大地调动了该镇农民的积极性。小四轮等生产队的农机具被分配

到户使用，大大改善了农业生产条件。农村经济也得到稳定发展，公麦单产由1978年的不足100千克上升到90年代的250千克左右。农业生产结构也得到了初步调整，粮食与经济作物比例也由80年代的9∶1调整到90年代的7∶3，人均纯收入增加了6倍多。

二、第二次飞跃：合作化、规模化，农具动力大转型

2006年，该市农机总动力达405.8万千瓦，拥有大中型拖拉机4 766台，小型拖拉机32.4万台。随着农业生产工具的发展，农机取代牛耕，成为农业生产的主力军之后，出现了一些新问题。

当时该市怀远县的常坟镇人均耕地1.2亩，以麦稻轮作为主，在实行家庭承包责任制20多年后的2006年，几乎每家都购买有农用手扶拖拉机，价格一般在6 000元左右，其主要用途是耕地，但利用率相当低，一年闲置10个月左右，除了农机具投入外还有购买化肥、农药、种子等，按照每亩小麦300千克、水稻450千克产量计算，在扣除各种投入后，每亩土地每年仅剩余450～500元，平均到每个劳动力每天的劳动报酬不足2元。

耕地面积小，农机作业成本高，效率发挥不明显，影响了农业生产收益，急需调整这种生产模式。2006年，国家出台了《农民专业合作社法》。在家庭承包经营基础上，进一步调整农民与农民之间的关系，提供农业生产的社会化服务，极大地激发了当时农村的生产关系活力。

针对怀远县当时家家都有农机的现状，某品牌农机代理商的尚跃看到了农机社会化服务的巨大市场，于2009年召集6户农机户、10余台联合收割机，成立了怀远盛世兴农农机专业合作社，开始了跨区作业，一年赚了不少钱，一些非农机户看到利润后，也纷纷加入。后来，他们又开始琢磨租地，打破传统的一家一户的种植模式，发展规模农业。

黄园村过去是该市徐圩乡有名的贫困村。全村1/3以上的村民都是60岁以上的老人。以当地农民尚元力为例，60多岁的他有30亩地，家里只有他和老伴两人，往年喷一次药最少需要2天，每天至少喷药七八个小时。他们防治过程也缺少技术，以往都要问经销商怎么打药，有时候还掌握不了方法。

盛世兴农农机合作社与该村签订了2 000亩的集中连片全程社会化服务的协议。合作社调配2台自走式喷雾机，2 000亩地六七个小时就全喷一遍了。当地农民只需要监督他们作业就可以了，大大降低了劳动力。同时合作社还提供统一的技术指导，村民帮着配药，每天还可以收入70元。小麦平均亩产上去了，小麦品质上去了，也可以卖上高价了，平均每亩增收两三百元。

农机社会化服务推动了小农经济向规模农业的转型。在这一过程中，农机经营主体看到规模农业生产成本大大降低的潜力，主动流转土地，在保证农户承包权的基础上，进一步释放了土地经营权，更加适应当时农机化生产的标准化、规模化需求。

三、第三次飞跃：红手印、并大田，农机发展新跨越

2004—2014年，国家实施了农机购置补

贴政策，农机呈现井喷式发展，被业内称为农机发展的"黄金十年"。蚌埠市的农机总动力也从374.1万千瓦增长到533.3万千瓦，增长42.5%。然而，经过农机"黄金十年"的发展，农机具呈现出空前的发展规模，农村土地流转面积呈现出几年的快速增长之后，遇到了土地零碎化的新问题，影响了生产力的进一步释放。从2014年开始的"一户一块田"改革呈现出强大的生命力，极大地满足了当前生产力发展的需要。

2014年3月，怀远县徐圩乡殷尚村东邵、大一两个村小组的村民组进行土地确权。在土地测量中，邵老汉一句"干脆小田并大田吧"，得到了大家的响应。79户村民自发组织，将1 281亩的1 000余块农田归拢，预留好沟渠路等公共用地，按照各户农田亩数重新划分，平均每块田在10～30亩，通过抓阄和摁下红手印的方式，将过去一家一亩的小田合并成大田，实现"一户一块田"，由于田块大了，农机作业省油、效率高。跨区作业的农机手向邵老汉收取的作业费比周边每亩便宜了10元钱。收割、耕种、灌溉等环节加在一起，一年节约1 000～2 000元。

从"分田到户"到"社会化服务"，再到"一户一块田"，都是改革开放40年来，蚌埠市农村改革的缩影，也是农机蝶变的必要条件。目前，该市正在实施的清产核资、农村股份制改革等还在进一步释放农村活力，激发农业生产力迈上更高的台阶。

站在殷尚村水稻田里，邵老汉还在学习操作无人机。他畅想今后把"红本本"变成"分红利"，带着确权土地入股合作社，成为股东，坐在家里对着电视，看着播种、田管、收获和运输全过程。我相信有改革开放作保障，农民们的梦想将会早日实现。

宝鸡监理：风霜雪雨四十载 矢志不渝保安全

□ 石卫杰 王拴怀

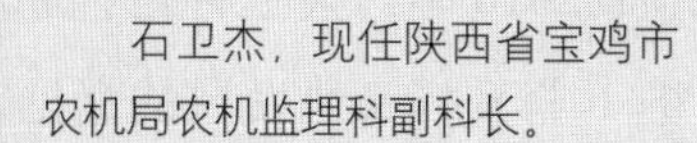

石卫杰，现任陕西省宝鸡市农机局农机监理科副科长。

王拴怀，宝鸡市农机局高级工程师（已退休），现任陕西农机安全协会副理事长兼秘书长，曾获建国60年农机监理功勋人物奖。

改革开放如春雷春雨，唤醒、洗礼了中华大地。沐浴改革开放的春风，农机安全监理应运而生。40年的发展历程，有风霜雪雨，也有阳光明媚；有痛苦惆怅，也有甜蜜喜乐；40年岁月如歌，有欢笑，有悲伤，也有梦想。波澜壮阔的40年间，农机监理人始终坚守着为人民生命财产安全不懈努力，为农机经营者优质服务的最高宗旨，不断创造着农机安全监理的辉煌业绩。40年来，在党和政府高度重视及社会各界的关怀支持下，农机安全监理长足发展，走出了一条从无到有，从小到大，从弱到强，从人治到法治的成长道路。看今日，农机安全监理法律法规日臻完善，执法水平不断提高，服务功能日渐强大，农机安全环境明显改善，人民生命财产安全和机手合法权益得到保障。

40年前，农机部就连续发文，以机务管理规章的形式要求加强农机安全生产管理；后来又下发了农机安全监理规章，要求建立农机安全管理体系，但由于机构改革，未得到全面落实。1984年，国务院发布了《国务院关于农民个人或联户购置机动车船和拖拉机经营运输业的若干规定》，同年4月，农牧渔业部发布了《农用拖拉机及驾驶员安全监督管理规章》，开启了农机监理的新纪元；1986年，国务院发布《关于改革道路交通管理体制的通知》，要求公安部门将拖拉机“委托”农机部门管理；1997年《陕西省农业机械管理条例》以法规授权的形式将拖拉机、农用三轮车划归农机监理；2004年《道路交通安全法》授权农机部门拖拉机管理权，农用三轮车交由公安交通部门管理，同年，国务院第412号令赋予农机部门联合收割机管理权；2005年，修订的《陕西省农业机械管理条例》再次明确了陕西省农机监理的执法主体资格；2006年，国务院办公厅印发《安全生产“十一五”规划》，将农机安全纳入国家安全生产13个重点行业和领域之一；2007年、2008年中央1号文件连续提出加强农机安全监理工作；2009年，中央1号文件要求提高农机安全监理能力，同年国务院出台《农业机械安全监督管理条例》，强化了农机安全管理的执法地位；2010年《国务院关于促进农业机械化和农机工业又好又快发展的意见》，要求定期对农机监理人员进行培训，加强基层农机安全监理队伍建设，提高装备水平和监管能力。40年来，农机监理在农机化发展和改革中孕育、诞生、成长、壮大，克服了职能变迁的迷茫、人员不足的困惑、法规缺失的尴尬、经费匮乏的困境，经历了20世纪80年代起步、委托的艰难，90年代法规授权后的快速发展，21世纪前10年的三轮车移交的阵痛，步入当前依法管理的辉煌，成长为农机安全生产的重要保障。40年风霜雪雨，成长中历尽坎坷；40年恪尽职守，保安全矢志不渝；40年心酸血泪，农机人荣辱不惊；40年辛勤付出，到今日成效显著。在这不寻常的40年里，有多少悲壮、多少感动、多少委屈、多少梦想、多少光荣、多少辉煌，铭记在农机监理人的心里，写进了农机化发展的历史篇章里。

宝鸡市农机监理40年的发展成就有如下10个方面。一是机构健全。现有县级以上农机监理机构13个，其中单设的3个，二合一的2个，三合一的8个，全部财政全额拨款，市所实行参公管理。二是人员精干。现有监理人员223名。其中大专以上学历103名，占46.1%；有技术职称的106人，占47.5%；有乡镇农机管理人员113名，村组及农机作业组织农机安全员850名，基本形成了市县镇村4级农机安全管理网络。三是法规体系较为完善。陕西省农机管理条例、安全监督管理办法、事故处理办法、公路检查站管理办法、安全操作规程、农机行政处罚自由裁量基准等地方性法规、政府规章和一系列规范性文件及“两免一补”政策，与国务院《农机安全监督管理条例》、农业部3个规定、7个规范及一系列规章、办法、标准，加上《宝鸡市农机安全监督管理规定》、处罚基准与《农机事故应急救援预案》等，构成了农机安全监理较为完善的法规政策体系。四是监理手段提升。全市13个农机监理机构都配备有执法车辆，有电脑232台，安全检查、宣传、事故处理音像设备等200多台件，12个县区配备农机安全检测设备及驾驶人考试电子桩考设备。农机安全监理手段由眼看、手摸、脚蹬的经验型向科学化迈进。五是实行了网上办公。2010年开始，全省开展网上办公，市级对各县区业务办理情况进行实时监管，避免和杜绝了违法违规办理业务行为，提高了效率；2014年建成宝鸡市农机化信息网，设立农机监理专页，以信息化推动农机安全管理。六是实施农机免费管理。2011年开始实施农机免费登记、2012年增加免费检验，农机登记率和检验率大幅提升。七是创建警监联合执法。全市各县区均设立农机、公安联合执法机构，实施长效农机安全巡查监管，农机违法违规行为、事故隐患逐步降低。八是开展“双创”活动。有7个县区创建为部级“平安农机”示范县区；陈仓区创建为部级“为民服务、创先争优”示范窗口单位；宝鸡市获部级“平安农机”示范市称号。九是开展农机互助保险，并实施保费补贴。在发展互助会员，提高农机互保数量的同时，组织有实力的专业合作社成立农机互保服务小分队，及时开展事故现场救援，查勘定损、快速赔付以及事故处理等配套服务，农机监理事故处理人员24小时待命，这些获得了群众一致好评。2018 年全市办理农机互助险 4 800 余份，补偿给出险农机户近百万元，有效增强了农机经营者的抗风险能力。十是农机安全形势平稳。农机事故四项指标均控制在省、市指标范围以内，连续 10 多年，未发生一起死亡 3 人以上的农机事故。与 40 年前全市每年因农机致死数十人、受伤数百人相比大幅下降，农机安全生产形势平稳好转。

这是 40 年的历程回顾，这是 40 年的成就展现，这里有一个行业的平凡与尊严，这里有农机监理人默默的探索、创新与追求。40 年光辉历程，我们风雨同舟；40 年光辉历程，我们并肩前行；40 年光辉历程，铸就依法管理的基石；40 年光辉历程，凝聚成一个信念，在全面建设小康社会，实现农业机械化、现代化的道路上，坚持党领导，坚持依法治国，坚持安全生产，实现中华民族伟大复兴！

40 年来，农机监理伴随着改革的大潮和农机化的发展不断发育成长。宝鸡市在做好农机监理体系、队伍建设，农机登记、检验、培训、考证，农机安全宣传教育、安全检查和隐患排查，农机事故救援、报告、处理以及“双创”等常规性工作的基础上，重点做了以下工作：一是适应农机装备总量持续增长的新形势，强化农机安全监管。截至 2018 年年底，我市农机总数达到 26 万多台（件），总动力近 300 万千瓦。其中拖拉机近 4 万多台，联合收割机近万台；多功能微耕机 2 万多台，机动脱粒机、机动喷雾机、农副产品加工机械、畜牧机械、果菜机械及配套农具 18 万台；面对种类繁多，经营分散，量大面广的农业机械，农机监理人员废寝忘食，登记检验，培训考证，排查隐患，严把“三关”，强化监管。二是不断满足农机作业领域扩大，水平提高对农机监理提出的新要求，实时监管。2018 年，全市累计投入农机具 23.3 万台次；机播小麦 261.21 万亩、机播玉米 146.72 万亩，粮食机械收获面积 344.73 万亩，机械植保面积 178 万亩；机械排灌面积 11.32 万亩。主要农作物耕种收机械化水平达到 77.1%。在油菜机收，苹果、西瓜、烤烟、猕猴桃、花椒、蔬菜生产的栽种，施肥，松土，修剪，灌水，植保，储存等环节，引进 1 500 多台高效、节能、符合绿色农业发展的新型农机，促进了优势产业、特色产业的快速发展。市县两级农机监理人员顶烈日，冒风雨，工作重心下沉，防线前移，上山坡、进田园对农机作业进行实时监管。三是为购补农机上户挂牌，免费实地检验。全市累计投放补贴拖拉机、联合收割机、耕整地机械、种植施肥机械等农机 1 万多台（件），使用补贴资金 6 亿多元，使 10 万农户收益，农机监理确保新投放农机台台合法安全。四是对项目实施区即时监管。深入秸秆综合利用、保护性耕作、百库工程、新型农机推广示范等农机化项目实施园区进行安全宣传监管，为农机化项目顺利推进保驾护航。五是抓好新型农机社会化服务组织的安全生产。购机补贴推动了农机大户和新型农机社会化服务组织的发展，多种所有制形式、多元化的新型农机服务组织不断涌现。我们在全市上百家农机专业合作社建立了安全管理制度，明确了安全管理责任人。合作社的安全监管和发展模式得到了省市领导的肯定。六是强化跨区作业农机的服务与监管。宝鸡市以农村土地流转为契机，促进农机专业化作业、规模化生产、集约化经营，支持引导农村剩余劳动力转移，大力推进“三夏”“三秋”等重要农时和重点生产领域的农机跨区作业，通过成立接待站，开通服务热线，发布作业动态、机具需求信息等，引领农机有序流动、高效作业；组织监理人员成立技术咨询、技术服务、农机事故处理、纠纷调解服务小分队，以此来应对突发事件，以优质的服务为机手排忧解难，提高了农机利用效率和经营服务收入。七是创新监管模式，推进联合执法。全市在创导设立农机、公安联合执法机构的基础上，全面建立了警监联合执法机制，排查消除农机事故隐患，减少农机事故及损失。八是积极推动农机报废更新试点工作。2015 年在省部有关农机的报废更新方案的基础上，我们制定了以“法制化管理，市场化运作”为思路的农机报废更新方案，极大地调动了农机手对农机报废更新的积极性，全市农机报废更新工作开展顺畅。

有一种事业，它虽然平凡，但它能把光辉，播撒到每一个偏僻的村落；有一种人，她虽然普通，但她能把党的温暖，传送到每个农机经营者的心中；有一种目光，大爱无私，用至亲的爱怜，把深情洒向最弱势的人群——农机手、农民。这就是我们的农机监理事业，这就是我们可爱可敬的同行们。

回顾过去，我们豪情满怀，放眼未来，我们信心百倍。我们坚信，在国家全面实现小康社会，大力推进农业机械化、现代化的进程中，农机监理将会迎来更加美好的明天。我们要在党和政府的坚强领导下，在新一轮改革大潮中，在依法治国的新形势下，研究新情况、解决新问题、总结新经验，探索新途径，增添新措施，用农机人的聪明智慧和无限爱心为群众提供更加贴心的服务，不断开创农机安全监理新局面。

平度：跨区作业 24 年

□ 姜言芳

姜言芳，山东省平度市农机局工会主席、站长。

自 1995 年开始，平度市农机局已经组织跨区作业 24 个年头，“到过” 72 个县级市，“来过” 40 个县级市，农机手增收 22 亿元。累计为平度农机手增收 22 余亿元，被誉为跨区作业的“好媒人”。

一、“探路” + “护航”，一个也不能少

“每年跨区作业 4～5 月都出去‘探路’，至少定下 3 个地区，储备 2 个地区，基本上两年就要换地方，因为与农机手熟了后，当地经纪人就会主动联系他们。”平度市农机局负责人介绍说，每年外出跨区作业第一站在河南、安徽、江苏，第二站在山东省西部、南部，第三站在平度本地——包括引进外地 1 000 余台农机。农机手购买农机还是大有钱赚的。“看着农民赚到钱的高兴劲，我们所有的辛苦都值了！”

作为一项富民工程，平度市农机局连续 24 年采取探路考察、签订合同、农机部门与公安部门联动“护航”、检修机械、技术培训、成立专职队等一条龙服务流程，环环相扣，农机跨区作业效益年年提高。截至 2018 年，平度市跨区作业所到的县级市已达到 72 个，外地来平度跨区作业的县级市达到 40 个。

“提前对接，全程‘护航’。”据平度市农机局工作人员介绍，2013 年，农机局组织农机手先到河南邓州，五六天后，又南移到南阳进行作业；2014 年“三秋”时期，又组织机手到河北曲周进行了跨区作业。有了农机部门的贴心服务，跨区作业比较顺利，满载而归。明村镇农机站长、农机合作社理事长张瑞吉和工作人员邢宝进年年都带领全镇的农机手随农机局跨区作业队出去搞服务。他们遇到的比较棘手的纠纷，都是在当地农机部门出面协调下妥善解决的。

二、24 年、22 亿元，跨地域的互助效力

“麦从西熟，麦熟一晌”，跨区作业工程让

地区间的农机统筹、互助实现效能最大化，实现多赢。24年来，平度仅此一项就为当地农机手增收22亿多元。

2016年，平度农机局组织4 000台以上小麦、玉米联合收割机及耕播机械跨区作业，同时引进作业机械3 000多台参加该市的机收任务，为农民增收1.1亿元以上。2017年“三夏”期间组织2 000台、“三秋”期间组织1 500台、“冬春”组织1 600台各类机械外出跨区作业，为农民增收1.2亿元以上。2018年虽然农机跨区作业市场下滑，但平度市仍有1 800多台小麦联合收获机，1 000多台玉米收获机外出作业，作业收入达到9 000万元以上。

2004年，平度市明村镇殷家庄子村村民李中集花7万元买了村里第一台联合收割机，在农机部门的带领下，到河南宁陵县、聊城阳谷县跨区作业。因是新手且当地要求留小麦茬短，他收割起来费劲，但这一趟他还是挣了2万元。回家收割，又收入3万元。此后每年随团“南征北战”。“出门在外，有组织图个省心。”李中集说，除了2006年因机器出了故障赚得少外，其余年份都很不错。这些年村里买了六七台联合收割机，要是光在家里干活，肯定挣不着钱。依靠跨区作业这项“额外”收入，他盖了新房，供女儿上了大学，儿子在城区读高二。李中集家有5台大机械，去年又流转了30亩地，达到50亩，日子过得还算红火。

在平度，买大型农机有补贴、有赚头，已成为农民的共识，农民购机积极性高。平度市不失时机地建立了农机市场。在国家连续15年购机补贴大背景下，加上跨区作业的带动效应，平度这个全省面积最大的县级市，粮食作物已基本实现全程机械化，农机综合化水平达到88%。

与市场一起发展壮大的，还有农机手的技能。这些年，平度市农机局结合跨区作业，不断加大农机手的培训力度。每年多次组织农机手培训现场会，请有经验的跨区作业农机手、跨区作业明星服务队队长等当培训老师，大大提高了农机手的整体作业水平。

河北省盐山县改革开放40年农机化发展综述

□ 薛兴利

薛兴利，河北省盐山县农机管理总站站长、高级工程师，1989年毕业于河北农业大学机电工程学院农机化专业，一直在盐山县农业局从事农机工作30年。

通过40年改革开放，国家高度重视“三农”、扶持“三农”发展，“三农”在国民经济中的基础地位得以提升和加强，通过中央各项惠农政策的落实，农村经济迅猛发展，农机化事业蒸蒸日上，发生了翻天覆地的变化，谱写了新的篇章，基本实现了农业生产机械化，提高了农业劳动生产率，节约了劳动力，促进了现代农业生产的大发展、快发展。

全县农业机械化的发展经历了从过渡期、发展期到快速发展期三个阶段；经历了从手工人力、畜力农业生产到机械化生产的过程；经历了从部分生产环节机械化到全程机械化生产的过程；农业机械的发展经历了从开始品牌较少的小型拖拉机到品牌较多的大马力拖拉机和大型收获机械的发展过程；经历了从品种单一的动力机械、耕作机械、运输机械到农业生产全过程品种齐全的各式农业机械的发展过程；农业机械的购置经历了从自筹到享受购机补贴的过程；农机监督管理经历了从收费监理到免费监理的过程。

农业机械化的发展经历了从过渡期、发展期到快速发展期三个阶段。

前10年为农业机械化的过渡期，当时受国家体制、政策和农民经济条件所限，农业机械化发展缓慢，农机保有量低，机械化程度极低，主要有少量小型拖拉机进行运输、耕地、轧场作业。后来，开始出现俗称“三马”的三轮农用运输车，进行农用物资等农业生产资料、作物秸秆和农产品的运输作业。

中间20年为农业机械化的发展期，小型拖拉机、三轮农用运输车等小型农业机械保有量大增，遍布千家万户，农业生产的主要环节如耕地、播种、收割、运输等实现了机械化，小麦割晒机从无到有，并且保有量大增，实现了小麦收割机械化，开始使用旋耕机、旋播机、秸秆还田机进行旋耕、旋播、秸秆粉碎还田作业。后来，开始使用小麦联合收割机进行联合收割作业。再后来，又开始使用玉米联合收获机进行玉米联合收获作业。

后10年为农业机械化的快速发展期，随着农机购置补贴政策的落实，农机总动力和保有量大增，大型四驱拖拉机和大型小麦、玉米联合收获机保有量大增，开始使用大型自走式青饲料收获机、粮食烘干机、粮食清选机、机动植保机械、喷灌机械等，开始使用秸秆捡拾压捆机进行秸秆离田作业，农业生产基本实现了从种植、田间管理到收获、产品处理加工的农业生产全程机械化，农业机械无人驾驶即将到来，植保无人机作业即将实现。

农业机械化的发展经历了从手工人力、畜力农业生产到全程机械化生产的过程。改革开放之初，实行联产承包责任制后，由于政策和经济条件所限，农业生产力水平较低，农业生产主要是手工进行人力或畜力作业，耕地靠畜力耕地或人工用大铣翻地；肥料、种子等农用物资、作物秸秆和农产品运输靠畜力车、人力推车或人力肩扛背驮完成；播种靠人力或畜力的手扶耧进行作业，也有靠人工挖坑、点种、覆土、踩实等工序完成播种；收获靠人力手工完成；在没有地上水和机井的村，灌溉靠俗称“老头乐”的真空井手工提水完成，劳动强度大、效率低。随着农村经济的迅速发展和中央惠农政策的落实，农业机械化水平迅速提高，现在基本实现了农业生产的全程机械化，实现了机耕、机播、机收、机械植保，实现了小麦、玉米联合收获，实现了秸秆机械化直接还田、秸秆捡拾压捆机进行秸秆离田等机械化作业，实现了粮食烘干、清选机械化作业。

农业机械化的发展经历了从部分生产环节机械化到全程机械化生产的过程。改革开放后，农业机械化开始是从耕地、运输等部分农业生产环节的部分农户实现机械化到现在绝大多数农户在耕地、整地、铺膜、播种、中耕、植保、施肥、灌溉、收获、运输、秸秆还田离田、产品处理加工等全程农业生产机械化，节省了劳动力，减轻了劳动强度，缩短了作业时间，提高了劳动生产率，实现了农业增产和农民增收，促进了农业生产的发展。

农业机械的发展经历了从开始品牌较少的小型拖拉机到品牌较多的大马力拖拉机和大型收获机械的发展过程。改革开放实行联产承包责任制后，当时只有品牌较少的东方红120型等小型拖拉机，全县只有一二百台小型拖拉机，现在发展到品牌较多如东方红、雷沃、天拖等100多甚至200马力大型拖拉机，雷沃谷神、富路、春雨、巨明等100多马力甚至200马力小麦、玉米大型联合收获机，仅大型联合收获机就多达一千余台，农机总动力和保有量大增。

农业机械的发展经历了从品种单一的动力机械、耕作机械、运输机械到生产全过程的品种齐全的各式农业机械的发展过程。实行联产承包责任制后，当时农业机械品种单一，只有小型拖拉机，配带机具只有小型二铧犁、1.5吨拖斗等，现在有品种齐全的各式农业机械，有大中小型各式拖拉机、大型联合收获机械、植保机械、运输机械、深耕机械、深松机械、旋耕机械、施肥机械、中耕机械、铺膜机械、排灌机械；收获机械有秸秆还田机、秸秆捡拾压捆机、搂草机、联合收获机、青饲料收获机、粮食烘干机、粮食清选机等；播种机械有旋播机、节水播种机、精量播种机、免耕播种机、穴播机、施肥播种机、免耕覆盖播种机等，满足了不同农机作业的需要。

农业机械的购置经历了从自筹资金到享受

购机补贴的过程。改革开放之初，没有购机补贴，2007年以后，我县开始落实30%以内的购机补贴，让农机户得到更多实惠。通过实施购机补贴有力地促进了农业机械化的快速发展，促进了农机工业振兴，促进了农机经销企业发展壮大，广大农机手得到了实惠，促进了现代农业发展。

农机监督管理经历了从收费监理到免费监理的过程。改革开放之初，农机刚刚发展，农机监理刚刚起步，从收取牌证工本费和服务费的收费监理，发展到取消服务费只收牌证工本费的收费监理，直至免费办理牌照、免费换证检验、免收驾驶证费的免费监理。通过免费监理的实施，大大提高了上照率、年检率、持证率（三率），减少了农机违法行为，大大减少了农机事故隐患，确保了农机安全生产。

农机化事业的发展促进了农村经济的发展，给广大农民带来了巨大利益。通过农业机械化，减轻了农民的劳动强度，节省了劳动力，剩余劳动力转移到工厂、城市做工，缩短了农业生产作业时间，提高了劳动生产率，20世纪80年代，全县“三夏”作业时间在15天以上，现在只需3～5天;“三秋”作业时间在30天以上，现在只需10～15天完成。

通过农业机械化，促进了农业增效、农民增收，促进了农村经济的发展，提高了广大农民生产、生活条件，加快了建设全面小康社会的步伐，为早日实现中国梦做出了巨大贡献。

十二载不凡路，铸就“保耕”梦

——来自平度市开展保护性耕作的报告

□ 姜言芳

姜言芳，山东省平度市农机局工会主席、站长。

2006年，一个踌躇满志的青年人怀着一颗赤诚的心来到平度，开始了一段保护性耕作的艰难历程，这个年轻人就是时任青岛市农机局培训站站长何明。

12年，铸就了在一年两作地区发展保护性耕作的梦想；12年，完成了保护性耕作的一次跳跃；12年，平度市保护性耕作累计推广110万亩，平均每亩增收节支108元，累计为农民增收节支1.19亿元。

一、“历尽艰难，终见曙光”，王玉芹成了第一个吃螃蟹的人

“在外县市遭遇‘滑铁卢’之后，我也曾彷徨过，但并没有气馁，始终坚信保护性耕作会有前途。”回忆10多年前的经历时，何明仍然显得有些激动。当时，全国保护性耕作已经在一年一作地区改善生态效益方面取得了明显进展，但一年两作粮食高产区域，却一直被认为是“保护性耕作禁区”，那一年，何明来到平度市，时任平度市农机局主要领导亲自参与，并选择兰底镇作为突破口。

搞技术推广，先从科普开始。市农机局在兰底镇组织开展了几场保护性耕作技术培训班。第一期培训班，一个报名的也没有，于是又举行第2期、第3期培训班，望着寥寥无几的参训人员，大家都为能否打开局面捏了一把汗。

功夫不负有心人，终于有人愿意试试了。第一个吃螃蟹的人出现了，她就是兰底镇桑园村的种粮户王玉芹（2011年被国务院授予全国种粮大户荣誉称号）。王玉芹愿意拿出10亩地按照保护性耕作的模式种植，虽然面积小，在当时也算一个很大的突破，收获时产量还不错，工作有了一点回报，大家心里都很开心。次年平度市抓住时机，在兰底镇河北村选取28亩土地，作为示范点开始播种，令人没有想到的是，由于机械、技术等原因，加上当年平度遭遇低温冻害的极端天气，出苗率极低，这引起了老

百姓的极度质疑。许多原来要搞保护性耕作的农户打起了退堂鼓，取消了免耕作业合同，保护性耕作走到了骑虎难下的境地。

看着老百姓怀疑的眼神，听着“这是在折腾，在造孽”的讥讽话语，青岛和平度两级农机人员都觉得很委屈。在即将动摇的情况下，何明和平度市技术人员找到当地农业专家进行“会诊”，分析原因，找到症结。平度市农机局领导带着技术人员到镇和村做种植户工作，宣讲技术。又是王玉芹站了出来，提供了兰底镇桑园村36亩土地进行试验示范，第二年的长势良好，亩增效70多元，保护性耕作终于见到了一丝曙光。

二、“星星之火，可以燎原”，自从建立了全国第一个持续高产高效保耕示范区

经过2006年、2007年的艰难推广示范，平度市的保护性耕作工作初步成型。然而，示范点这个梧桐树栽好了，没有金凤凰来安营扎寨也是不行的。

2008年，何明与平度市农机局一起多次赴北京到农业部、中国农业大学对接。精诚所至，金石为开。平度市的保护性耕作工作最终得到了中国农业大学高焕文教授、李洪文教授和一大批农业部领导的充分肯定。在农业部的大力支持下，平度建成了农业部保护性耕作示范区、农业部创新试验区、全国第一个持续高产高效保护性耕作试验示范区。经过测产，当年示范区的小麦亩产比传统种植小麦增加了15千克，每亩节本增效35元，农民渐渐看到了保护性耕作的希望。

从此，平度市拉开了推广保护性耕作的序幕，迅速辐射到蓼兰镇。蓼兰镇是平度的粮仓，属于高产田，如何在高产田推广保护性耕作技术，也是农机部门没有遇到过的事情。技术人员边学边干，选择蓼兰镇大吴庄试点，经过不懈努力和大量数据分析，两年后，蓼兰农户也逐渐认识到这项技术的优势，种植热情高涨起来。

此后，又发展了种粮大镇白埠、明村、田庄等镇，农机部门的推广和农民的自发性结合起来，为平度市的保护性耕作夯实了基础。

如果说2006—2011年是保护性耕作的起步阶段，那么2012年开始，就是保护性耕作的腾飞阶段。《农民合作社法》的颁布实施和国家对土地流转的推动，又为保护性耕作发展加注了大剂量的推进剂。此时的平度市雨后春笋般地涌现出一大批流转土地面积较大的粮食种植大户。他们毫不犹豫地选择了既能减少作业成本，又能防寒固土的保护性耕作技术。与此同时，大型喷灌机械的推广，彻底解决了平度种粮大户的后顾之忧，为保护性耕作插上了腾飞的翅膀。

田庄镇西寨村侯松山，从2012年开始实施保护性耕作，到2015年实施了2 000亩，2018年实施面积达到3 000亩。他说：“我觉得保护性耕作技术很好，我省了不少心。”明村镇西店子村王洪春，2013年开始流转土地2 700亩，也全部用保护性耕作模式种植，说及原因，王洪春告诉大家，“我这么多地，用以前的种法，又是耕地，又是起垄，浪费钱不说，光干活就累死了。”青岛吉利农机合作社理事长刘玉冰，每到播种季，不仅自己实施保护性耕作1 000亩，还用自己的免耕播种机免费为其他农户播

种，每年为群众播种面积达到2 000亩，老百姓非常欢迎。

青岛大度农机合作社流转土地12 000亩，其中核心示范方7 600亩全部使用保护性耕作种植模式。对于如此大的种植面积，平度市农机部门根据地块特点，下大力气组织实施，2013年组织人员到山东大华农机公司定做了2台宽2.6米的免耕播种机，播种时全程跟踪技术指导。2014年，市农机部门从山东邹平调来了由意大利马斯奇奥公司生产的国内最新式免耕播种机进行播种。经过多年努力，保护性耕作也在这片土地上生根发芽、开花结果。

2014年5月，全国首家农业部保护性耕作专家工作站在平度市南村镇成立。农业部、中国农业大学的领导和专家专程前来参加揭牌仪式。农业部领导动情地说，“青岛和平度的保护性耕作之所以取得这样的成绩，得益于市、县两级农机部门领导的大力支持，也得益于有一个矢志不渝的技术传播者。”专家工作站的设立，极大地调动了平度市发展保护性耕作的积极性，外地先后数次组织全市种植户前往参观学习，专家工作站的作用正日益发挥。

三、“百舸争流，再进一步”，下一个三年或者五年

改革，最能创新生产力。但改革之路从来就是不平坦的，也是没有止境的。从星星之火到燎原之势，再到全面开花，是一条改革最佳的轨迹。

平度市保护性耕作工作就是这样一路走来。截至2018年，保护性耕作建成8个示范镇，面积已经达到30万亩，核心示范方面积4万亩，累计为农民增收节支1.29亿元。

但是，面对农业结构调整的新形势、经济发展的新常态和周边县市发展的新势头，平度市也感到了沉甸甸的压力和责任。如何在下一个五年或者十年，再创保护性耕作新辉煌，已成为必须攻克的新课题。

2016年，在农业部保护性耕作研究中心、青岛市农机局的大力支持下，平度市农机局根据中共平度市委、市政府《关于推进我市国家现代农业示范区深化改革的实施意见》要求，建立了农机化科技创新试验示范基地，进一步探索各种生产规模的现代农业机械配套系统、现代农业全程机械化农机农艺深度融合生产模式、农机化与信息化融合的现代农业生产科学运营管理模式。通过不同耕作模式、机具，形成若干试验示范小区，在各试验小区的播种量、肥料、农药、灌溉、管理和收获时间相同情况下，做好各阶段的苗情、根系、病虫害、产量等方面的对比试验，实现深松、深耕、播种、秸秆还田等技术的科学配套。

基地建成后，实现作物种植、农艺技术、机械装备、培训推广、现场演示的集成配套，成为示范引领、高产高效、绿色节能的国家现代农业示范区、深化改革农机新装备推广示范基地、新技术应用引领基地和农业全程机械化先行基地，为全市发展机械化土地规模经营提供了可看、可学、可复制的改革经验和示范样板。

通过试验示范基地的引领，未来平度市计划不断提升档次，以绿色农业为重点，多措并举，多管齐下，让这项惠农富民的保护性耕作新技术再上新台阶，再创新辉煌。

改革发展40年 秸秆利用强“三农”

——陕西兴平农业机械化秸秆综合利用的探索与实践

□ 李科党　彭宏党

李科党，中共党员，大专学历，工程师，现任陕西省兴平市农机管理站副站长。《中国农机监理》等发表论文、文章20余篇。

彭宏党，中共党员，大学本科学历，现任陕西省兴平市人民政府办公室信息科科长。《陕西日报》优秀通讯员。

陕西省兴平市是国家优质粮生产基地，常年粮食播种面积60万亩，年产秸秆100万吨，秸秆综合利用率达到95%以上。作为一名基层农机工作者，经历了改革开放40年巨变，看到了农业机械从弱小的初级阶段到现代的突飞猛进，看到了农业由弱到强的巨大变化，看到了农村从落后到优美的华丽转身，看到了农民从渴望吃饱穿暖到耕作有机械、居住有洋楼、出门有车坐、手机随身带的幸福生活。在农业强、农村美、农民富的变化中，无不凝结着农业机械化的突出贡献！

秸秆机械化综合利用是有效利用农业资源的根本出路，也是农业机械大显身手的战场，更是每一位农机工作者的职责所在。40年来，各类农业机械特别是多功能秸秆加工机械的推广和应用，趟出了农作物秸秆粉碎沤肥、秸秆捡拾、秸秆还田、秸秆基料、秸秆青贮、秸秆工艺品和家具加工等成套技术模式，农机工作者的巨大贡献和辛劳付出也得到了全社会的广泛认可。

兴平市东城“三夏”机收

党的十九大提出“实施乡村振兴战略”的重大部署，为加快农业现代化发展、促进乡村振兴吹响了号角，也迎来了农业机械现代化发展的重大机遇期，秸秆综合利用的前景将更加广阔。

一、秸秆利用初期源于改变焚烧陋习的形势倒逼

农业生产经光合作用产生了大量植物秸秆，秸秆中含有大量的氮、磷、钾、钙、镁和有机

质等，是一种具有多种用途的可再生生物质资源。

20世纪70年代，在农业生产力水平低、产量低、秸秆量少的条件下，兴平市农民对农作物秸秆的利用，除少量用于垫圈、喂养牲畜、沤肥外，大部分作为群众做饭、取暖的生活燃料，非常珍贵。

20世纪80年代，农业生产力大幅提升，粮食增产快、产量大，也产生了大量的农作物秸秆。随着农村经济的快速发展和农民生活水平的提高，农民生活用煤电、生产用化肥、养殖用饲料逐渐普及，大量的农作物秸秆不再像以往那样受群众欢迎，而是成为下茬耕种和农村发展中的“垃圾一样”多余，大量的秸秆被弃置田边、地头、土壕、荒地。由于机械化水平有限，那时大部分农民靠的是畜力和小农机耕作，无法对废弃在田里的秸秆进行利用，造成了农民一烧了之现象的发生。

兴平距离西安、咸阳较近，104省道北线、中线和陇海铁路等穿境而过，交通也十分便利。到了夏天，大量秸秆被焚烧，遍地都听到焚烧秸秆的声音，到了傍晚更是进入了一片火海，烟气弥漫，路人眼都难睁，既浪费了资源，又污染了环境，也严重影响到公路、铁路的安全营运，秸秆焚烧已威胁到社会公众安全，成为全社会关心、关注的焦点问题。解决农作物露天焚烧问题势在必行，要解决焚烧秸秆的问题，就要把秸秆埋到土里或收集起来再利用，这就需要与之适应的农业机械去完成，来减少田间存量。党和政府多次组织农业、农机等部门研究，举办各类农机秸秆利用培训会、现场会宣讲收种技术和秸秆还田技术，推动农业生产方式转变，让农作物秸秆有效利用起来，变废为宝，改善土壤，转变陋习，优化生态。

搞好农机秸秆利用工作，宣传是先导，禁烧是基础，疏导才是关键。1990年左右开始，玉米开沟机等在汤坊、丰仪、桑镇大量推广，农民不再为小麦收割后留下的大量秸秆而烦恼，用机械可以进行开沟下种，农民对秸秆利用有了进一步的认识，焚烧秸秆的行为逐渐被制止。

二、新型农机的推广应用展露秸秆综合利用的勃勃生机

兴平主产小麦、玉米等粮食作物。1995年，陕西省小麦、玉米增产综合机械化项目即农业部“丰收计划”项目在兴平实施，重点推广小麦、玉米精少量播种、深翻改土、玉米硬茬播种、玉米秸秆还田等技术，通过抓点示范，先行在南市、店张、南位三乡镇示范建设，受到了群众广泛欢迎，达到了培肥地力、节约农资能源和粮食增产的目的。

1998—2001年，咸阳市把玉米硬茬播种技术列为重点项目在兴平实施，对购置玉米硬茬播种机械给予补贴，采用小麦机收高留茬、直接抛撒还田、直播玉米等技术措施，使用秸秆

兴平市“三夏”播种现场

还田机粉碎高茬直播玉米，利用作物秸秆培肥地力，防止秸秆焚烧，节约农资能源，减少环境污染，为秸秆机械化综合利用探出了路子，三年间兴平共引进玉米硬茬播种机 1 000 余台。

1999—2004 年，秸秆利用技术与农业综合开发项目有效结合。在项目实施中充分引进多种机械，采用新技术，兴平在西吴、丰仪等乡镇开展秸秆粉碎还田、小麦规模机收和高茬免耕播种等机械化作业，节省了劳力和作业时间，提高了生产效率，并有效利用作物秸秆，改善土壤结构，使粮食增产增收。同时，针对该项目所发挥的效应和潜力进行综合分析，为有效引进适应性强的新机具，推动农业生产和秸秆利用提供了“兴平方案”。

一方面，在实施秸秆利用相关项目时，农机工作者每年要举办农作物秸秆综合利用新机具技术培训会，主要推行小麦机械收获——秸秆粉碎（灭茬）还田——免耕覆盖旋播一体化的收获耕作模式。另一方面，在收割困难的田间地头、路边渠旁、边缘地带，推广使用小麦捡拾打捆机做到了小麦机械收获——捡拾打捆（商品草）——硬茬播种机一体化的收获耕作模式。农机部门组建综合技术服务队，为镇村派驻农机、农艺专业技术人员，推行农机农艺措施配套应用，外引内联开展农机跨区作业，为群众现场展示、现场解决生产问题，不但加快了秸秆综合利用技术的应用，而且让农作物秸秆实现“零”焚烧成为可能。

三、全程化多样化机械作业加速秸秆市场化形成

2004 年以来，随着国家惠民政策的不断深入，农民购买新型农业机械的热情空前高涨，小麦、玉米联合收割机、玉米秸秆还田机、免耕播种机等大量投入农业生产。2004 年国家实施农机购置补贴政策，重点推广先进、适用、高效、节能的新型农业机械。10 余年间，兴平的农机购置补贴资金由 2006 年的 65 万元提高到 2018 年的 900 万元，农机单位共推广了玉米联合收割机、大马力拖拉机、青贮机械、深松机、秸秆专用犁、免耕播种机械等 14 600 余台，带动农民投资 14 400 万元，实现了农业机械的更新换代，秸秆利用化的程度不断提高，粮食作物机械化作业水平基本达到了全程化。

陕西省“三秋”秸秆综合利用现场会

2007 年，兴平成立了万盛秸秆产业合作社，将生产经营关联的种植大户、养殖户、运输户等联合起来，共同参与秸秆产业开发，

兴平“三夏”秸秆捡拾作业

合作社设有秸秆收购运输服务队，每年“三夏”“三秋”等关键农时季节，统一组织原料采购，并与养殖企业签订秸秆收购协议，构建起一条从田间地头到终端用户相互依托、各得其利的秸秆产业链。

2009 年，兴平市成立了汤坊乡嘉源秸秆产业、芳桥草业、马嵬镇美强草业、西吴镇绿韵草业 4 家农民专业合作社，常年组织农民从事秸秆产业发展，社员近百人。特别是嘉源秸秆产业专业合作社引进的中法合资企业澄宇能源生物燃料有限公司，在兴平合资开发建设秸秆能源燃料块项目，仅此一项预计可消耗玉米秸秆上万吨，实现农民增收 80 多万元。合作社与一家外资企业签订了年供应 1 万吨打捆麦草的合同。在获悉蒙牛集团新建的宝鸡眉县基地将入栏上万头进口奶牛、正在周边发展玉米秸秆青贮饲料的消息后，兴平农机部门主动上门联系、协调企业来兴平考察，促使企业与辖区群众成功签订 7 000 吨的青贮饲料供应合同。通过引导兴平天天草业公司、万盛环保农业公司等饲草加工企业与青海、宝鸡、西安、杨凌等地客户联系，达成了上万吨青贮饲料供应合同，实现了农户（合作社）与企业的共赢，秸秆综合利用从技术上的突破成功走向市场化、专业化经营。

2011 年，省级保护性耕作技术项目落户兴平，这一项目重在推广小麦、玉米秸秆覆盖免少耕播种技术。2013 年实施的农业部保护性耕作技术项目，积极推广先进的技术模式，小麦收获高留茬——玉米免少播种——田间管理——玉米秸秆粉碎还田——深松（选择性作业二至三年一次）——小麦免少耕播种田间管理，再次推动了农作物秸秆就地利用和农业耕

兴平市“三夏”播种现场

作方式的转变，培肥地力、节约用水、节本增效、农民增收的作用更加明显。三年间，兴平共实施保护性耕作面积 5.3 万亩。

2015—2018 年，当农机深松整地项目全面实施后，兴平坚持农机深松整地与秸秆利用统一部署，组建一体化作业等成熟作业模式，顺利实施农机深松作业 18 万亩，大大提升了农业资源利用率和耕地质量，促进了农村生态环境改善和农业可持续发展。

2017 年，兴平市依托秸秆综合利用项目，大力扶持天兴菌业合作社，发展食用菌生产机械化，开展食用菌基料生产试验、示范、推广工作，完善食用菌机械化生产线，年利用小麦秸秆约 1 500 余吨，生产蘑菇基料营养菌包，供应蘑菇大棚 2 000 多个，东城街道办事处正

兴平市东城蘑菇基地

东村被称为“西北蘑菇第一村”。兴平市秸秆综合利用量大幅提升。

2017—2018 年，兴平全面推广玉米秸秆青贮饲料化，重点扶持美强农机合作社。合作社与宝鸡现代牧业两年间签订 12 万吨秸秆青贮饲料订单，合同约定供料方必须用大型进口机械收获。“三秋”时，农机部门克服重重困难，从甘肃、宝鸡等地调来 7 台大型青贮饲料收获机，收获秸秆饲草切段均匀、柔软度好、籽粒破碎率高，饲草质量高，牲口适口性好，符合大型养殖企业的要求。2018 年，在国家秸秆利用 850 万元专项资金落户兴平后，美强合作社一次购置德国克拉斯青贮机 2 台，流转土地 1 万亩，实现了秸秆的青贮化，两年间秸秆青贮 12 万吨完全得到保障。“三秋”时，陕西省“三秋”秸秆机械化利用工作现场演示会在兴平召开，兴平市秸秆综合利用的好经验、好做法得到全面推广。

通过一系列项目的实施推进和农机部门的不懈努力，兴平市已在西宝高速、西宝高铁、104 省道、344 国道等重点区域建立秸秆综合利用示范区 12 个、省级万亩示范园 1 个、市级示范点 94 个，也锻造了 12 支集农机农艺措施综合应用的秸秆综合利用专业化队伍，年利用示范面积 18 万亩、秸秆机械化综合利用面积达 25 万亩以上，秸秆商品化利用面积 5 万亩以上，形成了“统一机械收获、统一秸秆（灭茬）还田、统一施肥播种、统一扶持措施”的“四统一”模式和“公司 + 基地 + 农户”的市场化经营模式，开创了秸秆肥料化、能源化、饲料化、基料化、工业原料化“五化开花”的新局面。

陕西“三秋”农机农艺融合暨秸秆机械化利用现场会

陕西“三秋”农机农艺融合暨秸秆机械化利用现场会

改革开放 40 年，兴平经济社会发生了翻天覆地的变化，兴平农机事业与时代同行、与发展并肩、与人民同在，在 30 余万亩的耕地上谱写出一幅幅农业强、农村美、农民富的时代画卷。展望未来，在乡村振兴战略的深入推进下，农机工作者必将续写出“农业的根本出路在于机械化”的新时代答卷。

一个年轻干部眼中的农业机械化

□ 黄　凯

黄凯，江西省修水县农机局干部。作者 1988 年 10 月 7 日出生于江西省新余市渝水区的一个乡村，2012 年毕业于湖南师范大学商学院，2013 年 2 月—2014 年 9 月在江西省都昌县乡镇计生办工作，2014 年 9 月—2017 年 1 月在江西省修水县森林公安局工作，2017 年 2 月至今在江西省修水县农机局工作，目前为江西省修水县农机局干部。

时光荏苒，转眼间，从 1978 年党的第十一届三中全会到 2018 年，不知不觉，改革开放已经进行 40 年了。农民们也见证了改革开放中农业机械化的蓬勃发展，享受到了改革开放所带来的成果，距离实现中华民族伟大复兴的中国梦又近了一步。

农业机械化水平的提高是我国改革开放的一个缩影。回首这 40 年，这是中华民族从站起来、富起来到强起来的伟大飞跃的 40 年，是中国特色社会主义从创立、发展到完善的伟大飞跃的 40 年。

40 年的改革开放，在中国农村如火如荼地进行着！

本人出身于江南农民家庭，从小目睹了 20 世纪 90 年代农民“面朝黄土背朝天”“牛拉犁”“日出而作、日落而息”的艰苦生活，当时的农业生产主要还是靠人力、畜力。每家每户都会养头牛以应对田间劳作，然而人力、畜力毕竟生产效率十分低下，农民忙里忙外，最终收入仍然很低，那时候外出务工的人员还很少，农民生活水平处于比较低的水平，农村仍然到处破旧不堪。

传统农耕方式

时间慢慢进入 21 世纪，此时农民开始购买部分农业动力机具，取代了部分人力来收获水稻，生产效率略有提高，但一个乡镇也就一两台收割机，碰到农忙时节，难以应付农民集中收获水稻的需求。可见，当时机械化水平是很低的，大部分还处于半手工半机械化的状态。

随着改革开放的深入，从 2004 年开始，中央为加快农业现代化的发展，连续印发的中央1号文件，加大了惠农补贴力度，每年中央都安排大量资金用于农机购置补贴。

2017年，我有幸成为县农机部门的工作人员，目睹了中央财政给予各地农机购置补贴的大力支持。

于是，田间的耕田机、播种机、收割机等各类农机具多起来了，基本摆脱了过去主要依靠人力、畜力进行农田作业的历史。过去几天甚至一个星期才能完成的农田作业，现在十几分钟或者半小时就完成了，提前按下了农业机械化的“快进键”。

2018年4月2日，我参观了江西余干县农业合作社的水稻机械化种植，近距离地观摩了各种农机具在田间实地作业。9月6日，又参观了江西新余市的农机手操作技能大赛，感慨良多。

很多懂技术、会经营的农民在慢慢探索承包土地、发展农业合作社、经营家庭农场这些规模经营方式。农作物也从水稻扩展到蔬菜、瓜果种植，发展多种经营。许多农业专业的大学生也投入到发展农业合作社、发展大棚种植、销售反季节蔬菜的队伍中来。

这是改革开放前农民们想都不敢想的事情，如今实现了；这是中国农民期待了几十年的梦想，如今变成了现实。

回首过去，放眼未来，那种靠手工劳动、生产效率低的农村早已成了记忆，高科技、机械化、现代化的农业正在逐步展开。农机的广泛运用，必将助推中国农业机械化水平的进一步提高，农业的基础地位进一步巩固。改革开放的美丽前景，我们翘首可待。

改革开放40年中的南郑农机化

□ 张永寿

张永寿，男，陕西省汉中市南郑区农机推广与安全监理中心主任，高级工程师，省油菜产业技术体系农机岗位专家、省农机购置补贴政策研究及产品评审专家、陕西省最美农机人。

改革开放之初，我走上了工作岗位，成为了一名农机化工作者。那时候，人们的思想还比较僵化，本就不多的农机存量资产，在宁要“社会主义的草”，不要“资本主义的苗”的争论中，坐失发展机遇。当时全县40多个公社农机站(队)，几乎全部亏损，不改革就是死路一条！

改革风来满眼春，值此危难时刻，国家及时出台了允许联户和私人购买拖拉机经营运输业的政策。国有和集体所有经营不善的农机折价变卖给农民个体经营。

这一新政，迸发出了农民发展农机化的极大热情。政策落实仅几年，业界人士就惊呼：“我县迎来了农机化井喷式增长。”所有的农机经营者经营收入成倍增长，把农机亏损的“帽子”甩掉了。现在如果再有人提及经营农机亏损，我们会认为是个古董式话题。

这40年来，变化最大的要数国家对农机化的管理政策。

改革开放初，国家要办的事情很多，但国家掌握的财力却非常有限。于是，就采取“国家给一点，承担相应职能的单位筹一点，向管理对象收一点”的“三个一点”政策，先把要办的事情办起来。这一办法确实也收到了立竿见影的管理成效，农机化步入快速发展的“黄金期”，农机拥有量、经营效益呈双位数增长。但随着改革开放的深入，“三个一点”政策也暴露出了诸多问题。如部门管理权寻租、部门既得利益“法制化”“三乱”疯狂生长、公共行政管理权异化成掘取部门利益的工具，社会上出现了有利大干、无利不干、为利部门“打仗”的怪现象。

改革中出现的问题，仍要靠改革来解决。随着国家经济实力的提高，国家痛下决心，从废除农业税着手，对于凡是涉及面向农民的收费，进行了清理和逐步取消。就农机而言，过去面向农机经营者五花八门的收费，如工本费、年检审费、培训费、考试费、办证费等，有50多项。农民戏称“管理就是收费，接受管理就是乖乖缴费”。而管理部门的工作重心，80%以上也是围着收费转。把管理蜕变成伸手向农民收钱，成为扭曲市场机制的“肠梗阻”。

曾经的改革举措，变成了部门利益的守护者、农民利益的伤害者、进一步发展的阻碍者，发展面临着新的挑战。农机人以改革的胸怀，参与新一轮政策创新。国家以壮士断腕的气魄，进行相应的专项治理整顿，把面向农机经营者的所有收费基本上全部取消！不但如此，从2004年起，国家依据《中华人民共和国农业机械化促进法》，启动了农机购置补贴政策。以我区为例，从2007年起实施购机补贴以来，国家已累计投入机补资金3 600万元，累计补贴机具25 680台／套，使全区的综合农机化水平由1978年的不足20%，迅速提高到2017年的70%。短短40年，农机化迅速成为我区农业现代化和农民增收的中流砥柱。

回顾40年，全区农机化搭上改革开放的“高铁”。从技术水平看，现在农民朋友应用收割机收获水稻、小麦、油菜并把秸秆粉碎还田已经成为习惯，规模化的种养殖生产中大量应用现代农机装备解放人力；农机制造快速发展，自动换挡、无级变速、国三升级、无人驾驶、智能农机、物联网等，已成为现实，承载着南郑农民现代化的希望。区委区政府高度重视农机化工作，结合我区粮油生产和茶、猪、烟、药、菜农业五大主导产业发展实际，在《农业机械化促进法》的驱动下，以服务“三农”为中心，以“兴机富民、科学发展”为目标，制定了相关的扶持政策，有力地推进了我区农机装备水平、作业水平、安全水平、科技水平和服务水平的全面提高，使全区农业机械化保持了较快发展的良好势头。

农机装备水平不断提升：农机补贴政策的实施，极大调动了群众的购机热情，2017年年底，全区农机总动力达到23.5万千瓦。农机装备进入结构优化、更新换代期。近年来，大马力拖拉机、联合收割机、高速插秧机等新型成套农机迅速增加。近5年来，新增四轮驱动型拖拉机850台，稻麦油联合收割机160台，插秧机56台，旋耕机350台，微耕机3 200台。农机装备的提升大大加快了全区农机化发展，为农业产业提质增收提供了装备支撑。

农机作业水平明显提高。2017年，全区机耕、机播、机收分别为53.8万亩、5.7万亩、37.6万亩，主要农作物耕种收综合机械化水平达70%。薄弱环节机械化技术示范推广成效显著，特别是水稻机插育秧技术逐步成熟，2018年实施机插秧面积2.1万亩；示范推广油菜机械直播1.2万亩，油菜机械收获（联合收获与分段收获）12万亩；植保无人机、粮食烘干机、激光平地机等新型农机具得到广泛应用。

农机服务组织不断发展壮大。截至2017年年底，全区农机化作业服务组织27个，其中拥有农机原值50万元以上的15个；农机户43 700个，其中农机化作业服务专业户3 980个。经过40年改革、创新、发展，农机社会化服务组织迅速成长，成为农机服务市场主体，成为农村中率先实现小康的示范户。农机合作社从无到有，由弱到强，推动了我区农业产业化进程，农业组织化程度全面提升。

农机化社会效益不断提高。2017年，全区农机经营总收入达1.6亿元，农业机械的推广应用代替了人工作业，大大节省了时间、成本，减轻了劳动强度，增加了农民收入，农机化发展已由产中向产前产后拓展延伸，在农业抗灾夺丰收中发挥了不可替代的作用。

千百年来，南郑这块土地滋养着人们生生不息，南郑人们也在不断地赋予土地全新的生命。今天，改革开放 40 年，农机行业经过全区农机人的不懈奋斗，在南郑这片火热的土地上，正在焕发新的勃勃生机。我们因此而自豪，农业机械给古老的农耕文明，开创了无限广阔的发展空间，为土地插上了腾飞的翅膀。我们农机人就是为这片土地插上翅膀的人，相信通过我们的不懈努力，在农民的脸上必将绽放更加开心的笑容；在天汉大地的田野上，必将结出更加丰硕的果实。

40 年过去了，弹指一挥间。我们在中国共产党的领导下，走过了西方发达国家 100 多年的发展历程！

回想这 40 年，我们在改革中前进、在创新中发展的岁月，我们无怨无悔！

展望未来，我们仍将紧跟时代的脚步，为实现“两个一百年”奋斗目标，乘风破浪，勇往直前。

为农机化安全发展保驾护航

□ 陈哲东

陈哲东，广东省江门市新会区农机安全监理站站长、农艺师，全国农机安全监理示范岗位标兵、“中国农机行业年度大奖评选活动”千名专家（专业人士）评审团成员。

位于广东省中南部、珠江三角洲西南部，素有“葵乡”“水果之乡”“鱼米之乡”“陈皮之乡”和中国著名侨乡之称的江门市新会区，农业机械化的发展在改革开放的大潮中勇于争先，特别在水稻全程机械化推广应用方面，机耕、机收、机插等都是广东省的“领头雁”。

得益于广东省率先实施的全国第一个扶持农业机械化发展人大议案、中央农机购置补贴政策等惠民政策的实施，农民购机、用机热情高涨，农机保有量持续攀升。俗话说：“挣金山挣银山，农机安全是靠山。”所以在推广的同时，如何管理好农机、引导农民正确使用农机、预防农机事故发生是农机管理部门的重要工作事项。

江门市新会区的农机安全监理工作及平安农机建设在改革开放中也取得了较好成绩，多年来没有发生道路外有人员死亡的农机事故，也没有发生一次死亡 3 人及以上的涉及农机的道路交通安全事故，为农机化在改革开放中的高速发展起到了保驾护航的作用。新会区于 2018 年 1 月改革开放 40 周年来临之际，喜获全国“平安农机”示范县称号。

这一称号的获得主要是在以下几方面做好了工作。

一、政府重视，加强领导

首先以政府牵头，成立多部门组成的领导小组，区农林局、各镇（街）政府都相应成立农机安全领导小组，并根据国家、省、市各级创建“平安农机”活动工作部署和农机安全管理工作要求，出台区级实施方案并开展相关实施工作。

二、打好基础，循序渐进

2004 年 4 月，新会区挂牌建成了广东省第一个“农机安全村”，之后几年共建成 4 个“农机安全村”，通过“农机安全村”的宣传带动，村里村外农机手的农机安全意识明显提高。在此基础上，区政府再根据国家、省、市《创建“平安农机”活动工作方案》精神，于2016年4月正式提出创建全国“平安农机”示范县。

三、政府牵头、部门协作

区政府召集区农林局、财政局、安全监管局、公安分局等相关单位召开创建全国“平安农机”示范区座谈会，并强调一定要按照省、市的要求创建好全国“平安农机”示范区，把创建工作落到实处，借此形成长效机制，提高广大农民、机手的安全意识，使“平安农机”真正平安，共同建设平安家园，为新会区农机化行业的良性发展提供有力安全保障。

区农林局、安全监管局共同负责具体创建工作，共同制定方案，开展指导、督促、检查、验收、上报等工作。

农林局、公安分局、安全监管局联合开展农机道路安全管理，共同维护农村道路交通安全。区安全生产委员会也对农机安全工作进行部署，提升了农机安全工作在各级政府及相关部门的重视程度。

农机、公安合力治理农机道路交通安全，建立农机道路交通安全管理联席会议制度，制定《新会区农机交通安全长效机制》；完善信息共享和通报制度，每月信息互送；制订联合行动方案，共同开展专项整治活动等。

四、层级保障，明确责任

区、镇、村三级都有专人负责管理农机安全，制定《农机安全生产工作制度》，层级之间签订责任书，多层面明确各项工作责任，全面落实农机安全生产责任制。

新会区建立完善应急预案体系建设，召开农机事故应急处置演练现场会和农机安全知识培训，使农机管理人员及农机手熟悉掌握应急预案流程，提高应急处理能力。

五、加强执法、打非治违

新会区开展农机、安监、公安联合执法的“拖拉机道路交通安全联合专项整治活动”，对严重违法行为采取零容忍，确保不留死角，有效地打击了拖拉机道路交通违法行为，提高了拖拉机驾驶人的安全意识，有效预防和减少拖拉机道路交通事故的发生，切实维护农民群众的生命财产安全。

在农田、场院等生产第一线，新会区依法开展农机安全执法检查活动，纠正违反安全操作规程的作业行为以及无牌行驶、未检验使用、无证驾驶等违法行为，努力做到农机安全工作不留死角。

六、加强宣传、增强意识

结合春耕春播、“三夏”“三秋”等关键农时、农机现场会、农机化教育培训活动和“安全生产月”等活动，新会区派发农机安全生产的各种宣传资料并积极开展以“六个一”为主要内容的农机安全宣传教育活动，加大宣传力度，扩大宣传面。

七、加强培训、保障安全

一是要加强岗位培训，提升农机管理人员的管理能力；二是要对农机操作人员开展各类农机技能和安全知识培训，提高农机操作人员技能及安全操作意识，减少农机事故隐患。

八、多管齐下、提高“三率”

采取免费送检下乡＋财政补贴，提供便民惠民服务。采取免费送检下乡的便民服务方式，在各镇（街）中设置拖拉机年检二保点，方便机主就近参加年检审。在年检中对更换整套“三灯”装置的机主实行财政补贴，降低机主资金负担。

实行实地检验，提高拖拉机、联合收割机年检率。农田耕作用途的拖拉机、联合收割机采取上门实地检验方式进行年检审的方法，增加拖拉机、联合收割机参加年检审数量。

免费举行联合收割机驾驶员培训班。由于本地联合收割机驾驶员数量较少，为增加联合收割机驾驶员数量，提高联合收割机的持证率，特对联合收割机驾驶员实行免培训费及考试费、集中免费体检、集中免费拍证件照、集中免费复印填表，提供全程免费一条龙服务。

对残旧联合收割机开展注销工作。经调查，联合收割机在使用5年以上就基本被淘汰了，为保障农机生产安全，新会区在全区范围内开展对使用5年以上的收割机，或机械已经残旧、存在极大安全隐患，现已不再投入使用的联合收割机，通过机主申请、签保证书、收回号牌及行驶证的法定注销流程进行注销。

发布通告对达到应报废年限的收割机进行注销。在区政府信息网上发布《关于达到联合收割机报废年限强制注销的通告》，公告对达到应报废年限的收割机号牌、行驶证实施作废处理，要求收割机所有人或管理人办理注销登记手续。

通过以上多种措施，全区于2017年建成5个市级“平安农机”示范镇、30个区级“平安农机”示范村、251个“平安农机”示范户，各项指标都达到创建全国“平安农机”示范县的标准。在农业机械保有量持续增长的情况下，没有发生较大农机安全事故，农机安全形势保持良好，确保了农机生产安全，也保障了农机化发展的丰硕成果。

虽然江门市新会区已成为全国“平安农机”示范县（区、市），但继续深化“平安农机”建设不停步。在做好常规安全管理的同时，新会区继续将“平安农机”建设工作深化开展。一是要每个镇（街）都建有“平安农机”示范村，发挥“平安农机”示范村最基层的辐射宣传带动作用；二是所有镇（街）全面安装道路农机安全警示牌，达到警示教育全覆盖，使新会区真正成为名副其实的全国“平安农机”示范县（区、市）。

罗山农机化
奋飞天地阔

□ 杨 军

杨军，河南省罗山县农机局监理所副所长、经济师。

40 年前，党的第十一届三中全会上，邓小平同志按下了中国改革事业的启动键，40 年的改革，破除了束缚，解放了农民，发展了生产力，农机化让现代农业如虎添翼。2017 年，罗山县粮食生产实现“十四连增”，多次获“全国粮食生产先进县”荣誉称号。

近年来，罗山县通过推广应用先进农机化新技术、新机具、优化农机装备结构，形成重点突出、协调发展的良好态势，全县目前农机总动力已达 90 万千瓦，农机总值 8.9 亿元。2018 年，该县共争取中央财政农机购置补贴专项资金 2 328 万元，省级财政累加补贴资金 200 万元，共补贴各类农机具 800 余台。

罗山农机局把放大农机合作效应、提升农机社会化服务水平作为中心工作来抓，在全县大力培训和发展不同形式的新型农机化专业合作组织，满足了农民对农机服务的多样化需求，截至 2017 年年底，全县已登记注册农机专业合作社 51 家，其中 3 家获得全国农机专业合作社示范社称号，20 家获得河南省省级“平安农机”示范社殊荣，合作社每年完成耕、种、收机械化作业面积 332 万亩，占全县机械化作业面积的 95%，服务农户 14.5 万户，占全县农户的 91.8%。

2013 年，农业部对罗山县农机局申报的水稻机械化育插秧技术体系研究与应用项目授予全国农牧渔业丰收奖二等奖，全县建立水稻机械化技术试验示范基地 1 个，培育科技示范户 5 户，辐射带动周边农户 5 000 户，完成机插面积 18.1 万亩，机插覆盖面扩大到全县 19 个乡镇。机插技术的应用，节省了大量的人力资源，带动大批富余劳动力向第三产业转移，这进一步增加了农民收入。农机、农艺完美融合在一起，成功解决制约粮食生产瓶颈，打通粮食生产最后一公里的问题，每年水稻机械育插秧季节，一台台高性能插秧机在田里欢快地工作，已成为全县农民增收的一道亮丽的风景。

沉甸甸的数字，昭示着罗山在保障国家粮

食生产中的重要作用，昭示着农机和粮食在当好中原经济区建设中的独特份量，彰显着罗山农机人的勇敢担当。

靠在一亩三分地上“刨食”，小康永远是个梦，于是乎，农村青壮年大量外出务工，种田的工作留给了家中老人，让土地适度规模经营“抱团”发展，既能破解“谁来种田”难题，又能提高农业生产效益。

2009 年 12 月，借着信阳市农村改革发展试验区建设的东风，农村土地承包经营权确权颁证，让农户放心流转，长期流转可以让经营主体作长久打算，长远规划，农机具购置补贴重点向农业大户、家庭农场、农民专业合作社倾斜，加大了对流转大户的扶持力度，其中跨越发展走在最前列的当数子路镇兴津农机专业合作社，在县农机局、子路镇各级领导的支持和引导下，朱湾村村民陈贵权与本村 23 户农机大户和种粮大户联合起来，建立了兴津农机专业合作社及问津种养殖专业合作社，采取“合作社＋基地＋农户”的经营方式，租赁邻近 3 个村的 1 万多亩地。

2011 年，兴津合作社投资 260 万元，又新建了一座占地 5 565 平方米的标准化农机示范合作社，购置机械 10 台，其中大型拖拉机 4 台，大型收割机 4 台，插秧机 3 台，220 多平方米的两层办公楼，存放 2 000 吨的标准化粮仓，6 台大型烘干机组，一排排农业机械整齐有序地排放在机械库棚。

子路兴津农机合作社理事长陈贵权，原来是半农半商，种植几亩责任田，也经营种子、化肥这些农资。在粮食收获季节，开三轮去附近收粮食，挣个辛苦钱，吃不饱也饿不到，家庭始终富不起来，实行土地流转政策后，就把前些年做生意攒下来的钱拿来流转土地，当年流转 5 300 亩，第二年就见到了效益。

“庄稼活，最好学，人家咋着咱咋着。我觉得不能这样，我认为种田一要相信科学，二要依靠农业机械。目前，合作社新建的工厂化育秧和机插秧高产种植示范基地，大力推广软盘育秧、机械插秧、土壤配方施肥、生物除草等农业生产新技术、新经验、新工艺，从施肥整地、播种、施药、收割、运输全部实行机械化。如果水稻收了 400 多万斤，按照县农技、农机推广部门要求，实现‘籼改粳’项目，粳稻卖出 3 元／千克的价格，比种植籼稻每亩增产 25 千克以上，粮食价格也高了 1 角多，同时粳稻具有耐寒抗倒、耐肥抗衰、产量更高、效益更好等特性。”陈贵权向村民谈起“籼改粳”就滔滔不绝。

农业开始成为有奔头的产业。子路镇兴津农机合作社利益主体明确，经营方式灵活，正成为目前全县最具活力，最有潜力的农机与种养殖专业合作社，每年免费为贫困户提供种子、化肥、农药及农机服务，同时资助村里 3 名贫困学生从小学至大学的一切费用。目前，承担了子路村、朱湾村插秧用水费用累计 40 余万元，通过产业帮扶，到户增收，入股分红，带动周边朱湾村、黎楼村、子路村贫困户脱贫，脱贫户有 172 户 461 人。

站在新起点，夯实基础，充满希望的田野才能硕果累累，开拓创新，新型农机现代化必将日新月异，乡村振兴的号角已吹响，展望未来，罗山农机化发展必将天广地阔，也必将大有作为。

小演示大变化

□ 唐文达

唐文达，湖南省祁阳县农机局办公室主任。

4月13日，春插大忙。湖南省祁阳县大忠桥镇种粮大户邓东胜，连续几天起早摸黑，忙于张罗现场，永州市农机“三减量”现场演示会就在他春插的稻田里召开。

黄溪河右岸，杨柳依依，流水潺潺。集中连片平坦的稻田里，旋耕机、插秧机、农业植保飞机等10多台大中型农机摆开了阵势。

上午9点，永州市农机局和各县、区农机局的领导来了，镇政府的领导到了，周边的种粮大户和好奇的农民也都来了。100多人的观摩队伍头顶艳阳，身浴春风，站在田埂上或机耕道旁，都想亲眼看见“三减量”机械的精彩演示。

突然，隆隆的机声惊走了近处觅食的白鹭，1台大型旋耕机拖起长犁，在田中旋转翻滚，溅起了层层泥浪，田中的小虫小草被涨潮的“麦浪”覆盖了，操作手像个“绣花女”，10多个回合，2亩多的水田被绣得平整如画。

旋耕机耕田虽然改变了传统的耕作方式，代替了人拉牛犁，但见多了，习以为常，大多是一目扫过。其实，这只是一个小插曲，精彩的还在后面呢。

接下来是邓雨、王志等几名机手快速登场，他们驾驶的是高速插秧机挂带同步精量施肥机，青翠的秧苗通过传送，准确地插在水中的蓝天上。同步精量施肥机“嫁接”在高速插秧机尾部，还设置了几个圆筒，每插一兜禾，定量的肥料顺着圆筒的管道，精准推送到秧苗侧深5厘米左右，并由刮板覆盖于泥浆中。好家伙，这下来劲了！很多观众跨过水渠、越过田埂或菜地，冲向前去拍照、摄影或录制视频短片。

自古以来，扯秧插田，老少弯腰。人民公社大集体化时，每到插秧之季，男女下田，老少上阵，三更半夜提着马灯扯秧，特别是抢插晚稻，上面烈日晒，田中开水烫，坡边蚊子咬，那是一种最辛苦的农活，不但劳动强度大，而且效率低，一个生产队几十亩稻田，都要忙上个把月。如今，高插机下田，几十亩一天，机过千行绿，农民笑开颜。

“人插半亩地，背曲两头泥。20 世纪 70 年代末期，记得我家只有 4 亩多稻田，一个春插过后，全家人的腰都弯了。”全国种粮大户邓东胜介绍说，如今有了这高插带深施肥机，不仅速度快，还能节本增效，过去扯秧、插田、施肥三项农活，现在一机包。今年春插 3 台高插机上阵，1 500 多亩水稻 10 多天就完成了。去年，邓东胜购置了两台深施肥机，与插秧机联合作业 1 200 多亩。据测算，每亩节肥 7.5 千克左右，共节约肥料 9 吨，节约资金 2.52 万元。

这时，农用植保机起飞了，一台台无人机随着北斗导航的智能控制，在绿色的稻苗上空，来回低飞，雨雾状的农药很快渗入秧苗。观摩的人群早已翘首以望，有的快速拍照，有的啧啧称赞，还有的看得目瞪口呆。“过去人们印象中的飞机只是用于航空载人，是速度极快而且高飞的机具，现在农民种田杀虫也能用上植保飞机，确实是以前想都不敢想的事，真是变化太大了。”一个当地 70 多岁的老农深有感触地说。

欣赏之余，村支书曹和生边走边说：“我原来在生产队当过植保员，那时杀虫使用的是人力背负式喷雾器，植保员身着长衣长裤，戴着口罩和手套，真可谓是全副武装地虫口夺粮，一天从清早到中午 12 点连续作业，累死累活才完成 10 多亩稻田的杀虫任务。”现在的农用植保机不但省工时、药效好，而且还是智能遥控，真是解脱了农民种田人工杀虫之苦。

离开田间，观摩队伍来到了该县“绿而康农业发展有限公司”的生产车间，映入眼帘的是一台台机械在紧张有序地生产，一排排新产品整齐地摆放在肥料仓库，一辆辆货车满载着水稻育苗基质和“绿而康”有机肥料驶出大门。

“公司购置了大型生物质制肥机 4 台，采用国内外先进技术，使猪粪和鸽粪及家畜家禽粪便变废为宝，实现了转化减污的目的。一季度生产出水稻育苗基质 250 吨、“绿而康”有机肥料 3 600 吨，该产品目前在省内外农业市场俏销，深受广大农民点赞。”公司董事长谢金保介绍说。

“农机‘三减量’行动是贯彻绿色发展理念，有利于农业节本增效，减少污染源，保护生态环境。”该县农机局党组书记雷卓明边观摩边介绍，去年以来，该县采取现场演示、大户带动、补贴拉动、效益驱动等措施，购置了精量施肥机、植保无人机和大型生物质制肥机等“三减量”机械设备 50 多台（套），完成机防和精量施肥等作业面积 20 多万亩。目前，全县机耕、机插、机收、植保、转运、烘干，每个环节都实现了机器换人。

演示有期，感慨无限。回望田间，无人机洒下一条条浅白色药雾带，插秧机写出一行行绿色华章，农机“三减量”即深施减肥、飞防减药、转化减污，虽然是一个小小的精彩演示，却体现了农机化新技术新机具的快速发展，反映了改革开放 40 年来农业机械化的巨大变化，更让广大农民看到了现代农机在实施振兴乡村战略中的作用和希望。

农业机械化助力霍山县乡村振兴

□ 张咸枝

张咸枝，安徽省霍山县人、安徽大学金融学本科学历、高级工程师，曾任三板桥、黑石渡农机站站长、县农机化服务中心主任，8次获省以上部门表彰。

一、农机化发展的现状和特点

霍山县域面积2 043平方千米，地貌特征“七山一水一分田，一分道路和庄园”，人口36.31万，是山区县、库区县和革命老区县。霍山种植业以水稻、玉米、茶叶、蚕桑、药材、油菜为主，养殖业以养猪、鸡、鱼、牛类为主。2017年年底，全县年末常用耕地面积16 856公顷，粮食作物播种面积18 096公顷，农机总动力33.88万千瓦，主要农作物耕种收综合机械化水平达到73%，走出一条具有山区特色农机化发展道路。农机化的发展不仅解放了劳动力，还实现农业增效、农民增收，助力脱贫攻坚、污染防治。农机化的发展让农民享受现代文明成果，让农业成为有奔头的产业。农机化的发展让推动乡村振兴，农业强、农村美、农民富的乡村振兴目标实现。

农业机械化发展呈如下明显特色。

在农业机械发展方面：霍山县主要农作物为水稻，占种植面积的85%。其耕栽收三弯腰环节中耕收环节已90%以上实现机械化，耕作环节农机结构向大中型农机发展，大中型耕作农机、插秧机械成为新的增长点。特色产业如茶园管理和设施农业等方面农业机械继续增长，变型拖拉机呈下降趋势。

在农机化服务方面：农业（农机）专业合作社、农机服务公司、家庭农场、农机大户等新型经营主体和新型职业农民、专业农民有了较快发展，由以往家庭个体经营服务为主逐渐向新型经营主体、新型职业农民、专业农民经营服务发展。

在农机管理服务方面：由以油管机行政经济管理手段走向以法管机阶段。建立了监理、推广、培训、维修供应几大体系，建立了县乡村管理服务网络。机械管理上也由主管变型拖拉机向田间作业机械等全面监管转变。

二、农机化发展的制约因素

在机制人员方面：2000年后机构改革，县农机局降格，乡镇农机站撤并，三权下放乡镇管理，乡镇农机人员大幅精简，现每乡镇一般只有一到二人。懂理论又会技术操作的精兵强将不多，结构也不合理，高学历农机专家较少，更不要说有影响力的学科带头人指导全县农机工作。专职专业不专，素质有待提高。

在田路配套方面：我县南部多山，土地资源多分布在山间地角，田块小、坡地多、高差大且分散，农机作业没有理想的作业环境，交通不便，机耕道不配套，灌溉设施不完善，机械下田作业转移困难，农机具不能到达作业地点等，制约农机化发展。

在机械装备方面：主产水稻全程机械化中种栽机械化仍发展缓慢，小型农机多，大中型农机少，低档次农机多，高档次农机少，动力机械多，配套农具少，部分农机闲置利用率不高，农机化作业主要限于粮食作业，畜牧业、林业、茶园管理等机械发展滞后。部分农副产品加工机械化等待突破等，农机结构发展不平衡局面还没有根本改变。

三、农机化发展前景

（一）国家对“三农”政策支持，农机化事业迎来难得发展机遇

十八大报告中提出，坚持走中国特色新型工业化、信息化、城镇化、农业现代化道路，四化同步发展。十九大报告中更提出实施乡村振兴战略。农业农村农民问题是关系国计民生的根本性问题，必须始终把解决好“三农”问题作为全党工作重中之重。确保国家粮食安全，把中国人的饭碗牢牢端在自己手中。可见中央重视“三农”、重视粮食安全，发展农业现代化确保粮食安全，离不开农机化，农机化大有可为。农业机械化是作为农业现代化的物质基础和重要标志，实现农业机械化是现代农业发展的必由之路，同时城镇化发展、户籍制度改革、土地流转、劳动力转移、农机购置补贴政策实施，推动农民购置农业机械，将加快推进农业机械化发展。

（二）城镇化发展将加快土地流转，推动规模经营，选择农机化是现实需要

我国城镇化水平现在超50%，但如按户籍人口计算仅30%多，发达国家城镇化水平一般在70%～80%，可见我国城镇化发展空间还很大，农民转为市民的数量仍很大。“历史会不断重演，但不会简单地重复”，我国1978年开始实施具有划时代意义的家庭联产承包责任制，土地所有权与使用权的分离，促进了生产力发展，解决了困扰中国几千年的吃饭问题，至今有40年了。但随着中国经济快速发展，农村大批劳动力进城务工，造成土地抛荒、闲置，“农二代、农三代”不会、也不愿种田的现象。现在以户为单位的种田模式已不能适应形势需要了，可以说制约了农业生产发展，需要再走规模经营之路。同时全县加强农业综合生产能力建设，改善生产条件，便于土地流转，为机械化作业创造条件。从长远来看，土地流转集中到少数大户等新型农业经营主体手中，符合国家发展现代农业，实现农业产业化、规模化、专业化、机械化要求，是农业发展新趋势。新

型农业经营主体、职业农民、专业农民将成为未来农业生产的主要群体，农机化将是现代农业生产的现实需要和最优选择。

（三）霍山经济快速发展，为霍山农机化发展创造了条件

从霍山经济发展来看，2017年GDP总值167亿元，人均GDP达到7 000美元，财政收入18.7亿元，固定资产投资134亿元，农村居民人均可支配收入12 164元，经济实力居全省县级市县前列，成为全省县域经济发展的一个典型，被经济学界誉为“霍山现象”。

县委政府将农机化列入议事日程，相关部门也越来越支持农机化发展，进一步加大农机化投入，经济发展了也需要农机化发展与之相适应。

农机化发展也是霍山经济发展、乡村振兴的需要。主要有以下三个原因。

一是从霍山工业经济发展看需要劳动力，由于工业经济发达，农村青壮劳动力大部分转移进厂务工，现在农村从事农业生产的多为年老体弱人员。由于农业生产作业季节性很强，更使劳动力严重不足，现在雇工成本高，而且人难找。同时农民进厂务工经济收入大幅提高，年青一代思想观念转变快，深知农业生产“面朝黄土背朝天”等作业辛苦，希望享受现代文明成果。农民盼望农机作业，这就形成农机市场供不应求，促进农机化发展。

二是从全县农机推广发展来看，如在推广机收示范过程中，出现农民拦机排队托人说情请收割等现象，说明农民需要农机化服务的愿望强烈。

三是从农民的机会成本来看，城镇化发展、劳动力转移，选择机械经济合算且劳动体面。

四、农机化发展对策

编制霍山县农机化发展规划（中长期）。规划编制结合霍山特殊自然条件、经济发展水平，以因地制宜、分类指导、重点突破、科学发展为原则，明确发展目标、主要任务、保障措施等。

加强项目编制实施建设，推进农机化发展。结合实际编制申报农机化项目，以项目为支撑推动农机化发展。项目编制要全面，涉及农业生产中种植业、养殖业、农副产品加工业等，但也要突出重点难点和生活需要、效益高的农机化发展项目建设，由于霍山农业耕地面积85%是水稻，10%左右是玉米小麦，重点放在水稻全程机械化方面。种植业方面可编制农机全程机械化示范小区，难点是推进慢的机插项目，山区茶园管理项目，结合环保污染防治、脱贫攻坚工作，如秸秆还田机械化、农事服务中心、节水灌溉项目等，以点带面推动农机化水平提升。另外，政府在涉农项目如农业综合开发、土地整理、土地流转、水利建设、美丽集镇、美丽乡村、乡村道路、污染防治、脱贫攻坚、乡村振兴等建设项目中有农机化配套建设内容，争取对农机化发展的投入。

加强农机新技术新机具引进与推广。从霍山县种植结构统计数字和地理条件看，山内围绕茶叶、药材、板栗等特色产业，以引导发展小农机为主；山外围绕支柱产业如水稻、玉米等，引导发展大中型农机，全面提升农机装备水平。农业综合开发、土地流转等可为大中型农机发展创造条件，提高效率效益，能实现消

费者效用最大化和经营者利润最大化。引进与推广农机化技术在种植业、养殖业、林果业等各产业的产前、产中、产后的各环节中广泛应用，提升作业水平。在水稻生产上重点是继续提高耕作、收获机械化水平，突破机插瓶颈，逐步实现水稻生产全程机械化。在山区特色产业，重点是考虑农村劳动力急剧减少，目前仍以劳动密集方式维持生产的产业机械化问题。如茶叶、蚕桑、百合、板栗等主要特色产业的机械化生产技术引进推广。

加强农机化服务市场建设，走产业化道路。对于种植业机械化生产，应从耕作等单项服务向植保、收割、排灌、脱粒、运输、深加工等全程多项服务转变，从单纯减轻劳动强度向高产增效增收方向转变。立足农机，走出农机，全面推进农机多种经营和新领域开发，充分占领服务市场。培育龙头企业，大力发展农机专业合作社、农机服务公司、农机大户，增强农机服务能力。综合性服务龙头建设，影响甚至左右一个县农机服务结构的优化和服务水平提高，具有很强示范带动作用。加强农机作业的组织与管理，形成竞争有序的农机服务市场；提高组织化、系列化程度，提高机械利用率。

加强农机管理体系队伍建设。加强农机推广队伍建设，要加大培训力度，采用请进来、走出去等形式，对乡镇全部农机推广人员开展培训，以适应新形势对农机推广工作的新要求。要加强专家型农机人才的培养，培养一批具有影响力的学科带头人，使他们能够指导全县农机推广工作，提升全县农机推广队伍整体水平。要完善农机（推广）管理机制，各尽其责、各施其能，激发工作热情，充分发挥工作积极性、创造性。加强农机使用经营者的素质建设，培养农机专业农民，发挥他们的示范带动作用。

加大对农机化投入力度。农机购置补贴政策对山区县应进行倾斜，扩大补贴范围，叠加补贴提高补贴比例，并对农机专业合作社、农机大户、专业农民等倾斜，要加大农村基础设施建设，在建设乡村道路组通道路、农业综合开发、土地流转规划等建设中要与农机化作业相结合，为农机化生产创造作业条件。要保障农机推广经费，将农机推广经费列入财政预算，并视情况逐年增加，保障农机推广工作开展。

吉林省榆树市小岗屯巨变

□ 尹树民 李社潮

尹树民：吉林省榆树市农机管理总站站长，研究员，大学毕业后一直在农机系统从事农机管理推广工作，已达30多年。

李社潮：兼职东北黑土地保护与利用科技创新联盟常务副秘书长，研究员，农机战线工作达35年。

吉林省榆树市这片肥沃的黑土地上曾响起全国第一批隆隆的拖拉机声。然而，也因兴办机械化事业，榆树市一度成为“大债县”。改革开放40年，榆树市农业机械化又重新焕发出新的生机和活力，带动农村发生了翻天覆地的变化，育民乡繁荣村小岗屯——一个以粮食生产为主的边陲小屯，就是一个很好的缩影。

一、大包干让小岗屯农民吃上饱饭

小岗屯原为榆树市育民公社繁荣大队第六生产队。实行土地家庭联产承包责任制前，全屯有耕地120公顷，农户93户，472口人，人均耕地近4亩。最好的年景，壮劳力收入每天不足一元钱，是一个比较典型的贫困屯。

经历过“生产队大帮哄”时代的人都不会忘记那段吃不饱、住不好、睡不好、穷怕了的岁月和那些不堪回首的陈年往事。

一年下来能人均分上250千克口粮，那可算得上很不错的生产队了；一年能吃上几顿饺子、几顿白米饭的人家全屯没有几户；过年换件新衣服，小孩子甭提多高兴了；能住一个独房独院、三间草房就相当于现在住别墅了；有个自行车骑，就美得不得了。

当时的小岗屯90多户人家，口粮够吃的没几户，大多数人家到八九月就断粮。好一点的户靠炖土豆、倭瓜，啃青苞米接济。大多数还是到处借米下锅，一年吃不上几顿像样的饱饭。

小孩子们都盼着过年。因为一年只有在过年才能买几尺便宜的平纹布，求有缝纫机的大婶帮忙做套新衣服，而且是老大穿完给老二，老二没穿够就得给老三，大人穿旧的再做给小孩子，实在不能穿的就废物利用做成鞋底、鞋帮。

整个屯当时自有房屋的还不到60户，1/3的农户找房住，多数是老少三辈挤在一铺炕上，细算起来全屯人均住房面积不足6平方米，而且有些还是冬不保暖、夏不遮雨的破草房。

说起交通工具，那就更寒酸了，全屯只有当时在人民公社上班的几个职工和个别学生能骑一辆破旧自行车。大多数学生还是步行，起早贪黑走上十几里路，甚至到几十里路的外乡镇读初高中。

自打 1983 年实行了联产承包责任制以来，到 2008 年，小岗屯村民用他们智慧的大脑、勤劳的双手，改变了自己的命运。

主要粮食作物——玉米产量达到了每公顷 1 万千克，农民人均年收入实现 4 600 元，有 80% 的农户住上了砖瓦房，购置了新四大件，用起了电冰箱，骑上了摩托车，看上了有线电视，只需电话就可以同全国各地联系业务，可谓是吃不愁、穿不愁。

二、农机合作社使小岗屯农业迅猛发展

“穷根”虽然拔掉了，但经济发展还比较缓慢，根深蒂固的传统观念束缚着人们的手脚，小富即安的思想严重影响着小康进程。

实行联产承包责任制后的几年里，有的农民外出打工挣到了钱，村党支部积极响应乡党委号召，动员群众劳务输出。

2009 年的农机大户、种粮能手王德友认为这是发家致富奔小康的捷径，因此他找关系、走门路，先把几个木瓦匠和年轻劳力组织起来，成立施工队，到吉林、长春等城市建筑工地搞劳务承包。由于头脑灵活、诚信做事，干的活用户方满意；同时，他对屯里出来的农民像亲兄弟一样，从不欠他们一分工钱。连续几年的春出秋返，农民挣着钱了，生活富裕了，有的到城里买了住房，过上了城市人的生活。

这样一来耕地由谁经营，成了摆在他们面前的一道难题。王德友发现，这既是农民的难处，又是农业的商机，于是有了成立农机种植专业合作社、提供农机托管服务的念头。

2013 年，在乡村组织的帮助下，王德友带头和几户农民申办了榆树市育民乡天降农机种植专业合作社。2014 年又购置了 904 型拖拉机 1 台、玉米收割机 1 台、整地机 2 台，托管本组耕地 60 公顷。几年来，由于合作社服务质量好，收费价格低，农户有钱没钱都能种上地了。因此，合作社托管经营的土地面积不断扩大，从本组到全村，乃至扩展到邻近的太安等乡。

土地面积扩大了，但还没有达到连片程度，以致大型农机具作业空运转，植保作业、深松深翻、玉米大豆轮作、玉米免耕等农业新技术推广受到很大影响。

2015 年，王德友开展玉米保护性耕作宽窄行轮作试点，当年试种的 15 公顷地，每公顷产量超过 1.25 万千克，使广大群众看到了保护性耕作的好处。几年来，这项先进种植方式在小岗屯广泛推广，本屯一半以上耕地都采用这种技术，并扩展到全村乃至全乡，全乡 2017 年保护性耕作面积达到 2 400 公顷。

为实现连片规模经营，2017 年冬，天降合作社决定再扩大合作社经营规模。他们的想法得到了村党支部、村委会的大力支持，仅用一个月的时间就把全屯农户的土地以“风险共担，利益均沾，土地入股，统一经营”的形式，全部流转到合作社，临屯临乡的农户也纷纷托人担保入社。

如今，天降合作社有社员 156 人，共经营耕地 290 公顷，全部实现了“六统一”，即统一种植计划、统一整地播种、统一生产标准、统一田间管理、统一收获仓储、统一出售结算。

由于统一经营，减少了种肥损耗，节约了生产成本，避免农机空运转，节省了作业时间，提高了农机作业效率，解放了大批劳动力，促进了劳务输出和城市化进程。全屯成为在榆树市第一个实现了粮食生产全程机械化的自然屯。

预计在2018年，天降合作社可实现产值600万元，每公顷地可让农户增收4 000元，实现利税48万元。

三、好政策让小岗屯有了如今的巨变

原本贫穷落后的小岗屯的40年巨变，就是我国农村改革开放成果和发展机械化的缩影。

示范区建成了，粮食生产就更有保障了。2010年在财政资金的支持下，总投资1 360万元的繁荣村万亩高标准农田示范区建成，实现了旱能浇、涝能排，解决了靠天吃饭问题，粮食生产有了保障。

农民加入了农机合作社，土地不用自己管了。小岗屯有120公顷土地，93户人，全员加入天降农机种植专业合作社，由合作社统一经营。农民既不用操心土地、又增加了自身收入，又能安心发展其他挣钱产业。

2008年，小岗屯率先吃上了安全水，几年后大脖根病一例没有了。随着农村富裕程度的提升，小岗屯的妇女们讲究起穿金戴银了，她们打扮起来不比城里人差。恢复高考后，小岗屯共有72人考入大学，其中56人留在城市工作。现在就读的有16人，其中读研的有7人。2012年，户户通水泥路项目在小岗屯实施。现如今再也不怕雨天了，也不怕道路不好耽搁病人就医了，从此告别出行难的问题。随着城市化进程的推进和土地统一经营，很多人离开了农村，举家搬到了城市。小岗屯93户人家，在城市住楼房的有36户，现在在屯的57户人家，在城里买楼的还有32户。

改革开放前，村里连自行车都没有，现在，全屯拥有小轿车62辆，小孩上、下学都校车接送了，出门办事效率更高了，谁家有个大事小情更加方便了。

农民还做起了大买卖，也开始赚外汇了。算起来小岗屯有七八位在行政部门工作，一批经商的在当地很有名气。如原农民李超如今在哈萨克斯坦做起家具生意，并且做得风生水起。

农民参加了新农合，得大病能治得起了。全屯大人小孩全参加了合作医疗，住院费用70%报销，群众得大病能治得起了。办理了社保卡，农民也领退休金了。村民积极参加新型社会养老保险，60岁以上的老人也领取退休金了。

手机支付、网上购物、高铁、共享单车是当今新四大发明。随着手机、互联网的普及，如今农村人也时髦起来，网上购物运用自如，想要的东西只要一部手机，手指动一动立马送到家，买东西再也不用去商店了。

自从修了文化广场，跳广场舞再也不是城里大妈的专利了，每天吃完晚饭，广大群众会自发地来到文化广场跳广场舞，既达到健身，又促进了邻里和谐，从此改变了以前聚在一起喝酒、打麻将的陋习。

打赢了攻坚战，小康路上不少谁了。本屯3户建档立卡贫困户，2017年经过精准扶贫，干部包保，全部脱贫，小康路上一个没少。

第六章
思辨与争鸣

改革必须解放思想
——纪念中国农业机械化改革 40 年

□ 董涵英

董涵英，1982 年 7 月，从北京农业机械化学院（现中国农业大学东校区）毕业后，入职农业部农业机械化管理局（司）。在该机关近 13 年工作过程中，对农业机械化管理领域有比较深入的调查和研究，就农业机械化问题撰写过一些比较有见地的文章。后长期从事纪检监察工作，但一直关心农业机械化事业的发展，对农业机械化问题偶有文章发表。

解放思想是进行改革的必要条件。在我们纪念改革开放 40 周年的时候，重温那场关于真理标准的大讨论，深感没有思想的大解放，就不会有党和国家事业的大变革。如果一切从本本出发，循规蹈矩、墨守成规、观念僵化、不敢越雷池一步，就不可能出现势如大江东去的改革开放浪潮，就不可能发生翻天覆地的历史巨变。同样，站在新时代的新起点，没有思想的进一步解放，就没有敢于冲破旧的利益格局困锁禁锢的胆魄，深化改革也就无从谈起。对各行各业、各个领域、各个方面说来，都是这样。

我们以农业机械化改革为例，实事求是地说，我国农业机械化改革初始之时，农机人正在“腹背受敌”，遭到“两面夹击”，境况十分尴尬。一方面，经过 1978—1980 年三年决战，在全国基本实现农业机械化的目标落空。这一目标是毛泽东同志在 1955 年提出的，当时他的设想是，在农村实现集体化的基础上，用 4 到 5 个五年计划的时间在全国基本上实现农业机械化。所谓基本上实现，是指主要农业机械的拥有量和主要农作物的主要生产环节，使用农业机械进行生产达到一定的水平，内部掌握的指标是农机作业率达到 70% 左右（到今天为止，我国的实际水平大约为 70%）。当然，这一目标要求过高、过急，不符合经济社会发展的客观规律，更不符合我国的实际情况，落空也是必然的。但是在当时，由领袖亲自提出，经无数人为之奋斗的美好理想没有如期实现，毕竟是一个很大的挫折。而在那时，理论界恰好又出现了一股否定“石油农业”的思潮，认为我国人多地少，农村劳动力充足，发展农业并不需要机械化。目标落空使农业机械化声誉扫地，否定石油农业又为否定农业机械化提供了理论依据，农业机械化犹如雪上加霜。另一方面，情况似乎更为严峻，发端于 20 世纪 80 年代初期的农村改革，从实行土地家庭联产承包责任制起步，“分田分地”进行得如火如荼。当时农业机械化陷入的困境是，田地好分，机器难办。那时的农业机械不是集体所有，就是国家所有（基本上是由国家或者集体兴办的拖拉机站、农机站拥有和经营），农田耕地可以包产到户，但农业机械怎么到户？在猝不及防的混乱中，存量农业机械基本上是分三种情况：暂时封存、折价变卖、拆分到户。于是就出现了一台拖拉机大卸八块，轮胎、底盘、发动机、驾驶楼子分别归不同农户拥有的奇异现象。“包产到户，农机无路”的议论一时间沸沸扬扬，搅得农机人心神不安、进退两难。

正是在这样的情势下，农业机械化改革开始起步。有人讲，改革从来都是被逼出来的。在农业机械化领域，这句话千真万确。农业机械化要继续下去，不改革已经没有出路。而改革就一定意味着改变，改变管理体制，改变运行机制，改变利益格局，改变工作方式，而所有的改变一定有一个大的前提——改变思想意识，也就是解放思想，实事求是。只有思想上的大解放，才会有农业机械化改革的成功。那么，农机人在改革中特别是改革初期，重点在哪些方面解放了思想呢？

第一，摆脱政治农机的束缚，主动放弃在全国基本实现农业机械化的目标。点灯不用油，耕地不用牛，可以说是新中国成立前就在亿万人心中扎根的对新生活的美好向往。20 世纪 50 年代，我们党确定了在实现集体化的基础上实现农业机械化的路径，而毛泽东同志的一个著名论断“农业的根本出路在于机械化”，更是把农业机械化的地位推到了无以复加的高度，农业机械化被赋予了浓重的政治色彩，它与社会制度、理想信念紧密联系在一起，成为社会主义的一个重要标志。尽管有中央高层领导的高度重视和各级农机部门的勤奋工作，但过高的目标、盲目的推动、一刀切的要求和不尊重客观规律、不讲求经济效益的种种做法，仍然使农业机械化前行步履维艰。但是，在 20 世纪 70 年代末，在基本实现农业机械化的目标根本无望的情况下，仍然提出了“决战三年，基本上实现农业机械化”的口号（从历史节点看，那时已经萌发了改革开放）。可见，目标就是旗帜，放弃目标就意味着否定。但是，1980 年年初，全国农机工作会议召开，当年的 2 月 9 日，原农业机械部在写给国务院的关于会议情况的报告中指出：“原来要求 1980 年完成的几种主要农机产品的数量虽然大都可以达到或基本达到，但要在 1980 年基本上实现农业机械化显然是不可能达到的。”“我们认为，今后也不宜再单独提出哪一年基本上实现农业机械化的要求。”国务院于 7 月初批转了这个报告，表明对报告予以认可。据媒体记载，1980 年 7 月 20 日，《人民日报》转载《农业机械》杂志发表的农业机械部部长杨立功答记者问，对现在为什么不提 1980 年基本上实现农业机械化的口号这个问题，杨立功回答：“现在看来这个要求是不切合实际的，也是难以实现的。用 25 年时间实现农业机械化，本来就不大可能。”杨部长与农业机械部报告的口吻一致，既真实，又大胆。现在我们讲 1980 年目标是“主动放弃”确有溢美之嫌，更大程度上是不得已而为之。事实是随着时间的推移，越来越多的人已经质疑 1980 年目标是否科学客观，但在毛泽东同志逝世后，中央还是把实现这一目标作为毛泽东“遗愿”之一。事实证明，放弃 1980 年目标，是使农业机械化回归正途的关键。客观地说，确定在一个时限内实现未经科学论证、不符合客观规律和中国国情的目标，很容易产生急于求成、急躁冒进的情况，对农业机械化的健康发展反而不利。如今，40年过去了，农机部门从未重新制定限时实现农业机械化的目标，在指导思想上是汲取了1980年目标的教训，是实事求是思想路线的回归，对于农业机械化发展全局具有重大战略意义。

第二，冲破不允许农民个体拥有农机的藩篱，把购买农机的自主权交给农民。新中国成立后，我国的农业机械化借鉴苏联的模式，从兴办国有拖拉机站起步，继而转为集体兴办拖拉机站或者农机站。在一段时间内，由于不少国有拖拉机站经营不善，其中有一部分转为集体兴办，中间又有集体回归国有的反复。国有和集体经营的体制，从实践看，构筑了农民个体与农业机械所有权之间天然的堤坝。农村改革前，农民个体只能拥有简单的如镰刀、铁锨、锄头等简单的农具，而拖拉机、播种机、收获机、插秧机等农业机械，与农民是无缘的。另外，我国长期实行计划经济体制，农业机械也是按照计划分配给人民公社和生产队的，农民个体既没有经济能力，也没有购买渠道能够得到农机。从意识形态的角度看，传统的经典理论是，农民如果可以拥有和利用农业机械开展经营，一定会滋生资本主义因素，从而对社会主义制度产生威胁。农村改革后，农民从集体那里承包了土地，开始有了土地经营的权利，也就是说，农民利用承包的土地种什么、怎么种，可以自己做主，当时形象的说法就是"交给国家的，留足集体的，剩下都是自己的"。这里就出现了一个绕不开的问题：农民要生产，可不可以个人拥有和使用农机？这个问题在当时是有过激烈争论的。不赞成的自然搬出经典理论，用主义定性的逻辑加以反对；赞成的则从现实需要出发，主张农业机械只是放大了的劳动工具，给农民拥有购买农业机械的自主权，有利于劳动者、劳动和劳动工具的有机结合，有利于解放和发展生产力。在这个问题上，实践走在了理论前面。正当一些同志争论不休的时候，农民已经悄然开始拥有了自己的农业机械。一些农民先是从集体那里买下了旧的农机，紧接着又开始购买新的农机。我记得我在1982年大学毕业分配到农牧渔业部农业机械化管理局工作，第一次出差就是到安徽省的怀远县，调查农民个体购买农机的情况。当时这个淮河岸边的县小型拖拉机就达到了1万台以上，被称为中国第一个拖拉机拥有量过万台的农业县。那时候，怀远县道路上、田间里小型拖拉机如过江之鲫，甚是热闹。农业机械的功能也不仅仅是农业生产工具，同时还具有运输工具、交通工具甚至彰显身份的功能。哪家有了拖拉机，就意味着哪家离万元户已经不远了。当时农机部门的数字统计中就有了农机总拥有量和农民个体拥有量的栏目，说明无论怎么争论，农民拥有农机的自主权已经成为不争的事实。时间不久，中央肯定了农民购买和经营农机的做法，用文件的形式表示，农民可以购买和拥有小型农业机械，对大型农业机械，现阶段原则上也不必禁止。不禁止就是允许，自此农民拥有农机合法化，大大刺激了农民购买农机的积极性，私人拥有农机所占比例迅速攀升。依笔者的眼光，允许农民购置农业机械，是40年来农业机械化改革中最具划时代意义的一举，也是思想解放最具特征意义的一举，开辟了中国农业机械化发展的崭新道路。

第三，突破农民使用农机开展经营的限制，增强了农业机械化发展的活力。毫无疑问，农机是干农活的。然而在农民开始获得购置和经营农业机械自主权的时候，说得绝对一点，农机（主要指拖拉机）主要不是用来田间作业，而是用来搞运输的，这可能是在特定阶段我国农业机械化发展的一大特色。当时的实际情况是，农民购买的农机中，以拖拉机为主，而购买拖拉机，又以搞运输为主。其实这很容易理解：改革开放初期，我国农村经济很不发达，农村道路的状况也不是很好，很多地方甚至连公路也没有。在这种情况下，单纯依靠正规的汽车运输，根本无法满足农业和农村对运输增长量的需求。比如，随着农民经济情况的改善，对建房产生了巨大的需求，理所当然地增大了对建筑材料运输量的需求。当时，活跃在乡村道路上的是大量的小型拖拉机，这些拖拉机运输具有距离短、运量小、运输商品杂的特点，不仅运送农产品、农业生产资料，也运送沙石、水泥、木材等建筑材料，还运送农村日用生活用品，有点类似现在的快递小哥，非常符合农村的特点。拖拉机搞运输弥补了当时公路网络运力不足的缺陷，大大方便了农业生产和农民生活。另外，农民购买农机如果只是自用于农业生产，利用率低，购买农机的投资短时间难以收回。最讲实惠、最会算账的农民当然不会让几千元、上万元买来的机器“半年闲”甚至“一年闲”。效益好、致富快成为农民购买农机的直接动力。现在看来，这是我国农业机械化发展特殊阶段必然会出现的特殊现象。实际上，拖拉机能不能（上道路）搞运输在上述农业机械部的报告中已经有所反映，这个报告指出，“要充分发挥拖拉机在农业运输中的作用。”“不准拖拉机搞运输是不对的”。只是当时的拖拉机是归国家或者集体所有的，农村改革后，变为农民个人自主购买和经营拖拉机。农机部门通过大量的调查研究，认为农民购买拖拉机主要用于农村运输，并没有使农业机械化的初衷从根本上改变，而恰恰适应了农村发展的实际需要，符合我国的国情。最为重要的一点是，农民利用自有农机搞运输，提高了农机经营的收益，改变了长期以来农机只用于田间作业效益低下的局面，增强了农业机械化发展的活力。从我国的实际情况出发，对农民的拖拉机搞运输应当予以支持。后来的实践证明，农民利用拖拉机搞运输后，高潮是在20世纪90年代中期出现的。1995年，农机部门还没有把农用运输车列入统计项目，而到1998年年底，我国农村的农用运输车就达到了1 000万辆。农用运输车爆发式增长，直接把大部分拖拉机挤下了道路。当然，即使在今天，一些边远地区乃至乡村道路上，仍然有零星的拖拉机运输。无论如何，当时正是由于农机部门审时度势，顺应了历史前进的潮流，做出了鼓励农民利用农机搞多种经营的决断，才使农业机械化获得了空前的发展动力。

第四，跳出惯性思维逻辑，顺势变革农机管理体制和运行机制。整体上看，农机管理体制和运行机制的变革，与改革初期允许农民拥有和自主经营农业机械为主要内容的改革所不同的是，后者势头猛、速度快，前者则绵延不断，贯彻始终。允许农民自主选择、自主经营农业机械后，农业机械化发展形势发生了根本的变化，对农机管理体制产生了强烈的冲击。从一定意义上说，20世纪80年代初期流行的“包产到户，农机无路”的议论，主要指向可能不是农民，而是农机部门。放弃基本实现农业机械化的目标，农机部门没有了引领的旗帜，工作将如何开展？农业机械不再实行计划分配，由农民自主购买，那农机部门还有什么作用呢？之前，农机部门管理的对象是国有和集体的农业机械；民营为主以后，农机部门怎样去面对千家万户，如何进行管理？实事求是地说，这些问题涉及农机部门工作的指导思想、运行机制、管理体制、工作方式等，绝不是一阵子就能解决的。我回想1982—1995年在农业部农业机械化管理司工作的13年中，我所起草的领导讲话、会议文件、参考资料等，都会涉及到一项必不可少的内容——农业机械化的地位和作用。之所以我们不厌其烦地研究和宣传这些内容，是想让领导层、有关部门和社会公众认可改革后的农机部门是非常重要的。每当面临机构改革的时候，农机部门往往心里没底，怕被改革掉。这些都是与改革初期农机巨变有着直接的关系。因此，农机部门在管理体制改革上下的功夫也就格外明显。总体来看，这方面的改革大致归纳为四个方面：一是回归实事求是的思想路线，改变主要靠行政命令推动、一刀切、盲目追求农业机械化发展速度的倾向，在指导思想上明确发展农业机械化要以经济效益为核心，因地制宜、重点突破、循序渐进、稳步发展。多年来，农机部门不再制定限期实现农业机械化的目标。前不久，从实际情况出发，适时提出“两全”指导方针，即全面推进全程农业机械化，也是符合实际的。二是在与工作对象的关系上，从以管为主向以推进服务为主转变，提出建立健全农机社会化服务体系的概念，明确这个服务体系自主开展多种经营，服务农业、方便农民。目前，我国农机化作业服务组织达到18.7万个，从业人员208万人。其中农机合作社6.3万个，从业人员145万人。三是在工作内容上，强调以法制推进、政策扶持、技术创新为骨干。2004年，《中华人民共和国农业机械化促进法》颁布实施；同年，农机购置补贴政策开始实施，标志着我国农业机械化发展进入了一个新的阶段，这也是农机部门长期努力、不懈奋斗、坚持改革的重大成果。十几年来，国家投入购置农机补贴资金上千亿元，带动了农民几千亿元的投入，极大提高了农业生产的装备水平。近年来，技术创新在两条战线同时展开，即农机内部技术提升、农机外部强调农机与农艺紧密结合。通过技术创新，使农机化更好地融入了农业生产，提高了农业现代化水平。四是突出安全生产社会化功能，为农业机械安全作业提供保障。改革以来，农机部门始终把安全生产作为管理部门的主要职能，确定安全生产目标，开展多种形式的活动（如安全月、平安农机），通过完善农机安全监理、农业机械鉴定、农业机械质量安全监督、农机化技术推广等体系，为安全生产提供了强有力的支撑。

总而言之，40年改革历程，40年波澜壮阔，是思想解放推动了改革，特别是在改革的重要关口，农机部门坚持实事求是的思想路线，牢牢把握基本国情，满足农业、农村、农民所想、所需、所盼，顺应时代的潮流，才使得农业机械化一步步走向辉煌。

需要补充的是：改革似乎有这样的特性，只有起点，没有终点，也就是说，永远在路上。我从农业农村部农业机械化管理司一位负责人发表的关于深化农机化改革的文章中了解到，当前农机化领域深化改革的基调是推进供给侧结构性改革，改革的主要内容是聚焦科技创新，增加农机技术装备有效供给；聚焦组织方式创新，大力提升农机作业服务供给效能；聚焦管理改革创新，着力提高农机化公共服务供给水平。

笔者完全赞同文章的分析和基本观点。但脑子里忽然有了一个感觉，就是我们以为农机化改革已经40年了，已经走了很远，但细想起来，似乎刚刚出发。40年前农业机械化发展中存在的一些问题，到现在仍然没有完全破解。只举一个例子：农业机械化的效率问题。在我国，全面全程实现农业机械化究竟需要多大的投入？基本上实现农业机械化的目标落空当年，我国机耕水平63%、机播24.7%、机收15%，粗略折合的主要农作物生产综合农机化水平约为30%，目前达到了70%，增长近两倍。而在同期，农机总动力保有量由1.47亿千瓦增加到12亿千瓦以上，增长了7倍多。可见农机作业边际效率衰减到何种程度！真的是行百里者半九十。目前，我国单位耕地面积农机动力投入约为0.5千瓦／亩，美国是0.07千瓦／亩，相差非常悬殊。我们的近邻日本则为0.33千瓦／亩，但机械化水平远远高于我国。以现在为基点，如果我们把机械化水平提高到80%以上，而且涵盖农业生产的各个领域、贯彻到农业生产的各个环节，我国到底还需要多大的投入？

聚焦三大创新，推进农业机械化供给侧结构性改革，出发点和落脚点是提高农机化效益，提高农机利用率。对全国而言，农业机械的数量不是越多越好，甚至可以说，农业机械化水平也不是越高越好。进一步解放思想，深化改革，任重道远啊。

在后发跨越中助力乡村振兴

□ 秦大春

秦大春，男，汉族，中共党员。现任重庆市委农业农村工委委员、市农业农村委员会副主任。近年来，主持收编《农业机械化法律法规政策汇编（2004—2014）》、撰著《南方丘陵地区农业机械化工作应知应会 365 问》等实用教材，研究《水稻机械化育插秧技术规程》、《丘陵山区宜机化地块整理整治技术规范》等地方标准。

一、重庆农业机械化发展现状及问题

农业机械化是农业现代化的物质技术基础，是农业现代化的重要标志，自国家农机化促进法颁布实施以来，在市委、市政府的正确领导下，重庆市农业机械化经历了 10 多年的快速发展期，截至 2017 年，全市农机保有量超过 100 万台（套），农机总动力达 1 310 万千瓦，农机结构档次逐渐优化提升，全市四轮拖拉机、联合收割机、快速插秧机、谷物烘干机逾万台（套）。综合机械化率由“十二五”时期的 26% 增至 47.2%。实现了耕整地基本普及机械化，水稻、油菜、高粱、经作果园全程机械化取得重要成效，种养加重点和薄弱环节的机械化有了新的突破。全市农业机械化迈过了增长缓慢的初级阶段，进入了可以加快发展的中级阶段的入门期。纵向比有进步，但横向比差距大，且有拉大之势。归结起来主要有自然禀赋短板和主观作为不够两方面的原因。

在自然禀赋性短板方面，全市地形山高谷深、地势陡峭，山地、丘陵占 98%，平坝和台原地不足 2%。人均耕地 1.12 亩，仅为全国的 70%，中低产田占耕地面积的 70%，15° 以上坡耕地占 50% 左右，“巴掌田、鸡窝地”是农业自然条件最真实的写照，素有“六山三丘一分地”之称。在主观作为不够方面，受重庆是典型的丘陵山区，农业生产的自然禀赋条件差的认识局限，在“四化”同步建设进程中，在如何实现农机化的问题上，从领导到群众，从行业内部到行业外部都存在林林总总的认识误区。

二、顺应趋势，奋发有为，在后发跨越中助力乡村振兴

在工业化、城市化加快发展的时代背景之下，在全国农业机械化向全程、全面发展提

档，向高质、高效转型升级的时代潮流中，重庆农业同样要回答“谁来种地？用什么种地？怎么种地？”的时代主题，全市农机系统要解放思想、转变观念，牢牢把握用机械化的思维和机械化的手段推进农业生产体系现代化理念，走出片面的“以机适农”的误区。坚定树立在耕种收的各环节、种养加的各方面全程全面机械化观念，坚定树立土地宜机化整治是农业现代化的治本之策的观念。创新思维、创新驱动，坚持“三并两互促跨越”的技术方针，围绕“一突破”“三跨越”“十推进”的目标体系，敢于担当，冲破平台式困境，促进后发跨越。

“一突破”，就是主要农作物耕种收综合机械化率要突破50%，年均提升不低于2%。“三跨越”，就是要努力实现以人畜为主向机械力为主转化的历史性跨越，主要作物全程机械化和优势区域全面机械化从初始级水平向中高级水平转化的提升性跨越，农机社会化服务从试点向全面推广转化的突破性跨越。“十推进”，就要努力推进以下十个方面：一是1 000万亩高标准农田、1 000万亩标准化产业基地，实现大中型农业机械及社会化服务全覆盖（双千工程），保障和推动生产体系现代化。二是水稻、油菜等主要作物全程机械化技术模式全面成熟。三是果、菜、茶园生产，薯芋等根茎类作物生产的重点和薄弱环节机械化，实现重大突破。四是养殖粪污机械化循环利用、牧草机械化生产取得实质性进展。五是装备制造科技创新取得重大进步，地产联合收割机、乘坐式耕整机、航空植保机械等机型、机具逐步成熟，推进全国小型农机生产制造基地地位上档升级。六是以工业化的物质技术成果为基础，以设施化为载体，以信息化为灵魂的设施园艺、设施畜牧、设施水产装备水平、生产水平、运行水平大幅度提升。七是宜机化地块整理整治、宜农化机械改造从试点走向常态。八是新型服务主体培育持续推进，农机社会化服务能力和水平全面提升，对农业生产体系现代化的支撑作用显著增强。创建上100个市级农机社会化服务示范组织，近1 000个农业乡镇农机社会化服务组织全覆盖，培育上10 000名高技能农机驾驶操作维修人才（百千万计划）。九是“互联网＋农机化”，以计算机和网络通信技术等为主要内容的信息技术在农机化政务、农机鉴定和质量鉴定、农机化技术推广、机械化生产与作业、农机安全监理、农机维修与服务、农机教育与培训等领域得到广泛应用。十是制（修）定（订）10个以上农业机械化标准，建设10个以上市级农业机械化示范基地（双十项目行动）。

重点突出“八个着力”：一是着力整合资源，形成基础改善、装备支撑、产业发展的整体合力，以解决农机化动力不足、政策零碎的问题。二是着力持续的宜机化建设，使土地由小变大、由乱变顺、由坡变梯，田成方、地成块、渠相连、路相通，以解决用得上机械、用得好机械的问题。三是着力推广应用，因地制宜，大小配套，不能把小机器和丘陵山区简单地画等号，以解决农业机械化结构优化的问题。四是着力培育新型主体，实施农机合作社能力提升工程，实施智汇农机手金蓝领成长计划，以解决农机社会化服务能力提升的问题。五是着力农机农艺融合，让农业机械化融入种养加的各个方面，体现现代农业对全面机械化的要求，以解决农业提质增效、农民增产增收的问题。六是着力农业环境保护与治理，按照“一控两减三基本”目标，推进畜禽粪便利用与消纳、秸秆利用还田、绿肥生产与利用，以解决资源循环利用和农业可持续发展的问题。七是着力制修一批农机化标准，突破制约主要作物、特色作物以及养殖业、设施农业、林果业、草业等领域全程全面机械化生产的关键技术瓶颈，以解决可复制、可共享的标准支撑问题。八是着力民生实事，扎实推进农机监理、鉴定“放管服”工作，以解决农机化便民利民、服务大局的问题。

三、建议将土地宜机化整治列为丘陵山区农机化后期跨越的治本之策

重庆市土地宜机化整治是以国家《高标准农田建设通则》为指导，以《丘陵山区宜机化地块整理整治技术规范》为标准，综合运用工程机械、农业机械、绿肥种植和农业废弃物消纳还田等工程和生物措施，对现有土地进行互联互通、大小并整、调整布局、理顺沟渠和有机质提升等有利于机械化生产作业的持续改造建设过程。通过土地宜机化整治，改善丘陵山区“鸡窝地”“巴掌田”的现状，建成地相通、小改大、乱变顺、短变长、排灌畅、地肥沃的宜机化高标准农田，实现大中马力农业机械用得上、用得好的目标。2014—2015年开展土地宜机化整治试验试点，2016—2018年连续3年示范推广，建成和在建200多个项目，改造宜机化土地15万亩，受到广泛欢迎和高度评价，项目供不应求。当前，已制定了地方标准、建立了先建后补机制、配套了金融支持政策，已具备扩大推广的条件。

为此，提出以下对策建议。一是强化顶层设计。把土地宜机化整治作为加快转变农业发展方式、发展现代农业和实现乡村振兴基础支撑的长期战略，纳入立法重点内容；确定土地宜机化整治工作的领导体制和总体布局，通过加强组织领导、加大财政投入、协调事权财权配置等举措，把加快实施土地宜机化整治工作纳入各级政府实施乡村振兴、促进农业农村现代化的重要举措；加大改革力度，完善土地所有权、承包权、经营权，“三权”分置办法，发展农村集体经济组织牵头组建的土地股份合作社，推行地块互换承包权证变更登记和确权确股不确地的承包权证登记方式，为集中连片和整村整乡推进土地宜机化整治创造条件。

二是层层落实责任。在农业农村部统一指导下，明确各级政府的职责和权利，层层分解落实任务，纳入年度目标考核体系考核。

三是切实整合资金。在整合后的农田基本建设资金总盘子中，安排30%～40%用于土地宜机化整治，以改变过去农田基本建设深入地块不够的问题。

四是严格统一标准。重庆市《丘陵山区宜机化地块整理整治技术规范》已正式发布为地方标准。同时，还配套了要点释义和图文释义。该标准是以国家高标准农田建设通则为指导，结合重庆丘陵山区的实际，在实践中反复检验、不断修改提炼而成，具有很强的操作性，建议将此标准提升完善为行业标准，指导土地宜机化整治。

五是建立有效机制。建立政府领导、部门合作、上下联动、社会参与的工作机制，进一步明确职责分工，共同推进土地宜机化整治工

作；坚持农业“放管服”要求，建立先建后补、差额包干、谁用地谁建设的建设奖补机制，提高项目的资金效益和时间效率。

六是注重统筹结合。该项工作不能就宜机化而宜机化，要与乡村振兴中的产业振兴、“两区”划定、现代山地特色高效农业、发展壮大村级集体经济、农旅融合美丽乡村建设、脱贫攻坚等工作结合起来开展。

40年，可歌可赞；未来，任重道远

□ 王金富

王金富，原中联重科副总裁，原中联重机总经理、党委书记、副董事长，曾任福田汽车副总经理，全国人大第十一届、第十二届代表。

改革开放40年来，中国农机化发生了深刻变化。从农民买不到农机、用不起农机，到今天全国农作物耕种收综合农机化率达到66%以上。用40年的时间，中国农业生产方式实现了以人力畜力为主向机械作业为主的历史性转变。在中国改革开放进程中，农业经营方式与农业科技、农业机械相互融合、相互促进，使中国农机化成功走出了一条中国特色发展道路。

中国农机化发展得益于中国改革开放。正是由于改革开放，才使中国农机从体制、机制上解除了思想束缚，增强了发展活力，使中国农机拥有了足够的勇气和力量奋发作为。也正是由于改革开放，才使世界先进的农机理念、农机技术和农机产品得以引入中国，在为国人树立赶超目标的同时，与中国农机相互学习、相互促进、共同发展。

中国农机化发展得益于中国农机企业奋发努力。40年以来，中国民族农机工业不忘初心，用智慧和汗水直面落后和困难，砥砺前行。在40年的历程中，数以千计农机企业的诞生和成长，2 000多家规模以上农机制造企业承担起了中国农机化事业振兴的主体责任。40年的历史，是中国农机企业在国家政策引导下，以市场需求为导向、以技术创新为动力，艰苦奋斗的创业、创造的成长史。

中国农机化发展得益于中国农业深刻变革。40年前，家庭承包经营拉开了中国农村改革的序幕；40年来，中国农业坚持创新变革；今天，不论是从规模上，还是从结构上，中国农业都发生了重大变化。农机是农业生产基础要素资源之一，农业的发展与变化，催生和拉动了农机化发展。

中国农机化发展得益于中国农业技术进步。40年以来，特别是党的十八大以来，我国农业坚持科技兴农；特别在主要农作物和大田农业等领域，坚持走规模化、标准化和现代化的农业产业化发展道路；致力于推进农机与农艺、与信息化的深度融合。40年坚持不懈的农业科技创新、模式创新，促进了中国农机化在需求、供给双侧的互相牵引和转型升级。

中国农机化发展得益于农机社会化服务体系的创新发展。40年来，企业主导、政府推动、市场化运作的新型农机社会化服务体系实现了快速发展。农机企业以农机用户为关注焦点，不断创新服务模式；农机推广与管理部门紧紧围绕农业生产全面、全程机械化，聚焦薄弱环节，推动农机化服务补短板、提质量；各类新型农机经营主体不断涌现，跨区作业、代耕代种、土地托管、订单农业、互联网＋农机作业等各种新模式、新业态遍地开花，有力促进了农机化事业发展。

中国农机化发展得益于农机人的成长和进步。40年来，我国以合作社为代表的农业新型经营主体不断发展壮大；以农机手为核心力量的职业农业机械从业者正在成为农机应用推广的主要群体；农机院校与科研机构、农机制造企业、农机流通企业等各方面致力于优秀农机人才开发和培养；一大批高技能、高素质的农机人的成长支撑着农机化事业的发展。

改革开放以来，我国农机化的发展有目共睹。但站在新的起点上，我们应当清醒地看到，目前，我国农机水平与发达国家相比，总体水平不高，供给“不平衡”“不充分”等结构性矛盾突出，不但在农业生产的全程、全面机械化方面短板较多，而且在绿色、节能、智能化等新业态的培育和发展缓慢，行业整体发展质量有待进一步提高，在行业发展的方针政策等方面需要进一步提高精准度。中国农机产业发展需要继续坚持改革开放，推动技术创新和模式创新；需要打造工匠精神、工匠能力，提高产业发展质量；需要以人为本，大力度培育新型农机化经营主体和现代农机职业农民；需要坚持农机与农业生产方式、农业科技发展相融合，走中国特色农机化发展道路。

农机产业是全球性产业，中国农机市场是全球农机市场的细分市场之一，中国农机化是全球农机化的重要组成部分。因此，我们既要站在全球市场维度思考中国农机化发展，又要站在中国市场维度，思考中国农机如何融入全球农机、借力全球农机。作为农机制造企业，需要在建设现代化、全球化企业的同时，支持全球农机化事业发展，致力于推动包括上下游产业链在内的全球合作、共享，打造全球竞争力。

改革开放40年来，中国农机化发展，解放了农村劳动力，促进了农业发展、农村改革和农民增收。新时代的中国，农业机械化将担当起引领中国农业生产方式变革，为乡村振兴增添新动能的历史责任。让我们不忘初心，一代接着一代干，为把中国农机打造成为现代化、世界级农机产业而不懈努力。

新时代，农机化助力乡村振兴之我见

□ 叶宗照

叶宗照，农业农村部农业机械试验鉴定总站检验三室主任。

改革开放 40 年，我也即将 40 岁。作为改革时代同龄人，我乐享了改革红利，过上了幸福小康生活，也在不断成长和在改革当中成就了自我价值。

回顾过去的 40 年，乡村剧变，我的“三农”情很浓。我虽然出生、成长在城市，却与“三农”结下不解情缘。小时候，觉得城与乡很“近”。不仅因为那时城不大，稍一往外走就到了乡，还因为那时在乡村的亲戚、同学多，不时来我家寻求“帮带”，所以常能听到关于乡村的故事。再后来，高考报志愿，在时任市农机局局长叔叔的“参谋”下，报考了中国农业大学，让我走进了“三农”领域。毕业后，我选择进入了农机化系统，至此真正奠定了我的“三农”情。毛主席曾经说过“农业的根本出路在于机械化”，农业机械不仅是先进生产工具和先进生产力的代表，还是重要农业科技集成和惠农政策的物化载体，农业机械化是农业现代化的必由之路。2004 年，国家开始实施农机购置补贴政策，农机装备保有量大幅提高，农业生产方式顺利实现了从依靠人力畜力到主要依靠机械动力的历史性转变，农村农民面貌也发生了根本变化。正如韩长赋部长曾在他创作的《沁园春·农村改革》诗中讲到“多予少取，利归‘三农’，与民一诺百金轻”。正是农村改革，成就了中国乡村剧变，我们“三农”干部引以为豪、信心十足。

我的梦、千万人的梦，共同铸就乡村振兴梦。数千年的中国农耕文明，从来没像今天这样富有生机活力；亿万农民和中华人民共和国成立以来的几代农机人的机械化梦想，从来没有像今天这样照进现实。农机化发展成绩来之不易，经验弥足珍贵。虽然我国农业生产方式整体迈入了机械作业为主的新阶段，但仍存在发展不平衡、不充分问题。尤其是农机“动力多、但配套机具不齐”问题、“买得起、但用不好”问题和“机械发展快、但农田基础宜机配套不同步”问题等依然突出。党的十九大提出乡村振兴战略，推进农业农村现代化，对农业机械化提出了新的更高要求，为新时代“三农”干部，如何怀揣梦想、强化使命担当，如何带动亿万乡亲和广大农业经营组织，共同实现富强、民主、文明、和谐、美丽的乡村振兴梦提出了新的课题。

基于自己对领导讲话的学习和多年的工作经验，对于新形势下农业机械化发展，我个人有几个不成熟建议，简单概括为“一补二升三融合”。

一、做大做强农机补贴政策，让政府引导作用更好地发挥

目前，我国农机产品 4 000 多种，只有世界农机种类的一半多点。据 2016 年年报统计（最新年报 2016 年），全国水稻机械种植率 44.5%，油菜机播率 25.2%、机收率 34.7%，马铃薯机播率 26.0%、机收率 24.7%，棉花机收率 22.8%。总体看农机化薄弱环节不少，适应丘陵山区的农机产品严重不足，经济作物机械基本空白。为此，瞄准全程机械化、结构调整和农业绿色发展等需求，聚焦“短、缺、新”农机装备品种全力增加供给，依然是农机购置补贴政策的重中之重，必要时应考虑侧重补贴。另外，也需加快研究农机作业补贴政策，在作业补贴基础上，应加大秸秆等废弃物综合利用、扩大有机肥施用替代等新型农机作业补贴政策的谋划与争取。随着农业农村部职能改革调整，农机应用补贴在强化标准农田整理、水利建设、机耕道、场库棚建设等基础配套提升的同时，还应扩大到畜禽粪污处理、垃圾收集和厕所革命等农村环境治理领域，让更多具有乡村特色的典型农机装备设施，全面服务于乡村的生产、生活和靓化工程。

二、促进农机装备制造业与农机社会化服务升级，让市场主体成为推动发展的核心动能

（一）谋划农机装备制造业转型升级

近两年，农机装备制造业似乎遭遇了“寒冬”，主流产品销售大幅下滑，据统计，2018 年 1～10 月，我国大中拖和小四轮产量分别同比下降 22.66% 和 76.24%，轮式收获机产量同比下降 58.02%，履带式水稻收获机下降 18.59%，插秧机下降 43.03%，烘干机下滑 46.41%。未来两年，随着强制要求国四排放发动机，农机技术难度和成本进一步增加。面对农机市场，一边是中低端产品产能过剩，另一边是预约排队等着买 500 多万元一台的采棉机，捡石机、蔬菜收获机等难寻买处的“尴尬”，农机装备制造企业必须“主动”转型升级。所谓“大浪淘沙沉者为金”，企业要为国务院即将出台的加快农机装备产业升级政策措施做好准备，一要坚持技术创新、产品创新，关注新技术的研发应用；二要提高产品制造能力，提升装备和工艺升级；三要在产业整合、服务提升、控制成本等方面做好工作，提升企业综合竞争力。

（二）推进农机社会化服务提档升级

我国农业具有典型的大国小农特点，目前 2.3 亿农户中经营耕地 10 亩以下的农户 2.1 亿户，即使 2030 年城镇化率达到 75%，预计仍将有 3.6 亿人口生活在农村，农民人均也只有 5

亩地，小农生产方式是我国农业发展需要长期面对的现实。在这样“超小规模”农业经营业态下实现乡村振兴的产业兴旺，必然要在发展土地集中规模经营的同时，大力发展服务带动型规模经营，以服务规模化弥补经营细碎化，以生产机械化应对劳动力日益短缺、用工成本日益走高的问题，进而实现基于社会化服务的节本增效、提质增效，促进小农户和现代农业发展有机衔接。综合分析当前的形势，重要任务是培育发展各类农机服务新主体、新模式和新业态；推进农机服务向农业生产全过程、全产业和农村生态、农民生活服务领域延伸，优化创新链、扩大服务链、拓展产业链、提升价值链；加快构架起总量适宜、布局合理、经济便捷、专业高效的农机社会化服务体系。

三、做好农机农艺、农机农事、机械化信息化三融合，让农机化成为乡村振兴的新引擎

（一）农机农艺融合要敢于突破

农机农艺融合提倡多年，但听到更多声音是“这机器不行”“没有这样的机器”，而我想说的是：“怎样种地？由农机说了算。”随着我国农村劳动力的大量转移和老龄化加剧，农村劳动力成本激增，这使农机化程度将直接影响农业生产成本和农民种植意愿。因此，农机与农艺必须双向发力，以利润最大化优先。据统计，我国农产品生产成本中，劳动成本平均约占50%，而美国等发达国家仅占10%左右。在近期调研时发现，新疆的辣椒机收损失率接近8%，广西甘蔗机收含杂率大于10%，但问起农户和糖厂能否接受时，他们都回答：“有农机总比没农机强。”棉花采收更有说服力，一台高性能采棉机的作业效率能抵上1 500个人工，所以现在都采用“矮、密、早、匀”的棉花种植模式和品种。由此看出，大多数农产品生产机械化效率所节约的成本比产量的增值要大得多。因此可以大胆尝试在没有更好机械产品出现时，改变现有的种植模式“改艺适机”。重庆市曾有“微耕机之都”称谓，在发展一段时间“以机适地”的丘陵山区小型机械化，发现以微耕机为典型“解放了牛，累死了人”的模式不可持续，近几年来大力开展土地宜机化改造，“改地适机、改艺适机”，探索出了一条适度规模及宜机化种植的效率效益双增路径。

（二）农机农事融合要敢于创新

植保无人机应用近年备受关注，今年预估保有量增幅超过150%，作业量增幅超过200%。据跟踪“共享植保无人机”产业化公司案例发现，他们利用农机、农资和农事的体系化融合创新，通过建设县域综合农事服务平台，形成了推广、盈利的新优势，让农机手在作业赚取农机服务费的同时，还从农药、农资集中使用中获利。按一亩地一年的费用测算，平均打药1.5次（作业费10元／次），农资200元（平均利润20%），农资的获利是作业收入的2.5倍多。随着农业规模化经营和标准化生产的推进，农机全程全面机械化服务必将引领和带动农资统购、培训咨询、贮藏加工、产销对接、金融对接等农业产前、产中、产后各环节农事活动的有机融合，提高规模经营户与有关企业在农资采购和产品销售方面的议价空间，从而提升规模经营、专业服务的成本效益最大化。

（三）机械化信息化融合敢于投入

今年习近平总书记考察东北地区，第一站来到了黑龙江农垦建三江管理局，在七星农场北大荒精准农业农机中心，通过中心信息化平台，他详细了解七星农场如何运用卫星定位、云计算技术等，对万亩田畴实现精准管理。“互联网 + 农业机械化”促进信息化与农机装备、作业生产、管理服务深度融合，实现信息感知、定量决策、智能控制、精准投入、个性服务等。2017 年，吉林省农机化远程调度指挥监控中心建设完成；浙江省利用信息化技术建立了植物工厂、养殖管区、农产品质量追溯系统等一系列平台，加快农业领域的“机器换人”步伐；湖北省投入 3 450 万元，建立以服务农机作业为主的信息系统，安装信息终端 1 553 台，实现深松作业数据全覆盖。听闻未来三年内，国家还将投入 7 亿~9 亿元，配备 4 000 套自动导航驾驶系统和 20 多万台（套）智能监测设备，推进科技信息化和农机化融合发展。这样才是农业现代化该有的样子，这样农民才是一个体面的职业。

“乡村振兴正当时，奋发有为立潮头”，我们要努力让农业成为有奔头的产业，让农民成为有吸引力的职业，让农村成为安居乐业的美丽家园。面对新征程、新期待、新要求，不忘初心，继续前进，是我们农机人的坚定使命。

在乡村振兴大业中夯实农机人的历史位置

□ 朱礼好

朱礼好，农业农村部农业机械试验鉴定总站信息处副处长，中国农业机械化信息网、《农机质量与监督》执行主编；《农机市场》《当代农机》、农机360网、农机1688网等行业媒体专栏作者。曾任职于《中国农机化报》《中国农机化导报》，文章曾刊于《经济日报》《农民日报》《中国经济导报》《中国工业报》《中国汽车报》《21世纪经济报道》《华夏时报》等媒体。

这是中国有史以来最好的时代。

这是中国农机化发展的黄金时代。

在全面推进乡村振兴战略之际，农机人躬逢其盛，有了进一步发挥历史作用的历史舞台。

一、农机化再迎战略机遇期

2018年9月21日下午，中共中央政治局就实施乡村振兴战略进行第八次集体学习。中共中央总书记习近平在主持学习时强调，乡村振兴战略是党的十九大提出的一项重大战略，是关系全面建设社会主义现代化国家的全局性、历史性任务，是新时代“三农”工作的总抓手。我们要加深对这一重大战略的理解，始终把解决好“三农”问题作为全党工作重中之重，明确思路，深化认识，切实把工作做好，促进农业全面升级、农村全面进步、农民全面发展。

可以说，这次会议为推进乡村振兴再一次进行了总动员。当前，全党上下正在兴起学习贯彻习近平总书记关于乡村振兴系列重要论述的热潮。对于农机人来说，我们更关心农机化在“促进农业全面升级、农村全面进步、农民全面发展”中的重要地位与作用。

随后在2018年9月26日，新华社被授权刊发的中共中央、国务院《乡村振兴战略规划（2018—2022年）》（以下简称《规划》）中，第四篇“加快农业现代化步伐”中，第十一章“夯实农业生产能力基础”中的第三节明确提出，“提升农业装备和信息化水平”，这里不妨再赘述如下。

“推进我国农机装备和农业机械化转型升级，加快高端农机装备和丘陵山区、果菜茶生产、畜禽水产养殖等农机装备的生产研发、推广应用，提升渔业船舶装备水平。促进农机农艺融合，积极推进作物品种、栽培技术和机械装备集成配套，加快主要作物生产全程机械化，提高农机装备智能化水平。加强农业信息化建设，积极推进信息进村入户，鼓励互联网企业建立产销衔接的农业服务平台，加强农业信息监测预警和发布，提高农业综合信息服务水平。大力发展数字农业，实施智慧农业工程和“互联网 +”现代农业行动，鼓励对农业生产进行数字化改造，加强农业遥感、物联网应用，提高农业精准化水平。发展智慧气象，提升气象为农服务能力。”

无独有偶，就在该文件发布的前一天，习近平总书记深入北大荒视察农业，据媒体绘声绘色地报道：25 日下午，总书记来到七星农场北大荒精准农业农机中心。在中心信息化平台，他详细了解七星农场如何运用卫星定位、云计算技术等，对万亩田畴实现精准管理。站在高处俯瞰，七星农场万亩大地号一望无垠。水稻什么品种？亩产多少斤？仓储能力如何？机械化率有多高？总书记问得十分仔细。他走近前去，双手捧起一碗大米，意味深长地说：“中国粮食，中国饭碗。”习近平来到北大荒建三江国家农业科技园区，向正在实验室工作的科研人员了解谷物品质、土壤测试分析情况。他对围拢过来的园区科研人员说，农业是基础性产业，中国现代化就离不开农业现代化。我们这么大的国家，农业是不可或缺的。农业要振兴，就要插上科技的翅膀，就要靠优秀的人才、先进的设备、与产业发展相适应的园区。农业科技大有潜力、大有可为，希望你们再接再厉、不断提高！

北大荒是我国发展大农机和现代化大农业的观察哨与制高点，也是我国商品粮生产和保障粮食安全举足轻重的基地。总书记亲自去考察，体现了其在我国农业生产中的重要地位。正如总书记指出的：“北大荒建设到这一步不容易。当年这里是‘棒打狍子瓢舀鱼，野鸡飞到饭锅里’。半个多世纪过去了，发生了沧桑巨变，机械化、信息化、智能化发展很了不起，令人感慨。”可以说，一部北大荒发展史，也是一部中国农机化服务推动中国农业发展的历史。

二、无农机则无现代农业

“农，天下之本，务莫大焉”。没有农业机械化，就没有农业现代化；没有农业现代化，就难以实现乡村振兴大业。这应该成为所有农机人的共识，也是我们应提振信心干好农机化工作的基础。

“沉舟侧畔千帆过，病树前头万木春”。在改革开放 40 周年之际，回望来路，自改革开放特别是 21 世纪以来，我国农机化事业发展取得了云泥之变，从一个基本以畜力耕种为主的国家快速发展成机械化装备农业为主的国家，农业早告别了“赤日背欲裂，白汗洒如雨”的苦情景象。2017 年，全国农机总动力近 10 亿千瓦，全国农作物耕种收综合机械化率达到 66%。我国农业机械化快速发展，大幅提升了农业物质技术装备水平，有力推动了现代农业建设，为我国粮食安全和农村经济社会的全面发展做出了巨大贡献。

前些年，曾经发生过到底是农机适应农艺、还是农艺适应农机的争论，但我坚持一个朴素的观点：再好的种子、农药、化肥与各式农艺，在劳动力越来越少、越来越贵的情况下，最终都需要农业机械这个物质载体去予以实施。前些时候，我碰到一农资企业的朋友，向他阐述我的这个观点时，人家亦表示认同。近年来，越来越多的农资企业选择与农机企业和农机专业合作社合作，显然是他们也认识到这一点。同时，我们还要认识到，农机又是精准农业、环保农业、效益农业的工具，无农机，就无（现代）农业！

2017 年以来，农机行业遭遇下跌行情，有些企业特别是传统以拖拉机、收获机为主业的企业下滑非常严重，陡然增加了企业发展的压力，行业内唱衰之声此起彼伏。实际上，只要我们冷静地审视一下四周，又有哪个行业永远只升不降？农机产业已经在购机补贴政策的刺激和市场的拉动下持续增长了十几年，这种情况在任何一个国家、任何一个产业都是极罕见的。放眼国外，包括约翰迪尔、凯斯这些公众公司在内的跨国农机巨头，他们近年来遭遇的业绩压力丝毫不比国内企业轻，但从他们对外公布的上市公司材料来看，并没有听到他们大幅唱衰行业和企业前景的声音。

我始终坚信，农机行业目前遭遇的下滑行情一定是短期的。譬如玉米收获机行业在国家取消玉米托市收购后，亦呈现连续两年的跳水行情，2018 年随着玉米销售行情的回升，已经呈现 20% 以上的增长。对于农机企业来说，在低迷期谁的抗衰工作做得好，谁就能笑到最后。只要国家不任由田地荒芜、农村凋敝（这明显不是乡村振兴的发展图景），就会让农民耕种土地；而只要耕种土地，就必然会使用农机。不管种什么，都需要农机。不管当前的形势多么困难，农机行业都不可丢失信心。悠悠万事，吃饭事大。中国粮食，中国饭碗，离不开农机！

农业农村部农机化司司长张兴旺，在 2018 年履新第一天调研在京农机化相关单位时就指出，要深入贯彻落实部党组对农机化司的要求，不负乡村振兴的战略使命，在新形势下做出农机化系统应有的贡献。

三、紧紧抓住乡村振兴的机遇

《规划》中这段不长的论述，内涵深刻，意义深远。我们农机行业须深入领会，用以指导落实。而对于广大农机企业来说，则要从中判断行业发展的走向并挖掘发展的机会。

一是要加快农机装备的转型。《规划》中指出，要加快高端农机的研发。今年爆发的“中兴事件”，让国人深刻体会到我们在关键技术领域被别人扼住咽喉的痛苦。21 世纪以来，我们农机工业尽管在国家政策的带动下取得了卓越成就，但不可否认的是，目前我国农机产品整体上仍处于价值链的较低端，跟国外先进水平的差距还是非常明显的，有些人甚至认为要差了数十年。差距首先表现在产品本身的研发技术，其次表现在制造技术。目前，我们的农机产品还没有打入国际主流市场，没有一家真正的跨国品牌。习近平总书记在黑龙江考察期间，新华社发布的一张巨幅照片显示，总书记背后是我国“农机工业长子”中国一拖研发的收获机械产品。这体现出了场面布置者对于国产品牌的照顾，也折射出国家领导人对农机自主品牌的高度重视与殷切期盼。

今后几年，由低端向中高端转型是国内农机行业的重要任务。我国农机制造业必须走向价值创造链的中上游、形成核心创造能力，而不是长期停留在价值链的中低端粗放发展。这中间既包括农机主机生产企业，也包括农机零部件行业，需要产业链上下游、农机行业管理部门甚至行业外的共同发力。

据我观察，如果我国的农机产品质量基本达到久保田和约翰迪尔目前在国内的水平，国内农机产品的定价亦采用他们大致相当的水平，仅此一项，我国的农机市场销售额有望增加60%以上，也就是说，如果我国的农机产品质量整体上升一个层次，在大家摒弃低端价格战的情况下，以我国目前4 000多亿的农机工业产值算，我国的农机市场年销售额就可以比较轻松地增加2 000亿元人民币，这是一个比较可观的数量。

二是要进一步加快丘陵山区的农机化水平。随着平原地区农机化规模已经再难有较大上升空间，丘陵山区农机化或将获得进一步发展。过去说农机化主要是平原地区的农机化，因为见效快、易出成绩，造成资源投入大量集中，而丘陵山区由于各种复杂原因，导致目前与平原地区和整个国家的机械化水平相差较大。因此，丘陵山区农机化既是发展的难点，也是下一步需要发展的重点。国家发展农机化不应忽视丘陵山区，没有丘陵山区的农机化，整个国家的农机化水平是不完整的、是让人蒙羞的。

从目前来看，我国丘陵山区农机化水平提升的空间比较大，当前我国还有4个省份农机化水平低于40%，贵州省甚至不到20%，山区丘陵农机化水平不到50%。随着丘陵山区第一代、第二代在外务工者的回归，从事农副业生产的他们亟须农业机械作为“帮手”。而农机企业需要瞄准这一市场开发适销对路的产品。

三是要推进后进领域的机械化。随着玉米、水稻、小麦三大主粮作物的机械化水平上升至较高水平、很难有进一步提升的空间之后，过去的农机化薄弱领域像经济作物、畜禽水产养殖领域、果菜茶领域、草地机械领域将进一步受到重视，而这些机械的生产企业也将迎来发展的机会。当然，由于这些领域整体消费市场偏小，因此这一块不像玉米、水稻和小麦生产机械那样具有明显的规模效应，上述领域更适合专业化、小众化的生产企业或者一些身有余力的企业投身其中。不过，由于我国地大物博，加上我国农业供给侧结构性改革不断取得成效，经济作物、畜牧机械市场的发展前景，相比其他国家也是非常可观的。

四是农机农艺的融合将更加受到重视。农机农艺结合是个多年的老话题，随着种田越来越职业化、专业化，农业生产主体——农民本身，会更重视这个问题，这就反馈延伸到包括农机生产企业这一产业链的上游。因此，未来农机生产企业需更加重视农业生产对于农艺的需求。对于农机经销商来说，如果你更懂农艺、更懂农业生产和农民的需求，那么你的生意也可能做得更好。

五是农机智能化将会得到更大力度的推动。农机智能化是发展方向，这是毋庸置疑的。目前，国内已经有相当多的科技型企业投身农机智能化，或自身开发产品，或与农机企业合作。尽管眼下农机智能化对农机企业的实际产值可能还没做出多大的贡献或者说没成多大气候，但是对于部分有实力的农机企业一定需要提前布局。

农机智能化，就是降低作业强度、节约劳动力、提升作业效率，这与农业机械的本质是完全吻合的。农业机械领域也要充分利用农业遥感、数字化、物联网技术等这些人类先进的科学技术成果，提升机器的智能化水平，不断推动农业机械上升到新的高度。中国汽车工业的旗帜性人物、吉利董事长李书福认为，智能制造既是中国制造业的唯一出路，也是中国制造业的广阔前景、美好未来，中国制造业无论走哪一条转型升级道路，都离不开智能制造的共性话题，智能制造是中国制造业转型升级的必由之路。我们农机行业也一样。中国农机化的未来，需要更加“智能的”中国农机制造。

形势无可争辩地表明，我国农机化发展的潜力仍然巨大，农机人有足以发挥的舞台。哈罗德·罗森堡在《荒野之死》中称：“一个时代的人们不是担起属于他们时代变革的重负，便是在它的压力之下死于荒野。”我们农机人，身处实现“两个一百年”的伟大目标、农村经济社会全面发展的伟大时代，需要担负起应有的重任，不负重托，不辱使命，不畏艰难，抢抓机遇，在推动乡村振兴的伟大战略实施和实现农业农村现代化的历史征程中找准位置、发挥出农机人应有的历史作用。

提升农业机械化水平　促进小农户发展

□ 徐　峰

徐峰，浙江江山人，农业农村部农业机械试验鉴定总站高级工程师。长期从事农机鉴定研究、技术管理和实验室质量体系运行，对农机购置补贴等软科学有深入研究。

改革开放的40年，是农机化发展波澜壮阔的40年，是我国农业机械化水平提升最快的40年，种田告别了要弯腰的时代，农业生产告别了人力畜力时代，农民终于从“面朝黄土背朝天”的繁重体力劳动中解放出来，农业农村生产进入机械化为主导的新时期。但是对于广大小农户来说农机化发展还不充分，一些地区的小农户机械化水平还比较低，还没完全享受到发展的成果。可以说，农机化剩下最难啃的骨头就是小农户、最大的短板也是小农户，没有小农户的机械化就没有农业农村的现代化。

习近平总书记十分关心小农户的发展，主持召开中央全面深化改革委员会第四次会议，审议通过了《关于促进小农户和现代农业发展有机衔接的意见》，强调坚持小农户家庭经营为基础与多种形式适度规模经营为引领相协调，按照服务小农户、提高小农户、富裕小农户的要求，加快构建扶持小农户发展的政策体系，促进传统小农户向现代小农户转变，使小农户成为发展现代农业的积极参与者和直接受益者。

《乡村振兴战略规划(2018—2022年)》专门安排一个章节《促进小农户生产和现代农业发展有机衔接》支持小农户发展。最近发布的《国务院关于加快推进农业机械化和农机装备产业转型升级的指导意见》也提出以机械化促进小农户发展。在国家层面，小农户的发展得到前所未有的重视，进入了新的历史发展时期，迎来了新的春天。

一、“大国小农”是长期存在的

最近几年，强调发挥适度规模经营引领作用比较多，出台了一系列扶持新型农业经营主体的政策，这些举措符合现代农业发展方向。但越是这个时候，越不能忽视我国小农生产这个基本面。

目前，我国有2.3亿农户，户均土地经营规模7.8亩，经营耕地10亩以下的农户2.1亿户。

人均一亩三分地、户均不过10亩田的小农生产方式，是我国农业发展需要长期面对的现实。据第三次全国农业普查，截至2016年年底，全国小农户数量占农业经营户的98.1%，小农户农业从业人员占农业从业人员总数的90%，小农户经营耕地面积占总耕地面积超过70%，小农户三大谷物种植面积占全国谷物总播种面积的80%。户均经营面积27个省份都在10亩以下，浙江仅为1.3亩，“巴掌田、鸡窝地”非常普遍。

我国大多数农村地区，在那些熟悉农业生产、习惯农村生活的中老年农业人口完全退出农业前，未来很长一段时间，小农户仍将是我国农业农村发展最重要的基础力量。

除了历史发展惯性、城镇化、就业等因素影响我国小农户长期存在，还有一个原因就是我国的农村土地“三权”分置的制度，一定程度上加大了农业规模化经营的复杂性，也使得小农户将长期存在。党的十九大提出农村土地承包期再延长30年，可想而知，在未来二三十年内，小农户还将伴随着农业农村现代化进程。

发展规模经营是农业现代化必由之路的前进方向，也要认清小规模农业经营仍是很长一段时间内我国农业基本经营形态的基本国情农情。我国小农户长期存在的特殊性，是我们必须面对的现实，也是目前无法改变的局面。不能因为小农户发展底子薄、经济效益低，就不重视、不支持或漠视、放弃，在改革发展的道路上，每一类群体都有生存权、发展权，都应该充分分享发展成果和改革红利。

二、小农户发展面临的制约因素

要实现农业和农民两道难题一起解，只有将小农户纳入现代农业发展的轨道上来，不断提升小农户整合资源要素、发展现代农业的能力，才能实现农民增收和产业发展齐头并进，推进农业现代化，这当中，农机化的作用是必不可少的。在促进小农户发展的同时，也要充分认识到小农户发展具有先天不足的发展劣势，以及目前发展的困境。

一是小农户面临分享发展成果不充分的问题。最近几年，强调发挥适度规模经营引领作用比较多，出台了一系列扶持新型农业经营主体的政策，现代农业产业体系逐步形成，种养大户、家庭农场、农机合作社等新型经营主体蓬勃发展，已成为发展现代农业的引领力量，但是相比之下，小农户的发展没有被过多的关注。特别是工商资本下乡更多地关心经营效益，不够注重带动农民发展，使得小农户难以有效分享农业机械化发展的成果。

二是小农户面临发展权利不充分的问题。大量小农户难以享受充分的农机购置金融、信贷、保险服务。小农享受发展权利仅停留在小型农机具上，如微耕机、田园管理机、割晒机等小型、自动化程度低的农机，而像自走式收割机、智能化农机装备则没有能力购买。由于小农具开发成本高、利润低，特别是丘陵山区的小农户面临无机可用的局面。各地出台文件容易“一刀切”，无法满足小农户情况千差万别的需求，小农户由于发展难度大，也不太被关注。

三是小农户面临发展机会不充分的问题。小农户运用现代农机装备、信息手段、金融服务的先天能力不强，在竞争中难以把握发展机会。丘陵山区的农机化基础设施落后，一些水利设施还是20世纪五六十年代的产物，机械化难度很大。“鸡窝地”“巴掌田”，经营规模小，没有成本优势。以“一家一户、小而散”经营方式生产组织方式也影响着机械的普及和应用，小农户专门购买机具成本太高、利用率低。

三、小农户发展的表现形态

我国小农户呈现不同的表现形态。区域间资源禀赋的差异性和经济社会发展的不平衡性，小农户在不同地区的格局和生存形态并不一致。东北地区、中部地区和西部地区小农户，城郊小农户和农区小农户，无论是经营规模、劳动分工、收入构成大相径庭，多元化将是我国小农户长期的基本特征。

平原地区的小农户机械化发展，相对比较容易，可以通过规模化经营，社会化服务带动发展。但是丘陵山区的小农户发展更具有复杂性和艰巨性。全国农作物耕种收综合机械化率已达到66%以上，部分省份已达到80%以上，但丘陵山区的农业机械化程度还比较低，有的还不到40%，相差一半以上，这种发展的不平衡，亟待破解。

发展小农户最难地区是丘陵山区，我国贫困地区大多也处于丘陵山区，农业特别是种植业是当地小农户收入的重要来源，所以促进小农户发展与丘陵机械化、精准扶贫是分不开的。丘陵山区农业和农机化发展，既对国家主要农产品供给安全有至关重要的影响，又直接关系农民脱贫致富、农业农村现代化进程、乡村振兴战略的顺利实施，可以说贫困地区（丘陵山区）是我国促进小农户发展的主战场。

四、提升机械化水平促进小农户发展

农业机械化对提升小农户机械化水平，促进小农户发展具有不可替代的作用。采取普惠性农机化扶持政策措施，提升小农生产经营组织化程度，改善小农户生产设施条件，提升小农户抗风险能力，扶持小农户拓展增收空间。

（一）强化农机社会化服务组织带动

处理好发展适度规模经营和扶持小农生产的关系，是乡村振兴的重大政策问题。坚持家庭小农生产为基础与多种形式适度规模经营为引领相协调，多样化的联合与合作，提升小农户组织化程度。探索“三权分置”多种实现形式，推进集体经营性资产股份合作制改革，实现“资源变资产、资金变股金、农民变股东”，让小农户更多地分享产权制度改革红利，成为改革的参与者、受益者。

在提升服务上，健全农机社会化服务体系，加快发展“一站式”农业生产性服务业，以综合性、专业化、社会化为导向，大力培育新型农机服务主体。鼓励农机服务主体通过跨区作业、订单作业、农业生产托管等多种形式，开展高效便捷的农机作业服务，促进小农户与现代农业发展有机衔接。通过发展多种形式的社会化服务，依托土地股份合作、土地托管、代耕代种等有效形式，在不打破家庭经营格局的情况下，实行统种统收、统防统治甚至统销统结，以服务规模化弥补经营细碎化的不足，实现了农业区域化布局、专业化经营、标准化生产，进而实现了基于社会化服务的节本增效、提质增效、营销增效。

（二）支持绿色高端特色产业

促进产业兴旺是实施乡村振兴战略及扶贫攻坚战略的关键，最根本的途径是帮助贫困地区（丘陵山区）发展特色产业。随着用工难、用工贵问题的持续制约，没有机械化支撑，贫困地区（丘陵山区）特色作物很难产业化，很多地方特色优势会逐渐丧失。建设现代农业产业体系、生产体系、经营体系，提高农产品市场竞争力，迫切需要提高贫困地区（丘陵山区）的机械化水平。

聚焦深度贫困地区（丘陵山区）农业产业，根据小农户发展的自身特点，突出一家一户精细生产的优势，以帮扶贫困地区（丘陵山区）提升农机化技术应用能力和机具装备水平、发展特色产业为重点，利用现代设施、装备、技术手段武装贫困地区（丘陵山区）的传统农业，大力发展绿色、有机农产品生产，带动小农户发展特色化、小众化、中高端、高附加值绿色有机的产业，提高农业生产的附加值，既提升当地农机化水平，又实现精准脱贫。

加大农业生产全面机械化推进力度，让小农户享受农机化技术发展成果。以机械化推动乡村人居环境治理，在农作物秸秆禁烧、畜禽养殖粪污资源化利用、农村生活垃圾及废弃物处理等方面，发挥农机化的装备支撑作用。以机械化促进农业生产方式绿色可持续发展，在优势产区推进果菜茶田间管理、采收转运、产地处理等薄弱环节机械化技术攻关和试验示范，开展化肥农药减施、水肥一体化、有机肥使用等绿色农机化技术培训，推广先进适用技术。

（三）开发中小型高性能农机装备

《国务院关于加快推进农业机械化和农机装备产业转型升级的指导意见》中指出：推进我国农机装备和农业机械化转型升级，研发适合国情、农民需要、先进适用的各类农机，既要发展适应多种形式适度规模经营的大中型农机，也要发展适应小农生产、丘陵山区作业的中小型高性能农机以及适应特色作物生产、特产养殖需要的高效专用农机。

中小型高性能农机装备研发，要以国家科技项目支撑引领，以构建产学研推用协同创新机制为驱动，加快破解“无机可用”难题。充分发挥科研院校研究优势和积极作用，研究适用于小农户的新技术、开发新机具；发挥农机企业市场主体作用，鼓励地方中小企业创新发展，生产制造适合丘陵山区的中小农机具；借鉴日韩等发展中小型农机的成功经验，发展中小型配套、多用途、全产业链条的农业机械装备水平。丘陵山区省份农机鉴定机构、科研单位可充分结合特色主导产业发展需求，加大丘山地陵农业机械标准、专项监督大纲研究制定工作，引导农机生产企业生产相关产品，加快改善丘陵山区中小机型机具供给不足局面。

从需求侧入手，主动服务农民，服务小农户。坚持自主开发和引进来相结合的思路，按照对进口产品一视同仁的要求，以更加开放的姿态加快进口产品引进步伐，促进小农户使用智能先进进口农机。

（四）推进宜机化土地整治

加快改善农机作业条件。在农田整治上，

以宜机化改造为着力点，改善丘陵山区机械化立地条件，因为农田的条件也是农机作业的前提条件。

当前，农机化发展总体来讲，北方快、南方慢，实际上是平原快、丘陵慢，这里面很重要的一个原因，就是因为丘陵山区农田基础设施状况，与农机作业的需求不相适应，突出表现在有些地方田间缺乏农机作业最基本的条件，比如缺少机耕道，有些俗语说“牛进得去，但是铁牛（就是农机具）进不去”。另一个原因是丘陵山区的地块相对起伏变化比较大，不是集中连片，破碎化的程度高，田块细碎、高低不平，所以农机作业难度比较大，对机具的要求很高。要改变这种局面，加快丘陵山区农业机械化的发展，需要从顺应机械化作业要求来入手，改善农田基础条件。

支持丘陵山区“宜机化”改造是发展机械化的必然选择。宜机化改造其实不少国家在推进农机化过程当中都作为基础工程来做，像日本、韩国，他们的丘陵山区机械化发展历程也都表明：机耕道建设和地块整合是重要的先决条件、前提条件之一。我们可以从以下三个方面加快推进宜机化土地整治：一是修订完善高标准农田建设、土地整理、土地综合整治等方面的制度标准，进一步明确田间道路、田块长度宽度等宜机化的要求，把宜机化作为非常重要的内容或者指标，把它纳入高标准农田建设跟农田整治中去。二是统筹中央和地方各类相关资金以及社会资本，推动田块小并大、短并长、弯变直和互联互通，为农机通行和作业创造条件。三是重点支持丘陵山区开展农田宜机化改造，加快补齐丘陵山区机械化基础条件这块短板。

（五）完善普适性农机购置补贴政策

立足小农户的经营形式和产业特点，创新面向小农户的普适性政策。发挥农业补贴的导向作用，进一步完善财政支农政策体系，调整优化农业补贴，让财政补贴更多更广惠及农民群众特别是小农户，让小农户参与价值链收益分配。

农机购置补贴政策作为一种农机化普惠性扶持政策应更加普惠，既要引导规模化经营，又能帮助农户提升农机化水平。一是补贴品目选取，在目前保障九大作物全程机械化的前提下，进一步扩大丘陵山区机械、中小型高性能农机，及时把相关适用的成熟机具纳入补贴范围。如加大设施农业、大棚钢架、轨道运输车等设施农业、林果业相关装备的补贴力度，以提高特色主导产业发展装备支撑能力为重点。二是开展补贴机具档次优化工作，通过科学分档，一方面充分体现机具创新结构、功能特征；另一方面适当定向提高补贴比例，进一步提高补贴标准指向性和精准度。农机购置补贴资金向丘陵山区倾斜，优先足额满足丘陵山区市县补贴资金需求。

开展农机新产品购置补贴，将丘陵山区特色作物发展急需的创新农机产品优先纳入试点，如山地轨道运输机、果园升降平台、食用菌生产专用机械等。研究探索通过先建后补方式，开展设施设备一体化补助，为丘陵山区农业产业发展提供多方面的装备支撑。

（六）创设新型农机化普惠性扶持政策

农机作业补贴的普惠性更强，可以惠及所有农民。不断深化深松、机播、植保等机械化作业补贴方式，总结完善补贴机制，逐步扩大作业补贴范围，让作业补贴的作用充分发挥，惠及并促进更多的小农户发展。

加快机构创新、服务创新，及时满足普通小农户生产信贷需求。提升保险赔付标准，扩大保险品种，实现保障购置农业机械等农业生产全部成本、保障各类特色品种、保障农民收入等。

财政补助资金要重点扶持真正带动小农户发展的新型农业经营主体，支持他们通过股份合作、订单农业等方式与小农户建立紧密的利益联结机制，让处于产业链低端的小农户也能分享财政支农的政策红利。积极探索将财政补助资金以股份形式，量化到农民合作社成员或农户，使小农户也能参与全产业链和价值链的利益分配。

当前，我国正处在全面建成小康社会决胜期，正确认识新时代小农户发展的历史背景和现实挑战，以改革开放精神为引领，快速提升农机化水平，促进小农户和现代农业发展有机衔接，已成为推动乡村全面振兴、实现农业农村现代化的重要基础和关键内容。

论丘陵山区机械化的出路

——纪念改革开放 40 周年

□ 张宗毅

张宗毅，1982 年出生，四川人，南京农业大学博士，农业农村部南京农业机械化研究所研究员，从事农机化政策和农业产业经济研究。

我从小生活在地处大巴山腹地的四川省万源市农村，从记事开始，所有的一切都那么艰难。到镇上赶集要走 40 分钟的山路，如果去镇上买卖东西还要背上一个沉重的背篓；在地里干活全部要依靠人工，人工用背篓把农家肥背到地里，常常被粪水淋湿衣服；烈日下一锄头一锄头地挖地、碎土、刨坑，弯腰用手放下种子、农家肥和化肥，再用锄头覆土；收获土豆、红薯的时候是面朝黄土背朝天，一锄头一锄头刨出来，再蹲下来捡拾放到背篓里；收获玉米是一根根掰下来，放在背上的背篓里，装满一背篓就沿着崎岖的山路背回去。连家务也充满了这种高强度、机械的劳动。用和自己个子一般高的斧头劈柴、肩头担着两个比自己矮一个头的水桶去几里地以外挑水、每顿饭用刨子刨六七十个土豆的皮……每次劳作的时候，我都想要是有机器能替代该多好啊！

因此，在高考前夕，同桌问我的高考志愿，我脱口而出的是中国农业大学。我说如果考上了就去研究全国的农业，如果考不上就去研究村里的农业。后来如愿以偿地考上了中国农业大学机械工程学院机制系，专业方向是农机方向。

可是，读到大学三年级时，我感到虽然学了各种农业机械的原理、设计，却仍然没有看到这些机械在老家应用的可能性，每次回家都看到母亲和周围乡亲们以原始的方式劳作，最先进的也就是用牛耕地。我心中开始动摇，学农业机械专业到底对不对呢？也许老家不能采用机械化的生产方式并不是技术原因，而是技术之外的经济原因、社会原因？由此义无反顾地开始准备跨专业考农业经济管理专业，后来如愿以偿考上中国农业大学经济管理学院农业经济管理研究生，从此为自己打开了一扇新的大门。

后来到了现在的工作单位农业农村部南京农业机械化研究所工作，并在南京农业大学读了博士，中国社会科学院农村经济发展研究所读了博士后。通过学习经济、地理、机械技术等相关理论，对国际国内经验的总结，数以十计的农业机械化相关软课题研究经历，很多原先的疑惑找到了答案。下面就说说目前我对丘陵山区如何发展农业机械化的看法。

国内关于如何发展丘陵山区农业机械化展开了大量研究和探索，归纳起来有两条路：另一条是“以机适地”，认为缺乏机耕道、地块细碎、土地不平整等现状短时间无法改变，只能从改变农机的角度去适应土地和作业环境；另一条是“改地适机”，认为农业机械化的根本目的是为了提高劳动生产率，如果一味追求小型化将意味着降低作业效率，进而降低劳动生产率，也就意味着即使实现了农业机械化也是极为不经济的，因此，应让地块来适应农机而不是让农机来适应地块。

很长一段时间，搞农机设计的专家以及农机化领域的专家，都在强调缺乏适用于丘陵山区的轻便、小型农业机械，因此，要加大研发力度，多研发一些适宜丘陵山区使用的轻便、小型农业机械。特别是微耕机的研发应用成功，更是坚定了他们“以机适地”的信心。

然而，再小的联合收割机也必须要有收割部件、脱粒部件、清选部件，不能无限小型化，并且小型化也是在损失功能、性能和效率的基础上实现的。同时，即使是微耕机，也因为劳动强度大、震动大、噪音大，存在“解放了牛而累死了人”的情况，不利于吸引年轻一代新型农民。

此外，由于没有配套机耕道、田间未进行平整再加上作业效率低，一台微耕机一天作业面积只有不到5亩地，有些地方可能不到2亩地，而适宜大中型农机作业的土地上使用大中型农业机械作业，效率可以提高数十倍。假如每个机手每天的工资是200元，平原地区使用大中型拖拉机一天可以作业100亩，平均到每亩的人工成本只有2元；而丘陵山区使用微耕机一天只能作业2亩，平均到每亩的人工成本高达100元，一个作业环节就让丘陵山区的单位农产品成本比平原地区多了98元，在统一的农产品市场下，丘陵山区的农产品怎么会有竞争力？

这就体现出一条规律：过小的地块没有经济价值，过小的农业机械没有推广意义。

显然，“以机适地”的路子虽然取得了一定成绩，但遇到了障碍和瓶颈，无论是技术上还是经济性上都无法可持续。继续走下去是死胡同。有一点必须要牢记：农业机械化不是目的，而是手段。其目的是降低丘陵山区农民劳动强度、获得经济利润，如果与这个目的相违背，那么即使实现了机械化，也不是丘陵山区农民需要的机械化。

基于第二条路“改地适机”的探索，主要是由重庆发起的。重庆属于典型的丘陵山区，地形复杂，山高坡陡，全市耕地普遍存在地块小、坡度大、零星分散、基础设施不配套等问题，长期以来机械化水平发展缓慢。

但2014年以来，重庆市把推进丘陵山区机械化的工作思路从“以机适地”为主转变为“改地适机”为主后，取得了显著成效。探索出了利用工程机械对地块进行宜机化改造的技术模式，通过小并大、短并长、弯变直等宜机化地块改造，为大中型农业机械作业提供了良好条件，使得重庆市的大中型农机具购入数量逐渐增加。2014年重庆市55马力以上的拖拉机销售总量仅100台左右，2015年该销售数量超过了300台，2016年达到了359台，个别农机专业合作社更是史无前例地引进了180马力的拖拉机，在宜机化地块整理整治后开展深松旋耕播种等复式农机作业，极大地提高了作业效率。

“改地适机”的道路探索表明，只有“改地适机”才是一劳永逸和符合现代农业高效、规模化发展规律的。正如没有一个汽车制造商会考虑研发制造可以在羊肠小道上驾驶的汽车一样，研发在零散、细碎、有坡度、缺乏机耕道的地块上作业的农业机械一样是没有前途的。

总之，丘陵山区农业机械化没有特殊性，唯一的特殊性是丘陵山区地形地貌条件恶劣，而发展丘陵山区农业机械化是要去通过地块整治、机耕道建设来消除这一特殊性，才能为农业机械作业提供物质基础和前提条件。

希望农机领域的同仁能跳出部门利益局限，形成基础设施先行的共识，共同呼吁、促进丘陵山区耕地宜机化改造事业。

当然，宜机化改造也不能遍地开花，要因地制宜。为此，提出以下三条对策：一是坡度大于25°的区域应退耕还林还草；二是坡度在15°～25°之间的区域，应进行适当的梯台化整治工作，以发展畜牧或林果业；三是坡度在15°以下的区域，进行地块宜机化改造。

希望有一天，丘陵山区的乡亲们在生产过程中，也能享受到如平原地区农机作业一样的便捷和舒适，享受到改革开放以来技术进步的成果，让“面朝黄土背朝天”的辛勤劳作方式彻底成为历史。

四两拨千斤，小学会推动大事业

——天津农机学会服务行业发展一例

□ 胡　伟

胡伟，天津市农业农村委二级巡视员。

改革开放初期，土地承包制的实行，原先归集体所有的农机要么分给农户，要么废弃，要么闲置，难以发挥作用。出现了“包产到户，农机无路”的说法，不少人对还要不要搞农机化产生了疑问，我国农机化发展一度陷入低谷。

但是，随着农村经济体制改革的深入，中央政策的放活，农机化在新的起点上再次起步。

自20世纪80年代以后，我国农机行业有三次发展的大潮，一次是小四轮拖拉机的发展，一次是农用运输车的发展，再一次是小麦联合收割机的发展。很荣幸我这三次浪潮都赶上了，小四轮拖拉机的发展我挨着了个边，农用运输车的发展我是全程参与了，而小麦联合收割机的发展我则是一路随行，深度参与，并收获颇丰。

1993年，以《中国农机化报》为载体，我国联合收获机行业进行了一场关于以小型拖拉机为动力的背负式联合收获机是否有发展前途的争论，不少大牌专家都不看好其发展，否定意见占绝对市场。

当时，天津农机学会抓住这一行业发展的热点、焦点问题，联合相关部门共同发起了全国中小型联合收获机技术发展讨论会，来自全国的30多名代表出席会议，经过讨论，得出的结论是我国广大农村对小型联合收割机有迫切的要求，小型联合收割机的发展是完全可行的。

这一结论与许多专家的意见相左。新闻媒体报道后，在行业内引起关注，随后几年的实践最终证明了这一结论是正确的。

自1993年以后，除1995年间隔一年外，由天津农机学会发起的这一项学术活动便延续下来，到2007年连续组织了十四届会议。会议人数不断增加，最多达120余人，一般都在60～80人；参加会议的专家多了，参加会议的企业也多了。最终，这一项活动成为全国农机行业的一个学术交流品牌。

这项由天津农机学会发起的学术活动成为天津市的一个学术活动品牌，同时也是中国农机学会的学术交流名牌。在当年中国农机学会的工作报告中经常提到“全国联合收获机技术发展与市场动态研讨会”活动，重墨浓笔。天津市农机与农业工程学会也由此收获众多的先进荣誉。

会议从天津市办起，之后每年在全国不同的地区轮流举办，已经成为我国收获机行业的一个重要交流平台。

很多代表反映，参加一次会议就可以知晓全国农机行业情况，还能从同行中学到很多新的技术，掌握最新信息，可以始终站在技术发展的最前沿。同时，可以了解农机产品的市场动态。这在当时通讯不发达的时代，对于信息、技术、市场的交流起到了很好的作用。

天津市通过举办这项活动，服务了全国，同时也通过这个平台得到了实惠。天津的企业通过参加活动，先后引进技术，开发生产了小麦、玉米等收获机械，产品进入市场后，获得较好的经济效益。这项活动的举办，使天津市成为我国收获机械一个重要的信息枢纽，不少新上项目的生产企业、科研院所，都先到天津市进行调研，再做决策。可以说在一定程度上，天津市的小学会直接推动了我国联合收割机的蓬勃发展。

天津市农机与农业工程学会在全国农机系统是一个小学会，但办成了大事业，成为全国最活跃的学会之一。立足天津，服务全国，不保守，敢创新，小学会在行业发展中起到了大作用！

总结经验，成功之处有三点。一是抓热点，二是抓前沿，三是抓持续。只要不忘初心，牢记使命，从微小做起也可以有大成效。

我国农业机械化现状以及新形势下的新发展

□李　信

李信，江油市微生物技术应用研究院院长、西南科技大学特聘教授、中国管理科学研究院企业管理创新研究所学术委员。

当前，中国经济快速发展，产业机构逐步优化，农业和农村也面临重大的改革与调整。与此同时，随着全球经济一体化进程不断加快，以及“一带一路”倡议的实施，中国的经济发展进入又一个重要时期，我国农业和农村经济发展也进入了一个关键时期。

如何使农村更美、农业更有吸引力、农民更富裕，以及让我国的农业更大范围和更深层次上参与国际竞争，我们必须进一步加快机械化与现代化农业建设的步伐。

新时代、新情况、新需求，以一家一户为单位的农业生产模式正面临巨大的调整。越来越多的年轻人走出了农村，不愿意再从事农业生产，因此，如何使农民成为一个有吸引力的职业也成为我们必须面对和解决的问题。

农用耕地流转是这几年农村出现的新名词，可以说这是对传统农业经营方式的巨大调整。农业的规模化与集约化生产又反逼农业机械化建设，为新时期农业机械化的快速发展提供了机遇与平台。加强农业机械化建设，提高机械化的综合水平，从而提高劳动生产率、降低生产成本、提高产品质量，使我国农产品在国际市场上具有竞争力。

随着中国经济的快速发展，人民生活水平的显著提高，消费能力的增强，以及我国国际地位的提高，开放程度的进一步扩大，各行各业面临的国际竞争也越来越大。

然而我国农业却整体上转型缓慢，从传统农业向现代化农业的转变步伐应该加快。近年来，出现的一些如“蒜你狠”“豆你玩”“姜你军”等农业网红词，体现了现阶段我国农业发展，特别是农业产业结构调整等方面的问题，也反映了农业波动将对人民生活、国民经济发展和社会稳定产生不利的影响。

我国面临农业人口多、地理环境多样、适用于大面积机械化耕种的农用耕地面积小，大量的丘陵和山区等特殊的农业国情，制约了我国农业机械化的快速推进。

但总体来看，中华人民共和国成立以来，特别是改革开放40年以来，我国农业机械化取得了巨大成就。农机装备总量的不断增加，特别是高水平的国产农机设备大量出现，这些都推动了农机化作业水平的不断提高，作业领域不断拓宽。

总的体现在小麦主产区基本实现了生产全过程机械化。水稻生产过程机械化发展势头正在加快。与此同时，农机服务市场化、社会化程度也明显提高，农业机械化作业领域正由粮食作物向经济作物，由大田农业向设施农业，由种植业向畜牧业、养殖业、农产品产后处理及加工业全面发展，由产中向产前、产后延伸。

农业机械的推广使用，提高了生产效率，增强了抵抗干旱、洪涝等自然灾害的能力，在一定程度上改变了“靠天吃饭”的状况。同时，促使农业向农工贸一体化发展，促进了农业运输事业的发展。随着农业产业结构的调整，农业耕地流转措施的实施，农业生产的人口减少和老龄化，以及在大量社会资金进入农业的新形势下，农业机械化的发展有了新的历史机遇与动力。

但总体而言，我们还需要解决更有效的机械化设备的研制、农产品收获环节和经济作物机械化水平低，以及适应丘陵和山区耕种的小型机械化设备的研制和有效推广等问题。

我国经济产业化调整为我国机械化的推进提供了动力。如何有效地推进我国农业机械化，可以从如下几个方面着手：一是提高自主创新能力，生产出更多的适用于我国耕地情况的更有效的机械化设备。重视校企合作，利用好高校和科研院所的智力资源，使高校和科研院所的研究“接地气”；二是将机械化进程融入现代化进程中，现代科研中的尖端技术，比如无人机技术、传感技术、农产品规模化工厂化的无土栽培技术等为现代农业的发展提供了广阔的空间；三是注重环境问题，环境问题是每个产业发展必须面对的问题，在推进机械化的过程中必须注重环境的保护，走环境友好、绿色发展之路。

比如，近3年来，江油市微生物技术应用研究院和西南科技大学就电解水农业技术进行了深入研究，并开发了农用电解水生产设备。电解水科研团队通过攻关开发了电解水农业机械化移动综合服务站（车），可移动（使用平整大田、山地、丘陵地带），多功能（可以用于农业种植、园林、消防、疫情等），可以自动配置用药比例，使电解水肥与常规农药通用，又使用太阳能节能环保，有完善的供电系统可以再边生产边充电。电解水农业机械化移动综合服务站（车）是电解水生产设备实用化、机械化和自动化的产物；电解水农业技术体系旨在部分或者全部减少化学农药的施用，其符合环境友好、绿色发展之路的要求。

加快机械化与现代化农业建设是使我国农村更美、农业更有吸引力、农民更富裕，以及让我国的农业更大范围和更深层次上参与国际竞争的必由之路。改革开放40年来，我国取得了举世瞩目的成绩，我们有理由相信我国农业、农村、农民的未来会更美。

电解水农业机械移动综合服务站

透过一个项目成败看改革开放

□ 游增尚

游增尚，新疆石河子人民医院退休职工。

改革开放是中国共产党人通过自己的实践经验，与社会科学发展规律相结合而形成的智慧结晶，是一个伟大创举，具有深远的历史意义和重大现实意义。改革开放40年来，我国取得了令人骄傲的伟大成就。它不但造福于中国人民，也惠及全世界，中国经验受到世界各国领袖的热切关注和真挚赞扬，进一步证明了中国共产党是一个伟大的党、光荣的党、正确的党，中国人民为拥有这样伟大的党而欢呼和骄傲。

在迎接纪念改革开放40周年之际，我想根据自己的亲身经历，写一篇农机人为农机事业吃苦耐劳、战胜困难却最终失败的往事，来说明改革开放的正确性和必要性，以庆祝改革开放40周年，歌唱伟大、光荣、正确的中国共产党，歌唱吃苦耐劳的中国人民。

甜菜是新疆生产兵团乃至全疆的主要作物之一，是当地的支柱产业之一，因此种植面积大。由于它又是成熟最晚的作物，待其他作物收完了，才能轮到它。因此造成两种极端现象：一是收割时受气候的影响很大。新疆气候变化多端，一旦哪年下雪早了，就会发生雪地里削甜菜的情况；二是种植面积大，人工用刀削甜菜的速度太慢。

雪地里削甜菜很辛苦，也有诸多困难。不戴手套削甜菜，手会被冻坏；而戴手套削，手又不利索，对削甜菜进度的影响很大，本来三五刀下去就好了的事情，要七刀八刀才能削好，一天的活，两天都干不完。

遇上这种天气，又冷又腰酸背痛，关键是还完不成定额，连队职工历来最看重这个。在他们心中，当天的定额是必须完成的。因此，不少手头慢的人就挑灯夜战，干到晚上八九点甚至更晚，直到完成定额为止。

职工们因为害怕在雪地里削甜菜，所以从进入甜菜地那天开始，人人都趁着天气好、手脚利索的时候，赶时间多削一些，力争在下雪之前干完它。

为了把职工们从这种劳动环境中解放出来，兵团科委于20世纪70年中后期，组织实施了一个甜菜收割机研制项目，实验场地在八师石总场一分场一连。

那时生活条件很艰苦，组员们只能住在连队的大礼堂。每年报到之前，连队领导已经安排人给我们在东北角墙根、东墙根、东南角墙根上铺了约30厘米厚、2米左右宽、数10米长的麦草供我们休息。每个人只要把带来的铺盖往麦草上面一摊，就成了自己的床了。

技术人员也是住这里，苏技术员（技术组长）和陈技术员、熊技术员都和项目组30多位同志同吃、同住在一起。

那时候能够提供的资金只能满足收割机所需要的材料费用，甚至没有钱买一台用来牵引收割机的拖拉机；工作人员也是从各个单位抽来的，工资由原单位发；拖拉机来自农业科学研究所，我是拖拉机手。

在这种情况下，上级根本没办法考虑我们的生活及技术人员最简单的需要。即使条件很恶劣，组员们的工作热情依然非常高，信心很大。为了很好地尽快完成任务，全组人员发扬了军垦人能吃苦的精神，直面艰苦。一天工作十几个小时，日出而作、日落而息；早饭、午饭全在地头吃，吃完就工作。没有人抱怨，也没有人说生活条件不好，也没有人叫苦嫌累。

1979年是不平凡的一年。一是改革开放的春风，已经吹向了中国大地，人们心里充满了新奇和希望；二是项目的研制进入了关键之年。如果收割实验顺利，就基本可以定型了，也就是说研制成功了。组员们热切地企盼着这一天的到来。

然而，实验却并非组员们想象得那么简单，而是很困难。因为随着实验过程的延伸，结构上、设计上的缺陷逐渐地暴露出来了。例如，输送链条经常断，甜菜不能全部“拾”起来和输送不畅、收集不成堆、甜菜切头过大等问题。

在实验中有甜菜被去叶机削去一小半的，有被削去一半的，甚至有被削去一大半的。如果处理不好，收割甜菜时会给农业生产造成重大损失。老天爷也为难我们。这年的天气异常，冷空气来袭较往年早了很多，对我们影响很大。好在这股冷空气很快就过去了，我们免受了不少皮肉之苦。

我们克服了这些困难，没有影响实验工作。为了弄清楚断链条和甜菜收集不成堆的原因，全组成员认真地分析，认为是链条的材料规格，承受不了工作时扭力造成的断裂，我们便立马进行改进。

加大了链条材料的规格后，再次进行实验。但用了一段时间后又断了，我们又用了4天制作了一条规格更大的链条，调试了2天后，接着实验。经过反反复复地试验、改进，链条终于不断了。经过改进和试验，甜菜也收集成堆了，前面的两个大问题都解决了。

问题刚解决完，又出现了传动系统的驱动轮等承受不了链条传送过来扭力，出现变形、断裂。其他故障也因此接踵而至，大家经过努力，终于克服了种种困难，将问题一一解决了。

紧接着进行耐用性试验，经过连续长时间反反复复的试验后，各机件性能良好，各结构配合顺利、稳定，结果很令人欣慰，整机技术达到了设计要求。但是，唯独甜菜切头过大这个问题没有解决。由于这个缺陷，连队宁肯叫职工使用菜刀在雪地里削甜菜，也不去买我们研制的收割机。这种结果，与研制收割机的初心完全相反。

众所周知，创新会有诸多困难，但人们不会因此而退缩。这个项目令我特别懊悔和惋惜，因为它是可以预知的。后来我还下连队帮助削甜菜，亲眼看见了甜菜种植因不能实现机械收割，造成产业成本高，并因此被抛弃。

收割机的这种结局，就像改革前的小岗村一样，当谁都不把良田当作自己的事时，小岗村人即使守着良田，也被迫去要饭。本项目亦如此，虽然是一个完美设计，却因为使用效果不佳，而没人使用。

然而通过改革，在良田的前面加上“责任”二字，小岗村的粮食就吃不完了。如果给收割机的研制也加上“责任”二字，它一定能造福于人民，这是毋庸置疑的。因为正是改革开放给千千万万个“小岗村”们前面，都添加了“责任”二字，才使得祖国建设飞速的发展，发展成文明富强的国家。

因此，我深深地认识到改革开放的必要性和正确性，改革开放是人类社会发展的必由之路，贯穿于社会发展的始终。它指导我国人民，不断地改革创新和广泛吸收国内外一切先进经验、技术、方法。

改革开放为中国发展指明了前进方向，现在，党中央又带领全国人民，进行更加深入的改革开放，全国人民坚决拥护，我们要紧紧地团结在以习近平总书记为首的党中央周围，继续前进。我们坚信，中国有改革开放的好国策和有最能吃苦耐劳的人民，党中央和习主席一定会带领我们，把祖国建设得更加文明、更加富强。

漫谈农事服务与农机企业的创新之路

——e联农机共享农事之心得

□ 韩 飞

韩飞，英国赫特福德大学LLM国际商法学与海商法硕士研究生、MA人力资源管理硕士研究生。2009年，同意大利Giovannini家族在北京合资创办伊诺罗斯农业机械（北京）有限公司，代理经营意大利著名农具产品。2016年，与Manschio家族、河北中兴机械股份有限公司共同创建河北中兴马斯卡农业机械科技有限公司，生产经营马斯卡品牌气吸免耕精量播种机和大型圆捆机。2017年，创建联农创世（北京）农业科技有限公司，致力于推动中国农机互联网事业和农事服务推广事业。

本人1978年生人，生逢盛世之初，沐浴了改革开放40年来所有雨露春风。从升学到海外求学，从择业到创业，人生的上半场到处是金色的阳光。说句心里话，我爱这个时代，爱这个国家，感恩共产党。

2008年奥运之年，三十而立的我，进入了轰轰烈烈的中国农机大潮。

匆匆10年，同其他许多这个时代的农机人一样，我也曾攀爬至高峰，更踏踏实实地经历了低谷。

抱怨没有用，出路在于自己。2016年春，风靡全国的共享自行车启发了在北京办公室苦苦挣扎于事业瓶颈的我们。如果共享单车可以解决生活交通的最后一公里，那么农机化最后一公里的农事服务不就是我们的出路么?

探索中，我们认清了以下几个道理：

一是农机是用来使用的，无论是买来用，租来用或者雇别人来用。

二是参与到农事服务要会算账，跟用户算一笔账，才能成为用户的伙伴，才能得到认同。

三是如果制造商都不敢利用自身宣扬的产品优势、服务优势、价格优势为自己的租赁共享运营盈利的话，那么一切说服顾客购买的行为都是为了销售利益最大化的说辞。

四是租赁共享的基础是好的产品。一方面越是具备高效率和高品质的高端产品就越应该通过租赁共享的体验模式让市场认知；另一方面，好的产品是未来降低服务成本的唯一客观保证。

五是用户的重要性要大于顾客，尤其在消费寒冬里，没有用户就没有顾客。

六是共享租赁的核心是服务，良好的服务是用户保持体验快感的保障。只有建立同呼共吸的主动服务机制才能保证企业，用户和服务人员的利益一致。

七是租赁从来不是销售的敌人，不是左右互搏，反而是相互促进，相得益彰。

八是农事服务必须有互联网基因和规范的平台机制。

接下来的日子里，3个敢于挑战传统的70后和一个50后农机老兵，领着20几个忠于事业的80后与90后，开始规模化探索“农机共享租赁”性质的商业运营——e联农机。

除了好的产品和价格成本控制，要想干好农机共享租赁，一定要把农事服务“数据化”。e联农机通过自己先尝试，做统计的方式，创建了基础数据模型：收入模型和服务模型，为用户描绘一个清晰的“农事服务”数字逻辑。收入多少？支出多少？可能在哪赔钱？如何进入，如何退出？（不单纯宣扬买车租车进入该行业，更应关心赔钱和特殊情况下的离场机制）不同条件下买和租哪个更合适？一边模拟，一边应用，再一边修正，历经2年时间，在圆捆机租赁业务上，基本做到了全国最完整的作业大数据。而这些与租金密切相关的数据不仅促进了用户对作业的认知和产品的认知，更为金融服务进入农事服务提供了依据。

互联网和物联网是手段，它的任务是数据与结算的可关联化，也是远程设备安全控制的技术保证。依靠这样的模式，业务人员彻底改变了赊销收账的被动。运营的收入已经和普通手机充值使用非常接近——欠费停机，充值作业。

主动式服务彻底改变了服务是成本的局面。传统售后模式，无论叫保姆式或是贴身式，由于成本所限和态度制约，顾客经常出现不太好的用机体验。但在主动式服务模式下，服务人员的收入直接与用户上交公司的租金关联。设备不作业，服务人员没收入。利用互联网和物联网设备的配套，用户和服务人员自然而然地建立了动态服务关怀机制。真实的运营中，服务人员每天都在关注手机APP，了解设备位置和作业情况，只要能达到作业要求，服务人员恨不得亲自下地帮用户作业。这一点，是一个重要的进步。

租赁共享的开展，拉动了销售的增长。在租赁共享的过程中，用户感受到了e联所倡导的“体验，分享和服务”。这种数据化的体验，低投入的体验和主动式服务的体验，让用户可以多次与企业“握手”，增加甜蜜期长度，保持对品牌和产品的认知，进而为一定条件下用户转顾客提供了可能性。2017年投入租赁市场的12台新型圆捆机，带来了2018年125台设备的销售成绩；而2018年的50多台设备租赁，又促进了2019上半年销售90台设备的成绩。这种企业与用户间甜蜜的多次“握手”黏住了用户，更清楚地向市场宣示——好设备，敢出租！

受限于自身能力，e联农机仅就一个产品进行了尝试。接下来e联还有更多的事情和设备要在共享农事服务上进行应用和探索。

但e联农机的经验说明，当前农机企业的创新不仅仅要体现在产品上，更应该注重模式的创新。租赁共享是考验一个传统制造企业由制造向服务延伸升级的必经之路。面对农机市场销量的饱和，面对劣币驱逐良币的竞争局面，面对政策滞后性的客观情况，农机企业直接参与农事服务将是一场必然的革命。

我们的国家经历了40年的探索改革发展，在“摸着石头过河”中付出了巨大的艰辛和努力，才换来了今天的伟大成就。农机行业接下来的几年或许还有一段艰难的路要走。但可以预言，哪个厂家能够为用户创造更好、更直接的“市场化”农事服务选项，哪个厂家将会更早一天走出行业的低谷。如果大家都能够把农事服务的市场化与农机企业发展绑定在一个利益共同体上，那么我们距离行业的春天也真的不远了！

农机行业服务者要与时俱进顺应时代变迁

□ 刘文华

刘文华，大田传媒 | 农机 360 网编辑。

我生在农村，长在农村，虽然在城市里工作，但是却从事农机服务行业——媒体。伴随着农机 360 网的发展，笔者有幸成为农机行业的一员，并且经历了“农机化 40 周年”的后 10 年，见证了我国农机化在这 10 年之间的快速发展。

一、儿时记忆

小时候，有那么几年，我跟着家里大人一起去地里割麦子，不仅热得难受，而且麦芒扎到皮肤更是疼痒难受。最费劲儿的是，麦子割了之后运到麦场过程，家里没有骡马，只能是家里大人在前面拉着板车，我和哥哥两个小孩儿在后面推车。特别是上坡的时候，真的是把吃奶的劲儿都用出来了。

掰玉米棒子也是记忆犹新。北京远郊区玉米成熟时，一般是在 8 月下旬，正好是开学前的一个星期，白天还是很热的，但是需要穿长衣裤，防止玉米秸秆的叶子剐蹭肉皮，还要带着手套来掰棒子。然后，就要坐在家门口剥玉米棒子皮。玉米棒子晒干之后，已经是深秋了，还要用手摇式玉米脱粒机给玉米脱粒。大概到元旦前后，就会有小贩儿走街串巷收购。

20 世纪八九十年代，我家附近，除了能看到拖拉机之外，好像就没看到过收割机。每当在地里干农活儿时，我就想，要是有机器能代替人，那该多好啊！

二、入行初期

2008 年奥运会期间，我跟随团队进入到农机领域，农机 360 网在当年的全国秋季农机展会第一次亮相。20 多个人，没有一个懂农机的，对农机行业也不了解，但是出于对市场营销和 DM 直投杂志的经验，我们还是开始了创业。

当时的社会背景，正是 PC 网络进入人们生活的时代。但是，农机行业似乎还停留在纸媒体宣传的时代，似乎比时代潮流慢了“半拍”。为了先存活下来，领导提出了“刊+网”（刊唱主角，网是配角）的生存计划，未来几年再来实现“网+刊”（网唱主角，刊是配角）的转变。沿着这条主线，我们艰难地存活了下来，也在不断发展壮大。

三、深度发展

在2012年前后，随着智能手机的普及，“手机彩信”风靡一时。为了跟上时代的潮流，每个周末，农机360网都向农机行业人士，发送手机彩信版的一周要闻，并得到不少农机企业、农机用户的认可。但是好景不长，手机彩信只在历史的长河中“昙花一现”。随着智能手机、平板电脑等移动端硬件设备的不断升级，各种手机APP软件逐渐成为社会大众的焦点。

到了2014年，PC网络已经有了走下坡路的势头。于是，同年上半年，我们就开始研发手机移动端的平台。当年秋季展会上就推出了中国农机行业第一个手机APP软件——农机帮。迄今为止，这个软件并没有专人负责推广和运营，但是由于软件中的一些功能，比如查补贴、机手找活儿干、找机手干活儿、附近维修站、附近加油站等，在2015年小麦跨区作业期间就深受农机用户的喜爱。

四、当今时代

随着移动网络的发展，各类移动端的软硬件升级之后，“自媒体”从2016年开始爆发。在自媒体时代，每个个体、团体都可以随时随地发出自己的声音。传统的主流纸媒体、PC网络媒体，被越来越多的海量信息所淹没。所以，传统媒体的“功能”在被弱化，如何深度服务农机行业，成为农机行业服务者不得不考虑的问题。

其实，移动时代还在继续影响着人们的生活，但是，下一个时代已经悄然走来。2017年，当农机行业人士仍在热议排放标准升级到“国三”时，农机360网升级为大田农社，开始研发物联网软硬件产品，并且在2018年“开花结果”。

为农机管理机构提供农机购置补贴手机APP办理平台的搭建服务，为农机生产企业提供物联网硬件设备和大数据平台的支撑服务，再加上早就为农机用户提供的找活儿干、金融贷款、保险等服务。农机360网的服务范围已经由原来的媒体宣传扩大了很多很多。

在改革开放40周年之际，我国农机化发展遇到了一些困难和问题，想要再上一个台阶，就需要科技与大数据服务的支撑。传统的媒体传播服务，已经不能满足农机行业发展的需要。农机化发展的再次腾飞，不仅需要生产企业制造的产品智能化升级，还需要农机行业的服务者去“补台”，以防当生产企业的科技、大数据能力捉襟见肘的时候。相互“补台”，才能唱好农机化发展这场“大戏”。

青贮机——中国农机行业的一片蓝海

□ 王庆宏

王庆宏，约翰迪尔（中国）投资有限公司市场部大客户经理。生长在农村，从小就对农机有浓厚兴趣。大学专业与农机有关，30 年来一直在农机生产第一线。立志一辈子不离开农机事业。

前些年，“蓝海”这个词在商界很时髦，容易让人兴奋和产生憧憬，就像是发现了一个尚未发掘的金矿，谁能开发就能一夜暴富，就能在某个行业掌控未来，其实这里面不乏伪命题和炒作的成分。今天我拿青贮机比喻成蓝海多少也有这个嫌疑，但仔细分析中国青贮机生产现状以及未来的发展，青贮机完全可以称得上是中国农机行业的一片“蓝海”，或是一个商机。

在眺望这“蓝色大海”之前，还是先让我解释一下什么是青贮，我相信有不少读者可能和我 8 年前刚刚接触这个名词时一样模糊。我当时首先想到的就是在农村看到的铡刀、铡草机，将草切成段后饲喂牲畜。这样解释也没错，但只是最初级的概念。经过多年的参观学习、实地考察，我想用比较专业的一两句话解释：青贮是贮藏优质牧草的一种方法。青贮饲料是将青绿或部分青绿的玉米等作物秸秆或全株切碎，采用挤压手段排除空气，使之在密闭无氧条件下，通过微生物厌氧发酵和化学作用而制成的一种适口性好、消化率高和营养丰富的饲料，是保证常年均衡供应家畜饲料的有效措施。

顾名思义，青贮机就是收获这些秸秆和牧草的机器，有人将其与割草机、搂草机、打捆机都列入牧草机械类也未尝不可，只是青贮机是在饲草或秸秆有较高水分时切碎贮存，打捆机是在作物低水分后收集贮存，目的都是为牛羊等牲畜准备口粮。

定义有些拗口，但很好理解，真正困难的是如何做好青贮。关于后续如何压窖贮存，如何科学饲喂，让奶牛、羊多产奶，肉牛、羊多产肉等学问就非常深奥了，这也不是本文讨论的内容，现在还是回到主题——青贮机上来吧。

一、青贮机是决定青贮饲料质量的一个重要环节

中国何时开始有自走式青贮收获机？行业

内比较公认的是从1978年引进东德前进公司的E281机型开始的。40年来，虽然经过国内很多专家和生产企业的消化吸收、改进提高，但目前在中国市场上，很多机型中仍能看到E281的影子。我大致将目前在市场上常见的青贮机分为四大类。

青贮机

第一类就是类似E281机型，也是市场上最常见的。结构特点是：往复式割刀，带拨禾轮。具有结构简单、价格便宜、动力消耗小、割茬低的优点。另外，不用更换割台就可收割小麦、燕麦青贮。缺点也很多，一是没有籽粒破碎器（牛不能消化整粒玉米），有的厂家虽进行了加装，但效果仍不太理想，大型牛场自2015年起已明令不用这种机器收割。因为大家知道，全株玉米青贮的干物质在30%～35%收割效果最好，营养价值最高，但同时也加大了籽粒破碎难度。二是割茬太低的话容易将土壤中的细菌夹带到青贮饲料中，牛羊吃后容易生病，尤其是中原地区收割夏播玉米时，如果割茬太低很容易将免耕播种玉米时留在地里，且已经腐烂的小麦秸秆混到饲料中，导致黄曲霉素严重超标。三是受结构所限，切割的饲料整齐度比较差，影响牛的进食量，造成浪费。四是在东北和西部地区，收获产量很高的一季玉米时效率太低。

第二类是圆盘式小型青贮机。这类青贮机采用了世界上流行的圆盘式割台，结构较第一类有很大改变，割茬高度既能满足牛场要求，同时也能让种地农民接受。马力增大，效率更高，一般都装有籽粒破碎器，市场潜力很好，国内已经有两家公司的产品比较受欢迎，但仍然存在籽粒破碎效果不理想的问题，大型牛场目前通常也拒收这些机器收获的全株玉米青贮。另外，受到材质和结构的影响，机器的整体质量还不够稳定。

第三类是青贮收割和裹包一体机，这类机器比较小众，受到收割效率低和裹包材料增加成本的影响，大型牛场一般不会采用，目标市场主要是小型牧场。

第四类就是进口的大型青贮机，近年来一直占据市场的绝对主力。主要机型有克拉斯、迪尔，纽荷兰，虽然价格昂贵，但因为速度快，籽粒破碎好，切割质量高，整机质量可靠等优势，大型牛场明令要求必须用进口设备收割，如果国产青贮机从技术上没有大的突破，短期内无法改变进口机独大的局面。

二、国产青贮机的瓶颈问题

青贮机看似简单，但要做好很不容易。我刚接触这种机器时认为，青贮机有啥了不起，不就是将玉米秸秆割倒，喂入机器里用刀切碎后再喷出来吗？自从2010年我转岗到大客户销售部，当年带北京用户参观迪尔在德国青贮机工厂后彻底改变了我对青贮机的印象。我一开始便被工厂的规模和现代化加工设备震撼了，后来经过多年的潜心研究和到各大牛场参观后，更加认识到国产青贮机的差距。其实青贮机不比收割机简单，有些方面甚至还要复杂，从割台到喂入切割，再到籽粒破碎和喷筒，这是一个复杂的系统工程。智能化、自动化、信息化的技术含量很高。我仅举一个例子就能知道国内外青贮机技术方面的差距，迪尔青贮机上有一个安装在喷筒上叫 HARVEST LAB（移动式检测站）的装置，通过红外线测量仪，以每秒 4 000 次的速度，时时检测饲料在通过喷筒瞬间的水分、糖分、蛋白质等 7 种成分，信息传输到电脑后，根据要求自动调整理想的切割长度。当然，这是目前全球最先进的技术，属于选装部件，世界上也尚未普遍使用，国内牛场 5 年内也不太可能有这个要求。

我认为，目前制约国产青贮机发展的最大难题是籽粒破碎效果。其实籽粒破碎器结构不很复杂，就是在饲料切碎后，让饲料快速通过上下两个高速旋转的辊子，凭借辊子上的齿牙和上下辊子的转速差碾压和揉搓一下，籽粒就被破碎了。关键点是如何保证大量秸秆和玉米籽粒在通过间隙只有 2～3 毫米的两个辊子时不堵塞。首先要求制造两个辊子的材质要非常好，非常耐磨（通常一个作业季一台机子要收获 1 万多吨饲料）；其次，加工精度要求非常高，每个近百千克的辊子转速达到 3 000 多转 / 分时不能有任何摆动，轴承要能承受长时间和高负荷的作业。近两年来，国内有些厂家已经投入很多资金研制，并已取得很大进展，攻克难关指日可待。一旦攻破这个关卡，牛场一定会立即放开对国产青贮机收获饲料的限制。

三、青贮机的“蓝海”在哪里？

目前，国内企业基本都处在中低端青贮机制造水平，同质化、同类化严重，相互抄袭，研发投入严重不足，质量管理和售后服务水平参差不齐，为此，大家只能低价竞争。

从国家层面和今后的发展来看，青贮机市场一定非常广阔。一是随着人民生活水平的提高，人们对肉蛋奶的需求量快速增长。现在牛羊肉已成为人们的家常菜肴，牛奶更是早已走进包括农村在内的寻常百姓人家。但牛羊饲料 85% 是青贮粗饲料，需求量是一个惊人的数字。国家从 2015 年开始实施粮改饲鼓励政策，主要是种植全株青贮玉米，国家已经考虑要将过去单纯的粮仓变为“粮仓 + 奶罐 + 肉库”，将粮食、经济作物的二元结构调整为粮食、经济、饲料作物的三元结构。发展目标是：到 2020 年，全国优质饲草面积发展到 9 500 万亩，其中青贮玉米面积要达到 2 500 万亩。基本实现奶牛规模养殖场青贮玉米全覆盖，进一步优化

主要结构图

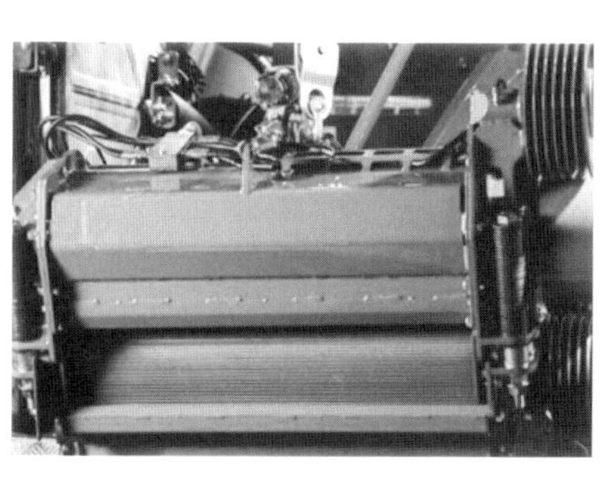

籽粒破碎器

青贮窖

肉牛和肉羊规模养殖场饲草料结构。

如下是2015年以来国家粮改饲试点和中央补贴情况。

2015年，中央补贴3亿元在10省区，30个县启动粮改饲试点，以全株青贮玉米为重点，推进草畜配套。

2016年，粮改饲试点范围扩大到整个“镰刀弯”地区和黄淮海玉米主产区17个省区的121个县，补贴资金增加10亿元，面积达到600多万亩。

2017年，粮改饲政策继续在17个省区实施，中央财政补贴资金规模继续扩大，面积增加到1 000万亩。

2018年，中央补贴资金20亿元，试点区域已覆盖奶牛213万头、肉牛90.7万头、肉羊202万只，既促进了增草保畜，也减轻了天然草原的放牧压力。同时，试点区域秸秆饲料化利用总量达到1 830万吨。

2 500万亩玉米青贮是什么概念？以每台青贮机收割3 000亩计算，至少需要8 000多台。这些全株玉米青贮饲料仅能满足奶牛的饲喂，如果大多数的肉牛和羊也能吃上这种饲料，青贮机的需求量将是巨大的。另外，通过更换割台和捡拾台，青贮机还能收割小麦、燕麦青贮，以及小麦、玉米、花生和水稻秸秆的黄贮。尤其是随着苜蓿半干青贮技术的成熟，很多大型牧场已经将苜蓿干草用苜蓿半干青贮替代，这大大增加了青贮机的作业时间。

如今，随着国家环保要求的提高，秸秆综合利用越来越被国家和地方政府重视，各项鼓励政策必将相继出台，青贮机必将大有用武之地。

俗话说，机会永远是留给有准备的人。我相信，只要国内企业能塌下心来潜心研究，加大研发投入，攻克一两个难关不会用太长的时间。谁能率先攻破籽粒破碎这一难关，谁就能抢占制高点，就能分得市场蛋糕中最大的份额，这片“蓝海”就属于谁。

农机经销商要具备10种能力

□ 王超安

王超安，高级经济师、企业管理咨询师，管理咨询专家，行业资深分析人士。数十年积累，具有进行企业发展战略、人力资源等管理咨询的资质和实践。

40年的春华秋实，40年的无悔岁月。经过40多年的发展，我国农机经销商不断实现从小到大、从弱到强的发展历程，为中国农机化的发展奉献出了应有的贡献。面对未来的市场竞争，农机经销商要实现自身发展，再造辉煌业绩，就要具备10种发展能力。

一、经销运营中的现金管控能力

在当前激烈的市场竞争情况下，经销商应高度重视现金流管理。现金流出现风险，不排除会带来亏损、转型、退出等多重压力及后果。对经销商来说，拥有充足的现金流，能够实现旺季取量、把握机遇，淡季谋势、规避风险，有效地提高经销运营的竞争力。规避现金流风险，成为应对市场风险的重要因素。

一是供应端掌控进货。以市场占有率、市场覆盖度分别制定年度、季度、月度目标，并根据市场变化趋势进行调整。按照市场容量、客户真实需求，实行订单式作业。避免超过自身资金承受能力而盲目进货，形成库存积压，造成现金流高度紧张的困境。

二是运营端动态盘活、减少库存。优化销售模式，保持库存和销售的一致性，满足销售的同时，尽量减少库存。主动盘查库存，即时对高库存机型加大促销力度，加快资金回笼，减少资金占用，保持库存的合理性。

三是销售端控制应收账款。农机经销本身就是微利行业，现实中赊销行为经常出现逾期还款，更加摊薄经营利润，增加资金回收风险，甚至给经销商带来陷入“三角债”的怪圈。经销商应全面强化现金流预算管理，有效控制赊销行为。建立健全客户信用管理制度，有效减少赊销风险，进一步优化应收账款管理。

二、激烈竞争中的价值策略能力

农机市场激烈竞争，最显著的特点就是：

缺失价格战活力少，没有价值战难发展。农机企业基本形成两个阵营，一个是企业坚持为用户提供持久的产品价值；另一个是企业全面开展以价格战为主导的竞争。作为经销商来说，要实现持续发展就要开展以价值战为主导的市场竞争。

一是提升品牌形象。过度的价格战已经深深伤害到农机企业、流通企业的形象，在用户群体中容易造成“低端、低价”的烙印。经销商需要树立品牌的形象，以产品价值、服务输出为导向多策略提升品牌内涵，不断增强产品的附加值、核心竞争力。

二是培育产品价值。随着高端、高质量产品的大量涌现，价值战更符合市场健康发展的内在需求。经销商要懂得取舍，坚持和领先主机企业合作，销售品质类产品，全面适应区域农机农艺融合、作业需求，发挥产品经营价值。加强服务协同，为用户提供一揽子培训、使用、维护维修需求。坚持价值竞争，避免价格战，跳出低价竞争、比亏销售的怪圈。

三是提供价值输出。从价值链、业务链入手，系统查找薄弱环节、不利因素，全面优化无效或低效的职能、冗员及产品。建立发现需求、满足需求、创造需求制度，动态实现需求落地。围绕农作物生长全周期、立足农业装备全程作业，努力在产品需求、作业应用等为用户提供领先一步的价值传导。

三、长远发展中的现款销售能力

赊销是经销商面对激烈市场竞争的一种销售行为。受经营收益减少、种植收益降低等多种因素，短期内对诚信客户进行赊销不可或缺。但赊销一旦成为销售习惯，不分客户类别进行赊销，将会制约以现款销售为主的正常销售秩序。减少赊销现象，形成以现金销售的模式，逐步回归正常销售，需做好如下工作。

一是加大杠杆引导。一线主机企业纷纷采取现款销售的模式，部分区域经销商现款销售渐成主流。经销商要通过优惠杠杆，提高现金优惠力度、现金支付额度，鼓励、引导用户现款购机，形成现款销售模式。

二是建立信用评估体系。加强金融机构合作，建立用户信用评估体系。在形成现款销售的基础上，阶段性丰富销售模式。优选融资租赁、按揭销售、分期付款等信用销售，扩大信用销售规模。严把信用关，达不到信用评估要求，坚决杜绝赊销、信用销售，保障资金安全。

三是加强服务跟踪。加大产品的推广应用，树立用户口碑，全面提升产品的名誉度。做好针对性的跟踪服务，避免因产品问题造成的违约。注重运用法律法规，有效维护合理合法权益。

四、阶段竞争中的透支管理能力

市场透支是机遇与风险共存的一种竞争行为。经销商有时遇到市场已经启动，区域相关补贴政策尚未出台的现象。由于单台补贴机型会发生相应的调整，在这种情况下，不销售就会失去较多的市场机遇；实施销售就会面临单台机型补贴额度减少的风险。这就要求经销商具有市场透支和风险管理的双重能力。

一是把握住需求。农田作业季节性较强，用户购机时间较短，经销商应按照需求进行有序控制，加大伙伴型、诚信型用户的支持，实施产品销售。加大政策跟踪力度，及时掌握需求趋势，避免出现销售失衡。

二是调整好节奏。实践中由于用户普遍难认同全额购机，经销商通常采取差额销售的方式提前销售。面对特殊情况，经销商应加强同用户的沟通，签订全款经销合同，采取多退少补、购机优惠等方式鼓励全款购机，避免出现因市场透支而留下的后续经营困难问题。

三是控制住风险。面对激烈市场竞争，活下来才是硬道理。经销商应加强风险意识，从源头上进行规避，避免采取过激手段进行市场透支。进一步减少市场透支，控制经营风险，实施正常销售，为下一步发展寻找机遇。

五、产品销售中的精准促销能力

市场如战场，经销商纷纷将促销作为提升销量的一种手段。从现实情况看，促销讲究的是“人心换人心”，来不得任何的“小聪明”。实践证明，农机行业开发一个新用户的费用是维持一个老客户的 8 倍，70% 的新用户是由老客户推介购买。一次完美的促销确实能够短期内提升销量，尤其是在“口碑相传”的情况下，一次伤害用户的“近视眼”促销，则会给经销商带来商誉长期减失的难言之痛。有的经销商片面强调促销的作用，将普通的产品卖出较好的价格，让用户感觉到物非所值，带来的直接后果就是不再购买这家经销商的产品。因此，实施有目的的精准促销更为重要。

一是提高市场感知意识。有效洞察区域政策扶持重点、种植模式和用户需求。加强市场感知，判断市场竞争态势、运营特点、用户需求。跟踪、加强竞争对手研究，做到知己知彼。

二是实施精准布局。分析自身优劣势，实施前期宣传、产品组合、售后跟踪的多维度组合，让用户购有所值。避免任何形式的以次充好、低质高价行为。强化营销资源、市场响应、运营状况协同，结合促销特点和习惯，确保促销精细布局。

三是提高促销绩效。了解对标者促销的目的和层级，实施针对性促销应对，实现有的放矢。侧重对农机合作社、家庭农场、农机大户等客户群体成功策划和销售，实现促销扩大影响、增加销量的目标。

六、品牌建设中的持续发展能力

品牌是一种特定的认知，代表的是责任和信任，一旦形成品牌优势，便会在用户群体中形成稳固的合作关系。缺乏品牌积累，没有品牌积淀，只能成为代卖者，很难在市场竞争中生存下来。只卖产品，没品牌，未来将是一场空。绝大多数经销商的品牌战略都是缺失的，树立经销商品牌，让用户形成品牌忠诚，成为当务之急。

一是开展品牌战略建设。将品牌战略融入经销商发展之中，加快经销商自身品牌建设，确立品牌愿景，打造让用户入心上口的品牌。

二是善于把握传播高地。不断加大品牌的传播和价值的传递，迅速提升自身品牌形象。延伸营销价值链内的竞争优势，努力构筑用户认知、认可、认同的品牌知名度，不断扩大品牌影响力。

三是巩固品牌内涵。致力于导入先进科技、以持续创新的产品，多元化的营销方式，保姆式的服务，构筑品牌亮点。整合经销商产供销、人财物等有形资源、无形资源和发展能力，不断巩固企业品牌地位，实现品牌增值，由卖产品向塑品牌延伸。

七、产品上市中的产品协同能力

面对市场同质化的竞争，越来越多的企业不断加大新产品上市的速度。有时产品上市速度过多、过快，不但没有形成新的竞争优势，反而对传统产品产生较大的冲击。

这就会给经销商带来一定的压力。往往费尽周折将现有产品刚打开市场，尚有一定的库存，新的产品又迎来上市时间。农机企业靠老产品成功打开市场，在用户口碑中取得了较好的效应，实现了自身发展目标。主动加大新产品的开拓力度，在新产品投放时，为抢抓市场机遇，部分企业开始实施边销售边改进的模式。新产品上市速度过快，不可避免地造成经销商“一直处理老产品”的形象。经销商最难应付的局面一方面是新产品与老产品功能接近的情况下价格逐步走低，造成购买过产品的用户不满，库存产品性价比更是不断降低。另一方面是新产品缺乏充分的作业工况验证，不能完全适应作业要求，造成作业被动。有的企业产品批次不同，备配件型号改进力度较大，影响服务跟进。

实现新老产品销售协同，就要采取有效的“区隔”举措，保持销售的一致性。上市时间方面，加强与主机企业沟通，新老产品研发与市场需求一致，实施合理的上市时间、上市区域分割，弱化价格差异。在库存管理方面，加强与主机企业相互配合、协同支撑，保证库存可控的同时，探测市场需求，选择性地进行新产品进货。产品销售方面，加大动力换挡、动力换向拖拉机及其配套农机具、纵轴流收获机械等高端产品市场开拓。

八、厂商协同中实现双赢的能力

行业曾经将经销商和企业比喻为“鱼水关系”，是最贴切的比喻。企业和经销商最高目标是实现双赢，实现互相依存、互惠发展，形成持久的合作、建立深厚的友谊。

水至清则无鱼。没有鱼，水平淡无奇；缺失水，鱼失去活力。农机企业和经销商既面临共同参与市场竞争的合作，也面临不同利益的相互磨合。对主机企业来说，最好是多销售产品，经销商能够现款进货。我给你“独家经销权”，但你最好“经销独家”，只专心做我这一种产品。对经销商来说，就是主机企业能够提供进货资金支持，什么好卖，进什么，什么赚钱卖什么。曾经有人开玩笑地说，经销商一天换一家主机企业，国内企业换一遍要半年以上，关键是能否找到长期合作的伙伴。主机企业对渠道拆的过细、换得太快，会造成大家都不赚钱的现象。没有永远的朋友，只有永恒的利益。发展是厂商合作的目标，盈利是合作的基础。

一是重视双方重大关切。切实尊重厂商核心利益和重大关切，保持畅通的交流、沟通，随时了解双方的需求，建立更加紧固的联盟，共抓市场发展时机遇、共度市场低迷期难关。

二是构筑两个载体。经销商对内要不断强化团队执行能力，提高从业人员整体素质；对外培育发展机制，加强市场的开拓与渠道的管控，提高市场竞争的精准化和一致性。

三是加快要素转变。由非专营向专营转变，密切厂商关系。由坐商向行商转变，关注市场、关注竞争、关注用户，实现预测、销售的协同和精准。由重销量向重管理转变，注重过程中的资源配置和能力提升，不打无把握之仗，不打无准备之仗，不断提升自身发展能力。

九、客户管理中的机遇获取能力

经销商拥有的忠诚客户越多，越具备抵御市场经营风险的能力。目前，日常销售中经销商会经常发现，卖场客户不断减少。交易时间延长，客户往往到卖场多家经销商进行咨询，就是给出最高折扣，仍不购机。这折射出的因素，除了客户的购买习惯发生改变外，还由于经销商对用户的沟通没有到位。最具体的表现是很多经销商没有建立客户关系管理系统，处于“狗熊掰棒子”状态，缺乏系统的分析和研究。客户回访流于形式，只限于简单层面的语音交流；有时担心用户会提出其他诉求，内心就不愿意跟踪用户。客户建设流为形式，将座谈会、培训会变成意愿客户拖亲带友的吃喝会。习惯于传统的经营模式和坐店等客模式，不习惯于互联网思维正在催生的新业态。不掌握部分客户已经开始将手机 APP、互联网等作为了解产品、购买产品的重要手段，趋向一键式的消费。经销商需尽快打通客户关系建设“最后一公里”，加快客户关系建设。

一是加大客户大数据应用。加强客户大数据研究，分析用户群体需求特点、主销机型、发展态势，研究竞争对手的客户秉性，为进行客户公关提供保证。

二是分维度客户建设和管理。加强农机合作社、家庭农场、种粮大户等关系建设，感知用户需求、偏好，全面加强客户关系管理、产品体验。绩效客户实施对等公关、维护，实行逐一走访和定向跟踪。关键客户进行动态交流、维持。一般客户实施针对性推介和个性化交流，提升购买意向。

三是构建“互联网 +”营运平台，借助云计算、大数据等新技术和微信、电商等新载体，实现网络化营销通道资源的全面对接、快速发展，支撑客户关系建设，提升产品销量。

十、战略管控下的目标落地能力

一位具有一定规模的经销商曾经说过，“我不需要营销战略规划，我的企业不是照样发展得很好吗？”假以时日，这家经销商就遇到了阶段性的发展困难。

经销商拥有并实施战略规划，不一定取得成功，这是必然因素；缺失战略规划，肯定不能取得成功，就是短期成功也是偶然因素。当前，经销商经历过的同质化环境已经不可复制，面临的是差异化的激烈竞争。

缺少战略规划，对未来发展没有明确的目标规划、路径制定和任务分配，只能被动适应市场波动。竞争中往往是被竞争对手步步紧逼、处处受制，被迫四处救火。销售形势好的时候，抓不住大机遇，销售形势低迷的时候，容易造成销量大幅度下滑。缺乏外部环境分析，不进行惠农政策研究，不掌握区域政策扶持重点，不知道终端客户的具体需求。没有和主流企业形成战略联盟关系，缺乏和制造企业的协同，不能提升市场应变能力，难以进行自身资源优化和营销能力提升。

实现长远发展、系统竞争，需要进行战略设计，全面对标、综合分析资源优势、不足和能力短板，进行重新匹配和优化。明确发展目标、路径和手段，进行序时性引导、迎强、避强、跟随竞争，体现体系应对，推进战略落地。健全组织机构，实现职能责权对接，制度细化到岗，目标落实到人。加强内外部环境分析，把握机遇规避风险，实施针对性的竞争应对，尤其加强竞争对手研究，找出对方的优势和劣势，实现“七寸式”、精准化的竞争应对，全面夺取市场竞争主动权。选择战略目标、价值观一致的主机企业，实现双方资源和优势的完美传承和互补，全面构筑双赢平台。

鸡蛋从内部打破是新生命，从外部打破则是食品。能力建设不是一蹴而就的事情，需要持续渐进、自我加压、不懈努力。市场竞争需要天时、地利、人和，能力只是其中的重要环节、关键支撑。一项能力缺失，就会给经营带来发展风险，全部能力丧失，就会带来生存考验。应对市场竞争，就要全面提升能力、优化资源，养成独特的能力、独占的技术、稀缺的资源优势，稳步抢占竞争的制高点。

农机流通企业的再生之路

——积极融入新型农业经营主体

□ 杨澄宇

杨澄宇，内蒙古通辽市大隆机械有限责任公司总经理。

改革开放40年，国家发生了翻天覆地的变化。这是我们这代人亲身经历的，有着切身的感受。作为农机人，自然对农牧机械在改革大潮中的起起伏伏认识更加深刻。农机是农业生产中重要的生产要素，农机行业应归属于第一产业。农机行业的兴衰沉浮和重大转折，主要是受到经济体制、土地制度、产业政策、世界环境等这样几个重大因素变化的影响。大面积农村土地承包制度的改革始于1980年前后，而农机行业显著的改革变迁大概始于1998年前后。也就是说国家改革开放40年，农牧业机械行业真正意义上的改革变化，活跃在后20年。

我本人正是从1998年进入农机行业的。先从经营农机市场起步，到经营农机产品，再到生产农机产品、然后到经营农机合作社，到最后合作筹划组建新型农业经营主体，恰巧贯穿了这风风火火的农牧业机械显著变革的20年。

在20世纪末期，我们抓住了国退民进大好机遇的尾巴，被改革大潮带进商海中。此时，非公经济高速发展，不论是农机生产企业，还是农机经营企业，都涌现出大量的私营企业。1999年，国家以宪法的形式明确了非公有制经济是我国社会主义市场经济的重要组成部分，大大促进了社会生产力的发展。更为重要的是，广大农村实行包产到户后，经过20年的稳步发展，老百姓有了一定的积蓄。尤其随着土地第二轮承包的顺利实施，农民对农业生产充满希望，为提高生产效率，开始有了增加投入的积极性。因此，农机行业在20世纪之初的大发展，是基于农业的大发展，是被农业机械的强大需求带动起来的。

2004年，国家开始实行农机具购置补贴政策，用30%的中央财政资金，带动社会资金，促进了农民购机积极性，为提高机耕、机播、机收及植保的效率，和提高我国农业机械化水平，做出了巨大的贡献。

2011年，大型拖拉机和自走式收获机械成为新宠，且连续五年产销两旺。农户经历了农机从无到有，完成了大型农机作业的理性经营的转变。农机户已不单是自己种田作业，而是形成了农机作业服务组织，继而出现了农机专业合作社，这是我国农业生产的又一进步。

2016年，农机市场出现了异常，整个市场的销售量呈断崖式下降。到2018年，对农机的需求几乎一夜间消失了，所有农机经营企业都陷入了迷茫。

其实，早在2015年，我们就对农机市场进行过分析。2001年，我国成功地加入了世贸组织，对于欠发达国家，世贸组织给予了我们15年的缓冲期。2016年期满，国家将对外开放国内粮食市场，政府将取消保护性收购价格。我们一家一户的小农经济，将与世界上最先进的现代化农业同场竞技。我国农业投入相对较少，基础设施比较薄弱；农业技术比较落后，缺乏科学种田；土地碎片化，无法形成规模经济。这样的农业和人家竞争，其结果可想而知，我国农业势必要遭受到巨大的冲击。农业投资积极性会受到挫伤，农机行业必然会整体下滑。

但现实还是大大地超出了我们的想象，形势逼人。农机人该何去何从，大家都在苦苦地思考，都在不断地摸索。过去，我们不顾及农业的变化趋势，不顾及农机产品的实际需求，只是盲目地扩张供给，最终弄得经销商伤痕累累。

从2015年开始，我们收缩农机经营中的赊销垫补业务，并积极寻求转型升级。在随后的两年内开办了两个农机专业合作社。初衷是为了转型，但是做得并不好。

做政府项目，活难干，钱难算；为农户服务，活零散，高成本；给农场或农业公司干活，刚起步，有风险。时至今日，似乎在跟着市场走，似乎在转型。但是，却始终没有做好自身定位，没有选好发展方向。专业合作社需要寻找一个更广阔的平台，找到更适合自己的发展空间，广泛融合，真正做好服务业务。

在这个颠覆式变化的新时代，我们要找到自己存在的价值是很难的，要找到自己的定位和发展方向更难。改革需要我们转型升级，但转型升级并不是随随便便说转就转、说升就升的。我们必须通过深入实践，深入学习，开放思考，广泛融合，探索出一条适合自身发展、符合时代需求的涅槃重生之路。

过去，我们还在纠结于土地制度，纠结于土地如何流转，纠结于规模化经营如何实现，纠结于土地流转成本的过高和成本的不确定性，纠结于土地恢复的连续性无法实现，纠结于农业将向什么方向发展。中央1号文件指出：“统筹兼顾培育新型农业经营主体和扶持小农户，采取有针对性的措施，把小农生产引入现代农业发展轨道。”

在我国现行土地制度和现存农业状态下，要想发展我国农业，需要兼顾两类主体，一类是新型农业经营主体，另一类是众多的小农户。国家需要新型农业经营主体迅速成长起来，能够承担起帮助小农户节本增效，提升小农户组织化程度，把小农生产引入现代化农业发展轨道。小农还是那个小农，他们拥有土地，但规模较小；年年都在春种秋收，但没有先进的种田技术；维持农业生产，却投资不足。

现在小农更想要的是：我只投入土地，你来实现耕、种、收全程、全面机械化一条龙作业，种子、化肥、农药、农艺全面统一。关键要帮我把粮食卖出去，在整体收入中，经营、服务、管理等费用归你，剩余的归我。

这对新型农业经营主体的要求就非常高了。要深度介入种植户的生产，在技术上、管理上、资源上全方位帮扶和指导小农户，才能够保证大服务的实现。要善于将众多农户有机地组织起来，使土地集中连片，实现规模化经营。

市场在变幻中继续向前发展，没有过多的时间让我们犹豫彷徨。我们必须清醒地认识到农机是为农业生产服务的，农业本身面临着重大变革。新型农业经营主体的出现，使农业生产的主体结构发生了变化；流转、托管等合作方式，使农业生产组织发生了变化；精准农业和规模化农业，使农机产品的需求发生了变化；招标、厂家直销、网络销售等，使供需途径和模式发生了变化。新的农业变革形势，需要农业生产的产业升级，注定将催生一个新的综合服务平台，使农机及农机作业、农资及农艺植保服务、农业金融保险服务、粮食销售乃至期货服务完全融入这一平台中，从而提高种植技术和管理水平，完成农业的组织化生产。面对这些质的变化，农机经营还能独善其身吗？

许多大的国家级的涉农企业集团纷纷涉足农业综合服务，例如中农、中粮、中化、云天化、锦州港等。甚至还有一些第二、第三产业的大型企业集团也蠢蠢欲动，例如阿里、碧桂园等。他们或是建设农业综合服务平台，或是组建农业综合服务公司。正是因为我国农业非常落后，这些新型农业经营主体看到了我国农业潜在的巨大发展空间，其团队组合是农业生产全方位的，其服务环节是农业生产全流程的。第二、第三产业的涉入，包含着对农业薄弱产业的投入，也包含着三个产业的融合，势必带动农业产业化的崛起。农机需求和服务被有机地融合于其中，如果农机流通企业不与时俱进，继续以传统模式单独经营农机，不能积极融入新型农业经营主体，将会很快被排除在新的大农业之外。

在商场中摸爬滚打这些年，我们学会了在实践中学习和总结，学会了透过现象看本质的本领。既然要深入涉足农业，就要对农业有一个更加科学、冷静、透彻的分析思考。

土地质量方面。通辽地区玉米种植的平均亩产在600千克左右，而发达国家玉米亩产可以达到我们的两倍。有如此大的差距，同样就潜藏着巨大的发展空间。但是，我们必须清醒地认识我们耕作的对象——土地。由于土地施用农家肥少，施用化肥过多。使土地板结沙化较为严重，土壤的有机质含量低，土壤理化性能降低，土壤丧失微生物环境。土地想要提高产量，首先要提高土地质量。但这需要一个投入过程和改良时间，我们要做好思想准备。

土地规模化方面。土地碎片化对农机化效率的影响是致命的，要想连片需要用钱摆平。土地成本无理性攀升，也有其历史原因，农民拥有的资源太少，其拥有的这点土地承载的太多。这不是农业本身能解决的问题，需要城市化和工业化的反哺、吸纳和融合。只有农民非农收入占比显著提高，非农收入逐渐稳定，土地才会被释放出来。使土地规模化得以实现，土地成本降至合理价位。这涉及土地制度的变革，这个变革需要市场条件的逐步成熟。这同样是一个漫长的过程，同样需要做好思想准备。

走专业化有偿服务的道路。有偿服务也就是要走市场化道路，除了服务组织自身努力经营，必须要有法律政策的保护和支持，要有良好的市场环境。农机服务组织先要解决生存问题，然后才能解决发展问题。专业化要求有农业生产全过程机械化能力（也可以通过农机服务组织间的互补性合作来实现）；要有科学、经济的耕作方案，有标准的操作流程，各项耕作服务要有耕作标准；土地耕作难易程度要有等级确定依据。农机服务组织要有观念、有能力、有实践。

融入方式。在农业综合性服务组织中，农机服务组织还需要有定力，要确定好自己的位置，我们只做有偿的机械化服务，要与其他类农业合作组织有机结合，这是我们新的社会化分工。如果想要更加深入地融入，需要更多的东西，要谨慎，还需要进一步摸索。除了上述的能力，和上述成熟的标准，我们的机械化服务还不能局限于某一区域农业综合性组织内。我们要跨区作业，延长全年的作业时间，提高作业效率。只有这样才能提高单位投入回报率，把农机服务专业做强、做精，扩大专业内获利空间。

国家农业要发展，需要新兴农业经营主体的出现，而农机专业化有偿服务也非常适合我们的自身发展。目前较为有效的经营模式有土地流转、托管、半托管、以及签约服务农业种植联社及各类农场等生产组织，我们的专业化农机有偿服务组织正是为这些农业生产组织服务的。

有广泛合作的宽广平台，有功能全面、深度融合的团队，有合作伙伴的信任和诚邀，最好的机遇摆在了我们面前。我们苦心志，劳筋骨，我们会毫不犹豫地、牢牢地抓住这个机遇。也许前途会有荆棘，也许前途会很曲折。但我们要勇于探索实践，善于自我进化。面对新一轮的农业改革浪潮，农机流通企业得以生存的理由，就是要寻找到农业综合服务中自身的合理位置，完成自我升级，实现自身价值，创造更加全面、深度、高效的服务能力。

这里是广阔的“蓝海”，正等着我们扬帆起航！

浅谈农机文化

□ 王晓会

王晓会，哈尔滨北垦农机有限公司经理。

近年来，我国农机装备水平显著提高，促进了农业丰产丰收。然而，农机软实力建设没有得到足够的重视，没有跟上硬件更新的步伐。农机行业快速发展伴随着行业乱象的发生，纵然有多种原因，但有一点是免除不了的，那就是农机文化的缺失。

一、关于农机文化

纵观欧美农机化发展历程，蒸汽机动力应用到农业生产已有100多年的历史，而在此之前，以畜力为动力源的农业机械至今差不多有200年的历史。在机械与农业生产不断相结合的过程中，形成了特有的农机文化、思维和信念，主要表现在：对农业机械演化史的不断总结和追忆、对农业机械未来发展的不断探索和在不同时期不断丰富的农机文化内涵。

如果把农机行业赋予文化内涵，那也就有了灵魂和生命。从业者不只是拿农机工作当作谋生手段，它更是一种乐趣，是一种人生价值的体现；农机企业社会责任感会更强，逐利将不是企业的唯一目的，这样的企业才会更有生命力。

二、国外农机文化

仅以几个实例说明国外，尤其是欧美地区农机行业中蕴含的农机文化。

1．展览展示文化

从形式上来说，欧美农机展览展示更加多元化，有场馆展览、田间日展示、巡游展示、公益活动展示等形式，针对不同群体发挥不同的效应。

从群体上来说，欧美农机展览展示的群众参与度极高，包括众多的行业从业者，也包括一些与行业非相关的妇女、儿童乃至残疾人，这些人愿意支付高额的门票和相关费用，从侧面体现出欧美农机乃至农业并非是弱势行业，

欧美农机展览

而是全民关注的行业。

从细节上说，欧美农机展览展示做得十分到位，比如，在安全方面，厂商会把一些尖锐部件用软胶条包裹；一些比较抽象的工作部位，会通过剖面形式展现出来；将民俗表演融入展览展示中，并且是恰到好处。欧美农机展览并非是比谁家的屏幕大、音箱更震撼，展会充分考虑观展者住宿、交通、餐饮的便利性，不会让观展者在一种焦灼的心态下看展会。

欧美农机展览上的民俗表演

2. 收藏文化

欧美地区农机爱好者对农机古董的收藏热情并不亚于中国人对待古玩和玉器。这些农机铁杆粉丝热衷于对老式农具、蒸汽机拖拉机、纪念款农机设备的收藏，并出现了许多民间的协会或是俱乐部等团体组织，收藏者会不定期地“以机会友”，专有企业或个人为这些老古董进行精心修复。在一些拍卖会上，也会见到这些古董的身影，并形成了特有的收藏经济。

古董农机展示

3. 衍生品文化

所谓衍生品是指由农机产品或品牌派生出来，却不属于农机产品的产品，诸如农机模型、服装、邮票、纪念品等，就像您有一台 JEEP 越野车，也愿意自己购买 JEEP 的腰带和服装一样。这些产品做工精细、质量上乘，是需要通过购买才能得到的，稍具规模的欧美农机企业大都有自己的品牌礼品店。这些衍生产品无论在企业形象塑造、品牌产品推广还是在满足用户消费需求方面都起到了积极作用。

农机的衍生品

4．媒体文化

欧美的农机网站做得非常不错，有行业资讯的、有专业维修的、有设备测试评价的、有搞配件服务的、有做论坛的、有专门搞照片视频的。虽然在广度上都不及中国的农机网站，也没有中国农机网站这种为供给侧改革和为农业赋能的胆识和想法，但深度上都达到了专业级的水平。在他们的网站上，几乎能解决您任何农机方面的问题，更能满足对农机知识和信息的渴求。比如说 TractorData 这个网站，几乎收集了所有全球定型量产拖拉机的参数信息。

很多专业的电视节目做得非常棒，主持人有很好的农机知识素养，节目选材与行业联系十分紧密，内容追求客观实际，与某些政策宣讲吹牛式的节目截然不同，通过这种直观且具有实际意义的节目促进了行业的发展。这些节目也随着网络信息技术的发展，通过网络进行传播，让更多人受益。比较有代表性的是巴西的 Marcars e Maquinas（品牌与机械），处处都能表现出专业平台、专业团队、专业策划、专业技法给农业从业者带来的知识、信息和享受。

媒体方面值得一提的是农机行业广告。去过国外的朋友大多在机场就看过某些农机公司大型牌匾广告和屏幕广告。在发达国家，农机的档次并不比汽车或工程机械在社会中的作用和地位低，广告策划也十分有品位。

5．赛事文化

日常生活中，我们可能关心 NBA，也可能关心奥运会。但是在欧美地区，有这么一伙人，他们关心的是农机的赛事，有的是老款拖拉机的跳舞比赛，也有改装拖拉机负重拉力赛，还有农机具作业效率的 PK，更有老旧收获机的碰撞比赛。外国人热衷于冒险，更喜欢创造一些“无聊”的纪录，不断刷新着人们的想象力。但这反过来促进了生产力的发展和社会进步。

农机的相关赛事

6．企业文化

欧美农机企业口号性的宣传非常少，在注重产品品质的同时，十分注重企业发展历程的收集整理。他们不会嚷着要争当行业第一，而是踏踏实实做事修炼内功，一段介绍企业百年历史的文字就可以秒杀一切豪言壮语的口号。在技术方面，欧美农机企业也有相互学习借鉴的时候，但绝不会原封不动地照搬、照抄，一定会努力做出自己的风格和特色；在外观方面，也都会有自己的主色调和涂装搭配以及走心的设计，即使不看商标，行业人士一眼也能辨识出是哪家的产品。

三、我国的农机文化

聊了这么多欧美农机文化建设，有长他人威风，灭自己士气之嫌。由于我国农机化事业起步较晚，相应的农机文化建设相对滞后，可发掘利用的资源有限。但近年来也有一些人活跃在农机文化建设方面，一批热衷于农机行业的年轻人，通过各种平台潜移默化地为农机文化事业做了大量工作。尤其以黑龙江垦区和新疆生产建设兵团为代表的一些农场团场，把一些老旧机器进行修复展示，不仅仅是对过去生产力水平的一种展示，更是垦荒精神的良好体现。但受我国农业在整个国民经济中的地位限制和从业人员整体水平的影响，农机文化建设任重道远。

四、北垦农机与农机文化

从2006年开始，北垦农机以博客等形式活跃在农机行业中，通过对行业资料的收集整理和发布，带动了一批人加入农机文化建设当中，逐渐建立起农机衍生品交流、农机邮票收藏、新技术推广应用、业务知识培训、农机车友会以及北垦农机网、头条号等自媒体，不定期与车友们组织形式多样的活动。

中国农机文化活动

农机文化既是追忆过去，更是展望未来，农业机械是身躯，农机文化是灵魂。如果心中有农机文化，那我们从事的农机行业就不单单是一个谋生手段，更是我们一生的乐趣。

北垦农机还处于成长阶段，本文只想起到抛砖引玉的作用，让更多的企业重视文化建设，让更多的行业人士参与到活动中，为我们的农机文化繁荣添砖加瓦。

征文后记

由中国农机化协会主办的“改革开放40周年农机征文活动”落下帷幕，这次活动题材广泛、涉及人员众多、收获和影响力之大前所未有。既是对过去一段时间农机行业的总结，更是对未来工作的展望。在此次活动中，夏明副秘书长以及多位农机同仁夜以继日，付出了辛勤的劳作和汗水，使得活动圆满成功。

改革开放40年来，国内各行各业发生了翻天覆地的变化，农机行业同样取得了骄人的业绩，为保障我国粮食安全、改善百姓膳食结构做出了重要贡献。然而我们却缺乏对过去发展历程中取得的成绩和存在问题的系统性总结。中国农机化协会站在重要的历史节点上，动员了行业内的专家、学者、管理者、一线从业者等多方面资源，系统、客观、全面、翔实、包容，从不同角度回顾了这40年的变化，不亚于对农机行业的大检阅，从某种角度也挽救了一批即将消失的重要史实资料。

本次活动并不是歌功颂德，从文章内容中体现得较为明显，诸如对这40年中遇到的问题和挫折也都有所描述，以及对当前农机发展中存在的不正常现象进行了梳理，这将有助于一些企业重新理清发展思路，向良性轨道发展。

在拜读文章的时候，使我对改革开放40年取得的成就有了全新的、更深刻的认识，是我职业生涯中接受的最好的一次系统教育。仅以几个事例谈谈我的感受。

其中有一篇赵剡水先生的文章，他回顾了中国一拖改革开放的40年，用翔实的数据描述了中国一拖这40年取得的成绩。成绩的取得是一拖人不畏艰辛、勇于拼搏、顾全大局的结果，从某种角度也是我国农机工业高速发展的一个缩影。赵先生还站在历史的新起点上提出了新的发展倡议，这对于我国农机工业的发展无疑是航标灯的作用。

还有曾就职于黑龙江农垦系统和约翰迪尔公司的宋亚群先生，在他的文章中提到，他是1977年参加工作的，改革开放这40年，他见证了约翰迪尔从合作到合资，再到独资的全过程，这个过程是迪尔在华事业的蓬勃发展时期，更是我国从原有体制逐渐向开放、包容、学习、进步的转变过程，更是我国农业从传统方式向现代化转变的过程。

每一篇文章都记录着一个人或一个企业令人难忘的事情，这是一种总结，也是一种情怀，更是我国农机人在改革开放大潮中勇往直前精神的体现。经历改革开放初期的老前辈们大多已退休，他们大多以实际工作践行着改革开放，他们对农机化工作的贡献却鲜有翔实记录，宋毅先生便担当起了这部分资料的抢救性整理编撰工作，为汪懋华、陶鼎来、高良润、白人朴等老先生写传记，由于很多老先生年事已高，资料收集整理难度之大可想而知。

一篇文章一个故事，一篇文章一段记忆，一篇文章一种情怀。再次对活动组织者和参与者表示由衷的感谢！

一个农民发明家给农机企业创新发展的建议

□ 陶祥臣

陶祥臣，新疆霍城县可克达拉市雪保农机具创新设计室法人。

在十九大上，习近平主席把创新定位为发展的第一动力，可看出国家领导人对创新发展的期待与认可，更表示出创新的重要性，相信国家领导人会对创新更加关注，使创新发展更加健康成长，让创新更加有活力，为祖国的明天更加辉煌而努力。

农机是农业生产的重要物质支撑，也是一个国家发展实力的象征，看农机化参与程度衡量人们生活水平是不过分的，只有农业基本实现机械化作业之时，才是人们的生活小康到来之时，也才能达到幸福指数的高位。

国家出台农机购置补贴政策，加快了农机更新速度，促进了农机拥有的量，满足了农业生产需求。以农业生产中的小麦为例，收获时间由原来的十几天缩短到两天结束，如果不参与跨区作业，维修保养的时间大过工作的时间，就说明农业机械饱和了。

在饱和的农机领域，只有提升性能与功能，才能有少量老农机户更新选择，那么农机发展的空间还有吗？事实证明还有空间，而且还很大。

随着社会发展需求，地方农业逐渐形成地方专业农业，农机服务还没有跟上，这就是农机未来的发展空间。对农机企业来说，要提升质量，转型就需创新，而这是企业的未来发展之路。

这时就看企业的发展是坚守自己的主业，还是在坚守主业的同时跨入新农机领域了。以我个人角度看，应该多渠道并进，这样可以最大限度地发挥人力技能资源和设备资源，还有企业销售渠道上的优势，在创新的领域里获得一席之地。

咱们可以引进创新也可以自主创新不是吗？大家都知道的一句话是合作共赢，还不就是让优势组合发挥更大的效果吗？所以农机企业的发展不是单一的产品生产，而是多元化的合作生产，或是多元化融合创新发展。

那么创新发展的模式应该是什么样的？自

主创新就不说了。作为一个农民发明人，谈一下我的观点仅供参考。

专利转让。一般专利技术是独家转让，有双方预定好专利技术总价值，先付一半费用，另一半技术成果投产时付清，国家费用由双方协商，这是发明人最愿意走的合作方式，因为责任和时间明确。

专利技术成果分成。专利权人与企业双方协商成果获利分成，这是企业愿意合作的模式，因为只有成果获得利益后的分成，企业是愿意接受的。

转让＋分成。就是企业与专利权双方协商出一个可承受的底价，支付底价 1/3 的技术资金，签订合作协议，专利技术顺利实施后支付剩余技术资金，每年在成果盈利中支付合同预定的分层资金。这个模式的优点在于降低了专利权人与企业的心里承受差距，降低了企业在引进创新上的风险成本，是双方的中和利益保障点。

区域许可。企业给专利权人支付一定的技术实用金，在许可的范围内从事专利技术生产。

出租。企业和专利权人协商每年支付多少租金，从事专利技术生产销售。

农机企业的未来发展，是盘活现有资源。只有不断推出新产品，才能赢得市场空间。而专利技术申请是保证产品市场稳定性的主要抓手，也是申请国家资金支持的渠道之一，是降低企业风险，借力助跑的好杠杆。所以企业应该积极创新。

企业可以上国家专利局网站，查询农机创新方向，寻找适合发展需求的专利技术，分析专利技术的可行性，是否可以借鉴创新，但不可侵权仿造。

国家加大支持创新的同时，也积极维护创新市场，使创新良性发展才能走向祖国的强大，实现引领创新的可能，如果这时还继续仿造侵权那将失去诚信，是重点打击的对象，千万不可为。

农机企业的发展掌握在企业领导人自己手里，如果不能分析市场需求，正确判断发展方向，会渐渐退出市场。

转型一定要把握好方向。为需求而发展的农机永远有市场空间；为应付而发展的农机是丰富农机家族成员；为获利而侵权的农机，如果受到打击是致命的打击，失去的是诚信与资金。所以一定要把风险与成本放在行动的前面，认真考虑诚信沟通是一个明智选择。

因此，企业的未来发展，是专业领域的质量与性能的提升。利用现有优势资源，关注农机创新方向，积极组织创新团队，攻关技术难题，研发新农机领域的核心技术，积极合作或引进新领域农机新技术，形成多元化的农机生产企业，立足国内需求创新，面向世界市场销售，争取更大的市场空间。

我相信只要发现问题所在或需求，没有我们攻克不了的难题。正所谓，没有做不到，只有想不到。中国农机正迈步走向明媚的春天，中国农机企业加油向未来！

第七章 农机人生

10年缘分与40年情分

□ 马世青

马世青，原中国农业机械化协会副会长。曾就职于中国常驻联合国粮农机构代表，先后担任农业部科教司司长，农业部农业机械化管理局巡视员。几十年来一直从事农业相关的工作，为推进我国农业机械化发展孜孜不倦地贡献着自己的力量！

缘分是一种偶然，是一个机会，往往可遇而不可求，是客观的、被动的。

情分却是一种追求，是有基础、有感情、有目标、有动力、众里寻他千百度的执著。

我的农机职业生涯就是10年缘分和40年情分的组合。

一

1968年6月，我被分配到黑龙江北部一个农场的农机修配厂学徒，这是一个很特别的厂，规模不大，只有20几个人，但技术力量却极强，计有工程师1名、技师1名、八级工7名，工种齐全，涵盖钳工、车工、翻砂工、炉前工、木模工、锻造工，还有1名6级钣金工，以及几名4级电焊工修理工。

这样的技术阵容即使在那些大厂也算是相当豪华的，为什么会集中到这个修配厂呢？原因是所有这些技术大拿都有个“历史反革命”的身份！他们中有的人在伪满时期当过日本工厂的技术员，有的在“国军”兵工厂做过工程师。那时正逢中苏关系紧张，这些人作为“不安定因素”被统一疏散到这个小厂来了。

我最初分配的工种是铇工，一年后换成车工。很快我擅长空间概念的优势发挥了作用，用很短的时间掌握了机械制图的技能。当了两年并不优秀的工人后，指导员（厂一把手，农场是准军事编制，相当于现在的厂书记）调我到技术室跟那位工程师学习。

农场有7个营（分场），每个营都有几台拖拉机和耕播收的农机具。拖拉机主要是东方红54和75（链轨），以及轮式的东方红28，还有几台苏联的老式德特拖拉机，联合收割机则主要是四平厂出的牵引式东风收割机，后来进了几台东德产的E−512自走式联合收割机。我们修配厂的任务是当这些机械发生故障时派出修理工现场维修，如果有零件损坏，就要赶制出新的零件替换。由于前面说到的雄厚的技术力量，我们厂几乎能复制出所有农机零配件，甚至发动机的缸体和缸盖，连附近部队的坦克零配件都能制造！

我在到技术室工作不久，发现故障发生后才缺啥配啥很耽误时间，特别是一些铸造件，通常要等凑够一批才能开大炉。我用一年的时间统计了当时农场所有农机易损零配件名录，测绘了这些零配件的图纸，建议厂里按这些零配件损坏频率在作业淡季提前准备备件，取得了很好的效果。地区农场管理局肯定了我的这个做法，并把我的零配件名录和图纸推广到管理局下属的十几个农场。

那一带的农场都是旱地，农机主要从事耕整地、播种和收获。种植的小麦、玉米和大豆基本都是靠天吃饭，不灌溉，也没有植保和施肥等田间管理机械。我看到我们厂那些技术大拿只做些零配件，实在是浪费资源。在场、厂两级领导的支持下，和那位工程师一起，查阅了相关资料，设计了东方红－54 拖拉机悬挂的喷雾机，图纸展幅 14 米，用于植保和施液态肥，完成产品后取得了成功。产品被农场局配送到黑龙江西部各农场，我们的修配厂也更名为“修造厂”。后来我们又设计生产了排水泵、钉齿耙，甚至修水渠用的铲运斗。

到 1977 年年底，农场局根据气候需要，开始组织研发粮食烘干机，由局机务处长任组长，我任副组长，组里还有几位刚毕业的工农兵大学生。我对我自己的努力很满意，认为自己未来就是这样按部就班地工作和生活下去。我因缘分而从事的农机修造职业逐渐由陌生到熟悉，再到产生感情，使我觉得我的职业生涯应该很清晰了。

但事情并不是这样，那时我不知道，一场伟大的改革开放即将在中华大地如火如荼地展开，这场改革影响着党，影响着国家，也影响着我们每个人的思想和生活。

二

国家酝酿的重大战略部署我们当然并不清楚，但作为一个边陲农场的农机职工，我接触的第一件事是 1978 年春天参加管理局组织的到东部友谊农场二分场（原兵团三师十八团二营）参观，那次活动是我人生的一个重要节点，我在那里看到了引进的 62 台（套），当时世界最先进的约翰迪尔农业机械，据说用这些机械，二营的 11 000 亩地只要 20 个人就能完成全部作业，平均每人产粮 100 吨！我的心被彻底震撼了。我意识到以前为自己的那点成绩沾沾自喜，不过就是井底之蛙的表现！窗户打开了，我看到了外面的世界，意识到自己思想的浅薄和知识的贫乏。

过去我沉迷在自己的工作和生活中，放弃了几次被推荐为工农兵学员的机会，但这次，我不会再失去，我不能再失去。我参加了 1978 年的高考，在农场数千名来自上海、天津、哈尔滨的知青中我考了第一名。那年是成绩公布后填报志愿。此时，我与农机的关系已经由最初的缘分转换成割舍不断的情分了。我毫不犹豫地把允许报考的四所农机院校填在志愿表的前四格，包括吉林工大、东北农学院、佳木斯农机学院等！后面则胡乱填了一些记不清的志愿。结果，我被第一志愿——北京农业机械化学院录取了。

由于校舍没准备好，北农机推迟至 1978 年 12 月开学，我有亲戚在北京，提前几天住在他家。恰好有幸赶上在全国农业展览馆举办的12国农机展，那是对我思想的又一次冲击。改革开放转变了我的思想，拓展了我的视野，也重塑了我的思想和人生。

我想让我的农机职业生涯继续下去，更上一层楼，做更多的事。但我入学时已经30周岁了，有一个3岁多的女儿。古人说“三十而立”，我30却刚开始蹒跚学步，班上最年轻的同学只有15周岁！我的学习时间比别人少了许多。好在我学的是农机，而且当年在那所修造厂因为工作需要我还自学了机械制图、高等数学、机械原理、机械零件等专业课程。感谢学校的领导，他们在改革开放的思想指引下，允许我参加上一年级的各科考试，让我成功跳级。

三年后，我本科毕业。在毕业志愿表上，我填了南京农机化所，那是我理想中的著名农机科研机构，而且，我的老婆孩子都在江苏，我迫不及待地打算去那上班。

1982年，国家依然处在改革开放的初期，各行各业都缺少人才。我想成为一名农机工程师，但我的领导不这样想。学院的党委书记亲自找我谈话，希望我留校担任学院团委书记。我申诉了我的愿望，我说我想搞农机专业，领导说没问题，你当一届团委书记就让你搞农机专业；我说我老婆孩子在江苏，我想去南京，领导说没问题，学院负责把你老婆孩子调进来。我没话说了。作为一名新党员，我当然应该服从组织的安排。好在领导答应我很快就可以重操农机专业工作。

但是，我一个凡夫俗子怎么可能预测到改革开放的浪潮将会给每个人带来的舞台和机遇。团委书记卸任后，我被调入农牧渔业部，先后从事农业高等教育管理、农业科技管理、农村环境和能源管理、国际农业合作等工作，时间长达20年！这些岗位丰富了我的经历，却始终没有割裂我的农机情节。在罗马担任常驻联合国农业代表的近5年中，我有机会接触各国农机化发展的大量信息，我想，农机工程师我是当不成了，但也许将来可以做一点农机国际比较研究方面的事。

三

2005年年底，我结束了在联合国的工作，这时，我56岁，垂垂老矣。领导征询我退休之前剩下的三四年想做点什么，我毫不犹豫地脱口而出“农机农垦”，感谢善解人意的领导，任命我到农机化司任巡视员。

我在这个岗位上一直干到60岁退休。我不足20岁在最基层的农机厂开始我的职业生涯，60岁在最顶层的农业部农机化司结束我的职业生涯，自农机始，从农机终，佛家称之为“如一”或“圆满”。

退休前夕，领导又找我谈话了，希望我能协助领导组建中国农业机械化协会，这一干又是10年。10年中，中国农机化协会从无到有，从小到大。我在协会成立大会上提出，中国农机化协会要始终站在改革开放的前沿，要为行政管理部门服务，为农机从业者服务，为农民服务。要在内部增强凝聚力，对外扩大影响力，自身积聚实力。

我认为，中国农机化协会与其他协会的不同在于，我们是“有爹管，有娘疼”。中国农机化协会由农业农村部直接归口管理，挂靠在部农机试验鉴定总站。有爹管着，可以使我们始终在中央改革开放路线的指引下做事，围绕农业农村部农机化管理司的中心工作开展我们的活动，不偏离，不落后。有娘疼着，可以使我们在开展各项活动时得到各地各级农机管理部门和推广鉴定机构强有力的指导和支持。

如果说我最初与农机相遇是一种缘分，是在对农机毫无了解的情况下懵懵懂懂地进入到这个领域的，那么，我最后选择并全心从事农机则完全是出于对她的情分，我爱农机化，不仅是因为她有意义，更是因为她有意思。

在社会发生重大变革的关键历史阶段，一个人一辈子能从事一项既有意义，又有意思的工作，是多么的难得。感谢改革开放，让我看到了这种可能，创造了这种可能，实现了这种可能。

我今年 70 岁了，已从协会离职，与农机打交道超过 50 年了。中国农机化，我和你因缘生情，因情动心，这辈子算是断不了啦！将来我若是得了老年痴呆，能听得懂的词里面，一定有一个是：中国农业机械化！

不忘初心，继续前行，构筑新时代“农机梦”

□ 江洪银

江洪银，安徽省农业机械技术推广总站站长、研究员。长期从事农机化管理和新技术推广工作，主持实施农机化项目中，已有12项获得省部级科技奖励，曾被省政府授予“有突出贡献的中青年专家”，获得安徽“首届省直机关十大杰出青年”称号。

与农业机械化结缘，初始于孩童时代。那时，每每遇到“嘟嘟嘟”震耳欲聋的老式履带“东方红”拖拉机拖着铧式犁耕整地作业时，我们一群小孩儿总是追着看热闹。那乘坐在机器后面的犁体升降调节手，即使总是灰头土脸，还是吸引了无数羡慕的目光，我们都梦想着有朝一日，那个乘坐人就是自己。

也许是小时候耳闻目睹“农业的根本出路在于机械化”“80年基本实现农业机械化”等标语、口号的缘故，在1981年夏天，填报高考志愿时，我毫不犹豫地填报了安徽农学院农机系首届农业机械化专业。从此，怀揣对未来农机化发展的美好憧憬，正式踏上了“农机寻梦”之旅。

1985年，我毕业了，有幸成为改革开放后首批进入安徽省农机局工作的大学毕业生。当时正处于改革的初始阶段，家庭联产承包责任制已经全面施行，农业机械化正面临体制转轨的发展时期，基层老拖拉机站纷纷解体、老农机生产厂纷纷倒闭，“分田到户，农机无路”声不绝于耳。农业机械化发展的指导思想、方针、政策也随之调整，我们在大学所学的专业知识仿佛一下“归零”，使得刚踏入社会、进入“农机门”的我一度迷茫、彷徨、徘徊。如今看来，随着经济发展与时代进步，不仅打破了当时的各类传言，打消了各种的顾虑，而且农机化事业也逐步走出低谷，并焕发出新时代无限生机。特别是2004年《中华人民共和国农业机械化促进法》的颁布实施，“忽如一夜春风来”，农机化事业步入依法促进轨道，进入迅速发展的“黄金时代”。

美好的时光总是过得很快，对农机化事业的激情与梦想占据了我人生最美好的年华。今天，蓦然回首，惊觉我学农机、干农机已近四十载，几乎与我国农村改革的40年并行而进！40年来，农业机械化的发展尽管历经坎坷，但经过一代又一代农机人的不懈努力，农机化一路前行的脚步从未停止。我清楚地记得，一辈辈农机人都编制着自己的“农机梦”，有的把“老黄牛能彻底退休”作为工作目标，有的把实现小麦等农作物播种、收获机械化定为自己退休前的愿望……

几十年来，一代代安徽农机人为农机化事业发展辛勤耕耘、默默奉献，有的甚至献出了宝贵生命。在经过市场引导、依法促进阶段的发展后，特别是近年来农机购置补贴政策的强力实施拉动，安徽的农业装备结构进一步调整和优化，农机化发展水平与质量显著提高，农机社会化服务能力大大增强。截至2017年年底，全省农机总动力已经突破7 000万千瓦，主要农作物综合机械化水平达到了75.3%，小麦生产基本实现了全程机械化，水稻、玉米、油菜等关键环节的机械化取得了实质性进展，注册成立的农机专业合作社达4 000余家，农机经营收入突破500亿元。为全省粮食的“十四连丰”和农村居民收入的“十四连增”做出了巨大贡献。毛主席提出的“农业的根本出路在于机械化”的英明论断在安徽江淮大地上得到了很好的诠释与实践。我为能亲历这40年的农机化大变革而自豪，为能见证农机化大发展的美好时代而庆幸，更为自己能成长为一个名副其实的农机老兵而感到欣慰！

今天，我可以挺起胸膛得意地说，儿时的农机梦想已经变成了现实，父辈们面朝黄土背朝天辛劳耕种的状况在我们这代已经彻底改变。然而，经过了40年的改革开放，中国的经济社会已经发生了翻天覆地的变化，特别是科技的发展日新月异，农业发展方式不断创新，经营体制机制逐步完善，农业生产对农业机械化依赖程度越来越强，对农业机械化发展质量内在要求越来越高。如今，无论是从实施乡村振兴战略的大局看，还是从现代农业发展的现实需要看，仅仅停留在儿时的“农机梦”已经远远不够了。

于是，我的“农机梦”在新时代将继续。当前，农机化发展中结构性供给侧改革的任务还十分繁重，全程全面、高质高效推进农业机械化发展的短板尚未补齐，农机装备制造能力和水平与发达国家相比还有差距，农业机械化与农业信息化融合发展的步伐还不够快。要真正实现让农业成为有奔头的产业、让农民成为有吸引力的职业、让农村成为安居乐业的美丽家园，农业机械化还有许多具体工作要做。因此，我们要认真贯彻落实党的十九大精神，以习近平新时代中国特色社会主义“三农”重要工作论述为指引，不忘初心，牢记使命，继续奋斗，构筑新时代的“农机梦”。

“长风破浪会有时，直挂云帆济沧海”。尽管离我退休的年限越来越近，但我依然会继续保持昂扬的斗志、饱满的热情，与广大农机系统的同事们一起并肩作战，给年轻人当好“梯子”、搭好“台子”、做好“钉子”、出好“点子”，力争为农机化事业再多做一些具体的实际工作。为了顺应农业现代化发展这一新的时代要求，我曾工作过30多年的单位——安徽省农业机械管理局要进行机构撤并改革。我会以积极的心态支持改革、迎接改革、拥抱改革，在新的岗位上继续履职尽责，为农机化事业发展添砖加瓦。

我坚信，只要初心不忘，前行动力不减，新时代的“农机梦”一定会搭乘中国改革开放的巨轮得以顺利实现。

征文后记

“纪念农机化改革开放40周年”征文，按照活动计划已经圆满收官，但“活动”过程产生、聚集的正能量仍在延续和传递，“活动”带给大家的享受与快乐使得我们这些亲历者、参与者时常回味。

2018年上半年，安徽省农机局在“承担行政职能参公事业单位试点改革”中，经过一年多的酝酿进入实质性操作阶段。实事求是地说，我本人是支持改革、拥护改革的，但一想到自己曾工作战斗过30多年的机构即将成为历史，“五味杂陈”之感油然而生，静心凝思，从知农机到学农机，后来一直干农机，历历在目。

恰逢此时，看到了由中国农机化协会举办的“纪念农机化改革开放40周年”征文活动，于是决定提笔把心里想的写下来留作纪念。我撰写的《不忘初心，继续前行，构筑新时代的“农机梦”》是一气呵成的，既没有高谈阔论，也没有华丽辞藻，纯粹是一个农机老兵真实情感的表达。成文以后，没有急于上传，一直寻找最佳时机和节点。

2018年6月底，安徽省农机局机构改革与人员安置方案正式宣布，本人由原来担任省农机局副局长，在政策允许、个人自愿、组织批准的情况下，选择了回到省农机技术推广总站担任站长、研究员，从事农机化新机具、新技术推广工作。也是在职务转变的那一刻，我把“征文”发了出去，不曾想在后期“征文”推送中成为了本次活动的“开篇”，也算是当了一次“开路先锋”，起到了抛砖引玉的作用；更未曾想被组委会评为“征文活动”一等奖，当我双手接过组委会颁发的沉甸甸证书和奖牌时，作为一个农机老兵，除了内心的激动外，更多感到的是激励，是担当。

此时，我要真诚感谢“征文活动”给了我一个很好的纪念方式，不但让我对改革开放40年农机化工作有一个全面回顾、梳理总结的机会，更重要的是在机构改革时对于我个人抉择留下了新的纪录和烙印；我要真诚感谢“征文活动”的组织者、参与者，是“活动”把大家聚集到一起，就农机化事业发展各抒己见，撞击火花，产生共鸣。

最后，还是想用我征文中的一句话作为结束语：我坚信，只要初心不忘，前行动力不减，新时代的“农机梦”一定会搭乘中国改革开放的巨轮得以顺利实现。

从乡村走向世界

——我的改革开放40年

□ 李民赞

李民赞，中国农业大学教授，现代精细农业系统集成研究教育部重点实验室主任。

改革开放为我国开辟了通向繁荣富强的康庄大道，1978年以来，经过我国人民的辛勤劳动和不懈努力，我国从贫穷落后走向伟大复兴，中华民族为了世界的文明和发展又做出了宏伟巨大的贡献。

40年来，我国的农业机械化事业随着我国全方位的改革开放，也实现了翻天覆地的变化，从一个农业机械化小国、弱国变成了大国，并进一步向强国迈进。而我有幸经历了改革开放的全过程，更直接参加了我国农业机械化事业的建设和发展。尤其是在我的工作岗位上，多次为促进我国农机化事业的国际交流与合作，贡献我的微薄之力。虽无惊天动地，回首过往，仍是幸福洋溢。我骄傲，我生活在改革开放的伟大时代。

一、打开门窗、眺望世界

1963年1月我出生在冀中平原，滹沱河南岸。出生的时候"三年困难时期"刚刚过去，虽然一日三餐粗茶淡饭，但不再挨饿了。除了过年的时候可以吃到白面馒头，其他时节都是以红薯和玉米混合面的窝头为主食。红薯窝头真的不好吃，那时最大梦想就是能吃到黄澄澄的纯玉米面窝头。

1969年春天，我刚满6岁上小学。那时缩短学制，小学5年，初中、高中合计4年，预计1977年年底高中毕业回乡务农。恰在高中毕业前夕，作为改革开放序幕的重大决策发布了——恢复高考，为我一个农村黑小子提供了跳龙门的机会。我有幸在刚满15岁之际在全国高考录取率4%的激烈竞争中脱颖而出，被华北农业机械化学院（"文革"期间北京农业机械化学院搬迁至河北邢台后改名，即现在的中国农业大学东校区）录取，从此开始了一生与农业机械化的不解之缘。

1978年3月开学，当时学校还在河北省邢台市郊区。刚入学的时候，粮食还是统购统销，国家为每位同学提供的18千克粮食中细粮和粗粮之比为6：4，虽还有窝头，终于不再吃红薯面了，兴奋不已。不久，学校邀请了时任农业部副部长的朱荣同志来学校作报告，他介绍了美国先进的农业机械化技术和农业生产水平，听得我目瞪口呆，特别是介绍到美国生产的玉米主要用作饲料时，让我顿有暴殄天物的感觉。当时就在想，啥时候我们的农业生产也能达到这样的水平呀！

我们的英语老师是“文革”前的最后一届大学生，即66级70届，也就30多岁，年轻潇洒。可是到了10月，老师说去北京了，英语停课2周。

2周之后再见面，老师竟然有些发福了，我们同学们颇感奇怪，就问老师干啥去了。老师神采飞扬、自豪地告诉我们，去北京“十二国农机展”当“翻译官”了。我们才知道为了学习外国先进的农机技术，促进与外国农机产业的交流与合作，我国政府于1978年10月下旬在北京全国农业展览馆在举办了国际农业机械展览会。参加展出的有罗马尼亚、日本、意大利、法国、丹麦、澳大利亚、瑞典、加拿大、瑞士、西德、英国、荷兰共12个国家的近300家公司，史称“十二国农机展”。

这次展览会为我国农机走出国门、走向世界发挥了不可估量的作用。老师讲了外国农机不仅外观漂亮，而且性能优越，让我们大开眼界；也讲了展览会伙食很好，所以2周就变胖了，让我们一边听一边咽口水。当然，老师也谈到，有些观众第一次见到这么多外国人，经常会有围观，外国展商分发塑料资料袋时，一些观众冲锋在前，为的是得到那个袋子，也让我们痛感改革开放的大门虽然打开了，要走出去还任重道远。

1979年9月，我们随学校搬回北京，恢复北京农业机械化学院的名称。在学校，我们亲眼看到了十二国农机展后参展商无偿赠送给我们的机器，有菲亚特的，也有万国的，喷漆、工艺都很漂亮、讲究，马力也大。对比这些国际先进的农业机械，我们这些学生更觉重任在肩。

二、师人之长、奋起直追

我于1982年初毕业后留校当老师，出国留学是我儿时的梦想，遗憾的是工作后的10年间我在工作之余尝试多次出国留学或进修的机会，但是都没有成功。这一切在1992年发生了转机。

在20世纪七八十年代中日友好是两国关系的主流，一些老一代日本友人感于侵华给中国人民带来的苦难，真心希望通过帮助中国的发展来减轻罪恶感。在众多日本朋友的努力下，日本政府的国际援助机构——日本国际协力事业团（JICA）同意支持我国的农业机械化事业。JICA与我国农业部签订协议提供无偿援助，在北京农业工程大学（北京农业机械化学院改名）建设中日农机维修技术培训中心，并在5年建设期内每年至少派遣6名长期专家来华工作，并提供全部经费接受中方专家赴日学习进修。我有幸在5年的大部分时间里担任培训中心的执行主任，实际参与了中日合作项目的建设和发展。

通过培训中心项目的实施和合作交流，我们引进了全部最新式的日本农机维修装备，借鉴日本的经验确立了以实践为主的农机技术培训体系，编辑了一系列实用的农机技术培训教材，并且全方位地建立了我国农机界与日本农机界的合作与交流渠道，为未来的中日农机深度合作打下了基础。

中日农机维修技术培训中心项目实施阶段，改革开放已经走过了14个年头，改革开放促进了项目的建设，同时在中心工作的日方长期专家亲眼目睹了中国改革开放给我国在社会、经济各个方面带来的变化，更坚定了他们对中国的友好感情。回国后，他们继续热情接待来自中国的客人，支持在日本留学的中国留学生，定期到中国讲学，介绍日本农机事业的最新进展。我国农机鉴定事业的发展，也凝聚着这些日本朋友的支持和友谊。

项目的另一个大成果是派遣数10名专家到日本学习进修。我作为派出的第一位专家，于1992年10月至1993年4月在日本农业机械化研究所（又名生研机构）学习进修。半年多时间，不仅参加了农业机械化研究所的全部科研环节，深切体会了日本科研人员的兢兢业业、一丝不苟，更体验了处处贯彻农机农艺协调的科研原则，受益终生。在研究所的热心安排下，还到久保田、洋马、井关等各大公司实习进修，不仅学到了知识和技能，也建立了紧密的联系，进一步促进了未来的交流与合作。

伴随改革开放大潮，我国政府部门也对项目的开展给予了大力支持。时任农业部农机化司企业指导处处长的刘宪同志代表农业部出任项目的技术主管领导。刘宪同志不仅领导和支持项目的运行和发展，同时作为项目的高级专家到日本访问、学习1个月。实际考察了日本最先进的农业装备和农业机械化体系，从政府机关到农协，与日本各个层次的农业机械化有关部门和机构建立了联系。这次的经历无疑为刘宪同志后来领导全国的农业机械化事业发挥了重要作用。

由于我在项目期间的辛勤工作，日本驻华大使馆推荐我到日本攻读博士学位，我热爱当时的工作，但是并没有忘记儿时的梦想：“留洋”。1996年4月，我离开中日农机维修技术培训中心东渡扶桑，到日本农学顶级大学之一——东京农工大学攻读农业工程博士。1997年在确定研究方向时，我请导师介绍了可能的选择，导师介绍了传统的农业机械学方向，比如农机振动分析与去噪等，也介绍了当时国际上刚刚起步的精细农业研究，我一听眼睛一亮，认准这是未来农业的发展方向，从此开始了20多年的精细农业（智慧农业）学习、科研与教学生涯。

三、乘风破浪、拥抱世界

2000年3月获得博士学位，2001年4月起到日本农林水产省蚕丝昆虫研究所从事博士后研究，从事养蚕机器人（昆虫工厂）的开发研究。但是国内改革开放带来的日新月异的变化，时刻吸引着我，汪懋华院士在获悉我的博士课题为精细农业之后，多次邀请我回国工作。与大师为伴，开展自己擅长而又喜欢的研究，有此美事夫复何求。于2001年3月底回到中国农业大学（同一所学校的第三个名字）信息与电气工程学院工作。

现代信息技术的发展，使得农业装备走向自动化和智能化。互联网和物联网技术的发展也为农机化事业插上了腾飞的翅膀。智能手机不仅是现代化的通讯工具，也必将成为重要的新一代农业装备。网络使得地球从太空星球变成了村子。因此，改革开放、国际交流与合作在农业机械化事业中无疑将扮演比以前更重要的角色。

鉴于中国农业大学在精细农业领域的学术进展和汪懋华院士、韩鲁佳教授等专家的学术成就，教育部于2002年批准在中国农业大学建立“现代精细农业系统集成研究”教育部重点实验室。

我从2006年接任实验室主任至今，始终把坚持对内对外开放、加强国际交流作为实验室的主要特色之一。十几年来协助汪懋华院士主办高水平国际会议数十次，为我国学者和国际知名学者之间搭建交流和合作平台，有力地促进了我国农业装备和农业机械化整体水平的提高。

日本北海道大学农学院副院长Noboru Noguchi教授是智能农机装备领域国际领航科学家，同时兼任日本国内阁府科学、技术和创新局“创新策略推进计划（SIP）”中“新一代农林水产业创新技术”项目的首席科学家，是日本发展智慧农业的掌舵人。

Noboru Noguchi教授自2006年第一次访问中国农业大学之后，就喜欢上了中国，致力于中日两国智慧农业领域的交流与合作。现在担任国内多个大学的客座教授，每年接收多名中国留学生，为我国培养了一大批智能农业装备领域的优秀人才。近年我又积极开拓中韩农业机械化领域的交流与合作，与我国知名农机公司雷沃重工携手与韩国同行建立了合作关系，并联手承担了中韩政府间合作项目，这也是雷沃公司承担的第一个国家级国际合作项目，为促进我国企业进一步扩大开放尽了我微薄之力。

40年风风雨雨，我见证了改革开放给我国带来的翻天覆地的变化，改革开放也为我提供了实现自我价值的舞台。中国现在是世界第二大经济强国，船大了，风浪也会更强劲，要想发展，只能继续加大改革开放力度。中华民族是不屈不挠的民族，乘长风破万里浪是我们历来的追求。我也会在改革开放的洪流中，乘风破浪、勇往直前，吸收人类创造的知识营养，同时促进人类的共同幸福。

征文后记

我为什么写了这篇纪念征文

我出生于20世纪60年代，家乡位于冀中平原农村，虽没有赶上“三年经济困难时期”，但是农村劳动的艰辛和对丰衣足食的渴盼都深深地印在脑海里。那时农村学校的假期依农时而定，一年有3个假期：年假、麦假、秋假，没有暑假。我对麦芒过敏，每年的麦假都必须参加生产队的劳动，劳累和炎热自不待言，麦芒过敏使我的胳膊和腿上的皮肤起很多疱疹，奇痒难忍，双臂至今还有疱疹溃烂留下的痕迹。当时最大的愿望就是有孙悟空72变的神通，说声“变”就把麦子收回家了。

我的家庭属于那种“乡村文化人”的家庭，每年春节，我父亲要为半个村子写春联。受家庭影响，我喜爱读书，但是在那个年代，由于家庭出身我连推荐上大学的可能性都没有。1977年正在放秋假的一天，从中央人民广播电台里听到了恢复高考的消息，这是我今生从广播里听到的最令人兴奋的消息，我如愿于1977年年底参加高考，1978年3月迈进大学校门。恢复高考虽然发生在1977年，但无疑是1978

年正式改革开放的序幕，而且是一出精彩无限的序幕。从此我上了大学，学习的还是农业机械化。我亲眼目睹了改革开放给我国农业机械化事业带来的翻天覆地的变化，作为亲历者，我也体验了农业机械化发展带来的幸福感和满足感。

改革开放已进入“不惑之年”，40年的实践、40年的成果都证明了改革开放是强国富民唯一正确的选择。我作为改革开放亲历者、一个祖国建设和发展大厦中的小砖头，有义务通过自身的经历，歌唱改革开放，坚持改革开放。

因此，我写了这篇纪念征文。

人生注定农机缘

□ 李庆东

李庆东，农业农村部农业机械化管理司调研员。主要从事农机化行业管理工作与农机化发展研究。

出生于 20 世纪 70 年代初的我，现已 40 多岁，正好经历并见证了我国改革开放 40 年的辉煌历程，享受到了改革开放的巨大成果，完全属于得益于改革开放的时代人。

我出生在天津市宝坻县（2001 年宝坻撤县设区）的一个农村家庭，尽管生长在直辖市，但经济上的发展落后有些对不住“直辖市”的称号。儿时记忆除了做些放羊、喂猪、捡麦穗等农活外，就是与伙伴儿们在田地里狂奔乱跑。

一、70 年代：儿时与农机的接触

儿童时代，农村还是集体生产队的生产方式。母亲是农民，参加村里第三生产队。那时我也常跟随母亲去队里看大人们的劳动。人生看到的第一台印象最深的农机是小麦脱粒机，“块头儿”很大，固定在生产队的麦场上，用电机作为动力，工作起来“麦尘”飞扬，大人们劳作之后，个个基本上都成了“土人儿”。

记得儿时还有一次与农机的接触，应该是在刚刚实施农村改革的初期，我们村也开始实施家庭联产承包责任制，把田分给了各家各户。这时村里的几个农机手在村头儿演示一种小型小麦收割机，“块头儿”有点类似于现在的微耕机，靠农机手手动操作，可将种植的小麦放倒一侧，再由人捡拾打捆等。但是我的印象就只是看过演示，不知什么原因以后并没有在生产中实际应用。当时家里收小麦时，还是靠几千年老祖宗留下来的“神器”——镰刀等收割小麦，我那时也是认认真真当过弯腰割麦子的小孩儿。

二、80 年代：少年和农机的触碰

随着改革开放政策的深入推进，我家周边的农村也开始陆续有一小部分人家先富裕起来了。而此时，伴随着我哥哥几次参加高考均落第的无奈，父亲只好靠借钱和贷款，给哥哥买了一台15马力小四轮拖拉机，让哥哥搞运输来挣钱谋生。记得当时，哥哥怀里揣着凑来的6 000多元钱，和朋友一起去天津拖拉机厂直接买新的拖拉机，并从市里开回了家。

买来拖拉机我很是兴奋，尽管那时也就十四五岁，却天天吵吵着要学开拖拉机。利用周末，哥哥就带着我到村头儿教我，记得我练习开拖拉机时，由于操作不当，险些将拖拉机开进村头儿的河里。幸好河边有一个深沟，卡住了前车轮，拖拉机被“卡死”熄火，才避免了将新拖拉机开进河里的惨剧。可是，后来我开拖拉机的水平还是不错的，村里人都说我超过了哥哥，尽管是无证驾驶。

说实在的，哥哥买的拖拉机质量还真不咋地，尽管是从有名的天津拖拉机厂直接买的新品，但是买回家后也是故障不断，经常发生的故障就是发动机气缸垫损裂。由于当时配件供应不上，有时还要去市里购置配件，每次坏了都要耽误我几天开拖拉机的瘾头儿。不过，那时倒学会一些修理拖拉机的技艺，如拆装发动机零部件等，甚至连发动机的飞轮都拆装过。

当时，为了帮家里尽快致富，我鬼使神差地竟然放弃了学业，父母、同学的多次劝阻也未能阻止我致富的梦想。我开始了劳动生产，干起了开拖拉机、做沙发装饰等事情。幸好半年后，自己也及时主动“刹车”，又重返校园、重拾学业。

三、90年代：青年在求学农机的路上

我是于1991年参加高考，在老家的非重点高中考上了当时全国的一所重点大学——吉林工业大学。当时高考填报志愿也都是自己填报（尽管父亲也给出一些参考意见），所报专业是汽车拖拉机。原以为这个专业是侧重学汽车呢，可是入学报到后，基本上就是学习拖拉机。四年的大学时光，只是驾驶实习时开了有一个星期的北京212吉普车，算是专业上与汽车的直接接触。拖拉机专业是当时学校的重点学科，这也与吉林工业大学的前身（长春汽车拖拉机学院）有密切的关系。老师讲课都很认真，所用教材也多是本校编制的教材。大学四年，我们重点学习了拖拉机理论、拖拉机构造、发动机原理等专业知识，实习重点是拆装发动机，毕业设计也是做拖拉机构造设计。

由于担心大学毕业回天津最合适的选择就是去天津拖拉机厂，可是自己也着实不想去这个厂，所以准备报考研究生。考虑到报考其他学校或是其他专业的难度，最终报考了本校本专业的研究生，并于1995年考取，继续开始拖拉机专业的研究生学习，研究方向为智能自动化，也就是自动无人驾驶车辆控制研究。

研究生毕业后，我到了北京的一所机械类研究院工作，本以为从此脱离了农机，与农机缘到此结束，可是……

四、新世纪：中年放飞对农机的事业梦想

在研究院工作3年后，2001年又被召唤到农业部农业机械试验鉴定总站工作，具体做拖拉机检测鉴定。在此期间，我熟悉了我国拖拉机行业的发展现状、检测鉴定标准等，去过几十家拖拉机企业，检测鉴定的拖拉机产品有上百台。如果能够照此下去，我应该也能成为拖拉机检测行业上的专家。但是由于工作需要，

2005年我又被调入农业部农业机械化管理司从事行业管理工作。我在司机关工作的十几年里，正赶上了农机化发展的大好春天，随着2004年《中华人民共和国农业机械化促进法》的颁布、农机购置补贴政策的实施，国家加大了对农机化发展的扶持力度，中央财政用于实施农机购置补贴的资金累计超过1 800多亿元，我国农机化作业水平从2005年的36%提高到现在的66%以上，13年的时间提升了30个百分点，发展速度之快着实让我们每一个农机人激动兴奋。

2018年是难忘的一年，我国改革开放发展已经40年了，加上“两会”又对国家机构进行了大幅度改革，新组建的农业农村部构成中，对农业机械化管理司进行了缩编减员以及排序后移等，地方上仅有的几个省独立的农机局也都陆续并入省级的农业农村厅（委）。但是，12月12日又是我们农机人值得兴奋激动的一天，因为有一项重要议题列入了国务院常务会议重要日程，一个部署加快推进农业机械化发展的国务院文件将要出台。

当日，国务院总理李克强主持召开常务会议，部署加快推进农业机械化和农机装备产业升级，助力乡村振兴、“三农”发展，指出要按照实施乡村振兴战略部署，加快农业机械化和农机装备升级，是农业现代化和农民增收的重要支撑，部署推进提升主要农作物机械化种采收水平、对重要农机作业环节按规定给予补助、推广先进适用农机和技术、改善农机作业基础条件以及积极发展农机社会化服务等多项举措，好多项都是新的措施，比如改善农机作业基础条件，推动农田地块小并大、短并长、弯变直和互联互通，支持丘陵山区农田“宜机化”改造等，这些都是新的事项，支持力度“含金量”较高。

看来，农机化事业还将大有可为，必将大有作为，也将为现代农业建设、实现乡村振兴发挥更加积极的重要作用！

农机人，农机梦，散不去的农机缘，祝愿我国的农机化事业发展越来越蒸蒸日上！

征文后记

昨天，中国农业机械化协会公布了“纪念农机化改革开放40周年”征文获奖名单，标志着此次活动圆满收官。在此次活动中，我心血来潮提交了一篇《人生注定农机缘》的文章，主要是记录我40多年的成长过程中，与农机有关的实实在在的经历。以前我从未参加过此类活动，自己的文笔也不是很华丽，但还是想借改革开放40周年活动的契机，写一下自己的真情实感。

我为什么要写这篇文章？自征文活动启动以来，陆陆续续在微信朋友圈中看到组委会面向社会推送的一些农机界同仁的文章，这些作者有的认识并且还很熟悉，有的不认识。但通过阅读他们的文章，感受到他们对农机的热爱和对农机化事业的执著追求，很受鼓舞。起初也有这样的想法，是不是自己也写一写与农机的成长经历，但是由于手懒，一直没有动笔。2018年12月12日晚上，中央电视台《新闻联播》播出了国务院总理李克强主持召开常务会议部署加快推进农业机械化和农机装备产业升级的新闻报道，这表明国务院高度重视农机化发展，还将以国务院的名义印发指导意见，微信朋友圈中也纷纷传播此事。作为一直从事农机化行业工作的我也是很兴奋和激动，甚至晚上觉都没有睡好。当时我正在农业农村部党校学习，于是13日早上6点多我就从床上爬起来，开始写这篇文章，中间去食堂吃了一顿早饭，8点多去教室上课时，我就带上电脑，一边上课一边写，不到10点，就一气哈成完成初稿，推敲两遍，就提交给组委会夏明副秘书长。令我没想到的是，经过夏明副秘书长的审核后当日晚上就在网上予以推送。

网上都有什么反响？我也将组委会推选的文章发在了我的微信朋友圈，共收到了近百人的点赞，尤其是了解我的同学，他们有的是在老家和我一起长大的发小儿，有的是我的大学同窗，看了我的文章后，他们说，真是满满的回忆，感叹时光太快；也有不了解我过去经历的朋友，对我的文章评价是，文章朴实无华，但很触动人心，感觉就是在把我40多年的人生再演绎一遍；中国贸促会的一位朋友对我说，原来40周年征文是要这样真情实感的流露才精彩。感谢朋友们的点赞和认可，也增加了我从事农机化事业的信心和干劲儿！

其实，最主要的还是在2018年的最后一个工作日，国务院全文发布了李克强总理于12月21日签发的《国务院关于加快推进农业机械化和农机装备产业转型升级的指导意见》（国发[2018]42号），这才是触动我写文章的最后激励。同时，落实好国务院意见将是所有农机人当前和今后一段时间的重点，这才是值得农机人为之兴奋、激动和骄傲的！

据了解，本次征文活动组委会共向社会公开推送了180余篇文章，经专家评审，我的文章获得了二等奖，真诚地感谢组委会和评审专家的肯定，愧对给我这么高的荣誉。正如我在后记开篇所说，只是想借改革开放40年的机会，写一下自己和农机实实在在的经历，也没想要获奖，就是想参与一下，衷心地希望我们所从事的农机化事业越来越好！

我与农机 50 年

□ 刘　锋

刘锋，曾任河北省农业厅农机管理处副处长，河北省农机管理局副局长，河北省农机鉴定站站长。现任河北省农机生产与流通企业协会会长。

我于 1969 年到河北省邢台市拖拉机厂工作，目前担任河北省农机生产与流通企业协会会长。1969 年到 2018 年，不知不觉在农机行业工作了 50 个年头，亲身经历了我国农业机械化在改革开放 40 年中的巨大变化。50 年来，我在邢台拖拉机厂待了 10 年（其中上学 3 年），在河北省农机管理局（农机管理处）待了 17 年，在河北省农机鉴定站待了 18 年，退休后又在河北省农机生产与流通企业协会工作。我的工作分别在农机生产企业、农机化管理部门、农机鉴定机构、农机社会团体等不同的岗位上，一生未离开农机行业，也算为河北省的农机化发展做了一些贡献。中国农机化协会组织的纪念改革开放 40 周年征文活动，为我们这些农机战线的老兵们提供了一个机会，把自己 50 年农机工作经历中印象较深的一些事情写出来，与为我国农业机械化事业奋斗过的同行们共勉。

一

河北省邢台市拖拉机厂（以下简称“邢拖”）成立于 1968 年，是国内最早的小型拖拉机生产企业。开始的主要产品是 10 马力齿轮传动的小型拖拉机，设计年生产能力 3 000 台。20 世纪 60 年代末，我国的农机化水平还很低，动力机械更是十分缺乏。东方红 −10 拖拉机解决了当时农机作业中的播种、灌溉（有动力输出）、短途运输等环节上的动力需求，一经问世便受到了广泛的欢迎。尽管在计划经济体制下，仍能感觉到供不应求，“走后门”买拖拉机的人络绎不绝。当时的拖拉机生产与其他产品一样，基本上都是“小而全”的生产经营方式，除了发动机、轮胎、轴承等标准件外，其他零部件均自己生产，锻、铸、焊、金加工、热处理、装配、工具等车间一应俱全。全厂 2 000 多名职工，年产 3 000 台的生产能力，但“大干多少天，完成多少台”的活动始终不断，与今天拖拉机企业的生产能力真是不能同日而语。改革开放后，农村实行了联产承包责任制，国家允许农民个人购买农业机械的政策促进了农机企业的发展，邢拖也有过一个时期的辉煌。产品从小拖到中拖形成了系列，年销量最多时达到了 27 000 台。但和许许多多的国有企业一样，在改革的大潮中也没有坚持下来。2004 年，邢拖宣布破产，原来 300 多亩的厂区，如今已变成了一片繁华的商场、生活小区。每当我回邢台探亲从那里经过时，心中总有许多感慨，邢拖如果能跟上改革开放的步伐，也许仍是众多重点农机生产企业中的一员。但历史不能假设，这也许就是改革开放的一部分。

我 1969 年到邢拖当学徒工，第一年的月工资是 18 元，但当时也觉得十分满足。拖拉机厂是邢台市的重点企业，青年人以能到该企业工作为荣。每当市里有重大的庆祝活动，几百台拖拉机组成的游行方阵是引来群众围观的一道风景。我所在车间的工友们大多是青年人，除了同期入厂的徒工外，还有不少“文革”期间毕业的大、中专生。当时，他们多数都在工人的岗位上，后来，随着知识分子政策的落实才逐渐回到了技术和管理岗位上。他们是我们那一代人中的知识分子，从他们身上，我也学到了很多东西。1972 年，我有幸被推荐到河北工学院（现河北工业大学）学习，完成学业后仍回到邢拖工作，从学徒工变成了技术员。我参加了拖拉机的设计，并曾因在产品工艺和设备改造中的成绩受到了表彰，成为厂里的十名“标兵”之一。邢拖的 10 年是我从少年到青年的成长阶段，是世界观的形成期。我在那里入团、入党、上学，成为技术骨干。可以说，是邢拖培养了我，为今后的工作打下了良好的基础。时至今日，利用出差和探亲的机会与过去的工友们相聚，仍是一件十分惬意的事。

二

1979 年，为了解决夫妻两地分居的问题，我从邢拖调到河北省农机管理局，先后在排灌机械处、管理处、办公室工作。当时的省农机局是厅级单位，有 60 个行政编制，设有排灌处、管理处、修配处、科教处、计财处、办公室、人事处、机关党委等行政处室，还管理着农机化研究所、农机化学校、农机鉴定站、农机公司等 4 个事业单位。1983 年，国家进行机构改革，撤销了农机部，河北省也撤销了农机局，在省农业厅设农机管理处，负责农机管理、技术推广和农用柴油管理等工作，其他处室及工作与农业厅对口单位合并。我被任命为农机管理处副处长。河北省是农机大省，当时的农机保有量居全国首位。改革开放以后，原有的县、乡拖拉机站以及村一级农机服务组织相继解体，农民个人大量购置小型农业机械，农业机械化和农机管理工作面临新的形势和问题。农机管理处仅负责农机工作的一部分，省级机构中没有牵头的部门和单位，形不成合力。因此，从 1984 年起，几乎每年都向省政府写报告，要求解决河北省的农机管理机构问题。1989 年，时任国务院农村发展研究中心顾问的武少文先生到河北调研，到安国、辛集等地了解农机化发展情况，深入到农村和农机手座谈，了解基层农机服务组织建设经验和问题，对河北省农机管理机构不适应的问题也有同感，并将有关意见和当时的河北省委、省政府领导进行了沟通。1989 年，河北省编办发文，同意成立河北省农业机械管理局（处级局），负责全省的农机化管理工作。我被任命为省农机局副局长。从1979年到省农机局工作至1996年调到农机鉴定站，在农机化管理岗位上参与和分管的工作中印象较深的有以下几个方面：

允许支持农民购买经营农业机械。1980年11月，为适应农村改革后的经营体制，支持社员个人购买经营农业机械，省政府印发《关于允许农村社员购买经营农业机械的通知》，允许农村社员联户或单户购买经营各种农业机械，与集体经营的农业机械一视同仁，全省很快出现“农机热”。1980年至1985年，全省农机总动力由1 206万千瓦增加到2 015万千瓦，年递增率为10.8%；小型拖拉机以每年22%的速度递增。为加强“农机热”的指导和管理服务，提高农机利用率，1984年1月，省政府转发省农业厅《全省农机管理工作会议纪要》，1986年、1988年又两次批转省农业厅《关于加强我省农机工作的意见和报告》，要求坚持分类指导、重点突破的方针，因地制宜，根据当地自然、经济条件，有重点地发展农业机械化。

加强新形势下的农机服务体系建设。首先是乡、村农机服务站的建设。从1982年开始，将原公社农机管理站与农机站合并改建农机管理服务站，承担基层农机管理和修理、零配件供应、技术培训等服务工作，之后逐步发展壮大。1988年年底，全省建立起有经营、服务手段的乡镇农机管理服务站1 827个。1988年开始，开展了乡镇村农机管理服务站、队创先进争达标活动，1995年年底，拥有农牧渔业部命名的先进站35个，省先进站392个。其次是发展个体服务组织和农机大户。1984年，安国县农民创造一种新型的民办农机服务组织——农机协会。其组织形式是农机产权、使用权不变，农机户自愿参加，实行有偿服务、单机核算、自负盈亏，协会负责签订合同、保障用油、机具修理和兑现收费等。当年年底，省农业厅推广该县经验。截至1995年年底，全省有农机协会13 000多个。

在推广新技术、新机具方面，抓了秸秆粉碎直接还田。河北省是国内最早生产秸秆还田机和开展秸秆粉碎还田作业的省份。1981年，河北省农机科技人员在吸收消化国外技术的基础上，研制出从小到大成系列的秸秆还田机，并制定了农机与农艺相结合的技术规程。1986年省农机管理部门把秸秆粉碎直接还田作为一项新技术在全省推广。1992年为解决秸秆焚烧问题，省政府把加强农作物秸秆利用作为工作的一项重点，成立了农作物秸秆综合利用领导小组，发出了《关于广泛开展农作物秸秆综合利用的通知》，加快了秸秆还田机械化发展步伐。

机泵测试改造。从1984年开始，省农机部门与省水利部门共同开展机泵测试改造挖潜技术。水利部门负责机井、防渗垄沟、灌溉工程设施的挖潜改造工作，农机部门负责测试井上机电设备提水装置的综合效率，提出技术改造措施和方案。从1984年至1989年，全省共改造机泵54万台，扩大改善浇地面积3 089.5万亩。该项目先后获水电部优秀成果四等奖，农业部优秀成果二等奖，农业部科技成果三等奖，省科委科技进步二等奖。

三

1996年，我调任河北省农机鉴定站站长。当时，鉴定站刚搬到新站址不久。在前任领导班子和上级主管部门支持下，争取到建设资金360万元，征地10亩，建试验室和办公室3 600平方米，初步具备了开展农机鉴定的基本条件。但是，由于河北省农机鉴定机构起步较晚（1979年成立），面临的问题仍然不少。一是职能不明确。鉴定站批准成立的批文中没有明确职能。推广鉴定工作虽然有当时的农牧渔业部文件，但属于企业自愿行为，工作量很小。质检工作基本上是给其他部门“打工”。鉴定工作游离在全省农机化管理工作之外。二是鉴定能力不足，不能满足全省农机试验鉴定工作的需要。三是经费困难，财政资金只能保证人员工资，仪器设备购置和更新以及工作经费无法落实。针对上述问题，在鉴定站这些年重点做了以下工作：

通过部中心建设和试验室能力提升项目争取建设资金近300万元，新建了发动机、动平衡、加工机械等试验室，购置、更新了综测仪、硬度计、声级计等便携式仪器设备300多台（套），检测能力大幅度提高，基本适应了省内农机产品的鉴定需求。

建立健全了质量管理体系，编制发布了质量手册等一系列质量体系文件并多次改版，认真宣贯执行。部中心、鉴定站、质检站资质认定评审、复评审、监督评审、鉴定能力认定考评、监督检查20多次均顺利通过，质量管理水平居全省检验机构前列。

扩大鉴定站工作范围，主动与农机管理工作相结合。1998年上半年，经农业部市场司批准，以农业部旱地谷物收获机械质检中心名义在河北、河南、山东开展了小麦收获机和玉米收获机质量调查。调查工作结束后，农业部市场司召开了有多家媒体参加的新闻发布会和质量分析会，收到了较好效果。成立了农机产品质量投诉站，设置专人负责农民的投诉受理和调解工作。多年来，受理农民投诉400多件，不但为农民挽回了经济损失，帮助企业提高了产品质量，也为农机管理部门承担了工作和责任。

重视人才的培养。鼓励技术人员参加第二学历和在职研究生学习，有5人取得了第二学历，6人取得了硕士研究生学位。多次举办检测技术、特种设备操作、标准制定、不确定度评定、计算机、外语等培训，人员素质不断提高。有国家级、省级实验室资质认定评审员17人，鉴定站技术人员整体技术水平有了长足的进步。

和全国其他兄弟省、市鉴定站一样，河北省农机鉴定工作的转折点是农机化促进法的颁布实施。2004年颁布的《中华人民共和国农业机械化促进法》明确规定：列入前款目录（农机推广目录）的产品，应当由农业机械生产者自愿提出申请，并通过农业机械试验鉴定机构进行的先进性、适用性、安全性和可靠性鉴定。至此，农机推广鉴定工作进入了依法鉴定的新时代。以后，农业部为贯彻落实促进法，陆续颁布了农机试验鉴定办法等一系列部门规章和规范性文件，农机推广鉴定工作做到了有法可依、有章可循。随着农机购置补贴规模的不断扩大，作为享受补贴的必备条件，农机推广鉴定工作受到了政府主管部门和生产企业的重视，我省的推广鉴定工作量大幅度上升，责任也更大了。推广鉴定工作及证书的颁发必须引起鉴定机构领导和工作人员的高度重视，严格按照上级的相关规定操作执行。随着改革的深入和“放、管、服”各项规定的落实，推广鉴定工作也许还会有所变化，但无论怎样变化，提高产品质量、保护农民权益和惠农政策的落实永远没有尽头。

四

河北省有农机整机生产企业200多家，农机经销企业近千家，但规模普遍较小，竞争力差，多数为家族式或股份式民营企业。过去，在与政府部门的沟通上有困难。2009年，在10家企业的倡议下，成立了河北省农机生产与流通企业协会，协会挂靠在省农机鉴定站，由我兼任会长。协会成立后，通过举办培训班向企业及时传达国家和省有关农机补贴和其他方面的信息；召开座谈会了解企业在生产和经营方面的困难，及时向上级主管部门反映，解决存在的问题；召开经验交流会，组织到先进企业参观学习，提高企业的管理水平；举办农机产品展览会，提高产品的知名度。通过多方面的工作，协会得到了农机企业的认可，会员单位发展到120多家。

目前，河北省农机企业生产的产品年销售额排在了全国第四位，生产的秸秆还田机、播种机、玉米收获机、青饲料收获机、旋耕机、压块机等产品在全国的市场占有率排在前列。河北农哈哈机械有限公司、河北双天机械制造有限公司、河北英虎机械有限公司、博远机械制造有限公司、石家庄美迪机械有限公司、河北圣和农业机械有限公司、河北冀新农机有限公司、石家庄天人农机机械装备有限公司等企业已成为全国农机行业的知名企业。在2018年各部门举办的庆祝改革开放40周年活动中，农哈哈获中国农机工业协会颁发的改革开放40年中国农机工业杰出贡献奖，双天获省政府颁发的河北省优秀民营企业奖。博远获国家三大农机协会颁发的产品创新金奖，美迪获国家三大协会颁发的2018中国农机行业年度市场表现力奖。需要说明的是，河北省的农机企业都是在改革开放的大潮中发展起来的，都是改革开放和农机购置补贴政策的受益者。

2017年，按照国家和省有关部门的要求，协会都要和挂靠的行政、事业单位脱钩。退休后的我在同行们的支持下，经协会理事会选举和省民政部门批准，又担任了河北省农机生产与流通企业协会的会长。协会和挂靠单位脱钩，是国家改革社团组织的重大举措，退休后的我继续在协会工作，或是一种和农机工作的缘分，或是一种50年不愿割舍的农机情结，也可能是要见证农业机械化的快速发展，有时自己也说不太清楚。

协会脱钩已有一年的时间，在我和同事们的共同努力下，协会工作已步入正轨。我们将以为会员单位服务为宗旨，充分发挥协会在现代社会组织体制中的重要作用，努力把协会办成“依法设立、自主办会、服务为本、治理规范、行业自律”的社会组织，为河北省的农机生产和流通企业在产业结构调整、提质增效、转型升级和维护会员权益，引导行业自律、做好决策咨询服务等方面发挥积极作用，为我省的农机化事业健康发展做出更大的贡献。

改革开放40年，中国的各行各业都发生了翻天覆地的变化，农机化事业也是如此。作为一个亲身经历过改革开放40年历程的老农机人，我们虽然不是改革开放政策的设计者，也不是改革开放的先驱和领路人，只是在改革开放政策的指引下，在改革开放的浪潮中，跟着改革开放的春风做了一个普通人应该做的工作。

回过头去看，当年的你也许是被动的，并没有认识到这就是改革开放的一部分，但只要你做了自己应做的工作，这就够了，这就是普通人对改革开放的贡献。我们欣喜地看到，改革开放40年，河北省的农业机械化有了质的提升。截至2017年，全省主要农作物耕种收综合机械化水平已达到77.2%，主要粮食作物中的小麦、玉米机械化水平分别达到99.9%和91%，已经实现了机械化。目前，农业机械化正在向深度和广度发展，这是改革开放40年的伟大成果，也是几代农机人辛勤工作的成绩。

征文后记

意犹未尽

在中国农机化协会刘宪会长和夏明副秘书长的鼓励下，写了这篇《我与农机50年》。动笔的时间晚了，写得十分匆忙，总觉得还有许多想说的话没写出来。

河北省的农机化发展和农机管理工作有很多重要的事件和节点，如1980年基本实现农业机械化形势下的辉煌；联产承包责任制后农机化工作的迷茫和探索；1983年农机管理机构改革的影响；计划经济体制下10年农用平价柴油管理的得失；1989年省农机局恢复成立时的振奋；跨区机收作业对提高小麦收获机械化水平的促进；农机化促进法颁布实施的重大影响；购置补贴政策对农机生产和农机化发展的巨大推动；几十年农机新机具、新技术推广的引领作用等。

每个题目都可以作一篇大文章。

希望今后仍有这样的机会，让我们共同回顾、展望中国农机化的过去和未来。

缘分天注定：我所经历的农机化

□ 杨敏丽

杨敏丽，中国农业大学中国农业机械化发展研究中心主任。

人生中所有的遇见，无论人和事，都是一种缘分。有的缘分很浅，只是偶遇后擦肩而过；有的缘分很深，长久相伴相随；有的缘分很美好，带给人快乐和幸福……而我和农机化的缘分，在我初入小学的时候就已悄然注定。

一

20 世纪 60 年代中期，我出生在北京；70 年代初期，随父母从北京迁到广西柳州，住在母亲工作的广西柳州拖拉机厂（以下简称“柳拖”）家属宿舍。我在柳拖子弟学校读完小学和初一，然后考进柳州市二中读初二、初三，经过中考进入柳州高中完成了高中学业。那段时间，每天清晨都听着响遍全厂区的《东方红》乐曲开始新的一天。

柳拖的前身为始建于 1958 年的柳州动力机械厂，它是从柳州机械厂分出来的，主要搞船用大型柴油机。但由于当时经济困难，国家基本没有船舶生产需求，所以柳州动力机械厂没有得到很好的发展。之后为响应农业机械化的号召，1961—1962 年柳州动力机械厂开始转产，试制拖拉机。1964 年 9 月，拖拉机试制成功。1965 年丰收牌拖拉机通过专家鉴定被列为国家定型产品。1966 年 1 月，拖拉机通过国家鉴定，柳州动力机械厂正式更名为柳州拖拉机厂。70 年代中期，拖拉机年产量达到 5 000 辆，柳拖进入全国 8 大拖拉机厂行列，同时实现扭亏为赢。1978 年，十一届三中全会召开，国家进行体制改革，工业产品不再包销。柳拖经历了亏损，先后转产多功能缝纫机、自动换梭棉织机、微型车，相继成立柳州五菱汽车有限责任公司和柳州五菱汽车股份有限公司。2002 年，五菱汽车与上汽集团、美国通用汽车公司达成合作，成立了上汽通用五菱汽车股份有限公司。所以，业界还流传着一句话：造拖拉机的车企不只有兰博基尼，还有曾经的“五菱”。

20 世纪 70 年代的柳州拖拉机厂

记忆中，在柳拖厂门口正对着的两条马路中间立着一个很大的水泥牌子，上面赫然写着“一九八〇年基本实现农业机械化”（可惜没有找到当时的照片，连厂档案室都没有保存），经常早上到厂食堂买早点都能与这块牌子相遇。20 世纪 70 年代，每年学校都会安排学生学工、学农和学军。学工，就是到厂里车间，学习工人师傅如何做出一件件精美的零件和一台台拖拉机如何在总装车间完成安装，然后非常神气地“嘟嘟嘟”开到厂区存放点。学农，就是暑假时到农村去，自带席子、蚊帐、毛巾被和洗漱用具（包括脸盆），住农村小学校，白天和农民一起到田里插秧，没有机械，纯人工作业，光脚踩在田里，经常蚂蟥爬到腿上，晚上课桌当床。学军，就是学校经常晚上组织拉练活动，连夜徒步行军，要走几公里的路。我母亲当时在柳拖精铸车间担任技术员的工作，我比别人有更多的机会到车间去。遇到开炉，母亲经常要上夜班和打连班，我会在晚上到车间陪母亲，并有机会亲手体验精密铸造中蜡模的制作过程。今天想来，这应该就是我对拖拉机、对农机生产制造、对农业机械化最初的遇见、认识和体验吧。

二

1983 年高考，父母一心希望我能考回北京上大学。他们认为，女孩子学习工科比较辛苦（母亲毕业于大连工学院铸造专业，父亲毕业于华中工学院机械专业），希望我今后能从事一份比较干净、轻松、环境好的职业。因此，我如愿考到北京师范大学图书馆学专业（理科）学习，相当于现在的信息管理专业。1987 年大学毕业，我有幸被分配到了北京农业工程大学（前身是 1952 年成立的北京农业机械化学院，现在的中国农业大学东校区）图书馆工作，经历了图书馆搬迁、旧书整理、图书借阅、办公室等工作后，于 1988 年开始稳定地在科技情报室工作，开始了《中国农业文摘—农业工程》（以下简称《文摘》）的专职编辑和农业机械化情报研究工作。五年的专职《文摘》编辑工作，使我较全面系统地了解了国内外农业工程学科的构架、研究领域、研究内容和最新研究进展；编辑工作的同时，我承担部分农业机械化情报研究工作，并于 1993 年开始担任科技情报室主任，这项工作让我有机会较全面地认识农业机械化领域，特别是国内外农业机械化发展历史、现状与规律。

在我初入科技情报室时，时任科技情报室主任孙学权老师可以说是我进入农业机械化领域的领路人。孙老师非常努力勤奋，善于思考，他认为图书馆工作不应该仅局限于简单的图书借借还还，应该具备研究性和开拓性，应该在行业情报研究领域占有一席之地，为政府科学决策提供参考咨询。因此，他带领科技情报室与学校农业机械化研究室合作，率先开辟了农业机械化情报研究先河，与农业部农业机械化管理司密切配合，先后编辑出版了《中国农业机械化重要文献资料汇编》（以下简称《汇编》）、《世界农业机械化发展要览》（以下简称《要览》）、《内燃机节能手册》《中华农器图谱》（以下简称《图谱》）等在业界具有广泛影响和重要史料价值的书籍。这些都是农机化领域宝贵的史料财富，且每一部书籍的编撰都历时多年，查阅无数相关文献，走访无数行业学者，跑遍有关史料档案馆，敬请行业诸多专家学者参与。

就拿《图谱》来说吧，这是一部关于中国农业生产器具发展历史的著作，以图为主、图文并茂，全面、系统、科学地记述了上自约公元前8000年，下迄20世纪末的一万年间，中华民族创造使用的农业生产器具中具有代表性的器具及其发展轨迹。20世纪90年代中期，由时任中央纪委驻农业部纪检组组长、党组书记兼部直属机关党委书记宋树友（原农业部农业机械化管理司司长）提出并任主编，1996年正式成立该书编辑委员会，编委会设在中国农业大学图书馆科技情报室，编撰工作历时6年。当时年事已高的农业机械专家、水稻插秧机的发明者蒋耀先生得知该书编撰的消息后，给编委会写来长达万言的信件，对《图谱》编写的必要性、方法等阐明了自己的看法，提出了中肯的建议，并列出数十种古老农器的名称及查找线索；南京博物院徐艺乙先生拿出自己收藏多年的农器图样，授权编委会使用；宋兆麟研究员、陈文华研究员、尹绍亭教授提供数百幅农器图样，其中有的是尚未发表的珍贵图样；诸多专家教授参与了研究与编撰工作；原农业部农业机械化管理司徐文兰、魏克佳、牛盾、王智才等几任司长对编写工作非常重视。2001年12月完成，2002年1月11日在京举办了首发式。可以说，这部著作是对中国农业生产器具发展史、中国农业发展史、中国科学技术发展史、中华文明史等研究的重大贡献，是一项开创性的工作。而我有幸参与这部著作研究与编撰的全过程，为我后来进一步学习和研究中国农业机械和农业机械化相关问题打下了良好基础。

《汇编》与《要览》

《中华农器图谱》

三

在农业机械化领域系统学习和专业研究方面，我有幸得到恩师、农业机械化软科学研究著名专家白人朴教授长期的指引与教导。记得那是1994年3月，时任北京农业工程大学图书馆馆长的刘清水研究员将我推荐给白人朴教授，让我兼任中国农业机械学会农业机械化分会秘书工作（当时白人朴教授是农业机械化分会理事长，后改称主任委员）。自此，我开始了长达近25年近距离跟随恩师的学习。

当时在图书馆科技情报室工作时，有一项任务是帮助教授们查找相关专业领域的文献资料。虽然我收集、整理信息是强项，而且文笔不错，每次任务都能较快完成，也得到教授们的夸奖。但由于不是农业机械化专科班出身，在文献的查全率和查准率方面并不完全自信，常常感到力不从心，由于专业知识的欠缺，一定程度上影响了我给教授们提供的服务质量。为此，我希望能在工作的同时进一步深造，攻读农业机械化工程硕士研究生，跟随白教授学习相关农业机械化知识和研究方法，然而报名过程并不顺利。当时学校研究生处的老师认为我的专业背景相差太大，不适合报考本校的专业。但在我的坚持下，于1995—1998年顺利完成了研究生学业，撰写的硕士学位论文《我国农业机械化发展的阶段性与不平衡性研究》得到答辩专家的一致好评。后来听师母说，白教授看到我的学位论文后非常高兴，认为深入研究我国农业机械化发展的阶段性与不平衡性问题，有理论和现实意义，是一篇比较全面、系统研究农业机械化发展问题的好论文（但导师一般不轻易当面表扬我，总是不断鞭策我）。

为什么我写这样一篇学位论文会令导师感到很欣喜呢？一是农业机械化理论建设的迫切需要。由于举国曾经为之努力奋斗的“1980年基本实现农业机械化目标”未能如期实现，实践挫折反映出我们对农业机械化发展规律和国情复杂性认识不足，迫切需要加强理论研究，建立农业机械化发展的科学时空观，进一步认识农业机械化发展规律及不同发展阶段、不同地区的发展特点，因地制宜地指导农业机械化发展。二是看到了软科学研究新生力量在成长，后继有人。尤其在对农业机械化争议很大、软科学研究压力大而又投入不足的困难时期，一些从事农业机械化软科学的单位和人员纷纷转向、跳槽；当时的中国农业机械化科学研究院、农业部南京农业机械化研究所均有较强的农业机械化软科学研究实力，但是在那样的大环境下也纷纷撤销相应机构，转移人员从事其他方向的研究；当时导师门下的弟子多数也选择了与农业机械化相关领域如工业化、城镇化、区域经济发展、产业结构调整等方向研究，真正选择农业机械化领域研究的学生较少，我是坚持农业机械化研究的一个，很认真努力，导师很高兴。导师从我做论文的过程看到我有研究农业机械化的志向和潜力，我的经历和工作对从事软科学研究也有一定优势。

虽然没有研究经费支持，导师始终没有放弃对农业机械化软科学研究的坚持。自1994年起，他就一直在琢磨农业机械化水平评价的相关问题。1998年，我学位论文答辩之后，导师带着我找到时任农业部农业机械化管理司司长魏克佳，阐明农业机械化水平评价对科学指导行业和区域发展的重要性。经过研究，农业部农业机械化管理司决定设立“农业机械化发展水平评价指标体系及评价标准研究”“加入WTO后我国农机化发展所面临的机遇、挑战及对策”“中国农业机械化对农业的贡献率研究”等三项软科学课题，分别委托中国农业大学白人朴教授、田志宏博士和农业部农业工程研究设计院杨邦杰研究员承担，每个课题5万元经费。此项研究成果农业部农业机械化管理司2001年7月印发了《农业机械化软科学研究成果汇编（1999—2000年）》。

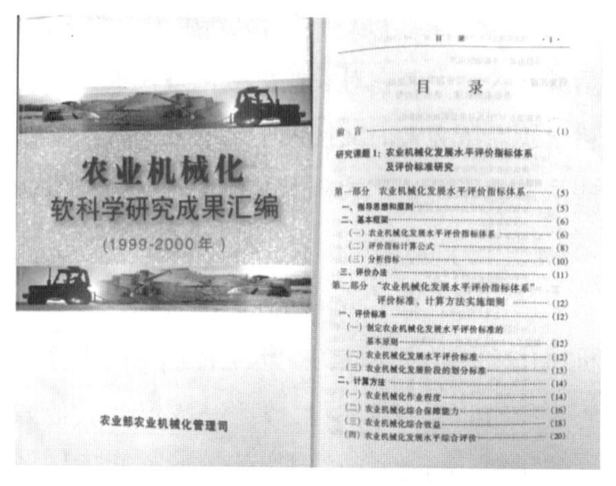
农业机械化
软科学研究成果汇编
（1999-2000年）
农业部农业机械化管理司

目录

《农业机械化软科学研究成果汇编（1999—2000年）》

由于在农业机械化发展水平评价方面具有较好的研究基础，课题又由白人朴教授和时任农业部农业机械化管理司副司长黄明洲联合主持，中国农业大学，山东、江苏、黑龙江、湖北等省农机管理部门，华南农业大学、浙江大学、西北农林科技大学、沈阳农业大学等诸多一线领导和专家共同参与，于1999年12月完成“农业机械化发展水平评价指标体系及评价标准研究”报告，研究成果提交农业部农业机械化管理司，农业机械化发展水平评价指标体系及评价标准开始在全国试行。2000年11月，为了更好地指导全行业发展，时任农业部农业机械化管理司司长牛盾提出，应将“农业机械化发展水平评价指标体系及评价标准研究”成果上升到农业行业标准，作为行业发展科学评价的规范化依据。因此，2001年1月，“农业机械化发展水平评价标准”提交全国农机化标委会审核。但由于各方认识不一致，对评价指标的设定存在异议（主要评价耕、种、收三个环节），而留待再议。这套指标及评价方法在当时已经是相对较好的选择，貌似简单的评价指标，是从256个可选择指标中经过认真研究筛选出来的，是抓住了农业机械化发展中诸多矛盾的主要方面。经过6年的实践检验，2007年1月再次提交全国农机化标委会审核，《农业机械化水平评价 第1部分：种植业》（NY/T 1408.1—2007）正式通过并于同年9月1日起实施。实践证明，2018年12月21日在天津召开的农业农村部主要农作物生产全程机械化专家指导组年度会议上，专家们认为主要农作物特别是油菜、马铃薯、花生、棉花、甘蔗等大宗农作物薄弱环节仍然是种和收。

随着农业机械化向全程全面、高质高效发展，农业机械化作业环节和领域不断拓展，现有的评价体系和标准已不能完全满足现实发展的需要。农业机械化水平评价工作也从未停滞、间断，评价体系正不断健全完善。目前，《农业机械化水平评价 第4部分：农产品初加工》（NY/T 1408.4—2018）、《农业机械化水平评价 第5部分：果、茶、桑》（NY/T 2852—2015）、《农业机械化水平评价 第6部分：设施农业》（NY/T 1408.6—2016）作为农业行业标准已正式颁布实施，《农业机械化水平评价 第2部分：畜牧养殖》和《农业机械化水平评价 第3部分：水产养殖》也即将出台，为全面、客观、科学评价我国农业机械化发展提供了理论依据和方法。

四

1998年，中共中央国务院做出我国农业和农村经济进入新阶段的判断。农业机械化理论体系需不断完善，法律法规政策体系需逐步构建。在这样的发展形势下，为进一步提高专业素质和研究能力，我决定再次进行深造学习。2000年开始，在工作的同时，又继续在导师门下攻读农业机械化工程博士研究生，完成博士学位论文《中国农业机械化与农业国际竞争力研究》，于2003年顺利毕业并获得博士学位。

我的博士学位论文从全球视野研究我国农业机械化发展问题，在硕士阶段研究的基础上又上了一个台阶。此论文于2003年10月由中国农业科学技术出版社正式出版发行。导师为此书出版写了序。序中说，“世界进入了经济全球化的时代，杨敏丽博士站在经济全球化和加快我国现代化进程的新高度，用现代经济增长理论来研究、分析农业机械化与提高农业国际竞争力问题，颇有建树。提出农业生产要素状况是影响农业国际竞争力强弱的根本原因，在由传统农业向现代农业发展的历史阶段，机械性的劳动资料（农业机械）是农业生产要素中影响农业国际竞争力的关键因素，农业机械化水平是形成农业国际竞争力的核心能力，在一定程度上，农业机械化水平的高低决定着农业国际竞争力的强弱等重要观点，并提出了新阶段我国农业机械化发展的总体思路应紧紧围绕提高我国农业国际竞争力，实现农业由大到强来积极推进农业机械化的重要结论，具有现实指导意义。”导师对论文给予了充分肯定和高度评价。序中还说，“杨敏丽是我国农业机械化领域的一位女博士。当前，女同志倾心致力于农业机械化问题研究的人已不多，杨博士能如此投入和执着，的确难能可贵。本书的出版，是作者辛勤努力的一个阶段性成果，可喜可贺，也是作者向新高峰攀登的一个新起点。祝作者坚持不懈，继续努力，在新的征程中，取得更大的成就，做出更大的贡献！”导师的鼓励和教诲一直鞭策和激励着我努力奋进。

2004年4月，在时任中国农业大学工学院院长毛志怀教授的邀请下，我由图书馆科技情报室调到工学院农业工程系工作，进入农业机械化教学、科研主战场，开启更加全面、深入的农业机械化相关问题研究。

博士毕业与导师合影及
《中国农业机械化与农业国际竞争力》一书

五

在读博士期间，不仅要保质保量完成科技情报室的工作（自1993年开始担任科技情报室主任），还要照顾孩子、完成学业，更为重要的是有机会作为《中华人民共和国农业机械化促进法》（以下简称《促进法》）起草工作小组成员参与了法律条款的研究、起草和立法过程，同时参与了农业机械购置补贴政策研究与制定工作。

2000年8月，第九届全国人大农业与农村委员会听取了农业部关于全国农业机械化发展情况汇报，并就农业机械化法制建设问题进行座谈后，于2000年9月初步确定将起草《促进法》作为立法工作外考虑的重点之一，展开前期立法调研。2001年10月，第九届全国人大农业与农村委员会召开了《促进法》起草领导小组第一次会议。2002年1月召开了《促进法》起草工作小组会议，标志着《促进法》立法工作的正式启动。看似简单的八章三十五条款，在整个立法过程中，全国人大农业与农村委员会及相关部门领导、起草领导小组成员、起草工作小组成员等，对国内外农业机械化发展情况和立法情况进行了广泛调研，撰写了大量的调研报告和专题研究报告，为该法的顺利出台提供了理论支撑和实践依据。同时，还做了大量的沟通协调工作，有效对接各相关部委的工作并与相关法律法规良好衔接。那是一段几乎无眠无休的日子，大家全力以赴，记得2003年的中秋节都没有回家，大家一起在工作中度过。终于在2004年6月25日，第十届全国人大常委会第十次会议审议通过，同年11月1日正式实施。这部法律的颁布实施，将农业机械化发展纳入法治化轨道，对促进农业机械化，提高农业劳动生产率，推进农业现代化进程，发挥了重要作用。

为更好地促进农业机械化发展，鼓励扶持农民和农业生产经营组织使用先进适用的农业机械，2003年7月，原农业部农业机械化管理司启动了“我国农业机械购置补贴政策研究”，委托中国农业大学白人朴教授主持，由农业部农业机械化管理司、财务司，财政部农业司，中国农业大学，农业部农业机械化技术开发推广总站，以及江苏、山东、陕西、广西壮族自治区等省（自治区）农机管理部门的领导专家组成课题组，重点围绕两个目的开展研究：一是为国家财政安排农业机械购置补贴专项资金提供政策研究支持；二是为《促进法》有关条

《促进法》实施十周年

款的设立提供研究支持，要求研究成果要突出政策性、针对性和科学性。事实证明，该项研究成功地为2004年《中共中央国务院关于促进农民增加收入若干政策的意见》中提出的“提高农业机械化水平，对农民个人、农场职工、农机专业户和直接从事农业生产的农机服务组织购置和更新大型农机具给予一定补贴”，《促进法》第二十七条规定的“中央财政、省级财政应当分别安排专项资金，对农民和农业生产经营组织购买国家支持推广的先进适用的农业机械给予补贴”提供了研究支持，对中央1号文件有关政策落实和《促进法》有关条款的制定起到积极的支撑作用。

2007年《中共中央、国务院关于积极发展现代农业扎实推进社会主义新农村建设的若干意见》中提出“要用现代物质条件装备农业”，特别强调，要积极发展农业机械化，提高现代农业设施装备水平，走符合国情、符合各地实际的农业机械化发展道路。这对我们这些长期从事农业和农业机械化管理、教学、科研、生产、流通的工作者来说，是个极大的鼓舞和鞭策，深感责任重大。从我国的经济实力和财政能力、国民经济和社会发展的客观要求，以及

农业机械化自身发展规律看，我国农业机械化已进入发展的重要机遇期，大力推进农业机械化发展的时机已经成熟，条件已经具备。但是，在农业机械化发展中还存在着政策法规体系不健全、扶持力度不够大、整体水平不高、自主创新能力不强、基础设施建设落后、农机服务组织化程度低等诸多问题。因此，本人于2007年4月主笔起草了《关于进一步加大扶持力度促进农业机械化又好又快发展的建议》（以下简称《建议》），白人朴教授对《建议》进行了修改完善，得到了农业部原部长陈耀邦、原副部长洪绂曾，科技部原副部长韩德乾，农业部原党组成员、国务院稽查特派员宋树友，时任国家发改委宏观经济研究院副院长马晓河，时任财政部财政科学研究所副所长苏明，时任中国农业机械学会农机化分会理事长、中国农业大学教授白人朴，时任中国农业机械学会理事长、中国农业机械化科学研究院院长陈志，时任中国农业机械工业协会理事长高元恩，时任中国农业工程学会理事长、农业部规划研究设计院院长朱明，时任中国农业机械流通协会会长崔本中，农业部保护性耕作技术中心主任李洪文等12名专家大力支持，联名呈报给时任总理温家宝和副总理回良玉，并得到温总理和回副总理批示。回副总理批示："实践证明，农机具购置补贴政策是一举多效，成果显著。拟请农业部商有关部门，认真研究专家的建议，抓紧提出促进农业机械化又好又快发展的政策意见。"温总理批示："赞成良玉同志的意见。关于加大农机具购置补贴政策的力度，促进农业机械化和农机工业的发展，最近我在吉林和江西都讲了一些意见。现在看来到了需要统筹考虑这几个方面的工作，和制定完善相应的政策和措施的时候了。请发改委会同财政部、农业部研究。"经过各方努力，《国务院关于促进农业机械化和农机工业又好又快发展的意见》（国发［2010］22号）于2010年7月5日正式印发，对促进农业机械化又好又快发展意义重大。在此之前的2009年，国务院第80次常务会议审议通过了《农业机械安全监督管理条例》（以下简称《条例》），自同年11月1日起正式实施，这是我国第一部关于农业机械安全监督管理的行政法规。因此，至2010年，在国家层面上的农业机械化法律法规政策体系框架基本构建。

为进一步拓展农业机械化扶持政策，2009年，原农业部农业机械化管理司启动了"我国农机作业补贴政策研究"，并在黑龙江（农机深松整地）、山东（机械化秸秆还田、深耕）、江苏（机械化秸秆还田）、浙江（机械化育插秧、机械植保）等进行试点。根据中央财政资金情况、资金拨付方式及现实发展需求，先后编制了《全国农机深松整地作业实施规划（2011—2015年）》和《全国农机深松整地作业实施规划（2016—2020年）》，对改善耕地质量，提高农业综合生产能力，促进农业可持续发展发挥了积极的重要作用。

2018年12月29日，《国务院关于加快推进农业机械化和农机装备产业转型升级的指导意见》正式颁布，预示着不仅我国农业机械化法律法规政策体系框架基本建成，而且配套扶持政策体系不断完善。

六

改革开放的40年，也是农业机械化大发展的40年。我国农业劳动力占全社会劳动力总数的比例从1978年的70.5%下降至2017年28%以下。全国农作物耕种收综合机械化率从1978年的19.6%提高到2018年的67%以上，耕整地、播种、收获机械化率分别从1978年的40.9%、8.9%和2.1%提高到82.5%、54.1%和57.7%。除水稻种植环节外，三大主粮基本实现田间生产全程机械化，正在向产后处理延伸；马铃薯、大豆、棉花、油菜、花生、甘蔗等大宗农作物生产机械化相继进入快速发展期；产业领域也正由种植业向畜牧养殖、水产养殖、农产品初加工、设施农业拓展。

农业是国民经济的基础。马克思曾经说过：“超越劳动者个人需要的农业劳动生产率是一切社会发展的基础。”这40年来，正是由于农业机械在农业生产中广泛应用所引发的农业生产方式的根本变革，大幅度提高了农业劳动生产率，有力地保障了我国农业发展和食物安全。我国人口从1978年的9.6亿增加到2018年的13.9亿，如果没有农业机械化的发展，很难养活这么多人口。同时又使从事农业的劳动力比重下降，更多的人从事其他重要工作，促进了社会生产的大分工，推动了工业和第三产业的发展，促进了国家经济繁荣。

但我们也应该清醒地认识到，我们与世界上农业发达国家、与乡村振兴战略目标要求还有很大差距，发展不平衡不充分的问题仍然突出。要让农业成为有奔头的产业，让农民成为有吸引力的职业，让农村成为安居乐业的美丽家园，还任重道远。

6岁住进拖拉机厂区宿舍，大学毕业被分配到农业机械化为主导学科的高校工作，幸运地有机会学习和开展农业机械化情报研究，有幸跟随导师攻读农业机械化工程硕士、博士研究生，并先后担任中国农业机械学会农业机械化分会秘书、副秘书长、秘书长、副主任委员、主任委员等职，有很多机会参与农业机械化法律法规、政策规划等的研究与制定工作，目前还兼任第一拖拉机股份有限公司独立董事……

儿时印象中的那块“一九八〇年基本实现农业机械化”的大牌子时常浮现在眼前，每天清晨响遍全厂区的那首《东方红》乐曲，也时常会在耳畔响起，我今天正从事着这样一份事业……此生有缘，往后余生，为农业机械化事业，尚需努力！努力！再努力！

不知不觉走进农机化领域的我

——纪念改革开放40周年

徐志坚，退休前在农业农村部农机试验鉴定总站工作，曾任科技处处长和检验二室主任，推广研究员。社会兼职曾有中国农机鉴定检测协会秘书长、中国农机工业协会拖拉机分会理事、中国农业机械学会标准化分会委员、农业部工程建设项目招标评标和项目评估专家、中国农业大学工学院硕士生导师等。

□ 徐志坚

1978 年 9 月，我从成都农机学院农机设计与制造专业毕业留校工作。在经历了未能在 1980 年基本实现农业机械化的失望之后，学校也更名为四川工业学院，我在更名宣布前几天调离学院，调入当时的农牧渔业部农业机械试验鉴定推广总站工作。

调入这个单位，选择从事农机化工作，是组织的推荐，也是自己的选择，这也源于自己前面有过一段不知不觉走进农机化领域的经历，源于自己对鉴定工作的认识和对农机化发展前景的信心。在农机试验鉴定岗位 30 年，一直做最具体的工作，水平有限，就说说自己亲身经历的有关农机化的故事吧！

1969 年 8 月中学毕业后，我到黑龙江兵团屯垦戍边。我所在的连队有 12 000 多亩耕地（800 多公顷），主要种植小麦、玉米和大豆、高粱、谷子等粮食。有农工（知青和原农场职工）200 多人。

全连配备 3 台东方红 54 马力履带拖拉机和相应的播种机、中耕除草机、割晒机、各种开荒和翻地大犁、各种缺口耙、圆盘耙、钉齿耙、重耙、轻耙以及各种很粗的原木做成的耢地的耢子等。一台伯克大型脱粒机和两台苏联进口的大型牵引式联合收割机（当地叫康拜因），还有一台用于跑运输的捷克进口的“热特”28 马力双缸轮式拖拉机和两个载重 3 000 千克的拖斗。连队有一个很辽阔的农具场，整齐规范地摆放着这些农机具，农具厂的尽头还有一个油库，包括一个露天的能装 10 多吨油的大油罐，存放着汽油、煤油和柴油。

这些耕、耙、播、收俱全的农具让我们叹为观止，大开眼界，感觉这样种地真是太牛太棒了！我就是在这里不知不觉地接受和融入到农业机械化的领域里了。

连队当时的种植技术和机械化程度在全国是比较高的，配置有农业技术员、统计员和种子员。当时全连各种作物的翻（耕）地等全部是机械作业，但其他还不行，我以当时种植面积最大的小麦和大豆为例说说机械化程度吧！

小麦基本上是全程机械化，全部机播，飞机植保洒药灭虫，收割全部机收。但需要人工用镰刀在麦地里割出一圈拖拉机牵引康拜因的通道，当地叫“打道”。我也干了打道的活，地太大，有的一块地就是上千亩，围着割一圈是个苦活累活。

麦收时团里汽车队的解放牌汽车都分配到各连队，帮助从地里（有的地块距连队10千米以上）往场院运麦子。到场院的麦子都用自动扬场机扬一遍，就势铺开摊晒，每30分钟左右人工翻一遍场，晒到水分低于12%时，就再次扬场并装麻袋过秤，80千克一袋。

麦收后期，汽车改为向粮站送粮，我们的任务就是扛麻袋装车，每车50袋。最紧张时，团里派专用的拖板车来支援，每车装150袋，扛麻袋装车是个累活。全连每年上缴商品粮300多吨，都是我们用肩膀一袋袋装车运走。

夏收上缴300多吨商品小麦，连队种子员告诉我们，春天我们要播下100多吨种子，统计员说，我们每播下1粒麦种，只能收回来3到4粒，真的太少了，这就是当时说的“广种薄收”。

大豆的播种和小麦一样，但是中耕时需要人工锄三遍草（一遍就是3～4千亩），主要是锄苗间草，拖拉机拉着中耕机锄垄沟草。东北的草长得太茂盛了，几乎是和豆苗一起葱茏着长起来，锄了又长，很厉害，这是个累活，又是在最热的季节，真的是“汗滴禾下土”。

以前用康麦因收过大豆，但因地面不平，割刀不可能紧贴地皮收割，收割机开过去，留下的豆茬上都是满满的豆荚子，损失太大了。

后来就改为人工收割，人可以用镰刀贴着地皮割。然后康拜因装上拾禾器捡拾脱粒。割豆子是当时最累的活，割麦子打捆时可以直直腰，割豆子不打捆，一直割不能停，没有机会直腰，腰疼得要命。地块也大，每人一次割两条垄，很多时候一天也割不到头，收工时要做一个记号，第二天再来继续割，有时割着割着还能碰上藏在豆棵儿里的狍子。手抓豆棵时，虽然带着工作手套，还是会被尖利的豆荚子的尖头扎透。那时真希望有能仿形的割台，贴着地皮收割呀。大豆产量很低，每年我们只上缴商品大豆100多吨。

在连队5年多，小麦亩产不到100千克，大豆不到50千克。当时农业学大寨，我们的口号是“两年上纲要（200千克／亩），三年过黄河（250千克／亩），5年跨长江（400千克／亩）”，但我离开的时候，亩产仍然没有上“纲要”，还是“广种薄收”。

1975年，我从兵团转到老家四川梁平的舅舅家插队落户，在那里我“洗”过秧苗，插过秧，曾经一次遭遇过十多条蚂蟥的围攻，也赶着水牛犁过水田，握着锯齿镰割过水稻，挑着50多千克的担子和社员们往县里粮库上交公粮，还在水库工地上挑过片石，感觉与黑龙江相比，这边全部都是人工，差别太大了！农民太辛苦了！

在这里我还有过一次亲身体会计划经济供给农机的经历，当时我们大队以非常低的价格，从附近部队农场买回一台长期“趴窝”的“铁牛55”拖拉机。趴窝的原因是最终传动齿轮打坏后配不上。大队接手后也派人到处采购零配件，但一直买不到。他们知道我的家在北京，就把这个采购任务交给我了。

任务包括采购最终传动齿轮，因这台车是

台旧车，需要大修一次，要买维修更换的配件，同时大轮胎磨损严重，需要更换一对大轮胎。

我为此一连几天跟着大队干部到县农机修造厂去统计需要的零配件清单，厂里的技术人员针对拖拉机的磨损情况，开出了长长的大修、更换零配件清单。他们嘱咐我，损坏的这对齿轮没有互换性，一定要成对买。还有大修用的很多零件是“加大一次”的，有的还希望多买一套，帮我在清单上一一标明。

与农机修造厂技术人员短短接触几天下来，他们的专业能力和敬业态度，让我特别敬佩。当时，按照周总理的要求，全国每个县都有一到两家这样的农机修造厂，都有一群又敬业又有专业能力的技术人员。因此梁平县虽然只是大山之中一块小小的丘陵型平坝，但仍然让我从这里看到了当时全国农机化布局的配置水平和人员实力。

在后来的半年时间里，我来往于北京的家和天津拖拉机厂共有几十次，动员了自己的全部社会资源投入这项工作中。甚至通过熟人介绍，到著名相声演员侯宝林家里去拜访过他，他是天津人，也答应帮忙找找天拖厂的熟人。

当时，天津拖拉机厂不接待我这样的“采购人员”，因为没有计划指标的零配件可以供给我们。终于，我通过重庆文化局的亲戚，找到天津电影公司，他们请天拖厂的放映员带我去见相关领导，说明情况的特殊性，才买到了那对最终传动齿轮和几个易损零件。后来电影公司经过很多波折，又帮我在厂里买到了一对大轮胎。

其他大修用零配件，根据计划只能到当地的农机公司去买。但当时南方没有铁牛 55，我们大队是从部队买的车，不在当地农机公司的计划渠道里，这可咋办？我被难住了。

这时一位邻居叔叔告诉我，你这个情况很特殊，可以到一机部（中华人民共和国第一机械工业部）去问问。我就去了一机部，工作人员让我去找中国农机总公司。在这里，办公室的叔叔阿姨们听说我是回乡插队知青，马上请我到办公室坐下，给我倒上热茶，好几个人围着听我讲情况，让我很感动，有种到了农机人的“家”一样的感觉。

他们告诉我，刚刚给四川省拨了 40 辆铁牛 55 拖拉机和很多零配件，完全可以满足我们大队的需求。然后在我的介绍信背面给四川省农机公司写了长长的一段话，请他们解决并且将这台拖拉机放到省内农机零配件的计划渠道内。写好后盖上“中国农机总公司”大红印章。天哪！我长长地舒了一口气，不由得站起来向他们鞠躬致谢。

就这样，我们大队的铁牛 55 很快就从农机修造厂开出来下水田作业了，是全县功率最大、效率最高的拖拉机，社员们都非常高兴。

我于 1983 年 5 月到农机试验鉴定总站上班。在推广室、鉴定四室、情报资料室、科技处和检验二室都干过，2013 年 9 月退休。我回忆了一下，大点儿的、对农机化真正有意义的事儿，自己也就干了三件，这三件都是围绕“保证农机产品使用安全”这个鉴定检测的最核心任务而做的。

第一件是参加 1984 年的“四小鉴定”（小柴油机、小脱粒机、小四轮、小手扶）。我站当时的鉴定二室在脱粒机安全事故调查基础上，出了“脱粒机事故 100 例”调查报告，附有 100 多张图片，显示了 100 多位因事故致残农民的惨状，这引起国家领导人对加强农机安全使用质量工作的重视，农业部和机械部由此联合发文，在全国范围内开展“四小鉴定”。

领导安排我担任北方十省联络员，并派我到山西、辽宁、吉林、黑龙江、甘肃、宁夏、新疆7省（自治区）了解实施情况和协调相关工作，我也走访了几家柴油机企业。领导还派我到鉴定一室支援小柴油机鉴定工作，我亲手做了几十台小柴油机的台架试验。这一年我写了4万多字的工作和学习笔记，收获很丰富，尤其对岗位工作的重要性有了较深的认识。

100例事故中那些断了手脚、瞎了眼睛、伤了重要器官的无辜农民的图片，深深地印在我的脑子里，让我懂得了肩上的责任重大，我就想，在鉴定岗位工作上应该能真正解决好几个保证农民使用农机安全方面的问题，不能辜负了这个岗位。

第二件是建投诉站。到科技处后，我处理过一个农民投诉。河北一位开小四轮的机手，跑运输时转向拉杆断裂翻车被砸成高位截瘫。生产企业认为是他严重超载造成，不予赔付。他妻子带着两个四五岁的孩子到我的办公室来投诉。

一见面她就跪在地下，泪流满面地对我说：“这个人要是没有了，我都能拉扯两个孩子活下去，但他还在，要治病，要喂水、喂饭、接屎、接尿，要花医药费，你们要是不为我做主，我一个人真的活不下去了。”后来，我们组织站里相关业务室帮助她解决了生产企业赔付问题。

这件安全事故里的农民太惨了，让我受到很大震动，感觉农民出了农机具安全质量事故投诉无门也是自己的工作没有做到位。我就想建一个农机产品质量投诉站，让农民遇上事儿（尤其是安全质量的事儿）有投诉之门。处里其他同事们都支持，站领导也支持。我向中国消费者协会投诉处武高汉处长报告，他也认为农机投诉的专业性比较强，希望专职鉴定检测单位受理。后来站领导派我与他一起向中消协领导汇报，但因当时的《中华人民共和国消费者权益保护法》不包括农民和农机产品，因而此事没有成功。

没过几个月，武处长来电话，通知我《中华人民共和国消费者权益保护法》修订案已获通过，在附则里将农民和农机产品列进去了。我立即带着起草好的协议赶去汇报，得到中国消费者协会领导的支持。我们单位成立了中国消费者协会农机产品质量投诉监督站，使农业部这个推广使用农机的部门，终于可以直接听到农民对农机使用安全的投诉意见了。

第三件是强化拖拉机使用安全质量，2001年我调到检验二室（拖拉机检验室），从修订《拖拉机推广鉴定大纲》入手实施盼望已久的强化拖拉机使用安全的计划。

我组织了室内技术人员在《拖拉机鉴定大纲》里增加安全检查项目，细化检查内容，并在10年任职时间里通过多次组织修订大纲，逐渐将国内强制性标准和欧洲安全标准中要求的项目加进来，比如增加了视野检查、风扇叶片防护、驾驶员座椅震动检查和安全架等检查项目。还细化了很多项目的检查内容，比如对排气管路防护，从原来只防护排气管细化到整个排气管路的防护，对铭牌的检查从只查有没有，到对十多个铭牌内容检查项目逐项检查。还有脚踏板的宽度、深度、厚度和高度都必须测量等。拖拉机安全检查（检测）项目从以前的20多项，增加到40多个大项，60多个小项，覆盖了全部使用范围，有效地保证了机手的使用安全。

10年时间很短，要感谢改革开放的推动，2004年国家颁布《中华人民共和国农业机械化促进法》，确立农机鉴定工作的法律地位，使鉴定大纲有了技术权威，将不通过鉴定的产品置于不利于竞争的地位，起到了引导企业不断提升和完善机具安全性的作用，从而推进了国内拖拉机产品安全性的大幅度提高，才能让我在退休之年看到了安全标志和防护规范齐全、使用安全的拖拉机产品，对此，我也是长舒一口气，感觉这10年付出的辛苦很值得，也很欣慰。

改革开放40年后的今天，黑龙江的大豆收割早就不“腰疼”了，也早已不再“广种薄收”，粮食单产不但“过了长江”，全省耕种收综合机械化水平已超过95%，全国最高。

我老家重庆市丘陵平坝地区实现机械化问题，也已经引起国家领导人的高度重视，2018年12月19日张桃林副部长应邀在国务院政策例行吹风会上，解读了支持丘陵地区农田进行宜机化改造等问题，国务院常务会议也特别强调支持丘陵山区宜机化改造问题。

国家农机零配件的供应体系也已从计划转向市场化，再也没有为了买零配件找电影放映员的事儿了。

国家改革开放大势的推动，使得各项法律法规加速完善，包括农机投诉和农机鉴定工作全面的展开，也使得自己1983年5月走上鉴定检测工作岗位时，想做几件有利于农机产品安全质量事儿的愿望得以实现。

我用以上几个小故事，来表达我对国家改革开放40年取得的成绩的赞颂之情。

最后，用一句又俗又老的话来表述的自己心情和结束这篇文章：长江后浪推前浪，前浪被推沙滩上，喜看后浪变前浪，改革开放勇向前。

入行40年 难忘两三事

□ 行学敏

行学敏，陕西省农业机械管理局退休干部，国务院特殊津贴专家，陕西省有突出贡献专家，中国农业机械化发展60周年杰出人物。

蓦然回首，入行40余年了。从黄土高坡走进高等学府，由县农机局的副业工成为陕西省农机局的研究员。春种秋收，寒来暑往，由塞外沙漠到巴山云雾，从八百里秦川到黄淮海平原，有幸相逢相识了千百数的农机人。时过境迁，往事如烟，但有那么两三件事如昨日情形，仍历历在目。

陕西规模机收队

一、“女麦客”率队“走西口”

20世纪90年代初，长安县出了个“女麦客”何俊英。这个40岁出头的农村妇女，家里经营了拖拉机，又挂上了收割机。开始给自己村周围收割，收完就出县、出省，去了甘肃、宁夏，再后来她又带起了一个收割队，“新麦客”的创举一时间在关中大地引起了各界热议。1992年春，在何俊英事迹的启发下，我琢磨着怎样发挥农机管理推广机构的作用，经过一段时间构思，随后起草了一份关于组织小麦联合收割机流动作业的项目计划草案。在省农机管理站王铁臣站长（曾是中央农工部的干部）和省农机局陈明彦局长的支持下，这个后来被称为陕西省小麦规模机收的项目付诸实施。当年，在关中地区组织500台联合收割机，依据省内小麦成熟时间差，“东进西征”流动作业。省局设立一个临时机构“规模机收”办公室，我负责具体业务，相关市、县农机部门负责宣传动员、组织协调，给每台联合收割机补250千克平价柴油，并悬挂“陕西规模机收队”的旗帜。

打着龙口夺食大旗，我们就着手解决收

拖拉机悬挂收割机队

割机免交养路费的问题（当时拖拉机上路要交养路费）。省农机安全监理总站的王碧玉科长（他老家在周至，是个转业军人）听说我们为收割机申办免交养路费，就自告奋勇，与我一起找他在交通厅的战友。几个都是农村出来的人，事情一说，自然能合上频道，没几天关于拖拉机悬挂收割机作业期间免交养路费的文件就出台了。由此开始，陕西的“规模机收”走出了潼关。生产责任制后，小麦收获机械化的“坚冰”开始融化。

二、“水牛”舍命造“铁牛”

1993年新疆联合收割厂研发的新疆－2自走式联合收割机参加了陕西的“三夏”农机作业演示会，两台样机会后就被西安市未央区汉城农机站买走。勇士有了武器，铁军上了战

新疆－2自走式联合收割机

场。另一场“背倚天山，逐鹿中原”的历史性画卷也由新疆联合收割厂的工人阶级执笔泼墨。2000年时，新联集团西安收割机厂生产新疆－2联合收割机超过了5 000台。

2006年3月的一天，忽闻新联集团西安收割机厂装配车间主任刘新灵在抢修电路时不幸殉职。这令已离开收割机厂几年的我仍十分伤感。

右一刘新灵

刘新灵刚50岁，钳工出身，技术过硬，人缘很好，平常大家都叫他的小名“水牛”。水牛连同他的工友们为执行集团公司的经营决策，生产销售向内外扩展，离妻别子到西安分厂做“候鸟人”十几年。在西安厂职工吃住干活都在一个大院里，大家过着集体生活。我的印象里，水牛总是不知疲倦，乐乐呵呵从早干到晚。他把厂当家，把工友当亲兄弟，下班后他的宿舍里时常聚着许多年轻人。记得厂里售后部门换下了一些用过的蓄电瓶，水牛在空闲时就修旧利废，整合好充上电以备试车之用。组装玉米联合收获机时，外配的秸秆还田机常出问题，水牛硬是自己琢磨出了一台动平衡装置。夏收大忙时是售后服务关键时节，厂里最操心收割机使用出问题，派出的“三包”服务人员排除不了故障就和机手发生矛盾。但再难的事只要水牛到现场总会平顺解决。水牛，真的很牛！

三、“裸奔”催生“互助险”

2002年，我转岗到陕西省农机安全监理总站。农机事故难处理、农机无保险、工作难开展，形成大量拖拉机无牌、无证、无保险“裸奔”。我们了解到省里也有两家单位在做尝试，一是西安市农机监理所组织农用三轮车团队参保；二是旬阳县农机局组织机手事故互助。就在我们准备有所行动时，“道交法”施行，“交强险”来了。开始情况较好，拖拉机机手能享受到优惠的费率。2007年以后，拖拉机的“交强险”又难办了，联合收割机更是无保险，机手意见大，工作难开展。我们站班子（总工李科胜、副站长童发展）多次商讨，反复论证，一致认为，不破解农机保险困局，安全监理就是跛子走路！在从农业部获得有关农业互助保险的信息后，就指派监理科科长赵卓与农业保险专家郭永利取得了联系。随后省总站和宝鸡、西安市农机监理所等6家单位发起成立了陕西省农业机械安全协会，省农机局惠立峰副局长当选为协会首任理事长。2009年协会与江泰保险经纪公司合作开展农机风险互助。最值得一提的是启动试点时，由19个县（区）农机监理站开始宣传动员机手参加风险互助的情形。渭南市临渭区农机监理站李学峰站长精心组织的现场培训会；合阳县农机监理站王峰站长的农机事故案例宣传法；榆林市榆阳区农机监理站张树荣站长的警监联合执法引导推动法；武功县农机监理站张佩站长的第一份补偿单，第一台自编自演的农机安全互助晚会；还有宝鸡市农机监理所孙彬县所长夏收时带领一班人夜以继日地奔忙在几个县（区）的事故查勘现场，更有后来的西安市农机推广与监理总站贺浩副站长连日下乡劳累发病猝然离世……这些市、县的农机监理人员既当开路先锋，又为方面军指挥。一时间，八仙过海各显神通，一群矢志干事的人，在紧盯着各个角落、思辨着每个新的问题，力争首试成功。一年下来，大家开了9次研讨会。到年底，发展会员6 500多名，收风险互助会费165万多元，救助了131起农机事故。

农机安全互助保险研讨会现场

第二年8月，由民盟中央农业委员会、中国农机安全报社和陕西省农机安全监理总站联合主办，召开了农机安全互助保险研讨会。民盟中央张宝文常务副主席说，陕西开展农机互助保险，能有效解决农机手的风险保障问题，并欣然题词：“互助保险，保农惠农”。

由此，农机安全互助保险的名号正式叫响，

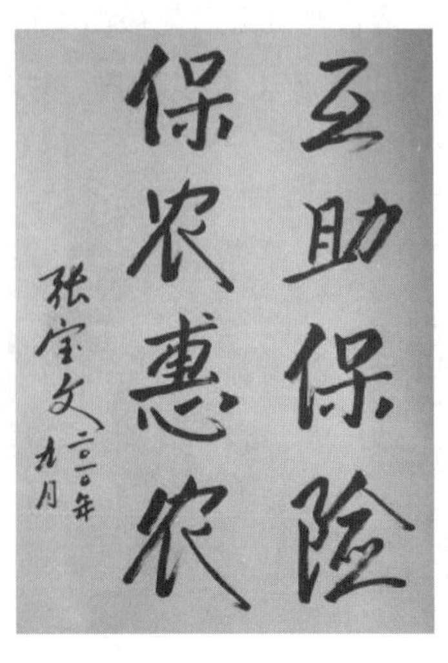

民盟中央张宝文常务副主席题词

这一新事在“能干不能干，该干不该干，是为机手服务还是谋取少数人私利”的是非纠葛中前行。也真是“两岸猿声啼不住，轻舟已过万重山”。10年间累计发展安全互助会员24万多人（次），救助农机事故17 400多起。农机安全互助保险在农业部政策法规司黄延信副司长、时任农机化管理司刘宪、刘恒新副司长的肯定、支持指导下，又走向了湖北、湖南、河南。陕西的农机手有了互助保险，得到地方财政和中央财政资金的补贴。

原农业部农村经济体制与经营管理司
黄延信副司长调研

今年，中国农业机械化协会和陕西省农机安全协会联合举办了首次“陕西农机手跨区作业劳动竞赛”，涌现出的贾奔、王运等10名“王牌机手”，4个半月里，他们平均跨区行程1.62万千米、作业面积5171亩、作业收入22.21万元。

陕西省农机手跨区作业劳动竞赛颁奖典礼

当年跨区作业闯市场的农机手们身后出现了一支成千上万人的农机铁军，基本实现了我国主要粮食作物耕种收机械化。他们之中有的年老休息，把方向盘交给了下一代，有的转行做了其他事业，有的难舍初心、继续守望，创办起了农机合作社、农机销售公司和农机修造厂，也有的驾机出门再没有回来……“农机手、英雄汉，驾着铁牛跨州县，春播出塞外，秋收到江南，父子夫妻齐参战，汗流满面心里甜。农机手、英雄汉，安全互助做靠山，集来千家力，解得一家难，团结协作万事顺，船大不怕风浪颠。农机手、英雄汉，机械化显神威，耕种收运管，粮食堆成山，科学发展齐心干，小康路上艳阳天。”

抚今追昔，感恩时代。谨以我在2011年赴四川跨区服务的路上，写的这首歌，献给千千万万一路走来的农机人！

征文后记

农机互助保险有点不一样

陕西农机安全互助保险试点走过10年了，试出了点啥？许多人都认可它是政府引导、农民自愿，协会搭台、行业支持，专家管理、互助共济的不以盈利为目的新事物。

具体地说它还有几点特别之处：

一是会员积分制，运营节余归会员。互助会费（保费）收入以县（区）为单位计账，年度内收入减去赔偿、费用分摊和提取未到期责任准备金，节余按所交会费份额，分配给未出险会员。8年间会员积分分配875万元。

二是定损补偿监督员制度。让入会时间长、人品好、技术强的会员担任“查勘定损监督员”，履行监督职责，拒绝假案，拒绝乱赔，监督互保业务人员言行。现在已有监督员85名，去年监督出假案3起，不合理赔案7起。

三是财政补贴专户管理、定向使用。互助保险保费补贴资金，只用于补偿出险机手，不用于业务费用，不进入会员积分。每起赔付资金，由补贴款和会员保险费比例支付。财政补贴结余下转继续使用。

法上得中。实际中这些设计发挥了积极的导向作用，但也难尽如人意，仍需在探索中修正完善。比如会员积分核算单位的小型化，监督员的奖励激励机制等。

好在，我们正赶上个深化改革、扩大开放的新时代，只要继续坚持政府指导、市场运作、自主自愿、协同推进的原则，坚持组织农民，坚持专业化服务，农机安全互助保险创新试点会更不一样！

我给农机手写赞歌

□ 郭永利

郭永利，男，1960年出生，1982年中国人民大学政治经济学系毕业。曾任原中共中央书记处农村政策研究室国务院农村发展研究中心研究人员，中国人民保险（集团）公司副研究员，民盟中央农业委员会委员，北京保险研究院高级研究员。现任江泰保险经纪公司总裁助理、农林风险部总经理，农机安全互助保险设计师。

写赞歌要有真情实感，还要富有激情，就是你要投入进去。否则，就不是那么回事，好像咯吱出来的笑，它不哏儿。

歌曲《农机手，你是我的兄弟》，就是我给农机手和农机战线的同志们写的赞歌。为什么要给他们写赞歌呢？这话还得从10年前，也就是2008年说起。

2004年以来，国家加大了农机投入，出台了农机具购置补贴政策，农民购机热情空前提高，农机保有量逐年增加，事故率随之攀升，风险保障成为刚性需求。2005年国家出台《中华人民共和国道路交通安全法》，明确规定拖拉机要保交强险。如果保险公司没有给拖拉机办保险，农机安全监理部门就不能办牌照、办驾驶证、行驶证，包括年审年检，机车就不能上路、作业。

可是法规出台以后，有关部门按照商业保险思路出台的交强险的保险价格（60～90元，70～110元保第三者人身12万）却让保险公司不敢保、不愿保，消极出单，原因是商业化经营不赚钱。

这下可使农机监理部门尴尬了。本来农民买了农机，办牌办证，年审年检，是法律赋予的职责，可是保险公司保农机亏本经营，不愿出单也在情理之中。

由此，这种制度设计缺陷导致了实际操作部门的尴尬，就成了一个死疙瘩。保险公司不出单，农机监理部门如果给办牌、办证就等于违法；农机无保险，没有牌照证件上路、作业就要被扣、被罚；农村有大量无牌照的人造黑车在运行，出事故不报案，报案也得不到保障，反而挨罚。安全管理形势日益严峻。尽管基层单位不断向上级主管部门反映问题，但由于涉及顶层设计，需要修改法规，一时难以解决。

怎么才能化解尴尬，解开这死疙瘩呢？2008年陕西省农机监理总站行学敏站长来农业部寻求解决办法，农业部的专家推荐到江泰保险经纪公司国土农林风险部找我，探讨研究解决之策。

我曾在中央书记处农村政策研究室国务院农村发展研究中心和中国人民保险公司农村部工作，对顶层设计和国内外涉农互助保险办法熟悉。根据陕西提出的全国带有普遍性的实际问题，我提出了通过开展互助保险试点的解决方案。就是把商业保险走不通的保险路子，改走互助保险，把保险公司不愿意保亏本的保险业务，改由农机主管部门牵头支持，农机安全协会组织服务，农机手互助互保，江泰保险经纪公司协助管理，报保险监管部门备案得到认可。保障金额从低到高，先做起来。

这个方案首先得到了行学敏等同志的认可，报保监会中介监管部得到表态支持并给陕西省农机安全协会回复了文件。因为 2008 年我针对政策性农业保险存在的顶层设计缺陷给当时的国务院副总理王岐山写信，得到了批示，中央农村工作领导小组办公室经过对渔业互助保险、北京果树、养鸡、农作物、蔬菜等互助保险的调研，在 2009 年中央 1 号文件中明确了鼓励在农村发展互助合作保险的政策指示。

2009 年 2 月 17 日，陕西省农机安全协会互助保险管委会正式成立。2009 年 3 月 18 日，陕西省农机互助保险试点正式启动。参加试点的有渭南、宝鸡、咸阳、铜川、榆林、汉中等七个地市的 19 个县（区），省农机局支持了 50 万培训资金。当年参加互助保险的会员 5 700 多户，互助保险金 158 万元，发生事故 230 多起，救援工作发放补偿金 60 多万元。

农机互助保险依托现有组织资源，创新制度设计，保农惠农，显示了积极的实际效果。我跟着省、市、县农机安全监理部门的同志下乡宣传，出现场，亲眼看到了农机手们春耕、夏收、秋收、秋种的辛勤和因农机安全事故付出的血的惨痛代价，亲眼看到了农机监理系统的同志们维护农民生产安全付出的努力，亲身感受到互助保险一线服务的同志的辛劳，深切体验到现代农业、天下粮仓不仅有农机手的汗水，还有鲜血和生命。

随着农机互助保险的兴办，老百姓对农机监理部门的感情越来越深，参加互保的积极性越来越高，会员不断扩大，达到将近 4 万，互保险种服务项目从两项增加到七八项，其中主险包括了机车损失险、机手和辅助操作人员责任险、第三者责任险以及附加的运输、自燃、维修、玻璃破损等，保障金额从初期的 10 多万元达到了 20 多万元，覆盖了拖拉机、收割机、耕整机、机耕船等多种机械。

2011 年，我给陕西省政府领导写信，建议财政支持引导农机互助保险发展，得到批示。2012 年，陕西省政府财政出台补贴引导农民参加互助保险政策，对拖拉机收割机互助保险补贴 40% 的互助保费。2018 年，农业农村部对陕西收割机互助保险试点给予定向创新试点资金支持，使跨区作业收割机互助的综合保障金额提升到 50 多万元。

与此同时，经过与交管部门沟通，农机互助保险也得到了交管认可。拖拉机只要有互助保险也可以上路行驶、作业。

农机互助保险就像一把钥匙打开了商业保险不愿保、农机长期保险难、保险贵的老大难，打开了安全监理以保险为前提的执法尴尬，打开了农机监理从单纯执法向服务转型的通道，开出了一条与农民贴身又贴心的农业保险新路径。

随着陕西农机互助保险试点的开展，大家的激情空前高涨，人人脸上都有一股向上的心气儿。2010年以后，湖北、湖南、河南也紧随跟进，我们江泰专家组的辅导和互助播种工作也不断扩大。

2012年，正当我在湖北天门市给农机部门和农机专业合作社讲互助保险课的时候，陕西武功县农林局副局长张佩同志打来电话，说他们要搞一台农机监理风采晚会，要我给出个节目。讲完课，我的思绪里不断地呈现出试点这几年来跟随农机监理部门，跟互助保险跨区服务小分队，跟农机手们作业的场景，一股创作激情不断像潮水一样涌上我的心头，使我按捺不住地将一幅幅画面连带发动的情感脱口而出："绿色的田野里，有你的身影。丰收的麦浪里，有你的机声。金色的稻海里，有你的汗水。百姓的饭碗里，有你的辛勤。你是我的兄弟，你是我的亲人。你用辛勤耕耘，耕耘出一片春；你用汗水浇灌，浇灌出一片金。你是我的兄弟，你是我的亲人。你用真情奉献，奉献给百姓一个稳。"为什么要写"稳"？因为无农不稳。正是有广大农机手和农机人的辛勤耕耘，才有天下粮仓和国家社会民生的安稳。

歌词写好之后，我马上发给陕西武功，立马得到了他们的认可。县农机监理站袁武梅站长提议用《父亲》那首歌的曲子配上，结果一配，严丝合缝，情景交融。等我回到陕西，他们把配好的歌唱给我和大家听的时候，我感到这首歌有情有理，好听。

随后，我和他们合作，在当晚的全省农机监理风采晚会上表演，获得一致的叫好。演出结束时从省局领导到区县监理站，互助保险会员服务站的同志纷纷上台和我握手、拥抱。那个场面是我平生第一次，感动了大家，也感动了我自己。

2012年年初，根据省政府领导批示，陕西省财政厅的孙经会处长调研给农机互助保险财政支持政策。我们一起来到合阳县的一个农机合作社，我给农机手们现场唱了这首歌，一双双粗壮的大手和我的手紧紧握住。当我们离开时，机手们站在车旁，一直送出好远，那一幕至今仍然浮现在我的脑海里。

2013年5月23日，陕西、湖北农机互助保险服务跨区作业服务队会师大会在湖北襄樊举办。那天晚上，我把这首歌唱给当地农机局局长。他听了以后说："你这首歌就是给我们写的，唱到我们心里头了，应该成为我们农机人的歌。"

2015年，湖北省农机监理总站、省农机安全协会秘书长方胜同志请省音乐协会的领导、歌唱家帮助把这首歌制作成了音像视频MV，同时跟父亲那首歌的作曲家打了招呼，得到了作曲家的支持。由此，《农机手，你是我的兄弟》，作为农机人的赞歌在网上流传开来。

农机，一个让我难以割舍的行业

□ 秦　贵

秦贵，推广研究员，现就职于北京市农业机械试验鉴定推广站，从事农机产品开发，农机技术集成、推广工作。

想写写我与农机不了情的心愿，由来已久。只是羞于文笔拙劣，每每新建一个 word 文档就草草关闭了。前段时间，收到夏明老师发的“关于邀请参加‘纪念改革开放 40 周年’征文活动的函”，突然觉得有必要给自己一点儿鼓励，写点儿东西以了却自己多年的心愿。

从上大学学农机专业开始算起，我进入农机行业已 31 年有余。当年一起入学的三个农机班、93 名同学，到现在仍坚守在农机行业的人已屈指可数了。作为屈指可数之一的我，有责任也有必要，写写我从事农机行业的所感所想。

要说对农机行业的感情，其实应该从我孩童时代说起。

20 世纪 60 年代末，我出生在内蒙古中部一个小山村。那时的农村还是人民公社制的生产队。在我上小学那年，村里开始有了一台 50 马力链轨式铁牛拖拉机、一部五铧犁。20 世纪 70 年代后期，链式抽水机、链轨式铁牛拖拉机、五铧犁是当时中国农村主要的农机具。

那时候，我对拖拉机驾驶员羡慕得不得了，心里想着长大了一定要开拖拉机，那才叫威风。这也许就是我“农机梦”的开始吧。

十年寒窗苦读，我一举考得内蒙古农牧学院（现内蒙古农业大学）农业工程系，攻读农业机械化专业，从此与农机行业正式结缘。

历经国企、私企、再上学深造以及目前的事业单位的周遭反转，我的学历从大学生到研究生，职称从技术员到研究员，职务从科员到处级干部。

一路走来，是农机这个行业滋养了我，是农机这个行业锻造了我，是农机这个行业包容了我。我对农机这个行业投入了深深的感情，以至于觉得我已离不开这个行业。每每想到要离开这个行业，我都会有一种失去根的感觉。

大学毕业时，我被分配到包头市拖拉机制造厂。当时能在拖拉机制造厂工作是一种荣耀。不仅实现了儿时开拖拉机的梦想，而且我还成了设计拖拉机零部件的工程师。

当时正赶上农村土地承包政策实施10年，集体土地包产到户，大链轨拖拉机没有了用武之地，小四轮拖拉机登上了历史舞台。农村改革促进了农民增收。农民有钱了，小四轮拖拉机供不应求。那时中国农村的农机主力军是小四轮拖拉机加小型农机具。

随着农村改革的进一步扩大，农村经营进一步放活，农民对农用运输车的需求增大，山东、江苏、河南、安徽等省份的农机生产企业纷纷投入农用三轮运输车的生产。农用三轮运输车在中国农村的火爆引发了农机企业在市场上的竞争。当时山东的双力、巨力、时风，安徽的飞彩在北方农村地区名气很大，市场占有度很高。

包头拖拉机制造厂也不甘落后。尽管当时正处于由计划经济向市场经济转变的时期，国有农机企业的生产计划、材料供应和产品销售采用“双轨制”。但包头拖拉机厂产品研究所的技术人员，没有退缩，抢时间走出去学习钻研技术，在半年时间内设计出了北飞牌农用三轮运输车。为了满足市场需求，农机设计人员不断追求产品结构优化、外观美化，产品不断升级改进。

现在回想起来，能参与当时那种争分夺秒，为自己工厂的产品能取得市场优势而经常挑灯夜战的工作感到欣慰和自豪。

更值得一提的是，农用三轮运输车的井喷式发展，是改革开放以来我国农机企业开始走向市场的标志性事件，推动了农机制造业的蓬勃发展。

当时的三轮车人们戏称为“狗骑兔子”，农村田间地头到处可见农用三轮运输车的身影，一度成为农副产品进城、工业制品进村的主要运输工具，为搞活农村经济起到了不可低估的作用。

农用三轮车的发展不仅带动农民致富，而且也催生了一批服务商，当时的农机配件商可谓生意兴隆。

我个人的技术水平也随着农用三轮运输车的发展得到了很大提升，由一名从事工装卡具设计的工艺科技术人员转变为一名承担“自卸式农用三轮运输车”主体设计的技术人员。

有点小骄傲的是，我设计了链传动三轮车变速操纵杆“左变右”的机构，攻克了当时厂里的一项技术难题。这又一次激发我对农机行业的热爱之情。

随着经济体制改革力度进一步加大，一些国有农机企业活力不足，难以适应市场考验而纷纷倒下，私营企业、股份制企业如雨后春笋般蓬勃发展。现在鼎鼎有名的雷沃重工、时风集团等就是那个时代发展的典型。

随着一些不景气的农机国企倒闭、转产，一些农机技术人员也纷纷转行、下海，农机制造业从企业到员工开始优化重组。

正是这个时期，我短暂入职私企，从事粮食熏蒸机的设计。尽管没有离开农机行业，但这短暂的私企工作经历，却深深触动了我，促使我坚定信心继续学习深造。研究生学习仍然选择了农机化专业，也为我进入目前就职单位奠定了基础。

研究生毕业进入北京市农业机械试验鉴定推广站工作的第二年（2004年），中央1号文件再次回归农业；颁布实施了《中华人民共和国农业机械促进法》；同年全国开始实施农机具购置补贴政策。这一系列利好政策，给农业从业人员特别是农机人员增添了信心和力量。

也正是这一年，我获得了北京市委组织部优秀人才专项经费资助项目，主编出版了《适应农业结构调整的农机化新技术》专著。也是这一年，我获得了北京市人事局、市团委、市国资委联合授予的“北京市青年岗位能手”荣誉奖章。这些荣誉的获得更加鞭策和激励我热爱农机、奉献农机。

在为北京地区试验选型先进农机装备技术的工作中，我有机会深入国内农机研发、生产、经营的第一线，进一步感受到改革开放40年来我国农机行业的强劲发展。

一是产品开发、制造能力明显提高。在产品开发能力方面，研发技术手段大大提升，三维制图软件得到普遍应用，一些科研院校更是用上了3D打印技术，当年的丁字尺、大木图板一去不返；技术改进速度大大加快，产品开发能力大大提升，骨干企业技术创新主体地位逐步形成；在产品制造能力方面，很多企业通过配置数控机床、激光切割机、焊接机器人、电泳处理流水线等先进加工装备和三坐标测量仪等先进检查装备，大大改善了加工制造能力和产品品质；国产农机产品制造的工艺水平和精细度大大提高，精密铸造、板材冲压成型等工艺的采用代替了原来的大钢大铁，“傻、大、笨、粗”不再是国产农机的代名词。

二是产品种类、覆盖面稳步拓展。农机化不再仅仅是大田粮食生产用的拖拉机及其后面的农机具，而是拓展到畜牧、水产养殖，林果养护管理，经济作物、花卉、蔬菜等全产业覆盖。一些产业的农机产品从产前、产中拓展到产后加工全链条配套。

改革开放以来，我国农机行业得到了长足发展，但是与新时代农民对美好生活的需求仍有差距。我国农机工业发展不充分不协调的问题依然突出，中低端产品产能过剩，高附加值产品自给率低；产业集中度偏低，同质化竞争现象突出；自主创新能力不强，缺乏行业领先的核心技术；节能、环保以及质量管理水平有待提高。

想到这里，感觉我们农机人仍然任重道远，不能有歇口气的想法。要坚定信心撸起袖子加油干。

与农机行业结缘我无怨无悔！

征文后记

借忆往昔，展望未来

夏明副秘书长又鼓励我再写写征文后记，心里全是激动，真不知写什么好。征文是具体的活动，如何借此活动的东风推动我国农机化又好又快发展才是农机人心底最真诚的期盼。写一点征文后感想，还请各位同仁批评指正。

这次征文投稿完全是受夏明副秘书长的感动而为，是他点燃了我的激情，才决定把一直坚守农机行业的所感所想写出来以翔纪念，压根儿就没有去想能否获奖这码事。

投稿后有机会进入“纪念改革开放40周年征文”微信群，结识了众多行业大咖，群里思想解放、气氛活跃地谈论农机发展问题，对我有非常大的触动和帮助。征文是有限的，群里的思想碰撞是无限的，能在群里汲取这无限的智慧是一大幸事。

一个人干事创业不但要有坚忍不拔的品质，更要有对职业的那份激情。一个人的激情是需要点燃的，正如缸体中浓度合适的混合油气要靠火花塞点燃一样，一旦点燃，那做功就是必然的了。

这次征文活动无疑是点燃了农机行业人的激情，从地域看横跨东西南北中，从行业看纵贯政府机关、企事业单位各领域，从职能看总揽科研、生产、推广、管理各部门。

从180余篇征文中深深体会到，农机人在推进农机事业发展中，对艰难历程体会越深，夹带感情的那份“油气”就越浓，40周年这个节点正好是个合适的“电脉冲”，农机协会无疑是点燃这份激情的“火花塞”了。

纪念不仅仅是为了回忆和记住，更重要的是要在借鉴中更好地发展。作为农机推广机构的工作人员，在具体工作中深深体会到我国当前的蔬菜生产机械化、水产养殖机械化、农产品产后加工机械化等还很薄弱，存在试验示范多、推广应用少，单一环节技术多、配套集成技术少，急需要产、学、研、推各部门齐努力、共奋进。希望农机化协会能够将此次点燃的激情转化为持续不断的动力，让整个行业都动起来。

人微言轻，狂发如此情怀实属不妥，但是受夏明副秘书长对农机行业的执著热情和孜孜奉献精神的感召，还是想抒发一下自己对这份事业的期盼和热爱之情。

记忆中的北京市八一农业机械化学校

□ 李福田

李福田，男，汉，1954 年生，北京市人，中共党员，高级政工师，原北京农业职业学院机电工程学院分工会主席，2015 年 7 月退休。

我是北京农业职业学院清河校区（原北京市八一农业机械化学校）的退休职工。1973 年 5 月至 2015 年 7 月，我曾在该校学习两年、工作 40 多年。40 多年来，我见证了学校发展的全过程，对学校有着深厚的感情。

2015 年 7 月，我正式退休了，但仍关心、关注着我校的发展。我虽然没有专门从事农机专业工作，不懂农机专业，但随时关注着农机行业。

我谈一下 40 多年来我所学习、工作的学校的变化和切身体会。现在中国农机化协会开展纪念农业机械化改革开放 40 周年活动，我趁此机会简单回顾一下原北京市八一农业机械化学校的发展变化过程，以此作为纪念。

一、学校的成立背景和初期十八年（1960—1978 年）

1. 学校的成立

北京市八一农业机械化学校最早成立于 1960 年。在新中国成立初期，我国的农业机械化水平非常低，为此，1955 年毛主席向全国提出了“农业合作化”的号召，并提出要用 25 年时间实现我国的农业机械化，指出“农业的根本出路在于机械化”。为此，中共中央制定了《全国农业发展纲要（草案）》。

当时，中国人民志愿军响应毛主席的伟大号召，在全军发起了“支援农业合作化和农业机械化的募捐”活动。国家将募捐款在全国建立了 40 个拖拉机站、10 个拖拉机修理厂、一所农业机械化学校。当时的农业机械部决定将中国人民志愿军捐款的 107 万元拨给北京市农业机械局建立一所农业机械化学校。

北京市农业机械局党委研究决定，在北京农业机械化学校前面加上“八一”二字，以此纪念中国人民志愿军捐款建学校，并向北京市委、市政府和国家农业机械部写报告。农机部和北京市委、市政府同意北京市农机局党委的意见并作出了批示，定学校名称为“北京市八一农业机械化学校”。

2. 学校的成立及初期办学

北京市农业机械局决定将学校的校址建在丰台区南苑，即北京市南苑拖拉机配件厂附近。由于学校需要筹建，为此，北京市八一农业机械化学校于1960年3月8日暂用北京农业机械化学院地址（现在的中国农业大学东校区）举行了开学典礼并开课，北京市农业机械局有关领导和教师及来自全市郊区的第一届120名中专学生和400名技工班学生参加了大会。

1960年上半年学校建成，秋季学校正式搬入了北京市丰台区南苑红房子。北京市农业机械局党委选配了张格英同志（原中央警卫团转业干部）先后任学校支部书记，选配程真同志（东北大学农业机械化系毕业生，北京市农机局技术员）担任学校行政和教学负责人，从北京农业机械化学院等高校接收了部分农机专业大学生担任教师。

当时，学校共有教职工20余人，其中专业教师8人。从1960年至1966年，学校举办了中专班、技工班和多期的农机培训班，对全北京郊区44个拖拉机站的农机修理工、东方红－75拖拉机的车长、手扶拖拉机机手进行轮训。

学校采取灵活办学的方式，即农闲时到学校上课，农忙时上班，教师到郊区实地指导学员和教学。这种教学方式受到学员的欢迎，所学知识和实践密切结合，很有成效。当时的北京市八一农业机械化学校已经成为北京市郊区农业机械化技术的培训中心、技术服务中心和新技术推广中心，深受郊区县的好评。

1966年5月，“文化大革命”开始，不久学校开始搞运动，教学停止了。1969年学校解散，大部分教师下放到北京市昌平县南口“五七”干校劳动。

3.“文革”后期恢复办学

“文革”期间，北京市农机局、农业局、农场局等农口局曾合并为大农业局。1972年农口局又分开，北京市农机局又成为独立局。1973年北京市开始恢复中等职业学校办学。北京市农业机械局所属的学校也得以恢复，恢复后的学校地址就在北京市昌平区的南口葛村“五七”干校所在地，学校的名称更改为北京市农业机械技工学校。

1973年年初，学校从北京市的房山县、燕山区、昌平县、门头沟区、朝阳区、崇文区招收初中毕业的学生200人，从丰台区、通县各招收100人，设立北京油嘴油泵厂和北京市农机轴承厂两个分校。

我就是当时从北京市门头沟区城子中学招收的第一批技工班学生，被分配在技校农机制造（冷加工）专业学习，学制两年。

两年的学习时间，我们在学校学习一段时间，到工厂实习一段时间，我曾在北京市小型动力机械厂机加工车间和钳工车间实习。1974年10月学校从葛村搬迁到昌平县的中越友好人民公社二拨子校址。记得当时二拨子校址只有24亩地，五排平房和一座礼堂兼食堂，里边没有座椅和任何设施，如开大会学生坐马扎，教师带凳子。

1975年2月寒假开学后到4月底，我们根据北京市的要求在学校附近的中越公社三合庄和回龙观大队进行劳动锻炼，学农期间的1975年3月25日，我被光荣地吸收为一名共产党员。两年的学习期间，我校共发展了两名学生党员，我是第二批入党的。上学期间，我被选为团总支副书记。学农结束后，我们就毕业了，学生全部分配在北京市农机局所属单位工作，我等9名同学被留在学校工作，我留校后仍担任团总支副书记。1975年5月恢复办学后的首届技工班毕业后学校又停止了招生。

1975年6月后，学校在没有学生的情况下，利用学校资源又多次举办北京市郊区农机行业各种短期培训班，包括数学班、制图班、统计班、师资班、领导干部培训班等。学校教师还经常深入到北京市郊区县做农机技术指导和修理工作，受到广泛好评。两年多时间共培训各种人员1 400余名。我在留校的40年时间内，曾经从事过团总支副书记、书记（其中1976年10月到1977年10月被派往延庆县参加了北京市普及大寨县工作），学生党支部书记。1986年开始从事党委办公室、保卫、工会、党政办公室及副调研员工作。从1988年12月开始，担任学校党委委员、纪委委员等，曾分管宣传、工会、保卫、离退休等工作。2015年正式退休。如今兼任离退休党支部书记等工作。

二、北京市八一农业机械化学校正式恢复办学（1978—2004年）

1. 举办中专班、大专班及联合办学

1976年10月“文化大革命”以粉碎“四人帮”为标志正式结束。1977年10月经北京市当时的革命委员会农村办公室、财贸办公室、科教办公室、计划委员会联合发文通知，批复我校正式恢复中专办学，恢复我校的名称——北京市八一农业机械化学校。学校的主要任务是，为北京市郊区县培养具有社会主义觉悟的、掌握一定农业机械化专业的基本理论和技能的农机中等技术人才。从此，学校逐步步入正轨。1978年1月，学校又立即从城区招收了四个技工班共200人。7月学校开始参加全市中等专业学校统一招生，从北京市郊区县招收了两个初中毕业班学生100人，全部是农业机械专业，学制三年。1979年、1980年各招收郊区县高中毕业的学生一个班，农机专业两年制。1981年招收全市初中毕业生一个班，农机专业，四年制。从此，连年招生不断。在此期间，学校从各省市接收了多名农机专业的有理论和实践经验的教师，1982年开始接收恢复高考后的首批大学毕业生，以后几乎每年都接收应届大学毕业生，补充教师队伍，增强学校办学实力。

从1981年开始，我校招收的初中毕业生，除少数专业外，其他专业基本全是四年制，从只招一个农机专业扩展到招收农机设计制造、财务会计等20余个专业。记得在80年代末期以前，由于学校刚恢复办学不久，校舍有限，招收的学生也不多，每个远郊区县下达招生指标不超10人。又由于当时招收的农村学生全都能转居民户口并包分配，为此竞争非常激烈，能考入我校的学生平均分数都在95分左右，可以说都是区县和学校的学习尖子。由于“文革”10年学生断档，又因招生名额有限，北京市郊区农机等专业人才极缺。为此，各区县来的学生均在区县人事局备案，毕业的学生除极少数分配在市属其他单位外，一般都分回本区县工作，直到90年代我国全面实行市场经济后，学生才开始择优分配和自主选择单位。我校除了招收本市学生外，还曾与河北、天津、黑龙江等省市联合办学，为外省市代培学生。在1982年至1999年，我校还同时举办了北京

市农机局职工大专班，为北京市农机行业培养技术骨干。还曾与中国农业大学、北京农学院、北京航空航天大学等高校联合办学，培养了多名大学生。

到2004年年底，北京市八一农业机械化学校存在期间，共为北京市培养了10 000名左右的中专生、大专生（不含联合办学学生数），这些学生很多成为了各行业、各单位的骨干力量，特别是在北京市郊区，很多80年代毕业的农机、机制专业的中专学生都成长为乡镇局甚至区级领导干部，成为高级工程师、副教授等高级专业人才，还有很多学生成为企业家，真正成为了单位的中坚力量。

2．经过北京市教育系统和农业部的专家评估，学校逐步上台阶，走向正规化

由于国家形势的变化，学校的办学和发展受到严重影响，走过许多弯路。在90年代初期以前，学校办学底子薄、基础差，尽管取得一定成绩，但总体发展缓慢。90年代初，北京市人民政府、国家农业部开始对中专学校从领导体制、教师聘任、岗位责任制、结构工资四个方面进行评估。最初的评估结果是，我校仅为合格办学学校，专家提出了学校在很多方面的不足。学校主管上级单位和学校领导非常重视此事，为此感到很有压力。但领导和学校没有消沉，而是正视现实，严格按照评估标准逐条整改。1992年，农业部评估我校为A级二等；1994年北京市教委组织专家对我校再评估，我校被评为北京市中等职业学校B等；1999年经过北京市教委专家第三次评估，我校被评为北京市中等职业学校示范校；经过北京市教委申报，国家教育部对学校进行复审评估，2000年，北京市八一农业机械化学校被认定为国家级重点中等职业学校。在此期间，我校的师资力量、教学设备设施、教学水平、后勤服务及职工的精神文明得到了较大的提升，学校在北京市及各省、市同行业享有一定的知名度，学校从1995—1999年连续五年被评为北京市农机总公司先进单位、1997—1999年连续三年被评为首都文明单位。2000年8月至2004年12月，北京市进行机构改革，北京市八一农业机械化学校由北京市农机总公司主管划归为北京市农业局主管。2004年上半年，北京市教育委员会组织专家对我校进行专业评估，我校的机械制造与控制专业被评委北京市骨干特色专业。

三、学校提升为高等职业学院（2005年1月至今）

2004年12月，北京市人民政府决定，北京市八一农业机械化学校整建制并入北京农业职业学院。2005年1月，我校名称更改为北京农业职业学院清河分院，从此，北京市八一农业机械化学校成为历史。2010年为体现学校办学特色，学院更名为北京农业职业学院机电工程学院。2017年再次更改为北京农业职业学院清河校区。八一农机学校并入北京农职院后得到学院历任领导和部门的大力支持，在原中专基础上按照高等职业院校的标准全面努力，进一步提升了办学和管理水平。2008年，北京农业职业学院经过国家教育部的评估，被评为国家级高等职业学院示范校。

并入北京农业职业学院近15年来，我院曾延续举办过中专班、后改为举办五年制中高职连读，三年制大专等，办学水平逐渐提高。教师的学历结构由过去的多数为大专、本科提高到多数为研究生甚至博士生。职称结构由多数为讲师提高到有一定比例的副教授，甚至教授，且多数为双师型人才。学院的实践教学硬件得到极大的加强，特别是汽车专业、数控专业、都市农业专业等具有较先进的水平。学院的环境和后勤服务极大提高，无论是外部环境，还是师生居住环境、食堂水平都为学院师生的工作、学习和生活创造了良好的育人环境。近 15 年来，学院毕业的很多高职学生成为单位的骨干力量，很受社会欢迎。党的十九大以来，国家机构又进行了重大调整，国家农业部改为农业农村部，相应的北京市农委和北京市农业局也进行了合并，改为农业农村局。机构改革后相应的业务范围也有很大调整，这也为北京农业职业学院的发展创造了更有力的外部条件和广泛的发展空间。

总之，我校从 1960 年建校到 2018 年的 58 年，在国家对农业、农机政策的高度重视和北京市农机局、北京市农业局、北京农业职业学院、北京市教育委员会等上级单位的支持和领导下，在我校历任领导和师生的努力下，学校从无到有，从小到大，从弱到强，特别是改革开放后的 40 年，我校不断发展壮大，在办学等各方面都发生了质的变化，学校为国家特别是北京的农业、农机培养了近两万名人才，这无疑是改革开放、国家的好政策带来的结果。虽然，我们在多年的发展过程中取得过许多成绩，但面对新形势，学校还存在很多不足，还有很大的提升空间。当前，由于种种原因，办学过程中还面对着很多困难，这就仍然要发扬学校艰苦奋斗的精神并不断改革创新，才能不断适应新形势的发展，跟上时代的步伐。

相信在习近平新时代中国特色社会主义思想的指引下，在北京市农业农村局、北京市教委的宏观领导和北京农业职业学院党委的直接领导和全院师生的共同努力奋斗下，我院的发展前景一定会更加美好。作为北京农业职业学院组成部分的清河校区，即过去的北京市八一农业机械化学校，也一定会克服各种困难，也一定会越办越好，为国家培养出更多的高素质高职毕业生，为北京的发展特别是“三农”事业做出更大的贡献。

我的农机缘

□ 方吉祯

方吉祯，1982年毕业于镇江农机学院拖拉机专业。先后担任山东拖拉机厂拖拉机研究所所长、技术中心主任、总工程师、五征农装研究院院长等职务。

1956年，我出生在鲁西北的一个农民家庭，从小看到老百姓起早贪黑、面朝黄土背朝天一年到头的劳作，还是吃不饱、穿不暖。梦想着什么时候农民能吃饱、穿暖？什么时候才能实现“点灯不用油、耕地不用牛”？

从小学到高中，我学习成绩一直名列前茅，那时候是推荐上大学，成绩好也上不了，只能回乡务农。当了农民参加劳动，更加体会到了农民的艰辛，梦想着农民何时才能从田间解放出来？

1977年恢复高考，由于基础好，发挥的也比较好，被镇江农机学院（现江苏大学）拖拉机专业录取。我们这些学生有老三届的、应届的、还有高中毕业几年后考上的。大家深知学习机会的来之不易，学习都非常刻苦。教室、阅览室、宿舍三点一线，除了吃饭、睡觉就是学习。通过在校4年理论知识、专业知识的系统学习，为以后工作打下了坚实的基础。

1982年1月，大学毕业后分配在山东拖拉机厂拖拉机研究所工作（厂址在兖州）。山拖1960年建厂，全国八大拖拉机厂之一，主要产品为TS（泰山）−250拖拉机，此功率段的产量约占全国的60%，并出口泰国等东南亚国家。在TS−250拖拉机底盘基础上，山拖陆续开发了TS−300、350、400拖拉机及四轮驱动型拖拉机，并获得山东省机械工业科技进步一等奖。1989年我参加了引进德国道依茨拖拉机的工作，并到德国学习培训2个月，第一次走出国门，真正体会到了我们的产品与国际产品的差距。引进的产品虽没有量产，但我们通过学习、消化吸收，提高了业务水平。1990年，我担任拖拉机研究所副所长、所长、技术中心主任，1996年担任总工程师，2001年获得工程技术应用研究员职称。

随着收入的提高，农民对大马力拖拉机的需求，特别是高档次大马力拖拉机的需求日渐迫切。1999年，我在原洛阳拖拉机研究所所长陆根源专家的指导下，收集国外产品资料，并将产品定位为国内领先、国际先进，自主设计研发TS-804拖拉机。组织了十几人的研发团队，在兖州的宾馆进行封闭式开发，白天晚上加班干，历时2个多月，完成产品图样设计。50多天完成了所有零部件制作，并一次装机成功。该机传动系具有36（27F+9R）个挡位，速度为0.5～40千米／时，同步器换挡，独立操纵双作用离合器，同步动力输出，是国内首款高端大马力拖拉机。样机试制后，进行了性能、可靠性试验验证，各项指标达到了设计要求，后续小批投放市场。由于市场需求的升级，在此底盘基础上又开发了TS-1004、TS1204拖拉机（TS-1004拖拉机2004年获山东省科技进步二等奖）。由于传动系是按80马力设计的，当升到120马力时，传动系出现了强度不足的问题，我们又对传动系进行了优化升级，由于功率增加了50%，仍存在可靠性不高的问题。到了2004年，企业经营困难，没有资金投入，制造能力得不到提升，产品质量也难以保证，用户的认可度在降低。随着后续其他企业大马力拖拉机的投放，我们的产品没再生产。

2005年我被评为“中国拖拉机工业50周年最具影响力的50位人物”。在山拖工作了近30年，见证过年产拖拉机1.7万多台、发动机2.5万多台的辉煌；也经历了几个月发不出工资、被围堵厂门、企业破产重组等艰难困苦的岁月……

2009年，山东五征集团收购了山拖农机装备有限公司（山拖破产后成立的公司），我从兖州来到五征农装研究院担任院长，参加开发了雷诺曼-1404动力换挡大马力拖拉机，采用ZF公司传动系（40F+40R，速度为0.45～50千米／时），是国内第一款动力换挡拖拉机，后续又开发了1604、1804、2104、2304动力换挡拖拉机。与AVL公司联合开发了55马力拖拉机，同步器换挡，该机挡位多（24F+12R）、速度范围广（0.27～38.26千米／时），在该功率段具有国内领先水平。同时组织开发了背负式两行玉米收获机、东北型四行五行玉米收获机、中原简易型两行玉米收获机、中原两行玉米收获机、中原三行玉米收获机、中原四行玉米收获机及6千克／7千克／8千克谷物联合收割机等产品。我还参加了花生收获机、山地丘陵拖拉机、智能收获机械等国家项目的产品研发。

工作期间，我曾多次出国参观学习，通过参观国际农机展会，看到了差距，开阔了眼界，增长了见识，提高了能力。深入市场、用户调查研究，了解产品存在的问题及市场发展趋势，开发用户需求的产品。

学的是农机，干了一辈子农机，与农机结下了不解之缘。虽已退休，我依然会继续关注、关心农机事业的发展。

前段时间，中国农机化协会的征文活动办得如火如荼，影响巨大，我每篇征文必读，同时也勾起了我对从事农机事业的回忆。尽管不能参加评奖了，还是决定把它写下来。谢谢主办方给予机会。

我给农机互助保险写快板

□ 郭永利

郭永利，男，1960年出生，1982年中国人民大学政治经济学系毕业。原中共中央书记处农村政策研究室国务院农村发展研究中心研究人员，中国人民保险（集团）公司副研究员，民盟中央农业委员会委员，北京保险研究院高级研究员。现任江泰保险经纪公司总裁助理、农林风险部总经理，农机安全互助保险设计师。

农机互助保险从2008年在陕西酝酿，2009年开始试点，经历了一个从无到有，从小到大的发展历程。

为啥要搞农机互助保险？最简单地说，就是需要。谁需要？

首先是农机手们需要，安全事故层出不穷，一旦发生，毫无保障，农民买农机想致富，不但化为泡影，还会返贫，倾家荡产，甚至一辈子翻不过身来。

其次是农机安全管理需要。按道路交通法规，保险是农机办牌办证、年审年检的前提条件。还有，保险是安全管理和执法服务的组成部分。传统执法不服务，收费罚款招人烦，农民出险不报案，事故统计工作难。

所以，农机监理从管理行政型向管理服务型转变，引进现代保险制度是必要的。

再次是社会需要，农机手作为商品生产者，具有社会责任，一旦他伤害别人，造成财产、生命损失，这个责任他自己承担不起，需要保险分担。

所以，现代社会保险不可或缺。不能就农业说农业，就农机搞农机，就农民管农民，就农村改革设计农村改革，要购销、加工、金融、保险、利用、农政、医疗、养老、青年妇女儿童系统化组织服务。

我曾在中央书记处农村政策研究室国务院农村发展研究中心工作。我亲身感觉，1986年以后，农村改革超出了传统农村工作范围，难度不断加大，有点摸不着底儿了。原因在于农口整体习惯于自我解决自己的问题，出了圈就转不开了。至于跨界顶层设计就更难做到了。

农机需要保险？保险是什么呢？

保险是一个配合产业的金融管理手段和工具。它有互助保险、商业保险、社会保险等三套家伙什，适用不同的行当。商业保险是资本通过保险手段服务社会商业化经营以赚取盈利的工具。互助保险是适合产业同质风险保障服务的工具。社会保险是适合国家管理国民大众医疗、养老、就业、失业等风险的保障工具。

这三样工具不能用错，错了就不灵，反而会出现使用错乱。比如，我们国家现在用商业保险公司经营国家补贴的农业保险，就出现了套补贴、恶性竞争、服务不到位、干部被抓被罚等很多问题。这些问题的关键是拿错了工具。

所以，农机需要保险，但需要什么保险呢？商业保险玩不转，多年不愿干、不赚钱，服务不到位，农民不买账。农机属于涉农，需要互助保险。

互助保险是行业自我管理服务会员的保险工具，依托行业组织，低成本、广覆盖，不以盈利为目的。我在给陕西、湖北、湖南、河南驻马店顶层设计农机保险的时候，选择的是互助保险，不是商业保险，所以才能对上农机手和安全管理的口味。

当然，真正搞起来也有一套政策监管和组织制度。所以，需要保险经纪公司专家的管理技术服务，还有保监部门监管。

那么，如何让农机手和安全管理的领导们简单明了地知道农机互助保险呢？我通过跟陕西、湖北农机系统的同志下乡，编写了一段快板书，叫农机互助保险歌：数来宝。

叫同志，问声好
我来说段数来宝
购机补贴下乡来
农民兄弟乐开怀
买了农机想致富
事故就是拦路虎
安全互助不可少
出了事故咱有保
你保我，我保你
安全互助保自己
我保你，你保他
互助保险保大家
交强三者保他人
碰到别人不劳神
机身互助保车损
发生事故修复稳
机手互助保人身
出险伤亡有保金
三险互助一起抓
保人保车又保他
互助保险随身带
有人帮扶有人爱
发生事故不要慌
监理协会来帮忙
先打电话护现场
救人第一不能忘
那位说了
不出事故钱不是白交了嘛
不出事故有积分
积分能顶互保金
安全互助天天抓
幸福常伴你我他

这段快板一说，农民机手听得懂，农机局的领导们听得懂，老百姓也听得懂。

2013年我在湖南零陵县，农机局一个副局长跟我说：“郭总，你们在省里培训我没参加，那一大本材料也没看，您给我说说为啥要搞互助保险？”我把快板这么一打，还没说完，她就说：“我知道了，好事。明天我们就开干。”

80 后北大荒人眼中的改革开放

——从北大荒农业机械化看改革开放的巨变

□王　伟

王伟，特瑞堡轮胎工业产品（邢台）有限公司中国区零售市场销售经理。

80 后的我们，是沐浴在改革的春风里成长的一代。对于改革开放之前，我们没有老一代人深切的体会，但从改革初期至今发生的翻天覆地的变化，身为北大荒农垦人却感触颇深。

20 世纪 80 年代，农场里的大型设备都归农场所有，随着改革开放的政策实施，一批进口的设备开始进入黑龙江农垦：美国的迪尔 4440，欧洲的捷克 28（马力），民主德国前进工厂与中国四平联合收割机厂联合制造的收割机 E512，E514。

国产的大型设备也不示弱，有专为农垦制造的铁牛 55，还有东方红 54 型和 75 型履带式拖拉机，东风自产的收割机等，在那个时代，这些都是最先进的农机设备了，只是农具绝大部分还是本地化生产。由于机车的马力限制，还有农具制作的粗糙、笨重、阻力大，一般像东方红 75 型履带式拖拉机也只能拉动三铧犁，犁地宽幅 1.05 米，一天一夜作业也就 90 亩地。但相对于周边地区农村牛耕马拉的传统作业，工作效率已有巨大变化。周边农村到 80 年代后期也顶多是 12 马力的小四轮，而在垦区，从 1985 年开始，已开始实验航化作业。

改革开放初期，黑龙江垦区部分实现了机械化。印象中从种到收，都是大型农业机械参与，但田间管理和收获还需要大量人力。比如田间除草，那时农药很少使用，都是农场职工或雇用外部闲散劳动力用锄头除草。还有大豆的收获，收割机还不能实现完全机械化，需要人工用镰刀先把大豆割倒，整齐地排成列，再用收割机拾禾脱粒。

到了 90 年代，这种情况开始改变，迪尔佳木斯联合收割机厂生产的联合收割机 1065 开始大量进入农垦，同时也有原苏联进口的顿河联合收割机。那时正是我上小学的时候，经常会有苏联的专家来到农场修理设备，我和小伙伴们也经常去围观看热闹。也是从那时起，我对农机产生了浓厚的兴趣。

90 年代初，黑龙江农垦对农机的运营模式进行了彻底的改革，农机具由农垦所有改为个人所有，个人可以购买农机具，并由个人负责农机具的维修，保障其正常运转。作业时服从农场统一调配作业任务，并由农场统一监督管理。这极大地提高了一些农场职工购买大型农机的积极性和工作热情。在此基础上，垦区下辖各个农场也不断完善基础设施和农机停放管理体制，保证农机日常管理的科学性和维护的专业性。同时，垦区也经常组织农机户参加专业的农机维护、维修保养等专业的培训。特别是进入了 2000 年以后，大批的农机中心开始投入建设。

2004 年，是垦区农机发展史乃至中国农机发展史上具有划时代意义的一年。这一年，"黑龙江垦区现代化农业装备工程"正式启动，从美国引进了具有世界先进水平的大马力拖拉机（180～450 马力）和大型收获机（250～305 马力）共计 226 台。约翰迪尔、凯斯纽荷兰等世界知名品牌开始大批进入黑龙江垦区。原来几台车要完成的作业面积，现在一台拖拉机就可以完成。进口大型农具也随之陆续进入垦区，五铧犁至九铧犁应有尽有，大型联合整地机也成了部分农场的标配。随着这些进口大型设备进入，垦区的种植模式也随之改变，大农机的使用催生了土地的集约化，作业的专业化，标准化。原来的一垄一行变成了一垄双行，还有一垄三行，这对粮食增产增收具有划时代的意义。

2010 年以后，随着种植结构的改变，300 马力以上的大型联合收获机开始进入垦区，迪尔 9670、S660、S680，凯斯 6088、7088，克拉斯 470 等我们现在熟悉的大型联合收获机械陆续投入使用。田间管理也有了专业的喷药机械，航化作业也迅速普及。同时，黑龙江垦区的作业模式也带动了周边地方农村作业模式的改革，部分地区以农业合作社的方式进行土地流转，整合小地块变成垦区那样规模的大地块，集中作业，统一管理，为粮食增产又奠定了基础。

近几年，随着智能设备和互联网的迅速发展，精准农业在黑龙江垦区率先实行，GPS 全球卫星定位系统，GIS 农田地理信息系统，RS 遥感系统等应用，可以一次完成深松、浅翻、整地、播种、合墒、镇压六项作业。旱田耕作从种到收已完全百分之百的全程机械化。无人驾驶的拖拉机在这里已不是什么新鲜事，在驾驶室里睡觉、玩手机或坐在地头喝着茶水，在遥控器或手机上按几个按钮就可以操控拖拉机作业已不再是梦想。

如今的北大荒，如果你在春天来到北大荒的九三、北安垦区，你会看到一辆辆 200 多马力的拖拉机背着 18 行的播种机在广阔的田野里播种作业；如果你在 5～6 月来到这里，会看到喷药机张开双臂以 20 多千米的速度像一个个小飞机飞驰在看不到边际的田野里，所过之处留下朦胧的气雾；如果在 8 月你再来这里，玉米、大豆、高粱已与人基本等高，从远处会传来飞机的轰鸣声，还没等你看到飞来的是何物，顷刻间这些喷药的飞机已略过你的头顶，只会看到它们洒下团团迷雾；9 月末和 10 月是收获的季节，如果这个时候你来到这里，你会看到一排排有着整齐队形的绿色的或红色的巨型"蚂蚱"，驮着一个个大粮仓在田里往复的奔跑，所过之处，本来站立挺拔的作物全无，只留下一排排整齐的秸茬和散落一地的碎渣。从远处看，他们很像在勾勒一幅美丽的画卷。然后，排成队伍的运粮拖车有规律地在地头等待这些大物的归来，二者相遇，黄灿灿的粮食从收割机的粮筒里如瀑布般倾泻而下，放满一拖车后又继续进行下轮收获。而拖车有的直接驶向近处的粮库，有的水分大的要拉到指定的烘干中心再次烘干处理，也有的拉到农场的晒场储存，等待粮食有好价格时再卖出。

与此同时，拖拉机待一个地块收获完成后，会背着各种整地机械进行入冬前的整地作业，有的农场分几项完成，翻或深松、耙、起垄；也有的用联合整地机，一次完成，好为来年的春耕做好准备。但不管哪一种作业，也只有在北大荒你会看到本来黄色的田野被一道道黑色所吞噬，最后整个大片田地瞬间变成一张黑色的画卷，线条笔直而整齐，没有一点瑕疵，像一部伟大的艺术品平铺在田野上，让你难以想象，那是拖拉机耕作出的。

拖拉机的收获场景

这就是北大荒一年从种到收的景象，全程机械化。今天北大荒的农机装备水平不仅国内领先，在世界也是一流标准，垦区农机田间作业综合机械化率已达到了99.6%。据统计，黑龙江垦区农业劳均生产粮食35吨，创造了全国最高的农业劳动生产率，高于世界发达国家劳均生产粮食28吨的水平。

40年的改革历程，也是黑龙江垦区率先在国内实现农业机械化的过程。今天的黑龙江垦区已拥有大中型拖拉机2.4万台，农用飞机场54处，农机资产总值已超过50亿元，粮食产量已连续7年在2000万吨以上，足以供应1.2亿城镇人口的口粮。这正是改革开放带给垦区翻天覆地的变化。只有改革才会让垦区不断发展壮大。

2018年9月，习总书记亲自到黑龙江东部的建三江垦区考察，并发表了重要的讲话，其中很重要的也是关于农业装备的："农业要振兴，就要插上科技的翅膀，就要靠优秀的人才，先进的设备，与产业发展相适应的园区。农业科技大有潜力，大有可为，希望你们再接再厉，不断提高。"在我看来，这是对北大荒人过去的肯定，也是对北大荒的未来寄予的厚望。

2018年12月16日，我们又迎来了具有划时代意义的一天，北大荒农垦集团总公司在哈尔滨挂牌成立，这标志着黑龙江垦区从政企合一的管理体制整建制地转入集团化、企业化经营管理体制，实现了垦区改革发展新的突破，进入垦区全面振兴发展的新阶段。由一个机构系统变成了一个企业，完全市场化已成大势所趋，这将更大地促进职工"撸起袖子加油干"的热情。作为在北大荒成长的一代，也真心地期望，北大荒的明天会更好。

农机情怀40年

□ 朱　虹

朱虹，硕士、研究员，主要从事农机研究开发、试验示范、推广应用、检测鉴定、科技咨询、培训服务等工作。

一、儿时记忆

我出生在江苏苏南的农村，岁月倒回刚好40周年。儿时的记忆里，除了正常的上学，回家做作业、养兔、喂鸡、烧饭、洗衣，农活是必不可少的，尤其是农忙季节，随长辈到田里劳作是生活的常态。记得每到农忙季，农村的学校里都会放农忙假，大多数孩子会竭尽所能地为辛苦劳作的长辈分担一部分力所能及的家活或农事。

面朝黄土背朝天来形容当时的农田劳作是最恰当不过的。在农村，农民周年不断地围绕着农田庄稼，开展系列人力劳作，包括翻田、开沟、播种、除草、打药等。当然最慌忙的是一年两大忙季。

记得“三夏”农忙时，要在为期一周的时间里，将田里小麦全部抢收完成。一个家庭忙不过来，亲戚朋友相互走动帮忙，你家收割完然后到其他家继续帮忙。那时候，劳动是纯手工，一把镰刀、一把锯刀，一排几人，你追我赶，不分昼夜，一把把小麦就这么在倒在地头，一户人家大几亩的田没三五天是完不成的；然后再由人一把把扎起，一堆堆地捧到人力小拖车上，运到稻谷场。大家排队等用打谷机，好不容易等到可打谷了，1人整齐把所有稻谷摊放在打谷机一边，2～3人排开有序机打谷，再不分昼夜地赶时间把谷子打出来。当然后期还有谷子和秸秆的晾晒、加工等很多一系列的工序，最终才能交送公粮，进入自家粮仓。

所有的所有，几乎全部由人力完成。看看当初被锯刀割伤留下伤疤的小拇指，儿时劳作的辛苦还是那么记忆犹新。但，回味起来亦是那么的朴实和淳厚。这也刚好练就了自己对农民、农业、农村有天然朴素的一份感念在其中，随着岁月悠走，愈加浓厚。

二、少年情怀

年少时的农村家庭都希望孩子能通过学习，

改变命运，跳出“农门”。而我看着父母整天埋头田间地头，没有半点松闲，对跳“农门”没有特别的去想象。但曾努力想着，自己将来要有能力改变劳作方式，帮助像父母一样的农民减少农活辛劳。

科技总是不经意间改变着生活的点点滴滴，包括农田格局、农作方式。我慢慢地发现，有铁牛机器在农田不知疲倦地奔走，而省吃俭用的父母会花钱购买农机服务了。先是耕整，再是开沟，然后有播种，接着有收获、植保机械作业，而且机具服务的内容和方式也越来越广泛和贴近民心。

记得开始的时候，父母还犹豫考虑一下购买机具作业的经济成本，确定用不用机具。到后来，农民已然习惯了农机具作业，劳作的精力和体力亦是大大“下降”了。而机具服务单价亦是越来越低，几乎不需要农民从省钱的角度考虑用不用机。

越来越多农机具的应用，改变了农民的生产方式，更多的农民不再长年劳作在田间地头。除了大忙的几天，能有更多的时间进厂、经商、外出打工，家庭收入见长，生活条件攀升。而眼见农业装备发挥着作用和效能，让我似乎找到了为农减负的窗口，农机在我心里多了神圣的定位，我对这个陌生又新奇的行业多了好奇和向往。

三、青年责任

不经意和巧合里，毕业后直接投入了农机事业的怀抱。从工作起从事农机试验检测鉴定，到如今致力于从事农机试验推广应用。随着对农机事业的了解，深切感受到农机发展于农业发展的重要意义。大农业内涵很宽广，品种、土壤、种植模式等，但现代化农业紧密关联着农机化，毛泽东说过“农业的根本出路在于机械化”，这也是工作这么些年，我植入心底的想法。

工作 10 多年来，农机化蓬勃发展。尤其是 2004 年，中央 1 号文件决定对农民购买和更新大型农机具给予补贴，11 月 1 日《中华人民共和国农业机械化促进法》发布实施，我国农业机械化进入了历史上最好的发展时期。

我见证了我国农业装备傲人的发展成果和速度，很多的农业装备从无到有，从低端到高端，从单体到复式，从小型到大型，从通用到专业，从单功能到多功能……机具由主体功能向着智能化、信息化、自动化方向不断发展。机具应用从粮食作物向林果茶、蔬菜、水产、畜禽等全面推进；从生产主要环节的机械化发展到全程机械化。农机的生产制造紧跟着农业生产的方式在转变适应、优化完善，农业管理体系更加健全，真正做到问民所需，推民所求，为民服务。随着农业装备不断升级和农机化快速发展，“三农”发生翻天覆地的变化，进而直接和间接地推动着农业结构的变化，并适应着农业生产方式的转变，顺应着农业改革的发展方向，助推着农村城镇化的发展。

看着自己研发的农机具，经试验检测合格、推广应用到生产田间，服务于农民农业，说不出的自豪感和责任感。随着工作深入，俯身田间，倾听百姓，我更深地了解了农机于农业的意义。尽责工作、扎根农机、服务农业，成了我人生的目标和方向。

四、中年梦想

不知不觉，工作已有16年，步入了中年。因为了解，所以更爱，农机的情愫已融入血液。在此，我们可以骄傲的称自己为“农机人”。

而今农村的田间格局也发生了翻天覆地的变化。很多农民基本自己不种地了，有一些人专门承包土地，工商资本下乡是大潮流。之前以粮食作物为主体的生产，已变成多业态生产。随着城镇化，农村劳动力减少，规模化经营、标准化种植、科技种植是必然趋势。

但是，现阶段装备机构不够合理、农机农艺融合不紧密、标准化种植等很多地方还不完备，制约了农机更好地服务农业生产。随着科技发展、生产力发展、农机装备升级，整个农业系统构架的完善，农机将发挥更多、更大的价值，比对美国农民养活人数有过之而无不及，农民能成为工业化生产的农业工人，将受到社会的尊重和爱护。

随着新一轮机构改革，江苏原来的农机管理局已整体合并入江苏省农业农村厅，农机回归大农业的怀抱，畅谈农机农艺融合，已然成为融有形于无形了。虽依恋过往，但面对新征程新期待新要求，不忘初心，继续前进，是我们农机人的坚定使命。

与改革开放一起成长

□ 张保伦

张保伦，陕西省农业机械鉴定推广总站副站长。

1978 年，改革开放开始，1979 年，我出生于山东成武县的一个小乡村，家中兄弟姐妹 5 个，我最小，恰逢计划生育最严的时期，因我的出生，母亲还被强制做了绝育手术。

自打记事起，我便整日与泥土、菜园、麦场、玉米棒、黄豆等为伍。

小学二年级时，山东大旱，庄稼都卷起了叶子，河里的水也已经见底，肩挑手抬仅仅能解决菜园子的用水量，大面积的庄稼需要从深井抽水灌溉。我们大家庭购买了全村第一台单缸柴油机和离心式水泵。记得当时轰动了全村，这是我记忆中家里第一次拥有的农业机械。这些设备不仅解决了我们大家庭 4 户人口的灌溉问题，还走了很多亲戚，走遍了全村，帮着乡亲们解决了灌溉的问题。

这台柴油机现在还在服役，不过也仅限于从河沟里取水了。而水泵已经光荣退休了，随着地下水位的不断下降，它已经完成了自己的使命。现在全是潜水泵，动力也变成了电，每眼井旁都有电表。

小学三年级时，二姐定了亲，二姐夫的姐夫是当地最早的农机经营户之一。他家有一台 24 马力的拖拉机，现在已经忘记了什么品牌，还配了铧式犁、耙（木梁铁齿耙）和割晒机。春耕时，二姐夫晚上开着拖拉机带着犁来，帮我家把已经提前撒过化肥的地进行耕、耙。之后，父亲带着我插标，抱着一捆截取的差不多长的玉米秸秆，在耕耙后松软的土地上来回撒欢似的奔跑，按着父亲的手势或左或右地挪动，直至他的手用力地往下一摆，便插下一个标杆。而后，父亲用铁锹铲起标杆左右的土，打下一条笔直的垄。

播种小麦一般是互助的，用的是木耧，一个人在后面摇耧，一个人在前面扶耧，三条腿的耧左右两条腿各绑着几条绳子，左右几个人在前面拉。那个时候，扶耧的经常会喊，谁的绳子弯了，那就说明这个人没有使劲。而我经常是那个被喊的人。

夏收时，二姐夫开着拖拉机带着割晒机把小麦放倒，父母亲带着我们打捆，用架子车往麦场运，然后垛起来。等都运回来，再摊开晾晒，等干了后，再用家里的牛拉着石磙碾压，有时候二姐夫也会抽空用拖拉机来碾压。大中午压场是最热的时候，碾压一遍，翻场，然后再碾压，如此反复两次。再用叉收拾秸秆，把秸秆垛起来，剩下的归拢成堆，扬场、打落，一天一场，夏收忙完基本一个月过去了。

那个时候的我基本是看客，这些重体力活基本插不上手，也就是堆麦和站在秸秆垛上压实，主要任务是送水。晚间看场的时候，才是我们这些小孩子最活跃的时刻，大人们忙了一天了，在铺着凉席的场边的树下，拉家常、谈收成、算交公粮后能剩下多少。而我们则或跑去小河边捉青蛙，或在场上捉迷藏。经常有大人半夜里从某个麦秸垛或麦垛的角落里，抱回自己的孩子，放到凉席上。那个热火朝天、辛勤劳动和充满童趣的场景历历在目，终生难忘。

小学四年级那年，我们家又购买了全村第一台脱粒机，是那种简式的，没有分离和清选装置，即便如此也比压场的效率快了无数倍。再后来，又有了“三清”脱粒机，也就是复式脱粒机，能够一次完成脱粒、分离、清选，不必再扬场，直接晾晒、装袋、交公粮或者入仓。

随着年龄的增长，我学习任务也日益繁重，很少有机会参与农活。直到高二那年的一个周末回家，刚好赶上小麦脱粒。17岁的大小伙子了，觉得有能力帮着家里干些活，自告奋勇用叉挑秸秆。但是方法不得当，干了不到10分钟，手上就磨出了3个大血泡，被母亲从手里夺走了工具，赶回家里烧水做饭，至今记忆犹新。

初中时，给棉花打药，用的是背负式手动喷雾器，棉花和我身高差不多，背着40斤重的喷雾器，走在棉花行间一次两行，左右开弓。打棉铃虫用有机磷类农药，名字已经记不起来了，但是蚜虫用药却记忆深刻——呋喃丹和1605。因为这两种药让我中毒3次，至今仍闻不得这两种药的味道。

第一次不知道怎么回事儿，就觉得恶心难受，同时在喷洒农药的父亲赶紧把喷雾器扔到地里，骑车把我带回家，让我到村前的小河里泡着，他就坐在河边看着我。第二次中毒比较严重，送我去输液。第三次我有了经验，刚感觉有些不舒服就把喷雾器放在地头，自己回家拉着比我年龄还大的带着两个轱辘的小床，找个树荫稠密的地方去睡觉。

掰玉米是我最不爱干的农活了。玉米叶子带那个毛刺，总会刺的我身上、脸上道道划痕。我的皮肤遗传了母亲的基因，爱过敏，每年掰玉米都会痒好多天。而剥玉米则是我很爱的事情。吃完晚饭，一家围坐在玉米堆前，听父母讲述我未知的往事，或者缠着父亲讲些故事。那个时候父亲讲得最多的就是24孝的故事，至今还有很深的印象。

1997年高考结束后，一心想上军校的我，鬼使神差地考入了西北农林科技大学，进入了机械与电子工程学院，学习机械设计及制造专业。2001年大学毕业后进入了陕西省农业机械鉴定站工作（按照陕西省事业单位机构改革的相关规定，今年9月，原陕西省农业机械鉴定站和陕西省农业机械技术推广站，合并成立陕西省农业机械鉴定推广总站），真正与农机和农机化结缘。

转眼21年过去了，也算见证了中国农机化快速发展的阶段，真正意义上认识和了解了耕、种、收、管、植保、灌溉等各类农机产品。

给我触动最大的是新疆 −2 型谷物联合收获机淘汰了背负式小麦收获机，将小麦收获的劳动强度大大降低，工作效率大大提高。曾经一度被农户拦住不让走，那个时候是人歇机不停，一台收获机配备2到3名农机手。大三实习在新联集团西安分厂，也亲自参与了谷物联合收获机的组装。后来也见证了新联的没落和雷沃的崛起。可以说小麦机收打响了农机化机收水平提高的第一枪。特别是2004年《中华人民共和国农业机械化促进法》的颁布和农机购置补贴政策实施，将中国农机化发展推进到了“黄金十年”。

现在，“耕地不用牛、点灯不用油”的愿望早已实现。大马力拖拉机可以实现无人驾驶了，耕翻、深松、旋耕、起垄可以一次完成；耧已经进入了大大小小的博物馆，取而代之的是条播机、穴播机、旋耕播种机、免耕施肥播种机等；手动背负式喷雾器早就当破烂卖了，植保无人机即将成为主流；农村特有的麦场早已复耕，联合收获机已经可以实现无人驾驶；秸秆垛也已被秸秆综合利用催化为历史，秸秆还田机、秸秆捡拾打捆机将秸秆变废为宝；满街挂的金色的玉米棒也只能在农家乐小院方可见到，玉米联合收获机可以一次完成摘穗、集穗、秸秆还田……

我有幸参与了陕西省玉米收获机选型、免耕施肥播种机选型、草场机械化项目、马铃薯种植收获机械选型，主持和参与了省级试验鉴定100余项次，参与编写了一系列农机化发展项目的可研报告和规划，主持和参与制修订行业与地方标准多项，主持和参与部省级推广鉴定大纲10余项，也算为农机化的发展出了一份力。

我与改革开放同龄，随着改革开放一起成长。从一个农村孩子成长为一名大学生，再由一名大学生成长为一位农机行业专业技术人员、领导干部。随着改革进入深水区，深切感到肩上的担子更重了。中国农机化发展与发达国家相比还有很大差距，“全面全程、高质高效”需要我们这一代农机人提高素质、拓宽思路、担当有为。

征文后记

颂农机

改革开放四十冬，农机行业有奇功。
机器换人建四化，增产增收农业兴。
耕地省却马骡牛，深松打破犁底层。
播种不再人摇耧，直播施肥多免耕。
农药喷施无人机，手持遥控不漏重。
增产治霾立新功，防沙固土保护性。
环境治理现身影，秸秆禁烧综合用。
废气减排节耗能，国二已将国三升。
跨区机收功劳大，路桥免费全国通。
龙口夺食新创举，保障粮食十四丰。
促进农业机械化，法律颁施作保证。
购置补贴探新路，差价全额改不停。
保证机具好性能，评价四性靠鉴定。
两全两高新目标，耕种管收初加工。
补齐短板促发展，畜牧林特山丘陵。
合作组织新经营，脱贫攻坚乡村兴。
解决种地大难题，流转托管探索中。

我所感受到的农机化

□ 张颖华

张颖华，陕西省农机鉴定推广总站干部。

“田家少闲月，五月人倍忙。夜来南风起，小麦覆陇黄。”

小时候对农业就是一个很模糊的概念，是面朝黄土背朝天的描述呢，还是每到麦收季节就能看到的背着镰刀三五成群露宿在厂区外面的麦客，又或是夏日里学校后墙外让人垂涎欲滴的黄瓜、西红柿。今天，我还是接着用这种比较模糊的、非聚焦式的方式来表达一下我这个外行人所感受到的农机化，借以庆祝改革开放40周年。

记忆深处第一次看到的现代化农业机械就是小麦联合收割机，那时的我已经是实习期中的准毕业生了。从单位回家的路上两旁都是大片的麦田，一眼望去这个大家伙在麦子地里是格外显眼。轰鸣声响起，一大片的麦子已经收割完毕，田地里就剩下光秃秃的麦茬，经常引得一大群人在公路边驻足观看。

工作后，一脚踏进了农业门，才发现农业是一门很深很深的学问。从传统的农耕模式到现在的现代化农业设施建设，我们的农业经历着飞速的发展和壮大，从小麦、玉米的春种秋收到各种瓜果蔬菜新鲜上市，处处都离不开农业机械化这个幕后功臣所带来的巨大贡献。

后来，随着工作时间的推移，接触最多的就是农业机械。各式各样的、从未见过的农业机械，从国产的到进口的，一次次地吸引着我好奇的目光。从粗笨的犁到精细化作业的蔬菜移栽机，越来越多的现代化农业机械出现在眼前。每每参加完农机展或者是演示现场会后，心中都会感慨万千，也越发地感受到了农业机

偶遇水牛耕田

械现代化的快速发展也推动了现代农业的加快发展。

农业机械现代化的发展是从根本上解放了劳动力，让祖祖辈辈面朝黄土背朝天的人们，不再一把镢头扛在肩，不再面朝黄土背朝天，不再顶着太阳弯腰辛苦劳作。让播种时，有机械种；收获时，有机械收；浇水时，节水灌溉来帮忙；让过去的农忙时节从十天半月节省为现在的三五天时间；让农民衣着靓丽，不再是满身尘土、两脚黄泥；让农机手成为一种新的工作，让农民成为一种新的职业。

马铃薯收获机

自从参加了单位组织的全省玉米收获机选型、免耕施肥播种机选型、马铃薯种植与收获机械选型等诸多活动后，让我这个非农机专业的门外汉对农机产生了更为深厚的兴趣，从点点滴滴学起，不再是个彻头彻尾的“农机盲”。同时也深深地感受到了农机装备的发展带给农

农机装备的选型活动现场

业、农村以及农民的诸多变化。自从国家实施购机补贴政策后，为广大的农民群众带来实实在在的实惠，从大型拖拉机到小型脱粒机，现代化的农机装备走进了千家万户。在有些地区，小型的农机具几乎每家都有，农忙时节，不再出现你家用罢我家用的场景。

后来随着工作的调整，我又端起了相机，通过镜头来捕捉身边的农机人、农机事。从“三夏”到“三秋”，从地表温度高达58摄氏度的三伏天到严寒冬日，从农忙到农闲，经常在田间地头能见到农机人、农机鉴定人。他们常有一句话挂在嘴上“我们是高级农民工”，农忙时，农民忙，我们也忙；农闲时，农民不忙了，我们还忙。冬去春来，这样的一群人，不知疲倦，不惧酷暑、不畏严寒，将自己的汗水挥洒在希望的农田里，用自己的实际行动一步一个脚印地为农机化事业的发展努力奋斗着。

邂逅　嬗变　发展

——我亲历的信息技术带来的身边农机农事变化

□ 蒋姣丽

蒋姣丽，女，硕士研究生，广东省农业机械试验鉴定站高级工程师，主要从事农机试验鉴定、农机信息化等工作。

2009年，一份就业协议，开启了我邂逅农机信息化、学习农机信息技术、服务农机鉴定行业的近10年历程。

一、遇见了就是最好的选择

在改革开放春风吹起时出生，我亲历各类通信产品和技术从无到有，也在鉴定系统工作快10年，见证着信息技术带来的身边农机、农事的变化。

改革开放40年，中国发生了翻天覆地的变化，第三次科技革命的重要突破之一是电子计算机的广泛应用，全球都纳入以互联网为标志的信息高速公路，改革开放40年也是中国工业化、信息化高速发展的40年。农机行业更是日新月异，信息化程度越来越高，农业生产效率显著提高。2006年，尽管我攻读的是通信领域的硕士学位，但因为导师的研究方向是网站资源库等，将我带进了信息化研究领域，也成为10年前邂逅农机鉴定行业的决定性因素。我个人的成长恰好经历我国信息化飞速发展的时代，在参加工作的10年里，能够利用自己所学的专业知识，为推动农机信息化而尽绵薄之力回馈社会，既是时代的幸运儿，也是时代的受益者。

二、信息化让工作更加高效安全

参加工作之初，我的主要工作是管理广东省农机化信息网，该网站建于2007年，网站的服务器托管在广东省农业机械试验鉴定站，由我一个人负责维护和管理。由于刚参加工作，没有网站相关工作经验，加上信息技术在农机行业的应用还很薄弱，此前没有同事从事相关工作，因此在工作中遇到问题也没办法向同事请教，多次手忙脚乱不知如何处置。我为了尽快解决工作中遇到的问题，只能工作之余加强学习和知识消化，与其他行业的同学沟通，学习补充信息化知识，掌握信息技术发展趋势，并将其应用于我省农机鉴定和农机信息化工作。

我工作的这 10 年，信息化的重要应用如无纸化办公越来越普及，各行业的应用系统如雨后春笋般出现，我省农机部门也非常重视信息化工作，先后建设了农机投诉管理系统、农机购置补贴管理系统、农机化数据统计管理系统、农机自助归档系统，并且在系统应用过程中持续改进，紧跟信息化应用前沿，为适应当前的自媒体时代，上述的一些系统还开发了手机 APP，系统的功能更加易懂易用，让企业和农户办理业务更加方便快捷。

信息技术的发展和应用，对信息安全的要求也越来越高。根据 2017 年国务院办公厅印发的关于政府网站发展指引通知，我省农业农村厅以此为契机，将厅属机关事业单位所有的政务信息系统进行整合共享，按照国家标准对信息系统进行安全等级保护测评；广东省农机化信息网整合后，服务器也统一托管到技术人员全面、网络安全及服务器设备齐全的厅信息中心，此次政务信息系统整合，为我省农机信息化稳健发展带来了前所未有的安全保障和技术支撑。

三、先进检测技术提升广东鉴定站行业地位

广东省农业机械试验鉴定站（简称广东站）始建于 1959 年，主要承担农机新产品、新技术的鉴定试验和引进农机产品的试验检测工作；负责财政资金补贴农机产品的试验鉴定工作；农机推广鉴定及其证书核发、推广鉴定证后监督检查，农机产品质量调查和投诉受理、农机购置补贴产品信息归档和信息公开专栏维护等工作。

建站初期，广东站办公和实验室检测设备非常有限，直到 2003 年依托“扶持农业机械化发展议案”项目，到 2011 年建成了省农机产品质量鉴定检验检测中心各类试验室，仪器设备按“高标准、高质量”配置。

2012 年，广东省实施扶持农业机械化发展专项项目计划，我利用自身所学专业知识，结合广东站的检测业务，积极撰写项目申请方案，成功申请“通用型农机检测接口的信号处理系统项目”，项目组最终完成了整套系统的传感器数据信息采集、数据无线传输、信息数据处理等功能，实现无线传输距离达 1 033 米。项目成功地广泛应用于喷雾机泵的容积效率、泵的总效率、调压阀压力、转速检测，以及温室大棚中的采光性能、降温性能、保温性能等检测业务工作中，极大地提高了检验检测的工作效率和科技水平。

2014 年，广东省实施省级农业基础设施建设专项——现代农业项目，我也有幸参与该项目，广东站利用项目资金，升级改造了旧增氧机性能检测系统，利用传感器技术采集水体中的溶解氧浓度、盐度、水温等，完成 30 米以上距离的数据精准传输到程控计算机，最终计算测出增氧设备的增氧能力、增氧效率等技术参数，其中溶解氧精确度达到 0.1 毫克 / 升，电功率准确度达到 99.5% 以上。

2015 年，广东省实施“建设南方现代农业装备试验鉴定基地，搭建农业装备产、学、研、试、推平台”项目，广东站利用先进的信息技术，对水泵、风机、节水灌溉设备、增氧机、植保机械等专项试验室进行改造升级，其中水泵测试系统技术定级达到最新标准《回转

动力泵 水力性能验收试验1级、2级和3级》（GB/T 3216—2016）的1级要求，进一步提升了检测技术、设备精度以及自动化程度，将广东站水泵检测技术提升到全国较为先进水平。同时，广东站还引进了先进的电子设备，建成具备农机具展示和教学培训功能、农机事故处理设备、拖拉机驾驶员培训桩考设备和6个实地安全检验机具，以及相关教学培训教具的农机安全监理培训展示厅。

广东站充分利用信息技术，大幅度提升农机鉴定工作效率和能力，多个项目获得多项国家专利证书，广东省农业技术推广奖，科学技术成果证书，发表技术性论文数10篇。广东站鉴定技术能力的提升为服务农机科技创新、产品生产，引导促进农机新技术、新产品的示范推广，支撑服务农机购置补贴政策的实施提供了强有力的保障。

四、再见，堆积如山的申报材料

农机购置补贴网上申报系统的使用，是信息技术惠及全国农机企业的一件大好事，购置补贴归档工作完成了一个质的飞跃：纸质版材料报送→邮件报送→自助归档系统报送→系统升级为基础信息在全国鉴定信息公开平台自动抓取，企业只需要报送少量证明材料即可完成购置补贴申报。

在自动归档系统应用之前，广东站每年接受几千个农机产品的纸质申报材料，材料堆积如山；在自助归档系统应用后，企业只需要上网投档。目前，利用信息技术实现的自助归档系统，可实现全国各省申报信息统一平台推送，系统与全国黑名单数据库相关联，并自动在全国鉴定信息公开平台抓取申报产品的证书信息，实现全国信息共享且真实可信，信息化不仅大幅度减少申报、审核工作量，且节约环保，还大幅度提高数据的有效性、准确性，确保黑名单产品不再成为漏网之鱼，避免国家资金的流失，降低人力物力；减少审核人员因数据繁多而导致的误判，提升政府数据的公信力。

五、变则通，通则久

改革开放的40年，尽管广东经济总量雄踞全国首位将近30年，但是一些数据表明，广东省农业机械化水平与全国平均水平的差距还比较大，尤其是水稻种植、稻谷烘干两个环节短板突出，适合广东丘陵山区水果、花生、茶叶、蔬菜、甘蔗等岭南特色经济作物的农机具有效供给不足，亟待大力发展农机化，为当前广东大力推进乡村振兴战略提供动力和保障。

2017年，广东省率先开展植保无人机补贴试点工作，广东的深圳市大疆创新科技有限公司、广州极飞科技有限公司、珠海羽人农业航空有限公司等多家无人机行业知名企业相继推出多款植保无人机，但是在无人机企业申报补贴投档工作中发现，因植保无人机缺乏行业标准，几乎没有省级以上有资质的检验检测或鉴定机构能出具检测合格报告或鉴定证书，所以企业很难提供技术参数证明材料。在植保无人机这一农机新技术新产品应用遇到瓶颈时，广东站积极参与植保无人机地方标准的起草、评审、发布，制定植保无人机的检测鉴定设备的购置计划，购买了无人机样机，并培训若干名技术人员成为无人机飞手，逐步实现植保无人机检测资质能力扩项。

新的信息技术应用和信息化的不断推进，给农机试验鉴定机构和工作人员带来的都是不同程度的挑战，只有不断提升试验鉴定机构鉴定业务能力与及时增加服务职能，勇于创造新产品、试点产品鉴定条件，积极参与农机新产品购置补贴试点的工作，为加快农机新产品鉴定，使更多农机新产品享受到补贴并更快地应用于农业生产，充分发挥鉴定机构的作用。

六、不忘初心，砥砺前行

每每想起这些年的工作，我就十分感慨信息技术为试验鉴定工作带来的巨大变化，也更加坚定自己将信息技术应用于农业农村发展的信念。只要充分利用信息技术，推进农业农村信息化，借助信息化来平抑农村发展差距，实现农业农村公共服务均等化，加快实现农机信息化、智能化，农机配套设施服务的网络化，公共服务行业的自动化，才能加速农业农村现代化发展。

破除城乡二元结构，实现乡村振兴战略，信息化必将是重要抓手。非常荣幸自己是服务“三农”队伍中的一员，未来的乡村振兴将需要更多科技人才，舞台之大不可估量，“一花独放不是春，百花齐放春满园”，只要我们不忘初心，砥砺前行，终有一天蓬勃发展的农机行业会成就一直努力的你我！

农机普及化推动社会发展

□ 刘庆生

刘庆生，河南省安阳县人，1963 年 11 月生，河南省安阳市农科院农业生态研究所主任。工作范围包括农田节水、减肥、减药、农业废弃物资源化利用，无公害、绿色、有机农业基地建设等。

1963 年，我出生在河南省安阳县西部一个小山村，今年 56 岁，作为一个农业人，我经历了社会变革的每一个环节。1978 年开始的改革开放，那一年我初中毕业，1980 年参加高考，1984 年参加工作，从事农业生产与技术推广 30 多个年头。

从记事起，生活的记忆里只有两个字“穷”和“苦”。虽然生在新中国、长在红旗下，但对吃不饱、生活拮据有深刻记忆。上小学时，我们生产队大约七八十户，200 多口人，生产队长、副队长、政治队长各一人（政治队长也叫指导员，好像部队建制一样），保管、会计各一人，干部一样参加劳动，大家区别不大，共同特点就是穷。

安阳县西部丘陵山区，属太行山东麓，十年九旱，水贵如油，粮食产量一般年份 200 斤／亩。当时产量目标上纲要 400 斤／亩成为奋斗目标，过黄河为 600 斤／亩，跨长江为 800 斤／亩，只能是梦想。1973 年大旱，一亩地小麦连同麦秸一块床单就扛回去了。

年少时的记忆就是饥饿，粗粮也不尽吃。我记得很清楚，队里分粮食，夏季小麦每人 90 斤左右，秋粮谷子每人几十斤，玉米很少，我家 4 口人，红薯成为后半年主粮。一家人几天才可以吃到一顿细粮。至于农业机械嘛，没有。生产队有牛和驴十来头，马骡大牲畜很少。当年庄稼把式成为劳动主力，赶马车、犁耙地、扬场防碌，威风凛凛，这种生产方式延续了几百年了。

1974 年，我们队里买了一台手扶拖拉机，12 马力的，啥牌子记不得了。下地拉一车堆肥，上面坐几个妇女，大家很开心。当时大家交通安全意识差，也没有人关注和在意。原来打场用牲口，也改为手扶碾场了。有了第一台农机，老人们也看到了犁地不用牛的场景。

在 80 年代初期，个别村庄有东方红链轨车，可以实现作业多功能化；公社农机站有几台大型农机具，以服务大的农田水利建设为主，建设水利工程，修建跃进渠和合山水库、石门翁水库。

十五六岁年纪，我们在假期必须参加生产队劳动，半个劳力每天记 7 工分。做一些辅助性劳动，一个劳动力值 7 毛钱。那时我们队里有副业，靠近山区烧石灰。我几个假期在石灰窑口负责加料，就是在老师父指导下往窑内扔石头，每天 15 吨。一块石头二三十斤，大块的要用锤破开，因为石头太大会烧不透，有夹生。如果有车拉灰，就和大人一起装车，用铁锹往车上装，一吨一块，参加人现场分配。每天 7 个工分，外加 5 毛钱补助，累个半死，也很满足。

1978 年我考上安阳县八中，距我家 4 公里多，因没有住校条件，每天往返。一群学生早上 6 点半前就结队步行上学，自行车好几家才有一辆。路过李珍车站，经常看到搬运工人在装卸车，60 吨车皮，3 个人用抬筐装石子，现在想想腿都发软。当年一个微小改革可以少流多少汗啊。

1980 年离家上大学时，村里的农业生产也在发生变化。生产结构在悄悄地变更，大锅饭变为小包干，阶段性承包、联产承包，开始计酬不计产，收获粮食归集体。1983 年全面包产到户，土地分到各家各户，生产队集体解散，公社也变成乡政府。

直到这个时候，农机还是稀罕的很，几家分一头牲口或一件农具。1984 年 7 月，我毕业分配到安阳县农业局，第二年春天调到安阳县跃进农场，这才有幸与农机结缘。

跃进农场位于安阳市东南，土地 6 500 亩，过去是半沼泽地区，地广人稀，有大片待开垦土地，地下水位只有 1 米多。当时场里有东方红链轨车 4 台，自走式收割机 1 台，四平产拖拉式联合收割机 4 台，那时叫康拜因，农村老太太不知道的叫它麦克风，闹出许多笑话。那年月，大型农机具非常少见，收割机真是稀罕物，就连农机手也是牛乎乎的。

地方国营农场，生产方式按照国营企业模式。1985 年夏收前，大田按照自然地块分成几个组，所有农机由机耕队的 10 几个人负责日常管理和维修。春天刚刚换了场长，农机队长给场长汇报说农机问题多，需要进行全面大修，4 台车有 3 台打不着，请场部给予资金支持。

他们不了解新到的王场长来自东北农垦，对农机门儿清。王场长到现场亲自检查，问机耕队长哪一台车问题最大，队长随手指了一台，王场长摆弄 10 来分钟，上驾驶室一下就启动成功，给机耕队长说一句："看你工作辛苦，就先休息两个月吧。"当时也没有下岗待业之说，不上班不计工，这给队长来了个烧鸡大窝脖。自此以后，这一班自恃技术高超的老师傅都规规矩矩，勤恳敬业，再也不敢炸刺。

农场土地 6 000 余亩，职工 60 多人，文化水平普遍偏低。农机手占技术优势，搞对象也比大田工人优先。

80 年代前期，普遍实行联产承包责任制，包产到户，但农业机械化水平极低。全县 24 个乡镇，130 万亩土地，只有我们农场有 4 台收割机，基本实现农业机械化，夏收季节大家看稀罕一样评价农机威力。四平生产的拖拉式联合收割机籽粒损失少，虽然略显笨重，但效率高、威力大，受到大家好评。

国家体委航空运动学校位于安阳市北郊，飞机场附属有一个 500 多亩小农场。每年航校出动七八台解放汽车帮我们拉小麦。我们收割完再去航校帮助他们收割，互相帮助。当时我们农场只有1台解放车，2台50拖拉机。航校的汽车解决我们临时用车难题，我们也给他们解决困难，500亩小麦人工收割也是一个大难题。

开始几年，农村农业机械化进程很慢，分田到户几家一个牲口，亲戚邻里互相帮助，两头牲口各犋，负担自家和亲戚邻里耕作，秋季需要半个月劳作，没牲口家庭给予草料补偿。收割的庄稼拉到晒场，牲口拉着石磙碾压。

1987年后，打场有了大炮筒，一种简易脱粒机，然后人工扬场，需要排队连夜打场，累的那个酸爽。

90年代初期，小麦脱粒机开始推广，几家合买1台，农忙时大家轮流使用，直接脱出籽粒，省去了碾场、扬场，感到很高兴。只是老年人埋怨麦秸是圆筒筒，和泥不好使了。谁料到几年后盖房全是钢筋水泥塑钢窗，连木头都不用了，麦秸更是退出历史舞台，成为农业废弃物，没有人再把它作为一项收入。

90年代中期实现了点灯不用油，犁地不用牛，除草剂普及，农民从繁重的农业生产中解放出来。产量逐年提高，收入增加，大批农业劳动力进城打工，开始由离土不离乡逐步过渡到孔雀东南飞，举家进城居住。

1993年，我调到安阳市农科院，对农业机械了解更详尽一些。养殖场由原始的饲料粉碎机逐步实现粉碎—配比—搅拌机械化。几乎每一个鸡场、养猪场都有一套饲料机组，运输工具也淘汰了不少人工，机动车占主导。刮粪、照明、温度等控制实现机械化和自动化。农业生产方方面面的机械化程度普遍提高，体力劳动退到极其次要位置。感觉生活变好了，农业劳动时间减少了，生活压力变小了，富裕时间多了，原来面朝黄土背朝天的日子没有了，责任田轻轻松松就搞定了。80后、90后基本和农田脱离，农民不是一种职业而成为一种身份符号。农机的普及使农民脱离了繁重体力劳动，逐渐成为有闲阶层。

2009年，我从事生态、有机农业探索，不使用除草剂、杀虫剂、化学合成农药及化学肥料。我们的一个试验基地一次流转3 000亩农田做有机农业。2010年种植小麦、玉米和大豆、谷子等。其中玉米1 800亩，7月初人工除草两遍，荒芜70%，其中300余亩几乎绝收。种植谷子200亩，当年降水偏多，造成160亩绝收。田中马塘、狗尾草人工除去98%，一场雨几天就荒芜成一片。农田管理季节，请二三百工人，中午管饭，真的是人山人海，但是效果不好。

被逼无奈，第二年我们研制中耕除草机。经过十几次试验失败和改正，试制出3种型号的中耕除草机，效率提高百倍。一台小四轮一小时可以作业10亩，成本每亩7～8元，人工除草需要75元／亩。一个人一天只能除草0.7亩。经过几年生产检验，感到非常满意。如果没有机械帮助，农田管理占总投入60%以上，并且这几年请工人难度加大，基本都是60岁以上的老年人。投入几千万元的规模化农业公司也许坚持不了三两年就倒闭销声匿迹了。农业机械挽救了一个公司，成就了一个典型。坚持革新，依靠机械，获得两项国家发明专利，河南省鑫贞德有机农业股份有限公司成长为河南省农业产业化龙头企业。

几十年风风雨雨做农业，伴随着改革开放的春风，体会到农业、农民、农村40年变化，也与农机结下不解之缘。目前，当地农业机械化水平达到90%以上。

现在种地的已经不是农民了，农机托管延伸到方方面面，是农机手在种地，农机社会化服务触及到农田作业的每一个角落。播种、耕作、打药、收获、运输、贮存等已经全部实现机械化。

当年报纸每每提及的农业现代化已经实现，(水利化、机械化、良种化、电气化)。农业生产效率提高几十倍，农民基本脱离了面朝黄土背朝天、汗珠子掉地摔八瓣的苦日子。

安阳市由20世纪80年代前期的78.98万千瓦农机动力，发展到2015年的601.98万千瓦；收割机保有量由6台增加到11 223台，增加1 870倍；机械化率由0.81%提高到89%。

目前，虽然还有五六十岁以上的老人在坚持种地，但是劳动强度与当年相比不可同日而语。感谢生产发展、社会进步，农机解放了劳动力。年轻人外出打工，老人管理田地也可以轻轻松松了。

30 年监理心路，一辈子农机情谊

□ 陆立中

陆立中，江苏省盐城市农业行政执法支队支队长。

改革开放春风初拂时，我 10 岁，读小学。改革开放走完第一个 10 年，要从计划走向市场、上紧发条时，我从校门跨入社会，就遇到了强烈的改革冲击波。那年我 20 岁。

1988 年 7 月，我从南京农业机械化学校农机制造专业毕业。这年我的家乡江苏盐城市搞中专毕业生分配改革，毕业不包分配了，实行用人单位和毕业生双向选择，选择不到单位就自谋职业。当时盐城拖拉机厂、江淮动力机厂等企业都以中专生学历太低不招我，后经熟人打招呼，“双选”到了盐城市农业机械监理所工作。当然这种招呼也是纯真的，没有吃请，也没有送礼，只是推荐引见，单位领导看了我的档案，在学校还是学生会宣传部长，就同意要了。此后我在农机安全监理工作岗位上一干就是 30 个年头，直到 2017 年 7 月被调离到农业行政执法支队工作，离开了农机化家园。可以说，我是在改革开放中成长、成熟，计划粮油、全包医疗、公房分配这些政策我都享受到了，也很快被改革了；在改革开放的大潮中为农机安全监理奉献了人生最年富力强的一段时光，30 年的农机工作情分，也沉淀为我心里最美的风景。

一、进门

我清楚记得，1988 年 8 月 6 日到单位报到，一个大办公室里坐了 7 个人，都在闲谈看报纸，有几个还是我的校友。农机归水利局领导，领导到局里开会了，我只得干干地坐等，大家都跟我讲这个单位没意思，清水衙门。把我滚烫的心浇得冰凉。等到 11 点领导也没回来，我想走了，同事们又对我说：“你别走，领导有时会结束了，还会到班，看我们有没有早退呢。”我不由一阵紧张。果然 11：30 时领导到了，他一个人一间小办公室，在大办公室隔壁，办公桌边上还搁了一张值班的床，办公室里面还连着一间，有个门锁着，后来我知道，那是单位的办公用品贮藏室。这个单位就是总计不到30平方米3间房，再加一些办公桌椅了，值钱的家当就是一辆沙洲（现张家港市）产长鸽牌面包车、一部手摇电话、一台燕舞收录机，还有一个事故勘察箱里的理光照相机，4件宝了。

领导跟我见面后说："单位目前没有房子，你得自己找地方住，待后再想办法帮你协调一个集体宿舍。"然后就让我先回去准备两天，下周一上班。没房子住，对我一个乡下孩子来说，简直就是晴天霹雳，那时单位都要给职工安排房子的。没有房子，我住哪里？我看到城里人搭的小坯房都眼馋，心想只要一个能放床的地方就行了。可是我没有。我想打退堂鼓回老家建湖找工作，一个远房亲戚在关键时收留了我，她是一个老人独住，就让我暂住她家，后来我一直把她当亲人看，直到她去世。我的农村老家离盐城有15多千米，一到星期六，我就要骑自行车回家，不管刮风下雨。我不能在假日影响老人与亲戚子女家人团聚。买不起自行车，把大姐家的长征自行车借来骑，没有手表，大哥把他的上海钻石牌手表从手腕上摘下来给我。就这样，我跌跌撞撞地成了一名城里人，一名农机监理人。

正式上班那天，我4点多就从老家起床，骑2个多小时自行车，到单位才7点多，离8点上班还早，同事们还没到。我便先拖地、抹桌、烧水，一套活干下来，才发现大办公室里还是7个办公桌，也不知道自己该坐哪里、站哪里。等领导来了，我又帮领导拖地、打扫卫生，领导才让我从贮藏室里找出一个和大家不一样的只有2个抽屉的办公桌，和连排可坐2个人的条椅，说："就这样先用吧，等以后有人调走了，有空的再给你。"坐在办公室里除了喝茶、看报纸，好像什么事也没有，没有人来找，电话也不响。如果有人起个话题，大家热闹地闲扯一阵，倘若领导从隔壁走过来，就鸦雀无声了。领导进出必须从我们这个大办公室经过，后来这种情况我也习惯了。

大概领导也分不出什么工作好给我干，下午就将我叫到办公室，给我2本铅印的厚书，说："我们这个单位将来是要戴大盖帽的，你新来要学习，2个月后参加省里的农机监理员发证考试，取得证件才能穿服装。"另外，还分给我一项工作，就是物资保管。要保管的物资，主要有寄信的邮票、车子用的汽油券，还有就是贮藏室里的办公笔纸、本子、文头，以及一个事故处理箱和一沓沓的事故处理表格，什么询问笔录表、勘察记录表，还有一种尸体痕迹表，看得我发憷，后来听老同事说，这些事故处理文书从来都没用过，我想怪不得有些纸都发黄了呢。

二、入行

就这样我一边学习迎考，该记的记，该背的背，上班记，骑自行车回老家的路上都默背，总算基本能记下来；一边收拾整理这些物资，把他们摆放整齐，又贴上标签。到年底，真有一名同志调走了，我有了和别人一样的办公桌和椅子，接管了他的工作。所谓工作，就是农副产品加工机械管理调研。那时农机监理的主要工作就是脱粒机安全管理，脱粒机喂入台短，传动皮带又没有防护，事故比较多，大忙时我们都要下去检查，大忙结束就没事了。工作经费也相当短缺，我们一个单位一年才5 000元。要想过好日子，就得自己想办法收费，哪个单位收到费，就是大爷。脱粒机安全管理有社会效益，但没有收费来源。农机监理如果能管上道路带挂车的拖拉机，就能收到费，可是我们管不到。原因是1986年国务院《道路交通安全管理条例》讲“公安部门可以委托农机部门”，有的地方认为既然可以“委托”，那就“委托”吧；也有的地方说既是“可以”，也能不“委托”，就不交农机部门管理。这样就一个“可以”，两部门扯了十几年皮。江苏省属于后一类情况，所以农机监理所就收不到费。于是地方就各显神通，有的县政府出台个文件，监理所印了农副产品加工机械生产许可证，到下面检验收费，找点事做。还有的地方给挂浆机船和驾驶员检验、考试发证。至于农机事故对群众造成的伤害，农机监理所只能管到脱粒机，拖拉机就爱莫能助了。一次，某县一台大拖拉机拉着亲友为老人送葬，回来时为避让放学的孩子，冲到了河里，造成5人死亡。我陪领导去事故现场，有一个家庭婆婆和媳妇双双死亡，一间房里东西各摆一具尸体，真让人不寒而栗，本来一个幸福的家庭，突然就剩两个光棍汉。事故是公安部门处理的，我们只能去看看，事故处理表也没有用上。

我们市级农机监理机构没有收钱的门道，就只有过清苦的日子。看到有的县里监理员到市里来，还真穿了像公安系统一样的黄服装，心里也梦想着有一天会穿上，这不是上面准许不准许的问题，关键是有没有钱做的问题。钱，成了农机监理工作的内在动力。后来有两个县农机和公安部门商量好，拖拉机由公安管，农机部门也可以管，大家各发1套牌证，1台拖拉机挂公安、农机双套号牌，前面挂公安的，后面挂农机的，这样既不影响公安收入，农机部门日子也好过，双方不再打架。发牌就有钱，有钱就活套，方方面面都能考虑。这2个县还向我们市里上缴了规费。有了钱，我们也做了服装，不过不是黄的，这时已统一为藏青的，真有大盖帽。我是天天穿，省得买衣服。没两年，上面清理大盖帽，我们交了帽徽等标志，还承担了部分服装费。

当然我们自己也没忘向上面哭穷，我经常干的工作就是帮领导用复写纸誊抄向发改委的报告，抬头总是“我所是全额拨款事业单位，承担全市农机安全监理任务，1984年成立至今，上面片瓦，下无立锥之地……”也不知报过多少遍，领导跑了多少趟，终于上面同意拨10万元给我们自己征地建房。加上县里上交的监理规费，我们也向房地产进军了。

于是领导又带我们到处找地，找人打招呼，终于征了不到4亩地，框了围墙，建了车库和传达室，就花完了所有的钱。此后两年，又勒紧腰带，欠账上马，建了综合办公楼，半边宿舍，半边办公。1992年我分到一套不到90平方米的套间，在当时已是相当不错了，也算是个真正的城里人，虽然房子在城郊接合部。后来上面号召全民下海，所有单位业务工作都被安排到二线，一线工作就是下海办实体，我们的综合楼办公部分被改造成招待所。单位有一半人下海搞经营了，我被留在了业务组。县乡人员多数都不干业务工作搞实体去了，我们工作更清闲。领导建议我不如去菜市场贩点鱼买卖，或者帮人家建筑队做小工，收入归单位，单位给你发工资。我想：一个单位没有业务工作，还要这个单位干什么？就对领导说：“我还是做点业务工作。”于是就赖在办公室里再把有关业务书籍捧出来，反复看。这样又晃荡了两三年。

直到1996年年底和1997年年初，拖拉机“委托”管理的春风才在别的省份刮了十几年后，终于刮到了江苏。省政府办公厅下文，公安部门将上道路行驶拖拉机和驾驶人的有关牌证管理、检验、考试发证工作委托给了农机部门。农机监理所也真正有事可做了，我的一套业务知识终于有了用场。可这时有些人本心已改，只为收钱而去，说为安全，其实身体已离灵魂太远。最直白的，那时安全检查的劲头特别大，查到牌证齐全的拖拉机，检查人员往往不为安全得到保障而高兴，却为不能收到费了有点遗憾。查到牌证全无的“黑机”，立即精神大振，一台要收千把元规费。有的地方还搭车收黑色道路费，盐城虽不通火车，还代收铁路无人道口看守费。有的地方拖拉机为逃避检查，都将机子开到河里，我曾参加一个县的农机安全检查，当时交警没空，就请了治安大队的同志帮忙，检查时与当地群众发生冲突，农机监理车被砸，最后拘留了三个带头闹事的，直到深夜我们才得以撤离乡镇。这时的工作究竟是为了什么？为事业？为安全？为收费？真难以说清。不用争论，先干起来再说，是那个时代的缩影。

三、探道

文明总在财富积累到一定程度产生。穷极了的农机监理人，有了钱后也渐渐思量，我们工作究竟为了什么？可惜还没来得及思量好，上面又提出要减控收费。刚过惯了好日子，突然要过紧日子，还真适应不了。就在这时，2004年我从单位副职，经公推公选，走向了单位领导岗位。

我要把这个单位带到何处去？农机监理该向何处去？我反复思量，总结这些年工作的得失，找到了初心，认识到农机监理工作的根本是抓农机安全，要学会抓安全，搞安全，做安全。于是立足现状，提出了事业发展思路：举安全生产大旗，走参公管理之路，创规范执法品牌，树文明监理形象。2005年年底提出了盐城市“十一五”农机安全监理科学发展思路：立足安全指引发展，立足检审保障发展，立足规范保证发展，立足创建促进发展；2010年年底提出了“十二五”发展思路：全面履行农机安全监管职责，全面落实农机安全监管措施，全面规范农机安全监管执法行为，全面提升农机安全监理整体形象。2015年年底提出了“十三五”发展思路：安全监理、法制监理、诚信监理，以及农机安全监理新常态——尽责履职、廉洁守职、服务创新、服务机手。就这样，市、县联动，一步一个脚印，坚持10余年，工作方向、目标没动摇过。坚持农机化发展到哪里，农机安全监理工作就跟踪到哪里。农机安全监管对象从拖拉机、脱粒机、柴油机，延伸到收割机、插秧机、饲料粉碎机、植保机械等各类农业机械；坚持农机安全问题出在哪里，农机安全监管就主攻哪里。每月进行事故分析，发布事故简报，每年发布农机安全生产形势分析，对上道路行驶拖拉机安全警示标贴、大中型拖拉机安全框架、联合收割机倒车语音提示等安全防护设施率先进行改进推广，针对农村劳动力老化、留守儿童跟机事故多发的现实，在全市推进“农机安全进学校”小手拉大手行动，一直坚持到现在；坚持农机手需要什么，我们就服务什么。农机送检进城难，我们就协调公安、保险、移动、石化、协会等多个部门，组织了集农机具检验、驾驶人管理、违章记分处理、农机政策性保险、平安农机通、“双优”加油卡、体检、照相为一体的“八同时”送检下乡便民服务活动，群众办牌办证需要办理的事项在乡镇一次办结，实现了70%的农机监理牌证业务通过送检下乡活动来办完成，既方便了机手，又提高了农机监理工作效率，解决了单位人手不足的问题。农机手进城办事摸路难，打车还花钱。我们就设置固定办证日、培训日，相关部门在农机监理窗口共同设点服务，为剩余30%零星来窗口办证的农机手提供“一站式”服务。

发展的过程中也遇到挑战。特别是面对所谓“变型拖拉机”，我们明确提出了依法行政的总思路，凡是法律法规要求我们做的，我们必须做好，凡是不符合法规规定的，决不乱作为。许多地方都把六七十吨的大货车当成变型拖拉机，挂上了拖拉机牌照，我们全市一盘棋，坚守底线。许多县里领导找我，打我小报告，说我有钱不要；也有人与我辩论坚持说：“变拖是农民的需要，监理也离不了变拖。”也有企业提出要与我合作经营，但我始终不为所动。2006年年初，我将变型拖拉机管理有关乱象向农业部领导写了信，得到了部、省领导的重视。坚持带领同志们一心一意做本行，查事故，析原因，想对策，工作得到了安监部门的认可，农机局年年在市委市政府绩效考核中评为安全生产先进单位，分管农业的副市长也十分高兴，多次在我们工作简报上做批示，并参加农机安全生产工作会议。农机安全监管机构成为安全生产领域不可忽视的一支力量，成为市、县（市区）农机化主管部门的窗口部门、绩效考核排头兵。

随着工作推进，农机安全监理的面貌也焕然一新。2006年8月，盐城市人民政府出台了全国第一个地市级农机安全生产规范性文件《盐城市农机安全生产管理办法》，此后逐步实现了以市为单位的农机安全监理机构全部参公管理；实现了市建支队、县级建大队、乡镇分片组建中队和公安驻农机警务室实体运行的体制创新；推行减少规费收入、推行免费监理、争取财政预算的保障制度变化，实现了以市为单位的财政全面保供；理顺协会与监理机构关系，实现了从减会费到协会与监理机构分离脱钩的平稳过渡；推进监理基础设施建设，强化窗口服务，实现了所有监理机构的基地、装备、窗口的现代化建设。2009年全国农机安全规范化建设现场会在盐城召开。2012年盐城市被评为全国地级平安农机示范市，2014年盐城市农机安全稽查支队被农业部农机监理总站确定为服务创新试验示范基地，时任农机监理总站刘宪站长亲自签署了合作协议，涂志强副站长专程到盐城为试验示范基地揭牌。

2016年农业部农机化司、监理总站在盐城召开了全国农机安全法规标准培训班，参观了盐城五个现场，受到各省农机主管局分管领导、省总站领导的一致肯定。四川、内蒙古、黑龙江、青岛等地同行组团来盐城学习。这年全市农机安全监管工作喜获大满贯，农机安全生产目标管理，经省农机局考核被评为第一名，受到表彰，市农委乐超主任在全省农机化工作会议上作《坚持行业管理 强化规范创新 推进农机安全监管工作再上新台阶》典型发言，被市政府安委会评为优秀等次。农机安全监理办证窗口，被市政务服务办公室评为分中心唯一受表彰的先进单位；市农机安全稽查支队被市农委表彰为综合先进单位；支队党支部被农委党委表彰为先进基层党组织。

我个人也在工作中不断成长。先后于1989至1992年参加了东南大学机电工程专业大专函授，2001至2003参加了省委党校现代管理专业本科学习，2009获苏州大学自学考试社会工作与管理专业本科毕业。业务上也不断钻研，在各类专业报纸杂志发表论文有几十篇，参加了农业部农机安全监理多部规章、标准的审订，主持制订了《农机事故图形标识》《农机驾驶人理论考试题库》等标准和课题，参与编写了全国统一的《农机安全监理》《农机安全监理法规标准汇编》书目。1995年、2008年、2013年先后三次被市政府记三等功，2009年被农业部监理总站授予建国60周年60位农机安全监理功勋人物之一，在广东省参加受勋表彰并作大会发言，2012年被农业部授予全国农机安全监理“创先争优、为民服务”岗位示范标兵，作为10个先进代表之一在新疆乌鲁木齐接受表彰，2013年被市政府授予盐城市劳动模范。

四、结语

时光如梭，转眼我已从当年的毛头小伙，成了年过五旬的老同志。30年农机监理工作历程，即使其中有1年到农机局换岗锻炼、1年到乡镇扶贫、2年到企业挂职、3年到信访局挂职，但关系都没离单位，工作都没间断过。在农机监理机构从事副职8年、正职13年，也是殚精竭虑，兢兢业业，丝毫不敢懈怠。回首30年农机安全监理工作心路，我切身体会有三点：不忘初心，方得始终；大处着眼，小处着手；苦熬不如苦干，办法战胜困难。说憾事也有，就是农机安全监理服装一直没有被列为正统，农机监理执法队伍还有待强化，与别人干同类工作，没有津贴，没有补助，装备还不够与时俱进。期待后辈人，再用30年，能补上这一课。

改革开放永远在路上，农机化事业永远在发展，农机安全监理也将在新一轮综合执法改革中面临新机遇。期望农机安全监理能不断取得与它崇高使命相适应的社会地位和形象，为农机化事业和美丽乡村建设蓄力护航！

征文后记

三十年河东　三十年河西
四十年如何
华夏儿女扭转乾坤

藏粮于地藏粮于技
始终绕不开
谁来种地，如何种地

不忘初心方得始终
农机人铭记
农业的根本出路在于机械化

说风雨话桑麻
奋斗四十年还有一辈子
农机人永远是年轻

时代成就梦想
——我的农机情缘

□ 李　亦

李亦，常州市农业委员会科教处处长。

1971年我生于江苏宜兴徐舍镇（当时是邮堂乡）李渎村，长于农村，父母亲都是农民，白手起家，当时住的两间平房是用厚的泥土块垒起来的。20世纪70年代还是公社制，我们属东前生产队，劳动实行工分制。上小学是姐带着我报名，就在村上，平时作业不多，学习之外，大部分时间就是和同龄人一起玩，偶尔也参与农业生产活动。公社制期间有印象的一件事就是，和姐姐两人到村东南一块2亩稻田割稻子，两人一天挣到3个工分，当时我8岁多。

80年代包产到户后，我家承包了6亩多地，经营自己的田块，父母当然分外上心，我也在暑假和星期天基本跟着父母下田干农活，真正开始和农业打交道了，也深深体会到了农业生产的艰辛和农民的不易。那时也是种稻、麦两季，大忙时父母天不亮就起床下地干活，天黑了才回家。麦子在五月收，收麦用镰刀割，由于麦秸秆滑，父母怕我割到手指，而且割麦时天热，麦芒易蜇人，不让我割；水稻从耕整到粜稻生产全过程基本上我参与了：天蒙蒙亮就起来，身上涂上蚊子药水，拿着秧凳下田和母亲一起拔秧、扎把，运到大田进行插秧，一天从早到晚4个人能插到一亩多，等全部插完，人长时间直不起腰，大腿根肌肉得疼一星期才能恢复；收稻也是一样，是用锯齿形镰刀割稻子，割后要在地里晒干，再人工扎成把（我们那叫和稻）、捆成大捆挑到场头（遇到有雨要先堆在田埂头），再通过脱粒机脱粒、扬晒，在场上晒干后才能粜到粮管所。整个大忙需要一个月左右时间，是农业生产最繁忙、最苦、最累的时期。每次在大忙帮父母干活时，我心中总有个想法或愿望，希望用机械化替代人工，以减轻种田之苦！

自小尝到了农业生产的苦和累，脱离“农门”是当时父母对我最大的期望，而读书考大学是农村跳出“农门”唯一的途径。

高中复读一年，我以超过录取分数线20分的成绩被第二志愿的南京农业大学农业工程学院录取（第一志愿是哈尔滨工业大学），学的是农机化专业！在大学时，有同学问我，怎么会起“亦”这个名，我回去问母亲后，母亲解释说，这个“亦”名来自刘少奇提出的“半工半读，亦工亦农”的一篇讲话。后来我翻了《刘少奇选集》，的确有这个讲话，题目就是《半工半读，亦工亦农》。亦工亦农者，农机化也。看来，我的人生冥冥中与农机结有缘分。

1994年6月毕业找工作时，我找无锡、常州生产柴油机、发动机的制造厂应聘，都不招收，当时农机化专业不吃香，为了方便找工作，学院将农机化专业改为农机化（机制）专业。最后我与常州机床总厂人事科签了协议，进了常州机床总厂工作，一干就是5年，先后从事机床装配、设计和销售等工作，好像与农机无缘了。

1998年年底，我在东北做销售时，销售经理到东北出差告诉我说，回常州后到常州市水利农机局面试。原来，常州市水利农机局农机科当年招人没招到，向组织部门反映，因为我是选调生又学的是农机化专业，组织部门便按程序调我去水利农机局农机科，我开始从事农机工作了！

1999年年初，我刚从事农机化工作时，农机化发展正处于积累期和转折期，当时常州基本实现了稻麦机收、机耕，正进行水稻种植机械化的攻坚突破，进行着水稻机抛、机插、机直播的对比试验、示范，当年武进引进了一台洋马RR6乘坐式插秧机进行试验，价格13万元！而当年全市农民人均年收入仅有2 000多元啊。2000年后农民种粮积极性受挫、农田出现抛荒。2004年国家出台农机购置补贴政策后，农机化发展步入黄金发展期。常州抢抓机遇，结合本地实际，依托自身优势，制定扶持政策引导，实行大户、村、镇、县阶梯推进，积极进行农机农艺融合，大力推广普及水稻机插及配套的农艺技术，成绩显著。2005—2008年，常州市每年都以超千台插秧机的数量跃升，水稻机插面积翻番增长。2008年全市共有插秧机5 376台，实现水稻机插104万亩，机直播17.1万亩，机械化种植水平达88.7%，基本实现了水稻种植机械化（附件一）。2003—2007年，我分别调到市农林局科教处、市场信息处工作，未全程参与水稻种植机械化的试验示范推广。

2008年年初，我又回到农机局任农机处处长时，常州农机化仍处黄金发展期，在前几年发展的基础上，常州正申报以市为单位在全国率先基本实现水稻种植机械化，并于当年通过了验收，受到省局表彰。解决水稻种植机械化后，我们顺应农业发展形势，积极争取资金投入，在主体培育上，常抓不懈加快培育农机专业合作社，并在发展到一定阶段（2013年），及时制订出台“四有”合作社考核办法，引导合作社规范健康发展；同时针对粮食生产薄弱环节，继续实行政策引导，扶持发展大马力拖拉机、联合收割机和乘坐式插秧机进行农机装备更新换代，加快植保、烘干环节机械化推进步伐，取得了明显成效。全市农机化资金投入由2009年的450万元增加到2 000余万元；农机合作社由2008年的75家发展到目前423家，全市80%左右的农业生产服务由农机合作社承担；粮食生产全程机械化7个主要环节达到或超过考核指标，2012年全国农机专业合作社经验交流会在常州溧阳市召开，2016年全国主要农作物生产全程机械化现场会在常州举办，农机化在10余年发展黄金期结出了累累硕果（附件二）。现在，人们从事农业生产，一家两口子再也不用早起，夏忙时驾驶着乘坐式插秧机一天栽插三五十亩很轻松，秋忙驾驶着高性能自走式联合收割机一天收割水稻五六十亩不在话下，而且融收割、脱粒、筛选于一体，收割后不落地运送进烘干机烘干后直接加工成米对外销售，再也不用儿时那么劳累了，真是“天翻地覆慨而慷”。

2018年，我轮岗到市农委科教处，离开了熟悉的农机岗位，回首从事农机工作的10余年时间，感慨万千，感觉真是幸运儿，幸运生于这个大发展的时代，是时代成就了我的梦想。在这样一个大发展的时代，感谢组织上对我关心帮助，并提供给我一个学习展示的平台和机会，感谢一起工作的农机系统的领导、同事，与大家一起努力做了些事、做出了一点成绩，为我平凡人生抹上了一道亮丽的色彩。我为我们祖国40年改革开放所带来的沧桑巨变而自豪，为我是农机人而自豪，为实现了儿时的梦想而自豪。

时代在发展、进步。当前农业发展已进入新时代，农机化也面临着向“全面全程、高质高效”转化，面对着高效设施农业“机器换人”的迫切性，农机化前行的道路是不平坦的，不会是一帆风顺的，路上还会碰到许多新的困难和问题，需要我们面对解决。新时代要有新形象、新担当、新作为，“雄关漫道真如铁，而今迈步从头越”，希望农机系统干群以习近平新时代中国特色社会主义思想为指引，忘记过去的辉煌，从零起步，不断学习、努力工作，勇敢面对困难，用新思想解决新问题，出台新实招、新举措，为实现“全面全程、高质高效”农业机械化更高梦想而砥砺前行。

附件一：

1999—2008年常州市水稻种植机械化情况表

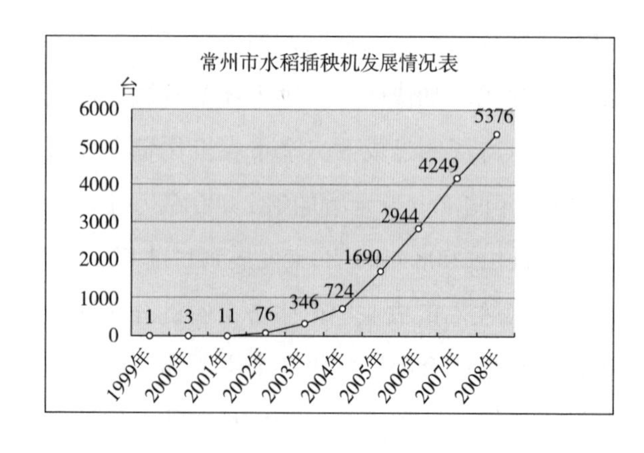

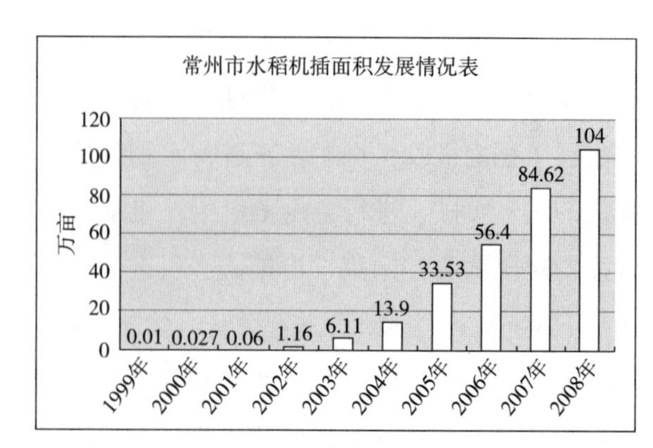

附件二：

2009年以来常州市级农机化扶持政策及机具新增情况一览表

年度	市级资金（万元）	市级农机化发展扶持政策	新增机具（台）							农机专业合作社数量
			大中型拖拉机	乘座式插秧机	联合收割机	担架式植保机	高地隙植保机	烘干机	秸秆还田机	
2009	450	乘座式插秧机每台补贴6 000元、手扶式1 000元，担架式高效植保机每台补贴500元。列30万元在6个乡镇开展秸秆机械化还田示范镇建设	348	112		1 078			431	115
2010	550	乘座式插秧机每台补贴6 000元、手扶式1 000元，担架式高效植保机每台补贴500元，粮食烘干机每台补贴1万元。列60万元在6个乡镇开展秸秆机械化还田示范镇建设	305	190		1 120		6	601	144
2011	580	乘座式插秧机每台补贴6 000元、手扶式1 000元，担架式高效植保机每台补贴500元，粮食烘干机（6吨以上）每台补贴1万元。开展农机报废更新试点，重点报废大中型拖拉机、联合收割机	249	336	19	1 445		8	412	214
2012	730	乘坐式插秧机每台补贴6 000元。半喂入式联合收割机每台补贴6 000元，全喂入式每台补贴2 000元。6～10吨（含6吨）粮食烘干机每台补贴6 000元，10吨以上（含10吨）每台补贴1万元。补贴对象为农机专业合作社及社员。继续对大中型拖拉机实行农机报废更新，每台补贴3 000元	257	261	98	716		58	371	278
2013	930	开展常州市“四有”农机专业合作社考核，新购乘座式插秧机，每台加3分；新购烘干机每台加6分；新购联合收割机每台加6分。继续对大中型拖拉机实行农机报废更新，每台补贴3 000元（每级奖补8 000元）	389	243	203	324		72	384	349
2014	1 078.7	开展常州市“四有”农机专业合作社考核，新购乘座式插秧机每台加2分，新购烘干机每台加6分，新购全喂入式联合收割机每台加3分、半喂入式加6分，新购75马力大中拖及配套还田机每套加1分	368	39	38	131		169	343	375

（续）

年度	市级资金（万元）	市级农机化发展扶持政策	新增机具（台）							农机专业合作社数量
			大中型拖拉机	乘座式插秧机	联合收割机	担架式植保机	高地隙植保机	烘干机	秸秆还田机	
2015	2 051.5	按照烘干能力10吨为标准台，对新购置烘干机的农机专业合作社，每标准台给予2万元配套奖补，用于烘干辅助设备及烘干房等配套设施建设 开展常州市“四有”农机专业合作社考核，新购乘座式插秧机每台加2分，新购75马力大中拖及配套还田机每套加1分，新购国家推广目录范围内的联合收割机按照价格每2万元加1分，高地隙自走式植保机按照照机具价格每1万元加1分	389	197	149	92	32	457	352	397
2016	1 638	列入农委现代农业展扶持项目指南，对新购烘干机并形成烘干能力的个人和农业生产经营组织，按照不超过2 000元／吨的标准给予奖补 开展常州市“四有”农机专业合作社考核，新购乘座式插秧机每台加2分，新购国家推广目录范围内的联合收割机按照价格每2万元加1分，高地隙自走式植保机按照照机具价格每1万元加1分	277	210	123	22	65	587	9	423

我的农机生涯一直在路上

□ 李新平

李新平，河北省石家庄市农业畜牧局处长。

我祖籍是河北省行唐县，出生在革命圣地平山。

记得很小的时候，父亲骑自行车带我到县城，在到达平山冶河大桥的时候，看到一个大机器停在路边，一个人用彩色的粉笔（硫黄）在机器头部划着火，快速地放入机器头部，另外一个人在机器旁边转动轮子，不一会儿机器突突冒出黑烟，机器发动了。后来知道这是锅驼机，这是我认识最早的农业机械。

1968 年，随着教师下放（母亲是教师），我们全家回到了祖籍行唐县生活、上学。长大一点随姐姐下地割麦子，拿着镰刀使劲地割，姐姐割一趟，我也就是割 1/3，累得腰酸背痛，腰就像断了一样，那时就想，什么时候人不用这样割麦子啊。

后来我村一个青年被推荐上了衡水农机校，毕业后，把我们村仅有的一台小型拖拉机拆开，给村民讲解拖拉机构造，我是除了羡慕就是佩服，什么时候我也能成为这样的能人。

1980 年高中毕业考上大学，在填写志愿的时候，父母就想，1980 年就要基本实现机械化了，学农业机械必定有前途，姐姐又早我两年考上了河北农业大学农机系，就给报了河北农业大学农机系，一是为了姐弟互相照应，二是孩子学农业机械没有离开农业（父亲一直在县农业局工作，对农业有特殊的爱好）。

在大学，老师把我们带进实验室和机库，让我们知道了中国有一个大厂，生产的产品叫“东方红”，并且在战时可以生产坦克。后来实习时接触了小麦联合收获机，参观了栾城从美国引进的农业机械“万亩方”，认识到我国农业机械和发达国家的差距。

1986 年我从邯郸调回石家庄，在找工作单位时，原石家庄地区机械工业公司（局）（农机管理职能石家庄设在机械局）赵振中书记看了我的简历说，“大学本科毕业，这样的人我们要”。记得赵振中书记找我谈话时说：“我们这一批是从拖拉机站出来的，你前面的是工农兵学员，你们这一批是高考出来的，又经过四年专业学习，你一定要利用学到的知识，把石家庄农机事业发扬光大。”这番话使我感觉到领导对下一代给予的寄托。

改革开放初期，石家庄农业机械主要以小型机械为主，分散的土地限制了大型机械作业，农机管理遇到的难题就是如何协调分散的土地与大型机械开展作业的问题。

1986年，辛集市发明了“地边插杆、共平墒沟”的办法，也就是相邻户地边插上杆子，作为各户土地的分界线，机械作业结束后，相关户共同平整机械作业留下的墒沟。同时，原来石家庄农机服务站从四平联合收割机厂、佳木斯厂引进了大型小麦联合收获机，由于地块小，作业遇到了困难，他们联合石家庄市周边有大型机械的村，组织大型机械从湖北省北部、河南北部、邯郸、石家庄到北京郊区，找一些农场或大块地从南往北割，两种方法解决了分散的土地与大型机械作业问题。

1988年为解决老旧小型拖拉机高耗油问题，河北省农机修造站推广195型拖拉机技术改造项目，领导把我派到辛集市农机化学校，与刘惯博同志一起对这项技术进行验证，在一周的时间里，经过无数次的测试，拿出了大家认可的数据，此项技术在石家庄得到了推广，1991年我作为第四个完成人，获得了国家星火奖三等奖。

1989年解决秸秆焚烧问题，赵振中书记提出：要在石家庄建立“一个十万、十个一万”秸秆还田示范区，辛集承担10万亩示范区，周边平原县每县承担1万亩示范区，同时协调石家庄区域内的石家庄农机厂、赵县修造厂、栾城二机厂三个还田机生产企业加足马力生产秸秆还田机。措施的到位和农机工作人员的努力，使秸秆还田工作取得了很好成效，麦收期间，在辛集召开了石家庄地区秸秆还田现场会，参观了辛集现场，有关县介绍了经验。至此，石家庄秸秆还田工作正式开启。

会后，石家庄连着下了一周的连阴雨，小麦长着就发芽，石家庄大部分小麦都被割晒机割倒，抢救出的小麦，没地方存放，打出的麦子基本发霉。那一年，石家庄市民基本上都在吃“粘麦子”。

天气给农民也给农机管理部门出了个课题，如何将丰收的小麦尽快收获到手。1990年石家庄农机管理部门下决心发展小麦联合收获机，当时的措施就是每台联合收获机预拨2吨平价作业柴油；加上石家庄农机服务站组织的大型小麦联合收获机异地作业的一路宣传、示范，农民有了购置小麦联合收获机的动力和欲望。

1992年年底，藁城市农机局依托农机公司与新疆联合收割机总厂联合组建了藁城联合收获机厂，生产了新疆－2型自走式联合收割机。新疆－2型自走式联合收割机以其结构紧凑、操作简便、机动灵活、脱粒净、分离清、损失低、安全可靠等特点，受到广大农民用户的欢迎，石家庄农机得到长足的发展。

后来在石家庄农机服务站的带动下，石家庄小麦联合收获机开展了大规模的跨区域作业，由于跨区域地区小麦联合收获机少，沿途经常出现劫机、机手挨打、推翻机械现象，为保护机手利益，每年石家庄地区农机管理部门都派出管理人员带队，组织小麦联合收获机开展跨区域作业，规模均在5 000台以上，取得了较好成效；1997年为方便机手作业场地的转移及时返回本地作业，石家庄市农机局与铁路部门联系开通专列，用火车运输形式帮助参加异地作业机械转移作业场地，加快了机收进度，保证了机手的安全和利益。

1990年，深泽县农机化学校实验工厂引进辛集农机化研究所设计的玉米贴茬播种机（1988年设计）开始生产，对配合小麦联合收获后下茬玉米的播种起到了很好的效果，农民不再冒着酷暑下地播种，随着农民需求的不断扩大，深泽县农机化学校实验工厂贴茬播种机产量猛增，企业得到不断发展壮大，后随着产品的不断增加，改为“农哈哈集团”，农哈哈由一个校办工厂成长为一个年产值3亿元的企业。同时也为我市小麦、玉米两茬平作地区的耕作提供了可靠的机械，当时流行的谚语是“机器地里走、农民喝啤酒”，缩短了“三夏”时间，解放了劳动生产力。

1998年，为彻底解决石家庄市秸秆焚烧问题，石家庄市政府成立了以市长为组长的农作物秸秆综合利用暨禁烧领导小组，下设办公室，办公室设在市农村工作委员会，召集了农机、畜牧、科技、农业等部门人员一起办公，把秸秆禁烧和综合利用作为一把手工程来实施；初期规划环机场、高速公路、省会21个乡镇的农作物秸秆实现全部利用，达到“不着一把火、不冒一处烟”目标。后来随着形势发展，把禁烧范围扩大为石家庄全区域。在禁烧关键时期，政府一把手住在办公室，督导秸秆禁烧工作，动员市直千名干部下到乡镇督导秸秆禁烧，秸秆办公室人员巡回检查，公开举报电话，村村张贴秸秆综合利用标语，同时对着第一把火的两个乡镇书记、镇长进行了处理，起到了震慑作用。

市政府当年拿出800万元补贴农机具和青贮坑建设，对购买大型拖拉机和还田机的农户给予机械市场价30%的补贴，农机出现新的增长。

经过3年的努力，石家庄秋季农作物秸秆得到很好利用，秸秆禁烧得到很好的控制。2000年石家庄市政府又适时提出把秋季秸秆综合利用向夏季延伸，小麦联合收获机加装切抛装置，实现小麦收获与秸秆还田一体作业，实现秸秆覆盖玉米种苗、提高下茬作物积温、促进作物生长；发展小麦秸秆打捆机，收集小麦秸秆，发展秸秆产业，小麦秸秆由夏季280元／吨，仓储到第二年春季出售达到了800元／吨，也就出现了晋州牛利福等一批秸秆收集专业户，秸秆综合利用成为农民的自觉行为，我本人也得到了省政府表彰的农作物秸秆综合利用暨禁烧先进个人。

在抓秸秆禁烧和综合利用的过程中，石家庄市政府领导不忘农机产品的开发，1998年石家庄市财政给石家庄市农机厂拨付500万元，用于玉米联合收获机的开发，石家庄农机厂与省农机化所合作，生产出石家庄第一台自走式玉米联合收获机。2000年在省农业厅的帮助下，我市农机企业加强与乌克兰赫尔松公司协作，我市农哈哈集团和藁城市联合收割机厂（中农博远）引进乌克兰技术，开始了玉米联合收割机生产，现在市场上自走式玉米联合收获三行机就是当年与乌克兰合作的成果。

1998年，我市农机部门利用好市政府秸秆综合利用资金，邀请国内主要农机生产厂家到石家庄参加农机演示会，宣传农业机械，每年周边省40多个厂家参会，连续举办了16届，到2014年推上社会。可以说，当时石家庄农机演示会已经成为了华北地区的一个品牌。

随着党和国家对农机的重视，2004年出台了《中华人民共和国农业机械化促进法》，农业部、财政部推出了农机购置补贴项目，石家庄农机发展走上了快速发展轨道，我市农机结构也发生了翻天覆地变化，动力机械从2004年以前以55马力拖拉机为主，逐步发展到现在的以1204以上拖拉机为主，到2017年，全市大型拖拉机达到3.4万台，玉米联合收获机1万台，小麦联合收获机达到1.8万多台；小麦、玉米耕、种、收基本实现机械化，每年有超过5 000台的机械开展跨区域作业，农业机械成为农民致富手段。

在实行联产承包制后，土地分散在一家一户的农民手中，土地的耕作主要是以旋耕为主，导致土地耕层浅，作物根系不发达，一遇稍微大点的风，作物成片倒伏，防灾抗灾能力弱；2010年中央1号文件提出：“大力推广机械深松整地”。河北省积极响应中央号召，先行先试，当年利用中央农资综合直补资金1 760万元，按照40元／亩的标准，示范推广深松作业44万亩，节水、增产效果明显。2013年，时任河北省省长张庆伟向李克强总理致信，报告河北省农机深松工作开展情况，得到了李克强总理的肯定性批示和表扬。2013—2015年，河北省财政每年拿出2.5亿元用于补助农机深松作业，三年累计补助实施深松作业3 000万亩，河北省农机深松作业进入高速发展阶段。2015年，经请示河北省政府，确定了在深松作业补贴资金中分别按照不超过1元／亩、0.5元／亩的标准，安排质检劳务补贴和县级质检管理经费，属国内首创。

随着大面积开展，由于质检人员多为兼职，监管不到位，出现了机手作弊，耕深达不到、统计面积不准确、骗补、冒领作业费等现象时有发生，农机深松质量如何监督、面积如何坐实，成为各级农机部门难题。2015年石家庄市藁城区率先将农机深松远程智能监控引入到农机深松质量、作业面积的监管上，在取得经验的基础上，2016年河北省大范围推行智能监控设备，用于对土地深松质量和作业面积进行智能监管，并规定了以监控平台数据作为发放补贴依据的举措，此举大大解放了农机深松管理人员的劳动强度，农机深松质量和面积得到了保障。同时农民从最初怀疑农机深松，转变为追着深松机具要求深松；机手从以前用简易深松机具开展作业，转变为购置专用深松机具和大马力四驱车开展作业；各级管理人员从最初不愿接受任务，转变为主动要求增加面积；实施农机深松智能监管后，农民清楚农机深松作业质量，机手了解了机具作业情况，质检人员从作业质量检查、作业面积核查等繁重劳动中得到解脱，激发了农民、机手和质检人员开展农机深松作业的积极性和自觉性，目前石家庄农机深松作业机组基本是1804拖拉机＋大型曲面铲深松机的配置，带动了机组的升级。

2004年，我有幸参加了石家庄市农业局组织的培训，在中国农业大学听老师讲到，德国农业机械在作业过程中，将粮食产量实时传输到国家储备粮储备库，每年产多少粮食，不再是估算，是机械真实传输的数据，对我触动很大，也成为我从事农机工作的动力，期待有一天能够看到我国农业机械能够实现这一技术。近几年，随着互联网技术应用于农机装备的加快和《中国制造2025》的逐步推进，我相信在不远的将来就可以实现。

随着农机化的发展，我市主要作物小麦玉

米耕种收作业环节基本实现了机械化，但也存在着不少短板。主要表现，一是农机化发展不平衡问题较为突出。地域性发展上呈现平原地区农机化发展较快，山区发展较慢，适宜山区丘陵地区的机械偏少。二是作业领域上不平衡。小麦生产已实现了机械化，玉米生产机械化实现较快提升，但果园、蔬菜、畜牧及农产品加工以及畜禽粪便处理生产机械化发展缓慢。三是作业环节不平衡。耕种收等环节发展较快，高效植保、烘干（保鲜）及节水、节药机械化等方面仍然是短板，农机化供给侧结构性改革的任务十分艰巨。四是在机械结构上，高性能机械少，高能耗机械偏多，推广使用高性能复合机械和报废老旧机械任务较大。五是多数农机合作社规模小、辐射能力弱，经营管理能力不强，服务水平不高，服务范围较窄，服务成本比较高。六是互联网应用上有差距，也存在监管机械作业项目少、平台之间存在互不兼容的问题，制约着精准作业的发展。七是农机科技推广人员存在年龄、知识老化，面临断层的问题。特别是随着国二改国三的全面推进、大型高新机械的大量增加，农机从业人员知识滞后于农机化发展的问题日益突出。这些都有待于今后加以解决。

目前，农业机械定位、无人驾驶技术、小麦产量计量等信息化技术在石家庄得到了应用示范，加快了机器换人的步伐，但与发达国家比仍有不小的差距，但我相信只要我国坚持不断的改革开放、运用先进技术，一定会补足短板，实现农业机械的全程全面机械化、信息化。

从儿时见到农机，到自己从事农机事业；从自己努力，获得国家星火奖、农业部丰收奖、河北省政府表彰的先进个人，1992 年 11 月副科，1994 年 4 月正科，到 1993 年被评为石家庄市技术拔尖人才、1997 年被评为跨世纪拔尖人才，无不体现出组织的培养和同志们的关心，尤其是被评为石家庄市技术拔尖人才后，得到了市委组织部韩存锁部长的关心和帮助。

我见证改革开放 40 年来农机事业的发展与变化；也感到能为农机事业的发展做出点事情，很欣慰也很自豪，我国农机事业的发展，永远在路上。

缘起农机

□ 邓向东

邓向东，内蒙古自治区农机技术推广站科长、研究员。

1986年毕业于内蒙古农牧学院农机系。从事农机推广、技术培训和农机社会化服务工作30余年。

1982年的秋天，我以不错的成绩考入内蒙古农牧学院农机系（现内蒙古农业大学机电工程学院），开启了与农机事业的不解之缘。四年后的1986年，我走出象牙塔，转身跨进了内蒙古农机推广站的大门。从此，农机工作成为了我事业的主旋律。时光荏苒，我与农机结缘已30余年。此时，两鬓微霜的我站在改革开放40周年的历史节点上，回望来路，心中满是对选择农机事业的无悔与自豪。

1986年的农机推广站有一个时代气息浓郁的名字——内蒙古农牧机技术培训推广服务站。在这个集体中，我虚心向学、精于实干，奉献了青春、贡献了力量，更收获了成长。

参加工作初期，我被安排在试验服务科，先后参与并逐步独立承担了农机作业服务、农机具及零配件供应、农用动力机械节油技术推广、小麦沟播机推广等工作。

我见证了桂林－2号、飞龙－0.75背负式稻麦收割机从引进推广、急速发展到衰败淘汰的全过程；参与了小麦沟播机的推广工作，目睹了自然资源严重匮乏时的农业生产者的无奈，感受到了从事农机推广工作的艰辛。

同时，我参加单位组织的自走式谷物收获机引进、推广工作，参与组织"小麦机收跨区作业"工作，协调交通、公安和基层农机等多部门为异地农机手提供服务。

一系列的实践工作为我的技能提升奠定了良好的基础。

1994年后，我调入培训科，从事农机行业工人等级考核和职业技能鉴定、科技推广和信息宣传等工作。期间，曾于1996年作为农机推广站的代表，配合当时的自治区农业厅开展"旱作农业示范基地建设"，在呼和浩特市武川县蹲点。先后引进、推广与小型拖拉机配套的翻转犁300台、割晒机150台，完成小麦化肥深施示范面积1 000多亩，在农闲时节协助组织技术培训30余次，直接受训农民约1 500人。

同时，我组建地方农机行业职业技能鉴定考核题库、以农业部首批职业技能鉴定考评员的身份参与农机行业职业技能鉴定工作；参加在全国农业行业影响空前的“保护性耕作”项目，围绕项目实施，多次组织全国性、全区性、跨行业的大型现场演示活动。对口接待农业部、自治区人民政府、兄弟省市行政领导和技术同仁的参观，推荐、介绍内蒙古农机科技推广发展状况和成就；协助组织“内蒙古西部区小麦跨区机收动员现场演示活动”，成功完成首批约翰迪尔 JDT3060 的引进试验工作，助力我区小麦机收水平实现跨越式发展。

2004 年，我以技术指导的身份，协助自治区农机局组队参加了农业部组织的首届“福田 · 欧豹杯”全国农机大户知识竞赛，并取得优异成绩，我也因此又一次受到自治区农业厅的表彰。

这 10 年，是我年富力强的 10 年，更是内蒙古农机推广事业快速发展的 10 年。在良好的环境中，我干劲十足、雄心勃勃，每每想到能够为内蒙古农机化事业的发展壮大做出贡献，自豪之情便油然而生。

2005 年，因工作需要，我挑起了站内实体“内蒙古飞原公司”的担子。作为一名专业干部，谈论农机理论和实践我都不陌生，从事农机推广、培训和信息宣传工作，更算得上得心应手。但搞管理，我的确是外行。

上任后，我站在推广站前辈奠定的良好基础上，紧紧围绕国家农机购置补贴政策的实施，充分利用全区农机推广系统点多、面广、技术力量雄厚的优势，借助多方面支持，带领公司职工用三年的时间，从维持正常运转，发展到销售额、影响力、服务能力等在全区名列前茅。不仅公司得到了主管部门、推广系统、生产企业和用户的普遍好评，我也因此在区内外农机制造、销售、服务行业小有名气。

在飞原公司工作的时光，疲惫却也充实。于我而言，不仅锻炼、提高了自身的多方面能力，更为自己的人生经历添上了浓墨重彩的一笔，每每提及那段时光，我内心都充满喜悦和成就感。

2008 年，我离开了工作 3 年的飞原公司，转任新技术开发科科长，再次回到了农机推广的岗位。几年来，我带领科室人员，与自治区、盟市、旗县三级农机科技人员配合，密切关注我区农牧业生产实际需求，围绕行业发展重点，承担了农业部“农田残膜污染综合治理方案”研究，探索农作物秸秆处理和利用方法，组织开展主要农作物生产全程机械化示范推广及示范县建设等。借助现场演示、技术培训、信息宣传等手段，采取走出去、引进来等灵活多样的措施，积极开展农机新产品、新技术开发、推广工作。

30 余年的时光，如白驹过隙，已成过往，细细回想，深觉感激。是党和国家改革开放的政策，给我们这一代人创造了上大学的机会，为我们提供了更多的就业环境和发展空间，更让我们充分地享受到了改革开放的红利。

我有幸在毕业后来到农机推广站，结识了众多同事，得以施展自己的专业技能，并得到了极大的锻炼和提高。虽然如今已年过半百，但我仍将不忘初心，再接再厉，发扬农机人不懈奋斗、与时俱进的精神风貌，脚踏实地地抓好农机推广工作，力争做好传帮带的同时，也为自己的职业生涯画上一个圆满的句号。

从三次记忆深刻的吃牛肉经历联想到改革开放 40 年农机化发展历程

王庆宏，约翰迪尔（中国）投资有限公司市场部大客户经理。生长在农村，从小就对农机有浓厚兴趣。大学专业与农机有关，毕业后 30 年一直在农机生产第一线。立志一辈子不离开农机事业。

□ 王庆宏

我记不清第一次吃牛肉是哪一年了，但至少是在改革开放之前，因为那时村里还有生产队。我在村里上小学，年龄不会超过 12 岁。村子坐落在天津蓟县刘家顶公社东北部（后改称乡，现在又被并入到桑梓镇），全村有 700 多人口，800 多亩土地，分四个生产队，我家是第二生产队。父亲是公社兽医站最有名的兽医，负责公社 26 村家禽和牲畜的防疫治病。他和蔼可亲，有求必应，哪怕是数九寒冬的夜里有人喊门请他给家里的猪羊等家畜看病，父亲总是立刻起床，背上药箱带上手电筒就出发，在十里八乡人缘特好。

牛、马、驴、骡是生产队的固定资产，每头牲畜在公社都有户口和档案，因为它们是所有农活的绝对主力。那年，我们生产队有一头牛病了，终日卧槽不起，日渐消瘦，急得生产队员和大队书记如坐针毡，因为这是我们队里仅有的 4 头牛中最壮的一头，春耕马上开始了，200 多亩土地亟待耕种，父亲虽想尽各种办法医治均未见效，公社领导出面从县兽医站请来专家会诊，但最终也未能挽救这头牛的生命，父亲很内疚，决心查出病因。

在县兽医站人员和公社领导的全程监督下，父亲将牛进行了详细解剖，结果发现是牛误食了钢钉，扎破了胃导致死亡。为此，饲养员被调离岗位，并被处罚 200 个工分（相当于一个月白干）。生产队员们悲痛之余每家按照人口数量分到了牛肉，我家 7.5 口人（奶奶的另一半户口在伯伯家），估计应该差不多分到了二斤多肉吧。

那天，放学回家发现母亲为我们做的是白面和玉米面混合的烫面牛肉馅蒸饺，可把我们姐弟们乐坏了。美其名曰是牛肉馅，其实里面 90% 以上是旱萝卜。其中有一小盘纯白面蒸饺，母亲说是单独为奶奶包的，牛肉大葱馅。父母不吃，弟弟最小，能分一个，我们 4 个兄妹每人半个。这是我有生以来第一次吃牛肉，真是美妙绝伦，回味无穷。吃完美食后，我随口说一句“要是生产队的牛隔三差五死一头多好呀，这样我们就常有牛肉吃了”，不想却招来父母的一通臭骂。

此事过后，父亲查阅各种书籍和请教专家，知道磁铁可以从牛胃里吸出钢钉、铁屑等金属。为此，专门托人从北京购买了一节五号电池大小的高性能磁铁，磁铁的一头做一个环，环上系上结实的棉线绳，另外再制作一个能撬开牛嘴并保证牛无法咬断绳子的类似铁夹子的工具。一切准备好后，先拿我们生产队的牛做实验，撬开牛嘴，磁铁从牛嘴送入食道，再送到胃里，绳子的另一端系到撬嘴的工具上，然后让牛围着麦场小跑，一番 20～30 分钟的折腾后，慢慢将绳子拉出来，奇迹的是磁铁上竟然真的吸附着钢钉和铁屑。实验成功后，父亲就定期为各村的牛进行“吸铁”，从此再也没听说哪村的牛

几经修缮改造的工厂大门，已故著名书法家刘炳森先生题写厂名

前广场。参加工作初期，家人来厂参观，并选购拖拉机

因误食钢钉死亡事件。

第二次印象深刻的吃牛肉经历已是改革开放 10 年以后，也是我大学毕业的第一年。说起这次吃牛肉还得先从 1978 年农村实行家庭联产承包责任制政策开始（准确地说我们村是从 1980 年开始的）。生产队解散时我家已经 9 口人（奶奶过世，哥哥结婚，小侄子出生），分到了 10 亩多土地。没有牛，没有拖拉机根本无法完成耕种，况且家里也没有钱单独购买牛马牲畜，为这事可把父亲愁坏了。可巧，村里有一个远房二姐嫁给了在县办工厂做工的本村小伙，二姐在家务农，负责带孩子、照顾老人，虽家境比我家好些，但她自己种地也有很大困难，经过协商，二姐家出资 2/3，我家出资家 1/3，共同购买了一头小公牛（大约 300 元吧）。哥哥多年务农，在生产队早已是有名的犁把式（老手），从此我们两家就开始了 10 年的互助合作。

小公牛是枣红色的，非常壮实，浑身上下没有一根杂毛，我给它起的名字叫“红牛”。父亲发挥兽医特长，决定将“红牛”按照种牛饲养，一是可以干农活，二是可以配种赚钱。我当时被分配的任务是放学后打草和放牛，可能是天生做事认真，也许是理解这是用全家多年的积蓄才购买的资产，经过我的精心伺喂，小牛犊非常肥壮，身上油光光，因为是公牛，有时脾气很暴躁。这项任务持续到三年后我到县城读书才告结束，并交班给了弟弟。

读高中时住校，但每次回家我都到地里帮家里干农活，种地、除草、施肥、收秋，样样都会干，样样都能得到村里庄稼人的好评（庄稼人：干农活高手）。尤其是麦收假期（学生多数来自农村，学校一般会安排放假 10 天），这假期可不是这么好过的，手拿镰刀，头戴草帽，

起早贪黑，随身带上玉米饼子、咸菜条和一壶水，一天下来腰酸背痛，手经常被磨出水泡或血泡，但第二天还要接着干，麦子运到麦场后还要脱粒、扬场，直至将麦粒装入麻袋，然后还要耕地种玉米或豆子。在高中二年级的麦收时节，村里有一户人家购买了一台割麦机，其实就是一个手扶拖拉机安装一个割台，仅将麦子割倒并摊放在同一侧，然后用人工打捆。这机器在当时可是最先进的了，过去我们几个人四五天的劳动量，这机器两个小时就割完了。这是我对农业机械化的初步认识。

高考填报志愿时我没有什么高远志向，目标就是要离开农村，跳出“农门”。根据估分情况，老师建议我报考天津大学机电分校，虽属于一般院校，但听说马上要改成汽车学院，汽车今后一定有前途。开学后我才知道，该校的前身是一所农机学校，曾隶属于八机部。老师除了讲授机械方面的专业课程外，还经常介绍拖拉机等农业机械，印象最深的是一位教授讲述一位叫韩丁的美国人在中国东北农场带领20人种地一万多亩，人均产粮20万斤，全部用的是从美国进口的大型拖拉机、收割机等，我听后感觉就像天方夜谭一样。这应该是我对农业机械化的中级认识了。

当年大学毕业是国家包分配工作的，我是学生党员，择业机会更多些，但我放弃了回蓟县县委从政机会，放弃了到天津市监狱局下属工厂从事技术工作，而是直接选择了天津拖拉机制造厂。热处理分厂，这是大学期间我曾带队实习的分厂（当年我是班里的团支部书记），很多老师傅还能认识我。从此开始了我的农机梦，开始从事当时全国最有名“铁牛55”拖拉机的生产制造。尽管我所在的分厂仅仅是拖拉机零件加工的一道工序，但乡亲们得知我在天拖工作后都为我高兴，我也很自豪。

参加工作第一年，家里为哥哥购买了一台二手“铁牛55”拖拉机，专业从事农机耕地服务，二姐也要带孩子搬到县城居住。“红牛”的使命已基本结束了，两家协商后决定宰杀“红牛”卖肉，依照当年入资比例分配所得，但特意留下牛头没有卖，两家共同分享。这些年，“红牛”为我们两家可谓立下汗马（牛）功劳！除了耕种两家20多亩土地外，还经常帮助亲朋好友家耕地，配种收入也能贴补家里开支和我上学的一些生活费用。那次回家，母亲端出一盘特意为我保存的牛头肉，看到“红牛”的脸肉，我仅仅吃了一小块儿，眼泪已不禁夺眶而出。

在之后的30年里，我一直从事农机行业。从天津拖拉机制造厂，到约翰迪尔天拖有限公司，再到约翰迪尔（中国）投资有限公司；工作岗位从热处理分厂，到产品出口部，再到现在销售大客户部的变动；经历了国企、合资、外资的体验；看到了中国从当年以畜力为主的种植方式，到现在耕、耙、播、收全程机械化的巨大变化。

我将这30年大概划分三个阶段。

第一个10年（大约1988—1998年）是农机行业徘徊和寻找机会的阶段。当时天拖厂面对的形势很严峻，职代会上，厂长的《工作报告》中提到最多的一句话就是“市场疲软，资金短缺”。尽管当时老一代技术人员精心设计了新产品，铁牛家族增添了600、804和1104三个成员，但成本太高，农民的购买力所限，全厂7 000多名职工，生产拖拉机数量最低的一年不足4 000台。我们出口部每年有200台左右出口，但也是杯水车薪，且出口国基本是更落后的发展中国家，如：缅甸、苏丹、朝鲜、委内瑞拉等。

第二个 10 年（约 1998—2008 年），也可划分到 2013 年，这是中国农机快速发展期。国内农机制造企业如雨后春笋，不少厂家的产品不仅外观漂亮，而且质量和性能都有了很大提高，这时的农民购买力也大幅提升了。尤其是 2004 年开始施行的农机购置补贴政策，极大地调动了农民购机积极性，2008 年全国农业机械总产值达到了 2 000 亿元。此时的天拖厂已经和美国的约翰迪尔公司合资，当年韩丁在东北农场种地时选用的就是迪尔公司的产品，是世界第一大农机制造企业。公司通过引进先进的管理和技术，人员虽减少到 1 500 人，但整机销售达到了 1.6 万多台。

第三个 10 年（2008—2018 年）是调整提高期，尽管从 2013 年年底销售开始出现下滑，但市场更加规范化，生产企业更加理性，认识到必须苦练内功，从产品升级和提高技术含量寻找出路，加大研发投入，加速引进国外的先进技术和人才，开始为从农机制造大国向制造强国积蓄力量。

我家的变化也很大，兄弟姐妹相继成家，2008 年哥哥带领弟弟和姐夫成立了农机服务合作社，先后购买了铁牛 600、750、850 和迪尔 854、904 型拖拉机共 5 台，迪尔收割机 1 台，迪尔大型青贮收获机 2 台，服务周边几个村的耕种和收获，还能跨区作业，收入不错，家境殷实，这都是改革开放政策带给我家人的福祉。

第三次印象深刻的吃牛肉经历是不久前参加山东滨州阳信县的肉牛研讨会后的工作餐。当时我只是想接触一下肉牛养殖大户，寻求销

青贮作业偶遇三十多年前老“铁牛”，
迪尔、天拖情交融

售大型青贮机的机会。因为近些年接触的都是全国各大奶牛养殖企业，以为只有养殖奶牛才舍得饲喂全株玉米青贮。阳信肉牛产业创新专家组由山东农业大学多名知名教授和行业带头人组成，现场解答养殖户的各种技术问题。座谈会上得知，阳信县肉牛年存栏量 27 万多头，年出栏 25 万头，拥有 76 家现代化屠宰加工企业，年屠宰能力 120 万头，牛肉销往 20 多个省市，位居全国第一县，全株玉米青贮已是肉牛的家常便饭了。

工作餐安排在亿利源餐馆，这是一家集养殖肉牛、屠宰和餐饮一体的著名企业，服务员为我们每位分得一块牛窝骨，公司董事长杨振刚先生详细介绍了牛各部位的专业名称和合适的烹饪方法，如：炖、炒、涮、煎、酱、卤等，甚至还有蘸料生吃的，真是长知识了。在享受美食的过程中，有位山东农业大学教授讲述了他小时候村里一家哥俩抢啃牛骨头的趣事，不禁勾起了我第一次吃牛肉的记忆，同时也激起我将记忆中几次吃牛肉的不同感受和感想写出来的冲动。

现在牛肉早已成为国人餐桌的常见菜肴，再也不是什么奢侈品，包括我家也常变换方法吃牛肉。除了南方小地块水田外，牛已基本上从农耕田地里解放出来，取而代之的早已是各种现代化农机。我想，当我们享受牛肉佳肴的时候，除了要感谢那些养牛专业户，也应该感谢我们这些不断探索、默默工作的农机人。

通过几次印象深刻的吃牛肉经历，使我联想到了中国农机发展的光辉历程。尤其是近年来走访用户和参加全国农业机械展览会后深受感动，看到了国内越来越多的大型骨干企业能够生产出各种更加先进的大型农业机械，看到了农村发展的巨大变化，感受到了中国农民对更加美好生活的向往和自信。虽然目前我国的农机技术与国外先进的农机企业相比在很多方面确实还有不小差距，例如：大型拖拉机、采棉机、甘蔗收获机、青贮机等，但我相信，在党中央的正确领导下，在国家政策的大力扶持下，在农机战线全体同仁的不懈努力下，我国的农机事业必将迎来更加灿烂辉煌的明天，让我们为过去40年来农机发展所取得的辉煌业绩点赞，让我们为中国农机事业在不久的将来赶超世界先进水平不断努力奋斗！

征文后记

能有幸参加此次征文活动我最应该感谢的是林赛公司销售总监王婷女士。我阅读了她在朋友圈发的她自己的文章后很受启发，并为她点了赞。她鼓励我也应该写一篇，并转发给我了《“纪念农机化改革开放40周年”征文通知》，因为她知道我也是老农机人了。

我感觉征文这种形式非常好，既符合国家庆祝改革开放40周年的大环境，又能利用现代化的通讯方式广泛宣传我们农机化事业所取得的辉煌业绩，同时也能让有农机情怀的人抒发自己的感情，记录自己为农机事业所做的一些贡献。但当时我苦于经常出差，没有时间整理自己的思路，也担心自己的经历都是日常工作的小事情，没有什么可以写的，加上对自己文学水平严重地不自信，此事就耽搁下来了。直到我在山东滨州参加养牛研讨会吃牛肉午餐后才彻底激发了写一篇征文的勇气。

不想这篇征文在我朋友圈引起了不小反响，收到了200名亲朋好友、同事的点赞和点评，上千人阅读，有些亲戚好友还转发了我的征文。自从夏明副秘书长建立“纪念改革开放40周年农机事业发展征文”群后，我陆续收到了推送的征文，几乎全部阅读了，没有时间阅读就先保存起来，待有时间再细细品读。从推送的征文中看到了我老领导——宋亚群，刘宪、马世青、李庆东、徐志坚、宋英等农机管理部门的领导，宋毅、朱礼好等媒体界领导，以及各位兄弟厂家领导和用户的征文，这些人中有的是多年未见的老领导，老朋友，有的是业内大名鼎鼎但一直未曾谋面的专家，也有素不相识的用户等，但我完全被作者们的真挚情感所深深感动，被作者以及介绍的老农机人为中国农机化事业所做的卓越贡献所折服，自己也不禁随着作者的思路回忆着当年的激情岁月，仿佛自己也身临其境了。

感谢中国农机化协会搭建的这样好的交流学习平台！感谢各位同仁畅所欲言、共话中国农机发展！

他们激励了我

□ 敖方源

敖方源，重庆市农业机械化技术推广总站专家委员会副主任，从事农机化新机具、新技术试验示范及推广应用。

人活着每一分有每一分的价值，每一秒有每一秒的意义。奥斯特洛夫斯基在《钢铁是怎样炼成的》中说道："人的一生应当这样度过：当一个人回首往事时，不因虚度年华而悔恨，也不因碌碌无为而羞愧。"美国的第32位总统富兰克林也说过："你自己要推动事业，而不要让你的事业推动你"。弹指一挥间，我从事农机推广工作已5年，如今我已经深深地爱上了这份光荣的事业。也许您要问，是什么让我对农机推广事业的感情与日俱增，历久弥坚？那我要告诉你，是因为我身边始终有一批为丘陵山区农机化事业默默奉献的优秀共产党员感动着我，激励着我。

单位正高级工程师田贵康，意外受伤，身上二十几处骨折，躺病床上坚持接受全市老百姓关于农机化技术推广和农机化政策方面的电话咨询；刚出院第二天就回到单位上班，拄着拐杖深入区（县）田间地头指导农机化工作。田专家作为一名优秀的共产党员在自己平凡的工作岗位上履行着自己的职责，用自己的实际行动诠释着什么是"责任"，什么是"奉献"，在他的身上，我看到了一种精神、一种方向、一种动力。"重庆好人榜"敬业奉献：梁平县农机推广站兰显发站长，一生"泡"在土地里的农机人，从事农机推广工作34年，不辞辛苦跑遍了全县33个乡镇。宣传推广，他逢赶场必到；下乡示范，他经常忙到天黑。兰显发常说："机器不能少零件"，但因长期工作他自己身上却少了个"零件"——胆囊被切除了。有人劝他，你身体不好，年龄也差不多了，就歇歇气等到退休吧。一辈子"泡"在土地里的兰显发却有着自己不变的坚守——实现梁平农业机械化水平继续领跑全市，最终把梁平建成全国农机化示范区。兰站长作为一名优秀的共产党员没有豪言壮语，没有张扬的性格，但他点点滴滴的言行却影响和渗透着我，平凡而闪光的精神却时时感动着我。34年来，他始终默默地在工作岗位上奉献着自己的青春，任劳任怨，坚定而执著地践行着自己肩上的那一份责任。身边的优秀共产党员还很多很多，他们默默地用自己的言行诠释着新时期共产党员的先进性，践行着共产党员对工作、对生活、对事业、对理想的庄严承诺；他们用自己的实际行动，为党旗增光添彩。从他们的身上，我感受到了无穷的力量，激励着我为成为一名优秀的共产党员而努力奋斗！

今年重庆市继续推进丘陵山区土地宜机化整治工作，按照适宜农业机械的作业要求，我们全面推进 10°～15° 旱地或“馒头山”实行斜线式梯台改造；10° 以下的旱地因地制宜地缓坡化改造；高差 60 厘米以下的零散地块实行水平条田化改造，小并大，短并长，弯变直。我作为为全市实施地块整理整治示范项目提供技术指导服务的技术人员，为了把这项工作做得更好，我放弃了大多数周末和节假日的休息时间，深入区县田间地头现场指导，认真规划地块整理整治方案。三年来，我们辛勤的劳动换来了丰硕的成果，截至目前全市已经完成农机化地块整理整治面积 15 万亩。整治后的土地上 120 马力以上的拖拉机可以带机具任意驰骋。大足区大唐丰裕农业发展有限公司 700 亩稻田水平条田化改造后，平均单次作业路线大于 150 米；合川区翰飞农业发展有限公司 3 000 亩土地缓坡化改造后，平均单次作业路线大于 200 米；丰都县大地牧歌农业发展有限公司 3 600 亩土地斜线式梯台改造后，平均单次作业路径 250 米。我们的工作也得到了农业农村部的高度认可。当看到我们辛勤的付出开花结果时，我感受到了作为一名共产党员的价值所在，我读懂了爱岗敬业，明白了平凡伟大，让我不由自主地选择了踏踏实实工作，老老实实做人。我也用一个共产党员的实际行动展示着干农机推广这份事业的光荣和作为一个农机推广人的自豪。

雄关漫道真如铁，而今迈步从头越。面对丘陵山区农机化发展新任务新挑战，我将以农机推广人更加饱满的生命热情，燃烧激情与奉献，加快推进丘陵山区农机化地块整理整治工作、藏粮于地、藏粮于机；让我们的青春和汗水，勾画出一幅幅新农村美丽的画卷，迎接农机推广更加灿烂辉煌的明天！

扶贫涌春潮 农机卷浪花

——重庆市农机推广团队在红池坝镇的脱贫攻坚工作小记

□ 彭维钦

彭维钦，重庆市农业机械化技术推广总站生产技术科副科长。

在那秦巴山区深处、红池花海脚边，有一个深度贫困乡镇——红池坝镇。在那里，没有大都市般车水马龙、灯红酒绿的繁华；在那里，没有工业园区般日新月异、瞬息万变的发达；在那里，也没有知名景点般熙熙攘攘、人来人往的盛大。但是，在那里，青山绿水形成了一种静谧的美，民风淳朴好似一个温馨的家。红池坝镇山高路远地僻，生活条件艰巨；但自然环境优雅，正好需要一个改革的良机。

2017年，改革的春风吹动扶贫的春潮涌上了巴渝大地。作为农机推广工作者，作为公益事业人员，我们有义务，也很荣幸地参与到红池坝镇的脱贫攻坚任务中来。

2017年9月至今，我和我们农机推广技术团队前后共10余次前往红池坝镇，累计超过100天，为当地的扶贫工作献出了微不足道的一丝力量，为自己的人生留下了充满意义的一纸篇章，也见证了农机事业在扶贫的春潮中卷起的道道波浪。

犹记2017年9月5日，我初次踏上了前往红池坝镇的征程，秋意凉凉，大雨倾盆。6个多小时的颠簸，翻过了崇山峻岭，跨过了河谷险滩，红池坝镇的面容才渐渐出现在眼前。

紧急的工作会议让我有些猝不及防，繁重的扶贫任务更是让我感到怯场，无形的压力甚至让我想到了逃离。但最终我还是坚持了下来，在这里开展了农田宜机化改造试点，进行了农机化生产技术的讲解培训，最后，在一场突如其来的秋雨之中举办了秋冬种生产机械化现场会。

还记得离开的时候，我收拾起淋得湿透的行囊，狼狈不堪。但放眼望去，周边的群众似乎并没有嘲笑的目光，反而从他们的脸上看到了些许的赞赏。就这样，结束了红池坝镇的首次旅途，也拉开了农机扶贫的光辉序幕。

习近平总书记指出，要把高标准农田建设好，要把农业机械等技术装备水平提上来。正因为如此，我们农机推广恰好可以借助改革的春风、扶贫的春潮，在红池坝镇一显身手，干出一番作为。

此后，我们农机推广技术团队数次前往红池坝镇，为扶贫工作不断奉献着自己微薄的力量。

起初，当地百姓对先进的农机化技术嗤之以鼻，磨破口舌也不能让他们接受建议。于是，我们找到村社干部，寻求他们的支持。通过一次次的院坝会和座谈会，我们的耐心和执著打动了百姓，最终得到了的认可。

后来，我们在红池坝镇进行了农田宜机化改造，机械化生产基地建设，农机操作培训，农机社会化服务政策宣传解读，粪污循环抽排设备安装等一系列工作。

白天我们在田间地头奔走，在山头林下游蹿，接受着烈日的烘烤和蚊虫的叮咬；晚上我们拖着疲惫的身躯，回到简陋的宿舍，挑灯夜战，弥补着耽搁的工作。

在这期间，我们也亲眼见证了当地干部和驻村干部夜以继日、任劳任怨的艰辛；我们更是深切感受了脱贫攻坚指挥部办公室主任秦大春同志风雨兼程、亲力亲为的作风。因此，我们不说苦，不言累，无怨无悔。

一年多来，我们共召开现场会近10次，赠送拖拉机、粉渣分离机等适用农机具20余台（套），教会了老百姓如何使用农业机械，鼓励并引导他们建立农机专业合作社；指导农田宜机化改造近3 000亩，改善了土地的机械化作业条件，增加了耕地面积；新建了机械化草场，为当地的畜牧养殖提供了便利；打造了马铃薯生产全程机械化基地，预计每亩节本增收500元；建设了机械化茶园和机械化果园，预计亩产值提高2 000元。

我们能力有限，但我们不遗余力；我们贡献虽小，但我们不图回报。我们在扶贫的春潮中卷起朵朵浪花，迎着改革的春风滋润一方土地。

一“鹿”奔跑

——一个农机媒体人与约翰迪尔的交往札记

□ 朱礼好

朱礼好，农业农村部农业机械试验鉴定总站信息处副处长，中国农业机械化信息网、《农机质量与监督》执行主编；《农机市场》《当代农机》、农机 360 网、农机 1688 网等行业媒体专栏作者。曾任职于《中国农机化报》《中国农机化导报》，文章曾刊于《经济日报》《农民日报》《中国经济导报》《中国工业报》《中国汽车报》《21 世纪经济报道》《华夏时报》等媒体。

我与约翰迪尔之间的缘分，从 2002 年就开始了。

那年，我供职于当时国内农机行业最具影响力的报纸《中国农机化报》，也是我正式进入农机行业头一年，由于对农机行业一窍不通，我就每天在各个行业媒体上寻找可作“大文章”的短消息。时年 5 月，我在《农业机械》杂志上看到一则迪尔天拖导入 ERP 的消息，这令我很兴奋，当时我们报社领导大力倡导记者搞产经报道，我感觉这里面有文章可做。为了写好这篇文章，我提前做了大量功课，了解 ERP 及在国内的实施状况。记得当时了解到国内有两家知名企业生产 ERP，一是金蝶，一为用友。后来就联系了迪尔天拖。当时的迪尔天拖总经理偰建忠先生是位原籍上海的美籍华人，后来在他办公室还看到他的全家福照片，娶了个美国太太、生了三个漂亮的女孩儿。在计划生育教育深入骨髓的年代，看到这一幕还是比较惊奇的。联系到偰总后，他跟我说他那几天很忙，我们届时从北京开车去天津，一路聊过去就当是采访。我记得一个清晨，我去北京丽都饭店找偰总，他亲自开车，车上当时还有迪尔天拖的一位名叫王旭的副总，也是美籍华人——从这一点，就充分领略到迪尔天拖这家当时还属合资企业的国际化色彩。

从北京到天津迪尔工厂的路上，我和他俩一路聊天，到公司时基本上要写的文章大体框架就有了，到厂里后又与具体负责推进 ERP 项目的时任 IT 部经理肖淑君和生产计划部经理许莲萍进行了一些补充采访，就到了吃午饭的时间。当天在迪尔餐厅里吃的是非常简易的工作餐，我当时还好奇：这外资企业真随便，来客人了也不安排到餐馆里吃顿饭呢。当天下午我就返回了。这是我第一次到迪尔旗下工厂的经历，印象已经比较模糊。也就在这次，我还遇到当时迪尔北京总部业务发展经理李立凤女士。李总气质优雅，听说是外语专业出身的，后来随着我们进一步熟悉，如今和她的友谊已经保持了近20年。

这次采访回来，我写了篇《投资500万上ERP　迪尔天拖管理要革命》的4 000字的长稿，发表在当年6月4日出版的《中国农机化报》头版头条位置。得知此消息时我还在外采访，一位同事提前告诉我的，这也是我作为一名初涉农机行业的记者第一次“上头条”，心情自然非常激动，心想这代表我的工作能力终于得到了报社的认可。那时我们报社人才济济，竞争非常激烈，作为一名刚入行的年轻记者，要想上个头条还真不容易。那时农机行业也还没有什么专业的网站，更遑论如今千千万万自媒体，《中国农机化报》就相当于农机行业的《人民日报》，每年的发行量近5万份，在农机行业的影响力非常大。

作为跨国企业，迪尔导入ERP在国内农机行业是第一家。此后，有些农机企业领导告诉我，还是通过我的报道知道了ERP这个管理工具，一些企业也陆陆续续用上了ERP，促进了企业管理水平与产业链运营效率的提升。

没想到，此后竟一发不可收拾，刚入行的头一年，我与迪尔还会产生更多交集。

当年6月，报社又派我去采访迪尔天拖的兄弟企业迪尔佳联。我记得一个夏日，我先坐火车从北京到哈尔滨、又从哈尔滨坐了5个小时的汽车辗转到了佳木斯。那时年轻，也不晓得累。也就是在这次，我认识了更多迪尔人，有的后来进一步成了迪尔公司的骨干和高层领导，包括当时的迪尔佳联总经理刘镜辉先生——如今的迪尔中国总裁。往日去采访的情景还很清晰，我记得那次住在松花江边上的江天宾馆，采访期间还遇到当时安徽省农机公司蚌埠分公司的总经理蒋晓丽和其一位下属，专门不远千里从安徽蚌埠过来要货。彼时，迪尔佳联的3060、3070小麦收获机是抢手货，而迪尔遵从稳定的发展战略和生产计划，满足不了用户旺盛的需求，因此经常有经销商来厂里催货。这次我对刘总进行了专访，刘总为人非常谦逊，思维清晰，口才极佳，给我留下了深刻印象——后来我多次参加迪尔中国的商务大会，发现每次刘总在演讲时都不要稿子，这是区别于国内企业领导的一个显著特征。这次采访也收获颇丰，我后来一举写出了针对刘镜辉的专访《发展不可偏离规律的轨道》《收获机市场再掀战火　3070赢得喝彩》等两篇重头稿件。第一篇是一整版，据后来有迪尔中国新员工告诉我，他们通过我的专访文章进一步了解了刘总和他的水平，这让我颇为得意。第二篇是“企业与市场”版块头条。

那一年9月，我还应邀参加了迪尔佳联在深圳举办的商务会，结合我前一次去迪尔佳联实地采访的素材，我又写了篇《追求零缺陷　迪尔佳联拒绝差不多》的长篇稿件，这也是一个头版头条，报社还给我评了个一等奖，给了1 000元奖金。当时，零缺陷管理、5S管理这些管理概念，不仅在农机界，在其他行业也算是时新的管理理念，为了写好这篇文章，我也阅读了大量有关质量管理方面的材料，包括著名质量管理大师克劳士比的质量管理著作。后来我在上网时还发现，克劳士比（中国）学院还把我的文章转载在他们的官方网站上。

与迪尔打交道的第一年，我竟写了5篇有关迪尔的重头稿件（由于记忆较深，我在写这篇回忆性的文章时，这几篇稿件的标题我都不用查阅）。那一年底，我又应邀参加了迪尔天拖在海南三亚举办的商务会，我写了篇《迪尔天拖：打造潮流领者》（发表在2003年1月的《中国县域经济报》，由《中国农机化报》改名而来）。对于工作不久的我，也是借工作之机第一次到了这些著名城市。到现在为止，我已经参加了很多次迪尔一年一度的商务大会了。

令我深感荣幸的是，在我的从业经历中，有幸见证了一些迪尔在华的标志性事件。

2005年，迪尔收购了迪尔佳联的中方股份，将其变为迪尔旗下的独资公司。由合资而独资，对迪尔在华事业的发展显然具有重要意义，因此本次活动约翰迪尔公司非常重视，约翰迪尔全球董事长罗伯特·莱恩亲自率领一众高管远渡重洋从美国赶来参加仪式。我当时已经到了新创立的中国农机安全报社《中国农机化导报》编辑部工作，我和原来的《中国农机化报》同事、其时供职于《中国工业报》的记者何事勇，一大早从雾景朦胧的北京乘坐迪尔公司专门为此次仪式包租的专机，抵达晴天丽日的佳木斯，这是我平生第一次坐包机，也是到现在为止唯一的坐包机经历。我记得那次是下榻于佳木斯大学宾馆，比我第一次在佳木斯入住的江天宾馆陈设要新得多。

这次活动迪尔还邀请了一位名叫刘金月的天津农机大户一同参加仪式，足见迪尔对用户的重视。前几天，我在我们的中国农机化信息网上看到一篇转载自《经济日报》的报道《“农机大王”刘金月》，我就马上想到可能是我见过的这位迪尔农机大户。后来一看文章内容，果然就是这个天津的刘金月。

在这次采访中，我充分领略到美国企业中的平等观念与扁平化氛围。作为一名全球500强的CEO，罗伯特·莱恩非常平易近人，和中国公司的普通员工一起庆祝仪式，摘下头上的迪尔遮阳帽高兴地挥舞。此次采访，我写了一篇《推进中国布局　迪尔一脚踏进独资时代》的文章，后来我把报纸带给我在《中国农机化报》时的领导、农机行业曾经的一流媒体人欧阳方兴先生（现西藏自治区党委宣传部副部长兼自治区网信办主任）指导，他指着我的文章表扬道：“没想到宋毅（时任中国农机安全报社社长兼总编辑）能把报纸办到这个水平！”

迪尔在华30周年纪念活动

2006年，迪尔入华30周年。当年6月19日，约翰迪尔（中国）投资有限公司在黑龙江哈尔滨市隆重召开“服务黑龙江垦区三十周年”一系列纪念活动，我作为媒体记者也有幸参加了这一活动。时任黑龙江省副省长王利民、农业部农机化司副司长刘恒新、黑龙江省农垦总局党委书记吕维峰和约翰迪尔公司农机部门总裁戴维·埃弗雷特、中国区总裁约翰梅、中国市场部总经理刘镜辉等人参加了系列活动。纪念活动上，王利民、吕维峰分别与戴维·埃弗雷特举行了会谈。这次纪念活动上，迪尔还举行了向黑龙江农垦总局博物馆赠送第一台进入中国市场也即在黑龙江友谊农场已经“服役”达28年仍然工作良好的拖拉机。约翰迪尔哈尔滨办事处也在当天成立。

这一年，我所在的报社还与迪尔中国市场

约翰迪尔在华30周年纪念活动

部共同策划了“约翰迪尔服务中国30周年——我与约翰迪尔”征文活动，当时我是这个版面的责任编辑，负责大量的采访与约稿工作。第一篇文章，报社领导帮忙联系了原中纪委驻农业部纪检组组长宋树友先生。宋树友先生曾任农业部农业机械化管理司司长。1978年末至1979年年初期间，宋树友先生任农业部农机化管理司副司长时，曾率团对美国约翰迪尔公司进行了一次访问考察并进行农机产品的采购，历时近两个月。这也是改革开放后，迪尔公司第一次迎来遥远的东方来的中国代表团。

我记得一个下午，我在农业部农机试验鉴定总站二楼的一间办公室对宋老进行了采访，宋老和颜悦色地跟我回忆了当时去约翰迪尔公司的经历和当时的历史背景。我写完初稿后，又专门去了一趟他家里，他拿起老花镜一个字一个字地细看并进行了认真修改，让我充分感受到老人严谨的工作作风。后来，我采写的宋树友先生的回忆文章《我在迪尔过除夕——二十八年前一次难忘的约翰迪尔公司考察记》作为本次征文的开篇刊登在报纸上，此文开头是“除夕是中国的传统节日，在我的人生经历中，有一个除夕使我非常难忘。那就是1978年的农历除夕。说它特殊，是因为我第一次在国外、在大洋彼岸的美国过的。”

有意思的是，当时宋老还给我找了7张20多年前他在美国迪尔公司访问的照片，这些照片后来成了迪尔公司非常珍视的历史资料。前段时间我在位于天津的迪尔中国公司参观他们的展览室时，还看到我当时从宋老要来的一张照片的翻拍版。照片上的宋树友先生当时非常年轻帅气，可以说，他是中国改革开放之后促进中国与美国农机行业交流的历史性人物。

2007年8月，约翰迪尔并购了当时的宁波奔野拖拉机汽车制造有限公司，成立约翰迪尔（宁波）农业机械有限公司，由此掀开了约翰迪尔在中国南方发展生产基地的新篇章，大大拓宽了迪尔服务中国水田机械化的产品型谱。随后不久，我到该公司进行了采访。2014年4月1日，我又作为特邀媒体代表，深入该公司生产车间进行了一次深度采访，再一次深为迪尔全球领先的、统一的质量管理体系，细致入微、科学严谨的质量管理手段及为保障质量而不懈投入的行动所叹服。通过采访，我写了《约翰迪尔宁波工厂着力提升质量内涵》一文，大概是受到全球农机老大仍持之以恒、锲而不舍追求产品质量的共鸣，该文刊登以后，受到好几

2014年作者拍摄于迪尔宁波工厂

家媒体的转载。诚然，自2004年以来，在农机购置补贴政策的刺激下，我国农机企业雨后春笋一般冒出，但是大量做工粗糙、质量低劣、可靠性低的产品却流向市场，这种形势之下，迪尔这种对质量严苛把关、对农民用户高度负责的精神，非常值得国内同行所学习。

2010年2月4日，阳光分外明媚的一天，约翰迪尔（天津）产品研究开发有限公司在天津经济技术开发区成立农业机械检测中心。头一天，同在天津的约翰迪尔中国零件物流中心也宣告成立。其时，我作为农业部农机试验鉴定总站《农机质量与监督》杂志执行主编，陪同站长刘敏同志参加了这一活动，并撰写了《拓展产业内涵　迪尔成立两大运营中心》的报道。时任迪尔全球拖拉机工程总监克里斯托弗在接受采访时表示："中国工程中心通过全球科技和本土人才的结合来促进约翰迪尔的发展。这次成立检测中心，一是适应中国的政策要求和市场的变化。目前中国对于非道路机械的指标出台了新的标准，迪尔在中国产销量不断上升，原先的检测设备已经不能满足需要，需要成立一个大的检测中心。二是对于传动系统检测。迪尔在中国生产变速箱的工厂，不断加大

约翰迪尔（天津）产品研究开发有限公司
农业机械测试中心开业庆典

生产提高产能，也需加大对传动系统的检测。三是对所有的产品指标，如降低燃油消耗，安全性，尾气排放标准进行检测，增强公司质检实力，增加产品科技含量，加强用户的安全驾驶体验，提高迪尔产品的生产效率。"

根据与迪尔不算长也不算短的交往经历，在此谈几点对约翰迪尔与其旗下迪尔中国公司的几点粗浅认识与感受。

一是迪尔是真正全员践行自己核心价值观的企业。迪尔的价值观是"诚实、优质、守信、创新"，这是约翰迪尔历经一百多年发展之企业文化的高度浓缩。他把诚实放在第一位，确实是非常英明的，不论为人还是为企，诚实都是最重要的道德品质，重要性不言而喻。关于迪尔的"守信"，多年来，我在与迪尔的不少合作伙伴打交道的过程中，极少听到他们对迪尔有抱怨言语。很多经销商与供应商都表示，他们跟迪尔之间的交往非常轻松，合作完全凭业绩和产品（配套件）说话，你行就继续干，如果不行就可能遭淘汰。很多供应商都喜欢跟迪尔这样守信用、讲规则的大企业打交道，因为迪尔在款项结算方面很讲诚信，不像某些国内大企业那样以拖欠供应商账款为能事。

二是迪尔的产品质量确实是好。据我了解的情况，包括国内的一些知名企业，在内部设定的质量管理目标中，都把迪尔作为对照的第一标杆。迪尔在营销上缺乏"非常规"手段，拓展市场更主要的还是靠产品品质说话。

说到产品质量，我再讲一件我在采访中的经历。2002年3月，我被当时所在报社派往遥远的黑龙江省嫩江市所在的省农垦总局九三分局，试图去给一家曾经被报社进行过负面报道的外资企业做次挽回点声誉的报道。可很遗憾，

驻马店迪尔收割机西北跨区出征仪式

约翰迪尔中国总裁刘镜辉荣获
改革开放 40 年中国农机工业功勋人物

到了当地之后，去一些农场采访，很多用户对该品牌拖拉机出现的质量事故仍然很激动，有人跟我说，这还不如我们（20 世纪）80 年代购买的迪尔 4410 拖拉机呢！

三是迪尔是一个非常注重合规经营的企业。迪尔在华扎根多年，一直恪守合法经营的底线，我至今还没有听说过一起涉其违法违规的事件，即便是 2004 年出台农机购置补贴政策、并成为农机市场主导销售的力量之后，迪尔中国公司也没有曝出一起违法违规的负面新闻，诚殊为难得也！

四是迪尔的公司氛围很好，迪尔中国的员工素质都颇高，与人打交道非常有涵养。很多员工都很敬业，在其位谋其事，颇富职业素养。因其良好的工作氛围、宽松的企业文化及人性化的管理举措，感觉迪尔中国的员工忠诚度都很高，像刘镜辉、李立凤等人已经在迪尔服务 20 来年了。当年我认识刘镜辉先生时，他正值年富力强的盛年，如今，尽管刚过知天命之年，为了迪尔在华事业的发展已经两鬓染霜。前不久，刘镜辉被中国农机工业协会评为“改革开放 40 年中国农机工业功勋人物”唯一的在华外资企业代表，毫无疑问，这是对刘镜辉及其领导下的迪尔中国的高度肯定。

五是迪尔是一家很注重社会责任感的公司，在华积极践行企业公民的责任与义务。这方面首先表现在产品质量方面——对消费者来说，厂家对产品质量负责就是首要的、最大的社会责任。入华以来迪尔中国的产品质量表现，可以说无负其“承我质者、载我之名”的全球第一农机品牌的形象；其次，在税收、环保、安全等方面，迪尔也是非常积极履行社会责任的企业，在工厂设计和内部管理中都有极其严苛的标准——去企业采访，迪尔是我极少被要求套上硬头皮鞋、戴上防护眼镜的企业；最后，就是积极回馈社会、做好公益慈善事业。这些，迪尔都很好地做到了。

新时代，新起点，共享未来

——从自身成长经历看改革开放40年农机化发展历程

□ 李丙雪

李丙雪，雷沃重工股份有限公司雷沃阿波斯集团公共关系高级经理。

2018年11月28日，初冬的鸢都，华灯初上，山东省新旧动能转换项目落地现场观摩会一行在省委刘家义书记带领下，风尘仆仆地考察了雷沃重工智能农业装备项目，观看了智能无人驾驶阿波斯拖拉机、收割机和植保机械作业演示，对企业坚持自主创新、积极布局智能农机装备给予了充分肯定。

这家成立仅20周年的农机制造企业，乘着改革开放的东风，从单一收获机械业务成长为全程机械化智能农机装备解决方案领跑者的历程，正是我国改革开放40年以来农机装备转型升级的缩影。而我伴随着他的成长历程，更深切地感受到改革开放以来我国农机装备产业日新月异成长壮大，感受到我国农机化事业在国家政策引领下的腾飞发展，感受到在国家指导和关怀下企业做大做强的自信心和生命力。

38岁，正好可以站在改革开放40周年长河的潮头，见证我国农机化事业发展的沧桑巨变。

一、80年代，吃土长大的农村孩子初识农机

出生于20世纪80年代初的我，非常幸运地踩在了计划生育的红线上，也正搭上了家庭联产承包责任制的班车。父母告诉我，刚刚分地那些年，因为缺少生产工具和生产资料，家家户户日子都很紧，这时候出生的孩子，也都是扔在院子“散养”吃土长大的。

而我印象中最早的农业机械，就是村里唯一的那台老铁牛。那时多数人家还是采用牲口来犁地耙地，孩子们则可以坐在老牛后面拉着的平地耙上，闻着新鲜泥土和牛粪的气息充当“配重”。记得那台老铁牛拖拉机，神气地为村民耕地耙地，牛拉犁半天才能干好的活儿，铁牛只需要短短一个小时；但是，之所以记住这台拖拉机，并不完全是因为拖拉机自带的高大光环，而是因为那台拖拉机恰恰是我同桌家的，我的同桌因为拥有这台拖拉机而具备的优越感

和荣誉感，是我羡慕、嫉妒的根源，这也成为我记忆深处最早的农机烙印。

除了拖拉机，还有小麦脱粒机。印象中的麦收，都是牲口带着碾子在共用的麦场，将暴晒后的麦秸多次碾压后将麦粒分离，这样的收获方式，从收割到运输、晾晒、打场、晒干最少也要两周的时间。这时候，往往学校会放麦假，一方面是便于帮助家里在麦收时热火朝天地收割、晾晒；另一方面可以利用麦假捡麦穗勤工俭学，放麦假也是孩时最快乐的时光。直到后来，一个村子能引入一台脱粒机，用一台单缸的柴油机作为动力，在天气变化之前，帮助老百姓颗粒归仓，已然大大缩短了麦收的时间，减少了下雨带来的损失，算是农机化收获的最早形态了。

随着年岁的增大，帮着家里种地做庄稼活也成了上学完成作业后的常态，无论是镰刀收麦还是钻进不透气的玉米地里除草掰棒，都会给胳膊留下一道道血痕和一晚上刺痒的感觉，“面朝黄土背朝天、一个汗珠摔八瓣”是老一辈对做农活最贴切的形容；父母告诉我，“好好学习，唯有走出农村才能改变命运”，这也成了农村孩子最朴素的理想。

二、20年后，激情满怀牵手农机工业

2000年，在经历了九年磨砺和三年寒窗后，我的大学生活如约而至；而这次转变，恰恰是与农机事业结缘的序幕。山东工程学院，这个前身为山东省农机化学院的学府，正式接纳了我。这个由动力机械专家姚福生院士为校长的工科学院，正在经历由山东工程学院到山东理工大学的蝶变，学校的教学优势，便是机械设计和自动化以及汽车专业。在我毕业投入工作以后，我才发现这所高校为我国农机化事业做出的巨大贡献；在农机行业里，这个昔日的农机化学院在改革开放的几十年间，培养了无数的优秀人才，广泛地分布在农机主管部门、农机科研院所和农机制造领域，成为农机化事业的中坚力量和掌舵者。通过在大学的学习和熏陶，改变了我对农机的认识，也让我立志通过农机改变家乡的面貌和老一辈劳作的艰辛。

此时，我国的农机装备产业正在悄然发生着翻天覆地的变化，酝酿着变革和机遇。八九十年代打场麦收的场景已被麦客机收大军所替代；早早勤劳致富的那一代人，也逐渐将投资农机作为发家致富的首选，能够购买一台上海50拖拉机，几乎成为富裕家庭的代名词。

就在这变革的机遇期，成立于1998年的雷沃重工，一举通过差异化的服务优势，仅用两年时间就实现谷物收割机市场占有率第一，并在2002年进入拖拉机行业，剑走偏锋地越过50马力，直接生产60、70马力拖拉机；两年后，以FT704为代表的雷沃欧豹系列拖拉机成功地跳出了50马力的红海竞争，销售量迅速攀升至1万台以上，开始引领国内拖拉机市场。那时候，国产大中拖的两大标志企业先后被跨国农机巨头注资控股，“中国大中拖市场将是外资品牌天下”的悲观论调在那个时期大为流行，也从那时起，雷沃欧豹就和东方红一道，扛起了民族工业和自主品牌制造的大旗。

也就在同一年，大学毕业后的我，没有选择回老家发展，而是留在了文化和制造业底蕴深厚的山东，并通过双向选择的机会，成为一名农机人，为家乡提供更加先进的农机产品，改变父母一辈辛苦劳作的面貌。

从这时起，“唯有走出农村才能改变命运”的儿时理想，已经发生了改变；毛主席关于“农业的根本出路在于机械化”的科学论断，成为我充满激情的职业生涯的新指引。

三、全心投入，见证我国农机化事业10年腾飞

2004年，加盟雷沃的第一件事，就是开展了3个月的车间实习。尽管实习期间经受了高温、汗水和劳累的考验，但是亲手参与整机的生产装配，为后来更好地接手管理工作提供了实践基础；更重要的是看着自己装配的机器从下线、入库再发运到市场，自豪感油然而生；一如怀胎十月，一朝分娩，母子情深。时隔多年，每当走市场，看到路边停靠的雷沃机械，总是忍不住看一下生产日期，而看到2004年下半年生产的机械时，总会忍不住激动而自豪的讲述起在车间工作的那段难忘岁月。

2005年年初，我走上管理岗位，首先从事的是市场调研的工作。最早的市场研究，是从消费者开始，我们几个学生开始在广袤的农村大地上，打摩的、借自行车，找到购买使用一年机械的用户，收集一手的问卷信息并进行spss分析，成为我职业生涯的启蒙。在经历了几次消费者调研后，我非常幸运地跟着具有丰富农机市场分析经验、在《销售与市场》杂志发表过农机文章的张华光老师，实施FT165系列拖拉机市场调研，在黑龙江大地上调研的这一个月，给我的触动最大。众所周知，2005年的中国制造，还没有跨越100马力的门槛；甚至，行业内以为跨越100马力还需要几年的时间。事实颠覆了我的认知。我跟随这位前辈，走入农场前哨，倾听机手的声音。当我看到已成批装备于农垦多年的进口TM1404、TM1654，看到了装配着自动驾驶、精准农业系统的JD9320，我被深深地震撼了。农机科长了解到我们的来意后所说的话，更是给我巨大的触动，他说：“中国企业要造大马力？不可能，中国造不出这种大马力。你看这动力输出轴这么细，但拉五米宽的农具就是不断，中国生产的可以吗？”农机科长的话，不是妄自菲薄，而是出自对我国薄弱工业制造基础的真实感受。

调研回来后，市场调研报告很快就交给了决策层。雷沃也以两年的时间，快速推出了100～165马力拖拉机产品，一时成为国产自主知识产权最大马力拖拉机制造商，接受了国家领导人的检阅，引领着行业快速实现了由80马力到100马力以上拖拉机的市场跨越。

而我，也利用在企业工作，可以了解最新、最先进的农机产品的机会，积极地向老家推荐着最新、最高效的农机产品，村子里使用我们产品的人也越来越多。让老乡通过农机发家致富，也成为了我的自豪。

2007年年底，我非常荣幸地开始从事国家购机补贴政策落实的工作。从这一年开始，我每年都在政策的期盼中度过春节。随着中央1号文件和农机购置补贴政策的出台，我见证了农机化事业高速腾飞的10年。得益于国家购机补贴资金投入不断跃升至130亿元、150亿元、175亿元、230亿元……我国农机工业也呈现出了百花齐放、百家争鸣的繁荣；10年来，我国实现了大田粮食作物农机产品由低端到高端、由弱到强的装备升级；农业发展方式成功实现了由人力畜力为主向机械作业为主的历史性转变，彻底地改变了“面朝黄土背朝天、一个汗

珠摔八瓣”的劳作模式，实现了主要农作物生产的全程机械化。而更重要的是我们始终不忘初心，坚持自主品牌，发展民族工业，努力去掌握核心技术，将我们自己的饭碗，装着中国产的粮食，牢牢地端在自己的手里。

森林中既有参天大树，也会有杂草丛生。改革开放 40 年来，特别是近 10 年来的高速发展，尽管我国农机装备工业取得了令人瞩目的发展成就，但发展过程中也不乏波折和困境，也遭遇了同质化的竞争瓶颈，特别是在农机制造基础材料科学、关键零部件技术储备、科技创新能力等诸多的方面，需要我们正确地面对，“大而不强”这个词所体现出的，是实实在在的差距。

四、新起点，农机化事业开启新的华丽篇章

历史的车轮滚滚向前，在改革开放 40 周年的节点，每一位农机人，都没有理由不相信，这一切都将只是一个开始。

2018 年 12 月 29 日，国务院印发了《国务院关于加快推进农业机械化和农机装备产业转型升级的指导意见》，给处于转折点的农机装备和农机化事业指明了目标和路径。全体农机人，欢欣鼓舞、奔走相告，很快成为农机人朋友圈最热门的新闻。

伴随着乡村振兴战略的实施，土地规模化、集约化经营的步伐加快，新型农业经营主体和农业社会化服务组织正在快速发展。更绿色、更高效、更专业、更智能成为农业机械的关键词。站在新的起点，我们正在迎来一个农业发展的新时代。

互联信息、共享经济，我所就职的这家行业龙头企业，积极运用“物联网、互联网”新技术，通过农田测量、定位信息采集与智能化农业机械配套，为农业生产提供科学施肥、播种、喷药、灌溉等决策管理，已开始了农机智能化的新征程。未来，智慧农业系统还将可以通过软件程序查看、编辑、管理、分析和利用设备和其他来源收集的所有精耕细作的数据，通过数据积累、分析、规划、报告、优化业务决策、提出方案，继而控制整个农业生产过程，精细运营。

似乎，我已经看到，我们的下一代开始分享我们农机化事业带来的红利，他们利用现代互联科技和精准农业技术，实现粮食的绿色、高质、高产，而面朝黄土背朝天的独有感受，也永远尘封在历史长河中。

雄关漫道真如铁，而今迈步从头越。新时代，新起点，未来，属于每一位兢兢业业的农机人。

征文后记

吹响新时代的冲锋号

“纪念改革开放 40 周年”征文活动已接近尾声，但活动的热度却一直没有消退，对农机化发展的辩论和思考还在持续；在客户群体转型升级、市场结构深度调整、农业生产新业态方兴未艾的背景下，征文活动在产、学、研、推、用、管各环节，掀起了一股忆过往、看今朝、谈未来的热潮，把农机化由 40 周年发展的阶段性终点引领到一个新的、更高的发展起点。

因为参加工作时间仅有 10 余载，在征文活

动开展的早期，总感觉自己参加40周年的纪念活动既没有经历，又缺少内涵；但是当我看到越来越多的文章，来自农机战线各个领域，也来自各个年龄段，既有组织机构或者企业的负责人，又有基层工作人员或合作社用户，都在以各自的或深或浅的经历、饱含对农机化事业的热爱，记录40年来难忘的岁月变迁，一下子点燃了内心深处沉睡的激情。其实，经历过这段时光的每一个农机人，都是历史的创造者和见证者，都有责任为我们共同的事业写下浓墨重彩的一笔，迎接新时代的到来。

通过参与活动，能够与行业各位领导、专家一同回忆过往、畅想未来，是我巨大的荣幸；通过拜读文章，能够更深刻地感受过去，品尝历次改革创新和政策出台过程中的阵痛和欢欣，是我最大的收获。感谢中国农机化协会提供这样一个机会和平台，更感谢征文工作小组和评审小组不辞劳苦、夜以继日的整理、推送，为我们献上了一场饕餮盛宴。

我想，这次活动组织的意义，更重要的是通过这样一种形式，让我们每个农机人真切地感受到时代发展的脉搏，看到我国农机工业自力更生、自强不息的创业进取历程，看到老一辈农机人为农机化事业发展所付出的艰辛与努力，看到40年来我国农机事业取得的转变与成就，激励我们新一代农机人直面困难、不畏惧、不退缩，在未来的10年、20年乃至下一个40年里，勇敢地接过农机化发展的接力棒，争当排头兵，为未来的农机工业和农机化事业谱写新的篇章。

相守“东方红”

□ 安　乐

安乐，中国一拖集团有限公司干部。

19年前，我被分到中国一拖一装厂的履带拖拉机总装线，穿上深蓝色的工装，我觉得这衣服和我太搭了（我有1/4的印度人血统），就像换上新装的灰姑娘。我在镜子前照了又照，也许你不相信，就是从穿上工装的那一刻起，我爱上了我的工作，爱上了中国一拖，爱上了东方红。

我所在的这条总装线，诞生过中国第一台拖拉机，周恩来、刘少奇、朱德、江泽民、胡锦涛等差不多30多个中央领导来视察过，当然更牛的是，我们每年生产差不多2万台东方红履带拖拉机，他们穿着红色的衣服，用最喜庆、最夸张的声音跑向中国农村，跑进中国农民的期盼和喜悦之中，我们这些把拖拉机组装起来的总装线上的职工，总有一种发自内心的自豪写在脸上。这种自豪，在2015年中国一拖60年庆典的时候，在我们的总装线上，被邓超、杨颖、李晨、郑恺等《奔跑吧兄弟》的演员们精彩地演绎过。

跑男团来到我们的总装线

也许你有点惊讶跑男们的服装？是的，都是过去的打扮，过去那个年代的辉煌，足以照亮我们一生的记忆。1998年我参加工作的时候，我们生产东方红履带拖拉机年产量近2万台，随着改革开放，工程机械市场火爆，大马力轮式拖拉机功能替代履拖产品，履带拖拉机逐渐退出主流市场。

与此形成鲜明对照的是，中国一拖的大马力轮式拖拉机从年产几十台发展到4万多台，我们依然是当仁不让的农机老大。这些数

最新研制的东方红履带拖拉机

字后面，我看到了中国一拖的成长，看到了世界各地每一个一拖人的成长。喜悦过后，回过头，看我们自己，依然是像父亲一样苍老的履拖总装线，依然是 20 世纪 50 年代从苏联、捷克、波兰进口的如今还在工作着的车床、铣床、刨床、磨床等老爷级的国宝设备。尽管，这些设备被师傅们擦得锃亮，但从前那些隆隆的机器声、那些热火朝天的生产场面似乎都成了回忆。

我知道，在一拖这个大家庭里，有不少像我们一样生存艰难的企业。因为产品销量低，我们的职工到大轮拖、到覆盖件厂顶岗工作，我们拿的可能是中国一拖所属单位最低的工资，我们把孩子送到最便宜的幼儿园。我们知道，不管我们经历过多么辉煌的过去，今天，我们必须转变观念，必须度过眼前的困难，必须用加倍的智慧、汗水甚至泪水去赢回我们的体面和尊严。

写到这里，很多人会问，这个世界上还需要履带拖拉机吗？你们为履带拖拉机做出的付出、等待和煎熬还值得吗？你们的梦想会不会因为履带拖拉机变成一个被人嘲讽的泡沫？

约翰迪尔、维美德、凯斯、芬特，这是世界上最著名的拖拉机制造企业的名字，看看他们的产品家谱，毫无例外地都拥有履带拖拉机，在农田，在机场，在南极，在许许多多地方，履带以不同的姿势展现着人类与生俱来的行走智慧，要想成为卓越的全球农业装备供应商，中国一拖就不能丢掉在中国农民心中留下深刻履痕的东方红履带拖拉机，这不仅是一种情结，更是一种成长的能力，是一种独特的走向世界的中国红的风采。

值得庆幸的是，尽管日子辛苦，关于东方红履带拖拉机的研发一天也没停止过，我们到东北农场，找到玉米、土豆种植大户，倾听他们对老产品的抱怨；在山东、安徽、湖北，挖鱼塘的师傅们告诉我们推土作业的苦恼；在南方水田，我们找到了轻型履拖最关键的技术特点。回到洛阳，我们对标国际最先进的履带拖拉机，进行了双功率流差速转向、电控悬挂、GPS 定位、高速橡胶履带等方面的技术提升，我们开发了一系列新型东方红履带拖拉机。

从 2017 年年初开始，我们系统地进行企业的脱困研讨；9 月，在内蒙古举行新产品演示

东方红履带拖拉机演示会现场

会；10月，履拖变型产品发往白俄罗斯首次实现该类产品的出口。也许这仅仅是起步，但作为中国一拖的一分子，我们必须和这个时代一起成长，和一拖一起成长，我们不想因为困难变成“僵尸企业”，因为，我们是企业职工的同时，还是丈夫、妻子、父亲或母亲，我们有温暖的家、有可爱的孩子，在成长的过程中，我们必须拥有梦想，我们必须赢回尊严。

中国一拖工会手工协会的年轻妈妈

我是中国一拖工会手工协会的会员，这个协会大部分是年轻的妈妈，我们有很多活动，把东方红拖拉机画在风筝上，成为洛阳明亮天空中的一道独特风景；组织孩子们进行《我的助手东方红》绘画比赛；到贫困的山区小学，把画着东方红拖拉机的挂钟、手帕、扇子送给农民家的小朋友。我们知道，企业与个人的成长，需要每一个人用不同的方式贡献自己的爱，并把这种爱传递下去。我们也在努力，把“东方红”的品牌故事有温度地传递下去。

40 年与农机化的不了情

□ 毕文平

毕文平，男，工学硕士，正高工，河北省省部级劳动模范，享受政府特殊津贴专家，现任廊坊市农机监理所所长、书记。

40 年的改革开放，是我国农机化发生重大变革并取得辉煌成就的 40 年，是我国农机化发展历史上最好的时期。回首往昔，有改革初期的艰辛，有曲折中的彷徨，有发展后的喜悦。农机化 40 年的发展再次证明早在 1959 年毛主席提出的著名论断的正确："农业的根本出路在于机械化"。

四十载砥砺奋进，四十载岁月如歌！回首往昔，激情满怀。40 年来的农机化发展同个人与农机化的不解之缘，一桩桩、一件件，历历在目，感触颇深。在此愿与全国的同行分享和共勉！

一、少年时期的农机梦想

我出生在河北省文安县高头公社（现在合并到大围河回族满族自治乡）毕家坊村一个普通的农村家庭，兄弟姐妹 6 人，是一个大家庭，父亲当时是村生产队的队长。

1978 年我已经 13 岁了，就在村里读初中，由于我们村距离人民公社（现在叫乡镇）所在地比较远，当时我们村是一个从育红班（现在叫幼儿园）、小学、初中到高中班齐全的村，学校里有 2 名正式职工，他们是挣工资；其他老师都是村里人和在我村插队的天津知青，他们是挣工分的。由于我从小比较活泼，爱说爱唱的，从上育红班开始就一直当班长。

当时村里没有农业机械，每年麦收时期都要放麦假，方便大人们集中时间抢收小麦，大人们拿着镰刀头顶烈日，面朝黄土背朝天地割小麦。

让我终生难忘的就是在 1978 年的夏天，也就是放麦假后，我第一次跟着父亲和大人们一起去生产队的麦田用镰刀割小麦。到了要割麦子的地头，父亲给大家分配好，每人 2 行小麦。父亲告诉我割下来的小麦攒一捆要捆成麦个子，怎样打捆，给我示范了一下，然后就弯腰割麦打捆，很快大人们就把我落下几百米。

我拿着镰刀割着小麦，攒一堆打捆，割了有50米的时候，浑身是汗，太阳的暴晒、地面热气的蒸烤、小麦麦芒的刺扎、割下来的小麦打捆时麦叶和秸秆的划痕，胳膊上多处留下了血红印，手掌上起了多个水泡，腰和腿酸疼得不行！

看着远处的大人们，五六百米长的地块已经割到头了，我心里想："父亲他们好辛苦！我只割了几十米就顶不住了，如果连续多天去割麦子，估计小命就完了！"

我们这里每年都是两茬作物，主要是种植小麦和玉米，为了满足人们的口粮和食用，也种一些黄豆、绿豆、芝麻、红薯以及蔬菜等。大人们每天起早贪黑地靠人畜力耕地、翻地、整地、撒播肥料、播种、田间除草、打农药、浇地、收割、运输、轧场、扬场、晒场等。一年四季不停循环往复，天天在地里摸爬滚打，风吹日晒，太辛苦、太不容易了！这样的日子啥时候是个头啊！

1978年的秋天，地里的庄稼都收完了。有一天晚上，我们一家人在饭桌上一起吃饭，父亲非常激动地说："明天去公社里接拖拉机来耕地，这下可省大事了！不用人们用铁锹翻地或用牲口拉犁耕地了。"我听得不知所云。

第二天中午放学路过大队部，在胡同口很远就闻到了烙大饼的那种香味，因为那时候一年也吃不了几次白面，整个胡同里到处都是饼香。

晚上父亲回家说："开拖拉机的师傅每个村都跟待亲戚似的，要好吃好喝伺候着，晚上还要接着耕地。因为一个公社就一台链轨拖拉机（东方红－55）耕地，每个村就几天的时间，能多耕就多耕点。"

第二天放学，我特意去地里看看父亲说的这个拖拉机是个什么样子。远远地就看见一个红色的大家伙在轰鸣，走近了一看太惊讶了！怎么有这么大的威力！能耕那么深，还能跑得那么快！这几百个大人也比不上一台拖拉机翻地啊！当时我想："如果我长大了能开拖拉机多好呀！"

二、与农机结缘，农机梦成为我的梦

在村里读完初二，我村的初中班和高中班由于教师水平太差就被教育部门给取消了，我在我们公社中学——高头中学上了一年初三就考上了文安县第一中学。

在参加高考填报志愿的时候，由于自己在农村大环境里长大，父亲也只上过私塾，一家人对好多专业是干什么的都很模糊。受少年时开拖拉机是个不错的职业影响，就报考了北京农业工程大学农业机械化系农业机械化专业（前身是北京农机化学院，现在的中国农业大学）。

在北京农业工程大学，我系统地学习了农业机械化的相关知识，有幸面对面地聆听曾德超、汪懋华两位院士有关农机化、农业工程、精确农业等方面的论述。和农机化系两任系主任陈济勤、高焕文以及当时农机化系的诸位老师们学习了解国内外农机化的现状和农机化管理运用的理论知识，为日后从事农机工作奠定了坚实的理论基础。

1986年毕业后，我被分配到廊坊地区行政公署农机管理站工作，这个单位是1983年机构改革时撤销地区农业机械管理局并入廊坊地区农林局，行使原农机局的职责，负责整个廊坊地区农机化的各项工作。由于改革后单位当时只保留13个人编制，而整个农机化的职能又比较多，在当时廊坊地区有农业机械化学校（中专）、农机化研究所、农机技术培训学校（成人）、农机修造厂、内燃机厂，各县大部分还保留有农机局，分配工作时领导让我各方面都接触熟悉一下，机动使用，就没有给我安排专职工作，我有幸参与地区的各项农机化工作。

再就是非常幸运地得到当时分管局长（后来调任廊坊农林科学院院长）晏国生的赏识，让我参与到国家科技部、农业部的重点农机化科研课题研究中。我也不负领导期望，通过几年的实践积累，理论联系实际，很快成为廊坊地区农机化管理的行家里手，承担了国家科委的星火推广项目、农业部“八五”重点科研攻关项目、中国农大——河北省省校科研合作基金项目等多项部、省、市级重点科研课题和示范推广项目，获得了国家科委授予的星火奖、农业部、省和市级科技进步奖多项。

20世纪90年代初，针对我国长江以北地区两茬农作物农机农艺技术脱节，不能紧密结合问题，我和廊坊农林科学院院长晏国生两人合著编写《农作物高产农机农艺综合实用配套技术》一书，1995年在中国计量出版社出版发行。在20世纪90年代，计算机在农机化系统的应用还非常的初级，甚至有的单位都没有见过计算机，使用计算机比较早的初期有PC1500、联想286、联想386等，因为我们承担了农业部的一项重点科研攻关课题《农机化微机管理及应用软件专家咨询系统的研究》，为了完成科研项目，在原有联想286计算机的基础上，1992年又购买了一台联想386计算机，当时的价格是2.8万元，买来386计算机以后，单位就像照顾国宝“大熊猫”似的给计算机专门装修了机房，安装了空调，进出计算机房要换拖鞋。这个项目后来获得国家农业部科技进步奖，对当时我国农机化系统计算机推广应用发挥了积极的示范引领和推动作用，该成果得到了汪懋华院士的认可，邀请我们课题组编写了《计算机在农机化管理中的应用》作为《计算机在农业工程中的应用丛书》的一册，于1998年在清华大学出版社出版发行。2011年因工作调整，我到市农机监理所任所长、书记，市所编制46人，由于当时注重创收，单位从上到下主要就是结合业务抓创收，抓上牌办证、抓驾驶员考试，特别是2010年农用车管理完全从农业部移交给公安部后，牌证业务量明显下降，我清楚记得，当时上任所长和我交接时仅农用车的牌照手续就是11.6万辆，但到各县（市区）督导检查时，各县市区都反映没有适用的农机驾驶员培训教材。如何提高监管部门的监管能力？如何提高广大农机手的安全意识、驾驶操作技能和维修技能？我根据到监理所工作以来的工作实践，考虑到农机安全监理部门和农机驾驶员的实际，在中国农业科学技术出版社主编出版了《拖拉机联合收割机驾驶员必读》《农业机械操作员》和《农业机械维修员》，并在金盾出版社主编出版《农机安全生产与事故处理必读》，4部农机培训教材配套用于农机驾驶员和农机管理人员培训。

由于业绩突出，32岁时被破格评为高级工程师，37岁时被省政府评为河北省有突出贡献的中青年科技管理专家，享受省政府特殊津贴，并被评为正高级工程师。多次获得农业部、省、市党委政府的通报表彰，并被评为省、市级劳动模范；多次受邀参加外省、市的科技项目评审和科技项目的评奖工作，作为农业工程系列高级职称评委多次参加高级职称的评审工作。

农机梦真正成为了我的梦，我的工作和生活都与农机化有关，伴随着农机化的发展，我也在不断地成长，回想走过来的33年农机化工作历程，心酸、泪水、彷徨、喜悦！我把最美好的青春贡献给了农机化事业，但我无怨无悔！因为工作的关系，1998年廊坊市委组织部找到我，想把我调到市委组织部工作，因为和农机化的情缘太深了，我婉拒了市委组织部领导的工作安排，没舍得离开农机战线；2003年天津农学院找到我，想调我到学院工作，我也婉拒了。因为我的农机梦还没完全实现。

三、与农机化共筑未来梦

凡是过去，皆为序章。四十载砥砺奋进，四十载岁月如歌。党的十九大提出乡村振兴战略，明确农业农村要优先发展，加快推进农业农村现代化，为新时代农业发展指明了方向。这对农机化发展提出了新的更高要求，也创造了前所未有的机遇。

廊坊市农机化也发生了翻天覆地的变化，改革之初廊坊有拖拉机1 983台，农用载重汽车164辆，排灌动力机械8万台，其他农业机械还是空白；到2018年廊坊大中型拖拉机拥有量近7万台，拖拉机配套农具11万台（套），免耕和精少量播种机5万台，排灌机械达到12万台（套）。特别是小麦联合收割机和玉米联合收获机从无到有，从单行到多行，从单纯收获到秸秆粉碎、收获、烘干等多功能复式作业。全市联合收获机目前达到7 405台，不仅能满足全市小麦、玉米等主要农作物收获，而且还能参加跨区到外省市作业。改革之初，东方红55就算大拖拉机了，而现在1404、1804、2004等型号的大型拖拉机成为了农田作业的主角。智能农业机械开始在我市推广应用，无人机、无人驾驶拖拉机、智能大棚温室控制系统在多个市、县、区应用。目前全市有农机合作社300多个，这些合作社成为全市农机作业的主力军，有的一个农机合作社就有四五十台大型拖拉机和联合收获机。我市小麦、玉米等主要农作物已经实现全程机械化。站在新的历史起点，农机化发展令人期待。

1．国家对农机化的新定位

2018年12月29日国务院印发《国务院关于加快推进农业机械化和农机装备产业转型升级的指导意见》，文中再次对农机化给予高度评价：农业机械化和农机装备是转变农业发展方式、提高农村生产力的重要基础，是实施乡村振兴战略的重要支撑。没有农业机械化，就没有农业农村现代化。近年来，我国农机制造水平稳步提升，农机装备总量持续增长，农机作业水平快速提高，农业生产已从主要依靠人力畜力转向主要依靠机械动力，进入了机械化为主导的新阶段。但受农机产品需求多样、机具作业环境复杂等因素影响，当前农业机械化和农机装备产业发展不平衡不充分的问题比较突出，特别是农机科技创新能力不强、具有实用价值的智能型农机装备有效供给不足、农机农艺结合不够紧密、农机作业基础设施建设滞后等问题亟待解决。

2．国家对农机化提出的新目标

以习近平新时代中国特色社会主义思想为指导，全面贯彻党的十九大精神，认真落实党中央、国务院决策部署，紧紧围绕统筹推进

“五位一体”总体布局和协调推进“四个全面”战略布局，牢固树立和贯彻落实新发展理念，适应供给侧结构性改革要求，以服务乡村振兴战略、满足亿万农民对机械化生产的需要为目标，以农机农艺融合、机械化信息化融合、农机服务模式与农业适度规模经营相适应、机械化生产与农田建设相适应为路径，以科技创新、机制创新、政策创新为动力，补短板、强弱项、促协调，推动农机装备产业向高质量发展转型，推动农业机械化向全程全面、高质高效升级，走出一条中国特色农业机械化发展道路，为实现农业农村现代化提供有力支撑。

3．携手共创农机化新的明天

农业机械化曾是包括毛主席等老一辈领导人和新中国几代人的梦想，更是亿万中国农民的渴盼。但让梦想成真，把农民从“日出而作，日落而息”“面朝黄土背朝天”的繁重体力劳动中解放出来、从束缚了几千年的土地上解放出来，创造农业古国几千年未有之惊天动地的巨变，却只是短短改革开放40年的时间。经过40年的发展，廊坊市主要农作物基本实现机械化，农机作业主要依靠农机专业合作社，都市型城郊型农业全面发展，美丽乡村建设日新月异，是改革开放，将亿万农民的农机化梦想变成了现实。

我们敢自豪地说：没有农业机械化就没有农业农村的现代化！新时代、新召唤、新起点、新航程。有改革开放40年的积淀，我们农机人更将活力迸发，新的起点我们携手共进，以习近平新时代中国特色社会主义思想为指导，继续改革创新，立足当地实际，补短板、强弱项、促协调，共同创造我国农机化的新明天，共圆农机化的新梦想，为农业农村现代化贡献我们应有的力量，再续与农机化的不了情！

我与农机推广事业的不解之缘

□ 吴忠民

吴忠民，大学本科学历。现任牡丹江市农业机械化技术推广站副站长，收获机械化专业学科带头人。牡丹江市政协委员。

我是伴着改革的钟声起步，在改革的春风里成长。1987年我高中毕业，作为一名高中生正是放飞理想，展望美好未来的时刻。那一年，我参加了全省定向考试，我以总分358分（4科）的成绩取得了牡丹江地区第一名的好成绩。对于专业的选择，我有了优先选择权。当时我完全可以选择佳木斯医学院X光这一热门专业就读。后来经过思想斗争，我选了黑龙江省农业机械化学校，机械制造专业。因为我是一个农民的儿子，每天看着父辈们面朝黄土背朝天地在田里辛勤的劳作，落后的农机具，靠的是马拉人扛，心里总是酸酸的。父辈们也总是教育我，任何时候我们都不要忘了农民。当我跨入校园后，打开了我的视野，每当看到国内外的一些先进的农机具资料后，在我的脑海中都产生了阵阵波澜，我们的农民们都能用上这样先进的农机具，该有多好。

1989年刚一毕业，我被分配到了牡丹江市铁岭镇政府农机站，从此，我与农机推广结下了不解之缘。

上班不久，镇里派我前往双青村任副村长，挂职锻炼。我一进村就与村民们打成了一片，走到田间地头与农民们交朋友，下到田里与农民们一起整地，施肥，锄、种、铲、趟样样全来，晴天一身汗，雨天一身泥，有时，三五天都要在村里吃住，落后的农业耕种模式刺激着我，农民的艰辛撞击我的灵魂。这里大多是半坡地，家家都靠养牛养马在田间劳作，点籽、埋籽等都靠人工来完成，播种后的种子深浅不一，等苗出来后参差不齐。还经常出现化肥烧籽，赶上连阴雨，就会出现大面积粉籽的现象，农民们不得不补种或重种，过了季节，还颗粒无收，严重影响了农民的收入和农业的发展。我和农民们一样看在眼里，痛在心里。当时这里的人们还未认识到机械化的作用，认识不到农业的前景。

1990年年底，我被调到牡丹江郊区农机局，做农机推广工作，这时我才认识到，我肩上的责任重大，那里也正是放飞我梦想的地方。

可是，我刚一到新的岗位，前往牡丹江市郊区兴隆镇大团村推广单体播种机时，就遇到了难题。过去，这里人们根本没见过精播机，在半坡地里，都是原始的播种方法，农民们看到这款新型农机具，根本不相信它的能力和作用。在农民刘金信家的大豆地里，他摸着这台机器，怀疑地说着："不可能"，甚至到现场的村领导以及村民们望着这台其貌不扬的机器，发出了声声疑问："能行吗？"刘金信更是心里打鼓，他怀疑用上这台机器别再耽误了播种，影响了出苗，甚至造成了减产。刘金信是村里有影响的种植大户，他的举动将影响着十里八村的农民，所以我选择他作为试验户将会起到事半功倍的效果。

经过我做他的思想工作，他拿出五亩大田做试验，用这台机器播种。功夫不负有心人，大豆出苗后，经过认真的检查和对比，通过这台机器播种的大豆苗情明显要好于甚至高于其手工播种的大豆苗，播种的种子深浅一致，豆苗间距均匀，还节省了种子和肥料。在大豆收获时，我特意请来了当地的农技专家共同对这五亩试验田进行了检验和评估，测定结果亩产增产了10%，机器播种的效率是人工播种的五倍。刘金信望着眼前的成果心里乐开了花，他对村民们说："还是机械化好"。第二年春播时，仅大团村一下就购买了20多台（套）各种播种设备。

从2009年至今，我一直在做推广国家863项目计划里重点农机技术，它就是等离子体种子播种技术，这项技术原理是仿造种子到太空后受到磁场、电场以及各种光和能量作用而增产的原理，具有激活种子活力，根系发达、抗旱、抗涝的效果，增产效果特别明显，大田增产10%左右，蔬菜增产20%左右。也是近几年来国家、省、市重点推广的项目，为了更好地让农民们真正掌握这两项技术，我也确实动了很多脑筋，首先深入村屯，到农民家炕头、学校讲课，手把手、面对面地把先进适用技术传递给农民兄弟，冬天搞培训，夏天搞示范。所以近几年来一直在不断扩大推广面积。

还记得在牡丹江东安区兴隆镇东胜村和东村推广此项技术，推广的品种是大豆和水稻、玉米、豆角等品种。

2012年那年，在农机大户李相革家承包地里种的水稻，李相革是兴隆镇东胜村朝鲜族村种植大户，是第一个采用这项技术的人，仅水稻种植面积就达300多亩，由于采用这项种植技术，当年秋天在水稻田里测产以后，效果尤为明显，长势喜人，但李相革心里还怀疑，不确定是不是这项技术增产的，心里还在嘀咕。紧接着我约他又到徐铁刚家进行大豆地测产。由于那年特别旱，所以大豆地增产特别明显，肉眼看上去，用这项技术处理的大豆地比没处理的要高15厘米多，而且豆夹也多，特别是三粒夹的多，他把徐铁刚拽到一边，偷偷地问他，"这块长势好的黄豆地是用这项技术处理的吗？"徐铁刚肯定地告诉他，"是啊"。李相革这才从心里信服，他家水稻增产原因是用上了这项技术的结果，果然这项技术在他的带动下，全村家家户户都用上了这项技术，并且家家也都看到了实实在在的效果，农民们经济效益得到显著增加，社会效益明显增强，每家都抢着用这种机器和技术。

还记得那年是2012年6月初的一天，牡丹江日报、牡丹江电视台等多家媒体的记者，肩上扛着摄像机，要对我推广的等离子体种子处理技术进行面对面的实打实的采访，而且是到我的示范户李相革家的玉米地亲自现场挖苗，看根系长势对比，来判定等离子体种子处理技术的真实效果是真是假。实际上记者同志是抱着对这项技术怀疑的心态和眼光来的，试验田和对比田的根系能有那么明显效果吗？结果在摄录机的现场见证下，经过处理的玉米种籽苗的根系明显要比没经过处理的玉米苗根系发达，而且还长，当时记者感到很惊讶。由于对比效果明显，记者和现场老百姓的顾虑立刻就打消了，事实再一次证明了这项等离子体种子处理技术的过硬。

为了推广一项新技术，让农民提高粮食产量，要克服很多困难，必须要用实际行动感动他们，示范户的“事”就是我的“事”，示范户的“急”就是我的“急”，真正为农民办点实实在在的事，想农民所想，急农民所急，是我的良心和责任。农民从繁重的体力劳动中解放出来，农村实现农业现代化，农民致富了就是我一生的奋斗方向。我正在积极地用实际行动践行着自己的理想和目标。我近30多年的勤奋努力，也赢得了农民的赞许，在推广事业上正跨步前行。

我在学校时的梦想和如今多年的工作实践，使我与农机推广结下了不解的缘分，这种缘分也使我深深地爱上农机推广事业，经过多年实践，我的梦想也正一步步实现，也正是我赶上改革开放的快车，我的梦想正在腾飞。

试验田和对比田的玉米苗根系对比

我与农机共成长的四个10年

□ 吴正远

吴正远，重庆市梁平区农业农村委员会农机管理科、农村经济与改革科长。

老实说，在初中毕业考上中专以前，我对改革、对农机都没啥认识。但没有想到，我与改革、与农机却有着今生最大的缘分。1978年我刚上小学就遇上改革开放，2014年更直接从事农村改革；从1986年就读农机校至今，我的农机路已走过四个年代。可以说，是改革与农机陪伴我度过半生，书写我的人生故事。

一、80年代：农机难有用武之地，我却成为农机校学生

1971年，我出生在重庆市梁平县一个农民大家庭，兄弟姊妹7个，我最小。

80年代，农业生产实行家庭联产承包责任制，由于农民尚未大量外出务工，农村劳动力非常富余，农业生产凭人力就可实现精耕细作，农机难有用武之地。拖拉机不下田作业了，成为老百姓运输煤炭和建材的工具，“农业学大寨”时生产队购买的农机多数闲置或报废。

由于没有农机帮忙，加上我家小孩多、劳力差，小时候总感觉家中有干不完的农活：集体经营时，为了多挣工分，家中养了生产队的耕牛，放牛割草几乎占据了我童年的所有闲暇时光；等到包产到户时，我也承包了家中打猪草、拾柴火、割谷子等小孩子能干的所有事。

农村的苦与累，让我从小便坚定了通过读书跳出“农门”的想法。“不好好干活，就不让你读书了。”这是我小时候最害怕听到的话。小学时，我放学后要跑回家加紧干活，晚上在昏暗的煤油灯下赶家庭作业；初中时，寝室熄灯了，我就偷偷藏在被盖下面用手电筒看书，直到一说出教科书的页码，就能背出该页上面的内容。

小学毕业时，全乡三名学生考入县城重点中学，我是其中之一，此时年迈的父母无力承担我的学杂费和生活费，改由刚好师范毕业的二哥负担。初中毕业时，家中明确表示无法再供我上高中，只能考有助学金的中专或师范。

此时，一个在农机校当副校长的熟人表示，只要考分上他们学校的录取线便可录取。为保险起见，我第一志愿报了这个学校，并被顺利录取，我家也因四兄弟都端上“铁饭碗”吃国家饭而闻名。

开学前，家里把“别做让人瞧不起的蠢材”的家训传给了我。这句话促使我在学习、工作中从不敢懈怠，学习成绩与工作业绩均力争上游，获得的各种荣誉证书一大摞。

二、90年代：小型农机唱主角，我当上农机站站长

“远看像要饭的，近看是烧炭的，一问是农机站的。”由于常年与又脏又黑的农机具打交道，农机站的同志长期穿着破旧衣服，全身上下都是黑糊糊的机油，这句顺口溜便成了当时农机人生动形象的写照，也让19岁中专毕业分配到虎城镇农机站工作的我内心十分忐忑。但想到小时候做农活的辛苦，而农机能减轻农民的劳累，心中又多了一份期望与坚定。

90年代初期，经过10余年的改革开放，农民手头有了余钱，加上农民工大量外出、农村电网的接通，家家户户便开始购买打米机、抽水机等方便好用的微型电动农机具，电机的拥有量迅速超过了内燃机。而农机站内职工多是内燃机内行，电动机外行，我便买了书钻研电机修理技术，并到修理店偷师学艺，慢慢掌握了修理技术。

在修理电机的过程中，我认真做好记录，不断总结经验，并根据农村电压较低、不稳等特点，调整线圈绕制参数，让修理过的电机动力强、发热低、好用耐用。“电机坏了怎么办？就找虎城农机站”这句话经过口口相传，使农机站树立了技术权威形象，在附近几个乡镇小有名气，我还办了几期电机修理培训班。

90年代中后期，重庆成为直辖市，上级提出“重振农机雄风”的口号。梁平作为传统水稻生产大县，农机也就从打米磨面向水稻大田生产转向，重点推广适合重庆地形和一家一户需要的微型耕田机。刚开始农民并不接受，认为有“耕得浅、不保水”等一大把问题，自然也没有经销商愿意来推广。我们就自己先试验，在双轴螺旋机、机耕船、旋耕机、犁耕机等机型中比选适合当地需要的机型，并摸索出简便实用的操作技巧，然后逐村召开现场会，到田间手把手教会农民使用。

深一脚、浅一脚在田间行走，双手用力向下、左右摇摆，不用一个小时就感觉浑身都痛，业内人士都笑称微耕机是“解放了牛、累坏了人”。但农民朋友却越来越喜欢它，“速度比牛耕快、还不像耕牛那样需要天天喂养。”梁平连续几年年销售6 000～7 000台，很多60多岁的老农也用它来耕田，微耕机成为当时种田人家的标配，个别农民还用它来从事社会化服务，牛耕田的场面是难得一见了。

修理、推广农机具非常辛苦，更与干净无

微耕机让耕牛下了岗

缘。时至今日，爱人也常常笑我很接地气，再贵再好的衣服也穿不出形象。但看到农民的笑脸，听到机手的夸赞，我觉得挺值。

或许因为在农机推广、监理、修理等工作中较为出色，1998年，27岁的我便当上农机站站长，并被评为全县优秀站长，单位也屡获先进。

三、00年代：圆梦全程机械化，我成全市农机先进

机耕问题解决了，接下来就主攻机收。

刚开始老百姓一点不接受，认为机器收割不干净、损耗大。但随着新世纪农村劳动力越来越紧缺和成本大幅上涨，加上农机购机补贴政策的实施，农机迎来了10年发展黄金期，外省市联合收割机大量涌入梁平，稻农逐渐接受、欢迎这省时省事、省工省钱的机收方式，传统的“拌桶”人工打谷也几乎绝迹了，不能机收的稻田许多农民干脆直接放弃种稻了。我们还组建了全市首支跨区机收队。

梁平水稻机收场面

解决了机耕机收问题，最难啃的硬骨头便是机械插秧。

2006年，重庆市开始在梁平县仁贤镇等地试验机械插秧技术，育秧主要在旱地进行。

2007年年初，梁平农业部门大整合，乡镇农技、农机、林业、畜牧等部门合并成立农业服务中心，我也从虎城调至仁贤镇任农业服务中心主任，主攻水稻机械插秧技术。

机插秧苗短而细，插到田间东倒西歪，与手栽大不一样。种田老把式看了直摇头，个别农户骂我们是专门来坑农的，甚至把机插好的秧苗毁坏后再重新手栽，直到我们拍胸膛、承诺减产包赔才勉强平息事态。

梁平插秧机手田间实训

汗水不白流、委屈不白受。待到秋收时，丰收的景象让农民心服口服。我们也率先试验成功了更加简便、安全的湿润育秧法（后在全市推广），比选出了性能更加优越、更受农民欢迎的插秧机。我也被评为全市机插秧推广和安全监理先进个人。

2008年起，仁贤镇连续三年承担农业部万亩水稻高产创建示范项目，我们采用杂交良种、配方施肥、湿润育秧、机械插秧、病虫害机防、机械收获“六统一”技术，单产提高2成左右，受到农民称赞和上级肯定。

如今，梁平农业耕种收机械化水平接近全国平均水平，高于全市平均水平10多个百分点。稻田翻耕已大面积采用大中型拖拉机，插

秧用上了乘坐式插秧机，病虫害防治用上了无人植保飞机，收割也有了带空调的联合收割机，基本实现了几代农机人"种稻不弯腰、下田不沾泥"的全程机械化梦想，"水稻种植三弯腰，面朝黄土背朝天"成为历史。

在干农机的同时，我也不忘宣传农机，在各级媒体上发表文章数百篇，积极为农机鼓与呼。县农机推广站原站长、研究员兰显发参加工作30多年来一直干农机工作，我就采写了《农机专家兰显发：一辈子"泡"在乡村》，配上图在《重庆日报》头版刊发；1951年出生的仁贤镇仁贤村三组农民陈一富，因为肯吃苦、爱钻研，我们就精心把他培养成为全县机插秧总教练，采写了《从门外汉到农机标兵》，刊登在《中国农机化导报》上，他也当选为重庆市第四届劳动模范，成为当时全市唯一的农机劳模。

四、10年代：打造全国农机化示范区，我被聘为农机专家

农业的根本出路在于机械化，2012年，梁平被增设为全国农业机械化示范区。

农机化示范区怎么建？工作中，我有以问题为导向提前思考的习惯，曾获得重庆市首届农业农村改革与发展金点子大赛三等奖（共9条建议获奖）。2013年，我调到梁平县农委工作，先后任县农机推广站副站长、农机管理科科长，参与农机化示范区建设问题，探索可复制可推广的经验。2014年末，梁平成为全国第二批农村改革试验区，我兼任县农村改革办公室副主任，养成了用改革的思想、创新的思维来谋划全县农机发展，突出抓好"人、地、机、制"等几大要素。

"人"的方面。既着力培育新型农机经营主体，又大力培育能接受农机作业的服务对象。近年来，我们培育了全国种粮大户熊三、全国农村青年致富带头人蒋丽英、家庭农场主谢红银等农机大户，并由他们牵头组建农机合作社。同时，通过广泛宣传和服务主体提前上门对接，畅通服务通道，让农户逐渐接受并习惯了农机服务，破解了农机"谁来干、为谁干"等问题。

"地"的方面。以前是"以机适地"，根据土地来选择适用的农机具。但受重庆丘陵山区地形限制，适用、好用、耐用的农机具很难找到，找到了效率也较低。如今换个思路，变成"以地适机"。这几年，我们积极争取国土、水利等部门支持，按适宜机械化作业的要求对土地进行整治，改善农机作业基础条件，让高性能、大中型农机具在土地上能自由进出，大大提高了农机作业效率，有效解决了"农机、农地、农艺如何配套融合、什么样的地才适合农机作业"等问题。

"机"的方面。既要有机可用，又要先进好用。我们一直坚持引进先进、适用的机型进行推广，经过近10年的努力，在数量、性能等方面，梁平农机具都处在全市领先水平，基本解决了"选用什么样的农机、农机具是否满足农业生产需要"等问题。

"制"的方面。近年来，我在县农村改革办公室牵头农村土地、经营体系等方面改革。在开展农业生产全程社会化服务改革时，我们选择梁平柚和水稻两个产业进行试点，重点探索服务对象选择、服务组织遴选、政府购买方式、社会化服务可持续发展等机制。撰写了《发展农机代耕服务的思考》发表在《农业机械》杂

志上，分析农机社会化服务的由来、意义、制约因素及发展路径。我执笔的《四改促四变、破解种地难》《创新政府购买农业公益性服务机制、小支点撬动社会大服务》等5个改革案例入选《全国农村改革试验区改革实践案例集》(共90个)。农机社会化服务如何开展、小农户和现代农业发展如何有机衔接、谁来种地、怎么种地等问题在梁平县也有了清晰的解决路径。

或许由于在建设全国农机化示范区、农村改革等方面有一定的成绩，我被聘为重庆市农机专家委员会委员，先后当选为县人大代表、区政协委员（2016年末梁平撤县设区）。

没有农业机械化，就没有农业农村现代化。习近平总书记指出，要大力推进农业机械化、智能化，给农业现代化插上科技的翅膀。2018年12月，国务院印发《国务院关于加快推进农业机械化和农机装备产业转型升级的指导意见》，农机行业迎来新的重大的发展机遇期、黄金期。今后，我们将在倾力推动农业机械化向全程全面、高质高效升级过程中进行农村改革试点试验，再用农村改革的成果经验来指导农机“补短板、强弱项、促协调”，助力乡村振兴、“三农”发展。

梁平农机后继有人

农机的春天来了，改革也永远在路上。确认过眼神，这辈子，我也注定离不开农机，绕不开改革了。

挥洒热血青春 甘为乡村振兴“撬瓶器”

——谨以此文纪念改革开放 40 周年为重庆农机奋斗的人们

何忠，重庆市潼南区农机技术推广服务站站长，49 岁，从事农机生产、推广工作 23 年，长年致力于农机推广服务、培育服务主体、探索推广农机农艺融合技术工作。曾被评为“重庆市人民好公仆”“重庆市巾帼文明标兵”“农业部全国粮食生产先进工作者”。

□ 何 忠

“蜀道难，难于上青天”“连峰去天不盈尺，枯松倒挂倚绝壁”，不错，这样的千古绝句是用来形容重庆这样的丘陵地貌的，重庆丘陵的险要是众所周知的，且丘陵面积占据 98%，人均耕地只有 1.12 亩，在这个举步维艰的地方要实现农业机械化、农业现代化，要达到十九大报告中“产业兴旺、生态宜居、乡风文明、治理有效和生活富裕”更是难上加难的事情。相对平原，制约重庆农机发展瓶颈突出：地块分散、零碎，高差不平，机器无法通达、运行，专业社会化服务无法生存等因素导致重庆的农机化水平极为低下。

但是，就在这么困窘恶劣的板块内，却活跃着这么一群人，历时四十载，撸袖挽裤，肩扛背磨，发挥着“愚公移山”的精神，探索农业机械对丘陵作物的适用技术，试验推广先进的农机装备；探索“良种”“良地”“良机”“良法”的农机农艺融合生产技术。重庆首次提出“宜机化地块整理整治技术”为丘陵山区机械化发展提出了新的发展理念和课题；培育发展农机社会化服务组织这支“装甲军”成为发展丘陵农业的必经之路。

就是这样一群不忘初心，苦其心志，劳其筋骨，上下求索的团队，为着最朴素的愿望，尽着最本分的责任，探索着解放丘陵农民的新路径。他们主要来自基层的农机研发者、推广者和机手们，探索、指导、推广、服务于现代农业机械化生产，不断为提升丘陵山区农机化水平卧薪尝胆，誓有“老骥伏枥，志在千里，烈士暮年，壮心不已”的决心，几十载如一日，谱写了丘陵农机新篇章，让丘陵农业见新颜，让穷山恶水改天换地变“青山绿水”、变“金山银山”。

在 40 年的改革开放中，我们农机人发挥愚公移山的精神，俯首甘为孺子牛，为丘陵农业奉献青春；在未来的乡村振兴大潮中，我们农机人也愿冲锋陷阵，甘当现代农业“撬瓶器”。

一、丘陵农机装备技术研发人——陈建

陈建，工学博士，西南大学工程技术学院教授、博士生导师、国务院政府特殊津贴获得者，重庆市学术技术带头人；农业部丘陵山地农业装备重点实验室学术委员会主任、中国农业工程学会理事；重庆市农业机械学会理事长、重庆市农业机械化发展专家顾问，主要从事农业机械化及农业机械设计制造，主持、主研省部级以上项目20余项，获国家科技进步奖一项、省部级科技进步奖4项；在国内外学术刊物上公开发表论文100余篇。陈教授60岁有余，长年致力于丘陵农机技术及装备研发，行走于农业生产前线、工厂、田间地头，推动丘陵微耕机的生产制造，一度掀起丘陵小农机生产推广高潮，曾深入“新电动微耕机关键技术研究及产品开发”，解决其在耕作过程中存在振动及噪音大、劳动强度大、安全性和操作舒适性相对较差及排放不达标等问题。随着农业产业结构的调整，以及农业规模化生产的需求，小农机日益不满足现代农业生产，攻破丘陵地块分散、零碎不宜机，种植不宜机的瓶颈，补齐丘陵农机立地条件短板成为陈教授当前重中之重的工作，陈建教授与专家团队结合重庆地块参差不齐的特点，研究出一整套重庆特色的宜机化地块整理整治技术规范：通过设计地块整治路径，改善中大型农机在丘陵山区的立地条件，探索改进配套农机，保证丘陵山地也用得上高性能的中大型农机，为提升重庆及周边丘陵省市农业机械化水平作出了卓越贡献。

丘陵农机装备技术研发人——陈建

在重庆，像陈建这样专注于丘陵农机研发、推广的专家还有很多很多，农科院农机所庞有伦、周玉华，西南大学叶进教授，农机鉴定站李祥等无数的专家学者，心怀重庆农业，心系丘陵农机，立志于丘陵农机研发制造和推广，解决百姓用机难，无好机用的问题，为千千万万的山区农民带去福音。

二、“何妈妈”的自豪和心愿

“何妈妈”，即本人，49岁，基层农机推广站站长，从事农机生产制造及推广服务27年。为什么称为“何妈妈”呢？因为何妈妈所在地培育的农机社会化服务主体数量多、质量高，且个个精兵强将，理事长们普遍都很年轻，个个如同孩子般在区农机推广站的培育下茁壮成长，成为重庆市农机服务行业中的佼佼者，因此我也被同行戏称为“何妈妈”。改革开放以

来，时代变迁进步，人民生活水平日益提高，国家日益繁荣富强，我感同身受，知晓第十一届三中全会的顺利召开调动了农民自主生产的积极性，形成一条具有中国特色的发展社会主义农业的道路。随着产业结构的不断调整，农业逐步从小农业向产业化发展，承包到户的小地块越来越不适宜社会发展进程，“小地块、小农机与大产业”极不匹配，如何有效地在丘陵山区推广好农机，提高丘陵机械化水平？几十年来，从生产到推广，从学习到管理，我总结了自己的一套“老法新用”的20字农机推广手册：巧抓团队，协调政策，融合技术，提升装备，服务产业；总结了农机推广的五大要素：良种、良地、良机、良法、良人。良种，即选择适宜机械化种植的优良高效作物品种。良地，即能适宜机械化作业的地块条件。良机，即适宜作物耕种管收的机械设备。良法，即满足机械化生产的种植技术及标准。良人，就是有一批服务于农业机械化生产的专职人员和有眼光、懂技术、懂设备、懂管理、善协调的管理体系。

我很自豪，在中国改革开放40年间，重庆丘陵农机探索了适宜丘陵地块的“微耕机”，打造了中国的“微耕机之都”。现在，重庆在用机械化的思维和机械化的手段，推动重庆农业生产体系现代化。而潼南结合重庆提出的“三并两互促跨越”的发展方针，“一突破、三跨越、十推进”的目标体系，创新开展农机农艺深度融合的“八大技术”：粮油全程机械化生产技术、宜机化地块整理整治技术、绿肥生产利用技术、沼渣、沼液肥水一体化生产技术、轻简直播技术、秸秆还田技术、深松保护性耕作技术、畜禽粪污消纳利用技术等，有方向、有针对性、有措施地推动潼南农机飞速发展，特别是重庆特色的“宜机化地块整理整治技术”，在潼南及各地产业基地的试验示范推动下，形成可复制、可推广的技术模式，得到市农委及农业部的高度重视，上下齐动共呼吁，掀起宜机化地块整理整治热潮。因为“宜机化”，重庆增加了很多的“宜机地”，成就了一大批“用机人”，提高了全市机械化水平。重庆的“宜机化模式”推动“宜机化”纳入我国高标准农田建设标准，进一步加速了全国丘陵山区宜机化改造步伐。

但是，何妈妈还有很多愿望未实现，如：如何更有效推动丘陵宜机化地块整理整治？如何与高标准农田建设接轨？如何引导蔬菜和经果种植大户用上农机、用好农机？如何让我们农机专业合作社的机械设备提档升级？如何让所有农机专业合作社的机械设施建设有绿色通道可行，设备不日晒雨淋？如何用机械或其他手段解决蔬菜覆膜、移栽、收获，果园除草、采摘、套袋等这些短板问题……当然，随着科技日新月异的发展，我相信，未来的丘陵农机有很多可能性，不管是整地、销售、作业服务，市场定将是一片光明，希望下一个40年，有更多的年轻人，扛起农机推广服务这面旗子，运用高科技手段，投入到“建设美好农村、服务中国大农业、富裕所有人”的大潮流中。

三、基层农机社会服务组织成长迅猛

在上级部门的政策引导和技术指导下，潼南经过宜机化整治的地块近5万亩，农机作业有了更广阔的战场，随着规模农业产业化，无人植保机、青贮收割机、中大型耕整机械、收获机械、蔬菜种植等高科技的机械设备出现在了我们的山坡上，多功能复合式的机械培育出了多功能复合式的农机手，这些机手无所不会，上得天、入得地，懂操作、会维修、善经营，接下万亩新疆棉花植保大单，投得渝北宜机化整治服务示范业务，竞得农综520万元社会化服务。除常规服务外，还连续三年参与本区3 000多万元的社会服务业务，提升了服务组织的服务水平、装备水平及专业技能，引领各地效仿学习，带动各地服务组织培育壮大，创下辉煌业绩：潼南飞手黄睿荣获2018年全国农民运动会“飞防机手大赛第一名”，潼南金牛农机合作社陈长剑荣获两届“全国种粮标兵”和2018年“全国明星合作社理事长”，潼南长丰农机陈伟荣获“2018年全国农机技能大赛二等奖”，潼南佳禾农机杨华荣获“全国百名杰出新型职业农民”、致富带头人、雷沃杯20佳农机合作社理事长，潼南大同农机合作社荣获“全国农机示范合作社”等殊荣纷至沓来。全区培育农机专业服务团队30多家，农机大户上百户，由农机专业合作社结合产业作物种植模式，率先在潼南拉开“丘陵宜机化地块整理整治”示范工程，率先在万亩油菜基地导入“全程机械化生产技术”，率先探索总结水稻全程机械化生产技术，率先探索深松整理技术、绿肥培植技术、无人机防控和飞播技术，率先探索药材、果园宜机化的整地模式。潼南承担全市春耕现场会2次，各类技术专题会议若干，接待各级各行业技术交流、观摩、示范演示会议若干。全区农机专业合作社由单纯的机械化耕作服务环节延伸到机械化整地、机械化种植、机械化防控、机械化初深加工，形成农机服务产业链发展模式。全区农机化水平由原来的33%上升至60%以上。引入了重庆市首台六行乘坐式插秧机，久保田688、888、988收割机运用于粮油收获，深松机、无人机、90～150马力耕整机、青贮收割机、打捆机等先进设备也落地潼南，中大型高性能、智能型机械设备逐渐取代小农机，系列举措得到市农委及同仁们的认可和好评，为推动全区宜机化地块整理整治、各类新型机械运用、各类集成技术推广打下了坚实基础。

重庆市原峰农业

四、七十二变的“农机众生相”

潼南金牛农机专业合作社理事长陈长剑，62岁，潼南区最老农机专业合作社理事长，转业军人，退伍后担任梓潼镇新生村村支部书记21年，流转撂荒地300亩起步，从事粮油生产，2007年正式购入第一台乘坐式插秧机，开展水稻全程机械化生产，2009年成立农机专业合作社，至2018年，连续流转土地达1 000余亩，机械设备投入500万元，拥有专业育秧大棚生产线、耕整机、收割机、烘干机、粮油深加工系统、无人植保机械等设备。自2007年至今一直流转土地，规模种植优质水稻，引导当地百姓从事粮油蔬生产，是潼南区的种粮大户。2009年成立金牛专业合作社，为全区农业机械

潼南金牛农机专业合作社理事长陈长剑

化生产服务。2009 年、2012 年曾被评为“重庆市种粮标兵”，2013 年荣获农业部“种粮售粮大户”奖，2018 年荣获“全国明星理事长”，所率领的金牛农机专业合作社荣获农业部“国家级农业合作社示范社”。

潼南佳禾农机专业合作社理事长杨华，41 岁，一个好学有头脑的农村汉子，他心系乡民，扎根农村，用青春和热血，带头组建农机专业合作社，大力推广和实施农机社会化服务，加快农业机械化、规模化、集约化生产，成为远近闻名的农机致富带头人，“雷沃杯”2012“全国 20 佳农机合作社理事长”、2014 年“金杯小海狮杯”重庆市青年创新创业大赛总决赛三等奖获得者、2017 年致富带头人、2018 年全国百名新型职业农民，获农机发明改造专利 5 项。曾经的打工小伙子，演变成了蜂窝煤小老板，逐渐爱上了农机，在田间地头觅得商机，投入 500 多万元购置各类农机 300 余台（套），组建技术精湛的机耕、机种、植保、机收作业队 160 余人，配套机械库房及维修车间 3 300 平方米，建立固定田间作业及培训基地 1 000 余亩，业务覆盖西南各省、市，年农机作业面积逾 10 万亩的能力，“农机服务”成为终身事业，“农机致富”梦想逐渐变成现实。

“一人富了不是富”，杨华说，他要以农机带动全区农民共同富裕。他帮助合作社彭红、邓潇潇、张东华等机手平均每年能挣十几万元，实现了买房购车的梦想，有力推动了潼南现代农业发展，促进了农民增收致富。

潼南大同农机专业合作社理事长唐勇，39 岁，曾为“万图福电脑”老板，2014 年入行农机，大专文化，胆大心细，思维创新，20 来岁从事电脑销售及维修。2014 年，在区推广站的指导培育下，正式进入农机行业，利用积累的工商资本投入到农机，抢抓规模农业发展契机，仅 2015 年在本地及周边省市销售中大型拖拉机就达 100 多台，创造了当地“农机销售神话”。

大同农机专业合作社始创于 2014 年 8 月，有独立的销售门市、仓库场地、维修场地、培训场地等多个服务场所。合作社有专业机修人员 4 名，固定机手 20 名，农民成员 65 人。其中 4 人取得专业维修资格证书，并培养拖拉机机手 150 人。且与生产商共同开展机手培训，为客户提供全方位的服务，与其他农机专业合作社单一环节的服务有着不一样的运营特点。

一是合作社经营服务形成“产业链”。大同农机专业合作社主要从事农业机械销售、农业机械维修服务、机械化耕种收防作业服务，形成一条龙式的“产业链”服务。

二是农机装备多样化，服务范畴多样化。现拥有高性能动力机械 80 马力以上拖拉机 12 台，最大为 140 马力，收割机 4 台，自走式玉米青贮机 5 台、悬挂式玉米青贮机 4 台，其他机械若干。在农机销售领域中成绩突出，近两年度共销售农机 230 台，农具 350 台；年销售产值 2 000 多万元，拥有西南片区个别农机经销权。累计开展社会化服务面积16万多亩，机械维修服务达1 500余台次。

三是机械化作业服务成效显著。合作社拥有高水准的团队员工，参与全区、全市的社会化服务。每年小麦、水稻、高粱、油菜、柠檬、花椒、姜类等作物的机耕、机播、机收的服务面积达5万余亩，引进全市首台青贮饲料收割机，创新开展了青黄贮机械化耕种收业务达万亩，引导种植户高效利用玉米粮改饲来增其产值，为其开展牧草性作物的机械化耕种收服务。

四是创新推广青黄贮全程机械化生产技术。在牧草及玉米青贮方面率先探索全程机械化生产技术，并形成生产（机械化耕种收）—加工(秸秆揉丝打捆)—销售。从牛场接青贮饲料单、给农户发单，同时开展机械化耕、种、收服务，为牛场运储提供全面服务，全年完成青、黄贮玉米18 000吨左右，为本地的玉米粮改饲摸索了一些经验，也为农户、牛场提供了供需通道。

五是启动农机售后服务及维修网点服务。为保障农机售后服务，该合作社采取上门服务，购置4辆售后服务车，年服务农机1 500台次。并对维修事宜进行回访跟踪，征询农户的意见和建议，以改善自身的不足，并建立了农机维护服务和租赁服务。从农机销售、维修、培训、信息服务（作业与收售）、配件供应、整体方案提供、旧机具拆解、再制造、农机具定制改装等各个环节开展农机综合服务，形成全产业链式的社会化服务体系。

重庆市潼南区长丰农机专业合作社理事长陈伟，46岁，打工仔出身，先后辗转云南、四川、新疆等省份，干过装修工、开过理发店、也开过副食店，2008年，联合川渝两地的农机手数10人，人手一台大型拖拉机，组建了一支

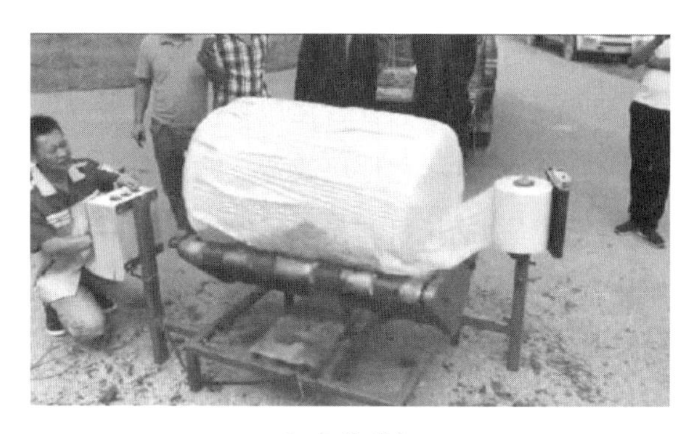

配套覆膜机

青黄储饲料收割、打捆服务

巫溪红池坝牧草机械化收割服务

强有力的农业机械化互助生产队伍，专门服务于川渝两地粮油以及蔬菜种植基地，年服务作业面积达20万亩。并于2012年注册成立了潼南区长丰农机专业合作社，是一家专门从事社会化服务的组织，合作社秉承“搞农机心系一处、钻‘三农’情牵两江”企业文化精神，长期服务于重庆区域内的潼南、合川、璧山、铜梁、永川、荣昌、大足等区、县，以及四川省新津、邛崃、遂宁、成都、安岳、内江等地的蔬菜、水稻、油菜、玉米、蔬菜、中药材等作物的机械化耕整、种植、收获等环节的作业。

近年来，在市、区两级农机主管部门的大力帮助下，合作社将社会化服务作业的事业拓展到丘陵山坡宜机化地块改造，购进大中型挖掘机、大马力拖拉机、无人植保机械，根茎类作物收获机械等，对丘陵山区的地块实行修建作业道路、并整贯通、小土改大土等服务。为当地农机社会化服务组织提供了一条可借鉴、可复制的发展模式，同时促进了当地农业生产先进技术的集约化、科技化、规范化发展。

潼南区长丰农机专业合作社互助生产队

重庆市潼南区渝飞农机服务专业合作社联合社近年来，坚持“基础设施建设跟着产业走”的原则，集中开展基础道路、土地平整、农田水利、土壤改良、林网配套等建设，为现代农业产业发展奠定了坚实的基础。近3年来，全区有超过4万亩的“馒头山”坡地，流转给农业企业进行了宜机化整理整治，种植了粮油、柑橘、花椒、红薯和药材等。2017—2018年，结合潼南区的优势产业，与农综部门探索经果林统防统治服务合作为契机，潼南区金牛农机、佳禾农机、映洪农机、巨牛农机、大同农机、静园春农机、华祥农机、匠心农机、众民农机等10家优秀农机合作社抱团成立了“重庆渝飞”农机服务专业联合社。

“抱团发展”让装备技术更上一个台阶。为推进潼南区现代农业生产，积极响应党的十九大报告中提出的“乡村振兴”战略，潼南区10家讲诚信、有规模、作业质量高、口碑较好的农机社会化服务组织创新思路，整合资源，抱团服务潼南区及跨地区的规模农业生产。“渝飞联合社”下设合作社有市级龙头企业、种粮标兵、市级示范社和部级示范社等优秀合作社，通过强强联合，更有利于农机社会化服务组织的培育及品牌建设，装备优化，技术集成，成本降低，效率提高。联合社成立之初便投资500余万元购置了16台大疆无人植保飞机，3台专业测绘机，并派遣专人学习无人机驾驶技术，并成功获得专业机构颁发的资格。由于装备技术的提升，联合社成功竞得农综的500多万的农作物绿色防控植保大单。

发挥人才装备优势、拓宽服务领域。合作社拥有一支准确把握农业机械化发展趋势、科技素养好、开拓能力强的管理干部队伍。致力于打造一支结构合理、业务精通、热爱农机事业的农业机械化技术人才队伍，培育既精通农机驾驶、维修技术，又懂农业、农艺栽培技术，同时又会农机经营管理的新型农机手。积极开展农机维修、驾驶操作职业技能竞赛，培育一批爱农机、善钻研、技艺精的“农机工匠”。合作社为提高农业生产薄弱环节的机械化率，探索植保无人机飞防服务，解决规模农业生产中统防统治强度大、成本高、时间紧、效率低等问题。合作社购置了16台大疆牌多旋翼植保无人飞机，服务大农业，开展订单服务。同时合作社还积极开拓服务领域，将土地宜机化地块整理整治纳入合作社服务领域内，目前已完成渝北区土地宜机化整理整治项目，获得了业主及管理部门的信赖。合作社充分发挥人才装备优势，在土地整理整治领域发力，未来将会与更多业主合作开展土地整治工作。

强强联合，打造全产业链服务体系。渝飞联合社，下属的10家农机专业合作社，可提供的服务包括机耕、机收、植保、烘干、粮食加工等作业服务。通过强强联合，渝飞联合社整合下属合作社资源，将农业生产的所有生产及加工环节都纳入社会化服务范畴，包括：工程机械开展宜机化整地、机械化耕防种收、集中冷链、烘干、(初、精、深）加工，甚至包装、物流等环节，来推进潼南区乃至全市农机社会化服务体系的专业化发展，加强新型生产经营或服务主体之间的合作，提高农业社会化服务的综合效益。

渝飞联合社的无人机飞防服务队

40 年，我与农业机械化同行

□ 尹国庆

尹国庆，农业技术推广研究员，江西省泰和县农机局原局长。大学毕业后，长期致力于井冈山老区丘陵山地农业机械化。获神内基金农技推广奖，农业部农牧渔业丰收计划二等奖，被评为全国农机管理先进工作者。

春夏秋冬，岁月嬗替。今年，我们迎来了改革开放 40 年。1978 年，以党的十一届三中全会胜利召开为标志，中国开启了改革开放新的历史征程。40 年，泰和县的农业机械化事业砥砺奋进，广大农机人用双手书写农业机械化发展的灿烂篇章。40 年，我与农业机械化同行，“终身立志于此”的初心不变。

1978 年 9 月，我怀揣着一张大学录取通知书，踏着“1980 年全国基本实现农业机械化”的滚滚浪潮，进入了原农机部的直属院校农机专业学习。4 年里，我在知识的海洋里遨游，在真理标准问题的大讨论中思辨，憧憬着家乡农业机械化的灿烂明天；4 年后，满怀着建设者的豪情开启了农业机械化之旅。我从农机技术员到高级工程师再到农业技术推广研究员，并长期担任农机部门负责人，见证了 40 年泰和县农业机械化发展的艰难而光辉历程。

泰和县位于江西中部，吉泰盆地腹地，毗邻革命圣地井冈山，全县水稻常年种植面积达 110 万亩，是南方丘陵农业大县。改革开放初期，我县的农业机械化事业经历了一段较长的“阵痛期”。随着家庭联产承包责任制的全面推行，土地经营规模缩小，田块碎化，机械耕种等作业遇到了困难。一段时间，集体所有的一些拖拉机等农机具被变卖、修理设备被拆解、社队农机人员回家种地，“包产到户，农机无路”成为大部分农机人的心态。“阵痛”是暂时的。随着农村经济改革的深入，1983 年中央 1 号文件颁发，允许农民购买拖拉机，使广大农民获得了购置、经营、使用农机的自主权，农机经营管理体制开始发生变化，一举突破农机由国家、集体统一经营的格局，形成以农民个人所有、自主经营为主的国家、集体、联户、个体多种经营形式并存的新格局，出现了民办机械化热潮。农民购置抽水机，脚踩打谷机，小型、半机械化机具应运而生。这一时期，小型排灌设备和农用运输车快速增长，满足了农民农田灌溉和农业运输需要。1995 年，苏溪镇芫背村农户郭同璜购置一台桂林－3号大型背负式联合收割机，开全区先河。1997年7月，县政府在上田召开水稻生产机械化现场会，全县上千农民赶来观看，现场会上集中展示收割机、耕整地机和机动脱粒机等机具十几类，我县九鼎公司生产的东风－S15型联合收割机也闪亮登场。这一时期，县农机局大力推广耕整机，提升机耕水平；推广开沟机，使我县的冬种油菜大面积增加（使用油菜开沟作业，可以一次完成开沟、起垄、覆土，是人工作业效率的30倍以上）；推广机动打谷机，减轻劳动强度。县农机局还开展化肥深施和水稻节种育秧、工厂育秧、节水灌溉增产机械化技术推广示范，组织大中拖调运甘蔗和跨区作业。凤凰涅槃，我县农业机械化事业在改革开放的大潮中破浪前行。

忽如一夜春风来，千树万树梨花开。2004年《中华人民共和国农业机械化促进法》颁发，中央农机具购置补贴等支农惠农政策的强力实施，我县农业机械化发展迎来了“黄金十年”。10年累计争取农机购置补贴资金近亿元，补贴农机具超过3 500万台（套），农机增幅超过法律实施之前35年的总和。同年，马市镇农民钟振泉投资21万元购置“洋马”半喂入收割机，成为全省第一个高性能收割机购机户。随后，我县种田农民户户购置农机，井冈山下呈现“农机热”。这一时期，县农机局组织打好“赣机北上，引机入赣，用好赣机”三大作业品牌，每年组织几十台收割机赴外省市作业，为购机农户增加收入；开展水稻育插秧和丘陵山地水稻生产机械化示范，突破水稻机插秧和山区机械化瓶颈。历经“黄金十年”，我县机耕机收全面普及、机械育插秧快速发展，“黄牛下岗、铁牛上岗”，“面朝黄土背朝天”农业劳作已成历史，留在农村不到20%的劳动力依靠农机轻松地种田。我县螺溪镇中坊村农民王耀柱21世纪初开始，夫妻俩耕种168亩水田，拖拉机、插秧机、收割机、播种机等农机具一应俱全，除机耕机收外，尽使用机械插秧一项不仅为他抢夺了季节，与抛秧相比，还每年亩产增收8%以上。他每年种地收入十几万元，带动周边村民广泛使用农机。到2014年末，全县农机总动力达到5.5万千瓦，农机总值达到4.5亿元，水稻耕种收综合机械化水平达到86%，进入农机化发展中级阶段。

春种秋收，春华秋实。近年来，随着农业供给侧结构性改革推进，我县农业全面进入以机械作业为主的新时代。机具性能由普通型向高性能发展；机具型号由小型向大中型发展；配套农机具由单一向多样发展；水稻机械化生产由产中向产前、产后全程机械化发展。畜牧机械、渔业机械和农田基建机械快速增长。大马力拖拉机、液压翻转犁、植保飞机、秸秆还田机、智能催芽机、稻谷烘干机等先进的机具设备不断武装我县现代农业。拖拉机拥有量1.7万台，水稻联合收割机3 352台，稻谷烘干机300台（套），批处理量上万吨，收割机全部配备秸秆还田装置。以农机合作社、家庭农场等为主的新型农机经营主体登上现代农业大舞台。全县登记注册的农机合作社29家，其中全国农机示范社2家，省级农机示范社1家。全县农机合作社社员2 150人，从业人员2 600多人；拥有各种农机具1 500多台（套），流转土地2.5万亩。我县嘉农惠农机专业合作社成功探索“九服务一担保”（育秧、机耕、机插、机防、农技、机收、烘干、仓储、营销和信用担保）新模式，为周边农户提供优质社会化服务，被评为全国农机专业示范合作社。农机手周志敏参加全省农机职业技能竞赛荣登第一名，获“江西机王”的称号。

一路风雨一路歌。40年，我县的农业机械化事业取得了瞩目的成就，实现了从选择性发展到基本实现农业机械化历史性跨越，迎来了从无到有、从少到多、从多到强的飞跃，前所未有地接近全面实现农业机械化目标，书写出新时代的现代农业新篇章。农机成为现代农业的加速器和推进器，农机经营服务成为农民增收的重要途径。我县连续多年被评为全省农机化工作先进县，进入全省第一方队，跨入农机化中高级阶段；入选南方水稻机械化示范县、全国水稻机插育秧培训示范县和平安农机示范县；水稻机插育秧示范推广获农业部农牧渔业“丰收计划”奖……

岁月不惑，春秋正隆，我县农业机械化事业呈现出前所未有的生机和活力。站在新时代的井冈山下，农机人将以更加昂扬的斗志，推进全县农机装备和农业机械化转型升级，攻克水稻种植和高效植保机械化薄弱环节，加快果菜茶生产、畜禽水产养殖等农机装备的推广应用，促进农机农艺融合，提高农机装备智能化水平，为我县乡村振兴谱写新篇章。

我所经历过和感受到的农机化 40 年

□ 孔德军

孔德军，1983 年 9 月至 1987 年 5 月于沧州地区农机化学校农机修造专业学习；1987 年 5 月至 1996 年 12 月于沧州市郊区农机局从事农机管理工作；1997 年 1 月至 1997 年 12 月于沧州市郊区农业局从事农机管理工作；1998 年 1 月至 2009 年 8 月负责新华区农业局主持农机管理工作；1998 年 1 月至 1998 年 6 月于负责新华区农机监理工作；2009 年 9 月至 2015 年 8 月负责新华区农业局农机管理和农机监理工作；2015 年 9 月至今负责新华区农机管理工作。

转眼间，改革开放 40 周年了！中国的广大农村发生了翻天覆地的变化，农业机械化取得了令人不敢想象的成就。回想起这不长不短的一段时光，让人感慨万千。

一、往事不堪回首

40 年前的我，曾经历过这些事情：在复式班里，坐在用砖和木板搭起来的课桌旁，听老师讲课；夏收时，在老师的带领下去地里捡麦穗，放学后到邻村耕过的地里去偷着捡（有人看着不让捡）麦根，背回家里做烧材；秋收时，到学校实验田里掰玉米，放学后去豆子地里捡豆粒，晚上去生产队场里剥棒子皮挣工分。

那时候，村里仅有的四台拖拉机，部分承担了耕地、拉粪、拉庄稼、轧场的农活。忙不过来时，特别是播种，还得人和牲畜一起干。

1980 年，农村实行家庭联产承包责任制以后，我们家有了自己的承包地，我见证和实践了“队长队长别发愁，人拉耠子人拉耧”的真实场景，也结下了农机情愿。

那时候，我们那一带最常见的农业生产是这样的：耕地要挨个用队里分给个人的拖拉机，实在挨不上的就用牲畜拉五寸步犁耕地；播种则主要是人或牲畜拉两行耧来播种；玉米出苗以后要用扒锄子除草并定苗；中耕则全家老少齐上阵，用人拉耘耠子除草；人工镰刀收割小麦（大豆）（为了烧材就拔麦子，到场里铡刀铡麦根），运到场里翻晒、轧场、扬场、装袋、存放；人工掰棒子、凿棒子秸、运回家里、剥皮、铡棒子脱粒；为了改良盐碱地，人工铡棒子秸——秸秆还田……现在的年轻人估计想象不到这样的场景。

这段农业生产的具体实践，使我深刻体会到了农民的辛苦，加深了对农业机械化和实现四个现代化的向往。

二、我的农机生活

为了减轻耕作负担，家里在1981年买了一头驴，用于农田运输和耕作。可是好景不长，由于喂养不当，这头驴很快得病了，没办法只能卖了。

1983年，带着早日脱离农村的艰苦劳作，到城里当工人挣钱的梦想，我在中专升学时毅然选择了沧州地区农业机械化学校农机修造专业，开始了四年系统的专业知识学习。

在农机化学校，我系统地学习了拖拉机的维修保养知识，实际拆装了柴油机、拖拉机，掌握了驾驶技能。毕业实习的时候，我到肃宁县师素乡寺上村农村驻点，为农户普及柴油机维修保养知识，解决了不少实际故障，从此正式踏上了农机事业的门槛。

1985年，改革不断推进，政策进一步放开，已经允许个人拥有农机。碰巧邻村有一台报废的老沧州造拖拉机，我花了200块钱就买回来了。凭着自己学到的知识，很快就把它修好了，从此开始了我使用农机的征程。这台老拖拉机，帮助家里解决了农田运输、耕地、轧场等很多问题。开着自己修好的拖拉机耕地、拉粪、拉秸秆，享受到了操作农机的乐趣。为这事，我骄傲了很长时间。

后来，父亲单位的拖拉机报废后，我又给买了回来。这样，我们家就拥有了两台拖拉机，干了不少活儿。就这样又过了两年，因为这两台拖拉机都过了报废年限，毛病逐渐多了，而且配件也不容易买到，只能一台拆件保证另一台完好运转。

为了解决小麦轧场、扬场的辛苦，1992年夏季，我们家购置了一台小麦脱粒机，在自己的麦子脱粒完后，还能为亲戚、邻居帮帮忙。

1993年秋季，家里购买了圆盘式小麦播种机，解决了小麦机械播种的难题。印象比较深刻的是，一天从早到晚连续在拖拉机上为亲戚耩麦子60余亩，中间未下车休息，到晚上真感觉到累了。这也是我第一次体会到了干农机的辛苦。

1999年，家里购置了一台新疆－2小麦收获机，开着它可是干了不少活。一直到2008年，我才结束了亲自操作农机从事农机服务的历程。这些年的经历，既让我享受到了干农机的乐趣，也经历了机具发生故障漏粮、劫机等情况，深刻体验到了农机手的辛苦和付出。

1987年中专毕业后，我被分配到沧州市郊区农机局参加工作。30年里，有5次到其他部门帮忙或参与区党委区政府的中心工作跳离农机行业的机遇，但情缘已定、学以致用的思想，最终还是促使我留在了农机行业，酸甜苦辣尽在不言中。

三、工作与感悟一：服务体系

历史上，依托平价柴油供应分配制度和农机管理费征收政策，对乡农机协助员、村农机协会负责人给予误工补贴，成立了区、乡、村三级农机协会，建立健全了农机户、村农机服务队、村农机协会共同服务农业生产的服务体系，形成了农机事事有人负责、上下信息沟通顺畅、及时快捷的管理服务系统。

随着平价柴油的停供和管理费的取消，体系没有了运行费用的保障，名存实亡，部分农机管理工作陷入了被动应付的局面。

四、工作与感悟二：农机推广

我个人先后参与推广了五菱 S195 柴油机节能改造技术、小麦割晒机、小麦精量和半精良播种技术、玉米秸秆还田技术、小麦联合收获机、联合收获机配装小麦秸秆切碎机、玉米免耕播种技术、玉米大行距小株距播种技术和玉米联合收获机等技术和机具。

农机是生产工具，具有改善农业生产条件、促进农机化水平提高的功能，其经营服务创收也是农机户的主要收入来源和依赖，是农机化发展的经济基础。小型拖拉机、农用运输车、免耕播种机、小麦联合收获机、玉米秸秆还田机、玉米联合收获机的推广历程，都说明了能让购机户辛苦经营、实现收入梦想的机具会得到很快的推广应用。

农机先进技术和机具的推广须具备天时、地利、人和三个条件：天时，即政策的扶持和自然条件，如平价柴油的补贴、农机购置补贴、天气状况适宜等。地利，即具备推广的需求，一项技术再好，当地没有需求也无法推广。人和，即多方受益。技术的推广依赖于人、依赖于种植户、依赖于农机户，依赖于企业提供可靠的机具，没有推广部门、种植户、农机户和企业的共赢，推广只能是书本上的文章、试验田的产物。

五、工作与感悟三：购置补贴

为享受到补贴政策的扶持，2004—2007 年，我区农机户基本上是和其他县亲戚联合购置农机。2008 年，我开始负责农机具购置补贴的实施工作，本区农机户进入了自主购机的时代。受实施区域范围较小、经济条件较好、机械化水平较高、农民对农业机械化的需求较为迫切的影响，我区的购机户自一开始就存在盲目购置、投资回报期长、资源浪费的风险。本着对购机户负责的态度，我们采取了落实作业区域、了解操作技术、技术扶持等措施，对每一个购机户情况予以详细掌握，劝退了怀抱预期收入梦想，不掌握实际技术、无维修技能保证的农户。为减少不必要的麻烦，自开始实施就坚持了严格操作程序、公开操作全过程、依据优选条件按报名先后确定补贴对象，力求公平、公正的做法，既减轻了购机户到处找人的麻烦，也保证了自身的安全。

回过头来看，“黄金十年”在一定程度上透支了农机户的资金，质量参差不齐的机具凉了部分农机户的心、有待完善的“三包规定”一定程度上纵容了不良企业的伪劣产品，加上农民种植收益下降、环保治理力度日益加大等原因，导致了目前农机企业的困境。

没有农民、没有农机户，没有他们可以放心使用的机具，哪里来的农机化水平？哪里来的农机企业的发展？基础没有了，何来的高楼！

六、工作与感悟四：农机监理

我本人在基层从事农机安全监理工作有一段时间了，经历了几个阶段：初期的农机监理以拖拉机牌证业务为主；后来发展到拖拉机、农用运输车牌证业务并重；再到农用运输车业务划转公安交管，农机监理只保留拖拉机、联合收获机业务；到如今拖拉机、联合收获机行政许可业务划转，保留安全生产事前事后监管、农机事故处理职能。随着农机化水平的提高，安全监管重点由“三夏”“三防”，提升到日常检查、事故隐患排查、违章作业纠正等。

农用运输车业务的快速发展带来了农机监理队伍的壮大，但随着车辆负载量日益增大、车速提高、从农村走向县城、从农田走向公路、业务管理的弊端等，导致了职能划转，也吹响了农用运输车行业高潮结束的号角。

在行政许可职能划转过程中，受编制的影响，部分县、区存在着要业务不要人的做法，使得一部分基层农机监理队伍陷入了尴尬境地，也留下了一部分划转后的单位人员不具备法规要求的资格，加上检验手段相对原始落后、没有足够的车辆和设备支持事故处理等后遗症。

七、工作与感悟五：跨区作业

沧州市郊区农机局1996年就开启了组织跨区作业的征程。说起跨区作业，就想到了雨中在粮仓露天睡觉的赵局长。为不耽误作业时间，他带领大家从河南到北京赶路程，歇人不歇机。那天，他一进入河北，天就开始细雨绵绵，可以说是人困马乏。天黑后，赵局长窝在粮仓中休息，斜坡的粮仓，刚睡时斜躺着，睡着后偎在底部，绵绵的小雨，愣没把赵局浇醒。唉！这就是那个年代领导的缩影。

那时候，我还自己开收割机。路上困急了，就晃晃车把自己晃醒；偶尔打盹时，树影、电线杆影都能把人吓醒。那是在霸州一带，实在太疲劳了，看到前面的拖拉机停车了，恍惚中赶紧踩离合、刹车，但没有摘挡。不小心一抬离合，我的收割机就撞了上去，拨禾轮被撞弯了，人也彻底醒了。

那个年代，联合收获机少，劫机现象逐步兴起。初期的劫机，多数还是农户着急割麦，硬要收割机给他们先割。后来也出现了将收割机劫下后倒卖、坑害机手的现象。我们所带队的机车也遭遇过劫机。为了顺利解决问题，找过当地县政府、省农机局，甚至也躲过地痞流氓的拳头，可以说是历尽了千辛万苦。庆幸的是，我们所带的车队在跨区作业期间基本还算顺利平安，未发生大的事故，机手都有或多或少的收入。

农机跨区作业利国、利民。按作物成熟时间差流动的跨区作业，加快了农田作业进度，减少了机具闲置造成的资源浪费，增加了农机户的作业收入。当然，也需要质量可靠的机具、快捷及时的维修服务、稳定有序的作业秩序、便捷的保险保障等，非农机主管部门一个部门可以完全操作的，需政府予以高度重视，各个部门予以配合。

经过40年的发展，农机化取得了举世瞩目的伟大成就。“20世纪末实现四个现代化、实现农业机械化”的伟大理想中，涉及我工作的农业机械化已基本实现，这里面多少也有我的一点贡献。这也是我作为一名基层农机工作者倍感骄傲的事情。

展望未来，新时代已经来临，乡村振兴战略正如火如荼，一幅壮美的图景已经展现。对于农机化而言，关注农民、关注农机户、关注农机合作社，让中国农机手真正可以自豪、体面地工作和生活，实现农业机械化的可持续发展，应该成为我们新的目标。

征文后记

中国农机化协会纪念改革开放40周年征文，阐述了40年农机化事业的发展过程和成就，说出了农机人的梦想，展示了农机人的高尚情怀。

忆往昔，面对农业生产手工工具、半机械化工具、畜力为主的现实，一代伟人一句“农业的根本出路在于机械化”，成为农机行业几代人的梦想。一辈辈年轻人心系梦想，承前启后奉献了青春，努力工作，像群友缪同春、廖建群等即使退休了，还在为梦想而努力。

至今，大田作物小麦、玉米农田作业环节已基本实现了机械化，但与发达国家相比还存在差距，国内农机化发展还存在不平衡，革命尚未成功，同志仍需努力。

女怕嫁错郎，男怕入错行。一旦进入农机行业，就会拥有难以割舍的农机情怀：真诚、纯朴、敬业、忘我。上至垂暮之年的前辈，后接刚入行的学子都在传承着一样的情怀。《圆父母农机情，追我的农机梦》《能为乡亲们服务，真好！》《与农机行业结缘我无怨无悔》《为了我那不曾停息的农机梦想》《30年监理新路，一辈子农机情谊》《人生注定农机缘》《不忘初心，为农机化事业矢志不渝；砥砺前行，做乡村振兴战略马前卒》“中国农机化，我和你因缘生情，因情动心，这辈子算是断不了啦！将来我若是得了老年痴呆，能听得懂的词里面，一定有一个是，中国农业机械化！”这是只有农机人才具有的情怀！

致力前行。面临机构改革、职能划转、农机销售市场萎缩和农机产品同质化、低端化等等问题，“为了农机事业，我将一如既往、义无反顾”，农机人将致力前行，创造农机化事业更大的辉煌。

父子两代人的农机未了情

□ 夏元新

夏元新，山东曲阜人，大学文化，九三学社社员，工程师，曲阜市第十二、十三届政协委员。历任曲阜市农机推广站副站长、站长，农机管理科科长等职务。多次被九三学社济宁市委评为“优秀社员”，多次荣获山东省、济宁市农机系统先进个人称号。

父亲，曾经的一位普通的拖拉机手，年逾古稀；我，一个生活在幸福中的中年人，也是一名普通的农机管理工作者。同是从事农机行业，在不同的年代里，我们父子俩的工作经历折射出了农机化事业的发展与变化。

1962 年 1 月，兖州和曲阜分治，父亲由原来的滋阳县中匈友谊拖拉机站调到曲阜县拖拉机站，有幸成为曲阜的首批拖拉机手。

当时，县拖拉机站是国营事业单位，装备的拖拉机有国产东方红 −54 履带车、铁牛 −40 型、匈牙利 −413 型、罗马的尤特兹（音译）四个机型，主要任务是支援全县农业生产队的春、秋、冬三季耕地和夏季打麦晒场。耕地作业通常两人为一机车组，一人为组长，作业两班倒，每班 12 小时。除加油、吃饭外，黑白不停，走东庄、串西庄，直到全县农业耕地全部耕整完为止。

那个年代，开拖拉机条件很艰苦。每到耕地季节，将简单的铺盖打包放在犁上，沾满油

1961 年 1 月，父亲（二排左二）在中匈友谊拖拉机站学习结业

污的大衣往身上一披，开车就走，乍一看还真猜不出是干啥的。老百姓有段儿顺口溜编得好：“远看像个要饭的，近看像个挖炭的，到了跟前闻了闻，原来是拖拉机站的”。

拖拉机手的工作常常不分昼夜，露天作业，冬天冻得要死，夏天热得发晕。除顶班作业外，还要拉油、量地、打验收单。如果一个人生病休息，另一个人就得连轴转，为的是多耕地，争当“红旗机车组”。每年本县农田作业任务完成后，还经常被派到临近县去帮助耕作，冬季

20世纪70年代，父亲在抗旱生产中，运送油料

20世纪90年代，我（左三）在
大学系统学习农机专业知识

还要参加大型水库和基本农田水利建设。

小时候，每每看到父亲开着拖拉机到村里来耕地，就约上小伙伴们高兴地围着拖拉机转，争着看新鲜，总也看不够。特别是看到小伙伴们羡慕的眼光，心里充满了自豪感，暗暗下决心，长大了我也要当一名拖拉机手。

从1968年开始，县级拖拉机站部分人员分散到各个人民公社，人民公社拖拉机站开始发展壮大。父亲则一直留在县拖拉机站，直到1982年调往县农村经济经营管理站，才离开了他为之奉献了青春和汗水的地方。

时光如梭，斗转星移。1993年7月，我考上了大学，如愿以偿地选择了农机化专业。1995年8月，毕业分配到曲阜市农机局，子承父业，同样从事农机工作。

此时，改革开放的春风已吹遍了祖国的大江南北，也给农机化事业带来了翻天覆地的巨变。我先后负责农机技术推广、农机管理、农机安全监理、农机培训等工作，亲身经历见证了农机化事业的腾飞发展。

今年恰逢改革开放40周年，也是我参加工作的第23个年头。现在，农业生产在耕整、播种、植保、管理、收获、加工、销售等各个环节均实现了机械化，主要粮食作物实现了全程机械化，作业效率有了极大的提高，农民种地再也不那么辛苦了。

拖拉机由功能单一的小型向着多功能、复合型大型拖拉机发展，耕作机具也由功能单一的小型向多功能、高科技智能化、节能环保型发展。

农机化发展由改革开放初期的只限于用于种植业，到现在扩大到农、林、牧、渔以及农产品深加工、农村运输、经营运输等各方面，进入了大农机、大农业时代。

农机新技术、新机具的引进推广应用，促进了农业生产农机与农艺的紧密结合，机械化保护性耕作、深耕深松、化肥深施、精少量播种、节水灌溉、无人机植保、联合收获、粮食烘干等先进适用的农机化技术，彻底改革了传统的耕作模式。

经过40年的改革发展，曲阜市形成了市、镇、村三级农机社会化服务网络。市级有农机技术推广站、农机监理站、农机化学校和农机协会，全市12个镇均设有农业综合服务站，村村有农机专业合作社和农机大户。

近年来，农机专业服务组织和农机大户迅

深入农村一线开展农机技术指导服务

开展农机安全生产检查

开展农机跨区作业服务

速发展，农机服务社会化、产业化进程加快，农机作业领域不断拓展，由粮食作物向经济作物，由种植业向养殖业、畜牧业、农副产品加工业全面发展，由“三夏”机收、机耕、机播服务向“三秋”玉米收获、秸秆还田和冬春农田水利基础设施建设等多个领域扩展，农业机械正向深度和广度全面拓展。

高效植保机械

无人植保机

40 年春风化雨，农机行业彻底改变了模样，华夏神州希望的田野上农机轰鸣、惠风和畅。我坚信，随着国家惠农政策的广泛实施，改革开放的进一步深化，农机化事业发展必定会越来越好，父辈的农机强国梦一定会早日实现！

圆父母农机情 追我的农机梦

□ 王建国

王建国，中国共产党党员，退伍军人，现任河北省盐山县农机推广站站长。

改革开放 40 年，盐山县农机装备水平有了很大提高。农业机械总动力 68.6 万千瓦，耕种收综合机械化水平达到 96% 以上；农机保有量从 1979 年拖拉机 548 台，发展到现在拖拉机 8 902 台，联合收获机 1 275 台，配套机具数量适应种植面积机械化。农机化成就为全县现代农业发展奠定了坚实的基础。我能够了解盐山县农业机械化发展，缘于“父母的农机情、我的农机梦”。

一、父亲开上拖拉机，我有了农机梦

在我童年时，父亲在县战备连工作，已有了拖拉机驾驶证，勤劳的母亲在县砖瓦厂拾砖坯子，经常由开拖拉机的叔叔们照顾我。时常我站到拖拉机的挂斗上就能睡着觉，到现在我脑海里还能回想起用烧棒启动单缸拖拉机的情景。

盐山县组建盐山县拖拉机站时，父亲从管理岗位调去开拖拉机，驾驶全县唯一用电马达启动的拖拉机。因为父亲技术精湛、工作责任心强，年年被评为省先进拖拉机驾驶员。

20 世纪 70 年代，拖拉机是主要运输工具，父亲经常出差在外，母亲承担着全部家务，我常常晚上一觉醒来，母亲还在辛勤劳作。麦收秋收期间，我会有更多快乐，县拖拉机站安排农机到我村进行作业，年少的我总找机会坐拖拉机。坐拖拉机享受的同时，不仅看到拖拉机作业的效率，对农机手车辆保养的认真程度也记忆深刻。

70 年代末期，在“1980 年基本实现农业机械化”的号召下，农机部门掀起农机培训热潮，父亲负责农机培训工作，来参加培训的机手，村上记工分，县农机局培训班管吃管住。在比、赶、超的氛围中，个个都显露出高超的技术，好多老机手当年是我的偶像，现在成为我从事农机工作的良师益友。在我 13 岁时就跟着父亲学会了拖拉机驾驶技术，跟着父亲一起用拖拉机拉庄稼、轧场和耕地，而且能独立驾驶拖拉机通宿在田间耕作。由于父亲的教导和影响，使我很早有了美好的农机梦，常常和伙伴谈论对农业机械化的美好憧憬。

二、父母的言传身教，助我成长

父亲常常给我们谈起他在工业局当会计，负责处理几个厂子的资产时，一根木头都没有占为己有。父亲年青时在县印刷厂当过厂长，老工友们说，父亲常常与他们连续几天几夜加班赶印资料。

1983年，父亲负责筹建良棉轧花厂，更是连家也顾不上回，工作没黑带白，在单位常常裹衣而睡。我清晰记得在1984年冬季，轧花车间操作人员失误损坏了打包机，父亲在那冰冷的车间里带领技术人员抢修了几天几夜，困了大衣一裹就靠着棉花包打个盹儿。

父亲的一身正气、两袖清风、忘我的工作精神，母亲的善良、勤劳，始终是鼓舞我人生奋斗的力量。

三、部队把我百炼成钢，为民服务记心间

正准备努力考大学时，学校军训又燃起我要当中国人民解放军的梦想，投笔从戎成为一名空军地对空导弹部队的战士。在空军地空导弹兵训练团，我系统地学习了机电专业知识，为我做好农机工作打下坚实的理论基础。在部队的培养下，我入伍第二年就成为中国共产党党员，连续4年被评为优秀士兵，并荣获过三等功一次，服役4年期满，脱下心爱的军装，投入地方经济建设。部队的锤炼使不管我在生活和工作中遇到多大的困难，都时刻不忘党员身份，不忘曾经是名军人，全心全意为人民服务的宗旨牢记我心间。

四、维修实践多年，成为工程师

1993年年底退伍后，在邓小平南方谈话的激励下，和家人一起艰苦创业开办汽车修理厂。当时汽车保有量少，三马车、大中小型拖拉机、工程机械、大小货车、客车、轿车什么车都修。为适应科技在汽车上的应用，提高技术水平，我不断学习新技术，积极参加培训。几份耕耘，几份收获，培训学习和实践使我的机电理论基础扎实，并具有丰富的维修经验，在全国组织的第一次机动车检测维修专业技术人员统考中，以优异成绩取得机动车检测维修工程师资格。多年的维修实践经验，为我正式分配到县农业局，负责农机管理工作，做好农机项目、进行机具改造提供了技术支撑。

五、群众满意是落实农机项目的目标

2007年至2018年年底，盐山县落实国家强农惠农富农政策的农机项目资金共计9 060万元，其中农机购置补贴项目资金7 115万元，农机深松项目资金1 595万元，小麦保护性耕作节水技术项目资金290万元，农机保护性耕作技术示范项目资金60万元。通过农机项目的实施，促进了我县农机装备水平的提高，加快了我县农机化又好又快发展进程。我在参与或主持的这几个农机项目中，积极探索，勇于创新，向群众满意交了一份满意答卷。

2010年，盐山县开始实施农机保护性耕作

技术示范项目，我们充分利用农机购置补贴政策促进保护性耕作机具落实，经过几年的努力，全县保护性耕作机具已发展到小麦免耕播种机145台，深松机315台，秸秆还田机661台，玉米免耕播种机2 671台。由于对保护性耕作机械敞开补贴，补贴机具数量多，我和同志们为减少群众跑路次数，中午、晚上就是加班也为拉着机具来办补贴的群众当天办完手续。在农机保护性耕作技术推广时，我做好技术培训的同时，深入田间地头，和机手共同探讨，又通过河北省地下水综合治理试点子项目的小麦保护性节水技术的连续三年实施，使农机保护性耕作技术已成为适宜区域群众自觉运用的农业技术。在旱作区域实施保护性耕作，突显节本增效作业，应用面积2万亩，每亩增产10%以上。

2011年，盐山县开始实施农机深松整地项目，由于各乡镇耕作制度和土壤质地差异很大，为帮助我们做好深松机适应性试验，父亲都已70岁还坚持到深松现场，进行技术指导。薛兴利站长和我特别受鼓励，在田间常常很晚才回来。在上级大力支持下，经过项目管理人员和机手的共同努力，全县落实农机深松作业补贴任务58.5万亩，打破了多年形成的犁底层，起到蓄水保墒、抗旱防涝、增产增收的效果，有效地改善了我县耕地质量。

为更精准地管理农机作业项目，我积极引进农机深松远程监控系统，结合项目管理经验，对平台建设提出多项合理化建议。盐山县农机深松工作一直稳中求进地健康发展，在完成上级下达的任务的同时，积极探索农户更加满意的作业新模式，在2018年农机深松工作中，根据群众需求，我及时指导机手将所有高标准深松机加装上旋耕机，拖拉机牵引深松机和旋耕机一次作业达到高标准待播状态。仅此一项创新，累计为农户节省农机深松旋耕整地作业费用590万元，增强了项目区农户对国家补贴的获得感。通过积极创新，推动盐山县农机深松工作进入高质量发展阶段，实现了“政府放心、机手得效益、群众得实惠”的社会效益。

管理农机项目，虽然要到田间地头指导作业，没有休过在农忙的假期，但当看到农民群众满意的笑脸，听到农民群众发自内心的说：“共产党好、政府好”，我是干劲倍增。我一定不忘初心，牢记使命，用更加良好的精神风貌，努力投入到农机技术推广工作中，为实施乡村振兴战略，推动我县农机化又好又快发展做出更大贡献！

一路走来

□ 丁祖胜

丁祖胜，安徽省白湖农场集团文宣中心主任、高级工程师；二级作家；中国农机学会现代物理分会委员。

40年前，村里有一部手扶拖拉机，那是全村最新奇的机器！一人神气十足地拿着摇把，走近机器，一只手将拿着的摇把插入空洞圆周使劲，另一只手按住一个地方，机器便突突突冒烟，嗒嗒地唱起来。那人便坐上去，扶着车把，一拉杆，车子就跑了起来。太神奇了！我和小伙伴们先前躲在一边不敢说话，见真的跑动了，争先恐后蹿出来，跟着后面跑，抢着闻加油门冒出的黑烟。一个个自我陶醉，认为这是“仙气”，吸下去就能长力气。

30年前，到县城读高中，那时的主要交通工具是农用三轮车，五毛钱坐17千米，一头是想念的家，一头是县城里的重点中学。那半窝棚后敞的车架子，两排固定的木板，承担起高铁二等座职能。三轮旋转，承载着一代农村学生的梦想，求知、求进、求前程。农机化运输，不是最安全的选择，却是最便捷的保障。跌宕起伏中，带来希望和梦想。

20年前，农机专业毕业的我，来到一个特大型农场，在机务队从事农机管理。那些自己亲手保养的农机具，齐刷刷地摆在场地上，成为一道靓丽的大农机风景线。上海－50、江淮系列、东方红－802、天津铁牛、大型收割机群体。它们有的或挂旋耕、或带五铧犁，或拖播种机，或嫁接收割机，或平耙，或耖田，有的气度不凡，横扫一切。轮胎、履带轮番上场，白天黑夜，欢歌不息。田野农机风，谱写出中国农机新序曲，开辟新天地。

10年前，大马力、多功能各类动力农机闪亮登场，保护性耕作、浅耕、旋耕，卫星定位冲沟，全程机械化、谷物不落地工程、种植可追溯、舌尖上的安全等，新型农机具不断出现，收场、烘干、机育秧、插秧、钵苗摆栽，我们紧随时代，践行着中国农机的一路征程。带领团队改制革新，力求新突破，先后成功申报8项国家专利，远赴西北进行工厂化育秧推广，集中攻关技术薄弱点……我们用实际行动去见证农机科技化、智能化，农机换人不是一段一时一程，农机完全、全程替代人力已经完美实现。中国农机，在期望中需要迎头赶上先进发达国家水平。

如今，我个人成为高级工程师、现代物理分会委员；国家，作为发展中国家最大的农业产业化核心区，中国理应在农机化上为世界做出更大的贡献。在关键技术、核心领域，中国农业机械化及其自动化科技理应争做领头羊，与高铁、航空航天、智能机器人等，比肩腾飞，傲立群雄。作为深爱、深情的农机人，我们理应做得更多，做得更好，无愧于世界大国的科技担当，前沿引领。

我当老师的这 20 年

□ 黄雪萍

黄雪萍，广西机电工程学校高级讲师。

走上教师这个岗位已有 21 个年头，平凡而又漫长的岁月足以磨平一个人的棱角，历练一个人的心智，足够使一个人成熟。20 年弹指一挥间，学生一天天长大，一拨拨毕业，年复一年，日复一日。今天总是重复着昨天的故事，我也从青春步入中年，常常在想：“教师”这一称号到底带给我的是什么？我是否无悔自己的教书生涯？是否依然把教师当成我终生的事业？

多少次我回头看看自己走过的路，总是想起自己刚毕业分配到广西农机学校任教时那段激情燃烧的岁月。那时的我喜欢教师这份职业，有激情，有动力。印象最深的是我担任班主任的那 4 年，有些事是不愿想起的，一提起来血压就“咻咻咻”地往上窜；而有些事则会不由自主地出现在脑海里，让我开心不已，每次回忆起来，嘴角会莫名其妙地上扬。

当时，我带的班级全称是汽车拖拉机修理 97（1）班，当时学生都觉得叫这个名字很丢脸。十几年过去了，现在随着人们生活水平的提高，私家车越来越多，汽车修理专业成为我们学校、全区乃至全国最热门的龙头专业，每年招生都爆满。我们学校也更名为广西机电工程学校，招生办学事业不断发展，使我校成为全国重点和示范性中等职业学校。而我们隔壁的“机化”“机制”班这些年都惨遭淘汰，这几个专业近几年学校都停止招生了。我很骄傲，我们汽修班所在的专业现在是学校最牛的。

那时班里调皮捣蛋的学生特别多，我大学刚刚毕业，也就 21 岁，比他们大不了几岁，学生根本不怕我，经常跟我对着干，我被折腾得死去活来。每次评纪律、卫生之类的我们班总是后几名，当时我特委屈，怎么调皮的学生都跑我们班来了呢。

相处时间长了，发现我们班学生虽然调皮，但是也是有优点的。比如说学校开运动会，他们个个都能拼足干劲，为班里拿了不少奖。实习课时，我们班女生驾驶着中型拖拉机开过校道，很洒脱，很拉风，隔壁班的男生都跑过来“围观”，成为校园里最靓丽的风景线。在工科学校，很多班级都是清一色的“光棍班”，更是没有女生学汽修。我很自豪，我们班有 12 个女生。

作为汽修 97（1）班的班主任，我更多的是心痛和难受。那时的学制是 4 年，那时候上中专就能转入城镇定量户口，吃上国家统一分配的粮油，再由国家分配一个稳定的工作，对农村孩子来说，考上中专就是跳进了“龙门”。那时上中专的都是聪明的，不论在农村还是在城市，都是班上乃至学校的尖子生，那时的中专生放到现在都是上大学的料子，班里最优秀的人才能上中专。刚刚考进区重点中专的我的学生，对未来充满了期待、喜悦和憧憬……

可是，我亲爱的同学们，他们没有赶上好时代。临近毕业，国家进行招生就业体制改革，取消了统招统分，他们成为第一届毕业没有分配的中专生。从此，在滚滚红尘中体味人生百味，部分同学扎根于国营大企业，历经艰辛终于崭露头角，事业有成；部分同学投身商海，充当了商海的弄潮儿，靠自己的勤奋、智慧实现了自身价值；当然还有部分同学为了生计还在四处奔波……

那快乐的班主任时光只有短短几年。这些年，学生越来越难带，老师也越来越难当。每天满血复活、元气满满地和学生斗智斗勇，这过程很是痛苦，我也曾深深陷入了职业倦怠期，也挣扎过，也试想过要逃离教师这一行业。但是，在与学生们一次次磨合的过程中，我慢慢学会宽容，学会理解。学生对我们老师的要求并不高，只要我们用真心和爱心，多鼓励多表扬，他们也会喜欢和支持我们的工作。

每当站在三尺讲台上，看着台下的学生们眨巴着充满求学欲望的眼睛，我满满的成就感由然而生。就凭这一点，虽然我们没有显赫的地位，没有太多的金钱，我还要在教师的岗位上继续勤勤恳恳“舌耕”“笔耕”。

汽车拖拉机修理班的老师和学生们

一个高级农艺师的农机情怀

□ 刘 华

刘华，男，汉族，生于1969年11月，中共党员，大专文化，高级农艺师，1991年7月毕业于万县农校农学专业，2002年7月函授毕业于西南农业大学（现西南大学）农业综合技术与管理专业，在乡镇从事农技推广22年，2013年调入县农机推广站从事农机技术推广至今，与农机结下了深厚的情缘。

一、乡镇农技站的农机员

重庆市云阳县是一个山区农业大县，山高坡陡，沟壑纵横，呈现出“一江四河八大块，七山一水两分田”的自然格局，农业生产基础条件较差。在20世纪90年代前，农民基本上沿袭的是“刀耕火种”“脸朝黄土背朝天”“日出而作，日落而息”的精耕细作生产模式，农业机械化只是停留在嘴上的一句口头禅。

随着农村青壮年劳动力的大量外出“淘金”和人口老龄化的加剧，剩下的多为妇女、儿童和老人，被人戏称为“386199”部队，导致农业生产主体严重缺失，土地撂荒时有发生，粮食生产安全受到威胁。这就迫切需要作业效率高、劳动强度低的农业机械来履行农业生产的主体职能。

我在这个时候来到了路阳镇农技站工作，看到农民劳作的艰辛、劳动效率的低下，我把引进和推广使用农机具作为工作的重中之重，主要力推三大机具。

——积极推广微耕机。路阳镇位于云阳新县城西北部，幅员面积53.6平方千米，耕地面积17 152亩，其中：稻田面积11 300亩，仅坝区就有稻田面积8 000余亩，素有“云阳北部米粮仓”的美称，很适宜推广农业机械化。

2003年，通过与县农机局开展现场演示、举办黑板报、召开院坝会等方式，大力宣传微耕机的好处，终于打开了微耕机的使用局面。现该镇拥有微耕机销售点5个，农户拥有微耕机达到4 800余台，全镇80%的土地实现了机械化耕作。

——大力开展水稻机插秧示范。在丘陵山区，水稻是主要的作物之一，也是最需要机械化作业的作物，但机插秧因其育秧技术和方式与传统的育秧方式有较大的差异，导致其推广速度缓慢。

2006年，县农机局准备搞水稻机插秧示范时，当时作为路阳镇农业服务中心主任的我主动请缨，将示范落实到本镇。在县农机局相关领导及技术人员的指导下，按照示范方案，做好农艺和农机的结合。经过近1个月的精心管护，273亩机插秧育秧取得圆满成功，机器栽插达到了非常满意的效果，终于结束了几千年来，农民弯腰栽秧的历史。

接下来几年，每年都在不断地扩大机插秧面积，现在每年的机插秧作业面积达到5 000余亩，其核心示范片的面积达到2 500亩。

——引进和购买联合收割机。水稻生产中劳动强度最大、劳动环境最恶劣的环节是收割，在本地5人1天只能收割2亩水稻，劳动效率极其低下，而购买联合收割机的价格又十分昂贵。

2004年，通过县农机局与江苏、吉林、辽宁等省的跨区作业组织联系，将联合收割机引进到我镇开展机械化收割水稻。在机收期间，每天与机收队的人员一起协调机器收割路线，联系吃住，让每个机手和群众都满意，收割时间比往年缩短半个月以上。

现在全镇拥有联合收割机20台，但每年仍有外地的机手到该镇从事机收作业服务，其坝区85%的农户实行了机收，基本结束了“弯腰”挞谷的历史。

二、县农机站来了个高级农艺师

我因在乡镇推广农机化技术的突出表现，使广大农民受益，其机械化水平居全县之首，得到了上级部门的肯定和认可，将我调入县农机推广站工作，深感责任重大和任务艰巨。

俗语说：“天高任鸟飞，海阔凭鱼跃”，在新的工作岗位上，结合全县的自然条件，综合考虑农机农艺的要求，提出了修路、整地、培训的工作思路，着力解决丘陵山区农业机械化低下的问题。

——抓农机耕作道路建设，提高机具行走能力。为了满足农机具能顺利下田间作业的需求，结合本县的实际情况，主要围绕粮油主产区和产业园，按照直线上宽2.2米、曲线上宽2.5米的标准设计农机耕作路，满足大中型农机具行走的需求。

县委、县政府于2016年将其列为民生事事中的“五大件”建设，即五年内新修农机耕作道路1 000千米，现全县已修建农机耕作道路800余千米。

——抓宜机化整治，提高农机作业能力。丘陵山区的田地因其自然因素影响，多为“巴掌田”“鸡窝地”，很难适应大中型农机具作业的需求。为了改变这一现状，云阳县积极探索土地宜机化整治模式，于2014年在双土镇坪东村试点了50亩稻田的“小改大”，成效非常明显。

在此基础上，按照地块小并大、短并长、弯变直的标准，实现以条带状分布为主，延长机械作业线路，减少机械折返频次的要求，已分别在双土、南溪、凤鸣等乡镇开展了土地宜机化整治试点，面积达2 000余亩，劳动效率比人工作业提高50倍以上，有力地推动了农机社会化服务的发展。

——抓技能培训，提高农机操作能力。农机作业不仅是一项体力活，更是一项技术活，我们始终把农机操作和农机维修培训作为提高农机社会化服务的主要手段。从2015年开始，我们共组织培训8期400人，其中316人取得了农机职业技能鉴定资格证书，分别为拖拉机驾驶42人、农机操作260人、农机维修14人，为我县的农机社会化服务提供了坚强的人才支撑。

三、我将在乡村振兴战略中尽一份绵薄之力

农机社会化服务和适度规模经营是产业兴旺的有效载体，而产业兴旺是乡村振兴的重要组成部分，按照党的十九大报告提出的“产业兴旺、生态宜居、乡风文明、治理有效、生活富裕”的要求，在今后的工作中，我将围绕三个方面做好农机推广工作。

——围着产业转。在乡村振兴战略中，我们将结合本地的地势条件和产业类别，引进相应的机具进行试验示范，筛选出适宜的机具，做到产业发展到哪里，农机具就推广到哪里的目标，降低人力劳动成本和劳动强度、提升劳动效率和产业效益，充分发挥农机具的作用。

——围着社会化服务组织转。农机社会化服务组织是解决当前农村劳动力严重不足，确保粮食生产安全的有效途径。丘陵山区因其农机的作业服务半径小、作业时限短、购买农机具投入巨大等因素的制约，导致其社会化服务组织的规模不大，始终局限在本地服务，不能发展壮大。

在今后的工作中，我们将重点为农机社会化服务组织提供作业服务信息，培训操作和维修保养技术，加大合作共赢的指导，让本地的农机社会化服务组织要走出去，逐步发展壮大，更好地服务于农业生产。

——围着大户转。发展适度规模经营的大户是缓解农业生产人力成本不断上升，种粮效益日益下滑的有效手段，是解决种地农民越来越少，闲置土地越来越多的必由之路。

我们将重点引导大户把小而散、多而乱的分户经营形成产业，结合地势条件，抓好对农机具选购的指导、农机操作技术的培训以及维修保养的指导，充分发挥农机具在适度规模经营中的作用，彻底解决当前农产品在市场竞争中“篮子装不下，车子装不满”的尴尬局面，逐步形成品质优、产量高、效益好、竞争力强的规模农业。

“路漫漫其修远兮，吾将上下而求索”。在新的历史时期，我将以一个共产党员的标准严格要求自己，以习总书记提出的“任何时候都不能忽视农业、不能忘记农民、不能淡漠农村”为宗旨，认真贯彻落实“藏粮于地，藏粮于技”的方针政策，用农机让农民这个职业成为一份体面的职业。

我与甘蔗机械化的结缘与成长

□ 覃　宁

覃宁，2007 年毕业于广西大学农学院，毕业后一直就职于广西南宁东亚糖业集团。有着多年甘蔗种植管理经验，多次在集团安排下到母公司泰国两仪集团学习，2016 年前往同为两仪子公司的澳大利亚 MSF 集团学习。目前主要在集团蔗区内推行甘蔗现代农场项目，致力于甘蔗高效、简便、高效益全程机械化。

2007 年 7 月广西大学农学院毕业后，我来到广西南宁东亚糖业集团工作（下称东亚糖业）。小县城下班后的时间显得特别长，而我常常陷入一些对生活压力的思考。于是我拿起大学时的爱好，向集团内刊投稿。

一年后，我还在乡下与农户访谈，突然领导给我打来电话，让我赶紧回来，换一套干净整洁的衣服，说是大领导找我谈话。我的心情激动而忧虑，不知道会发生什么事。大领导很和蔼地询问我一些家庭情况，是否有对象，对出差能否适应等，我都一一回答。

这一次谈话是很轻松愉快的。而后我收到人力资源部门的通知，公司机构调整，我被调任农务副总裁的秘书。一名刚毕业一年、农学专业的人员做文秘类的工作，对我来说是一个很大的挑战和压力，但是也拓宽了我的视野和知识面，可以说是我工作后人生中的第一个转折点。

第二个影响我人生的转折点是工作后的第 6 个年头，也就是 2013 年，此时我已是崇左公司一名蔗区基层管理人员。

集团下属崇左公司搬迁项目用地在我管辖蔗区。为增加公司收入，同时锻炼人员的种植管理水平，公司领导让我来负责 50 亩甘蔗地和整地、种植、管理、收获任务，而且在规定的资金、时间内完成。虽说接触甘蔗行业已有 6 个年头，但是真正让我直接种植、管理这几十亩地还是头一回。

这个项目种植面积不算大，但是让我对种植甘蔗的过程中人工安排、蔗种调配、农机服务的聘用、种植注意事项、如何保证产量等，有了更深入的理解。我也将这一种植体验与收获及时向管理农务的主要领导汇报与反馈，他对我在甘蔗种植上的收获给予了高度的认可，同时他也分享了当年他在甘蔗种植上的一些经验。

从来没有想到过，完成的这 50 亩甘蔗种植，不仅让我收获了种植管理经验，还将我与农务的高层距离拉得如此之近。

与集团农务主要领导沟通后的第二年，集

团开展了一个农务项目，叫“甘蔗现代农场”。当时领导陪同来自澳大利亚的专家Trevor，来到我的甘蔗“基地”，看到长势很好的甘蔗，他很高兴。

而后，我调任扶南公司，具体参与到“甘蔗现代农场”的项目中，我也真正开启了与甘蔗机械化发展的道路，并为之努力和骄傲，特别感谢帮助我的领导、朋友和同事们。

东亚糖业“甘蔗现代农场”项目始于2015年年初，由东亚糖业集团引进两仪集团（泰国最大并享有国际盛誉的制糖企业）澳大利亚基地先进的甘蔗种植技术及管理模式，通过企业承包土地投资经营，探索适应广西本土、农机农艺融合程度高，可实现高效、简便全程机械化的甘蔗种植技术。

该项目最初的实施面积为350亩，而我与“牛哥”（本土叫法，澳大利亚专家则称他为“action men”）是这一项目的具体实施人员。我们一文一武，可以说是这一项目的完美组合，我负责项目的方案规划、汇报材料、数据的收集、信息沟通。他则负责田间的具体工作、设备的改造。

项目建立之初，就引起了崇左市分管领导的调度重视，市委、市政府多次召开沟通协调会议，大家也对这一“洋技术”能否在本地生长而疑虑，毕竟之前一些被看好的项目都因为“水土不服”而发生老板跑路的情况。

一些新的技术及理念大家第一次听说，如：导航技术引用、固定机械作业轨道、减少对土地的碾压；减少机械对土壤的耕作次数，降低对土壤微生物的影响；土壤改良，使用滤泥（或轮作）改良土壤；蔗叶还田，保护土壤湿度、温度，增加土壤有机质等。

与市政府领导会议沟通

2015年项目基地合影

通过甘蔗现代农场项目的实施及跟踪，我们逐步形成一整套可复制、可推广的农机农艺高度融合的种植技术及模式。这些新技术及理念开始在扶绥牧草工作站的项目基地传播，并形成星星之火之势。

2015年8月，公司委派我到泰国两仪糖业集团2个月，主要学习甘蔗现代农场的建设及

固定机械作业轨道

蔗叶还田

在澳大利亚农场学习

减少耕作，不培土

在泰国农场学习

土壤改良

管理。2016 年 11 月，我与“牛哥”受公司委派到澳大利亚 MSF 集团学习 2 周，学习后对甘蔗高效机械作业，农机、农艺融合及农场规划的相关技术有了全面的掌握。我在学习机械化的同时，对农机信息化方面的应用也有所研究，目前负责整个东亚糖业集团内现代农场项目的推动工作。

2017—2018 年是甘蔗现代农场快速发展的 2 年。集团出台一系列的推动政策，项目取得的重要成果得到当地政府的高度认可，这一切都为项目注入了强有力的推动力。

截至 2018 年年底，按照现代农场模式建设的甘蔗农场面积约 11 万亩。2017 年 3 月，在甘蔗收获环节的测试中，实现了单台收割机单日收获 475 吨的收割记录。同年 8 月，由自治区组织的甘蔗全程机械化培训班在扶绥召开，我代表集团在培训会上向 180 多名来自各市、县的“双高”项目负责人及种植大户介绍了我集团的甘蔗现代农场技术，参会人员反响热烈。同年 9 月 8 日，由自治区推广总站组织的甘蔗全程机械化宽窄行种植技术地方标准讨论会，相关的技术标准以我集团的甘蔗现代农场为理论基础，为“双高”基地全程机械化发展提供了技术保障。

2017 年全区甘蔗生产全程机械化技术培训

2018 年全区甘蔗生产机械化技术
暨蔗地宜机化整治工作培训班

东亚糖业甘蔗现代农场适应广西本土，农机农艺融合程度高，可实现高效、简便全程机械化的甘蔗种植技术，为甘蔗种植大户提供了一个重要的解决劳动力问题的方案。

扶绥县渠黎镇雷达合作联社成立于 2017 年，联合社下辖扶绥县渠黎镇隆田甘蔗种植专业合作社、渠黎镇隆地甘蔗种植专业合作社、渠黎镇隆福甘蔗种植专业合作社、渠黎镇隆顺甘蔗种植专业合作社和广诚农机专业合作社 5 个合作社。联合社甘蔗面积从 2016 年到 2018 年快速增加，经营管理的甘蔗面积达到了 11 000 亩。

东亚糖业甘蔗现代农场提出甘蔗种植的新技术，对农机和农机具提出新的要求，一些农机人瞄准商机，结合现代农场技术成立了合作社。

如扶绥县东罗镇金盟农机专业合作社成立于 2016 年 5 月，注册资本 110 万元。目前合作社拥有大、小马力拖拉机 43 台，平地机、犁、圆盘重耙、深松器、旋耕机、甘蔗种植机、施肥机、植保机、中耕培土机等各种农具 236 台（套），同时拥有导航数据监测系统 43 套。

仅 2018 年，合作社作业服务面积 5 万多亩，年营业额达到 900 万元，成为了县城内社会化服务对象最广、作业服务面积最多、大马力农机拥有数量最多的农机专业化服务合作社。

东亚糖业甘蔗现代农场，从技术上寻找突破，带来了甘蔗种植、管理、收获等一系列环节机械化效应的同时，也走出了一条甘蔗生产过程中机械发展领先的道路。

我始终坚信，一个人的成功除了个人的综合能力外，离不开识人善用的领导，离不开展示才能的平台，而这一切都是东亚糖业在这 10 多年中给予我的。同时我也感受到改革开放带来一个开放、平等、公平的社会环境，让我一个从农村走出来的学子，能有机会走出大山，走进城市，走出国门。我们应该感谢这一切。

金盟农机合作社理事长黄克专

砥砺前行，做乡村振兴战略马前卒

□ 任则庄

任则庄，高级工程师。河南陕县专业技术拔尖人才、三门峡市跨世纪学术和技术带头人、原地方国企总工程师兼副厂长。

是如烟往事，成为记忆。我的故乡在豫西农村，地处丘陵的家乡十年九旱，孩提时期面对的是面朝黄土背朝天的农民，乡亲们祖祖辈辈终日辛勤劳作、快乐收获。我能想到的对农业生产贡献最大的莫过于犁铧和耕牛。到了上学读书的年龄，慢慢地认识了学校的围墙上用白灰刷写的“农业的根本出路在于机械化”12个大字，后来才知道那是毛主席1959年提出的著名论断。高中时期，我曾以“我学会了犁地”为题写作文，被语文老师作为优秀作文在课堂上点评、表扬；那是在暑假中亲自实践过后的有感而发，我为自己掌握了一项农业生产的技能而自豪。从此在我的心灵上打下了“农业机械化”的烙印。高中毕业后，由于十年浩劫的原因，无奈回乡务农。

是人生财富，珍藏一生。历史的力量就是这样神奇：它常常以排山倒海之力改变社会，让人无可奈何；又常常以气吞山河之势带来惊喜，让人措手不及……1977年的初冬，久违了多年的高考在我们将信将疑、似幻非幻中发生了！因为那是旷世奇闻：无数青年在风华正茂的人生岁月失去了深造的机会；因为那是噩梦初醒：历尽心灵煎熬的热血青年终于看到了长夜的曙光；因为那是梅花报春：一颗颗终日期盼、几乎绝望了的心得以复苏……纵然时过境迁，可那时刻、那场面、那心情，带来的震撼至今让人柔肠寸断、刻骨铭心。不仅似春雷乍响的恢复高考，打破了10年教育的荒唐，而且也领航了国家的改革之旅。有幸的是，我的大学梦如愿以偿，按我所填报的第一志愿被录取到洛阳农业机械学院（现河南科技大学）农业机械专业，成为村里恢复高考后第一个大学生，乡亲们也感到荣耀。当我告别乡亲入学时，家乡仍然山河依旧。

是身心磨砺，风雨沧桑。进入梦寐以求的高等学府的殿堂，犹如徜徉在知识的海洋。为了追回失去的光阴，白天教室里的孜孜不倦，夜晚熄灯后路灯下的如饥似渴，随处可见被公认为学习异常用功的首届大学生——我们的身影。所思所想都是扎扎实实学好基础知识和专业理论知识，掌握回报祖国的真实本领。就在我们入学当年的冬季，十一届三中全会发出了时代的最强音——改革开放。这无疑给箭在弦上、弹在膛中的我们以无穷无尽的动力。正值改革开放之风吹遍大江南北、长城内外之时，我走上了大学毕业后的工作岗位——原国家农业机械部所属的农具厂，后又辗转回到了家乡的农业机械厂。在自己的专业技术工作岗位上，兢兢业业，不懈追求，设计和制造出机引犁、脱粒机、制粉机、粉碎机等多种农机产品，为降低农业劳动强度和提高农业生产效率尽了绵薄之力。当然我也收获了许多，被组织上任命为工厂的总工程师；先后被命名为“县级新长征突击手”“县级专业技术拔尖人才”“市级跨世纪学术和技术带头人”；还被县级人大任命为“人民陪审员”……走过了冬夏，走过了春秋，在开发和推广农机产品的道路上，我问心无愧，也无怨无悔。

是毕生理想，发人深省。改革开放40年风雷激荡、日新月异，祖国广袤的大地沧海桑田、气象万千。如今，神州大地上马放南山、牛入北栏；锄头犁铧进了博物馆、农民双手握起方向盘；活跃在希望田野上的各类农机产品随处可见。但农机以小型为主，由于作业范围和功能有限，在农业生产活动中劳动效率并不乐观。虽然我国农机化的水平正在提高，但各地经济发展水平差异较大，农机化水平很不平衡，其中存在的问题不容小觑。由于受传统农耕方式的影响，加上农民机械化意识不高，对高科技设备的接受能力有限。另外，我国对农机化宣传力度弱，因此接触和了解机械化农业设备机会少。40年前的1978年10月，在北京举办了十二国农机展览会，这是建国后首次举办大型国际农机展览会，为国人打开了一扇世界现代农业的窗口。40年后的今天，国家的发展进入新时代，中央1号文件提出，按照“产业兴旺、生态宜居、乡风文明、治理有效、生活富裕”的总要求，实施乡村振兴战略，加快推进农业农村现代化。习近平总书记在参加第十三届全国人大一次会议山东代表团审议时强调，实施乡村振兴战略是一篇大文章，要统筹谋划，科学推进。其中就包括要推动乡村人才振兴，把人力资本开发放在首要位置，强化乡村振兴人才支撑，加快培育新型农业经营主体，让愿意留在乡村、建设乡村的人留得安心，让愿意上山下乡、回报乡村的人更有信心，激发各类人才在农村广阔天地大施所能、大展才华、大显身手，打造一支强大的乡村人才振兴队伍。新时代的进军号角已经吹响，乡村振兴的使命感和紧迫感不禁油然而生。

如今岁月悠悠，年岁有加，然而，双鬓染霜又何妨！时光流逝，衰微只及肌肤；激情抛却，颓废方至灵魂。历史机遇又一次再现了。振兴乡村，时不我待。毋庸置疑，农机是农业现代化的重要标志，改革开放40年我国农机化取得了巨大进展，可农机化的水平总体上还处于较低的阶段，农机化发展过程中存在的问题还很多，因此我国农机化的实现还是一个长期而艰巨的任务。目前农机化服务不适应“加快农机化发展”的需要，建议农机化部门可以出台政策，鼓励人们多渠道补充、完善农机化服务组织的薄弱环节。尽管如此，“不忘初心，为农机化事业矢志不渝；砥砺前行，做乡村振兴战略马前卒”是我的选择，从我做起，从现在做起，带着专业知识、带着感情回家乡。我曾有三次参加人民公社驻队工作组的经历，深知在民间蕴藏着无限的聪明和智慧，若在有生之年把自己所学的专业知识和所掌握的实践经验，给予乡亲们在农机的设计、制造、使用、信息等方面咨询服务和加以引导，为建设美丽乡村献上一点余热，或许也就可以像奥斯特洛夫斯基那样：当回首往事的时候，不因虚度年华而悔恨，也不因碌碌无为而羞耻！

我的一段联合收割机推广服务经历

□ 张咸枝

张咸枝，安徽省霍山县人、安徽大学金融学本科学历、高级工程师，曾任三板桥、黑石渡农机站站长，县农机化服务中心主任，8次获省以上部门表彰。

1986年，我就读于六安农业机械学校农机化专业，毕业后分配在基层农机部门。跳了“农门”又入农校与农结缘。而今在农机战线从事推广工作已30年，先后进行过机耕、机抛秧、机插秧、联合收割机、无人机等多种农业机械示范推广。一路走来，感动过、彷徨过、自豪过，而叫我最难以忘怀的还是曾经的一段联合收割机示范推广服务的经历。

那还要从20年前的1997年说起，那时，我所在的霍山县还没有一台联合收割机。农民收割水稻、小麦都是靠人工割，割后用人力挑到稻场，在稻场铺好后通过牛拖石滚碾压出稻谷，碾出的稻谷由于掺杂物太多还需手工扬风等繁多环节，十分辛苦。这些对老家在农村的我来说深有体会，记忆犹新的是每次挑稻把到一公里外的稻场，肩膀总是压得生疼。当时，我就想哪天不用挑稻把就好了。

终于，机会来了，1997年我县被列为省水稻机械化试点县，县农机局抓住水稻生产机械化试点县的契机，在省农机局、县委、县政府重视支持下，多方筹集资金购买了一台日本三菱MC-120联合收割机（省农机局推荐推广产品、我县第一个购买）、价值达18.5万元。在那时一台收割机十几万元的价格已经很高了。机械是9月初到县里的，8月底，县农机局安排我到合肥农机校参加由日本专家授课的技术培训会。

在合肥农机校，来自全省十几个学员，听日本何田先生讲授三菱联合收割机使用技术，主要介绍了三菱公司概况、收割机发展史、三菱联合收割机型号（2行、3行、4行、5行、6行），我县第一台是2行机MC-120，第二台是4行机MC-486，从联合收割机发动机部分、行走部分、运转操作部分、稻谷收割部分、脱粒部分和机械调整方面如收割高度调整等进行了培训。以486为例，介绍该机9～15分钟可割一亩水稻，稻谷损失率只有0.8% ～1.1%，联合收割机一次性可完成收割、脱粒、清选、秸秆粉碎还田等多个作业环节。介绍MC-120时说，在日本，有的家庭由太太驾驶，丈夫装麻袋，可自动上下装车，也可自动收割，实际后来我们操作时发现，还是离不开人工操作，并没那么神。当时感觉联合收割机（日本三菱）威力大、方便、了不起。这下农民朋友用机械收割有盼头了。

合肥培训期间，因机械正在过海关而没能进行机械实践操作。培训归来，在县农机局领导下，带领机收组选在各方面条件较好的城关镇迎驾厂村麦垅组开展了MC-120收割机试验示范，何田先生亲临现场指导，我认真实践，很快掌握了操作要领，单独驾机，并带领其他操作人员学会了操作。

在麦垅组开展机收示范，那场面至今回想起来，还让我既激动又兴奋。前来看稀奇看新鲜的群众人山人海，（过往车辆、行人停车驻足观看，交通一度造成堵塞），有的在田里，有的在田埂上，有的在路边。见联合收割机一次性完成收割、脱粒、清选、秸秆粉碎还田，稻子脱得干干净净时，大家都大开眼界，交口称赞，“这机器好啊，稻割了就出来干净的稻谷了，都不要扬场了。”

机收示范在全县引起巨大轰动，大家纷纷传播并前来现场观看机收。不少乡镇到农机局邀请我们去机收示范。于是我带领机收组又在我县黑石渡镇、三板桥乡召开联合收割机试验、示范、推广现场会。同样引起巨大轰动，示范效果很好。（由于当地农民强烈要求我们机收，以后其他乡镇邀请我们就没有再去，就在当地开展机收服务工作）。

由于示范成功，广大干部群众耳闻目睹了联合收割机省心、省力、省时、省钱、增产、增收的效果。各地群众争相要求机收，一度出现了农民候机、望机、预交订金、拦机等抢着请收割的感人场面。

记得有一次，联合收割机在田间转移路上，被一名农户拦住不让走，非要叫我们先到他家田地去割，机手僵持近一个小时后，终于在我们耐心解释做工作并答应第二天一早就到他们那里去割才让我们走。有时候，农民来请收割机一天要来看好几次。我们答应哪天去割，有的农民还是不放心，直到看我们开了收据，收了订金，他们才放心高兴地回去。

群众渴望我们去帮收割水稻的眼神，让我深深触动。我感到有种责任感、使命感。在示范机收期间，我们歇人不歇机，加班加点工作，每天早上六七点就开始给机子做保养，晚上一般要工作到8点，没有露水的晚上有时候都干到10点才收工。为了能满足更多农户需求尽量多割点。

收割的过程也很辛苦，有的水田收割前要人工下去试田，看水多不多，陷不陷车，也发生过收割机陷在田中间，走不了进退两难，只能用稻草垫了才能走的情况发生。割稻扬起的灰尘打在头上、身上，满脸眼毛鼻孔都是，戴口罩也不管用。机收操作过程也会遇到一些故障，需要进行维修。发生过如进稻斜、脱不净、底盘拖草泥、机器动力不足、皮带断、轴承坏等问题。排输油泵油管空气、清洗空气滤清器、皮带轴承更换。一般都是作业组自己动手解决，有的一搞就是一身油、一身泥、一头灰。

要是遇外出跨区作业，就更辛苦了。记得在寿县割麦时，我们风餐露宿，农户把饭送到地里，我们就在地边吃，操作手吃饭歇人不歇机。有的农户自己要忙机收，有时要到很晚才送来饭。有时实在是累了，就在田边躺下休息一会，真正是吃在田里睡在地里。我曾在我写的一篇文章中引用“行营到处即为家，一卓穹庐数乘车”“居无恒所、随水草流移”来描述联合收割机跨区作业，我们虽没有他们那样辛苦，但也有更深体会。

当时最值得高兴的是，我们（县）的机收工作得到了各级领导的充分肯定。记得当时省、市、县领导多次来到机收现场观看，省农机局陈真局长和县长熊建辉还亲自操作收割。一天中午，我们在三板桥乡红石嘴村收割水稻，县委书记张宗华在县农机局长黄炳海和该乡党委书记陪同下来到收割现场视察，详细了解机械收割情况，一天能收割多少亩，已收割多少亩等，同时要求霍山要大力推广联合收割机。示范时县分管副书记王德全和分管副县长亲临现场并发表重要讲话。地委副书记陶芳候、六安农机校校长王多纪、县六大班子其他领导、乡镇领导也陆陆续续来观看。

1998年5月，我县又购买了一台价值28.5万元的日本三菱MC-486联合收割机，使我们的机收工作如虎添翼。我们先在本县下符桥镇割麦，之后两台收割机（一台486、一台国产路桥）连夜赴寿县。由于MC-486主操作手家属生病，不能及时来寿县，由我直接驾驶作业，第一次跨区作业，取得良好效益效果。1999年机收组又受金安区农机局邀请到六安市金安区张家店镇进行联合收割机技术指导。2000年又继续组织在全县收割......

“国家示范农机看，农民见利跟着干。”2001年，我县黑石渡镇农户李学斌在看了联合收割机示范后，被联合收割机一次性完成收割、脱粒、清选、秸秆粉碎还田，省心、省力、省时、省工、省钱、增产、增收的效果深深吸引住了，认为发展联合收割机大有“钱”途。兄弟俩筹款4.38万元购买了第一台柳林160B-3联合收割机，成为霍山县第一个购买收割机的农户。

在李学斌、李学安俩兄弟的示范带动下，第二年，该村陶立林、黄志权、陈志子3人又买回了3台柳林160B-3联合收割机，一个村的收割机一下子就达到了4台。第三年，李学斌、李学安兄弟俩看到由于收割机活多，一台机器不便于调度和服务农户，又购买了一台柳林160B-3联合收割机，收割季节专门雇佣4个人帮工，同时还承包耕地100多亩，为当地群众开展机耕、机收、机运等一条龙服务 。由于李学斌、李学安兄弟示范带动和辐射效应，加上2004年购机补贴政策的实施，我县联合收割机迅速发展起来，许多农户贷款购买收割机，掀起购买联合收割机热潮。现如今，我县水稻收割已基本实现机械化。每当收割季节，看到联合收割机在稻海纵横驰骋，看到农民朋友脸上憨厚开心的笑容，我还是感到欣慰和自豪。这么多年联合收割机示范推广服务走过来，我也收获、感触良多。

启示一：通过我们几年由点到面机收示范收割，使更多干群耳闻目睹农机化优越性和巨大威力，促进了干群思想观念转变，提高了大家对农机化的认识，加快了我县农机化机收进程。

启示二：通过机收示范跨区作业，积累了跨区作业经验，磨炼了意志，提高了农机队伍素质，树立了农机部门的好形象。

启示三：县委、县政府的重视，农机部门的示范，能人大户的带动，国家政策的推动，效益的驱动，促进我县联合收割机的快速发展，把农民从繁重的收割体力劳动中解放出来，机收使更多的农民朋友从中受益，享受到现代文明成果。

我 30 年扎根基层、扎根农机化事业，无怨无悔，遇到挫折低潮不言弃。由于乡镇机构改革，农机站撤并，三权下放，农机事业处于低潮，曾经也彷徨过，但我始终没放弃学习，先后函授取得安徽农业大学专科、安徽大学本科学历。2014 年，我还取得了高级工程师职称。近 10 多年来，虽没有直接从事联合收割机作业，但一直没忘了机收服务，农民憨厚的笑容、同事飒爽的英姿、领导殷切的希望一直在激励着我。现在虽然不开收割机了，但几乎每年稻麦成熟机收季节，我都要下去走一走，看一看，了解他们的生产生活情况，拍一些机收作业现场照片，尝试写一些反映机收情况的文章。

我写的反映机收方面的报道文章有《黑石渡镇购买联合收割机掀热潮》在《安徽科技报》发表，《购机农户心中有本经济账》在《中国农机安全报》发表，《安徽霍山机收全面展开》在中国农机化信息网发表，《跨区作业，你准备好了吗？》在《安徽日报》农村版发表。机收方面论文《用“六动”做好联合收割机推广工作》被第六届中国科学家论坛论文汇编收录，《下符桥镇致富经》在国家级杂志《中国扶贫》发表，《水稻收割机操作要领》在《农业机械》杂志发表。2016 年我的机收图片新闻《麦田怪圈谁作俑》，获得安徽省农机局征文三等奖等。今年，我又荣幸被省农机推广总站评为优秀通讯员。

今年适逢改革开放 40 周年，看到大家对农业机械化的热烈讨论，感叹对以往好多农机人、农机事没留下记忆，感到可惜。今天，班门弄斧、抛砖引玉把我以前从事机收工作的经历写下来，主要是想把那时霍山县委、县政府对发展农机的重视、广大干群对农机新机具、新技术渴望和欢迎、农机干部干事敬业奉献的历史记下来。农机化发展有辉煌、有低潮、有希望、有明天。“农业的根本出路在于机械化”，十八大报告提出坚持走中国特色新型工业化、信息化、城镇化、农业现代化道路，四化同步发展。十九大报告提出“实施乡村振兴战略。农业农村农民问题是关系国计民生的根本性问题。”不久前，李克强总理主持召开国务院常委会部署加快推进农业机械化和农业装备产业升级，助力乡村振兴。乡村振兴离不开农机化，农机化大有可为。让我们再次看到农机化发展的春天。再出发，相信农机的明天会更好。我县机械化收获已基本实现，其他作物机械化也达到一定水平，但还有不少薄弱环节，全程全面农业机械化路仍很长，要继续做好农机推广服务工作。我为农机添砖加瓦，再创农机新辉煌。让我们共同努力，让山区更多的老百姓受益农机化，早日实现农业强、农村美、农民富的乡村振兴目标。

农机推广铿锵花

——记山西省古县农机推广站站长李灵秀

□ 李雪萍

李雪萍，女，1977 年 12 月生，1996 参加工作，中共党员，山西省古县农机局工程师，主要负责农机新技术、新机具的推广。先后发表《浅议古县农机化发展中存在的问题及对策》《4LZ-5 型谷子联合收获机械在古县丘陵山区应用的技术性能考核》等论文。

在山西省农机推广战线上绽放着一朵铿锵玫瑰，她就是古县农机推广站站长李灵秀。李灵秀同志 2017 年获得中华农业科教基金会颁发的神内基金农技推广奖。

李灵秀 1985 年从山西农机学校毕业参加工作后，32 年如一日，默默地奉献在农机推广战线上，她爱岗敬业、争先创优、服务“三农”，成为农机推广的标兵，10 多次受到省、市、县各级的奖励，曾被山西省农机局评为“全省基层农机化技术推广先进工作者”“全省农机科技创新工作先进个人”。古县农机推广站 2015 年、2016 年连续两年被山西省农机局评为“农机化技术推广工作先进单位”。

一、抉择与坚守

1985 年 7 月，年方 22 岁的李灵秀从山西省农机学校毕业，当时她面临着两个选择，一个是到条件较好的洪洞县工作，这里是她的家乡，也是平川县；一个是到条件艰苦的古县工作，这里是山区贫困县，全县没有一寸油路，一天只通一次班车，条件非常落后，非常艰苦。

当组织上决定分配她到古县工作时，本来她也有活动和斡旋的余地，但在学校品学兼优的李灵秀毅然服从了组织分配，到条件艰苦的山区贫困县古县工作。几十年后回忆当时的选择，她说：“我从不后悔自己的选择，山区农机化水平低，需要人才，更能干出一番事业”。

就这样，李灵秀怀揣着青春梦想，来到了古县农机局报到，被分配到古县农机推广站工作，一干就是 32 个春秋。

32 年花开花落，李灵秀从一个普通的农机推广员到工程师、副站长到农机推广站长，经历了数不清的酸甜苦辣和艰难困苦，但她从不言弃，从未退缩，她细心总结经验，耐心开展工作，把古县农机推广工作一步步纳入正规，一步步推向前进。

这期间，李灵秀的许多同事，有的到乡镇当了“一方诸侯”，有的到县直机关当了领导，甚至有的人走上了县级领导岗位，李灵秀也不是不求上进，她积极要求入党成为共产党员，成为站领导。也不是没有机会被调整提拔，但她离不开她挚爱的农机推广事业。1992年县委为各乡镇配备一批女副乡镇长，局里推荐李灵秀时，她把名额让给了别人；1995年古县公开选拔副科级干部，局领导也让她报名，她却拒绝了：“我热爱农机推广工作，机会和名额就让给别人吧。”在别人为自己的前途奔波时，李灵秀却在乡村的田间地头为农机推广工作无私地奉献着。

从豆蔻年华到年过半百，李灵秀用自己的实际行动诠释着一个农机推广工作者的操守，因为她深深地热爱这份工作。

二、功臣与“教授”

近年来，古县农机推广工作取得了令人瞩目的成绩。2014年、2015年、2016年连续三年古县农机推广站引进、承担了中央现代农业玉米丰产方项目，3年共实施了6万亩，有力地推动了古县玉米机械化水平，2014年古县仅有10多台2行玉米收获机，到2016年年底仅四行玉米收获机就达72台，全县各种类型的玉米收获机达到了160多台。2013年全县玉米机收面积不足1万亩，到2016年年底，玉米机收面积达到11万亩，占全县玉米总面积的61%。

2015年，古县农机推广站承担了谷子生产全程机械化生产项目，2016年、2017年连续两年承担了丘陵山区机械化（谷子）示范创建项目，共引进适合丘陵山区地形的谷子播种机60台，谷子联合收获机6台，不仅使古县谷子机械化收获实现了零的突破，而且有力推动了当地的农业调产。2014年，全县仅有3 000亩谷子，到2016年年底，全县谷子种植面积达到了3万亩，两年增加了10倍。

说到这些成绩，人们都说李灵秀功不可没，30多年来，李灵秀带领推广站全体同志，先后引进承担了机械化保护性耕作、机械化沟播、机械化铺膜、化肥深施、秸秆还田等10多项新技术和新项目的推广普及，并且在全县范围内得到了大面积的应用。

在领导的心目中，李灵秀是“功臣”，在广大农民和农机户心目中，李灵秀像个“教授”。

每次培训会上，农机户们最爱听李灵秀讲课，她把理论与实践相结合起来，用老百姓的话说出来，农机户们一听就懂。遇到难题，农机户们总爱找李灵秀解决，经李灵秀一点拨，农机户们一学就会。2016年，农机户吕长录在改进谷子播种机时，发现同轴动力同体镇压存在保墒效果差的缺陷，在李灵秀的指导下，改为同轴动力单体镇压，达到了苗齐、苗全、出苗率高，还蓄水保墒的效果，吕长录说：“李灵秀教授高”。每次下乡，李灵秀都要讲科普、做宣传、解难题，手把手地演示。推广每一项新技术，从引进到试验示范，李灵秀都要学习原理，编写使用技术教材，到田间地头讲解，指挥农机手操作，跟着试验机器在地里来回跑，发现问题及时分析研究，及时解决，常常弄得不仅衣服上全是土，而且脸上、头发上全沾上了土。这就是30年来，李灵秀在农机推广战线上的剪影。

三、奉献与追求

李灵秀在工作中追求卓越、追求一流、追求更好，但在卓越、一流、更好的背后，是她30年如一日的忘我与奉献。

她把最美好的青春奉献给了贫困山区，献给她钟爱的农机推广事业，甚至为了工作累倒在岗位上也在所不惜。2016年9月26日，为了召开谷子机械化收获现场会，她忙前忙后，从会议调配机具到通知人员参会，从编印材料到会务组织的多个细节，以及各个参数的对比分析，她都举轻若重，事无巨细，会议圆满结束了，她却在当晚累倒了，住进了县医院进行治疗，在病床上也不顾医生的劝阻，还写出了工作总结。

在事业与家庭中，李灵秀总是事业第一，家庭第二。2016年12月9日，李灵秀的丈夫感到胸部不适，想到医院检查，但这天正进行玉米丰产方项目的验收，李灵秀把丈夫送到县医院后又踏上了验收的征程，晚上回到家，才知丈夫需要转院到省城太原治疗，在无人陪床的情况下才向局领导请假。

在农机战线，李灵秀也有许多亲朋好友，但她却从未为一个人谋过私利，走过后门，在她的心中永远都是公事公办，工作至上，成为人口皆碑的清廉公正的好干部。

李灵秀说：“我的追求就是让农机更好地服务‘三农’，让我县的农机化实现飞跃。”

她的追求与梦想正在日臻实现，到2016年年底，古县农机总动力达到14万千瓦，各类配套农机具达到了1.1万台（套），各项新技术已从示范推广走向了大面积示范应用。

李灵秀，农机推广战线的这朵铿锵玫瑰，更当笑傲花丛中。

征文后记

古县农机四十年

李雪萍

改革开放四十年，
古县农机换新颜。
农民不再拿刀镰，
飞机撒播在蓝天。
宜机改造谋振兴，
誓让小片变大田。
且看稻菽千重浪，
农机辛劳在其间。

我的农机维修路

□ 宋宪君

宋宪君，黑龙江省龙江县胜利农机公司售后技师。

我出生在农民家庭，从事过农业生产，当时还在用畜力生产。随着时光的变迁，农业机械也逐步进入寻常百姓家。高中毕业后开始从事机械维修，当时是学习汽车修理，逐步改变为农业机械维修，记得当时只是12马力的小四轮拖拉机。时光荏苒，女儿到了读高中的年龄。放心不下女儿一个人远离自己到县城读书，我们举家到县城陪读。从此便与农业机械结下了不解之缘。

在县城有缘进入本县最大一家农业机械销售公司。公司经营的品种多，品牌全。当然对我的要求也就高，只有我一人从事售后服务，这期间也见证了农业机械发展的速度之快。

由于农机的发展迅猛，致使很多农机手所掌握的知识跟不上农业机械发展的速度，导致使用时操作上的失误使故障频发。有很多故障是通过电话解决的，这其中也有很多的辛酸。

记得女儿高考那年，每到夜里为农机手解答故障，我只能拿着手机到屋外去，这样不会影响到女儿的学习。每每这时爱人就会说都下班了，可以关机的。我会说："农时是在和时间赛跑，农时不等人。我的每一句话都会让他们多收三五斗。"此后我夜里的电话，爱人不再说话，并会在我听不到的时候，主动帮我接起来。

每到插秧季节，我就开始了自己的"超人"模式。电话的报修不分购买时间，也不分在哪购买的，只要有询问的，我就会在电话里给予解答。

机械的更新也在迫使自己在技术上不间断的更新，以便更加准确地服务于广大农机使用者，这期间也有需要自己到田间解决的技术故障。伴随着本土农业机械技术和质量的不断提升，售后的比例也越来越少。

每到销售季节，我都会为每一位购买者针对所购的机型给予详细的解答，以及讲解具体的保养方法。以手扶式插秧机为例：启动前，先加注机油，然后燃油，看各操作手柄有无懈怠，检查各连接螺栓紧固情况，各链接处涂抹润滑脂。启动后查看发动机运转情况（转速、声音、排烟情况等）。一切正常后排挡行走，左右转向，启动插秧离合器进行插秧动作，有无异响卡滞现象。一切正常后，开启田间模式，开始插秧。田间模式的设置包括取苗量的调整，插秧深度的调整，浮漂的调整。然后还要对机器进行工作小时的保养以及插秧后的保养。

我总是这样想：我的售后是让所有的机械在正常的使用情况下所发生的故障降到最低，使用的时间更长。

不论哪一品牌的机械总会有故障发生。售后不只是维修机械，更重要的是让使用者能减少故障的发生，并且能够身心愉悦地购买和使用本土农业机械。

征文后记

多年前有幸参加由夏明副秘书长主持的农机论坛群。在群中，夏明副秘书长每周定期邀请农业机械的专家、学者、工程师以及维修师傅，讲解讨论农业机械的设计创新、农机与农艺的结合，如何正确地使用农业机械，以及延长农机使用和维修周期。”

论坛中有全国各地的农业机械专家，大家畅所欲言谈论农业机械的各种变化与应用。这期间，也为广大农机用户解答、解决农机的补贴问题，农机的维修售后服务，包括为跨区作业的农机用户解答、解决维修及联系农机配件。

随着智能手机以及微信的出现，使沟通更加方便与快捷。由夏明副秘书长主持的关于农业与农机方面的论坛群也随之增多。与此同时，各个论坛群内农业与农机方面的精英，也不断地增多。我一直都在关注，在里面为大家提供些力所能及的帮助，也学到了很多东西。

时至改革开放40周年。夏明副秘书长在主持的各个论坛群内，开始了改革开放40周年征文活动。从此，我每天工作闲暇时间都在关注征文活动。从征文中，我看到了大家在改革开放40年里对农机事业的艰辛付出。在夏明副秘书长的鼓励下，我也参加了本次征文。

在这里，我还要特别举个例子，说明我们农机人的高贵品质，确实如大家所讲述的一样。

几天前，公司销售的一品牌秸秆回收机因不符合农艺要求，导致作业效果不理想。通过我的了解向厂家提出整改方案，告知厂家本地的农艺要求。经用户同意，在不更换整机的情况下，只更换不符合农艺要求的农机配件总成。当晚由用户家中返回公司后，我把农机不符合农艺的情况汇报给公司董事长。由售后经理把农机具不符合农机的情况，以及更改方案反馈到厂里。

厂家接到整改方案后，连夜组织工程师和技术人员，对不符合农艺的机具进行重新加工制作。8小时后新的机具下线，接下来进行了10个小时的试验检测，成功完成了对这一不符合农艺机具的整改。

第三天，机具从厂家起运。在机具还没有到达用户家中时，我们已经把不符合农艺要求的机具拆卸下来，就等新机具到来，以减少用户的时间。

公司董事长为了检验机具的作业效果，亲自为运送机具的车带路。机具终于在万家灯火时开始试验。

一行人用汽车灯光照明查看作业效果。夜晚的寒冷、作业灰尘、机具的轰鸣没能阻挡我们去检验这一机具的作业效果。当晚作业效果合格后我们到家时近午夜。

公司董事长又在第二天早上驱车百余公里，查看白天的作业效果是否和昨晚相符合。

感谢夏明副秘书长以及本次活动的所有领导，给我们提供这样的机会。谢谢大家辛苦的付出。

最后祝愿祖国的农机事业日新月异，祝农民与全国人民同步进入小康社会，平等参与现代化进程，共享现代化成果。

卖粮记

□ 陆立中

陆立中，江苏省盐城市农业行政执法支队支队长。

苏北里下河，良田万顷，一马平川。秋种麦子，夏种水稻，一年两熟，丰产丰收。天生是一个种粮的好地方。

老陆是江苏建湖县庆丰镇谷庄村地道的农民，读完小学，就跟父母一起在生产队种田，不到20岁就成了生产队的青年劳力。这辈子的职业就一个：种田。天生是一个种田的好把式。

家庭联产承包责任制，老陆分得了10亩田，一种就是几十年。最近几年，农村搞土地确权，一些不在家的邻居都想把土地流转给他种，说他种地好，把地交给他种不会种荒了，以后回来了还能接着种，放心。虽说今年都66岁了，他手里还有20多亩地。

又是一年秋天，又是一地金黄。收获的季节到了，老陆似乎也并不着急。尝到了机械化甜头的他，准备和去年一样，连收带卖一手掼，不用劳神不怕雨。

这话要说到2016年，秋天水稻要收割时，不停下雨，长在田里的不能收，收下来的又没

老陆家2018年秋天收稻

处晒，把他急得团团转，直后悔种多了田。直到12月底，才把稻子收完，前后忙了两三个月，赊了一身膘。

2017年，邻村建了一个粮食收储烘干点，他第一个跟人家挂了号。收割时收储点就来运输车接粮，收割机收完了，粮食也卖掉了。再不用运到场头，每日翻晒，心里自是乐开了花，

好像讨了人家一个大便宜一样。此后，他逢人便说："时代不同了，插秧、收割不弯腰，卸粮、卖粮到田头，种田还真成了轻松活。"

说起卖粮，不知伤了多少农人的脑筋。老陆自然也不例外。

农村大集体时代，卖公粮是生产队的一件大事。要将粮食晒的干焦焦的，由生产队长或副队长、会计领队，带上一些精干劳力，搭成一个班子，去卖粮。老陆年轻时做事就稳当，也肯吃苦，还识些字，队干部都愿意带上他。

水乡地区，道路条件自然不好，都是用船将粮食运到十几里外的粮站。也不是一到那里就能卖掉，因为每个生产队都差不多时候来卖粮。所以往往要排队等候，如果验粮不过关，还要就地翻晒。

参加卖粮的人要带上铺褥、碗筷，在船上住上几天。白天排队、挑粮、翻晒，晚上就将铺褥铺在船头，两眼望着天，眨巴眨巴就睡着了。吃饭就拿碗到小吃店打点稀粥，就两口家里带点的咸菜，撑饱肚子就算完事。

卖一次粮，来回都要四五天，累倒不算什么，就是劳神。最怕验粮不过关。带队的干部堆着笑，跟在验粮员后面，验粮员一袋一袋用扦子扦一点出来，放在嘴里嗑一下，不吱声往前走就是合格了，倘说："不干"，就完了，还得就地翻晒。

那时老陆他们最羡慕的人就是验粮员了，那个威风绝不亚于县官老爷。心里总想：如果与验粮员家有亲就好了。

这种感觉延伸到分田到户后，更强烈了。大集体时卖公粮是以生产队为单位，分田到户后是一家一户去，排队等候的人更多了，粮站场头人山人海，家里没老人的还要带上孩子，吃住就在船上或场头上。

验粮员更神气了，围拢在他身边的人更多。农民一家一户场头小，说不定哪个角落没晒透，恰巧被验粮员扦到了，就要重晒。验粮时，验粮员后面跟着一大群男男女女。验到哪一家，那家的主人心就提到了嗓子眼，两眼巴巴地看着验粮员，大气不敢喘一声，像等待官老爷判决一样。

如果验粮员说通过了，那个欢天喜地，那个眉开眼笑，就如同中了头彩一般。整个人也如同打了鸡血，立马脚下生风，一个吆喝，推担上前过磅。粮卖了，那叫一个爽，真是浑身轻松，如释重负。

如果说还不干，还要晒，那简直就是晴天霹雳，垂头丧气，甚至都感到丢人，像做错了事的孩子一样。有些人家是几户合船去的，别人回家了，自家留了下来，感觉真难堪。所有

黄昏下的老陆看着走远的接粮车，高兴地大笑着

的人都听到了，没有一点回旋的余地，只得老老实实再推下来，晒上一两天。如果遇上后面阴雨天，那就是倒大霉了，回来还要恨上几天。

这样的事，老陆也遇过几次。说实话，那时种田他不怕，就怕交公粮。一年夏秋两季公粮，像是过关一样，横在他心里。中央取消农村“两上交”政策出台后，老陆心中的这个梗也彻底消除了，觉得种田再没什么害怕的了。

如今卖粮卖到了田头，都不要上场头翻晒，家里的摊爬、扬铣都少了很多用场，他更是没有烦恼了。只是钱到口袋里了，心里倒好像少了些什么。主要是有些农活没做到，感觉失落。

村里多数人家的田都流转给大户了。子女也劝他年龄大了，不要种田了。可老陆还是执意要再种几年，他说：“现在种田又不累，卖粮也不烦，有了机械化，种田不可怕。我种到 70 岁没问题！”

狗肉火锅

——一篇关于农机局局长的小小说

□ 苏仁泰

苏仁泰，江西省彭泽县芙蓉墩镇农机维修技师。

星期天，县农机局照常放假休息，可闲不住的陈副局长，又跟我这个农机服务员下乡了。这不，说着说着就到了利民农机合作社。

车刚停好，合作社张总就和几个农机手迎了出来，看到陈局，张总忙伸手拉着他的手说："老庚来了！老庚好！"机械手们也纷纷上前问好。

"大家好，老庚好。"陈局长跟大家打完招呼，故意逗张总说，"老庚，今天可别放狗出来呀，我跟你说，今天要放狗出来，我车上有大撬棒，打死了正好炖狗肉火锅哟。"

张总一听，臊红着脸说："好你个陈老虎，打人不打脸，骂人莫揭短，你是哪壶不开提哪壶。"边说边拉陈局进屋喝茶。陈局说："喝茶等会，先看机器。今天老苏是主角，我是配角，来给他打下手。"一边说一边就脱外套工作服。

"哎呀！这可使不得，怎么能要局长修机呢？有人帮忙，有人帮忙，您指导就行。"张总说着又拉陈局进屋喝茶。

"老庚啦，你还不知道我？还是先看机器吧。"换了工作服，陈局长说完直接向机库走去，我早已换了工作服，和机手们一起跟在陈局后面去了机库。

听完机械手对机械故障的描述，我检查发现：第一台拖拉机前桥右前轮大油封密封不严，引起漏油，须换油封；第二台为离合器分离不清，换挡异响；第三台是液压提升不动，悬挂机具升不起来，液压齿轮泵不工作；第四台收割机左转向不灵敏；第五台就是新烘干机磨合时间到了，需调整。

陈局长当即安排："老苏先排除故障，换齿轮泵"；农机手师傅卸前轮螺栓，陈局长自己则用千斤顶顶前桥。

好在有预约，配件带在服务车上，按照陈局长的安排有条不紊地进行。

张总给每个人端了杯茶，我接过茶忍不住问张总："你还真放狗咬过陈局长呀？"

"那还是几十年前的事了。"张总说，"20

世纪 80 年代初，老庚大学毕业到农机局不久，我用小手扶跑运输，别人收不到我的缴费，他来了就要我交费。虽说钱不多，可我根本不想交，想放狗出来把他吓走，要他知难而退。可他捡起一根大木棍，反而把狗打得哇哇叫。他跟大家摆道理，我自知理拙，还是乖乖地交了。”张总抬高了音节说，“跟他真是不打不相识。他属虎我属虎，又是同年同月，这么着就认了老庚。”

“哦”

“这么多年来，农机局从收费管理，到现在的监理服务，部门职能在转变，他全心全意为农业机械化的心没变，事事走在前面。青丝变白发，真正是一步一个脚印干出来的。购机有补贴后，我听他的，买了收割机，除自个用方便外，还帮乡邻服务。我现在农机不算少，今年除更换新农机，又购置了三组烘干机。老庚还带领我们一起干，共同奔富裕”。我边修机，边听张总聊。

“农忙时，田间地头常见他的身影；农闲，他组织农机手培训学习，提高农机手驾驶维修保养技能，跟县农业局合作举办农机手技能竞赛，他真是我们的好领导呀。”

“是的！”我应和着说，“他也帮助我很多，为了我的农机维修中心开业，特地找到市局帮我办证件，指导我添置设备，工具。连取名和门面设计都想到了，陈局长真是个好领导。”

闲聊中，不知不觉车修好，机手们试车正常。“老庚！老庚！你把农机手都叫过来，叫他们来看看老苏是怎样处理，学习拖拉机离合器怎样调整。这些小问题，农机手应该自己动手排除。”然后我打开离合器检查口跟他们讲解：看分离杠杆和分离轴承间隙，大了就分离不清，调整一下（缩短）拉杆螺栓，故障就排除了。反之，间隙小了，离合器打滑，机子没力，把拉杆调长点，问题也解决了。

利民农机合作社的服务完成了，张总挽留我们去吃饭，陈局打趣道：“本来想吃狗肉火锅，可今天没看到狗呀。”说得大家哈哈大笑。

离开利民农机合作社，我和陈局长在路上找了个小饭馆吃过快餐，又赶去下一个服务点。

表弟走上农业机械化之路

□ 朱乃洲

朱乃洲，江苏省射阳县阜余镇六份居委会农民。

在我们农村，曾经有人把栽秧、收割说是“棺材头上的一碗饭”，意思是，对于农民来说栽秧、收割是最重最累的农活，每年到播种、收割的时候，人们几乎都要拼上老命去干活。这话虽然有点夸张，但确实反映了过去农民种地的艰辛。就说我的表弟从弯腰种地到走上农业机械化之路的一些事吧。

三十几年前，表弟中学毕业回到农村种地。那时候，农村还没有普及收割机这样的农机具，农民收割稻子、麦子等庄稼都是用手工收割。记得刚开始有一年收麦时节，当表弟看到自己的父母躬着腰、低着头、流着汗在麦地里一把一把割麦子，他也情不自禁地拿了一把镰刀跟在父母身后割。可是割着割着，一个麦捆子还没割起来，表弟就喘得上气不接下气了，只好坐到麦地里休息起来。

父母知道表弟没有下地里劳动过，没有很大的力气割麦子，就不让他到地里劳动，给家里做做饭、扫扫地就行了。表弟觉得自己是个男子汉，不下地劳动怎么能行？他不听父母的劝阻，一有力气就下地干活。麦收结束后就是栽秧，栽秧比割麦子更费力。表弟一根一根地把秧苗往秧田里栽，半天没坚持到，腿也疼了、腰也疼了、脚面还肿了。

因为用双手收割、栽秧的确太苦太累，表弟常常想，如果用收割机收割庄稼、用插秧机插秧那该多好啊。

二十几年前的时候，农村慢慢地普及收割机了，村里有少数经济条件较好的人家也开始购买收割机。但那时，由于收割机收割庄稼价格高、农民经济还很拮据等原因，一些农户还不愿意用收割机收割庄稼。表弟的父母就是这样，当收割机第一次路过表弟家麦地的时候，表弟的父母亲宁可弯腰流汗用镰刀割麦子，也不让收割机下地收割庄稼。以至于麦子没有收完，却来了连阴雨的天气，家里有一半的麦子几乎绝收。

吸取了这一次的教训，来年又到麦子成熟

的时候，表弟不听父母的劝阻早早地跟村里有收割机的师傅取得联系，让收割机给他们家收割麦子。当收割机开进了表弟家的麦地，表弟的父母手握着镰刀好奇地跟在收割机后面，生怕收割机割不干净。

当收割机走过的地方麦子被收割得干干净净时，表弟和他的父母脸上都露出了笑容，连连说这收割机收庄稼真是好啊，今后都用收割机收割庄稼了。从此，表弟和家人相信科学，相信农业机械化的好处了。

时光转眼就进入了新世纪。这时候，党和政府更加关心和重视“三农”问题。党中央每年都要出台有关“三农”的中央1号文件，出台各种好政策，减轻农民负担，增加农民收入，促进农村农业的发展。而农村农业的发展更离不开机械化，为了加快实现农业的机械化，2004年国家还颁布了《中华人民共和国农业机械化促进法》，这一法律鼓励广大农民积极购买和使用农机，还给购买农机的用户提供各种资金扶持，极大地增强了农民购买和使用农机的积极性。

当时，表弟家所在地的政府有关部门就出台了这样的规定，每个购买农机的农民能获得政府1万元钱资金支持和银行的贷款。得到这样的信息后，表弟马上跟家人商量想买一台收割机。表弟的父母和亲戚朋友都支持他的这个想法。于是，表弟到银行贷了款，又跟亲戚朋友借了些钱，去农机销售部门买了一台收割机，实现了他多年拥有收割机的梦想。

有了收割机，到了收割庄稼的时节，表弟真是忙得不亦乐乎。家里的十几亩地只要短短的个把小时就收割完成。家里收割完了，表弟又开着收割机给别人家收割，既帮助了别人，又能获得一定的经济收入。有时，表弟还跟村里的其他收割机手组成收割机队，出乡、出县到外地收割，帮助那些收割机数量不足的地方抢收粮食。

这几年，党和政府注重农村的环境整治工作，不允许农民焚烧农作物秸秆了，这就对收割机提出了新的要求，要增加对农作物秸秆的粉碎功能。于是，表弟积极响应号召，五六年前的时候，他又花了几万块钱加上政府的购机补贴购买了一台新型收割机，这种收割机既能收割稻麦，又能粉碎稻秆麦秸。

这样，农户收割庄稼的同时，地里的秸秆也被粉碎了。耕田机将土壤翻耕后，粉碎的秸秆几乎都被覆盖到土里，农户再也用不着焚烧秸秆了。新型农业机械更受到表弟和其他农民的欢迎。

有了收割机，解决了农作物的收割问题，表弟更希望插秧也能用上插秧机。有一次，当表弟听说县里派农业专家到镇上举办农机插秧技术培训班时，他毫不犹豫地报了名。听完农机专家的讲座，表弟带回来一沓插秧机使用和管理方面的技术资料，一有空他就认真学习钻研，了解了一些如育秧、整地等机插秧的关键技术。

有了一定的技术基础，加上政府加大了对农民购买农业机械的补贴和贷款扶持力度，表弟高兴地买了一台插秧机。从此，每当插秧时节，表弟就用上了插秧机插秧，这更省时、省力，又快又好。

现在，表弟拥有了收割机、拖拉机、插秧机等农用机械好几辆，实现了农业机械化的梦想。有了这些农业机械，表弟种地的劲头更大更足了，又希望耕种更多的土地。

这几年，政府积极推进农村土地流转政策，鼓励农民进行土地流转。在这样的政策指导下，表弟时常关注村里一些农户土地的动向，如果有哪家不想种地愿意流转，他就跟人家协商土地流转的事宜。经过自己的努力，表弟从村里几个农户手里流转了80多亩土地，把种地的面积扩大到了90多亩。土地多了，种地的经济收入显然也多了。

的确，农业实现了机械化让表弟这样的农民从沉重的生产劳动中解脱了出来，加快了他们脱贫致富奔小康的步伐。改革开放和农业机械化让我们农民的日子越过越美好。

“疯话”成真

□ 杨庆云

杨庆云，江苏省盐城市东台市廉贻社区办公室。

“将来农村要实现：栽秧不弯腰，挖墒不用锹，治虫不用浇，收割不用刀，装运不用挑，行船不用篙。”这是 1974 年 12 月，我参加县里手扶拖拉机手培训班，结业典礼上，一位分管农业的副县长讲的一段讲话。

我至今都记得，当时副县长的话音未落，台下纷纷议论：“堂堂的副县长，怎会说这样的疯话，几千年的传统农活都没有改变，难道在我们这一代会出现奇迹吗？”

我也在纳闷：这里地处苏北水乡，河沟交错，水网密布。全乡陆路与世隔绝，出门不是步行就是船，农活不是人工就是牛。你看啊，耕作一靠老牛拉犁耙，二靠人工锹挖耙翻。收割时，女的一把镰刀弯下腰，男的一根扁担使劲挑，个个腰酸背痛汗水冒，用船运到场上。脱粒小麦全靠人工掼，打稻布在场上，老牛拉着石滚来回碾压，赶牛人一边牵着缰绳跟在老牛后面转悠，一边哼起牛号子消除疲劳，晴天不着慌，雨天着了忙，到手的粮食不知霉烂有多少。据《廉贻镇志》记载：1971 年夏收，老天不作美，眼睛一睁，今天又下雨，造成近 7 成粮食霉烂，喂猪都不吃，何况人呢。

农村多少代人，都是沿袭这样的生产方式，你说，这位副县长说的不是“疯话”吗？哎，但愿哪天能成真，那农民种田就不愁啦，也快活多了。

时光飞跃，变化真快。1975 年，生产队里买了一台脱粒机，这家伙真神气，旁边出粮，前边出草，大伙儿称为“小老虎”。尽管机械化，但还得要 10 人才完成，灰尘满天飞扬。为了抢季节，我这个做机工的夜以继日，人不离机，机不离人，几天下来就像大病一场。

随着改革开放的深入，1985 年 1 月，全乡通往县城的公路建成通车，随后实现公路村村通。路通机多，村里重视机耕道建设，全面规划，分步实施。机耕道一条条筑起路，路面从 2 米宽的泥路提升到 4 米的砂石路，目前不少的地方改成 6 米的水泥路。水泥桥一座座建成，改变农机具转运靠船装，不被河沟所困。路桥建成，推动农机的发展。机多了，做机工的也没有那么忙了。

2004年，国家出台农机购置补贴政策后，极大地调动了农民购买农机具的积极性，有独购的，也有合买的，出现井喷式发展。农业机械种类也发生质的变化，从东风-12型手扶拖拉机到东方红系列方向盘拖拉机；从人工喂入式脱粒机到大型联合收割机，农机具更新换代，实现新的飞跃。

农业机械化水平的提高，把农民从繁重的体力劳动中解放出来，出现一大批剩余劳动力，他们不再死守那“一亩三分地”，陆续从农村走向城市，务工、经商、创业，增加收入，发家致富，加快农村小康进程。

这几年，出去发了家、有眼光的农民又返乡，购买先进的农机具，涌现出大批的农机大户、种田大户。现在干农活真省劲，大型拖拉机耕田、平田、播种一气呵成；施肥有施肥机，既快又均匀；植保治虫用上无人机，只按电开关，规范用药，降低成本，减少污染。不用将农药倒在桶里，一舀一舀地浇；特别是收割季节，“洋马”奔驰，“谷神”现灵，“联合”出力，穿梭田间，耀武扬威，这边出粮装袋，那边出草粉碎，就地秸秆还田，增加土壤有机质。运粮回家不用船、不要挑，拖拉机、农用车，直接送到家。即使几天阴雨天也不愁，全镇有5家种田大户购买粮食烘干机，运去烘干，一会儿工夫，潮的进去干的出来。

改革开放40年，副县长的“疯话”全成真。农田作业，一样样地在突变，古老的农具被遗忘，传统的农活渐消失，先进的农业机械一个一个地显现，给农民带来欢乐的笑，给农村带来新的喜，但愿更多的“疯话”成现行。

征文后记

一次入行　一世不忘

黑乎乎的脸，油污污的手，脏兮兮的衣，这就是我——农村生产队机工。

我可以说从上高中就加入农机行业了。那时不分文理科，只有学农学工班，我进了学工班，课程是“三机一泵”。学校组织到县农机修造厂实习，放忙假拿着介绍信，到有农机的大队，随机工作业，当时只有抽水机、脱粒机。

1973年1月，高中毕业回队，正好上级在这里搞农机化试点，送来一台手扶拖拉机。我成为生产队里第一代机工，感到很自豪，昼夜不停地作业。对于18岁的青年来说是够苦的，一年下来也想打退堂鼓，但想到老师和师傅的教诲，乡亲们的期盼，告诫自己：无论如何都要坚持下去。

为了抢季节，白天黑夜连轴干，受到干群的好评，多次被公社农机站评为农机先进个人，更加激发了我热爱农机的热情。平时我就很注重总结经验教训，学着写稿，被《中国农机化报》《农业机械》等报刊采用，提高了写作水平。

1987年，经全县统一考试，我被招聘为乡党委报道组长。后来几经改行，但我对农机仍然念念不忘，注重采写农机方面的稿件，学习农机新知识，帮助村机工排除故障。

获悉中国农机化协会开展农机化改革开放40年征文活动，作为全国农机行业最基层人员，40年变化之大，亲历之多，感受之深，非一般人可比。所以决定一定要参加，也算热爱农机的一次见证。

但怎么写？当时是一头雾水。

当时正是农忙季节，白天劳动晚上写，光题目就想了五六条，不是太长就是不合主题，最后确定从县长的讲话入手。

按照主题，查阅资料，反复回忆，打腹稿几经修改，终于完稿。请人打字发稿，没想到被采用。真的很高兴，感谢协会提供舞台。

40多年，多次改行，但我想对农机行业说：不管咋改行，爱你没商量。因为这是我走向社会的第一份工作，对你有十分感情、十分责任，愿意为农机行业发展做出贡献。

农民老胡翻身记

□ 苏仁泰

苏仁泰，彭泽县农机修理员，写作协会会员。热爱本职工作，专心农机修理技术，喜欢将工作中遇到的问题和个人见解用文字的形式表达出来。

又是大暑时节，种粮大户老胡穿着干净白T恤，驾着新买SUV（运动型实用汽车）在田间的机耕道慢慢地溜达着。望着收割机在金黄色稻田里穿梭，拖粮车一趟又一趟来回奔波，他在心里盘算着早稻的收入，享受着车上空调吹出的冷气，心里美滋滋的。

老胡是种庄稼的一把好手，种水稻很有经验，啥时候耕田，啥时候播种，啥时候撒啥肥，啥虫子打啥药，贼一般精。

老胡有四个孩子，为了让孩子们都有书读，将来谋一个好前程，夫妻二人累死累活地拼在10来亩田地中。最让他头痛是每年的“双抢”，凌晨2～3点就起床下地干活，午时的太阳，毒辣，田间上晒下蒸，热得人要中暑，夫妻二人也不歇歇，但用镰刀不停地割，一天也割不了二亩田的稻，到了晚上，两个人累得腰都直不起来。

稻子割倒后，要用专用的木禾桶脱粒。脱粒更辛苦，人要把稻子禾秆举得高高的，再用力砸在木禾桶里，把稻子摔下。

稻子摔下后，再装在蛇皮袋子里，背上田埂，用板车运回家门口的晒场。稻子晒干了，还要看天气，如果有点风，正好借风扬稻，去除杂质。如果没风，还要用风扇扇除杂质。为此，夫妻两人不知吃了多少苦头。

有一次，他们夫妇在晒场晒好稻子，到田间赶耕二晚田，（长江流域二晚秧，最晚要在立秋前三天插下田，如果晚了，就有可能遇到寒露风，那就可能只有稻草，无饱满稻粒，这就是寒露风来得早的年份，粮食会减产的依据。）突来一阵暴雨，吓得他们撂下田间的活，顾不上天上电闪雷鸣，冒着大雨拼命往家里跑，可等他们跑回来后，晒场上哪还有稻子，稻子都被大雨冲跑了。半年的辛苦都化为乌有，他们俩都瘫坐在门口，抱头痛哭……

农机购置有补贴的惠农政策普及下乡后，老胡思前想后，一咬牙贷款买了一台收割机和一台手扶拖拉机、一台手扶插秧机，并承包了百亩稻田。有农机帮忙，老胡感觉自己种田割稻轻松多了。农机除了方便自家，还给周边村民服务。一年下来，他不但还清了农机贷款，还有余存。

前年，他又用这些年挣的钱，添置了大轮拖、打药机，更新了收割机、乘坐式高速插秧机。并跟几个志同道合的朋友一起流转了村民2 000多亩稻田，合伙购置三台各15吨的烘干机和配套的热风炉，还建了一个磅房和一个大仓库。这样，既保证自己粮食烘干，短时的存储，也能为周边农民提供方便。

他们夫妇俩现在基本上不用下田动手干活了，他这几年也陆续培养了几名能吃苦耐劳，爱好农机的农机手，都由农机手驾农机去田野忙碌了，种粮全程实现了机械化作业。同是农忙“双抢”，他却很是悠闲，收割机在田间收割，就像是理发师的大推剪，在给金黄的稻田美容，粮满仓就卸粮到运粮车上，都不用装袋子，运粮车斗一次可装收割机五六仓粮，装满后直接运到了烘干机房烘干，烘干机烘干除杂，稻子出来直接入库。他夫人只在进烘干机处的磅房，记录稻子重量，凭运粮单就能结算。

如今的老胡，因搞农机，懂得了一些机械知识，学会了修理农机具，是村里名副其实的大能人。听说前几天，他还去县农机公司咨询，打听无人智能机的情况，他的野心是越发得大了。

为了农机事业我将一如既往努力下去

□ 李坤书

李坤书，中联重机股份有限公司二级资深专家。

农机驾驶是我从懂事起就非常向往的事情。特别是我们村有两位农机手王洪福和李双之，他俩是当时我们东庄公社唯一的一台东方红－75链轨式拖拉机的驾驶员。全公社数万亩土地，他俩的这个车组干的最多，得到各个大队干部、群众的极大敬仰和崇拜。

记忆最深的一次就是我在一年级的时候。当时是秋天犁地时节，我作为牵牛犁地的副手，在赶着两头牛拉着犁，我们生产队的一位长辈李建福（我喊他大伯）在后面扶犁，正在犁村东的地块，每天最多能够犁4～5亩地，为了早日种上小麦，还要早出晚归才能犁完。

有一天，在水渠北的大地块开过来带着四个大犁子的一台链轨车，开车人就是王洪福。他下车后，用步东西测量一下，找出地块的中心点后就开始打墒。我利用犁地休息的时间，翻过大水渠去观看链轨车犁地，只看见链轨车冒着一股小黑眼，带着翻过的大片泥土，飞快地跑着。我就在想，什么时候我能够开着链轨车犁地就牛掰啦。

正想着，链轨车已经开到大水渠跟前转弯啦。突然，链轨车停下来，驾驶员王洪福走下来到旁边方便一下，我就顺便打一声招呼："洪福叔，我能上去坐一下链轨车吗？"他也顺口答应："可以啊"。我就快步跑向链轨车，当我坐在副驾驶座位上的时候，王洪福就开始挂挡起步并搬动操纵杆降下大犁。当时的感觉就是兴奋，回头看着哗哗的大片泥土被翻过来，就感觉浑身有用不完得劲似的。

对农机有很深的感情与热情，没有从事过农机的人是不会明白的。

作为农机战线上的一名老兵，从事农机驾驶、维修等35年之久。说到爱岗敬业，对工作一丝不苟，始终坚持精益求精的工作原则，是我的处事原则。认真对待每一件事情，认真对待每一项工作，坚持把工作做好、做精、做细。不是唱高调，也不是吹牛皮，是农机事业成就了我，从一名无所事事、什么也不懂的懵懂少年，转变为对农机事业愿意奋斗一生的实干家，不为名不为利，毫无保留地对我培训、讲授过的所有农机手、农机大户等敞开心扉交流、沟通，每年都有数千名的人员受训。我可以摸着良心说，我无愧于大家。

1998年9月起，我在福田雷沃重工的服务科、技术质量科从事联合收割机、大马力拖拉机产品线技术支持工作，2011年年底又到奇瑞重工（中联重机公司前身），2014年被公司聘为二级资深专家。现在在中联重机公司（河南瑞创通用机械制造有限公司）工作。因具有国家技能鉴定机构考评的农机维修高级技师资格证书，我被中联重科重机公司聘为二级资深专家，我被公司质量管理部门聘请为兼职质量分析改进工程师，被河南省社保厅聘请为职业技能鉴定高级考评员，多次承担农业部高技能人才培训的主要授课老师。

同时，被中国农业机械化协会、中国农业机械工业协会、中国农业机械流通协会聘请为“中国农业机械行业年度大奖评选活动”专家团成员。

我主持编写了《联合收割机培训教材》《拖拉机培训教材》《玉米机培训教材》《联合收割机电气系统培训教材》《联合收割机液压培训教材》《拖拉机配套农机具》等。

2017年，我被河南省精神文明办公室授予河南省职工职业道德建设先进个人、河南省职工职业道德建设标兵个人提名奖等。

下面就把我在实际工作中碰到的几个小事例跟大家共享：

2016年麦收大忙时节，我作为公司技术专家，在麦收服务的第一线，从事麦收服务工作期间，在巡回至安徽省宿州市农机大市场，即6月2日晚上10点30分左右，接到安徽省阜阳终端用户王涛的求助电话。据王涛介绍，他的联合收割机在阜阳收割五天，收割效果很好；跨区至安徽省泗县进行小麦收割。6月1日工作很好，6月2日白天工作也没有什么问题。但是，晚上10点多开始，联合收割机工作时就像喝醉酒一样摇摇晃晃，使用一挡低速都不能进行收割作业，并且收割效果非常差。

我听了王涛的介绍，跟他交流询问机手开收割机多长时间，收割机是否按照说明书进行过正确的调整等。机手反馈说：“已经开9年联合收割机，并且都是按照说明书的要求进行调整的”。我认为该机手已经开过九年联合收割机，经验丰富，这说明还有其他问题，该机手解决不了。当我开着服务车赶到该机处时已经是半夜12点以后了。

见到该机后，让机手启动发动机并结合主离合进行检查。随后，让机手把该机停在平坦的地面上并拉紧手刹防止溜车。然后，挂接主离合后测量主离合拉线的压缩弹簧长度为71毫米，瞬间明白该机是何故障了。这主要是长期使用后，机手没有调整四联带的涨紧度，导致四联带传动打滑所致。于是，立即将压缩弹簧长度调整至62毫米的正常值，让机手启动发动机进行试车，使用二挡高速收割效果很好，该故障得以解决。

2017年麦收期间，发现密闭式边减机型的小麦机出现机架与前桥变形、开裂，立即在山东省无棣县经销商处，进行机架与前桥加固焊接四块加强板，并进行超过100次的高强度的实验与验证：焊接牢固后，寻找带有40厘米左右的大坑的乡村土路上，使用三挡高速通过来进行验证超过100次，并迅速与公司麦收指挥部联系，马上大面积进行该机型小麦机升级，为公司节约费用近百万元。

2018 年麦收期间，在河南省南阳市唐河县碰到一台 TB-70 联合收割机用户，他家是安徽省涡阳县的，跨区作业到达唐河县。在收割时感觉收割速度比较慢，只能使用一挡中速收割。

我接到该用户的求助电话后立即赶到现场进行查看。经过详细查看并测量得知，该机手听别人说全钉齿的轴流滚筒拉着轻快，所以，自己从市场购买一个全钉齿轴流滚筒更换在脱谷室中。经过测量发现，轴流滚筒直径超差太多，导致排草出现困难。

我让该机手将联合收割机开到当地村头的一个电气焊修理部，把联合收割机电闸和国三发动机 ECU 插头拔下后，将轴流滚筒与排草口间隙小的地方一周圈六根齿杆使用电焊切割掉 8 毫米间隙。然后让该机手回原来的地块进行试车，马上就可以使用二挡高速进行收割，并且收割效果非常好，我得到当地用户和该机手的交口称赞。

多年的工作经历让我对农机有了深厚的感情，我会一如既往地战斗在农机前线上，义无反顾；也非常愿意与热爱农机事业的广大朋友进行交流与沟通，以饱满的工作热情，过硬的专业技术素质，以及“工匠精神”激励自己，不断超越自我。

农民应该是啥样

□ 海宝明

海宝明，河北省大厂县民宗局干部。

改革开放初期，有两位来自美国的农业专家在京郊几乎是家喻户晓，相当的有名。

这两位专家是夫妻，丈夫叫阳早，妻子叫寒春。受《西行漫记》一书的影响，20世纪40年代末，阳早和寒春先后来到了中国。新中国成立初期，两位专家在西安草滩农场工作，1972年他们来到京郊红星公社进行农机研究。1982年以后在北京沙河镇小王庄农业机械化科学研究院农机实验站，又从事了20年的牛群饲养和改良的工作。两夫妻是国务院批准的“外国老专家”。

两位外国的农业专家，我没亲眼见过。但是，20世纪70年代末，关于他们的故事，在京郊流传的相当广泛。

民间传说，阳早和寒春两位外国农业专家只带着几个人，进行机械化作业，能够种植和管理千亩农田。收割小麦不用镰刀，康拜因（联合收割机）作业，几天的工夫，千亩麦子，收割的问题解决了。当时我们像听神话一样，羡慕得不得了。

20世纪七八十年代，郊区的小麦收割主要靠镰刀。麦收时节，农民要凌晨三四点钟下地，一个人带着两三把前天晚上磨好的镰刀，挥汗如雨，下地收割。割麦子的劳动强度我有切身的体会。一个字：累！

我记得小时候，从七八岁开始，每年的麦收时节（当时，学校放麦秋假，大约15天左右），都要给母亲当帮手，清晨早起，下地收割小麦。当时生产队包干计件，割一畦麦子给社员若干工分，社员割的多，得到的工分就会更多。母亲争强好胜，当然也是为了挣更多的工分，每块麦地，母亲都先占上一大片，我瞧着都眼晕。

记得九岁那一年麦收时，我和母亲发生了一次冲突。凌晨三点钟下地，一直干到中午12点，又乏又累，其他的社员都收工了，母亲又占了好几个畦的麦子。我开始闹气，罢工，坐在畦垄上说啥也不干了。母亲央求我，“明啊，再割一小段，马上就割完了。”“哪完的了，早着哪！”我开始向母亲提抗议，“让我受罪，您干嘛要生我呀？”母亲没了话，我看见母亲的眼里流出了眼泪。我知道自己话说重了，不声不响，咬牙坚持跟母亲一起割完了那块麦子。

收割麦子累，脱粒更累。脱粒的时候，鼻孔里、喉咙里都是土，我们形象地称负责脱粒的社员叫土猴儿。一块地的麦子脱粒完成，负责脱粒的社员浑身上下都是土，基本上看不出人样。那个时候，我们憧憬，啥时候，我们生产队也像阳早寒春的农场那样，用上脱粒机，拎着口袋在地头收麦子。

过了十多年，这个愿望就真的变成了现实。我记得 20 世纪 90 年代中期，京郊农村开始普及了小麦联合收割机作业，把农民从繁重的收割、脱粒的劳作中解放出来。我记得，当时京郊的农民相当知足，相当自豪。改革如春风化雨，让农民感受到了新的气象。

小时候，给棉田打药的经历，我同样记忆特别深。改革开放初期，农民种棉花的积极性相当高。一亩棉田十亩田。啥意思，说的是种一亩棉花投入的人工相当于十亩玉米大田的人力投入。种棉花，费时费工。

特别是给棉花打药，滋味着实不好受。给棉花打药这个活，我经历过。大包干刚开始那几年，骄阳酷暑之下，给棉花打药，是我们那一茬京东农村半大小子躲不开的工作。那几年，京东农村的农民几乎家家种棉花。棉花生长过程中要防旱防涝、要经常打尖，还要经常打农药除虫。哪一个环节做不好，老天爷都要给你一点颜色看看。缺劳力咋办，基本上是大人孩子齐上阵。

那个时候，背着药桶子喷洒农药，家中的半大小子都是主力。给棉花打药绝对是个苦活。三伏天，烈日炎炎，浑身是汗，背着个药筒打药是个啥滋味，我不用说，各位您一定能够感受到。天越热，越要给棉花打药。棉铃虫跟你较劲，少打了一次，棉铃虫就成灾了，容不得你懈怠。

打药这件事不仅苦、累，还有危险。我记得当时喷洒的农药是速灭杀丁和氧化乐果，毒性都相当大。给棉花打药出人命的事也发生过。邻村一位老汉，喷洒速灭杀丁的时候，不小心中了毒，要了命。

年少的我曾经憧憬，要是有一架喷洒农药的飞机就好了。书本上说，西方发达国家有这个东西。我把我的憧憬告诉发小斌子，斌子白了我一眼。“做梦去吧！哪有那种好事啊？”飞机给棉田喷洒农药，是我年少时的梦，飘在云彩里的梦。

前不久，央视播送了一个画面，引起了我浓厚的兴趣。三台无人驾驶小飞机同时工作，不一会儿的工夫，一大片棉花田，农药喷洒了一遍，相当轻松。炎炎夏日，三名工作人员一滴汗没有出，看风景似的，顷刻间，把喷洒农药的任务完成了。

老婆问我，三个人穿的干干净净，手拿着遥控装置，玩游戏似的就把喷洒农药的活干了，这还是农民吗？我一时语塞，被问住了。

农民应该是啥样？“面朝黄土背朝天”“锄禾日当午，汗滴禾下土”是农民，手拿着遥控装置，控制无人机喷洒农药，还是农民吗？

时代发展日新月异，我们许多人确实没有想到。都觉得那是梦，那是和农民不沾边的事。我查阅资料，现在我国许多地方，无人机喷洒农药已不再是新鲜事，普及程度很高的。

梦想终于变成了现实。我惊叹时代发展和科技进步的魅力，同时，也发自内心的感激党的改革开放的好政策。

一路走来，农活的场景在改变

□ 马雪亭

马雪亭，塔里木大学机械电气化工程学院讲师。

看到这个主题，不单单想起农机往事，一些美好而又珍贵的时光也涌上心头。虽然已近而立之年，但从儿时，一路走来，种种情景，历历在目。

我出生在山东省的一个普通农村家庭，1990 年生，应该说，赶上了改革开放的好时候。那些年给我印象较深的是父亲工资前后的变化。记得五六岁时，刚上幼儿园，父亲的工资一天也就 15 元左右，还不是天天有活可干，那时给我 1 毛钱，我高兴得要命：买一把糖豆，美美地吃在嘴里，但又舍不得一口气吃完，总是慢慢地吃，慢慢地吃，一粒一粒地吃。到了七八岁时（1998 年前后），父亲工资涨到差不多 25 元一天，我也开始下地干活了。穷人的孩子早当家，这句话不假，当时家境确实不富裕，应该说整个村庄都是不富裕的，多数人家都是低矮旧房，甚至还有民国时期的青砖破房。至于我家，儿时的记忆里，家里一日三餐最多能吃一顿炒菜，其余两顿要么是咸菜、咸鱼，要么就是咸大酱，日子很苦，即便到了我上中学，也都是省吃俭用，每个月也很少能吃到肉。

每当农忙时，除了干农活外，还帮着家里人烧水做饭。其实在当时，当地多数子女有被逼无奈的成分在里面：农民很苦，农活很多，子女也就必须协助家里，学习好点的（我勉强算在其中一个），相对农活少点，但也是少一点而已。烧水做饭是很幸福的，倒不是说那时的自己多么喜欢做家务（那时上小学，肯定是喜欢玩的），而是相对农活，在农机具几乎没有在村里出现并推广的当年，这家务活却是轻松得多。并且，烧水做饭的同时，还能顺便打开破旧的黑白电视机，看一段动画片。话虽如此，农活最终还是要干的，只是到了做饭的点，就可以告诉父母要回家做饭了，否则是不许的。那几年我还在上小学。

在那个阶段，印象最深也是最痛苦的农活就是掰玉米了。当时没有任何掰玉米的机械，更没有联合收割机，完全靠人下地一个个掰。

掰玉米时节，正值天气炎热未散，而玉米秸秆又长得比人都高，枝叶四散，且边缘有锯齿状，并有虫土，倘若为了凉快穿短袖进入，恐怕一段时间再出来时，皮肤已被玉米枝叶划得大片通红，又疼又痒。故虽天气炎热，也要全身捂严，保护好皮肤。即便如此，仍是汗流浃背，泥土满身，很是难受。其中，最令人受不了的是一种叫刺毛虫的东西，时不时在玉米地出现，一旦碰到皮肤，哪怕穿着衣服，也会让人痛痒一周，苦不堪言。家人们进去将掰下的玉米刻意堆成一小堆一小堆，便于后续将玉米收到车上。这样的工作得持续三五天，如果家里有承包地，恐怕会更多。

掰完玉米后还要砍玉米秸秆：砍一棵，弯一次腰，再砍一棵，再弯一次腰，几天下来，腰酸背痛。所以说，那时的农民，真的是太辛苦太辛苦了，没经历过的人可能永远体会不到，我很庆幸经历了。如今有点吃苦耐劳的品质，应该也是从那时历练得到的。记得有一次，七年级语文老师布置的一次作文，大意是写上学读书的好处，我那篇作文很坦白地就将当时的想法写进去了：要好好学习，为的是走出农村，不干农活，因为太累了。母亲多次说过，读书不好就要下地，我是很怕下地的，尤其是掰玉米，所以一直学习基本没落下。老师当年给我的作文评语我到现在还记着："你倒挺实在"。现在回想，也是挺有趣的。或许，这个想法真的影响到我当年立志要考上大学。

将一棵棵玉米秸秆砍倒后，工作远远没有结束，还要将玉米收上车。通常是，家里的顶梁柱开车，像我家，就是我父亲，开着一辆当年买来的二手破农用三轮车下地，开几米，就下来跟我们一起弯下腰将地上成堆的玉米扔上车，然后再开几米，开到下一个玉米堆，再弯腰捡拾玉米往车上扔，也很累。

之后便是漫长的剥玉米皮工作。带皮的玉米整整堆了一院子，每当这时，搬出自家电视来，放到院子里，一家人（有时邻居和亲戚也会过来帮忙）边给玉米去皮，边看电视，边聊天，其乐融融。剥玉米时间长了还是挺累手指的。为此，有经验的大人还发明了剥玉米皮的小工具：将一小段铁条弯成环状，折九十度多出一段直直铁条，顶端磨成尖。剥玉米时，将此小工具套在中指上面，带动带尖的部分先将玉米皮纵向划一道，然后再剥皮，省去些许力气，也算是劳动人民的一项简单小发明吧。有部电视剧叫太极宗师，当时热播，就是在那时看完的。

好歹去皮工作结束后用上机械了：将去皮的玉米晾晒完成后，雇上个半自动的机械脱粒机，街坊邻居齐上阵，最终完成玉米的脱粒工作。回头一想，玉米收获工作的周期还是很长的。2000 年前后，村里逐渐出现了联合收获机。未普遍时，盼着我家也赶紧用上，只为能少干些农活，多余出些时间来看动画。记得当时《龙珠》《美少女战士》《变形金刚》等都在播，每当这时，还是喜欢看的。开始时由于家境不太富裕，为了省钱，仍是人工掰玉米，后来真的就普遍了，一家人炎热天气钻玉米地掰玉米、围在院子里给玉米去皮的情景永远成为历史了。很遗憾当时没有照相机，没能将这样的情形记录下来。

再后来，2006 年以后，我上了高中，那时农机具更为先进，再次目睹玉米种植的相关机械工作时，场面更加壮观，几乎没人参与重体力劳动的场景了。玉米播种时，用的播种机幅宽更大，速度更快，播撒更均匀，仅半天时间，就将多户农家的玉米播种工作给完成了。收获就更不用说了，联合收获机进地后，再出来，就将去皮的甚至脱粒的玉米收到手了，省去了好多工作。农民可以喝着茶，聊着天，看着农机在自家地里作业，很是惬意。当年看着父母年纪越来越大，很庆幸赶上了好时代，农机飞速发展，解放了大量人力。其实，不光农机，那时家里已经有儿时觉得遥不可及的电话、手机、彩电了。

直至近几年再回家乡，又是过了10年之久了，闻听家乡那边开始大面积机械化种植胡萝卜，农民赚了不少，腰包也鼓鼓的，真的挺好。儿时，那亲朋好友来帮忙，忙农活热火朝天的场面永远一去不复返了，是好事，虽然值得追忆，但也恰恰说明我们祖国强大了，发展了。如今，我可以做着我喜欢的教育工作，工作之余，也会钻研一下农机方面的知识，有时也能悠闲自在地领着学生做些农机具的设计工作，再也不必为当年的农活而烦恼，祖国真的发展起来了。

沃野新歌：一名新人眼中的首都农机化

□ 李　凯

李凯，北京市农业机械试验鉴定推广站科员，2015年入职后从事蔬菜农机试验、推广工作。

这是我刚入职时在北京延庆看到的：十数位农民在田间忙碌种植甘蓝，菜垄上坐着一个三岁左右的女娃娃，静静观察着周围；还有一位大姐，孩子年龄尚小，用被子裹着背在身上，一边弯腰种菜，一边还要轻轻摇晃身体，唱着歌，哄着襁褓中的孩子。

同样是延庆，同样是种甘蓝，时间变为三年后，今年夏天，移栽机驶进了甘蓝地。菜农张秀兰说："从没想到过有一天，能坐着就把菜种了，没有了弯腰驼背，没有腰酸背疼，头顶居然还能有遮阳伞。"

这位是机手陈晨，移栽机出现故障，他便翻出随时携带的工具箱，坐在烈日当空的菜垄上捯饬起来；缺少加注器等专门的修理设备，他直接到附近汽修店里借，肩扛到田里。他中午不到3小时完成维修，带领4位菜农，机械移栽，2天完成了原来需要10天才能完成的70亩甘蓝的种植。

故事讲到这并没有结束，我和陈师傅只是恰好在甘蓝种植中有了交集，我也仅仅是了解到一年中他几天作业的艰辛。他今年47岁了，手被机油浸黑了，脸被烈日灼红了，磨平了指纹，生出了皱纹，是作为机手，26年的坚持。

三年，延庆、露地甘蓝种植的变化，只是

菜垄上的女娃娃

身为菜农的母亲

移栽机驶进甘蓝地

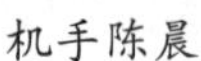
机手陈晨

甘蓝菜田

机手陈晨

改革开放 40 年北京农业展新篇中截取的一个片段。机手陈晨，26 年如一日也只是农业千万人中的一个缩影。

40 年，北京农业总产值增长了 25 倍，人均产值从原来的 0.85 万元增至 6.6 万元，翻了足足 3 番。农业技术日新月异，农业结构日趋优化，农业面貌焕然一新。改革开放以来，北京市农业机械化的的确确发生了翻天覆地的变化，正在向着“全面、全程、全时、全能”快速发展，并紧紧围绕北京农业“两限两定”禀赋约束，更加紧密地服务到生态绿色农业、景观都市农业发展中来。40 年前，农业机械主要还是保障粮食生产，现在是粮经、蔬菜、畜牧、林果全面覆盖；40 年前一谈农机主要是农民俗称的挠子，现在是耕、种、管、收、产后加工全程发展；40 年前，农机作业还集中于生产队的大包干，现在是懂技术、会经营的农机经理人带领着服务组织在全国作业。

生态农业中，以水定产，原来的“大水漫灌”变成了指针式喷灌车均匀滋润每一寸土地；

以煤限产，原来的温室燃煤供暖，变成了新型节能日光温室；

指针式喷灌车

指针式喷灌车

新型节能日光温室

秸秆机械回收

盆栽蔬菜机械化生产车间

林下景观油菜机械播种

以污限产，原来直接焚烧的秸秆现在居然变废为宝，实现了基料化、肥料化、饲料化全量利用。

景观农业中，世园会百蔬园建设，盆栽蔬菜上盆、填装、移栽、运输机械化标准作业；

平谷、密云，油菜花海机械耕种；

房山、顺义，农机本身已经成为耕读情怀的一部分在教育展示。

绿色农业中，采用先进的植保器械、智能的监测追溯系统，减少面源污染，降低农药残留。是从生产源头控制、有更多保障的、无公害农业、绿色农业，是我们老百姓的安心农业、放心农业。

习近平总书记说："幸福和美好未来不会自己出现，成功属于勇毅而笃行的人。"农机事业蓬勃发展正是如此，是一代代农机人筚路蓝缕，薪火相传。这里有全国十佳农民陈向阳，20年前毅然放弃"铁饭碗"，贷款筹建农机服务队，一步一个脚印，带领出一个国家级示范社。

这里有离休干部王俊彦，93岁高龄，打工作起就进入农机行业，曾经有次春节期间还在上海寻找合适的配件。与他座谈时，他热泪盈眶的，是这40多年，近半辈子的坚持。

1978年9月7日，北京日报社论："大城市更要搞好郊区农业。"40年后的今天，我们建设国际一流、和谐宜居之都依然离不开农业。它关乎百姓的米袋子、菜篮子、果盘子，关于政策惠农、科技强农、人才支农，是农业强、农村美、农民富的乡村全面振兴之路。而现代农业的发展离不开人才的投入，也正是因为有这么一群关心农业、投身乡村振兴战略的同志，农业才会是有奔头的产业，农民会成为有吸引力的职业，农村会是安居乐业的美丽家园。

顺义区首届醉美油菜花节

植保打药

十佳农民：陈向阳

离休干部：王俊彦

北京日报

大城市更要搞好郊区农业

北京日报：1978年9月7日（第一版）

改革助我健康成长

□ 李帅奇

李帅奇，河南农业大学学生。

改革春风吹满地，中国人民真争气！本山大叔的一句话，现在已经被编成歌词传遍大江南北，道出了一个不可置疑的事实：中国仅用了几十年的时间就完成了发达国家需要几百年才能完成的任务。纵观世界，变革是大势所趋、人心所向，改革开放是正确之路，富民之路，强国之路！我国过去40年的发展靠的是改革开放，未来发展也必须坚定不移依靠改革开放！

作为一名95后大学生青年，可以说是完全沐浴了改革春风，近几年周围的变化尤为迅速。可以这样说，变化发展的速度比我成长的速度都要快，高屋大厦鳞次栉比，高铁穿梭，单车共享，信息多样，居然令我们措手不及！今天尚且抛开其他的，主要谈一谈农业方面的发展。因为我的家乡在丘陵山区，所以谈的可能有些片面，不当之处，请各位老师批评指正！

四面环山，丛林茂密，潺流清澈，袅袅炊烟，或许这就是大多数人所向往的休养生息之佳境吧！但是地处偏僻，就意味着生产力的落后，经济的不发达！我就是呱呱坠地于这样一个小山村。我的印象里，春季有春耕，两家之间相互合作，每家一头牛，两头牛骈于绳索之下，前边一个人牵引，后边一个人扶犁踩耙，我觉得踩耙是很威风的事，拉着缰绳，如驾云般游走！当然，这些地多处于山野陵上，我们那里叫“荒地”，春耕之后主要拿来种植花生，还有一些大豆、芝麻等作物。等一场春雨过后，扛着锄头，带着花生种子去地里，刨坑挖穴，一个穴里放两粒种子。然后春天的大部分时间是用来扛着锄头在小麦地和花生地里锄草。

端午节前后，就是收麦子的季节了。我们庄上有一个大场，叫做麦场，每家分一片地方，平时耕过之后拿来做菜园用。等到麦收季节，先浇水浸透之后，用一头牛拉一个石磙，将地皮碾实，拿来堆放麦子和打麦子。买几把好镰刀，家家户户起早贪黑割麦子，然后拉到场里堆放起来，等割完几块地之后，拉来打麦机和扬场机（几家合资买来的机器，一台机器需要几人才能推动），先用打麦机将麦籽打掉，然后用扬场机分离糠皮，一场下来，也得大半天时间，人身上从头到脚都是灰尘。收完麦子，直接将玉米种子种在小麦茬之间，因为小麦行间距均匀，所以，种出来的玉米也不会太不规律。

每年暑假快要结束的时候，就是收花生的季节。一家几个人齐上阵，一个人把花生薅出来，其他人用手摘花生，将摘下的花生放蛇皮袋背回家倒房顶晾晒，干了之后用大麻袋装起来，等冬季的时候，有小贩来收，谈好价格，留了种子和自己要食用的，其他的全卖了。当然，如果价格太低的话，多会选择在空闲时间剥掉花生壳，带到镇上油作坊，炸出正宗的花生油。

夏季钻到玉米地里弯腰用手薅草，还见证着玉米的快速成长。短短三个月，玉米就成熟了，十一国庆节前后到了秋收的季节。拿上提前准备好的蛇皮袋，去到玉米地里，男人们用锄头将玉米连根刨出码好，老婆孩子蹲地上掰下玉米棒放蛇皮袋里。有的直接用扁担往家担，地理位置好的地块，还可以用一个架子车套上牛往家里拉，拉回家里倒在房顶晾晒。我印象中用手脱粒已经不常见了，大部分人家用小型脱粒机，等玉米水分干的差不多了就脱粒储存起来。

玉米收完就是秋耕，跟春耕一样，只不过秋耕的力度更大一些。因为产量高，离家近的“好地”都用来种植玉米和小麦这两种主要经济作物。秋耕之后，就是播种小麦了，用的是耧，前边一个人帮耧，后边一个人晃耧，种出来的小麦规规矩矩，整整齐齐。至此，一年四季的忙作就差不多了，这里主要讲了一些主要作物的耕作方式，还有棉花、红薯等作物，这里就不做介绍了。

作为一名来自农村的青年学生，最大的愿望就是出于农村，再回农村！高考结束后，毅然选择了农机这个专业，只为更好地了解或者帮助我们丘陵山区走出繁重劳力。近几年来的发展变化是有目共睹的，牛这种生物差不多已经从一线退出了，只有一少部分人还养牛补贴家用，机械化已经替代了牛力。主要种植一些“好地”，偏地荒地就用来种树还林，所以村里边的人有大量的空闲时间，纷纷外出打工。机械化的发展，先是出现了拖拉机，装上犁铧，犁过之后换上铁耙，效果比用牛耕出来的地要好很多，从长出来的庄稼可以看出来。平常还可以给拖拉机装上后舱，用来拉粮食装货。不久，拖拉机也退出了，我记忆里的新名词是“旋耕耙”，犁耙一体，而且体型更加轻便小巧，耕出来的地比拖拉机更好！

播种的话，主要就是小型联合播种机，通过调节种箱的间隙大小，来实现不同作物的播种，只不过这种播种机还是依靠人或者牛来拉动，是半自动化，省去的是刨坑的功夫。收割的话，小麦收割已经实现了完全机械化，小麦成熟了，给村里机手打个电话预约一下，付上油钱和工本费，就等着拿蛇皮袋装麦子了。玉米和花生的收割还没有实现机械化，靠的还是人力。

近几年来，通过学习和了解，认识了好多农业机械，花生收获机、小麦收获机、玉米收获机、联合收获机等。我觉得丘陵山区的农业机械还有大量的研发空间，因为市场需要！前几天有幸读到张宗毅老师的《论丘陵山区机械化的出路》一文，颇有感触。是的，解决丘陵山区的农业机械化，是个很艰难和复杂的问题，“过小的地块没有经济价值，过小的农业机械没有推广意义”，麻雀虽小，也得五脏俱全！小巧轻便，是丘陵山区机械的咽喉。但是只种“好地”的话，山区人民的经济收入只能是外出务工，以廉价的劳动力换取工资。或许解决农民的工作问题，山区的机械化研究难度就大大降低了吧，这就要考虑农村的经济发展和经济出路了！

希望国家能有更好的类似精准扶贫政策惠及山区农民，希望各位专家能更快更早地研究出适用机械，希望有更多类似“以机适地，以地适机”的道路。道阻且长，行则将至，为了中国梦，加油！

第八章
创业历程

时代成就了我们 我们无愧于时代

□ 姜卫东

姜卫东，男，1958 年 10 月 10 日生，日照市东港区人，中共党员，高级工程师，第十一、十二、十三届全国人大代表。现任山东五征集团有限公司党委书记、董事长，中国农业机械化协会副会长，中国农业机械流通协会副会长，中国机械工业质量管理协会副会长，中国农机工业协会农用车辆分会会长。曾荣获全国劳动模范、全国机械工业优秀企业家、山东省优秀共产党员、中国汽车工业改革开放 30 年杰出人物、装备中国功勋企业家、中国农业机械化发展 60 周年杰出人物、改革开放 40 年中国农机工业协会功勋奖章等荣誉称号。

从 20 世纪 70 年代起，日本电视机、电影就开始涌入中国，那时我就看到了我国与日本等发达国家的差距。日本战后的迅速崛起是靠战争那一代人实现的，看到日本人的发展成就和生活条件，当时就有一种“我辈岂是蓬蒿人”的强烈信念，我们这一代人有责任承担起国家发展振兴的重任，努力赶超世界先进。

1978 年 12 月，十一届三中全会作出了实行改革开放的重大决策，这是党的历史上具有深远意义的伟大转折。改革开放为我们提供了学习和干事创业的机会，正是党和国家创造的良好的政策环境和发展环境，加上社会各界的支持和全员的共同努力，才有后来国家、社会、企业和个人的持续发展和进步。

一、时不我待 成就自我

我出生于“大跃进”年代，“文化大革命”的 10 年正是我们这一代人孩童时代学习过程的全部。由于“文革”动荡、教育逆转，小学阶段的学习断断续续，初中学习稳定了两年，之后又乱了。“一技在身，能抵千金”，我在初中毕业后待业期间就学起了木工技术，1975 年 3 月被安排到县供电所电器制修厂当工人，由于学习和工作出色，当年被厂里评为生产标兵。半年后，师傅调离，我边学习边当师傅和班长，承担起了全县电器、电力维修任务。

1979 年 2 月，我通过考试成为山东广播电视大学首届学员。在电大的 3 年多时间里，系统学习了电子专业和机械专业知识，一个仅有初中学历的学员既要学习大学课程，还要补习高中课程，学习难度和学习强度可想而知。

1982 年，获得电大毕业证书

2004 年，我（前排右二）与
国研斯坦福培训班成员合影

2005 年 4 月，我获“全国劳动模范”

1982 年 6 月，我以优异的成绩从电大毕业，被分配到技术科工作，继续学习、实践。

1983 年，我到山东工业大学进修学习了半年；1985 年下半年，参加了为期半年的第四期全国厂长经理培训班，系统学习了企业管理理论知识，这次学习为以后从事企业管理工作做好了知识储备。2000 年 6 月，我参加了中国人民大学脱产 MBA 培训班学习，自己的眼界和思路更加开阔，对企业的发展战略有了更深层次的研究。我边学习边拟定了企业发展史上的第一个“五年发展战略规划”，这对指导企业未来发展起到了极其重要的作用。2004 年 9 月，我参加了国研斯坦福培训班，成为中国企业新领袖培养计划首期学员。

当然，几十年来我也从未间断其他专业知识、技术知识的学习，在专业技术和企业管理领域也得到了社会的肯定和认可。1990 年，我设计的“全挂车可调向倒驶的锁定装置”获实用新型专利，解决了汽车全挂车难以倒车的技

日照市科学技术最高奖
证　书
为表彰日照市科学技术最高奖获得者，特颁发此证书。
获奖者：姜卫东
类　别：科学技术最高奖

山东省科学技术奖
证　书
为表彰山东省科学技术奖获得者，特颁发此证书。
证书号：JB2010-3-122-2

国家科学技术进步奖
证　书
为表彰国家科学技术进步奖获得者，特颁发此证书。
项目名称：花生机械化播种与收获关键技术及装备
奖励等级：二等
获奖者：山东五征集团有限公司

我当选第十一届、第二届、
十三届全国人大代表

我荣获改革开放四十年
中国农机工业功勋人物

术难题，实现了技术转让。1995 年，获得了机械设计高级工程师职称。近年来，先后获得发明专利 4 项，荣获全国劳动模范、山东省首届“发明创业奖”特等奖、山东当代发明家、山

东省机械系统专业技术拔尖人才、日照市科学技术最高奖等荣誉，连续当选为第十一届、第十二届、第十三届全国人大代表。2018 年又荣获“改革开放四十年中国农机工业功勋奖章”。

二、一穷二白　摸索前行

1979 年，县内企业调整整合，我所在的电器制修厂与县拖拉机站合并为拖拉机修配厂。县拖拉机站是在毛主席“农业的根本出路在于机械化”的指示下于 1961 年成立的，这也注定了我一辈子成为农机人，能为“三农”服务也是我一生的自豪。

改革开放后，特别是随着农村改革的深入和农村经济的发展，农民对运输工具的需要也越来越迫切。我们预测到并决心抓住这一机遇，

70 年代厂房

第一辆三轮车

80 年代地摊式生产线

拟定了开发农用三轮车的计划。在老厂长隋汝聪的指挥下，我参与了市场考察和产品开发工作，于 1984 年 10 月试制成功了第一辆三轮车，为企业带来了生机和活力。这一年，我被组织任命为拖拉机修配厂副厂长。

20 世纪 80 年代，企业基础差、底子薄，几乎没有任何生产条件，产品质量和市场销量一直没有太大的突破。1988 年，我们按照机械部行业整顿定点要求，在国家农机具质量监督检验中心的指导下，建成了第一条三轮车装配线，确立了基本的产品开发思路、管理制度、质量标准和检验手段以及相应的生产条件，并通过了行业整顿定点验收。这不仅是企业发展史上的一个重要里程碑，对我个人来讲也是一次系统学习农机专业知识和历练管理能力的机会。

1990 年，我开始主管生产工作，尽管当时生产条件很不完善，但我充分调动各种资源，最大限度地发挥组织潜能，生产效率成倍提高，得到了职工的信任和上级组织的肯定。

三、重任在肩　奋力突破

1992 年 1 月，上级组织任命我任拖拉机修

配厂厂长。这时的企业无论生产规模还是社会影响力，在行业内和我们当地都微不足道，固定资产仅有400多万元、员工400多人，当时的发展压力非常大。但农用三轮车经过近10年的发展和完善，因其经济实用性好，适合农村道路交通条件和农业生产特点，极大地解放了农村劳动生产力，促进了农村物流，在增加农民收入、改善农民生产条件和生活质量、推动农村经济发展等方面发挥了不可替代的作用，是农业生产方式的一场革命。很多农民因此改变了命运，摆脱了贫困，走上了发家致富的道路。我们看到了这一点，也认准了这条道路。

为迅速改变规模小、效益低的被动局面，我担任厂长仅3个月就决策实施了建厂以来最大的技改动作，在县政府的支持下投资800万元、新征土地60亩，新建三轮车厂区，这是我们五莲县自1947年建县以来最大的技改项目；加快新产品开发，五征成为全国最早开发全封闭式三轮车的企业之一；建立健全质量管理体系，产品质量水平得到了很大提升。1993年，五征牌三轮车被中国质量管理协会和中国农机流通协会评为“使用可靠产品”，并以故障率最低获得全国质量第一名，这对我们是一次极大的肯定和鼓励。同时，我带领企业积极拓展市场，努力提高市场份额。1993年，企业销售收入突破1亿元，1994年利润达到1 330万元。1996年4月，由国家机械工业部组织的机械行业部分产品在京展出，五征牌多功能三轮车两进中南海，受到党和国家领导人的检阅，给予五征莫大的荣誉，同时也给予五征极大的发展动力。

任何企业的发展不会是一帆风顺的，发展之路总是布满荆棘，充满曲折和坎坷。1995年年底，由于发展太快，各种资源跟不上，配套件出现批量质量问题，加之当时随着计划经济向市场经济全面转轨，国有企业的经营弊端已经显现，产销量急剧下滑，企业一度陷入困境，濒临破产，并被国家经贸委列为重点脱困企业。

在当时那个环境下，企业要发展必须进行改革。当时压力很大，但不改革、不进行大变革，企业就没有了。我顶住压力，参考民营企

时任厂长隋汝聪和我一起研究产品

1993年4月，新厂区建成投产剪彩仪式

20世纪90年代产品

业运行机制，对企业进行了大刀阔斧、脱胎换骨的变革：一是实施内部机构改革，建立扁平化组织体系，精减管理人员；二是集中精力抓产品开发，走差异化发展的路子；三是转变营销方式，变代销、赊销为现款提货；四是加大技改力度，提高零部件自制率。变革产生了成效，而且令人惊喜。

1998 年，起死回生的五征如同大病初愈，农用车行业却又掀起了价格大战，对企业经营无疑是雪上加霜，但我们还是挺过来了，而且愈发健壮。当年，企业全面扭亏为盈，焕发出生机和活力。

现在回想起来，当初的变革真的是一场博弈。作为一个有 30 余年发展历史的县属国有企业，在职工长期生活在“等靠要”、吃惯“大锅饭”的环境下，对企业运行机制进行改革，无异于一次革命，需要莫大的勇气与改革的魄力。

四、转换机制　创造奇迹

2000 年，我们一鼓作气进行改革，企业改制为全员持股的股份制企业，解决了企业的产权问题，经营者与职工成为企业所有者，激发了广大干部员工的创业热情，企业迈入健康持续发展的快车道，开创了五征发展史上新的篇章，这无疑是五征发展史上的第二次革命。这一年，我们制定并实施了第一个五年规划，通过转换机制、加强核心制造能力建设、提升研发能力，产品影响力和市场竞争优势显著提升，企业销售收入和经济效益实现了连续跨越式发展。当时，全国有 200 多家生产企业，竞争异常激烈，五征在其他大企业纷纷落马的情况下，从强手如林的行业中脱颖而出，实现了以小搏大、由弱到强的转变，被誉为中国农机工业的“五征现象”，成为行业发展的“五征奇迹”。

曾经有近 20 年的时间，三轮汽车市场销售非常火爆、供不应求，成为农村和农产品运输的主力，为农村和城乡物流发展奠定了基础。就是到目前，在全国农村就带动农民致富来说，没有哪种产品的作用能超过三轮汽车。

山东五征农用车有限公司揭牌仪式

山东五征农用车制造有限公司创立大会
暨股东代表会第一届第一次会议

50 万辆三轮车下线暨年产 10 万台
烤漆流水线投产剪彩仪式

五征三轮汽车剪影

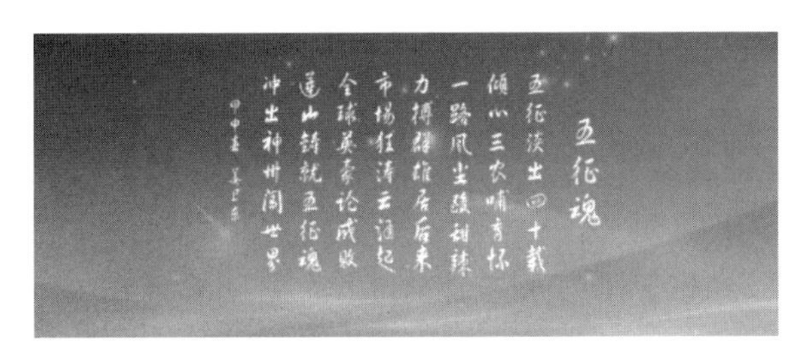

《五征魂》

我们作为农机人，为此自豪。2004年春节，我写了一首《五征魂》抒发了当年的情怀：五征淡出四十载，倾心“三农”哺育怀；一路风尘酸甜辣，力搏群雄居后来。市场狂涛云涌起，全球英豪论成败；莲山铸就五征魂，冲出神州闯世界。

五、转型升级　向现代化迈进

随着企业的发展，公司上下也产生了一种“小富即安”的思想，如何实现企业的持续健康发展，成为迫切需要解决的问题。我和企业领导班子也进行了多次反复的论证，认为必须走多元化发展之路，规避行业风险，最终决定利用在农用车产业形成的优势，向与农用车关联密切的汽车产业发展。当时，我心里很清楚，规划是一方面，但如何跨出第一步，非常不易。

2006年，我们制定实施了第二个“五年发展战略规划”，加快产业结构调整，努力向关联产业发展，全力打造多元化产业结构和产业优势。这一年，我多次去杭州考察，经反复洽谈、协商，最终并购了浙江飞碟汽车制造有限公司，进入汽车行业。2007年，第一辆五征飞碟载货汽车下线，被《中国汽车报》戏称为“搅局者”，同时又欢迎我们“搅局”。

暴风雨不止一次，而且来得越来越汹涌。2008年下半年，世界金融危机肆虐全球，我们同样经历了严峻的考验，最困难的10月产销量不及产能的一半。面对复杂多变的外部环境和市场形势，我当时就横下一条心，越是困难的时候越不能停止发展的脚步，必须逆势而上，变困难为机遇。我带领五征努力在产业结构优化升级、产品创新和提升装备水平等方面寻求突破，积极积蓄发展优势。2009年年初，五征已摆脱了危机的影响。在世界金融危机仍在蔓延之时，我们主动出击，一举并购了具有50多年发展历史的原山东省机械厅直属企业——山东拖拉机厂，在业内产生了重大影响，拓展了农业装备产业链，并借助山东拖拉机厂的产品、技术、市场基础，为农业装备产业的发展夯实了基础。

2009年，我们自主研发的奥驰汽车获得

五征努力向关联产业发展，全力打造多元化产业结构和产业优势

“中国卡车年度车型轻卡奖”，成为行业标杆产品；五征技术中心被认定为国家级企业技术中心，更加坚定了我们发展汽车产业的信心和决心。

从 2011 年开始，五征进入了全面升级、向国际化迈进的阶段。我带领企业不断加快产业转型和产品升级、研发能力升级、装备制造能力升级和现代化管理水平升级，企业加速向高质量发展迈进。2012 年，我们抓住国家城乡环卫一体化建设机遇，进入环卫装备产业，创造了新的经济增长点。

中国卡车年度车型轻卡奖

2016 年，我们推出了缔途高端城市物流小卡车，在业界引起高度凡响；2017 年，推出了缔途跑卡、双排轿卡、中卡、房车、新能源汽车，全力满足了用户群体的各种需求；与美国研发机构合作，推出了 3MX 迈昂系列产品，颠覆了三轮汽车沿袭了近 40 年不变的面孔和结构；开发的雷诺曼大马力拖拉机可替代进口产品；开发的青饲料收获打捆一体机，实现了收获、切碎、输送、打捆一站式作业，属国内首创，发展前景广阔。

一花独放不是春，百花齐放春满园。五征在机械制造领域耕耘了 50 多年，农用车、汽车、农业装备在全国已家喻户晓，培育了 800 多万个忠实用户，成为农民朋友发家致富的好帮手。五征在自身发展的同时，仅在县内就带动 200 余家配套企业发展，吸纳 4 万余人就业，

国家认定企业技术中心挂牌

山东县委、县政府奖励五征 2017 年度科技创新，颁发奖金 1 000 万元

五征产品展示

全县机械制造产业销售收入已占到工业经济的70%以上，为地方经济发展、社会稳定做出了积极贡献。

2012年，是我担任企业负责人的第20年，我又写了一首《勇往前》：艰辛耕耘二十年，曲折坎坷苦中甜；众人添柴火焰高，以小博大真不难。欧美亚非瞬息变，卧薪尝胆出楼兰；科技管理创新忙，持续改善勇往前。

六、矢志创新　为农不止

尽管国家改革开放已经40年，方方面面都取得了很大的进步。但与发达国家相比，差距仍然很大，特别是与工业化有着上百年历史积淀的欧美日等发达国家相比，差距更大，我们的压力感、紧迫感和危机感更是前所未有。我们更要潜下心来，围绕“提升水平、提高效率、降低成本”，保持认真严谨的工作态度，克服浮躁情绪，弘扬工匠精神，带着感情、带着责任、带着义务，努力为亿万农民打造赶超世界先进水平的生产工具，降低农民劳动强度，提高农业生产效率，推进农业现代化发展。

过去，我们靠变革创新，走出了一条“困境中崛起、危机中超越、创新中突破”的强势发展之路；今后，我会带领五征以更加开放的姿态、奋发有为的精神面貌，继续走好变革创新路，不断学习世界先进技术，努力消化吸收再创新。

习近平总书记指出“任何时候都不能忽视农业、忘记农民、淡漠农村”“中国人要把饭碗端在自己手里，而且要装自己的粮食”。路漫漫其修远，一万年太久，只争朝夕。我们将牢记总书记的嘱托，始终服务“三农”，初心不改！

春风把我吹到了农机行业

□ 陶建华

陶建华，中国一拖新闻科科长，长期从事企业新闻宣传工作，做过《拖拉机报》副总编辑，《洛阳商报》策划部副主任。

一

40 年前，一股强劲的改革春风把我吹到了农机行业。

那时候，农机行业“东方红”是一枝独秀的红，无人争艳的红。虽然，始于农村的改革开放，把大块田变成“面条田”，但“东方红”在当时的中国，以无可替代、无人能比的影响力独步江湖。能到这样一个“红色”的企业来工作，兴奋与激动，像春天草原上的花朵，灿烂的心情随处开放。

我与“东方红”是有渊源的。

父亲是中国第一拖拉机制造厂（简称“一拖”）的工人，大哥在乡里开东方红拖拉机。小时候的我，在村里的孩子们中间，那是满满的自豪与傲娇。

1958 年 7 月 20 日，第一台拖拉机身披红花彩绸“轰隆隆”开出厂区大门，工人像送新娘子一样，跟在后面敲锣打鼓，两旁挤满了围观的群众。那时，我还没有出生。

1958 年 7 月 20 日，第一台东方红 –54 型履带拖拉机驶出一拖厂门场景

东方红拖拉机的问世，改变了中国几千年的耕地主要靠牛的农耕方式，宣告了一个犁地不用牛的伟大时代的到来。据不完全统计，改革开放前，东方红拖拉机完成了全国 60% 以上机耕地的作业。

二

20 世纪 80 年代初，家庭联产承包责任制的实施，让我印象最深的是我哥的拖拉机不开了。农村到处都是“小毛驴趾高气扬，老黄牛重上战场，拖拉机离岗休养”。

也就是这个时候，我来到了一拖，中国最大的农机企业，在其中的一个岗位上生产东方红拖拉机上的一个零部件。只记得当时厂子里都很忙。偶尔回家探亲时，就有人问东方红小四轮拖拉机的种种情况。1983 年，“1 头牛价格、8 头牛力气”的东方红小四轮拖拉机批量进入市场后，数百万台的东方红小四轮拖拉机从洛阳源源不断地运往全国各地。更为重要的是，一拖尝到了适应市场、培育竞争优势的甜头，开始持续不断的产品变革。

某些历史时刻总是特别炫目，不管放在多长的时间跨度中，它都是一个有时空意义的点。如果说履带拖拉机是“东方红”光荣与梦想的开始，对东方红产品而言，1983 年 5 月 20 日，第一批小四轮拖拉机下线，则意味着中国最大的农机企业代表——中国一拖开始从计划经济大步跨入市场经济的大门。东方红小四轮从此拉着勤奋善良的中国农民在致富奔小康的路上，一路向前。也是在这个时期，东方红小四轮带动中国拖拉机工业迅速走出低谷。

作为其中一员，我深深为之骄傲。

三

然而，对以推进中国农业现代化进程为己任的中国一拖来说，小四轮不能代表企业的发展方向。20 世纪 80 年代中期，意大利菲亚特大轮拖产品技术的引进最终确定，即使处于由计划经济到市场经济的“迷茫期”，中国一拖始终没有放弃对这项代表未来方向的产品技术持续投入。

20 世纪 80 年代末、90 年代初，一拖引进意大利菲亚特技术和英国里卡多技术，并在随后几年企业经营困难的情况下，始终坚持了对这两项技术的消化吸收。中国第一台大轮拖顺理成章地诞生在了一拖。选准了方向，踏准了节奏，中国一拖又一次引领了农机行业发展的潮流。

历史再次聚集另一个时刻——1995 年 10 月 6 日。这一天，第 100 万台东方红拖拉机下线。

第 100 万台拖拉机下线场景

经过 40 年的艰苦创业，一拖由建厂初期只能单一生产履带拖拉机发展成能够生产履拖、轮拖、柴油机、专用车辆等产品的综合性机械制造集团。

四

2004 年，中国一拖开始涉足动力换挡技术的研发。和之前的整机引进不同，此次中国一拖选择了“联合开发”模式，利用国外智力资源进行产品概念设计以及对样机功能的试验定型，中间生产环节包括图纸绘制、零部件制造都由企业自身完成，核心的产品理念来自中国一拖，确保掌握核心技术与自主知识产权。

2010 年 9 月 28 日，具有自主知识产权的东方红 −LZ2704 动力换挡重型拖拉机驶下总装线，填补了国内空白。10项关键技术、23项专利、主机主要性能指标均达到国际同类产品先进水平，国外品牌垄断农机高端市场的历史从此结束。

2014年，东方红动力换挡拖拉机成系列地推向市场，成功实现商业化。上市以来累计销量突破1万台，迫使同类进口产品在中国销售价格下降30%以上，为中国农机工业再立新功。

2017年，党的十九大前夕，中国一拖自主研发制造的东方红—LW4004重型拖拉机，不仅登上了央视《新闻联播》和《人民日报》头版，而且与我国众多举世瞩目的高科技成果一起，亮相“砥砺奋进的五年”大型成就展。

东方红－LW4004在“砥砺奋进五年”成就展中展示场景

首台东方红400马力无级变速拖拉机和世界上下潜深度最大的作业型载人潜水器“蛟龙号”模型、强军征程扬帆远航武器装备模型等同台展出。

东方红－LW4004重型拖拉机是我国自主研制的首台400马力无级变速拖拉机。它的出现结束了我国350马力以上重型拖拉机必须进口的历史。该拖拉机突破了无级变速传动系统、智能化控制管理系统等重型拖拉机关键核心技术，填补了多项国内技术空白，能从事深耕、深松、联合整地等重负荷农田作业，满足精准农业、精细农业需求，突破了无级变速传动系统、智能化控制管理系统等一系列重型拖拉机的关键核心技术，填补了多项国内技术空白。

中国一拖此次作为我国农机行业的惟一代表企业，携东方红－LW4004重型拖拉机参加展览，充分展示出中国一拖在我国农机制造方面的实力。

五

2018年6月，江苏省兴化市举行了我国首轮农业全过程无人作业试验，在这场国内无人农机技术最高级别竞技中，东方红是唯一一台满足完全作业功能的无人驾驶拖拉机，全过程作业误差控制在2.5厘米以内。

东方红无人驾驶拖拉机，是由中国一拖自主研发的第二代无人驾驶拖拉机，整车具有一键启动、一键急停、自动换向、自动刹车、发动机转速的自动控制、悬挂高度的自动控制、后动力输出的自动控制、旋耕机、整地机等农具的自动控制、动态和静态障碍物的避让，可适用于农田耕、整、植保用途的无人驾驶。

第一代中国一拖东方红履带拖拉机，在计划经济时期耕耘中国70%以上的机耕地，让绝大多数中国人不再为温饱问题发愁；第一代东方红的小四轮，在中国市场经济改革之初让无数农民避免被拴在土地上，得以走出农村、走进城市、发家致富；第一代东方红大轮拖，促进农业生产集约化，让中国农业从业人口急剧减少的同时，实现连年粮食增产；第一代中国一拖动力换挡拖拉机迫使国外农机巨头在国内售价降低30%；第一代中国一拖开发的无人驾驶拖拉机，在不远的将来，将更彻底更新农民这一角色定位，把农民从土地上解放出来，真正实现农业生产的现代高效、农民生活的和谐富裕。

六

伴随着中国一拖的发展，我也从一名普通职工，成长为中国一拖一名基层管理人员。经历了中国伟大的改革开放，见证了中国农机工业风云激荡的40年，更是亲身参与了中国一拖从计划走向市场、从皇帝女儿不愁嫁到在竞争激烈的红海中博击成长的整个过程。

尤其是从计划经济大步跨入市场经济这段时间，中国一拖给了我最深的体会和感触。

在产品端，东方红小四轮拖拉机不仅托起了亿万农民的致富梦想，也在20世纪80年代带动中国农机工业快速走出低谷。90年代，在消化吸收英国里卡多技术生产的新型柴油机和意大利菲亚特拖拉机的基础上，中国一拖推出了大马力轮式拖拉机，并在此基础上形成了系列产品。针对国内外高端市场，中国一拖推出并批量投放达到国际水平的动力换挡拖拉机，同时对标国际先进水平的CVT无级变速拖拉机也正在加紧测试和试验。从2008年开始，着手进行自动驾驶和无人驾驶拖拉机的研究，并建立基于智能控制、大数据分析、移动互联于一体的智能农机综合管控平台，实现远程控制、远程调度、自动驾驶、远程诊断、智能控制、工况监测、故障预警、数据共享、大数据分析、管理决策、市场预测、研发改进等功能管理。我对中国一拖、对中国农机工业信心倍增，对发展前景信心满满。

从服务方向上，从买方市场到卖方市场过程中，中国一拖在农机服务领域主动创新营销服务模式，率先在行业中实施三包期两年，最

装配生产线场景

大程度保障客户利益，引领了整个中国农机行业服务提升。

近年来，随着信息时代快速发展，中国一拖紧扣互联网发展趋势，确立“着眼制造业优势与互联网生态相结合，建立以宣传、交易、工业价值为核心的制造业电商平台战略模式‘O2O+’电子商务平台”战略；在农机行业率先推出“东方红e购商城”、阿里巴巴和淘宝网店，实现了互联网与实体渠道的“线上+线下”的有效协同，开启了农机制造业为用户提供网络咨询、配件销售、售后服务的先河，开创了具有行业特色的“互联网+农机”新商业模式。

路漫漫其修远兮，吾将上下而求索。中国一拖计划经过5～10年的努力，实现从区域性企业向全球性企业转变、从做产品向做品牌转变、从国际贸易向国际化经营转变，成为卓越的全球农业装备供应商，为中国农业化事业再立潮头树大旗。我们也从岁月青葱到华发初生，将人生最美好的年华献给了中国一拖，献给了中国的农机化事业。

回首眺望，我们既无悔过往，更不惧明天。岁序恒新，壮志长存，为一拖，为农机；雄心犹在，不用谁问廉颇老；壮志再酬，何须人道岁月少！

我与东风农机共成长

——记东风农机的改革开放 40 年历程

□ 许国明

许国明，常州东风农机集团有限公司副总经理。

1978 年，中国改革开放大幕拉开，推动中国社会面貌发生了翻天覆地的变化。1979 年设立经济特区，1982 年家庭联产承包责任制确立，1992 年社会主义市场经济体制改革目标确立，1993 年确立现代企业制度……在改革的春风下，常州东风农机集团有限公司（原常州拖拉机厂）既是 40 年改革开放历史的见证者，也是历史的参与者。40 年风雨历程，40 年沧海桑田，东风农机坚持改革开放方针不动摇，书写了自己的春天故事。作为一名 1988 年就进厂工作的员工，30 年来，我伴随着企业的发展而成长。

一、常州拖拉机厂：“机遇总是青睐有准备的人”

1. 创建（1952—1977 年）

常州拖拉机厂（以下简称“常拖厂”）始建于 1952 年 3 月，原名为“地方国营武进县农具制造厂”，于 1952 年 3 月开办。由当时的武进县国库拨出 4 万斤大米作为建厂资金筹建，1952 年 4 月正式建成投产，主要生产农具、水泵等产品。

1958 年年初，国家《农业发展纲要 40 条》公布实施，全国各地掀起了农业合作化高潮，工厂装出一台履带式小型拖拉机，这标志着常州农机厂产品制造从水泵到拖拉机的跨越，从此开启了制造拖拉机的征程。

1958 年 6 月开始筹建拖拉机厂。1960 年 2 月，第一台丰收牌 35 型拖拉机在常州拖拉机厂试制成功！当年年底，常州拖拉机厂新厂厂址选定在常州市西郊新闸镇西北约 2 千米处（即现址），先后征用土地 320 亩。

1961 年 11 月 30 日，常州市重工业局发文，正式更名为“地方国营常州拖拉机厂”。1962 年 8 月，常州拖拉机厂被确定为全国 5 个手扶拖拉机的定点生产厂家之一。1963 年 6 月，完成了 3 台工农 -7 型手扶拖拉机的样机试制。1965年11月，试制成功了工农－7A型手扶拖拉机。1966年4月，试制出新一代适合太湖流域等稻麦两熟地区使用的太湖－10型手扶拖拉机。1967年9月，因当时“东风压倒西风”的历史原因，将太湖－10型手扶拖拉机更名为东风－12型手扶拖拉机。

由于工厂离市区有10多千米，交通不便，职工都是坐船上下班，因此工厂在“文化大革命”10年期间保持了平稳的生产，年产量一直保持在1万台左右，这也为后来的发展奠定了基础。

2．创牌（1978—1988年）

中共十一届三中全会（1978年11月）以后，中共中央在拨乱反正中探索改革之路，并首先在广大农村实行了以联产承包责任制为内容的农村土地改革。农村基本经营单位的小型化，导致拖拉机在一段时间中出现了使用面缩小、产品严重滞销的状况，对当时的中国农机行业一度带来了很大的影响和冲击。

1980年，上半年买一台常拖厂生产的拖拉机还要凭关系、批条子、走后门；到下半年突然变得滞销起来。随之而来的是许多手扶拖拉机企业的停产、转产；上级领导也频频向常拖厂提出“迅速转产、确保生存”的善意警告。1981年开始，国家对农机行业实行以销定产，上级对常拖厂1台拖拉机的生产任务都未下达。

在这种形势下，常拖厂首先认真学习了国家的有关经济政策，特别是对农村的经济政策和对商业销售部门的经济政策。接着工厂领导亲自挂帅，组织专门力量，广泛开展了市场调查。在近1年时间中，陆续派出了120多人次，到了全国18个省市的96个地、县农机公司和农村进行市场调查。最后得出的结论是中国不可能不需要农业，搞农业不可能不需要拖拉机；只要能造出质量、价格、性能最好的拖拉机，就能在中国农机市场上立于不败之地。

于是，常拖厂确定了“以质量求生存，以品种求发展，以管理求效果，以服务求信誉”的经营决策；不仅不停产、不转产，还千方百计扩大生产。并根据这一经营决策，制定了一系列具有针对性的具体工作指导方针：在销售方法上，以经销为主，对新开辟的市场适当搞代销；在质量和价格上，决定产品不降价，以质量求信誉；在打开市场上，以巩固省内市场为主，积极扩大国内市场，努力开发国际市场；在产品质量上，内销和出口一个样，产品和展品一个样；在服务态度上，代销和经销一个样，批量大和小批量一个样，淡季和旺季一个样。

1979年起，常州拖拉机厂在推行全面质量管理中，对东风－12型手扶拖拉机的74种主要零件、232道主要工序进行管理和控制；东风－12型手扶拖拉机先后获得国家科技进步一等奖、国家经委颁发的“国家优质产品银质奖”“国家优质产品金质奖”。

1980年和1981年，在全国手拖产量分别下降31%和8.7%的情况下，常州拖拉机厂却连年增产，“风景这边独好”，成了当时“手拖行业”一枝独秀的奇葩，拉大了与其他企业的比较优势，确立了在全国“手拖行业”的龙头地位。

1986年，常拖厂荣获“国家质量管理奖”（俗称“大金牌”）；并被国家经委选定为进行技术改造和企业现代化管理试点的重点大中型企业。

1987年，常拖厂东风－12型手扶拖拉机被国家机械工业委员会确定为1987年第一批推荐替代进口产品，并荣获中央人民广播电台、中国农机化报社、国家拖拉机检测中心评选的“十佳产品”称号，荣获金牛奖。

1986年，常拖厂获国家质量管理奖

1987年，常拖厂获“十佳”手扶拖拉机奖

1988年，常拖厂被国务院企业管理指导委员会授予“国家二级企业”称号；1990年，被认定为第一批国家一级企业，成为全国拖拉机行业第一家获得一级企业称号的工厂。

1988年7月，我大学毕业后被分配到常州拖拉机厂工作。10月，我在《中国农机化报》上发表《拖拉机淡季的成因及对策》一文，正是这一篇文章，拉开了我在东风成长的序篇。

二、东风农机集团公司（1988—2003年）：艰难中曲折发展

1991年6～8月，常拖厂手扶拖拉机的主销区江苏、安徽等地发生百年未遇的特大洪涝灾害，这两省的受灾给常拖厂的产品销售带来了非常大的困难，拖拉机销售量减少30%以上，出现了前所未有的经营困难。

1992年年初，常州拖拉机厂对近年来本企业的经营状况和发展态势进行了分析和审视，定下了加强市场促销力度，降本增效、增产增收，调整产品结构，确立手拖、轮拖、农用车三足鼎立的产销格局，根据市场需求适时调整产品价格等一系列措施。

1994年，国家农村经济工作会议的召开，把农村经济发展列为一项重要工作。国家对农村工作的重视，对农业政策的倾斜，促进了农村经济的发展，使一度跌入低谷的农机市场迅速复苏。

常州拖拉机厂分外珍惜这一机遇，排能力、挖潜力，拖拉机产量一增再增，从年初计划的80 000台到全年完成103 500台，突破了年产10万台的大关；手拖市场占有率达23%以上，居全行业首位；实现了三个历史突破：东风－12型手拖产销首次突破10万台，工业总产值首次突破4亿元，销售收入首次突破5亿元。1996年东风农机的手扶拖拉机达到创纪录的156 400台，创历史最好纪录。

随着常州拖拉机厂经营规模逐步扩展，直接管理企业增加，常州拖拉机厂已经基本具备了组建企业集团的条件。1995年1月初，常州拖拉机厂提出了“发展集团上规模”的设想，决定以资产为纽带、以品牌产品为依托，在1995年组建企业集团东风农业机械集团，发展规模经济。7月18日，常州市同意常州拖拉机厂组建常州东风农机集团公司，并在国家工商总局注册成立东风农机集团公司。1997年，经

国家经济贸易委员会和计划委员会等国家 6 部委确认，东风农机集团公司为大型一档企业。

1997 年年初，由于粮价下跌，农民收入下降，导致农机市场疲软。1998 年起，中国农机行业面临着外有东南亚金融危机的干扰、内有特大洪灾的影响，加上以前积累下来的一哄而上、重复建设等问题，导致农机市场低迷、有效需求不足，旺季不旺，淡季更淡，市场销售持续疲软。2002 年上半年起，一批民营企业蜂拥而起。民营企业和个私企业在国内手扶拖拉机市场的介入使手扶拖拉机的价格战愈加白热化，价格成为市场竞争的杀手锏，手拖市场竞争更加激烈，经营风险也越来越大。东风农机集团公司因多种因素影响，开始滑坡、逐渐走向低谷，到 2003 年上半年已濒临破产。

从常拖厂改制为东风农机集团公司，1989—2003 年，经历了从低到高再到低的过程。

在这一段经营起伏时间内，我先后在企业从事综合统计、计划、价格等管理工作。从 1992 年开始起负责机械工业小型拖拉机行业信息网的工作，1995 年被工厂聘为副科长，正式成为企业的骨干。期间做得最有声有色的就是把全国小型拖拉机的产销信息每月在《中国农机化报》上刊登，而且定期撰写市场分析报告，每年的市场分析文字在 5 万～8 万字，为当时起起伏伏的农机市场提供了决策参考。

三、常州东风农机集团有限公司（2003 年至今）：凤凰涅槃，在改制中重生

2003 年年初，杭州东华机电器材集团公司决定“二次创业”。在得到东风农机集团公司正在进行国企改制、需寻找合作伙伴的信息后，基于对东风农机集团公司的了解和信任，立即通过浙江省技术监督局领导介绍，找到常州市党政主要负责人，提出了希望参与东风农机集团公司国企改制的意愿及参与“东风改制”的设想方案。

2003 年夏，杭州东华集团参与“东风改制”的设想方案以其比较优势得到了常州市党政领导的肯定。

2003 年 7 月 31 日，江苏常柴集团召开东风农机集团公司全体中层干部会议，上级领导在大会上宣布：杭州东华集团全资进入东风农机集团公司，参与国企改制。8 月 1 日起，东华集团正式入住东风农机，参与东风农机的改制重组。12 月，原东风农机集团公司的大部分员工与改制后的新公司——常州东风农机集团有限公司签订新的劳动合同。至此，“东风农机”的企业体制实现了根本性改革，开始作为民营企业步入新的历史发展阶段。

改制之后，2004 年国家颁布《中华人民共和国农业机械化促进法》，同时在全国施行农机具购置补贴政策，并逐步扩大到全国所有农牧县，由此拉开了我国农机工业的“黄金十年”。常州东风农机集团有限公司也抓住了补贴政策的东风，高速发展。2003 年改制当年，轮拖销售 3 000 台，2005 年轮拖产量超过 1 万台，2007 年超过 2 万台。2010 年，东风农机以年产值 16.1 亿元的佳绩跻身“中国农机工业 50 强”；2011—2017 年连续 5 年，以年销售收入 20 亿元列入“中国机械工业百强”。

在企业改制之后的 10 多年间，我逐步开始全面负责销售工作，从营销公司的副总、常务副总、总经理到集团公司总经理助理、副总经理，主要开展了以下几项工作：

常州东风农机集团有限公司
获“2011年度中国机械工业百强企业”

一是根据我国农机购置补贴政策直接补贴到县一级的情况，采取渠道扁平化的策略，市场开发直接到县一级市场。使得公司的县级经销商数量迅速增加，由原来的不到100个经销商，到目前为止的750多个经销商，基本实现了主要市场的全覆盖。

二是根据市场需求，提出产品的开发建议，加快产品更新换代和产品结构调整的步伐。结合农机购置补贴政策拖拉机补贴额度的情况，通过分析发现，拖拉机的销售每年的马力段都在上升。因此建议每年都要开发新产品，每年开发的拖拉机的马力段都要往上延伸。由此，东风轮式拖拉机的马力由改制时的最大只有35马力，到目前的200多马力。与此同时，建议东风拖拉机在产品的适应性方面进行改进，如为满足玉米区域的轮距要求，推出窄轮距拖拉机产品，再如生产大棚用拖拉机等。目前，东风已经成为行业品种最全、马力段最丰富的企业之一。

三是在服务方面，在满足国家农机三包规定的情况下，采取费用包干的方式，而且适当采用人性化方式，既提高了服务的效率，同时也让用户满意。

在这种情况下，企业的市场迅速打开，产品销售收入由2003年的不到3亿元，增长到2015年的23亿多元，市场占有率排全国第三，达到15%左右。

另外，作为一位中国民主建国会会员，作为民建东风农机支部的主任，在按照民建常州市委的要求做好相关工作外，我还积极做好调研工作。2018年还积极申报课题，“推进农业全程机械化助力乡村振兴”课题已经上报，并获得了市民建的好评。2016年被评为常州市民建优秀会员。

四、企业发展壮大的体会

一是抓住了改革开放的步伐和政策的机遇。

第一轮土地承包时，企业通过市场调研分析，认为市场有需求，从而实现了第一次的飞跃；1983年，中央1号文件提出允许农民个人或联户购买农机，这又给农机行业及企业带来了机遇；1993年，《中华人民共和国农业法》规定国家鼓励和支持农机使用，提升农机水平的发展方向，这个政策致使1994年的农机市场迅速回升，1996年常拖厂的手扶拖拉机产量达到创纪录的15万多台；2004年，《中华人民共和国农业机械化促进法》颁布实施，再加上2004年开始实施农机购置补贴，开始了中国农机的“黄金十年”，东风农机也抓住机遇，产销逐年增长，位列全国农机行业第一方阵。

二是国有企业的体制和民企的机制结合。

常拖厂是一个大型国有企业，有一套规范的管理方法和体制。而参与改制的杭州东华集团是一个民营企业，在董事长宣碧华领导下，实现了国有企业的体制和民企的机制的高效结合。

一般的企业在改制之初都会减少人员，认为人是包袱。但宣董事长认为国企的人员都是人才，关键是如何使用，用什么机制来提高人的积极性，发挥人才的作用。以销售为例，当时采取业务人员费用包干制的模式，与销售台量挂钩，收入上不封顶、下不保底，而且保证结算到位，这样极大地提高了业务人员的积极性，2009 年，业绩最好的一名业务人员收入超过百万元。

常州东风农机集团有限公司办公楼

三是不断创新，产品结构不断调整。

改制之后，公司以市场为导向，加快了产品结构调整，从改制前单一的手扶拖拉机为主的企业发展到涉及大中型轮式拖拉机、稻麦联合收割机、采棉机、植保机械等主机产品和农田中耕机械、旋耕机等机具产品生产的企业，不断培育出公司新的经济增长点。目前轮式拖拉机的最大马力段达到 240 马力，成为国内具备重型拖拉机开发和生产能力的企业之一。

回首东风农机过去 40 年的风雨历程，虽路途艰辛，但是硕果累累。感慨国家变化之大，感激企业发展之快，也必当感知改革开放之必然。面对未来，我们应当充满信心，沿着“迈向全球第一方阵”目标前进。

新时代东风浩荡，中国梦曙光在前！

百年沧桑话“新联”

□ 党延德

党延德，机械科学研究总院青岛分院有限责任公司农机事业部总经理。

征文活动快结束了，回想起改革开放40年来中国农机化的发展，心中感慨万千。特别是一个企业的一段辉煌历史，以及几个标志性的产品形象，久久萦绕在我的心头，完全无法释然。

一个19世纪金戈铁马、开疆拓土时立下汗马功劳的边陲军械修造厂，20世纪挺进中原掀动金色麦浪的新疆-2小麦机，21世纪突袭东北万里沃野的中国收获——开拓者玉米机，推动着改革开放40年来中国农机化的发展。

回首往昔，那一段段尘封的历史像珍珠般闪耀在记忆之中，让我们一起来回顾那不同凡响的岁月。连夜约朋友一起回忆，记录下这段不同寻常的历程。

新疆联合收割机厂（以下简称“新联厂”）的前身是1898年由左宗棠建立的“新疆军械修理所”，它为恢复疆土、保家卫国做出了重要贡献。

新中国成立后，为适应国家生产建设的需要开始生产农业机械，新联厂研制生产的4LQ-2.5牵引式收割机在1978年获得了全国科技大会唯一的农机产品银质奖章，是小麦从人工收割走向机械收割的起点和里程碑，主导设计师是刘斗山、孙广义等。

新疆-2小麦收割机是新联厂又一个里程碑式的产品，开启了中国小麦大面积机收和跨区作业的帷幕。经过高元恩先生的推动，1986年“自走式小麦收割机研制项目”立项，承接单位是中国农业机械化科学研究院和新联厂。

经历了8年6轮半的验证，1992年第一个100台样机推向市场，小麦收割机械化从梦想走向了现实。它的带头人郎中强更是开创性地采用OEM生产模式在中原大地建立了13个分厂，1997年、1998年、1999年连续3年实现了生产销售超万台的记录，同时开创了大规模小麦机收跨区作业的模式，快速提升着小麦机收水平。

时至今日，小麦收割机喂入量在不断增大，但万变不离其宗，横轴流小麦机均是在新疆 -2 基础上发展起来的产品，未曾脱胎换骨。在庆祝建国 50 周年庆典中新疆 -2 是唯一一个参加展示的农机产品。

主导设计师是刘漂泊、李晓华、王长宁、吴俊峰、李彦宏等，还有中国农业机械化科学研究院的董国华。

历史重任总是由强者承担。当小麦机收快速发展之时，新联厂又开始了玉米收获机的研制与生产，1997 年在藁城研制生产了 100 台玉米收获机，投放市场后，因不成功全部召回。

到 2007 年，经过近 10 年老中青技术人员李晓华、高海涛、顾智原等潜心钻研和反复试验，第一批 440 台开拓者玉米收获机投放东北市场，一炮走红，开拓者玉米收获机一时成为玉米收获机的代名词，曾出现一机难求的火爆场景，有力地推动了玉米机收的发展。

走过百年历程，历经沧海桑田，新联厂支撑和滋养着中国农机现代化事业的发展，在改革开放的 40 年中更是大放异彩，为推动中国农机现代化做出了非凡的贡献。

如今的新联厂像一位饱经沧桑而又阅历丰富的老人静静地退出了繁华的舞台中央，默默地注视着农机行业的风起云涌、兴衰更替，但它仍然在为中国农机化事业做着力所能及的贡献。

让我们在为今日中国农机现代化喝彩的时候，也为那些为中国农机现代化发展做出贡献的企业及那些做出特殊贡献的人们致敬吧。

说明：新疆联合收割机厂——新联集团加入国机集团后更名为中国收获机械总公司，各地建有分厂，主要企业为新疆中收机械装备有限公司、郑州中收机械装备有限公司和洛阳中收机械装备有限公司。

如果有来生，我还干农机

□ 郜振菊

郜振菊，天津锦田顺程农机有限公司营销经理。

我们这些60岁左右的农机人刚踏上工作岗位就迎来了改革开放，深刻感知祖国从计划经济向市场经济转型的40年巨变。

我生长在城市。1976年初中毕业后分配到天津第一机床厂技工学校继续学习。1978年毕业时，学校为培养技能技术（双技）青年教师，把我保送到高校学习机床专业。那时大部分老师都是刚刚平反昭雪恢复工作的，他们恨不得把十几年积蓄的能量在每一堂课、每一次实习中更多地向学生输入。

从此我爱上了机械，谨记着老师教导的“为革命健康工作五十年”回到技校教学。毛主席的教导更是铭刻在心：学以致用、又红又专、古为今用、洋为中用……在教书育人中体会着“文革”期间懵懂的小学阶段背诵的语录。

1993年，我调入天津拖拉机制造有限公司（以下简称“天拖”），与农机结下了后半生的不解之缘。

2000年，天拖（股份49%）与约翰迪尔（股份51%）合资成立了“约翰迪尔天拖有限公司”（简称JDT），开启了中国拖拉机制造业的新篇章：销售，取消赊销寄售；财务，改托收承付制为权责发生制；生产，以销定产、看订单排计划；产品，实施布局与质量并举——改进老铁牛的笨、粗、漏。公司从前两年的大量裁员、淡季放假到订单执行率不足68%，只用了3年多时间。

同样的地域、同样的产品、同样的员工，由于合资企业始终贯彻“对用户负责、对员工负责、对社会负责、为股东创造利益”，以客观的用户满意度调查、坚决不准偷漏税、全员业绩考核体系以OROA（利润除以总资产）指标完成率为准，发生了巨大的变化。JDT生产的铁牛靓丽、耐用、投资回报率高，深得用户的喜爱。从天拖每年微利或亏损到JDT年盈利过亿元，真正地践行了“发展才是硬道理”。

我所在的合资企业市场调研团队，由原北京农机化学校和吉林工业大学毕业分配到老天拖的工程师组成。我们的一个个调研报告被产品布局转化为产品改进项目。管理委员会以OROA评价每一个调研提议，一经批准项目部会高效率地改进出产品呈现给市场部确认，使市场上的产品在不断更新、提高，不断地推出新产品。

我们注意到外企有很多值得学习之处：一是任何的管理、生产事项提倡持续改进而不是改革；二是研究未来市场不仅研究“需要什么？”还要研究“需要多少？”，确保每个项目都与用户双赢；三是客户价值分析，提供能为用户创造价值的产品和服务，而不是欺骗和取悦用户；四是做百年老店的执念。

“铁牛”品牌由于从1956年就植根于农业，影响着中国几代农机人，由于天拖人对它的爱惜，使得合资企业对该品牌独家经营满10年依然使其存在于市场，并且仍然受到中高端客户的喜爱。2010年，天拖恢复了铁牛品牌拖拉机的制造与销售权，逐步实现了老品牌影响力和市场的有效恢复，算得上国际品牌战略的一个奇迹，唯有农机人以牛的执着才能创造的奇迹。

改革开放使农民走出闭锁的农田，农民工的出现为农机的社会化服务打开了一片新天地。最具代表性的要数小麦收割机跨区作业，它催生了职业农机手和农机化专业合作社，悠久的“麦客”一把镰刀走麦场变为强大的机械化！

2003年、2004年，每年6月初，我们部门与天津市农机监理站会在跨区作业的小麦收割机必经之路设立“跨区作业接待点”，送给康拜因（联合收割机）上每个人瓶装水和毛巾（不论哪个品牌的用户），请他们下车歇一歇，接受监理站的安检，问问有什么困难，登记及问卷调查变得温馨和谐。古老而艰辛的麦收被这浩荡的“铁军之舞”瞬间完成，充分证明了“农业的根本出路在于机械化”，毛泽东主席的论断太英明了。

2003年以后，随着粮食产量的增加，农村炊事使用燃气、取暖使用燃煤，剩余的秸秆越来越多，直接焚烧愈演愈烈。直至2006年冬天，我们在调研中发现，东北用户使用小方捆打捆机试图将人工割倒的玉米秸整秆打成捆，不论是进口的还是国产的打捆机，故障率非常高，停机率达到75%。冰天雪地修理打捆机，往手上哈一口热气不小心就会跟零件冻上。那时东北的玉米绝大多数是人工收，站立的秸秆就是焚烧。也要趁着刮风用破布绑个火把沾上废油才能点燃。农民和农机手们在苦苦盼望能有机器解决遍野的秸秆处理问题。

那时的小方捆轻型打捆机是畜牧业用于打牧草的拨叉喂入原理，喂入光滑粗硬的玉米高梁秆几乎不可能，直到2006年难题依旧未能解决。

我产生了解决这个难题的冲动：造一种把秸秆变成草的机器，打捆还难吗？可是没有工厂愿意跟我一起做这个实验。为了尽快地赚取实验经费，2007年我向JDT公司提出了辞职，去一家私企工作了半年。

我拿出10万元与辽宁沈北新区的最大农机专业合作社一起研究解决方案，确定将秸秆还田机改变参数，与小麦收割机割台推送原理相结合，将整秆打得不太碎，却在还田机仓里边走一圈开劈变软、搅龙将其定向推出成为条铺。

2008年，我们委托还田机厂制造了首台长秸秆揉切条铺机（别名“码条机”），冬天实验一次成功。从此，小方捆打捆机在聚拢机的铺助下，如同对牧草一样正常地打出了漂亮的秸秆小包，秸秆焚烧也不用沾废油了，焚烧的空气中没有了呛人的油烟。《农业机械》2009 年第一期还对这款机器进行过报道。

小方捆打捆机

改革开放、企业合资改变了员工履职管理制度、人事档案制度，可以放飞每个人的梦想。

2010 年，国能公司为消化过剩的玉米秸秆、谷壳、木片树皮等，在东北布局的生物质电厂逐渐增多。他们引进了国外高效率大型打捆机，平均 6 分钟把 2 亩麦秆打成 3 个大圆捆，并能快速地机械化离田、运输。

国能系统与美国威猛打捆机运营商新必奥

秸秆打捆

（上海）新能源科技有限公司合作，组织不同季节区域性秸秆打捆收集燃料，聚拢机继续为大型打包机充当玉米、高粱等作物“站秆”的先行工序。

受小麦跨区作业的启发，2013 年我公司配合组织 120 马力拖拉机老客户，与威猛打捆机（1204+ 大圆捆）、圆包捡拾转运车（1204+ 捡包机）这一国际打捆作业配伍，开始了每年从武汉、江西、安徽、江苏一路向北的打包作业，使秸秆这个令农民烦恼的废弃物逐年商品化。

秸秆禁烧、防霾治霾、农机补贴推动着高速打捆机的迅速增长，在江苏省小麦主产区打捆机享受了与小麦收割机同样的待遇（至今我们还保留着跨区作业证）。2017 年，东北的玉米秸秆打捆迅速普及，田间秸秆包作为原料静静地等待着再发电发热——化为灰烬回到农田，实现可再生资源的循环利用。

改革开放 40 年，实事求是的原则使国家综合实力飞速发展、制造能力不断进步、人民生活水平大幅提高，农机制造企业数量在飞跃。我深信，随着市场的发展与成熟，农业机械即将迎来质的飞跃发展。

改革开放 40 年，我们看到了技术进步改变了时代的步伐；外来的技术与管理改变了国人的观念；综合国力的提高反哺农业越加强劲。如果有来生，我想我还是会这样选择：干农机。

40 年的农机情缘

□ 童国祥

童国祥，江苏省射阳县新射农机有限责任公司董事长。

今年恰好是改革开放 40 周年，借此机会用自身经历，讲述个人在改革开放过程中的一些农机情缘，与大家分享。聊聊我的 40 年：18 岁的我，高中毕业回乡务农，成了生产队里一名手扶拖拉机手，数年后又成为县级农机公司副总经理，接着企业改制成了私企老板，一干就是整整 20 年。不敢说取得了多大成就，但真真切切地经历了改革开放全过程，因此，对改革开放 40 年的得与失、成与败还是有一点话语权的。首先将个人定格在改革开放的受益者行列，应该说是比较客观、公正的。40 年前公有制主导着各行各业，农村集体土地所有权成为农民生存的主要体系。集体经济实体以人民公社、大队、生产队为条块，一个生产队能有一台东风 -12 手扶拖拉机，就相当厉害了；当时的农村青年要是能成为生产队里的一名机工，也是很不容易的。这句话放在现在说，年轻人不理解，认为是吹牛开玩笑，但五六十年代出生的人就不会感觉到好笑。这就是历史，也是 40 年前特定时期现实生活的写照。

一、天生农机缘

40 年前的今天正是高中毕业回乡务农的季节，我们那代人读书比较轻松，学习比较自由，不像现在的娃，从娘肚子里就开始胎教，从幼儿园就开始学习英语，从小学就开始请家教。因为，我们那个年代只要是根红苗正就是资本，学习没有现在的娃辛苦，学制缩短，教育革命，60 分万岁。除义务教育外上高中、读大学基本以推荐为主，99% 的农村青年读书只能读到高中，毕业后基本直接回乡务农了，这也是我们那代人的无奈之举。我 1976 年高中毕业回乡务农，与许多同龄人一样，想法再多也只是海市蜃楼。回乡务农也是一种崇高的职业，因为全国各大城市的知青，都涌入农村这个广阔天地，接受贫下中农再教育。也如同 40 年后的今天，农村人流入城市工作、学习，一样成为风气。没有人对过去的上山下乡与现实城镇一体化，有任何对与错的判断，当时有当时的特殊，现在有现在的特点。社会的发展与进步，尤其是改革开放40年的变化，无需人们用更多的赞美词语来形容。用“翻天覆地”这四个字来形容40年的改革开放成果一点也不为过。

40年前的今天，我是一名手扶拖拉机机工，耕地、灌溉、打场、粮食加工等工种，我都干过；40年后已从事农机经营33年。之前所在的破产国企通过改制，改成了全国流通百强企业、全国农机流通标杆企业、全国农机优秀服务团队、江苏省放心消费先进单位、江苏省农机经营示范店、省市重合同守信用单位。我个人也被中国农机流通协会授予终身荣誉奖等多项荣誉；从手扶拖拉机手到国企农机公司副总经理，从改制到目前的私企老板，也许这就是我天生的农机缘。

二、万变农机人

40年前的农村延续着几千年的耕作方式，人们面朝黄土背朝天，年复一年地重复耕作，贫穷与落后让人们与天斗其乐无穷，与地斗其乐无穷。一个劳动日10分工，10分工年终分红时，有5分钱、7分钱，最好的生产队一个劳动日4角钱。那个年代，鸡蛋7分钱一个、猪肉0.72元一斤，能解决温饱问题就很知足了，人们的幸福就是一天吃饱三顿饭。记得20世纪70年代参军是最光荣的事情，同时，也是走出去的唯一途径，1976年年底，当我听到广播里传来征兵的消息时，按耐不住内心的激动，决定报名参军。通过政审、体检一系列程序，层层筛选，终于如愿以偿，开始了期盼已久的军营生活。经过3个月集训后，我被分配到00083部队汽车连，接着又被外派到地方汽车大修厂，学习了13个月的汽车维修技术。经过了正规的培训学习，使我对汽车底盘发动机有了系统的了解，回到部队后在老兵的帮带下，具备了独立完成汽车大修、维护、保养等技术。这也为我后来从事农机经营服务这个在当时做梦也没想到的职业，奠定了坚实的基础。万变不离其宗，可以说，入伍前从事的机工工作和入伍后从事的汽车维修工作，都为33年的农机职业生涯做了充分的铺垫。机会总是留给有准备的人！33年的农机职业生涯，我与农机结下了不解之缘！

三、一片农机情

1985年5月，我从安徽马钢调入射阳县农机公司，做过汽车司机、三包科长、计划科长、业务副总，直至企业破产改制，租赁承包后彻底改变经营权，成为名副其实的私企老板。改革开放对农机人来说，也是从不理解、不适应，到逐步接受、逐步适应这个阵痛的全过程。农机人在细观农村改革分田到户这个过程后，城市改革试点方案不断推新，改革浪潮一浪高过一浪，砸三铁、股份制、搞承包等一系列动作后，并没有实质性的进展和成功经验推广；股份制跟赢不跟输，搞承包往身上捞，赢了下口袋，输了耍无赖。城市改革经历了近10年的风雨，很多国企最终选择了破产重组租赁经营，国家人一夜之间转换为市场人，现实决定走向，当时很多人认为这是政府“卸包袱”，人员分流后职工由固定工资改成效益工资，同岗不同薪，同工不同酬，实行百分之百的效益工资，让过去的全民职工，包括一些过去的国家干部，用了较长时间慢慢地接受这个现实。

企业改制后，我们从过去的小柴小拖、农副产品加工及配件营销，逐步引入先进的农机具投放市场，从东风 -12 手扶拖拉机等传统性经营，发展到 554、754、804、904，一直到 2304 段大马力轮拖，改变了农村几千年的耕作模式，从人工插秧到目前 95% 的机插秧；从镰刀割、扁担挑，到百分之百的机械收割；从收晒靠天一张脸，到基本实现烘干机械化，实现农业机械化不再是纸上谈兵。特别是 2004 年政府对农机具实施补贴政策，农机行业从此改变了传统的经营模式，实现了百花齐放、万家争鸣，新型农机具不断更新换代并推向市场。

40 年的改革开放给人们带来了巨大变化，入行农机行业后，我不敢说对农机职业倾注了毕生精力，对农机具推广做出什么贡献，也不敢说在 40 年改革开放中，对企业改制、稳定、发展做出过多大贡献。但 40 年的改革开放给我提供了太多的机会和发展平台，对此我深有体会，用一句话作总结：一生农机情，一世农机缘，作为农机老兵，自觉无愧于农机“情缘”而自豪。

征文后记

农机人以不同表达方式，总结了 40 年农机行业的发展与辉煌；以亲身经历描述了自己在不同岗位的成长过程，解说了身边人、身边事，共同交流、共同学习、共同分享改革开放 40 年的得与失。

在此，首先感谢中国农机化协会给大家搭建的这个平台，感谢夏明副秘书长等同仁的精心策化，感谢组委会各位评委的辛勤劳动。农机人从无到有、从小到大、从弱到强，从单一市场开始，经历了 40 年的风风雨雨，实现了农业生产全程机械化。同时，也展观了农机科研队伍的成长与发展，描述了生产企业与农机商人的合作、发展、共赢，凸显了农机行业取得的伟大成就。

在学习分享交流中，同行们的每一篇精彩故事，都以不同形式表达了一路前行的艰辛历程。更为感人的是，每一个故事后面都是一篇成长史、奋斗歌，有情系农机 50 载的专家、有情系改革开放 40 年的同路人、有情系农机一路辉煌的创业者、有情系农机事业的一代新人，他们的一篇篇征文，都在展示改革开放的成就，表达农机人 40 年的艰辛历程和辉煌。

我们应当看到，在农机发展道路上，仍然有很多艰难险阻，比如说，农机产品的质量尚待提高、农机市场仍存在不规范竞争问题、赊账经营迫使很多企业关门休业等。最根本原因是无整体计划，造成严重资源浪费，包括大马拉小车、叠加补贴等，扰乱了市场秩序，人为不公平的竞争案例也时常发生。

当然，这些困惑阻碍不了行业的发展和进步，40 年的变化用“天翻地覆”并不为过，农机化水准达到历史新高是不争的事实。我们在颂扬改革开放的成就时，能冷静思考一下我们的不足，实事求是地总结经验教训，对行业的未来发展更有深意。

最后顺祝：此次活动圆满成功！谢谢同行们的精彩分享！

为“我”做台拖拉机

□ 周双雪

周双雪，从事中国一拖新闻宣传工作，用笔和镜头记录着中国一拖的成长和发展，讲述最美一拖故事。

2011 年，我大学毕业后来到中国一拖的《拖拉机报》做了一名记者，那时我 23 岁，中国一拖 56 岁。

翻阅历史，一拖的确是一本厚重的典藏大书，我曾试图从不同的角度解读她的历史、现在和未来，思考这个今年已经 62 岁的老国企如何在瞬息万变的当下焕发新的朝气与活力。出于职业习惯，对于东方红的品牌故事，我想了许多时髦的词儿，但这些词儿很快就在记忆中淡去，最后留下两个关键词——“变化”和“标准”。也许对你来说，这两个词儿并不特别，但对我来说，这两个词儿因为两个人、两个故事变得难以忘怀。

2015 年 3 月下旬，一位叫汪井喜的吉林农民给中国一拖写了一封信。这是一封求购信，他想买一台为他量身定制的东方红 70 马力拖拉机：1.3 米窄轮距，以水田作业为主，兼顾旱地作业，10 天之内交货。当时一拖没有这种拖拉机，整个中国乃至整个世界也没有这种拖拉机。我们生产的东方红 70 马力拖拉机的轮距是 1.46 米，和汪井喜的要求相差 0.16 米。

你可不要小看这 0.16 米，它需要设计采购、工艺制造等一系列复杂的变化。如果过去，我们可能会告诉汪井喜，这不可能，怎么可能

汪井喜和他的“私人订制”拖拉机

呢？拖拉机轮距本来就是 1.46 米，是我们的专家、博士、高级技师反复论证过的一个合理的距离。但现在，面对汪井喜的“私人订制”要求，我们必须说：“好的，我们会尽全力满足您的要求；除了这些，您还有其他要求吗？”

这么说的，也是这么做的。7 天后，汪井喜收到了为他量身定制的东方红 MG-704 轮式拖拉机，我电话采访他时，这个老实巴交的农民就说了一句话，“中国一拖的变化太大了。”

汪井喜这句话耐人寻味，他提到了变化，不管是主动还是被动，“变化”对中国一拖都弥足珍贵。

20 世纪 60 年代初，苏联专家撤走，一拖随之而来的变化是轰轰烈烈的学习运动；80 年代初农村改革，一拖的变化是在全国率先走进了市场。正是这种持续的变化，让一拖依然活着，并依然承担着中国农业现代化的使命。

今天，全球进入数据时代，马云认为这是二次世界大战后人类最大最深刻的变化。电视、报纸、手机等各种各样、大大小小的宣传媒介上，大家都在讲工业 4.0、《中国制造 2025》、互联网+、数据时代商业模式的变化等过去我们从来没有听说过的东西。透过这些眼花缭乱的概念、思路，我们看到，所有的变化其实是围绕一个焦点——如何更好地满足用户个性化的需求。

1958 年 7 月 20 日，第一台东方红 -54 型履带拖拉机驶出厂门

2016 年，东方红大马力拖拉机单品种 10 台以下生产量的订单高达 8 000 台，仅 6 月份就有 300 多个品种。这让我们不禁感叹：变化的沧海桑田，让人叹为观止。“私人订制”已然成为发展趋势，曾经单一品种履带拖拉机生产 30 年的历史一去不复返了。

中国一拖生产线

要跟大家分享的另一个故事的主人公叫科比，他是一个和美国 NBA 球星科比有着相同名字的大叔型男人。科比是中国一拖的南非经销商，在我认识他之前，我对“标准”这个词没什么感觉，就是这个较真儿的卖拖拉机的男人，让“标准”这个词儿在我心里变成了图腾。

成为“东方红”的经销商之前，科比在南非销售的是兰博基尼拖拉机，如果你关注跑车的话，应该知道那是个相当高大上的品牌。2011 年的一个傍晚，科比和他的哥哥在自家的院子里一边喝咖啡一边谈论全球政治，他哥哥认定这个世界的未来一定属于古老的中国。这让科比开始关注中国，并很快决定放弃兰博基尼，选择当时在南非还默默无闻的东方红拖拉机。

2012 年，第一批 30 台东方红 -804F 拖拉机抵达南非。当科比满脸笑意地在仓库前停下来时，他发现，拖拉机的外观油漆、管路、线束等细节不同程度地出现了问题。科比是个急性子，他万分焦急地从遥远的南非来到洛阳，来到车间，来到机床边，仔细查找问题出现的根源。

我第一次见到科比，是在生产大轮拖的三装厂，他若有所思地站在总装线参观通道上。当我掏出笔记本准备采访他时，科比突然问了一个很难回答的问题：“你们车间里有很多关于‘第一’的标语，为什么遇到问题你们就选择降低标准了呢？”

“你们的设备很棒，你们的流水线很棒，你们的产品很棒，你们的员工很真诚、讲信用，也很棒，可为什么遇到问题你们就选择降低标准了呢？”

虽然我回答不了科比的疑惑，但我能够感受到科比对降低标准的无奈，乃至愤怒。

这是一个非常好的报道选题。随后《拖拉机报》编发了系列报道，从老祖先留下的“差不多”顺口溜到正在推行的精益生产方式，从“一流”到“第一”的文化嬗变，从国际农机巨头的细节管控到科比提出问题的整改跟踪。“标准”成了一拖的话题，成了企业发展、个人成长的关键词。

此后，关于标准的讨论及质量整改是有成效的。2013年6月中旬，69台东方红果园型拖拉机发至南非，这一次科比先生脸上的笑意再也没有消失。他抚摸着地板、仪表架、操作手柄，对身边的销售经理说，这批车完全可以在欧洲发达国家市场上进行销售。

最近一次见到科比，是2016年10月，在武汉召开的中国国际农业机械展览会上，科比告诉大家，现在东方红拖拉机的各种零件包括包装胶皮的布置都非常专业到位，产品交付前服务周期已经从过去的5～7天缩短至3小时左右。现在，东方红拖拉机在南非的销量已经挤进了前五名。

中国一拖集团赵剡水董事长为科比先生授牌

类似汪井喜、科比的故事在中国一拖每天都发生着，我非常庆幸能够成为这些故事的记录者与见证者。5年来，我采访过因信息化延伸到财务、仓储、物流、机床等每一个价值链终端而引发制造体系颠覆性变革的新闻事件，采访过中国农机行业第一台东方红无人驾驶拖拉机，采访过东方红呼叫中心、东方红E购商城等互联网＋项目与市场营销的完美融合。

有一天周末，冬天的阳光非常温暖地穿过办公室的窗子，我翻着这5年撰写的发表在拖拉机报上近百万的文字，在感受东方红品牌成长的同时，也感受到了自己的成长。作为记录者与见证者，我突然感到自己的生命和工作与中国一拖如此紧密地联系在一起，感受到了“东方红”品牌的魅力。随变化而变化，在标准提升中让梦想达到新的境界与高度，企业是这样，品牌发展是这样，我们也是这样。

博则心宽 勤则志远

——记中农博远带头人张国彬

□ 白彦杰

白彦杰，河北中农博远农业装备有限公司副总经理，毕业于化工部石家庄干部管理学院，市场营销专业，现从事公司行政工作。

张国彬，出身于农村，对土地有深刻的眷恋。1984 年毕业后分配到无极县经委工作，在无极经委下属企业无极农机厂实践锻炼。每当夏收、秋收看到老百姓辛苦的劳作，专修农业机械化专业的他心情久久不能平息，如何将广大农民从繁重的体力劳动中解放出来，不再面朝黄土背朝天，成为他的理想目标。

经过一段时间思考，他不顾家人、朋友反对，毅然放弃了大部分人眼中的铁饭碗，投身农机事业，从此走上了一条农业机械化发展的道路。1993 年，他调任藁城市农机公司任职副总经理。

20 世纪 80 年代中期，我国农业机械化水平低，农业劳动主要以人工为主。“农业的根本出路在于机械化”，作为农机人，张国彬深刻领会这句话的含义，在藁城市率先引进大型小麦收割机和拖拉机，使得本区的农机化水平得到迅速提高。随后，积极参与“新疆 -2”小麦联合收割机的引进工作，并促成在藁城落地生根建厂。作为销售经理的他四处联系业务，10 年间，共销售“新疆 -2”小麦联合收割机 13 000 余台，并开创麦收“南征北战”异地作业的先河，为提升我国小麦的机械化收获水平做出重大贡献。在他的带领下，藁城农机公司连续 5 年进入全国农机流通行业百强前列。

21 世纪初，全国农机行业进入萧条期，藁城收割机厂也因经营不善进入破产程序。该厂 2000 年与乌克兰赫尔松公司共同研发的 4YZ-3 自走式玉米联合收获机为国内首创，被国家经贸委评为“2001 年度国家级新产品”，属国内首家生产，但因技术原因，没有形成推广。

眼看一个好产品就要随着企业的没落而泯灭，张国彬着急在心，投入这么多钱、下这么大的心血，太可惜了。别人不做，倾家荡产他也要做。如果做成了，就将填补我国自走式玉米联合收获机的空白。现在小麦收获基本实现机械化了，玉米收获的机械化时代马上就要到来，玉米收获机是未来10年我国农机发展的黄金产业，他坚信这一点。

凭着这股韧劲，他联系了几个志同道合的朋友，多方筹集资金接管藁城收割机厂。创业初期，困难之大、压力之大可想而知。刚接管企业时，工厂人心涣散，能走的人员大部分都走了，全厂不过三十几人，生产资金也没有，账面上最少时只有几千元钱，工人工资都是问题。

企业先有人才有业，没钱就用房产证抵押贷款，再亏也不能亏工人工资。大的干不成，咱就从小的做起，慢慢发展。“咱们的企业到底行吗？”职工们满心怀疑地这样问。“我国是个农业大国，只要大家心往一处想、劲往一处使，农机行业的前途一定是光明的。”张国彬经常这样鼓励大家。慢慢地，人心凝聚了，人员稳定了，公司开始进入正常发展的轨道。

“农业机械的对象是老百姓，咱们生产的产品不仅要结实耐用，最重要的是要老百姓能实实在在地挣到钱，只有这样，老百姓才会替咱们宣传产品，金杯、银杯，不如老百姓的口碑，做产品要像做人一样诚实，企业才能长久。”张国彬经常这样和技术人员谈工作。

为研发制造高质量的产品，他经常深入一线详细了解产品的设计，深入车间了解生产情况，深入田间地头亲自搞产品试验，每年请用户到厂听取产品使用意见做质量反馈，把好产品质量关。

通过不懈地努力、坚持，公司开始有起色，2004年的营业额虽然不足400万元，但当年实现了转亏为盈。适逢2004年国家对农民购买农机进行财政补贴。借党的惠农政策的春风，至2007年公司实现了一次飞跃发展，销售收入达到4 000万元，4年时间增长了10倍。

2008年，针对公司经营场地不足问题，张国彬大胆提出“借鸡生蛋”，租赁原石家庄拖拉机厂在良村经济技术开发区前置厂房、建立玉米收获机组装线，在短时间内有效提升了公司产能。2010年，公司产销玉米联合收获机1 500台，销售收入达到1.7亿元，3年内增长了4倍，实现了公司的第二次飞跃发展。

2011年年初，考虑到公司未来发展、市场竞争、资金实力、人力资源等综合因素，为将企业做强做大，经过慎重考虑与友好协商，张国彬做出一个惊人的决定，与中国农业资料生产集团公司进行联营，成立河北中农博远农业装备有限公司，加入到国家队的行列。充分利用中农集团的影响力、管理与资金优势，促使

接管的老旧设备

租赁厂区

生产车间场景

企业实现第三次飞跃。2011 年，公司实现销售收入 3.2 亿元，利税 2 400 多万元，实现了与中农集团合作后的开门红。

在张国彬的带领下，公司由一个改制破产企业发展成为河北省生产规模最大的现代化农机制造企业。2012 年，产销 4 100 台大型农业机械，销售额 5.07 亿元；2013 年，在农机行业市场低迷情况下，公司产品产销农机 3 900 台，销售额 4.8 亿元。现公司注册资金 1 亿元，职工 530 人，产品涵盖耕整地机械、收获机械两大类 34 个品种。主导产品自走式玉米联合收获机产销量位列全国前列，中农博远成为河北省农机行业龙头企业，引领我国玉米收获机的发展潮流。

公司技术中心汇集国内农机行业的众多技术专家，通过多年实践、摸索、技术创新，成为农机行业具有影响力的技术中心之一。技术中心紧紧把握市场需求，开发系列先进、适用符合我国农业发展需要的新型农业装备。在针对玉米机械化收获难题展开创新与技术攻关中，不对行收获、拨禾链三角区、旋转工作梯、二次切碎、安全离合器、秸秆回收、秸秆铺条等多项技术为国内首创，有效解决了玉米联合收获机推广使用中普遍性的技术难题，研发出一系列新技术、新工艺，不断提高现阶段玉米联合收获机的技术含量和水平。

通过技术创新，不仅有效解决了企业自身发展的技术瓶颈，许多技术还成为行业内众多企业采用的标准，有效推动我国玉米收获机械化水平的提高，推动了玉米收获机行业的发展。

公司每年提取不低于销售额比例的 3% 作为专项技术研发资金，2018 年研发投入 1 657 万元。在赵县农场及藁城堤上农科所建立田间实验基地，成立技术信息中心，专设技术中心实验楼一座，试制车间一座。

通过持续不断地改进、创新，公司 4YZ-3 自走式玉米联合收获机达到国际先进水平，4YZ-4 复合作业一体化玉米联合收获机获“2010 年国家级新产品”称号，回收型自走式玉米收获机于 2012 年被省工信厅评为“河北省工业新产品”，被行业协会历年评为“全国用户满意品牌”。

同时，针对我国国情及各地农艺要求，在国内率先开发回收型及籽粒直收型玉米联合收获机，满足不同用户的个性化需求。目前公司已开发 10 种不同型号及功能的玉米联合收获机，产品形成系列化、差异化，拥有玉米收获机方面专利 30 多项，技术研发能力居同行业之首。

近年来，公司先后荣获“河北省高新技术企业”“河北省放心农资企业”“河北省信用优良企业”“河北省省级企业技术中心”“石家庄市玉米生产机械化工程研究中心”等荣誉；通过“ISO9001 质量管理体系认证”“ISO14001 环境管理体系认证”、中国农机工业协会“AAA”级信用体系认证”；公司“富路”“博远机械”商标被认定为河北省著名商标，公司玉米收获机被认定为河北省名牌产品。

张国彬也因贡献突出获得了“河北省创业功臣”“石家庄市优秀企业家”“藁城市先进企业家”等荣誉称号。2014 年，公司联合藁城市工业和信息化局创办了“博远爱心助学基金会”,4 年来资助了 40 多名品学兼优的家庭困难学生。

2012 年，公司与中国农业生产资料交集团公司强强联合后，为了产品更可靠稳定，总投资 13 亿元，在石家庄经济开发区占地 616 亩，建设现代化农机生产研发基地，2015 年 5 月正式投产。企业管理采用全信息化精益管理模式，智能化、自动化、连续化生产加工设备替代了老套陈旧设备；仓储由原先普通货架升级到智能化立体仓库，可实现年产 3 万台大型农业装备；力争 3 年内实现产值 30 亿元。公司已成为我国玉米收获机械的龙头企业、我国最大的农业装备生产基地之一。

河北中农博远农业装备有限公司

公司以“博则心宽，勤则致远，钻则善研，精则求变”为企业宗旨，以“优质的产品 + 亲情的服务”为经营理念，以“好农机，博远造”为口号，服务农业发展，为推进农业机械化发展进程不懈努力。

大风起兮，新疆2号从我们手中放飞

——我经历的藁城联合收割机厂发展历程

□ 王锁良

王锁良，河北省石家庄市藁城区农业机械服务推广中心干部，原中收藁城联合收割机厂厂长。

一、星星之火

人们对美好生活的向往、对先进生产力的追求从来没有停止过。

当改革开放进入第10个年头，当时还是石家庄地区的藁城市，作为提供商品粮的种粮大市受到了国务院的表彰。随着对农机在现代农业生产中的地位和作用认识的不断提升，1990年7月市委、市政府决定要在全市推行大中型农机具集体化，“八五”期间实现耕整、秸秆还田、播种、收获、植保全程机械化。那时，藁城市农机总动力54万千瓦，拥有联合收割机80余台、大拖550余台、农用载重汽车1 200余台、小拖7 560余台，农机总值近2亿元。

1990年，市政府第39次市长办公会和11月7日市长现场办公会决定，成立农业机械化服务中心，恢复市农机大修厂。市农业机械化服务中心的职能定位为全市农业生产服务，担负农业机械的研究推广、农机作业服务、农机具保养和维修。

市农机局立即着手筹建藁城农业机械化服务中心，邀请石家庄地区水利水电勘测设计院完成了规划初步设计。石家庄地区行署计划委员会批复征地38.54亩、建设维修车间建筑面积1 830平方米，办公平房、烤漆房、变电室等配套建筑1 070平方米。当时，市农机局自筹资金30万元，农业银行也从解决三角债专项中，给予了100万元贷款支持。1991年年初，开始厂房建设，年内基本完成了维修车间、办公平房、烤漆房、变电室的建设，同时采购了维修必需的专用设备。建设市农业机械化服务中心为藁城今后办“大事”做足了准备。

二、大风起兮

机会总是留给有准备的人。

1992年麦收期间，一场演示会、一个机型进入我们的眼帘。

新疆联合收割机厂（以下简称“新联厂”）与中国农业机械化研究院经过五六年的试验、研究，生产出了新疆－2型小麦自走式联合收割机样机。他们首次在内地演示，选择了冀中平原的农业大市辛集市。得知消息的市农机公司经理杨秋喜与农机局局长韩银福亲自到辛集市观摩，他们对该机型产生了浓厚的兴趣。

那个时候，藁城小麦收割机只有北京－2.5、佳联－3、东方－4型等切流滚筒的收割机，机具都装备逐稿器，结构比较复杂，机身长转弯半径大，加上田间道路又窄，不便于机具转移地块，因此不太适合一家一户的小地块使用。新疆－2采用钉齿切流滚筒和横向轴流滚筒，机具结构紧凑，割幅2.18米，机型非常适合我市使用。他们当即就邀请新联厂试验人员到藁城，经现场演示，这个机型获得了高度的评价。局长韩银福安排农机公司与新疆厂接触，商谈联合办厂事宜。

1992年11月21～24日，新联厂厂长郎中强、技术处处长谈立本、外经规划处处长洪力民、收割机分厂厂长张谦，对河北省石家庄地区藁城市就联合生产、经营、销售新疆4LD-2稻麦联合收割机进行了全面考察。郎总一行得到了石家庄地区行署王习文副专员，藁城市领导安云昉、张绍国、张江水、杨书涛等的欢迎。经与藁城市农机局多次协商，新联厂决定成立新疆联合收割机厂藁城分厂（以下简称“新联厂藁城分厂”），联合生产、销售新疆4LD-2联合收割机。新联厂认为藁城农机化服务中心厂房、设备、技术人员均符合生产组装联合收割机的需要，双方合作生产经营联合收割机具有广阔的发展前景。以藁城农机化服务中心为基础，组建新疆联合收割机厂藁城分厂后，产、供、销一体化经营，由联营双方共同管理、共同经营、共同组织生产，产品由农机公司负责统一销售，实行董事会领导下的厂长负责制。

1992年12月，藁城农机化服务中心派出李冠荣、王振立、王锁良及铁道学院路教授4人到新联厂就生产组织、技术图纸、工艺进行学习探讨，与新联厂共同制定分厂整体布局，确定设计方案。随后又派出技术人员和20多名工人到新联厂进行为期1个月的培训，分工位跟新联厂师傅学习。同时新联厂安排5份收割机零部件发往藁城。

1993年4月，新联厂藁城分厂在厂房没有门窗、没有固定电源，厂区道路全部为泥路的情况下，克服种种困难试组装5台机器，在元氏、天津示范表演推销会上备受欢迎。农民反映说，新疆－2价格低、性能好、脱粒干净、吃潮、故障少，两年就能收回成本。

一战功成！河北省加快了推广新疆－2联合收割机的步伐。1993年8月18～24日，河北省农机局副局长郭俊英带队，藁城市委副书记张江水、人大副主任崔联京、石家庄市农行农贷处处长王文贤、藁城农行高建芳副行长、藁城农机局局长韩银福、农机公司经理杨秋喜和农机化服务中心主任李冠荣一同到新联厂进行协商。1993年8月24日董事会成立，召开了董事会第一次会议，制定了新疆联合收割机厂藁城分厂章程，确定了分厂主要领导，董事长尚庄，厂长李冠荣，副厂长王喜生、王锁良，总工程师孙书群。签订了1994年度组装200台新疆－2联合收割机生产协议和农机公司包销200台的销售协议。分厂来件组装，总厂支付组装费，农机公司销售，销售利润归农机公司。明确提出了组装生产前，分厂为达到正常生产条件应完成的准备工作。1993年9月5日，市政府明确由农机局、农行、财政局三家筹措工程建设急需的120万元资金，市农机局积极向河北省农机局争取60万元周转金，市农机局与河北省农机推广站签订推广销售新疆－2收割机协议。

1994年，经过联营双方的团结合作、共同努力和全厂工人的艰苦奋斗、全力拼搏，克服了资金短缺、技术力量薄弱、要账干扰、散件难以配套到位的一系列困难，终于取得了生产、销售的全面胜利。至6月10日“三夏”前夕，组装新疆－2联合收割机197台，实现利润40多万元。销售覆盖河南、河北、陕西、山西、山东、北京等地，在河北省达11个地区38个市（县）。经过当年“三夏”的实践考验，与其他厂家生产的机型相比，新疆－2性能良好、小巧灵活、脱净率高、分离干净、损失小、故障少、吃潮、适应性好的优点得到了成分展示。河北省委副书记李炳良、副省长陈立友、原省人大主任郭志、省农业厅厅长唐全杰、省农机局局长陈春风、副局长郭俊英，石家庄市委书记赵金铎、市长沈志峰、市委副书记彭造岭、副市长李荣刚、市委常委、农工委书记李清及藁城市市委书记董银生，市长安云昉，副书记张江水、张占峰，人大副主任崔联京，副市长杨书涛等领导多次来分厂视察指导。河北省农机局将新疆－2作为联合收当家机型在全省重点推广，并与河南省辉县农机推广站签订协议，建立了新疆－2联合收割机豫北推广服务中心。

河北省副省长陈立友到藁城联合收割机厂视察

1995年年初，王锁良任厂长，当年圆满完成600台新疆－2联合收割机的总装销售任务，实现产值3 900万元，利税129万元。

1995年，藁城生产的新疆－2作为河北省唯一农机产品参加了全国第二届工业技术进步成就展，并获技术进步荣誉奖，河北省农机局授予我厂“农机化管理系统先进企业”荣誉称号，5月被评为“河北市场农用机械畅销名牌”产品、“第二届农业博览会”银奖。

1995年6月12日，声势浩大的新疆－2联合收割机现场演示会在藁城市召开。国家机械工业部农机装备司司长郝贵敏、中国农机化科学研究院院长高元恩、河北省农业厅厅长李荣刚、副厅长谷振强、河北省机械工业厅厅长杜书箱、河南省农机局局长游锡川等参加了会议，大家对双方的合作和产品的性能、质量给予了很高的评价，对今后的发展提出了很好的指导性意见。

回想1994年和1995年两个生产年度，双方精诚合作的场景历历在目。那时的生产条件简陋、场地窄小，在批量由200台猛增到600台的情况下，分厂遇到了困难。寒冬腊月的新疆已是零下20多度，新疆总厂的同志们为保证藁城分厂的正常生产，硬是冒着大雪把零配件一车一车地送到火车站。1995年4月，分厂开工不足，新疆总厂宁肯自己停止安装1个月，也要把零部件发到藁城。由于火车运输要报计划，到货时间无法保证，新疆总厂安排汽车7

天7宿连夜兼程4 000多千米，运送了20多车配件，保证了藁城圆满完成生产任务。

1996年，新联厂兼并了新疆农牧机械厂更名为新疆联合机械集团，同年7月25日，新联厂藁城分厂更名为新疆联合机械集团藁城联合收割机厂。1996年度，藁城联合收割机厂完成了1 250台生产任务，完成利税188万元。5月23日，中央电视台《新闻联播》报道了藁城联合收割机厂的生产盛况。在河北省第七届技术发明博览会上，新疆－2收割机荣获金奖。

原农业部副部长刘成果，农机化司司长魏克佳，副司长焦刚、刘宪等多次到厂视察。刘成果副部长为藁城联合收割机厂题写厂名。

1996年，新疆联合机械集团瞅准了内地市场，在天津静海筹建分厂。

原农业部农机化司副司长焦刚到藁城联合收割机厂视察

农机化司原副司长刘宪到藁城联合收割机厂视察

原农业部副部长刘成果到藁城联合收割机厂视察

原农业部农机化司司长魏克佳到藁城联合收割机厂视察

1997年，藁城联合收割机厂完成2 965台、产值2.075 5亿元，利税533.4万元，新疆－2被河北省政府评为“河北省农业名优产品”。1997年1月15日，藁城市政府办公室《政府工作简报》27期，详细介绍了联合收割机厂的发展经验。

1997年，新联集团在平度市设立分厂，在藁城设立了华北管理处，负责协调与集团及各分厂的生产、技术、质量、销售等问题。

1998年，藁城联合收割机厂共生产新疆－2联合收割机2 500台。

藁城联合收割机厂发展壮大的同时，也带动了周边农机加工企业的发展和配件批发、零售市场的快速兴起。1995—1997年，新联厂总厂陆续将铸造零件在藁城周边扩散生产，因此带动了藁城市商机厂、赵县农机修造厂、河北交通技工学校等单位加工生产如动力输出皮带轮、驱动轮毂、刹车盘等铸件，配套产业开始红火起来。到后期我厂又增加了筛箱、风机、偏心幅盘、机架、驾驶台、粮仓、清选室底壳等焊接，以及变速箱、发动机试验台的需求。河北收割机厂承担了新疆-2脱粒室、复脱器、风机、升运器四大部件生产，北京牧机集团承担了割台、脱粒室的生产，山东高密农机修造厂承担了脱粒室的生产。

1998年2月，机械工业部成立中国机械装备（集团）总公司，下设中国收获机械（集团）总公司，新联集团第一批加入国机公司，并牵头组建中国收获机械总公司，藁城联合收割机厂也随之加入，更名为中国收获机械总公司藁城联合收割机厂。

三、继往开来

1998年，原农业部副部长路明带队考察乌克兰玉米收获机。王锁良厂长认准玉米机械化收获应是今后发展的方向。

1999年11月，河北省农机化研究所邀请乌克兰赫尔松康拜因公司专家伊万到石家庄讲学。我们抓住机会，邀请乌克兰赫尔松康拜因公司的专家到厂考察。伊万对新疆-2型小麦联合收割机的合作开发形式非常感兴趣，厂方立即将生产经营情况和运营模式译成俄文，通过电子邮件发给乌克兰赫尔松康拜因公司。同年乌克兰厂派生产、经营两位副总经理和乌克兰驻华大使馆商务参赞罗曼钦到我厂考察，双方签订合作意向，共同开发生产自走式玉米联合收获机。

2000年2月22日至3月7日，王锁良厂长与河北省农机化研究所曹文虎、籍俊杰和翻译王卫东到乌克兰赫尔松进行协商谈判，签订了合作设计4YZ-3玉米联合收获机的协议，中方为乌方提供一台行走底盘（包括发动机、液压系统、电器系统、驾驶操作系统），乌方为中方提供4台工作部件（割台、升运器、秸秆粉碎机、粮仓）。曹文虎留在乌克兰工作3个月，与乌方专家共同进行设计工作。通过双方半年多的努力，2000年9月29日，乌方发来的配件终于通过天津港到达。经过紧张的装配，10月5日，藁城联合收割机厂玉米联合收获机演示会在藁城市系井农场召开。河北省财政厅副厅长张保生、农业厅副厅长谷振强、省农机局局长张文军以及各市农机部门主管领导参加了演示会。

河北省农业厅副厅长谷振强、财政厅副厅长张保生参加藁城联合收割机厂玉米收获机演示会

2000年11月21日，4YZ-3型玉米联合收获机通过石家庄经贸委组织的专家鉴定会，达到国际先进水平，为我国玉米机械化的发展打下了良好的基础。2000年完成新疆-2联合收割机1 360台、玉米秸秆粉碎机129台、玉米剥皮机20台、4YZ-3型自走式玉米联合收获机5台（其中一台在乌克兰赫尔松厂）。

河北省农机局局长张文军考察藁城联合收割机厂

2001年，中国收获机械总公司藁城联合收割机厂组装50台玉米联合收获机，命名“中国－乌克兰”品牌。2002年，根据市场需要又从乌克兰进口5台行距可调玉米割台，开始不对行收获和秸秆二次切碎抛洒研发。在随后的几年里许多生产厂纷纷仿造，总体推进了玉米收获机械的大发展。

河北省农机局局长张文军介绍藁城生产的玉米联合收获机

10年奋斗，10年辉煌。我们见证了新疆－2在内地从零开始到累计生产近12 000台的成长过程，见证了农业机械化的飞跃发展。我们为中国－乌克兰品牌玉米联合收获机的诞生做出了一定贡献，为农机事业的发展尽了微薄之力，这是我们农机人的荣幸与自豪。

改革开放获红利 策马扬鞭再奋蹄

——记勇猛机械股份有限公司董事长王世秀

□ 裴丽琴

裴丽琴，从事农机工作10年，对农机行业有着深厚的感情。目睹农机迅猛发展的10年，也切身感受了勇猛机械迅猛发展的10年。

1978年伟大的改革开放，给了中国一代企业人机会，中国企业家成长了。2018年，正值中国改革开放40年。这40年，也是中国经济和科技力量飞速发展的40年。时代在变化，每一代人都有自己的使命，改革开放催生奇迹的“40年”，是一代人敢为人先、锐意进取的成果。空谈误国，实干兴邦，只有一代一代人奋勇向前、干事创业，才能把改革开放进行到底。

王世秀，这位76岁的老人，既是勇猛机械传奇的创始人，也是勇猛机械的掌舵人。他出生于山河破碎年代，成长于百业待兴之时，发迹于改革开放大潮。

童年时期，同那个年代很多家境贫寒的老百姓子弟一样，王世秀很小就在家务农，9岁才开始入学，15岁小学毕业就去当学徒工。只上了6年小学的他，过早感知到生活的艰辛，心性也提前成熟。

当时正值国家大搞工业建设。1958年，王世秀到当时很有名气的北京汽车制造分厂（后改为北京齿轮总厂）当了学徒。虽然，没有上过什么学，但是王世秀喜欢学习和钻研东西。进厂3个月被评为先进青年，后又被评为北京市五好职工。到1965年，通过工厂夜校，他学完了中专的所有课程。

王世秀通过自己的努力，掌握了很多同龄人没有掌握的技能。也因此，先后担当了车间工艺员、车间调度、工段长以及车间副主任、生产科副科长以及一个联合厂厂长等职务。在他担任这些职务的期间，他的领导组织能力得到了很大的提升。20世纪80年代中期，王世秀在北京汽车桥厂当过4年的副厂长，跟那里的财务会计学习了不少财务知识。这些经历无疑为他后来自己做企业打下了很好的基础。他经常说，“我的这点能力都是解放后国家和共产党培养的。”

王世秀非常爱好学习、爱好钻研，从小学水平，自学到中专，又抽空上电大学习，以业余中专之学历啃下高等数学课程。后来的人生中，这种能吃苦、好钻研的劲头继续保持了下来。时至今日，古稀之年，他还带着员工亲自下田搞试验、改进产品。微信兴起之后，王世秀注意研究微信上一些管理方面的知识，称从中“学了不少东西，有好多不错的文章”。

随着改革开放带来的巨大变化，一股创业浪潮席卷全中国，一个个创业先行者向社会宣告着自身的价值所在，成为各行业的领航者。这些都对年近半百的王世秀触动很大，也萌生了创业的想法。

那年，时任北京市汽车桥厂副厂长的王世秀审时度势，毅然办了内退，同大儿子王勇一起下海创业，并最终干出了一番事业。后来，事实证明，只有在改革开放的浪潮中敢于拼搏的人，才能真正获得改革开放带来的红利。

1989年，出于对齿轮箱市场的熟悉，王世秀决定从汽车变速箱和分动箱入手，给吉普车供货。从采购到装配就只有他们父子二人。就这样，他们的事业“蜗居”在楼梓庄15平方米的小作坊内，摇晃起步！而这里也就是王世秀与儿子王勇创业的起点。

机会总是垂青有准备的人。不久，一次行业配套会上，新疆收割机厂供应部经理提到：“我们生产小麦收割机的变速箱急缺，我都要

王世秀、王勇父子

给供应商下跪了，就是做不出来。”说者无意，听者有心。农机市场当时正火爆，王世秀几乎毫不犹豫地说：“我给你做，你验收合格，咱们再说配套的事。”

图纸一到手，王世秀便带着王勇亲自跑外协厂采购零部件，夜以继日地用了一个月时间就造出了10台变速箱。“变速箱行走没声”，收割机厂总工听了工人的汇报，不信，叫来公司负责生产的副厂长一起亲自去试车，怎么可能没声呢！那边不停地在试验，王世秀这边心里已乐开了花。

当天晚上，客户公司给王世秀摆下了“庆功宴”，陪同的还有其他收割机企业的几个厂长，这个要50台，那个要100台，作为配套厂家，王世秀第一次感到了来自主机厂的尊重。

就这样，几年下来他们为新疆－2号小麦收割机供应变速箱已好几万台，全国第一！这真是，父子同心，黄土变金！

10年后的1999年，由自然人王世秀、王勇父子发起成立了北京亨运通机械有限公司。而玉米收割机在当时还算是一个“罕见”的庞然大物，一个国家也尚未发展起来的行业。只做过配套的王世秀知道，这个市场正在兴起，目前正是一个好时机。于是，亨运通立刻投入了大量资金布局整车生产线，迎难而上，励精图治。

经过与清华大学教授合作并学习国外先进技术，2000年9月，针对东北市场的第一台勇猛牌大型自走式玉米联合收获机终于诞生了。经过多次改进试验，终于在1 000亩的玉米收获试验中完全达到国家标准，顺利通过了行业专家的鉴定。在北京马驹桥北京亨运通的车间里，员工们为首台玉米机的研制成功热烈庆

祝！中国玉米机的拓荒者应时而生。

第一台勇猛牌自走式玉米联合收获机

2002—2005年，北京亨运通机械有限公司致力于对玉米收获机进行进一步完善性能，优化设计，主要以产品的适应性、可靠性、安全性为基础，每年都按计划稳步推出新型产品，逐渐在哈尔滨、佳木斯等主要玉米种植地区得到成功推广。

随后的这些年，公司一再扩大规模。2013年公司迁至天津宝坻，成立了勇猛机械股份有限公司（以下简称“勇猛机械”），并建设成为年产万台的玉米机生产基地，对振兴天津农机工业、拉动当地的农机产业链做出了很大贡献。

2015年年底，勇猛机械以5 000台的产销量登顶中国大型玉米机领域，行业里也获得了“玉米收获专家”的美誉！

取得了优异的成绩之后，王世秀没有止步不前，而是在科技创新、产品研发上狠下工夫。

勇猛机械股份有限公司厂区正门

2016年，是国家“十三五”规划的开局之年，勇猛机械股份有限公司积极响应国家号召，紧跟国家“十三五”规划，勇于创新，锐意进取，承担了国家“十三五”规划中玉米联合收割机研发任务。项目正在有序进行中，新品样机也得到中国农机化科学研究院初步确认。

同时，公司结合国家政策以及用户的需求，逐步形成了勇猛系列玉米收获机：适应大中小地块作业用的从2行到8行的勇猛自走式玉米收获机系列；为响应国家粮改饲的政策，研发了圆盘及往复式青饲料收获机系列以及未来市场需求的籽粒直收型谷物联合收获机三大系列产品；并做出了研制穗茎兼收玉米收获机的决策。

同年，王世秀提出公司战略调整，“走出国门、引进技术、加速研发”，公司在学习国际先进技术的同时，结合中国实际情况，在产品研发、改进、实践中反复进行。每每新产品落地，成为又一个用户发家致富好帮手的时候，是王世秀最高兴的时候。

2018年，新研制的穗茎兼收玉米机为广大养殖户带来了福音。“玉米地里无浪费，勇猛过处都是钱”。过去只能烧掉的茎秆都化作了养牛户的饲料。

2018年，勇猛机械成功开启了海外之旅，勇猛玉米收获机走向了国际。

王世秀曾说：“我在工厂工作了几十年，赶上了改革开放的好机会，我和儿子也做起了企业。起初只是觉得我国农机行业比较落后，但这也恰恰是我们企业发展的方向，我要从中找到适合的产品，解放农村的劳动生产力，所以我们就干起了玉米收获机。我们要干就要干出好的农机产品。出好的产品，让农民满意，真

勇猛机械股份有限公司生产车间

正把农民从辛苦的劳动当中解放出来！”王世秀认为自己从事农机行业是命运的选择。

耕耘于中国机械及农机行业60年，从事玉米收获机专业研发生产20年。王世秀深知中国农业机械化发展现状，虽年过古稀却依然以其锲而不舍的精神工作在一线，为中国玉米机械化发展贡献着力量，而由他领导的勇猛玉米机产品也在不断向高端化、智能化迈进。

不忘初心，方得始终，他为实现中国农机强国梦奋斗不止！

安危与共、风雨同舟，用勤劳智慧和诚信追逐亚澳梦

□ 史可器

史可器，男，1946年6月生，汉族，中共党员，高级工程师，西安市鄠邑区甘亭街道韩村人，西安亚澳农机股份有限公司的创始人，现任亚澳农机董事长、公司技术中心总监。全国优秀星火企业家、陕西省乡镇企业家、西安市劳模、西安市农村拔尖人才、户县有突出贡献专家。

西安亚澳农机股份有限公司（以下简称“亚澳”）的创业发展史和我国改革开放发展同步，没有改革开放，就没有亚澳今天的大发展。

1976年，我30岁。迫于生活压力，凭借自己在村里开过拖拉机的一些经验，鼓足勇气和同村一个农民用东拼西借来的63元钱创办了农机修理部，主要从事简单的修理拖拉机的业务。当时主要是考虑解决温饱问题。

修理部开张后，由于我能吃苦、肯钻研、技术又高，很快成为远近闻名的修理能手。开始时是周边一些村落，后来是整个光明乡，再往后就发展到周边县城了，高峰时出现排队修理拖拉机的场面。

1979年，修理部搬迁到村外三叉路口处，更名为户县东韩农机修理厂，人员扩充到15人。在修理好本村拖拉机具的基础上，对外修理拖拉机具及生产部分简单农具和配件。因修理及时且质量好、收费低，得到农机手们的一致认可。

1982年，在一次修理拖拉机时，我听拖拉机手说，四轮拖拉机农忙季节只能搞运输，没有可配套的农具，所以年利用率不高……我猛然间觉得这是个好的机遇。毛泽东主席说过：“农业的根本出路在于机械化。”由于没有机械化农具，农民种地的劳动强度相当大，如果能开发出和拖拉机配套使用的农具来种地，既充分利用了拖拉机，又省了劳力，多好！

为了证实我的预见，我到陕西省农机局查阅相关资料，发现全省拖拉机年销售9 000多台，配套农具基本处于空白，这将是很大的一个市场。那时，我便下定决心研制和拖拉机配套的农具！不光是为自己，也是为了改变祖祖辈辈靠天吃饭的艰难局面。

作为一个只有小学文化程度的农民，要想开发复杂的农具，难度可想而知。为此我白天蹲在机床旁写写画画，晚上自学机械设计和制图，抽空就多方请教，甚至连上高中的侄子都成了我的老师。为了提高自己的文化程度，我

自学了《机械设计》和《机械制图》等多种专业书籍，并购买了《金属工艺》等大量书籍，同时又参加了电视台举办的《农业机械》电教班和河北省社会科学院举办的《企业竞争艺术》函授学习班。白天把自己学习的知识利用空闲时间手把手教给大家，有时白天太忙就利用晚上时间和大家一起举办夜校学习，每周3个晚上，每晚上学习2小时，使大家和自己的专业知识同步提高。为了能集中精力搞发明，我还将所有的农活交给家里人，并忍痛将家里养了一年的一头大秦川奶牛和两头猪卖掉。

就这样写写算算，经过一年的钻研，我们终于研制成功了第一台能和拖拉机配套的XBL−3/5旋播机，顺利通过了陕西省的鉴定。现场测定的专家认为，该机具的各项技术性能指标均达到了部颁标准，实现了小四轮的多功能配套，能一次进地完成灭茬、旋耕、开沟、播种、施肥、覆土、镇压、拖平等多道农艺，减少拖拉机进地次数3～4次，功耗比同类机械减少13.8%～31.58%，经济效益非常明显，从而彻底解决了拖拉机只能跑运输不能配套农机具进行农田耕作的难题，我也因此成为国内旋播机的第一发明生产人。该产品1987年获得陕西省首届科学进步三等奖，1992年获得国家科技部科技进步三等奖、星火计划金奖，1991年国家主席杨尚昆将30台旋播机作为国礼赠送给墨西哥。

1991年，随着业务的不断扩展，曾经的东韩修理部已经由户县旋播机厂发展壮大为西安市旋播机厂，主要业务已从原先的修理、保养拖拉机，发展到具有自主品牌，研发、试验、制造、销售等为一体的，具有机加、钳工、焊工、铸造、装配五大车间和一座三层办公楼的规模型企业。亚澳业务不断发展壮大，确定目标为变陕西的上旋、南旋、连旋三国鼎立为四分天下有其一。1996年，亚澳就被旋耕机协会评为旋耕机行业中七块金牌奖中的一号，在陕西市场的占有率为80%，销售市场发展到全国各地，成为上旋、南旋、连旋、山旋国营企业之后民营、集体几十家企业中的强者。

第一台产品的成功问世，使我信心大增。以后的岁月里，我带领亚澳全员一鼓作气接连开发了XBL−4/8旋播机、XBFL−3/5旋播施肥机等数10种型号的系列产品，获得了良好的社会效益和经济效益。1999年，我带领技术人员，针对小麦联合收割机留茬过高、其他机具不能直接进地作业的情况开发了灭高茬旋播机，耕播效果良好，深受广大农民欢迎；2000年，针对国家退耕还草政策开发了旋耕多用播草机，改变了当时没有专业播种草种机具的状况，产品在甘肃、陕北、内蒙古、宁夏、新疆等地销售良好；2001年，针对国内旋耕机市场产品千

篇一律、刀轴转速单一、难以适应各地农艺要求的状况，研发成功了变速旋耕机，是当时旋耕机行业中唯一能够像汽车一样灵活变速的产品，多年来一直是我单位的拳头产品，在全国各地市场上始终供不应求；2003 年，亚澳牌旋播施肥机被中华人民共和国科学技术部、商务部、国家税务总局、国家质量监督检验检疫总局、国家环境保护总局认定为国家重点新产品。

西旋亚澳首届经销商培训班留念

亚澳农机产品用户为亚澳赠送锦旗

2008 年 4 月，公司完成股份制改制，成立西安亚澳农机股份有限公司。2009 年，公司搬迁至西安沣京工业园，新建占地 60 亩、建筑面积 24 600 平方米的现代化工厂，有员工 380 名，企业资产 12 000 万元，年生产能力为 50 000 台，亚澳发展进入新阶段。

这一时期，企业销售收入迈入亿元阵营，亚澳产品也因科技含量高、质量可靠，被中华人民共和国国家质量监督检验检疫总局认定为国家免检产品。亚澳获得国家级高新技术企业、中国农机工业协会首批 AAA 级信用单位、陕西省民营科技企业、陕西行业之星企业、陕西省“专精特新”中小企业等诸多殊荣，得到了社会的广泛认可，在行业内的社会美誉度、知名度空前提高。

西安亚澳农机股份有限公司厂房

2013 年，公司在河南省南阳市唐河县产业集聚区筹建亚澳南阳农机有限责任公司，占地 120 亩，对标日本久保田，全套引进日本精益化生产技术、工艺、设备。2016 年 9 月，亚澳南阳公司开业投产。

亚澳南阳农机有限责任公司开业典礼

当下，农机发展呈现断崖式、腰斩式下滑态势，但我有信心，亚澳人也有必胜的理念。2013年起，亚澳系列产品质量强行上档升级；2016年年初，亚澳人在东三省及蒙东地区种植“百块示范田”；2017年起，在全国11个省份连续3年种植“百亩示范田”；2018年，又在各地召开“效益比武现场会”。亚澳人坚持以实际行动展示产品优势，服务农机、农业发展。

作者（左三）带领团队成员在安徽怀远县查看小麦长势情况

宝剑锋从磨砺出，梅花香自苦寒来。40年曲折发展，40年壮丽辉煌，我创业以来的40年和国家改革开放发展的40年相吻合，同呼吸、共命运。经历了岁月的洗礼和风浪的考验，我始终坚信，时代在前进、维持现状将一事无成的经营理念。在今后的创业路上，我将带着更多的人，脚踏实地，砥砺前行，努力实现企业发展的“亚澳梦”！

改革开放给他带来毕生的荣耀

——河北农哈哈机械集团有限公司董事长张焕民的农机人生

□ 刘从斌

刘从斌，1973 年 5 月出生，中共党员，工程师，毕业于河北工业大学，现任河北农哈哈机械集团有限公司副总经理。

回望改革开放 40 年，我们的国家也经历着她的黄金时代。40 年的沧桑巨变，给我们的生活带来巨大的变化，也改变了一代人的命运，成就了一代有识之士的高光时刻。河北农哈哈机械集团有限公司（以下简称“农哈哈”）董事长张焕民就是改革开放造就的强者。张焕民曾说：“农业机械成就了我的人生，改革开放给我带来毕生的荣耀！”

一、农机缘分

张焕民的父亲是沈阳拖拉机厂的工人。张焕民 3 岁随父亲到沈阳定居，他的童年就是在拖拉机的轰鸣声中度过的。看着一台台崭新的拖拉机驶下生产线，立志从事农机事业的愿望就在他的心田扎了根。1961 年，“瓜菜代”开始了，张家的生活举步维艰，为了一家老小的吃饭问题，张焕民的父亲以“支援农业”为由，向组织提出申请，举家迁回老家深泽县。

在那个年代，农村的生活并不比城市好多少，回到农村的张家又度过了几年艰苦的岁月。张焕民在学校里读书很用功，成绩总是名列前茅。放学后，几乎所有的课余时间都用在了帮父母干农活上面，点种、锄苗、割麦，张焕民都是一把好手。亲身经历的繁重体力劳动，促使张焕民萌发了用机械代替人力、把乡亲们从面朝黄土背朝天的艰苦劳作中解放出来的美好愿望。

1966 年的秋天，张焕民所在的公社筹建拖拉机站，他顺利通过考试，成了一名机手。由此，张焕民的命运便和农机紧密地联系在一起了，由拖拉机手到机务站长、乡农机管理员，再到县拖拉机站修配厂技术主管。

丰富的实践经验使张焕民有了更高的追求，为了提高自身的理论水平，张焕民还在近 40 岁时去河北机电学院（现河北科技大学）深造了 2 年，回到深泽后迅速和拖拉机站的老师傅马振虎一起创办了农哈哈的前身“深泽县农机实验厂”。

回头看看，张焕民从事农机行业仿佛是水到渠成、命中注定的。

二、农哈哈三部曲

与共和国同龄的张焕民将农哈哈 30 余年坎坷曲折的成长之路归纳为“春、夏、秋三部曲”。

第一部曲：春之萌动，也就是作坊式生产、产品模仿阶段，代表产品是玉米条播机。

建厂之初，农哈哈是个典型的三无企业：没有生产场地，占用了县农机监理站两间废弃的库房，既是车间，也是办公室；没有启动资金，大家东拼西借，凑了 3.6 万元；没有成熟产品可供生产，摊子有了，可到底生产什么还是个未知数。在这种情况下，张焕民和马振虎慧眼独具，选择了农民迫切需求、国家大力推广的免耕播种机。其实，当时市场上已有两行的播种机在销售，农哈哈正是在此类产品的基础上进行了一系列的改进，使之在结构上、功能上有了一定的进步。经过 3 年的努力，逐步确立了农哈哈播种机在市场上的地位和有利形势。这一阶段虽然家底很薄，生产工具很落后，但是因为有了一个适销对路的产品，从而使企业蓬勃发展。

张焕民在播种机田间工作现场

第二部曲：灿若夏花，也就是企业规模扩大、产品细分阶段。

企业实现了一定的原始积累后，农哈哈及时地进行了市场细分和产品深度开发。逐渐由单一品种的条播机发展成十几个系列，有增加了施肥功能的、有小麦玉米两用的、有适应秸秆还田地使用的，有为张家口、承德地区量身定制的，有为满足河南市场需求开发的 6 行播种机等。正是有针对性地开发了多品种、多规格的产品，创造性地满足了不同地区、不同消费者的需求，使农哈哈一举成为当时我国播种机行业规格最全、品种最多、产销量最大的企业。这个时候，很多人看到生产播种机有利可图，纷纷上马仿造。据不完全统计，在河北石家庄、保定、沧州、廊坊等地，鼎盛时期这样的厂家不下百家，可谓“烽烟四起”。

第三部曲：秋果丰硕，也是农哈哈自主创新阶段，代表产品是仓转式精位穴播机和气吸式精量播种机。

第一部曲是农哈哈创业的初级阶段，用播种机代替人工点种，解决了“机器代替手工”的问题。这个时期农哈哈是一个产品打天下；在第二阶段中针对各地的不同农艺要求和种植习惯，农哈哈推出了品种繁多的播种机。而现在，农民对播种机有了全方位的要求：机具外观要漂亮、株距要准确、要节省种子、不能缺苗、最好不用间苗等。仓转式一穴二粒，可以确保全苗、株距精确，适合当前我国种子发芽率不高的现状；气吸式一穴一粒，在种子发芽率高时用它最合适，连间苗的工序都省了。

变化中孕育机会，谁能抓住满足消费者需求这个难得的洗牌机会，谁就能取得竞争优势。而今，农哈哈于巅峰处再进，已经在精密播种领域占得先机。

三、笃定农机具

缜密思维是张焕民的特点，这可能与他上学的时候一直喜欢数学有关。在企业专一化与多元化的问题上，农哈哈的做法也颇具新意。

创业之初，农哈哈一穷二白，一个播种机产品就干了十几年；对市场上热门的行业视而不见，甘于寂寞。十几年下来，不经意间，农哈哈已经成长为播种机这个池塘里面的大鱼。

多元化是企业的发展战略之一，“买鸡”是对的，“下蛋”也是对的，但对于利润微薄的农机具企业来说，两条道路的选择关乎企业成败，

是一条泾渭分明的阴阳界。农哈哈处于成长期，不仅没有“买鸡”的实力，而且业内也没有现成的“休克鱼”可吃，只能靠自己“下蛋”，然后“孵鸡”，然后再“下蛋”，虽然这种方式扩张速度慢，但成功率很高。

关键之处在于，农哈哈找到的这个市场足够小，小到福田雷沃、东方红这一类的强手根本就没兴趣跟你争抢，农哈哈才可以在播种机这片土地上占山为王，做了一条小池塘里的大鱼。

资金多了，渠道宽了，农哈哈利用播种机所下的蛋去孵化玉米联合收获机，继而孵化出青饲料收获机、绞盘式喷灌机、粮食烘干塔等相关产品。多年来，农哈哈从没有涉足陌生的领域，而是始终在自己熟悉的农机具范围内摸爬滚打，围绕主业深入、稳固地架构企业的多元化框架。

四、老骥伏枥

“我现在是 50% 的时间作产品开发，30% 的时间做管理，20% 的时间盯住市场。”张焕民如是说。而对于自己业余时间的支配，张焕民却说：“除了休息的时间，我有 60% 是在加班，40% 就是看书了。”

张焕民读书，主要看一些经济、管理方面的著作，而且他特别善于分享知识。“看到一些好书，我就多买一些，分给大家看。我不喜欢命令别人，我希望我的团队都自己明白应当怎么去做，为什么要这样做，通过看书学习来统一思想认识。”这其中也映射出了他的管理风格。

张焕民认为，农哈哈走到今天，利润越来

张焕民近照

越薄，甚至很多时候都在盈亏持平之间，但是农哈哈的社会效益比其经济效益要大得多，也重要的多：“比如我们这两年大力推广的气吸式精量播种机，每亩地仅需1～1.5千克种子，比传统条播节省一半，如果这项技术能够在全国普及，以我国4亿亩玉米种子面积计算，每年可节约粮食5亿千克，这相当于100万亩耕地的总产量。”

“农哈哈的大部分产品都是保护性耕作的关键农机具，研发投入很多，而消费者都是还不富裕的农民，价格要低，质量要好，所以利润微薄就在所难免了。对于一个农机具生产企业来讲，要想在金钱上找到成就感非常困难，但能够做好一个利国利民的产品，使心血不至于白费，能够为当地百姓提供一些就业岗位，就是一个农机人的最大幸事了。”这是张焕民的心声。

古稀之年是秋实满枝头的季节。春美在花，夏美在叶，而秋美恰恰在那丰硕的果实，秋天是真正收获的季节。作为公司董事长兼总经理的张焕民，出生于1949年，已届古稀之年，却雄心不老，壮志犹在。

“我一直把农机具制造作为农哈哈经营战略的着眼点和落脚点。因为在所有农业机械中，只有农机具是作业部分，只有有了更丰富的、更多样化的农机具才能完成农田作业。”在张焕民看来，农机具行业的发展空间很大。当前，我国农业形式正向着多品种、小批量的方向发展，玉米、小麦、水稻三大主粮作物的种植面积逐渐减小，蔬菜、药材、林果的种植面积在逐渐扩大，这就给农机具企业提出了更多的要求。“我们要不断丰富我们的产品，满足不同作物品种、不同作业环节的机械化需求。”

“‘梅花欢喜漫天雪，冻死苍蝇未足奇’。在农机行业‘黄金十年’过去后，农机具企业迎来了深度调整期，也为农机具企业带来了很大的机遇，我们农哈哈要加大研发力度，加快研发进度，以农民不断变化的需求为抓手，着力建设自身创新体系，不断创造满足用户需求的新产品。”在张焕民质朴的语言中，我们领略到了“老骥伏枥，志在千里”的气魄，70岁的张焕民仍欲策马扬鞭，率领农哈哈奔向下一个征程。

筑梦时代 坚守初心

□ 吴洪珠

吴洪珠，男，中共党员。青岛洪珠农业机械有限公司总经理、技术研发中心主任，全国农机科普先进工作者、全国“精耕杯”农机行业年度“十大工匠”、山东省富民兴鲁劳动奖章获得者、山东省劳动模范、青岛市拔尖人才。

“晨兴理荒秽，带月荷锄归。”“春种一粒粟，秋收万颗子。”简单的两句诗就把农民辛苦劳作的场景和丰收的场景描绘得栩栩如生。

一、坚守梦想

我是胶州市胶莱镇大赵家村的村民，一个地地道道的农民。自小我就对机械很感兴趣，但因为家境贫寒初中没毕业就辍学了。

在我的印象里，每年到了播种和收获的季节都是整个村子里最忙碌的时候。因没有专业的机械，所以从土豆播种、下肥到拔秧苗、收获这一系列的工作都需要人工来完成，劳动强度很大，效率不高。

我心想，小麦和玉米都能用机械播种和收获，那么土豆能不能用机械播种和收获呢？虽然干农活很忙也很累，但每当空闲时我就会把家里的废机器进行拆卸和改装，之后就开到地里进行反复试验，但是效果却不是很好。

面对多次失败，我一度陷入了迷茫。就在我灰心丧气之时，我看到了我反复试验组装但依然失败的机器，心想都经过这么多次失败了要不要放弃呢？突然，我想到了以前家用的水车。水车打水既均匀还节省体力，那能不能将水车的运作原理放在土豆播种机上呢？

于是我就找了几块铁和一根链条，进行了简单的组装，简单地试验之后感觉效果还可以。但是实验归实验，毕竟还要实践。我将播种的链条重新加固安在了机器上，去田里试验了一下。发现人力播种种子很均匀，但是效率很低，用我改装的机器播种效率很高，但有时容易出现多苗、漏苗的现象。看来还不能直接使用，需要进一步改良。

功夫不负有心人。经过多次的失败和反复的试验，1999 年，我终于研制出了属于自己的第一台马铃薯收获机，紧接着又研发了第一台马铃薯播种机，并成立了属于自己的公司，取名为“胶州洪珠农业机械厂”。

二、迎难而上

2005 年，当马铃薯机器研发到第五代、第六代时，公司已累计卖出了 300 多台机器。谁知那一年，雨水特别大，凡是用机器收获的土豆全都被切烂了，累计损失高达 200 多万元。周围的乡邻纷纷找到我，要求我必须给他们一个说法并赔偿所有的损失。

我深知一个道理：无论是做人还是做事，讲诚信是最基本的原则。在东拼西凑借钱付清了赔偿款后，我将自己关在家里整整两个多月。

在这段时间里，我吃不香、睡不着，满脑子想的都是如何完善这台机子。有时灵感一来，半夜就爬起来改装并开到田里试验。苍天不负苦心人。就这样过了一段时间，我终于研发出了一套防缠草、防泥巴的摆动装置，成功地解决了前面提到的问题，并申请了我的第一项国家发明专利。

2012 年，CCTV10《我爱发明》栏目组对我发明的马铃薯播种机进行了 1 个小时的报道；同年年底，又对我们的马铃薯收获机进行了 1 个小时的报道；2013 年 CCTV7《春耕行动》晚会，作为科技发明达人和品牌推广成功的典型，我被邀请与“大衣哥”朱之文同台演出。

三、从零开始

经过上一次的失败之后，我总结出了一个经验：企业要想做大做强，首先自己应该不断地充电和学习。

于是，已经 40 多岁的我又重新当起了学生，从头学习产品构造的知识原理，以及如何用电脑进行机械制图等知识。

毕竟基础薄弱，我能学到的也仅有些皮毛而已。我自己学不太好，就想借助专业人员的业务能力。于是，我聘请了机械专业的高材生入驻团队，跟他们一起下基层，认真听取他们讲解机械原理，以及重点部件的改装方法。这个过程中，我一直严格要求自己，不仅要当一个好的管理者，更要当一个好学生。

2015 年，我在胶州市胶莱镇工业园新建了占地约 82 亩的科技生产基地，总投资达 3 亿元，职工 200 余人，致力于打造消费者信赖的高质量、高性能的马铃薯机械品牌。

四、创新当先

改革开放 40 年以来，中国发生了翻天覆地的变化。从最初的要吃饱到现在的要吃好；从以前贫穷的小农村到现在的美丽乡村；从之前的杂草丛生到现在的富民广场等，都展现了改革开放 40 年以来的巨大成就。

时代在改变，技术在改变，我的思想也在改变。

为了适应现代社会的发展需要，我们在机械的研发方面也不断地进行改革和创新。最近几年来，公司秉承“品德、品质、高效”的企业文化理念，凭借着“坚持求真务实、勇于攻坚克难、善于开拓创新”的企业精神，贯彻“要么不做，要做就做到最好，制造一台，成功一台”的生产理念，在原料来源和生产工艺方面严把质量关，做让用户放心、让消费者满意的马铃薯机械，公司取得了不小的进步。

现如今，我心里也有了一个小小的梦想：做现代化的百年企业，打造一个让世界信赖的中国品牌，让世界爱上中国制造！我相信，这个梦想终有一天会实现。

“甜蜜事业”一定会更甜蜜

□ 张长献

张长献，男，1967年生，河南南阳人，中国农业大学毕业，洛阳辰汉农业装备科技有限公司董事长。为解决国内糖料蔗收获过程中长期存在的“无机可用”问题做出一定贡献。

大学毕业后，我被分配到中国一拖集团有限公司（以下简称“中国一拖”）工作。毕竟是中国最大的农机企业，在那里我得到了很好的锻炼，学会了很多东西，在集团领导的支持下也做了很多有意义的事情。现在回想起来，真的非常感谢中国一拖对我的培养。

也许是觉得自己的能力有了些长进，逐渐有了想自己干点事情的想法。2004年，我从中国一拖辞职，和几个小伙伴成立了一家公司。我们当然明白创业的艰难，所以几个人都很冷静克制，很努力地从小处干起，一点一点实现了初步的积累。但我总想干一票大的！

机会终于来了。2008年，一个素不相识的人被朋友介绍给了我，这位仁兄已经在两家单位待过，研制过一种产品却没成功，朋友介绍他找我合作。从他那里我知道了甘蔗收割机这个产品，真的很合我胃口。我立马赶到广西做了实地考察，正如他所说：市场急需，国内没有，国外机太贵且不服水土，是一项朝阳的“甜蜜事业”。

在广西考察期间，我们三天之内就把广西市面上能看到的国内外甘蔗收割机都做了了解。当时的主要产品是广西农垦系统刚从国外引进的一批“CASE7000”机和广西南糖集团购买的一台日本文明农机株式会社生产的“HC-50”型机，这都是国外成熟的切段式甘蔗收割机。国内产品只有柳州汉森公司正在研制的整秆式甘蔗收割机和一款广西农机院研制的切段式收割机。因为不是收割季节，还有一款浙江三佳公司的整秆式收割机产品没有看到，广东科里亚公司仿制“HC-50”的产品是在随后的榨季当中见到的。

考察回来后，马不停蹄，夜以继日，经过5个月的紧张研制，我公司的两台整秆式甘蔗收割机于2009年春节过后来到了广西崇左扶绥县，开始做试验性收割作业。当地蔗农见到我们的机子，问我们：河南也种甘蔗？我说，我们那种的玉米和甘蔗很像，广西不是也种玉米么。他们听后摇摇头说，不行哦！

真的不行！机器收割不理想，蔗农只卖给我们最差的甘蔗地让我们做试验。但机会难得，我们白天作业，晚上加班改进，就这样折腾了1个多月后，我们失望地拉着机器回家了。

接下来是一轮兴奋的改进设计和制造过程。当年11月初，我们早早地把改进的新品拉到广西，还是那里，还是熟识的蔗农，还是不行！做了和上一年同样的事情，榨季结束，我们又失望地把机器拉回了厂里。接着我们又做了一年的重复工作，照旧不行！

事不过三，我们的悲观失望情绪达到了极致。钱也花完了！

光阴如过隙白驹，疏忽间就来到了2012年。这是个无底洞，我决定不干了。团队中有人走了，那位带我入行的“仁兄”在第一轮机器做出来后就走了。听说他像一个播种机，在很多老板那里都播下了甘蔗收割机的“种子”。

的确，这期间国内也冒出了十几家企业参与到整秆甘蔗收割机的研制当中。柳州汉森开始和贵航合作研制切段式甘蔗收割机，广东科利亚在提升产品功率的过程中也不甚理想，广西农机院又在搞更大的机型，国外约翰迪尔的甘蔗收割机也进来了。

但我决定退出。我要专心搞老业务，我要赚钱。

歇了几个月，身心都得到了平复。可是，甘蔗收割机总在我脑海里萦绕。终于有一天，我又把团队召集在一起，举手表决接着干还是不再干。全票通过，接着干！这个结果让我很兴奋，团队的人也是满血复活。

有了前几轮的经验教训，这次大家慎重多了。经过几轮的讨论，我们决定干切段式的收割机，并确定了几条产品研制原则，那就是：不能照抄国外的产品，因为他们水土不服；要适应国内的甘蔗种植农艺搞中型机；成本要低，要让用户买得起，用得住。

统一思想后，大家分头拿方案，经过几轮讨论，最终制定了一套全新的技术路线：轮式中型机，后部集存高位卸料，配套转运机周转。

现在看来，受益于这一技术路线的制定，我们最终搞成了适合国情的国产甘蔗收割机。

2013年春节过后，我们的第一代切段式甘蔗收割机来到柳州雒容镇收割实验，收割效果很不理想。

但就在这个时候，我们遇到了正在广西调研的中国农机化协会的马世青副会长。他鼓励我们别灰心，约定来年再来看我们的改进产品。

第二年马会长如约而至，还带着杨林副会长和农机工业协会的宁学贵副秘书长。经过新的一轮改进，产品有了较大提升，各项性能指标也差强人意了。马会长很高兴，当即给我们联系了广西区农机局，建议他们给予关注和帮助。同时南宁糖业集团的领导看过后，也极力肯定我们的产品技术路线。

这让我们更坚定了走下去的信心。接下来，在广西区农机局、崇左市农机领导的关注和帮助下，我们的产品试验进行得都比较顺利。

又经过两年的两轮改进，到2016年，我们定型的“4GQ-130型切段式甘蔗联合收割机”终于通过广西区农机鉴定总站和推广总站的鉴定，进入了农机购机补贴产品目录。当年即在广东、广西地区实现了小批量销售。

2018年年底，我们的产品在广西、广东、云南三省推广应用了近300台，一举扭转了国内甘蔗收割无机可用的局面。

基于这些表现，农机行业协会、学会给予了我们极大的肯定和莫大的荣誉。我们的产品项目分别荣获“2018 年中国农业机械科学技术一等奖”“2018 年中国农机行业年度产品金奖”，并入选农业部“2017 年度十大新装备”目录。

说点甜蜜的事儿。

我国产糖量排在巴西和印度之后，近年维持在 1 000 万吨左右。我国年消费食糖基本维持在 1 500 万吨左右，其中工业消费占到 58% 左右，每年要进口、走私 500 多万吨糖。

我国的制糖成本众说纷纭。但可以肯定的是，要近 8 吨甘蔗才轧制 1 吨糖，所以原料蔗的价格决定了蔗糖的制造成本。我国甘蔗地产量平均在 5 吨左右，广西蔗地的流转成本在 1 000 元左右，人工砍蔗费用近年攀升至 150～180 元／吨（我入行的 2008 年是 50 元／吨）。

据调研资料显示，澳大利亚农场主的土地收益设定为 50 美元／亩，合人民币 350 元／亩。澳大利亚甘蔗全部由专业合作社进行机收，收割价格大抵为 60 元／吨。这样核算下来，我们常说的制糖成本比国外每吨高出 1 000 元是有根据的。

受制于我国的小农经济模式，我国的土地流转成本短时期内很难大幅度降下来。降低制糖成本，最为显效的大概就是能迅速地降低甘蔗种植收割的费用了，而唯一的办法就是用农机取代费用日益增加的人工。我想这也就是国家重点支持甘蔗生产全程机械化的初衷了。

时至今日，国内甘蔗生产机械化取得了长足的进步，但和国外存在的差距还很大，要走的路还很长。

作为一个农机制造者，我很清楚产品还有很多不足。心无旁骛、持之以恒地去提高产品性能，降低制造成本，为客户提供满意的产品是我们应尽的社会责任。

入行十几年了，这项“甜蜜事业”给予我更多的是对失败的痛楚体验，甚至让我倾家荡产。但我不后悔，它也历练了我，让我更加坚强和向上。毕竟一路走来，我遇到过太多的好人好事。他们感动、激励着我走到今天。

我们能把甘蔗收割机初步搞成功，也得益于我们国家农机行业管理及研发推广体系的良性运营和无私支援。我要向给予我们支持和帮助的中国农机化协会、中国农机工业协会、中国农大、华南农大、广西各级农机管理部门、广东各级农机管理部门、糖企、糖办等单位表示真诚的感谢！也要向较早入行的广西农机院、柳州汉森、广东科利亚等公司对我国甘蔗收割机研制所付出的艰辛努力表示敬意！同时，我也感谢我的团队！

我相信，国人有能力让“甜蜜事业”更甜蜜！

40 年中的霍德义和他的春明机械

□ 曹俊梁

曹俊梁，德州春明农业机械有限公司综合办主任。

改革开放 40 年是霍德义与农业机械结下不解之缘的 40 年；是他致力于农业机械一路研发、一路创新、一路发展的 40 年；是春明机械沐浴改革春风，一路破浪前行、砥砺发展的 40 年。

霍德义和他的春明机械置身农村、致力于农业，用一步一个脚印的创新实践、用精琢细研的改革发展，见证了我国农业机械 40 年改革发展的巨变，也使紧跟时代脚步的他实现了从一名普通农民到知名农业机械专家的蜕变。

在山东境内京杭大运河东岸，有一个不出名的小县——武城县，这里却孕育着一个几乎让大半个中国都知晓的农业机械加工企业——春明机械。他们自主研发生产的自走式玉米收获机、葫芦打瓜籽粒收获机、青饲料收获机、田园管理机、葵花收获机等系列产品，年销量 1 万余台，被长江以北的农民朋友所青睐。

霍德义出生在农村，成长在农村，是一名地地道道的农民。改革开放 40 年来，他经历和见证了改革发展的巨变。特别是在农业机械研发制造行业，他通过亲身经历，一步步研发制造，反复创新实践，用自己的实际行动为农业机械 40 年的改革发展增添了浓重的一笔，从而也使他从一个名不见经传的小农民成长为一名农业机械发明制造专家。

改革开放初期，随着家庭联产承包责任制的实施，耕地刚刚分划到户，牲口少，农具缺，庄稼从种到收获几乎全靠人力。用铁锨翻地、用人工点种，用牛压场打麦，庄稼地里摸爬滚打的他深知劳作之苦。20 世纪 80 年代中期，在国家大力鼓励和扶植个体工商户的政策下，刚刚初中毕业的他，就着手建立了春明机械修配厂，并在农业机械上开始了他的发明制造之旅。俗话说，“麦收有三怕：雹砸、雨淋、大风刮”“麦收时节停一停，风吹雨打一场空”。麦收是庄稼人一年中最重要的时节，如不快收快打，一旦遇到风雨，一年就白忙活了。可是用镰割麦、靠牛压场打麦，这种落后的工艺受天气制约很大。麦收半个月下来，不但把人累个臭死，而且还经常因天气而遭受损失。为此，他着手加工制造小麦收割机、脱粒机，并在此基础上自己发明创造了小麦扬场机，使小麦不再受风力风向的影响，大大缩短了麦收的时间，节省了劳动力，同时，也减少了因天气原因而遭受的损失。

90年代中期，随着农业科技的不断发展，拖拉机在农业上得到广泛应用，机耕、机播逐渐代替了人力和畜力，劳动效率明显提高。随着农业机械化水平的提高，农村耕牛不断减少，这使农田中期的除草、施肥、喷药等田间管理成为当时农业上一个急需解决的问题。为此，他经过反复琢磨研究，1997年经过多次组装整改的反复实验，首台可施肥、可除草、可犁地、可播种等功能的田园管理机问世。在当时科技飞速发展的时代，这一产品的应运而生，切实解决了农业田间管理这一环节上的难题，真正实现了农业从种到管再到收的全程机械化，受到了群众的普遍欢迎，产品年销量上万台。

进入21世纪，随着国家对"三农"的高度重视，农业机械制造业发展迅速，农业机械普遍应用到农业中。特别是国家农机购量补贴政策的实施，更加快了农业机械制造业的发展和农业机械的普及。正是在国家这一政策的推动下，他抓住时机，为把农业机械做得更好、更优、更贴近群众农事的实际需求。他根据实地调研和多方搜集到的群众意见和建议，真正从农业生产的实际出发，自2006年起，先后自主研发了自走式玉米收获机、穗茎兼收玉米收获机、履带式玉米收获机、玉米免耕深松施肥播种机、自走式葫芦打瓜籽粒收获机、青饲料收获机、自走式葵花收获机、打捆机等多系列产品，获国家专利35项，其中有3项发明专利，22项实用新型专利和10项外观设计专利，多数产品通过了农业机械试验鉴定站鉴定，并获得推广鉴定证书，被列为国家推广支持的农业机械产品目录，享受国家农机具补贴政策，产品在长江以北20多个省市得到了广泛的应用和推广。2008年12月，他研发制造的自走式小型玉米收获机项目在中国山东专利周活动中被评为"德州十大优秀专利技术项目"；2015年12月，他自主研发的穗茎兼收玉米收获机产品入选"德州市职工技术创新成果奖"。2016年，他被中国农业机械工业协会、中国农业机械化协会等中国农业行业年度大奖评选活动组委会聘请为"千名专家（专业人士）评审团成员"，被山东省农业机械化标准化技术委员会聘任为山东省农业机械标准化技术委员会委员，并组织制定了农业机械产品技术标准5项。

"一年之计在于春，一日之计在于晨"，为企业取名春明机械，从她建立之初，就孕育着希望，蕴含着生机。1985年，正当改革开放之初，农业机械匮乏，霍德义继承祖业，将家中的农具加工作坊改名为武城镇春明修配厂，从加工简单的铁镰、铁叉、扒犁发展到制造小麦脱粒机、收割机，并自发研制了小麦扬场机。至20世纪90年代中期，随着农业机械在农业中的不断普及，春明修配厂迎来了蓬勃发展的曙光期。1998年，更名为武城县春明机械厂，当时正值农业机械大发展的年代，田园管理机的自主研发、上市后，当年销售量就突破5 000台。由于田园管理机的畅销和2003年开始进行玉米收获机的研发制造和销售，至2007年后，机械厂的规模严重影响了企业的发展。为突破发展桎梏，他于2009年投资成立了德州春明农业机械有限公司，公司占地60余亩当年加工制造销售各类农业机械就达到1万余台。

公司的建立，更加拓宽了企业的发展空间。公司顺应国家农业机械购置补贴政策的实施，致力于研发适合农村农业实际、实用和普及的农机具，先后研发了各种系列的玉米收获机、葫芦打瓜机、葵花收获机、青饲料收获机等6大系列30多个产品，“春明”牌机械响彻长江以北20多个省市。2011年，公司积极响应国家淘汰落后产能，变“制造”为“创造”的发展政策，注重“产、学、研、推、用”的经营理念，先后与10多所高校院所建立了合作关系，拥有各类农业机械专家和技术人员数十人。2013年，公司与俄罗斯喀山农业联合体联合研发生产了新型自走式清雪机和自走式垃圾清扫车等项目；2016年，公司承担了山东省农机装备研发创新计划项目“自走式青饲料收获机”的研发。同年，公司还参与了“4MGB-260型自走式智能棉杆联合收获机”项目的研发，并于2018年度全部验收合格并结题。改革开放40年来，企业从一个家庭式的作坊发展成为集自主研发、制造、销售、服务于一体的规模化企业，她的发展，经历和见证了我国农业机械化的改革演变，是农业机械在农业生产中逐步推广普及的一部参考书。

“海阔凭鱼跃，天高任鸟飞”，正是在国家改革开放政策的推动下，霍德义紧跟时代潮流，与农业机械结下了不解之缘，并且凭借他的智慧、才能、实干和汗水，为农业机械的推广、普及和发展做出了积极贡献。

推广机插秧
风雨路上十二载

□ 吴亦鹏

吴亦鹏，高级工程师，中国农机学会理事、中国农机工业协会理事、江苏省作物移栽机械化工程技术研究中心主任；南通富来威农业装备有限公司董事、总经理。

人类在大自然面前是多么的渺小，当我撰写这篇文章的时候，因为大雾的原因，我已经在机场苦苦等待了7个多小时。发达的现代航空技术尚且受制于天气，农业更加是一个靠天吃饭的行业。工业革命以后，因农业机械的出现，农业生产出现了翻天覆地的变化；20世纪70年代，日本、韩国已经基本完成了水稻生产的机械化，中国在改革开放以后才开始推广“新一代高性能水稻育插秧”技术。作为一名普通的农机工作者，我有幸参与了这一幸福历程。

已故著名农机学者赵匀教授曾经指出，插秧机是农业机械领域最为复杂的产品之一，由于秧苗是有生命的，它不仅要栽插秧苗，而且要保证秧苗到大田成活。水稻机械化育插秧技术的推广是一个系统工程，而我们作为插秧机的制造者，辛苦并快乐着！

一、结缘农机，纯属领导的安排

我的童年在江苏南通的农村度过的。说实话，小时候的农村到处有手持钉耙锄头、弯腰曲背干活的农民，很少看到农业机械的使用，那时我想得最多的是如何逃离农村到城里面工作，绝没有想到我的工作会与农业机械有关。

我工作单位的前身是地区农机修造厂，但是，我去的时候已经是机械工业部定点的内燃机制造企业。一个小时候在农村长大的年轻人很珍惜国有大型企业的工作机会，刚刚30多岁就担任了副总，几年后，公司与相关高校合作开发插秧机产品，并决定成立一家新的公司，可是那些资历比我老的领导不愿意离开已经熟悉的岗位，阴差阳错，我被领导安排到了一个全新的岗位——富来威公司任总经理。

一个全新的公司给了我施展宏图的机会，我把插秧机作为改变农民生活方式的机会。2006年4～5月，我在安徽含山等地演示机械化插秧，一个30岁左右的妇女，抱着她的孩子在田边看着她的丈夫用我们的插秧机插秧。我亲眼看到，她那并不靓丽的脸庞露出了非常甜美的笑容，仿佛在告诉她那不会说话的孩子：我们终于不用腰酸背痛地去插秧了。好几次，我都用这张照片，给我的同事讲我们富来威人的梦想——让中国农民用上我们自己的插秧机，让我们的农民插秧不再是负担！

创业初期，工作难度非常大，许多农户并不接受机械化的种植方式，我们把提高产品的性能指标作为首要的工作任务。2007年9月10日，农业部农机化司所属有关协会在北京公布了《全国水稻插秧机生产作业效果综合测评报告》，富来威插秧机数项指标名列国家水稻插秧机生产作业效果综合测评第一。

二、产学研合作，成就了我们的二次创业

手扶插秧机是插秧机领域的入门级产品，日本在20世纪70年代末已经实现了水稻生产全程机械化，主要依靠的是乘坐式插秧机。接触农机不久，我希望生产更高端的插秧机产品。

2007年下半年，在农业部南京农机化所的一次会议上，我遇到了中国农机行业的专家赵匀教授。赵老师是国际知名的机构学学者，长期从事插秧机的分插机构研究。我们一见如故，他同意把插秧机的专利技术转让给我们公司，并帮助我们使用他们自行研究的软件技术开发新的插秧机产品。我们还非常幸运地得到了江苏省科技成果转化项目的支持，2010年，我们生产的高速插秧机通过了江苏省农机鉴定！

与赵老师所在的浙江理工大学合作后，我们与江苏大学、南京农业大学、华南农业大学等诸多涉农高校也展开了一系列合作，通过多方位的产学研合作，企业的研发实力得到提高，公司成立了省级工程技术研发中心，忝列江苏省高新技术企业。

2017年开始，我们有机会参与国家科技部“十三五”智能农机专项，开始了研发智能插秧机的新征途。2018年6月，在江苏兴化举行的全国首次全过程无人农机作业展示中，我们有两台设备与相关企业、高校合作下地演示，中央电视台和《人民日报》均有报道！北斗导航的应用、IT技术的支持也许是中国插秧机实现弯道超车、赶超先进的机会，我们和千千万万的农机人一起在撸起袖子加油干！

三、国际合作交流，使我们跨入全球化经济的大潮

改革开放对于老百姓来说，最大的变化是可以一下子知道外面的世界是什么样子了。2008年，我第一次有机会走出国门，与中国农机工业协会代表团参观考察日本与韩国的农机展览会以及农机企业。在首尔展览会期间，我看到韩国的中小型农机企业非常多，产品也非常精致，与国内展览会的小企业产品有较大的区别。韩国在忠北郡的一家企业邀请我去考察，时值金融危机，公司研发中心晚上8点多钟还灯火通明，企业的敬业精神给我留下了深刻印象。公司的供应链与物料运输水平也令我感慨万千。

我觉得中国的中小型农机企业师从日韩是一个方向，日本几个大的插秧机企业已经完成在中国的产业布局，婉拒了我们的合作邀请，

我们继而转向韩国。实际上，韩国的许多农机企业也是师从日企。很快我们与韩国企业达成协议，两个月后我们的第一批学员抵达韩国仁川机场，一群来自中国江苏的农机技术员开始了装配、维修、技术、市场服务等多领域的全方位学习之旅。

与日韩企业学习技术的同时，也时刻感受到他们的“国际化”思维，不仅是大公司注重拓展国际业务，一些非常小的韩国插秧机配件企业在中国、菲律宾也都有办事处；供应链全球化、销售市场全球化已经成为先进农机企业的标配。

很快，我们开始主动出击，从印度、印度尼西亚、泰国等周边国家起步，从培训育苗开始，目前已经在30个国家实现销售，成为全球化大潮中的一员。

2018年10月，在武汉举办的中国国际农业机械展览会上，我遇到日本的农机专家岸田义典先生，是当年我去日本时热情接待我们的老朋友。岸田对于中国近10年来水稻种植机械化的快速发展给予了高度评价。他说，中国幅员辽阔，水稻种植的农艺复杂，目前水稻机械化种植达到48%的水平实属不易。展览会期间，我有机会与到中国访问的日本农机友人交流，多家水稻机械化除草的企业展示了他们的产品，而机械化除草在中国几乎还是空白。看来中国水稻生产全程全面机械化的路还很长，且行且学习。

四、密播稀植，下一代机械化插秧技术的方向

进入2018年，中国的水稻机插秧技术推广进入了平缓期，一方面水稻收购价小幅下调，另一方面，播种面积也有所减少，农民对于机插秧技术推广心理预期有所下降。目前看来，机插秧最大的“痛点”在于水稻育苗插秧技术的前期投入成本偏高，那么是不是有技术办法可以降低前期育苗成本，从而提高农民种植水稻的收益呢？实践证明，“密播稀植”是有效的途径。

密播稀植，是指在水稻育苗播种阶段增加播种量，移栽阶段减少取秧量，大幅度加大株距，减少单位面积苗盘用量，实现产量持平或略有增产，最终实现降低成本、提高效益的水稻育插秧新技术。目前，该技术在日本已经大面积推广。

在播种阶段，主要解决的问题是增加播种量。由原来的100～150克增加到220克，甚至到300克。在培育壮苗方面，对苗的要求与普通育插秧技术是一样的。苗的高度控制在12～15厘米。一般来说，由于小苗移栽，播种量增加了，成毯性也会较好。与普通育苗相比，可以适当减少育苗期，其具体的时间需要根据品种、天气确定。需要特别注意的是，由于采用小苗移栽，需要提前确定好播期，可以根据移栽的时间来具体确定，否则小苗生长太快，将不利于采用密播稀植。日本的资料显示，天气和品种适宜的话，14天左右，就可以开始移植了。

2018年6月，我在江苏省南通市通州区的试验基地开展“密播稀植”的试验。第一个阻力是当地的农户，他们认为苗太少，收成一定不高；好不容易讲通了，可是我们刚刚开始机插秧的时候，他又在后面补苗，好在结果还是非常不错的。我们算了一下，当天插秧少投入

10 多盘苗，同时多收获 10%，老百姓每亩多赚了 200 元。11 月初的时候，老农看到我，态度完全不一样了。

五、农机情怀，支撑我们度过寒冬走向未来

2018 年的农机行业，从数据看大幅下滑，有专家讲农机寒冬来临。在这个被冻哭的冬季，最暖人的新闻可能是年底的最后一个工作日，国务院发布了关于农业机械化与农机装备转型升级的文件。中国农业大学的杨敏丽教授在一次论坛上讲过，中国农机工业利润率较低，支撑农机企业家投入的应该是农机情怀。看来，与这些农机企业家一样有情怀的是我们的政府，孜孜以求农业的机械化升级之路。

回顾过去，我们的工作有艰辛，技术推广初期，农民不理解、不认可，2006 年在湖南曾发生过农户把机械插完秧的苗踩了重新人工插的事情；也有快乐，湖北的第一代用户黎志诚以及仍在湖北枣阳农机推广战线的王方成老师都曾经给我们写过打油诗，“机械插秧就是好，农民都用富来威！”湖北潜江农机的朱星桥局长也曾用对联评价过我们：“上联民族情，下通农民心”。

回首 12 年的农机工作历程，收获颇多。今年，富来威的品牌被中国农机工业协会认定为“最具影响力品牌”；企业的产品被认定为改革开放 40 年杰出产品；我本人被评为江苏省农机行业改革开放 40 周年功勋人物。虽然受之有愧，但也反映了行业对我们工作的肯定。

中国是世界稻作文化的发源地之一，很早就发明了与插秧有关的农具与农机。希望我们制造的插秧机能服务于更多的农民朋友，为他们的水稻种植增加更多的收益！今后，我们将继续为中国水稻的连年丰收再做贡献！

一个女企业家的“农机”情怀

□ 许淑玲

许淑玲，洛阳市鑫乐机械设备有限公司董事长，保护性耕作的研究者、宣传者、推广者、守护者，“河南省最具行业影响力十大女杰”“河南省科技创新优秀企业家”“河南服务三农创新人物”“最美洛阳人”。

20年，在人类历史长河中不过是一朵小小的浪花，而对于洛阳市鑫乐机械设备有限公司来说，它不仅是一个简单的时间段落，更是一场艰苦卓绝的生命搏战。对于我个人来说，是一步一个脚印，研发“全还田防缠绕免耕施肥播种机”的征程，为实现保护性耕作暨秸秆还田、全国主要农作物全程机械化做出了自己的一份贡献。

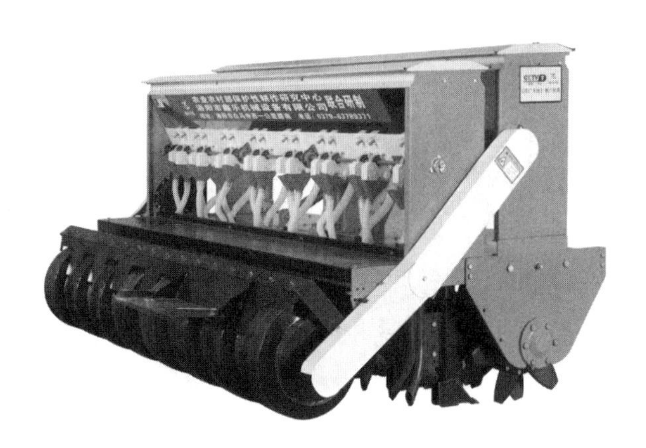

鑫乐全还田防缠绕免耕施肥播种机
系列产品之2BMQF-8/16A型

一、创业，只为那心中的梦想

1959年，我出生在洛阳市洛龙区白马寺镇枣园村的一个农户家庭。父亲是老党员、村干部，我从小受到了良好的家庭教育。1977年高中毕业后，到村里的炭黑厂做化验工作。作为一名化验员，指导炭黑生产，把控产品质量，我深感责任重大，工作中兢兢业业，毫不懈怠，干一行、爱一行、钻一行。工作12年间，我从组长到科长，一直负责检验工作，没有出过一次差错。

枣园村的炭黑厂当时是全省唯一一家生产炭黑的企业，生意非常火爆，依靠企业的发展，枣园村也成为众人所羡慕的明星村。

在这12年间，生在农村、长在农村的我，也亲身经历了中国农业的发展变化历程。农忙时，加班加点快收抢种，下地割麦，掰玉米，犁、耧、锄、耙样样都会用，当时繁重的体力劳动，让我深感农业机械化的重要性。20世纪

年轻时的许淑玲

80年代末就有了小麦收割机，当时大部分老百姓都不接受，宁愿面朝黄土背朝天地手工割麦也不让收割机下地。我却看在眼里，记在心上，成了村里第一个使用收割机的割麦人。我认为新生事物的出现，第一个吃螃蟹的人是最伟大的。

1989年，在全国企业改制的浪潮下，炭黑厂由村办企业改制为私人承包，心中一直藏有一份渴望与梦想的我选择了离开。

许淑玲董事长在江苏泗洪考察水稻收获后
鑫乐全还田防缠绕免耕施肥播种机一次性
完成稻茬播种小麦长势现场

虽然当时有些舍不得，但我从不后悔当初的选择。离开后，我先到关林批发市场经营布匹，到过浙江，去过厦门……南来北往的经历，使我开阔了眼界，磨练了意志，积累了一些经商经验。农忙时，我回家秋收忙种，始终都没有脱离农村、农民、农业。人再有钱也得吃饭，粮安天下，匹夫有责。我怀揣梦想，在心中画出了一幅未来事业的蓝图。

1994年，我和丈夫一起创办了金华机械设备厂。抓住浮雕门兴起的时机，投入生产，赢得了人生的第一桶金。但几年下来，浮雕门逐渐过时，被市场淘汰，企业第一次遇到了生存危机。是听之任之，还是直面困难，破解危机？性格倔强的我选择了后者。

后来，我多渠道考察市场，借助国家大力发展养殖业的政策，决定转型生产畜牧机械——饲料粉碎搅拌机、颗粒机和铡草机，赢得了山西、陕西、河北、河南等多省区域的一大片市场。由于产品对路，迎合市场，质量稳定，再加上我的经营理念是“诚信是金，好的产品质量就是最好的售后服务”，很快企业又站稳了脚跟。

当时这个行业风生水起，看你干得不错，引来了一些人的盲目跟风，很多企业和一些小作坊一拥而上。当时由于没有知识产权保护意识，自主研发的畜牧机械系列产品很快被其他厂家和一些小作坊照抄仿制、以次充好，靠低价冲击市场。没过几年时间，整个行业产量过剩，竞争日益激烈。但我始终坚持诚信待人，以质量求生存，不以价格去恶性竞争，凭借过硬的产品质量和优质的售后服务，赢得了市场和用户，企业得到了稳步发展。

国家小麦产业技术体系首席科学家肖世和教授（右三）在河北马兰农场考察鑫乐全还田防缠绕免耕施肥播种机前茬玉米一次性完成播种小麦长势现场

几十年的农村生活经历，让我感同身受，亲身体验到农民生活的艰辛，他们年复一年，忙于春种秋收，辛苦劳碌，还增产不了多少粮食。减轻农民劳动强度、增加农民收入，提高农民的幸福生活指数，成为我心中的一个念兹在兹的梦想！

二、转型发展，毅然决然投身保护性耕作

2002年，我国开始宣传推广保护性耕作。有一次，我和市农机局的领导一起参加了一个关于农业发展的培训会，听到一个专家讲了关于我国保护性耕作技术发展情况的报告，我深深地领会到保护性耕作在我国的发展前景是多么美好与长远。1959年，毛泽东主席就提出了“农业的根本出路在于机械化”的著名论断。和我同岁，伴我走过人生60年。

专家讲到，这项新的保护性耕作技术，使秸秆就地还田后覆盖地表，土地不用完全耕翻，免耕播种，动土面积少，化肥深施，省时省力，省钱增产，是中国农业技术的一次能够给人们的生活带来翻天覆地变化的伟大革命。“保护性耕作确实好。但是，如果没有很好的符合保护性耕作的机具做支撑，那就是一句空话！”专家的话，坚定了我转型发展保护性耕作的信心和决心。我一定要研发生产出最符合保护性耕作的机具，服务保护性耕作，服务农民，服务农村农业的发展！

就在原有企业走上正轨并开始稳步增长的大好形势下，我顶着来自各方面甚至亲人的惋惜、质疑与劝诫，破釜沉舟，开始了保护性耕作机具的研发工作。同时，也深深地认识到，研发保护性耕作机具只是万里长征迈开了第一步！

一个小型民营企业，在资金、人才、技术都很缺乏的情况下，搞保护性耕作、搞农机研发，困难程度可想而知。

主要的困难是研发没有资金，我把多年经营积累起来的资金全部拿出来后还有缺口，但我始终没有放弃，千方百计想办法，苦干加巧干，厚着脸皮去向亲朋好友借钱。没有人才，我和丈夫就亲自带领企业技术人员搞研发。为了研发保护性耕作机具，我东奔西跑参加各种培训和学习，到全国各地去参观考察。

千磨万击还坚韧，任尔东南西北风。

许淑玲董事长陪同农业部保护性耕作首席专家考察鑫乐全还田防缠绕免耕施肥播种机前茬玉米一次性完成播种小麦长势现场

鑫乐播种机一次性完成免耕播种小麦出苗长势

为了使自己研发生产的符合保护性耕作的新型农机更适应市场、更接地气，我们首先对市场上其他厂家的播种机进行调研分析，发现传统的小型播种机和旋耕播种机普遍存在多个缺点和问题，比如农作物秸秆缠绕的问题、壅堵的问题、种子着床差的问题、缺苗断垄的问题、秸秆还田效果差的问题等。老百姓为了使用这些机械，不得不先把秸秆运到田间地头，然后才能旋耕播种，这就造成了老百姓焚烧秸秆、严重污染环境的问题出现。

有一次，我从安阳考察调研结束后已是晚上9点多钟，在回洛阳的路上，看到路边到处是焚烧秸秆的一堆堆火焰，浓烟滚滚，严重影响开车视线和飞机航线。这些现象使我深深地认识到研究推广保护性耕作机具的重要性和紧迫感。

鑫乐播种机前茬玉米一次性免耕播种小麦，秸秆分离到背垄上，有大量蚯蚓生成，还不长草

在研发过程中，为了找到小麦播种苗带的合适宽度，我与丈夫一起带领公司技术人员，在车间里、田地里，不怕脏、不怕累，对开沟刀的夹角一度一度地调试。经过无数次的失败，无数次的改进，无数次的下地试验，最终确定了最佳宽度。为了解决秸秆的缠绕问题，历经无数次的失败，最终研发出了带有铡草功能和防缠绕功能的“圆盘锯齿开沟器”。为了使刀具更耐用，对刀具的材质进行了多次的改进，虽然增加了成本，但提高刀具质量，也提高了刀具使用寿命。研发过程中，机具需要不断下田试验，为配合产品研发，我租赁了60多亩地作为试验田，很多时候正在生长的庄稼都要为演示机具而“牺牲”。历经无数次的失败，改了试，试了改，我们投入了大量的人力、物力、精力和财力，反复试验，反复修改，废寝忘食，经过无数个日夜，攻克了一道道难关，终于研发出了一代又一代的全还田防缠绕免耕施肥播种机，并获得了30多项国家专利。

鑫乐全还田防缠绕免耕施肥播种机前茬谷子一次性完成播种小麦蓄水保墒效果

鑫乐全还田防缠绕免耕施肥播种机前茬玉米一次性免耕播种小麦返青期长势

三、执着，铺就了成功的道路

产品研发成功之后，推广宣传又成了问题。广大的中国农民是朴实厚道的，从某种意义上说也是保守的。对于大部分习惯了数千年传统耕作模式的农民来说，他们内心深处对新型耕作模式会有某种恐惧，怕影响一季的收成，不愿冒险接受新产品，这就给推广带来了种种困难。

怎么办？这么好的产品推广不下去，不仅是企业的失败，也是国家保护性耕作政策的失败呀！当然不能听之任之。凭借对自己产品的自信，我果断决定，给身边的亲朋好友免费试种，并承诺效果一定会好，效果不好我赔偿他们的损失。就这样，用事实说话，通过用户的口碑宣传和自己的实践经验，对产品进行了很好的推广。用一句话总结：自信，是成功的第一秘诀。

推广过程中在洛阳市汝阳县的一次经历，直到现在我仍然记忆犹新。

当时正是种麦季节，我和汝阳县农机推广站的领导沟通好，到县里去搞推广。结果当地老百姓不愿接受，但领导非常支持，就让在他自家地里试种，被他的父亲发现后不让机具下地。我承诺如果减产包赔损失，即便如此，他的父亲也仍然坚持不让种。老人家说："我种了一辈子庄稼，哪儿见过这样种地，胡闹！不准在我地里试种。"

无奈，我们等到了第二天，领导瞒着老人，一大早在他家地里顺利地播种了小麦。老人发现后也无可奈何。虽然不同意试种，可他很关心试种情况，三天两头去地里看出苗情况。后来他发现自家地里的麦苗比邻居的出苗整齐，又黑又壮，还没有缺苗断垄现象，长势一天比一天好，他非常高兴。来年3月份麦苗分蘖后，每个枝节都很粗壮。麦收后，他家的麦子比往年多收了好几袋。他逢人就说鑫乐兴隆播种机真不错，省工省时还增产，真的不错！

其他机具与鑫乐全还田防缠绕免耕施肥播种机
前茬小麦一次性完成播种玉米长势对比
（右侧为鑫乐机具作业效果）

2015年10月10日，农业部组织的全国小麦播种演示会在陕西省永寿县召开，十几家机具参加了演示。一位专家看中了鑫乐公司的机具，要求把机具留下，进行推广演示。当时我十分纠结，内心也很矛盾。最终，还是决定把机具留给这位专家。永寿县和甘肃交界，我当时看到那一望无际的田野，我就想通过这一台机具的试验示范，哪怕只是播种10亩地试验一下效果也好，这样就能看出鑫乐机具的好坏了。这样以点带面，方寸见世界，星星之火，可以燎原。

事实证明，我的想法是正确的。这位专家做了鑫乐机具和其他厂家机具的作业对比，鑫乐兴隆播种机播种的小麦产量比对方机具播种的小麦增产13.7%，这是专家试验后对比的数据。

由于产品设计合理，播种效果好，下自老百姓接受，上自专家认可，就这样，良好的销售局面逐渐在全国打开。

中国农业大学王志敏教授用鑫乐播种机在河北试验基地播种玉米，做节水试验，一水不浇，效果很好

四、优势，保护性耕作领域的一次革命

鑫乐全还田防缠绕免耕施肥播种机不但能够适应北方各省各地区不同地域、不同土壤、不同农作物、不同农艺要求，一机多用，一次完成，收了小麦种玉米，收了玉米种小麦，既节本又增效，而且也适应南方水稻收获后，板茬一次性完成播种小麦、小麦收获后一次性完成水稻旱种的需求，懒汉种田，节约增产，完全符合农业部保护性耕作标准要求，对土地实施免耕或少耕，尽可能减少对土地的扰动，灭茬、分茬，微垄覆盖，积雨保墒，培肥地力，防燃禁烧。鑫乐这一产品的推出为国家正在大力推广的保护性耕作先进农艺提供了完美的机具技术支撑，是农机行业的一次革命，是旋耕刀的换代产品，填补了国内秸秆全还田防缠绕免耕施肥播种的空白，是完全符合保护性耕作的机具。一位专家到我们公司调研后说：“鑫乐公司的播种机无论从哪个角度讲，百利无一害。”

鑫乐全还田防缠绕免耕施肥播种机一次性完成播种谷子长势

山西省旱地小麦要求沟播双行探墒播种，鑫乐机具完全适用、完全符合。“圆盘锯齿开沟器”能够将秸秆通过锯齿刀的地方，把上面的一层秸秆和上面的一层干土切开、挖出、分离，自然形成了种子苗带和秸秆覆盖带，耕的地方种了，没耕的地方没种，有1/3的土覆盖到秸秆上，1/3的土覆盖到播种种子的苗床上，给种子发芽和生长提供一个良好的环境，起到了蓄水保墒作用，墒情持续时间长，不易挥发。省时省力，节本增效，节约的成本就是纯利润。

甘肃省旱地作业提倡微垄覆盖、积雨保墒。能够将雨水、雪水、浇地水汇集到沟里，蓄水保墒效果好，墒情持续时间长。秸秆腐烂后，有一定的温度和湿度，适合蚯蚓生存的环境，背垄上还不长草，保温、保墒、保苗。

河北省地下水资源严重缺乏，中国农业大学王志敏教授把鑫乐全还田防缠绕免耕施肥播种机引进到河北试验基地，与其他厂家机具进行对比，播种玉米做节水试验。鑫乐兴隆播种机播种的玉米从种到收一水不浇，玉米长势比其他机具浇水的长势还好。因为一次性沟播效果，又蓄水又保墒，通风透气见阳光，墒情持续时间长，不易挥发。

2012年，我们就把研发的全还田防缠绕免耕施肥播种机拉到江苏省泗洪县的一个合作社，进行现场实地示范研究。第一次演示成功，虽然没有大的问题，但因当地土质湿黏，雨水多，秸秆的通过性和化肥深施问题有待进一步研究解决，我们就把机具从江苏拉回洛阳，进行改造。示范过程中，我们的机具引起了江苏省农业科学院专家的重视，他们与鑫乐公司合作，共同对机具进行改进。我们在洛阳——江苏两点成一线的距离往返多少次，试了改，改了试，付出的艰辛和成本可想而知，但我们没有放弃，直到成功。专家们研究了十几年的水稻旱种课题，鑫乐公司全还田防缠绕免耕施肥播种机给完成了，我们的成功来自于技术理论与实践的完美结合。后来专家来我们公司考察，说我们机器是试出来的。对！我们是实践出来的！

发展才是硬道理，创新才是企业的根本，在10多年的研发和实践过程中，鑫乐全还田防缠绕免耕施肥播种机的优势是其他厂家播种机所没有的，我们的宗旨是研发一代、储备一代、生产一代、推广一代，研发出绿色、智能、高效、环保的农业装备。

鑫乐全还田防缠绕免耕施肥播种机在江苏省一次性完成水稻旱种苗期长势

（一）复式作业，一次完成，多功能于一体

全还田防缠绕免耕施肥播种机可实现一次性完成机具通过时对种植苗带处秸秆的二次铡切粉碎、灭茬、分茬、开沟、施肥、播种、覆土、镇压、起垄等多道工序，通过性不受影响。同时，秸秆就地还田效果好，培肥了地力，从根本上解决了防燃禁烧难题，保护了环境，利国利民。

鑫乐全还田防缠绕免耕施肥播种机在柬埔寨一次性完成水稻旱种穗期长势

（二）一机多用，降低成本

同一机器可播种小麦、玉米、大豆、谷子、油菜、高粱、水稻等多种农作物，降低了购机成本。农民省时、省力又省钱，真正体现出了农业的根本出路在于机械化，体现出了科学种田、节约增产的现代农业理念。

（三）沟播探墒，节约增产

此产品独创小麦宽窄行探墒沟播模式，充分发挥了边行优势的作用，加密了小麦苗带，无缺苗断垄现象，苗全苗壮，蓄水保墒，通风透光，增产增收效果显著。2012年，洛阳小麦生产受长期干旱气候影响，大面积减产，但是在汝阳和宜阳两个县的保护性耕作示范区，达到亩产1 260斤的好收成。这充分说明了小麦宽窄行探墒沟播技术鑫乐机具完成的优势。

（四）高效还田，节能环保

圆盘锯齿开沟器能有效解决秸秆缠绕、壅堵和难以铡切等问题，即使遇到厚层秸秆通过也不受影响。地表秸秆微垄覆盖，加快腐烂，秸秆腐烂后留下的空隙有益于营养物下渗，培肥地力，集雨保墒，减少水分蒸发，起到蓄水保墒的作用，从根本上解决了秸秆就地还田、防燃禁烧、保护环境问题。通过秸秆还田，8年后土壤有机质增加20%以上，减少化肥施用量20%以上，大大减少了农药的使用量，能够有效保护土地，是对传统耕作制度革命性的变革。

鑫乐全还田防缠绕免耕施肥播种机一次性
完成精量播种油菜长势

经过多年的发展，鑫乐公司获得了众多成果和荣誉，先后获得“全国农牧渔业丰收奖一等奖”，农业部颁发的“农机农艺最佳结合与应用一等奖”，被评为“河南质量诚信AAA级品牌企业”“河南省诚信兴商双优示范单位”“河南省质量兴企科技创新领军企业”“河南省质量兴企科技创新优秀企业”“河南服务三农诚信领军单位”“河南省著名商标”“河南省科技型中小企业”“河南省3·15产品质量信得过单位”“洛阳市守合同重信用企业”“全国小麦看河南——黄淮麦区首届英雄榜2016—2017年小麦高产配套‘最具影响力名企名牌’农资农机产品”“2014年第二届中国（中部）现代农业科技展览会推荐品牌”等。我个人也荣获“河南省最具行业影响力十大女杰”“河南省科技创新优秀企业家”“河南服务三农创新人物”等诸多称号。

鑫乐人作为保护性耕作的宣传者、推广者、守护者，不忘初心，牢记使命，会继续研发出更符合现代农业绿色、高效、智能、环保理念的农业机械装备，为保护性耕作事业做出更大的贡献！为实现全国主要农作物全程机械化努力奋斗！

先进的农机设备为甘肃亚盛田园牧歌草业集团的发展添彩

□ 付德玉

付德玉，内蒙古阿鲁科尔沁旗田园牧歌草业有限公司副总经理。

40年沧海桑田，40年风雨兼程。

在改革开放40年的历史长河里，甘肃农垦开拓创新，奋发有为，走出传统的小农耕作模式，发展成为今天的大农田、大农机的现代化农业生产模式，这些离不开甘肃亚盛田园牧歌草业集团的努力拼搏和奋斗。

甘肃亚盛田园牧歌草业集团创建于2010年，经过近8年的发展，公司从创建时期收复的弃耕地3万亩发展到如今拥有30万亩的土地面积规模，公司拥有一支专业的牧草生产管理团队和专业的农机作业团队，保证了农业生产管理工作，使其发展成为中国草畜业的知名品牌企业。

我是第二代农垦人，是知青的后代。1964年，我出生在甘肃农垦的黄花农场，1978年改革开放那会儿，我是14岁的少年。我看得最多的风景就是在农田地里奔驰的一辆辆农机设备卷起的尘雾。春天，一辆辆“东方红”拖拉机在农田犁地、播种。秋天，一辆辆“康拜因”在麦田收麦，幼小的心灵里埋下了热爱农机的火种。1986年，我从甘肃农业机械化学校毕业后，分配到农场农机修理厂，成为一名人人羡慕的农机工作者。从此，我的生命因农机而闪光，我的工作因农机充满活力。

工作初期，国营农场还是大锅饭时期，农机作业已进入全程机械化，国营农场是中国农业机械现代化生产的先锋和领军者。但是，那时的拖拉机马力小、农具少、出勤率低、故障率高，经常耽误农时。虽然每年冬季12月到来年春季4月共有5个月的农机修理、保养期，但春耕生产期间，农机事故依然频发。1984年实施家庭联产承包以后，农场农机实施个体承包作业，清一色的中国制造拖拉机均由农机驾驶员承包经营。

20世纪90年代后，农户购买国产小型农机具的热潮空前高涨，农用三轮车、四轮车在田间作业的场景随处可见，农场农机作业队进入萧条和低谷。直到2004年，国家出台了《中华人民共和国农业机械化促进法》，国家开始实行农民购机补贴，而且购置补贴机具必须是大型拖拉机及配套农具。甘肃农机市场出现了进口农机，其中，约翰迪尔农机产品以马力大、效率高、作业质量好，备受农户的青睐。

一开始农民并不认可大型机械，但是经过销售商的试验推广、耐心讲解及培训，几年后，农户基本不愿意使用小型机械了，逐渐向购置大型机械方向发展。随着国家越来越偏重对大型机械补贴政策的实施，以及使用现代化大型农机具带来的收益，农民尝到了甜头。2004—2018 年连续 15 年的中央 1 号文件，都特别关注“三农”问题，而在这些文件中，对于农业机械化的发展也都有比较明确的要求。

我感受最深刻的还是 2013 年后的 6 年农机工作生涯。

2013 年 2 月，我从甘肃农垦的国营黄花农场正式调入甘肃亚盛田园牧歌草业集团公司，跟随项目考察组入驻内蒙古阿鲁科尔沁旗通什嘎查项目区，对该区沙化草原种植苜蓿草进行实地调研。

面对浩瀚无极的沙化草原，我的脑海边浮现出庞大的农机作业团队和整齐划一的拖拉机工作的场面，工作热情因此倍增。

由于该地区地下水资源丰富，公司引进了美国林赛公司指针式喷灌机设备 78 台，5 月开始打井、设备安装，7 月 15 前全面完成牧草播种任务。

同期，我流转的 5 万亩土地按照要求需在两个月内完成犁地、土地整压、播种等工作环节，我们做出了购买进口拖拉机和农机设备的计划，并和多家设备经销商商谈一体化解决方案。按照方案，我们引进了美国林赛指针式喷

灌机 78 台，约翰迪尔大马力拖拉机 13 台、库恩犁 4 台、雷肯联合整地机 4 台、大型镇压机 3 台、库恩 4000 播种机 6 台、割草机 14 台、库恩搂草机 10 台、库恩 1290 打捆机 12 台，保证了按期完成农业生产任务。

2014 年，甘肃亚盛田园牧歌草业集团在内蒙阿鲁科尔沁旗再次流转土地 3 万亩，再次引进美国林赛指针式喷灌机 55 台进行农田灌溉。两年共建设牧草基地近 8 万亩，共引进指针式喷灌机 127 台。

这些成绩的取得，离不开管理团队的精心策划，更离不开强大的农机工作团队。2014—2015 年，甘肃亚盛田园牧歌草业集团在金塔盛地草业和临泽新华草业各引进美国指针式喷灌机设备 62 台和 9 台，控制灌溉面积 4 万亩。甘肃亚盛田园牧歌草业集团以科学的管理模式和先进的生产技术走在了甘肃农垦农业企业的发展前列，也成为中国草业界的领军者之一。

从播种到收割，我深刻体会到现代农机装备带来的好处。就以选择灌溉设备来讲，我们先期也进行了很多考察和比较，最后确定引进了美国林赛公司的远程控制指针式喷灌机，它不仅为作物生长及时地提供所需水分，而且能够节约大量水电、劳动力资源，减少农药和化

肥等资源的浪费。

最显著的特点就是林赛公司自主研发的远程控制系统，极大地方便了喷灌机运行控制和生产管理，以极低的运行费用、高可靠性和运行效率、良好的灌溉均匀度、及时的技术培训和技术支持，使得大面积农田灌溉成为一件轻松的事情，即使在崎岖不平的田间，林赛喷灌机也能够对作物进行均匀灌溉。

林赛喷灌机正在作业

夏季，当你走进美丽的阿鲁科尔沁旗——中国草都，一条新修的草业专用公路蜿蜿蜒蜒，将你引领到草原的深处。公路两旁，一片片绿油油的人工牧草长势茂盛，碧草连天，生机勃勃。

走近草地，一台台大型指针式喷灌机在草地上不停地转动喷洒着水雾。水雾在太阳的照射下形成一道道绚丽多彩的彩虹，在蓝天白云和碧草间闪现。割草时节，一望无际的绿海间穿行着一排排从容的割草机。这是一幅无法用语言描绘的令人心醉的美丽画卷，人间仙境般的令人心旷神怡。我像一名指挥千军万马铁骑的将军站在高坡上，凝视远方，骄傲感和自豪感油然而生。

中国草业的发展史较短，甘肃亚盛田园牧歌草业集团的发展历程至今也只有 8 年。但田园牧歌人牢记生产优质牧草的使命，以改革为动力，向改革要活力，与时俱进，开拓进取，在推动绿色发展、服务各族群众、传播先进生产文化、加强民族团结等方面持续发力，不断增强承载力、带动力和影响力。

一望无际的绿海间穿行着从容作业的割草机

绿涛漫卷，8 万亩优质牧草舒展着“中国草都”的壮美画卷，这就是甘肃亚盛田园牧歌草业集团在沙化草原创立的奇迹，一个充满生机与活力的家园。

农村娃的飞天梦

□ 吴清槐

吴清槐，安徽特源鑫智能科技有限公司总经理。1974年出生，江苏南京人，中级职称。2013年创立安徽特源鑫智能科技有限公司，主要生产、销售植保无人机，拥有完整、科学的质量管理体系和专业的生产团队。2018年生产的幻客六旋翼植保机经中国科技部评定达到国际先进水平。

1987年中国发生了一件大事，在黑龙江省大兴安岭地区发生特大火灾，燃烧了近一个月，这是新中国成立以来最严重的一次森林火灾。每天晚上，大家都守在电视前看大兴安岭的最新新闻，电视画面上，熊熊大火吞噬着森林，消防员在与火魔搏斗中，显得无能为力。那年我正上初一，心里万分着急，好想立即飞上天空去浇灭大火，拯救这片美丽的原始大森林。

有一天，学校大门口张贴了一张全国少年飞机设计师比赛的海报，一架翱翔在蓝天白云间的飞机向我俯冲而来，一下子就抓住了我的心。我当时就想，如果我能够设计一架可以灭火的飞机，那大兴安岭的火就不会烧这么多天了，美丽的原始森林就不会变成黑色的焦土。心里涌起难以抑制激情，大胆地跑到校长办公室，报名参加这个比赛。

自此一颗火种在我心里点燃，设计出一架飞机的梦想深深埋入心底，再不曾熄灭。

从报名到比赛只有短短半年的时间，但凭着出生牛犊不怕虎的那股冲劲和执拗，我全身心地投入到飞机模型设计中，几乎忘记了自己是一个连真飞机都没见过的一无所知的少年。这次活动共有4个学生报名，老师带着大家利用业余时间学习、制作、操控，有时候做着做着就忘记了时间，连晚饭也忘了吃。

学校在镇上，另外3个同学离学校很近，而我家离学校要步行十几里路才能到。当时我们家经济条件十分拮据，母亲是下乡知青，1982年才返城，在一个橡胶厂里当工人。父亲是个地地道道的农民，没有一点文化，随母亲进城靠拼苦力拉板车养家糊口。他们每天早出晚归辛勤劳作，根本没有时间和精力陪伴我，甚至连一日三餐都要我自己去应对。从小的历练，让我比同龄人更能吃苦耐劳，也更懂得靠自己的双手去赢得成功。

一个星期日的下午，老师给我们布置作业后，因为临时有事，就回去了。其他3个小伙伴见老师不在，简简单单地凑合着只完成几个小模型的制作，就匆匆忙忙玩去了。我心里也跟猫抓似的，但看着这些飞机模型还没有完工，就没有走。

在学校的实验室里，我埋头制作，一干就是3个多小时。等把一个个小零件拼凑成飞机模型时，我高兴得飞上了天，拿着模型就冲出去。这时候才发现天已经很黑了，实验楼的铁门已经锁上了，无论我怎么喊，一个回音也没有。直到晚上12点多，父亲找到学校，才把我领回家。

经过一次次航模飞机从天空摔下又飞起，飞起又摔下，我的模型终于在起飞后安全地着落了。之后在全国2.5万多名专业选手比赛中我崭露头角，一路过关斩将，进入决赛，得了第12名。

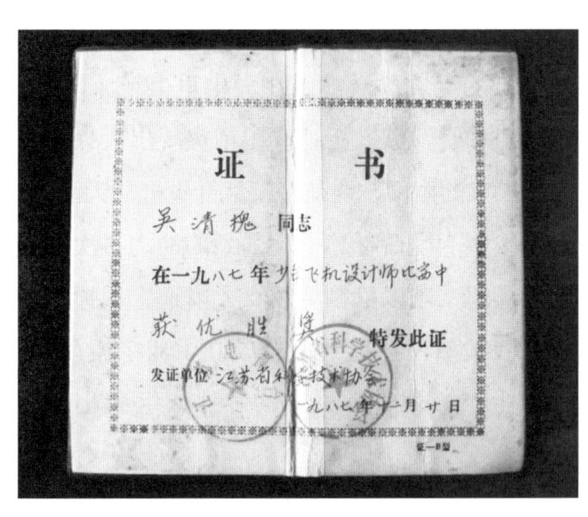
证书

吴清槐 同志

在一九八七年少年飞机设计师比赛中

获优胜奖 特发此证

发证单位 江苏省科学技术协会

一九八七年十一月廿日

1987年，参加“少年飞机设计师比赛”获奖证书

这个预想之外的优异成绩，让全校沸腾了，老师觉得我在设计飞机上有一定的天赋，把我推荐到南京市模型队。从此，我的人生就和飞机结下了不解之缘。通过专业的训练和指导，我在南京市模型队小有名气，1987—1992年经常代表省里参加全国性大赛，获得了很多荣誉，

吴清槐（左二）参加1990年江苏省省运动会

被评为国家一级运动员。

1992年高中毕业，同年我拿到了航模国家一级裁判资格，南京航空航天大学破格招收我入学。这对于许多家庭来说是一件喜事，但那时候，父亲生病，母亲下岗，作为一个农村孩子，家里无力供我读书。看着鲜红的通知书，一架飞机从页面上腾空而起，我只能把它默默地压在床下，抛在脑后，急急地找一份工作来分担父母的压力。

同年，航模项目被划为非奥运项目，我们这些专业队员没有了国家的补贴，失去了经济来源，只能自谋出路。17岁的我早早踏上了创业的道路，靠着一技之长在社会中谋得生存。

我舍不得丢弃所热爱的飞机设计，坚持做模型，当教练，带学生参加模型比赛，在夹缝里拼搏，在激烈的市场中摸索。经过十几年的积累，我在行业里小有名声，赢得了“吴人机”的称号。

2003年，日本HIROBO南京分公司招聘技术人员，主动与我联系。HIROBO是日本一家专业做模型直升机的企业，给雅马哈直升机做代工，在世界享有声誉。半年后，我设计的一款飞行小技术被日本总公司应用，为打开市场，南京分公司委我以市场运营总监的重任。

初到公司，我像海绵一样吸吮着最前沿的

科技知识，找到了一个全新的视角，也激发了我童年的梦想——造出属于自己的飞机。公司负责技术研发的日本专家叫乔本学，他是三届F3C（世界直升机航模大赛）冠军得主，有着世界一流的技术和理念。他为人严厉，对技术要求到了近乎苛刻的地步，容不得一点差错。在他的核心研发团队中，没有一个中国人。我当时是模型机的操作手，只能接触到运用层面。

有一次，新出品的一架模型机试飞，刚起飞就摔了下来。开始的时候，都觉得是我操作不当，后面乔本学自己上阵，还是飞到半空中，就像断了线的风筝直直摔下来。乔本学带着几个日本专家现场拆开模型机进行解剖，然后组装起来再进行飞行，依旧如此。虽然我听不懂他们在说什么，但我把模型机拆开后的每个零件都清清楚楚地记在脑海里，突然意识到问题可解。我对乔本学说，能不能让我试试。几个日本专家面面相觑，眼睛里充满着怀疑，仿佛说：“就你？”乔本学问我：“你能看懂这些零件的英文吗？”我说：“看不懂，但每个零件我都知道用途。”

乔本学把仪表和工具递给我，然后他们在边上观看。其实这个模型并不存在设计问题，只是在组装过程中，有一个镙丝过长，影响了飞行的稳定，导致操作失控，无法稳定飞行。我换了一个镙丝重新组装，果然飞机顺利地飞到空中，优美划了一个弧线，稳稳降落。几个日本专家见状后拍起手来，脸上满是惊奇，也由衷地被我这个毛头小子所折服，我的“吴人机”绰号便成为公司的一块招牌。

从那以后，我就成为进入HIROBO南京分公司技术核心团队里的唯一中国员工。在公司的5年里，我掌握了最先进的模型机研发、操作、使用的全过程，在行业里也小有名气，成为公司在中国的总代理，负责从技术到销售的所有环节。

随着信息技术的快速发展，模型机的市场越来越暗淡。2008年春节后，HIROBO南京分公司关停。这一次，我又面临着转行，再一次站在人生的十字路口。

有一件事再次激发我的飞天之梦。2008年5月12日发生了汶川大地震，从电视上看到成千上万的受灾群众被困在大山里生死未卜时，我心急如焚，默默祈祷。眼前突现出大兴安岭那场火灾的画面，要是有架直升飞机从天而降，将挽救多少生命呀！一股强烈的冲动再次在我胸膛涌起，难以抑制。放弃了安逸，丢掉了高薪，我毅然决然地到芜湖成立了翔宇模型厂，开始生产模型直升机上的零件，组装小型直升机。

创业的路充满着荆棘，飞向天空的跑道崎岖不平。一度十分看好的市场风云突变，2013年直升机的销量下滑，公司濒临绝境。看着桌子上的那架飞机模型，我感觉那小小的四片叶子已经无法托起沉重的机身，正在摔向地面。

经过艰难的抉择，我把自己仅有的一套住房卖了，又从银行贷了款，开始转型研发六旋翼飞机，也就是现在说的无人机，成立了安徽特源鑫智能科技有限公司。

那时候，全家人没有一个支持我，都觉得我疯了。在许多人看来，这应该是高大上的海归或是一流大学教授去从事的行业，怎么也轮不到一个连大学也没读过的“二楞子”去做。

然而我就认死理，相信自己的能力，带领一帮刚出校门的大学生整天泡在实验室里摸索，对着图纸，一个镙丝钉、一片零件、一根电线去做试验。由于长时间和铝型材、电焊、钢钳子等打交道，手掌黝黑粗壮，手背上还留有很多疤痕。从2008年到今天，这十年凝结着我几乎所有的心血，舍弃了许多天伦之乐，牺牲了无数个休息日，全身心地将精力投入到无人机研发中。

功夫不负有恒心的人，付出终有回报。2014年，公司申报了四旋翼的发明专利，到目前为止已申报的专利达46项、发明专利12项。2015年，第一台植保机生产出来了，飞控系统是和南航共同开发出来的。2016年和2017年，为了测试飞机的性能，公司成立了飞防队，给农户打药。我亲自在高温下去田间测试效果，对无人机进行改造和升级。2018年，公司研发的无人机在安徽地区服务了几万亩土地，并得到了国家科技部专家的认可，飞机的性能和结构被评定为国际先进水平。

科学技术成果证书

中高科评字[2018]第50号

经审查核实“幻客六旋翼植保无人机(3WAG-610)”被确认为科学技术成果，特发此证。

完成单位：安徽特源鑫智能科技有限公司

完 成 人：吴清槐　孙益民　王晓云　刘俊明　韩杰

发证机关：中国高科技产业化研究会
发证日期：2018年9月5日

公司生产的幻客六旋翼植保无人机获得了
中国高科技产业化研究会颁发的科学技术成果证书

2016年，芜湖市遭受百年一遇的大洪水，几个县的交通阻断，圩区的百姓生命安全万分危急。在灾难面前，我主动与芜湖市抗洪办联系，带领着无人机团队投入到抗洪救灾中，现场拍摄视频，勘探灾情。

在连续一个多月的抗洪战役中，我亲自带领团体冒雨作业，有时候为了抢险，一天三餐在野外吃方便面充饥。经过全市人民众志成城，终于战胜洪魔，而我瘦了10多斤，住进了医院。因为我们团体在这场战役中的出色表现，被市政府表彰为抗洪特殊贡献奖，受到市领导的高度肯定和赞许。

2017年，我随李克强总理访问团去欧洲参展，有一位以色列同行参观我们的产品后，要同公司开展合作，而且专程来华到我公司实地考察。在交流时对方专家问我：你是哪个大学毕业的？我说：“我是‘中国田坎大学’毕业的！”翻译却译为：中国农业大学。其实我只读到高中，一直是靠自己一点一滴的学习、摸索、摔打，不断地积累了经验。30年里，我把全部的精力投入到从航模到无人机的研发中。一路走来，既充满着艰辛，承载着巨大压力，同时也享受着拼搏与奋斗的喜悦。

同年，原国家副主席李源潮到芜湖科普产业园来视察，中国科协的领导把我的情况向李源潮主席汇报了一下。主席觉得一个人能在一个事业上做30年是一件很不容易的事情，就决定到我们公司来视察，视察过程中对我们的技术给予了肯定。

2018年是无人植保机元年，国内有几百家

幻客六旋翼植保无人机

幻客六旋翼植保无人机

公司在生产植保无人机，公司就到科技部做了科技成果鉴定。专家们了解了我们飞机的性能后一致通过，公司生产的幻客六旋翼植保无人机达到国际先进水平。

今天，我们公司已经在蚌埠、马鞍山、亳州开了三家分公司，并远赴甘肃发展，从事无人机的销售和维护。我是农民的儿子，唯一的愿望就是有一天能设计制造出一架架“无人机”，为这片土地播洒希望的种子，造福土地上的人们！

新农机成就了我的创业梦

□ 张　尉

张尉，80 后新农机人，南通普蓝特农机销售公司创始人，从事旱地移栽机械的推广和销售。

我是一名 80 后，改革开放的前 40 年，我们这一代人是受益者。从事农机行业 8 个年头，我已经从一名计算机专业毕业的大学生成为一名农机人。

一、十年寒窗苦　欲报父母恩

2010 年是值得纪念的一年。2009—2010 年我在南京从事网络科技研发。2010 年在做大学毕业设计阶段，我回了一趟老家，家里还有 4 亩水稻田要插秧。晚上，干了一天活的父亲说自己腰酸背痛，那一刻给了我很深的触动，自己在大城市享受到了时代发展带给我们的便捷，父辈们却依旧要在田间劳累。我跟父亲说，要不然家里那点田就不要种了吧，父亲很生气地拒绝了，说，农民都不种地，谁来种地？粮食从哪里来？我感觉到深深的内疚。父母含辛茹苦地养育我，我却无法让他们从繁重的田间劳动中解放出来。

二、加入富来威　成为农机人

在一次机缘巧合下，我结识了南通富来威农业装备有限公司的领导，自此我下定决心，放弃了南京的工作，回到家乡投入到农机事业中。

从 2010 年开始，我加入了南通富来威农业装备有限公司，开始从事农机推广工作。8 年了，依旧清晰地记得当时公司领导跟我说的一句话："做农机推广，穿好西装、打好领带就要上台演讲，脱掉鞋子、卷起裤腿就要下地插秧。"

到公司的前 5 年里，我从事了公司多种产品的销售，水稻插秧机、水稻联合收割机、旱地移栽机、植树挖坑机，等等。在浙江、江苏推广了油菜移栽机；在东北三省推广了烟草移栽机；在新疆推广了辣椒、番茄移栽机；在湖南百余个县推广了水稻插秧机；在山西、河南、河北推广了红薯移栽机；在广西、云南、广东、海南推广了甘蔗种植机；在四川、贵州推广了丘陵专用移栽机……5 年的时间，我的足迹遍布国内 26 个省份和自治区，让我从一个对农机行业一无所知的大学毕业生，成长为一名立志为国家农机事业奋斗终身的新农机青年。

三、创立普蓝特　悠悠农机情

2014 年我开始思考：国家的农业需要什么？我未来想做些什么？我该以什么方式去开展我的农机事业？经过长时间的思考，我觉得 80 后的农机人该有新时代下的新思维，农机推广需要差异化、专业化，我们要给农民提供完整的解决方案而不仅仅是一台机器，需要把互联网思维融入到农机推广中去。

带着这些想法，2015 年我离开了熟悉的环境，创立了南通普蓝特农机销售有限公司，走上了创业之路，为农机用户专业提供旱地全程机械化解决方案及配套设备。我从市场调研开始，找出客户的痛点，为他们提供从耕整地开始，一直到完成收获的全程机械化方案，同时提供 24 小时技术服务，让用户没有后顾之忧。

传统型的农机流通企业，坐拥农机大市场，大公司往往掌握更多的品牌，小公司往往挣扎在生存线上。在他们两者的发展过程中，真正的新型农户却很难得到最想要的服务。

在土地流转、规模化种植、专业化合作社涌现的这个时代，农机行业中出现了一批新型的使用者。他们追求高端的品质，享受一站式服务，寻找更便捷、更高效、更科技的产品。

然而他们种植的作物千奇百怪，农艺更是千差万别，从设施大棚到大田蔬菜，从中草药材到花卉果园，从平原到丘陵，从沙土地到黏土地等，这种差异化的需求就使得传统型农机流通企业很难为他们提供满意的服务。

普蓝特创立的初衷就是为新型农民提供专业服务。公司拥有农艺大数据库、强大的专家团队、前沿的科研力量及接地气的服务团队，我们不以区域划分，为农民提供全程一对一指导。在中国农业目前的发展态势下，在改革开放的持续深化中，我们想用自己的一点力量，去改变传统的农机销售方式。

四、投身新农机　期待大发展

几年的创业之路，我们走过弯路，遇到过挫折，尝到过失败，同时也收获了很多成功的喜悦。

我们为重庆的红薯种植户提供了丘陵地区红薯全程机械化解决方案，个性化的定制完美地解决了山地农机推广原先的痛点；我们为云南的甘蔗种植户提供了甘蔗全程机械化方案，新型滴水灌溉加新型种植机的使用，让用户的种植效率提高 20 倍以上；我们为广东菠萝种植户提供了菠萝全程机械化方案，使原先繁重的种植工作变成了轻松的标准化作业，实现了快速高效地完成菠萝种植；我们为中原地区红薯用户提供了大田块红薯全程机械化方案，高科技产品搭配新型农艺，在产品、产量提升的同时也大大降低了劳动强度。

新思维，新模式，在改革开放的大潮下，公司通过 3 年时间，销售产品遍布全中国，同时还出口到俄罗斯、越南、柬埔寨、古巴、埃及等国家。这些成功的经验是我们 80 后农机创业者最宝贵的财富，也是最幸福的回报。

在改革开放的新形势下，公司必定会迎来更大的发展与挑战，我们将继续砥砺前行，创业之路还会继续。

再过 40 年，当我回首往事的时候，我会说，我是一个幸福的农机人！

10年市场磨砺 我与富来威共成长

□ 朱　燕

朱燕，南通富来威农业装备有限公司营销策划机构、国际贸易部负责人。

2007年7月，作为一名南京农业大学农业机械化系应届毕业生的我，怀着对农业机械未来发展的憧憬，来到了南通富来威农业装备有限公司。

“让中国人用上我们自己的农机”“上联民族情 下通农民心”“改变中国农民‘弯腰屈背几千年，面朝黄土背朝天’的生活方式”，我被富来威的企业文化深深折服。“农业的根本出路在于机械化！”我相信，不管是富来威，还是我个人，都能在农业机械化发展的道路上找到自身的价值。

10多年来，富来威公司发展快速，从一个只做单一产品的企业发展成国内外种植机械化解决方案提供商，从国内品牌拓展到南美、东南亚等20多个海外国家知名品牌，富来威实现了它成立初期的诺言，越来越多的人熟知“插秧就用富来威，移栽就找富来威！”而我，也从一个文艺青年成长为新一代农机工作者！

一、富来威成立，恰逢农机“黄金十年”机遇期

2007年7月30日，我正式成为富来威公司一员，主要负责营销策划和海外贸易工作，当时的办公室还是在南通柴油机股份有限公司为插秧机车间准备的一栋三层小楼上。上班第一天，部门负责人给我讲述了公司成立的故事。

南通富来威公司成立于2006年12月，前身是南通柴油机股份有限公司（以下简称“通柴公司”）插秧机车间。通柴公司始建于1958年，是南通地区最早的农机修造厂。1999年，柴油机公司从企业长远发展考虑，结合国家政策，提出向农业机械深度领域拓展的发展战略，利用自身的优势，产学研合作，研制4行手扶式插秧机，并决定除发动机外，插秧机的其余零部件均自主生产，旨在打造“国产手扶第一机”。

2006年3月8日，农业部农机化管理司副

司长张天佐到南通考察，召集了南通多家企业进行了座谈。座谈会上，张司长对南通农业机械化建设取得的成绩表示了肯定，并鼓励南通地区整合农业机械生产资源，成立专业的农业机械生产企业，为我国的农业机械化建设贡献一份力量。时任南通市委书记罗一民当即表示支持。

2006年12月22日，南通富来威农业装备有限公司正式成立，公司整合南通柴油机股份有限公司插秧机业务和南通联农农业装备有限公司半喂入联合收割机业务，主营插秧机和收割机，公司办公地址暂时设在南通柴油机股份有限公司，待新厂房建设合格验收后，公司迁往了经济技术开发区。

想起小时候父母起早贪黑、弯腰插秧、烈日下收割稻麦的场景，我暗暗下决心：一定要做好自己的本职工作，用自己学到的知识为富来威公司的发展、为和我父母一样的农民做点实事。

二、富来威搬迁求大发展

平息了离开校园进入社会的激动心情，我正式投入到繁忙的工作中。外贸客户沟通、宣传文案编制，我乐此不疲。10年的工作与学习，让我成长了许多，也留下了很多感动。

2009年8月28日，这一天，我不在公司，工作需要我在南京参加江苏南京国际农机博览会的布展。但，这个日子是每一个富来威人记忆犹新的日子。位于南通经济技术开发区的富来威一期工程正式投产运行，富来威研发中心正式揭牌。站在崭新的工厂大道上，坐在宽敞明亮的新办公室里，看到整洁有序的车间生产线，我的心情久久不能平静。

到公司上班仅仅两年的时间，富来威从一款手扶式插秧机到拥有水稻种植机械、旱地栽植机械等30余种现代高效农机产品，从柴油机公司内部车间到拥有现代化的生产基地，从仅作为柴油机集团公司的副业到有自己梦想的独立企业。富来威的发展，离不开自身的努力，更得益于改革开放以来国家对农业发展的利好政策。

三、小企业大平台，我与企业共成长

在10多年的发展过程中，富来威秉承“让中国人用上我们自己的农机”的理念，结合市场和用户需求，致力为用户提供最优质最适合地区农艺的农机产品。截至目前，富来威插秧机已在国内30多个省份、海外近40个国家实现销售；富来威移栽机为国内外近40款经济作物种植机械化提供了完整的解决方案。

10年来，在富来威这个平台，我从一个懵懂的应届毕业生到营销策划机构、国际贸易部负责人，每一天都在成长，我磨练了技能，丰富了经验，开阔了眼界，更重要的是实现了自我价值。

2009年12月，富来威承办首届旱地栽植机械化研讨会，会议邀请了百名知名移栽机领域专家和老师，共同为我国的旱地作物种植机械化出谋划策。作为会务负责人的我，有幸全程参加了会议，认识了国内水稻与旱地作物种植领域顶尖专家，聆听并学习了国内移栽领域最先进的技术，会议取得了圆满成功。感恩公司领导的信任，2011—2013年，我再次负责第二届、第三届旱地栽植机械化研讨会，从会议中，我强烈感受到中国农机人对农业全程机械化的探索激情。

2015 年 11 月，东南亚大客户为感谢我公司为其定制的插秧机以及优质的服务，特邀我到他公司参观。收到邀请函时，我无比自豪，我的努力和付出得到了客户的肯定和赞美。这是我第一次走出国门。走下飞机旋梯的那一刻，我忽然觉得我并不是那么渺小，我曾经为远在千里之外的异国人民的温饱贡献了力量！

2018 年 10 月 26 日，富来威插秧机被中国农业机械工业协会、中国农业机械化协会、中国农业机械流通协会认定为“2018 中国农机行业年度最具影响力品牌”，全国仅 5 个品牌插秧机获此奖项。站在颁奖台上的那一刻，我无比激动。我好想说，感谢新时代，我是农机人，我骄傲！

这一生，与农机为伍，我很自豪

□ 邓　健

邓健，广西富力众诚农业科技有限公司总经理。

我是一个生在农村长在农村，一直工作在农村的农机人。我的农机生涯应该从拿起镰刀、铁锹、搂耙的1978年说起。

我的家在北京郊区当时的中朝友好人民公社（也叫红星公社），北京市农场局南郊农场也在这个地区，生活水平和机械化水平相对于大兴区（当时大兴县）的其他区域还是领先了很多年。1978年我10岁，上小学3年级。那时还是生产队，土地集体所有，集体耕种，种植水稻和小麦。我们村只有一台铁牛55拖拉机，一台12马力手扶拖拉机，当时我特别羡慕开拖拉机的师傅。

那时，小麦已经是机械种植了，但收割还是人工；水稻是人工插秧，人工收割。每个村都有一个场院，人工收完的小麦、水稻拉到场院再进行脱粒。小麦脱完了要分到各家，由各家分别进行晾晒。

记得有一年夏天，雨水多，小麦无法脱粒。天一晴村民们就马上把小麦放到公路上去晾晒，即使这样当年分到的麦子也是发了霉的，那一年吃的面粉又黑又不好吃（当时村里有磨坊，米面随吃随磨）。

水稻收割后，冬天时再拉回场院进行脱粒。由于机器设备少，为了在春节前完成脱粒，社员们要三班倒，停人不停机。开始是半喂入式脱粒机，每个人拿着一把一把的水稻喂入脱粒机脱粒。在寒冷的冬季，社员们仍然干得热火朝天。后来脱粒机改成了全喂入式。

1978年“三夏”，学校3年级以上的要停课一周去地里劳动，用搂耙搂剩下的麦草，用镰刀砍渠道上的草。1982年，我已经上初中了，“三夏”时我们还是会停课，学生回到各自的村里参加生产，当时我带队参加小麦脱粒。

我的母亲一直是村里的社员，那些年上完课或者放假时我就会帮她去干活，插秧、割水稻我一直干到了1986年。那一年我们村里买了一台佳木斯－1065收获机，专门收割水稻，水稻收获实现了机械化；1980年，我们村从南郊农场引进了大批的小麦收获机，小麦收获也就从那个时候起完全实现了机械化。

1984年，带着要亲自开收割机的梦想，我以所在中学中考第一名的成绩考进了北京市八一农业机械化学校农机化专业。当时这所中专学校有三个专业：农机化专业、机械制造专业、企管财会专业。我们班一共41人，全部来自北京市各个郊区县，都是各个学校优秀学生考进来的，全部来自农村，那时候农转非还是一件很值得追求的事情，而且毕业后包分配。当时在村里、在社会上管农机的还是很值得尊重的。

4年里，我们系统学习了农机管理应用、拖拉机、农机具构造、机械原理、机械制图、机械维修等课程。1986年，我第一次开着铁牛－55拖拉机在我们学校的操场跑了一圈，那年不满18岁，那种兴奋的感觉至今难忘。

在学校学习期间，和几个同学在老师的带领下大修过两次东方红－75履带拖拉机。当时我们这个地区使用的拖拉机只有两个型号：一个是天津拖拉机厂生产的铁牛－55轮式拖拉机，主要用于田间播种、田间管理，还有个最大的用处是运输。20世纪80年代，北京近郊每个村队都有一两台。记得在中学期间到县里开表彰会，我们是坐在拖拉机的运输斗里去的，那是我第一次也是唯一的一次坐在拖拉机运输斗里。另一个是东方红－75履带拖拉机，主要用于耕地。每个乡里都有农机管理站，都有几十部拖拉机，履带拖拉机是唯一作为耕地用的设备。

每年秋收结束后，乡里农机站就会开来1～2台拖拉机，在土壤封冻前要将我们村2 000多亩地耕完，耕地期间歇人不歇机。寂静的深夜里一觉醒来，躺在被窝里能够清晰地听到拖拉机清脆的轰鸣声。至今回想起来，那种悠扬的声音仍然在耳边回荡，时不时地还会向往那份田园的幽静。

1988年6月我毕业了。当时不像现在的学生还要到处去投简历找工作，大部分学生在毕业那天就被各郊区县录用了。我是我们县里唯一的一个毕业生，我们县农机化学校的领导开着一辆当时还很令人羡慕的小卧车，把我从市农机化学校拉回到了县农机化学校。

北京市八一农机化学校随着改革开放、都市化发展，到2000年以后已经很少有学生再分配到农机部门了，生源也逐年减少，最终北京几所农口学校合并成了北京市农业职业高等学院，农机化专业也随着首都现代化进程的发展完成了他的使命。

当时，北京市每个郊区县都有一个农机化学校。直到现在，农机化学校还存在，职能已经由80年代的手扶拖拉机、轮式拖拉机培训转为新农村、新技术的新型农民培训。80年代末，随着家庭联产承包制的推行，手扶拖拉机开始进到千家万户。90年代初的两三年里，每年培训手扶拖拉机手都有上万人。有的乡镇拖拉机保有量近万台，农民用它来耕地、整地，用它来拉着农产品到市里批发销售农产品。记得每年6月下旬一到傍晚，大批的手扶拖拉机拉着一车车西瓜浩浩荡荡地向北京城驶去，那时堵塞交通的是我们的手扶拖拉机。

到农机化学校报到后，我被分到喷油泵维修调试车间跟师傅学习油泵调试。那时油泵调试简单，基本是二号泵。拖拉机除了铁牛－55就是东方红－75两个牌子，油品质量次，很多泵一个月就修一次。现在我们的拖拉机已经是国三标准的高压共轨系统了，2020年将全部进入到国四标准。

在农机学校工作两年后，我得到了到北京农业工程大学就是现在的中国农业大学脱产学习的机会，学习的专业仍然是农机化专业。在农大3年完成了三件事：学业、入党、爱情。这三年为我的学生时期画上了圆满的句号。

1993年，我毕业后又回到了农机学校，做了一名农机学校的老师。1995年我被调入大兴农机研究所任副所长。当时，北京市有市属农机研究所和北京市农机鉴定推广站。随着都市现代化发展，农口进行了改革。2000年后，市农机研究所转为企业，基本上从推广体制里退了出来。

每个区县都有农机研究所，名字虽然叫研究所，但更多的也是承担着农机推广工作。90年代应该是区县农机所最辉煌的年代，每个研究所会根据各自区县的要求引进相应的机具，在此基础上加以改进，对简单的机具进行生产。1995年以后，北京市再一次推广免耕覆盖玉米播种，因为在80年代末是从培肥地力、节约农时的技术角度在京郊推广免耕覆盖出发的，但由于机具和技术问题没有得到全面推广。1995年以后是从禁烧的角度出发，采取行政干预、技术保障实施的。

当时，在没有试用机具的情况下，我们研制生产了捡拾粉碎机，解决了小麦、水稻收割机收割后秸秆影响播种、影响耕地的问题。免耕播种机引进了大连生产的玉米免耕覆盖播种机。当时我们县小麦种植接近40万亩，配套的收割机是四平产的东风－120型收割机。

“三夏”是我们农机部门最忙的时候，跟踪进度、维修机具我们都很紧张和焦虑。90年代末，跨区作业才在北京兴起，2001年后，每年“三夏”会有400多台收割机到大兴跨区作业。

随着免耕覆盖和机械化收割速度的提升，“三夏”由原来的20天缩短到后来的五六天就可以完成，“三夏”再也不是最焦虑和最紧张的工作了。

90年代中后期，各个区县的农机研究所都发挥着各自的力量。记得昌平农机研究所研制生产加装分草圆盘，顺义农机研究所生产了大量的粉碎机、播种机；通州农机研究所生产了收割机带粉碎器、双轴秸秆灭茬机；延庆农机研究所生产了深松播种机；海淀农机研究所在近郊，研制生产了蔬菜育苗全套机械；我们所在1999年还试制生产了5台拔挂式玉米联合收获机，但这超出了我们的能力，2000年就停止了这个项目。

90年代，各个推广部门都有几个能人，各个所都为各自区县的农机化事业做着自己贡献。现在农机研究所全部改为农机推广服务站，研究生产几乎不再做了，重点是引进、试验、示范和推广。

2001年4月，我第二次驾驶拖拉机并在县城的公路上跑了一圈，当时感觉比我们的桑塔纳汽车还好开，这是约翰迪尔天津拖拉机工厂送给我们做测试的一台进口6403型拖拉机。当时这台车从外观的喷漆、外形到声音，都远远高于我们当时的国产拖拉机。看着路上人们投过来的好奇目光，我第一次感觉开拖拉机也是一件很神气的事情，有种自豪感!

也就是那一年，我们开启了与世界农机的沟通、合作之路。

当年北京市种植了20多万亩牧草，割、搂、打的机具全部从国外进口。记得6月的一个早晨，在航天部边上的苜蓿地里，我们在地里做捡拾打捆，航天部宿舍晨练的人们围了几十人一边看一边问。我们就给他们讲一条条草铺是如何打成一个个小方捆的，特别是如何在10几秒内完成打捆系绳的，他们听得津津有味，不断地啧啧称赞。

2004年，我们与中国农大开启了保护性耕作技术的推广、引进，研制了免耕播种机，同时配合畜牧发展引进了青贮收割机。青贮收割机最早是拖拉机悬挂，但不成功，又引进了白俄罗斯的3米不对行收割机，一台80万元，但也只用了3年就淘汰了。市场要求效率更高的克拉斯、迪尔进口收割机，割台由3米升到了4.5米、6米，由250马力、380马力一直到500马力。这时专业化的服务组织逐渐形成，一台收割机的价格也已到了每台300余万元。

2004年，国家开始了农机购置补贴，这是我国农机化发展黄金十年的开始，也是我农机与世界大规模接轨的开始。

现在我们的拖拉机有空调、有音响，有比汽车还高级的动力换挡；拖拉机的马力、型号已不再是30多年不变的55轮式拖拉机和东方红－75链轨拖拉机，现在3年就变一个型号；马力从10几马力也发展到了五六百马力。小麦、水稻、玉米、大豆、棉花、甘蔗全部可实现机械化；花生、马铃薯、葱、姜、蒜也已走向机械化。

浸淫在农机行业多年，已经与它不能割舍，感觉自己的一生已经与之不能分离。那份情、那份缘促使我在2012年辞去了行政工作，专心从事农机事业。这份情缘也感染了下一代，我和我爱人都是农机化专业毕业，我的女儿是农学和农商专业。记得一次坐出租车去参加农机展会，出租车司机问我："农机还有市场吗？"我反问他："你现在还天天吃饭吗？"

现在农业已经开始推行农业工业化，大田生产就要像工业生产零部件一样完成全部流程设计，然后在卫星信号的指引下完成农业生产的每一道工序；在进入蔬菜工厂化生产车间时，也要像医生一样穿上一次性白大褂、套上鞋套、戴上帽子消完毒才能进入。农业已经向数字化、信息化、工业化、自动化方向发展，我们已不再是手拿镰刀、面朝黄土背朝天的父辈们了，这就是我们40年的变化。

我们有过彷徨，有过忧虑，但我们有希望，有欣喜，有未来！这一生，与农机为伍，我很自豪！

我的农机技师之路

□ 苏仁泰

苏仁泰，彭泽县农机修理员，写作协会会员。热爱本职工作，专心农机修理技术，喜欢将工作中遇到的问题和个人见解用文字的形式表达出来。

我是个农家子弟，出生于20世纪60年代。家有五兄弟，我行三。幼年丧父（1975年父亲患胃癌离世），母亲独自一人把我们拉扯大，1981年秋，因家里实在太穷，交不起学费，母亲让我辍学，学徒修车，从此，我就跟农机结下了不解之缘。

在那个年代，赣北农村的农机，主要是12马力（单缸195型）手扶拖拉机，也有驾驶员承包村里的丰收－27型（江西拖拉机厂生产）拖拉机，都是以跑运输为主，真正田间作业的很少。

那时，配件只有县农机公司一家有卖，员工按时上下班，在修车中，常因缺件而烦恼。农机坏了，是修了又修，比如曲轴瓦，从标准瓦开始，后用加大二五，再加大五零，甚至还有加大七五的；修理工装瓦，也是刮了又刮，曲轴拉了，就喷焊加工，不像现在，修理大都以换标准件为主。好学的我，会经常去新华书店，买回与修车相关的书籍学习，不懂就问，边学习边实践，自学机械制图，师傅们都说，图纸就是机械的语言。慢慢地，我也能看一些简单的图纸了，修理技艺也日渐提高。望着单独修好的机车，能发出正常运转的声音了，那无比舒畅的心情，没有经历过的人是感觉不到的。

忽如一夜春风来，千树万树梨花开。

1982年后，政策进一步放开，农民购机量猛增。（在那以前，农民个人是不能购机的，柴油也是要有定编证才有供应的）农田里多了手扶旋耕机、机耕船等农机作业，跑运输的农用车也应运而生。修车时，无意中碰断或是碰松线路，都要找专业电工来处理，耽误了机手时间，驾驶员多有不满。因为我只读了初中二年级，电压、电流、电阻我都没有学习过，更别说用表检测了。后来，借来别人旧的初三物理书，学习基本知识，不懂就向厂里的电工请教，因常问一些不着边际的问题，有时连他也不知道怎么回答了。于是，他送了我一本《青少年无线电入门》（也是他师父送给他的）。我如饥似渴，看过 3 遍后，就想着动手实践。我买回来指针式万用表、电烙铁、焊锡和一些电子原器件，学习组装收音机。当自己组装的收音机发出电台播音员的声音时，我别提有多高兴了。就这样，农用车电路，也慢慢理顺，自然就能排除电路的故障了。

业精于勤。这时的我，在当地驾驶员和农机手当中，也慢慢地有了点小名气。无论底盘，还是动力，钣金或是其他，基本上都能把故障排除，让驾驶员满意而去。

机会总是留给有准备的人的。厂里改制后，我就自己开了个修理厂，利用自己所学的特长，服务社会。真正从事专业农机服务，还是要从 2005 年"双抢"说起。一天，一位收割机手找到我，要我裁一截 140 槽钢给他，我问他要槽钢回去干嘛用，他说要给收割机上用，我告诉他收割机上用不上这材料。他说是收割机"三包"服务员要他来买的。我问他是啥原因，他说，收割机因他误操作，撞到田埂上了，割台变形，不能收割作业。听他说完，我叫他先不要材料，我跟他一起去看了收割机割台。我告诉他，我能修好，可以把变形处恢复原状。机手一听，将信将疑。我回到修理厂，带好适手的钣金工具，赶到机手家时，正是午饭时间，机手拉我共进午餐。入座后经机手介绍，认识了收割机厂的"三包"服务员，吃饭期间，他问我一些有关收割机的故障和排除方法，我都一一解答了，他就知道我修理技术比较全面，电路、油路、液压、动力、底盘等都会修，他劝我干农机服务工作。

中午后，我去修复收割机，我用葫芦牵、氧气烘和电焊焊把变形处复位，并加固好，交付机手才花去一个多小时。机手试车后，连声道谢，高兴地开着修好的收割机下田作业去了。看得厂家"三包"服务员也翘指称赞，他坐我的车一起离开机手家。回程车上，我们互留了电话号码。那次以后，他几次打电话求助电路问题，我都电话进行指导，帮他排除故障。直到有一次，"三包"服务员遇到了排除不了收割机故障，机手把机械开到了经销商仓库，要退机。那服务员又想起了我，电话联系我到现场，看了故障机后，我立即动手，半天时间就修好了，让机手当场试车。机手试好车后，二话没说，直接把车开回家去了。

经销商立马就找我，要我做公司服务员。在那之前，我毕竟只是个修车的，跟专业农机服务员还是有差距的。公司老总就先派我去厂里学习。他还告诉我，厂方服务员队伍良莠不齐，技术员技术有好有差，经销商为了服务这块也很苦恼，有时一个农忙季，"三包"服务员就会换几个。他们是外地人，对当地又不熟悉，机手的机械坏了，找他们来修，还要机手到车站接送，有时小问题也拖一两天才能解决。为此，机手意见很大，服务员常因服务不及时，被机手投诉到"3·15"。就这样，我接手了公司售后服务工作，成了厂家"不走"的服务员，每年农闲时我就去各个农机具生产厂家培训学习。这期间，我跟星光农机的钱总、俞泉清，久保田的韩永江、陈骁、陆志伟，东方红的张延辉、党辉、杨震涛、赵世军等老师相识相知，受益匪浅。在后来的服务中，遇有我不懂或判断不准确的，都向他们求助，他们都会帮我一一解答。在此特别感谢！

记得有一次，一位机手在家修拖拉机，拆

开后装不上了，打电话向我求助。我虽然组装好了，但总觉得有点不对，于是电话求助拖拉机厂家，但电话里也说不清楚，后来厂家给我发来了装配图。我一看，原来是一个滚柱轴承装反了，拆下来重装后，终于帮机手解决了问题。

还有一次，有一位收割机机手买了一台新机器回家，收割时，下田刚干了5个小时就来报修，说车子打不着火了，还闻到了电线的焦臭味。我赶到田间，查看后发现，原来是主线束掉落在动力的涡轮增压器上了，短时间工作没事，时间一长，电线绝缘层烧化，短路，就烧坏了。可能是厂家工人马虎，没把主线束绑扎好。但公司没配件，如果从厂里发来，估计也要好几天（那时快递没现在便捷）。我就用服务车上带来的电线，一根一根地接好，给机手先救急用，跟机手说以后要厂里发来了电线再换。后来厂里发来配件了，机手却说电路好用得很，不用换新线束了。

这么多年，修理的故事有很多，糗事我也干过。有年秋收，一个机器我修了两天没查到故障点，打了几个电话求助专家，可是因专家不在现场，也只是估计，难免判断失误，害得机手把稻田让给别人去收割，损失很大。后来我找到故障点后，才发现是很小的原因造成的。虽然机手没有骂我，但我心里真的很愧疚，因为没有仔细检查，影响了机手收入，自己也劳而无功，浪费时间。在此也提醒各位同行，接到报修，一定要仔细检查，认真分析，小心无过错。但愿我们在以后的日子里都不再犯同样的错误。

回顾历史，改革开放初期，农民面朝黄土背朝天，从沿续千年农耕种田到小手扶、小四轮进入千家万户；收割从镰刀割、人工脱粒、筛除杂物，扬屑，到现在收割机收割、脱粒、清选，直接送进地头的运输车上，发生了巨大的变化。就像现如今顺口溜说的：哼着小调，喝着啤酒，跟着运粮车到家门口。不单是收割机械化了，水稻，小麦，油菜等从耕、播、植保、收获都实行全程机械化了，还有不少经济作物和中药材也是全程或半程机械化了。农民从繁重的体力劳动中解放出来了。

展望未来，农机与人工智能相结合，无人驾驶拖拉机、收割机已梦想成真，在广袤无垠的土地上，农机也将会因科技进步，更好地为人类服务！农机维修服务员，也要与时俱进，随时代前行，好好学习，天天向上，才能更好地为农机保驾护航！

征文后记

广阔天地，大有作为

我是中国农机行业里的一名基层服务员，有幸进入全国的农机群，向全国的农机精英们学习。特别是拜读“中国农机化协会”微信公众平台上发表的老师们的佳作，感慨万千……

在纪念改革开放40年的征文（以下简称“征文”）里，我看到了一个个活灵活现的灵魂，一段段满怀真诚的经历，一个个曲折丰富的故事。在那激情燃烧的岁月，有前辈们筚路蓝缕，奋发图强；有同辈们承前启后，砥砺前行；有年轻人勤学苦练，力争上游；有高层决策者呕心沥血，指引方向；有基层同辈，继往开来、开拓创新；更可喜的是有年轻的一辈，生龙活虎，勇往直前。

一篇篇征文，字里行间，酸、甜、苦、辣、咸，无不透露着农机人对农机的那份炽热和真诚。个中情愫，现在回想，亦令我心潮澎湃。

《缘分天注定——我所经历的农机化》作者杨敏丽主任，自幼在广西柳拖，大学毕业后又从事农机情报科技工作，参与编撰《中华农器图谱》。这部著作是对中国农业生产器具发展史、中国农业发展史、中国科学技术发展史、中华文明史等研究的重大贡献，是一项开创性的工作。跨越时空约1万年，耗时6年完成。她后又带领团队，主笔起草多部有关农业、农机的意见、建议、条例和法规。特别是起草《中华人民共和国农业机械化促进法》时，几乎是无眠无休，连那年中秋节都在加班。我原先只以为我们一线维修工有通宵赶工的传统，岂知她们也有通宵达旦的工作，我知道，脑力劳动，要比体力劳动更辛劳。

从征文里，我知道了，第一次跨区机收，原来是农机生产厂和农机技术推广部门为了探索一条全新之路，有组织地进行农机手跨区作业，从而衍生出轰动全国乃至世界的农机手自发组织跨区作业，他们中有夫妻、兄弟、父子以及同乡等各种关系，自愿组合，走南闯北，南征北战，更有甚者，出国增收……

从征文里，我知道了，领导们为农机跨区保驾护航，出台新政，为跨区农机免除高速公路通行费；特别是行学敏同志，功不可没。他现又在为农机互保而奔波……

40年改革开放，农机行业里，像这样感人肺腑的事例还有很多很多，就是说上三天三夜，我也说不完。

我也常把读后感想向夏明副秘书长汇报，是他鼓励支持我，要我把自己的从业经历作一简述，不曾想，却因此获奖，令我颇感意外和惊喜。

我知道，我荣获的不只是一个奖项，它是对我们的鼓励和鞭策。它像是一面镜子，时刻激励着我和我的同行们。我唯有加倍努力学习，提高专业技能，感恩社会，更好地为农机服务。我也知道，这个荣誉，它也是奖励给我背后，和我一样的、矢志不渝的男女老少，他们也应该获奖，这个荣誉是给每一位真诚努力的人的。

我愿紧跟各位老师专家的步伐，在农机服务的道路上，不忘初心，奋力前行！

前几天，有位朋友问我：农机和农机服务有没有前途？我骄傲地告诉他：农机和农机服务是朝阳行业，“民以食为天”，是人都要吃饭穿衣。伟人也早就说过“广阔天地，大有作为”“农业的根本出路在于机械化。”

在广袤无垠的天地间，不是只有农机的轰鸣，更有诗和远方！

向农机精英们致敬！

能为乡亲们服务，真好
——说说我 26 年的农机维修经历

□ 陈军义

陈军义，男，42 岁。山西省平陆县张店镇岭桥村农民、军义农机维修店法人，从事农机维修行业 26 年，维修经验丰富，技术精湛。曾在农业部、中国总工会农林水利全国委员会、中国就业指导中心主办的 2015 年中国技能大赛——“中联重科杯”全国农业职业技能竞赛中获三等奖。

70 后的我，出生于农民家庭，家庭条件很差。童年的记忆中，一到收获的季节，妈妈就带着我去地里割麦子。她用低矮瘦弱的身躯，一手抱着我，一手背着镰刀、绳、干粮袋还有一个军用水壶，汗流浃背地去地里收麦子。

下地要经过个深沟，我们走到沟底再爬到对面山坡就得一个多小时。到了地里，我在地头玩虫子和蚂蚱，玩累了也饿了，就喊妈妈回家。妈总是说，口袋里有馍，先喝点水、吃点馍，把麦子割完咱们再回家。任我哭闹，也不顶用，直到我哭累了在地头睡着了。直到天快黑了，我们才能回家。

爸爸是队长，白天在生产队忙，晚上还要加班背麦子。把麦子用绳子一捆，一捆一捆地背，到早上那一二亩地的麦子就背到麦场里了，然后用牛拖着石磙子一圈一圈地碾压。就这样年复一年收麦子的场景，占据了我大片的童年记忆。

我慢慢地长大上学了，有力气了，11 岁的我也参与到种麦子、收麦子的劳动行列里，辛苦地背麦子，从那深沟里一捆一捆往上背，压得我喘不过气，汗水都能摔八瓣。12 岁就得下沟里挑水，赶着牛犁地播种，跟着大人从年头忙到年尾。可就这样年年苦干，忙碌一年也解决不了一家人的温饱问题，往往没到年底，父母就得去别人家借粮食。

那时我就在想，有什么可以改变家庭条件和命运呢？总想好好上学，有文化就可以改变一切。可那年月，家家都穷，一个穷字，压得人喘不过气来。14 岁的时候，因为家庭条件差，父母也没有经济能力供我上学了，只好辍学。上学的梦想也从此破灭了。

幸运的是，我后来与农机结下了不解之缘。

辍学后的我，一心想出门学手艺。爸爸让我学木匠，我死活不愿意，一门心思就要学维修农机。那时的想法就是如果干好农机维修有饭吃，有台拖拉机收麦、翻地该多好啊！有了农业机械化，一定能改变农民收种的艰难。自己也没有想到，这一干就是 26 年。

万事开头难。刚开始学手艺时，家里连学费都拿不出，借遍亲戚朋友，都怕我一个小毛孩子借钱不还。万般无奈，就把心事给邻居钟叔说了。钟叔倒是爽快，他说：你只要下定决心学维修，我给你拿 2 000 元买工具去，学成了到街上开个店铺好好干。

那时，少年的我感觉那 2 000 元就是个天文数字，我这一生根本就还不起。晚上到家一五一十给爸爸讲了和钟叔谈话的内容。父亲说：我看也行！第二天，父亲就陪我一块到钟叔家，先借了 1 000 元钱，买了工具到街上学艺，学完就在街上开了我的农机维修门市。

开业第一天，店里只有锤子、钳子等简单的工具。我的技术那时也不怎么样，担心能把人家的车修好吗？那天来了一辆三轮车，修了一下午才修好。但不管怎么样，那天我赚了五元钱，心里非常高兴!

接下来的日子就没有那么简单好过了。

那时，每个大队只有两三个小四轮拖拉机和手扶拖拉机，三轮车在那年代就算是先进农业机械了，每个村只有三四辆三轮车。交通工具主要以三轮为主，城乡还没有通公交车，只有三轮车拉人去县城。农业运输、农耕用小四轮，有的家庭还是用牛来耕地。

这样的条件就给了我维修农机的机会。每天修车到晚上，弄得浑身上下一身油污，像刚刚从煤窑出来一样，一台车修不好不吃饭、不睡觉。

我个子矮小，身体不好，多少次我都想放弃维修农机的行业。但每次出现放弃的念头时，我就会想起父母一捆一捆背麦子的情景，还有钟叔借钱给我的那份信任和支持。就这样，生性倔强的我慢慢坚持了下来。

时间一长，技术也熟练了，来我家维修农机的人也多了。我也感觉劳动有回报了，付出后有收获了，累了就给自己打气：农机维修能改变贫穷的命运，不能就这样放弃。

从那以后，国家的农机化 5 年一个小发展，10 年一个大发展，我的技术有点跟不上新时期的发展了，需要多学点现代化技术。

这个时候，我已经深深地爱上了农机维修行业，也不嫌苦嫌累了，放弃不干了的思想也早已烟消云散。取而代之的是加倍实践和学习，电路、电焊、气焊、机械学，什么都学，并多次自费去外地考察学习，到田间地头和老乡们交流。我每天日思夜想就是怎样学习到先进的技术，能帮老乡们解决买到农机不会维修的问题。

随着农业发展的需求，农民买农机慢慢多了起来，我店里的维修量也多了，收入增加了，家庭生活也得到了改善。

转眼 26 年过去了。我维修过的农机有长葛市生产的链条小三轮车、南京市生产的金娃三轮车、运城市生产的小四轮车、洛阳东方红 15 马力四轮车、上海生产的上海 50 拖拉机和江西生产的 18 马力拖拉机、小型收割机等不计其数。

随着改革开放，国家的发展变化太快了。农业机械化是改革大潮中的一支重要的生力军。时下的农村，早已是“犁地不用牛，收麦不用镰”了。农民的生活水平提高了，种地质量也提高了，有了大型的农机具，节省了很多劳动力。

这个时候，原来坐等生意上门的做法逐渐不好用了，农机维修更多时候得需要专业人员上门指导使用和维修保养。为此，每年我都参加培训学习，参加省内外举办的农业机械交流会和农机具维修行业的职业技能大赛。多亏了我那些年的锻炼，再加上我还比较勤快，所以现在干的也还行，生意也还说得过去。

这26年来，我的小店，一步一步从一个小门市发展成了配件齐全、门店宽敞、地理位置优越、维修经验和技术一流的大店，其中的感慨无法用语言来表达。

作为一个有着26年维修经验的农机人，我想说，生活除了苦和累，还有很多值得我们去为之坚持和奋斗的东西。努力的过程中，苦并快乐着！

当每次为乡亲们解决了维修难题、机械正常运转起来时，看着乡亲们憨厚的笑脸，成就感便油然而生。作为一个农村土生土长的农家娃，我觉得这26年的辛苦付出非常值得。

是农机维修成就了我的今天，我也用我的诚信服务赢得了一方农民兄弟的信任和尊敬。今天，我要发自肺腑地说上一句话：能为乡亲们服务，真好！

机耕千顷地 机收万亩蔗

——记南宁市兴拓现代蔗业示范区宜机化改造与土壤改良

□ 柯小清

柯小清，男，47岁，曾从事过媒体、广告、能源等职业，2012年11月成为一名新型职业农民。2016年3月，成立广西慧拓农业发展有限公司，专业从事糖料甘蔗种植生产，农场位于广西南宁市宾阳县，面积4 000余亩。

2013年8月，作为糖料蔗种植投资方代表，我在泰国北碧府考察泰国甘蔗家庭农场，一位泰籍华裔农场主给我留下了深刻的印象，也完全改变了我的后半生。这位游姓农场主祖籍广东梅州大埔，夫妻俩带着两个还在上小学的孩子，雇佣了3名工人，经营着其祖上几代人打拼买下的830莱（“莱”，泰国土地测量单位，一莱相当于2.4亩）土地。经过15年的发展，他的家庭农场已完全实现了甘蔗生产全程机械化。可能因为我们来自他的祖籍地，当我们向他请教甘蔗规模化、机械化生产的经验时，游场主非常热情且毫无保留地向我们介绍了他和他农友们的生产经验，总结如下：

规模种蔗要机收，平整土地是基础；

当年产量次年苗，基础不实年年少；

选对品种勤管理，水肥一体保收益；

耕种管收机械化，才有可能生效益。

参观完农机农具、水肥一体化设施和宿根蔗长势后，已近天黑，我们告别游场主回到了曼谷。通过调研，我们了解到，1 150泰铢（约262元人民币）的原料蔗收购价、230泰铢（约52人民币）的机械收获成本、第6年的宿根蔗机械收割亩产5吨多……根据这些数据，再结合广西原料蔗收购价格与生产成本，我们信心百倍但又十分纠结：泰国土地私有化，规整、肥沃的耕地是留给子孙后代的无穷财富；国内土地承包经营，土地平整、培肥需要大量的资金及漫长的时间投入，没有国家财政扶持，单凭企业财力，我们能投入多少资金？我们又能走多远？

斗转星移，蔗青蔗黄……

2014年，广西启动“双高”糖料蔗基地建设试点；

2015年，国家发展改革委员会、农业部联合发布《糖料蔗主产区生产发展规划》，广西蔗糖业发展上升为国家战略；

……

形式一片大好，跟心走，我带头！

回顾当时，全广西“双高”建设如火如荼，整个产业百家争鸣、万花齐放，但无成功经验可循，无典型案例可鉴，唯有认准方向，真刀真枪干起来！

2016 年 3 月，广西慧拓农业发展有限公司成立，我们在着手建设南宁市东盟经开区正安农场“双高”基地的同时，也展开了对宾阳县三韦基地的调研工作。

三韦基地总面积 3 336 亩，涉及 3 个村委 450 多家农户，地块零星分散；地形高低起伏，落差高达 3 米之多；土壤类型为多铁子土，保水保肥能力极差；耕地中池塘、石坑、暗石、坟地密布，80% 耕地是农村土地承包经营后当地农户逐步拓荒而来，是宾阳县最瘠薄的土地。

三韦基地耕地原貌

经反复研讨后决定，三韦基地以可持续发展的“绿色高产高效”和“全程机械化”为目标，通过亲土种植、农机农艺融合、甘蔗良种化等农业技术措施，有机结合物联网、智能控制等现代科学技术，建成基础设施完善、科技装备先进、运行机制灵活的糖料蔗生产基地。

2016 年 5 月 2 日，三韦基地全面动工。自此，彻底改变了我的后半生，让我踏上了漫长的现代蔗业生产基地建设之路。

一、不遗余力，夯实基础，以蔗地宜机化改造提高农机作业效率与质量，推动甘蔗生产全程机械化

三韦基地采取小田并大田、弯路变直路、清除耕作障碍、地块规整、权属调整等一系列宜机化改造措施，全面开展 A 区 2 535 亩耕地平整工作。工程历时 7 月有余，个中艰辛，一言难尽：一块 40 亩的抛荒地，是当地农户数十年来的采石场，处于中心区的中心位置，必须拿下，3 台挖掘机、3 台破碎锤、6 台泥土车，碎石修筑路基，再客土填上 80 厘米厚的种植土，历时两月有余；地面一块碗口大的生根石，越挖越大，露出真面目后，居然占地百余平方米，一台机器干 2 周；推土填方，全县大型推土机全部请到了工地，还是不够，又从南宁调来 3 台……

三韦基地平整土地清理障碍现场

A 区土地平整工程于 2016 年 12 月 10 日基本完工，共投入资金 530 万元，各类工程机械 29 台，清除速生桉 631 亩，地下暗石 1.2 万余立方米，基本做到耕地表层 80 厘米无障碍；利用 600 余亩高地，推高填低、客土填方 50 多万立方米，将近 300 亩的洼地与池塘填平；修筑田间道路 14 千米，中心区田间道路一纵八

三韦基地平整土地推高填低现场

横，将 1 600 余亩耕地分割为 19 块格田，单块格田平均面积 80 亩，农机可跨地连续作业，最大作业行长 1 500 米，基本满足“联耕、联种、联管、联收”的现代农场高效生产要求。

B 区面积 801 亩，共投入资金 135 万元，修筑了田间道路 3.3 千米，单块蔗地平均面积达到 80 亩，可完全满足全程机械化生产需求，于 2017 年 9 月 26 日建成。

三韦基地通过土地平整、宜机化改造后，农机作业效率、租地利用率均得到大幅提升，机械作业受天气影响逐步减少，雨天甘蔗也能及时装运进厂。由于地块长度成倍增加，农机减少了调头时间，降低了空驶率；没有耕作障碍的大地块，农机作业效率高，台班工作量增加 30% 以上，农机具经济寿命大大延长，农机综合生产成本降低 20% ～ 30%。2017—2018 榨季，基地农机 8 小时作业数据如下：

机械收割甘蔗场景

2204 拖拉机十字深松：120 亩；

2204 拖拉机十字重耙：120 亩；

整杆式甘蔗种植机种植：17 亩；

1204 拖拉机中耕施肥培土：120 亩；

954 拖拉机植保：250 亩；

CASE8000 机械收割：250 吨……

同时，在土地平整过程中，我们将荒废的道路、沟渠、坑塘等耕种障碍整理、恢复成生产用地；通过小田并大田、地块规整、弯道拉直、权属调整等措施，将不合理的机耕路复垦为生产用地。

积沙成塔，集腋成裘。种种措施，合为一体，大幅提高了租地利用率和农机作业效率，降低了单位生产成本。三韦基地 A 区合同租地面积 2 535.35 亩，实际种植面积达到了 2 542.50 亩，租地利用率达到了 100.28%；B 区合同租地面积 801.77 亩，实际种植面积 777.6 亩，租地利用率也达到了 96.98%。

二、持续改良土壤，推行亲土种植，以甘蔗优质高产稳产，稳步推进甘蔗生产全程机械化

甘蔗机械化收获是甘蔗生产全程机械化中最重要的一环，农作物的机械收获很难做到颗粒归仓，甘蔗尤为明显。我个人认为，目前甘蔗机械化收获的阻碍，除蔗地的宜机化程度及产业链各决策者思维方式外，甘蔗产量也是一大阻碍。甘蔗机收损失、糖厂扣杂一定会存在，因此甘蔗优质、高产、稳产可减少产业链各方损失，逐步改变产业链各决策者的思维模式，从而可以更广泛、更持续地推进甘蔗生产全程机械化。

在土地平整过程中，我们虽最大限度地保留了耕地表土，但由于大面积挖方与填方，还是不可避免地产生了近千亩“生土地”。我们唯有积极推行土壤改良、种养结合、蔗叶还田、施用微生物复合肥等亲土种植措施，致力于耕地培肥。

1．循环利用，节本增效

综合利用养殖厂猪粪、糖厂滤泥等有机废弃物，通过微生物发酵技术和机械化处理模式，综合利用各种有机废弃物，既减少了农业环境污染，又改良了耕地土壤；同时，在微生物发酵过程中，还可杀死各种病原菌、寄生虫卵和杂草种子，切断种养过程中传染病、寄生虫病、杂草的传播渠道，是一种保护环境、节约资源的可持续性生态循环农业模式。2016—2018年，基地综合利用糖厂滤泥1万立方米、池塘淤泥2万立方米、剥离表土5 000立方米、养殖厂干猪粪2 200立方米，精细平整与改良耕地1 100多亩。

目前，养殖厂沼液综合利用管网也已铺设完成并投入使用；年处理1万立方米有机废弃物的无公害处理中心也即将开工建设。

有机肥撒施作业

2．保护性耕作

基地购置了各种农机、农具40多台（套），以机械化作业为主要手段，采取少耕或免耕、

深松作业

垂直耕作、条带耕作、蔗时还田等方式，改善土壤可耕作性、增加土壤有机质、提高水分利用率，具有众多传统耕作和强烈耕作无法相比的效益。

3．测土配肥

基地智能测土配肥中心于2018年4月建成投产。基地以土壤测试和肥料田间试验为基础，根据甘蔗需肥规律、土壤供肥性能和肥料效应，在合理施用有机肥的基础上，有针对性地补充甘蔗所需的营养元素，缺什么补什么，缺多少补多少，实现养分平衡供应，满足甘蔗生长需求，以提高肥料利用率、减少肥料用量、提高甘蔗产量与糖分、节支增收。

通过一系列土壤改良和保护性耕作措施，基地土壤肥力逐步提高，生产投入逐年下降，甘蔗产量与糖分稳步增长。2017—2018榨季，基地入厂原料蔗平均糖分达到了15.94%。2018—2019榨季，基地第二年宿根蔗产量同比增长10%以上，60%蔗地可保留宿根3年以上。

写这篇文章时，泰国游场主那黝黑发亮的脸庞、那生硬的普通话时时闪现在我脑海；“规模种蔗要机收，平整土地是基础，当年产量次年苗，基础不实年年少……”他传授给我们的经验像一首现代农谚，一直萦绕我心头……

不忘初心，砥砺前行！

在今后的生产经营中，我们将一如既往地坚持培肥地力与种植经营相结合的“亲土种植”模式，进一步加强耕地宜机化改造，农机、农艺、农资相融合，力争在最短时间内，建成甘蔗全程机械化生产、亩产5.5吨以上、蔗糖分15%以上、保留宿根3年以上、绿色高产高糖高效的现代蔗业生产基地。

指针式移动喷灌机作业

我和红萝卜全程机械化

□ 耿永胜

耿永胜，新型职业农民，陕西省渭南市大荔县荔盛农机服务专业合作社理事长。

改革开放的春风吹拂中国大地之时，我还未成年，但身处农村的我，也跟随经历了土地集体制和责任田改革的政策变迁，从放学放假在生产队地里、场里玩耍，变成了跟父母去自家责任田学干农活。

土地责任制了，生产队的牲口也分发到了各户。爸爸在外工作，妈妈在家务农，我姐弟三人上学，没有养牲口的能力，除了亲朋乡邻的帮助，出力活就落在妈妈一个人身上，辛苦的劳作至今历历在目。

毕业后我回家务农，当时农村极少有的拖拉机成为我心中的依靠，也成了我关注的目标。可以自豪地说，我是自学成才，从南泥湾手扶拖垃机到各种小四轮，样样精通，犁地、碾场都没问题。

1991年3月，我买了第一辆延河－15型小四轮拖拉机。5 960元的车款，我只凑到1 000元，托人担保年底还款后，交了960元车款，剩余40元加油、吃饭。我怀着激动喜悦的心情把新车开回家，开始从事农田作业和道路运输，也开始了一个农机手的生涯。

学考驾驶证的时候，现场学员60多名，实地训练场教练示范一遍移库后，问同学们谁有把握第一个试练，等了五六分钟，没有一个人上车。我冲动了，开动拖拉机一次成功，引来一阵热烈掌声，教练当场宣布我合格了，免考。之后我又换购了江西－180、泰山－250拖拉机，用来服务农业生产。

随着国家政策的进一步开放和经济发展，在“一村一品”等相应政策引导下，我放下机械行业转入农产品代办，为客商收购当地农产品，有西瓜、土豆、红萝卜、花生等。

大荔县地处八百里秦川东部，境内地势平坦，土地肥沃，秦岭和黄河在这里对话。改革开放的浪潮中，大荔县各种产业相继发展。在大荔县沙苑地区，沙土土质，最适宜红萝卜、花生生长。红萝卜种植距今已有600多年历史，是民族传承作物，种子自繁自育，品质鲜红透亮，甜脆可口，美容养颜，明目健体，素有“冬令小人参”之美称。全国各地客商慕名前来考察收购，市场销量明显增加，种植面积随之扩大，供应云南、贵州、成都、重庆、湖南、湖北、北京、上海等各大城市，成为中国人“菜篮子”里必不可少的健康蔬菜。

产业发展兴盛了，红萝卜种植面积从 4 万亩扩大到 9 万多亩，传统的种植模式只能人工完成，农业机械只能用来耕整土地，红萝卜种植、收货全靠人工来完成。萝卜是 6 月酷暑播种，10 月寒冬收获，祖祖辈辈的人起早贪黑，周而复始地劳作，人均功效每天也就二三分地，异常辛苦。

2006 年，县政府在招商引资的过程中，北京一家农业企业考察后决定在大荔县种植胡萝卜 1 000 亩，由科技局岳局长负责，我们来种植。通过合作，我第一次参与了机械化种植，半机械化收获的新型生产模式，因为胡萝卜不适合当地气候的原因，种植失败了，但也引发了我对机械化投入萝卜生产的念头。

2008 年，我成立了荔盛萝卜专业合作社，萝卜销售也发展到了清洗包装后进入城市大超市的模式。由于农村的年轻劳动力外出打工，寻求更好的发展，产业需要的劳动力逐渐出现了短缺。特别 2009 年的冬天气候变化，致使当地萝卜收获人力紧张，萝卜大面积受冻，造成巨大损失，红萝卜产业急需机械化生产。

由于传统种植模式和农机农艺相互不配套，我们对泰山 -25 拖拉机做试改，参照河北的种植方式起垄种植，但当时灌溉设施效果不好，没有成功。随后的各种改进，都是抱着希望换来失望。但我们反复改进试验，从未间断，我也从失败中获得了相应经验。

后来我在报纸上看到，山东寿光有日本久保田胡萝卜收获机，就打电话联系对方要去考察。一行五人驱车山东，看到了久保田胡萝卜收获机，每个人都非常激动，爱不释手。和经销商交谈后，决定收获季节时再次去山东实地观看收获现场，最终因为机器价格太贵、效率太低等原因没有购买。有了这次经历，找寻适合的收获机的决心反而更大了。

70 后的我，在改革开放的大好形势下，亲身经历了中国农村的变迁，从拉拉车转变成牛拉车、拖拉机、农用汽车，从步行到自行车、摩托车、私家汽车，等等。各行各业的蓬勃发展告诉世界，中国快速发展的脚步永不停歇。

2013 年，我县红萝卜产业已经发展到百余家，大小加工清洗厂 70 余家，全县红萝卜种植面积已达 10 万亩之多，但生产过程还是全人工作业。

当年正值挖萝卜的季节，西北农林科技大学朱瑞祥教授，带领团队来大荔县调研。看到地里有几十个年龄都是 50 岁以上的人在挖萝卜，教授眼圈湿润了。他说，都到 50 多岁了，还得在田地里干这么重的活!

在调研过程中我听到“红萝卜生产全程机械化”这个话题。如果真的能实现红萝卜从种植、管理、收获都机械化生产，那真的是解决大问题了。

红萝卜生产发展得到了政府部门的重视，农业农机部门的关注和帮助越来越大。现任大荔农机局副局长张涛，在前期考察、引进、试验红萝卜生产新机械、新技术中做出了巨大贡献。他查找资料，联系国内农机具厂家，带领我们先后前往山东、山西等厂家考察新机械，把先进实用的新机械引到大荔，取得了阶段性成果。他还多次组织召开机械现场演示会，邀请更多农机人士参与红萝卜全程机械化的推进。在多年的实验探索中，大荔红萝卜产区现已全部使用起垄种植、松动收获，使工人效率翻倍，轻松省力。

通过政府有关部门的推荐，我和华县万丰农场邓总，美国十方公司销售经理汤红波，翻译倪丽、张新月，一同前往法国西蒙收获机械厂考察、学习。法国的农业机械太先进了，出了国门让我们大开眼界，惊叹不已。

为了更快地发展红萝卜全程机械化作业模式，2015年我成立了荔盛农机服务专业合作社，县农机局也为红萝卜全程机械化作业模式创建项目购置了种子处理机、播种机、收获机等。合作社购买了数台大中型拖拉机，应用于红萝卜生产中。

功夫不负有心人，在县农机局的大力支持下，张涛局长、推广站刘军站长等人的强力推动下，2015年年底，我们终于实现了红萝卜生产从耕整地、种植、管理、收获、运输、清洗、储存全程机械化模式。

在合作社理事长培训会上分组交流时负责人邀请我和各位理事长，分享法国之行的所见的先进机械，我发自内心的一句话引来热烈掌声："我们中国的农业机械正在快速追赶和发展中，我相信，有政府和我们各位合作社理事长的新观念，强决心，中国农业机械一定会领先于世界。"

吉峰农机对全程机械化起到了关键性的推进作用。该公司海外事业部总经理马先军、法国西蒙国际部总经理巴格达先生多次来大荔基地考察。中德农业联盟首席代表张莉，在政府部门领导陪同下来到合作社考察，并邀请我们去德国参加汉诺威世界农业机械大展。

在这个展会上，我饱览了世界各种先进机械设备，认识了世界三大胡萝卜收获机：德国迪沃夫、法国西蒙、丹麦阿萨力；去丹麦农场做了实地考察学习；还和德国格力莫集团中国销售经理程磊签订了购机事宜，购买收获机三台，并得到了政府财政补助。

目前，我们的红萝卜种植模式已和国际接轨。这离不开各级政府和外国朋友巴格达、艾瑞克的指导和帮助。江苏常发集团按照农艺要求，量身打造，其技术团队在基地考察后，使农机、农艺紧密结合，目前常发拖拉机在大荔产区红萝卜产业中的使用量占到85%。该公司西北片区总经理渠敬行、经销商梁勇做出了贡献。

2018年，我县的红萝卜种植面积已经超过15万亩，其生产过程全部为机械化，亩产6 000～7 000斤，比传统种植的产量提高25%左右，商品率还特别高，同时也大大减轻了农民群众的劳动强度。

目前，荔盛农机服务专业合作社的农机已发展到拥有大中型拖拉机30多辆和农机具配套，其中进口胡萝卜收获机4台，智慧农业管理平台、北斗导航辅助驾驶、红外线平地机、卫星变量施药系统等高科技农业装备一应俱全，并有完整的新型职业农民、农机驾驶培训组织。

在杨凌博览会上，我带着我的红萝卜收获机参展，得到了中国农业机械化协会的支持，并和农业机械化管理司李安宁副司长、中国农机化协会刘宪会长等领导合影。

改革开放40周年，我们农机人踏着改革开放的浪潮发展至今，告别落后，快速发展。国务院安排部署了加快推进农业机械化和农机装备升级，助力乡村振兴“三农”发展的相关工作。政府的关注、领导的支持是对农机人的鼓励，农机人的机遇来了。进口机械的购置、自主机械的研发，都将有效提升国内农业机械装备的水平。各个新型农业主体、农机专业合作社将再接再厉，做强，做大，服务农业产业，为国家精准扶贫、乡村振兴做出贡献。

一名个体医生的农机情怀

□ 陈　伟

陈伟，重庆市潼南区长丰农机专业合作社理事长。

当2018年的第一片雪花悄悄落下，催醒腊梅沁人心脾的芬芳时，农机人迎来了改革开放以来的第40个年头。过去，冬天对农民们来说象征着万物俱寂的荒凉，没有庄稼收成，靠着仓储粮食度过严寒，但在现代化农业的今天，隆冬的寒冷已经一丝一毫不会再减低人们心中的热度，因为40年来的改革开放进程，现代化农业已有了飞跃的发展、乡村大幅振兴，农民和农业从业人员的生活质量得到了提高。这个过程，必然离不开农业机械化进程大力推进的功劳。

一、儿时的农事体验是我追逐农机化事业的原动力

1994年，读完医学中等专业的我回到家乡，跟随父亲做了一名个体医生（打酱油式的存在，主要给父亲做一些杂活），这在当年可是一个十分受人羡慕的职业，用我们农村人的话说，坐在家里等人家送钱上门。然而让我极度苦恼的是，我家同时还种植了10多亩水稻田，春种秋收，都要在齐膝深的烂泥田里深一脚浅一脚走出来。春天备田插秧的季节倒还好，到了谷子收获的季节，三伏天，40度高温天气，我们家的三个主要劳动力我父亲、母亲和我天不见亮就下到田里用镰刀割水稻，割好的稻束成小捆状整齐平铺于田间稻茬上，待到太阳出来，晒干露水后，安装好方斗（原川中土话，用于水稻脱粒的一种木制盛粮器具）斗席和斗架，再逐一将稻束进行人工脱粒。水稻脱粒是个辛苦活，得用双手把稻束高高举过头顶，再用力甩下撞击在斗架上，反复十来个往复动作才能将一捆稻束上的谷粒脱净，到了收工时刻通常是累得腰杆都直不起来，一家三人一天忙到晚也干不了一亩田。我就这样干一辈子农民吗？如何说服父亲弃种那10多亩水稻田呢？父母亲他们那一代人可是生在缺衣缺吃的年代，毫不夸张地说，他们那一代人就是饿着肚子长

大的，要他们放弃种植土地，比登天还难，但是我一直坚信，这一切终将改变。

二、农业机械化与个人发展相得益彰

1999 年，远在新疆种地的姑父来我家做客，席间谈到他们种植的粮食作物早已实现了全程机械化，并邀请我去他们那里看看。当我踏上新疆广袤的大平原，登上姑父家 120 马力足有层楼高的大拖拉机时，心中的那一份震撼、那一份喜悦无法言表，心里暗自立誓：这辈子的职业，就是搞农机了！

说服传统思想极其浓重的父亲让我弃医种地颇费了些周折，好在老爷子最终架不住我的软磨硬泡，答应我转行跟姑父学习种地，但是他老人家心里自然是不情愿的。2002 年，我踏上那一片魂牵梦萦的炙热大地，来到新疆库尔勒市姑父的农场做了一名农机手，并从此与心仪的机械化农业结下了不解之缘。我从一个简单的机手做到了机耕队长，参与农业生产的全过程，耕地、播种、植保、收割、秸秆处理等各个环节我都了如指掌，拥有了农机、农艺融合技术方面的很多知识。在这个过程中我不仅收获了财富，更让我在田间地头练就了一身过硬的农机操作本领。

进入新千年后，随着国家城市化进程的加快，大量农村人口向城市转移，以人力、畜力为主的传统农业耕作模式也逐渐被人们放弃，农村土地撂荒现象日益严重，2004 年以来，随着国家全面实施农机购置补贴政策，逐渐取消农业税并对农民进行种粮直补，我清楚地意识到：农机必将成为今后农业生产过程中的“香馍馍”，而农机手则是这一过程的主要受益者。2008 年，我带上我的两台东方红 −804 拖拉机回到我的家乡潼南区创业，并联合本地几家农机大户成立了农机服务专业合作社，主要提供粮油、蔬菜、经果林等作物的机械化耕、种、收、植保等环节的服务。凭借先进高效的农机装备和扎实的农机操作技能，合作社的对外服务作业发展得顺风顺水，迅速在农机社会化作业服务领域占得一席之地。然而，由于重庆地处丘陵山区，典型的巴掌田、鸡窝地等自然条件严重制约了农机作业服务的发展，农机作业时，拖拉机刚起步，转眼就到了地块的尽头，又得调头作业，频繁地停车、掉头和转场等操作使得作业效率大幅度降低，农机手作业强度也大幅度增加。眼观六路，耳听八方，地块内农机作业还没开始就结束了，这就是我们丘陵地区农机手工作状态的真实写照，哪里有平原农机手那样坐在拖拉机上嘴上叼着烟，手上捧着茶，甚至打个盹再慢慢起身掉头转弯那般惬意。

三、丘陵山区土地宜机化改造为农机社会化服务插上腾飞的翅膀

2015 年，重庆市农委陆续在全市范围内开展了土地宜机化整理整治技术的推广实施，所谓地块宜机化整理整治，就是通过工程和生物技术手段，对丘陵山区的零碎、异形、分散的地块实行小变大、乱变顺、弯变直、短变长以及路相连、沟相通、升地力的综合改造措施，坚持“以地适机”的原则，从而满足大中型、高效率的农业机械作业要求。土地宜机化整治为社会化服务主体提供了更加广阔的空间与平台，我们大型的复式作业机具有了用武之地，作业服务能力得到提升，作业效率大幅度提高，劳动强

度也减小了不少。同时我社紧跟市场需求，新购置了 6 台（套）挖掘机和推土机，率先在潼南区域内开展土地宜机化整理整治服务，积累了一定的经验，后又陆续在大足、渝北、江津、武隆等区县进行宜机化整治作业服务。仅 2017 年，我们开展的宜机化土地整治服务面积就达 6 000 多亩，我社累计参与的丘陵山区土地宜机化整治服务面积达 2 万余亩。宜机化地块整治服务也成了合作社的一个新的业务增长点。

四、小结

农业机械化是发展现代农业的重要支撑，在替代人畜力、节本增效、集成应用农业技术和推进规模经营等方面发挥着十分重要的作用。如今乘着乡村振兴战略大力推进的东风，农业机械化成为现代农业发展的必然趋势，它必将给我们农机人带来崭新的发展机遇。这些在过去都是不能被想象的事物，现在对我们来说已是平常之事。或许我并不是一名称职的乡村医生，但能以另一种自己热爱的职业继续服务于乡村，我想再没有比这更让人幸福的事了。在未来的农机化事业中，我当继续保持一颗服务于农业的初心，努力提高自身的素养与能力，以实际行动做好这一过程的参与者、见证者与推广者。

吕长录的“盘盘道”

□ 刘晓明

刘晓明，中共党员，历任山西省临汾市古县县委通讯组长、宣传部副部长、广电中心主任，现任古县农机局局长。系临汾市作协副主席、古县作协主席。

“吕长录真有他的盘盘道啊！”夸起古县安峪农机专业合作社社长吕长录时，人们都爱用这句口头禅。“盘盘道”是古县当地的一句俗话，意思是有创新的解决办法和有创意的解决途径。简而言之，就是有绝招。

那么吕长录有什么样的“盘盘道”呢？

一、大与小

刚满 50 岁的吕长录，是古县旧县镇安里村人，他高中毕业后，就回村学开拖拉机。他头脑灵活，身手矫健，几年下来，就成为远近闻名的拖拉机驾驶手。

5 年前，他组织安里村的 5 位拖拉机手入股合作，创办起了安峪农机专业合作社，并担任合作社社长。由于他会经营，善管理，安峪农机专业合作社规模越做越大，效益越来越好。

刚成立合作社时，他们只有 5 台小型拖拉机。如今，已拥有 7 台 1 104 马力以上的四驱拖拉机，其中有 1 台 1 354 马力的四驱拖拉机，3 台联合收获机，17 台包括播种机等各种配套机具，资产达到 100 多万元。服务面积从本乡镇的几个村，扩大到浮山、洪洞、尧都、曲沃、襄汾等周边县。

2018 年夏收时，他又带领合作社的两台联合收获机跨区河南，到河南省济源市进行夏收作业。合作社每年的作业收入都达到近百万元，成为古县有名的合作社，吕长录本人也成为依靠农机致富的典型。

2015 年，山西省农机局授予安峪农机专业合作社“省级示范合作社”的牌匾，这也是古县唯一的省级示范农机合作社。

吕长录魄力大，农机事业做得大，但他干起活来却非常注重细节，时时从小处着手，事事从小处做起。2015 年，古县许多农机手纷纷购买 4 行玉米联合收获机，细心的吕长录经过调查，发现古县地处山区，4 行玉米联合收获机有好多地块进不去，而 3 行玉米联合收获机较适应山区地块。于是他就购买了一台3行玉米联合收获机，专门收割相对较小的玉米地块，不仅自己获得了效益，也得到了农民朋友的欢迎。

安里村有7个自然庄，6 000亩耕地，是个有280户、820多口人的纯农业村，村里大多数青年都已外出务工，留守的大都是老弱儿童，耕地无人耕种。吕长录就当起了本村的“田保姆”。村里6 000多亩田地的耕种、收获都由他和安峪农机合作社来承担。为了让村民放心，他自己准备了笔记本，给谁家耕多少、种多少、收多少、化肥多少、种子多少，都一一详细记录，而且在作业时，他一定要让该户的一位成员到场，进行监督。几年来从没有发生过纠纷。村里人说：“让老吕干活，我们放心。”

二、实与巧

干农活，吕长录是个实在人。不仅本村人这样说，而且河南济源人也这样说。今年5月底，吕长录到河南济源市轵城镇夏收时，每亩收50元，收割1.5亩地时，也收50元。他说：“农民挣点钱不容易，我不赔本就行。”当地农民感动地说：“山西人，中！”

“实”是吕长录的本色，“巧”则是吕长录的特色。他对谷子播种机的三次革新就是佐证。

针对当地农民种谷子热情的实际情况，2015年春，吕长录投资3 700元购买了一台河南兆丰农机制造厂生产的谷子专用播种机。在播种过程中，他发现这种播种机虽然适合在平川县发展。但在山区县播种时，由于地块小、地面不平、弯道多等问题，播种机出现了7个镇压器各转各的、播种不均匀、播种机开沟器有缠草等现象，播种机极易堵塞，农民们很不满意。

吕长录经过反复琢磨，仔细研究，多方实验，大胆改进，把7个镇压器改为一个镇压器，焊接成一个动力轴，成为了统一动力，只要有一处着地，就全部下种。同时把开沟器改为圆盘切割器，播种时不再出现缠草和堵塞现象。另外把双行播种器改为单行播种器，达到了省籽省力、不用捡草的效果。

这三项革新，总共只花了1 500元。播种器改进后，再也没有出现过播种不均匀、缠草堵塞现象。吕长录2015年种了1 000亩谷子，每亩60元，挣了6万多元，减去成本1.5万元，净挣了4.5万元。

大家都竖起大拇指夸奖他。吕长录并不满足，他发现改进后的播种机虽然有效果，但同轴动力、同轴镇压还存在保墒效果较差的缺陷。今年春季，他又把播种机改为同轴动力，单体镇压，经过试验，达到了苗齐苗全、出苗率高、还蓄水保墒的效果。

在大家的一片赞誉声中，吕长录又开始了他的“盘盘道”。他暗自琢磨说：谷子播种机只能种谷子，能不能改为联合播种机呢？

经过一番“鼓捣”，他采取互换播种器的方式，使谷子播种机成为联合播种机，不仅能种谷子，还可以种豆子、高粱等作物，提高了机具的利用率，达到了一机多用、节本增效的效果，成为丘陵山区比较理想的多功能播种机。

吕长录小革新带来大效益的事迹，先后被山西电视台，《山西日报》、中国农机网10多家新闻媒体报道过。河南兆丰农机制造厂还派技术员专程来安里村向吕长录取经，决定按吕长录的革新方式，制造出适合山区的播种机。在古县，吕长录更是名声大振。

石壁乡胡洼村的农机大户任小先想改进自己的谷子播种机，就把吕长录请过去。两人一同研究，把主体式开沟器更换为圆盘开沟器，又增加了一个刮土板，有效防止了沾土，达到了下籽均匀的效果。人们都开玩笑说："原来有个'吕盘盘'，现在又多了个'任盘盘'。"

三、喜与恼

与大多数人一样，吕长录也有自己的喜怒哀乐。他一喜自己有个幸福的家庭，儿女双全、学有所成，含饴弄孙，其乐融融；二喜自己的"盘盘道"获得成功，为自己、也为农民朋友带来效益，带来丰收，在大家的心目中，自己还是个有价值的人。

但他更常常谈起的是烦恼。吕长录说，自己仅有高中文化程度，掌握的知识少，在技术革新和合作社发展中，常常感到力不从心。

明白了自己的缺点，吕长录就投入到如饥似渴的学习中。他在学习上，也有一套"盘盘道"，那就是多层次学习。他向自己的孩子们学习，学会了电脑，学会了微信。到厂家向专家技术员请教，熟练掌握了农机技术原理。连续2年参加新型职业农民"农机操作手"培育培训，记满了两大本笔记，连续2次被评为优秀学员。今年还参加了古县农机系统组织的农机技术大赛，获得了参加临汾市农机技能赛的资格。多次到天津、洛阳、石家庄、太原等地参加各种培训班，学习各种经营知识，用学习武装自己的头脑，开阔自己的眼界，使自己成为安里村脱贫致富的带头人，成为当地农机战线的一名标兵。

吕长录在谷子机械播种机前做现场演示

如今吕长录又把眼光盯在了土地流转上，他沿着他的"盘盘道"，又向更高的顶点攀登！

征文后记

农机人之歌（代后记）

农村是岗位，

农机是值守。

千顷良田霎时种，

万亩金黄片刻收，

笑看老乡喜心头。

苦也罢，累也休，

这就是咱农机人啊，

小康路上的，

一支钢铁洪流。

服务是传统，
创新竞风流。
脱贫路上阔步走，
流转土地显身手，
振兴乡村铺锦绣。

中国梦，绘鸿猷，
这就是咱农机人啊，
驶向未来的，
一艘时代巨舟。

农机跨区作业助我走上致富路

——记陕西省农机跨区作业王牌机手刘双录

□ 王拴怀

王拴怀，宝鸡市农机局高级工程师（已退休），现任陕西农机安全协会副理事长兼秘书长，曾获建国60年农机监理功勋人物奖。

“锄禾日当午，汗滴禾下土。谁知盘中餐，粒粒皆辛苦”。唐代诗人李绅用悯农诗告诉我们，烈日炎炎的盛夏中午，农民还在辛勤劳作，豆大的汗珠滴入泥土，有谁能想到我们碗中的食物，粒粒饱含着农民的血汗与辛苦！刘双录告诉我，他从小就会背这首诗了，只是没有亲身经历而不以为然。初中毕业后，家里分了地，他就随父母一起耕种收获。1989年秋天，第一次挖玉米，由于没有经验，人家一锄头挖一棵他两三下才能挖一棵，一会儿手上就起了两个大水泡，他汗流满面又累又疼，实在不想干了。可这块地别人家都收完了，拖拉机也在地头等着给他家种麦子呢，看着年迈的父亲一声不吭地挖着，他只好打起精神忍着疼痛干了起来。三夏三秋那种“面朝黄土背朝天”、繁重而超极限的劳作异常艰辛痛苦，至今回忆起来仍不寒而栗，甚至产生了心理阴影，他说他那时才理解了《悯农诗》的真正含义。

刘双录1971年出生于具有佛骨圣地之称的扶风县天度镇鲁马村沟原组。家里8口人分别住在6间土坯厦房中。父母都是老实巴交的农民，一个哥哥，4个姐姐，他是老小，是全家人宠着长大的。18岁那年，在家里的支持下他买了一台手扶拖拉机，走上了经营农机之路。除了给家里种地、碾场，他主要跑运输，拉石头、砖头、沙子、白灰等建材及农产品。由于他手脚勤快，收费公道，待人热心，信誉很好，十里八村的乡亲们都很信任他，收入也不错。1992年、1995年，母亲、父亲相继离世。由于这几年的辛勤劳动，家里情况慢慢地好了起来，1996年，他换了一辆五征牌25马力的三轮车继续跑运输，1997年，在新批的宅基地后院盖了3间平房。那个

刘双录近照

时期农村盖新房的特别多，三轮车活路也不差。刘双录说，没活拉运时，他就批发几个铁门拉到各个村庄去卖，赚差价，每年大约能收入 4 万～5 万元。

那些年，承包地里的庄稼耕种有拖拉机，但收获碾打主要靠人力，非常辛苦。2000 年，扶风县出现了联合收割机收麦，刘双录看到了实现梦想、摆脱繁重体力劳动的希望。2002 年，他想买一台联合收割机，就去县农机校参加了农机培训，学到了农机安全生产知识，学会了收割机驾驶操作技术和农机维修保养。2003 年，他贷款 3 万元，用 4.3 万元买了一台二手金旋风小麦联合收割机，给自家和村里乡亲割麦子，2008 年又换了一台二手收割机。2012 年，扶风县盛行联合收割机跨区作业，新机增长很快，收入也不错，刘双录就买了一台福田谷神收割机开始了跨区作业之路，到河南、陕西、甘肃、青海等省作业。这台收割机一直使用到 2017 年，每年都有 6 万元～7 万元的纯收入，家里的花销和女儿（2012 年开始在西安上大学）、儿子（在阎良上大学）上学的费用主要是靠跨区作业赚来的。家里现在是前后院里都盖起了 3 间平房，之间用 2 间平房连接，还有一辆三轮车。

2018 年，刘双录在陕西省农机手跨区作业劳动竞赛中获“王牌机手”称号

刘双录经营农机已经 29 年了。2018 年又新购一台谷王—TB80 型收割机，这已经是他经营的第四台收割机了。夫妻二人同本村另一台收割机同行一起，先后到河南内乡，陕西省蓝天、岐山，甘肃庆阳、兰州、张掖、武威，青海格尔木市、共和县等地跨区作业，历时 130 多天，作业面积 5 000 多亩，发动机工作 586 小时，毛收入 17.3 万元。在中国农业机械化协会、陕西省农业机械安全协会主办，宝鸡市农业局、扶风县人民政府承办的 2018 年“陕西省农机手跨区作业劳动竞赛”中，获王牌机手称号，夫妻二人感到十分自豪。

刘双录的儿媳妇告诉我，刘双录从初中毕业起就开始挖抓（方言：动手做的意思）农机，一门心思学技术、学经验、学法规、学安全知识，一见新农机就着迷，入行一干就是 29 年。农机跨区作业危险又辛苦，一年几个月在外风餐露宿，辗转漂泊，晚上基本都睡在收割机上，赚的全是辛苦钱。儿媳妇劝他安心在城里打工他不愿意，放不下他所热爱的农机，依然坚持干农机这一行。刘双录说，我们家能过上今天的幸福生活，能把两个孩子都培养成大学生，全靠农机跨区作业助我走上致富路，全靠党的惠民好政策，靠农机站、农机校的领导和老师，

收割机在收割小麦

靠农机安全互助保险给我们保驾护航。自 2009 年有了农机互助险以来，他每年都参保，农机互助保险打消了跨区作业机手的后顾之忧。为了在跨区作业竞赛中取得好成绩，夫妻二人多在外干了一个多月，也比往年多挣了些钱。但其中的酸辣苦甜只有跨区作业的机手才知道。

刘双录说，2012 年他第一年跨区作业，在岐山县给一户收割完小麦，在转场途中，由于想多收几家小麦，在田间坑洼不平的土路上开快了些，因路窄压垮了路基翻了机，好在没有伤人，只有粮仓等外部零件受损。他立即打电话报案，农机互保服务人员及时赶到出事地点，分析了翻车的原因，宣传了收割机安全操作规程和驾驶操作要领，帮助把收割机吊了起来，避免了二次损坏，现场经过查勘定损，补偿了 4 300 元钱。这次事故让他体验到了农机互保的好处，对服务也很满意，这也成为他一直参加农机互助保险的重要原因。

2018 年 10 月 3 日，刘双录在青海共和县收割青稞时，收割机的半轴断裂，机子是 5 月初买的，还在三包期内。他打电话给经销商和厂家，过了几个小时厂家来了 2 个人，但是没有带配件，说他们没有那种配件，在当地也没有找到，只有去距离 200 千米远的贵南县取配件。他才坐上厂家来人的车，到了贵南县都晚上 2 点多了，他自己睡在车里过了一夜。第二天，他自己买了配件后又坐班车赶回共和县修车。他自己修好了收割机又继续收割青稞，直到 10 月 10 日才回到家。刘双录说，多年的跨区作业中像这样既辛苦又憋屈的事数也数不清。出门在外，他一直坚持和气生财、凡事好商量的原则，从不和人吵架打架，既遵法守规，又善待他人，心态好，人缘也不错，几年下来还算顺当。

收割机在收割小麦

采访完刘双录返回途中，我思绪翻滚，不仅又想起了《悯农诗》，想起了回乡知青的经历，想起了父辈的艰辛，想起了他们的期盼，想起了流传在黄土高原上的打油诗，“面朝黄土背朝天，庄稼之人不得闲，但愿五谷收成好，家家户户庆丰年”。

几千年的传统农业生产方式，导致农民生活艰辛，我亲身经历，体会颇深。中华人民共和国成立以后，党和国家十分重视发展农业生产，特别是在改良农具、减轻农业生产强度、改善农业生产条件方面做了很多工作，经过改革开放 40 年的发展，我国农业机械化事业从无到有，从小到大，形成了科研、教育、制造、试验鉴定、管理、推广、监理、培训、维修、保险等全方位、大覆盖面的农机化体系。农机化事业进入又好又快的健康发展阶段，鲜花朵朵，硕果累累，亮点纷呈。由陕西省率先创新的农机安全互助保险，就是这朵鲜花上的一片绿叶，陕西省农机手跨区作业劳动竞赛，就是这朵鲜花中的其中一瓣。

黄天厚土赤子愿

——我是如何获得跨区作业劳动竞赛活动“王牌机手”称号的

□ 贾　奔

贾奔，男，陕西渭南临渭区官道镇贾家村农机手。1999年中专毕业后子承父业。跨区机收20年，累计行程23万千米，收获小麦、水稻4.5万亩。陕西省“2018王牌机手”，别号“机手摄影师”。

我是一名地道的农村娃，1999年学校毕业后在父辈们的指引下经营收割机已近20年了。我们临渭区贾家村号称是陕西最早开展收割机跨区作业的村子，20世纪90年代初期，父辈们就南征北战，天南海北地跨区作业。一路走来，酸甜苦辣，比比皆是！

今年，我参加了中国农业机械化协会、陕西省农业机械安全协会联合组织的“陕西省首届农机手跨区作业劳动竞赛活动”。从5月22号至10月30日，自河南南阳开始跨区作业，经河南、湖北、陕西、山西，宁夏、内蒙古、甘肃、青海、山东、安徽、江苏11省23县，运转里程3万多千米，作业面积4 000余亩，收割机工作600多小时，毛收入25万元有余。获得了“王牌机手”这个光荣的称号。李安宁副司长、刘宪会长为我们颁奖，我在大会上的发言和电视台记者采访我的镜头在新闻里播放，传遍了千家万户。见到我的人都会说，干农机

贾奔在陕西省首届农机手跨区作业劳动竞赛获奖选手颁奖典礼上发言

跨区作业劳动竞赛现场

联合收割机在麦田里“劈波斩浪”

干出名人的就你行，使我无比自豪和感动。

记得 20 世纪 80 年代，家里特别穷，那时家里的农活靠人干。有一年，家里种的 8 亩辣椒卖了 500 元钱，除了买化肥农药，所剩无几，当时我爸就念叨把人累死也不顶机械化。爸妈下决心东凑西借地买回了西北 -15 型拖拉机和谷物割晒机。记得那年家里忙得不可开交，每天机子都早早去给村民割麦子。我们放假了，就在家帮忙摊场，等着爸爸下午回来碾场，之后又披星戴月去拉割倒的麦子。爸爸每天不舍昼夜地干活。由此开始，我们家和农机结下了不解之缘！

90 年代初期，家里迎来了一台全新的上海 -50 拖拉机，当时觉得好大的拖拉机。伴随着鞭炮的作响声，第一台背负式联合收割机加入了我们这个大家庭。收割时节，田野上再也看不到弯腰收割的农民，只见收割机在麦海里“劈波斩浪”，一亩地 10 来分钟收完了。从那年起，跨区作业在我们渭南就开始了，前辈们开始去河南、甘肃、宁夏、内蒙古等地，开启外出跨区机收生涯！

2000 年，我从第一台新疆 -2 号开始也开启了跨区作业的生涯，从此一发不可收拾。每当农业机械有更新与变化，我都会第一时间更换机器，基本上两三年就换新机器，经手的机子已有十多台了，成了远近闻名的农机大户。农机让我找准了自己的人生定位，每逢夏收、秋收、播种，还有深松时，田野上总有我的身影，年作业量都在 3 000 亩以上，收益可观！

今年 7 月 17 日，骄阳似火，我们在甘肃武威跨区作业，临渭区农机监理站的同志们给我们跨区机手送来了慰问品。接到领导送上的毛巾和防暑降温药品，我们的心里暖暖的。监理站同志们强调，在机收期间一定要勘查环境、注意安全，做到万无一失。在跨区途中，我们

临渭区农机监理站的同志们慰问跨区机手

是风餐露宿、无人问津的麦客，农机监理系统对跨区机手的关怀和问候，是对跨区机手的鼓舞，让我们十分感动！

近两年，跨区机械越来越多，收割速度越来越快。俗话说，在家千般好，出门一日难，对我来说体会颇深，靠跨区作业致富不再像 90 年代那么容易了。现如今要想挣钱，技术要好，服务要到位，还要积攒人脉和信誉，得到群众的认可，为下一年的跨区作业打好基础。

改革开放 40 年，我国的农业机械化飞速发展，给农村、农业、农民生活带来了翻天覆地的变化。新时代、新征程，我们将继续努力，为实现乡村振兴战略、为农业机械化的美好未来做出新的贡献！

互助保险保安全 跨区作业增效益

——记陕西省农机跨区作业王牌机手郑小虎

□ 王拴怀

王拴怀，宝鸡市农机局高级工程师（已退休），现任陕西农机安全协会副理事长兼秘书长，曾获建国60年农机监理功勋人物奖。

寸头、圆脸、双眼皮，浓浓的眉毛下一双忽闪忽闪的大眼睛，镶嵌在白皙而俊俏的脸庞上，就像他的名字一样既虎头虎脑又透出几分睿智、干练和机警。1.76米身材无比结实，特别能体现西北汉子粗犷、豪放的外在气质。他就是在由中国农业机械化协会、陕西省农业机械安全协会主办，宝鸡市农业局、扶风县人民政府承办的2018年“陕西省农机手跨区作业劳动竞赛”中取得陕西省十佳王牌机手的郑小虎——一个新生代联合收割机操作手。

扶风县是佛骨圣地，佛教圣地法门寺和举世闻名的周原遗址都在这里。郑小虎就出生在人杰地灵的扶风县段家镇谷家寨村二组，是一个地地道道的农机世家。他的父亲郑根宽是个憨厚、朴实、勤劳的庄家人。由于当时家里人口多（3个儿女、父母），经济比较困难，郑根宽就时刻想着找个能挣钱的活儿干，让父母、儿女能过上好日子。1998年，他手头终于有了约5 000元钱，就与同村一个姓刘的朋友商议，

郑小虎近照

想联合购买一台新疆－2谷物联合收割机，每人需要拿出4万多元。郑根宽就到处找亲戚朋

友借，又通过熟人从信用社贷款2万元。由于当时人民币最大面值是10元，现场自己没有数，晚上回家一数发现少了1 000元，这可让全家人吃惊不小，大人们一宿都没睡好觉，第二天一大早急忙赶到信用社说明情况，经过盘库，信用社确认少给了1 000元，全家人这才放下心来。联合收割机买回来经营了两年后，刘姓朋友找到了别的活路要去外地，这台机子就折价给了郑小虎家。从2000年开始，郑根宽就前往河南、陕西、甘肃等省跨区作业，家里经济情况大为好转。2005年，他们卖了旧机器，又买了一台新三王联合收割机。2006年家里盖起了二层楼房，前院是大跨度的平房，后院是二层楼房，连接的还有2间平房，还买了一辆吉利牌小轿车，全家人过上了幸福的小康生活。

郑小虎1986年出生，2002年初中毕业后开始跟随父亲郑根宽跨区作业，到今年已经有16个年头了，先后使用过6台联合收割机。从2012年开始，郑小虎自己单独经营一台福田雷沃联合收割机，每年纯收入都在5万元以上。2014年，他和妻子两人开始跨区作业，跑的地方多了，作业时间长了，连续5年收入都在10万元以上。今年，他和妻子5月17日出发跨区作业，到10月10日回家，历时132天，跑遍了河南南阳、濮阳，河北保定、石家庄，甘肃平凉、武威、张掖，内蒙古巴彦淖尔等地，作业面积4 171亩，发动机工作686小时，毛收入16.5万多元。郑小虎说，参加2018年“陕西省农机手跨区作业劳动竞赛”，还要感谢省农机协会的工作人员，在他跨区作业装车出发的那一天，为他耐心宣传农机互助保险、宣传作业竞赛，帮他下载安装农机互保APP。市农机局的石科长、县农机中心的党主任、侯副主任等领导亲临现场讲解参赛操作程序，宣传跨区作业中的安全生产和注意事项，使他和妻子都重视了跨区作业竞赛，重视了农机互助保险，重视了安全生产，重视了跨区作业时的优质服务。

“陕西省农机手跨区作业劳动竞赛活动”
参赛机手合影

说到跨区作业的辛苦，郑小虎腼腆地笑了一下，说跨区作业的辛苦是肯定的，不能按时吃饭、晚上睡在收割机上是家常便饭。作业完后有些人少给作业费的情况也经常遇到，还遇到过拦路抢劫。今年10月8日在青海省海东市收获油菜时，还被人以收割机压了他家的地为由讹去了50元钱。他重点给我讲了他所经历的、令他难忘的两件事。

2002年，他第一次作为辅助作业人员随父亲跨区作业，到甘肃武威一个村庄收麦子。那时候收割机比较少，人们都抢着让收割机收麦，给上一家收时，后面有好多户都在等着。他们给一家收完了6亩多地麦子以后主家不给钱，还非要他们的收割机去四五里路以外的另一块地里收麦子，双方争执了一会相持不下，郑小虎和他父亲没办法只好跟着主家去另一块地。快到地头的时候，才发现路不通，收割机让深约六七十厘米的水渠和高约1米的塄坎挡住了。当时天快黑了，那家人还不让收割机走，他们只好花2个多小时先把路修通了，等到收割完那10多亩地的麦子都到晚上10点多了，那家人这才给了钱。而他们父子俩晚饭还没吃，肚子饿得咕咕叫，他几次想发脾气都被他爸给制止住了。后来他们行驶了20多千米回到镇上，吃完饭都快1点钟了，父子俩就在收割机上将就了一夜。

还有一件让他记忆深刻的事。那是2016年6月的一天，他和妻子跨区作业，到河南邓州一个村子收割小麦。那天天气特别的好，艳阳高照，万里无云，正是收获麦子的好时机。那个村子比较偏僻，距离县城约有40～50千米，地势倒是平坦，就是被水渠和一排排的树分隔开了。那天中午，他收割完了20多亩麦子后需要转场到另一块地里。他看了一下路，要绕道的话需要走很长一段路，而在地头的村子旁边有一条土路，旁边是一个不小的水渠，他感觉凭他多年的驾驶技术可以从那开过去，就偷了个懒决定从那过，好争取时间多收几亩麦子。当他小心翼翼地驾机通过时，渠边本来就不宽的土路路基被压塌了，收割机陷到渠里开不动了。他当时非常着急，下车看了看，村里停着一台拖拉机，就叫拖拉机帮他往回拉，想把收割机拉出来，谁知不拉不要紧，一拉反而陷得更深了，只好作罢。由于离县城远，没法叫吊车，正当他无计可施，妻子又不停地埋怨时，他想到了陕西省农机安全协会的"三夏"农机互助保险服务队。他立刻拨打报案电话，说明了情况，服务队立刻替他叫了吊车，很快赶到出事地点协助救援。虽然这件事损失不大，农机互助保险也只补偿了几百元，但当他背井离乡在千里之外跨区作业遇到困难时见到老乡，听到乡音，得到省协会跨区服务队同志们的帮助和安慰时，心情激动，倍感亲切，一股暖流涌上心头。他对妻子说："你看，这才是咱希望的农机互助保险。"这件事他至今铭记心中。

联合收割机跨区作业场景

郑小虎告诉我，他从18岁那年就参加了县农机校的农机培训班，学习了农机安全法规、操作规程，联合收割机的构造和原理、农机检修保养知识以及安全驾驶操作技能，考取了联合收割机驾驶操作证。家里的两台联合收割机，证照齐全，年年按规定参加安全技术检验，参加农机互助保险。对于安全生产问题，农机校的老师教育他，父亲时时叮嘱他，农机监理人员提醒他，农机互助保险用事故案例警示他。他参加农机跨区作业，受到委屈不计较，遇到困难不气馁，心平气和，从不和人吵架，始终把安全生产和优质作业放在第一位。

郑小虎介绍，他每年参加跨区作业，都要带上驾驶操作证、行驶证和农机互助保险单、跨区作业证，从不高速行驶，不疲劳驾驶，夜间行驶或在危险地段作业，都要降低速度。看着通过有困难的路段要绕行或排除危险后再走，夜间行驶作业灯光要好。每年跨区作业前，他都要对联合收割机进行检修、保养；作业中过两天就要对转向器、制动器、变速器、离合器、灯光等安全设施进行检查。特别是田间收获前，要给雇主讲安全事项，不让无关人员在机具周围停留，地头倒车时先看周围有没有人，确保安全。在情况不熟悉的生地方作业前，他要查看作业田块和通行路段，并记住沟渠、悬崖、陷坑、电杆、树木等危险地段；感觉通过有危险时不冒险。检修、保养收割机，排除故障、清除缠草、泥土等时，都按规定先停止发动机运转，灭火后再进行。由于他坚持按照多年学到的、积累的这些安全知识做了，所以10多年没有出现农机事故，大家对他的作业质量都很满意，他也挣了不少钱。

从郑小虎家出来，我仰望天空，寒冷的冬天太阳仍顽强地冲破乌云的遮挡，用它那微弱的光芒照射着大地。我陷入沉思：一片叶可以预见春天的明媚，一滴水可以映出太阳的光辉。我们可爱可敬的农机手，就是这样的一片叶；我们农机战线的工作人员，就是这样的一滴水，在为民服务的第一线，天天面向群众，直接服务机手，用辛勤劳动真实地传递着党和政府的惠民政策，承接着党与群众的互通交流。

以郑小虎为代表的农机手身上表现出来的勤劳、质朴、善良、乐观、认真和百折不挠的精神，其实是许多农机人的共同特性。但愿我们都能像他们那样，一如既往地守住那份勤奋，守住那份执着，守住那份质朴，守住那份真实，守住那种精神，守住那种追求，在全面建成小康社会、实现伟大复兴的中国梦和农业机械化的征途上，与时俱进，开拓创新，把自己的全部智慧和精力投入到农机化和农机互助保险事业之中。

哦，亲爱的农机手，祝福你们！

俺就买东方红

——记宁夏东方红农机大户赵金花

□ 刘红卫

刘红卫，中国一拖集团有限公司销售分部经理。

赵金花很坚决地说："俺是河南人，就买'东方红'。"

杨经理好像没有听见似的，还在继续做他的推销演说："我们的拖拉机是外国产品，赵姨您看，咱们农垦的老段用我们的拖拉机都两年了，连扳子都没有动过一下，质量好着呢……"

"杨经理你看，我们家老潘从部队转业后，就开始用'东方红'，从东方红－70马力链轨车，到东方红－150小四轮，还有80～90马力大轮拖，开了一辈子'东方红'，都习惯了；还有一拖的小刘师傅、农机公司的梁工，一叫都来。你说的外国产品，俺听老潘说了，发动机用的还是咱'东方红'的，车要坏了，老外我请的来吗？一个齿轮泵都要七八千，我的乖乖……"赵姨说。

杨经理见说不动赵姨，便拿出了杀手锏："赵姨，我们老板说了，您老要是选我们的拖拉机，我们给您让利8 000元。"杨经理原本感觉这一下有戏，但看了赵姨一眼，就像泄了气的皮球似的，"杨经理，俺相信'东方红'，就买东方红－LX1304。"赵金花不为所动。

这是我刚离开赵姨家两小时后发生的事情。日后，杨经理给我讲述当时的场景时说："我真服了，你们拿什么给赵金花洗脑了，铁了心似的，就买'东方红'。"说实在的，我也被赵姨对"东方红"的情结感动了。

赵姨与东方红的故事，要从2003年说起。那一年我刚到宁夏工作，有一天服务站里的电话响了，是暖泉农场一台80～90报修，故障形态：车挂上挡不走，而挂上前加力后走。经过进一步地仔细询问后，得出判断，可能是大轮拖差速器损坏了。我驱车到了暖泉农场八连，第一次见到赵姨。

那时她站在村口，招手相迎。她和蔼可亲，目光流露出一丝焦虑，清瘦的身板挺直，一身洗得发白的衣服，非常得体、干净，一看就是个利索的人。由于判断准确，配件到位，在没有起驾驶室的情况下，我很快就把车修好了，大大超出了她的预期。当赵姨听说我是厂里派来的时，她对着机手和“三包”师傅说：“过去共产党打胜仗，全靠着指挥得当，我看‘东方红’中，你小伙子中。”弄得我很不好意思。之后，农机公司的师傅告诉我，她就是暖泉农场鼎鼎大名的赵金花，河南汤阴县人，早年随丈夫一同支边，是宁夏最早一批屯垦戍边的建设者。丈夫老潘是暖泉农场机务连最出色的拖拉机手。是他们通过辛勤的劳动，扎根宁夏，改变了过去天苍苍、野茫茫的荒野，建立起了西北大粮仓。听完后我肃然起敬。

从此，我就成了暖泉农场的常客，赵姨家的常客。“是小刘师傅吗？咱家的 80～90，农具只升不降，你能来一趟吗？”“赵姨，您别急，我马上过去……”

“小刘师傅呀，三连的老曹听说咱厂出了 954，问我来着，我说你放心买吧！你再来给他讲一讲？”

2004 年，赵金花家用东方红 -70 推土机，推出 4 个大鱼塘，养鱼养鸭，种桃栽李，日子一天比一天红火。“赵姨，您可是海陆空军司令呀！”“小刘啊，今天又辛苦你了，等会让你叔给你打两条鱼……”

2006 年，赵金花家又添了一台东方红 -LX904，两台东方红大轮拖不仅把自家百亩良田犁好了，也开始走出八连。“赵姨，您老拿着退休高工资，该享享清福了！”“哎，我闲不住呀！”

2007 年，精准农业在暖泉农场推广，要求土地激光平整，便于浇灌，赵金花家又添了一台东方红 -1204，东方红大轮拖 1204 配 3 米的激光平地仪，在暖泉农场大显身手。

2008 年，赵金花家再添了一台东方红 -1204 和激光平地仪扩大生产，当年 4 台东方红大轮拖作业量，占暖泉农场八连机耕面积一半以上。受 4 台东方红大轮拖的影响，也受赵姨东方红情节的感染，当年暖泉农场接了 5 台东方红 1204，其中 3 台都是赵姨介绍的。

2010 年，赵金花家再添了一台东方红 -LX1304 和大型收获机扩大生产，作业距离达 50 千米，赵姨已是远近闻名的农机专业户和致富带头人。其他轮拖知名厂家的业务经理都说：“暖泉农场是‘东方红’的天下。”

时光荏苒，岁月如梭。2003 年至今，赵姨和我们风雨与共，不离不弃。14 年的时间过去了，赵姨的身板还是那样挺拔，双眼还是那样有神，思路还是那么清晰。从东方红 -150 小四轮，到东方红 -702 履带拖拉机，再到 804、904、1204、1304 大轮拖，赵姨在年年喜获丰收的同时，见证着中国现代化农业的发展，见证着中国一拖大轮拖的成长，千千万万个“赵姨”与东方红结下不解情缘，激励着一代又一代东方红人，演绎着“东方红”的故事。

刘红卫、赵金花和东方红

王运：手握“双枪”夺“王牌”

□ 惠　君

惠君，毕业于西北农林科技大学经管学院，现在陕西省农业机械安全协会工作。

王运近照

王运，1974年出生于咸阳市泾阳县三渠镇曹家村一个普普通通的农民家庭。和所有农民的儿子一样，小时候一到放忙假，王运就跟随家人去地里干农活，以前收割小麦都是面朝黄土背朝天，人人手持一把镰刀，一镰一镰地割，一晌午时间，才收完一片，再一捆一捆地放在架子车上，拉回家中。因为人工收割太慢，大家常常为了抢收，起早贪黑，背着干粮、带个水壶、扛着镰头上地，一干就是一整天，就为了能多收些粮食。

到了1992年，他有了上海－50配套的背负式收割机，但是，当时人的思想还没转变，机子都在地头了，地主硬是抱紧机子拦着不让进地，气得驾驶人直骂“老顽固”。农民对这个庞然大物是不信任的，总觉得让它进地那就是在糟蹋粮食，造孽呀。

1995年，泾阳县百分之七八十的农民已经接受了机器收割。1996年，新疆－2联合收割机生产出来了，虽然没有驾驶室，但对于经营农机的人来说已经是很大的进步了。那时收割机的生产量少，想买机子的人得早早进城，排队等着。那个年代，有收割机的人就是方圆百里的能人，大家都会投去艳羡的目光。

一到收割季节，因为机子太少，一亩地收割费用100元左右，大家都争着抢着让收，经常是换人不换机，机子连轴干，不分昼夜地为百姓服务。刚用机械收割时，还拿不准收割机收麦的最佳时间，有时候收完的麦子还是绿的。

1997年，就有个别人去甘肃、青海一些大农场跨区作业了，不过那时还没有去东路——河南跨区的。1998年，王运东拼西凑，终于买了自己的收割机，也步入了自己曾经羡慕的能人行列。从此他扎根于农机这行，一干就是近

20 年，迈向了致富路。

2000 年前后，农机行业迅速崛起，收割机也是不断更新换代，福田雷沃、中联收获还有很多河南的厂家联合起来，生产各式各样的农机，1999 年的收割机驾驶室就得到完善了。2000 年，陕西的收割机就慢慢进入粮食种植大省——河南开始跨区作业了。

刚开始，对于河南这个陌生地，大家心里也没底，都是抱着闯一闯、试一试的态度，为了相互间有个照应，心里也能安稳些，常常 6～7 台车一同走，有活一起干，有钱一起挣，真要有个啥事也能互相帮衬。

2002 年，收割机的种类就已经相当丰富了，百花齐放，收小麦的、玉米的、水稻的，还有收油葵的，收油菜的收割机也在不断摸索、完善中。不过，新疆 -2 在改型中走了下坡路，雷沃趁机大量上市，2011 年的时候谷王也亮相了。

王运，作为远近闻名的“农机迷”。自己经营收割机当然也得紧跟农机发展的脚步，不断更替新机。现如今拥有雷沃的小麦、玉米收割机各一台。他说，记得有一年家中有事，将收割机卖了，没干农机的那一年，他整个人好像生病一样没精神，夏收期间，一听见收割机的响声心就慌，就寻着声音跑向机收处，硬是把别人拉下机子，让自己上去开一会。看着机子在麦田里披荆斩浪，听着那阵阵“突突”声，他就好像寻着了根，心里才踏实安稳。

王运在当地被称为热心人。每年跨区前，就帮着同行维修保养机子，还带领农机互保工作人员走村入户宣传跨区作业劳动竞赛、办理互助保险。不管是谁的机子倾翻了或出故障了，都第一时间给他打电话。他总是耐心地安抚事发者的情绪，告诉他们不要慌乱，在手机上定位，给保险报案，等待救援。

2018 年，他参加陕西省跨区劳动竞赛活动，5 月 20 日，前往河南内乡、邓州，陕西礼泉、永寿、宜君，甘肃灵台、古浪等地收小麦，行程 23 800 多千米，作业面积 4 130 多亩地，毛收入 19 万多元。

收完小麦，短暂修整后，他又去河南镇平、邓州，陕西泾阳、高陵、三原、富县等地收割玉米，到 11 月才回来，作业面积 4 570 多亩，毛收入 30 多万元。

王运在陕西省农机手跨区作业劳动竞赛活动中获得“王牌机手”称号，获得省农机协会和咸阳农机中心的嘉奖，让自己成了当地农机户眼里的“红人”。

王运参加陕西省农机手跨区作业劳动竞赛活动

他把农机作为自己的事业来干，“王牌机手”这个称号让他收获了自豪与骄傲，因为那是对他多年经营农机的认可，也是对自己的一种勉励。他说，经营农机虽然辛苦点，但是总比四处漂泊打工强。作为职业农机手，要把安全牢记心头，把机子玩转，能开能修，把活路干好，包他人满意，自己也能挣钱，那就是快乐和幸福！

王牌机手
致富先锋

——记岐山县农机手任宏兴的幸福生活

□ 朱　成　王拴怀

朱成，现任陕西省岐山县农机监理站站长。

王拴怀，宝鸡市农机局高级工程师（已退休），现任陕西农机安全协会副理事长兼秘书长，曾获建国60年农机监理功勋人物奖。

一股寒流无情地侵入八百里秦川。地处古丝绸之路、现代欧亚大陆桥沿线的岐山县未能幸免，入冬的西岐非常寒冷，北风吹来，你会感觉到寒气逼人，冷风刺骨。当我见到任宏兴第一眼时，怎么都想不到已知天命的他像刚刚过了而立之年般精神抖擞，这就是在2018年“陕西省农机手跨区作业劳动竞赛”中获得“王牌机手”称号的他给我的第一印象。

岐山县历史悠久，文化灿烂，享有“青铜器之乡”“甲骨文之乡”“民间艺术之乡”“陕菜之乡”和“转鼓之乡”的美誉，是中华民族的发祥地之一，是炎帝生息、周室肇基之地和周文化的发祥地，也是民族医学巨著《黄帝内经》、古代哲学宏著《周易》诞生之地。任宏兴，这个憨厚朴实、勤劳智慧的普通联合收割机驾驶人，就是这个人杰地灵的千年古县唯一获得全省农机手跨区作业劳动竞赛的王牌机手。

任宏兴家住岐山县凤鸣镇神务村，今年49岁，中等身材，小麦色皮肤很健康，说话不紧不慢，规规矩矩，不管你问啥都很专业地给以从容的回答。

出生在农村的他，上面有两个姐姐一个哥哥，从小他就是家中的宝贝疙瘩，父母怀中的小幺，小时候在父母兄长的呵护下成长，好吃的、好穿的都让给了他，也算是宠着长大的。但命运就是这样，姐姐出嫁了，哥哥学习好考上了大学，初中毕业的他就成了这个家庭的顶梁柱。

陕西省农机手跨区作业劳动竞赛颁奖典礼

他自小就头脑灵活，为人热诚。1985 年，16 岁的他就去兰州打工干零活，除了帮家里、帮哥哥，自己还攒下了一点钱。哥哥去了西安工作，家中需要劳动力，于是他又从兰州回到了家乡，回到了父母身边。由于自小酷爱机械，1990 年他拿着打工挣来的钱，在全家人的支持下买了第一台丰收 -180 拖拉机，开始走上了自己的农机致富之路，这一走就是 28 年。

当问起他的家庭情况和经营拖拉机的状况时，他满脸溢着笑容说：“1993 年结婚，婚后按农村习惯我自立了门户，分到了宅基地。1997 年我就在自家宅子前面盖起了一层楼，后面盖起了两层楼，都是红砖房，铝合金门窗，当时可把村里人给羡慕坏了，都说我的媳妇很有福。我知道，这也都归功于我的拖拉机。其实我经营拖拉机的理念就是先别人一步试着干，在全镇我是第一个跑运输的拖拉机。”拖拉机刚买回来后，他先去县农机校培训学习，学习了一个月，学农机构造原理、法律法规、操作规程、驾驶操作技术，他都是很认真地学。回来给拖拉机登记挂牌、买养路费，办理保险他从不含糊。他不断积累了许多农机安全驾驶、操作知识和信息，也越来越喜欢这个行业了，前前后后十几年间经营了 7 台拖拉机，卖了的转户，买新的报户。“县农机监理站都成了我的娘家了，一有空我就去那交流经营农机心得，渐渐地我懂得了遵守法律、规范运行、文明操作、高质量作业、安全生产才是经营农机的致富之道。”他介绍，每年在农忙的时候，拖拉机挂上农具种麦、旋地搞农田作业，在地里他丝毫都不马虎，谨慎驾驶安全操作，从不偷懒耍滑，赢得了十里八村乡亲们的赞扬和认可。任宏兴村里还有蒲会生等几家贫困户，他给他们种地都不会收取费用，贫困户都很感激，任宏兴家里有事，他们都会过来帮忙。在农闲的时候，任宏兴开着拖拉机跑运输，给周围村子的乡亲拉砖、沙石、水泥、白灰等建筑材料。“我知道这滚滚转动的车轮就是我源源不断的财力和动力。”任宏兴说。

2004 年二儿子出生了，比大儿子小 10 岁，他又满怀喜悦地说：“两个儿子虽说负担重，放在农村都是劳力和靠山啊！对我来说，两个孩子更是我勤劳致富源源不断的动力。”2004 年收割小麦的时候，人工收割还是占主流的，附近只有一台收割机给农户收割小麦，机器有时割不干净撒了许多麦，农户很可惜，甚至有人还不认可收割机割麦。任宏兴当时就认为这只是时间问题，收割机极大地解放了劳动力，作业效率是人力无法比的，只要把好质量关，收割机还是很吃香的。说干就干，当年他就买了全村的第一台东方红牌小麦收割机，登记挂牌、培训考证后，先是在自家地里练手，然后给附近熟人收割小麦。由于平时积累了经验，每割一片麦他都遵守规程，留茬不到 15 厘米，追求作业质量，不随意撒麦，他的收割机一下子成了抢手货，而且口碑很好。割完本地小麦后，他又来到了农机监理站，很快领到了农机跨区作业证，带着妻子毫不犹豫地踏上了他梦想已

任宏兴的第一台东方红牌小麦收割机在田间作业

久的跨区收割征程。他明白吃得苦中苦，方为人上人的道理。几年间在河南、陕西、甘肃、宁夏、青海等地巡回收获。他和妻子踏遍了5省18县，一年中有6个月都在耕耘、在收获，他苦中作乐地说，每年夏收都是夫妻“二人转”，也常住“东方红宾馆”“福田宾馆”。他开机子作业时精力很集中，安全操作规范一直牢记心中，也不会因为想多挣钱就疲劳驾驶、违章操作，二十几年的时间里他没有发生过农机事故。

我问他出门在外遇到的人和事比较多，情况也复杂，都是怎么处理的？他嘿嘿一笑：“虽然在外面干活，可方向盘在我手上，别人有什么困难我尽量帮助，我的困难也会得到别人的帮助。”我突然想起了在我省发展壮大的农机安全互助保险，不也就是这个真谛吗？军民鱼水情也是这个道理啊！只要大家携手，谈何困难！只要大家齐心，何愁不富！在他的身上我找到了农机安全发展、农机致富的答案，任宏兴是千千万万个农机手里面的先锋和模范，他是守法经营的模范，是安全生产的模范，是质量先行的模范，更是技术过硬的王牌机手。

任宏兴参加陕西省农机跨区作业劳动竞赛

陕西省农机安全协会创办的农机互助保险，是富民利农的一项惠农政策，政府给予保费补贴，保障内容有机械、驾驶人、辅助作业人员以及第三者人身和财产，保费低，保障全面。“我从2010年开始年年参加农机互助险，跨区作业时心里踏实多了，活路多的机手都很欢迎。”任宏兴高兴地告诉我。

他说，协会今年给他的联合收割机安装了农机互助保险APP，他也参加了全省农机跨区作业劳动竞赛，他的联合收割机像往年一样跑了5个省，收割机走到哪地方都有记载，统计下来发动机工作了752个小时，收割小麦近5 000亩。他很重视这次劳动竞赛，及时上传作业信息，成为今年陕西省农机跨区作业的王牌机手。他还告诉我，他已经成立了农机跨区作业合作社，占地20多亩，有30多名机手入社了，来年要带领他们一起跨区作业奔小康。

采访结束了，我握着他的手说，外面好冷啊，要注意保暖，保证身体。他憨憨地又说，2014年，他在岐山县城买了个三室二厅的商品房，父母妻儿都住上了暖气房，他也准备回小区里住。我顿时明白了这个以农机发家、靠农机勤劳致富的先锋人物、陕西省和岐山县王牌机手的幸福生活。

回家途中，脚踏在西岐大地上，依旧“咯噔咯噔”地响，仿佛奏响了前进的号角。太阳已经当空高照了，阳光照射到我的头顶，好像照射到了像任宏兴一样的千万个农机手的身上。寒风中顽强照射着的阳光，仿佛就是对我们农机人齐心携手、不离不弃、辛勤奋进、砥砺前行的奖赏。

我家的农业机械40 年变化

□ 任美强（口述） 李科党（整理）

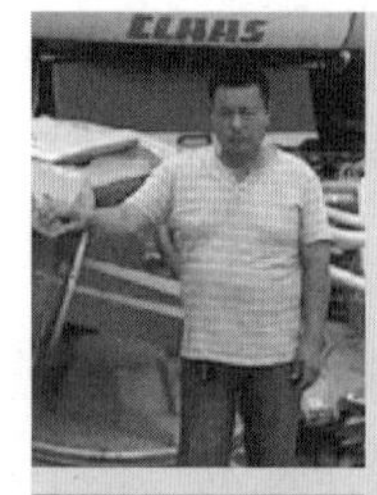

任美强，现任兴平市美强草业农机合作社社长。

李科党，中共党员，大专学历，工程师，现任陕西省兴平市农机管理站副站长。在《中国农机监理》等杂志上发表论文、文章 20 余篇。

我是一名地地道道的农机手，家住在距离市区 30 千米外的西北小镇上。我从只有一台拖拉机、一台脱粒机发展到现在拥有现代化的新型农业机械，已经成为名副其实的“农机大户”。在改革开放 40 年里，我见证了农业机械发展的全过程，可以说农业机械现代化在我家已得到充分体现。这几年，每逢“三夏”“三秋”，小麦、玉米高产创建、机械化示范田里，都离不开我和我的社员作业的身影，收割、秸秆还田、深松、播种及各种机械大会战。特别是今年我开拖拉机作业时的情景被中央电视台采访时拍摄并在新闻里播放，传播到千家万户。见到我的人都竖起了大拇指，一句“了不起啊”，使我无比感动和开心，对我更是一种激励和鞭策。走进我家的农机仓库，收割机、大中型拖拉机、开沟机、条播机、深松机、旋耕机、高效植保无人飞机等机械应有尽有，最新购置了两台德国生产的克拉斯玉米青贮机，总共有 36 台（套）之多。

记得在 20 世纪 80 年代初，农村实行土地承包，当时农田作业还用牛、人，高中毕业的我深知“农业的根本出路在于机械化”，说动了爸妈，花完家里所有积蓄买回了全村第一台西北 −15 拖拉机和一台脱粒机，并参加了农机培训，考取了农机驾驶证。从此，农忙收种时节，村子里拖拉机的轰鸣声取代了碾场上犁地时老牛的“哞哞”叫声，取代了晒场上连枷的“噼啪”声，农田作业总算比碾场和人工打麦的速度快了许多，当时人们已经相当满足了。几年下来，我家建起了全村第一座“小洋楼”，从此，我家与农业机械就有了不解之缘。

农村劳动力的外流也促使农业机械化发展。20 世纪 90 年代，由于村子里不断有人外出广东深圳、西安等地打工，农村劳动力锐减，剩下的大多是老人、妇女和孩子，对新型农机具有了更大需求，而且不断更新换代，到 90 年代中后期，我家买回一台小麦联合收割机，全村的人们兴奋不已。收割时节，田野上再也看不到弯腰收割的农民，只见收割机在麦海里“劈波斩浪”，一亩地十几分钟就收完了。2001 年，我从报纸上看到了一篇介绍玉米收割机省时、高效的文章，第二年就购买了一台玉米联合收割机。当时玉米收割机还比较新鲜，在镇农机人员的指导帮助下，我掌握了收割技术，从开始给几户人家收割到现在所有农户都采用了机械收割，从此告别了“面朝黄土背朝天”的收割方式。2007 年，我家又一次性购买了两台收割机，2008 年以来，我到河南、上甘肃、内蒙古等开展外出跨区机收作业，并不断拓宽到机耕、机播、机植保，形成一站式服务，年作业量达到千亩以上，利润可观。

兴平市美强合作社“三夏”机收、捡拾作业

每年到麦收时，遍地都能听到焚烧秸秆的声音，污染了环境，有时到傍晚时就仿佛看到一片火海，走在路上都睁不开眼。作为一名农机手，我看在眼里，痛在心里，要解决焚烧秸秆的事就要想办法把秸秆埋到土壤里或收集起来。经过咨询农机管理部门，我了解到，与中拖配套的旋耕机可以秸秆还田。于是我当年就买回了一台中拖和旋耕机，从自家地里开始作业。通过镇、村召开的观摩会和农机技术人员秸秆还田技术的讲解，村民们都知道秸秆还了

兴平市美强草业农机合作社场所

田，不但少施肥，还节省了成本，改善了土壤，真是一举几得。

这些年，随着中央强农惠农政策的不断出台，农机具不断改进发展，这更加激起了我购买新型机具的热情。2010 年，在农机管理部门的指导下我成立了全镇第一个农机服务专业合作社。合作社把周围的农机手组织起来，为广大农户提供代耕、代种、代收、植保一条龙服务。建立农机服务组织，服务现代农业，我立志干一番事业，带动群众走致富路。2016 年，开展土地流转后，合作社已实现流转土地 2 000 亩，代管土地 5 000 亩，利润在不断增加，农机户的收益也大幅提高，我的合作社被评为省级示范农机合作社。

植保无人飞机，也算新鲜事物。过去植保

兴平农机服务专业合作社植保无人飞机作业

作业服务有机械植保机和行走系植保机械作业，2018年，植保无人飞机的加入使植保作业如虎添翼，作业速度快、效益高。在农机部门的指导下，我一下子购买了10台植保无人机。经过培训，合作社拥有了既有理论又有实践操作技能的高品质飞手，实现了统一作业组织、统一作业用药、统一作业价格，提高了作业标准，服务了兴平的千家万户。之后，合作社还开始赴宁夏、新疆等地作业，彻底解决了农业植保的难题。

40年，农业机械化阔步前行，一路走来。民间流传的“收割不用刀、耕地不用牛、播种不弯腰、喷药不下地”的顺口溜已成为了现实。透过这一变化，我们不仅认识到了农业机械的巨大威力，更是看到了改革开放给兴平农村带来的翻天覆地的变化。新时代、新征程，我们将继续为实现乡村振兴战略，为农业机械化的美好未来而歌唱！

第九章
诗与远方

辛勤耕耘黑土 绘就壮美诗篇

——改革开放40年黑龙江省农业机械化事业的颂歌

□ 李宪义

李宪义，黑龙江省农委农机局副局长。

大农机春种秋收，黑土地尽显芳华。伴随着农业改革开放40年不平凡的发展历程，黑龙江省农业机械化走过峥嵘岁月，以不懈耕耘在黑土地上绘就壮美诗篇。农民朋友得益于农业机械化春种秋藏，祖国大粮仓正以农业机械化为坚强脊梁。

一路走来，是农业机械化，让农民从脸朝黄土背朝天的繁重体力劳动中解放出来，让农民成了靠技术劳动的体面职业。目前，我省农村耕种收综合农业机械化水平已经达到96.8%，比40年前提高57.9个百分点。

一路走来，是农业机械化，让农业生产率比40年前提高了近4倍，使全省各地在10天内完成农业春种和秋收，保证把种子播在“腰窝里”，粮食收获在正当期。

一路走来，是农业机械化，实现了农业耕种优质高效，让农业科技落地生根，使精量播种技术得到百分之百的实施，做到了节种、密植、苗齐苗壮。目前全省每年5 000多万亩的深松整地，被打造成抗旱防涝的良田。

一路走来，是农业机械化，打造了现代规模种植的典范，推进了农业现代化的进程。目前，全省1 481个现代农机合作社，以现代农机装备，实践着土地入社、全程代耕、社会化作业服务的高标准农机作业，支撑着现代农业产业园区、高标准农田示范基地等农业科技大展示。

成为全国农业机械化排头兵，我省当之无愧。我省农机化程度96.8%，高出全国平均30个百分点；农机亩均动力0.253千瓦，在全国最低，农机利用率全国第一，大型农机装备拥有量全国第一。

曾几何时，农业机械化成为我省粮食增产、农业增效、农民增收的坚强基石。

曾几何时，农业机械化成为我省粮食增产的脊梁。2008年，全省农村农机总动力2 512.2万千瓦，比1978年增加了7.2倍；2017年全省农村农机总动力增长到4 828.9万千瓦，又以近10%的速度发展了10年。2008年全省粮食产量422亿千克，比1978增加近两倍；2017年全省粮食产量600亿千克，以每年20%的增速高产了10年。我省粮食产量的增长与农业机械化的发展正相关。

新时代召唤，农业机械化成了农业（三减）的尖兵。大豆、玉米种植的精准定位施肥，水稻机插秧的测深施肥，使肥料可以减少10%；高效植保机械和植保无人机的应用，极大提高了施药效率，减少了施药量。

新时代召唤，农业机械化成了秸秆综合利用的助手。机械化翻埋、碎混、覆盖秸秆还田技术模式，在保证粮食产量的前提下，提高土壤肥力，降低生产成本，实现两翻一免的科学轮作，已经形成了适应北方玉米、大豆产区先进的生产模式，在龙江大地上普及。机械化秸秆还田耕种技术以其成本低、后效好的科学方式，成为我省蓝天保卫战的第一生力军。

新时代召唤，农业机械化成了我省绿色有机农业的支柱。机械化深耕的土壤改良、农家肥的机械化制造和施用、水稻覆膜机插秧控制杂草，一项项环保、高效、有机、绿色的机械化技术在龙江大地徐徐展开。

新时代召唤，农业机械化成了我省农业结构调整的有力保障。马铃薯、甜食玉米、圆葱等大地蔬菜的机械化栽植、收获，汉麻、高粱等经济作物的收获，一项项技术推进了农业生产效益的转型升级。

新时代召唤，农业机械化开启了信息化管理新天地。拖拉机卫星导航自动驾驶，农机深松、秸秆翻埋作业数量和质量标准远程精准统计，农机调度指挥平台建成，让农机管理和社会化服务通过网络瞬间传递给我们的农业工作者，令农业机械化跟上了时代的节奏，进入了时效的空间。

龙江大地农业机械化书写的华章，得益于国家和省委省政府的英明政策引导和巨大的投入。近10年，我省农村农机化投入363.7亿元，是1949—2007年投入总和的2.26倍。

龙江大地农业机械化的歌唱，得益于农机人的奋进，是一代代农机工作者们的贡献，使农业机械化砥砺前行，谱写华章。40年来，我省取得农机科技成果1 500项，农机推广鉴定近3 000项，农机化耕种新技术应用90%以上，安全检测农机2 250万台，农机教育、科研、生产、鉴定、推广、安全监理各个事业单位，都在为我省的农机化事业贡献力量。

党的十九大吹起了乡村振兴的号角，我省的农业机械化又展开新的征程。让农业成为有奔头的产业，农业机械化要担当规模经营、高效生产、节本增效的重任；让农民成为有吸引力的职业，农业机械化要提供提高劳动生产率、生产智能化管理、高产高效的服务；让农村成为安居乐业的美丽家园，农业机械化要成为农业废弃物收储加工利用、农药肥料精准利用、机械化人居环保的保障。

黑龙江省的农机人，要为新时代的召唤、现代化农业的召唤、广大农民的召唤奋勇当先，开启农业机械化的航船，向前！向前！拉起航帆，驶向两个一百年，奔向梦的前方！

农机赋

□ 宋宝田

宋宝田，1966年生人，1990年毕业于山东农业大学农机系，现在曲阜市农机事业发展中心工作。

戊戌之秋，秋高气爽，棉花白，高粱红，玉米闪金光。田野四处，机械铿锵，收脱运，耕耙耩，农机挑“大梁”。

忆往昔，难忘记。农业生产，凭叉箕篓篮、锄镰镢锨，靠笣搂绳捆、手提肩担。家家有扁担，担粮担草担水喝。户户用镰刀，割秧割草割柴火。扁担挑，担中间，两头上下颤，左右双肩换。独轮车，两边跨，一人后边推，一人前边拉。“锄禾日当午，汗滴禾下土”。芒种麦上场，老少昼夜忙。镰刀割麦、碌碡轧场、黄牛犁地、毛驴拉车，稼穑之难，日月可鉴。扁担挑水、煤油点灯、推碾拉磨、柴火烧锅，生活之艰，天地哀叹。四十前年农业苦，八亿农民沧桑泪。

看今朝，逢盛世。农忙之际，收耕耙耩锄，机械来做主。从水田到旱田，机械隆隆在攻坚；从丘陵到平原，农机人员冲在前。夏秋之时，收获机械似钢铁神器，浩浩荡荡，威风凛凛，集收割、输送、脱粒、清选于一体，一气呵成，气吞万里如虎，碎秸秆而抛撒还田，脱五谷而归集

1983年夏，河南鄢陵县望田公社杜春营村收麦现场

2018年5月31日，曲阜市西陬镇夏宋村麦收场景

入箱，日收百亩易如反掌。冬春之际，植保机械像美丽蝴蝶，翩翩起舞，自由盘旋，弗囿作物种类之限，不受地形高低之绊，轻盈如流萤，喷洒似迷雾，飞行于禾苗之上，往复于田畴之间，日喷十数顷若烹小鲜。农业机械，节资源，抢农时，一机之能可抵千百人之力；降成本，提效率，一日之效胜过囊日一月之功。普天之下，无不喜农村之兴；洪荒四野，莫不赞农业之旺。农业生产机械化，农民种田真潇洒。

抚今追昔，沧桑巨变；岁月轮回，感慨万千。从刀耕火种到锄镰镢锨，历经数千年；从传统农具到高效机械，弹指一挥间。时代发展，任重道远；政策扶持，大力宣传。抓重点、强弱项，提质效、补短板，攻植保、干燥等薄弱环节，克山区、丘陵等发展瓶颈，“两全”[①]农机化近在眼前。乡村振兴，科技发展；社会变化，地覆天翻。卫星导航，作业监测，已广泛应用于农业生产；无人驾驶，“智慧”农机，正全力攻坚研发试验，“两高”[②]农机化为时不远。

中秋佳节，心思故乡，鱼儿肥，蟹儿黄，

2018年3月23日，曲阜市王庄镇前孟村小麦无人机植保场景

农家酒飘香。五谷丰登，稻菽满仓，欢歌起，笑声扬，国泰民安康!

注释：

①“两全”：全程、全面。

②“两高”：高质、高效。

“两全两高”农业机械化出自于山东省人民政府办公厅于2017年12月26日出台的《关于加快新旧动能转换推进“两全两高”农业机械化发展的意见》。

改革开放农机先行
一路凯歌风雨兼程

□ 任则庄

任则庄，高级工程师。陕县专业技术拔尖人才、三门峡市跨世纪学术和技术带头人；原地方国企总工程师兼副厂长。

话说弹指一挥间，
改革开放四十年。
忆往昔峥嵘岁月，
看今朝壮丽河山。

金秋一九七八年，
北京农业展览馆。
来自世界十二国，
举办农业机械展。

澳大利亚意大利，
罗马尼亚和瑞典，
英国丹麦加拿大，
法国西德又荷兰，
建国以来属首次，
日本瑞士也参展。

三百国外农机商，
展出产品七百件。
琳琅满目新玩意，
耕作农运品种全。
可喜十月廿九日，
中央领导来参观。
众多首长齐聚会，
听完介绍看操演。
五花八门新技术，
直令国人大开眼。
显示时下新水平，
规模国外农机展。
交流座谈百余场，
择机留购做试验。
虚心学习树目标，
百余项目有借鉴。
影响深远作用大，
恰一场饕餮盛宴。
人民日报曾报道，
助推农机新发展。

人民日报

RENMIN RIBAO

华主席叶剑英汪东兴副主席参观在京的十二国农机展览

满载日本人民对中国人民的友好情谊

邓副总理访日圆满结束回

华主席叶委员长汪副主席等前往

行前邓副总理在大阪对记者发表谈话，日本各界人士

邓副总理在关西经济界举行的宴会上指出

中日条约将对国际形势产生深远影响

这次访问符合中日人民和世界人民的利益

1978 年《人民日报》报道十二国农业机械展览

责任制承包联产，
新方向体制转换。
农机化热情惊人，
小农机应运出现。
改变了传统农耕，
面朝黄土背朝天。
春播秋收体力活，
农民潇洒喜连连。
顺应潮流要助力，
“农机管理服务站”。
机具配套失平衡，
水平提高停不前。
劳动力大量转移，
季节性短缺凸显。
市场需求是动力，
经济体系待完善。
宣“农机化促进法”，
依法开启新阶段。
农机装备速增长，
综合配套效应显。
结构质量均优化，
品种数量也改观。
根本出路机械化，
披星戴月加油干。
大农机风起云涌，
位居历史新起点。
作业凸显一条龙，
耕种管收和烘干。
突飞猛进看效果，
碧野铁牛奔腾欢。
信息服务“一站式”，
跨区作业接待站。
在线交流真便捷，
资源共享一瞬间。
安全可靠节能型，
农机产品万万千。
智能信息自动化，
始从低端到高端。
网格管理有良效，
望闻问切保安全。
全程实现机械化，
农民欢喜乐翻天。
精准补贴到农户，
千家万户尽笑颜。
党的政策惠民间，
心与群众永相连。
科技兴农脚步稳，
同心同德同肝胆。
神州大地尽舜尧，
希望田野花烂漫。
农机化升级换代，
三部委《行动方案》。
万众一心奔小康，
现代农业谱新篇！

撸袖大干农机人，

敢做敢为天下先。
农机儿女紧团结，
积极进取扬风帆。
现代科技助威势，
神州大地宏图展。
从我做，现在起，
民忧民困挂心间。
有梦想，带知识，
崇尚正确价值观。
有爱心，带感情，
强农富民做奉献。
四十年后重返乡，
小康路上苦也甜。
乡村振兴是目标，
铺开复兴新画卷。

征文后记

沁园春·农机化改革40年

改革开放，农机先行，旌旗飘飘。

望广袤大地，铁牛遍野；十里八乡，热浪滔滔。

时光流逝，山河巨变，你追我赶试比高。

农机人，看精神抖擞，格外妖娆。

惠农政策多好，引神州百姓竞折腰。

惜农耕时代，面朝黄土；背朝青天，何来风骚。

小农经济，祖祖辈辈，刀耕火种谁能超。

俱往矣，开历史先河，还看今朝。

情系“三农”，爱在农机

□ 刘婞韬　蒋　彬

刘婞韬，工作于北京市农业机械试验鉴定推广站，从事农机信息化技术试验应用推广工作，曾参与并负责《基于“3S”的北京市农机作业供需服务及管理平台》《大田精准农业关键技术示范推广》等项目，发表论文10余篇。

蒋彬，男，在北京市农业机械试验鉴定推广站工作，主要从事大田粮食作物、经济作物、水产养殖、畜牧养殖机械化技术引进、试验和推广工作。参与各类推广项目10余项，发表论文10篇。

那是1978年！

改革的春风吹绿大地，“三农”的情怀长在农机。

蓝天白云下，农机人有自己的一片天！

小时候，

“三农”是一块小小的田，一目到头，

爸爸在田埂，爷爷在田头。

春天，是浅浅的水田承载爷爷辛勤的汗滴；

夏天，是烈烈的太阳沐浴爷爷结实的背脊；

秋天，是盈盈的果实呼唤爷爷开怀的笑意；

冬天，是茫茫的白雪沉淀爷爷来年的希冀。

我知道，这是老一辈农人对土地的深情！

长大后，

“三农”是一片大大的地，广袤无际，

农机在地头，机手在车里。

水稻插秧机，手指般灵巧地把水盈盈的田地变绿；

小麦播种机，数字般精量地在土黄色的大地繁育；

玉米收割机，闪电般快速地把沉甸甸的果实汇聚；

可爱的机手，喜唱着山歌在千里沃野中挥汗如雨。

我知道，这是农机人对土地的热情！

后来啊，

“三农”是一颗小小的心，

心在农业，扎根农机。

大棚，有我们调试农机的身影，我们能自动控制棚内的环境和条件，保障蔬菜的健康生长；

农田，有我们操作农机的身影，我们能远程操控拖拉机的直线行驶，保障作业的精准导航；

农民，是我们可敬的人，我们愿用农机给他们插上幸福的翅膀；

农业，是我们情系的业，我们愿用农机书写农业现代化的篇章。

我知道，这是新一代农机人对农业的激情！

而现在，

我就是新一代农机人，

情系“三农”，爱在农机。

我会努力学习先进的农机知识，不断提高农机作业的质量和效益；

我也会积极查找农业的突出问题，切实用农机的方法去解决和攻破。

我会把代代农机人的爱农精神，用实干和创新去传承；

我也会把亿万人民的强农期盼，用农业机械化去实现。

站在岁月如歌的历史上，很荣幸成长在改革开放的今天。

我愿踏着农机前辈们的足迹，

不忘初心，继续前行，

在京郊大地上，洒下自己青春的汗水。

爱在农机，为祖国贡献自己的一片蓝天！

沁园春·慧农

□ 程楠楠

程楠楠，北京合众思壮科技股份有限公司品牌策划主管。

残冬破晓，春回大地，黄河两岸。
看青葱遍野，生机尽现；
莺歌燕语，春泥渐暖。
无人农机，犁耙深翻，
春耕农作不等闲。
四十载，问皇天后土，何以慧农？
思壮北斗农机，
自主慧农全产业链。
逢春播秋收，才能大展；
自动驾驶，功能全面。
信息平台，粮食增产，
天下农户笑开颜。
秉初心，泽华夏苍生，国泰民安！

走向春天

——写给基层农机化工作者

□ 尹国庆

尹国庆，农业技术推广研究员，大学毕业后，长期致力于井冈山老区农业机械化，曾任江西省泰和县农机局局长。曾获神内基金农技推广奖、农业部农牧渔业丰收计划二等奖，被评为全国农机管理先进工作者。

岁月，抹不去的是你昨天的记忆，
霜雪，洗刷掉的是你青春的容颜。
四十年，风雨兼程，
为雄风重振你一路奉献。

在改革大潮初起的峥嵘岁月，
你成为一名光荣基层农机员。
从此，你与汗水和油污为伍；
从此，你与田野和机声作伴。

一份份技术方案，一场场作业演示，
带给你多少不眠的夜晚，
哪怕是拖拉机要跨越的一条沟壑，
哪怕是农机手一声轻轻的呼唤。

执着，承载农民兄弟的重托与期盼；
平凡，永远难舍的是那份农机情缘。
不图轰天动地的伟业，
只求大地的丰收、母亲的笑容灿烂。

试曾想“农机无路”阵阵阴霾，
那也动摇不了你的“终身立志于此”的信念。
你固守在“兴机富民”的前沿阵地，
践行着“耕地不用牛”的诺言。

你深信：有田就有机，
农业机械化再也不是梦幻。
听，隆隆机声已响彻广袤的沃野，
诠释的是伟人关于“出路”的至理名言。

平安农机，你守卫的是生命的安全；
跨区作业，伟大创举有你一份贡献。
购机补贴，你把政策的春雨撒播在“三农”大地；
示范推广，你进村入户送农机科技不知疲倦。

库棚里，你为一台台待修的机器号诊把脉；

课堂上，你给一双双渴望的眼睛传输甘泉。
阳春，你用插秧机栽插碧绿万顷；
金秋，你用收割机收获丰收甘甜。

啊，时代给了你无悔的选择，
乡村振兴是征程中一道新的起跑线。
肩负重任，不辱使命，
奋斗吧，我们共同走向明媚春天！

代跋一

在中国农业机械化改革开放40周年征文颁奖大会上的讲话

农业农村部农业机械化管理司副巡视员　王家忠

2019年1月20日 北京

首先，我代表农业机械化管理司向此次征文活动成功举办表示热烈祝贺，对获奖者表示热烈祝贺，对主办方——中国农业机械化协会及大家付出的辛勤努力表示诚挚的感谢。

这次活动得到张桃林副部长、张兴旺司长的充分肯定。我刚才听了大家的感言感想也很受教育，很受触动。伴随着国家改革开放40周年，我国农机化发展步伐不断加快，波澜壮阔，成绩辉煌。这些成绩的取得离不开国家大的发展形势，离不开好的政策环境，离不开领导的正确指导和各方面的大力支持，更离不开始终坚守在农机战线上的每位同志的共同努力。在此，我向出席此次会议的各位领导、各位老前辈和广大同仁致以崇高的敬意。

这次征文活动很有意义，很有价值，很成功，取得了丰硕的成果。活动的特点可概括为“两高一好”。一个“高”是各方的参与积极性高。这也从侧面反映出三个情况：一是活动开展及时必要，各方有强烈的期待，大家都想抒发改革开放40周年的所思所想和亲身感受；二是农机化发展成效巨大，有丰富的素材可写；三是说明农机化行业拥有庞大的人才队伍，不仅能干能写，而且有情有义，心系农机。第二“高”指的是文章的质量高。这也反映了三个情况，一是参与者认真对待，提供的大多是倾力之作、精品之作；二是征文渠道畅通，真正能把好的作品征得上来；三是评审认真，优中选优。

一个“好”是指活动的效果好。一是发掘了一批好的作品，这些作品将成为我们今后宣传农机化的重要素材。二是发现了一批优秀人才，获奖作者中既有德高望重的老前辈，又有刚参加工作不久的后起之秀。三是凝聚起了农机化系统自强不息、开拓创新的精神力量。这份农机化正能量将成为推动农机化转型升级的宝贵动力。四是充分展示了农机化发展的伟大成就，鼓励和激励了农机人干事创业的信心和决心。

近年来，作为农业农村部主管的社团组织，中国农业机械化协会认真履职尽责，因势而为，主动而为，围绕大局做了大量工作，为农机化发展做出了积极贡献，用三个词评价就是“用心、给力、出彩”。用心是指用心想事，用心干事，用心服务；给力是指工作给力，服务给力；出彩是指活动出彩，行业服务出彩，自身的发展也很出彩。特别是在推动甘蔗生产机械化、制定团体标准、开展重要课题研究和行业自律方面成效非常突出，作用非常大，对协会的工作应予充分肯定。希望协会在农机化转型升级发展中继续讲好农机化故事，在服务行业发展、助力乡村振兴方面发挥更大作用。

刚刚过去的 2018 年，是不同寻常的一年，可盘点和总结的亮点很多。对农机化行业来讲，大事多、喜事多，特别是国发［2018］42 号文件《国务院关于加快推进农业机械化和农机装备产业转型升级的指导意见》（以下简称《意见》）出台了，这是国家乡村振兴规划出台之后的第一个农业方面的国务院指导文件，意义重大。

《意见》出台很不容易，凝聚了大家的智慧心血，也凝聚了全体农机人的期望期待。《意见》充分肯定了农机化发展取得的巨大成绩和突出作用，赋予了新时代农机化新的历史使命，明确了今后一时期发展方向、发展路径和政策措施，同时在国家层面吹响了全程全面、高质高效发展的号角。

下一步，我们将以实施乡村振兴战略为总抓手，以贯彻落实好指导意见为主线，抓好发展谋划，抓好工作布局，抓好政策落实，坚持创新、协调、绿色、开放、共享发展观念，加快推进农业装备向高质量转型，推动农业机械化向全程全面、高质高效升级，为农业农村现代化提供更加有力的支撑，做出新的更大的贡献。

代跋二

中国农业机械化改革开放40周年征文颁奖大会答谢辞

中国农业机械化协会会长　刘宪

2019年1月20日

令人难忘的庆祝中国农机化改革开放40周年征文活动，即将徐徐落下帷幕。在整个过程中，我们收获了太多感动，引发了很多思考。

这次活动既没有依靠行政力量的推动，也没有进行商业化的运作，之所以能够有声有色地蓬勃开展，主要是得益于一种神奇的力量——这个力量之源，是农机人对事业的热爱和执着的追求。

作为主办方，我们被这种热爱和执着所感动、所鼓舞，和大家一起全身心地投入其中。这种充分而深入的互动，带来了神奇的效果——短短数月，竟有70万字、200余篇来自行业从业者的优秀作品问世。

参与征文的许多位作者不仅用心血写就了征文，许多人还写了后记。

宋英先生在征文后记中，用“忽如一夜春风来”的著名诗句描述征文的过程。回顾中国农机化改革开放40年的历程又何尝不是“忽如一夜春风来，千树万树梨花开”！

梅成建先生在他的征文后记中用“一半是海水，一半是火焰”，刻画征文活动和农机化改革40年历程，又把我们带入新的思考中。

农村农业部张桃林副部长和部农机化司张兴旺司长对这次征文活动给予了高度评价，提出了新的要求。

这次征文活动充分释放了蕴藏在人们心灵深处的激情，也为我们做好协会工作增添了自信和经验。

我们感谢每一位作者，感谢评委，感谢给予我们支持的所有农机人！我们一定不辜负领导和同志们的期望，继续努力奋斗。

再次感谢农机人对这次活动的支持和贡献。

代跋三

农业机械化：让历史告诉未来

何定明　孙红梅

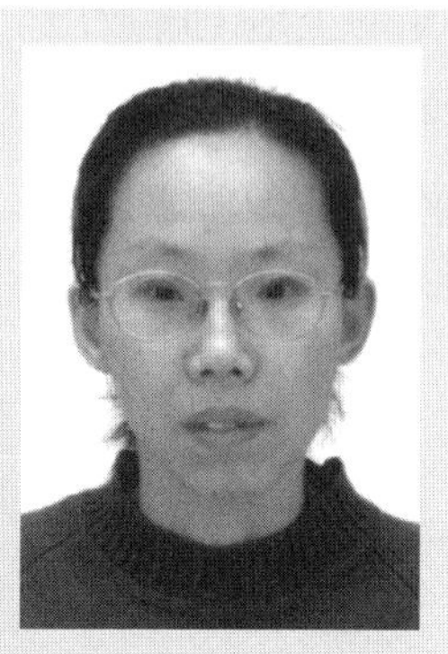

何定明，农民日报社原农资周刊部主任；
孙红梅，中国农机化导报编辑部主任。

大事记

1978年10月20日，十二国农机展在北京全国农业展览馆举办，拉开了中国农机化改革开放的大幕。

1983年，中共中央在《当前农村经济政策的若干问题》中指出："农民个人或联户购置农副产品加工机具、小型拖拉机和小型机动船，从事生产和运输，对发展农村商品生产、活跃农村经济是有利的，应当允许；大中型拖拉机和汽车，在现阶段原则上也不必禁止私人购置。"

1996年，首次在河南召开全国"三夏"跨区机收小麦现场会。

1997年，我国农机行业首家中外合资合作企业——约翰迪尔佳联收获机械有限公司在黑龙江佳木斯成立。

2004年2月，中央1号文件出台农机购置补贴政策。

2004年11月1日，《中华人民共和国农业机械化促进法》（以下简称《农业机械化促进法》）颁布实施。

2009年7月，国务院办公厅印发《全国新增1 000亿斤粮食生产能力建设规划（2009—2020年）》，将机耕道和基层农机服务体系建设统筹纳入支持范围。

2009年11月1日，《农业机械安全监督管理条例》颁布实施。

2010年7月，《国务院关于促进农业机械化和农机工业又好又快发展的意见》印发。

2013年11月，农业部办公厅印发《关于开展农机深松整地作业补助试点的通知》。

2015年8月，农业部印发《关于开展主要农作物生产全程机械化推进行动的意见》。

2016年3月，《中华人民共和国国民经济和社会发展第十三个五年规划纲要》明确要求"推进主要作物生产全程机械化，促进农机农艺融合”“建设500个全程机械化示范县”。

上点年纪的人都曾记得，农业生产机械化曾是新中国几代人的梦想，更是亿万中国农民的渴盼。但让梦想成真，把农民从“日出而作，日落而息”“面朝黄土背朝天”的繁重体力劳动中解放出来、从束缚了几千年的土地上解放出来，创造农业古国几千年未有之惊天动地的巨变，却只是改革开放40年的短短时间。

是的，是改革开放，将亿万农民的农机化梦想变成了现实。

一部法律、一项政策——奠定农机化大发展的基石

早在1959年，毛主席就提出了“农业的根本出路在于机械化”的著名论断。1966年—1978年，国务院先后3次召开全国农业机械化会议，部署实施“1980年全国基本上实现农业机械化”。但由于超越国情，缺乏经济基础，预期目标并没有实现。

历史总是在曲折中前进。

改革开放以来，我国农机化发展同样历经了不同时期的实践探索。

第一阶段（1979—1995年），农机化发展机制转换，呈现波动调整、缓慢发展态势；第二阶段（1996—2003年），农机化市场需求逐步发力，呈现积蓄力量、稳步发展态势；第三阶段（2004—2012年），农机化法规建设和政策供给体系逐步健全，呈现活力迸发、快速发展态势；第四阶段（2013年至今），农机化改革创新力度进一步加大，呈现全程推进、全面发展新态势。

2004年，在我国农机化发展史上，两件具有划时代意义的“大事件”相继出台，注定要在我国农机化发展历程中留下浓墨重彩的一笔，成为农机化发展“黄金十年”的肇始年，也由此奠定了我国农机化大发展的基石。

一是当年的中央1号文件出台了农机购置补贴政策，对农民和农业生产经营组织购买农业机械给予直接补贴；二是11月1日《中华人民共和国农业机械化促进法》（以下简称《农业机械化促进法》）正式实施。从此，我国农业机械化迎来了改革开放以来最好的发展时期。

购机补贴政策的实施，极大释放了蕴藏在亿万农民中的购机、用机积极性。

李万和，江苏省淮安市洪泽区岔河镇雨润农机服务专业合作社理事长。记者在他的合作社看到，这家成立于2013年的合作社，目前拥有8台插秧机、4台收割机、2台植保无人机，不但种植着流转的600亩土地，还为周边3000多亩农田提供一条龙作业服务。但吸引记者目光的，却是一个占地2万平方米由15台烘干机组成的烘干机组。李万和告诉记者：“这15台烘干机加上配套设备总共157.5万元，其中中央补贴资金52.5万元，区财政补贴了30万元。要是没有国家的购机补贴政策，我肯定是买不起的，顶多买个两三台。”

而李万和，只是亿万受惠于购机补贴政策红利的农民中的一员。

从2004年出台到2017年年底，农机购置补贴政策实施14年来，中央财政累计投入补贴资金1 860亿元，带动农民投入达到约3 000亿元。

相比购机补贴带来的效果立竿见影，《农业机械化促进法》的影响更加厚重而深远。

农业农村部部长韩长赋表示，《农业机械化促进法》的贯彻实施，对于全面提升我国农业机械化水平具有重要意义，是一部符合我国国

情农情、对农业机械化具有重要引领保障作用的兴农强农良法。

在农机购置补贴政策和《中华人民共和国农业机械化促进法》的推动下，加之出台了一系列指向性强、含金量高的促进农机化发展的法规政策，2010年，全国农作物耕种收综合机械化率一举突破50%。到2012年，我国农机总动力达到8.09亿千瓦，比2003年增长71.39%。全国机械化耕地、播种、收获水平分别达到74.1%、47.4%和44.4%；农作物耕种收综合机械化率达到57.2%，9年累计提高14.7%，年均2.7个百分点。

党的十八大以来，有关部门协同推进，中央和地方同向发力，农机化发展迈上新水平。

2013年10月，《全国高标准农田建设总体规划》发布实施，土地平整、机耕道建设等有利于农机作业的内容全面纳入；同年11月，农业部办公厅印发《关于开展农机深松整地作业补助试点的通知》；2015年8月，农业部印发《关于开展主要农作物生产全程机械化推进行动的意见》；2016年3月，《国民经济和社会发展第十三个五年规划纲要》明确要求“推进主要农作物生产全程机械化水平”……

在总需求带动下，农机化开始向更全环节、更多领域、更高层次迈进，农业劳动生产率和农业综合生产能力极大提高，传统农业向现代农业加快转变，农机化发展进入中级阶段向高级阶段发展的后期。

机器换人——中国人的饭碗端得更牢、农民的获得感更多

进入21世纪，特别是2004年以来，农机化从快速发展、活力迸发到2013年以后全程推进、全面发展，实现了农机化发展的历史性跨越，为我国农业尤其是粮食生产连年丰收，尤其是至今已连续6年保持在1.2万亿斤水平以上，提供了强大的物质装备保障。

殊为可贵的是，面对城镇化进程加速、农村劳动力大量转移进城、务农农民高龄化，粮食生产机械化的全线推进，“机器换人”的大面积推广，我国粮食生产的可控程度大大提高，“中国粮食！中国饭碗！”中国人把自己的饭碗端得更牢。

农机化将农民从束缚了几千年的土地上解放出来，提高了农业劳动效率。

黑龙江省齐齐哈尔市克山县北联镇新兴村新兴现代农业农机专业合作社，是村集体领办的合作社，成立于2003年。

走进新兴合作社占地万余平方米的场院里，比合作社三层办公楼更气派的是高大的机车库棚和排列整齐的各种农机具。其中最抢眼的是一台黄色“巨无霸”农机，一个身高1.7米的人站在它的旁边，其高度仅达到它的车轮。“这是美国产的世界上最先进的甜玉米联合收获机，它一天就能收获400亩甜玉米。这种收获机我们合作社有两台，总价值近千万元。加上其他大中型农机具，合作社一共有69台（套）农机具，工作人员24人，固定资产5 700多万元。现在仅靠这24人和69台（套）农机具，就能完成4.04万亩土地的耕种经营。”村党支部书记王建军自豪地告诉记者。

农机化极大地释放了土地潜力。

《全国新增1 000亿斤粮食生产能力规划（2009—2020）》，将农业机械化作为提高农业综合生产能力的重要措施，仅实施深耕深松作业一项，就可增产粮食50亿斤。专家经过试验

测算，在同等生产条件下，水稻、小麦、玉米生产全程机械化可实现增产、节种、减损的综合增产能力分别为53千克／亩、37千克／亩、72千克／亩。

湖南省水稻产量递增，得益于品种改良，也得益于“单改双”。水稻插秧机及工厂化育秧，为双季稻的恢复种植赢得了时间。水稻机插秧效率是人工插秧的20倍，亩均降低成本30元、增产50斤以上，且抗病虫害、抗倒伏性好。

农机化使农民能更从容地掌控农业生产进程。

过去，“三夏”麦收，苦累不说，农民最怕碰上连阴雨，担心收不上来种不下去。但农机化让农民从容了许多，机收机种同时进行，“三夏”变“两夏”。

以今年“三夏”小麦跨区机收为例，自5月28日启动到6月19日基本结束，全国收获冬小麦3.1亿亩，机收比例达95.5%，创历史新高；夏收的同时，全国已机播夏玉米1.45亿亩，机播比例超过82%。其中，全国连续5天小麦日机收面积过2 000万亩、玉米日机播面积过1 000万亩，单日机收面积最高达2 751万亩，均创历史新纪录。麦收进度过半、过八成、基本结束用时比去年同期缩短1~2天。

黑龙江，我国最大的商品粮生产基地。从2008年起，黑龙江省粮食总产量连续跨越700亿斤、800亿斤、900亿斤、1 000亿斤、1 100亿斤、1 200亿斤6个大的台阶。每年增产百亿斤粮食。而黑龙江省地处我国最北端，热量资源不足是农业生产主要制约因素。增产靠什么？靠大机械、大马力、高效率抢农时、争积温。

谈起这些变化，江苏省农机局局长沈建辉告诉记者，过去农机部门是拼命推农机化，现在是产业需要，农业发展需要，用户更需要。

农机化带动农民增收的作用更是不可低估。

2017年，湖北省农机局联合华中农业大学，选择现代农业生产物质条件中的农业机械应用这个因素，分析其对农民增收的贡献情况。通过分析，2004—2015年的湖北统计年鉴和湖北农机化年报数据显示，农机化对农业产出的年均贡献率达26%；同时，农机化水平每提高1个百分点，农民人均纯收入增加270.27元。湖北省农机局局长刘长华告诉记者：“若湖北农机化水平每年提升1个百分点，全省4 000万农民将增收逾108亿元。”

除了直接增收，农机化通过降低农业生产成本，提高农作物产量，转移农民就业，助推规模经营发展和提升农产品品质，还能够促进农民间接增收。调查显示，农作物实行机械化生产，可大幅度降低生产成本，并在多个环节有增产效果，增产幅度一般在1%～15%。

跨区作业——中国农民的伟大创造

1986年，山西太古县。

“三夏”时节，8台小麦收割机从太谷县南下运城。就是这一不经意的举措，开启了我国跨区机收的序幕。“每台车4名司机，2名辅助人员，24小时作业，歇人不歇车。那一年，每台收割机平均作业面积达2 000亩，毛利有2万多元。1989年，我们开始走出山西，走向河北。”带队的杜金光回忆起那段时光，仍然激情充盈。

杜金才们没有想到，这个最早的农机跨区作业服务队，开启了我国小麦联合收割机跨区作业服务的先河。1996年，原农业部与有关部门出台了鼓励农机跨区作业的政策措施，并首次在河南省召开全国“三夏”跨区机收小麦现场会，正式揭开全国大规模组织联合收割机跨区机收的序幕。此后跨区机收的浪潮席卷全国，并持续至今。

李明枝，河南省农机局原副局长，河南跨区机收的主要见证者和推动者。据她介绍，20世纪90年代中期，农村劳动力转移明显加快，“谁来种地”日益凸显；同时，大马力、高性能拖拉机、联合收割机等新型农机日渐受到农民青睐；黄淮平原沃野千里，为小麦大规模机收提供了条件；一部分先富起来的农民意识到机收更便利，经济上更划算。几个因素叠加，每到“三夏”“三秋”，农民抢机现象逐年增多。为解决这一问题，河南农机部门开始主动介入，有序引导收割机流动。“有手机后，我的手机号向全省农机手公开，只要机手在收获过程中遇到问题，24小时接听并在最短时间内解决。”那时候，农机管理部门就是机手和农民的“娘家”，双方有什么问题，都会来找他们解决。

这种状况一直持续到2010年前后，农机管理部门发现，电话比以往少了，要求解决纠纷的也不多见了，管理部门也开始由管理向服务角色转变。“这与市场上收获机的保有量不断增加有关系，越来越多的人从跨区机收中致富。社会上也自然产生了为机手和农民服务的一群人，也就是麦收经纪人，他们一手托两方，让市场越来越规范起来。”李明枝说。

不只是农机管理部门角色在转变，机手跨区半径也开始变小。越来越多长途跋涉、转战南北的机手开始在临近省市县作业。

跨区半径缩短，作业链条却在延长。现在，跨区作业不仅收小麦、玉米、水稻、马铃薯等，还向耕整地、机插秧、植保、烘干、秸秆机械化处理延伸，涵盖农业生产的各个环节。农机作业范围也从粮食作物向林果业、经济作物、畜牧业、水产业和农产品加工业等更为宽广的领域拓展。

伴随跨区作业发展，市场催生了一批农机大户、农机专业合作社和作业公司，它们开始担纲跨区作业的主力军。到2017年，全国农机户总数达到5 268万个，全国农机化作业服务组织近19万个，其中农机合作社从2007年的零增加到目前的6.8万个，农机化经营服务总收入超过5 300多亿元，较2007年增长约77%，成为农民增收的重要渠道和新亮点，成为农业生产性服务业的主力军和排头兵，成为小农户与现代农业有机衔接的桥梁。

跨区收获作业，被后来的研究者誉为“中国农民在生产实践中的伟大创造”。这种新型的农机服务模式，起到在稳定家庭承包责任制的基础上，通过市场机制对资源的有效配置，让有限农机资源为社会共同利用，提高了农机利用效率效益。它将千家万户的小生产与千变万化的大市场进行有效地对接，使高投入的大中型农业机械在分散经营的一家一户的土地上实现了高产出，解决了“有机户有机没活干、无机户有活没机干”的矛盾，在生产方式上实现了规模化经营，开辟了我国小规模农业使用大型农业机械进行规模化、集约化、现代化生产的现实途径，走出了一条“市场主导、政府扶持、社会服务、共同利用、提高效率”为主要特征的中国特色农业机械化发展道路。

农机装备——为农机化发展提供物质支撑

农业机械化，离不开农机装备的保障和支撑。

1978 年，全国农机总动力 1.17 亿千瓦，农机作业主要是机耕，机耕率 40.9%。

农机化梦似乎遥不可及！

改革开放，释放了农机化的活力，激活了农机工业的创新创造动能。

数字为证！

1995 年，全国农机总动力达到 3.47 亿千瓦；全国农作物耕种收综合机械化率 26.6%，17 年累计提高 7 个百分点，年均 0.4 个百分点。

2003 年，全国农机总动力达到 4.72 亿千瓦；全国农作物耕种收综合机械化率 32.5%，8 年累计提高 5.9 个百分点，年均 0.7 个百分点。

2012 年，全国农机总动力达到 8.09 亿千瓦，比 2003 年增长 71.39%；全国农作物耕种收综合机械化率 57.2%，9 年累计提高 24.7 个百分点，年均 2.7 个百分点。

2017 年，全国农机总动力达到 9.88 亿千瓦，比 2012 年增长 22%，是 1978 年的 8 倍多；全国农作物耕种收综合机械化率 66%，5 年累计提高 9 个百分点，年均 1.8 个百分点，较 1978 年提高了 46 个百分点。

1978—2012 年，全国农机总动力、全国农作物耕种收综合机械化率均以加速度增长。2012 年后，仍然保持了高基数上高增长态势。

经过努力，2012 年，我国规模以上农机工业总产值达到 3 382 亿元，一跃成为“世界农机制造第一大国”；2017 年，规模以上农机企业主营收入 4 500 亿元，是改革开放初期的 40 多倍。“无农不机，无机不农”已经成为我国的真实写照，我国农业生产也由此实现了从人畜力为主向以机械作业为主的历史性跨越。

数字背后，是中国农机企业从小到大、由弱到强的艰辛奋斗。

中国农机工业协会会长陈志告诉记者，改革开放以来，我国已跻身全球农机制造大国行列，对我国农业机械化发展的支撑和保障能力显著增强。

2018 年 9 月 23 日上午，河南省新郑市红枣小镇，河南省首届“中国农民丰收节”在这里举行。中国一拖携东方红无人驾驶拖拉机及 LF2204、LX1604、MF704 等多款机型亮相。其中，东方红无人驾驶拖拉机 LF1104-C 成为活动现场的“超级明星”。

2018 年 6 月 2 日，江苏省兴化市国家粮食生产功能示范区，无人旱耕机、无人打浆整平机、无人插秧机、无人施药施肥机、无人割草机、无人收割机等纷纷开进农田。我国首轮农业全过程无人作业试验在这里举行，国内十多家农机企业的无人农机同场竞技。

除了无人驾驶农机，动力换挡大马力拖拉机、无级变速拖拉机……农机工业正向数字化、智能化高端制造跨越，我国农机产业技术进步显著，与农机制造强国差距逐渐缩小；除了主要粮食种植和收获机械，还有大型植保机械、谷物烘干机、采棉机、甘蔗收获机、林果机械、设施机械、健康畜禽水产养殖机械……我国农机种类进一步丰富。目前，我国农机行业已经能够生产农、林、牧、渔、农业运输、农产品加工和可再生能源 7 个门类所需要的 65 个大类、350 个中类、1 500 个小类的机械产品和装备，形成了与我国农业发展水平基本相适应的大、中、小型机型和高、中、低端技术档次兼备的产品体系。

随着我国农机企业制造能力的不断提升，农机装备“引进来”“走出去”步伐加快。2017

年，我国农机工业进口总额22.4亿美元，出口总额100.9亿美元。约翰迪尔、久保田、爱科等全球优秀农机企业均陆续在中国投资建厂。近年来，我国农机企业也加大了海外投资步伐，竞逐国际市场。2011年中国一拖成功收购法国McCormick工厂，是中国农机企业收购世界级农机企业的第一案例。随后，雷沃国际重工先后收购了意大利百年国宝级农机企业阿波斯和具有全球领先的播种机排种器和电控系统核心技术的马特马克公司。

……

今天，国产农机装备国内市场供给率达到90%，有力地促进了我国农机化水平不断提高。

四十载砥砺奋进，四十载岁月如歌。改革开放以来的40年，是我国农机化发生重大变革并取得辉煌成就的40年，是我国农机化发展历史上最好的时期。凡是过去，皆为序章。党的十九大提出乡村振兴战略，明确农业农村要优先发展，加快推进农业农村现代化，为新时代农业发展指明了方向。这对农机化发展提出了新的更高要求，也创造了前所未有的机遇。站在新的历史起点，农机化发展令人期待。

编后记

构建一部参与者视角的农机化发展史

组织征文活动并汇编本书的初衷，可以参考《像弱者一样感受世界》这篇演讲。叶敬忠院长一个重要的关切视角便是普通人。具体到这本书，可以归纳为：以参与者的视角讲述农机人自己的故事和思考，构建一部40年农机化发展史。

一部改革开放史，是一部市场、法治建设史，更是一部民众追求幸福生活的奋斗史。每位农机化从业者都是这段历史中的一个节点，每位作者的故事都从一个侧面见证了这段历史。在全行业开始转型升级的关键时刻，听亲历者讲述有温度的真实故事，是我们致敬历史、找寻前行动力的最好方式。

本书收录的文章，既有对农机化改革开放40年总体成就的宏观总结和思考，也有一个个从业者所经历的真实故事；既有管理者的总体认知与期待，也有企业界、科技界、基层服务组织的创业历程；既有理性的探讨，也有热情的讴歌。正是这些内容，构建了一部参与者视角的40年农机化发展史，可读且可感。

本书规模算得上宏大。其中收录了170多位作者的220余篇文章（含后记），600多幅各类图表，总计100余万字。绝大多数文章讲述了发生在作者身边的故事。

罗伯特·钱伯斯在1983年出版的著作《农村发展：以末为先》中提醒人们，“要尽可能把自己看得不重要，要尽可能像弱者或穷人那样感受世界！”

本书收录的这些分布式的故事，客观上阐释了农机化改革开放40年波澜壮阔的历史进程，无论这些作者参与征文活动时身居何位。相当一部分作者原本就出身农村，熟悉农业，与农机化有着很深的渊源；更有相当比例的作者，目前仍在基层一线努力拼搏。他们对农机化的感受，就是罗伯特·钱伯斯所倡导的“像弱者或穷人那样感受世界”。

对大多数作者而言，这甚至不是“像”，而是一种真实的存在。他们的这些感受真切而深刻，对这个行业的爱厚重而深沉。而今，它终于得以表达。征文活动之所以能引起一点儿反响，最重要的原因应该就在于此。正如一位作者所写后记的题目《忽如一夜春风来》。

有作者这样感慨：“我们将自身的感触融于时代的变化来纪念改革开放，致敬新时代。”在征文、出版过程中，我们收到了大量类似的留言，鼓舞支撑着我们完成了一件看似无法完成的工作。最后，我们决定，从数百条这样的留言中摘录一小部分，编排在本书正文前，以示对所有关注者、支持者的感谢。

征文活动，也得到了有关领导的关心和鼓励。

2019年1月15日，农业农村部农业机械化管理司张兴旺司长批示：协会做了一件很有价值、很有质量的工作，对这一活动的成功表示祝贺，对大家的付出表示感谢！要进一步研究用好这些心血之作，使之成为农机化转型升级的精神动力。希望协会发挥自身优势，在讲好农机化故事、促进高质量发展、服务乡村振兴中发挥更大作用。

2019 年 1 月 18 日，农业农村部张桃林副部长指示：希望通过此次活动，更好地总结经验、分析形势、汇聚力量，为新时代农机化转型升级做出新贡献。

为了贯彻领导的指示精神，也为了响应作者的心愿诉求，协会决定自出经费，将征文文稿加以汇编，出版文集，包括由于种种原因未能参加评奖的几篇优秀文章，也被收录进来。

第十二届全国人大常委会副委员长、原农业部副部长张宝文先生，中国工程院资深院士、中国农业大学汪懋华教授均欣然应允，为本书作序。两位老先生的首肯、提携，令我们备受鼓舞。

汇编，看似简单，却考验编者的功力。究竟要体现一种什么样的思想，呈现给世人一部什么样的作品？带着这些思考，我们重新走进每位作者的世界，领会每篇文章的价值。

经历了一个万分煎熬的过程后，答案终于浮出水面：以农机人自己的故事，构建一部参与者视角的农机化发展史。这种思考一旦结束，第一步便固化为对全书的结构设计。

除序言和后记外，本书正文被大体设计为两部分：第一部分包括 1～6 章，侧重讲述改革开放 40 年来所取得的成就，以及对一些问题的思考与争鸣；第二部分包括 7～9 章，侧重讲述个人的人生故事、创业故事、对事业的讴歌与畅想。

正文之后，设置了三篇代跋：第一篇是农业农村部农业机械化管理司王家忠副巡视员，在中国农业机械化改革开放 40 周年征文颁奖大会上的讲话；第二篇是中国农业机械化协会刘宪会长在颁奖大会上发表的答谢辞；第三篇是农民日报社原农资周刊部何定明主任与中国农机化导报编辑部孙红梅主任，合作撰写的文章《农业机械化：让历史告诉未来》。

书中还设置了三篇附录，分别是《征文颁奖大会盛况》《征文获奖名单》《中国农业机械化大事记（1978—2018）》，意在让读者了解有关背景。

对内容按照这种方式进行区分设置，似乎读起来更富节奏感，更有助于体现本书最为根本的指导思想——构建一部参与者视角的农机化 40 年发展史。当然，这个设置方式不一定是最合理的，一定还有很多不足之处，编者们愿意接受批评和指正。

征文活动及本书的出版，在行业内不算一件大事，与众多宏大叙事相去甚远。即便如此，这项任务也远远超过了编者本人的能力范围。必须要说，各位读者之所以能见到这本书，是因为编撰的过程就是个协同创新的过程，众多相关人士的共同努力成就了今天各位所见到的成果。

很多专家、领导、作者、读者，一直在关心支持着我们，提出了很多高质量的意见、建议，让活动在进行中得以不断完善、成长、提升；很多作者为撰写文章付出卓绝努力，茶饭不思、如痴如狂、百般求证、数易其稿；数以千计的各种电话、邮件、留言、评论、点赞……这些潮水般奔涌而至的力量，支撑着我们最终完成了这项艰巨的工作。我们一路感激，受益匪浅。所有这些都将在编者心中留下不可磨灭的印记，成为我们最可富贵的精神财富之一。

按照惯例，编者应该在后记中感谢一番。我们该感谢的人和机构实在太多了。

感谢所有作者。感谢他们为农机化行业的历史增光添彩，感谢他们对活动的积极响应，奉献了这么多优秀的作品。特别是以安徽省农机推广站站长江洪银、江苏省射阳县新射农机有限责任公司董事长童国祥、江西省彭泽县农机修理技师苏仁泰等为代表的最初一批投稿作者，与主办方一起，为摸索出征文文稿的风格样式，反复进行沟通并最终做出了精彩的样板。会长刘宪先生和时任副会长马世青先生均亲自动笔，撰写文章，产生了很好的带动效应。受他们的鼓舞，很多领导和专家也在百忙之中，抽出时间，亲自写稿，参与了活动。

感谢农业农村部农机监理总站白艳处长、重庆市农业农村委员会杨培成调研员、河北省农业机械化管理局郭恒调研员、陕西农机安全协会王拴怀秘书长、中国一拖集团有限公司许予永主任为代表的各界朋友，热情响应征文活动倡议，积极组织稿源，并提供大量支持。

感谢来自农业农村部农机化管理司、农机试验鉴定总站、中国农业大学工学院、中国农业机械化科学研究院、中国农机学会、中国农机工业协会、中国农机流通协会、中国工业报社等单位的评审专家，在短时间、高强度的评审工作中兢兢业业、一丝不苟，为我们评审出了大量好作品。

特别要提出感谢的，是农业农村部农机试验鉴定总站李斯华副书记。从活动开始阶段，他就给予我们很多关心和指导，由于工作繁忙未能现场出席评审会，但他利用休息时间认真审阅了绝大部分文章，并专程将所有的评审意见写下来交给评审小组。

感谢中国农业出版社原副总编辑宋毅先生，生活分社张丽四社长、程燕编辑，装帧设计中心胡金刚主任等。他们都为本书的顺利出版做了大量工作。中国农机化导报编辑部主任孙红梅，湘潭大学讲师、长沙九十八号工业设计有限公司总经理周宁，农业农村部农机推广总站工程师曹洪玮，共同为本书的风格设计、文字质量、合规考证等做了大量工作。

还要感谢媒体（包括报纸、杂志、网站、微信公众号、APP等）朋友们对征文文章的大量转载传播。人民网、中国经济网、农民日报新媒体、中国农业信息网、农村工作通讯杂志、农产品市场周刊杂志、中国农机化信息网、中国农机推广网、农业机械公众号、中国工业报、宇辰网等若干家媒体都对活动给予了支持报道。有的甚至开设了专栏，持续跟踪。这些媒体包括大田农社、农机通、农机1688等。在此，一并感谢。

最后，还要感谢协会的各位领导和同事的大力支持，减轻了我们的很多压力。国际交流部的权文格同志，承担了整个征文活动过程中80%以上的公众号编辑推送工作，为确保活动的顺利推进发挥了显著作用；办公室在时任孙冬副主任的带领下，出色地组织了颁奖活动，众多领导和专家出席，盛况空前；行业发展部在耿楷敏部长的带领下，出色地组织了颁奖环节的所有工作，现场秩序井然，深获好评；时任国际交流部谢静副部长牵头组织设计了开场演出，姑娘、小伙子们轻松而又得体的表演，为整个颁奖大会奠定了热烈而又喜庆的氛围基础；宣传培训部李雪玲同志，为本书的宣传推广、预订发行等工作花费了大量精力，出色地完成了任务。这个团结奋进的团队共同推进了这项工作，没有辜负各界的期待。

征文活动及本书的初衷，是构建一部参与者视角的40年农机化发展史。本书的编撰过程，也是在众多力量的帮助下得以完成，可以视为这一理念的一次实践。

这本汇集了众多智慧与情感的书，终于面世了。自此，它将独立存在，接受读者与历史的检阅、批评，编者团队完成使命彻底退居幕后。而生活仍在继续，我们将继续前行，农机化的故事生生不息!

再次感谢各位的支持鼓励、参与和指导，诚恳期待各界人士的批评、指正。

中国农机化协会副秘书长　夏　明

2019年8月14日

附录一

征文颁奖大会盛况

热场秀

农业农村部机关服务局局长、中国农机化协会副会长刘敏主持会议

2019年1月20日，中国农业机械化改革开放40周年征文颁奖大会在京隆重举行。中国农机化协会副秘书长夏明介绍了征文活动的有关情况，两组嘉宾分别为60位获奖者代表现场颁发奖牌，部分专家和与会代表围绕改革开放主题进行了现场座谈，农业农村部农机化管理司副巡视员王家忠发表了讲话。

原中纪委驻农业部纪检组组长宋树友，原农业部农业机械化管理司司长徐文兰，中国农业大学中国农机化发展研究中心咨询委员会主任白人朴，原农业部农机化管理司司长、农业部总畜牧师王智才，农业机械试验鉴定总站原站长焦刚，农业农村部农村社会事业促进司司长李伟国，中国农村杂志社总编辑雷刘功，农业农村部农业机械化管理司副巡视员王家忠，农业农村部农业机械试验鉴定总站副站长刘旭，农业农村部农业机械试验鉴定总站总工程师仪坤秀，农业农村部农业机械化技术开发推广总站副站长涂志强，农业农村部农业机械化技术

协会的年轻代表

颁奖

开发推广总站副站长王桂显，中国农业机械化科学研究院总工程师杨炳南，中国农机化协会会长刘宪，中国农机工业协会副会长范景龙，中国蔬菜协会秘书长柴立平，中国农业出版社副总编辑宋毅等领导专家，征文获奖作者代表，媒体代表等近两百人参加了颁奖典礼。

自2018年3月开始，中国农机化协会面向社会各界，组织中国农业机械化改革开放40周年征文活动，力图讲好中国农机化自己的故事。此次征文活动，注重调动农机化行业各群体的参与意识，以较新颖的故事化方式为主，梳理和总结中国农业机械化改革开放40的历程和成就。

颁奖

在前期大量宣传、发动、引导工作的基础上，活动倡议逐渐得到了农机化行业人士的响

颁奖

应。自2018年4月收到第一篇应征文章开始，应征文章数量逐步增加，9月开始增速明显加快。自2018年9月底开始，组委会将经初审合格后的稿件在中国农机化协会微信公众号进行公开推送，行业内外开始大范围回应活动，阅读和评论反馈的数量迅速增长。

10月开始进入高潮期，平均每天均可收到近10篇稿件。出现了一场持续了数月之久的庆祝改革开放、讲述身边农机化故事的热潮。

颁奖

截至2018年12月31日，组委会共收到各类稿件198篇，推送180篇，推送作者撰写的后记类稿件20余篇。后续仍有一些投稿。最终收入本文集的正式稿件达203篇，后记28篇。

这些来自不同领域的作者所精心撰写的不同题材、不同体裁的文章，从不同角度，以不

颁奖

同方式，充分展示了改革开放以来我国农机化行业取得的辉煌成就，展现了各从业者百折不挠、坚强奋进、开拓进取的精神面貌。

颁奖

这些发生在行业人士身边的真实可信的故事，既是作者个人的人生经历，更刻画了这个群体经历 40 年巨变的心路历程，使行业人员不断受到情感的激荡，纷纷拿起笔来，书写自己对改革开放的独特经历和体验，对行业人员起到了很好的相互激励、相互学习、提振士气的作用；充分发挥了协会作为第三方的组织协调和动员行业力量的作用，受到了会员单位及行业内的高度好评。

据不完全统计，活动期间，经协会公众号推送的征文总阅读量超过 15 万次，单篇文章最高阅读量达到 7 000 次，单篇推送文章的最高评论留言数量达到近百条。那些发自肺腑的评论留言，成为本次活动的精彩注脚。

安徽省农机技术推广总站站长江洪银发言

征文截稿后，2019 年 1 月 8 日，组委会邀请 11 位专家组成评审小组，对应征文章进行了评审。整个评选过程坚持了公开、公正、公平的原则，根据文章的行业价值、史料价值及文艺价值，共评选出特别奖 15 篇、一等奖 5 篇、二等奖 15 篇、三等奖 30 篇、优秀奖 114 篇，组织奖 5 人（单位），并发布了正式公告。

2019 年 1 月 15 日，农业农村部农业机械化管理司张兴旺司长做出批示，对协会组织的征文工作给予高度评价：“协会做了一件很有价值、很有质量的工作，对这一活动的成功表示祝贺，对大家的付出表示感谢！要进一步研究用好这些心血之作，使之成为农机化转型升级

嘉宾现场座谈

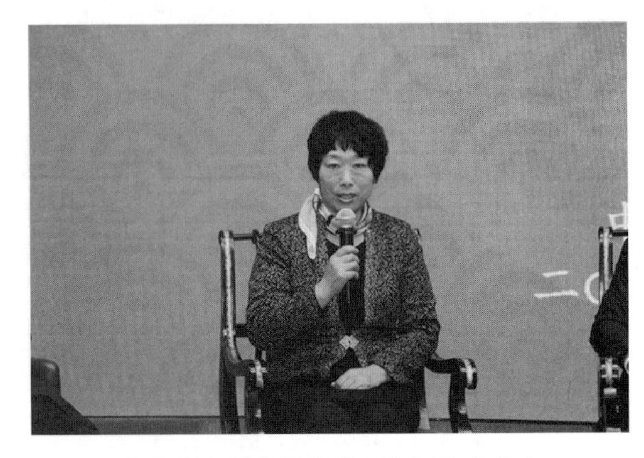

青岛市农机管理局调研员任洪珍发言

山东省曲阜市农机校校长宋宝田发言

中联重科副总裁王金富发言

农业农村部农机试验鉴定总站徐志坚研究员发言

中国农业大学中国农机化发展研究中心
白人朴主任发言

重庆市潼南区农机推广站站长何忠发言

的精神动力。希望协会发挥自身优势，在讲好农机化故事、促进高质量发展、服务乡村振兴中发挥更大作用。”

1月18日，农业农村部张桃林副部长在协会的汇报上批示：“希望通过此次活动，更好总结经验、分析形势、汇聚力量，为新时代农机化转型升级做出新贡献。”

中国农业出版社副总编辑宋毅发言

农业农村部农机化管理司副巡视员王家忠讲话

农业农村部农机化管理司副巡视员王家忠，向此次征文活动成功举办表示热烈祝贺，对获奖者表示热烈祝贺，对主办方——中国农机化协会及大家付出的辛勤努力表示诚挚的感谢。

王家忠指出，这次活动很有意义，很有价值，很成功，取得了丰硕的成果。此次活动的特点概括为“两高一好”。一个“高”是各方的参与积极性高；第二“高”指的是文章的质量高；一个“好”是活动的效果好。一是发掘了一批好的作品，这些作品将成为我们今后宣传农机化的素材。二是发现了一批优秀人才，获奖作者中既有德高望重的老前辈，又有刚参加工作的后起之秀。三是凝聚了一股自强不息开拓创新的精神力量。这股农机化正能量将成为推动农机化转型升级的宝贵动力。四是展示了农机化发展的伟大成就，鼓励和激励了农机化人干事创业的信心和决心。因此，此次活动非常有价值，非常成功。

王家忠副巡视员对近年来中国农机化协会的工作给予了高度认可，认为协会认真履职尽责，因势而为，主动而为，围绕大局做了大量工作，为农机化发展做出了积极贡献，“用心，给力，出彩”。他希望协会在农机化转型升级发展中继续讲好农机化故事，服务好乡村振兴，发挥更大作用。

中国农机化协会刘宪会长致答谢词

中国农机化协会刘宪，代表主办主方致答谢辞。他表示，“我们感谢每一位作者，感谢评委，感谢给予我们支持的所有农机人！我们一定不辜负领导和同志们的期望，继续努力奋斗。”

附录二

征文获奖名单

一、特别奖

序号	题　　目	作者
1	我国农机工业40年发展经验管见 ——我与农业机械的不解之缘	刘振营
2	40年，可歌可赞；未来，任重道远	王金富
3	改革必须解放思想 ——纪念中国农业机械化改革40年	董涵英
4	改革开放四十载　担当奋进新时代	赵剡水
5	为江苏率先实现农业机械化发挥装备支撑作用	徐顺年
6	小麦联合收割机规模化跨区作业的起因与产生的历史影响	王锁良　葛振平
7	40年遐想 ——庆祝农业机械化改革开放40周年	刘宪
8	农业机械化合作交流40年，惊人的发展令人感慨无限	岸田义典 李民赞（译）
9	矢志创新四十载　顶天立地国家队 ——致改革开放40年暨南京农机化所复所40周年	江帆　夏春华 张萌　王祎娜
10	在后发跨越中助力乡村振兴	秦大春
11	我为老科学家写传记	宋毅
12	亲历农机改革开放的40年	宋亚群
13	我与农机50年	刘锋
14	时代成就了我们　我们无愧于时代	姜卫东
15	缘分天注定：我所经历的农机化	杨敏丽

二、一等奖

序号	题　　目	作者
1	不忘初心，继续前行，构筑新时代“农机梦”	江洪银
2	说说跨区机收那点事儿	梅成建
3	农业机械化：让历史告诉未来	何定明　孙红梅

（续）

序号	题　目	作者
4	从乡村走向世界 ——我的改革开放40年	李民赞
5	奋斗与辉煌　坚守与希望 ——宁波农机四十载如歌岁月小记	范蓉

三、二等奖

序号	题　目	作者
1	在乡村振兴大业中夯实农机人的历史位置	朱礼好
2	筑梦时代　坚守初心	吴洪珠
3	辛勤耕耘黑土　绘就壮美诗篇	李宪义
4	我与农机鉴定改革	宋英
5	入行40年　难忘两三事	行学敏
6	科学立法促振兴　良法善治利长远 ——回顾我国农业机械化法制建设40年辉煌历程	孙超
7	我经历的中国—乌克兰玉米收获机联合开发的那些事儿	范国昌
8	人生注定农机缘	李庆东
9	能为乡亲们服务，真好 ——说说我26年的农机维修经历	陈军义
10	这一生，与农机为伍，我很自豪	邓健
11	我和红萝卜全程机械化	耿永胜
12	我与农机共成长的四个10年	吴正远
13	“机”遇新时代 ——青岛农机化改革开放40年发展亲历	任洪珍
14	跨区机收发展之路展示着农业机械化腾飞之途	王鑫
15	改革开放40年中国谷物联合收获机成就	宁学贵

四、三等奖

序号	题　目	作者
1	40年的农机情缘	童国祥
2	我所经历过和感受到的农机化40年	孙德军
3	春风把我吹到了农机行业	陶建华

（续）

序号	题　目	作者
4	对河北省农机化发展的一些回顾与思考	郭恒
5	农机，一个让我难以割舍的行业	秦贵
6	为了我那不曾停息的农机梦想	廖建群
7	30年监理心路，一辈子农机情谊	陆立中
8	改革开放获红利　策马扬鞭再奋蹄 ——记勇猛机械股份有限公司董事长王世秀	裴丽琴
9	我给农机手写赞歌	郭永利
10	安危与共、风雨同舟，用勤劳智慧和诚信追逐亚澳梦	史可器
11	我与免耕播种二十载	苗全
12	我的农机技师之路	苏仁泰
13	论丘陵山区机械化的出路 ——纪念改革开放40周年	张宗毅
14	中国一拖耕耘在非洲	王棣
15	群雄争霸，谁是甘蔗收获机领域的老大	王艳红
16	我所经历的农机推广工作	吴传云
17	黄天厚土赤子愿 ——我是如何获得跨区作业劳动竞赛活动“王牌机手”称号的	贾奔
18	改革开放40年，山西农机经营服务体制的变革	张培增　张建中
19	以百倍的信心迎接农机化新的明天 ——见证重庆农机化的不懈求索	杨培成
20	不知不觉走进农机化领域的我 ——纪念改革开放40周年	徐志坚
21	“甜蜜事业”一定会更甜蜜	张长献
22	四两拨千斤，小学会推动大事业 ——天津农机学会服务行业发展一例	胡伟
23	提升农业机械化水平促进小农户发展	徐峰
24	推广机插秧风雨路上十二载	吴亦鹏
25	改革助我健康成长	李帅奇
26	开启农业机械化新征程 ——记国家农业现代化综合科学实验基地河北省栾城县“万亩方”农机实验站	岳国泰
27	农机赋	宋宝田
28	百年沧桑话“新联”	党延德

（续）

序号	题　　目	作者
29	挥洒热血青春甘为乡村振兴“撬瓶器” ——谨以此文纪念改革开放40周年为重庆农机奋斗的人们	何忠
30	新时代，新起点，共享未来 ——从自身成长经历看改革开放40年农机化发展历程	李丙雪

五、优秀奖

序号	题　　目	作者
1	砥砺前行，做乡村振兴战略马前卒	任则庄
2	我国农机装备发展历程回顾及展望	耿端阳　耿浩诚
3	农民老胡翻身记	苏仁泰
4	情系“三农”，爱在农机	刘婞韬　蒋彬
5	跨越历史的嬗变 ——常州市水稻生产机械化纪实	李亦
6	跳回“农门”，我所经历的广东农机推广	姚俊豪
7	时代成就梦想 ——我的农机情缘	李亦
8	我家的农业机械40年的变化	任美强　李科党
9	农机推广铿锵花 ——记山西省古县农机推广站站长李灵秀	李雪萍
10	沃野新歌：一名新人眼中的首都农机化	李凯
11	从使用到改进再到设计制造农机	张秋林
12	德国LEMKEN在中国改革春风中前行	赵鹏
13	沐浴着改革春风　美国林赛在中国经风雨见彩虹	王婷
14	“疯话”成真	杨庆云
15	农机情怀40年	朱虹
16	父子两代人的农机未了情	夏元新
17	农机经销商要具备10种能力	王超安
18	吉林省榆树市小岗屯巨变	尹树民　李社潮
19	挺进创新“蓝海”才是唯一出路	李勇
20	农机行业服务者要与时俱进顺应时代变迁	刘文华
21	河北省盐山县改革开放40年农机化发展综述	薛兴利

（续）

序号	题　　目	作者
22	卖粮记	陆立中
23	现代化的农业机械为农业插上腾飞的翅膀	高峰
24	改革开放农机先行　一路凯歌风雨兼程	任则庄
25	农民应该是啥样	海宝明
26	先进的农机设备为甘肃亚盛田园牧歌草业集团的发展添彩	付德玉
27	农机流通企业的再生之路 ——积极融入新型农业经营主体	杨澄宇
28	久保田：扎根中国助力中国农业现代化	周长生
29	漫谈我国农机工业创新 ——写在纪念改革开放40周年之际	刘振营
30	与改革开放共同成长	张保伦
31	浅谈农机文化	王晓会
32	圆父母农机情　追我的农机梦	王建国
33	吕长录的“盘盘道”	刘晓明
34	大风起兮，新疆2号从我们手中放飞 ——我经历的藁城联合收割机厂发展历程	王锁良
35	邂逅　嬗变　发展 ——我亲历的信息技术带来的身边农机农事变化	蒋姣丽
36	为了农机事业我将一如既往努力下去	李坤书
37	用心“智造”成套鸡群智能化饲养设备	黄杏彪
38	一路走来	丁祖胜
39	40年，我与农业机械化同行	尹国庆
40	我与农机推广事业的不解之缘	吴忠民
41	从小四轮到无人机 ——蚌埠市农机总动力三次飞跃背后的40年农村经济改革	任珺
42	发展农机装备工业设计正当时	周宁
43	我眼中的北京农机化发展之路	梁井林
44	数字记忆的喜悦与自豪	胡伟
45	我的农机生涯一直在路上	李新平
46	农业机械化托起农业现代化 ——驻马店市农机化改革开放40年发展综述	鲍秋仁

（续）

序号	题　目	作者
47	40年，广州农机推广探索农机农艺有机融合契合点	徐强辉　张佳敏
48	我与东风农机共成长 ——记东风农机的改革开放40年历程	许国明
50	从三次记忆深刻的吃牛肉经历联想到改革开放40年农机化发展历程	王庆宏
51	改革发展40年　秸秆利用强“三农”	李科党　彭宏党
52	农业机械化助力霍山县乡村振兴	张咸枝
53	农机普及化推动社会发展	刘庆生
54	80后北大荒人眼中的改革开放 ——从北大荒农业机械化看改革开放的巨变	王伟
55	我给农机互助保险写快板	郭永利
56	我当老师的这20年	黄雪萍
57	俺就买东方红 ——记宁夏东方红农机大户赵金花	刘红卫
58	十二载不凡路，铸就“保耕”梦 ——来自平度市开展保护性耕作的报告	姜言芳
59	他们激励了我	敖方源
60	新农机成就了我的创业梦	张尉
61	为“我”做台拖拉机	周双雪
62	小演示大变化	唐文达
63	博则心宽　勤则志远 ——记中农博远带头人张国彬	白彦杰
64	从机插秧推广看农民观念的嬗变	兰显发
65	“智能先锋”东方红	刘学功
66	缘起农机	邓向东
67	扶贫涌春潮　农机卷浪花 ——重庆市农机推广团队在红池坝镇的脱贫攻坚工作小记	彭维钦
68	我所感受到的农机化	张颖华
69	平度：跨区作业24年	姜言芳
70	王运：手握“双枪”夺“王牌”	惠君
71	表弟走上农业机械化之路	朱乃洲
72	我国农业机械化现状以及新形势下的新发展	李信

（续）

序号	题　目	作者
73	国外甘蔗收获机到底牛在哪里	王艳红
74	互助保险保安全 跨区作业增效益 ——记陕西省跨区作业王牌机手郑小虎	王拴怀
75	狗肉火锅 ——一篇关于农机局局长的小小说	苏仁泰
76	一个高级农艺师的农机情怀	刘华
77	为农机化安全发展保驾护航	陈哲东
78	一个年轻干部眼中的农业机械化	黄凯
79	王牌机手　致富先锋 ——记岐山县农机手任宏兴的幸福生活	朱成　王拴怀
80	农机跨区作业助我走上致富路 ——记陕西省农机跨区作业王牌机手刘双录	王拴怀
81	改革开放助力台州农机化工作创新	王永鸣
82	国产甘蔗机典范洛阳辰汉给你新认知	王艳红
83	丘陵山区也用上了大中型农业机械	聂华林
84	40 年中的霍德义和他的春明机械	曹俊梁
85	改革开放 40 年，向国外先进农机学习永不停步	李社潮
86	宝鸡监理：风霜雪雨四十载　矢志不渝保安全	石卫杰　王拴怀
87	我的农机维修路	宋宪君
88	记忆中的北京市八一农业机械化学校	李福田
89	我与收割机的不解情缘	李光
90	10 年市场磨砺　我与富来威共成长	朱燕
91	罗山农机化　奋飞天地阔	杨军
92	沁园春・慧农	程楠楠
93	激光智能装备助力农机装备产业升级	王小华　夏剑杰
94	农村娃的飞天梦	吴清槐
95	透过一个项目成败看改革开放	游增尚
96	改革开放 40 年中的南郑农机化	张永寿
97	入华 40 年　初心永不变 ——约翰迪尔伴随中国改革开放一路前行	李鑫

（续）

序号	题　目	作者
98	一路风雨　一路阳光　一路希望 ——看丘陵地区农业机械化的蝶变之路	唐科明
99	不忘初心　砥砺前行 ——见证广西农机院甘蔗收获装备 40 年研发历程	曾伯胜
100	青贮机 ——中国农机行业的一片蓝海	王庆宏
101	一名个体医生的农机情怀	陈伟
102	我的一段联合收割机推广服务经历	张咸枝
103	一路走来，农活的场景在改变	马雪亭
104	由铺膜播种引发的农业科技革命	戚亮
105	科乐收（CLAAS）与中国收获同行 ——致敬改革开放 40 年	刘佳妮
106	40 年与农机化的不了情	毕文平
107	如果有来生，我还干农机	郜振菊
108	改革开放中的安徽农机推广，拼搏奋进中的安徽农机事业	常志强
109	一“鹿”奔跑 ——一个农机媒体人与约翰迪尔的交往札记	朱礼好
110	让“三农”融资从此变得简单 ——记皖江金租服务“三农”实践	周威
111	一个农民发明家给农机企业创新发展的建议	陶祥臣
112	走向春天 ——写给基层农机化工作者	尹国庆
113	一个女企业家的“农机”情怀	许淑玲
114	相守“东方红”	安乐

六、组织奖

序号	单位名称	姓名
1	农业农村部农机监理总站	白艳
2	重庆市农业农村委员会	杨培成
3	河北省农业机械化管理局	郭恒
4	陕西农机安全协会	王拴怀
5	中国一拖集团有限公司市场部	许予永

附录三

中国农业机械化大事记（1978—2018年）

1978年

1月26日 《1980年基本上实现农机机械化规划》（以下简称《规划》）经第三次全国农业机械化会议修订完成。《规划》对1978—1980年的奋斗目标；农机工业和支农工业要有一个大改组、大发展；管好、用好农业机械，充分发挥机械效能；认真安排好材料、设备和资金；加强农业机械化的科学研究工作和加强领导，夺取3年决战的胜利6个方面作了规定。

8月8日 第一机械工业部颁布《农机产品标准分级管理办法（试行）》。根据农机产品的特点，农机产品技术标准分为国家标准、部标准、企业标准，实行分级管理。

12月18—22日 中国共产党第十一届中央委员会第三次全体会议在北京举行。全会中心议题是讨论把全党工作重点转移到社会主义现代化建设上来。中国从此进入了改革开放和社会主义现代化建设的历史新时期，中国共产党从此开始了建设中国特色社会主义的新探索。

1979年

3月6日 五届全国人大常委会六次会议决定，设立农业机械部，杨立功任部长。

8月9日 农业机械部发出《关于继续执行〈关于农机产品价格补贴的暂行规定〉意见给国家经委、财政部的函》，建议在未宣布1974年5部联合下达的《关于农机产品价格补贴的暂行规定》废止执行前，对于农机企业的补贴仍按原规定执行；建议国家经委、财政部重新研究对农机继续执行5部价外补贴问题。

9月28日 中国共产党十一届四中全会通过的《中共中央关于加快农业发展若干问题的决定》指出："实现农业现代化，要积极地有计划的开展农业机械化的工作。农业机械化必须服从生产的需要，从实际情况出发。要引进、制造和推广适合我国特点的先进农业机械，切实搞好配套和维修服务，充分发挥农业机械化的效能，大幅度地提高劳动生产率。""实现农业机械化，整个农业必须有一个合理的布局，逐步实现区域化、专业化生产，不断提高农业生产的社会化水平。不这样做，农业就不能实行大规模的全面的机械化，不可能大规模地全面地采取一系列的先进科学技术。"同时，要求农业机械部要按照经济区域，面向农村基层，建立和健全农业机械化服务公司，把农业机械和各种农用化工产品的供应、维修、租赁、回收、技术传授、使用服务，逐步地统一经营起来，做到方便及时，减少社队开支。

12月3日 农业机械部给国家农委、国家纪委发出《关于国家支持社队购买农机资金问题》的报告。这年3月，农业、财政两部已对支援农村人民公社投资的用途作了改变，原定

1980 年应发放的农机专项贷款 9 亿元，农业银行准备停发。这势必产生农民想买机器得不到资金支持，对农业生产发展不利；农机卖不出去，造成积压，供销部门和生产厂亏损加大的严重后果。报告建议农委、计委尽快召集有关部门认真研究，做出决定，使广大社队农民在努力自筹资金的基础上，确保国家的有力支持。

1980 年

1 月 5 日　中国农业机械化服务总公司成立。根据中共中央《关于加快农业发展若干问题的决定》精神，经国家农委批准，在原农业机械部销售局的基础上，成立中国农业机械化服务总公司，总公司负责农机产品的计划、分配、调拨，并对各省（自治区、直辖市）、地（市）、县农机公司实行行业管理和业务指导。

2 月　农业机械部发出《关于开展能源节约工作的通知》，要求各地农机生产部门，企、事业单位采取有效措施，把能源消耗水平降下来。1980 年的节能指标为节油 10%、节煤 5%、节电 3%。

4 月 17 日　国务院向各地方、各部委发出《批转农业机械部关于全国农机工作会议的报告》指出：实现农业现代化，包括农业机械化这个重要内容。农机化应当想得宽一点，不仅要想到粮食生产，还要想到装备农、林、牧、副、渔各业和社队企业，要因地制宜，分别轻重缓急，讲求经济效果。要加强对农业机械化事业的领导，及时研究解决存在的问题，把农业机械化事业办好。

1981 年

4 月 1 日　农业机械部发布《关于积极增加机械化、半机械化中小农具和手工农具生产的通知》，要求充分利用农机企业现有的生产手段，生产机械化、半机械化中小农具和有传统特色的小农具，农机企业应利用现有的厂房、设备和采用先进工艺，进行专业化生产。各级农机部门要组织力量把机械化、半机械化中小农具和手工农具的生产供应工作搞好。

4 月 6 日　农业机械部提出 1981 年工作要点：调整服务方向，广开生产门路，努力扩大生产；继续进行企业整顿，加强基础工作，提高经济效益；认真进行农机工业的调整和改组，制定调整方案，组织经济联合体，清理基建项目；改进和改革物资供应、产品销售和技术服务工作；加强和改善科技工作，重点抓一批老产品的技术改进和新产品的研制；扩大农机产品的出口，重点是东南亚，其次是非洲和拉丁美洲；加强农机化管理工作；整顿学校教育，加强干部及职工培训。

6 月 23 日　联合收割机引进项目经国家计委批准，提出力争在 1985 年达到设计能力。生产纲领为：开封及佳木斯两个联合收割机厂总规模 2 000 台，附属装置 1 700 吨。佳木斯厂年产 900 台，附属装置 1 200 吨，产品以中型为主。开封厂年产 1 100 台，附属装置 500 吨，产品以小型及牵引式为主。

9 月 4 日　农业机械部、财政部、中国农业银行联合发出《关于降价处理超储积压农机商品》的通知。根据国务院国发 [1981]70 号通知的精神，对农机公司超储积压的商品进行降价处理，要求严格控制降价幅度和审批权限，竭力防止产生新的积压；对于降价的损失按程序进行处理；各级银行要积极参与，企业主管部门和财政部门做好监督和审查工作。

11月10日　交通部发出《关于对行驶城乡公路的拖拉机加强管理的通知》要求：各级交通监理机关根据《城乡和公路交通管理规则》的有关规定，切实加强对拖拉机的监督管理工作。凡行驶城乡公路的拖拉机必须向交通监理部门申领机动车号牌及行驶证；拖拉机驾驶员必须经交通监理部门考试合格，发给机动车驾驶证，方准同行城乡公路。

1982年

1月6日　农业机械部向国家机械委员会并国务院报送《关于1981年农机工作和1982年安排意见的报告》。1982年工作安排中主要有：开好农机调整规划会，重点解决骨干企业的产品方向和农机产品合理化问题；努力增产适销对路的小型农机具；扩大产品出口；加快急需的缺门产品的研制，增加技术储备；发展节能产品，推广节能技术；抓好基础件、基础技术的研究；抓好农机化重点区划工作，改进农机经营管理体制；搞好机构改革。

5月4日　五届全国人大常委会二十三次会议决定，将农业机械部与第一机械工业部等单位合并，设立机械工业部。将农业部、农垦部合并，设立农牧渔业部。机械工业部主管农业机械制造、科研、修理厂和农机销售；农牧渔业部主管农业机械化管理、农业机械化科研、培训、修理业务和农业机械鉴定、推广工作。

7月初　机械工业部农业机械总局在北京召开了有拖拉机、内燃机、农机具、牧机、油泵油嘴标准化工作归口研究所等参加的采用国际标准工作会议。提出各专业采用国际标准的规划意见。1982年颁发了46项国家标准和部标准，开展了制定企业内部控制标准的工作。

10月　机械工业部召开机械工业规划工作会议。“六五”计划期间，农机产品发展的重点是，增加中小型、节能型和农、林、牧、副、渔各方面需要的产品。

1983年

1月2日　中共中央印发《当前农村经济政策的若干问题的通知》（中发[1983]1号文件）。文件指出：“应重新研究和拟定在我国不同地区实行机械化的方案。当前应着重发展小型、多用、质优、价廉的农业机械，因地制宜地改善水利灌溉条件。”“农民个人或联户购置农副产品加工机具、小型拖拉机和小型机动船，从事生产和运输，对发展农村商品生产，活跃农村经济是有利的，应当允许；大中型拖拉机和汽车，在现阶段原则上也不必禁止私人购置。”

3月16日　农牧渔业部、中国农业银行、国家工商行政管理局联合发出《关于积极扶持农村各种农机化服务站（公司）》的通知提出：农业机械化服务站的建立要坚持自愿互利的原则，实行按劳分配或以按劳分配为主；公社农机管理站合并到农机服务站（公司），原来的事业补贴费划归农机服务站。

9月20日　农牧渔业部颁布《农业机械化技术推广工作管理办法（试行）》，明确农业机械化技术推广工作的基本任务是：根据农、林、牧、副、渔各业生产以及农村建设、农民生活和发展商品经济的需要，推广新机具、新技术、普及农业机械化科学技术知识。内容包括推广体系、推广程序、经费和条件、技术承包及成果奖励等7章25条。

12月29日　农牧渔业部、机械工业部颁发《关于严格控制产品质量，加强农机产品鉴定工作》的联合通知，责成各级农机鉴定站对生产量大、使用面广的农机产品进行鉴定。1984年开始对正在生产的手扶拖拉机、小四轮拖拉机、小型柴油机、小型脱粒机进行鉴定。凡经过各级农机鉴定站鉴定的产品，由鉴定站发布《农机鉴定通报》，合格者发给《农业机械推广许可证》。

1984年

2月27日　国务院发布《国务院关于农民个人或联户购置机动车船和拖拉机经营运输业的若干规定》指出："国家允许农民个人或联户用购置的机动车船和拖拉机经营运输业，各地人民政府可根据当地经济发展的实际需要和油料供应的可能，统筹安排，有计划地发展。"

4月11日　机械工业部、国家物价局、财政部联合发出《农机商品销售价格暂行管理办法》要求：从1984年4月15日起，全国一律按该办法调整农机商品销售价格；农机商品一律取消全国统一销售价格，实行地区差价；各级财政部门，对农业机械化服务公司一般不再给予亏损补贴。

11月15日　农牧渔业部和国家工商行政管理局联合颁发《全国农村机械化维修点管理办法》，规定农村机械维修点实行国营、集体（合作）、个体多种形式并存，各自发挥优势等19条。

1985年

2月　国务院常务会议提出：拖拉机将不能在高速公路和一级公路行驶。

7月26日　机械工业部发出《关于建立农业机械产品质量监督检测网点的通知》。检测网点包括拖拉机、内燃机、油泵油嘴、农业机具和畜牧机械5个产品质量监督检测中心，下设行业分中心，6个行业检测站。

11月8日　农牧渔业部颁布《农业机械鉴定工作条例（试行）实施细则》，对各种鉴定的含义和内容、鉴定的方法、工作程序等作出详细的规定，共有28条，自1986年1月1日起执行。

1986年

1月22日　机械工业部公布《关于机械工业产品质量监督性抽查的若干规定（试行）》，对农机产品开始实行质量抽查监督。

10月7日　国务院发出《关于改革道路交通管理体制的通知》规定：农用拖拉机的道路交通管理工作，除专门从事农田作业的拖拉机及其驾驶员由农业（农机）部门负责管理外，凡上道路行驶的专门从事运输和既从事农业作业又从事运输的拖拉机及其驾驶员，由公安机关按机动车辆进行管理。有关道路行驶安全技术检验、驾驶员考核、核发全国统一的道路行驶牌证等项工作，公安机关可以委托农业（农机）部门负责，并有权进行监督、检查。

1986年　农牧渔业部商国家科委、财政部同意，发文通知将县级农机研究所统一改名为农机化技术推广服务站。一部分地市级农机研究所也逐渐改为农机推广站。至年底，全国农机化技术推广机构达1 792个，职工1.25万人，其中科技人员占46.8%。农机化技术推广系统初具规模。

1987年

3月25日　农牧渔业部印发《"七五"全

国农业机械化发展计划》。

8月26日　国内第一个农业机械企业集团——第一拖拉机工程机械联营公司成立。它以第一拖拉机制造厂为主体，有50个企业、科研院所和高等院校主动组织起跨地区、跨部门、多形式、多层次的企业集团。

10月19日　农牧渔业部发出《关于贯彻国务院批转农牧渔业部等四部委〈关于当前农业机械化问题的报告〉》的通知提出，“分类指导、重点突破”是今后一个时期农业机械化发展的指导方针。就全国来说，农业机械化要以经济发达地区、粮食集中产区、大中城市郊区、人少地多地区和国营农场为重点。

11月4日　国家机械工业委员会为了从宏观上指导产业结构调整，引导产品发展资金投向，公布第一批共144种控制发展的机械产品名单。其中，对农用运输车等43种农机产品提出限制布新点，同时对中马力拖拉机等11种农机产品既限制布新点，并限制扩大生产能力。

1988年

4月9日　七届全国人大一次会议通过国务院机构改革方案，撤销国家机械工业委员会和电子工业部，成立机械电子工业部；将农牧渔业部更名为农业部。

9月24日　农业部发出《关于加强乡（镇）农机管理服务站的意见》提出：加快乡（镇）农机管理服务站的建设步伐，增强农业机械化事业发展的内在活力，使其适应农业生产现代化、专业化、社会化和商品化的需要。

1989年

3月　农业部新组建农业机械化管理司，主要职能是：制定农机化发展方针政策、法规和发展战略、计划，负责农机安全监理、技术监督、年度统计、信息交流等12项。

8月12日　中国农业银行向各省、自治区、直辖市和计划单列市分行发出《关于加强农业机械贷款管理的通知》。这是农村10年改革以来，第一个关于农机贷款方面的比较系统的专门文件。通知规定了农机贷款的基本原则、重点范围、用途、对象、条件等。

11月27日　国务院作出《关于依靠科技进步振兴农业加强农业科技成果推广工作的决定》，主要包括7个方面内容：大力加强对农业科技成果的推广应用；建立健全各种形式的农业技术推广服务组织；进一步稳定和发展农村科技队伍等。

1990年

8月27日　农业部印发《农业机械化管理统计报表制度》，提出以农机总值、总动力、数量和作业量等标准为主的全国农业机械化统计指标体系，并进行纵向、横向比较和分析。

12月31日　国务院印发《国务院批转农业部等部门〈关于加强农机生产和使用管理工作报告〉的通知》。通知指出：各级人民政府和国务院有关部门都要重视和关心农业机械工作的发展，切实加强对这项工作的领导，结合制定“八五”计划，抓紧制定完善政策措施，认真研究解决农机工作中存在的问题。要把农业机械在农业生产中的作用更好地发挥出来，促进农业登上新的台阶。

1991年

5月16日　财政部发出《关于分配1991

年发展粮食生产专项资金指标的通知》，明确粮食生产专项资金使用范围限于水利、农业和农机3个方面。用于农机方面的粮食生产专项资金，主要安排区、乡（镇）一级农业服务体系的建设。

9月　农业部制定《全国农业机械化开发规划纲要》，提出“八五”期间农业机械化区域开发的总目标及开发项目。

10月　经农业部、国家农业投资公司批准建设的“农机驾驶（操作）人员模拟考场及农机安全技术检验线”在大连落成。这是农机监理部门建设的全国首家农机模拟考场及安全技术检验线。

1992年

1月3日　农业部和人事部发出《乡镇农业技术推广机构人员编制标准（试行）》。这一加强农业技术推广体系建设的政策性文件，将乡镇农技站列入农机推广机构，我国形成了部、省、地、县、乡5级架构的农机推广完整体系。

4月13日　农业部发出《关于进一步加强基层农机服务体系建设的意见》，提出基层农机服务组织建设的指导思想：积极发展村级，重点建设乡级，完善提高县级。要拓宽服务领域，积极开展农业机械化、系列化服务。大力兴办经济实体，不断增强发展活力。要逐步改善和提高农机服务人员的工作条件和生活待遇。采取切实措施稳定和发展农机化队伍。

1993年

1月1日　农业部颁布实施《农机监理管理办法》，明确农机监理人员的职业道德和岗位规范。

7月2日　八届全国人大常委会二次会议通过《中华人民共和国农业法》，中华人民共和国主席令第6号公布。该法第二十条规定：国家鼓励和支持农民和农业生产经营组织使用先进、适用的农业机械，加强农业机械安全管理，提高农业机械化水平。国家对农民和农业生产经营组织购买先进农业机械给予扶持。

9月4日　农业部第一批农业机械化综合试点全部通过验收。自1987年起，农业部先后部署了江苏省吴县、无锡县，北京市顺义县，天津市西青区，吉林省梨树县，黑龙江省黑河市6个单位为第一批农业机械化综合试点。

11月5日　中共中央、国务院发布《关于当前农业和农村经济发展的若干政策措施》提出：“要提高技改投资用于农用工业的比重，促进化肥、农药、农膜、农机行业的更新改造，提高产业素质。”

1994年

1月19日　国务院公布《九十年代中国农业发展纲要》。《九十年代中国农业发展纲要》第七项第三十一条提出：要加快农机工业的发展，2000年生产能力达到年产大中型拖拉机20万台，小型拖拉机50万台，联合收割机1万台，内燃机8 000万马力。

3月16日　农业部发出《关于大力推广农业节本增效工程技术的通知》，决定首先推广化肥深施技术，计划用5年时间推广10亿亩，使我国70%的耕地基本上实现化肥深施，化肥平均利用率由当前的30%提高到45%，预计可增产粮食200亿斤以上。

4月5日　国家计委、财政部联合发出《关于农业系统涉及农民负担收费项目修改意见的通知》，批准收取农机监理费和农机服务费，并规定："农机监理费和农机服务费，由各省、自治区、直辖市物价、财政部门制定收费管理办法和收费标准，报国家计委、财政部备案。"

1995年

2月16日　机械电子工业部明确"振兴农机工业将分为两步走"的思路，提出第一阶段到2000年，力争50%的主要农机产品达到国际80年代水平；第二阶段从2000年到2010年，重点产品将达到当时国际水平。

3月1日　国家计委、财政部联合下发《关于"九二"式拖拉机牌证收费标准的通知》，明确了拖拉机牌证及相关收费标准，为启用换发新牌证提供了收费政策依据。这是国家第一次颁发农机监理收费统一标准。

9月9日　机械电子工业部部长何光远主持部长办公会议，讨论通过"九五"期间《农机工业发展方针和规划要点》。机械工业的振兴目标分为两个阶段：1996年至2000年为振兴第一阶段，重点是调整产品结构，产品品种基本满足农业全面发展的需要，提高制造工艺水平和产品的技术水平，力争50%的主要品种达到工业发达国家80年代水平，农机产品出口创汇达5亿美元。2001年至2010年为振兴第二阶段，进一步提高产品的性能和可靠性，重点产品达到当时的国际水平；调整农机生产的布局，使一部分产品形成经济规模；建成品种齐全、结构合理、高度专业化生产的产品生产体系。

1996年

4月17日　农业部、公安部、交通部、国家计委和中国石油石化总公司联合发出《关于做好联合收割机跨区收获小麦工作的通知》，决定利用小麦成熟的时间差，在北方麦区大范围组织联合收割机跨区收获小麦大会战。

9月6日　农业部印发《农业机械化发展"九五"计划和2010年规划》，着重提出了我国农业机械化发展方向、任务、目标和相应的发展战略。到2000年农业机械化发展的主要目标是：全国农机总动力以34%年递增率增长；机耕、机播和机收面积分别达到6 100万公顷、4 700万公顷和2 840万公顷；农业机械化发展对粮食增长和农业总产值增长的贡献份额达到15%，到2010年农机化贡献率将达到20%。

1997年

1月21日　农业部在北京召开1997年跨区机收小麦协调会，公安部、交通部、机械工业部、国家计委、中国石油化工总公司和有关省农机局负责人参加了会议，会上布置了当年跨区会战的组织工作。1997年参加会战的省份由1996年的11个增加到19个。

1998年

1月1日　经国务院批准的《当前国家重点鼓励发展的产业、产品和技术目录》开始试行。目录中列入机械领域的农业机械产品和技术有4项：农业适度规模经营机械设备，农、畜产品深加工及资源综合利用设备，农业环境、生态农业所需设备，农业（棉花、水稻、玉米、豆类、青饲料等）收获机械及农机具。

9月14日　财政部、农业部联合印发《大型拖拉机及配套农具更新补助资金使用管理暂行办法》，进一步明确从1998年开始，中央财政每年安排专项资金对部分省（自治区）的县以下（含县）农机服务组织更新大型拖拉机及配套农具进行补助，中央财政每台（套）补助5 000元，地方财政按不低于1∶3的比例配套。

1999年

3月1日　国家质量技术监督局印发《关于第一批实施质量认证的农机产品目录的函》，批准“第一批实施安全认证的农机产品目录”和“第一批实施合格认证的农机产品目录”，安全认证3类12种产品，合格认证14类45种产品。

2000年

4月3日　农业部发布实施《联合收割机跨区作业管理暂行办法》，旨在加强联合收割机跨区作业管理，规范跨区作业市场秩序。

2001年

2月22日　农业部印发《农机管理人员培训工程规划》，决定从2001年起，用两年的时间，培训省、地（市）、县、乡各级农机管理、试验鉴定、技术推广、安全监理人员5万人，使受训人员占到各级农机管理人员总数的22%。

4月20日　国家经贸委发布《农业机械工业“十五”规划》，主要目标：到2005年，全国农机工业总产值将达到1 270亿元（年均递增率8%），农机产品年出口创汇6亿～6.6亿美元。到2015年，农机综合技术水平基本接近当时的国际水平。

8月8日　农业部印发《全国农业机械化发展第十个五年计划（2001—2005）》。“十五”期间的主要目标是到“十五”期末，力争使全国耕种收综合机械水平达到39%以上。同时，农业机械总动力达6.2亿千瓦左右，比2000年增长18%左右；加大新技术、新机具推广力度，大中型拖拉机比2000年增长32%左右；大中拖拉机具配套、小拖拉机具配套分别提高到1∶2以上和1∶1.7左右；联合收获机、农用排灌动力机、节水灌溉类机械、机动植保机械、牧草收割、农用运输车分别增长43%、23%、45%、36%、120%、83%左右。

8月29日　全国农业普查办公室发布《关于第一次全国农业普查快速汇总结果的公报第3号——农村从业人员和农业机械》。1996年末，全国农村拥有5种主要农业机械总量2 469.61万台（辆），平均每万名从业人员拥有440.3台。其中，大型拖拉机67.78万台，小型拖拉机1 179.5万台，联合收割机11.34万台，机动脱粒机752.15万台，农用运输车458.84万辆。

2002年

11月26日　第一个在中国设立总部的联合国官方机构——亚太农业工程与机械中心正式在北京揭幕。国务院副总理温家宝、联合国副秘书长金学珠出席揭幕仪式。

12月6日　国务院办公厅转发国家经贸委、国家计委、财政部、农业部、外经贸部、人民银行、海关总署、税务总局、质检总局《关于进一步扶持农业机械工业发展若干意见》，主要内容：（1）深化农机企业改革，加快转换机制。（2）加强对农机工业发展的引导。（3）实施“走出去”战略，积极开拓国际市场。（4）建立健全法规体系，规范市场秩序。（5）进一步加大政策扶持力度，鼓励和支持农机工业发展。

2003年

10月28日　十届全国人大常委会五次会议通过《中华人民共和国交通安全法》，2004年5月1日起实施。该法规定，对上道路行驶的拖拉机牌证照发放、年度检验等项工作，由农业（农业机械）主管部门负责行使管理职责，并接受公安机关交通管理部门的监督。专门的拖拉机驾驶培训学校、驾驶培训班由农业（农机）主管部门实行资格管理。该法确立了农机部门对农机安全监理执法主体的地位。同时将农用运输车纳入汽车管理，农机管理部门不再负责农用运输车的牌证照管理工作。

2004年

2月8日　中共中央、国务院印发《关于促进农民增收若干政策的意见》，提出：“提高农业机械化水平，对农民个人、农场职工、农业机械专业户和直接从事农业生产的农业机械服务组织购置和更新大型农业机械给予一定补贴。”

3月3日　农业部印发《关于实施“农机科技兴粮行动计划”的通知》，决定在全国范围内组织实施粮食生产机械化关键技术研究开发与集成示范、农机大户培训、粮食生产节本增效技术推广、粮食作物生产机具选型与推荐、农业机械科技下乡五大行动。

3月26日　农业部在北京召开2004年农机购置补贴项目部署动员会，正式启动购机补贴项目。

6月25日　《中华人民共和国农业机械化促进法》经十届全国人大常委会十次会议审议通过，包括总则、科研开发、质量保障、推广使用、社会化服务、扶持措施、法律责任和附则共8章35条。同日，国家主席胡锦涛签署第16号主席令，予以公布，自2004年11月1日起实施。这是我国第一部关于农业机械化的国家法律。

9月13日　国务院公布《收费公路管理条例》，明确规定进行跨区作业的联合收割机、运输联合收割机（包括插秧机）的车辆，免交车辆通行费。联合收割机不得在高速公路上行驶。

2005年

2月25日　农业部、财政部发布《农业机械购置补贴专项资金使用管理暂行办法》，在稳定补贴机具实行择优筛选制、补贴实行集中支付制、收益实行公示制、管理实行监督制、成效实行考核制“五制”基础上，进一步明确农业、财政两部门的职责，简化资金使用运作程序，规范了补贴机具选型和目录制定工作。

7月26日　农业部发布《农业机械试验鉴定办法》（以下简称《办法》），明确以农业机械化行政管理部门为管理主体，农业机械试验鉴定机构为实施主体，以实用性、可靠性、安全性鉴定为主要内容。《办法》共8章35条，2005年11月1日起施行。

2006年

1月18日　中共中央、国务院印发《关于推进社会主义新农村建设的若干意见》，明确提出要“大力推进农业机械化，提高重要农时、重点作物、关键生产环节和粮食主产区的机械化作业水平”。积极发展节地、节水、节肥、节药、节种的节约型农业，鼓励生产和使用节电、节油农业机械和农产品加工设备，努力提高农业投入品的利用效率。增加良种补贴和农机具购置补贴。

5月10日　农业部、国家工商总局共同发布《农业机械维修管理规定》，内容涉及维修者的资格、维修质量管理、维修监督检查和处罚等，2006年7月1日起正式施行。1984年11月15日发布的《全国农村机械维修管理办法》同时废止。

8月28日　农业部发布《全国农业机械化发展第十一个五年规划（2006—2010年）》。“十一五”时期农业机械化发展的总体目标：我国农业机械化发展水平迈上一个新台阶，整体进入中级阶段，有条件的地区率先进入高级阶段，实现速度、质量、效益同步增长；农业机械化对农业和国民经济持续发展的综合保障能力进一步增强，为实现2010年全国农业劳动生产率比2000年翻一番提供支撑。

2007年

1月10日　农业部宣布在部分血吸虫病疫区县实施“以机代牛”工程，把湖北、湖南、江西、安徽、江苏、四川、云南7个血吸虫疫区省164个疫区县的11 713个血吸虫病流行村纳入购机补贴范围，加大补贴力度，推进农机大户和农机社会化服务组织发展，逐步实现耕作环节机械化，预防和控制血吸虫病的发生。

9月1日　我国农业机械化水平评价发展阶段的划分标准开始实施，根据该标准，2007年我国耕种收综合机械化水平达42.5%，超过40%；乡村农林牧渔业从业人员占全社会就业人员比重小于40%，农业机械化发展水平跨入中级阶段。

2008年

1月14日　农业部发布《农业机械质量投诉监督管理办法》，要求尽快明确农业机械质量投诉监督机构，建立健全农业机械质量投诉监督体系，有效开展农业机械质量投诉监督工作，切实维护农业机械所有者、使用者和生产者的合法权益，大力促进农业机械产品质量、作业质量、维修质量和售后服务水平的稳步提高。

3月29日　国务院印发《国务院2008年工作要点》指出：强化和完善农业支持政策。大力增加农业投入。增加粮食直补、农资综合直补。增加农机具购置补贴种类，提高补贴标准，农机具补贴覆盖到所有农业县。

2009年

3月14日　国务院印发《关于装备制造业调整振兴规划的通知》提出：在农业和农村领域，以国家新增千亿斤粮食工程为依托，大力发展大功率拖拉机及配套农机具，节能环保中型拖拉机等耕作机械，通用型谷物联合收割机，自走式采棉机等收获机械、免耕播种机、节水型喷灌设备等。适应新农村建设、农业现代化需要，重点发展农产品精加工成套设备、灌溉和排涝设备、沼气除料设备、农村安全饮水净化设备等。

5月21日　国务院办公厅颁布《装备制造业调整和振兴规划》支持大力发展农机装备。规划期为2009—2011年。规划主要提出4项任务：（1）借助十大领域重点工程，振兴装备制造业；（2）抓住九大产业重点项目，实施装备自主化；（3）提升四大配套产品制造水平，夯实产业发展基础；（4）推进七项重点工作，转变产业发展方式。

9月17日　国务院总理温家宝签署第563号国务院令，公布《中华人民共和国农业机械安全监督管理条例》。

11月12日　农业部发布《农业机械化标准体系建设规划（2010—2015）》，明确农业机械化标准体系的建设内容。农业机械化标准体系由基础标准、技术标准和管理标准三部分组成。

2010年

7月5日　《国务院关于促进农业机械化和农机工业又好又快发展的意见》印发，意见明确了农业机械化发展的指导思想、基本原则、发展目标和主要任务，提出了加大政策扶持力度、加强组织领导等保障措施。

11月5日　农业部印发《关于加强农机农艺融合加快推进薄弱环节机械化发展的意见》，要求各地明确促进农机农艺融合的目标任务，采取有力措施积极推进农机农艺融合，加快推进薄弱环节机械化发展。

2011年

1月6日　农业部印发《全国农机深松整地作业实施规划（2011—2015年）》。明确了农机深松整地的技术路线、发展目标和实施进度，要求到2015年，将全国适宜地区的7亿亩耕地全部深松一遍，并进入“同一地块3年深松一次”的耕作周期。

3月14日　农业部印发《关于加快推进水稻生产机械化的意见》，要求以水稻优势产区为重点，以种植和收获两个关键环节为着力点，强化农机与农艺融合，全力主攻机插，加速推进机收。力争到2015年种植机械化水平达到45%，收获机械化水平达到80%。东北地区、长江中下游单季稻区率先实现水稻生产全程机械化。

6月21日　农业机械化管理司印发《关于开展主要农作物农机农艺技术融合示范区建设活动的通知》，决定在全国开展主要农作物农机农艺技术融合示范区建设活动，加强农机农艺融合，促进农机农艺协调发展，实现粮棉油糖等大宗农作物生产机械化水平明显提高。首批示范区建设主要围绕水稻、玉米、油菜、棉花、甘蔗、薯类6大作物开展。

8月　农业机械化管理司启动林果业、渔业、设施农业、农产品初加工机械评价指标体系和综合农业机械化指标体系研究工作，力争通过2年时间，初步建立具有科学性、统一性和可操作性的农业机械化全面评价指标体系。

9月8日　农业部印发《全国农业机械化发展第十二个五年规划（2011—2015年）》，明确“十二五”时期农业机械化发展指导思想、基本原则、发展目标、主要任务、区域发展重点等，是指导“十二五”时期我国农业机械化发展的纲领性文件。

2012年

9月14日　农业部、财政部、商务部联合印发《2012年农机报废更新补贴试点工作实施指导意见》，选取11个省利用中央财政新增农机购置补贴资金，开展农机报废更新补贴试点，进一步促进扩大内需、节能减排和安全生产，提高农机化发展质量。

10月10日　农业机械化管理司印发通知，在全国范围内启动了林果业、畜牧业、渔业、设施农业、农产品初加工机械化水平评价指标体系试行工作，这标志着农业机械化水平评价体系构建工作基本完成。

2013年

1月31日　农业部在省级农机化主管部门组织推荐的基础上，认定了1 022家农机合作社为全国农机合作社示范社。示范社建设将实行部省共建、地方主抓、协同推进的机制，建设期限为2013—2015年。

10月12日　农业部印发《关于大力推进农机社会化服务的意见》，明确了当前和今后一段时期发展农机社会化服务的指导思想、基本原则、发展目标、主要任务和保障措施，提出力争到2020年，全国拥有农机原值50万元以上的农机大户及农机服务组织的数量、全国农机化经营总收入均比2010年翻一番。

2014年

1月27日　农业机械化管理司组织开展了畜牧业、农产品初加工、果茶桑和设施农业机械化水平评价指标体系研究和试行工作。初步评估2012年全国畜牧业、农产品初加工、果茶桑和设施农业机械化水平分别为35.30%、25.78%、25.54%和32.45%。

2月13日　农业部办公厅、财政部办公厅印发《2014年农业机械购置补贴实施指导意见》，2014年选择1个省进行购机补贴产品市场化改革试点，提倡有条件的省份选择部分粮食生产耕种收及烘干等关键环节急需的机具品目敞开补贴，要求各地积极协调当地金融机构创新信贷服务，切实加快补贴资金兑付和结算，科学制定非通用类和自选品目机具分类分档办法并测算补贴额。

11月3日　全国人大农委、农业部联合召开《中华人民共和国农业机械化促进法》实施十周年座谈会，总结法律颁布实施10年来取得的成效和经验，进一步部署法律贯彻实施工作，依法促进我国农业机械化又好又快发展。

2015年

5月8日　国务院印发《中国制造2025》，明确将农机装备作为重点发展的10个领域之一。

5月20日　发改委、农业部联合印发《糖料蔗主产区生产发展规划（2015—2025）》，进一步明确了稳定甘蔗产业发展的目标任务和保障措施，特别提出要加快推进甘蔗生产全程机械化。

8月11日　为提高我国农业综合生产能力和竞争力，加快推进农业现代化进程，农业部印发了《关于开展主要农作物生产全程机械化推进行动的意见》，明确了全程机械化推进行动的指导思想、目标任务、主要内容、工作重点和保障措施。

12月23日　农业部办公厅印发《关于对〈2015—2017年全国通用类农业机械中央财政资金最高补贴额一览表〉进行调整的通知》，缩小了通用类补贴机具范围，降低了最高补贴额度，并进一步放权地方，明确了各省归并、细化通用类补贴机具档次的原则和权限。

2016年

4月20日　财政部、国家发展改革委联合印发《关于扩大18项行政事业性收费免征范围的通知》（财税[2016] 42号）。通知规定，自2016年5月1日起，将18项行政事业性收费的免征范围，从小微企业扩大到所有企业和个人，其中包括拖拉机号牌（含号牌架、固定封装置）费、拖拉机行驶证费、拖拉机登记证费、拖拉机驾驶证费、拖拉机安全技术检验费5项内容。

5月6日　农业部办公厅印发《关于开展农用植保无人飞机专项统计工作的通知》，首次在全国范围内对植保无人飞机拥有量、作业情况进行专项统计，为后续管理和政策创设提供数据支撑。

5月30日　农业部发布农业部令（2016年第3号），自2016年6月1日起，《农业机械维修管理条例》不再将《农业机械维修技术合格证》作为办理工商注册登记的前置条件，改“先证后照”为“先照后证”。

7月28日　国务院印发《“十三五”国家科技创新规划》（以下简称《规划》）。《规划》指出，我国将发展高效安全生态的现代农业技术，以发展农业高新技术产业、支撑农业转型升级为目标，重点发展农业智能生产、智能农机装备、设施农业等关键技术和产品。

9月1日　农业部办公厅、财政部办公厅联合发布《关于浙江等3省2016年农机新产品购置补贴试点方案的意见》，在浙江、福建、湖南三省启动农机新产品购置补贴试点，鼓励相关省选择能够填补国内农机制造空白，或具有重大科技进步、技术发明和集成创新特征的农机产品，探索可复制可推广的补贴方式和工作机制。

11月23日　农业部发布《农业科技创新能力条件建设规划（2016—2020年》。规划明确了“十三五”期间农机化科研重点实验室、观测实验站、农业全程机械化科研基地等建设任务和投资规模，农机化科技创新能力条件有望得到较大改善。

11月28日　工业和信息化部、农业部、发展改革委联合印发《农机装备发展行动方案（2016—2025年）》的通知（工信部联装[2016]413号），以贯彻落实《中国制造2025》，推进我国农机工业转型升级，增强农业机械有效供给能力，提升我国现代农业生产水平。

12月29日　农业部办公厅印发《全国农业机械化发展第十三个五年规划》，确定了“十三五”时期我国农业机械化发展的指导思想、坚持原则和具体目标，明确了未来五年的主要任务和行动计划。

2017年

3～4月，中国农机化协会参与了中共中央委托民盟中央开展的“以改革创新为引领，加快推进我国农业机械装备制造转型升级”重点考察调研和调研报告的撰写工作。民盟中央以调研成果为基础，征求国家有关部门及相关协会专家的意见建议，拟定了《关于以改革创新为引领，加快推进我国农机装备产业转型升级的建议》政策建议信，上报中共中央、国务院，建议信受到中共中央、国务院的高度重视，习近平总书记、李克强总理、汪洋副总理、马凯副总理作出重要批示。

4月28日　财政部、农业部联合印发《农业生产发展资金管理办法》，明确农机购置补贴属农业生产发展资金支持方向，主要用于支持购置先进适用农业机械，以及开展报废更新、新产品试点等方面。同时，明确深松整地从绿色高效技术推广服务支出方面列支。

5月19日　农业部办公厅、财政部办公厅

联合印发《关于在西藏和新疆南疆地区开展差别化农机购置补贴试点的通知》，在西藏和新疆南疆地区部署开展差别化农机购置补贴试点工作，支持西藏和新疆南疆地区按规定提高农机购置补贴标准，允许西藏试点使用中央资金补贴购置皮带传动轮式拖拉机，加快薄弱地区农业机械化发展，助力扶贫攻坚。

6月12日　农业部、发改委、财政部和工信部办公厅联合印发《推进广西甘蔗生产全程机械化行动方案（2017—2020年）》，方案把推进广西甘蔗生产机械化、支持广西糖业发展确立为国家战略，决定加大政策支持和资源整合力度，改善甘蔗生产农机作业条件，提高甘蔗生产机械化水平和糖业竞争力。

8月16日　农业部、发改委、财政部印发《关于加快发展农业生产性服务业的指导意见》，提出要推进农机服务领域从粮棉油糖作物向特色作物、养殖业生产配套拓展，服务环节从耕种收为主向专业化植保、秸秆处理、产地烘干等农业生产全过程延伸的农机服务新局面。

9月18日　农业部办公厅、财政部办公厅和中国民用航空局综合司联合印发《关于开展农机购置补贴引导植保无人飞机规范应用试点工作的通知》，选择浙江（含宁波）、安徽、江西、湖南、广东、重庆6个省（市）开展以农机购置补贴引导植保无人飞机规范应用试点工作。

12月26日　发改委印发《现代农业机械关键技术产业化实施方案》，部署了推进重大农业装备研制、增强关键核心零部件自给能力、提高农机制造智能化水平、推动农机制造工艺和装备升级、提升产品试验检测和服务管理能力、推进重大装备和急需产品示范应用等主要任务。

2018年

1月15日　农业部公布《拖拉机和联合收割机驾驶证管理规定》（中华人民共和国农业部令2018年第1号）和《拖拉机和联合收割机登记规定》（中华人民共和国农业部令2018年第2号），在明确责任、简政放权、分类管理、新机免检、两证合一、便民服务、保障安全等方面对原有的制度进行了重大调整和改革，自2018年6月1日起施行。

2月22日　农业部办公厅、财政部办公厅联合印发《2018—2020年农机购置补贴实施指导意见》（农办财[2018]13号），明确2018—2020年全国农机购置补贴机具种类范围为15大类42个小类137个品目，要求各省结合实际，从全国范围中选取机具品目确定本省补贴范围，优先保证粮食等主要农产品生产所需机具和支持农业绿色发展机具的补贴需要，全面推行补贴范围内机具敞开补贴。

5月4日　农业农村部、财政部联合下发《关于做好2018年农业生产发展等项目实施工作的通知》（农财发[2018] 13号），首次明确东北4省区可根据需要在适宜地区开展农机深翻（深耕）作业补助，促进秸秆还田和黑土地保护。

6月13日，中国农机化协会发起的先农智库正式成立。

12月10日　农业农村部办公厅印发《关于提前报送2018年农业机械总动力数据的通知》（农办机[2018] 28号），全国农业机械总动力指标首次被列入统计公报，作为反映乡村振兴战略实施情况的重要指标之一。

12月21日　国务院印发《国务院关于加快推进农业机械化和农机装备产业转型升级的指导意见》(国发[2018]42号)，明确了发展农业机械化和农机装备产业的指导思想、发展目标和主要任务，并对相关重点工作任务进行部署，出台了有针对性的扶持政策。

12月30日　农业农村部发布新修订的《农业机械试验鉴定办法》(中华人民共和国农业农村部令2018年第3号)，对农业机械试验鉴定制度进行改革，明确“推广鉴定”和“专项鉴定”的适用范围，简化鉴定流程，取消农机鉴定部省两级划分，强化事中事后监管力度。办法自2019年4月1日起实施。

——摘自《中国农业机械化大事记(1979—2009)》及农业农村部农业机械化管理司主编的《中国农业机械化年度大事记(2010—2018)》

(李雪玲整理)

中国农业机械化协会